安徽财政年鉴

（2021）

安徽省财政厅 编

全国百佳图书出版单位
时代出版传媒股份有限公司
安徽人民出版社

图书在版编目(CIP)数据

安徽财政年鉴. 2021 / 安徽省财政厅编. —合肥:安徽人民出版社, 2021. 11

ISBN 978-7-212-10558-7

Ⅰ.①安 Ⅱ.①安… Ⅲ.①地方财政—安徽—2021—年鉴 Ⅳ.①F812.754-54

中国版本图书馆 CIP 数据核字(2021)第 233415 号

安徽财政年鉴(2021)

ANHUI CAIZHENG NIANJIAN 2020

安徽省财政厅 编

出 版 人:陈宝红　　**责任编辑**:汪双琴

责任印制:董 亮　　**封面设计**:汪晶晶

出版发行:时代出版传媒股份有限公司 http://www.press-mart.com

安徽人民出版社 http://www.ahpeople.com

地 址:合肥市政务文化新区翡翠路 1118 号出版传媒广场八楼　**邮编**:230071

电 话:0551-63533258　0551-63533292(传真)

印 制:安徽财印有限责任公司

开本:889mm×1194mm　1/16　**内文印张**:32.25　**彩插印张**:2.5　**字数**:1100 千

版次:2021 年 11 月第 1 版　2021 年 11 月第 1 次印刷

ISBN 978-7-212-10558-7　**定价**:310.00 元

编辑说明

一、《安徽财政年鉴》是由安徽省财政厅主管主办，旨在及时记载全省财政发展轨迹，系统反映财政改革情况，全面展示财政精神风貌，大力弘扬财政文化的综合性文献资料年刊。

二、《安徽财政年鉴（2021）》详实记载了2020年全省各级财政部门坚持以习近平新时代中国特色社会主义思想为指导，深入学习贯彻党的十九大和十九届二中、三中、四中、五中全会精神，认真学习贯彻习近平总书记考察安徽重要讲话指示精神，坚决贯彻落实省委、省政府的决策部署和财政部的工作安排，坚持积极的财政政策更加积极有为，统筹支持疫情防控和经济社会发展，扎实做好"六稳"工作，全面落实"六保"任务，支持高质量推进五大发展行动计划，加快建立现代财政制度，提升财政治理和服务效能，为决胜全面建成小康社会、决战脱贫攻坚提供坚实财政支撑的工作情况。

三、本卷采取分类编辑法，全书主体内容按篇目、栏目、条目三个层次编排。篇目排在内扉页；栏目名称通栏排；条目标题加【 】，为黑体字。部分内容因形式所限，未按三个层次编排。

四、本卷根据2020年全省财政工作情况，分为重要财经文献、全省财政工作、市县（区）财政工作、财政大事记、重要财经法规、财经统计、财政机构人员等7个篇目，并在文前加配图照，文末设置附录。

五、本卷主体内容记述时限为2020年1月1日至12月31日，部分资料内容涉及时间适当上溯或下延。

六、为增强资料性和可读性，本卷对部分篇目、栏目进行了调整和优化。全书共110余万字，选登64幅图照，力求图文并茂地反映2020年全省财政改革发展的重点和亮点。

七、本卷在编纂过程中，得到了省财政厅党组的精心指导，得到了市县（区）财政部门和处室单位的大力支持，得到了广大联络员的积极配合，在此一并表示感谢。

八、由于时间紧迫、编纂水平有限，疏漏和不妥之处在所难免，敬请广大读者批评指正。

《安徽财政年鉴》编辑部

二〇二一年十一月

《安徽财政年鉴》编辑委员会

《安徽财政年鉴》编辑部

主　　任　胡锡萍

副 主 任　鲍文前　刘　文　范　勇

编辑校对　万　勇　张深友　杨思雅　高　燕

美术编辑　汪晶晶

《安徽财政年鉴（2021）》通联人员

胡江华（驻省财政厅纪检监察组）
彭　珍（省财政厅综合处）
周剑峰（省财政厅预算处）
卢晓丹（省财政厅国库处）
刘　恒（省财政厅行政处）
侯正华（省财政厅教科文处）
周　健（省财政厅农业农村处）
江　腾（省财政厅自然资源和生态环境处）
陈筱斐（省财政厅金融处）
王光杰（省财政厅会计处）
钟　翠（省财政厅行政事业国有资产管理处）
李锦云（省财政厅政府采购处）
李　杰（省财政厅人事教育处）
马子军（省财政厅离退休工作处）
李　宏（省财政厅国库支付中心）
李昌鹏（省预算评审中心）
杨思雅（省财政科学研究所）
张渊博（省财政干部教育中心）
查天然（省农业信贷融资担保有限公司）
郭建平（淮北市财政局）
王桂林（宿州市财政局）
刘燕燕（阜阳市财政局）
施翠萍（滁州市财政局）
王后军（马鞍山市财政局）
任　雁（宣城市财政局）
陈婷婷（池州市财政局）
潘南峰（黄山市财政局）
汪　震（宿松县财政局）
王弟文（省财政厅办公室）
杨玉林（省财政厅税政条法处）
孙　权（省财政厅预算绩效管理处）
韩晓峰（省财政厅政府债务管理处）
陈　晋（省财政厅政法处）
汪永飞（省财政厅经济建设处）
王守龙（省财政厅社会保障处）
张　铭（省财政厅企业处）
杨　春（省财政厅乡村财政事务管理处）
孟千里（省财政厅国有资本经营预算处）
张宁宁（省财政厅财政监督局）
梁继鸿（省财政厅民生工程工作办公室）
曹自云（省财政厅机关党委）
汪振明（省非税收入征收管理局）
田　飞（省财政信息中心）
李道兵（省政府债务评估中心）
王克法（省注册会计师管理处）
王　磊（省行政事业单位资产管理中心）
陈利丽（合肥市财政局）
宋德良（亳州市财政局）
赵　辰（蚌埠市财政局）
吴　波（淮南市财政局）
李桂瑾（六安市财政局）
王诗群（芜湖市财政局）
孟　伟（铜陵市财政局）
林　浩（安庆市财政局）
徐甜甜（广德市财政局）

图片集锦

- 领导重视
- 财政党建
- 财政发展
- 财政风尚

2020年1月11日晚，省委书记李锦斌、省长李国英在省人大会议中心查阅2020年
次会议主席团成员一同查阅。

省级部门预算草案，充分肯定预算编制工作成绩，对财政预算工作提出要求。省十三届人大三

2020年，省委书记李锦斌先后主持召开省委常委会会议、省委专题会议等，研究部署财政相关工作，并多次对财政工作作出指示批示，肯定财政工作成绩，指导财政工作开展。图为3月13日上午，李锦斌主持召开省委常委会会议，听取2020年民生工程项目安排的汇报等，要求提升推进民生工程的政治自觉，真正把民生工程办成民心工程。

2020年，省十三届人大及其常委会先后召开会议，审查通过了2020年预算草案、2019年省级决算等报告，审议通过了《安徽省资源税具体适用税率等事项的决定（草案）》。图为7月29日下午，省十三届人大常委会第二十次会议第一次全体会议听取安徽省2019年决算报告等。

2020年6月8日，财政部党组书记、部长刘昆在全国财政厅（局）长座谈会上作工作报告，部署下一阶段财政工作。会后，我省及时传达会议精神，部署贯彻落实工作。

2020年，省长李国英多次主持召开相关会议，研究部署财政相关工作，实地开展工作调研，肯定财政工作成绩，对财政工作提出要求。图为11月23日，李国英在六安市调研农业保险发展工作，强调要强化政策支持，创新供给体系，提升服务质效，坚决兜住“三农”底线，为农业农村优先发展、全面推进乡村振兴提供有力保障。

2020年，省委常委、常务副省长邓向阳经常性听取财政工作汇报，出席财政专题培训会，深入合肥等地开展调研，指导推动财政工作开展。图为1月17日上午，邓向阳莅临省财政厅调研指导，看望慰问干部职工，并向全省财政系统干部职工致以新春祝福。

2020年11月3日至6日，以省政协党组副书记、副主席刘莉为团长，副主席李和平为副团长的省政协委员视察团，赴池州、黄山市视察民生工程，实地察看民生工程项目实施情况，分别在两市召开座谈会，充分肯定民生工程取得的成就，提出民生工程工作要求。

2020年，省财政厅党组召开党组扩大会传达学习55次、党组理论学习中心组学习会19次、专题研讨学习会13次，深入学习贯彻习近平新时代中国特色社会主义思想和习近平总书记系列重要讲话指示精神等，增强“四个意识”、坚定“四个自信”、做到“两个维护”。

2020年1月15日，省财政厅召开“不忘初心、牢记使命”主题教育总结会，总结主题教育成效，巩固拓展主题教育成果，进一步激励全厅各级党组织和广大党员干部牢记初心使命、实干笃定前行。

2020年7月6日，省财政厅召开庆祝建党99周年“七一”表彰暨党课报告会，通报上半年财政机关党建等工作，表彰先进党支部和优秀共产党员。厅党组书记、厅长罗建国作党课报告。

2020年12月3日，按照省委统一部署，省委宣讲团成员、省财政厅党组书记、厅长罗建国赴宿州市作党的十九届五中全会精神宣讲报告，并来到埇桥区凤池社区和基层财政所进行实地宣讲和调研。

2020年4月8日，省财政厅召开深化“三个以案”警示教育动员部署会，部署推进全厅深化警示教育工作。

2020年4月28日，省财政厅召开全省财政党风廉政建设工作会议，总结2019年财政全面从严治党和党风廉政建设工作，部署2020年工作任务。

2020年3月20日，省财政厅党组书记、厅长罗建国与驻厅纪检监察组全体同志会商座谈，交流财政纪检监察工作，征求意见建议，共同研究进一步加强财政全面从严治党和党风廉政建设工作。

2020年8月5日上午11时至12时，省财政厅党组书记、厅长罗建国率队参加安徽广播电视台《政风行风热线》栏目现场直播活动，围绕“聚焦财政服务民生，认真做好‘六稳’工作、落实‘六保’任务，让积极的财政政策更加积极有为”主题，与听众朋友们交流互动。

2020年11月26日，中共安徽省财政厅直属机关召开第八次代表大会，审议通过中共安徽省财政厅直属机关委员会工作报告、直属机关纪律检查委员会工作报告，选举产生新一届厅直属机关委员会、直属机关纪律检查委员会。省直机关工委书记朱斌到会指导，厅党组书记、厅长罗建国出席会议并讲话。

2020年，省财政厅厅领导参加所在党支部活动70次。图为6月15日，厅党组书记、厅长罗建国以普通党员身份参加办公室党支部专题组织生活会。

2020年，省财政厅大力加强支部建设。图为非税局党支部、国库支付中心党支部与外单位党支部开展党建共建活动。

2020年12月22日上午，省财政厅以“不忘初心、牢记使命，恪尽职守、奋发有为，争当最美财政人”为主题，召开全厅干部大会，开展学习交流研讨，在财政抗击疫情、支持复产复工、抗洪救灾等重大工作任务中表现突出的先进集体和个人及干部代表作交流发言。

2020年5月7日，省财政厅召开青年干部“成长•成才•成就”主题座谈会。

2020年8月14日，省财政厅召开退役军人座谈会。

2020年1月6日上午，省财政厅召开市财政局长座谈会，总结2019年财政工作，研判财政形势，分析困难问题，听取意见建议，谋划做好2020年财政工作。

2020年1月6日下午，省财政厅召开全省财政工作视频会议，总结2019年全省财政工作，研究部署2020年财政工作。

2020年7月15日，省财政厅党组书记、厅长罗建国深入宣城市宣州区五星乡五星联圩万桥双圩段，察看汛情水势，要求财政部门全力做好防汛抗洪抢险救灾财政投入保障等工作。

2020年8月6日，省财政厅党组成员、副厅长孟照红在淮南市毛集镇董峰湖行洪区沿淮庄台，实地了解受灾情况以及抗洪抢险措施、灾后恢复等工作。

2020年，省财政厅坚决扛起政治责任，加大扶贫资金投入，提高扶贫资金绩效，保障全省如期完成脱贫攻坚目标任务，并接续衔接乡村振兴战略，巩固脱贫攻坚成果。图为9月25日，省财政厅举办全省财政支持脱贫攻坚与乡村振兴衔接暨贫困县涉农资金整合试点政策培训班。

2020年6月23日，省财政厅党组成员、驻厅纪检监察组组长项中胜在岳西县调研中央脱贫攻坚巡视“回头看”等相关问题整改情况，推动做好财政脱贫攻坚整改等重点工作。

2020年，省财政厅统筹安排各类资金支持打好污染防治攻坚战。图为8月17日，省财政厅党组书记、厅长罗建国参加资源环境处党支部专题学习，对做好财政服务保障污染防治攻坚战工作提出要求。

中央国债登记结算有限责任公司
CHINA CENTRAL DEPOSITORY & CLEARING CO., LTD

热烈祝贺
2020年安徽省政府债券成功发行

发行日期	债券代码	债券简称	发行规模（亿元）	发行期限（年）	债券类型	票面利率（%）
	2005991	20安徽债39	94.9898	30	再融资一般债券	4.16
10月13日	2005992	20安徽债40	98.4722	30	再融资专项债券	4.16
	2005993	20安徽债41	11.9127	3	再融资专项债券	3.21

2020年，我省加快建立以政府债券为主体的地方政府举债融资机制，对地方政府债务实行规模控制和风险预警，清理化解隐性债务，守住不发生系统性债务风险底线。全年发行政府债券2329亿元，债务规模总体适度，风险可控。

2020年，我省打通省级使用专项债券融资渠道，为省铁路投资公司池黄高铁建设项目、巢马城际铁路建设项目和省引江济淮公司引江济淮工程建设项目发行45亿元专项债券。图为2020年完成改建的引江济淮中派河大桥。

2020年，我省成立以省委常委、常务副省长邓向阳为组长的省预算绩效管理工作领导小组，审议预算绩效管理重大决策部署，研究预算绩效管理年度重点工作任务等。图为9月5日，省预算绩效管理工作领导小组召开第一次会议。

2020年6月11日，省财政厅召开全省财政工作视频会议，布置2021年预算编制等工作。省财政厅党组书记、厅长罗建国主持会议并就抓好新增资金直达和预算执行、预算编制等财政重点工作提出要求。

2020年，我省坚持开门办预算，积极发挥各领域专家的智囊智库作用，不断提升预算编制工作的质量和水平。图为9月21日，省财政厅启动2021年省级预算评审工作。

2020年，省财政厅扎实推进预算管理一体化，制定符合财政部管理要求、契合安徽实际的全省预算管理一体化业务规范。图为12月16日，省财政厅举办省直部门预算管理一体化培训班。

2020年12月7日，省政府新闻办召开“美好安徽‘十三五’成就巡礼”系列新闻发布会（第十二场），省财政厅党组书记、厅长罗建国，厅党组成员、副厅长王召远到会，介绍我省“十三五”财政改革发展成就，并回答记者提问。

2020年12月16日，省财政厅召开座谈会，就财政“十四五”规划编制听取专家学者、人大代表、政协委员及市县财政局长、业务骨干的意见建议。

2020年，省财政厅等9家省直单位定点帮扶颍东区脱贫攻坚。图为3月26日，省财政厅党组书记、厅长罗建国在颍东区督导脱贫攻坚和复工复产等工作。

2020年，省财政厅发动全厅干部职工，多次购买阜阳市颍东区带贫主体和贫困户滞销农产品，以实际举措助力脱贫。

2020年，省财政厅结合年度定点帮扶颍东区吴寨居工作计划，组织帮扶人员以手机视频连线方式，对结对帮扶贫困户进行“云走访”。

2020年1月17日，省财政厅举办主题为“新征程、新使命、新作为”2020年新春联欢会，全厅干部职工400余人欢聚一堂、共迎新春。

省财政厅干部职工表演自创的情景剧《帮扶》。

2020年1月16日，省财政厅举办2020年离退休干部春节团拜会。图为离退休干部表演合唱节目。

厅领导与参加团拜会的老领导、老同志互致问候，表达祝福。

省财政厅荣获省直机关“学习强国”学习平台典型表彰。

省财政厅参加淮南市田家庵区中秋经典诗歌朗诵会暨送文化下乡活动。

2020年12月5日，省财政厅组织志愿者赴淮南市开展文明实践活动。

厉行勤俭节约 反对“舌尖浪费”

——致全厅广大干部职工倡议书

为认真贯彻落实习近平总书记对制止餐饮浪费行为作出的重要指示精神，坚决制止餐饮浪费行为，切实培养节约习惯，营造浪费可耻、节约光荣的氛围，使“爱护粮食，反对浪费”成为全厅干部职工的自觉行动，特发出如下倡议：

一、珍惜粮食，杜绝浪费。

二、倡导光盘，剩余打包。

三、理性消费，文明用餐。

四、讲究卫生，实行分餐。

五、科学饮食，健康生活。

六、勤俭节约，从我做起。

2020年，省财政厅将节约习惯贯穿到模范机关建设中，通过印发倡议书、微信微博推送、张贴宣传语和宣传画等形式，坚决制止餐饮浪费行为，使“爱护粮食，反对浪费”成为全厅干部职工的自觉行动。

省财政厅青年志愿者在合肥市逍遥津街道县桥社区开展志愿服务活动。

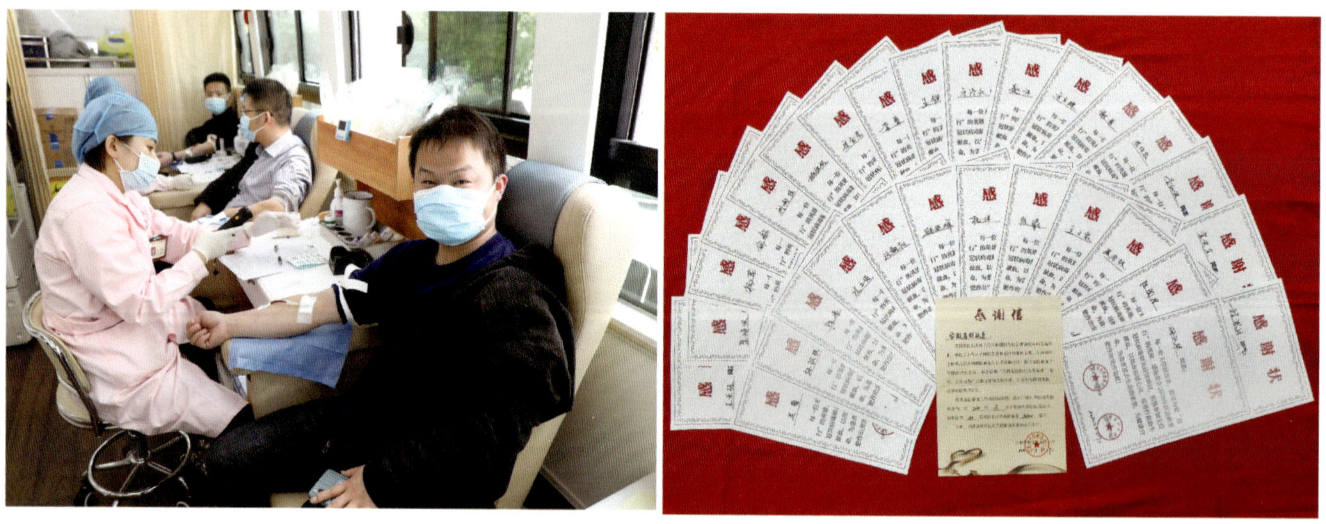

2020年，省财政厅积极组织无偿献血活动。合肥市无偿献血办公室、合肥市中心血站给省财政厅发感谢信，并为无偿献血者颁发感谢状。

目 录

重要财经文献

省人大相关会议文献资料

省领导批示

省财政重要会议资料

全省财政工作

全省财政工作综述

派驻财政纪检监察工作综述

财政专项工作概述

处室单位工作概述

省农业信贷融资担保有限公司工作概述

市县(区)财政工作

合肥市财政工作综述

淮北市财政工作综述

亳州市财政工作综述

宿州市财政工作综述

蚌埠市财政工作综述

阜阳市财政工作综述

淮南市财政工作综述

滁州市财政工作综述

六安市财政工作综述

马鞍山市财政工作综述

芜湖市财政工作综述

宣城市财政工作综述

铜陵市财政工作综述

池州市财政工作综述

安庆市财政工作综述

黄山市财政工作综述

广德市财政工作概述

宿松县财政工作概述

财政大事记

省财政工作大事记

派驻财政纪检监察工作大事记

重要财经法规

地方财经法规

财政规范性文件

财经统计

财政机构人员

省财政厅机构人员

市县乡财政系统机构人员

全省财政系统机关工作人员基本情况年报表

附 录

2020 年度省财政厅获得荣誉统计表

重要财经文献

省人大相关会议文献资料

在省十三届人大三次会议闭幕会上的讲话

(2020年1月16日)

省委书记、省人大常委会主任 李锦斌

各位代表,同志们:

省十三届人大三次会议,在全体代表和与会同志的共同努力下,圆满完成了各项议程,即将胜利闭幕。这是一次高举旗帜、维护核心的大会,是一次统一思想、凝心聚力的大会,是一次民主团结、求实奋进的大会。

会议期间,各位代表坚定政治立场,依法履职尽责,交上了满意答卷。会议审议批准的省政府工作报告和其他各项报告,贯彻了中央精神,切合了安徽实际,是做好今年工作的重要指导性文件。会议圆满完成选举事项,优化了常委会人员结构、完善了组织保障。大会取得的丰硕成果,必将极大地焕发7000万江淮儿女干事创业的精气神,迸发硬核力量、攻克难关险隘,加快建设现代化五大发展美好安徽。

各位代表,同志们!刚刚过去的2019年,我们干得很用力,忙得很充实,走得很坚定。全省上下坚持以习近平新时代中国特色社会主义思想为指引,深入贯彻党的十九大和十九届二中、三中、四中全会精神,全面落实习近平总书记视察安徽重要讲话精神,坚持把庆祝新中国成立70周年作为全年工作的主线,坚持稳中求进工作总基调,统筹推进稳增长、促改革、调结构、惠民生、防风险、保稳定,纵深推进全面从严治党,办成了一些多年想办而没有办成的大事要事,推进了一系列群众欢迎、各方点赞的好事实事。综合实力跨上了新台阶,“十三五”规划经济总量目标提前一年实现。创新发展取得了新突破,动态存储芯片等领域“卡脖子”技术攻尖取得突破,以新型“铜墙铁壁”为代表的传统产业脱胎换骨,以“芯屏器合”为代表的新兴产业体系加快建立,海螺集团和铜陵有色首次双双进入世界500强,7位科学家当选两院院士,区域创新能力连续8年居全国第一方阵。协调发展构筑了新格局,中央文件正式确认安徽为长三角重要组成部分,全面提升了安徽在全国发展格局中的重要地位。绿色发展争创了新优势,全省空气PM2.5平均浓度近年来首次降至46微克/立方米、为有监测记录以来最好水平,长江流域国考断面水质优良比例85%、为国家考核以来最好水平,全国首个林长制改革示范区在安徽揭牌运行。开放发展拓展了新空间,随着商合杭铁路商合段、郑阜高铁正式开通,皖北人民圆了翘首以盼的“高铁梦”,安徽成为全国第二个“市市通高铁”的省份;成功举办2019世界制造业大会,习近平总书记专门发来贺信,在安徽发展史上前所未有。共享发展增进了新福祉,脱贫攻坚取得决定性进展,贫困发生率降至0.16%,城镇、农村居民人均可支配收入分别增长9%以上、10%以上,增幅均居全国前列。放眼今日江淮大地,经济发展的质量更高了,科技创新的招牌更靓了,老百姓的钱袋子更鼓了,生态环境的底色更厚实了,干事创业的精气神更充沛了,现代化五大发展美好安徽越来越彰显出强大的生机与活力。这些成绩的取得,根本在于以习近平同志为核心的党中央坚强领导,在于习近平新时代中国特色社会主义思想科学指引,也是全省上下团结拼搏、逐梦前行、努力奋斗的结果。

2020年是具有里程碑意义的重要一年,“两个百年”目标在这里交汇,两个“五年规划”在这里交接,中华儿女孜孜以求的“小康梦”在这里梦想成真,炎黄子孙倍加向往的“强国梦”在这里扬帆启航。我们要认真贯彻以习近平同志为核心的党中央决策部署,以历史的大视野来读懂责任,以时代的新标尺来认清责任,以人民的新期待来强化责任,万众一心加油干、越是艰险越向前,只争朝夕、不负韶华,奋力夺取全面建成小康社会伟大胜利。

第一,我们要夺取全面建成小康社会伟大胜利,必须永葆对党的忠诚心,坚决做到“两个维护”。实现“两个一百年”奋斗目标,最根本、最紧要、最具有决定性的就是要增强“四个意识”、坚定“四个自信”、做到“两个维护”。要筑牢信仰之魂,把学懂弄通做实习近平新时代中国特色社会主义思想作为首要政治任务,用心学进去、用情讲出来、用力做起来,着力把准政治上的方向感。要坚定忠诚之本,把不忘初心、牢记使命作为加强党的建设的永恒课题和全体党员干部的终身课题,坚定不移守初心、担使命,始终保持政治本色和前进动力。要强化执行之要,把习近平总书记重要指示批示作为党内政治要件,强化跟踪督办,健全长效机制,确保党中央决策部署在安徽落地生根。

第二,我们要夺取全面建成小康社会伟大胜利,必须永葆对事业的进取心,坚决推动高质量发展。随着长三角一体化发展、促进中部地区崛起两大国家战略深入实施,安徽实现新的发展正当其时、恰逢其势、大有可为。我们必须牢固树立并自觉践行新发展理念,坚持以供给侧结构性改革为主线,坚持以改革开放为动力,勇于担当、善于作为。要当好创新发展的奋斗者,充分发挥“四个一”创新主平台作用,扩容升级“一室一中心”分平台,加快实施解决“卡脖子”科技攻尖计划,推进新一轮全面创新改革试验,基本形成合肥综合性国家科学中心框架体系,构建具有世界级水平的创新平台,发展壮大十大新兴产业,推进制造业高质量发展,加快形成“政产学研用金”六位一体科技成果转化大市场,着力打造具有重要影响力的科技创新策源地。要当好全面深化改革的促进者,深入推进农业农村、国资国企、医药卫生体制等重点领域和关键环节改革,聚焦影响治理效能的突出矛盾、制约高质量发展的突出障碍、人民群众反映强烈的突出问题深化改革,扎实推进治理体系和治理能力现代化。要当好扩大开放的先行者,充分发挥“左右逢源”的双优势,以更大力度融入“一带一路”建设,主动对接京津冀、粤港澳等国家战略,积极推动长三角一体化发展,奋力在中部崛起中闯出新路,高水平抓好世界制造业大会等高端平台建设,全力争创自贸区,加快打造内陆开放新高地。要当好乡村振兴的行动者,坚决补上全面小康“三农”领域短板,狠抓农业生产保障供给,抓好农村环境整治“三大革命”和“三大行动”,推动我省乡村振兴继续走在全国前列。

第三,我们要夺取全面建成小康社会伟大胜利,必须永葆对人民的感恩心,坚决打好三大攻坚战。三大攻坚战是决胜全面建成小康社会必须迈过的重大关口,决战脱贫攻坚已经到了冲刺阶段,必须一鼓作气、乘势而上,啃最硬骨头、攻最后堡垒,确保全面建成小康社会成色足、质量优。要打赢打好精准脱贫攻坚战,把完成剩余贫困人口脱贫放在首要位置,扎实抓好中央专项巡视“回头看”和国家考核反馈意见整改,集中兵力打好大别山等革命老区、皖北地区、沿淮行蓄洪区等深度贫困歼灭战,着力解决“三保障”及饮水安全突出问题,做好脱贫攻坚与乡村振兴战略的有机衔接,把短板补得再扎实一些、把基础打得再牢靠一些,确保全面小康路上一个不落、一个不少。要打赢打好污染防治攻坚战,突出精准治污、科学治污、依法治污,深化“三大一强”攻坚行动,全面打造美丽长江(安徽)经济带,着力建设淮河生态经济带,扎实推进巢湖新一轮综合治理,推深做实河(湖)长制、新安江生态补偿机制,加快建设全国林长制改革示范区,确保蓝天常在、青山常在、绿水常在。要打赢打好防范化解重大风险攻坚战,认真落实防范化解重大风险“1+8+N”总体部署,推进平安安徽、法治安徽建设,深化扫黑除恶专项斗争,持续推进“铸安行动”,打造共建共治共享的社会治理格局,确保社会大局和谐稳定。

第四,我们要夺取全面建成小康社会伟大胜利,必须永葆对法纪的敬畏心,坚决推动全面从严治党向纵深发展。认真贯彻新时代党的建设总要求,以党的政治建设为统领,巩固拓展不忘初心、牢记使命主题教育成果,把“严”的主基调长期坚持下去,一以贯之从严管党治党。要从严从实抓好干部队伍建设,坚持好干部标准,把广大党员干部的心思和干劲聚焦到工作当中,把负责、守责、尽责体现在每个党组织、每个岗位上,让有为的人更有位,让吃苦的人更吃香,让担当的人更有奔头。要从严从实加强基层党组织建设,抓好农村基层党建“一抓双促”和城市基层党建“三抓一增强”工程,持续整顿软弱涣散基层党组织,壮大村级集体经济,推动基层党建全面过硬。要从严从实推进反腐败斗争,构建不敢腐、不能腐、不想腐的有效机制,深入整治民生领域的“微腐败”、放纵包庇黑恶势力的“保护伞”、妨碍惠民政策落实的“绊脚石”,推动全面从严治党向基层、向一线、向群众身边延伸。要从严从实整治形式主义官僚主义,严格贯彻中央八项规定精神,深入落实基层减负年工作举措,坚持“三严三实”,推进“走基层、转作风、解难题”常态化,尤其要纵深推进“三个以案”警示教育,以自我革命的精神、“刮骨疗毒”的勇气,坚决同形形色色的形式主义官僚主义作斗争,全面净化和优化政治生态。

各位代表，同志们！事业总是在紧跟时代中守正出新，人生总是在拥抱时代中绽放光彩。能够赶上伟大的新时代，投身实现中国梦的伟大实践，既是我们的幸运和福分，更是我们的责任和担当。我们要大力弘扬敢为人先的创新精神，以更大力度冲破思想障碍、观念围墙，既有迈出第一步的闯劲，也有走好每一步的韧劲，既要善于从别人走过的路中学习经验，也要敢于从没有路的地方闯出新路，让越来越多的不能变成可能，让越来越多的优势变成胜势，让越来越多的潜力变成能力。我们要大力弘扬人民至上的群众观念，坚持以人民为中心的工作导向，深入实施33项民生工程，大力发展教育、医疗、就业等社会事业，把人民在意的小事办好，把人民受益的好事办实，把人民期盼的实事办到位，让全省人民有越来越多的获得感、越来越大的幸福感、越来越强的安全感。我们要大力弘扬敢于斗争的务实作风，涵养“功成不必在我、功成必定有我”的历史担当，敢于挑起重担，敢于攻坚克难，引导江淮儿女在各自跑道上奋力奔跑，跑出改革开放的“加速度”，按下高质量发展的“快进键”，让创新创业创造成为新时代安徽发展最动人的乐章、最昂扬的旋律。我们坚信，所有的机遇都是为奋斗者准备的，所有的成功都是在真抓实干中造就的，只要我们抓住机遇、奋力奔跑，就一定能克服一个个困难，战胜一个个挑战，迎来安徽更加精彩的美好明天。

各位代表，同志们！人民代表大会制度是支撑国家治理体系和治理能力的根本政治制度。我们要深入贯彻习近平总书记关于坚持和完善人民代表大会制度的重要思想，推进科学民主依法立法，实行正确有效监督，更好行使重大事项决定权，开创新时代安徽人大工作新局面。

人大代表，不仅仅是一个光荣称号，更是一份沉甸甸的责任。全省各级人大代表要模范遵守宪法法律，优先执行代表职务，当好上接“天线”、下接“地气”的桥梁纽带，为实现本次大会确定的目标任务、不断满足人民对美好生活的向往贡献智慧和力量。

各位代表，同志们！决胜全面小康、决战脱贫攻坚，千钧重担在肩，使命无上光荣。让我们更加紧密地团结在以习近平同志为核心的党中央周围，高举习近平新时代中国特色社会主义思想伟大旗帜，不忘初心、牢记使命，以“赶考”的心态向党和人民交上一份满意的答卷，奋力谱写全面建设现代化五大发展美好安徽崭新篇章！

（安徽人大网）

政府工作报告

——2020年1月12日在安徽省第十三届人民代表大会第三次会议上

省人民政府省长　李国英

各位代表：

现在，我代表省人民政府，向大会报告政府工作，请予审议，并请省政协各位委员提出意见。

一、2019年工作回顾

刚刚过去的2019年，是新中国成立70周年。在党中央、国务院及中共安徽省委的坚强领导下，全省人民坚持以习近平新时代中国特色社会主义思想为指导，全面贯彻党的十九大和十九届二中、三中、四中全会精神，以饱满的爱国热情和奋进精神，稳中求进，攻坚克难，统筹做好稳增长、促改革、调结构、惠民生、防风险、保稳定各项工作，着力推进五大发展行动计划，较好完成省十三届人大二次会议确定的目标任务，“十三五”规划主要指标进度符合预期，全面建成小康社会和现代化五大发展美好安徽建设取得新的重大进展。

——综合实力进一步提升。预计，全省生产总值增长7.5%以上，固定资产投资增长9%以上，社会消费品零售总额增长10.6%，进出口总额增长7%以上，规模以上工业增加值增长7.3%。粮食总产达810.8亿斤，实现“十六连丰”。新增减税降费813.6亿元，财政收入增长6.5%。居民消费价格涨幅2.7%。经济运行总体平稳、稳中有进、进中向好，“十三五”规划经济总量目标提前一年实现。

——长三角一体化发展战略扎实开局。安徽正式成为长三角重要组成部分，并被赋予打造具有重要影响力的科技创新策源地、新兴产业聚集地和绿色发展样板区的战略使命。安徽行动计划全面展开，牵头组建G60科创走廊新能源等3个产业联盟和长三角绿色农产品生产加工供应联盟，合肥与沪苏浙9个城市实现地铁“一码通行”,长三角全部41个城市实现医保“一卡通”,与上海市实现异地就医门诊费用直接结算。我省在长三角一体化高质量发展道路上阔步前行。

——高质量发展迈出新步伐。新增高新技术企业1200家以上,战略性新兴产业产值增长14.7%,高技术产业增加值增长18.8%。入选全国第一批专精特新“小巨人”企业19家、居全国前列,海螺集团、铜陵有色首次双双跻身世界500强。合肥集成电路、新型显示器件、人工智能和铜陵先进结构材料入列第一批国家战略性新兴产业集群,合肥国家新一代人工智能创新发展试验区获批建设。供给侧结构性改革的成效不断显现,经济高质量发展的新动能日益增强。

——科技创新策源地建设取得新进展。7位科学家当选两院院士,人数为历年最多。8项科技成果获国家科学技术奖,每万人发明专利拥有量11.7件,区域创新能力连续8年稳居全国第一方阵。全球率先达到48个量子比特的光与冷原子量子计算与模拟由中国科大实现,全国首块自主研制的8.5代超薄浮法玻璃基板在蚌埠下线,全国首次投产的自主研发动态随机存储芯片在合肥面世,中科院合肥物质科学研究院研发的特种缓冲吸能材料成功应用于“嫦娥四号”,标志着我省原创性、首创性科技成果和产品获得重大突破。

——三大攻坚战取得关键进展。预计9个贫困县摘帽、64个贫困村出列、40万贫困人口脱贫的年度目标全面完成,贫困发生率从上年的0.93%降至0.16%。重点领域风险得到有效防控。单位生产总值能耗下降3%。全省PM2.5平均浓度46微克/立方米,为有监测记录以来最好水平。国考断面水质优良比例77.4%,提高1.9个百分点。长江流域国考断面水质优良比例85%,为国家考核以来最好水平。

——基础设施体系不断完善。引江济淮工程全线推进。合肥新桥国际机场改扩建启动实施。池州长江公路大桥建成通车,合宁、合安、合芜高速公路改扩建实现八车道通行。合新、池黄、宣绩高铁及巢马、淮宿蚌城际铁路先行工程开工建设,商合杭高铁合肥以北段、郑阜高铁开通运营,我省成为全国第二个“市市通高铁”的省份。至此,安徽16个市全部迈入高铁时代!

——民生福祉持续增进。城镇常住居民人均可支配收入增长9%以上,农村常住居民人均可支配收入增长10%以上,增幅均居全国前列。城镇新增就业71.03万人,调查失业率保持在5.5%以内。新开工保障性安居工程23.11万套、基本建成13.74万套,“十三五”规划105万套棚户区改造任务提前完成。城乡居民基本医保和大病保险保障待遇实现统一。城乡统筹的民生事业不断发展,社会治理体系加快完善,全省人民获得感、幸福感、安全感进一步提升。

一年来,主要做了以下工作:

*(一)全面落实中央“六稳”工作要求,经济保持稳定健康发展。*面对持续加大的经济下行压力,加强经济运行调节,出台实施促进经济持续健康发展“30条”等系列政策,落实更大规模减税降费政策。开展“四送一服”集中活动,帮助企业解决实际问题2.7万个。实施“三比一增”专项行动,新登记注册企业33.9万家、增长15.2%,全省企业总数达145.9万家,创历史新高。推动金融精准服务实体经济,社会融资规模新增7011亿元,小微企业贷款余额增长11%。新增境内外上市公司7家、“新三板”挂牌企业15家,省区域性股权市场挂牌企业增加到5291家,其中新设立科创专板挂牌企业2043家。对“一带一路”沿线国家和地区进出口增长14%,跨境电商交易额增长60%,实际利用外资增长3%以上。限额以上网上商品零售额增长28%,快递业务量突破15亿件。旅游总收入增长17.8%。启动实施稳投资十大重点工程包,全年新开工亿元以上重点项目3185个、建成1540个。

*(二)持续加强创新能力建设,“科创+产业”发展迈出新步伐。*加快合肥综合性国家科学中心等创新主平台建设。能源研究院、人工智能研究院启动运行,类脑智能技术及应用国家工程实验室基本建成,离子医学中心加快建设。新组建“一室一中心”8家,新创建制造业创新中心9家。组织实施“卡脖子”关键核心技术攻关项目13项,开发省级新产品603个。深入实施新时代“江淮英才计划”,引进扶持高层次科技人才团队50个。完善创新发展支撑体系,建成运行安徽创新馆,组建运行省科技成果转化引导基金,科技融资担保覆盖所有县域。技术合同成交额稳定实现进大于出,科技成果转移转化活跃度日益增强。

深化供给侧结构性改革,推进制造业高质量发展。启动“高新基”全产业链项目建设,实施重大新兴产业基地新三年建设规划,启动第四批重大工程、重大专项建设。新能源汽车产量11.8万辆,占全国总产量的10%。“中国声谷”实现营业收入800亿元,增长23%。退出煤炭过剩产能165万吨。实施亿元以上重点技改项目1080项。中安煤化一体化项目建成投产。推广应用工业机器人5100台,新增智能工厂和数字化车间120个,“皖企登云”企业达5100家,传统产业智能化、网络化升级加快,数字经济发展势头良好。新增国家级工业设计中心5个,与现代供应链相衔接的新型服务业不断生成。

*(三)大力实施长三角一体化发展战略,区域发展整体效能不断提升。*按照长三角一体化发展国家规划纲要

和安徽行动计划，着力扬皖所长，全面推进城乡区域、科创产业、基础设施、生态环境、公共服务、体制机制等领域的一体化。建设长三角科技资源共享服务平台。打通2条省际“断头路”，取消26个高速公路省界收费站，合肥区域性航空枢纽和国际航空货运集散中心建设付诸实施。成功举办长三角地区主要领导座谈会及系列活动，与沪苏浙签署13个合作协议，达成118个合作事项，其中5亿元以上产业类合作项目总投资1189亿元。

高质量推进“一圈五区”发展，全面推进美丽长江（安徽）经济带和淮河生态经济带建设。扩容升级合肥都市圈，加大对大别山革命老区和皖北地区振兴发展的支持，推进皖江城市带承接产业转移示范区转型升级，谋划皖北承接产业转移集聚区建设，提升皖南国际文化旅游示范区生态和文化竞争力。在国家战略引领下，各展所长、区域联动的发展格局加快构建。

（四）扎实推进三大攻坚战，全面建成小康社会的基础进一步巩固。以大别山等革命老区、皖北地区和淮河行蓄洪区为重点，尽锐出战脱贫攻坚年度战役。全面排查并总体解决“两不愁三保障”及饮水安全突出问题，完成中央脱贫攻坚专项巡视和国家考核反馈等问题整改。建设特色产业扶贫园区3141个，实施到村产业扶贫项目2.24万个。帮扶4.27万贫困人口实现就业。全面启动淮河行蓄洪区安全建设，完成174个庄台人居环境整治任务。全面完成“十三五”8.5万人易地扶贫搬迁安置任务。已摘帽县后续帮扶和巩固提升措施得到加强。

加强污染防治和生态建设。整治“散乱污”企业4549家，完成132万千瓦煤电机组节能升级改造。城市黑臭水体消除比例超90%。巢湖综合治理成效明显，主要污染物浓度明显下降。扎实推进“三大一强”专项攻坚行动，落实沿江“1515”岸线分级管控措施，中央生态环保督察反馈问题整改总体满足序时进度要求，国家长江经济带生态环境突出问题整改现场会在马鞍山成功举办。

坚决守住不发生系统性金融风险的底线。深入推进互联网金融风险整治，网贷在营机构数、存量业务规模分别下降90%和87%。压降地方法人金融机构不良资产，稳妥化解持牌金融机构风险、企业重大债务违约风险。依法打击非法集资。加强政府隐性债务动态监测，规范政府举债融资机制，政府债务风险继续下降。

（五）全面推进乡村振兴，农业农村优先发展呈现新局面。增加优质绿色农产品供给，稻渔综合种养157万亩，新培育“三品一标”农产品1390个。新增高标准农田380.8万亩。非洲猪瘟疫情得到有效防控，生猪稳产保供取得阶段性成效。启动实施农产品加工业“五个一批”工程，新增中国特色农产品优势区3个、产值超50亿元农产品加工园区5个。优化升级农村电商，农村产品上行网络销售额536亿元、增长31.7%。秸秆和畜禽粪污综合利用居全国领先水平。启动农村集体产权制度改革整省试点，完成集体产权制度改革的村达93.7%、实现分红的村村均累计分红40.9万元。实施“三变”改革的村达52.8%、参改农户户均增收1100元。建成省级美丽乡村中心村812个，改造农村危房5.01万户，建成农村公路扩面延伸工程2.5万公里。完成新一轮农网改造升级，农村水电供区管理体制改革取得突破性进展，水电供区电网应急改造项目全部开工建设。农村生活垃圾无害化处理率达68.2%。6个县（市）入选全国乡村治理体系建设试点。面对近40年来最严重的伏秋冬连旱，制定实施有效措施，强化水资源供应和调度，确保了城乡居民饮水安全、规模养殖场供水安全、冬小麦等主要农作物的适时播种，最大限度降低了旱灾损失和影响。

（六）深度推进改革开放，发展动力活力持续增强。深化“放管服”改革，动态调整权责事项，省级行政权力事项、行政审批事项保持全国最少。省级政府透明度指数全国最高，政务服务事项办理基本实现“只进一扇门”“最多跑一次”，82%个人事项实现全程网办。推进“双随机、一公开”监管全覆盖，“互联网+监管”系统建成运行。完善和深化编制“周转池”制度，为教育、卫生领域统筹编制9万名。完成9户省属企业规范董事会建设，马钢集团与中国宝武战略重组顺利实现。实施民营经济上台阶行动计划，设立运行民营企业纾困救助基金。启动新安江流域生态补偿机制“十大工程”，实施滁河流域生态补偿机制，完善河（湖）长制、林长制，全国首个林长制改革示范区落地我省。

全力打造内陆开放新高地。合肥经开区综合保税区、铜陵（皖中南）保税物流中心（B型）、芜湖跨境电商综合试验区获批建设，蚌埠港二类水运口岸实现对外开放。进口货物“两步申报”通关改革启动实施。芜湖、蚌埠至上海港口直达航线首次开通，芜湖港集装箱年吞吐量首次突破100万标箱。合肥中欧班列开行368列，发运列数和箱量分别增长102.2%和102.6%。皖港澳合作、对台工作、“侨梦苑”建设取得新进展。成功举办2019世界制造业大会、首届世界显示产业大会、中国安徽名优农产品暨农业产业化交易会。在世界制造业大会上，我省共签约项目638个、投资总额7351亿元，分别增长46%和64%。特别是习近平总书记发来贺信，从国家层面赋予大会重要定位，必将引领安徽高质量发展、高水平开放跃上新台阶。

（七）切实加强民生建设，社会大局保持和谐稳定。启动实施安徽教育现代化2035。新建、改扩建公办幼儿园537所,建成智慧学校2186所。启动本科教育“十大工程”和高峰学科建设计划,安徽艺术学院、马鞍山学院获批设立。高职扩招任务超额完成,90所职业院校入选国家“1+X”证书制度试点。新增技能人才33.15万人,我省选手在世界技能大赛上首获金牌。加强援企稳岗和重点群体就业扶持,为2.04万户企业返还失业保险费33.42亿元。强化“三医”联动,37个县(市)紧密型县域医共体、4个市紧密型城市医联体启动建设,“智医助理”推广到55个县(市、区),“互联网+医疗健康”示范省获批建设。中药配方颗粒“走出去”取得重大突破。建立城乡居民基本养老保险待遇确定和基础养老金正常调整机制,建成36个智慧养老试点,3个市入选国家居家和社区养老服务改革试点。妥善保障215万城乡低保对象基本生活。全民健身活动深入开展。宗教事务规范管理深入推进。第四次经济普查高质量完成。妇女儿童、残疾人、红十字、慈善、志愿服务等事业取得新进步,气象、地震、援藏援疆等工作进一步加强。

文化事业繁荣发展。新增47处全国重点文物保护单位,25个县进入第一批国家革命文物保护利用片区。4部作品获全国“五个一工程”奖。哲学社会科学、参事文史、档案方志等工作得到加强。社会主义核心价值观建设蓬勃展开,“好人安徽”品牌越来越亮。李夏被授予“时代楷模”称号,3人当选全国道德模范,6名个人和小岗村“大包干”带头人集体荣膺新中国“最美奋斗者”,入列“中国好人榜”总数位列全国第一。一批又一批英雄楷模和先进典范在江淮大地不断涌现,挺起了安徽昂扬向上的风采和形象!

以保安全保大庆保稳定为重点,全面提升社会治理和平安安徽建设水平。坚持和发展新时代“枫桥经验”,创新多元矛盾纠纷预防化解机制,信访形势平稳向好。建立安全生产和应急管理新体制,持续加强风险隐患排查整治,建成并运行危险化学品、地质灾害安全监测信息系统,改革完善食品药品监管体制,安全生产形势持续稳定。健全社会治安防控体系,深入推进扫黑除恶专项斗争,人民群众安全感进一步增强。

贯彻新时代军事战略方针,大力推进国防动员能力建设,全面加强退役军人事务管理、人民防空、双拥优抚工作,启动建设军民融合产业示范基地,基本完成驻皖部队向军队资产管理公司移交资产任务,驻皖部队和民兵预备役人员为全省发展大局作出重要贡献。

（八）扎实开展“不忘初心、牢记使命”主题教育,政府履职能力水平不断提高。聚焦“守初心、担使命,找差距、抓落实”总要求,把学习教育、调查研究、检视问题、整改落实贯穿主题教育全过程,深入开展“严规矩、强监督、转作风”集中整治形式主义官僚主义专项行动和“三个以案”警示教育,扎实推进“8+2”专项整治和集中治理,解决了一大批群众的操心事、烦心事、揪心事。全面完成省市县政府机构改革,完成承担行政职能事业单位改革。制定修改废止省政府规章10件,提请省人大常委会审议地方性法规12件。全面推行行政执法“三项制度”和行政规范性文件合法性审核机制。全省办理行政复议案件6876件、行政应诉案件7123件。自觉接受人大监督,依法执行人大决议决定,办理省人大代表建议1111件。主动接受政协民主监督,开展各类民主协商9项,办理省政协委员提案761件。深化廉政风险防控,强化审计监督,坚决惩治各类腐败行为。严格落实“基层减负年”工作举措,全面推行“四不两直”调研方式,省政府文件、全省性会议均减少三分之一以上,行政效能和政府公信力进一步提升。

各位代表!

过去的一年,让我们最难忘的是,7000万江淮儿女以爱国报国的真挚情怀和实际行动,热烈庆祝新中国成立70周年,成功举办安徽发展成就展,隆重举行系列庆祝活动,爱国主义的硬核力量激荡人心,奋进新时代的洪流在江淮大地澎湃向前!

各位代表!

过去一年的成绩,是在外部环境错综复杂、经济下行压力持续加大的情况下取得的,的确来之不易。各级各方面和全省广大干部群众在习近平新时代中国特色社会主义思想科学指引下,深入贯彻落实中央及省委决策部署,恪尽职守,担当作为,苦干实干,为全省经济持续健康发展和社会大局和谐稳定付出了艰辛汗水、作出了重要贡献。在此,我代表省人民政府,向在各个岗位辛勤工作的全省人民,向给予政府工作大力支持的人大代表和政协委员,向各民主党派、工商联、人民团体和社会各界人士,向驻皖解放军指战员、武警官兵、政法公安干警和消防救援队伍指战员,向关心支持安徽改革发展的中央各部门、兄弟省市区、港澳台同胞、海外侨胞和国际友人,表示衷心的感谢!

在充分肯定成绩的同时,我们也清醒看到我省发展和政府工作中存在的问题。经济发展的结构性、体制性、周期性问题相互交织,新旧动能转换的步子还不够快,经济下行压力仍在加大。企业生产经营困难增多,就业结构、财政收支矛盾进一步显现,消费价格结构性上涨给人民生活带来一定影响。创新动能仍显不足,源头创新向产业创新延伸转化机制还不健全。中心城市能级和县域经济发展内生动力还不够强,资源型城市转型困难较大。“三农”领域短板突出,基础设施、生态环境、公共服务等领域短板较多,打好三大攻坚战还有不少硬骨头。政府工作存在不足,一些政策举措落实不到位,营商环境还不够优,少数干部思想不解放,不作为、慢作为、假作为、乱作为问题不同程度存在,遏制形式主义、官僚主义问题滋生的机制需要进一步完善,个别领域不正之风和腐败现象仍有发生。我们要勇于直面问题,着力解决问题,靠攻坚克难的作为推动发展新跃升,以实干兴皖的担当回报人民新期待!

二、决战决胜全面建成小康社会

2020年是全面建成小康社会和“十三五”规划收官之年。

当前,国内外形势正在发生深刻复杂变化,来自各方面的风险挑战明显增多,我省发展面临的外部环境依然严峻,必须增强忧患意识,做足做好应对更加困难局面的准备。同时更应当看到,安徽创新活跃强劲、制造特色鲜明、生态资源良好、内陆腹地广阔,在落实中央宏观调控政策、实施长三角一体化发展和促进中部地区崛起战略等方面,都拥有许多重大机遇,完全有条件、有能力战胜各种风险挑战,保持好的发展势头。特别是党的十九届四中全会擘画了国家治理体系和治理能力现代化的宏伟蓝图,省委十届十次全会作出了贯彻落实的决策部署,具有改革创新精神的安徽,一定能更好地把制度优势转化为治理效能,为推动经济社会发展提供坚强保证。

做好政府工作,必须坚持以习近平新时代中国特色社会主义思想为指导,全面贯彻党的十九大、十九届二中、三中、四中全会和中央经济工作会议精神,坚决贯彻党的基本理论、基本路线、基本方略,增强“四个意识”、坚定“四个自信”、做到“两个维护”,按照省委十届十次全会和省委经济工作会议部署,紧扣全面建成小康社会目标任务,坚持稳中求进工作总基调,坚持新发展理念,坚持以供给侧结构性改革为主线,坚持以改革开放为动力,推动高质量发展,坚决打赢打好三大攻坚战,全面做好“六稳”工作,高质量推进五大发展行动计划,统筹推进稳增长、促改革、调结构、惠民生、防风险、保稳定,保持经济社会持续健康发展,确保全面建成小康社会和“十三五”规划圆满收官,加快建设现代化五大发展美好安徽。

今年发展的主要预期目标是:全省生产总值增长7.5%,固定资产投资增长10%左右,社会消费品零售总额增长9.5%左右,进出口总额增长高于全国平均水平,财政收入增长保持上年水平,城镇新增就业63万人以上,城镇调查失业率5.5%左右,居民消费价格涨幅3.5%左右,城镇常住居民人均可支配收入增长高于全国平均水平,农村常住居民人均可支配收入增长高于全国平均水平0.5个百分点以上,现行标准下剩余的农村贫困人口全部脱贫,单位生产总值能耗降低、主要污染物排放量降低完成国家下达目标任务。

上述目标安排,贯彻了新发展理念,体现了高质量发展要求,既与全面建成小康社会和“十三五”规划收官相衔接,也兼顾了需要与可能。实现这些目标并不轻松,关键要苦干实干加油干。工作中,要把握好以下几点。

第一,坚定不移贯彻新发展理念。把握新时代新要求,紧紧扭住新发展理念推动发展,持续深化、一体推进五大发展行动计划,把注意力集中到解决各种不平衡不充分的问题上,切实把创新、协调、绿色、开放、共享发展贯穿到推动高质量发展全过程、各方面。

第二,稳中求进推动经济持续健康发展。在经济下行压力持续加大的情况下,必须首先把经济稳住。精准落实宏观调控政策,着力扩大有效需求,持续增强微观主体活力,加强各项政策的有效联动和精准落地,形成保持经济平稳运行的合力,全面做好稳就业、稳金融、稳外贸、稳外资、稳投资、稳预期工作,努力保持全省经济稳中向好、长期向好的基本趋势。

第三,进一步抓好国家区域发展战略实施。紧紧跟上长三角一体化发展、长江经济带发展的快进键,对标促进中部地区崛起的新要求,把国家战略实施与优化全省空间布局、提高中心城市和城市群能级更好结合起来,用好比较优势,办好安徽的事情,实现国家战略实施提速加力增效,加快培育区域发展新动力源。

第四,加快积蓄高质量发展新动能。坚持“巩固、增强、提升、畅通”的方针,推进“科创+产业”发展,加快产业基础高级化、产业链现代化,深化市场化改革和高水平开放,让创新驱动和改革开放两个轮子更快地转起来,努力在高质量发展赛道上跑出安徽的好成绩。

第五,全面提升治理效能。坚持系统治理、依法治理、综合治理、源头治理,着力抓好推进治理体系和治理能力现代化的重点任务,在创新高质量发展体制机制、强化改善民生关键性举措等方面下足功夫,全面提升政府推动经济社会发展、管理社会事务、服务人民群众的能力和水平。

第六,确保全面建成小康社会质量和成色。聚焦全面建成小康社会的定性定量指标,扎扎实实抓重点、补短板、强弱项,引导各地从实际出发,完成既定目标任务,尤其要筑牢“三农”压舱石,打好三大攻坚战,全面提升公共服务、生态环保、社会治理等领域的“小康指数”,确保全面小康得到人民认可、经得起历史检验!

三、2020年重点工作

今年经济社会发展要求高、挑战多、任务艰巨。必须贯彻落实中央及省委的部署,坚持问题导向、目标导向、结果导向,着力抓好以下重点工作。

(一)坚决打好三大攻坚战

坚决打赢精准脱贫攻坚战。今年是脱贫攻坚战决胜之年,要全面检视已开展的工作,找准短板,理清弱项,精准施策,努力把短板补得再扎实一些,把基础打得再牢靠一些。特别要聚焦深度贫困地区和特殊贫困群体,深入实施脱贫攻坚“十大工程”,抓好中央脱贫攻坚专项巡视“回头看”和国家考核反馈问题整改,确保如期实现现行标准下农村贫困人口全部脱贫。按照逐村逐户逐人逐项要求,动态清零“两不愁三保障”及饮水安全突出问题。加大深度贫困地区基础设施、基本公共服务补短板项目的投入,加快淮河行蓄洪区安全建设,抓好直接建房外迁安置。实行“一户一方案、一人一措施”,落实特殊贫困人口保障政策。严格执行贫困退出标准和程序,及时做好返贫人口和新发生贫困人口的监测帮扶。开展脱贫攻坚普查。探索解决相对贫困的长效机制,推进脱贫攻坚与实施乡村振兴战略有机衔接。

坚决打好污染防治攻坚战。加快重点行业超低排放改造和挥发性有机物综合治理,实施重点行业大气污染物特别排放限值,完善应对重污染天气差异化管控措施。推广城镇污水治理“三峡模式”,推进市政排水管网修复及雨污分流改造。基本消除设区市建成区黑臭水体,加快农村黑臭水体治理。深入开展长江生态环境突出问题整治,巩固扩大巢湖综合治理成效,深化入河入湖排污口排查整治。强化土壤污染风险管控和治理修复,完善危险废物管理制度。推进城市生活垃圾分类,生活污水、垃圾日处理能力分别新增40万吨和3000吨。倡导绿色健康生活方式,减少白色污染。完善能源消费总量和强度双控制度,推广清洁能源。推深做实河(湖)长制,推进新安江流域生态补偿机制“十大工程”,建立健全沱湖流域生态补偿机制。加快建设全国林长制改革示范区,争创国家生态文明试验区。深入推进环巢湖十大湿地保护与修复工程。规划建设合肥骆岗中央公园。推动林业增绿增效,强化林业生态安全保护及松材线虫病防治,完成造林120万亩。完成自然保护地勘界立标。继续抓好生态环境突出问题整改,健全污染源监测管理长效机制。把加强监管和服务发展结合起来,促进企业绿色发展。

坚决打好防范化解重大风险攻坚战。深入实施“1+8+N”方案体系。稳妥有序化解地方法人金融机构风险,妥善处置重点企业信用违约风险。有效防范、严厉打击非法集资等非法金融活动,基本化解互联网金融存量风险。促进存续交易场所合法合规经营。深化政府债务风险防控,健全规范的举债融资机制。

(二)扎实做好强实体稳增长工作

实施稳企强企增企行动。出台促进经济持续健康发展意见,持续落实大规模减税降费政策,坚决把该减的税减到位、把该降的费降到位。健全“敢贷、愿贷、能贷”引导激励机制,商业银行制造业中长期贷款和小微企业贷款增速不低于各项贷款平均增速,新型政银担业务新增放款1000亿元以上。加快省级股权投资基金募投运营。推进更多优质企业对接多层次资本市场,提升省区域性股权市场服务能力。提升“四送一服”精准度,持续加大对企业的支持和帮扶。大力实施“专精特新”冠军企业培育行动,培育一批“单项冠军”“隐形冠军”“小巨人”企业。培育壮大高等级资质建筑企业。进一步加力新生市场主体培育,推进“个转企、小升规”,努力让大众创业万众创新在我省迸发更强劲的活力。

稳定扩大有效投资。加强先进制造、民生建设、基础设施等领域项目建设,全年新开工亿元以上重点项目1800个以上、竣工700个以上。全线贯通商合杭高铁,开工建设阜阳—淮北、六安—安庆铁路,新增铁路运营里程255公里。开展“县县通高速”攻坚行动,加快实现从“县县通”到“县城通”。开工建设合肥—周口高速寿县颍上段、阜阳—淮滨高速安徽段,新增一级公路300公里。积极推进合肥新桥国际机场、阜阳机场、池州机场改扩建,建成芜湖宣州机场。开工建设15座重点易涝区排涝泵站、30条中小河流治理、107座小型水库除险加固项目,引江济淮主体工程完成投资160亿元以上。推进城市更新,改造城镇老旧小区700个以上,新增城市公共停车泊位7.5万个、城市绿道600公里。推进5G网络建设,新建5G基站1万个以上。

促进消费扩容提质。加快服务消费升级,鼓励引导汽车、家电、消费电子产品更新消费。培育智能消费、定制消费等新模式。建立完善婴幼儿照护服务体系,发展多种形式的就近便捷托育服务。改造提升特色商业街区,繁荣活跃夜间经济。新增限额以上商贸流通企业1000家。扩大旅游精品供给,加快培育乡村旅游、红色旅游、康养旅游、研学旅游等消费热点,实施全域旅游四级联建工程。

(三)加快提升创新能力

加强科技创新策源地建设。提升合肥综合性国家科学中心功能。建成量子信息与量子科技创新研究院一期工程。大力推进国家实验室争创。加快建设聚变堆主机关键系统综合研究设施、合肥先进计算中心,推进合肥先进光源、大气环境立体探测实验研究设施等预研。建设未来技术综合研究基地。加快能源研究院、人工智能研究院建设,组建大健康研究院、环境科学研发平台。稳定运行和发展“一室一中心”,组织实施500项科技重大专项和重点研发计划项目,突破一批核心技术,把更多创新链、产业链的“根”扎在安徽的土地上。

加快科技成果落地转化。聚焦信息、能源、健康、环境等领域,统筹推进基础研究、应用基础研究和成果转化,促进更多前沿科技研发“沿途下蛋”。积极在有条件的市布局建设产业创新中心,加快构建科技研发、技术熟化、产业孵化、企业对接、成果落地的完整机制。支持大中小企业和各类主体融通创新,发展产业共性技术研发平台。

组建一批政产学研用金一体化新型研发机构。提升安徽创新馆运营水平,全省企业吸纳技术合同成交额增长10%以上。建立健全“首台套”“首批次”“首版次”支持政策,构建有利于科技成果转化落地的支持平台,努力让安徽成为创新动能成长壮大的肥沃土壤!

打造创新愉快的人才发展生态。健全以人才为核心的创新激励机制,完善首席科学家、岗位管理、科研人员股权激励、柔性引才等制度政策,健全以创新能力、质量、贡献为导向的科技人才评价体系,努力使各类人才引得来、留得住、用得好。扶持一批高层次科技人才团队在皖创新创业。健全知识产权创造、保护、运用、服务体系。加强联系服务专家和优秀人才工作,实行外国人才签证全流程在线办理,构筑起海内外英才向往汇聚的强大磁场。

(四)大力推动制造业高质量发展

推进战略性新兴产业集聚发展。动态优化新兴产业重大基地布局,启动新一批重大工程、重大专项,壮大战略性新兴产业基地后续梯队。实施优势产业强链补链工程,培育引进一批产业链核心企业,支持上下游企业加强产业协同和技术合作攻关,打造卡不住、拆不散、搬不走的优势产业集群。推动国家战略性新兴产业集群提速发展。加快建设合肥国家新一代人工智能创新发展试验区,“中国声谷”入园企业超千家、营业收入超千亿元。实施未来产业培育计划,超前布局量子计算与量子通信、生物制造、先进核能等产业,加快类脑芯片、第三代半导体、聚乳酸、靶向治疗、再生医疗、非晶材料等产业化步伐。

推动传统产业优化升级。化解煤炭过剩产能210万吨。实施亿元以上技改项目1000项以上。加快工业互联网建设应用,创建智能工厂、数字化车间200个,推广应用工业机器人6000台。创建绿色工厂50家以上。持续推动工业增品种、提品质、创品牌,培育工业精品100项、创新产品500项。

推动先进制造业和现代服务业深度融合。加快发展工业设计、现代供应链管理等生产性服务业,支持发展共享生产、柔性定制、网络协同、服务外包等新业态,创建服务型制造示范企业30家。开展质量提升行动,设立标准化研发专项,争创国家级技术标准创新基地,加快建设国家检验检测高技术服务业集聚区,促进更多的优势企业掌握标准制定话语权。

大力发展数字经济。加快建设江淮大数据中心。实施5G产业规划和支持政策,促进5G移动互联建设和5G+产业发展。推动物联网、下一代互联网、区块链等技术和产业创新发展。深化数字经济,推进建设“城市大脑”,大力发展工业APP,新增“皖企登云”企业5000家。

(五)扎实推进长三角一体化发展和区域协调发展

全面实施长三角一体化发展规划纲要和安徽行动计划。加快建设协同创新产业体系,参与编制实施长三角科技创新共同体发展规划,推动合肥、上海张江综合性国家科学中心“两心”共创。规划建设“一岭六县”产业合作发展试验区,促进宿州徐州现代产业园区共建,推进顶山—汊河、浦口—南谯、江宁—博望等省际毗邻地区全方位合作。提升基础设施互联互通水平,推进滁州、马鞍山与南京城际轨道对接建设,加快合肥都市圈轨道交通建设,深化沿江港口与上海、宁波舟山等港口合作,强化与上海机场战略合作。推进公共服务一体化,扩大异地就医门诊费用直接结算覆盖范围,推动更多事项跨区域“一网通办”。

统筹推进“一圈五区”建设。实施合肥都市圈一体化发展行动计划,推进合六经济走廊、合淮产业走廊建设,高水平打造合肥空港经济示范区。深化合芜蚌国家自主创新示范区建设。推动皖江城市带承接产业转移示范区优化升级,支持江北、江南产业集中区改革创新和高质量发展。持续推进淮河生态经济带建设。出台皖北承接产业转移集聚区建设支持政策,启动建设“6+2+N”产业承接平台,建设100个以上长三角绿色农产品生产加工供应基地。深入落实对大别山革命老区倾斜政策,重点支持特色产业发展和对外联通通道建设。深化皖南国际文化旅游示范区建设,合作打造长三角健康养老基地。基本完成省级国土空间规划编制。健全城乡基础设施、基本公共服务统一规划建设和管护机制,实现100万农业转移人口落户城镇。

加快资源型城市转型发展。完善支持资源型城市转型发展政策,开拓新旧动能转换路径。促进科技资源向资源型城市流动,布局一批创新平台。统筹传统产业改造升级与接续产业培育壮大,支持发展高端装备制造、新型煤化工、陶铝新材料、铜基新材料等产业。深化城区老工业区、独立工矿区搬迁改造和采煤沉陷区综合治理国家级试点,支持尾矿和工业废弃物资源化利用,发展循环经济,加快把昔日的"工业锈带"变成"生活秀带"。

持续增强县域经济发展活力。培育壮大县域特色产业集群(基地)。提升县域产业创新能力,推广"县院合作"模式,依托龙头企业、开发园区组建协同创新平台。接轨中心城市布局,打造一批卫星城镇,培育一批省级特色小镇。

(六)深入实施乡村振兴战略

加快补上农村基础设施和公共服务短板。深化"四好农村路"示范创建,建成农村公路扩面延伸工程1.1万公里。编制实施新一轮农村供水规划,推动有条件的地区城市供水管网向农村延伸,自来水普及率达85%。持续推进农村人居环境整治"三大革命""三大行动",完成32万户以上卫生厕所改造,乡镇政府驻地和省级美丽乡村中心村生活污水治理设施实现全覆盖,生活垃圾无害化处理率达70%以上。整治农村改厕工程突出问题是今年农村人居环境整治的重要任务,要确保质量优良、使用有效、群众认可。有序推进村庄规划,建成省级美丽乡村中心村700个以上。提高农村教育质量,加强基层医疗卫生服务和社会保障,改善乡村公共文化服务,让农民群众的小康生活质量成色足、不打折。

保障重要农产品有效供给,促进农民增收。强化粮食安全省长责任制,落实农业补贴政策,加大对产粮大县的奖励支持,确保粮食播种面积和产量稳定。全面落实省负总责和"菜篮子"市长负责制,加强生猪稳产保供和疫病防控,取消不合理的禁养限养规定,确保生猪产能恢复到接近常年水平。加强现代农业基础设施建设,新建高标准农田380万亩,启动农产品仓储保鲜冷链物流设施建设工程,推进光纤网络和4G网络向自然村延伸。发展富民乡村产业,深入实施农产品加工业"五个一批"工程,建设一批现代农业特色种养项目,新培育"三品一标"农产品1000个以上,新增产值超50亿元农产品加工园区3个、产值超10亿元龙头企业10家。推进农村电商提质增效,拓展快递服务网络,培育农村产品上行超千万元的电商经营主体100家以上。完成大规模畜禽养殖场粪污处理设施建设,秸秆和畜禽粪污综合利用率分别超过90%和80%。拓展农民就业增收渠道,新建省级农民工返乡创业示范园50个、农村劳动力转移就业实训基地10个,加强欠薪源头治理,保障农民工工资支付。

深化农村改革创新。落实农村土地承包关系稳定并长久不变政策。深化"三权分置"改革,完成农村集体产权制度改革整省试点任务。开展"三变"改革的村达60%以上,培育更多集体经济强村。开展农村闲置宅基地和闲置住宅盘活利用试点示范。健全面向小农户的社会化服务体系,深化供销社综合改革,推进农业保险提标扩面增品,发展农业科技创新联盟,培育新型职业农民,推动千家万户加快融入现代农业产业体系、生产体系和经营体系。

(七)深化重点改革优化营商环境

更大力度推进"放管服"改革。落实《优化营商环境条例》及我省实施办法,持续开展创优营商环境提升行动。持续压减市场准入负面清单、行政审批事项、工商登记后置审批事项,深入推进"照后减证"和简化审批,下大气力解决"准入不准营"问题。深化部门联合"双随机、一公开"监管,加强重点监管和信用监管,深化"互联网+监管"平台建设。持续深化"一网、一门、一次"改革,建设新型全省政务"皖事通办"平台,推进同一事项无差别受理、同标准办理,让更多事项就近能办、全省通办,企业开办"一日办结"。在各级政务服务中心全面开展7×24小时不打烊"随时办"服务,全面开设用水、用电、用气服务窗口,全面推行为新开办企业提供免费刻制公章服务。启动开发区"标准地"改革,设区的市级以上地方政府对所辖开发区内压覆重要矿产资源、地质灾害危险性等事项进行统一评估,不再对市场主体单独提出评估要求,进一步压缩企业投资项目开工前审批时间。

深化国资国企、财政、金融等重点领域改革。完善以管资本为主的国有资产监管体制,增强国有资本投资、运营公司平台功能。落实国企改革三年行动方案,基本完成省属企业规范董事会建设,深化国有企业职业经理人和委派省属企业总会计师制度建设。推进省以下相关领域财政事权和支出责任划分改革,完善省对下转移支付制度,推进预算和绩效管理一体化。完善金融供给体系,深化省农村信用社联合社改革。

优化民营经济发展环境。构建新型政商关系,出台支持民营企业改革发展举措,帮助解决发展中的困难和问题。清理与企业性质挂钩的行业准入、资质标准、产业补贴等规定和做法,开展供电、供水、供气、供热、消防等领域指定交易和歧视性限制问题专项整治,继续清理拖欠民营企业中小企业账款。健全执法司法对民营企业的平等保护机制,完善民营企业家参与涉企政策制定和执行机制,选树一批优秀民营企业和民营企业家。我们要进一步强化"为自己人办事就是办自己的事"的观念,坚决为民营经济发展营造公平、清朗、愉快的环境!

(八)推进更高水平开放

推动外贸稳中提质。加强多元化市场开拓,加大对外贸企业监测服务力度,推动产业集群"组团出海",促进出口型产业项目增资扩产。促进制造业产品和优势农产品出口。加强先进技术设备、关键零部件、资源型产品进口。深化外贸转型升级基地建设,推动合肥服务外包示范城市创新发展,争创国家数字服务出口基地,培育服务贸易新业态。完善跨境电商公共服务平台功能,支持电商、物流龙头企业建设境外仓储物流配送中心,力争跨境电商交易额增长50%以上。

推进大通道大平台大通关建设。深化与“一带一路”沿线国家和地区开放合作,积极参与境外经贸合作区建设,加强国际产能和装备制造合作。扩大合肥中欧班列覆盖面。推进海关特殊监管区域提质升级、做大做强。精心办好2020世界制造业大会、中国(安徽)科技创新成果转化交易会,积极申办2020世界显示产业大会。加强对台和侨务工作,深入发展国际友城关系。推进开放型经济体制机制创新,积极申创中国(安徽)自由贸易试验区。

推动招商引资提效提质。认真贯彻外商投资法及配套法规,发布外商投资指引,扩大制造业、服务业、农业等领域对外开放,提升外商投资便利。鼓励各地因地制宜、依法依规出台招商引资优惠政策,推行专业招商、委托招商、“基金+产业”招商等新模式,实行更加灵活更加有效的招商激励办法。扩大开发区法定机构改革试点范围,建立省级开发区赋权清单制度。突出抓好主导产业补链强链延链环节的招商,提升开发区承接产业转移水平。

(九)更好保障和改善民生

办好人民满意的教育。推进学前教育普及普惠发展,新建、改扩建公办幼儿园463所,学前三年毛入园率达90%。推进义务教育优质均衡发展,建成乡村中小学智慧学校1700所,改善乡村小规模学校和乡镇寄宿制学校设施条件,贫困地区义务教育小规模学校(教学点)智慧学校实现全覆盖。推动普通高中多样化、有特色发展,稳步推进考试招生评价制度和课程改革。深化职业教育改革,打造一批产教融合型城市、行业、企业。大力支持世界一流大学和一流学科建设,加快打造特色优势明显、具有较强竞争力的地方高校。办好特殊教育、继续教育、老年教育,依法支持和规范民办教育。深化中小学教师“县管校聘”改革,巩固和完善中小学教师待遇优先保障机制,完善教师进出机制。办好思政课。加强师德师风建设,用高尚师德铸魂育人。

强化就业和社会保障。实施就业优先政策,常态化推进“2+N”招聘活动,突出抓好高校毕业生、下岗失业人员、农民工、退役军人、残疾人等重点群体就业,动态消除零就业家庭。推进技工大省建设,深入实施“创业江淮”行动和职业技能提升行动。实行企业职工基本养老保险省级统筹。开展医养结合示范创建,推进医养资源整合和统一信息平台建设,大力发展智慧养老,推进城市养老服务“三级中心”全覆盖。完善房地产市场差别化调控措施,大力发展住房租赁市场,继续实施城镇棚户区改造和公租房建设,棚户区改造基本建成15.3万套。提高社会救助标准,及时启动社会救助和保障标准与物价上涨挂钩联动机制。加大农村留守儿童和困境儿童关爱服务力度,生活不能自理特困人员集中供养率达50%。

大力推进健康安徽建设。培植优质医疗资源,发展高水平医院,加快建设国家区域医疗中心及临床重点专科。加强常见病、罕见病防治。推进“互联网+医疗健康”示范省建设,“智医助理”覆盖所有基层医疗机构。健全现代医院管理制度。稳定发展村医队伍,提升基层医疗卫生服务能力。完善分级诊疗、双向转诊机制,健全县域医共体医保基金按人头总额预付机制,扩大按病种收付费实施范围,紧密型县域医共体实现全覆盖,紧密型城市医联体扩大到10个市。支持建立中医药传承创新平台,推进中医药服务基层全覆盖,支持亳州“世界中医药之都”建设。加强儿童青少年近视防治。加快体育发展,加强全民健身场地设施建设,办好省第五届全民健身运动会。

繁荣发展文化事业。贯彻《新时代爱国主义教育实施纲要》,建好用好爱国主义教育基地,增进全省人民的爱国情怀和行动。培育践行社会主义核心价值观,弘扬优秀传统文化,加强公民道德建设,推进新时代文明实践中心建设。支持新一届全国文明城市创建。加快大运河国家文化公园、国家考古遗址公园、徽州文化生态保护区建设,推进非遗保护传承和文旅融合发展。深入推进文化惠民,加快省科技馆、省文化馆新馆建设,村级综合性文化服务中心覆盖率达95%。推动哲学社会科学创新发展,加强新闻出版、广播影视、参事文史、档案方志等事业。创作一批人民群众喜闻乐见的文艺作品,讴歌小康生活,激扬时代精神。

精准高效实施民生工程。用项目化管理方式推进民生工程建设,严格实施标准,加强过程管控和建后管养。坚守节用裕民之道,继续压减“三公”经费和一般性支出,提高省级国有资本经营预算调入一般公共预算比例,积极盘活政府存量资金资产,把更多资金用在基本民生上,用政府的精打细算增添老百姓的幸福安康!

(十)建设更高水平的平安安徽

完善社会治安防控体系。深化“守护平安”系列行动,推进立体化信息化智能化社会治安防控体系建设。创新完善平安建设工作协调机制,推进各级综治中心标准化建设。依法惩治黄赌毒、盗抢骗特别是电信网络诈骗等违法犯罪行为,整治侵犯公民个人信息等突出问题。维护校园周边治安环境,切实保障学校、幼儿园安全。纵深推进扫黑除恶专项斗争,健全遏制黑恶势力滋生蔓延的长效机制,维护社会稳定,守护好人民群众的平安生活。

强化公共安全和应急管理。牢固树立安全发展理念,全面压紧压实安全生产责任,推进"铸安"行动常态化实效化。落实风险管控"六项机制",深入开展重点行业、重点领域安全隐患排查整治,维护好高速公路、危险化学品、地质灾害等事故监测预警系统的有效运行。加强和改进食品安全监管,实施药品质量安全强基工程,保障人民群众身体健康和生命安全。优化应急管理能力体系,加强应急专业队伍、综合性消防救援队伍建设,推进应急广播体系建设,提高防灾减灾救灾能力。

构建基层社会治理新格局。推动社会治理和服务重心向基层下移,加快构建自治、法治、德治相结合的城乡基层治理体系。推进市域社会治理现代化、"三社联动"工程建设、乡村治理三级建设等试点工作,加快建设全国社区治理和服务创新实验区、农村社区治理实验区。完善社会矛盾纠纷多元预防调处化解综合机制,深入开展信访突出问题专项整治,探索开展"最多访一次"试点。完善社区管理和服务,推进智慧社区建设,发挥群团组织、社会组织、行业协会作用,夯实基层社会治理基础。加强妇女、儿童、老人权益保护,发展残疾人、红十字等事业,深化民族团结、宗教和睦。做好第七次人口普查。加强援藏援疆工作。

深入贯彻习近平强军思想,大力支持国防和军队政策制度改革,落实国防动员体制改革任务,加强国防动员能力建设,做好国防教育、双拥优抚、人民防空、后备力量建设等工作,健全退役军人工作体系和保障制度,推动军民融合产业发展。今年的一项重要工作,是编制好"十四五"发展规划。我们要充分发扬民主,汇众智、聚众力、遂众愿,准确把握"十四五"发展阶段性特征和要求,合理确定目标任务,谋准谋实战略举措,使其成为引领奋进第二个百年奋斗目标、开启安徽现代化建设新征程的好规划。

四、全面提升政府治理能力和水平

面对更加艰巨繁重的改革发展稳定任务,必须持续推动不忘初心、牢记使命,进一步加强政府自身改革,加快构建职责明确、依法行政的政府治理体系,大力建设人民满意的服务型政府。

优化职责体系,严格依法行政。认真履行政府经济调节、市场监管、社会管理、公共服务、生态环境保护等职能,构建"全省一单"权责清单制度体系。扎实推进法治安徽建设,全面完成《法治政府建设实施纲要(2015—2020年)》目标任务,完善公共法律服务体系。健全科学、民主、依法决策机制,使各项政策制定更接地气、更有质量、更加有效。相对集中行政执法权,推动执法重心下移,加快推进综合行政执法改革,探索跨领域跨部门综合执法。加强和改进行政复议、行政应诉工作。自觉接受人大监督、政协民主监督、社会监督和舆论监督,推进基层政务公开标准化规范化,让行政权力在阳光下运行。

健全协同机制,提高行政效能。增强全局观念,推进政府机构职能优化协同高效,深化部门协调配合,防止政出多门、政策效应相互抵消,在多重目标中实现整体发展利益最大化。严格执行工作责任制,健全权威高效的制度执行机制,完善绩效考核评价体系,全面实施政务服务"好差评",提升工作调度、政务督查实时化精确化智慧化水平,保证各项决策部署取得预期成效。

强化制约监督,恪守清正廉洁。认真履行全面从严治党主体责任和"一岗双责",深化廉政风险防控,健全行政审批、工程建设、公共资源交易等重点领域监管机制,强化对权力运行的制约和监督。支持纪检监察机关依规依纪依法履职,深入推进审计全覆盖,强化巡视成果运用,坚决惩治各类腐败和损害群众利益的行为。各级政府及工作人员要永葆忠诚干净担当的政治本色,知敬畏、存戒惧、守底线,干干净净干事、清清白白做人,确保党和人民赋予的权力始终用来为人民谋幸福。

坚持实干兴皖,勇于担当作为。把开展"不忘初心、牢记使命"主题教育的成果,转化为奋勇争先、实干担当的精气神,切实做到知重负重、知责尽责。促进各级领导干部增强"八种本领",发扬斗争精神,增强斗争本领,坚决破除一切阻碍改革创新、制约安徽发展的思想观念和体制机制障碍。坚持"三严三实",持续深化"三个以案"警示教育,坚决整治"四风",坚决杜绝形形色色的形式主义、官僚主义,进一步为基层减负松绑。把抓落实作为开展工作的主要方式,深入基层群众加强调查研究,用真招实招抓发展、惠民生,切实把中央及省委的决策部署一项一项落在实处、抓出实效。要进一步树立担当作为、务实肯干的鲜明导向,用好容错纠错、尽职免责机制,充分激发广大干部群众干事创业的积极性,让想干能干会干者都能干成事,让创新创业创造者都能创出无愧于新时代的新业绩!

各位代表!

为政之要在于人民至上,成就梦想唯有干字当头。让我们更加紧密地团结在以习近平同志为核心的党中央周围,在中共安徽省委坚强领导下,不忘初心,牢记使命,为决战决胜全面建成小康社会、实现第一个百年奋斗目标、开创现代化五大发展美好安徽建设新局面而努力奋斗!

(安徽人大网)

关于安徽省2019年预算执行情况和2020年预算草案的报告

——2020年1月12日在安徽省第十三届人民代表大会第三次会议上

省财政厅

各位代表：

受省人民政府委托，向大会报告安徽省2019年预算执行情况和2020年预算草案，请予审议，并请省政协各位委员提出意见。

一、落实省十三届人大二次会议预算审查决议情况

2019年，全省各级财政部门坚持以习近平新时代中国特色社会主义思想为指导，全面贯彻党的十九大和十九届二中、三中、四中全会以及中央经济工作会议精神，认真落实省委十届十次全会和省委经济工作会议精神，认真落实省十三届人大二次会议决议要求，坚持稳中求进工作总基调，按照高质量发展要求，坚持依法理财治税，主动服务全省经济社会发展。

（一）加力提效实施积极财政政策

全面落实减税降费政策。严格落实国家增值税税率调整、小微企业普惠性减税等政策。在省级权限内按50%顶格减征增值税小规模纳税人“六税两费”，契税适用税率由4%降至3%，部分车辆车船税年税额标准降至法定最低标准等。印发降低社会保险费率综合方案，省养老保险征收比例降至16%并调整缴费基数。中央及省确定的各项减税降费政策全面落实，全年预计新增减税降费813.6亿元，其中，新增减税642.1亿元，新增社保费降费165.7亿元，有效减轻了企业负担，激发了市场活力。

持续扩大财政有效投入。发行地方政府债券直接融资1628亿元，其中专项债券1186亿元，重点支持各地棚户区改造、土地储备、政府收费公路及其他基础设施补短板项目建设。争取和拨付基建投资资金218.9亿元，支持重大公益性基础设施建设。省级安排铁路、公路、航运等专项资金174亿元，支持加快建设现代化交通体系。统筹63.2亿元，支持引江济淮工程征地拆迁及主体工程建设，加快灾后水利薄弱环节建设性治理。积极推广运用政府和社会资本合作（PPP）模式，累计纳入财政部PPP综合信息平台管理项目475个，总投资5194亿元，落地率、开工率均居全国前列。

服务推动营商环境进一步优化。动态更新财税优惠事项清单并向社会公开发布，及时公开行政事业性收费和政府性基金目录清单。将行政执法机关办案经费按规定纳入预算管理，罚没收入不再与其利益挂钩。常态化落实“四送一服”双千工程要求，推进全省统一公共支付平台建设，优化电子化缴款渠道。全面清理政府采购领域妨碍公平竞争做法，规范采购行为。推进财政法治建设，加强财政重大事项合法性审查和公平竞争审查，营造公平竞争市场环境。

实施财政支持普惠金融发展政策。省级投入17.2亿元，支持银行新设县域支行33个，支持52户企业对接资本市场、1428家企业在省科创板挂牌。完善政策性融资担保体系，健全省级担保风险补偿机制，全省新增政银担业务680.5亿元，在保余额817.9亿元，积极缓解中小微企业融资难题。农业信贷担保体系覆盖全部农业县区，2万余户新型农业经营主体获得担保贷款95.4亿元。投入20亿元，在全国率先建立农业“基本险+大灾险+商业险”三级保障体系，全省投保大宗农作物及森林约1.5亿亩、重要牲畜400万头，开展特色农产品保险60余种，提供风险保障768亿元。

（二）加大投入支持打好三大攻坚战

支持打好精准脱贫攻坚战。聚焦“两不愁三保障”及饮水安全突出问题，落实财政专项扶贫资金增长机制，资金规模达到142亿元，增长17%，省级增量资金全部用于贫困革命老区县和深度贫困县。统筹涉农、债券和存量资金165.2亿元，全力推进脱贫攻坚“十大工程”，支持推进打赢脱贫攻坚战三年行动。统筹安排淮河行蓄洪区居民迁建资金25.8亿元，支持92个集中安置点开工建设。完善扶贫资金动态监控系统应用，实施扶贫资金全过程绩效管理。

支持打好污染防治攻坚战。拨付引导资金9亿元，助推长江经济带“七大行动”和“三大一强”专项攻坚战。统筹11亿元，支持重点流域水污染防治和水生态修复、岸线环境综合整治。投入21.8亿元，落实秸秆禁烧和综合利用、柴油货车污染治理、大气污染防治等奖补政策，支持城市黑臭水体整治，推进土壤污染治理与修复，全力支持打好蓝天、碧水、净土保卫战。下达7.7亿元，实施第三轮新安江流域和大别山区水环境生态补偿机制，建立皖

苏滁河流域生态补偿机制,推进全省地表水断面、全省空气质量生态补偿等政策,支持各地加快绿色发展。

支持打好防范化解重大风险攻坚战。严格执行政府债务限额管理和预算管理制度,新增政府债务限额规模适当向财政实力强、债务风险低的地区倾斜,引导各地加强债务风险防控。全面落实防范化解隐性债务风险实施意见,建立健全政府隐性债务按月统计监测制度,及时开展政府债务风险预警提示。建立市县隐性债务定期风险评定机制,对被评定为高风险的地区开展约谈,督促严格落实风险化解实施方案,妥善化解存量,坚决遏制增量。贯彻落实违规举借隐性债务问责办法,防范化解隐性债务风险列入省政府重点督查事项,确保不发生系统性区域性财政金融风险。

(三)积极支持实施创新驱动发展战略

支持深化供给侧结构性改革。贯彻“巩固、增强、提升、畅通”方针,下达5.9亿元,落实钢铁、煤炭行业化解过剩产能人员安置等奖补政策。统筹新增中小企业(民营经济)发展专项资金10亿元,重点支持“专精特新”发展,推进融资服务体系建设,支持开展企业家培训。安排服务业发展引导资金,支持服务业集聚创新融合发展。落实好个人所得税专项附加扣除政策,支持扩大内需潜力,大力促进消费。按照“资金改基金、拨款改股权、无偿改有偿”要求,建立基金引导奖励机制,拨付36亿元,支持设立总规模698亿元,覆盖企业全生命周期、服务产业发展全链条、对接企业上市全过程的省级股权投资基金体系。

推进制造业高质量发展。安排“三重一创”引导资金60亿元,支持实施重大新兴产业基地新三年建设规划,推进重大新兴产业工程和重大新兴产业专项建设。下达制造强省建设资金25亿元,综合运用投资基金等方式,重点围绕高端制造、智能制造、精品制造、绿色制造、服务型制造,支持提升产业基础能力和产业链水平,支持首台(套)重大技术装备和示范应用,支持新材料首批次应用保险。支持“数字江淮”中心建设,统筹支持推进“中国声谷”、数字经济与人工智能以及集成电路产业发展,推动制造业做大做强和提质增效。支持军民融合重点产业化项目实施。

支持“四个一”创新主平台建设。安排合肥综合性国家科学中心建设资金,支持量子信息国家实验室创建和离子医学中心、类脑工程实验室、先进光源预研、聚变堆综合研究设施等建设。拨付13亿元,聚焦重大关键技术攻关等方面,推进创新型省份建设。安排经费保障“一室一中心”稳定运行,对新建省实验室、省技术创新中心给予奖励,支持4家大院大所在我省设立机构开展研发活动。落实技术型服务增值税减免政策,完善省级财政科研项目资金管理机制,充分发挥省科技成果转化引导基金和省级科技融资担保机构作用,加速引导科技成果在皖研发、转化和产业化。

支持落实开放发展战略。完善稳外贸稳外资政策措施,支持深化与“一带一路”沿线国家全方位经贸合作。拨付6.4亿元,兑现国家进口贴息、出口信用保险、主体培育、对外投资合作等政策。支持办好2019世界制造业大会。支持合肥出口加工区整合优化为合肥经济技术开发区综合保税区,支持铜陵(皖中南)保税物流中心(B型)获批建设,推动海关特殊监管区域加快发展。统筹安排人才专项资金5.5亿元,全面落实新时代“江淮英才计划”,支持培育引进高技能人才队伍和高水平创新团队。落实科技成果“三权”下放、股权期权分红激励等政策,加大引才引智支持力度。

(四)不断增进民生福祉

全面落实区域财政政策。落实长三角一体化发展国家战略,支持加快基础设施、公共服务、市场监管一体化进程,深化大气、水环境污染联防联治。统筹推进“一圈五区”建设,省级安排专项资金20.3亿元,支持皖北、皖江和南北共建产业园区发展。下达转移支付资金297亿元,支持大别山革命老区振兴发展。下达重点生态功能区、资源枯竭城市转移支付31亿元,支持加强生态环境保护,加快城区老工业区、独立工矿区改造和采煤沉陷区综合治理。安排奖补资金,支持旅游公共服务设施及5A景区创建,助推皖南国际文化旅游示范区及大黄山国家公园发展。

支持加强民生工作和社会综合治理。坚持以人民为中心的发展思想,围绕“七有”目标,动态完善民生工程项目,投入民生工程资金1215.3亿元,增长13.9%,保障33项民生工程顺利实施。统筹就业补助、职业技能提升、技工大省建设等资金55亿元,全面落实就业优先战略和更加积极的就业政策。下达102.3亿元,聚焦基层基本公共服务功能建设8大类25项具体任务,支持补齐贫困县区“双基”短板。支持深入开展“铸安”行动,强化食品药品监管。支持重特大突发事件应急处置,提升自然灾害防治能力。支持扫黑除恶专项斗争,支持维稳安保任务,持续推进“智慧皖警”建设,完善社区矫正、法律援助、国家司法救助制度,推动打造共建共治共享的社会治理格局。

支持实施乡村振兴战略。健全多元投入保障机制,统筹财政农业生产发展资金41.7亿元,发挥农业产业化发展基金作用,重点支持农产品加工业“五个一”工程建设,积极扶持龙头企业和优质项目。“一卡通”发放惠农补贴资金357.1亿元,保障各项惠民惠农政策有效落地。支持推进农村“三变”改革。下拨16亿元,落实村级组织运转经费保障机制,支持提升农村基层党组织服务群众能力。下达3.6亿元,支持壮大村级集体经济“百千万”工程实施。更好发挥一事一议财政奖补机制作用,投入19.1亿元,带动社会投入2.9亿元,支持9215个村级公益事业项目建设。统筹21.3亿元,加快推进美丽乡村建设,支持实施农村环境“三大革命”,积极提升农村人居环境。

支持新型城镇化建设。安排城市工作“五统筹”专项资金4亿元,完成改造城市污水管网661.1公里,提升城镇公厕2592座,支持开展垃圾分类。投入5亿元,支持引导特色小镇建设。下达农业转移人口市民化转移支付17.1亿元,引导农业转移人口举家进城落户。

(五)规范财政预算管理

加强收支预算管理应对减税降费影响。全面落实中央加强财政收支预算管理支持落实减税降费政策要求,积极采取有效措施,确保预算收支平衡。加大预算统筹力度,省级调入预算稳定调节基金260亿元,省级国有资本经营预算调入一般公共预算比例由20%提高到25%。商业一类企业收益收取比例由18%提高到20%。规范行政事业国有资产处置,继续清理结转结余资金,省级集中收回存量资金8.9亿元,全部用于应对减税降费影响。建立县级“三保”预算执行约束和风险防范处置机制,开展预算编制审核试点,明确县级基本财力保障范围和标准,落实“三保”支出在财政支出中的优先顺序,在预算安排和库款拨付等方面优先保障。

进一步规范预算编制管理。常态化提前启动年度预算编制工作,拓展预算编制时间周期。连续四年省市县乡四级一体布置预算编制,强化省以下预算编制联动。科学编制省级2020—2022年中期财政规划和部门三年滚动财政规划,加强预算项目储备与中期财政规划的衔接。开展省级项目支出定额标准建设试点,探索构建内容完整、结构优化、定额合理的标准体系,提高预算编制精准度。继续实行“大专项(大类别)+任务清单”预算编制方式,规范预算项目管理流程。

切实强化预算执行管理。坚持先有预算后有支出,严格控制预算追加,依规及时向省人大常委会报告预算调整方案。按程序动支预备费,保障抗旱救灾、小型屠宰企业非洲猪瘟自检、松材线虫病防治等应急支出。加强省市县预算执行动态监控,健全预算执行通报机制,对支出进度等情况按月通报,压实预算执行主体责任。完善预算执行考核挂钩机制,对预算执行进度慢的适当压减下年部门预算资金。建立库款动态管理机制,保持合理库款规模,规范实施国库现金管理和财政专户资金定期存放。

全面加强预算绩效管理。省委、省政府出台全面实施预算绩效管理的实施意见,加快建立全方位、全过程、全覆盖的预算绩效管理体系。省级项目和部门整体绩效目标与预算同步编制,绩效目标编制覆盖所有财政性资金。所有项目和部门整体绩效开展自评,对26个重点项目、2个部门和2项财政政策开展重点评价,涉及财政资金198亿元。建立绩效目标执行监控机制,健全绩效评价结果反馈和问题整改责任制,强化绩效评价结果运用。

(六)深化财政重点改革

优化省以下政府间财政关系。分领域加快推进财政事权改革,印发科技、教育领域财政事权和支出责任划分改革实施方案,推进交通运输领域改革,进一步厘清省与市县财政事权和支出责任。完善省对下转移支付制度,分设共同财政事权转移支付,实行基本公共服务保障标准备案制度。加大省对下财政转移支付力度,重点增加财力薄弱地区转移支付,着重提高县级财政保障能力。落实调整中央与地方收入划分改革推进方案要求,完善省以下增值税留抵退税分担机制,省级垫付35%,切实缓解企业和市县财政资金压力。

深入推进预算公开透明。创新预算公开评审论证,完善省级预算评审信息化系统,公开评审大专项10个,审减率50.9%;评审部门整体预算3个,审减率20.6%,预算安排的科学性和透明度进一步提升。深化预算信息公开,在预决算批复后20日内,省级127个部门集中公开部门预决算,16个市105个县区有序公开预决算,省级部门预算公开内容新增政府采购支出、政府购买服务支出,完整反映政府采购项目、内容、方式和资金渠道,在财政部发布的地方预决算公开度评比中我省位居全国第八。

统筹推进相关改革事项。省委、省政府出台完善国有金融资本管理的实施意见,成立省国有金融资本管理改革工作领导小组,统筹推进国有金融资本集中统一管理。做好省级机构改革资产管理和预算经费管理工作,保障省级机构改革平稳有序推进。进一步深化财政国库管理改革,加大政府财务报告试点改革力度。支持深化司法体制改革,深入推进省以下法院检察院财物省级统一管理工作。支持推进城乡居民基本医疗保险制度整合,支持落实医保支付方式、高值医用耗材带量采购议价谈判改革。

主动依法接受监督。全面落实人大预算审查监督重点向支出预算和政策拓展要求,落实法定事项报告机制,定期报送财政政策,继续向省人大常委会报告国有资产管理情况。省级预算联网监督系统成功上线运行,实现省人大对预算执行的实时动态监控,为人大依法监督提供有效支撑。主动征求省人大代表、省政协委员意见建议,办理人大代表建议377件、政协委员提案225件,认真研究,并积极吸纳采纳。支持配合审计监督,落实审计监督全覆盖要求,会同相关预算部门推动审计问题全部整改到位。

二、2019年预算执行情况

2019年,以习近平新时代中国特色社会主义思想为指导,在省委、省政府的坚强领导下,在省人大依法监督和省政协民主监督下,全省各级财政部门统筹推进稳增长、促改革、调结构、惠民生、防风险、保稳定工作,认真落实"六稳"工作要求,坚持"保重点、压一般、促统筹、提绩效",坚持发展为上、民生为本、脱贫为先、平安为基,充分发挥财政职能作用,加快建立现代财政制度,财政运行稳中有进、好于预期,全力保障省委、省政府重大决策部署有效落实,为加快建设现代化五大发展美好安徽提供了有力财政支撑。

2019年预算执行主要特点:

——财政收入符合预期。2019年,全省财政收入完成5710亿元,增长6.5%,增幅保持在合理区间,符合大规模减税降费政策预期,与国家减税降费政策要求相符,反映出我省经济运行稳定性较强和质量较好。

——落实过紧日子要求。坚持勤俭办事、厉行节约,坚决防止年底突击花钱,把钱花在刀刃上。坚决贯彻落实中央关于一般性支出要力争压减10%以上要求,省级一般性支出预算较上年下降10.3%。全省"三公"经费同口径下降6.6%,腾出更多资金,用于经济社会发展亟需领域。

——重点支出有力保障。2019年,全省财政支出完成7391亿元,增长12.5%,保持较高的支出强度,发挥财政政策逆周期调节作用。一般公共预算支出进度一直保持全国前列,教育、科技、环保、交通、社保和就业等领域支出增长较快,脱贫攻坚、生态环保、民生工程等重点支出得到有效保障。全省一般公共预算年终结转81.7亿元,占财政支出的1.1%,低于财政部规定上限7.9个百分点,是全国控制较好的省份之一。

——管理绩效持续提升。我省在全国财政管理工作绩效考核中获评优秀等次、位居第四,连续三年获国务院通报表彰;财政就业工作再次获国务院激励表彰;连续三年荣获全国财政扶贫资金绩效考核优秀等次;连续五年获财政部困难群众救助绩效考核优秀等次;在财政部县级财政管理绩效综合评价中,连续两年得分位居全国第一。

(一)一般公共预算

2019年,全省一般公共预算收入3182.5亿元,增长4.4%,加:中央税收返还及转移支付3373.7亿元、地方政府一般债务收入454亿元、调入资金等1320.1亿元,收入合计8330.3亿元。全省一般公共预算支出7391亿元,增长12.5%,加:一般债务还本支出305.7亿元、调出资金453亿元、上解中央等支出180.6亿元,支出合计8330.3亿元。

省级一般公共预算收入286.2亿元,加:中央税收返还及转移支付3373.7亿元、地方政府一般债务收入454亿元、调入资金等收入482.2亿元,收入合计4596.1亿元。省级一般公共预算支出996.9亿元,加:对市县税收返还及转移支付2909.6亿元、一般债务转贷市县支出372.1亿元、调出资金等支出317.5亿元,支出合计4596.1亿元。

1. 省级一般公共预算收支执行具体情况。

——省级收入执行情况。主要是:企业所得税完成155.3亿元,为预算的105.6%。个人所得税完成25.1亿元,为预算的82.6%。环境保护税完成1.9亿元,为预算的103.4%。国有资源(资产)有偿使用收入完成47.3亿元,为预算的142.1%。

——省级支出执行情况。主要是:一般公共服务支出50.7亿元,教育支出134.1亿元,科学技术支出76亿元,文化旅游体育与传媒支出26.9亿元,社会保障和就业支出296.3亿元,卫生健康支出19.8亿元,节能环保支出46亿元,农林水支出92.4亿元,交通运输支出110.5亿元,债务付息支出15.3亿元,等等。

——省对市县转移支付情况。省财政对市县转移支付2693.5亿元,增长9.7%。其中,一般性转移支付2310.7亿元,专项转移支付382.8亿元。

2. 主要预算支出执行和政策落实情况。

——教育支出方面。全省支出1223.9亿元,主要用于促进教育公平优先发展。统筹9.5亿元,完善公办园财政拨款制度,建立普惠性民办园补助制度,支持扩大学前教育资源。统筹68.2亿元,推进实施城乡义务教育经费保障机制政策,统一城乡生均公用经费基准定额和"两免一补"政策。统筹11.8亿元,支持实现农村义务教育学生营养改善计划国贫县全覆盖。统筹20.6亿元,支持实施义务教育薄弱环节和能力提升工程,加强寄宿制学校和智慧学校建设,支持改善办学条件。统筹30.6亿元,落实高校、中职和普通高中家庭经济困难学生资助政策,实施建档立卡家庭经济困难学生全覆盖。完善省属本科高校"生均+专项"经费保障机制,安排高校发展专项资金5亿元,推进高校内涵建设。统筹3.8亿元,支持省属本科高校一流学科与高水平大学等建设。统筹15亿元,支持高职院校特色发展,提升教学水平。统筹6亿元,落实农村义务教育阶段教师特设岗位计划和集中连片特困地区乡村教师生活补助等政策,支持提升教师队伍能力素养和教学水平。

——科学技术支出方面。全省支出377.4亿元,主要用于支持创新驱动发展。安排1.5亿元,支持重点研发计划。安排1.4亿元,支持实施自然科学基金省级项目和国家区域联合基金项目。拨付2亿元，增资省科技融资担保公司。拨付2.5亿元，注入省科技成果转化引导基金。拨付1.5亿元，支持高层次科技人才团队创新创业。拨付2.8亿元，支持实施科技重大专项。

——文化旅游体育与传媒支出。全省支出88.1亿元，主要用于支持增强文化产品服务供给。统筹公共文化服务体系建设专项资金4.6亿元，重点支持中央广播电视无线覆盖，推进公共数字文化建设等。统筹2.1亿元，推动全省1794个公共文化场馆免费开放，支持近50个大型体育场馆免费低收费开放。安排资金推进文化信息共享，支持送戏进万村等。统筹2.6亿元，支持实施凌家滩遗址、明中都遗址等国家和省级重点文物保护项目。安排资金资助540位非物质文化遗产传承人开展传习活动，支持59个非物质文化遗产保护项目。安排资金支持实施体现我省特色的文化产业项目，引导传统媒体与新兴媒体融合发展。拨付注册资本金，支持省文化投资运营有限责任公司组建。安排体育强省建设专项资金，促进体育事业发展。

——社会保障和就业支出方面。全省支出1084.5亿元，主要用于支持多层次社会保障体系建设和高质量就业。拨付131.9亿元，落实城镇职工养老保险提标政策，建立城乡居民基本养老保险待遇确定和基础养老金正常调整机制。统筹93.2亿元，全面落实社会救助政策，统筹推进低保与扶贫“两线合一”。城乡低保年人均保障水平分别达7122元、6806元，农村特困供养对象年人均保障水平达到8822元。统筹25.1亿元，全面保障优抚对象待遇落实，重点优抚对象定期抚恤补助金标准同比平均提高10%。全面落实残疾人两项补贴政策，惠及全省85.2万困难残疾人和79.8万重度残疾人。统筹7亿元，落实公益性岗位补助及社保补贴政策。统筹2.5亿元，推进毕业生就业见习计划实施。统筹3.9亿元，支持全省多层次养老服务体系建设和智慧养老试点工作。

——卫生健康支出方面。全省支出686.5亿元，主要用于支持健康安徽建设。投入305亿元，支持城乡居民医保年人均财政补助标准由490元提高至520元。筹集基本公共卫生服务资金43亿元，面向居民提供40余项最基本的公共卫生服务。投入10亿元，实施各类重大公共卫生服务项目，提高重大疾病防控能力。统筹3.3亿元，支持落实乡镇卫生院和社区卫生服务机构一类事业单位供给政策。统筹2.5亿元，建立村卫生室政府购买服务补偿制度。统筹3.7亿元，支持各级公立医院改革、学科建设和人才培养等事业发展。安排2.5亿元，支持县级公立医院实施药品零差率改革。下达6亿元，支持公立医院债务化解和事业发展，推进公立医院综合改革。下达2.5亿元，支持健康脱贫综合医疗保障体系建设。

——节能环保支出方面。全省支出312.5亿元，主要用于支持打好污染防治攻坚战。拨付10.2亿元，支持秸秆禁烧和综合利用。安排资金对使用秸秆作为燃料的生物质电厂给予奖补。安排5亿元，支持工业企业大气污染重点整治，推进秋冬季大气污染综合治理攻坚行动。下达17.7亿元，围绕生态林业和民生林业，支持林业生态保护修复与改革发展。支持加强环保实验室升级改造、空气和水监测能力建设、环境保护信息化建设，提升环保执法监测监察水平。

——农林水支出方面。全省支出736.7亿元，主要用于支持农业农村现代化建设。安排3亿元，支持林业增绿增效和“四旁四边四创”乡村绿化提升行动。拨付9.8亿元，支持农村饮水安全巩固提升工程以及大型水库等建设。安排13.6亿元，落实农田水利“最后一公里”奖补政策，治理面积达到365.2万亩。下达41亿元，支持380万亩高标准农田建设。拨付40.3亿元，落实产粮大县、产油大县、生猪调出大县和稻谷、棉花目标价格补贴政策。投入1.8亿元，开展国家农村综合性改革试点试验。安排2亿元，实施农村电商优化升级等工程，推进电子商务进农村综合示范。

——交通运输支出方面。全省支出274.2亿元，主要用于支持交通基础设施建设。统筹“四好农村路”建设及养护资金74.9亿元，支持实施农村公路扩面延伸工程计划。统筹53.3亿元，支持国省干线公路建设和维修保障。统筹12.8亿元，支持港口设施和重点航道建设养护。注资32亿元，支持黄杭、商合杭等地方铁路建设。统筹7.7亿元，支持民航机场设施建设，落实民航发展补助政策，助力全省民航事业发展。

——住房保障支出方面。全省支出211.5亿元，主要用于支持城乡居民住房建设。统筹8.1亿元，支持老旧小区整治改造。统筹56.3亿元，支持加快推进棚户区改造建设。下达保障性住房专项资金1.3亿元，进一步改善城镇住房困难家庭居住条件。统筹农村危房改造资金8.2亿元，支持解决农村住房安全问题。

（二）政府性基金预算

全省政府性基金预算收入3374.2亿元，加：专项债务收入1186亿元、上年结转收入210.7亿元、中央补助收入等41.7亿元，收入合计4812.6亿元。预算支出4127.6亿元，加：调出资金506.2亿元、结转下年178.8亿元，支出合计4812.6亿元。

省级政府性基金预算收入25.9亿元，加：专项债务收入1186亿元、上年结转收入5.6亿元、中央补助收入34.4亿元，收入合计1251.9亿元。预算支出11.4亿元，加：专项债务转贷支出1186亿元、补助市县支出48.5亿元、调出资金等6亿元，支出合计

1251.9亿元。

(三)国有资本经营预算

全省国有资本经营预算收入103亿元,加:中央补助收入2.8亿元、上年结转收入13.8亿元,收入合计119.6亿元。预算支出49.5亿元,加:调出资金37.9亿元、结转下年32.2亿元,支出合计119.6亿元。

省级国有资本经营预算收入64.9亿元,加:上年结转收入9.1亿元、中央补助收入2.8亿元,收入合计76.8亿元。预算支出21.8亿元,加:调出资金17.7亿元、补助市县支出7.5亿元、结转下年29.8亿元,支出合计76.8亿元。

(四)社会保险基金预算

全省社会保险基金预算收入2726.1亿元,加:上年结转收入2858.2亿元,收入合计5584.3亿元。预算支出2399.6亿元,加结转下年3184.7亿元,支出合计5584.3亿元。

省级社会保险基金预算收入475亿元,加:上年结转收入873.2亿元,收入合计1348.2亿元。预算支出349.3亿元,加结转下年998.9亿元,支出合计1348.2亿元。

(五)地方政府债务情况

经国务院批准,财政部核定我省2019年新增地方政府债务限额1361亿元,增长35.2%,其中:一般债务175亿元,专项债务1186亿元。对财政部2018年底提前下达的第一批新增地方政府债务限额619亿元,列入年初预算;对2019年下达的第二批742亿元,及时编制省级预算调整方案,报经省人大常委会审查批准,纳入预算管理。截至2019年底,全省政府债务余额7936.4亿元,债务限额8913亿元,债务余额低于债务限额,债务风险总体可控。

以上预算执行情况,具体详见《安徽省2019年预算执行情况和2020年省级预算草案》。上述预算执行数字在决算编制汇总后,会有部分变化。

2019年,我们坚决贯彻新时代党的建设总要求,把党的政治建设摆在首位,增强"四个意识",坚定"四个自信",做到"两个维护"。扎实推进"不忘初心、牢记使命"主题教育,深化"三查三问",认真开展"三个以案"警示教育,落实全面从严治党和党风廉政建设"两个责任",坚决整治"四风"问题特别是形式主义、官僚主义,出台进一步关心关爱干部激励财政干部担当作为的实施办法,以更加务实的作风和积极有为的担当深化财政管理改革。

各位代表!

2019年,全省各级财政部门攻坚克难、开拓创新、奋力拼搏,取得了较好的成绩。同时,我们也清醒地认识到,财政运行中还存在一些不容忽视的困难和问题,主要是:受经济下行压力加大和大规模减税降费影响,全省财政收支矛盾较为突出;区域财政之间发展不平衡不充分问题更加明显,部分县区"三保"支出压力加大;财政服务高质量发展机制还需创新,财政资金引导撬动作用还需加强;部分预算编制还不够细化,预算项目储备管理还需强化;转移支付结构还需优化,项目动态调整机制有待进一步完善;预算绩效管理主体责任有待压实,绩效制度体系尚未健全,绩效评价质量还需进一步提高;部分市县防范化解债务风险压力增大,区域不平衡现象凸显,等等。针对这些问题,我们将采取有力措施,认真加以解决。

三、2020年预算草案

2020年是全面建成小康社会和"十三五"规划收官之年,也是为"十四五"良好开局打下基础的关键之年,编好2020年预算、做好各项财政工作意义重大。受经济下行压力持续加大、大规模减税降费政策带来的减收效应持续释放等因素影响,财政收入增长动力减弱,收支平衡压力明显加大,必须牢固树立底线思维,切实增强忧患意识,提高风险防控能力,平衡好稳增长和防风险的关系,进一步加强政策和资金统筹,在落细落实减税降费政策和着力保障重点支出的同时,保持财政可持续。根据市县区预算汇编及经济增长预期目标、财税政策变化情况,2020年全省财政收入增长保持上年水平。

(一)2020年预算编制的指导思想和基本原则

2020年预算编制的指导思想:坚持以习近平新时代中国特色社会主义思想为指导,全面贯彻党的十九大、十九届二中、三中、四中全会和中央经济工作会议精神,坚决贯彻党的基本理论、基本路线、基本方略,增强"四个意识"、坚定"四个自信"、做到"两个维护",按照省委十届十次全会和省委经济工作会议部署,紧扣全面建成小康社会目标任务,坚持稳中求进工作总基调,坚持新发展理念,坚持以供给侧结构性改革为主线,坚持以改革开放为动力,推动高质量发展,支持坚决打赢三大攻坚战,支持全面做好"六稳"工作,支持高质量推进五大发展行动计划,支持统筹推进稳增长、促改革、调结构、惠民生、防风险、保稳定,大力提质增效实施积极的财政政策,更加注重结构调整,巩固和拓展减税降费成效,提升财政服务保障水平,保持财政运行在合理区间,支持加快建设现代化五大发展美好安徽,为确保全面建成小康社会和"十三五"规划圆满收官提供坚实财政支撑。

2020年预算编制的基本原则:按照"保重点、压一般、促统筹、提绩效"要求,坚持发展为上、民生为本、脱贫为先、平安为基,着力提高预算保障能力和管理水平。依法理财严约束。全面贯彻《中华人民共和国预算法》等法律法规,坚持以收定支、量力而行,科学编制收入预算。坚持量入为出,运用零基预算理念,严格控制支出预算,规范预算执行,硬化预算约束。严控一般保重点。真正过紧日子,坚持活存量、优增量、保重点,坚决压缩一般性支出。加大逆周期调节力度,完善能增能减、有保有压的分配机制,集中财力保障重点领域支出。创新方式提绩效。全面实施预算绩效管理,推进预算支出标准体系建设,将预算执行、预算评审、审计查出问题、绩效评价结果等情况与预算安排挂钩,切实提高财政资金配置使用效益。全面统筹保平衡。坚持上下联动、齐心协力,统筹政府各项资金来源,统筹年度之间财力安排,统筹省与市县分配关系,保障财政持续平稳运行。

(二)2020年全省预算收入和支出安排

2020年,全省预算按一般公共预算、政府性基金预算、国有资本经营预算、社会保险基金预算等四本预算编制。省级转移支付在政府预算中单独编列,不再编入省本级支出预算。具体如下:

1. 一般公共预算。

全省汇编一般公共预算收入3227.1亿元,加:中央税收返还及转移支付2825.4亿元、调入资金等823.9亿元,收入合计安排6876.4亿元。全省一般公共预算支出6334.1亿元,加:一般债务还本支出50.5亿元、上解中央支出35.4亿元、调出资金等456.4亿元,支出合计安排6876.4亿元。

省级一般公共预算收入310亿元,加:中央税收返还及转移支付2825.4亿元、调入资金等344.8亿元,收入合计安排3480.2亿元。省级一般公共预算支出530.1亿元,加:中央提前下达转移支付列入省级预算344.1亿元,省级预算支出874.2亿元。加:对市县税收返还及转移支付2570.6亿元、上解中央支出35.4亿元,支出合计安排3480.2亿元。

此外,对市县转移支付已提前下达1958.7亿元,要求市县完整编入本级预算,便于市县提前安排使用资金,保障重点项目的资金需求。

2. 政府性基金预算。

2020年,全省汇编政府性基金预算收入2799.2亿元,加:专项债务收入587亿元、上年结转收入66.6亿元、中央补助收入32.2亿元、调入资金6.5亿元,收入合计安排3491.5亿元。支出相应安排3491.5亿元,其中:本年支出2850.7亿元,调出资金198.2亿元,结转下年336亿元,专项债务还本支出106.6亿元。

2020年,省级政府性基金预算收入23.9亿元,加:中央补助收入32.2亿元、上年结转收入4.2亿元,收入合计安排60.3亿元。支出相应安排60.3亿元,其中:补助市县支出37.1亿元。

3. 国有资本经营预算。

2020年,全省汇编国有资本经营预算收入54.2亿元,加:上年结转收入32.2亿元,收入合计安排86.4亿元。支出相应安排86.4亿元,其中:本年支出67.3亿元,调出资金18.3亿元。

2020年,省级国有资本经营预算收入24.6亿元,加:上年结转收入29.8亿元,收入合计安排54.4亿元。支出相应安排54.4亿元,其中:解决企业历史遗留问题及改革成本支出2.3亿元,国有企业资本金注入支出30.1亿元,金融国有资本经营预算支出14.1亿元,调出资金7.5亿元。

4. 社会保险基金预算。

2020年,全省汇编社会保险基金预算收入4933亿元,加:上年结转收入3184.7亿元,收入合计安排8117.7亿元。支出相应安排8117.7亿元,其中:本年支出4698.4亿元,结转下年3419.3亿元。

2020年,省级社会保险基金预算收入2008.5亿元,加:上年结转收入998.9元,收入合计安排3007.4亿元。支出安排3007.4亿元,其中:本年支出1471.2亿元,结转下年1536.2亿元。

5. 地方政府债务情况。财政部提前下达我省2020年部分新增债务限额706亿元,其中,一般债务119亿元,专项债务587亿元,按规定编入2020年预算。一般债新增债务限额,省级留用53亿元,依规安排有关支出,分配市县66亿元;专项债新增债务限额,按因素法分配市县,发挥政府债券资金对稳投资、扩内需、补短板的重要作用。

以上省级预算具体安排详见《安徽省2019年预算执行情况和2020年省级预算草案》。同时,根据《中华人民共和国预算法》第五十四条规定,预算草案在省人代会批准前,参照上一年同期的预算支出数额,安排并依规拨付必须支付的基本支出、项目支出、债务还本付息支出,以及对下转移性等支出。预算经省人代会批准后,按照批准的预算执行。

(三)2020年主要财政政策

积极的财政政策大力提质增效,减税降费方面,巩固和拓展减税降费成效,落实落细各项减税降费政策,支持改善营商环境,激发市场活力,对冲经济下行压力。重点领域保障方面,统筹经济发展和民生改善,优化财政支出结构,打破预算基数概念和预算支出固化僵化格局,进一步加大对补短板、打基础项目和资金支持力度,重点保障对三大攻坚战、结构调整、科技创新、民生等领域的投入,兜牢"三保"底线。风险管控方面,严控并逐步化解隐性债务风险,积极利用中央增加专项债务规模政策,开大规范举债前门,严堵违法违规举债后门。财政制度方面,围绕加快建立现代财政制度,加强系统集成,注重统筹协调,扎实推进财政体制、预算制度、地方税体系等重点改革任务,加快建立权责清晰、财力协调、区域均衡的省以下财政关系。

2020年主要支出政策。2020年,将坚定不移贯彻创新、协调、绿色、开放、共享的新发展理念,坚持把支持五大发展行动计划作为财政支出的保障重点,把更多财力集中到解决各种不平衡不充分的问题上,推动高质量发展。

1. 支持创新发展行动,培育经济增长新动能。

支持加快提升科技创新能力。发挥财政资金激励导向作用,全力推进合肥综合性国家科学中心建设,支持量子信息与量子科技创新研究院等重点项目建设。多措并举支持合芜蚌国家自主创新示范区建设。安排创新型省份建设资金,支持推进关键核心技术攻关,支持实施科技重大专项和重点研发计划项目,支持加快提升企业技术创新能力。提高科技奖奖励标准,支持"一室一中心"稳定运行和发展,增强科技创新策源地功能。

深化供给侧结构性改革。落实煤炭行业化解过剩产能人员安置等奖补政策。继续安排铁路、公路、航运、水利等资金,支持补齐基础设施和公共服务设施短板。支持形成财政政策同消费、投资、就业和产业等政策合力,引导资金投向短板领域,促进产业和消费"双升级"。

推动制造业高质量发展。安排"三重一创"建设专项引导资金,聚焦集成电路、智能家电、新能源汽车、机器人和人工智能等领域,支持推进战略性新兴产业集聚发展。支持打造优势产业集群,提升产业基础能力和产业链现代化水平。安排现代化经济体系建设专项,支持加大设备更新和技改投入,推动传统制造业优化升级,支持先进制造业和现代服务业深度融合,支持推动军民融合产业发展。加快"数字江淮"建设,大力发展数字经济,推动5G商用、区块链等技术和产业创新发展。

支持加快科技成果转化应用。支持扩大科研单位自主权,支持完善科技人才发现、培养、激励机制,落实科技成果转化收益奖励政策,增加科研人员获得感,提高科技成果转化效率。支持深化大院大所创新平台合作,培育引进一批市场化、专业化科技中介服务机构。落实"首台套""首批次""首版次"支持政策,促进皖企创新产品落地实施、推广应用。

2. 支持协调发展行动,构建区域联动新格局。

支持增强区域发展活力。聚焦"两地一区"战略定位,围绕加快建设协同创新产业体系、提升基础设施互联互通水平、推进公共服务一体化进程等重点领域,运用财政政策措施,支持纵深推进长三角一体化发展。落实区域财政政策,统筹推进"一圈五区"建设发展。支持推进皖江城市带承接产业转移和皖北承接产业转移集聚区建设,促进我省与沪苏浙全面合作互动。加大重点生态功能区转移支付力度,支持六安、宣城、池州、安庆、黄山等区域重点生态功能区发展。全面落实基层基本公共服务功能建设财政保障机制,加大对贫困地区和大别山革命老区发展支持力度,支持提升基本公共服务均等化水平。

支持加快新型城镇化建设。安排城市工作"五统筹"专项资金,支持提升城市建设品质,创新城市治理方式,增强城市综合承载力,提高城市治理能力。支持县域经济振兴发展,安排资金引导高品质建设一批特色小镇,推进县域特色产业集群建设,培育县域经济发展新动能。加大资源枯竭城市转移支付争取力度,支持独立工矿区和采煤沉陷区综合治理,支持资源型城市转型发展。

支持实施乡村振兴战略。健全乡村振兴战略多元投入机制,深入实施农产品加工业"五个一批"工程,支持农业生产保障供给,积极推进高标准农田建设,落实加快恢复生猪生产政策,促进粮食和农业生产,提升农产品供给质量。落实深化农业农村改革政策,支持推进农村集体产权制度和农村"三变"改革,积极推进农村综合性改革试点试验。推进农村电商提质增效,促进农村电商企业发展。推进农业保险扩面、增品、提标,增强农业保险保障功能。落实村级组织运转经费保障机制,提升农村基层组织保障能力。

支持加强乡村建设治理。统筹安排奖补资金,以农村垃圾污水处理、厕所革命、村容村貌提升等为重点,支持建管并重推进农村人居环境整治。推进农村电网升级改造,加强农村道路等基础设施建设和管护,全面提升乡村公共服务水平。加快实施农村饮水安全巩固提升工程。完善农村公益事业财政奖补机制,支持美丽乡村建设提档升级。

支持提升社会治理现代化水平。支持纵深推进扫黑除恶专项斗争,支持开展"守护平安"系列行动,完善立体化信息化社会治安防控体系。支持加强和创新社会综合治理,推动社区管理和服务网络化,助力安全生产和应急管理。支持加快公共法律服务体系建设,助力法治安徽、法治政府、法治社会建设。支持国防动员和后备力量建设。

3. 支持绿色发展行动,推进生态文明新引领。

支持坚决打好污染防治攻坚战。落实好生态环境保护相关优惠政策,健全财政投入机制,分级分层分类落实财政保障责任。支持深入开展大气污染防治行动,支持推进重点行业超低排放改造和挥发性有机物综合治理。支持推进市政排水管网检测修复及雨污分流改造,基本消除设区市建成区黑臭水体,加快推进农村黑臭水体治理。支持强化土壤污染管控和治理修复,支持加快垃圾分类处理。

支持长江经济带生态保护修复。安排省级专项引导资金,加大长江经济带生态保护修复奖励政策力度,支持打造水清岸绿产业优美丽长江(安徽)经济带。支持建立长江禁捕和补偿制度,保护好长江生态环境。

全面推行生态补偿机制。继续实施全省地表水断面生态补偿,支持加快新安江流域生态补偿机制“十大工程”建设,推进沱湖流域生态补偿,继续实施大别山区水环境生态补偿,推深做实河(湖)长制,支持林长制改革示范区建设,积极健全生态补偿机制。

4. 支持开放发展行动,打造内陆开放新高地。

落实对外开放政策。安排对外投资和外贸促进专项资金,支持深化与“一带一路”沿线国家开发合作,支持外贸新业态新模式、市场开拓和主体孵化培育,着力稳外贸稳外资。支持海关特殊监管区域提质升级扩容。支持办好2020世界制造业大会。

支持优化民营经济发展环境。用好中小企业发展专项资金,重点支持“专精特新”发展和融资服务体系建设等。继续实施融资担保风险补偿、新设和引进金融机构奖励等政策,鼓励金融机构加大对民营企业和中小企业的支持,支持更好缓解民营和中小微企业融资难融资贵问题。兑现企业首发上市挂牌、债券融资、股权融资等奖励资金,鼓励直接融资。

全面落实人才政策。进一步落实新时代“江淮英才计划”财政保障政策,健全人才发展统筹投入机制,加大高层次、高尖端、紧缺型及战略性新兴产业人才的引进和培养力度,支持高层次科技人才团队创新创业。深入推进技工大省建设,支持实施技能提升行动。

5. 支持共享发展行动,实现群众获得感新提升。

支持坚决打赢精准脱贫攻坚战。聚焦深度贫困地区和特殊贫困群体,进一步强化财政投入保障,加大对深度贫困地区基础设施、基本公共服务补短板项目的投入力度,支持深入实施脱贫攻坚“十大工程”,支持加快淮河行蓄洪区安全建设,支持动态清零“两不愁三保障”及饮水安全突出问题。继续推进贫困县涉农资金整合,促进扶贫资金精准使用。

深入实施民生工程。全面落实以人民为中心的发展思想,聚焦普惠性、基础性、兜底性民生建设,围绕解决好人民群众的操心事、烦心事、揪心事,坚持尽力而为、量力而行,发挥好财政资金精准补短板和民生兜底作用,调整实施33项民生工程,加强过程管控和建后管养,提升工程实施绩效。

支持办好人民满意的教育。支持学前教育发展,促进公办民办并举扩大普惠性学前教育资源。支持社会力量发展普惠托育服务。巩固义务教育经费保障机制,推进智慧学校建设,支持义务教育优质均衡发展,支持有效解决进城务工人员子女上学难问题。健全公办普通高中学校生均公用经费财政拨款制度,支持普及高中阶段教育。实施职业教育质量提升计划,支持职业教育改革发展。支持世界一流大学和一流学科建设,支持省属高校改革发展。全面落实特殊教育支持政策,依法支持民办教育发展。完善家庭经济困难学生资助制度,提升资助精准度。

支持加强就业和社会保障。落实稳企业稳岗位、强培训促就业、兜底线防风险政策措施,突出支持高校毕业生、下岗失业人员、农民工、退役军人等重点群体就业。兜住基本生活底线,确保养老金按时足额发放,落实好社会救助和保障标准与物价上涨挂钩联动机制。支持开展企业职工养老保险省级统筹,完善机关事业单位养老保险政策,提高企业和机关事业单位退休人员基本养老金标准。支持开展居家、社区养老服务以及养老智慧化试点,推进养老服务体系建设。支持加大对农村留守儿童和困境儿童的关爱服务力度,统筹推进社会救助体系建设。支持加快建立多主体供给、多渠道保障、租购并举的住房制度,强化城市困难群众住房保障,支持做好城镇老旧小区改造。

支持推进健康安徽建设。支持全面建立统一的城乡居民基本医疗保险和大病保险制度,支持深化基本医疗保险支付方式改革和医疗保障信息系统建设,提高医保资金使用效益,加强基金监管。支持深化公立医院综合改革,巩固公立医院破除以药补医成果。推进国家区域医疗中心建设,支持基层医疗卫生机构能力提升,加强卫生健康人才培养培训。

支持繁荣发展社会主义先进文化。支持落实宣传思想重大任务,完善城乡公共文化服务体系,优化城乡文化资源配置,推动基层文化惠民工程扩大覆盖面、增强实效性,支持基层文化设施建设和群众性文化活动开展。继续支持公益性文化设施向社会免费开放,推进文物保护利用和文化遗产保护传承。积极运用市场化方式,加大文化产业发展支持力度。支持推动旅游业高质量发展。支持改善城乡公共体育设施条件,支持广泛开展全民健身活动,加快体育强省建设。

四、2020年财政工作

2020年,全省各级财政部门将坚持以习近平新时代中国特色社会主义思想为指导,认真贯彻党中央、国务院及省委、省政府决策部署,全面落实好省十三届人大三次会议决议要求,把制度建设和治理能力摆在更加突出的位置,持续推进财政法治建设,统筹兼顾、突出重点,精准发力做好财政改革发展各项工作,高水平编制好“十四五”财政规划,加快推动现代财政制度建设,努力提高财政服务管理水平,全力保障省委、省政府各项决策部署有效落实,推动经济社会发展取得新成就。

(一)坚持精打细算过紧日子。坚持艰苦奋斗、勤俭节约,严格控制和压减一般性支出,大力压减非刚性、非重点项目支出和公用经费,省直部门项目支出中用于日常运转的经费平均压减5%;公用经费在前两年已经压减的基础上,再平均压减5%,大力压缩一切不必要的行政开支。加大支出结构调整力度,加强财政资金统筹,清理结转结余资金,积极盘活政府存量资金资产,省级国有资本经营预算调入一般公共预算比例提高到30%。坚持先有预算、后有支出,严控预算调剂事项。加强支出政策财政可承受能力评估,预算执行中一般不追加预算,也不出台增加当年支出的政策。加强财政收入预期管理,实现财政收入稳预期、有质量、可持续。

(二)全面深化财税体制改革。全面落实中央相关领域财政事权和支出责任划分改革要求,在保持省与市县财力格局总体稳定的基础上,稳步推进收入划分改革,落实好省以下增值税留抵退税分担机制。跟进后移消费税征收环节改革,推进地方税体系建设。进一步完善共同财政事权转移支付管理,落实基本公共服务保障标准备案制度,健全专项转移支付定期评估和退出机制。完善预算管理制度,强化预算编制和执行管理,持续深入推进预决算公开。

(三)全面实施预算绩效管理。完善预算绩效管理制度办法和业务流程,建立分行业分领域分层次的核心绩效指标和标准体系。推动预算绩效管理扩围升级,逐步将绩效管理覆盖所有财政资金,延伸到基层单位和资金使用终端。将预算绩效管理关口从事后评价向事前和事中延伸,提高预算编制的科学性和精准性,防止财政资源配置环节和使用过程中的损失浪费。充分调动部门和资金使用单位的积极性,促进财务和业务管理深度融合,推进预算和绩效管理一体化。强化绩效管理责任,完善绩效管理工作、报告、责任机制,建立健全绩效评价结果应用激励约束机制,提高绩效评价质量。

(四)强化地方政府债务管理。坚持疏堵并举,严格执行地方政府债务限额管理和预算管理制度。加大地方政府债券资金争取力度,合理扩大专项债券使用范围,科学合理确定地区结构和投向结构,加快债券发行进度,筹措资金优先用于在建项目。推进地方政府融资平台公司市场化转型,鼓励金融机构与融资平台公司协商采取市场化方式,积极应对到期存量隐性债务风险。妥善处置隐性债务存量,督促高风险市县尽快压减隐性债务规模,降低债务风险水平。坚决遏制隐性债务增量,加强风险监测分析,强化监督问责。支持坚决打好防范化解重大风险攻坚战,牢牢守住不发生系统性风险的底线。

(五)依法接受预算审查监督。进一步落实人大预算审查监督重点向支出预算和政策拓展要求,完善预算联网监督机制,提高支出预算和政策的科学性有效性。认真落实人大有关决议要求,及时通报落实工作安排和进展情况,增强落实效果。加大审计问题整改力度,建立健全长效机制。完善服务代表委员工作,加强日常沟通交流,主动研究吸纳代表委员的意见和建议。进一步提高建议提案办理质量,努力解决代表委员关注的实际问题,自觉在人大依法监督和政协民主监督下提升财政管理水平。

(六)纵深推进全面从严治党。坚持以习近平新时代中国特色社会主义思想武装头脑,坚持和服从党对财政工作的领导,着力推动财政系统全面从严治党向纵深发展。建立健全常态化的理论学习机制,巩固深化“不忘初心、牢记使命”主题教育成果,深化“三个以案”警示教育,构建力戒形式主义、官僚主义的长效机制。进一步激励广大干部担当作为,加强纪律教育和监督管理,打造忠诚干净担当的财政队伍。认真落实“两个责任”,抓好巡视反馈意见整改,持续加强党风廉政建设,着力营造风清气正的财政政治生态。

各位代表!

做好2020年财政工作任务繁重、使命光荣。我们将在省委、省政府的坚强领导下,在省人大的依法监督和省政协的民主监督下,迎难而上,开拓进取,更好发挥财政职能作用,扎实做好财政预算各项工作,为加快建设现代化五大发展美好安徽、实现第一个百年奋斗目标作出积极贡献!

(预算处供稿)

安徽省第十三届人民代表大会第三次会议关于安徽省2019年预算执行情况和2020年预算的决议

（2020年1月16日安徽省第十三届人民代表大会第三次会议通过）

安徽省第十三届人民代表大会第三次会议审查了省财政厅受省人民政府委托提出的《关于安徽省2019年预算执行情况和2020年预算草案的报告》及安徽省2020年省级预算草案，同意省人民代表大会财政经济委员会的审查结果报告。会议决定，批准《关于安徽省2019年预算执行情况和2020年预算草案的报告》，批准安徽省2020年省级预算。

（安徽人大网）

关于提请审议安徽省2020年省级预算调整方案（草案）的议案

省人民政府

（皖政秘〔2020〕99号　2020年5月18日）

安徽省人民代表大会常务委员会：

经国务院第88次常务会议决定并依法向全国人民代表大会常务委员会备案，财政部提前下达我省2020年第三批地方政府专项债务新增限额377亿元。另外，财政部根据债务管理规定及我省申请，确定我省2020年再融资债券发行规模上限659.1亿元。根据《中华人民共和国预算法》及《安徽省预算审查监督条例》有关规定，现将2020年省级预算调整方案（草案）提请省人民代表大会常务委员会审议。

安徽省2020年省级一般公共预算调整方案（草案）

单位：万元

收入项目	2020年预算数	调整数	调整后预算数	支出项目	2020年预算数	调整数	调整后预算数
一、税收收入	2016000		2016000	一、一般公共服务支出	733359		733359
增值税	73000		73000	二、国防支出	19656		19656
企业所得税	1599000		1599000	三、公共安全支出	402887		402887
个人所得税	258000		258000	四、教育支出	1409003		1409003
城市维护建设税	13800		13800	五、科学技术支出	229750		229750
房产税	2400		2400	六、文化旅游体育与传媒支出	349972		349972
印花税	1300		1300	七、社会保障和就业支出	2736645		2736645
城镇土地使用税	3100		3100	八、卫生健康支出	249077		249077
土地增值税	700		700	九、节能环保支出	64145		64145
耕地占用税	45500		45500	十、城乡社区支出	21974		21974

续表

收 入 项 目	2020年预算数	调整数	调整后预算数	支 出 项 目	2020年预算数	调整数	调整后预算数
环境保护税	19200		19200	十一、农林水支出	312192		312192
				十二、交通运输支出	867658		867658
二、非税收入	1084000		1084000	十三、资源勘探信息等支出	293752		293752
专项收入	393810		393810	十四、商业服务业等支出	31705		31705
行政事业性收费收入	150940		150940	十五、金融支出	172167		172167
罚没收入	38389		38389	十六、援助其他地区支出	60480		60480
国有资本经营收入	3345		3345	十七、自然资源海洋气象等支出	101789		101789
国有资源(资产)有偿使用收入	461719		461719	十八、住房保障支出	169552		169552
捐赠收入	120		120	十九、粮油物资储备支出	153068		153068
政府住房基金收入	10470		10470	二十、灾害防治及应急管理支出	62228		62228
其他收入	25207		25207	二十一、预备费	80000		80000
				二十二、其他支出	19920		19920
				二十三、债务付息支出	214193		214193
				二十四、债务发行费用支出	2000		2000
一般公共预算收入	3100000		3100000	一般公共预算支出	8757172		8757172
加:中央税收返还及转移支付	28254039		28254039	加:对市县税收返还及转移支付	26220358		26220358
中央税收返还收入	3174945		3174945	对市县税收返还	2164862		2164862
中央一般性转移支付收入	24549152		24549152	对市县一般性转移支付	22629838		22629838
中央专项转移支付收入	529942		529942	对市县专项转移支付	1425658		1425658
地方政府一般债务收入	1190000	4751426	5941426	上解中央支出	354329		354329
市县上解省收入	1033038		1033038	地方政府一般债券转贷支出	660000	4350967	5010967
调入资金	2414782		2414782	地方政府一般债务还本支出		400459	400459
动用预算稳定调节基金	2340000		2340000				
收 入 合 计	35991859	4751426	40743285	支 出 合 计	35991859	4751426	40743285

安徽省2020年省级政府性基金预算调整方案(草案)

单位:万元

收入项目	2020年预算数	调整数	调整后预算数	支出项目	2020年预算数	调整数	调整后预算数
一、彩票公益金收入	188381		188381	一、彩票公益金支出	59487		59487
二、国家电影事业发展专项资金收入	5400		5400	二、国家电影事业发展专项资金支出	5419		5419
三、彩票发行销售机构业务费用	41617		41617	三、彩票发行销售机构业务费支出	47040		47040
四、农业土地开发资金收入	3850		3850	四、农业土地开发资金支出	3850		3850
				五、港口建设费支出	113728		113728
				六、民航发展基金支出	1714		1714
				七、大中型水库移民扶持基金支出	380		380
政府性基金收入	239248		239248	政府性基金支出	231618		231618
加:中央补助收入	321555		321555	加:补助市县支出	371077		371077
上年结转收入	41892		41892	地方政府专项债券转贷支出	5870000	5609323	11479323
地方政府专项债务收入	5870000	5609323	11479323				
收入合计	6472695	5609323	12082018	支出合计	6472695	5609323	12082018

(预算处供稿)

关于安徽省2020年省级预算调整方案(草案)的说明

——2020年6月29日在安徽省第十三届人民代表大会常务委员会第十九次会议上

省财政厅厅长 罗建国

安徽省人民代表大会常务委员会:

受省人民政府委托,现就《安徽省2020年省级预算调整方案(草案)》作如下说明:

一、法律依据和政策规定

经国务院第88次常务会议决定并依法向全国人大常委会备案,财政部提前下达我省2020年第三批地方政府专项债务新增限额3770000万元。另外,财政部根据债务管理规定及我省申请,确定我省2020年再融资债券发行规模上限6590749万元,其中:再融资一般债券4751426万元,再融资专项债券1839323万元。

《中华人民共和国预算法》第三十五条规定:"经国务院批准的省、自治区、直辖市的预算中必需的建设投资的部分资金,可以在国务院确定的限额内,通过发行地方政府债券举借债务的方式筹措……省、自治区、直辖市依照国务院下达的限额举借的债务,列入本级预算调整方案,报本级人民代表大会常务委员会批准……"

根据财政部地方政府一般债务和专项债务预算管理规定,一般债务及专项债务收支分别纳入一般公共预算和政府性基金预算管理。省级财政部门根据财政部下达的新增债务限额,提出新增债务额度分配建议,编制预算调整方案,经省政府同意后报省人大常委会审查批准。

二、专项债务新增限额使用及分配

(一)专项债务新增限额使用要求

财政部对提前下达第三批专项债务新增限额提出了使用要求:一是及时将专项债务新增限额情况以及专项债券具体项目安排情况向同级政府主要负责同志报告。二是按照“资金跟项目走”原则,尽快将专项债务额度对应到具体项目,并按程序报备。三是加快专项债券发行工作,决不允许出现因新增专项债券未能发行影响重大项目进展情况。四是加快专项债券资金使用进度,发行后尽快将资金拨付到项目上,并督促主管部门尤其是项目单位加快支出进度;对加快进度通过先行调度库款办法垫付的资金,债券发行后及时回补库款。

(二)专项债务新增限额分配方案

根据国务院第88次常务会议及《财政部关于再提前下达部分2020年地方政府专项债务新增限额的通知》要求,分配方案如下:

1.优先保障省本级项目50200万元。共有6个省级医院和高校建设项目2020年新增债务需求50200万元,通过合肥市本级、淮北市本级、蚌埠市本级和长丰县申报,拟优先予以保障,债券额度分配到相关市县。

2.按照政府性基金财力和2020年新增债券需求分配剩余额度3719800万元。为防范法定政府债务风险,按照惯例,政府性基金财力占分配权重70%、新增债券需求占分配权重30%。为积极应对新冠肺炎疫情对经济的影响,国务院副总理韩正同志3月26日在推进重大项目建设积极做好稳投资工作电视电话会议上要求“今年专项债项目原则上不跟地方债务‘红橙黄绿’挂钩”,根据上述讲话精神,本次分配暂不与债务风险挂钩。

3.为做好2019年国务院第六次大督查指出我省政府债券实际支出进度较慢问题的整改,我省建立了政府债券额度分配与债券资金支出进度挂钩机制。按照上述要求,对2019年债券支出进度低于全省平均水平的市县,分别按照分配额度的5%~10%进行扣减,实际支出进度低于60%的扣减10%,实际支出进度在60%以上但低于全省平均支出进度(75%)的扣减5%,扣减额度全部分配给支出进度超过全省平均水平的地区。

三、再融资债券发行计划

再融资债券严格用于偿还2020年到期债券本金,不需要进行二次分配,为完整反映预算收支规模,列入省级预算调整方案。根据财政部核定的发行规模上限,我省2020年计划发行再融资债券6590749万元,其中:省级使用400459万元,全部是再融资一般债券,用于偿还省级2020年到期的一般债券本金;转贷市县6190290万元,包括再融资一般债券4350967万元、再融资专项债券1839323万元,用于市县偿还2020年到期的债券本金。

四、省级预算调整方案

根据以上专项债务新增限额分配方案和再融资债券发行计划,拟对2020年1月省十三届人大三次会议批准的省级预算调整如下:

(一)一般公共预算调整

1.省级一般公共预算总收入增加4751426万元,列入政府收支分类“地方政府一般债务收入”科目。

2.省级一般公共预算总支出增加4751426万元,其中:

(1)省级一般债务还本支出400459万元,列入政府收支分类“地方政府一般债务还本支出”科目。

(2)省级转贷市县债券支出4350967万元,列入政府收支分类“地方政府一般债券转贷支出”科目。

经上述预算调整后,省级一般公共预算收入合计为4074.3亿元,省级一般公共预算支出合计为4074.3亿元,收支保持平衡。

(二)政府性基金预算调整

1.省级政府性基金预算总收入增加5609323万元,其中:新增专项债券3770000万元,再融资专项债券1839323万元,全部列入政府收支分类“地方政府专项债务收入”科目。

2.省级政府性基金预算总支出增加5609323万元,其中:省级转贷市县新增专项债券3770000万元,省级转贷市县再融资专项债券1839323万元,全部列入政府收支分类“地方政府专项债券转贷支出”科目。

经上述预算调整后,省级政府性基金预算收入合计为1208.2亿元,省级政府性基金预算支出合计为1208.2亿元,收支保持平衡。

以上说明连同预算调整方案(草案),请一并审议。

(预算处供稿)

安徽省人民代表大会常务委员会关于批准安徽省2020年省级预算调整方案的决议

（2020年7月1日安徽省第十三届人民代表大会常务委员会第十九次会议通过）

安徽省第十三届人民代表大会常务委员会第十九次会议听取了省财政厅厅长罗建国受省人民政府委托所作的《关于安徽省2020年省级预算调整方案（草案）的说明》，审查了省人民政府提出的安徽省2020年省级预算调整方案（草案），同意省人民代表大会财政经济委员会提出的《关于安徽省2020年省级预算调整方案（草案）的审查报告》，决定批准安徽省2020年省级预算调整方案。

（安徽人大网）

关于安徽省2019年决算的报告

——2020年7月29日在安徽省第十三届人民代表大会常务委员会第二十次会议上

省财政厅厅长　罗建国

安徽省人民代表大会常务委员会：

受省人民政府委托，向省人大常委会报告2019年全省决算报告和省级决算草案，请予审查。

2019年，全省各级各部门以习近平新时代中国特色社会主义思想为指导，在省委、省政府的正确领导和省人大的依法监督下，坚持稳中求进工作总基调，按照高质量发展要求，统筹推进稳增长、促改革、调结构、惠民生、防风险、保稳定工作，认真落实“六稳”工作要求，充分发挥财政职能作用，加快建立现代财政制度，倾力保障改善民生福祉，较好地完成了省十三届人大二次会议确定的目标任务，全省决算情况较好，促进了全省经济持续健康发展和社会大局稳定。根据预算法有关规定，重点报告以下内容：

一、2019年全省决算情况

（一）全省和省级一般公共预算收支决算情况

2019年，全省财政收入完成5710亿元，比上年（下同）增长6.5%，其中：地方一般公共预算收入完成3183亿元，增长4.4%。全省一般公共预算支出完成7392亿元，增长12.5%。

一是财政收入符合预期。2019年，全省财政收入完成5710亿元，增长6.5%，增幅保持在合理区间，符合大规模减税降费政策预期。二是落实过紧日子要求。坚持勤俭办事、厉行节约，坚决防止年底突击花钱，把钱花在刀刃上。坚决贯彻落实中央关于一般性支出要力争压减10%以上要求，省级一般性支出预算较上年下降10.3%。全省“三公”经费下降6.6%，腾出更多资金，用于经济社会发展亟需领域。三是重点支出有力保障。2019年，全省财政支出完成7392亿元，增长12.5%，保持较高的支出强度，发挥财政政策逆周期调节作用。教育、科技、环保、交通、社保和就业等领域支出增长较快，脱贫攻坚、生态环保、民生工程等重点支出得到有效保障。四是预算执行情况较好。一般公共预算支出进度一直保持全国前列，全省一般公共预算年终结转88.7亿元，占财政支出的1.2%，低于财政部规定上限7.8个百分点，是全国控制较好的省份之一。五是管理绩效持续提升。我省在全国财政管理工作考核中获评优秀等次，连续四年获国务院通报表彰；财政就业工作再次获国务院激励表彰；连续四年荣获全国财政扶贫资金绩效考核优秀等次；连续六年获财政部困难群众救助绩效考核优秀等次；在财政部县级财政管理绩效综合评价中，连续三年平均得分位居全国第一。

2019年，省级一般公共预算收入完成286.4亿元，为预算的92.7%，下降5.8%；加中央补助收入、一般债务收入等，收入总量为4599.7亿元。省级一般公共预算支出完成996.9亿元，为预算的96.1%，增长18.7%；加补助市县支出、结转下年、一般债券转贷市县支出等，支出总量为4599.7亿元。省级一般公共预算收支决算数，与今年1月份向省人代会报告的2019

年预算执行数基本持平。

从省级收支决算具体情况看：

1. 税收返还和转移支付情况。2019 年，经积极争取，中央对我省税收返还和转移支付 3377.4 亿元，增长 9.6%。一是税收返还 317.5 亿元，与去年持平，主要是由于当前中央对地方税收返还为定额返还。二是转移支付 3059.9 亿元，增加 294.6 亿元，增长 10.7%。其中，一般性转移支付 2756.4 亿元(含共同财政事权转移支付)，增加 915.8 亿元，增长 49.8%；专项转移支付 303.5 亿元，减少 621.2 亿元，下降 67.2%，主要是由于财政部完善中央对地方转移支付制度，将专项转移支付中属于基本公共服务领域等共同财政事权转移支付，列入一般性转移支付管理。

2019 年，省对市县税收返还和转移支付 2909.6 亿元，增长 8.9%。一是税收返还 216.1 亿元，与去年基本持平。二是转移支付 2693.5 亿元，增加 237.5 亿元，增长 9.7%。其中，一般性转移支付 2310.7 亿元(含共同财政事权转移支付)，增加 791.2 亿元，增长 52.1%；专项转移支付 382.8 亿元，减少 553.8 亿元，下降 59.1%。

2. 政府债务规模结构情况。经财政部核定，并报经省人大常委会批准同意，2019 年末我省地方政府债务限额为 8913 亿元。截至 2019 年底，决算反映的全省政府债务余额 7936.4 亿元，债务余额低于批准限额，债务风险总体可控。

3. 权责发生制列支情况。2019 年省级财政权责发生制核算列支资金 67.5 亿元，列支内容主要是部分高校和预算单位基本建设资金及科技、环保等项目资金。对于上述资金，省财政厅将督促预算部门和单位依法依规加快执行，尽快发挥资金效益。

4. 预备费使用情况。2019 年省级预备费预算 8 亿元，依法依规动支 6209 万元用于抗旱救灾、小型屠宰企业非洲猪瘟自检、松材线虫病防治等应急支出；剩余资金按规定补充预算稳定调节基金。

5. “三公”经费决算情况。2019 年省本级“三公”经费财政拨款支出合计 1.7 亿元，比预算数减少 1 亿元，主要是各部门贯彻落实中央八项规定精神，按照过紧日子的要求，从严控制和压减“三公”经费支出。其中，因公出国(境)经费 0.2 亿元，减少 0.2 亿元；公务用车购置及运行费 1.1 亿元，减少 0.3 亿元；公务接待费 0.4 亿元，减少 0.5 亿元

(二)省级政府性基金预算收支决算情况

2019 年，省级政府性基金收入 25.9 亿元，为预算的 109.8%，下降 3.3%；加专项债务收入、中央补助收入等，收入总量为 1251.9 亿元。省级本年安排支出 11.4 亿元，为预算的 73%，下降 60.6%，主要受中央追加港口建设费支出减少影响；加地方政府专项债务转贷支出、补助市县等，支出总量为 1251.9 亿元。省级政府性基金收支决算数与执行数持平。

(三)省级国有资本经营预算收支决算情况

2019 年，省级国有资本经营收入 64.9 亿元，为预算的 236.4%，增长 169.6%，主要是受产权转让收入增加影响；加中央补助收入、上年结余收入等，收入总量为 76.8 亿元。省级本年安排支出 21.8 亿元，为预算的 87.5%，增长 154.5%，主要是国有企业资本金注入及国有企业改革成本支出增加；加补助市县、调出资金等，支出总量为 76.8 亿元。省级国有资本经营收支决算数与执行数持平。

(四)省级社会保险基金预算收支决算情况

2019 年，省级社会保险基金收入 472.3 亿元，为预算的 99.4%，增长 26.7%，其中：城镇企业职工基本养老保险收入 399.9 亿元，机关事业单位养老保险收入 47.1 亿元，城镇职工基本医疗保险收入 25.3 亿元；加上年结余收入，收入总量为 1345.5 亿元。省级本年安排支出 354.5 亿元，为预算的 101.5%，增长 43.4%，其中：城镇企业职工基本养老保险支出 291 亿元，机关事业单位养老保险支出 42.8 亿元，城镇职工基本医疗保险支出 20.7 亿元；加结转下年，支出总量为 1345.5 亿元，社会保险基金运行情况良好。与预算执行数相比，社保基金决算收入减少 2.7 亿元，支出增加 5.2 亿元，主要是受机关事业单位养老保险基金清算影响。

上述收支决算数已经省政府审计部门审计，详见决算草案。

二、2019 年全省预算执行效果

(一)加力提效实施积极财政政策。全面落实落细中央及省确定的各项减税降费政策，全年新增减税降费 802.2 亿元，其中，新增减税 630.2 亿元，新增社保降费 166 亿元。严格落实国家增值税税率调整、小微企业普惠性减税等政策。支持铁路、公路、航运等基础设施建设，支持引江济淮工程全线推进。争取和拨付基建投资资金 218.9 亿元，支持重大公益性基础设施建设。完善政策性融资担保体系，健全省级担保风险补偿机制，全省新增政银担业务 680.5 亿元，在保余额 817.9 亿元，积极缓解中小微企业融资难题。积极推广运用政府和社会资本合作(PPP)模式，累计纳入财政部 PPP 综合信息平台管理项目 477 个，落地率、开工率均居全国前列。按照“资金改基金、拨款改股权、无偿改有偿”要求，建立基金引导奖励机制，拨付 36 亿元，支持设立总规模 698 亿元，覆盖企业全生命周期、服务产业发展全链条、对接企业上市全过程的省级股权投资基金体系。

(二)支持打好三大攻坚战。大力支持脱贫攻坚，聚焦“两不愁三保障”

及饮水安全突出问题，财政专项扶贫资金规模达到142亿元，增长17%，省级增量资金全部用于贫困革命老区县和深度贫困县。统筹涉农、债券和存量资金165.2亿元，全力推进脱贫攻坚“十大工程”，支持推进打赢脱贫攻坚战三年行动。统筹淮河行蓄洪区居民迁建资金25.8亿元，发行地方政府专项债27.2亿元，支持92个集中安置点开工建设。积极支持污染防治，拨付引导资金9亿元，助推长江经济带“七大行动”和“三大一强”专项攻坚战。实施第三轮新安江流域和大别山区水环境生态补偿机制，建立皖苏滁河流域生态补偿机制。投入20.8亿元，落实秸秆禁烧和综合利用、柴油货车污染治理、大气污染防治等奖补政策，支持城市黑臭水体整治，推进土壤污染治理与修复，全力支持打好蓝天、碧水、净土保卫战。防范化解财政金融风险，严格执行政府债务限额管理和预算管理制度，新增政府债务限额规模适当向财政实力强、债务风险低的地区倾斜。建立市县隐性债务定期风险评定机制，督促被评定为高风险的地区，严格落实风险化解实施方案，妥善化解存量，坚决遏制增量。

（三）支持实施创新驱动发展战略。支持深化供给侧结构性改革，统筹新增中小企业（民营经济）发展专项资金10亿元，重点支持“专精特新”发展，推进融资服务体系建设。省级统筹“三重一创”引导资金，支持实施重大新兴产业基地新三年建设规划。下达制造强省建设资金25亿元，支持提升产业基础能力和产业链水平，支持首台（套）重大技术装备和示范应用。支持“数字江淮”中心建设，统筹支持推进“中国声谷”、数字经济与人工智能以及集成电路产业发展。支持军民融合重点产业化项目实施。支持合肥综合性国家科学中心、创新型省份、合芜蚌国家自主创新示范区建设。落实资金保障“一室一中心”稳定运行，对新建省实验室、省技术创新中心给予奖励。

（四）扎实推进区域协调发展。落实长三角一体化发展国家战略，支持加快基础设施、公共服务、市场监管一体化进程，深化大气、水环境污染联防联治。统筹推进“一圈五区”建设，省级安排专项资金，支持皖北、皖江和南北共建产业园区发展。下达转移支付资金296亿元，支持大别山革命老区振兴发展。下达重点生态功能区、资源枯竭城市转移支付31亿元，支持加强生态环境保护，加快城区老工业区、独立工矿区改造和采煤沉陷区综合治理。拨付城市工作“五统筹”专项资金4亿元，推进城市污水管网改造和城镇公厕提升，支持开展垃圾分类。投入5亿元，支持引导特色小镇建设。下达农业转移人口市民化转移支付17.1亿元，引导农业转移人口举家进城落户。落实奖补资金，支持旅游公共服务设施及5A景区创建，助推皖南国际文化旅游示范区及大黄山国家公园发展。

（五）推动民生保障持续改善。动态完善民生工程项目，有力有序调度推动，投入民生工程资金1215.3亿元，保障33项民生工程顺利实施。下达102.4亿元，聚焦基层基本公共服务功能建设8大类25项具体任务，支持补齐贫困县区“双基”短板。支持实施乡村振兴战略，统筹财政农业生产发展资金，重点支持农产品加工业“五个一”工程建设。落实村级组织运转经费保障机制，发挥农村公益事业财政奖补机制作用，加快推进美丽乡村建设，支持实施农村环境“三大革命”。支持深入开展“铸安”行动，持续推进“智慧皖警”建设，推动打造共建共治共享的社会治理格局。统筹就业补助、职业技能提升、技工大省建设等资金55亿元，全面落实就业优先战略和更加积极的就业政策。

三、落实省人大决算决议情况

2019年7月，省十三届人大常委会第十一次会议通过关于批准安徽省2018年省级决算的决议。一年来，财政部门认真落实决议要求，有效实施积极财政政策，深入推进财税体制改革，切实加强财政预算管理，取得新的成效。

（一）继续深化财税体制改革。加快推进财政事权改革，印发科技、教育领域财政事权和支出责任划分改革实施方案，推进交通运输领域改革，进一步厘清省与市县财政事权和支出责任。完善省对下均衡性转移支付，分设共同财政事权转移支付，实行基本公共服务保障标准备案制度。加大省对下财政转移支付力度，重点增加财力薄弱地区转移支付，着重提高县级财政保障能力。落实调整中央与地方收入划分改革推进方案要求，完善省以下增值税留抵退税分担机制，引导企业扩大再生产；留抵退税省级垫付35%的部分，分三年从企业所在地的市县扣回，缓解市县财政资金压力。支持深化司法体制改革，深入推进省以下法院检察院财物省级统一管理工作。

（二）全面加强预算绩效管理。积极贯彻落实省委、省政府全面实施预算绩效管理的决策部署，加快建立全方位、全过程、全覆盖的预算绩效管理体系。制定出台省级预算绩效管理、绩效目标管理、绩效运行监控管理等制度办法，建立网格化制度体系。将绩效管理深度融入预算编制、执行、监督全过程，实现所有项目和部门整体预算绩效目标编制、绩效运行监控、绩效自评全覆盖，并对26个重点项目、2个部门整体和2项财政政策开展财政重点评价，涉及财政资金198亿元，构建事前事中事后绩效管理闭环。强化绩效评价结果应用，健全绩效评价结果反馈和问题整改责任制，完善绩效信息公开机制,推动绩效评价结果与预算安排和政策调整挂钩。启动省级预算绩效管理指标和标准体系建设。指导市县财政部门全面加强预算绩效管理,建立健全本地绩效管理制度机制。

(三)进一步规范财政预算管理。全面落实中央加强财政收支预算管理支持落实减税降费政策要求,积极采取有效措施,确保预算收支平衡。加大预算统筹力度,省级调入预算稳定调节基金 260 亿元,省级国有资本经营预算调入一般公共预算比例由 20% 提高到 25%。规范行政事业国有资产处置,继续清理结转结余资金,省级集中收回存量资金 8.9 亿元,全部用于应对减税降费影响。继续实行"大专项(大类别)+任务清单"预算编制方式,规范预算项目管理流程。建立县级"三保"预算执行约束和风险防范处置机制,开展预算编制审核试点,明确县级基本财力保障范围和标准。深化预算信息公开,省级 127 个部门集中公开部门预决算,16 个市 105 个县区有序公开预决算。

(四)切实加强地方政府债务管理。健全我省地方政府债务管理制度,出台贯彻落实做好地方政府专项债券发行及项目配套融资工作实施意见,以及安徽省政府债券招标发行规则、债券招标发行兑付办法等制度,有效防范债务风险,全省债务风险呈稳中有降态势。发行地方政府债券直接融资 1628 亿元,重点支持各地棚户区改造、土地储备、政府收费公路及其他基础设施补短板项目建设。持续推进专项债券管理,在全国率先探索对专项债券实行项目库管理。加强新增债券资金使用偿还管理,建立完善对市县债券支出进度通报机制、债券支出进度和以后年度债券分配挂钩机制、对市县债券支出进度协调推进和约谈机制等"三个机制",压紧压实项目主管部门的主体责任,加快推动专项债券项目落地。

(五)不断完善监督系统形成监督合力。全面落实人大预算审查监督重点向支出预算和政策拓展要求,落实法定事项报告机制,定期报送财政政策,继续向省人大常委会报告国有资产管理情况。省级预算联网监督系统成功上线运行,实现省人大对预算执行的实时动态监控,为人大依法监督提供有效支撑。主动征求省人大代表、省政协委员意见建议,办理人大代表建议 377 件、政协委员提案 225 件,认真研究,并积极吸纳采纳。支持配合审计监督,落实审计监督全覆盖要求,会同相关预算部门推动审计问题全部整改到位。

一年来,在省人大的依法监督指导下,我省财政改革发展取得积极成效。省级预算执行和其他财政收支审计结果表明,2019 年省级预算执行和其他财政收支总体情况较好。但我们也清醒地认识到,在财政管理方面还存在一些问题。如,"钱等项目"现象仍然存在,财政资金使用效益有待进一步提高;转移支付结构还需优化,项目动态调整机制有待进一步完善;预算绩效制度体系尚未健全,绩效评价质量还需进一步提高;区域财政之间还存在发展不平衡不充分问题,少数县区"三保"支出压力加大;等等。对此,我们将采取有力措施,认真加以改进。

四、下一步财政重点工作

新冠肺炎疫情发生以来,全省各级财政部门深入学习贯彻习近平总书记重要讲话指示批示精神,坚决落实省委、省政府部署和财政部要求,在省人大依法监督下,坚定有力、毫不松懈、因时因势做好政策支持、投入保障和资金监管等各项工作,为巩固夺取疫情防控和经济社会发展"双胜利"提供有力支撑。2020 年是全面建成小康社会和"十三五"规划收官之年,也是脱贫攻坚战决战决胜之年,我们将认真贯彻习近平新时代中国特色社会主义思想,在疫情防控常态化前提下,坚持稳中求进工作总基调,坚决打好三大攻坚战,坚持"保重点、压一般、促统筹、提绩效",落实更加积极的财政政策,支持做好"六稳"工作、服务落实"六保"任务,统筹推进疫情防控和经济社会发展工作。下一步,重点做好以下工作:

(一)调整优化财政支出结构。坚持尽力而为、量力而行,艰苦奋斗,真正过紧日子,严把支出关口,做到精打细算、讲求绩效。切实优化支出结构,大力压减一般性支出,削减低效无效支出,节省资金用于加大党中央、国务院及省委、省政府确定的重大战略、重大改革和重点领域投入。加强财政资金统筹,清理结转结余资金,积极盘活政府存量资金资产。因疫情影响不具备实施条件、预计难以支出的年初预算资金,按规定收回重新安排使用。

(二)切实兜牢"三保"底线。严格直达资金管理,建立定期报告制度,指导市县实行实名制管理,确保资金直达基层、惠企利民。坚持"三保"支出在财政支出中的优先顺序,预算安排给予优先保障。健全事前审核、事中监控、事后处置的"三保"预算管理工作机制,强化统一调度和监管,密切跟踪基层"三保"支出执行情况,针对风险地区提早制定应对预案。加强库款监测督导和调度,对中央阶段性提高留用比例增加的库款,全部调度给县级使用,增强县级财政库款支配能力。

(三)加快推进财税体制改革。出台生态环境、公共文化、自然资源、应急救援领域财政事权和支出责任划分改革实施方案。按照调整中央与地方收入划分改革推进方案要求,落实省以下增值税留抵退税分担机制。进一步完善共同财政事权转移支付管理,落实基本公共服务保障标准备案制度,健全专项转移支付定期评估和退出机制。积极做好资源税法实施工作,推进地方税体系建设。

(四)全面实施预算绩效管理。健全完善绩效管理组织领导机制。研究制定事前绩效评估、绩效结果应用等制度办法,完善绩效管理制度体系和实施细则。做深做实事前绩效评估、绩效目标管理、绩效运行监控、绩效评价管理等全过程管理链条。强化绩效管理结果应用,推动落实绩效评价结果与预算安排和政策调整相挂钩的激励约束机制。健全完善分行业分领域分层次的核心绩效指标和标准体系。建立工作考核机制,推动将绩效结果纳入省政府目标管理绩效考核范围和干部政绩考核体系。

(五)防范地方政府债务风险。坚持疏堵并举,严格执行地方政府债务限额管理和预算管理制度。健全隐性债务常态化统计监测机制,统一口径、统一监管,实现对所有隐性债务全覆盖。坚决遏制隐性债务增量,妥善处置隐性债务存量。推进融资平台公司市场化转型,鼓励金融机构与融资平台公司协商采取市场化方式,积极应对到期存量隐性债务风险。强化监督问责,从严整治违法违规举债融资行为。支持坚决打好防范化解重大风险攻坚战,牢牢守住不发生系统性风险的底线。

(六)纵深推进全面从严治党。坚持以党的政治建设为统领,强化理论武装,巩固拓展"不忘初心、牢记使命"主题教育成果,推深做实以"四联四增"为主要内容的深化"三个以案"警示教育,构建力戒形式主义、官僚主义的长效机制。完善财政权力配置和运行制约机制,推动公共财政支出监督制度建设,抓好内控制度执行,强化日常监管,严肃财经纪律。认真落实"两个责任",抓好巡视反馈意见整改,持续加强党风廉政建设,着力营造风清气正的财政政治生态。

当前和今后一个时期,财政运行面临着前所未有的压力和挑战,做好财政管理工作任务艰巨繁重。我们将全面贯彻省委、省政府各项决策部署,自觉接受省人大的监督,强化责任担当,积极主动作为,只争朝夕、真抓实干,持续支持疫情防控和经济社会发展,为加快建设现代化五大发展美好安徽、实现第一个百年奋斗目标作出积极贡献!

(预算处供稿)

关于安徽省2020年上半年预算执行情况及下半年工作意见的报告

——2020年7月29日在安徽省第十三届人民代表大会常务委员会第二十次会议上

省财政厅厅长 罗建国

安徽省人民代表大会常务委员会:

受省人民政府委托,向省人大常委会报告2020年上半年预算执行情况及下半年工作意见,请予审议。

一、上半年预算执行基本情况

今年以来,突如其来的新冠肺炎疫情对我省经济社会发展带来前所未有的冲击。面对风险挑战明显上升的复杂严峻形势,全省各级各部门以习近平新时代中国特色社会主义思想为指导,全面贯彻党的十九大和十九届二中、三中、四中全会精神,认真落实省委、省政府决策部署,紧扣全面建成小康社会目标任务,统筹推进疫情防控和经济社会发展工作,在疫情防控常态化前提下,坚持稳中求进工作总基调,坚持新发展理念,按照高质量发展要求,坚持积极的财政政策更加积极有为,全力支持做好"六稳"工作、服务落实"六保"任务,为巩固拓展全省疫情防控持续向好态势、推进生产生活秩序加快恢复提供了有力支撑。

(一)一般公共预算执行情况。

1. 收入情况。1—6月,全省一般公共预算收入完成1658亿元,比上年同期(下同)下降7%。分级次看,省级一般公共预算收入完成143亿元,下降17.9%;16个市一般公共预算收入完成1515亿元,下降5.8%,其中:76个县(市、区)完成731亿元,下降4.2%。分项目看,税收收入完成1122亿元,下降11.5%,其中:增值税完成463亿元,下降14.7%;企业所得税完成235亿元,下降4.9%;个人所得税完成38亿元,增长5.8%;契税完成98亿元,下降17.9%。

2. 支出情况。1—6月,全省一般公共预算支出完成3899亿元,下降7.5%。分级次看,省级一般公共预算支出完成566亿元,下降8.1%;16个市一般公共预算支出完成3333亿元,下降7.4%,其中:76个县(市、区)完成2003亿元,下降10.7%。分科目看,教育支出587亿元,下降12.5%;科学技术支出190亿元,增长5.6%;社会保障和就业支出724亿元,增长0.1%;农林水支出441亿元,增长29.5%;交通运输支出163亿元,下降7.9%;资源勘探信息等支出81亿元,增长30.2%。

(二)政府性基金预算执行情况。

1—6月,全省政府性基金收入1171.5亿元,下降11.5%,其中:省级政府性基金收入8.1亿元,下降39%。1—6月,全省政府性基金支出2050.2亿元,增长19.7%,其中:省级政府性基金支出12.6亿元,增长106.3%。

(三)国有资本经营预算执行情况。

1—6月,全省国有资本经营预算收入18.2亿元,增长35.4%,其中:省级国有资本经营预算收入0.09亿元,增长32.5%。1—6月,全省国有资本经营预算支出15.1亿元,下降11.7%,其中:省级国有资本经营预算支出6.4亿元,下降44.8%。

(四)社会保险基金预算执行情况。

1—6月,全省社会保险基金收入2405.5亿元,增长48%;全省社会保险基金支出2097.8亿元,增长107.9%。需要说明的是,2020年起,城镇企业职工基本养老保险基金实行省级统筹改革,剔除省级统筹上解下拨因素后,1—6月,全省社会保险基金收入1354.9亿元,下降16.6%,其中:省级社会保险基金收入273.7亿元,增长17%,主要是改革后中央补助资金全部体现在省级。1—6月,全省社会保险基金支出1049.3亿元,增长4%,其中:省级社会保险基金支出97.3亿元,增长13%。

受新冠肺炎疫情冲击,叠加经济下行、减税降费等多重因素影响,各级财政大幅减收,财政收支平衡压力进一步加大。面对困难挑战,全省各级财政部门积极应对,切实加强收入预期管理,4月份以来,财政收入降幅持续收窄,上半年全省财政收入完成2992亿元,下降7.4%,财政收入增幅“好于全国、中部领先”。我省财政管理工作再次被财政部评为优秀等次,连续四年荣获国务院激励表彰;县级财政管理绩效工作连续三年位居全国第一。预算执行主要情况如下:

一是全力以赴支持疫情防控。坚持把人民群众生命安全和身体健康放在第一位,做到特事特办、急事急办,1月26日依规动支省级预备费1亿元,专项用于疫情防控。加强财政资金统筹,安排疫情防控相关经费41.9亿元,确保不因资金问题影响患者救治和疫情防控。开通资金拨付快速通道,疫情防控资金随到随拨。在全国率先出台疫情防控经费保障相关政策,坚持救治优先,落实患者救治费用补助政策,对按规定报销后的确诊患者个人负担费用给予财政补助,将疑似患者的救治费用纳入财政保障范围。强化保障激励,向医疗卫生人员发放临时性工作补助和一次性慰问补助,落实工伤保险待遇,给予嘉奖奖励。加大医疗设备资金投入,对医疗卫生机构所需的专用设备、试剂等费用给予补助。开辟物资采购“绿色通道”,制定疫情防控便利化采购政策。启动临时价格补贴机制,对基本生活出现严重困难的家庭或个人予以救助,做好困难群体兜底保障。在抓好疫情防控相关工作的同时,实施一批阶段性援企稳岗兜底等财税政策。出台房产税和城镇土地使用税困难减免政策,发布税收优惠政策指引汇编,确定符合进口物资免税政策的27家单位名单。对参加政策性复工复产险的小微企业给予保费补贴,积极引导企业复工复产。加大创业担保贷款贴息支持力度,对符合条件的个人和小微企业给予贴息支持。对承租国有企业经营性用房或产权为行政事业单位房产的中小微企业,免收3个月房租。健全疫情防控期间就业保障政策,适时发放失业补助金,鼓励企业进一步稳定和扩大就业岗位。

二是千方百计落实“六保”任务。坚持把“六保”作为“六稳”工作的着力点,以保促稳、稳中求进,稳住经济基本盘。做好新增财政资金直达市县基层、直接惠企利民工作,积极争取中央财政特殊转移支付和抗疫特别国债资金,分门别类制定相关资金管理办法,资金分配方案按程序上报财政部备案同意后,所有资金省级一分不留,6月底全部直接下达市县基层,聚焦用于保就业、保基本民生、保市场主体。切实加强直达资金监督管理,建立完善监控系统,督促指导市县精准科学发放,建立实名台账,实行定期报告,确保好事办好。出台保基本民生、保基层运转工作方案,明确保障举措,强化风险防范和应急处置,压实市县政府主体责任。继续实施33项民生工程,其中:新增3项,完善5项,调整和退出3项,继续实施25项,项目谋划上聚焦“七有”,启动实施上打好提前量,调度推动上健全机制,加快补齐短板弱项,1—6月,拨付33项民生工程资金999.4亿元。坚持人民至上、生命至上,进一步强化防汛救灾资金保障,及时拨付防汛救灾资金3.8亿元,特别是对因灾返贫人员加大扶持力度,统筹各类资金做好救灾和灾后安置工作。继续实施失业保险基金稳岗返还,累计返还失业保险费10.2亿元,惠及企业11.8万户。强化困难群众基本生活保障,稳步提高保障水平,上半年累计拨付困难群众救助补助资金89.3亿元,增长14.8%。义务教育生均公用经费标准提高到小学650元、初中850元,保障义务教育学校日常运转需要。健全基层“三保”工作机制,坚持预算安排、预算执行和库款保障“三个优先”,加大省对市县转移支付力度,上半年下达2477亿元,同比增长17%,加强资金调度,将中央阶段性提高留用比例增加的库款39亿元,全部调度给县级使用,支持提升县级财政保障能力,切实兜牢基层“三保”底线。

三是多措并举促进经济高质量发展。落实国家发展战略,支持纵深推进长三角一体化发展。统筹推进“一圈五区”建设，安排资金22.1亿元，支持皖北、皖江、南北共建产业园区，以及大别山革命老区和皖南国际文化旅游示范区及大黄山国家公园发展。发挥财政资金激励导向作用，支持“四个一”创新主平台建设，投入19亿元用于合肥综合性国家科学中心建设。持续支持“一室一中心”建设，助力14个省实验室、14个省技术创新中心发展，增强科技创新策源地功能。统筹安排专项资金6亿元，支持高层次人才引进。落实“首台套”“首批次”“首版次”支持政策，促进皖企创新产品的落地实施和推广应用。拨付7.3亿元，继续注资“三重一创”产业发展基金20亿元，推动战略性新兴产业发展。下达16亿元，支持制造强省建设。支持出台制造业贷款贴息政策，推动符合条件的新建项目和技术改造项目建设。支持落实开放发展战略，努力稳住外贸外资基本盘，拨付资金4.2亿元，兑现出口信用保险、对外投资合作等政策。积极支持省内海关特殊监管区优化升级，服务外向型经济发展。安排支持流通业、电子商务等内贸资金2.7亿元，实施扩大内需战略，推动消费回升。继续安排10亿元专项资金，支持民营经济发展。动态更新安徽省财税优惠事项清单，加强财政重大事项合法性审查和公平竞争审查，进一步服务优化营商环境。拨付补贴资金15.8亿元，推动农业保险高质量发展。统筹安排10.4亿元，支持美丽乡村省级中心村建设。拨付资金4.5亿元，推进农村厕所革命，持续改善农村人居环境。下达30.7亿元，支持农村公益事业、村级集体经济发展和村级组织运转，服务实施乡村振兴战略。

四是坚决贯彻政府过紧日子要求。认真贯彻党中央、国务院决策部署，落实保重点、压一般、促统筹、提绩效要求，各项支出精打细算，大力压减一般性支出，严把关口过紧日子，把有限资金用在刀刃上。省级部门带头过紧日子，在年初预算一般性支出已经压减的基础上，对公用经费和项目支出中的会议费、差旅费、培训费等进行再压减。大幅压减“三公”经费，其中：因公出国(境)费全部收回预算。除重点刚性支出外，其他省本级项目支出同步进行压减，其中：对因疫情等影响可暂缓实施或不再开展的项目支出，全部收回预算。大力盘活财政存量资金，对超过两年或未满两年但不需要继续使用的部门结转结余资金，一律收回预算。强化预算约束，坚持先有预算、后有支出，严控预算调剂事项，加强支出政策财政可承受能力评估，除疫情防控、自然灾害等应急支出外，预算执行中一般不出台增加当年支出的政策，做到无大事要事急事一般不追加。进一步严控单一来源采购，扩大竞争性采购比重，降低采购成本。督促指导市县落实过紧日子要求，制定实施本地区的贯彻落实举措。

二、落实省十三届人大三次会议预算决议情况

(一)*落实更加积极有为的财政政策*。不折不扣落实好减税降费政策，强化阶段性政策与制度性安排相结合，重点减轻中小微企业、个体工商户和困难行业企业税费负担。1—5月，全省累计新增减税降费318亿元。积极扩大有效投资，重点支持“两新一重”建设。加快政府债券发行节奏，及时足额发行政府债券1191.7亿元，其中：发行专项债券964亿元，聚焦用于省委、省政府确定的重点领域支出。加大资金统筹力度，支持数字经济、5G发展、“数字江淮”等新型基础设施建设。投入38.4亿元，支持老旧小区和棚户区改造，推动黑臭水体治理和污水处理提质增效，深入推进新型城镇化建设。继续安排铁路、公路、航运、水利等重大工程建设资金131.5亿元，支持补齐基础设施和公共服务设施短板。拨付30亿元，支持省级股权投资基金体系建设。落实财政贷款贴息政策，支持发放专项再贷款116.5亿元、发放创业担保贷款31亿元，降低企业融资成本。投入38.3亿元续贷过桥资金，有效减轻企业资金周转压力。支持发挥融资担保作用，强化省级再担保增信分险功能，将个人创业担保贷款额度从20万元提高到50万元。积极运用PPP模式，截至6月底，我省纳入财政部PPP综合信息平台管理项目478个、总投资5166亿元，项目落地率、开工数均居全国前列。

(二)*支持打好三大攻坚战*。支持打赢脱贫攻坚战，落实“四个不摘”要求，强化资金优先保障，投入财政专项扶贫资金161.1亿元，增长13.5%，其中省级增量资金全部用于贫困革命老区县和深度贫困县。聚焦“两不愁三保障”及饮水安全突出问题，支持推进脱贫攻坚“十大工程”。持续推进贫困县涉农资金整合试点，发挥财政扶贫资金动态监控系统作用，提升扶贫资金使用绩效。下达82.6亿元，支持贫困县区推进基层基本公共服务功能建设。推动实现污染防治攻坚战阶段性目标，拨付18.2亿元，重点支持打好蓝天、碧水、净土保卫战。下达资金9亿元，助推长江经济带生态保护修复。拨付奖补资金2亿元，支持长江流域重点水域禁捕。安排6.2亿元，继续实施新安江流域、滁河流域和大别山区水环境生态补偿，启动实施沱湖流域生态补偿，推进实施地表水断面、空气质量生态补偿等政策，支持加快绿色发展。设立综合奖补资金3亿元，支持加快全国林长制改革示范区建设。切实做好防范化解风险工作，妥善化解存量，坚决遏制增量，确保不发生系统性风险，全省债务风险呈稳中有降态势。

(三)*加快推进财税体制改革*。推进财政事权和支出责任划分改革，出台交通运输领域改革实施方案，积极谋划生态环境、公共文化、自然资源、应急救援领域改革实施方案。落实增值税留抵退税政策,省级垫付18.2亿元,缓解企业和市县财政资金压力。完善预算管理制度,规范转移支付预算编制,省级转移支付调整为一般性转移支付、共同财政事权转移支付、专项转移支付三大类。继续按法定时限公开预算信息,公开重大政策、重点项目的绩效目标,主动接受社会监督。完善工作机制,积极谋划做好国有资产综合报告编报工作。持续深化司法体制改革,推进市级检察院财物省级统一管理工作。

(四)规范加强财政预算管理。全面实施预算绩效管理,省政府成立省预算绩效管理工作领导小组,建成分行业分领域的绩效指标和标准体系,选择21个重点项目开展财政绩效评价,涉及预算资金184亿元。提升预算编制水平,连续五年省市县乡四级财政一体布置预算编制,加快预算管理一体化系统建设,强化中期财政规划管理,继续实行"大专项(大类别)+任务清单"预算编制方式。加大预算统筹力度,省级国有资本经营预算调入一般公共预算的比例提高到30%。开展专用存款账户资金专项治理,收回结余资金1.2亿元。盘活政府资产,依规处置闲置不用的资产,处置和出租收入上缴财政,纳入预算统筹安排。严格落实预算执行限时制度,及时批复和下达预算资金,我省预算支出进度位居全国前列。

(五)认真落实人大审查监督要求。进一步加强省级预算联网监督系统建设,丰富省级系统内容,有序推动市县系统建设,定期向人大推送政府预算、部门预算、财政收支月报、财政政策、财政评价报告等信息。编制关于新增专项债务限额和再融资债券发行规模上限的省级预算调整方案,依法提请省人大常委会审查和批准。做好服务人大代表工作,主动征求并积极采纳人大代表的意见建议,定期推送财政重点和亮点工作信息,保障人大代表对财政预算工作的知情权、参与权和监督权。

与此同时,预算执行中还面临一些问题和挑战。主要包括:省级受疫情冲击、落实减税降费政策等因素影响,收入下降明显,同时,为支持疫情防控、履行"三保"兜底责任等,各类刚性支出压力不减反增,加之今年中央新增财政资金直达市县基层,所有资金省级一分不留,省级收支平衡形势严峻;一些领域支出固化僵化现象依然存在,有些资金利用效率还不够高;预算绩效结果运用需要强化;少数市县政府债务负担较重,隐性债务风险不容忽视等。我们高度重视这些问题,将积极采取措施加以解决。

三、下半年财政工作安排

下一步,我们将深入学习贯彻习近平新时代中国特色社会主义思想,认真贯彻省委、省政府决策部署,坚持积极财政政策更加积极有为,充分发挥财政职能作用,确保完成年度目标任务。

(一)坚决落实减税降费政策。继续落实落细已出台的减税降费政策,跟踪做好效果监测和分析研判,及时研究解决企业反映的突出问题,根据疫情态势和经济形势变化,研究完善有关政策措施。

(二)强化直达资金监督管理。认真贯彻中央加强直达资金监督管理的部署要求,进一步强化日常监督和重点监控,用好资金监控系统,确保每笔资金流向明确、账目可查。严格执行定期报告制度,及时掌握直达资金分配、拨付和使用情况,确保有关资金科学规范高效使用。推动直达资金相关信息公开,主动接受社会监督。

(三)坚持政府带头过紧日子。进一步厉行节约、节用裕民,勤俭办一切事业,大力压减一般性支出,严禁新建政府性楼堂馆所,严禁铺张浪费。加强资金和政策统筹,各项支出精打细算,支持打好三大攻坚战,统筹推进疫情防控和经济社会发展工作,切实兜牢基层"三保"底线。

(四)加强财政收支预期管理。抓好财政收入预期管理,加强数据分析和形势研判,依法依规组织收入,确保财政收入有质量、可持续。强化预算支出管理,督促推动重点项目建设,加快预算资金拨付,进一步提升预算执行质量。

(五)强化责任落实和担当作为。认真践行"三严三实",坚定不移守初心、担使命,强化党建引领和作风保障,巩固拓展以"四联四增"为主要内容的深化"三个以案"警示教育成果,落实为基层减负各项具体举措,力戒形式主义官僚主义,以优良的作风担当和严格的责任落实,抓紧抓实抓细财政各项工作。

当前和今后一个时期,面临的挑战前所未有,做好下半年预算执行工作任务艰巨。我们将认真落实本次会议有关要求,强化财力保障和政策支撑,统筹推进疫情防控和经济社会发展工作,积极谋划财政"十四五"规划编制,扎实工作、开拓进取,为奋力完成全年经济社会发展和"十三五"规划目标任务、决胜全面建成小康社会、加快建设现代化五大发展美好安徽作出积极贡献!

(预算处供稿)

关于提请审议安徽省2020年省级第二次预算调整方案(草案)的议案

省人民政府

(皖政秘〔2020〕151号 2020年8月12日)

安徽省人民代表大会常务委员会:

经十三届全国人大三次会议审议批准和国务院同意,财政部下达我省2020年第二批新增一般债务限额86亿元、第四批新增专项债务限额532亿元。另外,实行土地出让价款收入省与市县分享政策,预计2020年省级增加土地出让价款收入52亿元。根据《中华人民共和国预算法》及《安徽省预算审查监督条例》有关规定,需调整2020年省级一般公共预算、政府性基金预算、国有资本经营预算。现将2020年省级第二次预算调整方案(草案)提请省人民代表大会常务委员会审议。

安徽省2020年省级一般公共预算第二次调整方案(草案)

单位:万元

收入项目	2020年预算数	调整数	调整后预算数	支出项目	2020年预算数	调整数			调整后预算数
						合计	置换数	安排数	
一、税收收入	2016000		2016000	一、一般公共服务支出	733359				733359
增值税	73000		73000	二、国防支出	19656				19656
企业所得税	1599000		1599000	三、公共安全支出	402887				402887
个人所得税	258000		258000	四、教育支出	1409003				1409003
城市维护建设税	13800		13800	五、科学技术支出	229750				229750
房产税	2400		2400	六、文化旅游体育与传媒支出	349972				349972
印花税	1300		1300	七、社会保障和就业支出	2736645	837		837	2737482
城镇土地使用税	3100		3100	八、卫生健康支出	249077	1148		1148	250225
土地增值税	700		700	九、节能环保支出	64145				64145
耕地占用税	45500		45500	十、城乡社区支出	21974				21974
环境保护税	19200		19200	十一、农林水支出	312192				312192
				十二、交通运输支出	867658	-60000	-160000	100000	807658
二、非税收入	1084000		1084000	十三、资源勘探信息等支出	293752				293752
专项收入	393810		393810	十四、商业服务业等支出	31705				31705

续表

收入项目	2020年预算数	调整数	调整后预算数	支出项目	2020年预算数	调整数			调整后预算数
						合计	置换数	安排数	
行政事业性收费收入	150940		150940	十五、金融支出	172167				172167
罚没收入	38389		38389	十六、援助其他地区支出	60480				60480
国有资本经营收入	3345		3345	十七、自然资源海洋气象等支出	101789				101789
国有资源(资产)有偿使用收入	461719		461719	十八、住房保障支出	169552				169552
捐赠收入	120		120	十九、粮油物资储备支出	153068				153068
政府住房基金收入	10470		10470	二十、灾害防治及应急管理支出	62228				62228
其他收入	25207		25207	二十一、预备费	80000				80000
				二十二、其他支出	19920	126458		126458	146378
				二十三、债务付息支出	214193				214193
				二十四、债务发行费用支出	2000				2000
一般公共预算收入	3100000		3100000	一般公共预算支出	8757172	68443	-160000	228443	8825615
加:中央税收返还及转移支付	28254039		28254039	加:对市县税收返还及转移支付	26220358	450000	-326458	776458	26670358
中央税收返还收入	3174945		3174945	对市县税收返还	2164862				2164862
中央一般性转移支付收入	24549152		24549152	对市县一般性转移支付	22629838	450000	-326458	776458	23079838
中央专项转移支付收入	529942		529942	对市县专项转移支付	1425658				1425658
地方政府一般债务收入	5941426	860000	6801426	上解中央支出	354329				354329
市县上解省收入	1033038		1033038	地方政府一般债券转贷支出	5010967	140000		140000	5150967
调入资金	74782	90000	164782	地方政府向外国政府借款转贷支出		6621		6621	6621
动用预算稳定调节基金	2340000		2340000	地方政府向国际组织借款转贷支出		284936		284936	284936
				地方政府一般债务还本支出	400459				400459
收入合计	40743285	950000	41693285	支出合计	40743285	950000	-486458	1436458	41693285

备注:1. 置换数合计48.6亿元,包括新增一般债券置换支出32.6亿元、省级分享土地出让价款收入置换支出16亿元;

2. 安排数合计143.6亿元,包括新增一般债券安排支出42.8亿元、置换财力安排支出12.6亿元、转贷市县支出43.2亿元,以及省级分享土地出让价款收入补助市县支出45亿元。

(预算处供稿)

关于安徽省2020年省级第二次预算调整方案(草案)的说明

——2020年9月27日在安徽省第十三届人民代表大会常务委员会第二十一次会议上

省财政厅厅长　罗建国

安徽省人民代表大会常务委员会:

受省人民政府委托,现就《安徽省2020年省级第二次预算调整方案(草案)》作如下说明:

一、法律依据及调整事项

《中华人民共和国预算法》第六十七条规定:"经全国人民代表大会批准的中央预算和经地方各级人民代表大会批准的地方各级预算,在执行中出现下列情况之一的,应当进行预算调整:(一)需要增加或者减少预算总支出的;(二)需要调入预算稳定调节基金的;(三)需要调减预算安排的重点支出数额的;(四)需要增加举借债务数额的。"

经十三届全国人大三次会议审议批准和国务院同意,财政部下达我省2020年第二批新增一般债务限额86亿元、第四批新增专项债务限额532亿元,按规定需进行预算调整。另外,经省政府同意,省与市县实行土地出让价款收入分享,并通过省级自主发行专项债支持重大项目建设,省级一般公共预算、政府性基金预算、国有资本经营预算按规定也需相应进行调整。

二、财政部新增债务限额分配情况

(一)一般债务额度分配。经积极争取,我省2020年共分得新增一般债务额度205亿元,较上年增加30亿元,增长17.1%。其中,争取第二批一般债务额度86亿元。需说明的是,为应对疫情影响,2020年全国新增地方一般债务限额500亿元,全部用于直达市县,该项增量分配我省14亿元。

(二)专项债务额度分配。经积极争取,我省2020年共分得新增专项债务额度1496亿元,较上年增加310亿元,增长26.1%。其中,争取第四批专项债务额度532亿元,占财政部可统筹分配额度的5.5%。主要得益于省发展改革、财政部门密切协同配合、目前专项债券项目需求储备充分以及我省政府债务风险相对较低。

2020年,财政部共分配我省一般债务额度205亿元、专项债务额度1496亿元,合计1701亿元,占全国可统筹分配总量的4.02%。其中,2020年年初预算列入706亿元债务额度(一般债务119亿元、专项债务587亿元),已经省十三届人大三次会议审查批准;2020年省级第一次预算调整列入377亿元专项债务额度,已经省十三届人大常委会第十九次会议审查批准;本次列入预算调整债务额度618亿元(一般债务86亿元、专项债务532亿元)。

三、我省新增债务限额分配方案

(一)一般债务额度86亿元

1. 分配市县14亿元。系2020年新增地方财政赤字资金,按照国务院常务会议要求,纳入资金直达基层机制管理。考虑到我省交通基础设施薄弱,拟用于符合财政部规定用途的脱贫攻坚领域,支持我省32个贫困县(区)农村"四好"公路扩面延伸工程和国省干线公路项目,其中:拟安排5亿元用于19个农村"四好"公路项目建设、9亿元用于37个国省干线项目建设。

2. 省级留用42.6458亿元。考虑到2020年省级预算收支平衡压力,建议省本级使用42.6458亿元。一是安排铁路建设10亿元。按照《安徽省人民政府关于进一步加快安徽铁路建设的若干意见》(皖政〔2015〕27号)要求,自2014年起连续7年,省财政每年安排预算资金10亿元、一般债券10亿元。二是置换安排32.6458亿元。包括:2020年省级一般公共预算安排的国省干线公路大中修工程11.5亿元、水利三年行动计划7.5139亿元、淮河行蓄洪区居民迁建6.4亿元、国省道建设3.2亿元、农村饮水安全工程4.0319亿元,通过置换腾出财力主要用于:一是省级分享土地出让价款收入补助市县支出20亿元,二是弥补省级收支缺口12.6458亿元。

3. 按需求分配外债额度29.3542亿元。该额度由财政部根据各省2020年预计外债提款数确定,建议按省本级和有关市县预计提款数分配,其中:省本级使用0.1985亿元,分配市县使用29.1557亿元。

(二)专项债务额度532亿元

1. 安排省级铁路和引江济淮项目45亿元。为支持省级投资或参与出资的重大基础设施和公益性项目建设,经省政府同意,省级按2%分享市县土地出让价款收入发行地方政府专项债券。根据2020年土地出让价款收入情况测算,并确保省本级不出现债务率超过100%或被财政部风险预警提示,按照积极稳妥的原则,拟通过省级自主发行专项债45亿元,用于省级铁路和引江济淮项目建设。

2. 优先保障省本级其他项目8.98亿元。省级高校、水利、水运建设等7个项目2020年新增债务需求8.98亿元,通过宿州市本级、芜湖市本级、安庆市本级、滁州市本级和来安县申报,拟优先予以保障,债券额度分配到相关市县。

3. 按照政府性基金财力和2020年新增债券需求分配市县剩余额度478.02亿元。为防范法定政府债务风险,新增额度继续按照因素法进行分配,其中:政府性基金财力占分配权重70%、新增债券需求占分配权重30%。在此基础上,执行政府债券额度分配与债券资金支出进度挂钩机制,对2019年以来已发专项债券截至2020年6月底的实际支出进度低于全省平均水平的市县,分别按照分配额度的5%进行扣减,扣减额度全部分配给支出进度超过全省平均水平的地区。

四、省级分享土地出让价款收支安排方案

(一)分享土地出让价款收入政策

经省政府同意,省财政厅、省自然资源厅、人行合肥中心支行联合印发了《关于实行土地出让价款收入省市县分享有关事项的通知》(皖财预〔2020〕566号),决定省级按2%分享市县土地出让价款收入,并通过一般公共预算或政府性基金预算全额补助市县。其中,对2018年度专项债务率85%以上的市县,直接通过政府性基金预算补助;其余市县通过一般公共预算补助。在保障市县既得利益的同时,通过做大省级政府性基金规模,满足省级发行专项债券条件,加大对铁路等全省性、全局性、牵动性强的跨区域重大基础设施项目资金支持。

(二)分享土地出让价款收支安排

根据2020年以来预算执行情况,结合近年土地出让价款收入规模,预计2020年省级分享土地出让价款收入52亿元。统筹考虑省级一般公共预算、政府性基金预算和国有资本经营预算的收支平衡关系,2020年省级土地出让价款收入52亿元安排如下支出:一是置换一般公共预算、国有资本经营预算支出19亿元,包括铁路建设13亿元(一般公共预算安排10亿元、国有资本经营预算安排3亿元)、省属交通企业资本金注入6亿元;二是安排引江济淮项目支出20亿元;三是根据皖财预〔2020〕566号文件规定,直接通过政府性基金预算补助市县7亿元;四是调入一般公共预算6亿元。

通过以上支出安排,省级一般公共预算财力增加25亿元,加上新增一般债券置换支出腾出资金20亿元,共45亿元通过一般公共预算补助市县。另外,通过政府性基金预算直接补助市县7亿元,两本预算合计补助市县52亿元。

五、省级第二次预算调整方案

根据以上新增一般债务限额、新增专项债务限额分配方案以及省级分享土地出让价款收支安排方案,拟对省十三届人大三次会议和省十三届人大常委会第十九次会议批准的2020年省级预算调整如下:

(一)一般公共预算调整

1. 省级一般公共预算总收入增加95亿元,其中:

(1)省级一般债务收入增加86亿元,列入政府收支分类“地方政府一般债务收入”科目。

(2)省级调入资金增加9亿元,其中:从国有资本经营预算调入3亿元、从政府性基金预算调入6亿元,均列入政府收支分类“调入资金”科目。

2. 省级一般公共预算总支出增加95亿元,其中:

(1)省级一般公共预算支出增加22.8亿元,即新增一般债券安排铁路建设10亿元,置换财力安排弥补省级收支缺口12.6亿元,政府外债安排省级支出0.2亿元,列入政府收支分类“社会保障和就业支出”“卫生健康支出”“交通运输支出”“其他支出”相应科目。

(2)省级一般公共预算支出减少16亿元,即原一般公共预算安排的支出16亿元,调整通过省级分享的土地出让价款收入安排,调减政府收支分类“交通运输支出”科目。

(3)省对市县转移支付增加45亿元,全部是对分享市县土地出让价款收入的补助,其中:通过新增一般债券置换支出腾出财力安排20亿元、通过省级分享土地出让价款收入置换支出腾出财力安排16亿元、通过国有资本经营预算和政府性基金预算调入资金安排9亿元,列入政府收支分类“一般性转移支付”相应科目。

(4)省级转贷市县债券支出增加43.2亿元,其中:省级转贷市县新增一般债券14亿元,列入政府收支分类“地方政府一般债券转贷支出”科目;省级转贷市县外债29.2亿元,分别列入政府收支分类“地方政府向外国政府借款转贷支出”“地方政府向国际组织借款转贷支出”科目。

经上述预算调整后,省级一般公共预算收入合计为4169.3亿元,省级一般公共预算支出合计为4169.3亿元,收支保持平衡。

(二)政府性基金预算调整

1. 省级政府性基金预算总收入增加584亿元,其中:

(1)省级政府性基金预算收入增加52亿元,全部是省级分享的土地出让价款收入,列入政府收支分类“国有土地使用权出让收入”科目。

(2)省级专项债务收入增加532亿元,列入政府收支分类“地方政府专项债务收入”科目。

2. 省级政府性基金预算总支出增加584亿元,其中:

(1)省级政府性基金预算支出增加84亿元,其中:省级分享土地出让价款收入安排支出39亿元、新增专项

债券安排铁路建设和引江济淮支出45亿元,列入政府收支分类国有土地使用权出让收入相关支出科目。

(2)省级补助市县支出增加7亿元,全部是省级分享土地出让价款收入补助支出,列入政府收支分类“政府性基金补助支出”科目。

(3)省级转贷市县债券支出增加487亿元,全部是转贷市县新增专项债券,列入政府收支分类“地方政府专项债券转贷支出”科目。

(4)省级调出资金增加6亿元,全部是省级分享土地出让价款收入调入一般公共预算资金,列入政府收支分类“调出资金”科目。

经上述预算调整后,省级政府性基金预算收入合计为1792.2亿元,省级政府性基金预算支出合计为1792.2亿元,收支保持平衡。

(三)国有资本经营预算调整

1.省级国有资本经营预算支出减少3亿元,全部是省级分享土地出让价款收入置换铁路建设资金,调减政府收支分类“公益性设施投资支出”科目。

2.省级调出资金增加3亿元,全部是通过置换铁路建设资金腾出财力,调入一般公共预算用于对分享市县土地出让价款收入的补助,列入政府收支分类“调出资金”科目。

经上述预算调整后,省级国有资本经营预算收入合计为54.4亿元,省级国有资本经营预算支出合计为54.4亿元,收支保持平衡。

(预算处供稿)

关于2019年度国有资产管理情况的综合报告

——2020年9月27日在安徽省十三届人民代表大会常务委员会第二十一次会议上

省人民政府

安徽省人民代表大会常务委员会:

按照《中共安徽省委关于建立省政府向省人大常委会报告国有资产管理情况制度的意见》(皖发〔2018〕20号)和省人大常委会要求,省政府组织省财政厅会同有关部门、各市、国有企业,加强协同配合,统筹推进国有资产管理情况报告工作,坚持全口径、全覆盖、高标准,在汇总分析各类国有资产数据和管理情况的基础上,形成覆盖国有企业、金融国有企业、行政事业性国有资产、国有自然资源等四大类国有资产的《2019年度国有资产管理情况的综合报告》。现报告如下。

一、国有资产总体情况

2019年,全省各级国有资产管理部门,坚持以习近平新时代中国特色社会主义思想为指导,深入贯彻党的十九大和十九届二中、三中、四中全会精神,认真贯彻落实党中央、国务院及省委决策部署,全面加强各类国有资产监管,切实提升国有资产管理质量,有效实现了国有资产管理各项目标任务。

(一)企业国有资产(不含金融企业)

截至2019年底(下同),省级国有企业资产总额16483.7亿元、负债总额9566.2亿元、所有者权益总额6917.5亿元,剔除2019年马钢集团与中国宝武成功实施战略重组,隶属关系变为央企的影响(下同),同比分别增长6.1%、1.0%、14.2%。其中,省国资委监管的省属企业资产总额15586.7亿元、负债总额8971.6亿元、所有者权益总额6615.1亿元,分别增长6.6%、1.3%、14.8%。省属文化企业资产总额684.4亿元、负债总额414.1亿元、所有者权益总额270.3亿元,分别增长3%、0.3%、7.4%。2019年,为加快创新型文化强省建设,优化国有文化资本布局和结构,省政府出资成立安徽省文化投资运营有限责任公司,注册资本2亿元。省级党政机关和事业单位(以下简称省级行政事业单位)所办企业资产总额212.6亿元、负债总额180.5亿元、所有者权益总额32.1亿元,分别下降13.3%、10.1%、28%。下降的主要原因是,根据清理党政机关违规经商办企业和经营性国有资产集中统一监管改革要求,部分省级行政事业单位所办企业已注销或划转。

从主要指标看,一是省级国有企业新增资产953.9亿元;二是省级国有企业资产负债率58%,下降2.9个百分点,连续3年下降;三是省级国有企业实现营业总收入8777.6亿元、利润总额774.2亿元,归属于母公司所有者的净利润279.7亿元;四是2019年度国有及国有控股企业财务会计决算数据显示,省级国有企业负责人平均薪酬35.1万元,是省级国有企业职工平均工资的3.8倍。2018年省国资委监管省属企业负责人平均薪酬45.6万元,较2017年增长16.4%,2018年省属文化企业主要负责人平均薪酬

38.97 万元,较 2017 年增长 2.2%(2019 年省属国有企业负责人薪酬目前尚在核算中)。

市级以下(含市级,下同)国有企业资产总额 45310.9 亿元、负债总额 25402.5 亿元、所有者权益总额 19908.4 亿元,分别增长 4.9%、3.6%、6.7%。从主要指标看,一是市级以下国有企业新增资产 2124.1 亿元;二是市级以下国有企业资产负债率 56.1%,下降 0.7 个百分点,连续 2 年下降;三是市级以下国有企业实现营业总收入 1955.8 亿元、利润总额 431.4 亿元,归属于母公司所有者的净利润 333 亿元;四是 2019 年度国有及国有控股企业财务会计决算数据显示,市级以下国有企业负责人平均薪酬 15.9 万元,是市级以下国有企业职工平均工资的 2.4 倍。

汇总省级和市级以下情况,全省国有企业资产总额 61794.6 亿元、负债总额 34968.7 亿元、所有者权益总额 26825.9 亿元,分别增长 5.2%、2.9%、8.5%。从主要指标看,一是全省国有企业新增资产 3078 亿元;二是全省国有企业总体资产负债率为 56.6%,下降 1.3 个百分点;三是全省国有企业实现营业总收入 10733.4 亿元、利润总额 1205.6 亿元、归属于母公司所有者的净利润 612.7 亿元;四是全省国有企业负责人平均薪酬 28.2 万元,是全省国有企业职工平均工资的 3.3 倍。

(二)金融企业国有资产

截至 2019 年底(下同),全省国有金融企业共计 254 户,较上年净增加 42 户,主要分布在省国资委、省财政厅管理的省属金融企业、省属企业集团(非金融)出资设立的控(参)股金融企业,以及市级以下(含市级,下同)金融企业。全省国有金融企业资产总额 25813.85 亿元、负债总额 22451.09 亿元、所有者权益总额 3362.76 亿元,分别增长 15.05%、14.5%、18.88%;国家(含国有企业法人)共出资 1204.69 亿元,增长 15.76%,形成国有资产 2047.20 亿元,增长 16.71%。其中,19 户省属国有金融企业资产总额 13861.52 亿元、国有资产 1114.08 亿元,分别增长 6.54%、10.35%;235 户市级以下国有金融企业资产总额 11952.33 亿元、国有资产 933.12 亿元,分别增长 26.79%、25.33%。全省国有金融企业实现营业收入 899.82 亿元,归属于母公司净利润 210.22 亿元,分别增长 16.9%、7.82%。2018 年省属国有金融企业负责人平均薪酬 40.58 万元(不含任期激励收入),2019 年薪酬尚在审核中。

从行业布局看,在省属国有金融企业中,银行业金融机构资产总额、国有资产分别占 86.10%、49.21%;证券业分别占 10.24%、22.27%;保险业分别占 0.57%、2.55%;担保业分别占 2.29%、21.89%;金融资产管理公司分别占 0.77%、3.85%;金融基础设施机构分别占 0.03%、0.23%。在市级以下国有金融企业中,银行业金融机构资产总额、国有资产分别占 92.63%、32.23%,担保业分别占 6.12%、57.26%,其他金融机构分别占 1.25%、10.51%。

(三)行政事业性国有资产

截至 2019 年底(下同),省级行政事业单位资产总额 1573.74 亿元、负债总额 456.33 亿元、净资产总额 1117.41 亿元,同比分别增长 20.36%、11.85%、23.26%。其中,行政单位资产总额 140.37 亿元、事业单位资产总额 1433.37 亿元,分别增长 -1.02%、23.23%。

市级以下(含市级,下同)行政事业单位资产总额 7656.18 亿元、负债总额 1667.76 亿元、净资产总额 5988.42 亿元,分别增长 67.76%、9.44%、91.88%。其中,行政单位资产总额 3021.83 亿元、事业单位资产总额 4634.35 亿元,分别增长 79.50%、61.34%。

汇总省级和市级以下情况,全省行政事业单位资产总额 9229.92 亿元、负债总额 2124.09 亿元、净资产总额 7105.83 亿元,分别增长 56.59%、9.95%、75.04%。其中,行政单位资产总额 3162.20 亿元、事业单位资产总额 6067.72 亿元,分别增长 71.98%、50.06%。全省行政事业单位出租出借资产 36.13 亿元,处置资产 50.91 亿元,资产收益 13.93 亿元(其中,出租出借收益 5.75 亿元,资产处置收益 6.62 亿元,对外投资收益 1.56 亿元)。

需要说明的是,2019 年全省行政事业单位按照新的《政府会计制度》规定,将符合会计资产定义和确认条件的政府储备物资、公共基础设施等资产纳入单位会计核算和会计报表,但由于部分资产会计核算基础比较薄弱,资产价值难以准确确认或不具备核算条件,2019 年行政事业单位会计报表仅对其数量进行统计,如文物文化资产 661887 件(套)、市政基础设施中城市道路 9712.62 公里、园林绿化 26469.47 万平方米、等级航道 4501.25 公里等。

(四)国有自然资源资产

截至 2019 年底,全省发现各类矿产 128 种,固体矿产列入年度资源储量统计 106 种(不含石油、铀、煤层气)。我省优势矿种有煤、铁、铜、钼及玻璃用石英岩、硫铁、水泥用石灰岩矿等,煤矿资源储量为 303.9 亿吨、铁矿石资源储量为 53.3 亿吨、铜矿金属储量为 694.9 万吨、钼矿金属储量为 277.6 万吨、玻璃用石英岩矿石资源储量为 9.86 亿吨、硫铁矿石资源储量为 7.8 亿吨、水泥用石灰岩矿石资源储量为 122.3 亿吨。

受疫情影响,2019 年度土地资源变更调查尚未开展,暂无数据更新。

(五)其他相关资产

政府及其所属部门负有监管职责的其他相关资产(资产属性不因本报告发生改变):截至 2019 年底,全省社会保险基金滚存结余 3228.82 亿元;《安徽省住房公积金 2019 年年度报告》显示,全省住房公积金缴存余额1800.82亿元,其中个人住房贷款余额1765.08亿元。

二、国有资产管理工作情况

(一)企业国有资产(不含金融企业)

1.国有资产管理体制改革全面推进。一是深化省级国有资本投资、运营公司改革。2019年,根据《安徽省人民政府关于推进国有资本投资、运营公司改革试点的实施意见》(皖政〔2018〕109号)要求,不断深化省级国有资本投资、运营公司改革,有效发挥国有资本投资、运营公司功能作用。设立安徽省文化投资运营公司,搭建国有文化资本投资运营平台。二是加快推进省级国有资本授权经营体制改革。根据《国务院关于印发改革国有资本授权经营体制方案的通知》(国发〔2019〕9号)精神,研究拟订我省《改革省级国有资本授权经营体制重点工作举措》,推进省级国有资本授权经营体制改革。

2.国有企业改革步伐不断加快。一是国有企业混合所有制改革稳步推进。以加快上市推动混合所有制改革,截至2019年底,全省国有控股上市公司31户,其中省国资委监管企业上市公司20户,省属文化企业上市公司2户。在5户国有控股混合所有制试点企业实施了员工持股试点。芜湖市奇瑞汽车股份公司、铜陵市铜化集团等市级重点企业完成混合所有制改革。二是国有经济布局和资源配置不断优化。成功实施马钢集团与中国宝武战略重组,进一步提升中国钢铁产业集中度和企业核心竞争力。全面推进全省港口一体化、港航协同化发展。积极推进行政事业单位经营性国有资产集中统一监管,省水电有限责任公司整体划转至省国控集团。省属文化企业强化主责主业、压缩辅业规模,不断提升省属文化企业发展质量。三是现代企业制度建设步伐显著加快。加快规范董事会建设,完成9户省属企业规范董事会建设及17名外部董事选派。推动省属文化企业建立有文化特色的现代企业制度,坚持党的领导与完善公司治理相统一,指导企业制定修订党委会、董事会、经理办公会议事规则,进一步明确党委、董事会、经理层权责。四是国有企业办社会职能加快剥离。2019年,省财政共拨付"三供一业"分离移交省级财政补助资金4.67亿元,省属企业"三供一业"分离移交130.4万户,完成率98%。出台国有企业退休人员社会化管理实施方案,省内国有企业退休人员70.9万人已实现社会化管理45.2万人,社会化管理率63.8%。完成国有企业办教育机构深化改革以及消防、市政社区等移交市县管理。

3.国有资产监管效能显著增强。一是监管制度不断完善。修订省属企业违规经营投资责任追究实施办法和省属企业资产损失财务核销工作规则。完善综合考核制度体系,将担保管理纳入省属企业2019年度综合考核。创新国有文化资产监管机制,形成省委宣传部牵头,省财政厅、省人社厅等部门参与的省属文化企业国有资产监管模式,制定出台省属文化企业国有资产监管、重大事项管理、工资决定机制改革、防范经营和投资风险、企业负债约束等制度文件,形成国有文化资产监管基本制度框架。二是监管方式不断优化。加大授权放权力度,选取3大类、6个方面、31项授权放权事项,在全国率先发布省国资委授权放权清单(2019年版),进一步增强微观市场主体活力。加快国资国企在线监管系统建设,省属企业资金监管系统实现与26户企业财务、资金等系统的实时对接抽取数据。强化日常监督管理,加强对重大事项审核把关,实施企业经济运行月报告、季分析制度。三是风险防范不断加强。成立防范化解重大风险工作领导小组,持续降杠杆减负债,2019年末省属国有企业资产负债率处于全国省级监管企业较低水平和中部地区最低水平。印发实施省属企业投资项目后评价工作指引、省属企业投资项目负面清单(2019年版),切实防范投资风险。

4.国有企业党建质量持续提升。一是强化党的政治建设。坚持党委会议"第一议题"制度,制定省属企业党委应向省国资委党委请示、报告、报备事项清单,印发《关于落实省属企业党委研究讨论"前置程序"要求的指导意见(试行)》,切实发挥党委把方向、管大局、保落实作用。二是扎实开展主题教育。高质量开展"不忘初心、牢记使命"主题教育,推深做实"一抓八整"专项行动,结合实际开展省属企业"用人行政化、作风'衙门'化、监管空洞化"专项整治,取得积极成效。三是夯实党建基层基础。深入推进基层党组织标准化规范化建设,在淮北矿业股份公司等5户省属企业上市公司成立了党组织,挖掘选树叉车集团"党建五法"品牌并在省属企业推广。四是深入推进党风廉政建设。修订省国资委党委落实党风廉政建设主体责任清单,深入推进省委巡视整改工作,深化"三个以案"警示教育,不断净化优化政治生态。

(二)金融企业国有资产

1."研究、谋划、指导"国有金融资本管理改革,做好国有金融资本管理文章。一是印发《关于完善国有金融资本管理的实施意见》,明确加强国有金融资本集中统一管理。二是研究起草《安徽省国有金融资本出资人职责暂行规定》,进一步厘清财政部门与监管部门及受托人等权责边界。三是成立省国有金融资本管理改革领导小组及办公室,常务副省长任组长,省相关部门负责同志为成员,负责全省国有金融资本管理改革工作。四是研究起草并初步形成省级国有金融资本管理改革建议方案,推进设立省国有金融资本投资(运营)公司,重组整合相关国有金融资本,更好服务于战略需要。五是加强省有关部门与省属企业间协调配合,不断强化全省国有金融资本管理。

2.“完善、夯实、提升”地方金融企业财务管理,做好金融企业财务管理文章。一是组织开展地方金融企业财务快报及决算报表工作,全面掌握地方金融企业财务状况,并以此为基础开展国有金融资本全口径报告工作。二是开展省属金融企业产权登记工作,不断提高国有金融资本产权管理水平。三是严格省属金融企业绩效考核,将企业经营情况特别是国有资本保值增值完成情况作为确定负责人薪酬、履职评价等的重要依据。四是对省属金融企业负责人薪酬及工资总额进行管理和调控,促进省属金融企业收入分配合理、规范、有序。五是依法规范企业年金,加强负责人履职待遇及业务支出管理,推动健全省属金融企业激励约束机制。

3.“引导、规范、撬动”国有金融资本服务能力,做好支持实体经济发展文章。一是出台涵盖资本金注入、保费补贴、风险补偿、体系建设、政银担合作和风险防控等较为完备的融资担保政策制度体系。二是安排资金充实省级国有担保机构资本实力,持续深化“4321”政银担风险分担机制,引导全省国有担保机构坚持政策性定位,聚焦主业,着力提高担保覆盖面和降低融资成本。三是统筹安排财政资金和国有资本经营收益返还,支持设立覆盖企业全生命周期、服务产业发展全链条、对接企业上市(挂牌)全过程的省级股权投资基金体系。四是落实新设金融机构和直接融资奖励、创业担保贷款贴息、农村金融机构定向费用补贴、财政支持民营和小微企业金融服务改革试点城市等政策,有效撬动和聚合金融资源服务实体经济发展。

4.“加强、督促、严抓”国有金融资本风险防控,做好抵御金融资本风险文章。一是成立防范化解重大风险工作领导小组,把防范化解金融风险和稳健发展实体经济摆上更加突出位置。二是着力化解金融风险,启动实施徽盐金融良性退出工作方案,积极维护省属企业和社会和谐稳定。三是积极防范债券风险,2019 年省属企业债券发行兑付总体平稳,未发生重大违约事件。

(三)行政事业性国有资产

1.健全完善制度体系,优化资产管理方式。一是按照《安徽省党政机关公务用车管理实施办法》要求,搭建公务用车管理 1+X 制度体系,出台《特殊情况下配备更新车辆审批工作实施细则(暂行)》等 10 项制度,涵盖公务用车全生命周期管理,确保公务用车管理有章可循、有规可依。二是印发《安徽省省级行政事业单位及所属企业和省属文化企业国有资产评估项目核准与备案管理办法》(皖财资〔2019〕236 号),规范资产评估机构备案和国有资产评估项目管理,优化国有资产评估项目核准与备案流程。三是印发《安徽省省级行政事业单位电器电子产品报废处置实施办法》(皖财资〔2019〕1270 号),积极践行绿色资产管理理念,规范电器电子产品报废处置行为,减少处置环节环境污染。

2.积极发挥职能作用,推动改革创新发展。一是推进省直党政机关和事业单位经营性国有资产集中统一监管,出台《关于推进省直党政机关和事业单位经营性国有资产集中统一监管试点的实施意见》(皖办发〔2019〕14 号),对 6 个主管部门本级及所属单位共 30 家所办企业进行集中统一监管试点改革。二是全力做好机构改革变动部门和单位的国有资产管理,为全省机构改革工作平稳有序推进提供保障。三是开展违规经商办企业专项整治工作。及时为 28 个单位所属的 51 家企业办理股权划转手续,为 17 家企业办理产权变更登记、注销登记手续。其中,对 26 家 1000 万元以上的企业按规定实施划转。

3.加强全程闭环监管,提升资产管理效益。一是严格资产配置管理。坚决贯彻落实中央禁令,对党政机关楼堂馆所新建项目一律不予审批,加强行政事业单位通用办公设备家具等配置审核,严禁超标准配置资产。二是加强资产使用和处置管理。合理调配办公用房,结合机构改革办公用房需求,依规收回部分单位超面积房产,纳入统筹管理。对省级行政事业单位国有房屋和土地权证原件实行集中统一管理,确保房产土地安全完整。启动办公用房权属统一登记工作,2019 年,完成 12 家省直单位变更过户工作,统一登记办公用房面积约 9 万平方米。积极盘活闲置资产,充分发挥市场机制,对省级行政事业单位出租房产全面实行公开出租,提升国有资产使用效益。加大闲置资产处置力度,推进国有资产交易纳入公共资源交易平台,从源头减少资产管理的“寻租空间”。三是严格公务用车管理。结合机构改革需要,重新核定各单位车辆编制,按规定处置省委省政府直属事业单位车辆 84 台,其中,公开挂牌转让 64 台,确保国有资产保值增值。

4.突出目标问题导向,强化问题整改落实。一是对省直各部门、单位违规处置重大国有资产(账面原值 1000 万元以上)问题进行全面排查,制定落实整改措施,严格规范资产处置报批程序,确保国有资产处置依法合规。二是落实主体责任,加大问责力度。压紧压实行政事业单位资产管理主体责任,对 3 家省直单位违规处置重大国有资产问题给予通报批评,有效遏制违规处置资产行为。三是实事求是解决历史遗留问题。妥善解决省司法厅与皖中集团、华强集团公司债务问题,有效化解政府债务。对存在账实不符等历史遗留问题的单位,督促制定整改措施,研究提出解决办法,抓好整改落实工作。

5.夯实资产管理基础,不断提升工作质量。一是按照财政部统一部署和要求,组织开展全省行政事业单位国有资产报告工作、公共基础设施等行政事业性国有资产报告编制工作和行政事业性国有资产月报试编工作,全面统计行政事业单位国有资产家底,动态化掌握全省行政事业单位国有资产数据。二是统计核实全省党政机关办公用房信息(含技术业务用房),建立全省信息总台账和省级党政机关明细账,为进一步加强和规范全省党政机关办公用房管理奠定基础。三是开展公共基础设施等行政事业性国有资产管理工作调研,掌握了解全省公共基础设施等行政事业性国有资产管理现状以及存在问题,积极做好调研成果转化运用工作。四是加强资产管理信息化建设,在全省范围建立“财政部门、主管部门、行政事业单位”横向联网和“省、市、县(区)”纵向联网体系,依托信息系统,推进省直单位资产出租合同网上备案和收入监缴。

(四)国有自然资源资产

1.服务高质量发展。保障重大项目用地,探索建立“土地要素跟着项目走、能耗指标围着项目走、严守生态保护红线优化路径走”工作机制,畅通绿色通道,优化审批流程,落实联席会议制度,全力保障高质量发展用地需求。全面梳理重大建设项目与生态保护红线重叠情况,主动向自然资源部提出统筹红线管控与项目建设用地的对策建议。指导项目单位根据过渡期内占用生态保护红线项目建设用地审查规则开展必要性论证,合新高铁等12个(13.74万亩)重大建设项目上报自然资源部并获得批复。全年下达土地利用计划较上年增加2.25万亩,计划执行率达100%。全年累计批准各类农转用项目用地43.11万亩,供应国有建设用地41.03万亩。保障重点项目落实耕地占补平衡,鼓励市县政府为重点建设项目提供补充耕地指标,全年交易补充耕地5957亩、总价款11.3亿元。引江济淮(合肥段)第一批国家统筹补充耕地指标3.79万亩落实到位。

2.优化国土空间格局。服务长三角一体化发展,实施安徽行动计划,制定具体落实方案。积极配合自然资源部编制长江经济带国土空间规划,协同推进新安江—千岛湖生态补偿试验区规划建设。服务乡村振兴战略实施,组织编制《安徽省村庄规划编制指南(试行)》,指导61个县(市)完成村庄分类,编制美丽乡村规划、村土地利用规划等村庄规划7853个。推进国土空间规划编制,印发《全省国土空间规划编制工作方案》,启动各级国土空间规划编制工作。做好过渡期土地利用总体规划和城乡规划管理,完成芜湖等7市城市总体规划修改报批工作。执行规划调整修改政策,保障重大项目落地实施。组织开展生态保护红线评估,取得阶段性成果。

3.推进生态文明建设。扎实推进生态补偿试点,牵头协调推广新安江流域生态补偿机制工作,建立联席会议制度,印发《进一步推深做实新安江流域生态补偿机制的实施意见》,合力推进“十大工程”建设,完成年度投资9.54亿元。大力推进矿山生态治理修复,推进“三大一强”专项攻坚行动,指导各地治理修复废弃矿山1236个、10.56万亩,自2016年以来已累计治理修复废弃矿山2042个、完成率63%。修复长江经济带10公里范围内废弃矿山46个、0.69万亩。推进绿色矿山建设,制定安徽省绿色矿山建设标准体系,新遴选49家矿山进入全国绿色矿山名录,居全国第二。压实地质灾害防治责任,加强预报预警,开展全省地质灾害隐患全面深入排查,全面建成地质灾害安全监测信息系统。全年全省共发生地质灾害灾情178起,均为小型,直接经济损失1992.7万元,连续四年实现地质灾害防治零伤亡。

4.合理开发利用自然资源。落实“增存挂钩”制度,深入推进城镇低效用地再开发利用,持续开展批而未供和闲置土地清理处置。全年处置批而未供土地7.94万亩、处置率20.5%,处置闲置土地5.77万亩、处置率46.1%,超额完成年度处置任务。完成全省各市建设用地节约集约利用状况整体评价及117个省级以上开发区建设用地节约集约状况专项评价。落实最严格耕地保护制度,压实各级政府耕地保护责任,开展耕地提质改造行动,开展新增耕地项目抽查、核查及整改,在全国率先完成储备补充耕地项目核查成果上报。新增耕地面积19.31万亩,超额完成国家下达补充耕地任务。加强和改进永久基本农田保护,初步划定储备区216万亩。

5.聚焦自然资源领域改革。统筹推进自然资源资产产权制度改革,建立联席会议制度,及时分解重点任务。认真总结金寨县农村土地制度改革三项试点经验,按时将总结报告上报自然资源部。稳步推进合肥市利用集体建设用地建设租赁住房试点。持续推进建设用地审批制度改革,优化审批流程。组织开展工程建设项目审批“一张图”建设,建成土地利用总体规划确定的城市范围内的“一张图”,具备与省直部门和各市共享功能。清理变相审批和涉及民间投资管理行政审批,持续推进“减证便民”,精简比例达60.9%。

与此同时,我省国有资产管理还存在一些矛盾和问题。一是国有企业(不含金融企业)国有资本结构布局不够优化,发展不均衡。二是金融企业资产管理改革还存在金融资本边界不够清晰、部门职责划分不够明确、国有资本控制力有待进一步加强、实力规模相对较弱、实质性工作进展不快等问题。三是行政事业单位国有资产管理基础仍存在薄弱环节,对部分省直行政事业单位违规处置资产监管不够到位,资产账实不符、家底不清,闲置资产盘活不够等问题一定范围内仍然存在;对资产管理情况的监督检查尚未实现全覆盖;行政事业单位经营性国有资产集中统一监管工作力度需要进一步加大,对行政事业单位所办企业监管仍存在“真空”和“空白”领域。四是自然资源管理中还存在耕地占补平衡落实压力大、生态补偿工作任务艰巨、严守生态红线困难多等问题。经济发展、城乡建设与耕地保护、占补平衡之间的矛盾日益突出,耕地后备资源日趋减少,保障各类项目落实耕地占补平衡形势日趋严峻;生态补偿制度建设的深度和广度还不够,生态保护补偿标准体系尚未建立,市场机制作用还未充分发挥;生态保护红线管控方法尚未出台,人为活动与生态红线存在冲突,调整难度大。

三、上年度审议意见落实情况

2019年11月,省人大常委会审议了2018年度国有资产管理情况的综合报告和2018年度行政事业性国有资产专项报告,提出四个方面审议意见。按照省政府部署要求,省财政厅会同省国资委、省自然资源厅、省机关事务管理局等部门认真进行研究,对省人大常委会的审议意见逐条逐项提出落实意见和措施,于2020年1月汇总形成《关于省人大常委会审议2018年度国有资产管理情况综合报告和2018年度行政事业性国有资产专项报告的意见落实情况的报告》(以下简称《报告》),《报告》提出,一是全面加强国有资产监督,构建国有资产监管长效机制;二是加大国有资产盘活力度,建立健全行政事业性国有资产共享调剂机制;三是逐步优化国有资本配置,加强对国有企业、金融企业经营情况和国有资本分布情况的分析评估;四是不断夯实资产管理基础,逐步理顺行政事业性国有资产管理体制,建立职责清晰、分工明确、监管有效、问责有力的责任落实机制。2020年3月27日,省十三届人大常委会第十七次会议审议通过《报告》,按照要求,省政府各有关部门积极推动各项举措落地生根,确保省人大常委会对国有资产的监督要求落到实处。

四、下一步工作安排

全省各级国有资产管理部门将认真贯彻落实党中央、国务院及省委、省政府各项决策部署,全面加强各类国有资产监管,着力抓好以下几方面工作。

(一)深化国资国企重点领域改革。围绕增强国有企业竞争力、创新力、控制力、影响力、抗风险能力,推动国有资本做强做优做大。一是推进改革国有资本授权经营体制,增强国有资本投资运营公司平台功能。制定出台《省级国有资本授权经营体制改革重点工作举措》,完善以管资本为主的国有资产监管体制。加强授权放权动态管理,建立授权放权的执行情况评估评价制度。二是有序推进省属企业重组整合,优化调整国有资本布局结构。研究推动部分省属企业市场化重组,推进港航、机场等领域的整合重组,促进国有资本进一步向重点行业、关键领域和优势企业集中。加快企业内部资源整合,推动企业内部资源向优势产业和价值链高端集中。三是以整体上市为重点,持续推进省属企业混合所有制改革。提高国有控股上市公司质量,对符合条件的企业实施再融资和兼并重组。四是持续推进供给侧结构性改革,补齐省属企业高质量发展短板。加快处置“僵尸企业”,加快非主业、非优势业务的“两非”剥离,抓好无效资产、抵消资产的“两资”处置,推动各类资源要素向主责主业集中。扎实推进退休人员社会化管理,确保年底前基本完成改革任务。五是加强规范董事会建设,健全国有企业法人治理结构。加快实现省属企业规范董事会建设全覆盖。研究制定省属企业董事会规范运作的指导意见,有序推进国有企业职业经理人制度试点。六是全面加强国有企业党的建设,不断提高党建工作质量。完善党建工作责任考核评价体系,深入推进党风廉政建设和反腐败斗争,深化巡视巡察,为国资国企改革发展提供坚强的政治保证。

(二)推进落实国有金融资本管理改革。围绕继续做强做优做大国有金融资本,着力抓好以下几方面工作:一是进一步建立完善相关制度,推动出台我省国有金融资本出资人职责暂行规定、省属金融企业工资总额管理办法,为管好用好国有金融资本、防范金融风险筑牢制度基础。二是进一步完善省级国有金融资本管理实施方案,提请省国有金融资本管理改革领导小组审议后实施,加快推进省级国有金融资本划转授权工作。三是进一步推进设立省国有金融资本投资(运营)公司,研究相关支持政策,通过市场化手段重组整合国有金融资本,优化国有金融资本战略布局,提升国有金融资本配置和运营效率,增强对重点国有金融机构影响力、控制力。四是进一步加强对市县督促指导力度,督促市县及时制定本地国有金融资本管理具体方案,树立全省“一盘棋”思想,推动全省国有金融资本管理改革行稳致远。

(三)高质量推动行政事业性国有资产管理工作。全面强化行政事业性国有资产监管,完善和落实财政部门、主管部门、行政事业单位三个层次的监督管理体系,切实维护和保障国有资产的安全完整。一是强化制度建设,健全完善资产管理长效机制。按照构建“全面规范、科学严密、公开透明、有效管用”的制度体系要求,抓好国有资产管理制度的“立、改、废”工作。二是推动创新改革,优化国有资产监督管理方式。积极推进经营性国有资产集中统一监管改革,在积累试点工作经验的基础上,稳妥推进省直党政机关和事业单位经营性国有资产集中统一监管工作,确保顺利完成改革任务。三是盘活闲置资产,推进建立资产共享调剂机制。加大闲置房产盘活力度,会同相关部门开展清理清查,全面摸清闲置房产底数。四是开展监督检查,切实抓好资产管理政策执行。积极履行监督检查责任,督促省级行政事业单位强化资产从“入口”到“出口”的全生命周期管理,切实提升制度的执行力,实现对行政事业单位国有资产的有效管理。五是加强调查研究,着力解决资产管理历史遗留问题。按照省人大常委会审议意见,对省级行政事业单位资产管理历史遗留问题和长期挂账问题,选取部分具有代表性的行政事业单位开展调研。六是夯实基础工作,不断提升国有资产管理水平。健全完善资产管理与预算管理相结合的机制,推进资产管理与预决算管理、政府采购管理以及财务管理的衔接对接。推动安徽省党政机关办公用房信息管理系统建设,实现全生命周期信息化管理,为科学有效管理提供决策依据。

(四)继续推进自然资源管理领域管理改革。一是聚力推动高质量发展。探索建立“土地要素跟着项目走、能耗指标围着项目走、严守生态保护红线优化路径走”工作机制,积极助力稳投资。用好国务院建设用地审批权委托试点政策,积极推进重大建设,落实先行用地政策和产业用地支持政策。二是不断优化国土空间开发保护格局。基本完成省级国土空间规划编制,依托国土空间基础信息平台,推动国土空间规划“一张图”建设。严格过渡期间土地利用总体规划和城乡规划管理。有序推进村庄规划,探索建设用地规模和规划“留白”机制。三是大力推动生态文明建设。深入贯彻《进一步推深做实新安江流域生态补偿机制的实施意见》,合力推进“十大工程”建设,确保三轮补偿试点圆满收官。完善生态补偿制度,研究建立标准体系,推广生态补偿“新安江模式”。编制全省废弃矿山生态修复工作规划(2020—2025年)。加强采煤沉陷区综合治理。四是持续加强土地资源合理开发利用。严格落实“增存挂钩”机制,持续推进批而未供及闲置土地清理处置,深入推进城镇低效用地再开发。鼓励农业生产和村庄建设等用地复合利用。五是继续深化自然资源领域改革。加强征地实施监管,改进土地征收审查报批,开展征地区片综合地价制定工作。加快推进建设用地审批和城乡规划许可“多审合一”改革。统筹推进自然资源资产产权制度改革,组织实施《统筹推进自然资源资产产权制度改革的指导意见》。推动土地资源有偿使用制度改革,全面推进农村集体经营性建设用地入市,完善土地二级市场规则。

我们将以习近平新时代中国特色社会主义思想为指导,深入学习宣传贯彻习近平总书记考察安徽重要讲话精神,认真贯彻落实党中央、国务院及省委决策部署,在省人大的依法监督下,主动担当、攻坚克难,全面推进落实省政府向省人大常委会报告国有资产管理情况制度,全力抓好各类国有资产监管,奋力推动国资国企高质量发展,为美好安徽建设作出积极贡献。

(资产处供稿)

安徽省人民代表大会常务委员会关于批准安徽省2020年省级第二次预算调整方案的决议

(2020年9月29日安徽省第十三届人民代表大会常务委员会第二十一次会议通过)

安徽省第十三届人民代表大会常务委员会第二十一次会议听取了省财政厅厅长罗建国受省人民政府委托所作的《关于安徽省2020年省级第二次预算调整方案(草案)的说明》,审查了省人民政府提出的安徽省2020年省级第二次预算调整方案(草案),同意省人民代表大会财政经济委员会提出的《关于安徽省2020年省级第二次预算调整方案(草案)的审查报告》,决定批准安徽省2020年省级第二次预算调整方案。

(安徽人大网)

省领导批示

省领导对财政工作的批示

2020年,在省委、省政府的坚强领导下,财政厅党组团结带领全厅干部职工,攻坚克难,团结奋进,圆满完成年度目标任务,财政工作取得了令人鼓舞的成绩。省委书记李锦斌、省长李国英、常务副省长邓向阳多次批示肯定财政工作,现整理汇总部分批示如下。

省委书记李锦斌批示

1月1日,在省财政厅《关于全国财政工作会议主要精神的报告》上批示:2019年,全省财政系统认真贯彻党中央、国务院及省委、省政府决策部署,克难奋进、深挖潜力,认真落实减税降费各项措施,促进经济运行在合理区间,成绩实属不易。谨向同志们致以诚挚慰问!新的一年,要深入学习贯彻习近平新时代中国特色社会主义思想,按照中央及省委经济工作会议部署要求,牢牢把握稳中求进工作总基调,坚定贯彻新发展理念,大力提质增效实施积极的财政政策,巩固拓展减税降费成效,更好激发企业和市场活力。要坚持以收定支,精打细算过紧日子,厉行节约办好事业,保重点、压一般、促统筹、提绩效,着重在服务实体经济、支持三大攻坚战、推动科技创新、保障改善民生等方面加大力度,兜牢“三保”底线,做好“六稳”工作,推动全省经济高质量发展,为确保全面建成小康社会和“十三五”圆满收官作出新的贡献。

3月10日,在《关于我省连续四年荣获全国财政管理工作考核表彰情况的汇报》上作出批示:来之不易,应予以充分肯定。望再接再厉,深化改革,加强管理,有力保障高质量发展。

4月28日,就贯彻落实李克强总理就严把关口、过紧日子批示作出批示:请国英、向阳并建国同志阅。要认真贯彻以习近平同志为核心的党中央决策部署,按照克强总理重要批示要求,保重点、压一般、促统筹、提绩效,着力在做好“六稳”工作、完成“六保”任务、支持三大攻坚战、保障改善民生等的同时,精打细算过紧日子,把有限资金用在刀刃上,提高财政资金使用效率,精准保障统筹推进疫情防控和经济社会发展各项工作。

6月2日,在《李克强总理在做好新增财政资金直达市县基层直接惠企利民工作电视电话会议上的讲话》上作出批示:同意国英同志意见。要构建科学、高效的特殊转移支付机制,更加优先抓“三保”;更加注重帮扶企业;更加注重发挥市场力量稳住经济基本盘。财政厅等有关部门要认真谋划、扎实推进。

6月28日,在《中共中央办公厅国务院办公厅关于做好当前财政收支预算管理支持落实减税降费政策的通知》上作出批示:贯彻《通知》要求,落实各项减税降费措施,确保财政收支平衡,让企业和人民群众有实实在在的获得感。抄向阳并建国同志。

省长李国英批示

1月6日,对财政工作作出批示:2019年,全省财政系统认真贯彻落实中央及省委、省政府决策部署,主动应对经济下行压力,全面落实减税降费政策,强化统筹盘活存量,优化支出提升绩效,保持了财政持续平稳健康运行,为推动经济高质量发展作出了重要贡献。谨向同志们致以诚挚问候!新的一年,要全面落实中央及省委经济工作会议精神,坚持积极的财政政策要大力提质增效,坚守节用裕民之道,更加注重结构调整,更加注重保障改善民生,巩固和拓展减税降费政策成效,全力保障三大攻坚战、重大基础设施建设、乡村振兴战略、兜牢“三保”底线等重点领域投入,着力补齐短板弱项,切实防范化解债务风险,为全面建成小康社会、加快建设现代化五大发展美好安徽提供坚实财政支撑!

1月23日,作出批示:2019年,财政部继续在资金、政策、试点等方面给予安徽全力支持和悉心指导,推动提升财政管理水平、增强财政保障能力，为全省经济社会高质量发展提供了坚实财政支撑。对此，我们深表感谢！请财政厅向代表委员汇报好全国“两会”代表委员联系服务工作。2020年是全面建成小康社会和“十三五”规划收官之年，既是决胜期，也是攻坚期。望全省财政系统继续克难奋进、深挖潜力，坚持积极的财政政策要大力提质增效，坚守节用裕民之道，巩固落实减税降费成效，更加注重调整结构和提升绩效，更加注重保障民生和促进发展，认真落实好财政部各项工作部署，为加快建设现代化五大发展美好安徽、实现第一个百年奋斗目标作出积极贡献。

3月13日，在省财政厅《关于我省连续四年荣获全国财政管理工作考核表彰情况的汇报》上作出批示：我省财政管理工作在财政部综合考核中再次荣获优异成绩，连续四年受到表彰奖励，可喜可贺！希望同志们再接再厉，不骄不躁，尽职担当，砥砺奋进，为全面建成小康社会、加快建设现代化五大发展美好安徽提供坚实的财政支撑！

4月30日，就贯彻落实李克强总理就严把关口、过紧日子批示作出批示：我们要坚决贯彻落实李克强总理批示要求，算好财政收支的每一笔账，把过紧日子的要求落实落细。

6月2日，在《李克强总理在做好新增财政资金直达市县基层直接惠企利民工作电视电话会议上的讲话》上作出批示：请财政厅根据克强总理讲话精神立即研究建立我省特殊转移支付机制，确保中央“六保”政策在我省及时精准落地见效。

6月29日，在省财政厅《关于财政部2019年度县级财政管理绩效综合评价情况的汇报》上作出批示：可喜可贺，再接再厉。

常务副省长邓向阳批示

1月3日，对财政工作作出批示：过去的一年，全省财政系统认真贯彻落实省委、省政府决策部署，立足全省改革发展大局和民生保障全局，守初心，担使命，坚决执行积极的财政政策，全面落实各项减税降费举措，勇担守口把关重任，做了大量卓有成效的工作，为推进供给侧结构性改革、打好三大攻坚战、保障和改善民生等提供了关键支撑。在此，谨向全省广大财政系统干部职工致以诚挚的感谢！2020年是具有里程碑意义的一年。全省财政系统要坚持以习近平新时代中国特色社会主义思想为指导，认真贯彻落实中央及省委经济工作会议决策部署，大力提质增效实施积极的财政政策，主动服务长三角一体化、中部崛起等国家战略实施，在涵养财源税源、严管财政支出、加强收支统筹、深化财税改革、防范化解债务风险、精准兜底保障等方面更好地发挥职能作用，不断开创全省财政工作新局面！

1月13日，在省农担公司工作简报《安徽省农业信贷融资担保有限公司2019年成绩单》上作出批示：请转罗建国同志：2019年省农担公司交出了一份满意的成绩单，应予肯定和表扬。新的一年要抢抓机遇，加大力度，拓展业务，创新方法，加快农业信贷融资担保事业发展，为实施“乡村振兴战略”、全面建成小康社会多做贡献。

1月21日，在《财政部办公厅关于对2019年地方政府债券发行工作予以表扬的函》上作出批示：充分肯定，再接再厉，确保今年的地方政府债券发行工作圆满完成。

2月6日，作出批示：长期以来，财政部对安徽经济社会发展给予了大力支持，在资金、政策上积极倾斜，在深化改革上悉心指导，有力促进了我省经济社会高质量发展。在此，谨向财政部致以诚挚的感谢！恳请财政部一如既往地关心、帮助安徽发展。省财政厅要认真学习贯彻习近平新时代中国特色社会主义思想，认真落实锦斌书记、国英省长批示要求，积极做好中央财政对安徽支持帮助的宣传工作，持续做好驻皖“两会”代表、委员联系服务工作，让代表、委员充分了解中央财政对我省经济社会发展的有力支持、多方倾斜和指导帮助。严格落实省委、省政府和财政部各项工作部署，加强财政统筹，提升资金绩效，防风险兜底线，深化财税改革，奋发有为、善作善成，不断开创全省财政工作新局面。

3月13日，在省财政厅《关于我省连续四年荣获全国财政管理工作考核表彰情况的汇报》上作出批示：2019年，在财政部开展的全国36个省(市、区)财政管理工作绩效考核中，我省位居第3，连续第四年获表彰奖励。近年来，全省各级财政部门牢固树立绩效理念，坚持争先进位，认真对标对表，不断强化支出提升绩效、深化改革促进发展，各项财政管理工作成绩突出，成绩的取得来之不易，全省财政系统的同志们付出了艰辛努力，对此，应予肯定和表扬！望更加主动作为，在提升财政绩效、深化财税改革、加强收支统筹、防范债务风险、精准兜底保障等方面更好地发挥职能作用，再接再厉，巩固好成绩，创造新业绩，不断开创全省财政工作新局面！

5月10日，在省财政厅《关于财政支持“六稳”“六保”有关政策举措情况的汇报》上作出批示：工作给力，行动迅速。所提意见很积极，很有操作性。可分两步走：关于第二条建议作为稳投资意见的重要落实措施，配合有关部门实施。关于第一条建议，作为“保运转、兜底线”的措施，根据省委、省政府的要求，你们内部制定好落实政策，并做好资金准备，关键时刻，对关键地区进行紧急救助，确保我省“三保”底线。

6月3日，在《李克强总理在做好新增财政资金直达市县基层直接惠企利民工作电视电话会议上的讲话》上作出批示:请转罗建国同志:认真学习落实锦斌书记、国英省长批示,认真谋划我省的具体措施,确保好事办好。

6月30日,在政务信息第121期《我省获得国家小微企业融资担保业务降费奖补资金总量连续3年位居全国第一》上作出批示:开展小微企业融资担保对落实“六保”“六稳”任务十分重要。有作为才会有地位。前期我省的工作做得好,国家支持的力度就大。要认真总结经验,加强部门协同,争取国家更大支持,为推动全省经济社会发展发挥更大作用。

8月22日,在省财政厅《财政工作情况汇报》上作出批示:建国同志:给刘昆部长的这个报告很好。但我看了以后还想就做好“发展财政”提点建议。近年来,我省的财政管理、目标绩效考核等各项工作都走在全国前列,应予以充分肯定。但我们最大的短板是“没有钱”的问题,人均财政收入全国第20位,人均财政支出全国第28位,基本垫底。分好蛋糕很重要,做大蛋糕更重要。要研究与“人均GDP”相匹配的增加人均财政支出的措施和办法,努力在做大蛋糕上有所突破和进步。请酌。

10月13日,在省财政厅《关于我省全面推开扶贫类综合保险有关情况的报告》上作出批示:此事甚好,体现了财政部门的大局意识和政治担当,决胜脱贫攻坚任务后,如何防止部分困难群众返贫,必须有过硬措施,开展“防贫保”就是“硬招”之一,要组织实施好,充分发挥出省、市、县政府和各类涉农保险机构的作用,推进市场化竞争,调动贫困人口参保用保的积极性,共同努力,把好事办好。

10月14日,在省财政厅《关于预算管理一体化工作有关情况的汇报》上作出批示:此项工作十分重要。全省各级财政部门和预算单位要坚决落实好财政部的部署要求,以系统化思维和信息化手段推进预算管理一体化工作,科学统筹,集约节约,倒排工期,保质保量按时完成任务,加快建立统一规范、标准科学、约束有力的预算制度,为在构建新发展格局中实现更大作为,在加快建设美好安徽上取得新的更大进展提供有力财政支撑。

10月30日,在省财政厅《关于民生工程项目实施有关情况的报告》上作出批示:实施民生工程项目是省委省政府的重大决策,尽管今年省抗疫抗洪的客观原因,但各实施单位要克服困难,坚决完成。关于“排涝能力建设”项目,今年工程量较大,可通过统筹调度解决。关键是“智联网医院”项目,必须高度重视,超常规推进。省卫健委要负起主体责任,抓紧完善方案;省数据资源局要明确审批内容和标准,加快评审。省民生办要强化调度,确保年内组织实施。

11月2日,在省财政厅《贫困县涉农资金整合试点工作调研报告》上作出批示:开展涉农资金整合试点工作,对于扶贫资金绩效管理水平、推动贫困县整体脱贫具有十分重要的意义。望江县、太湖县强化领导、精心组织,积极推进试点工作,取得了阶段性成果,应予以总结推广。但面临的问题仍然不少,关键是落实落细问题,同意本报告提出的建议,坚持问题导向,强化补短板措施,狠抓政策落实,真正把试点工作搞好,为全省做出榜样。

11月2日,在省财政厅《关于申报燃料电池汽车示范应用情况的报告》上作出批示:行动迅速,初见成效。但目前看差距还比较大,还有大量工作要做。要抢抓机遇,把各市各有关单位申报的积极性转化为做好实际准备工作,明确标准,分解任务,各负其责,抓好落实,形成合力,共同争取申报成功,志在必得,合肥市要牵好头,财政等省直部门全力配合支持。

11月19日,在省财政厅《关于财政部2019年度地方预算绩效管理工作考核情况的汇报》上作出批示:地方预算绩效管理工作连续考核为优秀等级,受到财政部的通报表扬,且位次大幅度提高,成绩来之不易,应予充分肯定。要认真总结经验,坚决贯彻党的十九届五中全会精神和习近平总书记考察安徽重要讲话指示精神,按照财政部的要求,进一步强化措施,压实各级各部门的主体责任,充分发挥“指挥棒”作用,不断推动预算绩效管理提质增效。

12月8日,在省财政厅《关于建制县区隐性债务风险化解试点工作进展等有关情况的汇报》上作出批示:好。要加强对上级政策的研究,特别是一些新的化债支持政策,一定要抓住机遇,积极争取。

(办公室供稿)

省财政重要会议资料

在全省财政工作视频会议上的讲话

省财政厅党组书记、厅长 罗建国

（2020年1月6日）

同志们：

这次会议的主要任务是，以习近平新时代中国特色社会主义思想为指导，深入贯彻党的十九大和十九届二中、三中、四中全会以及中央经济工作会议精神，全面落实省委十届十次全会和省委经济工作会议精神，传达学习贯彻全国财政工作会议精神，总结2019年全省财政工作，研究部署2020年财政工作。2019年12月26—27日，财政部召开全国财政工作会议。会前，李克强总理和韩正副总理作出重要批示，对2019年财政工作给予充分肯定，向广大财政干部职工表示慰问，对做好2020年财政工作提出要求，我们进行了传达学习。全国财政工作会议召开后，省财政厅迅速向省委、省政府领导汇报会议精神以及贯彻落实的意见建议。省委、省政府对这次全省财政工作会议高度重视，会前，李锦斌书记、李国英省长和邓向阳常务副省长审阅了全国财政工作会议精神的汇报材料，指示我们要把全省财政工作会议开好，并分别作出重要批示。刚才，我们进行了传达学习。国务院领导和省委、省政府领导的重要指示批示精神，既是对财政工作的支持和鼓励，更是对财政干部的关怀和鞭策，为我们做好今年的财政工作提供了方向和遵循，也为预算部门特别是省直预算部门财务机构做好财务工作提供了行动指南。大家要认真组织学习、领会精神要义、抓好贯彻落实。下面，我讲几点意见。

一、深入学习贯彻习近平新时代中国特色社会主义思想，坚决做到“两个维护”

为学懂弄通做实习近平新时代中国特色社会主义思想，省委出台了《深入学习贯彻习近平新时代中国特色社会主义思想若干规定》，省财政厅党组制定了实施意见，推动全省各级财政部门党组织和财政党员干部深入学习贯彻习近平新时代中国特色社会主义思想，坚定用党的最新理论武装头脑、指导实践、推动工作。

（一）在学懂上下功夫，突出常学常新。强化深研细读，带着信念、带着感情，读原著、学原文、悟原理，认真研读《习近平谈治国理政》《习近平新时代中国特色社会主义思想学习纲要》等著作，把握精神实质、领会核心要义，增强对习近平新时代中国特色社会主义思想的政治认同、思想认同、理论认同、情感认同。坚持全面系统学，深入推进“两学一做”学习教育常态化制度化，扎实开展“不忘初心、牢记使命”主题教育，认真开展“讲严立”专题警示教育，深化“三查三问”，将学习贯彻习近平新时代中国特色社会主义思想，纳入到财政厅党组理论学习中心组学习计划和全厅学习研讨主题中，党的十九大以来，开展厅党组理论学习中心组学习45次，围绕财政政治建设等主题开展研讨29次，厅党组推荐阅读《抓党建丝毫不能虚》等文章。坚持及时跟进学，习近平总书记发表重要讲话或全文公开发表的重要文章，特别是对总书记关于减税降费、建立现代财政制度等涉及财政的重要讲话和指示批示，财政厅党组都按照规定第一时间组织学习，厅党组理论学习中心组结合年度学习计划，及时安排专题学习、开展研讨；以新闻报道形式摘发重要讲话要点的，及时组织学习。坚持联系实际学，把学习贯彻习近平新时代中国特色社会主义思想与做好财政工作结合起来，落实财政厅重要政策文件学习解读制度，党的十九大以来，通过厅党组会、厅长办公会等形式，集中学习贯彻50多个上级重大政策文件精神,提高财政党员干部的思维能力、决策水平和业务本领。

(二)在弄通上下功夫,突出学以致用。坚持把学习贯彻习近平新时代中国特色社会主义思想与推动财政改革发展贯通起来,从习近平新时代中国特色社会主义思想中找指针、找方法、找路径,既从总体上把握习近平新时代中国特色社会主义思想的科学体系和思想精髓,又从财政角度深入理解其基本内涵和基本要义,做到融会贯通、务求实效。强化思考谋划,年初制定全省财政工作要点时,全面对标对表习近平新时代中国特色社会主义经济思想,以及习近平总书记关于财政工作的重要指示批示精神,全面审视财政重点工作思路和目标路径,深入思考、科学谋划财政贯彻落实举措,做到方向明、思路清、措施实。强化调查研究,围绕学习贯彻习近平新时代中国特色社会主义思想,结合财政改革发展的难点堵点,2019 年厅领导班子成员带队开展“落实更大规模减税降费政策和防范化解财政风险”等 6 个专题调研,了解情况、听取意见、征求建议,提出对策建议 26 条,并将有关对策落实到财政改革发展相关重点工作中,创新方式、改进举措、推动工作。强化科学转化,在思考谋划、调查研究的基础上,切实把学习成果转化为科学思路、政策措施和工作成效,在学习贯彻总书记关于减税降费工作的重要指示批示方面,成立财政厅减税降费工作领导小组,制定工作方案,细化工作任务,压实工作责任,构建了协调推进、政策宣传、调研督导、跟踪评估、预算保障、意见反馈等六项机制,有力推动工作落实;在国家授权范围内顶格出台税费减免文件,省级涉企行政事业性收费项目“清零”,2019 年 1—11 月,全省新增减税降费 708.2 亿元,其中:新增减税 556.5 亿元,大大超过年初预计全年减税 418 亿元的规模;新增社保费降费 146.2 亿元,在减轻企业负担、稳定市场预期、促进企业加强研发、增加投资、扩大就业等方面发挥了重要作用。在学习贯彻总书记关于现代财政制度建设的重要指示批示方面,对照总书记在党的十九届四中全会上的重要讲话要求以及省委十届十次全会精神,制定了财政厅党组关于深入学习贯彻党的十九届四中全会和省委十届十次全会精神的工作方案,明确了完善坚持和服从党对财政工作全面领导的制度、完善法治财政建设制度、完善财政服务高质量发展制度、完善财政保障改善民生制度、完善现代财政制度等 5 个方面 20 项务实具体举措。

(三)在做实上下功夫,突出落地见效。把坚决贯彻落实习近平总书记重要讲话和重要指示批示作为重要政治任务,切实提高政治站位,抓好跟踪督办,确保件件有着落、事事有回音。加强工作推进,充分利用省委学习贯彻习近平新时代中国特色社会主义思想的工作平台、党中央重大决策部署督查工作平台,扎实开展贯彻落实习近平总书记重要指示批示“回头看”和自查自纠工作,定期梳理报送相关工作举措、取得成效和意见建议,扭住不放、持续发力,财政厅牵头的 4 项重点任务全部办结。加强督促检查,把学习贯彻习近平新时代中国特色社会主义思想情况作为督查检查、厅党组政治巡察的重要内容。党的十九大以来,对 7 家处室单位党支部开展厅党组政治巡察,强化跟踪问效,督促指导、推动解决贯彻落实中存在的问题。加强考核问责,将学习贯彻习近平新时代中国特色社会主义思想情况,纳入年度综合考核、干部考核以及抓党建述职评议考核的重要内容,把督查和考核结果作为干部任用、奖惩的重要依据,对学习贯彻不力的严肃问责、限期整改,推动学习领会到位、贯彻落实到位、取得实实在在的成效。

学习贯彻习近平新时代中国特色社会主义思想,是全省各级财政部门党组织和广大财政党员干部的首要政治任务,也是进一步增强“四个意识”、坚定“四个自信”、坚决做到“两个维护”的实际举措。要以高度的使命感和责任感、高度的自觉性和坚定性,认真、系统、深入地抓好学习贯彻,领会习近平新时代中国特色社会主义思想的核心要义、基本精神、实践要求,做到学思用贯通、知信行统一,切实把思想和行动高度统一到习近平新时代中国特色社会主义思想上来。

二、全力服务和保障现代化五大发展美好安徽建设,2019 年财政工作取得新成效

2019 年,全省各级财政部门深入学习贯彻习近平新时代中国特色社会主义思想和党的十九大及十九届二中、三中、四中全会精神,坚决贯彻落实省委、省政府的决策部署和财政部的工作安排,加力提效实施积极的财政政策,全力支持五大发展行动计划,统筹支持稳增长、促改革、调结构、惠民生、防风险、保稳定,全省财政总收入完成 5710 亿元,增长 6.5%,其中,地方财政收入 3183 亿元,增长 4.4%;全省财政支出 7391 亿元,增长 12.5%,财政运行总体稳中有进、好于预期。我省在地方财政管理工作绩效考核中连续 3 年获评优秀等次、位居全国第 4,获国务院通报表扬激励;在县级财政管理绩效综合评价中连续 2 年位居全国第 1。财政厅再次荣获省政府目标管理绩效考核通报表扬并位居前列;厅领导班子在省委综合考核中再次获评“好”等次;得到省领导批示肯定和指示 37 次。铜陵市财政局、黄山市新安江流域生态建设保护中心、长丰县财政局荣获全国财政系统先进集体称号,宿松县破凉镇财政所、金寨县财政局的同志荣获全国财政系统先进工作者称号,并在全国财政工作会议上受到了通报表彰,为全省财政系统增了光、添了彩。

（一）促进经济高质量发展精准有效。聚焦深化供给侧结构性改革，统筹奖补资金5.9亿元支持钢铁、煤炭行业化解过剩产能、人员安置等，统筹安排棚户区改造专项资金56.3亿元，统筹拨付8亿元支持老旧小区改造。会同有关部门组织指导合肥市参与竞争并成功入选首批中央财政支持住房租赁市场发展试点城市，争取中央财政三年共24亿元奖补资金支持。下达制造强省建设资金24.9亿元，支持提升产业基础能力和产业链水平。统筹支持推进“中国声谷”、数字经济与人工智能发展，推动制造业做大做强和提质增效。围绕推进创新驱动发展战略，采取奖补、股权投资基金等方式，全力支持合肥综合性国家科学中心等“四个一”创新主平台、“一室一中心”分平台、“三重一创”、创新型省份、新时代江淮英才、技工大省建设等，支持成立省科技成果转化引导基金有限公司、省科技融资担保有限公司，为236户科技型企业提供担保贷款9.6亿元，促进科技成果在皖转化加速。统筹新增安排10亿元民营经济发展专项资金，支持“专精特新”发展和融资服务体系等建设。安排省级融资担保风险补偿资金，支持推进“4321”新型政银担业务，缓解中小微企业融资难、融资贵。落实专项债券发行及项目配套融资有关政策，发行政府债券1628亿元，集中资金支持重大在建工程建设和补短板。规范推广PPP模式，截至2019年底，累计纳入财政部PPP项目库项目474个、投资额5158.3亿元、落地率82%、开工率77.9%，落地率、开工率均位居全国前列。

（二）支持打好三大攻坚战成效明显。全省投入财政专项扶贫资金142亿元，增长17%，推动贫困县整合涉农资金127亿元，省级新增5.2亿元财政专项扶贫资金全部用于贫困革命老区、深度贫困县，突出解决“两不愁三保障”及饮水安全问题，完善扶贫资金动态监控系统，在财政部、国务院扶贫办2018年度财政专项扶贫资金绩效评价中再次位居“优秀”等次。强化政府债务预算管理和限额管理，制定贯彻落实做好地方政府专项债务发行及项目配套融资工作实施意见，合理扩大专项债券使用范围，加强隐性债务动态监控、风险评估，坚决防范化解债务风险，我省债务规模基本适度，风险总体可控、呈下降趋势。统筹大气污染防治、秸秆禁烧和综合利用等专项资金16.2亿元，省级安排水清岸绿产业优美丽长江（安徽）经济带专项引导资金9亿元，并争取中央财政资金8亿元，累计17亿元，并统筹财政转移支付、专项债券以及PPP政策，聚力支持“三大一强”专项攻坚行动等。积极支持宿州、马鞍山市黑臭水体治理示范城市建设，并支持芜湖成功入选第三批试点。支持总结推广新安江生态补偿机制，前两轮探索建立的“新安江模式”入选中组部“攻坚克难案例选编”。健全大别山区水环境生态补偿和全省地表水断面补偿机制，启动实施皖苏滁河流域生态补偿，拨付林业转移支付资金17.7亿元，支持创建全国林长制改革示范区。

（三）推进城乡区域协调持续发力。安排资金支持农业产业化强县和示范园区建设，推进农业信贷担保体系建设，截至2019年底，省农担公司累计担保贷款95.4亿元，年末在保9255户、余额43.1亿元。统筹省以上资金74.9亿元支持“四好农村路”建设养护，统筹36.9亿元支持完善水利防灾减灾体系，下达41亿元支持加强高标准农田建设，安排资金支持农村环境“三大革命”建设，统筹14.1亿元支持美丽乡村建设，统筹25.8亿元支持淮河行蓄洪区居民迁建工程建设。完善推动“一圈五区”、长三角一体化发展的财税政策，下达重点生态功能区、资源枯竭城市、革命老区转移支付资金36.6亿元，加大转移支付力度，支持提升皖江城市带承接产业转移能力建设、皖北工业园区基础设施建设和重大项目贷款贴息。安排9亿元支持城市工作“五统筹”和特色小镇等建设。

（四）基本民生保障更加有力。出台民生保障支出预期管理暂行办法和民生保障支出考核办法，保障教育、就业、社保、医疗、文化、公共安全等重点民生支出需要。拨付民生工程资金1215亿元，印发精准实施、精细管理指导性意见，推动33项民生工程圆满完成。拨付101.3亿元推进基层基本公共服务功能建设。下拨98.6亿元支持推进城乡义务教育一体化改革发展，拨付35.8亿元落实学生补助资助政策，拨付8.7亿元支持学前教育发展。统筹支持高等教育、现代职业教育、特殊教育加快发展。筹措资金近55亿元推进实施就业优先战略和更加积极的就业政策，支持推进全省多层次养老服务体系建设和智慧养老试点，全面落实城镇职工、城乡居民养老保险财政补助提标、残疾人两项补贴、公益性岗位补助及社保补贴等政策，214.9万城乡低保家庭基本生活得到有效保障。安排专项资金支持建立优抚对象专项解困机制，全力服务保障扫黑除恶专项斗争工作，促进基层社会治理效能提升。

（五）财政重点改革持续深化。省委深改委安排财政牵头的3项重点改革任务圆满完成。印发科技、教育领域财政事权和支出责任划分改革实施方案，推进交通运输领域改革，进一步厘清省与市县财政事权和支出责任。完善省对下转移支付制度，分设共同财政事权转移支付，实行基本公共服务保障标准备案制度。加大省对下财政转移支付力度，重点增加财力薄弱地区转移支付，着重提高县级财政保障能力。制定落实国家实施更大规模减税降费后调整中央与地方收入划分改革推进方案具体举措,完善省以下增值税留抵退税分担机制,省级垫付35%,切实缓解企业和市县财政资金压力。建立健全预算安排审核、执行监控等财政“三保”长效机制,不断健全县级财力保障机制。做好省级机构改革资产管理和预算经费保障工作,加大政府财务报告试点改革力度,支持深化医保支付方式改革,统筹推进其他相关领域改革。

(六)财政管理绩效不断提升。常态化提前启动下一年度预算编制,组织编制省级2020—2022年中期财政规划和部门三年滚动财政规划,省级全面实行“大专项(大类别)+任务清单”方式,出台省级项目支出通用定额标准,提高预算编制的规范性、科学性、精准性。深入推进预决算公开,在财政部发布的地方预决算公开度评比中排名第8位。健全2020年预算评审工作机制,公开评审大专项10个,审减率50.9%;评审部门整体支出3个,审减率20.6%。强化预算执行管理,严格控制预算追加,加强省市县预算执行动态监控,健全预算执行通报和考核挂钩机制,大力压减一般性支出,省级较上年下降10.3%,加大省直单位实有资金账户、以前年度预算结转等清理力度。以省委省政府名义出台全面实施预算绩效管理的实施意见,制定省级预算绩效管理暂行办法等,聚焦脱贫攻坚、民生工程、债券资金使用等,省级对26项重点项目开展绩效评价,健全政策项目绩效审核、绩效评估及绩效评价结果与预算安排挂钩机制,加快构建全方位、全过程、全覆盖的预算绩效管理体系。印发工作方案,建立工作机制,明确重点任务,细化时间节点,积极谋划编制财政“十四五”规划工作。

(七)财政全面从严治党纵深推进。坚持以党的政治建设为统领,制定财政厅党组加强党的政治建设重点工作举措任务分工方案、党的建设工作责任清单分解,印发厅党组向省委请示报告事项清单,修订出台财政厅党组工作规则、财政厅工作规则,制定落实“三重一大”事项决策制度实施办法和厅党组议事清单,持续加强财政政治生活、政治文化、政治生态建设。贯彻落实支部工作条例,巩固深化基层党组织标准化建设成果,开展“建设模范机关”活动,制定进一步激励财政干部新时代新担当新作为实施意见,加强干部日常监督、教育管理和激励关爱,保持“不要找”的财政政治生态。严格落实中央八项规定精神、省委实施细则和厅党组实施办法,扎实开展“三个以案”警示教育,制定并严格落实减轻基层负担的具体举措和负面清单,财政厅规范性、议事协调机构成员类、通报类等文件同比下降39%,市县财政部门参加的会议同比下降57%。扎实开展民生工作和民生工程突出问题检视整改、扶贫资金和惠民惠农财政补贴资金“一卡通”管理使用专项整治,巩固拓展部门会商、结对共建、定点帮扶成果,力戒形式主义、官僚主义,不断夯实财政作风。制定全面从严治党和党风廉政建设“两个责任”任务清单,全力支持和配合省委第七巡视组对厅党组的巡视工作,开展“警示教育周”活动,自觉接受驻厅纪检监察组监督并全力支持驻厅纪检监察组履行职责,修订厅党组巡察工作实施办法和巡察组工作规则,推动财政干部坚守廉洁理财本色。

过去的一年,财政工作取得的成绩来之不易。这得益于习近平新时代中国特色社会主义思想的科学指引,得益于省委、省政府的坚强领导和省人大的依法监督,得益于财政部的指导支持,得益于各级各部门的关心理解帮助,得益于全省财政系统干部和省直预算部门财务干部的戮力同心、攻坚克难。在此,我代表财政厅党组向奋战在财政财务战线上的同志们表示衷心感谢并致以崇高敬意!

在看到成绩的同时,也要清醒地看到,当前财政工作还面临一些困难和问题,主要是:财政收支矛盾凸显,财政发展还不平衡,财政“三保”压力依然很大,财政服务高质量发展机制还不完善,财政资金撬动引导作用发挥还不充分,绩效制度体系还不健全,财政改革还不够到位,财经纪律还不够严肃,财政风险隐患依然存在,财政治理体系和治理能力亟待提升,等等。对此,我们要高度重视,采取切实有效举措,努力加以解决。

三、对标对表中央及省委省政府部署和财政部要求,扎实做好2020年财政工作

(一)正视当前全省财政形势

从困难和压力来看,一方面,财政收入增速将继续放缓,受国际经贸摩擦、国内需求疲弱、投资增长后劲不足、企业生产经营困难增加等因素影响,宏观经济下行压力将持续加大,财政收入增长动力减弱,大规模减税降费政策带来的减收效应持续释放,价格对财政收入的拉动作用减小,预计今年财政收入增速将明显放缓;另一方面,财政支出压力将持续加大,供给侧结构性改革、三大攻坚战、乡村振兴、科技创新、基本民生等重点领域支出刚性不减反增,今年的财政收支平衡压力将十分突出;同时,少数市县财政风险将会加剧,财政运行区域之间不平衡、不充分更加明显,一些县发展内生动力相对不足,加上支出结构调整不到位、支出标准上相互攀比问题依然存在,一些市县特别是政府债务风险较高的市县,财政风险隐患将会进一步显现。

从机遇和条件来看:我国经济稳中向好、长期向好的基本趋势没有改变,中央“六稳”的政策效应将加速释放,中央财政将加大对地方一般性转移支付力度,支持地方尤其是困难地

区正常运转。我省是长江经济带、长三角一体化、中部崛起等国家战略的叠加地，中央将研究出台相关财税支持等政策，有利于我省更好地承接产业转移、布局重大项目、拓展发展空间，为培育壮大优质财源提供重大契机。特别是在省委、省政府的领导、省人大的依法监督以及社会各界的关心支持下，在全省财政系统的共同努力下，我省财源建设较为稳固、理财环境较为优良，过紧日子的思想已经形成，为我们克服困难和迎接挑战打下了坚实基础。

总之，全省各级财政部门和省直预算部门财务机构要客观、全面、辩证、积极地看待形势，既要正视困难挑战，增强忧患意识，树牢底线思维；又要善于视危为机，坚定必胜信心，把握机遇条件，积极主动、未雨绸缪，实事求是、担当作为，牢牢把握财政工作的主动权。

（二）把握2020年财政工作的指导思想和必须坚持的原则

在中央经济工作会议上，习近平总书记对财政政策制定、财政改革推进、财政资金安排提出了新的更高要求，强调“积极的财政政策要大力提质增效，更加注重结构调整，深化财税体制改革”等，为做好今年财政工作提供了根本遵循；李克强总理强调“要巩固拓展减税降费成效，加大优化财政支出结构力度，用活用好地方政府专项债券”等，对财政政策取向和继续实施积极的财政政策提出了明确要求。在省委经济工作会议上，李锦斌书记强调“要强化政策供给稳增长、确保更大规模减税降费落实到位，带头真正过紧日子，做到保重点、压一般、促统筹、提绩效”；李国英省长对确保财政平稳运行等提出了要求，强调“要优化支出结构，优先保障支持基层保工资、保运转、保基本民生”。在全国财政工作会议上，刘昆部长就落实积极的财政政策部署了5项重点工作，并就发挥好积极财政政策作用、持续深化财税改革、加强财政收支管理部署了8个方面工作。这些重要指示批示和讲话精神，为我们做好2020年财政工作指明了方向、提供了指南。

2020年财政工作指导思想：坚持以习近平新时代中国特色社会主义思想为指导，全面贯彻党的十九大和十九届二中、三中、四中全会及中央经济工作会议精神，按照省委十届十次全会、省委经济工作会议部署和全国财政工作会议要求，紧扣全面建成小康社会目标任务，坚持稳中求进工作总基调，坚持新发展理念，坚持以供给侧结构性改革为主线，大力提质增效实施积极的财政政策，支持坚决打赢三大攻坚战和“六稳”工作，支持高质量推进五大发展行动计划，深化财政体制改革，加快建立完善现代财政制度，防范化解政府债务风险，提升财政治理和服务效能，为全面建成小康社会和“十三五”规划圆满收官、加快建设现代化五大发展美好安徽提供坚实财政支撑。

贯彻落实好党中央、国务院决策部署和省委、省政府部署要求以及财政部工作安排，做好全年财政工作，要着重把握好以下原则：一是坚持精打细算、勤俭节约。真正过紧日子，在开源节流、增收节支上下功夫，厉行节约，勤俭办一切事业，有所为有所不为，把资金用在刀刃上。二是坚持尽力而为、量力而行。贯彻“以收定支”原则，运用零基预算理念，既稳字当头、又积极进取，根据经济发展水平，并与财政政策相衔接，实事求是地编制收入预算，支出上量入为出，政策上把好关口，不作脱离实际的过高承诺，打破预算支出固化僵化格局。三是坚持创新方式、提升绩效。把质量绩效作为财政工作生命线，创新财政支持经济社会发展方式，注重运用后奖补、股权投资等方式，发挥财政政策资金引导撬动作用，全面实施财政绩效管理，提高财政资源配置效率和使用效益。四是坚持完善制度、依法理财。全面贯彻预算法等法律法规，认真落实省人大有关决议精神，规范预算编制，加快预算执行，硬化预算约束，深化预算公开，严肃财经纪律。五是坚持全面统筹、一体推进。在积极争取中央政策资金项目倾斜的基础上，加强省与市县财政工作“一盘棋”，强化财政部门与预算部门的财政财务管理“一体化”，调动各方面积极性，凝聚财政工作合力。

（三）落实好2020年财政工作的重点任务

一要聚焦财政平稳运行，加强财政预期管理。要加强收入分析研判。为圆满完成“十三五”财政收入目标，今年全省财政收入增长的预期目标是保持上年水平。各地要对标“十三五”财政目标任务，科学确定收入预算目标，做到既与面临的宏观经济形势和经济社会发展实际相适应，也与继续实施大规模减税降费的积极财政政策相衔接。要按照实事求是、把握规律、均衡运行的原则，依规平稳有序组织财政收入，不得收取过头税费，坚持相机把控，加强财政收入分析和研判，避免财政收入增长大起大落，确保财政收入稳预期、有质量、可持续。要做好财政节支工作。今年的收支形势十分严峻，要更加突出以收定支，通过节支来改善财政收支紧平衡状况。今年，中央部门非刚性、非重点项目支出将平均压减18%、公用经费平均压减15%，省级将按照这个标准，省直部门项目支出中用于日常运转的经费平均压减5%；公用经费在前两年已经压减10%的基础上，再平均压减5%，从源头上压减省级一般性支出，并坚持双管齐下，在预算执行中按照能省则省的原则，把可不再安排的支出节省下来。市县财政部门和省直预算部门也要在去年已压减的基础上进一步压减。同时，中央明确除基建投资外，对地方专项转移支付平均下降16.8%,省级也将按照中央要求,依规做好财政资金拨付。要强化财政支出管理。着力加强财力统筹,主动应对税收大幅减少带来的财政支出压力,继续清理结转结余资金,积极盘活政府存量资产资源,建立健全预算稳定调节基金制度,省级国有资本经营预算依规调入一般公共预算比例提高到30%。坚持先有预算、后有支出,严控预算调剂事项,预算执行中非紧急情况下原则上不追加预算。从严控制财政资金拨付,已经列入预算的基本支出要依规保障,项目支出要体现节支要求,严格按照项目进度、合同约定和规定程序拨付;严禁超进度、超合同提前拨款,严禁采取以拨代支、虚列支出等方式抬高预算执行进度;对不具备实施条件、项目进展缓慢以及预计难以支出的项目,一律不拨付资金。要坚决保障县级"三保"。保工资、保运转、保基本民生,是财政运行的底线。我省省以下财力下移特征明显,省财政将一如既往统筹支持困难县区增强财政保障能力、兜牢"三保"底线。市级财政要切实履行管理责任,完善市对市辖区和市管县的财政体制,尽量将财力下移,加大对县级"三保"的支持力度。县区财政要落实主体责任,明确"三保"支出特别是国家标准的"三保"支出在财政支出中的优先顺序,在预算安排和库款拨付等方面优先保障。国家标准"三保"支出保障不到位的地方,不得对现有民生政策提高标准或扩大范围。

二要聚焦积极财政政策,做到大力提质增效。要巩固拓展减税降费成效。当前的减税降费政策是制度性、持续性的,对经济发展正面效应是长远性、累积性的。要算好政治账和长远账,坚决把该减的税减到位、把该降的费降到位,决不能因为收入放缓而对市场主体多收费。要及时跟进、落实落细各项减税降费政策,在健全协调推进、政策宣传、跟踪评估、意见反馈等机制上下功夫,加强减税降费信息共享,继续密切关注各行业税负变化,及时研究解决企业反映的突出问题,持续发挥减税降费政策效应。要强化政策提质增效和协同配合。在当前财政收支平衡压力持续加大、加力支出空间有限的前提下,大力提质增效更多体现在财政政策的结构调整上。省市县财政部门在制定出台有关财政政策时,要更加注重政策的"提质"要求和"增效"导向,加强政策出台前的财政可承受能力评估论证,清理规范过高承诺、过度保障的支出政策,提高财政政策的精准性和有效性。同时,要用改革的思路和办法,加大财政政策同消费、投资、就业和产业等政策合力,引导资金投向民生建设、先进制造、基础设施短板等领域。要加大支出结构调整力度。进一步明确财政支出优先方向,切实保障脱贫攻坚、污染防治、五大发展行动计划、长三角一体化发展等重点支出。市县要结合当地实际,对标全省面上支出重点,进一步细化本级财政支出重点,找准短板和薄弱环节,集中政策和资金予以精准保障。要用好用活专项债券资金。要坚持"资金跟着项目走",优化债券投向结构,落实好扩大专项债券使用范围等政策,加快建立项目储备和前期准备、评估、遴选等工作机制,储备一批、发行一批、建设一批、接续一批公益性建设项目,积极发挥专项债券融资成本低、作用机制直接、政策见效快、拉动经济增长明显等优势。专项债券分配要向项目储备好、进度快的地方倾斜。要规范推进政府和社会资本合作发展,梳理推出一批有现金流、有稳定回报预期的PPP项目,进一步吸引社会有效投入。

三要聚焦全面建成小康社会,支持打好三大攻坚战。要确保完成脱贫攻坚目标任务。围绕全面如期打赢脱贫攻坚战,坚持"四个不摘"和精准方略,健全财政支持脱贫攻坚政策体系,进一步强化财政投入,重点向大别山等革命老区、皖北地区、沿淮行蓄洪区等深度贫困地区倾斜,全力支持解决好"两不愁三保障"和饮水安全突出问题,支持探索建立解决相对贫困的长效机制。继续推进贫困县涉农资金整合,完善扶贫资金动态监控系统并强化运用,进一步加强财政扶贫资金监管,促进扶贫资金精准投放、精准使用。扎实做好中央脱贫攻坚专项巡视整改"回头看"相关工作。同时,要多措并举开展定点帮扶,帮助定点帮扶县区和"双包"帮扶村完成脱贫攻坚任务。要支持打造生态文明建设安徽样板。坚持方向不变、力度不减,落实好生态环保相关优惠政策,健全财政投入机制,分级分层分类落实财政保障责任,重点支持打好蓝天、碧水、净土保卫战。支持深入实施巢湖新一轮综合治理,基本消除设区市建成区黑臭水体。在积极争取中央专项资金倾斜的同时,省级继续安排专项引导资金,支持长江经济带生态保护修复,支持建立长江禁捕补偿机制。要全面推行生态补偿机制,支持加快新安江流域生态补偿机制"十大工程"建设,推进皖苏滁河、沱湖流域生态补偿,继续实施大别山区水环境生态补偿,对全省地表水断面补偿提标升级,推深做实河(湖)长制,支持林长制改革示范区建设。各级都要积极跟进,用好政策和资金,努力把好山好水保护好。要坚决防范化解隐性债务风险。坚持疏堵并举,严格执行地方政府债务限额管理和预算管理制度。健全隐性债务常态化统计监控机制,统一口径、统一监管,实现对所有隐性债务全覆盖。坚决遏制隐性债务增量,妥善处置隐性债务存量,特别是高风险市县要尽快压减隐性债务规模,降低债务风险水平。要坚持市场化法治化原则,做实做细并严格执行化债方案,推进融资平台公司市场化转型,鼓励金融机构与融资平台公司协商采取市场化方式,积极应对到期存量隐性债务风险,坚决杜绝搞虚假化债将风险“甩锅”。强化监督问责,从严整治违法违规举债融资行为,牢牢守住不发生系统性风险的底线。

四要聚焦高质量发展,支持建立完善现代化经济体系。要服务实体经济发展。用好中小企业发展专项资金,重点支持“专精特新”发展和融资服务体系建设等。支持各地争取中央深化民营和小微企业金融服务综合改革试点,继续实施融资担保风险补偿、融资担保增量奖励等政策,鼓励金融机构加大对民营企业和中小微企业的支持力度,更好缓解融资难融资贵问题。用好工业企业结构调整专项奖补资金,做好产业结构调整中的民生托底工作,支持有序推进“去产能”。继续安排铁路、公路、航运、水利等资金,支持补齐基础设施和公共服务设施短板。要推动产业转型升级。围绕国家战略方向,积极争取中央专项资金,支持打造优势产业集群。省级继续安排“三重一创”建设专项引导资金,聚焦集成电路、智能家电、新能源汽车、机器人和人工智能等领域,支持推进战略性新兴产业集聚发展。发挥好制造业高质量发展资金作用,安排现代化经济体系建设专项资金,支持加大设备更新和技改投入,推动传统制造业优化升级,支持先进制造业和现代服务业深度融合。大力发展数字经济,支持建设“数字江淮”云平台、5G产业发展,推动区块链和经济社会融合发展。要助力科技创新能力提升。继续安排专项资金统筹支持推进“四个一”创新主平台、“一室一中心”、创新型省份建设和实施新时代“江淮英才计划”等,支持推进关键核心技术攻关、实施科技重大专项和重点研发计划项目。充分发挥科技成果转化引导基金和省级科技融资担保机构作用,落实科技成果转化收益奖励政策,综合运用风险补偿、后补助、创投引导等手段,全面推进财政科研项目资金管理改革等政策落地,支持科技成果在皖研发、转化和产业化。市县财政部门要根据实际,及时对接政策要求和资金安排,支持本地科技创新、产业升级,提升产业基础能力和产业链水平。

五要聚焦城乡区域协调和长三角一体化发展,促进提高发展的动力活力。要统筹支持乡村振兴。完善落实财政支持实施乡村振兴战略政策体系,健全多元投入保障制度,支持深化农业供给侧结构性改革。用好农业产业化发展资金和基金,巩固提升农村电商建设成果,促进农村一二三产业融合发展。加快推进以绿色生态为导向的农业补贴制度改革,支持长三角绿色农产品生产加工供应联盟建设,促进农业由增产向提质转变。稳步推进农村综合性改革试点试验,持续推进农村“三变”改革。支持推进人居环境整治和实施农村“厕所革命”整村推进奖补政策,支持加快“四好农村路”建设,推进美丽乡村建设提档升级。落实村级组织运转经费保障机制,扶持村级集体经济发展。要支持增强区域发展活力。落实区域财政政策,统筹推进“一圈五区”建设发展,支持皖江城市带承接产业转移和皖北承接产业转移集聚区建设,促进我省与沪苏浙全面合作互动。安排城市工作“五统筹”专项资金,落实农业转移人口市民化和新型城镇化建设相关政策协同机制。继续支持县域经济振兴发展。支持资源型城市转型发展。要支持打造内陆开放新高地。聚焦“两地一区”战略定位,积极跟进中央财税支持政策,支持推进长三角一体化发展和中部崛起战略实施。跟进中央支持中西部地区扩大开放政策,会同有关部门做好争取设立自贸试验区、综合保税区工作。安排对外投资和外贸促进专项资金,支持深化与“一带一路”沿线国家开发合作,支持外贸新业态新模式、市场开拓和主体孵化培育。支持海关特殊监管区域和综保区提质升级。支持办好2020年世界制造业大会。

六要聚焦人民群众福祉,保障改善基本民生。要完善民生工程机制。坚持以人民为中心的发展思想,围绕“七有”目标,坚持尽力而为、量力而行,守住底线、突出重点,注重普惠性、基础性、兜底性,落实项目化精细化申报管理机制,精准发力,补上短板,切实解决好人民群众的操心事、烦心事、揪心事。各级财政部门在分配民生类资金时,要把保障困难群众基本生活等基本民生支出放在优先保障的重要位置,做好关键时点、困难人群的基本生活保障。同时,要发挥市场供给灵活性优势,积极运用PPP、政府购买服务、公办民营、民办公助等方式,鼓励支持社会力量兴办公益事业,满足人民多层次多样化需求。要提升基本公共服务水平。落实基本公共服务功能建设财政保障机制,提升均等化、可及性水平。完善就业创业扶持和奖补政策,突出支持高校毕业生、转岗下岗职工、农民工等重点群体就业。坚持教育优先发展,落实“两个只增不减”要求,支持公办民办并举增加普惠性学前教育资源供给,巩固城乡义务教育经费保障机制,支持高水平高等职业院校和专业建设以及高校“双一流”建设。适度提高退休人员基本养老金,支持开展企业职工养老保险省级统筹,支持发展社区养老服务。落实适当提高城乡居民医保财政补助标准政策,合理均衡筹资责任,同步提高个人缴费标准,支持全面建立统一的城乡居民基本医疗保险和大病保险制度。严格落实拥军优抚相关政策。要支持提升社会治理现代化水平。支持加强和创新社会综合治理,推动社区管理和服务网络化,支持加快公共法律服务体系建设,助力安全生产和应急管理。支持纵深推进扫黑除恶专项斗争、"守护平安"系列行动,支持完善立体化信息化社会治安防控体系。

七要聚焦现代财政制度,全面深化财政改革。坚持财政是国家治理的基础和重要支柱,细化财政在国家治理体系和治理能力现代化建设中的各项任务,健全财政治理体系,提高财政治理效能。要继续完善省以下财政体制。全面落实中央相关领域财政事权和支出责任划分改革要求,推进省以下交通运输、生态环保、自然资源等领域财政事权和支出责任划分改革,在保持省与市县财力格局总体稳定的基础上,稳步推进收入划分改革,落实好省以下增值税留抵退税分担机制。进一步规范共同财政事权转移支付管理,落实基本公共服务保障标准备案制度,健全专项转移支付定期评估和退出机制。跟进消费税征收环节改革,推进地方税体系建设。要完善预算绩效管理制度。完善预算支出标准体系,提高预算编制的科学性和精准性,强化预算执行管理。持续深入推进预决算公开,各级财政部门尤其是市县财政部门要对照财政部指出的地方预决算中存在的问题,在提高公开的完整性和规范性上下功夫,不要出现应公开而未公开的部门或单位,公开内容上要完整准确,格式上要统一规范,三公经费、政府采购安排情况等社会关注度高的公开信息要提高准确性、可读性。以构建全方位、全过程、全覆盖的预算绩效管理体系为目标,完善预算绩效管理制度办法和流程,建立分行业分领域分层次的核心绩效指标和标准体系,推动预算绩效管理扩围升级,逐步将绩效管理覆盖所有财政资金,延伸到基层单位和资金使用终端,将预算绩效管理关口从事后评价向事前和事中延伸,健全绩效评估评价结果与政策调整和预算安排挂钩机制,坚决削减低效无效支出。要统筹支持其他领域改革。加强财政政策保障,优化财政政策供给,支持保障国资国企、司法体制、生态环保等重点领域改革。基本完成划转部分国有资本充实社保基金工作。在省委、省政府领导下,推进以管资本为主的国有资产监管体制,扎实推进国有金融资本集中统一管理。要科学编制财政"十四五"规划。市县财政部门要立足全局、提高站位,加强组织领导和协调配合,扎实做好相关工作。要全面贯彻新发展理念,落实经济高质量发展的要求,认真回顾"十三五"时期财政改革发展的成就和经验,深入分析"十四五"时期面临的形势和任务,对事关经济社会发展的重点领域和重大问题开展专题研究,科学提出发展目标、关键任务和政策举措,并注意与本地区及相关部门规划的衔接对接。同时,要创新规划编制的方式方法,坚持开门编规划,健全公众参与机制,广泛征求有关部门、专家学者的意见,发挥专家咨询、政策评估等方面的作用。

四、坚持党建引领,不断把财政全面从严治党推向深入

习近平总书记在中央和国家机关党的建设工作会议上发表重要讲话,要求"在深入学习贯彻党的思想理论上作表率,在始终同党中央保持高度一致上作表率,在坚决贯彻落实党中央各项决策部署上作表率,建设让党中央放心、让人民群众满意的模范机关"。省委对机关党的建设工作也进行了部署安排,提出了明确要求。这些都为新时代加强和改进机关党的建设指明了努力方向。全省各级财政部门要深入学习贯彻习近平总书记重要讲话精神,坚决贯彻新时代党的建设总要求,认真落实中央部署和省委要求,切实把全面从严治党责任扛在肩上、抓在手上、落实在行动上,以严的作风、实的举措、硬的担当,推动财政全面从严治党不断向纵深发展,为新时代财政改革发展提供坚强保证。

(一)增强政治定力,坚持和服从党对财政工作的全面领导。坚持以党的政治建设为统领,把坚决做到"两个维护"作为加强党的建设的首要任务,严格遵守"四个服从""五个必须"要求,做到党中央提倡的坚决响应、党中央决定的坚决照办、党中央禁止的坚决杜绝,不折不扣地把党中央、国务院的决策部署和省委、省政府的部署要求及财政部的工作安排落到实处。全省各级财政部门党组要建立健全贯彻落实习近平总书记关于财政工作的重要指示批示的制度机制,制定并严格落实党组向上级党委请示报告事项清单,自觉把政治标准和政治要求贯彻到各项工作中,持续加强财政政治生活、政治文化、政治生态建设,自觉强化政治责任,提高政治站位、提升政治能力、增强政治定力,保持斗争精神,增强斗争本领。

(二)强化理论武装,筑牢财政思想根基。把坚定理想信念放在心中最高位置,坚定对马克思主义的信念信仰,开展党史国史、国情省情等教育,引导财政党员干部做共产主义远大理想和中国特色社会主义共同理想的坚定信仰者和忠实践行者。巩固拓展"不忘初心、牢记使命"主题教育成果,把学习贯彻习近平新时代中国特色社会主义思想作为根本任务,把不忘初心、牢记使命作为加强财政党的建设的永恒课题和全体财政干部的终身课题,完善党组和党支部理论学习常态化机制,扎实开展集中学习、专题研讨、专家讲座、个人自学、学习交流、专题调研等,跟进学习习近平总书记最新重要讲话文章,进一步深化对习近平新时代中国特色社会主义思想重大意义、科学体系、丰富内涵的理解,着力提升学习质量、提高政治素养,坚定信念、砥砺初心。

(三)夯实基层基础,落实财政党建工作责任。牵住责任制这个"牛鼻子",压实全面从严治党"两个责任",落实领导干部"一岗双责",发挥"关键

少数”作用，层层传导压力、层层压实责任，建立完整闭合的责任链条，切实发挥党支部的战斗堡垒作用和财政党员干部的先锋模范作用。要树立大抓基层基础的鲜明导向，以提升组织力为重点，巩固深化基层党组织标准化建设、党支部建设提升行动等成果，开展“建设模范机关”活动，引导财政党员干部认真学习贯彻支部工作条例，坚决执行民主集中制、“三会一课”、民主评议党员、谈心谈话、党员活动日等制度，积极开展批评和自我批评，做到抓两头带中间，推动后进赶先进、中间争先进、先进更前进，锻造坚强有力的机关基层党组织，实现基层党组织全面进步、全面过硬。

（四）提升能力本领，强化财政财务担当作为。新时代财政财务工作面临着新形势新任务新要求，财政财务党员干部要进一步提振精神状态、增强本领能力、勇担职责使命，坚守岗位、辛勤劳作。落实新时代党的组织路线，坚决贯彻落实“好干部”标准，坚持五湖四海、因岗择人，保持“不要找”的财政政治生态和理财环境，不让忠诚老实勤勉和清正廉洁的干部“吃亏”。自觉接受人大、审计等监督，坚持问题导向，进一步加强财政财务管理和监督。加强财政政策业务学习，提升财政财务管理水平。坚持严管和厚爱结合、激励和约束并重，落实党员教育管理工作条例，注重培养具有专业能力、专业精神的财政财务干部，健全容错纠错机制，激励财政财务干部在财政财务这个“矛盾”的岗位上，发扬冲锋精神，不惧风雨、不畏险阻，砥砺奋进、攻坚克难，实现新担当新作为。

（五）优化作风效能，力戒形式主义官僚主义。弘扬党的光荣传统和优良作风，发扬彻底的自我革命精神，坚持“三严三实”，持之以恒贯彻落实中央八项规定精神、省委实施细则以及厅党组实施办法，巩固“严强转”专项行动、“基层减负年”成果，坚持以下看上找问题、以上率下抓整改，落实减轻基层负担的具体举措和负面清单，推深做实专项整治和集中治理，扎实开展“走基层、转作风、解难题”活动。持续践行群众路线，大力弘扬密切联系群众的优良作风，健全党员干部联系基层群众制度，巩固部门会商、结对共建、定点帮扶、效能建设等成果。深入开展调查研究，提高调研实效，强化成果转化，指导财政工作。

（六）严守纪律规矩，保持廉洁理财。时刻盯紧廉洁这根弦，强化党的宗旨教育、党章党规党纪教育、警示教育，严守政治纪律、组织纪律、廉洁纪律、群众纪律、工作纪律、生活纪律以及财经纪律，完善财政权力配置和运行制约机制，推动公共财政支出监督制度建设，深入推进廉政风险防控，抓好内控制度执行，强化日常监管。巩固拓展“三个以案”警示教育。深化政治巡察，市县财政部门要注重总结党组政治巡察工作有效做法，推动抓早抓小、防患未然、举一反三、未巡先改。健全完善财政部门党组与派驻纪检监察机构常态化联系协作机制，各级财政部门党组要认真落实主体责任，积极践行并运用好监督执纪“四种形态”特别是在第一种形态上下功夫，自觉接受并旗帜鲜明支持派驻财政纪检监察机构的监督，一体推进不敢腐不能腐不想腐，推动依法理财、廉洁理财。

这次会议精神十分重要，特别学习了克强总理和韩正副总理的重要批示，锦斌书记、国英省长、向阳常务副省长都对全省财政工作作出重要批示，大家回去后要第一时间传达学习，并向党委政府以及部门的主要负责同志及分管负责同志汇报，抓好贯彻落实。各地贯彻情况以市为单位，省直预算部门通过财政厅相关业务处室，于元月 20 日前书面反馈财政厅。

同志们，做好 2020 年财政工作责任重大、使命光荣。我们要坚持以习近平新时代中国特色社会主义思想为指导，认真贯彻落实习近平新时代中国特色社会主义经济思想，在省委、省政府的坚强领导和省人大的依法监督下，只争朝夕、不负韶华，迎难而上、开拓进取，上下同欲、全省“一盘棋”，扎实做好财政财务各项工作，为全面建成小康社会、全面建设现代化五大发展美好安徽作出新的贡献！

（办公室供稿）

在市财政局长座谈会上的讲话

省财政厅党组书记、厅长　罗建国

（2020 年 1 月 6 日，根据录音整理）

今天上午，我们召开市财政局长座谈会，主要任务是深入学习贯彻习近平新时代中国特色社会主义思想和党的十九大及十九届二中、三中、四中全会精神，学习贯彻省委经济工作会议及全国财政工作会议精神，进一步深化认识、统一思想、凝聚力量,总结2019年财政工作,研判当前财政形势,分析困难问题,听取意见建议,谋划做好2020年财政工作。刚才,16个市和广德市、宿松县财政局长介绍了财政工作情况,谈了体会认识,提出了意见建议,讲得都很好,体现了大局意识、责任意识和担当意识。特别是提出的意见建议,有的是业务管理的,有的是政策制度的,有的是体制机制的,都是财政局长在一线最前沿、最现实、最当前的所感所悟所想。相关处室单位要用心用情用意地照单全收、认真吸纳、主动服务,能向上反映的及时反映,能落实的抓紧落实,一时解决不了的,要在以后工作中加强研究、相互沟通;各地财政部门也要一如既往地不等不靠、自力更生、迎难而上,共同把问题解决好、困难克服好。每位厅领导结合分管工作,提出了具体要求,我都赞同,大家要认真学习领会,抓好贯彻落实。总体感觉,今天的会议既是务虚交流会、也是学习培训会,达到了预期效果。

过去的2019年,是极不平凡的一年,是艰巨困难的一年,是合力拼搏的一年,也是骄傲自豪的一年,大家都特别辛苦、特别能拼,都取得了比较好的成绩,省委、省政府对全省财政工作是满意的、肯定的,锦斌书记、国英省长、向阳常务副省长都作出了重要批示,我们要认真学习,抓好贯彻。成绩来之不易,我们要倍加珍惜。2020年是脱贫攻坚决战决胜和全面建成小康社会之年,财政工作任务更重、标准更高、要求更严,特别是当前经济运行稳中有变,财政工作面临的形势更加严峻、困难更加艰巨、情况更加复杂。在看到困难和压力的同时,也要看到财政工作面临着机遇和条件,我们有着强有力的政治优势、发展优势、改革优势和党建引领优势。全省财政干部特别是财政部门主要负责同志要坚持以习近平新时代中国特色社会主义思想为指导,深入学习贯彻习近平新时代中国特色社会主义经济思想和习近平总书记关于财政工作的重要指示批示精神,认真贯彻落实中央和省委经济工作会议以及全国财政工作会议精神,牢固树立辩证思维,客观、全面、积极地看待财政工作形势,既要正视困难挑战,增强忧患意识,又要善于视危为机,坚定信心决心,把握机遇条件,只争朝夕、不负韶华,积极主动、担当作为,撸起袖子加油干,推动财政事业持续健康发展,为全面建成小康社会、加快建设现代化五大发展美好安徽提供坚强保障。这里,强调几点意见。

一、进一步坚持在政治上坚定坚决

财政工作事事关乎党的路线方针政策的落实、事事关乎经济社会发展大局、事事关乎基层和广大人民群众利益。旗帜鲜明讲政治是财政党员干部特别是党员领导干部的应有之责。大家都是财政部门的主要负责同志,是十分光荣的,也承担着重要使命。必须要牢记财政部门是政治机关,把讲政治放在心头正中,坚定政治立场、提高政治站位、提升政治能力,增强“四个意识”、坚定“四个自信”、坚决做到“两个维护”,在学懂弄通做实习近平新时代中国特色社会主义思想上下更大功夫,特别是要把习近平总书记关于财政工作、减税降费等重要指示批示精神,不折不扣落实到位,始终在思想上政治上行动上同以习近平同志为核心的党中央保持高度一致,坚决贯彻党中央、国务院决策部署和省委、省政府部署要求。讲政治就要顾大局。大局,首先要有中央的大局,再有省委、省政府的大局,市县的大局。新形势下,各级财政部门特别是财政局长要坚持政治原则,强化全局观念,坚持个性服从共性、局部服从整体、下级服从上级,把财政工作放到政治大局中去把握、去思考、去衡量,学会“弹钢琴”,分清轻重缓急、抓住重点关键,统筹兼顾、相互协调,既顾当前又谋长远,切实做到明大势、务大局、重担当,确保财政工作始终沿着正确方向前进。

二、进一步坚持收入上稳预期

财政收入问题,就像一个家庭过日子的主粮一样,没有财政收入就没有财政支出,没有财政收入就无法维持“生计”。因此,必须要理直气壮地抓财政收入预期管理。2019年,在省委、省政府坚强领导下,全省各级财政部门付出了艰辛汗水和努力,内挖潜力、统筹盘活,做到有质有量,全省财政总收入完成5710亿元,增长6.5%,圆满完成了财政收入预期目标任务,交出了一份非常不错的成绩单。锦斌书记、国英省长和向阳常务副省长都给予充分肯定。省领导的肯定既是鼓励、也是鞭策。当前,受国际经贸摩擦、国内需求疲弱等因素影响,宏观经济下行压力将持续加大,大规模减税降费政策带来的减收效应持续释放,预计今年财政收入增速将继续放缓,完成“十三五”财政收入预期目标压力很大。我们要巩固和完善财政收入预期管理工作,按照实事求是、把握规律、均衡运行的原则,坚持相机把控,更加注重培育涵养壮大财源,加强财政收入监测分析研判和入库管理,依规平稳有序组织收入,坚决防止收取“过头税”以及采取“空转”方式虚增财政收入的行为,避免财政收入增长大起大落,确保财政收入稳预期、有质量、可持续。大家回去以后,既要宣传成绩和动力,也要传导困难和压力,积极争取党委、政府的领导指导和相关方面的支持帮助,同舟共济、上下一体,共同完成好财政收入预期目标任务。

三、进一步坚持支出上优结构

财政工作简单来说就是一半是收入、一半是支出。在座的都是财政局长，大家要坚持一手抓收入、一手抓支出，两手都要硬，时刻保持财政运行平稳有序。要坚持保重点，集中财力全力支持三大攻坚战、长三角一体化发展、五大发展行动计划、实体经济和民营经济发展、科技创新、保障改善民生、乡村振兴等重大决策部署。特别是要坚持居安思危、未雨绸缪，预留好财力全力保障县级“三保”，明确“三保”支出特别是国家标准的“三保”支出在财政支出中的优先顺序，执行预算中严禁出现挤占拖欠，确保财政“三保”链条拉得紧而又紧、实而又实。要坚持压一般，严格落实中央和省委、省政府要求，带头真正过紧日子，更加突出以收定支、量入为出，从源头上控制一般性支出，严控“三公”经费，大力压减一切不必要的开支。要坚持调结构，持续优化支出结构，探索创新支出方式，通过资金改基金、规范推广PPP、综合奖补、以奖代补等方式，撬动企业资金、金融资本和基层资源投入。要坚持促统筹，进一步下放专项资金审批权，加大预算单位实有资金账户、以前年度预算结转等清理力度，积极盘活政府存量资产资源，加大统筹整合力度，切实发挥聚合能力，形成叠加效应。

四、进一步坚持工作上一盘棋

一直以来，全省财政系统牢固树立“一盘棋”思想，坚持同心同向同行，加强财政系统上下联动，不断取得财政工作新的成绩。财政共同的使命和职责让我们始终心往一处想、劲往一处使，无论是财政政策落实、预算管理、财政改革等财政自身工作，还是财政服务高质量发展、支持三大攻坚战等中心工作，省和市县财政部门都是“一盘棋”，推动财政工作在两难或多难中不断前行。今年的财政形势更加复杂严峻，财政工作始终处于负重前行、爬坡过坎、滚石上山阶段，对财政工作“一盘棋”的要求更高，必须进一步深化认识、细化措施，全面梳理并全力补齐财政系统一盘棋中的短板、弱项，紧扣一些更加需要整体推进的重点工作领域，制定务实具体的举措，推动财政工作全面统筹、一体推进。也希望在座的各位财政局长，总结好经验、好做法，积极建言献策，对省财政更好地整体推进财政工作提出意见建议。我们将积极借鉴吸纳，进一步推动省与市县财政工作一体化，充分调动各方面积极性，凝聚起财政工作更加强大的合力。

五、进一步坚持作风上严紧硬

财政工作是经济工作、也是社会工作，财政资金是公共资源、也是稀缺资源，工作做得好就造福社会、惠及群众，资金用得好就筑牢基础、惠及长远。因此，财政工作容不得半点马虎，更掺不得半点水分，必须认真践行“三严三实”要求，严格贯彻落实中央八项规定精神、省委实施细则以及财政厅党组实施办法，切实将反“四风”、正作风、提效能的各项要求，融入财政党建和财政业务中、融入日常任务和经常业务中，不放过任何小节，不忽略任何小事，以严的要求、实的举措、硬的担当，拉升工作标杆，提升工作效率，以市县带乡镇、以财政促财务，层层传递压力、层层压实责任，力戒形式主义、官僚主义，始终求真务实、真抓实干，把心思用在干工作上，把功夫下到抓落实上。在座的财政局长，都是所在党组织的第一责任人，要坚持行得端、做得正，认真履行主体责任，发扬斗争精神，带头遵守作风建设规定，坚持原则底线，不做“老好人”，严格按制度办事、按规矩办事、按程序办事，自觉接受派驻财政纪检监察机构监督并大力支持派驻财政纪检监察机构履行职责，用自己的一言一行维护财政部门和财政干部为民务实清廉形象，引导带动财政部门和财政干部、推动预算单位积极跟进，营造更加风清气正的理财环境。

以上体会，主要是根据大家提出的意见、交流的经验、汇报的思路有感而发，下午还将召开全省财政工作视频会议，系统部署2020年财政工作。新的一年，希望各地财政工作都能取得应有的成效，共同助力全省财政工作在决战决胜脱贫攻坚、全面建成小康社会、服务现代化五大发展美好安徽建设中作出新的更大贡献！

（办公室供稿）

在全省财政党风廉政建设工作会议上的讲话

省财政厅党组书记、厅长　罗建国

（2020年4月28日）

同志们：

这次会议的主要任务是深入学习贯彻习近平新时代中国特色社会主义思想，全面贯彻党的十九届四中全会和十九届中央纪委四次全会精神，认真落实省纪委十届五次全会和全国财政党风廉政建设工作会议精神,总结2019年财政全面从严治党和党风廉政建设工作,部署2020年工作任务。今天在主会场参加会议的有财政厅领导班子成员、驻厅纪检监察组全体人员、厅机关各处室(局)、厅属各单位副处级以上领导干部、机关纪委全体人员和省农担公司领导班子成员;在分会场参加会议的有各市县(区)财政局中层以上干部、派驻纪检监察机构负责同志以及乡镇财政所(分局)主要负责同志。等一会儿,中胜组长还将就全省财政系统党风廉政建设提出要求,我们要抓好落实。下面,我代表财政厅党组作工作报告。

一、牢牢把握纵深推进财政全面从严治党和党风廉政建设的根本遵循

习近平总书记在十九届中央纪委四次全会上的重要讲话,深刻总结新时代全面从严治党的历史性成就,深刻阐释我们党实现自我革命的成功道路、有效制度,深刻回答管党治党必须"坚持和巩固什么、完善和发展什么"的重大问题,是我们在新时代纵深推进财政全面从严治党和党风廉政建设的根本遵循。赵乐际同志的工作报告,就学习贯彻习近平总书记重要讲话、巩固发展反腐败斗争压倒性胜利提出了明确要求。在省纪委十届五次全会上,李锦斌书记要求学懂弄通做实习近平总书记在十九届中央纪委四次全会上的重要讲话精神,认真把握新时代纪检监察工作的重点任务,以全面从严治党新成效推进治理体系和治理能力现代化;刘惠书记强调要以永远在路上的坚韧和执着认真履职尽责,努力取得全面从严治党新的更大成果。在全国财政党风廉政建设工作会议上,刘昆部长对全国财政系统全面从严治党和党风廉政建设提出了严格而具体的要求,赵惠令组长对2020年重点工作作了部署、提了要求。全省财政部门各级党组织和广大党员干部要按照省纪委十届五次全会和全国财政党风廉政建设工作会议要求,切实把思想和行动统一到习近平总书记重要讲话精神上来,深入学习领会,把握精神要义,内化于心、外践于行,进一步增强做好财政全面从严治党和党风廉政建设工作的政治责任感和使命感。

一要深刻认识新时代党治国理政的鲜明特征,切实提高政治站位。习近平总书记强调,"全面从严治党是新时代党治国理政的鲜明特征"。党的十八大以来,以习近平同志为核心的党中央,以前所未有的勇气和定力,推进全面从严治党取得历史性、开创性成就,产生全方位、深层次影响。实践充分证明,我们党团结带领中国人民创造了经济快速发展、社会长期稳定"两大奇迹",全面从严治党既是政治保障,也是政治引领。近几年,全省财政事业保持持续健康稳定发展,关键在于我们一以贯之、坚定不移推进财政全面从严治党,增强了财政党员干部自我净化、自我完善、自我革新、自我提高的能力。今年是全面建成小康社会和"十三五"规划收官之年,我们要适应形势环境变化、克服风险挑战、服务改革发展稳定、体现财政担当作为,就必须深刻认识新时代党治国理政的鲜明特征,深刻认识财政是国家治理的基础和重要支柱的职责定位,不忘初心、牢记使命,提高政治站位、强化政治定力,持之以恒推进全面从严治党,以财政全面从严治党的新成效,推动财政服务效能和治理能力的不断提升。

二要深刻认识新时代全面从严治党的历史性成就,切实增强政治自觉。习近平总书记指出,"党的十八大以来,我们党坚定不移从严管党治党,坚持以伟大自我革命引领伟大社会革命;坚定不移用党的创新理论武装全党,坚持以科学理论引领全党理想信念;坚定不移维护党中央权威,坚持以'两个维护'引领全党团结统一;坚定不移推进党风廉政建设,坚持以正风肃纪凝聚党心军心民心"。这四个"坚定不移"深刻阐释了我们党推进全面从严治党的奋斗历程,是今后要继承和发扬的宝贵经验。全省财政部门各级党组织和广大党员干部要深刻认识新时代全面从严治党取得的重大实践成果、政治成果、理论成果、制度成果,从四个"坚定不移"的实践经验中牢记使命、凝聚力量,坚定信心决心,不断增强推进财政全面从严治党和党风廉政建设的政治自觉、思想自觉和行动自觉。

三要深刻认识新时代全面从严治党部署要求,切实强化政治担当。习近平总书记就当前和今后一个时期纵深推进全面从严治党,提出了"强化政治监督、保障制度执行""坚持以人民为中心的工作导向""继续坚持'老虎''苍蝇'一起打""一体推进不敢腐、不能腐、不想腐""完善党和国家监督体系""用严明的纪律维护制度"等6项重点任务,为我们指明了前进方向。李锦斌书记明确了"五个着力"的工作任务,要求着力强化政治监督、着力保持反腐高压、着力贯彻重点方略、着力完善监督体系、着力抓好制度执行,并强调要纵深推进"三个以案"警示教育,继续以钉钉子的精神力戒形式主义、官僚主义。刘昆部长要求,全国财政系统要坚持用党的创新理论武装头脑、坚持把党的政治建设摆在首位、坚持压实管党治党责任、坚持完善制度机制、坚持落实中央八项规定精神、坚持全面加强纪律建设、坚持正确选人用人导向。对此,我们要按照党中央决策部署、省委及省纪委监委部署要求和财政部党组工作安排,紧密结合实际,强化政治担当,积极主动作为,狠抓贯彻落实。

二、2019年财政全面从严治党和党风廉政建设工作取得明显成效

一是持续加强财政党的政治建

设。坚持以习近平新时代中国特色社会主义思想为指导,把坚决做到“两个维护”放在财政党的政治建设首位,认真学习贯彻《中共中央关于加强党的政治建设的意见》和省委贯彻落实举措,制定《厅党组加强党的政治建设重点工作举措任务分工方案》,修订厅党组工作规则、财政厅工作规则,制定厅党组议事清单、《财政厅“三重一大”事项决策制度实施办法》,坚决贯彻落实党中央国务院决策部署、省委省政府部署要求和财政部工作安排。坚持把习近平总书记重要讲话指示批示精神作为党内政治要件,建立完善贯彻落实的工作机制,狠抓跟踪督办,财政厅牵头的4项重点任务全部办结,对省委、省政府和财政部部署安排的涉及财政的工作都在第一时间抓落实,并及时反馈。印发厅党组向省委请示报告事项清单,把遵守政治纪律和政治规矩情况作为厅党组书记和党支部书记抓基层党建述职评议考核,深化“三查三问”监督机制建设,持续推进财政政治生活、政治文化、政治生态建设。

二是坚持用党的创新理论武装头脑。严格执行《厅党组深入学习贯彻习近平新时代中国特色社会主义思想的实施意见》,制定《厅党组深入学习贯彻党的十九届四中全会精神的工作方案》,深化“学习强国”平台运用,落实厅党组“1+8”学习制度,建立“财政青年理论学习e家”,召开厅党组理论学习中心组学习会26次,传达式学习习近平总书记重要讲话指示批示精神和重要论述、重要文章54次,开展专题研讨20次,专家教授宣讲辅导7次,教育引导党员干部把学习贯彻习近平新时代中国特色社会主义思想作为终身必修课。精心组织开展“不忘初心、牢记使命”主题教育,组织读书班、理论知识测试、先进事迹报告会等学习教育,开展“落实更大规模减税降费政策”等6个专题调查研究,广泛征集意见建议近400条、查找检视问题96个,狠抓“8+2+1”专项整治和集中治理,省委第六巡回指导组对财政厅主题教育开展情况评估为“好”等次。研究制定厅党组贯彻落实《中国共产党宣传工作条例》任务分解,加强中国特色社会主义和中国梦的宣传教育、形势政策宣传教育和理想信念教育,夯实财政意识形态阵地建设。

三是严格落实财政管党治党责任。厅党组严格落实全面从严治党主体责任,坚持党建工作与业务工作同谋划、同部署、同推进、同考核,制定《厅党组党的建设工作责任清单分解》、厅直机关党建工作要点和“三个清单”,定期召开厅党建工作领导小组会、厅反腐倡廉建设领导小组会、机关党委委员会和机关纪委委员会,坚持厅党组书记每半年通报全厅机关党建工作情况制度,厅领导认真执行《领导干部落实主体责任全程记实暂行办法》、履行“一岗双责”职责、参加组织关系所在党支部活动62次。制定《厅直属机关新任党支部书记任职谈话实施办法》,引导新任党支部书记明责、履责、尽责。印发《省财政厅建设模范机关主要任务和责任分解》,深入开展机关党建“灯下黑”问题大排查及专项治理,研究制定《厅直机关实施基层党建工作“领航”计划工作方案》,对35个党支部书记进行评议考核,推动主体责任落实落细落地。

四是持之以恒强化财政作风建设。严格落实中央八项规定和实施细则精神、省委实施细则及厅党组实施办法,印发《厅党组关于坚持“三严三实”加强财政作风建设的通知》,开展“严规矩、强监督、转作风”集中整治形式主义官僚主义专项行动,制定减轻基层负担的具体举措和负面清单,厅规范性、议事协调机构成员类、通报类等发文同比下降44%,市县财政部门参加厅会议同比下降57%。出台《财政厅关于进一步提高财政调查研究质量的通知》,厅领导班子成员深入基层调研均超过30天。机关纪委及时通报中央纪委和省纪委公开曝光的违反中央八项规定精神问题,重要节假日检查公车使用情况,每季度组织明察暗访,及时通报发现问题,加大问责力度。修订完善省财政厅会商预算单位工作办法,认真落实定点帮扶颍东区牵头单位责任,厅领导8次赴吴寨居调研并现场解决问题,在2019年度省直单位年度定点扶贫考核中,财政厅继续获得“好”等次,厅驻村工作队获评“安徽省属单位脱贫攻坚先进集体”。

五是扎实推进财政党风廉政建设。制定《全面从严治党和党风廉政建设主要任务及责任分解》《廉政工作任务及责任分解》,厅党组、厅领导、各处室单位及党员干部职工逐级签订党风廉政建设责任书。通过组织“警示教育周”活动、举办廉政警示教育讲座、邀请省直纪检监察工委领导作专题辅导报告、开展廉政警示现场教育、观看廉政教育片等方式,扎实开展“三个以案”警示教育。对新录用人员、职位晋升干部、交流轮岗干部进行任前廉政谈话171人次,对处室单位主要负责人开展廉政和作风纪律集体谈话。加强厅“三重一大”事项、年度考核评优、高级会计师资格评审、固定资产管理、干部出国(境)审核、婚丧喜庆报备等事项的常态化监督,推进财政业务、财政政务、党员干部教育管理的监督广覆盖。修订党组巡察工作实施办法和巡察组工作规则,组织开展对3个处室单位党支部的政治巡察并督促抓好巡察整改,约谈未巡先改不及时的处室单位党支部班子成员,着力做好巡察“后半篇文章”。

六是支持纪检监察机构履行职责。建立厅党组与驻厅纪检监察组定期会商、重要情况通报、线索移送排查、联合监督执纪机制,支持举办全省财政纪检监察业务培训班,厅党组书记定期走访驻厅纪检监察组,主动征求意见建议。驻厅纪检监察组全程参加厅党组会、厅长办公会等各类重要会议,全程参与监督干部任免交流和提拔使用工作。2019 年,支持协同驻厅纪检监察组直接处置问题线索 24 件,其中谈话函询 13 件、初步核实 11 件,初核转立案审查调查 3 件,督促受到诫勉谈话的厅级退休干部在组织生活会上说明情况并作深刻检查。机关纪委核实举报线索 2 件,依规处理违纪违法党员 1 件。对 6 名个人有关事项报告存在漏报情形的干部,由分管厅领导进行谈话批评教育。严格执行《财政厅处室单位党支部运用监督执纪“四种形态”暂行办法》,综合运用监督执纪第一种形态操作指南,推动各处室单位党支部积极践行“四种形态”,处室单位党支部运用第一种形态处理措施 21 次。

一年来,财政全面从严治党和党风廉政建设取得了新的成效,但也要清醒地看到工作中还存在一些问题短板和薄弱环节,特别是省委第八轮巡视反馈意见指出的财政党的建设、意识形态工作、业务建设等方面存在的问题,有的单位落实全面从严治党要求的自觉性、主动性还不强,压力传导、责任压紧压实还不够;有的单位领导班子在落实党建和业务两手抓、两促进要求方面,办法、措施比较有限,工作效果需要进一步提升;财政系统党员干部违纪违法问题仍时有发生,形式主义官僚主义反弹回潮压力仍然存在;少数党组织党风廉政建设推进不够平衡,运用第一种形态有待进一步深化,等等。这些问题都需要在今后工作中认真加以解决。

三、始终以“严”的主基调推动财政全面从严治党和党风廉政建设向纵深发展

(一)坚持把党的政治建设摆在首位,持续推动学习贯彻习近平新时代中国特色社会主义思想走深走实。一要坚决做到“两个维护”。要始终将“两个维护”作为最高政治准则和根本政治规矩,思考问题、谋划工作、推动落实,要始终坚持以习近平新时代中国特色社会主义思想为根本遵循和行动指南,对党中央、国务院的决策部署和省委、省政府的部署要求以及财政部的工作安排,必须坚决抓好贯彻落实。要严格落实《中共中央关于加强党的政治建设的意见》,切实树牢政治机关意识,巩固和深化习近平总书记重要讲话指示批示精神贯彻落实工作成果,建立健全“回头看”工作机制,确保件件有落实。要落实省委党内政治监督谈话和向省委请示报告等制度,确保重大问题、重要事项、重要工作进展按规定及时请示报告。二要在学懂弄通做实上下功夫。要总结运用好主题教育成功经验,推动“不忘初心、牢记使命”这一永恒课题和全体党员干部的终身课题常抓不懈,坚持党的创新理论学习对标制度,深化以党组理论学习中心组为龙头、党支部为主体、党员领导干部为重点、夯实青年干部教育的理论武装基本格局,把经常性学习和集中性教育结合起来,及时跟进学习习近平总书记最新重要讲话、文章和指示批示精神,准确把握其核心要义、精神实质、丰富内涵和实践要求,努力把理论学习的成果转化为推进财政改革发展的具体行动和实际成效,不断地增强“四个意识”、坚定“四个自信”、做到“两个维护”。三要把讲政治的要求贯穿履职尽责全过程。今年,经济社会发展任务重、要求高、难度大,加上受到新冠肺炎疫情冲击,完成全年经济社会发展目标任务面临挑战,这是对全省财政系统管党治党水平、领导班子和党员干部队伍建设水平实打实的考验。突如其来的新冠肺炎疫情发生以来,我们在省委、省政府的领导下,第一时间落实财政部的各项财政政策和财政资金拨付工作,第一时间提请省政府同意动支省长预备费并下拨各地,第一时间制定社保、医保、援企稳岗、复工复产复商复市等财政政策,全省财政部门上下“一盘棋”,广大财政党员干部奋勇担当、作出了积极贡献,有力有序有效地支持应对疫情防控、服务经济社会发展。下一步,全省财政部门各级党组织要坚决落实习近平总书记重要讲话指示批示精神,按照省委、省政府部署要求和财政部工作安排,更加积极有为实施积极的财政政策,加强财政政策与金融政策、投资政策、就业政策的协同联动,优化财政支出结构,创新财政支持经济高质量发展方式,引导、撬动社会和金融资本资源聚焦关键领域、关键行业和关键环节,在常态化疫情防控中全力支持推进复工复产复商复市,全力支持做好“六稳”工作、服务落实“六保”任务,为全省实现总体目标任务半年“双过半”、全年夺胜利提供坚实的财政保障。

(二)全面落实全面从严治党责任,推动党的建设高质量发展。一要压实管党治党责任。要始终明责、履责、尽责,深入分析和准确把握党的建设规律和特点,主动适应形势变化,抓紧抓实各项党建工作。要认真贯彻党委(党组)落实全面从严治党主体责任规定,落实好省直机关党的建设重点任务清单、厅党组全面从严治党主体责任清单和财政机关党建“三个清单”,完善“一级抓一级、层层抓落实”的机关党建工作责任体系。我作为厅党组书记,将自觉扛起全面从严治党第一责任人职责,厅领导班子成员要履行好“一岗双责”,严格落实厅领导参加双重组织生活等制度。全省财政部门各级党组织都要履行好本级的党建工作主体责任,推动机关党建任务落实。二要抓好巡视整改和内部巡察。要认真抓好中央脱贫攻坚专项巡视“回头看”反馈意见和 2019 年成效考核反馈问题整改落实,各级财政部门要把脱贫攻坚当成最重要的工作抓

好,全力服务脱贫攻坚工作,决不能出现因为财政资金安排不到位而影响脱贫攻坚成效。要抓好省委第七巡视组对省财政厅党组巡视反馈意见整改,对于"三保"困难底数不清、民生工程接地气用力不够等共性问题,省及市县财政部门都要积极采取措施,切实抓好整改。要加强内部政治巡察,强化政治监督,对认真落实习近平总书记重要指示批示精神、党中央重大决策部署和相关巡视整改落实情况进行监督检查。三要筑牢建强战斗堡垒。要以提升组织力为重点,巩固深化基层党组织标准化建设和支部建设提升行动成果,深入开展模范机关创建以及"党员争当先锋、党支部争做战斗堡垒、创建模范机关"活动,广泛开展理想信念教育和社会主义核心价值观宣传教育等,落实新时代文明实践中心点联系制度,更加有力地加强财政基层党组织建设。

（三）坚持标本兼治,强化财政权力运行的监督制约。一要有效发挥财会监督作用。习近平总书记在十九届中央纪委四次全会上从全面从严治党、完善党和国家监督体系的战略高度,把财会监督纳入党和国家监督体系之中。财政部门要扎实履行财会监督责任,坚持以党内监督为主导,强化财政监督和人大监督、巡视监督、审计监督、民主监督、行政监督等有机贯通、相互协调,完善举措,强化财会监督成果利用,推动形成长效机制。二要深入推进财政制度建设。要从源头上、制度上推进反腐,以提高制度执行力为着力点,持续推进制度建设,抓好制度落实,着力以科学有效的制度机制管住、管好"钱袋子"。要完善财政厅内部控制基本制度和操作规程等,严格内控制度执行,更好发挥制度的基础保障作用。要坚持问题导向,紧盯内控短板,跟踪加强对预算编制、执行、财政政策制定、法律、岗位利益冲突等重点领域、核心业务、重点环节的风险防控。要加大廉政风险防控力度,强化对核心权力的制约和监督,加强内控审核、内控考评、内控风险提示工作,全面提升财政内控管理水平。三要始终坚持精打细算过紧日子。要坚持以收定支原则,大力提质增效,把有限的资金用在刀刃上,确保减税降费等应对疫情各项政策落实和财政预算平衡。要进一步完善县级"三保"工作机制,落实动态监控预警要求,抓紧抓实抓细"三保"相关工作;市级财政要切实履行管理责任,尽量将财力下移,加大对县级"三保"的支持力度;县(区)财政要落实主体责任,确保"三保"支出在财政支出中的优先顺序,不得擅自改变"三保"预算支出用途;要加强风险研判,强化应急处置能力,对突发情况及时上报、及时处理,牢牢兜住"三保"风险底线。要进一步完善预算管理措施,推动过紧日子要求制度化、长期化,严肃财经纪律,发扬斗争精神,敢于坚持原则,加强预算执行情况的跟踪分析和监督,加大对发现问题的查处和曝光力度,当好"铁公鸡"、打好"铁算盘"。从一季度情况来看,全省各地财政收入大幅度下降,对全年的影响很大。这就需要我们进一步完善收入预期管理工作机制,加强与税务等征管部门的沟通协同,精准分析研判财政收入形势,依法依规加强财源税源摸排,科学组织财政收入入库,努力缓解财政收入低位运行的压力。同时,在经济下行压力越大的情况下,越要在推动经济社会发展的过程中按照党委政府的要求,认真安排好资金,加快支出进度,让财政资金第一时间发挥效用。今年,我们已经争取财政部分配我省部分 2020 年政府债券额度 1100 亿元,其中新增债券 1083 亿元、再融资债券 17 亿元。截至目前,已经发行政府债券 723 亿元,总体上看实际支出进度快于往年,但仍存在少数项目尚未开工或进度不快的现象,各地一定要加快项目支出进度。下个月,还将发行 377 亿元政府债券,额度已经预通知各地,各地要加快工作节奏,会同有关部门做好项目相关工作,保证债券资金及早发挥效益。下一步,国家还将发行抗疫国债并增加政府专项债发行,各地要积极谋划储备符合条件的项目,为争取更多债券额度创造条件,在项目的选择上要依规重点向公共卫生体系和能力建设等当前经济社会发展中的短板和弱项领域倾斜,切实在坚守债务防控风险底线的基础上,最大限度地用活用足专项债券政策,为稳投资增动能提供资金保障,推动积极的财政政策更加积极有为,全力支持做好"六稳"工作、服务落实"六保"任务。四要强化财政扶贫资金监管。要在加大财政投入力度、保持各项财政扶贫政策总体稳定的同时,继续强化扶贫资金监管,完善动态监控系统应用,把扶贫资金使用管理情况作为日常监管的重点,继续紧盯财政扶贫资金使用和管理全过程中出现的贪污、侵占、虚报、冒领、截用、优亲厚友等问题,及时通报反馈,严肃执纪问责,依法依规处理。

（四）严格落实中央八项规定精神,驰而不息抓好财政作风建设。一要巩固拓展作风效能建设成果。要坚持"三严三实",深化"三查三问",健全党员干部联系基层群众制度,巩固"8+2+1"专项整治、部门会商、结对共建、定点帮扶、效能建设等成果。党员领导干部要更好地发挥示范作用,带头纠"四风"、树新风,带头执行作风建设责任清单,把贯彻落实中央八项规定及实施细则精神、省委实施细则和厅党组实施办法情况作为党组巡察的重要内容,推动中央八项规定精神化风成俗,成为广大财政党员干部的思想观念和行为习惯。二要持续纠治形式主义官僚主义。要认真贯彻落实中央办公厅关于持续解决困扰基层的形式主义问题为决胜全面建成小康社会提供坚强作风保证的通知精神,坚持从讲政治的高度整治形式主义官僚主义,深化拓展基层减负工作,坚决防止文山会海反弹回潮,进一步改进督查检查考核方式方法,让基层干部有实实在在的获得感。三要抓紧抓实抓好调查研究工作。要践行群众路线,创新调研方式,既了解成绩经验,也发现问题不足,听取意见建议,实事求是地反映情况,扎实推进“走基层、转作风、解难题”,进一步提高调研实效。

(五)全面加强财政纪律建设,深入推进反腐败斗争工作。一要持续加强教育引导。要坚持不懈开展纪律和廉政教育,经常性开展党性宗旨教育、党风党纪教育和廉洁从政教育,抓好政德教育、家风教育,尤其是要推深做实以“四联四增”为主要内容的深化“三个以案”警示教育,以省委、省纪委监委通报的典型案例和财政系统查处的姜毅等违纪违法案件、杨春等违纪案件为反面教材,在以案示警中受警醒、明法纪,在以案为戒中严对照、深检视,在以案促改中强整改、促提升。二要强化党组织内部双向的监督。一方面要推动自上而下的监督,另一方面要做好以下看上的监督。厅党组要加强对处室单位的领导干部特别是主要领导干部的监督,我作为厅党组书记,首先要勇于批评和自我批评,带头遵守民主集中制,自觉地接受大家的监督,同时将切实加强对厅领导班子成员及各处室单位一把手的监督。厅领导及处室单位班子成员之间、全省各级财政部门领导班子成员之间都要用好批评和自我批评的武器,增强自我监督和相互监督的自觉。全省各级财政部门领导班子成员都要加大对分管处(科、股)室干部的监督力度。在这里,也欢迎市县乡财政部门和财政干部对财政厅的监督。三要一体推进不敢腐、不能腐、不想腐。要严格落实厅党组与驻厅纪检监察组联系协作机制,认真执行《省财政厅2020年机关纪检工作任务分解》《厅直机关纪委加强财政业务监督工作方案》,充分发挥机关纪委委员、党支部纪检委员作用,形成监督合力。要认真落实党委(党组)运用第一种形态指导意见,修订财政厅处室单位党支部运用监督执纪“四种形态”暂行办法,推动各处室单位党支部实事求是用足用活用好第一种形态。要严格落实财政工作约谈和内部问责机制,加大执纪问责和惩戒力度,严肃查处违纪违法问题。

(六)坚持正确选人用人导向,打造忠诚干净担当的财政干部队伍。一要加强干部考察识别培养使用。要深入贯彻新时代党的组织路线,坚持“好干部”标准和党管干部原则,健全和落实科学精准的选贤任人制度、科学有效的人才制度,突出政治标准,强化政治素质考察和政治把关,注重在疫情防控、脱贫攻坚等重大任务、重大斗争、关键时刻,考察识别干部。修订完善干部调配、选拔、任用等工作办法,建设高素质、专业化的财政党务干部队伍,推动业务岗位和党务、人事岗位以及综合性岗位与支出类管理岗位的干部交流常态化。二要推进财政干部队伍建设。落实《关于加强全省财政系统人才队伍建设的实施方案》,规范干部内部挂职、交流轮岗管理,加强干部人才培养,努力让财政人才得到多领域、多层次锻炼,为财政事业改革发展提供坚强的组织保证和人才支撑。三要激励财政干部担当有为。要发挥考核“指挥棒”作用和选人用人的导向作用,坚持多渠道、多维度评价干部人才,鼓励和引导干部人才主动投身到各种斗争中去,营造鼓励担当作为的良好风气。要健全容错纠错机制,为受到不公正对待、诬告或不实举报的干部说公道话,旗帜鲜明为担当者担当,更好地调动干部干事创业的积极性。

一年来,省纪委监委驻财政厅纪检监察组、市县财政纪检监察机构和广大财政纪检监察干部在推进全面从严治党、党风廉政建设和财政改革发展中发挥了积极作用。财政厅各级党组织要始终自觉接受并旗帜鲜明支持驻厅纪检监察组监督执纪问责。市县财政部门党组要一以贯之、全力支持派驻纪检监察机构立足职能职责,发挥好监督保障执行、促进完善发展的作用,以高质量监督推动建设完善现代财政制度、更好地发挥财政职能作用。

同志们,全面从严治党永远在路上。我们要深入学习贯彻习近平新时代中国特色社会主义思想,认真落实省委、省政府部署要求和财政部党组工作安排,不忘初心、牢记使命,忠诚履职、担当作为,推动全省财政系统全面从严治党和党风廉政建设不断取得新成效,全力支持统筹疫情防控和经济社会发展、服务做好“六稳”工作和落实“六保”任务,为决战决胜脱贫攻坚、全面建成小康社会、加快建设现代化五大发展美好安徽作出新的贡献!

(办公室供稿)

在财政直达资金管理及长江禁捕资金监管工作视频培训会上的讲话

厅党组书记、厅长　罗建国

(2020 年 7 月 13 日,根据录音整理)

同志们:

为进一步加强新增直达资金管理工作,确保资金及时拨付、惠企利民、发挥效益,厅党组和驻厅纪检监察组研究决定共同召开这次视频培训会议,就新增直达资金监管工作进行布置、提出要求,确保上下一体、共同做好资金监管工作。同时,全面贯彻落实习近平总书记关于长江“十年禁渔”重要批示精神,进一步对财政政策资金落实提出要求。刚才,相关处室就新增资金拨付、使用、管理等方面作了布置,照红、召远副厅长分别就两项资金当前任务和下一步工作,以及财政支持长江禁捕和脱贫攻坚收官有关工作作出了安排,中胜组长就贯彻中央及省委、省纪委监委关于加强两项资金的跟踪监督,提出了具体明确的要求。大家要认真学习领会,抓好贯彻落实,推动特殊转移支付、抗疫特别国债以及长江禁捕财政补偿资金规范、高效使用,交出一份满意的答卷。下面,我强调几点意见:

一、要认真配合做好新增财政资金的审计监督工作

新增直达资金工作范围广、数额大、时间紧、任务重,自启动以来,全省上下齐心协力,取得了初步的成效。上周五,韩正副总理在财政部调研查看新增直达资金监控系统运行时,专门选择了安徽进行查看,这是对安徽工作的高度认可,也是我们认识到位、协同到位、工作到位的充分体现。为此,我向锦斌书记、国英省长专门进行了汇报。但是这项工作,只是刚刚起步。下一步,关键是要把新增直达资金分配好、使用好、管理好。在这个过程中,审计署、财政部驻安徽监管局和各级纪检监察部门的全方位监督,必将对新增资金的规范、有效使用发挥重要作用。因此,我们要积极接受、支持配合审计、纪检监督。一要高度重视。新增资金直达工作,是政治工作,是落实习近平总书记重要讲话指示批示精神的实际行动,是落实党中央、国务院决策部署的具体举措,是落实更加积极有为财政政策的重要内容;省纪委监委就做好禁捕资金管理和政策落实工作的监督管理也专门下发了通知,涉及财政政策、财政资金、财政管理各方面工作,是财政的主责,覆盖市、县、乡各层级和财政部门各科室股;是民生工作,涉及惠企利民,社会关注度高,群众期盼度高,我们要从增强“四个意识”、坚定“四个自信”、做到“两个维护”的政治高度,充分认识做好这项工作的极端重要性,增强做好监督配合工作的思想自觉、政治自觉和行动自觉,不折不扣地把党中央、国务院及财政部和省委、省政府决策部署落到实处。二要积极支持。审计署、财政部驻安徽监管局和纪检监察部门的监督,是为了发现问题、管好资金、提高效益,是做好新增资金直达基层惠企利民的重要保障,也是对财政干部政治表现、工作勤勉、作风守正的重要检验。要不折不扣落实审计、纪检等监督要求,全力地支持配合,自觉及时地提供数据、账目、政策、办法及使用情况,让审计署、驻安徽监管局和纪检监察部门,全面地掌握工作进展的整体情况,有数量的概念,有情况的覆盖,有结构的把握,为审计、纪检等监督工作顺利开展提供坚强保障,从而倒逼我们发现短板、找出问题,立行立改、完善举措。三要客观反映。在接受、配合监督时,要客观、真实、全面反映这项工作的政策、资金、管理、协调等情况,不能碎片化,不能断章取义。要做好宣传员、解释员,对每项政策、规定和背景,都要把情况介绍清楚,有序有力有效,全面客观地反映。同时,这项工作联系着脱贫攻坚、债务管理、生态转移支付、基本财力,联系着预算编制、预算执行、预算管理,既涉及面上统筹、也需要分类分层,我们要认真学习政策、知晓政策、打通政策,夯实客观反映相关的基础和保障。四要协调顺畅。做好监督配合工作涉及许多方面,不可能一个科、一个股包打天下,必然需要上下联动、左右协调。新增资金直达基层惠企利民工作牵头在预算处(科、股),但监督工作牵头在国库处(科、股),各个处科股要协调配合、分块把关,坚决落实“首问负责制”,做到“你中有我、我中有你”,决不能推诿扯皮,决不能“铁路警察各管一段”。五要压实责任。既要落实财政自身的责任,也要善于明晰和分解责任,压实分层分级分类的责任,以责任落实确保监督配合各项工作落到实处。在财政部门内部,局党组要落实主体责任,预算、国库、支付中心、信息中心等处科股要分工负责。当前,信息中心工作面临的挑战比较大,人员力量稍显不足,但就在这种艰难的情况下,基层同志比较平稳地承接了这项繁重的工作,非常不容

易。面对实际困难,我们就要坚定信心、保持定力,有担当,有办法,有统筹,有谋划,依规科学合理地化解矛盾、解决问题。

二、要全力支持配合抗洪抢险救灾工作

这段时间以来,雨情、水情、灾情叠加,呈现着蔓延上升的态势。习近平总书记专门对进一步做好防汛救灾工作作出重要指示。今天上午,省委常委会专门召开会议,学习贯彻习近平总书记重要指示精神。此前,财政厅已经下达了一批资金,今天又紧急下达一笔资金,市县财政部门要统筹使用好。近期,有些市县的领导向我反映,汛情、雨情、水情、灾情非常严峻,防汛救灾财政保障压力较大。越是这个时候,财政部门越要提高政治站位,强化责任担当,全力做好相关服务保障工作。今天财政厅已经下发了明传电报,对支持做好防汛救灾工作提出了具体要求。大家要深入学习贯彻习近平总书记重要指示精神,充分认识防汛救灾工作的重要性、紧迫性,将其作为当前财政保障的重点,全面落实财政相关工作。要全力做好资金保障,既要发挥上级补助资金的撬动和应急作用,也要统筹自身财力,并及时拨付,切实保障防汛救灾需要。我们争取的抗疫特别国债、特殊转移支付份额是比较多的,目前资金都下达了,各市县都有一定的获得感。但这是一次性的,市县财政局一定要把账盘好。当前,形势不断变化,汛情和疫情叠加。财政局党组要向党委、政府主要领导和分管领导汇报到位,做好统筹文章,科学合理分配使用资金,统筹支持疫情防控和防汛救灾工作。汛情不严重的市县,也要科学研判、主动作为。我们虽然是财政部门,但也有应急职能,必须要做好资金保障、分配、使用、绩效、监督等工作。

三、要扎实做好长江禁捕财政补偿工作

习近平总书记已经就长江“十年禁渔”作出了四次重要批示。从去年下半年开始,我们就已经启动了这项工作,在积极争取中央补助资金的同时,省级财政也调整结构、统筹资金加以支持推进,中央和省拿的比较多,市县拿的相对较少。但是随着工作的深入,工作力度的加大,也需要统筹加大投入。国务院明确规定抗疫特别国债、特殊转移支付都可以用于长江禁捕,以及淮河流域生态多样性保护。财政部门要深入学习贯彻习近平总书记重要指示批示精神,按照省委、省政府工作部署,把做好长江禁捕财政补偿工作作为一项政治任务来抓,各有关市、县(区)政府承担长江禁捕工作主体责任,按照中央及省奖补、市县为主的原则,在中央、省补助资金基础上,切实落实投入主体责任,加大资金投入力度,统筹兜底保障禁捕退捕资金需求。既要给钱,落实好投入保障责任,拓宽投入渠道,加大投入力度,确保财政投入与本地禁捕和退捕渔民转产安置任务相适应,也要帮助分析研判,将现有资金落实到位、政策梳理清楚,保证政策跟着资金走,资金跟政策走。各级财政部门要推动业务部门建档立卡,明晰对象、明确政策、统筹资金、兑现落实、公开公示、问效见底,加强资金使用绩效监控,切实规范资金使用,确保财政补助补偿资金足额到户、配套措施保障到人,推动如期实现政策目标。

四、要做积极好债券资金管理工作

债券使用和管理工作,刚才已经作了布置和强调。当前,全省政府债务风险由橙色变为黄色,为今年债券额度争取提供了空间。这里强调一下,近年来,由于省级不具备专项债券发行条件,省直教育、卫生等领域基础设施建设由所在市代为举债支持,主要是合肥、芜湖、蚌埠和阜阳等,对此要给予表扬。今年,为保证省级达到发债条件,我们按2%集中市县土地出让价款收入,做大省级政府性基金规模。集中的市县收入,将会以结算方式予以返还。通过这种做法,我们把债券的盘子做大、机制做活、效益放大,目的是为了补短板、强弱项、惠民生。这里需要明确的是,省级举债主要是对跨区域的公共基础设施,比如引江济淮、铁路建设等,由省级统一发行债务;对教育、卫生等领域仍按原有办法,由所在市代为举债,这也体现了全省财政系统上下一体、协同一致的优良传统。同时,大家要加快专项债券发行和资金使用,优化债券资金投向,切实管好用好债券资金,发挥好引导作用,带动社会资本加大投入,积极形成有效资产,决不允许搞形象工程,切实提高债券资金使用效益,更好发挥专项债券应对疫情影响、扩大有效投资、稳住经济基本盘的积极作用。

当前,脱贫攻坚处于收官阶段,工作一刻都不能放松,我们的资金供给、运用、绩效都不能放松,涉及财政的扶贫点也不要出问题,财政绝对不能在脱贫攻坚战上形成短板、弱项和舆情。我们要把握好舆情,做好财政的宣传、舆论的引导。这段时间大家辛苦了,我代表厅党组对受灾的市县和财政干部表示亲切的问候,并对在座的各级财政干部表示问候。下一步,我们要深入学习贯彻习近平总书记重要讲话指示批示精神,按照省委、省政府和财政部部署要求,以更加强烈的责任担当和更加扎实的工作作风,抓紧抓细抓实各项工作,确保高质量完成各项任务。

(办公室供稿)

在进一步做好直达资金监管工作推进视频会上的讲话

省财政厅党组书记、厅长 罗建国

(2020年9月10日,根据录音整理)

这次会议的主要任务是,深入学习贯彻习近平总书记考察安徽和在合肥主持召开扎实推进长三角一体化发展座谈会重要讲话精神,进一步部署加强直达资金管理、财政专户管理、地方政府债务风险防范等工作。8月18—21日,习近平总书记时隔4年再次亲临安徽考察,作出重要指示、发表重要讲话,为安徽发展指明了前进方向、提供了根本遵循。当前,全省上下掀起学习宣传贯彻习近平总书记重要讲话指示精神的热潮,省财政厅9月7—8日举办了专题培训班,系统推进学习贯彻工作。各级财政部门要把学习宣传贯彻习近平总书记考察安徽重要讲话指示精神作为当前和今后的重大政治任务,聚焦强化"两个坚持"、实现"两个更大"的目标要求,结合贯彻落实预算法实施条例,切实统一思想、深化认识,传递压力、压实责任,凝聚合力、步调一致,全力做好财政各项工作,推动财政事业高质量发展。

今年以来,突如其来的新冠肺炎疫情、百年一遇的罕见洪涝灾害,对我省经济社会发展带来前所未有的冲击。在疫情、汛情如此困难的情况下,全省财政系统齐心协力、上下同欲,辛劳辛苦、担当作为,迎难而上、攻坚克难,在服务保障疫情防控、经济社会恢复发展、防汛救灾等方面作出了积极的贡献,取得了较好的成绩。预算管理上下一体推进,基本做到了"一年预算、预算一年",改变了过去"预算一年、一年追加"的状况。我省在全国地方财政管理工作考核中再次获评"优秀"等次,连续4年被国务院通报表扬激励,在县级财政管理绩效综合评价中连续3年居全国第1,在国家财政专项扶贫资金绩效考核中连续4年获"优秀"等次。直达资金管理工作得到了财政部的充分肯定,新华社、中国财经报等主流媒体分别做了专题报道,国务院分管负责同志在财政部调研时,通过直达资金监控系统专门查看了我省直达资金运行管理情况。政府债务管理工作,完善了债务项目的评审机制、联合申报机制,建立了与人大的联动审核机制,积极运用债务资金推动公共卫生服务体系建设,风险防控措施有力,全省风险等级从橙色下调到黄色。国库管理做到科学有序调度库款,规范处置历史遗留账务,依规化解民营企业暂付款,切实保障国库运行平稳有序。此外,在落实积极的财政政策、打好三大攻坚战、基本民生保障、常态化疫情防控、防汛救灾和灾后恢复重建、支持长江禁捕等方面,全省财政系统也都较好地完成了工作任务,交出了合格答卷。取得这样的成绩,是习近平新时代中国特色社会主义思想科学指引的结果,是省委、省政府坚强领导的结果,也是全省财政系统共同努力的结果。

成绩只代表过去,我们要始终坚持问题导向,正视工作中存在的不平衡、不规范等矛盾和问题。刚才,锡萍副厅长、照红副厅长、召远副厅长分别从各自分管工作角度,通报了财政部安徽监管局指出的财政专户、政府债务、直达资金等监管方面,存在有所抬头、有所反复、有所反弹的一些初步问题,并就抓好整改工作提出了要求。同时,中胜组长就各级派驻纪检监察组做好监督执纪工作作出了部署安排。各级财政部门必须从增强"四个意识"、坚定"四个自信"、做到"两个维护"的政治高度想问题、作决策、办事情,把问题整改落实工作,与深入学习贯彻习近平总书记考察安徽重要讲话指示精神、学习《习近平谈治国理政》第三卷紧密结合起来,与贯彻落实党中央、国务院及省委、省政府决策部署联系贯通起来,与认真落实审计监督、财政监管等监督要求协同对接起来,对已经发现的问题立即整改、全面整改,确保见底清零、整改到位。下面,根据会议安排,就进一步强化直达资金、政府债务、财政专户等管理工作,再强调几点意见。

一、统一思想认识提高政治站位

全省各级财政部门必须高度重视财政管理工作,始终居安思危,坚持问题导向,不断完善举措,强化资金监管,把有限的财政资金管好用好、发挥更大效益。一要深入学习贯彻总书记对审计工作的重要指示精神。习近平总书记指出,审计是党和国家监督体系的重要组成部分,在推进国家治理体系现代化进程中具有十分重要的作用。财政是审计监督的重要对象和内容。深入推进审计监督全覆盖是对财政工作的促进、支持和保护,审计工作做"一寸",相当于财政工作做"一尺"。各级财政部门要积极主动接受审计,建立健全工作协调机制,充分运用好审计监督成果,全力支持审计部门开展工作,形成"1+1>2"的工作合力。要认真学习贯彻习近平总书记关于审计工作重要指示,对审计监督工作做到积极支持、客观反映、顺畅协调、及时整改,全力支持审计机关依法行使审计监督职能。二要认真贯彻国务院及省政府廉政工作会议精神。近期,国务院、省政府分别召开了廉政工作会议,克强总理就财政工作作出了重要指示,国英省长专门就直达资金、减税降费、就业民生、节用裕民等提出了明确要求,财政部及我厅就直达资金管理分别作了专题发言,各地一定要认真学习贯彻,将会议精神和要求落实到具体工作中。三要全面落实好预算法实施条例要求。8月份,国务院颁布的新修订的预算法实施条例,对财政收支、部门预算、债务管理、转移支付、预算绩效和信息公开等作出细化规定。当前财政收支形势非常严峻,矛盾十分突出,越是这个时候,越不能在管理上出问题。各地要以此为契机,将条例规定细化为具体举措,融入财政工作的各领域各方面各环节,以高度的责任感抓好贯彻落实,不断提高财政预算管理水平,推进财政改革向纵深发展,确保财政运行有质量、可持续。

二、坚持精打细算落实好"过紧日子"要求

习近平总书记反复强调,要坚持艰苦奋斗、勤俭节约思想,对党和政府过紧日子提出了明确要求,近期,对坚决制止餐饮浪费行为又作出了重要指示。锦斌书记、国英省长和向阳常务副省长也分别就过紧日子作出批示。各级财政部门要始终绷紧过紧日子这根弦,从讲政治、讲大局的高度出发,以更强的定力、毅力和能力,切实做好压减一般性支出和"三公经费"管理等工作。要强化过紧日子的情怀和意识,始终将勤俭节约作为一种美德、一种修养、一种境界,绝不能因为直达资金弥补了财力、缓解了收支矛盾就大手大脚花钱,切实把宝贵的财政资金用在刀刃上、紧要处。一要在预算安排上坚持精打细算。各级财政部门要结合实际,进一步谋划推进工作举措,压紧压实预算部门的主体责任,科学统筹新增财政资金和项目安排,对一般性支出要可压尽压,对非刚性、非重点支出要应压尽压,进一步精简公务活动,坚决制止年底突击花钱、培训办会等现象,既避免财政资金闲置、也防止敞开口子花钱,真正做到厉行节约。二要在预算执行上坚持硬化约束。今年以来,省级除疫情防控、自然灾害等应急支出外,原则上一律不办理预算追加。市县也要进一步坚持先有预算后有支出,硬化部门预算执行,从严控制各类支出,不断强化预算约束。三要在支出保障上坚持突出重点。各级财政部门要切实扛起资金保障的主体责任,聚焦省委、省政府及地方党委、政府决策部署,围绕重大改革、重点民生、重要项目,统筹财力做好服务保障工作。要扎实推进33项民生工程,切实保障好基本民生项目。对财政涉企资金,要尝试更多运用贴息、担保、基金等手段,更好发挥放大和撬动作用,并更加注重强化财政政策与金融、就业、产业及区域发展等政策的协同叠加,做大财政扶持市场主体的"蛋糕",支持实体经济高质量发展。要多措并举,推动提升开发园区的发展质量和效益,努力将各级各类开发园区打造成财源建设的高地。四要在资金管理上坚持突出绩效。今年,省政府将预算绩效管理纳入目标管理绩效考核内容,成立了由邓向阳常务副省长担任组长的省预算绩效管理工作领导小组,并于近日召开了第一次领导小组会议,对抓好预算绩效管理工作进行布置。各地要加快推进全面实施预算绩效管理,扎实开展重点绩效评价工作,推动绩效评价提质扩围;要强化评价结果应用,压实主管部门责任,建立完善评价结果与预算安排、改进管理、政策调整的挂钩机制,做到花钱必问效、无效要问责。

三、不断强化政府性债务管理和风险防范

刚才,我们通报了部分地区债务管理有关问题。结合监管局反馈的初步问题,要从以下几个方面进一步严紧硬。一要管好用好地方政府债券资金。截至9月10日,我省今年新增地方政府债券1701亿元已全部提前发行完毕,比财政部要求早了50天,为各地加快支出进度创造了有利条件。从统计看,截至8月底,今年已发行的新增专项债券资金财政拨付进度达99%,但项目单位实际支出进度仅为53%。其中,亳州、六安、宣城、池州、安庆、芜湖6市支出进度低于全省平均水平,安庆、阜阳、宿州、淮北、芜湖、淮南、滁州等市10个亿元以上的大项目至今仍未开工,不仅造成资金的浪费,也未能发挥投资的拉动作用。各地务必在债券资金使用上下更大功夫,力争早日形成实物工作量。二要切实防范化解隐性债务风险。省里将持续加强风险预警提示,定期评估市本级和各县(区)隐性债务风险状况,对各县(区)和相关单位的债务风险进行动态监控。各地要严格执行隐性债务化解实施方案,努力按时完成隐性债务化解任务;要结合省里组织开展的2020年上半年隐性债务变动统计数据自查自纠工作,重点在核实隐性债务化解情况的真实性、隐性债务化解与变动统计工作流程的合规性、相关隐性债务化解情况债权人是否同意和认可等方面开展自查自纠,坚决纠正虚假化债、随意化债、折扣化债、数字化债、变通化债等违规行为。省财政厅将定期对各地隐性债务化解进展情况进行通报。三要加大违法违规举借隐性债务的查处力度。各地要认真落实党中央、国务院及省委、省政府关于隐性债务风险防控的要求,坚决遏制隐性债务增量,稳妥化解隐性债务存量,对继续违法违规举借产生新的隐性债务，一经发现查实，将依法依规坚决予以查处。各级财政部门要严格落实地方政府举债终身问责和债务问题倒查机制，牢牢守住不发生系统性风险的底线。

四、切实做好直达资金监管更好惠企利民

新增财政资金直达市县基层直接惠企利民，是党中央、国务院作出的重大决策部署。自直达机制建立以来，各级财政部门按照财政部统一部署要求，加班加点、任劳任怨、履职尽责，做了大量细致的工作，取得较好的阶段性成效。但在肯定成绩的同时，从监管局反映情况看，少数市县还存在一些问题，特别是个别地区将抗疫特别国债资金拨付给明令禁止的政府平台公司，究其原因还是思想上、主观上认识不到位所造成的，厅里将依规予以约谈督促整改，各地务必高度重视、引以为戒。一要全面梳理现有项目。各级财政要按照“分级负责”的原则，切实承担起直达资金管理主体责任，对抗疫特别国债等直达资金项目开展全面梳理排查，不符合办法要求的要立即进行整改，并将调整后的项目及时上报财政厅备案。二要强化日常监控管理。市级财政要进一步承担起对全市的监督管理责任，督促所辖县(市、区)按要求建好资金使用的实名制台账，及时将直达资金数据导入监控系统，常态化开展资金使用全流程监控，建立健全预警核查机制，做到账目清晰、流向明确、账实相符。三要持续加快支出进度。各级财政要发扬斗争精神，迎难而上、攻坚克难，在合规使用的基础上，督促相关资金使用单位加快项目支出进度，推动直达资金又好又快使用，形成更多实物工作量，力争9月底支出进度高于全国平均水平。四要认真落实上级政策。近期，财政部办公厅印发了关于直达资金管理有关问题的答复意见，进一步明确了直达资金的分配使用范围，各级财政部门要加强相关政策学习，对标对表抓好落实工作，确保合规安排使用直达资金。同时，各地要与财政厅相关处室单位加强对接衔接，聚焦重点、打通堵点、突破难点，形成上下一体、齐抓共管的良好工作机制。

五、扎实做好财政专户管理规范财政资金运行

2012年以来，各地认真落实财政部及省财政厅有关政策要求，不打折扣、不搞变通，持续加强财政专户管理，及时清理撤并存量财政专户、严格控制新增财政专户、认真履行财政专户备案程序、全面规范财政专户资金管理、不断完善财政专户管理机制，取得了一些成绩。但由于个别地区重视程度不够，在专户管理中依然还存在着一些问题。接下来，要切实抓好以下几个方面工作。一要严格财政专户开立管理。对存量财政专户，凡未经财政部核准的，要依规一律予以撤销；对申请新设财政专户的，要从严把关、严格控制，按规定程序报财政部核准。二要加强财政专户收支管理。除依照法律法规和国务院、财政部规定纳入财政专户管理的资金外，预算安排的资金必须全部实行国库集中支付制度，严禁违规将财政资金从国库转入财政专户并虚列支出，严禁将财政专户资金借出周转使用。三要规范财政专户资金核算。各地在工作中，不得改变财政专户用途，扩大核算范围。四要及时将专户资金划缴国库。非税收入财政专户资金，要按规定时限及时划缴国库。

六、做好新增财力跨年统筹科学编制明年预算

今年，在中央直达资金的大力支持下，市县财政收支矛盾得到了有效缓解，疫情防控、防汛救灾等工作得到了有力的保障。但各地也要清醒地认识到，直达资金来源于中央新增财政赤字和抗疫特别国债，有严格的规定用途和分配范围，是一次性的补助资金。为此，市县在安排项目时，必须正确处理好今明两年的预算衔接问题，科学谋划好明年的预算编制工作，确保明年预算收支实现总体平衡。一要科学做好年度间财力统筹。对今年通过直达资金安排项目置换出的财力，各地要结合今明两年财政形势，科学安排，合理使用，坚决防止“吃干花净”和“过度支出”，为明年预算留有余地。要坚持精打细算、严把关口、压缩空间，对新增支出需求，原则上全部通过优化调整支出结构的方式解决。二要防止财政支出项目固化。在直达资金使用过程中，市县财政部门要结合当前财政收支所面临的严峻形势，向当地党委、政府及主管部门持续加强政策宣传和解释工作，进一步强化零基预算理念，从严控制新增支出，推动打破支出结构僵化格局，防止因部门利益固化影响明年预算安排，做到活存量、优增量、保重点。三要强化预算安排挂钩机制。要持续推进预算执行考核、预算动态监控、预算项目储备，以及绩效评价结果和人大审查、审计监督等情况与预算安排挂钩机制，建立健全预算激励约束机制，不断提高财政资金配置使用效益。

这里，需要强调的是，要抓好工作责任压实，各市财政局既要落实好市本级的主体责任，也要肩负起对所辖县区的管理责任，并针对此次发现的初步问题，坚持举一反三，以市为单位开展自查自纠，全面排查。要抓好协同机制建设，各地要认真落实中胜组长的讲话要求，比照省厅的做法，尽快建立财政局党组与派驻纪检监察机构的联系协作机制，主动接受派驻监督，并从思想政治、党建业务、作风纪律、干部管理等多个层面，全方位支持派驻纪检监察机构开展执纪监督工作，以高质量监督推动财政工作取得更大的成效。要抓好会议精神贯彻,各市财政局要及时将此次会议精神,向分管市领导进行专题汇报,于9月20日前把有关贯彻落实情况书面报告财政厅。

下一步,全省财政系统要深入学习贯彻习近平总书记考察安徽重要讲话指示精神,弘扬伟大抗疫精神,在省委、省政府的坚强领导下,在财政部安徽监管局和各级派驻纪检监察机构的监督指导下,坚守财政初心使命,持续强化财政党建引领和作风保障,以优良的财政作风和严格的责任落实,不断提升财政治理和服务效能,充分发挥财政职能作用,进一步抓紧抓实抓细财政支持常态化疫情防控、“六保”“六稳”、直达资金惠企利民、决战决胜脱贫攻坚、“四启动一建设”、科技创新、生态环保、长江禁捕退捕等重点工作,为推动全省经济社会实现更高质量、更有效率、更加公平、更可持续、更为安全的发展提供坚强财政支撑。

(办公室供稿)

全省财政工作

全省财政工作综述

全省财政工作综述

【概况】2020年,全省各级财政部门坚持以习近平新时代中国特色社会主义思想为指导,深入学习贯彻党的十九大和十九届二中、三中、四中、五中全会精神,认真学习贯彻习近平总书记考察安徽重要讲话指示精神,坚决贯彻落实省委、省政府的决策部署和财政部的工作安排,坚持积极的财政政策更加积极有为,统筹支持疫情防控和经济社会发展,全力支持做好“六稳”“六保”工作,财政运行总体平稳,好于预期。全省一般公共预算收入完成3216亿元、增长1%;财政支出完成7474亿元、增长1.1%。全省财政综合管理工作连续5年被财政部评为优秀等次,获国务院通报表彰激励;在县级财政管理绩效综合评价中连续3年为全国第1;党的十八大以来连续3届获评“全国文明单位”;获省部级以上表彰27项,获省政府目标管理绩效考核通报表扬并位居前列,厅班子连续5年获评省委综合考核“好”等次。

【全力支持疫情防控】加强疫情防控组织领导。1月23日省财政厅建立疫情防控协调和应急保障机制,1月25日成立省财政厅应对疫情工作领导小组、召开32次会议,部署推进疫情防控工作。加强与省直相关部门、市县财政部门的会商和指导,掌握并推动政策落实和资金保障等工作,抽调干部参加省疫情防控指挥部医疗救助、物资保障、后勤保障、复工复产4个组工作。做好包保督导工作,推动统筹做好疫情防控和复工复产。完善疫情防控政策供给。研究出台疫情防控经费保障政策,健全确诊患者医疗救治政策,确保确诊患者和符合条件的疑似患者不因费用问题影响就医、确保收治医院不因医保支付政策影响救治。提请出台医疗卫生人员保障和激励若干措施,建立保障应急物资采购政策,对市县急救车辆购置给予专项补助,支持完善疫防期间重要医疗物资兜底采购收储体系,跟进出台并推动落实涉及医疗救治、应急物资保供、援企稳岗、金融贴息、困难救助等疫情防控财政政策性文件26个。强化疫情防控资金保障。第一时间依规提请动支省长预备费1亿元专项用于疫情防控,紧急安排省疫情防控物资采购铺底资金4500万元,全省累计投入疫情防控经费107.8亿元。开通政府采购和国库集中支付绿色通道,对中央阶段性提高留用比例增加的库款,省级全部调度给县级使用,确保各地医疗救治和疫情防控资金充足。推动市县积极谋划项目,195个公共卫生项目发行使用政府债券198.7亿元,有力提高公共卫生能力建设。用好中央财政补助资金13.2亿元,支持应急物资体系建设。加强防疫资金监管,制定应急物资采购资金保障管理办法等。

【支持打好三大攻坚战】支持打赢精准脱贫收官战。投入财政专项扶贫资金162.1亿元、增长14.2%,省级增量资金全部用于贫困革命老区县和深度贫困县,推进全省20个国家级贫困县整合资金99.6亿元,继续安排地方债券资金31亿元、市县盘活存量资金5.2亿元用于脱贫攻坚。着力解决“两不愁三保障”及饮水安全突出问题,支持实现贫困地区义务教育小规模学校(教学点)智慧学校建设全覆盖,推进实施健康脱贫政策,推动完成建档立卡贫困户危房改造年度任务,促进完成农村饮水安全巩固提升工程。加强财政扶贫资金监管,实施扶贫项目资金全过程绩效管理,推进扶贫资金项目公开公示,在国家财政专项扶贫资金绩效考核中连续第5年获优秀等次。支持打好污染防治攻坚战。省级统筹安排污染防治资金49亿元、增长15.2%,支持打好蓝天、碧水、净土保卫战。加强长江经济带生态保护修复,下达水清岸绿产业优美丽长江(安徽)经济带专项引导资金9亿元,省级统筹20.4亿元推进长江流域重点水域退捕禁捕工作。继续实施新安江流域、滁河流域和大别山区水环境生态补偿,启动实施沱湖流域生态补偿,推进实施地表水断面、空气质量生态补偿等政策。健全多元化生态环境保护投入渠道,参与国家绿色发展基金组建,利用市场机制支持生态文明和绿色发展。设立综合奖补资金,推动建设全国首个林长制改革示范区。切实防范化解政府债务风险。严格执行地方政府债务限额管理和预算管理要求,首次将债券支出进度引入分配因素,建立正向激励机制。统筹做好地方政府债券发行使用和风险防控工作,在全国率先建立专项债券项目库,定期组织开展专项债券项目评审论证工作,确保专项债券用于有一定收益的重大项目。加强隐性债务常态化监测,定期开展政府债务风险评估,积极推动高风险地区化解债务,及时发现和处置潜在风险,妥善化解存量,坚决遏制增量,全省全口径债务风险等级由橙色降为黄色。

【推动经济高质量发展】积极扩大财政有效投入。有效发挥地方政府债券融资功能,全年发行政府债券2329亿元,再创发行规模历史新高,创新债券发行方式,全年全省发行的债券一年可节约地方政府融资成本150亿元。积极发挥政府投资撬动作用,统筹基建资金243亿元,重点支持保障性安居工程、卫生领域等。加大资金统筹整合力度,统筹拨付153.2亿元,推进铁路、公路、航运、水利等重大工程建设。按照"资金改基金、拨款改股权、无偿改有偿"要求,统筹拨付37.1亿元支持省级政府性股权投资基金体系建设。积极推广运用PPP模式,累计纳入财政部项目库项目479个、总投资5225亿元,项目落地率、开工率均居全国前列。支持深化供给侧结构性改革。切实巩固和拓展减税降费成效,强化阶段性政策与制度性安排相结合,年中依规将部分阶段性减税降费政策执行期限延长到年底,并将小微企业、个体工商户所得税延缓到次年缴纳,全年新增减税降费681亿元,帮助企业渡过难关,激发市场活力。巩固"三去一降一补"成果,及时下达补助资金,支持提前完成钢铁、煤炭行业去产能目标。省级统筹拨款28.8亿元支持棚户区、老旧小区改造。统筹安排资金11.6亿元,支持原中央下放企业、省属企业"三供一业"分离移交。支持创新驱动发展战略。统筹投入55亿元支持合肥综合性国家科学中心建设,安排专项资金用于创新型省份建设,推动建设"四个一"创新主平台,持续建设"一室一中心"创新分平台,支持打造科技创新策源地。统筹拨付"三重一创"引导资金,支持实施重大新兴产业基地新三年建设规划,推进重大新兴产业工程和重大新兴产业专项建设。推进科技融资担保风险分担机制建设,实现省市县科技融资担保机构"全覆盖",为科技型中小微企业融资增信。支持5G发展、"数字江淮"等建设,推动加快数字化发展。支持实体经济和民营经济发展。继续安排专项资金,重点培育"专精特新"中小企业,促进民营经济发展。大力推动制造强省建设,统筹拨付30.5亿元支持高端制造、智能制造、绿色制造、精品制造等,提升企业技术创新能力。设立1000亿元规模的制造业融资贷款财政贴息专项,助力打造战略性新兴产业新引擎。支持设立续贷过桥资金池,累计周转681亿元,帮助中小微企业缓解临时性资金周转困难。用好专项再贷款政策,加大财政贴息支持力度,推动银行业金融机构为重点保障企业发放优惠利率贷款116.5亿元。推动全省政策性融资担保体系成员的平均担保费率降至0.9%,促进"4321"新型政银担业务新增860.7亿元,降低小微企业融资成本。

【推进城乡区域协调发展】落实财政区域支持政策。认真落实长三角一体化发展国家战略,积极争取财税政策支持,促进中国(安徽)自由贸易试验区建设开局。省级下达专项资金19.3亿元,加快建设皖北承接产业转移集聚区,推动江南、江北新兴产业集中区高质量发展,引导激励全省开发区改革和创新发展,支持南北合作共建园区发展。综合运用财政政策,推进美丽长江(安徽)经济带和淮河生态经济带建设,支持"一圈五区"协同互动发展。支持48个县域特色产业集群(基地)建设,推动县域产业链和创新体系建设。完善外经贸促进政策,省级下达6亿元支持稳外贸、稳外资,推动打造内陆开放新高地。支持实施乡村振兴战略。省级统筹拨付农业生产和产业发展资金34.9亿元,紧急拨付资金2亿元支持小麦赤霉病防控,拨付资金53.3亿元统筹实施高标准农田与农田水利"最后一公里"建设,拨付补贴资金推动农业保险高质量发展。统筹美丽乡村建设资金13.2亿元支持完成"十三五"美丽乡村规划建设任务,推动"四好农村路"建设,支持推进农村厕所革命,持续改善农村人居环境。继续实施耕地地力保护补贴政策,调整完善稻谷补贴政策。支持农村公益事业建设、村级集体经济发展和村级组织运转。加强惠民惠农财政补贴资金"一卡通"管理,发放补贴资金386.4亿元。推动新型城镇化建设。统筹拨付138.5亿元,支持重点生态功能区、资源枯竭地区发展,推进基层基本公共服务功能建设,落实支持农业转移人口市民化财政政策。统筹拨付43.6亿元,支持公租房建设、棚户区改造和老旧小区改造,推动黑臭水体治理和污水处理提质增效,支持开展住房租赁市场发展试点工作。安排省级特色小镇建设资金5亿元,继续支持培育25个省级特色小镇。推选黄山市成功入选国家传统村落保护示范市名单。

【着力保障改善民生】支持防汛救灾及灾后恢复重建。省财政及时制定财政支持蓄滞洪区新型农业经营主体及带贫脱贫若干政策、蓄滞洪区运用补偿工作方案,完善蓄滞洪区农业保险政策措施,建立重大自然灾害救灾资金快速核拨机制，统筹下达省以上资金 81.7 亿元，有力支持全省没有发生重大人员伤亡事件、重要堤防没有出现损毁、国家重要基础设施没有受到冲击、经济社会发展重点工作没有受到影响。持续加大重点民生保障。用好直达资金惠企利民政策，把中央下达特殊转移支付、抗疫特别国债，全部下拨市县，省级一分不留，增强市县财力水平，支持做好“六稳”工作、落实“六保”任务。坚持精打细算过紧日子，严格压减一般性和非刚性支出，全省“三公”经费支出下降 9.7%，将更多财力向疫情严重地区、受灾群众、基层一线倾斜。制定保基本民生、保基层运转工作方案，省以上对市县转移支付达到 3101.5 亿元、增长 15.1%，继续体现省对下倾斜，基本对冲减税降费和疫情汛情影响，保障市县“三保”支出。投入资金 1213.6 亿元，推动圆满完成 33 项民生工程任务。促进基层基本公共服务提升。省级下达 84.8 亿元支持贫困县区“双基”补短板。统筹拨付 249.5 亿元，支持基础教育普及发展，推动职业教育高质量发展，支持高校高峰学科建设，推进教师队伍建设改革，落实学生资助政策。统筹 26.5 亿元，支持文化强省、体育强省建设。统筹各类稳就业资金 39.2 亿元，推动落实就业优先政策。支持构建多层次养老服务体系，改善企业和机关事业单位职工养老待遇，扎实推进智慧养老试点建设。全省支持公共卫生事业发展投入 130.6 亿元、增长 52.9%，推动基本公共卫生服务财政补助标准进一步提高，国家儿童区域医疗中心启动建设，“安康码”综合服务平台建设有序推进，智医助理覆盖所有基层医疗机构。支持深入开展“铸安”行动，强化食品药品安全监管，开展扫黑除恶专项斗争，推动打造共建共治共享的社会治理格局。

【深化财政重点改革】深化预算管理制度改革。坚持把预算法及其实施条例全面贯彻落实到预算编制、执行、决算和监督全过程。连续五年省市县乡四级财政一体布置预算编制，继续实行“大专项（大类别）+任务清单”预算编制方式。加强中期财政规划管理，科学编制全省 2021—2023 年中期财政规划。加大预算统筹力度，省级国有资本经营预算调入一般公共预算的比例提高到 30%。加快推进预算管理一体化建设，加强省级政务信息化系统建设及运维预算管理。开展省级专用存款账户资金专项治理，以前年度预算结转依规清理收回。积极配合人大推进预算联网监督系统建设。推进省以下财政体制改革。稳步推进财政事权和支出责任划分改革，出台交通运输、应急救援、生态环境、自然资源、公共文化等领域改革实施方案。调整土地出让收入政策，省市县按比例分享，提高省级宏观调控能力。完善增值税留抵退税分担机制，省级垫付 65 亿元，缓解市县财政资金压力。加大对市县转移支付力度，支持提升市县财力水平和基本公共服务保障能力。推进税收制度改革。牵头会同有关部门研究提出安徽省《资源税法》授权事项拟定建议，经省人大常委会通过《关于安徽省资源税具体适用税率等事项的决定》，会同有关部门制定《安徽省资源税实施细则》。有序推进《契税法》《城市维护建设税法》实施准备工作，制定工作实施方案。全面实施预算绩效管理。省政府成立省预算绩效管理工作领导小组，建立财政与审计部门协同推进绩效管理的联动机制。省级建立分行业分领域分层次的预算绩效指标库，遴选 21 个项目 230 亿元开展财政重点绩效评价，公开 180 个重点项目绩效目标和 48 个重点项目绩效自评结果。规范省级政策和项目事前绩效评估管理，强化预算绩效管理工作考核，完善涉企项目资金管理工作机制，注重预算绩效管理结果应用，省级基本建成全方位、全过程、全覆盖的预算绩效管理体系。统筹推进其他重大改革。扎实推进全省财政“十四五”规划编制工作。省政府成立省国有金融资本管理改革工作领导小组，出台国有金融资本出资人职责暂行规定。持续推进司法体制改革，新增 15 家市县检察院财物纳入省级统一管理。省直党政机关和事业单位经营性国有资产集中统一监管改革全面推进，省级国有资产管理“放管服”改革持续深化。深化采购制度改革，将单位自行开展的分散采购纳入政府采购平台监管，统一全省集采目录和限额标准，全面推行政府采购意向公开。全面实施省级财政电子票据管理改革，基本实现财政票据全流程无纸化管理。

【纵深推进财政全面从严治党】深入学习贯彻习近平新时代中国特色社会主义思想。深化“不忘初心、牢记使命”主题教育，召开全省财政系统党的十九届五中全会精神宣讲视频会，开展厅党组理论学习中心组学习 19 次，围绕“学习习近平总书记奋斗历程担当作为财政事业”等主题开展研讨 13 次，厅党组推荐阅读《心无旁骛抓落实》等文章，落实政策业务学习制度，学习上级重大政策文件，引导财政党员干部增强“四个意识”、坚定“四个自信”、做到“两个维护”。加强财政政治建设。健全贯彻落实习近平总书记关于财政工作重要指示批示精神的工作机制，加强财政政治生活、政治文化、政治生态建设，深化“三查三问”，修订厅党组工作规则、制定厅党组会议事清单，完善向省委请示报告事项清单，扎实做好省委巡视整改工作，坚决执行民主集中制，严格执行民主生活会、领导干部双重组织生活等制度，厅领导参加支部活动 70 次。夯实财政基层党组织基础。修订厅党组进一步加强和改进机关党支部建设工作意见，建立厅党组书记和班子成员党支部工作联系点，建立机关党委委员、纪委委员对口帮促机制。巩固深化基层党组织标准化建设成果,实施基层党建工作“领航”计划,开展“双争一创”行动,模范机关创建工作作为省直部门代表作经验交流。加强财政干部队伍建设。制定未来五年厅年轻干部队伍建设计划,注重在疫情防控、防汛救灾等重大考验中考察识别干部,创新开展晋升处级领导干部试用期阶段性检视,举办市县政府领导干部财政改革、财政政策和政府债务风险防控专题培训班,在全国财政工作会议上就“努力打造高素质专业化财政干部队伍”作交流发言。持续优化财政作风。严格落实中央八项规定精神、省委实施细则和厅党组实施办法,深化“三个以案”警示教育,开展财政作风建设专项教育整顿工作,制定力戒形式主义官僚主义32项具体举措和正负面清单,落实为基层减负要求,严格实行文件会议总量控制,提高调查研究实效,巩固拓展部门会商、结对共建、定点帮扶、党员进社区成果。推进服务型机关建设,加强机关效能建设,财政窗口开展7×24小时不打烊“随时办”服务、获国务院办公厅《政务情况交流》通报肯定。坚守廉洁理财本色。召开全省财政全面从严治党和党风廉政建设视频会,制定主要任务及责任分解,逐级签订责任书。出台省财政厅领导干部插手干预重大事项记录报告制度。实施厅属单位财务集中统一核算管理,组织开展“三重一大”事项专项治理。修订厅党组巡察工作实施办法和巡察组工作规则,对4个处室单位开展政治巡察,实现厅属单位政治巡察全覆盖。开展“警示教育周”活动,完善厅党组与驻厅纪检监察组联系协作机制,主动接受监督,用好监督执纪“四种形态”特别是第一种形态,推动依法廉洁理财。

(办公室供稿)

派驻财政纪检监察工作综述

派驻财政纪检监察工作综述

【概况】2020 年,省纪委监委驻省财政厅纪检监察组在省纪委监委坚强领导和省财政厅党组支持配合下,深入学习习近平新时代中国特色社会主义思想和习近平总书记考察安徽重要讲话指示精神,认真贯彻落实党的十九届四中、五中全会以及十九届中央纪委四次全会、省纪委十届五次全会精神,忠诚履职尽责,切实擦亮"探头",一刻不停推进财政全面从严治党和党风廉政建设,保障财政事业健康稳定发展。

【强化政治监督】落实《安徽省纪委监委关于具体化常态化开展政治监督的指导意见》,常态运用"三查三问"机制,督促省财政厅党组、省农担公司党委学懂弄通做实习近平新时代中国特色社会主义思想,学习研讨党的十九届四中、五中全会和习近平总书记考察安徽重要讲话指示精神,增强"四个意识"、坚定"四个自信"、做到"两个维护"。按照省纪委监委"20 个查看、20 个督促"监督重点要求,紧盯财政保障新冠肺炎疫情防控、复工复产、打好三大攻坚战、基本民生、落实"六稳""六保"政策措施等重点环节,以及防范化解地方政府债务风险、规范特殊转移支付及抗疫特别国债快速直达资金管理和长江流域禁捕退捕财政补助资金管理、灾后恢复重建等重点工作开展督导,先后形成监督财政保障疫情防控和经济社会发展、落实积极财政政策、防范化解债务风险等专题报告或材料,其中《"四个结合"强化监督 助力资金高效直达》材料,获财政部部长刘昆和驻财政部纪检监察组时任组长赵惠令的批示肯定,并在《中国财政》上刊发。

【压实主体责任】贯彻落实《党委(党组)落实全面从严治党主体责任规定》,咬住"责任"两字,传导压力,做到守土有责、守土担责、守土尽责。印发《省纪委监委驻省财政厅纪检监察组 2020 年工作要点》,推进财政全面从严治党和党风廉政建设与财政业务工作同部署、同落实。会同省财政厅党组召开全省财政党风廉政建设工作会议,协助省财政厅党组修订深入推进全面从严治党实施意见、制定全面从严治党和党风廉政建设主要任务及责任分解、召开 17 次反腐倡廉建设领导小组会议。根据省纪委监委关于加强"关键少数"干部教育管理监督有关要求,督促省财政厅党组出台领导干部插手干预重大事项记录报告制度,推动"关键少数"发挥"头雁效应";协助省财政厅党组完成对 4 个处室单位党支部的巡察,加强对处室单位领导班子和"一把手"的监督。

【涵养财政生态】通报违反中央八项规定精神和形式主义官僚主义等典型案例 11 次,组织开展节假日作风和"杜绝餐饮浪费"督查 30 次,协助省财政厅党组开展"乱作为、慢作为、不作为、任性为"财政作风建设专项教育整顿,推动落实中央八项规定精神行于日常、化风成俗。加强对省财政厅党组选人用人情况的监督,出具党风廉政意见 456 人次,对不符合晋升条件和评先评优资格的个人和单位坚决提出否定性意见。督促省财政厅党组对领导干部个人有关事项报告抽查检查发现的问题,运用第一种形态处理。动态分析研判财政政治生态,推动财政政治生态建设。

【整改突出问题】根据《驻省财政厅纪检监察组关于中央脱贫攻坚专项巡视"回头看"反馈问题整改清单》《驻省财政厅纪检监察组推动驻在部门整改问题清单》,完成自身 4 项整改任务,推动省财政厅整改 13 项任务。落实省纪委监委《关于聚焦"两项目两资金"巩固深化扶贫领域腐败和作风问题专项治理工作方案》,联合省财政厅集中整治产业扶贫补助资金使用管理突出问题。聚焦财政扶贫资金监管,在省纪委监委第七纪检监察室指导下,会同省财政厅党组深入 8 个省辖市、15 个县(区)开展财政扶贫资金监管专题调研,形成《安徽省"十三五"时期财政扶贫资金监管调研报告》,财政部部长刘昆、驻财政部纪检监察组时任组长赵惠令、财政部时任副部长程丽华和省纪委书记、省监委主任刘惠专门作出批示，财政部《财政监督评价简报》全文刊登调研报告。制定《驻省财政厅纪检监察组关于省委第七巡视组巡视反馈问题整改工作方案》，抓好自身问题整改，明确监督省财政厅党组巡视整改重点工作；印发提示函7件，督促推动全省财政厅党组抓好整改任务落实；加强对省农担公司党委巡视整改工作的督导，对1名领导班子成员批评教育并责令作出检查。推动省财政厅党组做好省领导对厅主要负责同志政治监督谈话整改工作，完成谈话指出问题整改。

【擦亮监督“探头”】落实《驻省财政厅纪检监察组做实做细监督工作实施办法》，细化监督联系分工安排，综合运用督查督办、专项检查、内部巡察、专项整治、列席会议、听取汇报、情况通报等监督方式，实现对省财政厅处室单位和省农担公司全覆盖监督。协助省财政厅党组量化考核处室单位“两个责任”落实情况、开展处室单位主要负责人抓全面从严治党和党风廉政建设述职述责述廉评议。紧盯财政预算编制核心业务，定位到人、责任到岗参加省财政厅及支出类处室组织的预算编制审核会议，督促将“过紧日子”要求落实到预算编制工作全过程。贯通派驻监督和巡察监督、财会监督，快办快结省财政厅党组巡察移交问题线索；针对巡察发现的处室代编预算中机动费分配不规范问题，组织开展“拉网式”专项检查；紧盯内控检查发现的个别处室单位“制度执行不严格，资金分配不及时”问题，督促省财政厅党组对相关处室主要负责人批评教育，并在厅党组扩大会上通报处置情况。

【注重监督质效】动态更新省财政厅处级干部廉政档案，推动精准监督、高效监督。派员参加省财政厅党组及6个处室单位党支部、省农担公司党委深化“三个以案”警示教育专题民主生活会(组织生活会)；督促省财政厅领导班子成员以政治监督谈话标准开展会前谈心谈话，要求所有受到谈话函询的同志在民主生活会(组织生活会)上说明情况，接受批评教育和组织监督。用好用活纪检监察建议，针对省级政府采购工作中存在的落实监管职责不力、执行法规制度不严等突出问题，制发纪律检查建议书，督促完善政府采购工作内控制度。针对监督检查中发现的1件问题线索和执行法规制度不严等问题，向省农担公司党委发出纪律检查建议；省农担公司查实线索所反映问题，给予当事人警告处分，并制定修订4项规章制度。

【保持高压态势】贯彻《中国共产党纪律检查机关监督执纪工作规则》《监察机关监督执法工作规定》《安徽省纪委监委机关监督执纪执法操作规程》等法规制度，坚持问题线索集中管理、动态更新、集体研究、及时处置、定期报告。全年受理办理转送交办信访举报36件，直接处置问题线索30件，给予纪律处分5人；指导省财政厅机关纪委处置问题线索4件、省农担公司纪委初核问题线索1件。落实派驻机构监督检查审查调查措施使用各项要求和监督检查审查调查安全工作要求，确保办案安全。

【密切协作联动】在与省纪委监委机关的协作联动上，有关监督检查审查调查的重点工作、重大事项及时主动向省纪委监委机关请示汇报报告，取得工作授权和支持。在与省财政厅党组的协作联动上，会同厅党组出台联系协作意见，建立健全定期会商、重要情况通报、线索移送排查和联合监督执纪等机制。全年和厅党组召开专题会商会议2次，分析、研究推进财政全面从严治党和党风廉政建设相关工作。在与市、县(区)派驻财政纪检监察机构的联动上，通过召开相关会议、举办业务培训、组织专项检查等方式，贯通派驻监督的“条”，形成上下联动、协调配合的财政全面从严治党和党风廉政建设监督合力。中国政府网发布《关于安徽省怀远县违反减税政策增加企业负担等问题的督查情况通报》后，向驻各省辖市财政局纪检监察组发出工作提示，合力推动怀远县财政局问题整改，督促其他财政局引以为戒、举一反三。

【强化教育引导】保持高压态势，注重思想政治工作和纪法教育，做好“后半篇文章”，激励财政干部以良好的精神状态、饱满的工作热情全身心投入工作。全年受理检举控告类的信访举报件和立案审查调查数同比分别下降50%、33.3%，运用第一种形态处置33人次，对2名受处理处分的处级领导干部开展暖心回访。巩固拓展“不忘初心、牢记使命”主题教育成果，加强对省财政厅党组、省农担公司党委深化“三个以案”警示教育、开展“三个以案”警示教育“回头看”等情况的监督，印发严重违纪违法问题及其教训警示通报2期、会同厅党组编印警示教育材料3期，剖析成案原因，总结经验教训，用身边事教育身边人。指导省财政厅机关党委开展运用第一种形态问卷调查，督促处室单位党支部抓早抓小、防微杜渐，处室单位党支部运用第一种形态处置64人次。

【提高政治能力】牢记政治机关定位，深入学习习近平新时代中国特色社会主义思想和习近平总书记考察安徽重要讲话指示精神，提高政治判断力、政治领悟力、政治执行力。树立“执纪者必先守纪，律人者必先律己”意识，自觉接受最严格的约束和监督，时刻自重自省自警自励、慎独慎微慎始慎终，严守政治纪律和政治规矩，落实请示报告制度，重要工作既报告结果也报告过程。贯彻落实省纪委监委关于派驻机构改革的决策部署，印发《驻省财政厅纪检监察组推进省农担公司深化纪检监察体制改革工作任务清单》，围绕落实纪检监察领导、工作信息沟通、重要情况报告、督促协调等机制，细化12项措施，推动省农担公司深化纪检监察体制改革。

【增强履职本领】制定年度学习计划，召开组务会31次、组长会20次，支部组织理论学习44次、专题研讨16次、开展党课教育5次，参加中央纪委国家监委及省纪委监委、驻财政部纪检监察组举办的各类培训，学习党的理论和路线方针政策、党规党纪和法律法规，掌握从事财政纪检监察工作必备的专业知识。印发《2020年财政全面从严治党和党风廉政建设调研参考课题》，推动全省财政系统纪检监察干部大兴调查研究之风，提高专业化水平。坚持边工作、边总结、边实践、边提高，组织召开驻省辖市财政局纪检监察组组长座谈会，交流新时代财政纪检监察工作经验做法，推动均衡开展派驻监督工作。派驻财政纪检监察工作的一些特色做法先后被《中国财政》《全国财政系统纪检监察工作征文选编》《安徽纪检监察信息》《江淮风纪》刊载；纪检监察信息被省纪委监委采用，得分为省纪委监委派驻（出）机构第一位。驻省财政厅纪检监察组党支部被省财政厅直属机关党委评为“先进党支部”。

【注重服务保障】加强档案管理，整理归档2019年文书及案件档案105件，电子化录入2017年至2019年文书及案件档案249件。修订《信访举报工作实施办法》《审查调查谈话安全规定》《谈话室使用管理规定》等3项内部工作制度。派员参加中央脱贫攻坚专项巡视整改“回头看”、省委巡视整改专项检查、省纪委监委对“关键少数”干部教育管理监督情况专项督察、省纪委监委信访窗口实习等，通过以干代训，提高履职本领。关心关爱年轻干部思想、工作、生活等情况，组织开展家访活动，营造健康向上、正气充盈的工作氛围。

（驻厅纪检监察组供稿）

财政专项工作概述

推动财政全面从严治党和党风廉政建设

【概况】2020年,在省委坚强领导下,在省纪委监委的监督指导下,省财政厅党组坚持以习近平新时代中国特色社会主义思想为指导,深入学习贯彻党的十九大和十九届二中、三中、四中、五中全会精神,以及十九届中央纪委四次全会和省纪委十届五次全会精神,不忘初心、牢记使命,认真履行全面从严治党和党风廉政建设主体责任,推动财政党风廉政建设和反腐败工作不断向纵深发展。

【做到“两个维护”】把学习贯彻习近平新时代中国特色社会主义思想作为首要政治任务,贯彻落实习近平总书记关于加强党的政治建设重要论述,落实省财政厅党组加强党的政治建设重点工作举措任务分工方案,开展强化政治机关意识教育,增强“四个意识”,坚定“四个自信”,做到“两个维护”。学习贯彻习近平总书记关于财政工作重要指示批示精神,传达学习贯彻党中央重要会议、重要文件精神和省委决策部署及财政部党组重要工作要求,完善重大事项请示报告清单,向省委报告重点工作进展情况,推动政令畅通。贯彻省委关于加强“关键少数”干部教育管理监督若干规定,开展“关键少数”教育管理督察反馈问题整改,印发《省财政厅领导干部插手干预重大事项记录报告制度(试行)》,规范财政领导干部用权行为。学习贯彻《习近平谈治国理政》第三卷,跟进学习习近平总书记最新重要讲话指示批示精神,制定《关于深入学习宣传贯彻习近平总书记考察安徽和在合肥主持召开扎实推进长三角一体化发展座谈会重要讲话精神的方案》,举办省财政厅专题培训班,开展中心组专题学习研讨。深入学习贯彻党的十九届五中全会特别是习近平总书记重要讲话精神,召开厅党组理论学习中心组学习会暨党的十九届五中全会精神宣讲全省财政系统视频会,厅主要负责同志作宣讲报告,其他厅领导作学习交流发言。组织党员干部研读习近平总书记《论党的宣传思想工作》,落实省委宣传部《关于抓好〈中国共产党宣传工作条例〉贯彻落实的工作提示函》,组织学习贯彻加强和改进省直机关意识形态工作的指导意见、做好意识形态管理重点工作等文件精神,开展意识形态“六个一”活动。成立省财政厅意识形态工作领导小组,完成意识形态专项检查问题整改,落实意识形态管理重点工作任务分解、正负面清单,保障财政意识形态安全。

【落实“两个责任”】健全省财政厅机关党建工作领导小组,厅主要负责同志为党风廉政建设工作第一责任人,主持召开全省财政党风廉政建设工作会议、17次厅反腐倡廉建设领导小组会议。组织召开中共安徽省财政厅直属机关第八次党员代表大会,选举产生新一届厅直机关党委、机关纪委,加强机关党委、机关纪委干部和业务处室干部岗位双向交流。全厅35个党支部完成集中换届工作,各党支部均安排1名副处级以上干部担任支部纪检委员或负责纪检工作。制定省财政厅党组党的建设工作责任清单分解,压实机关党建“三级五岗”具体责任。修订印发省财政厅党组深入推进全面从严治党的实施意见,制定省财政厅全面从严治党和党风廉政建设主要任务及责任分解清单、省财政厅机关纪检工作任务分解和省财政厅廉政工作任务及责任分解,组织全厅党员干部签订党风廉政建设责任书。执行省财政厅领导干部主体责任全程记实暂行办法,传导、压实党风廉政建设责任。落实省领导政治监督谈话要求,并将谈话中指出的问题纳入厅领导班子专题民主生活会对照检查材料和个人发言提纲,建立《省财政厅省领导政治监督谈话整改清单》,厅主要负责同志负整改工作总责,统筹推动立行立改、举一反三、长期坚持。落实省财政厅直属机关新任党支部书记任职谈话实施办法,厅主要负责同志与8名新任党支部书记谈话。建立并认真执行省财政厅党组与驻厅纪检监察组联系协作机制,制定关于进一步完善省财政厅党组与驻省财政厅纪检监察组联系协作机制的意见，强化落实定期会商、重要情况通报、线索移送排查、联合监督执纪等机制。召开驻省辖市财政局纪检监察组组长和省农担公司纪委书记座谈会，省财政厅主要负责同志参加座谈并要求全省财政干部自觉接受监督，纵深推进财政全面从严治党和党风廉政建设。建立财政重点工作事项定期报送机制，对涉及重大资金分配等“三重一大”事项，驻厅纪检监察组全程参与，推动财政全面从严治党和党风廉政建设主体责任和监督责任同向发力、同增质效，营造风清气正的财政政治生态和干事创业的良好氛围。

【强化教育管理】开展党章党规党纪应知应会、党委（党组）落实全面从严治党主体责任规定等理论知识测试。举办全面从严治党和党风廉政建设培训班，邀请专家领导开展专题辅导报告，解读纪律处分条例、民法典、新时代意识形态工作等。开展以“四联四增”为主要内容的深化“三个以案”警示教育，传达赵正永、张坚等有关违纪违法案件通报，开展专题研讨。召开深化“三个以案”警示教育专题民主生活会，厅领导班子及班子成员自查问题，提出批评意见，制定班子及个人整改措施。开展年度“警示教育周”活动，传达中央纪委国家监委和省纪委监委有关案件通报精神，通报省财政厅杨春、吴大文、王恒文等违纪违法案例，选取全省财政系统 11 个典型案例及悔过书，编印 3 期深化“三个以案”警示教育材料，组织观看警示教育片《政治掮客苏洪波》《胡道发违纪违法案件警示录》，开展深化“三个以案”警示教育“回头看”，筑牢拒腐防变的思想防线。开展 4 个处室单位党支部巡察工作，实现厅属单位党支部巡察全覆盖。落实巡察整改督查机制，跟进督导支部巡察整改落实情况。印发未巡先改工作通知，推动各支部对照巡察发现问题自查自纠、举一反三、未巡先改。学习贯彻十届省委第十轮巡视工作动员部署会暨巡视指导督导工作专题培训会精神和中央第五巡视组组长杨正超在培训会上专题辅导报告精神，充实省财政厅党组巡察组组长人才库，安排机关纪委委员和人事、纪检、党务、财政业务骨干等有培养前途的年轻干部参与省财政厅党组巡察，提升巡察工作质量。

【推进“三不”体系建设】加强对贯彻落实党中央和省委重大决策部署情况的监督检查，跟进监督财政服务保障疫情防控和经济社会发展的各项政策措施落实，协助做好中央脱贫攻坚专项巡视“回头看”、省委综合考核反馈以及省委巡视等问题整改。制定《中共安徽省财政厅直属机关纪律检查委员会加强财政业务监督工作方案（试行）》，安排 34 人次全程监督厅相关处室单位招标采购、业务评价、资格评审等工作。开展厅属单位“三重一大”专项治理，坚持重大事项集体决策、民主决策、科学决策，防范决策风险。配合开展全省扶贫领域资金监管，监督提醒省财政厅驻村工作队落实村级财务管理要求。对照负面言行清单提醒监督党员干部日常行为，履行年度考核评优、干部出国（境）审核、干部操办婚丧喜庆报备等日常监督。严把干部选拔任用政治关、品行关、作风关、廉洁关，对 1 名处级干部不如实报告个人事项作出诫勉。深化“三查三问”，推进“三查三问”自查自纠，针对发现的突出问题，建立整改问题、任务、责任“三个清单”，坚持抓早抓小。开展廉政谈话，省财政厅主要负责人、驻厅纪检监察组组长对提拔任用、新进和交流轮岗人员进行任前廉政集体谈话 246 人次，支部书记对支部党员常态化开展廉政谈话，时刻提醒财政党员干部绷紧廉洁自律弦。印发做好执纪问责“后半篇文章”任务分工，坚持严管厚爱结合、激励约束并重，做深做细思想政治工作，推动执纪问责政治效果、纪法效果和社会效果相统一。办理问题线索 4 件、函询 4 件，办结 4 件，配合开展函询 18 件、诫勉 2 人次，省财政厅党组作出党纪处分 4 人次，政务处分 3 人次，向驻厅纪检监察组、省直工委报备。支持驻厅纪检监察组处置问题线索 29 件，初核 8 件，初核转立案审查调查 2 件。坚持把纪律挺在前面，抓早抓小，防微杜渐，执行省财政厅处室单位党支部运用监督执纪“四种形态”暂行办法，用足用活用好第一种形态，各支部全年运用第一种形态处置 64 人次。

【巩固作风建设成效】落实中央八项规定及实施细则精神、省委实施细则和省财政厅党组实施办法，制定深入践行“三严三实”持续解决形式主义官僚主义 32 项具体举措和正负面清单。印发《省财政厅关于贯彻落实习近平总书记重要批示精神加强监督执纪坚决制止餐饮浪费行为的通知》，细化贯彻落实具体举措。开展形式主义官僚主义专项整治，紧盯“乱作为、慢作为、不作为、任性为”等问题开展财政作风建设专项教育整顿，开展公车使用、制止餐饮浪费等督查。印发《关于疫情防控期间强化财政党建引领的工作提示》，组织全厅 36 个党支部分组参加“疫战到底进社区”活动，对口联系服务 5 个基层社区，全厅党员干部为疫情防控捐款 10 万余元。落实省直单位定点帮扶颍东区牵头单位责任，省财政厅领导带队 8 次，其中厅主要负责人 5 次深入颍东区调研，督导脱贫攻坚、疫情防控、复工复产等工作，现场帮助解决问题。省财政厅机关常态化开展消费扶贫，采购颍东区扶贫农产品 41 万余元。完善与省直预算单位会商机制，送财政政策、财政服务上门，省政务中心财政窗口开展 7＊24 小时不打烊“随时办”服务。印发贯彻落实《省直单位效能建设 2020 年工作要点》的意见，执行省直机关效能建设八项制度等有关规定，健全完善厅效能相关制度,执行省财政厅工作人员违反效能建设制度处罚暂行规定,强化制度约束。制定印发年度效能建设明察暗访工作方案,每月集中开展一次明察活动,每季度开展一次暗访活动,每季度通报明查暗访情况,对发现的问题,实行严格的效能问责,推动效能建设从督查“办公纪律和工作秩序”向聚焦“履行财政职能效果和提高履职能力”转变。

(机关党委供稿)

支持应对新冠肺炎疫情防控

【概况】新冠肺炎疫情发生后,省财政厅深入学习贯彻习近平总书记重要讲话指示批示精神和党中央、国务院决策部署,坚决贯彻省委、省政府部署和财政部要求,坚持把人民群众生命安全和身体健康放在第一位,绷紧疫情防控弦,统筹支持常态化疫情防控和经济社会发展,做好政策支持、投入保障和资金监管,为巩固全省疫情防控持续向好态势、推进生产生活秩序加快恢复提供有力支撑。

【提高政治站位】牢记财政政治属性,从增强“四个意识”、坚定“四个自信”、坚决做到“两个维护”的政治高度,坚定做好疫情防控和经济社会发展服务保障工作的政治自觉。深化学习认识,省财政厅主要负责同志主持召开厅党组会、厅领导专题会、中心组学习会等,重温习近平总书记考察安徽重要讲话指示精神,跟进学习习近平总书记在中央政治局常委会、中央政治局会议和在北京、湖北、浙江、陕西调研考察时的重要讲话指示批示精神,学习领会省委、省政府部署要求,贯彻落实财政部政策资金安排,各处室单位利用支部会、处务会及“学习强国”等网络平台加强学习,增强支持“三防三查三加强”“八严八控”“八个紧盯做实”等各项疫情防控举措落地的政治责任感。加强组织领导,建立疫情防控协调和应急保障机制,成立由省财政厅主要负责同志任组长、厅领导班子成员任副组长的厅应对疫情工作领导小组,研究出台经费保障、应急采购等多项政策,动态跟进疫情形势和省委、省政府部署要求及财政部最新政策,采取提请动用省长预备费等措施强化资金保障,完善支持疫情防控、复工复产、脱贫攻坚、创新驱动、生态环保等政策举措。抽调得力干部参加省疫情防控指挥部的医疗救助、物资保障、后勤保障、复工复产4个组工作。强化调度推进,建立疫情防控值班制度,厅班子成员全程在岗在位、坚持“一天一调度”。多次召开省财政厅党组会、厅长办公会、厅应对疫情工作领导小组会议,传达学习贯彻上级部署要求和政策文件,研究布置政策制定、经费保障、资金拨付、绩效管理等重点工作,相关处室单位党员干部随时待命、连日值守、动态跟进,加强与省直相关部门、市县财政部门的会商协调和督促指导,掌握并推动政策落实和资金保障等工作,做到财政财务“一盘棋”、全省财政系统“一体化”。

【制定财政政策】吃透上级精神,立足全省实际,主动协调,会同有关部门跟进出台并推动医疗救助、物资采购、援企稳岗、金融服务等方面政策性文件24个,为疫情防控提供财政政策支撑。健全医疗救治政策,出台医疗救治保障政策,对于确诊患者发生的医疗费用,在基本医保、大病保险、医疗救助等按规定支付后,个人负担部分由财政给予补助,并将疑似患者的救治费用纳入财政保障范围,保证确诊患者和符合条件的疑似患者不因费用问题影响就医、收治医院不因医保支付政策影响救治。出台疫情防控经费保障政策,明确患者救治费用补助、临时性工作补助、疫情防控设备经费等三项核心保障政策。出台激励保障政策,提请省政府出台对医疗卫生人员给予保障和激励的若干措施,对参加疫情防控一线医疗卫生人员,按照分类分档标准,给予临时性工作补助(每人每天200元、300元标准)和一次性慰问补助(每人6000元),激励医疗卫生人员投身疫情防控。配合有关部门出台激励基层党员干部和医务工作者在疫情防控一线担当作为的若干措施。建立疫情防控困难群体兜底保障政策,将符合条件的家庭或个人纳入兜底保障范围,对基本生活因疫情出现严重困难的予以救助。启动临时价格补贴机制,按月发放困难群体临时价格补贴,保证困难群众基本生活不因疫情而降低。建立保障应急物资采购政策,对于医疗卫生机构开展疫情防控工作所需的防护、诊断和治疗专用设备以及快速诊断试剂采购经费,由同级财政予以安排,省财政统筹省以上资金视情况对各地给予补助。省财政安排资金对各地急救车辆购置给予专项补助。建立疫情防控物资应急采购资金预拨制度,开辟物资采购“绿色通道”,保障应急物资供应。对疫情期间通过技改新增产能的重点防控物资企业,按增购设备投资额的50%给予补助,对其产业链上下游目录内企业相关技改项目,按增购设备投资额的20%给予补助,支持企业增产扩产。

【做好资金保障】立足财政职责,加大统筹力度,筹措调度资金,坚持特事特办、急事急办,加快资金支出进度。加强财政资金统筹,争取中央财政对安徽省疫情防控政策的资金支持,提请动支省长预备费1亿元专项用于疫情防控,紧急安排省疫情防控物资采购铺底资金4500万元。调整优化支出结构,压减一般性支出,优先保障开展流行病学调查、疫防技术指导等各项防控工作。统筹盘活存量资金,加大疫情防控投入,全省各级财政统筹安排疫情防控相关资金107.8亿元,其中省财政全年拨付疫情防控相关补助资金16笔67.4亿元。加快资金拨付进度,1月26日拨付省疾控中心、定点医院等16家单位首批防疫资金3950万元,开通政府采购、国库集中支付绿色通道,疫情防控资金随到随拨,加强基层财政库款监测和预警。提升财政绩效,提请成立以省政府负责同志为组长,省委组织部、省委宣传部、省审计厅等9家部门为成员单位的省预算绩效管理工作领导小组。将绩效管理要求贯穿疫情防控政策制定和资金安排,出台应急物资采购资金保障管理办法等,规范流程管理,严格审批程序,保证专款专用。采用线上报送、线上跟踪等"互联网+监管"方式,重点关注疫情防控资金审核、拨付、管理使用情况,深化财政资金使用等信息公开,推动有关部门自觉接受审计监督,加大违法违规行为查处力度,保障财政资金安全高效。

(社保处供稿)

支持防汛救灾和灾后恢复重建

【概况】2020年,安徽省遭遇严重洪涝灾害。省财政厅认真学习贯彻习近平总书记关于防汛救灾和考察安徽重要讲话指示精神,在党中央、国务院关心支持下,按照省委、省政府部署要求,全力保障财政资金,为全省打赢防汛救灾保卫战提供重要支撑。

【了解掌握汛期灾情】全省财政部门第一时间投入防汛抗洪救灾工作中。省财政厅主要负责同志多次赴重灾区实地调研,深入蓄滞洪区、圩口、重要堤坝等一线了解汛情灾情,研究部署推进财政防汛救灾工作。省财政厅下发《关于财政支持做好防汛救灾有关工作的通知》,要求全省财政系统提高政治站位,做好防汛救灾工作。市县财政部门组织抽调人员参与防汛抗洪,掌握、关注汛期灾情,研究财政保障应急预案。

【筹集拨付救灾资金】省财政厅会同交通运输、农业农村、水利、应急管理等相关部门,多次向国家有关部委汇报汛情灾情,争取中央财政支持。中央财政下达安徽省救灾和灾后重建类资金81.1亿元,资金规模为全国前列。省、市、县筹措资金,保障防汛救灾。建立救灾资金直达机制,资金直达受灾地区,第一时间支持各地做好防汛抗洪救灾相关工作。定期调度救灾资金执行情况,加强资金绩效管理,提高资金使用效益。

【落实蓄滞洪区运用补偿】制定《安徽省2020年蓄滞洪区运用补偿工作方案》《关于印发2020年蓄滞洪区运用补偿范围、补偿对象及补偿标准等有关事项的通知》等,开展灾损统计、登记、核查、补偿申报及资金发放工作。明确建档立卡贫困户在享受补偿政策和保险赔付后仍有差额的,从扶贫资金中安排资金予以补齐,保证不发生因灾致贫返贫。全省发放蓄滞洪区补偿资金9.96亿元,涉及受灾人口42.8万人,保障灾后生产恢复及生活稳定,未出现因灾致贫返贫情况。

【做好灾后恢复重建工作】贯彻落实省委、省政府关于灾后恢复重建"四启动一建设"工作部署,统筹中央及省级救灾专项资金,以及交通水利等基础设施建设、农业、农村危房改造等专项资金,支持推进灾后恢复重建。损毁房屋重建和修缮加固当年入冬前全部完成。制定《财政支持蓄滞洪区新型农业经营主体及带贫脱贫若干政策》,统筹财政、金融、担保和保险等政策,拨付资金1亿元,支持新型农业经营主体带贫脱贫。

(农业农村处供稿 周健执笔)

支持打赢脱贫攻坚收官战

【概况】2020年,在省委、省政府领导下,财政脱贫攻坚工作坚持以习近平新时代中国特色社会主义思想为指导,深入学习贯彻习近平总书记关于扶贫工作的重要论述和考察安徽重要讲话指示精神,坚持精准扶贫精准脱贫基本方略,以中央脱贫攻坚专项巡视"回头看"和国家考核反馈问题整改为抓手,深入实施"抗疫情、补短板、促攻坚"专项行动,落实财政扶贫资金投入和监管责任,为全省如期完成脱贫攻坚目标任务提供坚强财政保障。

【抓好各类问题整改】推进中央脱贫攻坚专项巡视"回头看"和2019年脱贫攻坚成效考核、省委巡视、国家脱贫攻坚督查、审计和财政部监管局检查核查发现问题整改,按期高质量完成整改任务。

【保持扶贫投入力度】落实"四个不摘"要求,全省投入财政专项扶贫资金162.1亿元,较上年增加20.1亿元,增长14.2%;省级新增5.6亿元全部用于大别山等革命老区贫困县和深度贫困县。安排地方债券资金31亿元、市县盘活存量资金5.2亿元用于脱贫攻坚。

【推进涉农资金整合试点】加强试点工作调研指导,巩固整合试点成果,提升工作质量,严格使用管理,联合审核试点县方案,排查资金使用管理方面问题48条,涉及资金7.2亿元。全省20个国家级贫困县整合资金99.6亿元,较上年增长1.7%。

【防止因疫因灾致贫返贫】出台《决战决胜脱贫攻坚"抗疫情、补短板、促攻坚"实施方案》,切块安排2500万元,向受疫情影响较重的县区倾斜。拨付脱贫攻坚补短板综合财力补助资金1.5亿元,支持易地扶贫搬迁后续扶持、贫困劳动力就业和农产品产销对接。制定《财政支持蓄滞洪区新型农业经营主体及带贫脱贫若干政策》，拨付专项资金1亿元,加大对新型经营主体带贫脱贫支持,明确对建档立卡贫困户农业因灾损失,在蓄滞洪区补偿、农业保险赔付后仍有差额的,从扶贫资金中予以补齐。

【加强扶贫资金监管】开展产业扶贫补助资金集中整治,制发扶贫项目资金公告公示模板,规范扶贫项目资金公开公示。发挥财政扶贫资金动态监控系统功能作用,核实处理预警信息7738条。加强全过程绩效管理,按期完成2019年度扶贫项目绩效自评、当年扶贫项目绩效目标申报审核。完成财政扶贫资金绩效评价各项工作任务,财政扶贫资金使用管理工作第四年在国家评价中获“优秀”等次。

【接续衔接乡村振兴战略】将支持产业发展、群众就业和农村人居环境作为脱贫攻坚与乡村振兴衔接的重点,提高用于产业发展的资金占比,允许已经实现稳定脱贫的地方安排扶贫资金开展农村人居环境整治。实施资产收益扶贫民生工程,健全带贫减贫机制,全省新增资产收益扶贫投入12.7亿元,带动963个贫困村村均增收2.87万元,17.8万贫困人口人均增收313.3元。支持做好返贫人口和新发生贫困人口的监测和帮扶工作,对纳入监测范围的脱贫监测户和边缘户,统筹安排专项扶贫资金等,落实扶贫小额信贷贴息、技能培训、公益岗位等政策,多措并举增加收入,巩固脱贫攻坚成果。

(农业农村处供稿　祁帅执笔)

全面深化财政改革

【概况】2020年,省财政厅坚持以习近平新时代中国特色社会主义思想为指导,始终把改革作为财政工作的总要求和总引领,加强统筹谋划,完善推进机制,压实工作责任,圆满完成各项财政改革任务。

【强化政治引领】5次召开省财政厅全面深化改革领导小组会议,深入学习贯彻习近平总书记关于全面深化改革重要论述,深入学习贯彻党的十九大和十九届二中、三中、四中、五中全会精神,组织学习中央深改委会议精神和习近平总书记重要讲话精神,深入学习贯彻习近平总书记考察安徽重要讲话指示精神,认真学习省委深改委会议精神和省委李锦斌书记讲话要求,研究贯彻落实举措。省财政厅党组印发《深入贯彻落实习近平总书记考察安徽重要讲话指示精神行动方案》《关于学习宣传贯彻党的十九届五中全会精神的通知》,通过召开厅党组理论学习中心组专题学习会、宣讲报告会等方式,掀起学习贯彻热潮,教育引导干部职工提升政治站位,把握政治方向,用改革的思维、改革的方法,推深做实财政改革。

【坚持亲力亲为】省财政厅主要负责同志坚持在谋划推进财政改革上发挥示范引领作用,抓住各种有利时机,主动向财政部汇报全省财政改革进展情况,了解把握财政改革发展动向,加强财政系统内部统筹协调,全年深入市县基层开展谋划调研39次、用时55天。亲自部署落实重点改革任务,主持研究制定全厅财政改革工作要点,审定改革任务施工方案,督察改革文件贯彻落实情况,指导督促省财政厅改革办健全完善请示汇报、协调服务、台账管理、督察考核等工作机制。

【抓好督察问效】按照年度改革任务要求,压实牵头责任处室主体责任,定期开展工作督察,主动加强与省委改革办、省改革专项小组以及财政部对口司局对接联系,密切与省直有关部门工作会商,深入广泛调研,充分征求意见,牵头承担3项省委深改委年度重点改革任务并圆满完成,出台8项重要制度性改革成果文件。根据省委深改委统一部署,在邓向阳常务副省长的亲自谋划和带领下,牵头组织开展全面实施预算绩效管理工作督察,组成8个督察组赴8个市、16个省直部门开展实地督察,形成督察底稿、问题清单和督察报告,推动预算绩效管理改革深入。开展党的十八届三中全会以来全面深化财政改革总结评估和课题研究,梳理2014年以来财政牵头完成的63项重点改革任务,反映近年财政重点改革成效。

【营造改革氛围】发挥省委改革工作平台作用,登录和办理相应工作事项,办结“中央深改委会议审议议题(文件)”等工作版块涉及的财政改革工作任务,全年更新工作进度和报送文件信息150余件,《我省加快推进农业保险高质量发展》在《安徽改革情况》第28期刊发。以全面总结财政“十三五”为契机,在“安徽财政”微信公众号加强财政改革宣传,展示财政改革成就,营造财政改革良好氛围。

(改革办供稿　张小龙执笔)

落实减税降费政策

【概况】2020年,省财政厅严格落实国家疫情防控保供、企业纾困和复工复产各项减税降费政策,全省新增减税降费681亿元。

【加大政策宣传】新冠肺炎疫情发生后,省财政厅第一时间将财政部系列税收优惠政策在门户网站公开。分类梳理编发《安徽省“六稳”“六保”财政政策清单》,汇编“六稳”“六保”政策94条,通过“安徽财政”微信公众号分十期向社会公众宣传,帮助社会各界了解“六稳”“六保”财政政策措施。梳理归纳支持疫情防控和复工复产相关税收优惠政策。三次动态更新《安徽省财税优惠事项清单》,在门户网站减税降费专栏发布《新冠肺炎疫情防控税收优惠政策指引汇编》《2020年安徽省省级财政惠企政策指南》。

【细化配套政策】省财政厅会同省税务局出台关于疫情防控期间房产税和城镇土地使用税困难减免政策,对疫情防控期间房产税、城镇土地使用税实行困难减免,帮扶企业渡过难关。会同省卫健委、合肥海关审核发布符合防控新型冠状病毒感染的肺炎疫情进口物资免税政策27家单位名单,支持防疫物资进口。

【加强政策调研】疫情出现后,利用建立的重点企业联络机制和市县工作联络群,通过微信、电话等方式,了解和掌握全省企业特别是中小企业生产经营困难及在减税降费政策方面的诉求,并向财政部提出政策建议。11月,赴六安市开展调研,了解企业对减税降费政策的知晓程度和享受情况,收集企业反映的困难和问题。结合全省减税降费政策落实及调研情况,向财政部报送《安徽省财政厅关于减税降费落实情况的报告》及典型案例。

【加强政策评估】会同省税务局制定《关于疫情防控及复工复产减税降费政策实施效果评价调查方案》,设计财税部门调查、一般调查及疫情防控专项调查三套问卷,组织对全省市、县(区)财税部门开展减税降费政策落实情况问卷调查,评估减税降费政策在全省落实情况。通过税务"金三"系统筛选50500户纳税企业和个体经营户作为调查样本,委托省统计调查队按照"国民经济行业全覆盖、地市全覆盖"的原则,落实2100户有效问卷,对全省疫情防控及复工复产减税降费政策实施效果开展第三方评估,对100户防疫物资企业开展专项评估调查,并在此基础上向财政部报送《关于安徽省减税降费政策落实情况的评估报告》。

(税政条法处供稿　杨玉林执笔)

落实政府过紧日子要求

【概况】2020年,省财政厅认真贯彻落实党中央、国务院及省委、省政府过紧日子决策部署,落实落细过紧日子有关举措,提高财政资金使用效益,统筹推进疫情防控和经济社会发展各项工作。

【树立过紧日子思想】将厉行节约作为财政财务工作的一项基本要求,坚持保重点、压一般、促统筹、提绩效,真正过紧日子,严把支出关口,对每一笔支出精打细算、讲求绩效,把有限资金用在刀刃上,提高财政资金使用效益,为做好"六稳"工作、落实"六保"任务,决战决胜脱贫攻坚,全面建成小康社会提供支撑。

【增强预算约束力】省级部门带头过紧日子,压减会议费、差旅费、培训费等一般性支出,控制并压减"三公经费"。严格预算编制,坚持以收定支,从严从紧编制预算,优化支出结构。硬化预算执行,坚持先有预算后有支出,不得无预算、超预算安排支出。年度执行中除疫情防控、自然灾害等应急支出通过动支预备费解决外,一般不出台增加当年支出的政策。盘活财政存量资金,对因疫情等影响可暂缓实施或不再开展的项目支出,以及超过规定使用期限的结转结余资金,按规定收回预算。节约压减和收回预算的资金,统筹用于疫情防控、基本民生等重点领域,以及省委、省政府确定的重大项目支出。

【加强资金绩效管理】强化绩效理念,将绩效理念和方法融入预算编制、执行、监督全过程,将绩效管理覆盖所有财政资金。强化绩效评价,健全绩效评价制度体系和评价指标体系,提升绩效评价质量。强化结果应用,建立健全绩效评价结果与预算安排、政策调整、改进管理挂钩机制,打破预算资金分配的固化格局。

【落实落细政策要求】落实过紧日子要求,建立健全工作机制,坚决反对形式主义、官僚主义,大兴艰苦奋斗之风,带头厉行节约、反对铺张浪费。坚持不懈抓好财源建设,提升财政保障能力,集中财力支持做好"六稳"工作、落实"六保"任务。

(预算处供稿　周剑峰执笔)

落实新增财政资金直达基层机制

【概况】2020年,省委、省政府高度重视中央直达机制落实,全省各级财政部门从讲政治的高度,将落实直达机制作为重大改革来抓,在全面贯彻中央统一部署基础上,结合实际细化举措,推动直达政策在全省落地生效。

【高度重视】省委、省政府主要负责同志和省政府分管财政负责同志靠前指挥调度、带头研究谋划,多次就省财政厅汇报作出指示批示,提出全省贯彻落实意见。省政府主要负责同志在李克强总理主持召开的新增财政资金工作视频座谈会上做专题发言,系统提出有关政策建议和安徽省落实举措。

【加强组织】省财政厅党组履行直达政策落实主体责任,成立由主要负责同志任组长、分管负责同志任副组长,国库处、预算处、信息中心等处室单位为成员的新增财政资金直达工作领导小组,厅主要负责同志担总责、负首责,部署调度、加强工作统筹,主持召开领导小组会议,协调推进举措,细化落实方案,压实处室责任,保证全厅担当作为落实直达政策"一盘棋"。

【全面培训】直达机制建立初期,先后三次组织召开全省财政视频会议,传达学习中央及省委、省政府部署要求,详细介绍政策内容和业务规程,会议范围涵盖省、市、县、乡四级财政,参会人员覆盖各科股具体经办人员,打破以往逐级传达部署方式,做到工作布置直达基层、业务培训直达一线。各级派驻财政纪检监察机构相关同志同步参会。

【迅速分配】对标财政部制度办法,制定全省分配方案,开展资金分解测算,报告驻厅纪检监察组分配情况,提请政府审定分配结果。经财政部备案同意,中央下达安徽省的各类直达(参照直达)资金,省级一分不留以最快速度下达市县,于当晚同步录入直达资金监控系统,落实资金监管"一竿子插到底"要求,实现资金下达数据真实、账目清晰、流向明确。

【科学安排】市县履行直达资金属地管理责任,建立清单台账、完善举措机制、规范审批程序,推动惠企利民政策在全省落地生根、开花结果。财政部下达全省直达资金642亿元,市县落实到九千余项具体项目,全年支出进度为93.6%,支出进度总体快于全国。资金主要用于补齐教育、社保、交通等领域基本公共服务短板、保障特殊困难群众生活、落实援企稳岗就业政策以及支持芯片等"卡脖子"产业升级等。

【从严监管】在全国靠前成功架构直达监控系统,依托系统开展资金对账、动态监测、预警处理、进度督促以及实名台账信息录入等工作,实现省与市县点对点调度,保证资金拨付使用账目可查、流向明确。配合财政部安徽监管局开展专项检查,省财政厅主要负责同志主动上门会商,派员参与监管局实地调研,动态提供直达机制落实进展,联系基层督促做好情况反馈。

【配合监管】借助纪检监察力量,在业务培训、资金分配、工作督促、问题整改等方面主动联系汇报、提前邀请介入、同步开展监督,压实各级财政政治责任、管理责任。支持审计署南京办、省审计厅等开展直达政策落实专项审计,对审计提出问题,要求市县核实,督促市县抓紧整改,在全省范围内部署举一反三、全面排查、立行立改。

(预算处供稿　陈曦执笔)

加强基层"三保"工作

【概况】2020年,在新冠疫情对经济造成较大冲击、财政收入大幅下滑、县级"三保"压力加大的情况下,全省各级财政坚持上下"一盘棋",多措并举,全面落实县级"三保"保障责任。

【强化组织保障】省级财政成立"三保"工作领导小组,省财政厅主要负责同志任组长,分管负责同志任副组长,相关处室为成员,统筹研究、协调推进和督促落实"三保"工作任务。市县财政相应成立工作专班,凝聚增强工作合力。

【强化制度保障】以省委、省政府名义印发"保基本民生""保基层运转"工作方案。出台加强地方财政"三保"、严把过紧日子关口、加强财政资金统筹等系列制度文件,为市县落实"三保"提供制度遵循。落实国家保障范围和标准,考虑财政可承受能力,避免脱离实际的过度保障和过高承诺。

【强化预算审核】督促县级将"三保"作为预算安排的重点,坚持国家保障范围和标准的"三保"支出在财政支出的优先顺序,足额安排"三保"支出预算。开展重点县区预算编制审核,对"三保"支出保障不到位的地区,督促其调整或调剂预算补足。

【强化资金保障】省级财政充分让利市县,将更多财力下沉基层,全年下达转移支付资金3101.5亿元,增长15.1%;加大存量资金盘活力度,收回结余资金和连续两年未用结转资金,盘活不足两年结转资金,统筹不具备实施条件、项目进展缓慢资金。科学调度库款资金,加大资金调度力度,增加资金调度频率,将中央阶段性提高留用比例增加的84亿元库款,全部调度给县级使用,提升县级财政保障能力。

【强化执行监控】建立县级"三保"预算执行动态监控机制,加强县级财政运行监测和数据分析,发现潜在问题并督促整改。完善库款监测机制,重点监测实现收支平衡压力较大、库款保障水平持续偏低的县区,强化风险预警处置,将各类风险隐患消灭在萌芽阶段。

【强化调研督导】将县级"三保"工作纳入省领导分市督导包保责任制,建立相应激励约束机制。省级财政建立分片包干督导机制,省财政厅班子成员分片包干16个市"三保"工作,常态化沟通联系,定期调研督导,推动县级"三保"各项政策落实到位。

(预算处供稿　陈曦执笔)

开展财政重点绩效评价

【概况】2020年,省财政厅坚决贯彻党中央、国务院和省委、省政府关于全面实施预算绩效管理的决策部署和财政部工作要求,坚持目标导向、问题导向和结果导向,把绩效评价作为加强和推动全面实施预算绩效管理的重点和切入点,制定印发《关于做好2020年省级预算支出绩效评价工作的通知》,明确绩效评价总体目标任务、工作要求和整体部署,推动财政绩效评价往深处走、往实里做。

【建立协同机制】发挥财政牵头组织和业务指导作用,压实部门主体责任,建立财政部门牵头组织、预算单位主体实施的工作协同新机制,构筑单位自评为基础、部门评价为主体、财政评价为引领的工作新体系,完善人大审查和审计监督机制,引导规范专家和第三方参与绩效评价,建立多方参与、运转顺畅、协调高效的绩效评价工作协同机制,形成绩效评价的工作合力。

【健全标准体系】明确单位自评、部门评价和财政评价的对象、内容、方法和步骤,完善评价工作规程,分类建立健全绩效评价指标和评价标准体系,提高绩效评价针对性和操作性,提升绩效评价工作质量。

【完善监督约束机制】建立健全绩效自评抽查评估工作机制,开展绩效自评抽查。建立评价工作方案报备和评价结论审查机制,集中审查评价方案、评价指标体系和评价报告中的关键内容,减少评价自由裁量空间,提高评价质效,引领推动预算部门规范部门评价工作。

【提高评价站位】财政重点绩效评价坚持以习近平新时代中国特色社会主义思想为指导,紧紧围绕安徽省经济和社会发展改革重点任务和新要求,立足于促进部门资源配置优化和绩效提升、助推行业和事业发展,针对无预算、超预算支出、搭车性支出、预算支出与重点任务不匹配等问题,确定评价重点、评价指标及方法,侧重政策性评价和全面评价,关注项目完成情况,系统评价政策的科学性、合理性、有效性、实施必要性和可持续性。

【精准遴选项目】围绕省委、省政府重大决策部署,由预算处牵头,各业务处室协同,将制造强省、"三重一创"、科技创新等21个项目作为财政绩效评价对象,经省预算绩效管理工作领导小组审定同意后予以组织实施。21个项目涵盖部门整体、财政政策和重大项目,涉及预算资金百亿元,覆盖"三大攻坚战"、民生工程、创新发展、制造强省、新冠肺炎疫情防控等重点领域。

【锻炼干部队伍】将省财政厅直接涉及预算绩效管理的相关职能处室、单位实行集中统一领导。统筹整合相关职能处室、单位人员力量,以财政人员为主实施财政绩效评价,强化责任落实,锻炼干部队伍。根据评价项目涉及行业和领域,聘请行业专家和第三方中介机构参与绩效评价工作,实行行业专家全过程参与,发挥绩效专家在评价方案设计中的指导作用,提升绩效评价报告的专业性,为政府决策提供有效参考。

【规范组织实施】按照财政部出台的《项目支出绩效评价管理办法》要求,研究制定《2020年省级财政绩效评价工作实施方案》,明确评价标准要求,规范评价实施程序,实行一个项目一个评价方案、一套评价指标体系,一套评价班子人马,形成一个评价报告,包括"两单一表、一报告、一摘要"(即绩效目标完成清单、评价问题清单和评分情况表,评价报告及报告摘要)。组成评价审查小组,逐一审查每个项目评价方案、指标体系和评价报告,实行评价工作方案报备和评价结论审查机制,集中审查关键内容,减少评价自由裁量空间,提高评价质效。

【健全结果反馈和问题整改责任制】坚持边评价、边反馈、边整改,将财政评价结果逐一向被评价部门"点对点"反馈,既反馈评价报告,也反馈问题清单,明确整改责任和时限,抓好整改落实。省级21个重点绩效评价项目中,发现绩效管理、政策落实、项目管理、预算执行和资金管理等4大类、266个具体问题,点对点反馈给预算部门,督察部门整改落实。

【建立评价结果与预算安排挂钩机制】研究制定《安徽省省级预算绩效管理结果应用暂行办法》,硬化绩效评价结果应用,建立绩效评价结果与政策调整和预算安排挂钩机制,21个财政重点评价项目涉及财政资金11.17亿元。将重点评价结果向省政府报告。

【实施绩效评价信息公开】将21个项目绩效评价结果在财政门户网站主动向社会公开,接受社会监督。通过人大预算联网监督系统,将绩效评价报告向人大推送,接受人大监督。

【完善绩效评价工作规程和细则】梳理总结财政重点绩效评价实践中的经验做法,形成《安徽省省级项目支出绩效自评操作规程》和《安徽省省级项目支出绩效财政评价和部门评价操作规程》,以及《安徽省省级财政绩效评价对象选取工作规程》,为绩效评价工作提供指导和遵循。研究制定第三方机构参与预算绩效管理的办法,规范第三方机构参与预算绩效管理工作。

(绩效处供稿)

加强省级财政涉企项目资金预警管理

【概况】2020年,省财政厅以更好服务经济高质量发展、落实全面预算绩效管理为要求,依托涉企系统比对预警工作的开展,加强财政涉企项目资金管理。

【掌握省本级涉企资金】梳理汇总省本级涉企项目资金目录,依托涉企系统实时跟踪掌握省本级涉企项目资金申报、比对预警、审核、拨付情况。根据预警情况,梳理发现问题,为完善涉企系统预警规则,推动财政涉企项目资金统筹整合,更好发挥财政涉企项目资金引导撬动作用打下基础。

【建立健全工作机制】制定印发《关于进一步完善省级财政涉企项目资金管理工作机制的通知》《关于进一步做好2020年财政涉企项目资金管理信息系统应用的通知》《安徽省财政厅关于2020年省级涉企系统预警项目资金内部审核(试行)有关要求的通知》等,强化涉企系统应用,规范涉企资金审核工作流程,明确涉企资金管理要求。建立涉企项目资金管理工作内控操作规程,明确风险点和防控措施。

【审核省级涉企项目资金】省本级84项资金纳入涉企系统管理,涉及项目8177个、51.92亿元。审核省级主管部门申报的涉企资金项目,涉及资金58项(包含提前下达的省广播电视精品专项资金397万元,涉及项目26个),申报项目6206个、42.39亿元,经比对,共5923个项目、41.37亿元被预警,分别占申报项目数和资金额的95.44%和97.59%。年末完成所有审核工作,拨付确定安排的6144个项目、41.27亿元资金。

(绩效处供稿)

防范化解政府债务风险

【概况】2020年,省财政厅认真贯彻落实《中华人民共和国预算法》和党中央、国务院关于加强地方政府性债务管理的有关要求,围绕"稳投资、防风险、提绩效"的总体目标和实施更加积极有为的财政政策,积极应对疫情汛情影响,一手抓规范融资,一手抓风险防范,加快建立以政府债券为主体的地方政府举债融资机制,夯实将政府债务纳入预算管理的基础,对地方政府债务实行规模控制和风险预警,清理化解隐性债务,守住不发生系统性债务风险底线。

【硬化预算约束】财政部分配全省新增一般债务额度205亿元,较上年增加30亿元,增长17.1%;新增专项债务额度1496亿元,较上年增加310亿元,增长26.1%,创安徽省历史新高。新增债务限额1701亿元,占全国可统筹分配总量4.23万亿元的4.03%,超过安徽省GDP在全国的占比。落实政府债务限额管理和预算管理要求,统筹考虑省与市县分配关系、债务风险和偿债压力,首次将债券支出进度引入分配因素,建立正向激励机制。按照因素法提出每一批次债券分配方案,经省政府同意后报省人大审议批准,并按程序编制预算调整方案,保证债券分配依法合规、科学有序。

【早发快发债券】发挥地方政府债券融资的主渠道作用,按照省领导"早发快发"要求,于1月16日启动全省地方政府债券发行工作,较上年提前半个月,缓解市县政府筹资压力,降低融资成本。9月10日完成最后一批新增债券发行任务,比财政部要求提前50天完成新增债发行任务。全年分七批成功发行2329亿元政府债券,其中:新增债券1671.6亿元,根据债券到期情况和市县申请发行再融资债券657.4亿元。发挥政府债券对稳投资、扩内需、补短板的积极作用,支持新基建、长三角一体化等重点领域项目建设。

【丰富债券品种】按照靶向支持思路,在政府有效投资的广度、深度和精度上下功夫,在全国创新首发长三角一体化专项债券,在安徽省历史上首次发行新基建、医疗卫生等专项债券,为全省补齐民生短板,加快融入长三角一体化,促进经济持续健康向好发展发挥重要作用。利用专项债项目倾斜支持助力疫情防控,印发《安徽省财政厅关于运用政府专项债券提升医疗卫生能力建设的通知》,对医院建设类项目不纳入申报数量限制、优先评审入库、给予新增专项债券额度分配上倾斜,各级财政部门拨付债券资金等政策支持,补齐全省医疗卫生能力不足的短板。省立医院、阜阳肿瘤医院等195个医院建设项目成功发行使用198.7亿元新增专项债券,占已发专项债券总额的13.3%,缓解和对冲疫情对经济建设的影响。

【狠抓评审论证】建立专项债券项目库,抓好基础库、储备库、发行库、存续库等"四库"建设,探索建立专项债全生命周期管理路径。定期组织开展专项债券项目评审论证工作,全年评审入库四批1105个项目,项目总投资12033.9亿元,专项债券资金需求5994.6亿元,做深、做细、做实专项债项目,项目库管理工作获财政部预算司充分肯定。

【加快支出进度】印发《关于进一步加强专项债绩效管理工作的通知》,从专项债项目谋划绩效、项目申报绩效、项目评审绩效、项目撬动绩效、资金支出绩效、额度分配绩效、整体监管绩效等七个方面提升全省专项债绩效管理水平。明确采用债务风险状况、政府性基金财力、项目入库率、资金撬动率、债券支出进度等因素测算分配专项债额度,发挥专项债在稳投资增动能等方面的积极作用。建立完善对市县债券支出进度通报机制、债券支出进度和债券分配挂钩机制、对市县债券支出进度协调推进和约谈机制等三个机制,压紧压实项目主管部门的主体责任,加快推动专项债券项目落地。新增专项债券国库拨付进度为100%,各地根据项目施工进展实际支出进度为78.3%。按月测算政府债券还本付息支出情况,完成每一批次到期债券还本付息的公告、指标结算、资金划拨等手续办理,履行债券还本付息责任。

【化解隐性债务】落实缓释融资平台到期债务风险的通知精神,防范化解融资平台公司到期存量隐性债务风险,缓释短期债务偿还压力,避免项目资金链断裂,促进经济社会持续健康发展。分市县通报各地隐性债务化解进度,督促各地加快化解进度,降低债务风险。组织高风险地区参与建制县区隐性债务风险化解试点申报工作,筛选一批风险等级高、隐性债务规模大的建制县区作为试点申报,结合全省实际研究出台省级配套支持政策,督促相关县区集中各类资金资源化解隐性债务,完善化债方案,化解隐性债务风险。

（债务处供稿 韩晓峰执笔）

加强“三公经费”支出管控

【概况】2020年，为应对新冠肺炎疫情常态化和经济社会发展，省财政厅认真贯彻落实党中央、国务院及省委、省政府决策部署和财政部有关要求，压减一般性支出和“三公经费”支出。全省“三公经费”支出较上年同期下降9.7%，“三公经费”支出管理成效显著。

【坚持省直部门带头过紧日子】树立过紧日子思想，控制和压减一般性支出，压减非刚性、非重点项目支出，以及压缩一切不必要的行政开支。全年省直部门项目支出中用于日常运转的经费平均压减5%；公用经费在上两年压减基础上，再平均压减5%。根据省委、省政府有关要求，省直部门按截至5月底未执行数，公用支出原则上压减15%；除重点刚性支出外，其他部门本级项目支出原则上压减50%，收回预算。通过压减腾出的资金，统筹保障疫情防控、基层“三保”、民生以及经济社会发展等重点领域投入。

【严控“三公经费”等公务支出】根据省政府常务会要求，省级预算部门的“三公经费”原则上压减50%，并收回预算，其中：因公出国（境）费原则上全部收回。大力精简公务活动，可开可不开的会议一律不开，未列入计划的会议原则上不开；严格落实培训审批制度，无实质性内容的培训一律取消，原则上不得在外省举办培训；严禁无明确公务目的或实质内容的差旅活动或考察调研，严格“三公经费”及公务支出管理。

【推进“三公经费”预决算信息公开】2月11日，省直部门（除涉密部门外）向社会公开省级政府预算、专项转移支付预算、部门预算和“三公经费”预算信息等。8月28日，省级预算单位公开2019年度部门决算及“三公经费”决算。省直部门预决算和“三公经费”信息公开成为常态化工作，有效提升部门、单位加强“三公经费”管理水平。

【加强“三公经费”支出过程管理】根据中央八项规定和实施细则精神以及“三公经费”只减不增要求，省财政厅开展全口径“三公经费”支出月统计、季分析、年总结等工作，加强过程管控，压实工作责任，硬化“三公经费”支出管理。

【严格“三公经费”管理责任追究】根据巡视、审计、检查中发现涉及“三公经费”支出管理等问题，督促省直有关部门、市、县（区）财政部门建立健全“三公经费”管理责任追究机制，强化部门、单位制度执行的主体责任，促进部门、单位建立健全单位内部公务支出财经纪律执行情况的自查机制，强化内控制度的建设和管理，以制度管人、管事。

（行政处供稿）

推进省以下检察院财物统管改革

【概况】2020年，省财政厅、省委政法委、省检察院等九部门联合下发《安徽省省以下检察院财物统管改革实施方案》，从7月1日起，市级人民检察院（含广德市、宿松县）财物纳入省财政统一管理。省财政厅积极贯彻落实中央和省委决策部署，履行财政职责，做好资金保障、执行管理等各项工作，市级人民检察院财物上划省级管理顺利实施，平稳有序。

【分工落实】省以下法院、检察院财物纳入省级统一管理是本轮司法体制改革的重要内容，全省共24家省以下检察院财物上划省级统一管理。省财政厅超前谋划，联合省委政法委、省检察院等九部门下发《安徽省省以下检察院财物统管改革实施方案》，克服时间紧、任务重、人手不足等困难，统筹协调，强化政策调研，细化落实措施，实化任务跟进，以7月1日为时间节点，逐项逐人跟踪落实，有序推进各项工作。

【精心培训】省财政厅、省检察院在合肥市联合举办“省以下检察院财物省级统管业务培训班”，淮北、芜湖市等15市（含广德市、宿松县）财政局、检察院及第一批司改试点检察院分管领导、财务负责人及有关人员参加培训。会议对7月1日前上划检察院统管前期准备工作进行再动员、再部署，省财政梳理有关工作流程，下发《安徽省财政厅、安徽省人民检察院关于做好省以下检察院财物统管改革有关工作的通知》，明确完成预算执行及划转、人员工资审核发放、实有资金账户开立、公务卡办理、国库集中支付、网络信息维护、非税收入管理、资产管理和政府采购等八项具体工作，并安排省财政厅相关业务处室（局）单位人员授课，开展针对性业务培训，做好上划检察院人员业务相关准备。

【严格把关】7月1日，15家上划检察院年度预算执行在一体化系统中实现顺利衔接。针对上划初期市县检察院预算管理工作不够规范、财务人员水平参差不齐等问题，省财政积极履行资金监管和保障责任，分别发文与上划检察院和所在地财政局联合确认上划资金明细和年底资金清算明细，强化资金保障，保证资金划转有序、有据。加强对每笔预算资金规范执行的监督，及时讲解宣传省级财政资金供给政策、执行标准，强化资金安全，保证资金使用合理合规。运用会商、约谈、工作推进会议等机制，压紧压实部门预算执行主体责任，强化执行进度。按照省级部门预算编制要求，研究明确15家上划单位检察院预算编制政策、执行标准和要求等,整理分析15家上划单位检察院人员编制、非税收入及近三年决算等数据,完成经费上划办法及收支基数划转等工作,科学编制2021年省级部门预算,为推进司法体制改革打下坚实基础。

(政法处供稿　陈晋执笔)

推动教育公平和质量提升

【概况】2020年,全省各级财政部门深入学习习近平新时代中国特色社会主义思想,认真贯彻落实省委、省政府决策部署,坚持教育优先发展战略,优先保障教育投入。2020年,全省财政教育支出1261.9亿元,较上年增长3.2%,高于财政支出增幅2.1个百分点,较好实现财政一般公共预算教育支出逐年只增不减、按在校学生人数平均的一般公共预算教育支出逐年只增不减的目标。财政部第二年致函表扬全省财政教育投入工作。

【支持基础教育普及发展】加快城乡义务教育一体化发展,统筹资金99.4亿元,落实城乡义务教育经费保障机制政策,支持义务教育薄弱环节改善与能力提升,改善贫困地区学生营养状况。从春季学期起,城乡义务教育学校生均公用经费基准定额调整为年生均小学650元、初中850元。贫困地区义务教育教学点智慧学校建设全覆盖,全省"两类学校"(乡村小规模学校和乡镇寄宿制学校)达标率为100%。扩大普惠性学前教育资源,统筹资金10.5亿元,支持各地科学规划幼儿园布局,深化体制机制改革,坚持公办民办并举、多种形式扩大普惠性学前教育资源,加大对家庭经济困难幼儿资助。年末全省普惠性幼儿园覆盖率为85.3%,高于国家规定目标5.3个百分点。完善普通高中财政保障机制。统筹资金2.7亿元,支持贫困地区学校校舍改扩建,配置图书和教学仪器设备以及体育运动场等附属设施建设,推进消除"大班额"。

【推动职业教育高质量发展】贯彻落实省委、省政府决策部署,支持保障全省高职院校扩招工作,统筹资金20.5亿元,引导市县建立健全职业教育财政支持机制,落实职业教育各项改革部署。支持各地健全完善高职院校生均拨款制度、改善中职学校基本办学条件、加强"双师型"教师队伍建设,统筹推进"1+X"证书制度试点、中国特色高水平高职学校和专业建设计划等工作。

【支持高校内涵式发展】统筹资金58.6亿元,落实省属高校生均拨款政策,保障高校日常运转和事业发展需要。统筹资金11.2亿元,落实《安徽省高等学校高峰学科建设五年规划(2020—2024年)》精神,重点支持高峰学科建设、博硕学位单位立项建设及高校协同创新项目建设,支持"三全育人"试点省建设(全国8个省份)。

【推进教师队伍建设改革】统筹资金5.4亿元,支持实施"三区"人才支持计划教师专项计划、农村义务教育阶段特岗教师计划、中小学幼儿园教师国家培训计划等,落实集中连片特困地区乡村教师生活补助和乡镇工作补贴政策,改善乡村教师队伍结构,提升教师专业素质能力和教学水平,缓解乡村教师短缺问题,优化乡村教师队伍的学历结构、年龄结构和学科结构。

【支持兜牢学生资助基本民生底线】统筹资金33.8亿元,支持各地落实普通高中教育、中等职业教育、高等教育相关奖助学金、免学(杂)费补助等政策,做到应助尽助,保证建档立卡等家庭经济困难学生优先获得资助,支持兜牢基本民生底线,促进教育公平。全年惠及普通高中学生31.4万人次,中等职业教育学生61.4万人次,高等教育学生39.4万人次。

(教科文处供稿)

支持创新驱动发展

【概况】"十三五"时期,全省各级财政部门深入学习贯彻习近平总书记关于科技创新的重要论述和考察安徽重要讲话精神,落实"下好创新先手棋"的嘱托,把服务支持实施创新驱动发展战略作为财政部门重点工作,增加投入、完善政策、深化改革、提质增效,推动省委省政府创新发展各项部署落地见效。

【加大财政科技投入】全省各级财政部门坚持把支持科技创新摆在发展全局的核心位置重点保障。从全省情况看,2016-2020年,全省财政科技支出1562.3亿元,年均增幅9.3%,高于同期财政支出年均增幅1.5个百分点。全年财政科技支出370亿元,为全国第六位;占财政支出4.95%,为全国第四位。全省财政科技投入大幅增加,推动安徽科技创新在全国地位取得重大突破。安徽省近年先后获批全面创新改革试验省、合芜蚌国家自主创新示范区、合肥综合性国家科学中心、国家实验室等重大创新平台,全省科技创新进入高质量发展新时期。

【支持创新型省份建设】2017年,省政府出台《支持科技创新若干政策》,2017-2020年省财政每年安排13亿元,综合采取公开竞争立项、单位研发后补助、研发团队奖励、股权投资或债权投入等方式,聚焦支持引导企业加大研发投入、开展重大关键技术攻关、支持科技人才团队创新创业、促进科技成果转化产业化等10个方面。全省主要创新指标保持全国先进,区域创新能力为全国第8位;发明专利授权量21432件,为全国第7位。2019年R&D经费754亿元,占GDP比重为2.03%,均为全国第11位。

【支持合肥综合性国家科学中心建设】2017年1月,国家发改委和科技部批复安徽省建设合肥综合性国家科学中心，成为全国第二个获批国家科学中心的省份。省委省政府和中国科学院共同印发《合肥综合性国家科学中心实施方案（2017—2020年）》，明确省及合肥市安排专项资金，支持围绕信息、能源、健康、环境等领域开展高端研究。截至2020年末，各级财政投入138.1亿元，支持建设国家实验室、能源研究院、人工智能研究院、离子医学中心、先进光源预研等。顺利争取聚变堆主机关键系统综合研究设施大装置落地合肥，全省大科学装置有4个。

【支持“一室一中心”建设】2018年，省委、省政府出台《关于组建安徽省实验室安徽省技术创新中心的决定》，明确首批组建10个安徽省实验室和10个安徽省技术创新中心，力争到2035年培育建设一批具有国际重要影响力的一流安徽省实验室和安徽省技术创新中心。截至2020年末，安排2.17亿元，采取一次性奖励、稳定支持和绩效奖补相结合的方式，支持28个“一室一中心”发展，建设省级创新基地“先锋队”，培育创建国家创新基地“预备队”。

【促进科技金融融合】落实《安徽省科技成果转化引导基金组建方案》，支持科技成果熟化、孵化、转化。拨付省科技成果转化引导基金2亿元、累计6亿元。批复设立6支子基金总规模15.9亿元，实缴规模3.2亿元，投资金额2.9亿元。落实《全省科技融资担保机构建设方案》，专门为科技型中小微企业提供直接融资担保服务，截至年末，拨付省科技融资担保有限公司2亿元、累计5亿元，为567户科技型企业提供担保贷款30.7亿元。

【创新财政科技支持方式】贯彻国务院《关于推广第三批支持创新相关改革举措的通知》，印发《科技创新券试点推广工作实施方案》，按照“公开普惠、自主申领、资源共享、鼓励创新”的原则，在合肥市、芜湖市、蚌埠市、马鞍山市和宣城市试点推广科技创新券，引导企业加大创新投入，促进产学研合作；支持马鞍山市与长三角创新券通用通兑试点。印发《安徽省科技融资担保风险分担机制推广实施方案》，按照“政府主导、市场运作、风险管控”的原则，建立科技融资担保贷款统一管理、统一授权、统一担保的信贷新机制，提高政府性科技融资担保机构增信能力，引导金融资源助立科技创新，破解科技型企业融资难题。会同省发改委探索采取“无偿补助+股权投资”相结合方式，支持合肥综合性国家科学中心项目建设，引导社会资本投入基础研究。

【完善科技成果转化激励政策】在全省范围内实施科技成果三权改革，将财政资金支持形成的，不涉及国防、国家安全、国家利益、重大社会公共利益的科技成果使用权、处置权和收益权，下放给项目承担单位。单位主管部门和财政部门对科技成果在境内的使用、处置不再审批或备案，科技成果转移转化所得收入全部留归单位，纳入单位预算，实行统一管理，处置收入不上缴国库。完善高校院所领导干部科技成果转化收益管理，推动高校职务科技成果转化收益用于奖励科研负责人、骨干技术人员等重要贡献人员和团队的比例不低于70%。省属高校科技成果转化收益奖励实际比例平均不低于80%。

【改革完善科研项目资金管理等政策】调研省属高校、科研院所，完善省级财政科研项目资金管理改革，推进省级财政科研项目资金管理等政策贯彻落实，简化预算编制，下放预算调剂权限，提高间接费用比重，明确劳务费开支范围，改进结转结余资金留用处理方式，改革财政科技资金拨付方式，提高资金拨付效率，提高科研人员获得感和幸福感。赋予科研单位更多经费使用自主权，支持采取“定向委托”等方式，打好关键核心技术攻坚战。

（教科文处供稿）

支持“三重一创”建设

【概况】2020年，省财政统筹安排“三重一创”建设资金60亿元，按照强龙头、抓链条、搭体系的原则，支持战略性新兴产业集聚发展，推动构建现代产业体系。

【支持推进战略性新兴产业集聚发展】安排8.85亿元奖补资金，推进25个重大产业基地建设。安排3.54亿元补助资金，支持五批次重大产业工程和专项建设。支持合肥市集成电路产业集群、新型显示器件产业集群、人工智能产业集群和铜陵市先进结构材料产业集群入选国家级战略性新兴产业集群，给予0.4亿元奖励资金提升产业链供应链稳定性和现代化水平。

【支持做大做强做优股权基金体系】以资本金出资方式，注资省“三重一创”产业发展基金20亿元（累计注资80亿元）。从省财政出资省“三重一创”产业发展基金资金中切块50%，支持开展对蔚来汽车、长鑫存储等7个项目母基金直投工作。

【助力打造战略性新兴产业新引擎】统筹安排资金，支持新能源汽车、现代医疗医药产业发展。先后支持出台人工智能、生物基新材料、制造业贷款贴息（1000亿元规模）、新冠肺炎防治技术产业化等政策，延伸补齐壮大产业链。

【支持推进科技创新攻坚力量体系建设】落实扩容升级科技创新“攻尖”计划，支持加快突破一批“卡脖子”技术。安排6.29亿元专项资金，以“一事一议”方式推动企业技术创新；安排1.11亿元资金，支持创新平台建设和“创响中国”安徽创新创业大赛。

（经建处供稿）

支持打好污染防治攻坚战

【概况】2020年,省财政厅深入贯彻习近平生态文明思想,认真贯彻落实省委、省政府决策部署,树立生态优先、绿色发展理念,加大资金投入,健全体制机制,完善政策体系,全力支持生态文明建设和污染防治攻坚战。

【强化资金保障】省财政统筹安排49亿元支持打好污染防治攻坚战,有效改善全省环境质量。其中,安排水清岸绿产业优美丽长江(安徽)经济带奖补资金9亿元,统筹安排水污染防治资金15.6亿元,支持打好碧水保卫战。安排秸秆禁烧和综合利用奖补资金7.9亿元,统筹安排大气污染防治资金5.5亿元,支持打好蓝天保卫战。统筹安排土壤污染防治资金7100万元,重点用于土壤污染详查和农用地土壤污染防治相关工作,支持打好净土保卫战。

【建立多元化投入机制】坚持政府主导、财政引导、市场运作的原则,发挥市场主体的环境保护和生态修复责任,建立污染防治多元化投入机制,发展政府和社会资本合作(PPP),全省纳入财政部PPP管理库生态环境保护项目67个,总投资626亿元。参与国家绿色发展基金组建,利用外国金融组织贷款和外国政府贷款筹资32亿元,支持全省污染防治和绿色发展领域。省财政设立生态环保贷款风险补偿资金池,引导金融机构发放“环保贷”6.5亿元。通过“财金互动”发挥撬动作用,吸引社会资本支持污染防治和生态文明建设。

【创新生态文明建设体制机制】按照“谁保护,谁受益;谁污染,谁治理”原则,实施生态补偿政策,统筹安排生态补偿资金5亿元,初步构建森林、湿地、流域、空气等多领域的生态补偿政策体系。新安江机制试点成为全国跨省流域生态补偿典范。实施资源有偿使用制度,初步建立环境损害赔偿制度,探索生态产品价值转化体系。

【提高生态环保资金使用绩效】完善资金管理制度,资金分配向治理任务重点区域行业、体制机制改革创新重点地区、环境治理工作绩效突出重点地区倾斜。加强资金绩效管理,建立起分级分层分类的绩效管理制度体系,推动财政支持生态环境保护政策精准有效、资金使用安全高效。

(资环处供稿)

推进“四送一服”专项行动

【概况】2020年,省财政厅认真贯彻落实省委、省政府关于开展奋力推进全年经济社会发展目标任务完成“四送一服”专项行动工作决策部署,做好“六稳”工作,落实“六保”任务,开展“四送一服”工作,营造服务企业良好环境,圆满完成各项工作任务。深入淮南市开展“四送一服”专项行动,走访10余个重点园区20余户重点企业,实地调研1个重点工程和4个重点项目;两次深入滁州市开展集中月活动,走访调研企业7670家,解决企业问题1036个;召开线上线下政策宣讲会369场,参与企业11414家;开展各类要素对接287场,参与企业3727家,解决资金13.23亿元、用工12739人、土地5086亩。

【深度推进】省工作组与滁州市对接,召开专项行动工作对接会,围绕“六稳”“六保”要求,加强经济运行监测,抓项目稳投资,推动政策落地见效,稳定实体经济。在省工作组的推动下,滁州市启动打造“亭满意”营商环境、推进“长三角”一体化发展专项行动,各市县区把常态化推进“四送一服”双千工程作为转变工作作风、优化营商环境的重要抓手,聚焦项目推进和企业发展中的堵点难点,加大帮办帮扶力度,保障企业平稳运行。

【省市联动】联系滁州市出台《省“四送一服”赴滁州工作组奋力推进全年经济社会发展目标任务完成“四送一服”专项行动方案》,制定工作目标,明确活动内容。省“四送一服”第八工作组分成四个小组开展工作,走访调研滁州市四县、两市、两区和经开区、中新苏滁高新区等,实现区域走访企业、园区全覆盖。滁州市直单位组建6个服务企业团队和5个工作组,各县市区和各省级以上开发园区组成140个工作小组,选派和抽调参与活动的干部659名,与省工作组同步开展集中活动,做严、做实、做细规定动作,创新开展自选动作,推动专项活动取得实效。

【宣讲政策】省工作组采取宣讲会、座谈会、入户讲解等方式,为各部门各企业讲政策、送理念。宣讲习近平新时代中国特色社会主义思想和党的十九大及十九届二中、三中、四中、五中全会精神,宣讲习近平总书记考察安徽和在扎实推进长三角一体化发展座谈会上的重要讲话精神,宣传解读创新、协调、绿色、开放、共享的发展理念和“六稳”“六保”工作要求。省工作组把省“四送一服”办组织修订的《支持实体经济发展政策清单》,向滁州市企业予以发布,督促滁州市修订《市级支持实体经济发展政策清单》,细化政策内容、申报程序、负责人、联系方式等信息,提高政策宣传实效性、政策兑现操作性。

【强化监测】督促指导滁州市召开经济运行监测调度会议,落实“六稳”“六保”要求,锁定年度目标任务,强化监测预警,突出问题导向,做到以月保季、以季保年。省市县乡四级工作组走访调研临近“规上”企业和高成长性企业404家、停产工业企业108家、因汛情受灾企业13家、产值亿元以上的制造业企业359家、省级重点项目397个。省工作组“一对一”精准开展政策宣传解读和问题收集办理，针对停产企业遇到的受疫情影响、市场销路不畅和原材料上涨成本过高等问题，帮助企业拓展市场，对接线上销售渠道，通过落实包保联系机制摸清企业经营现状，"一企一策"研究解决企业用地、用钱等各类困难，为企业发展保驾护航。

【落实政策】落实联系包保和"四督四保"工作机制，实施"两重"攻坚行动，聚焦规划选址、用地、环评、审批(批准)、报建等关键节点，加大市政配套、水电接入、资金支持等推进力度，帮助项目解决问题，加快在建项目建设进度。专项行动开展期间，走访省级重点项目数量397个，解决项目建设问题51个，推动新开工省级重点项目18个，涉及投资金额37.4亿元。围绕企业普遍存在的资金、用工、土地等各类需求，主动牵线搭桥，促进各类要素精准对接，帮助企业化解一批要素制约。

【立体宣传】会同滁州市组建全方位、立体式宣传组织网络，面向企业和全社会宣传展示活动成果，通过安徽日报、安徽电视台新闻联播、省政府网站等新闻媒体，宣传解读各类政策措施，跟踪报道专项行动开展情况，营造良好氛围。在安徽新闻联播的4期专题报道中，有3期播发滁州市"四送一服"工作组开展情况。省政府"四送一服"专栏发布省财政厅牵头的第八工作组活动经验报道6篇。组织市县两级电视台等宣传媒体，全过程跟随报道，滁州新闻联播、滁州日报等播发5期专题报道，市县两级政府网站及新媒体报道工作动态318篇次。各级帮扶队伍发放"四送一服"综合服务平台名片6196张，在滁州市主要商圈和人口密集场所制作道路桁架，开展"四送一服"和"亭满意"营商环境宣传推广，扩大社会影响，提高群众知晓度，营造出支持实体经济发展的良好舆论氛围。

(企业处供稿　张铭执笔)

支持普惠金融发展

【概况】2020年，省财政厅全面贯彻党的十九大和十九届二中、三中、四中、五中全会精神，按照党中央、国务院和省委、省政府决策部署，坚持政府引导与市场主导相结合，落实创业担保贷款贴息、金融服务综合改革试点、直接融资奖励、政府性融资担保、农业保险等政策，提高金融支农、支小、支弱覆盖面，重点支持低收入人群、小微企业和社会薄弱环节，为实现安徽省高质量发展提供财政金融支撑。

【加大创业担保贷款贴息支持】通过提高贷款额度、扩大贴息范围、降低利率水平、免除反担保、简化审核程序和提升担保基金放大倍数等措施，加大创业担保贷款贴息力度，支持城镇登记失业人员、就业困难人员(含残疾人)、复员转业退役军人、刑满释放人员、高校毕业生、化解过剩产能企业职工和失业人员、返乡创业农民工、网络商户、建档立卡贫困人口、农村自主创业农民等重点群体就业创业。符合条件的个人创业者可申请最高50万元额度，财政给予全额贴息。符合条件的小微企业可申请最高300万元额度的创业担保贷款，财政按贷款合同签订日贷款基础利率的50%给予贴息。全年各级财政拨付贴息6.7亿元，发放创业担保贷款104.7亿元、近6万笔，同比增长76%，支持12万重点群体创业就业。

【开展金融服务综合改革试点】争取中央财政资金8000万元，支持滁州市、合肥市包河区开展财政支持深化民营和小微企业金融服务综合改革试点工作。两地多措并举推进试点方案落地，以推进民营和小微企业金融服务高质量发展为目标，发挥财政资金引导撬动作用，探索金融服务民营和小微企业、完善融资担保和风险补偿机制、金融综合服务及创新、金融带动发展等方面工作。

【支持拓宽企业融资渠道】省财政调剂库款10亿元，带动市县财政投入24.47亿元，服务企业短期资金周转。全年全省续贷过桥资金周转18.19次，周转金额680.77亿元以上，扶持中小微企业1.38万户。拨付资金2.56亿元，奖励拟上市企业43家、成功上市企业18家、首次股权融资7家、省科创板挂牌1572家。安排9.8亿元，支持皖北三市七县及金寨县产业园区融资发展。落实财政资金37.1亿元，支持省级政府性股权投资基金体系建设。对银行业金融机构及中央驻皖金融管理部门实施存贷款稳增长奖励政策，激励加大全省实体经济融资。

【提升政府性担保服务】完善政府性融资担保机构资本金补充机制，支持省担保集团做大做强。健全担保风险补偿机制，督促省担保集团消化代偿和不良资产处置，缓解代偿负担。推动政府性担保机构健全法人治理结构，强化内部管理，促进科学经营和可持续发展。统筹安排5亿元，用于省再担保公司注资和代偿补助。全省"4321"政银担业务新增860.7亿元，同比增长11.6%，服务企业2.7万户，平均担保费率降至0.86%。省担保集团免收再担保费2.4亿元。

【推动农业保险高质量发展】立足深化农业供给侧结构性改革，"扩面、增品、提标"，推开育肥猪保险，取消省级特色农产品保险覆盖率30%以上奖补限制，兑现2019年度省级特色农产品奖补资金9717万元。经省委深改会审议通过，省财政厅等5部门联合印发《安徽省加快农业保险高质量发展工作方案》；省政府召开全省农业保险现场会，推进农业保险增品提标扩面和高质量发展；落实省长调研座谈会精神，研究制定农业保险创新发展总体政策框架。全年拨付各市保费补贴资金20.36亿元，全省投保大宗农作物及森林14943万亩,重要牲畜667万头,为1113万户农户提供风险保障743亿元,全省大宗农作物综合投保率为95.6%。

(金融处供稿)

实施33项民生工程

【概况】2020年,省财政厅深入贯彻党的十九大和十九届二中、三中、四中、五中全会精神,贯彻落实习近平总书记考察安徽重要讲话指示精神,坚持以人民为中心的发展理念,尽力而为、量力而行,履行民生工程牵头职责,会同各级各部门合力攻坚,克服疫情、汛情等重大影响,完成33项民生工程年度目标,民意调查群众满意度为88.7%,同比提高3.5%,为夯实"六稳""六保"、决胜全面小康决战脱贫攻坚提供坚实支撑。

【优化项目安排】在对标中央要求、结合财力实际的基础上,谋划并提请省委省政府决策年度项目安排。针对疫情汛情实际,新增"安康码"应用、农村应急广播建设等项目。聚焦群众关心关切,新增出生缺陷防治、大别山革命老区中小学采暖保暖工程等内容。提请省政府与各市签订目标责任书,较上年提前一个月完成工作部署。

【强化制度建设】代拟并提请省政府印发《关于2020年实施33项民生工程的通知》,协调主管部门出台实施运行方案和资金筹措通知。贯彻国家有关民生政策意见,会同省发改委制定全省实施意见。印发《关于进一步完善提升民生工程有关工作的通知》,落实项目化精细化申报管理要求。

【加大投入规模】要求各地真正过紧日子,压减一般性支出,调整财政支出结构,加大资金统筹整合力度,发挥精准补短板和兜底线作用,保证民生投入不留缺口。通过预拨、快拨、直达等方式,全年投入民生工程资金1213.6亿元,拨付进度快于序时。

【加强调度实施】按月分析民生工程进展情况,逐项梳理盘点、逐个部门排查,将重点项目的重点指标点对点反馈市县,调度推动工作落实。结合疫情防控、积极财政政策调研,深入滁州、阜阳、马鞍山、宣城等市加强工作指导,通过常态督促、专题会商、来函承诺等实施严格调度,推动项目加速施工、及早竣工。

【主动接受监督】服务保障省人大省政协赴阜阳、池州、黄山等地实地视察,起草活动方案、提供视察素材、衔接有关方面,首次有8位省民生工程特邀监督员参与视察。定期向特邀监督员报告项目进展,适时征求意见建议。办理省"两会"有关民生工程建议提案,做好沟通、跟进反馈,推动协办件早答复、主办件获满意。

【完善绩效评价】按照省级财政绩效评价工作部署,牵头开展农村改厕、农村饮水安全、养老服务等6个民生工程项目绩效评价。规范绩效评价组织管理与结果应用,将评价报告和问题清单转交部门促进整改提升,将评价结果纳入年度省政府目标管理绩效考核。

【进行宣传引导】加强与人民网等协作,改版优化"安徽民生工程"专题网页,通过新闻发布、两会访谈、政风行风热线等宣传"十三五"民生建设、解读政策措施、公示项目进展、引导合理预期等。在专题网页发布信息4214条,总访问量为72.8万次,4.3万人次参与项目征集,发挥营造氛围、推动工作作用。

【全面完成任务】21个补助类项目补助发放到位,如困难人员救助暨困难职工帮扶,向低保、五保、困难残疾人、困难职工等发放或支付各类救助资金175亿元。完成12个工程类项目年度目标,如全省农村公路扩面延伸工程完工11560公里、县乡公路大中修项目完工3360公里。全省农村危房改造竣工10951户;完成428处农村饮水安全巩固提升工程。全省棚户区改造新开工21万套,开工率为107%;基本建成16万套,完成率为111%。完成城镇老旧小区改造875个,改造建筑面积2464万平方米,涉及26万户居民,完成投资35亿元。

(民生办供稿 梁继鸿执笔)

开展深化"三个以案"警示教育

【概况】2020年开展深化"三个以案"警示教育以来,按照省委统一部署和省纪委监委工作要求,省财政厅党组牢牢聚焦"四联四增",紧密结合财政实际,坚持高标准、严要求,精心谋划、扎实推进、狠抓落实,确保警示教育落地落实、取得实效。

【坚持高位推动】省财政厅党组高度重视深化"三个以案"警示教育,将其作为一项重大政治任务摆在重要位置,以高度的政治自觉、思想自觉和行动自觉推动警示教育走深向实。省财政厅主要负责同志主动扛责,带头谋划,先后8次主持召开厅党组会议研究部署深化警示教育有关工作,8次深入部门和基层调研,4次走访19个处室单位督导警示教育开展,全程过问、全程负责;厅班子成员带头领学促学、带头自我检视、带头立行整改,推动警示教育开展。召开省财政厅深化"三个以案"警示教育动员部署会,传达学习全省深化"三个以案"警示教育动员部署会精神,全面动员部署开展全厅警示教育。36个处室单位党支部对深化开展警示教育进行再传达、再动员、再布置。围绕省委工作方案及省直工委指导意见要求,坚持早谋划早行动,研究制定省财政厅深化"三个以案"警示教育实施方案和工作计划,细化18项工作任务,明确责任领导、责任处室单位及完成时限，并根据要求动态更新完善，按照时间节点逐项推进、逐项落实。

【抓紧理论学习】将“学”作为一项基础性经常性工作来抓，坚持原原本本学、联系实际学、剖析警示学。通过召开省财政厅党组会、厅党组理论学习中心组学习会等方式，深入学习习近平总书记有关重要论述、最新重要讲话和重要指示批示精神，学习省委深化“三个以案”警示教育有关决策部署。省财政厅党组理论学习中心组发挥示范引领作用，围绕深化“三个以案”警示教育有关内容开展4次专题研讨，厅领导交流发言19人次。各处室单位党支部利用“三会一课”、党员活动日等形式，坚持全面学和专题学相结合、集中学和个人学相结合、线上学和线下学相结合，推动理论学习走深走实。组织全厅党员干部参加省直机关党的建设和党章党规党纪应知应会知识测试，自主开展《中国共产党和国家机关基层组织工作条例》《党委（党组）落实全面从严治党主体责任规定》2次理论知识测试。召开青年干部“成才·成长·成就”主题座谈会，开展“财政青年学与思”主题征文活动，推动财政青年党员干部自省自励，坚定政治信仰。利用学习强国、安徽干部教育在线、财政青年理论e家等平台，党员干部主动加强自学，提高自身理论素养和党性修养。

【深化以案为鉴】以赵正永、张坚等违纪违法案为镜鉴，发挥身边人身边事的警醒作用，加强对党员干部的警示教育。联系近年来全省财政系统查处的违纪违法典型案例，对1名身边干部严重违纪问题及其教训警示向全厅通报，发挥“活教材”的警示震慑和教育预防作用；编印3期深化“三个以案”警示教育材料，选取11个安徽省财政系统典型案例及悔过书材料供各处室单位学习，引导党员干部对照反思，做到知敬畏、存戒惧、守底线。开展“警示教育周”活动，传达省纪委有关案件通报精神，组织全厅党员干部观看警示教育片《政治掮客苏洪波》《胡道发违纪违法案件警示录》，增强党员干部廉洁自律意识。各处室单位党支部结合自身实际，通过集中学习、参观交流、座谈讨论等方式加强廉政警示教育，引导党员干部自觉锤炼党性、提高警觉。把加强财政党风廉政建设融入深化“三个以案”警示教育中，召开全省财政党风廉政建设工作视频会议，制定省财政厅党组全面从严治党责任清单、厅全面从严治党和党风廉政建设主要任务及责任分解，做好执纪问责“后半篇文章”任务分工、厅机关纪检工作任务分解，组织全厅党员干部签订党风廉政建设责任书，全面压实责任，拉好“警戒线”。

【注重深查细照】围绕“四联四增”“四对照十检视”“十查十做”等要求，紧密联系实际，以正视问题的自觉和刀刃向内的勇气，主动对标对表找差距、查短板，把问题找准找实、把根源剖深析透。结合中央脱贫攻坚专项巡视“回头看”、国家成效考核和省委主题教育检视问题、省委巡视反馈意见等情况，省财政厅党组围绕十届省委以来政治、工作、管理、作风等方面情况，开展综合分析研判，对照标准自我画像，梳理出13个方面差距和不足，明确下一步整改方向。坚持开门纳谏，利用部门会商、调查研究、共建帮扶、走访支部、谈心谈话、网络信箱等方式，征求意见建议92条、归纳合并49条。省财政厅主要负责同志积极配合省委开展的政治监督谈话，自觉接受监督；厅领导班子成员之间、厅领导班子成员与分管处室单位主要负责人之间面对面交流思想、交换意见，对存在的苗头性、倾向性问题予以谈话提醒，开展谈心谈话51次。厅主要负责同志主持起草厅领导班子对照检查材料，厅班子成员认真撰写个人剖析材料。组织召开厅领导班子中央脱贫攻坚专项巡视“回头看”整改暨深化“三个以案”警示教育专题民主生活会，厅领导班子成员坚持把自己摆进去、把职责摆进去、把工作摆进去，对照问题找差距，提出相互批评意见。各处室单位党支部召开专题组织生活会，厅班子成员深入所在支部，查找和解决突出问题，推动在团结中批评、在批评中提升。

【推进整改整治】把整改落实贯穿深化“三个以案”警示教育始终，针对性地建章立制、堵塞漏洞，把问题改彻底、改到位，以知行合一的实际行动推动各项工作落地落实。坚持问题导向，举一反三，盯紧抓牢各类问题整改工作，推进“不忘初心、牢记使命”主题教育检视问题整改、“8+2+1”专项整治和集中治理；完成“354+N”突出问题整改承担的13项整改任务；推进省委巡视反馈意见指出的40个问题整改；完成干部选拔任用和意识形态两个专项检查反馈问题整改任务。围绕专题民主生活会上查摆的问题以及相互批评意见，结合省领导政治监督谈话指出的问题，深挖问题根源，细化实化整改举措，建立问题、任务、责任、时限“四清单”。其中，省财政厅领导班子和班子成员分别制定整改措施13项和57项，明确整改时限，形成整改台账。组织开展省级行政（包括参公管理）预算单位专用存款账户资金和厅属单位“三重一大”事项2个专项治理，核查110个部门197家预算单位专用存款账户，对1.9亿元沉淀资金分类施策，加强财政资金监管，解决资金沉淀问题；推动9个厅属单位建立完善“三重一大”决策事项制度，督促省农业信贷融资担保公司同步开展专项治理，有效传导全面从严治党责任。坚持抓常抓长，建章立制、完善机制，结合省委巡视整改，围绕支持经济社会发展、推进财政重点改革、加强财政财务管理、深化全面从严治党等方面，修订或制定《厅党组工作规则》《保基本民生工作方案》《保基层运转工作方案》《安徽省交通领域财政事权和支出责任划分改革实施方案》《安徽省级地方教育附加资金管理办法》等制度58项,扎紧制度笼子,以制度促规范、管长远,堵塞漏洞、筑牢防线。将深化“三个以案”警示教育与统筹支持常态化疫情防控和经济社会发展,与做好“六稳”工作、落实“六保”任务,与深化财政重点改革、全力保障改善民生,与推进模范机关建设、开展“双争一创”、党支部建设提升行动等贯穿融合、相互嵌入、一体推进,安徽省财政管理工作第4年获评优秀等次、获国务院通报表彰。

【压紧责任链条】坚持高标准、严要求、真担当,加强组织领导,搭建责任体系,抓实抓细深化“三个以案”警示教育各项工作,保证警示教育取得实实在在成效。省财政厅党组扛起主体责任,厅党组书记履行第一责任人责任,分管厅领导履行分管责任,其他厅领导履行“一岗双责”,厅学教办牵头抓总,各处室单位党支部班子承担本处室单位主体责任,压实每位党员干部的直接责任,形成责任具体、环环相扣的“责任链”,形成整体工作合力。结合省财政厅巡视整改工作,建立警示教育三级调度督导工作机制,厅主要负责同志每旬集中调度,不定期召开调度督导工作会议,围绕警示教育开展过程中的重点难点工作进行研究部署;厅班子成员每周专题研究,通过召开推进会、实地走访等方式进行调度督导;组成4个督导组,对处室单位开展4轮全覆盖式督导,对发现的问题和不足及时提醒并予以通报,推动警示教育各项任务不折不扣落实到位。落实厅党组与驻厅纪检监察组联系协作机制,开展会商,接受监督。每周梳理盘点警示教育进展情况,并针对下一阶段节点任务,采取“工作提示单”方式,向各处室单位发布2轮工作提示,推进警示教育开展。厅领导常态化走访处室单位,参与支部组织生活,围绕警示教育各项工作任务,全面加强对各支部的工作指导,推动警示教育取得实效。

(人教处供稿)

开展脱贫攻坚定点帮扶

【概况】定点帮扶颍东区和“双包”帮扶吴寨居工作开展后,省财政厅坚持以习近平新时代中国特色社会主义思想为指导,学习贯彻党中央、国务院关于坚决打赢脱贫攻坚战的部署,贯彻落实省委、省政府《关于坚决打赢脱贫攻坚战的决定》和《安徽省“十三五”脱贫攻坚规划》要求,坚持全面实施精准扶贫、精准脱贫方略,履行定点帮扶牵头职责,协同省体育局、省通信管理局、省银保监局、安徽新华发行集团公司、中国兵器工业第214所、人保健康安徽分公司、合肥师范学院、安徽交通职业技术学院等8家省直单位,聚焦定点帮县、单位包村、干部包户和驻村扶贫,在政策上出实招、在推进上下实功、在落地上见实效,定点帮扶阜阳市颍东区和“双包”包村取得显著成效。

截至2020年末,颍东区完成建档立卡贫困人口脱贫34377户107313人,贫困人口人均纯收入增长至11372元,增长2.47倍;完成建档立卡贫困村出列50个,贫困村集体经济收入平均增长至71.11万元,增长443.44倍,其中,9家帮扶单位驻点帮扶的12个村,在2016年、2017年提前完成脱贫任务实现村出列目标,财政定点帮扶村吴寨2017年实现村出列;2020年4月,颍东区实现“零漏评、零错退、群众满意度98%以上”的高质量脱贫退出,11月全区最后492户1480人贫困人口脱贫,贫困发生率由19.46%降至0,“贫困人口全部脱贫、贫困村全部出列、区高质量摘帽”三大目标任务如期实现。

【坚持政治引领】学习贯彻习近平总书记关于扶贫工作重要论述、在深度贫困地区脱贫攻坚座谈会以及决战决胜脱贫攻坚座谈会上的重要讲话精神,学习贯彻习近平总书记考察安徽重要讲话指示精神,学习贯彻中央关于打赢脱贫攻坚战三年行动的指导意见和省委省政府实施意见,贯彻落实省委“抗疫情、补短板、促攻坚”专项行动、“重精准、补短板、促攻坚”专项整改行动推进会等会议精神,增强“四个意识”,坚定“四个自信”,做到“两个维护”。省财政厅党组理论学习中心组12次开展脱贫攻坚专题学习,开展“认真履行财政职能 服务打赢‘三大攻坚战’”“脱贫攻坚和财政精准扶贫”等专题研讨7次,召开厅党组(扩大)会议37次,召开定点帮扶工作领导小组会议29次,传达学习贯彻中央及省委、省政府关于脱贫攻坚有关会议精神,把思想和行动统一到中央及省委关于脱贫攻坚工作的决策部署上来,把握“两个确保”要求,对照“两不愁、三保障”目标标准,围绕推进脱贫攻坚十大工程,增强政治自觉,提升政治站位,强化政治担当,落细落实定点帮扶各项工作。

【强化组织领导】成立省财政厅“双包”定点帮扶工作领导小组,厅党组书记、厅长罗建国任组长,带头谋划、亲自部署定点帮扶全面工作,领导小组下设办公室,由机关党委负责牵头衔接、统筹协调和联系对接等相关工作,农业处负责会同有关处室单位协调帮扶资金项目;将帮扶村贫困户以自然村为单位分解到各处室单位,并细化落实到具体帮扶责任人,做到处室单位全覆盖,处级干部全参与,形成群策群力、齐心协力、整体推进的工作运行机制。加强与挂职颍东区副区长(分管扶贫开发工作)、选派驻村干部的沟通联系,建立厅、区、村三级财政部门扶贫工作对接联络机制;建立定点帮扶颍东区工作联络员QQ群，传达落实省委、省政府及省扶贫办的部署要求，促进上下联络系统联动，提高定点帮扶工作效率。建立省直帮扶单位联络员制度，按期组织召开省直定点帮扶颍东区半年工作座谈会和年度工作座谈会，每季度召开定点帮扶颍东区季度工作协商会，总结工作，查摆问题，分享经验，压实责任，推进工作。

【全力推进帮扶】发挥财政职能，加大扶持力度，集中解决突出问题，增强发展活力，推动颍东区高质量摘帽。省财政厅领导82次赴颍东区调研，其中厅主要负责同志38次，深入基层一线走访，掌握颍东区经济社会发展情况，现场帮助协调解决实际困难，督导推进定点帮扶规划制定、精准识别、精准帮扶、项目推进，指导做好中央脱贫攻坚专项巡视及"回头看"反馈问题整改、扶贫资金绩效管理、疫情防控等工作。2016年以来，下达颍东区财政专项扶贫资金4.69亿元，支持颍东区聚焦解决"两不愁三保障"突出问题；下达1629万元资金，支持颍东区做好贫困人口安全饮水全覆盖工程。会商省级相关职能部门，协调解决省领导帮扶调研期间颍东区提出的对接长三角重要城市出台保就业联动政策、对扶贫种养植产业项目特别是县级以上重点项目需要调整农业用地规划时加快审批或上报流程、支持颍东区投资项目申报等3个问题，落实颍东区比照大别山连片特困地区享受有关扶贫资金政策，支持省担保集团2亿元融资授信担保、省农业信贷担保公司设立分支机构，推进颍东经济开发区扩区、20兆瓦光伏扶贫电站建设、港湾水库建设、阜蒙新河治理工程、创建国家和省级现代农业产业园等项目落地，为颍东区经济社会发展注入更多动力。

【整合聚集资源】履行定点帮扶颍东区牵头单位责任，组织定点帮扶颍东区的9家省直单位，发挥职能优势，整合资源力量，营造各显所能、合力帮扶的浓厚氛围。9家帮扶单位先后选派26名干部驻村帮扶、动员283名党员干部结对贫困户，帮扶12个贫困村实现稳定出列；开展"扶贫日"认捐活动，捐款2064.04万元；常态化采购双包定点扶贫地区农副产品价值112.1万元。省体育局围绕体育赛事扶贫、体育产业扶贫、体育设施扶贫、体育志愿扶贫、体育彩票扶贫等五大体育扶贫行动，帮扶颍东区补齐体育事业短板。省通信管理局加大对颍东区通信网络建设的扶持力度，对贫困学生家庭提速降费、赠送流量包。安徽交通职业技术学院争取省市区各类扶贫道路建设资金1981.55万元，为帮扶村修扩建道路39公里。省银保监局动员保险行业捐赠人身意外保险、农房保险、农作物种植保险。人保健康安徽分公司投入保险保障资金2900余万元，实现帮扶村贫困人口意外和猝死保险全覆盖。安徽新华发行集团公司聚焦文化扶贫，建设电子阅览室4个，捐赠笔记本电脑27台、文具1246套、图书4000余册。合肥师范学院在帮扶村中小学开展教学业务培训，中国兵器工业第214所在帮扶村建设"兵工书屋"，均取得良好社会效果。

【驻村精准帮扶】省财政厅先后选派2批4名财政干部，组成驻吴寨居扶贫工作队，奋斗在脱贫攻坚第一线。驻村扶贫工作扭住产业扶贫"牛鼻子"，投入资金2735.24万元，发展产业扶贫项目126个，推进吴寨核心区农业园区建设。打造就业扶贫"金钥匙"，通过"送岗到家"、开发公益性岗位等方式，每年帮助贫困劳动者就业300人以上。做好双基建设"好文章"，建设道路26.7公里，实现所有村民组通硬化路。争取资金294.8万元改造吴寨教育医疗条件，捐款620余万元支持正午镇和吴寨居民生事业建设。走好三变改革"新路子"，在吴寨居试点改革，流转土地7000余亩，引进新型农业经营主体12家。打好志智双扶"组合拳"，建立"脱贫致富光荣榜"，申请投放扶贫小额信贷350万元、特色种养产业奖补37.61万元。组织省财政厅干部职工捐款设立"吴寨居贫困家庭学生助学基金"，资助210名困难家庭子女。按下环境整治"快捷键"，建设幸福家园新型住宅，332户村民搬迁新居。新建群众文化活动广场10个、安装太阳能路灯500余盏。"双包"帮扶吴寨居2017年实现"村出列"，当年11月完成"户清零"，减贫284户720人，贫困发生率由16.74%降至0。村集体经济收入由"空壳村"增加到156.28万元。村民年人均收入由2014年7402元增加到22894元。首任驻村工作队长王锐获全国"五一劳动奖章"表彰，省财政厅驻村工作队被评为安徽省属单位脱贫攻坚先进集体、阜阳市优秀驻村扶贫工作队等。

【聚焦党建引领】坚持"党建+"导向，做到基层党建和精准扶贫深度融合。先后选派2名第一书记，与村"两委"班子团结协作，做到1+1大于2，发挥党支部战斗堡垒作用，担负起直接教育党员、管理党员、监督党员和组织群众、宣传群众、凝聚群众、服务群众的职责，战"贫"、抗"疫"、防汛。把"党建也是生产力"理念融入日常工作，开展基层党组织标准化建设，为脱贫攻坚提供强力组织保障。吴寨居11名党员贫困户成为脱贫示范户，从返乡大学生、退役军人和脱贫户中新发展党员9名成为致富带头人。

【聚焦精准施策】贯彻落实精准扶贫、精准脱贫基本方略，坚持"输血"和"造血"并重、"扶志"和"扶智"结合。围绕"两不愁三保障"及饮水安全核心指标，量手定制年度和中长期帮扶计划。扭住急需解决问题，加快补齐村组道路、小学、幼儿园、卫生室、水利灌溉等基础设施短板。聚焦发展薄弱环节，做大傲立莱服装厂、瓦大朝阳农场、丰海农庄、盛世牡丹等产业。覆盖所有建档立卡贫困户，实施"一户一方案、一人一措施”帮扶,引导资源要素靶向“聚集”、争取资金投入精准“滴灌”,社会认可度和群众满意度较高。

【聚焦改革创新】坚持问题导向,在健全帮扶机制上敢创新,牵头建立9家省直单位帮扶颍东区季度协调会、工作会商会和联络员等制度。制定省财政厅领导调研指导,厅、区、村三级对接联络,处室单位定点帮扶工作台账等制度。在探索稳定脱贫上勇改革,先后在颍东区实施财政配股、土地入股、资产折股试点改革,开展资产收益扶贫试点。在吴寨居开展“三变”改革试点,找准激发“三农”发展新动能。成立村级创业经济服务公司,搭建集体经济壮大的新平台。

【聚焦规划先行】坚持规划先行,下力气研究好、制定好和落实好定点帮扶规划。围绕“三年见成效、五年出成果”的帮扶目标,在调研基础上,会同省农科院、省规划院和颍东区政府有关部门,听取民意、采纳专家建议、多角度谋划,先后制定《安徽颍东区正午现代农业示范区吴寨核心区规划》《吴寨村幸福家园建设规划》和《正午镇吴寨村重点扶贫旅游发展规划》,并把监督指导贯彻始终,确保“一张蓝图绘到底”。对照“规划图”、绘好“施工图”,通过真抓实干把蓝图变成现实。吴寨居获评全国文明村镇、全国综合减灾示范社区、安徽省文明村镇、安徽森林村庄。

(机关党委供稿)

处室单位工作概述

办公室工作概述

【概况】2020年,在省财政厅党组的坚强领导下,在驻厅纪检监察组的监督指导下,在兄弟处室单位的支持帮助下,办公室紧紧围绕财政中心工作,以加强支部建设为统领,推进党建与业务深度融合,聚焦党务、政务、宣务、秘务、财务、勤务六大模块,在队伍与管理上更加聚力用劲,在律己与服务上更加用心用情,较好地完成厅党组交办的各项任务,获"省抗击新冠肺炎疫情先进集体"称号,连续8年获评"先进党支部",连续7年获评综合考核先进单位。

【强化学习引领】把准政治方向。及时跟进学习习近平总书记最新重要讲话文章以及关于财政工作重要指示批示精神,认真学习贯彻习近平总书记关于办公厅(室)工作的重要论述,巩固深化"不忘初心、牢记使命"主题教育成果,深化"三查三问",厅主要负责同志以普通党员身份到支部参学督学7次,开展支部集中学习50余次、专题研讨10余次,引导党员干部增强"四个意识"、坚定"四个自信"、做到"两个维护"。创新学习方式。围绕学习《习近平谈治国理政》第三卷等,建立"每天半小时"学习机制,全室党员领读领学,引导党员读原著、学原文、悟原理。坚持编印《一周时政》,每周梳理汇总中央、省委省政府和财政部重要会议、文件精神,及时在厅内网办公室主页发布。通过定期通报,督促全室干部利用"学习强国"、干部教育在线等平台学习,尤其是疫情初期利用"学习强国"视频会议功能开展集中学习,做到学习不间断。增强综合素养。创新开设"学习加油站",党员干部自主选择研讨主题并主讲,分享工作和生活中的感悟,交流碰撞、拓宽视野、丰富知识,动态更新完善支部阅读室,在内网办公室主页"主任推荐""秘书交流"栏目定期推荐阅读文章,切实提高全室党员干部"听说读写"的综合能力。

【强化组织保障】严格组织生活。严格落实"三会一课"、民主评议党员等组织生活制度,召开"三个以案"警示教育专题组织生活会,支部班子和成员查摆问题全部整改到位;坚持"五必谈",支部开展谈心谈话50余次;创新党日活动形式,探索开展进社区服务、到乡村调研等形式多样的活动;以"学史"为主题安排系列党课,支委成员分别就学习党史、新中国史、廉政史、财政史上党课。优化运行机制。制定支部党建工作、学习研讨、党日活动、党课等计划或要点,确保支部建设行有方向、干有抓手。严格落实党建主体责任和支部书记"一岗双责",及时调整支委成员、党建联络员等,按时按规定完成支部换届选举工作。健全完善支部会议运行机制,组建横向事业部,动态完善党建AB岗制,细化党建任务分工,将党建工作压实到每名党员身上,形成人人参与、人人有责的良好氛围。加强基础管理。巩固基层党组织标准化建设成果,深入开展模范机关创建和"双争一创"活动,制定并落实支部党建工作"三个清单",开展党员组织关系集中排查,做好年度党费核定工作,动态更新支部基本情况表、党员名册、组织机构图,发展党员1名,开展支部基础工作自查自纠,支部被推荐申报省直机关基层党建工作"领航"计划示范库。

【强化担当作为】加强决策参谋。精心服务厅党组开展政策调研,建立调研日志,组织开展政策业务学习7次、学习重大政策文件16个,认真做好总结、报告等各类综合材料起草、整理工作,扎实做好厅党组会及厅长办公会的组织协调、会议记录、编发会议纪要等服务工作,积极发挥参谋助手作用。加强政务协调。坚持依法履职尽责、开门理财,牵头办理人大建议327件、政协提案214件,办结率和满意率均为100%;牵头做好习近平总书记考察安徽重要讲话指示精神贯彻落实、省委常委会工作要点等重大专项督办工作,完成省委、省政府日常督查督办事项265件;主动公开财政政务信息2332条,办理网友回复5132条;妥善处理群众来信来访事项52件(次)。加强舆论引导。严格落实意识形态工作责任制,建立读网读报工作机制,及时掌握舆情动态,建立政务新媒体政民互动机制,及时回应群众关切。发布政务微信微博信息1200余条、原创519条,在主流新闻媒体组织宣传报道近200篇(次),编发报送各类信息267条、省委省政府及财政部采用115条,采用情况在省直部门和全国财政系统均位居前列。加强运转保障。扎实做好公文运转、机要保密、档案利用、值班值守等工作,在服务保障财政应对疫情工作方面,春节期间班子成员全体停止休假,党员干部全程在岗,服务印发涉及疫防文件38个,及时跟踪落实各类督办任务143件,累计收发文件近500件,服务厅党组开展疫情防控、复工复产等财政重点工作调研,全程服务联系包保督导,推动财政疫防工作落地见效,6名党员在财政疫防工作中表现突出获评厅优秀共产党员。

【强化作风建设】优化工作作风。认真践行"三严三实",严格落实中央八项规定精神、省委实施细则和厅党组实施办法,牵头制定并落实力戒形式主义官僚主义32项举措和正负面清单,巩固为基层减负成果,开展作风建设专项教育整顿工作,压减文件、会议、督查考核,全厅规范类、通报类、议事协调机构成员类文件下降11%,会议下降12.5%。落实过紧日子要求,严格压缩一般性支出,办公耗材实行网上商城比价采购,建立资产公物仓,调剂盘活闲置资产,厉行勤俭节约。深化效能建设。牵头出台关于新时代加强财政效能建设的实施意见,印发贯彻落实《省直单位效能建设2020年工作要点》的意见,制定厅效能建设工作方案,牵头开展明察暗访16次、印发通报4次,落实作风效能内部自查,在省直及中央驻皖单位效能办主任培训班作交流发言。联系服务群众。财政窗口实行7*24小时不打烊"随时办"服务,受到国务院办公厅《政务情况交流》(第41期)通报肯定,全年7人次获"服务之星"称号。扎实推进支部结对共建、定点帮扶、会商工作,保持同社区党支部的常态化联系,积极发挥在社区挂职党员的联系纽带作用,宣传财政政策、帮助做好防疫工作等,支持大夫第社区建立"孝资金"项目,救助社区困难人群150余人。

【强化纪律约束】严格廉洁教育。认真开展深化"三个以案"警示教育,注重以身边事教育身边人,开展"警示教育周"活动,观看廉政警示教育片,组织党员参观"江淮廉风——安徽廉政文化展",全室党员签订并落实党风廉政建设责任书,用好监督执纪第一种形态,加强廉政风险防控,筑牢廉洁从政底线。严格内控监督。牵头制定"三重一大"事项决策制度实施办法,修订完善《办公室内部控制操作规程》,加强日常走访巡查和监督管理,强化支部纪检委员专职监督,鼓励党员干部发挥党内监督作用,积极开展厅党组政治巡察未巡先改工作。扎实服务省委巡视整改工作,完成办公室牵头整改任务。严肃财经纪律。带头落实财经纪律要求,牵头出台厅属单位财务集中统一核算管理办法,完善并严格落实财务定期分析通报机制,规范资产购置、使用和处置管理,按时公开全厅预决算和"三公"经费信息,制定采购支出、会议费、培训费等"1(基本流程)+10(单项流程)"的财务报销流程手册,实现厅机关和厅属单位预算编制、审核标准、报销流程统一化、规范化。

(办公室供稿)

综合处工作概述

【概况】2020年,在省财政厅党组的正确领导下,综合处严格落实全面从严治党要求,认真履行财政综合职责,圆满完成各项工作任务。

【推进支部党建工作】加强思想政治建设,深入学习习近平新时代中国特色社会主义思想,提升党员干部政治理论素养,全年组织集中学习52次,开展专题研讨15次,撰写心得体会37篇。加强支部意识形态建设,落实全面从严治党主体责任,把意识形态学习教育纳入"三会一课"、党员活动日等组织生活中。组织党内法规学习,开展以案示警教育,学习"最美公务员"先进典型事迹,推进"两个责任"同步落实。加强支部组织建设,经过全体党员大会推荐,产生新一届综合处支部组织。定期公开党费收缴情况等党务信息,召开"三个以案"警示教育专题组织生活会,开展谈心谈话活动6次,党员活动日活动12次。开展模范支部建设,落实机关党建专项排查治理主体责任。加强党建过程管理,做好"三会一课"、党员活动日、联系帮扶群众、支部书记述职述廉、党费管理等工作,加强台账建设,做好纪实记录,做好支部标准化建设工作。加强党风廉政建设,深入推进"三个以案"警示教育,制订工作计划,推进整改,深化成果运用,制定执行综合处"三重一大"议事规则、综合处转移支付资金拨付流程等制度,学习问题通报和违纪违法案例。加强对"关键少数"干部的管理。执行请示报告制度和民主集中制度,开展支部及处级领导干部"四对照四检视"整改工作,组织支部及3名处级领导干部进行自我剖析,梳理并整改存在问题。加强作风效能建设,贯彻落实中央八项规定精神及省委实施细则,认真学习中央纪委十九届四次全会及省纪委十届五次全会精神,对照省财政厅党组要求和当年政治巡察处室单位反馈问题,组织开展巡察反馈问题未查先改工作"回头看",对照反馈问题,逐一分析排查。加强对党员干部的日常监督管理,常态化执行《综合处作风效能建设日常监督自查制度》。

【做好财政"十四五"规划编制工

作】成立财政"十四五"规划编制办公室,各成员处室专人负责规划相关部分撰写工作。聚焦十九届五中全会精神、省委省政府重大决策部署以及财政中心工作,加强与财政部、省直有关部门的沟通联系,做好全省财政"十四五"规划与省国民经济和社会发展规划、财政部"十四五"规划协调衔接。多次召开规划编制工作协调推进会议,总结回顾"十三五"财政改革发展成就和经验,分析研判"十四五"财政改革发展面临的形势,明确发展目标任务,谋深谋实发展思路和举措。省财政厅党组书记、厅长罗建国亲自主持召开部分市县财政局长、人大代表、政协委员等专家学者座谈会,倾听民声、集中民智、体现民意,保障财政"十四五"规划编制的科学性、民主性。

【推进全面深化财政改革】细化分解省委深改委年度改革工作要点任务,加强与省委改革办、省专项改革小组对接联系,协调服务牵头改革任务处室,推进改革任务落地落实,完成年度3项重点改革任务。开展党的十八届三中全会以来全面深化财政改革总结评估,梳理2014年以来财政牵头完成的63项重点改革任务,形成高质量总结评估报告。

【落实降费政策支持防疫促稳】疫情期间,在全国率先出台免征药品和医疗器械产品注册费政策。减半征收按照行政事业性收费管理的特种设备检验检测费;免征港口建设费、文化事业建设费和国家电影事业发展专项资金,减半征收船舶油污损害赔偿基金;对经批准占用城市规划区内道路经营的单位和个人,免征城市道路占用费,助力企业复工复产。调整省福彩中心、省体彩中心支出结构,先后安排下达2033万元防疫资金,提升全省彩票销售机构和代销网点防疫能力。更新调整《安徽省行政事业性收费目录清单》《安徽省涉企行政事业性收费目录清单》和《安徽省政府性基金目录清单》。规范执收部门收费行为,督促市、县(区)财政部门开展降费政策落实情况自查和重点抽查,严把收费立项关。做好地方水利建设基金政策评估工作,争取水利建设基金征收政策延续。规范收费公路管理,修订收费公路设站收费审批程序规定。

【推进收入分配和事业单位改革】落实国家出台的新冠肺炎疫情防控有关工资津补贴政策,保障抗疫一线医疗卫生人员工资待遇。加大对基层干部的关心关爱力度,提高乡镇工作补贴标准,向条件艰苦的偏远乡镇和长期在乡镇工作的人员倾斜。开展年度省直机关事业单位一次性工作奖励审核、兑付工作,推进政策落实。贯彻落实国有企业工资决定机制改革政策,配合省人社厅审批多家商业类、文化类国有企业工资改革实施方案。推进事业单位分类改革,审核批复事业单位人员过渡安置方案,做好中央深化事业单位改革试点有关工作。

【加强土地出让收支和住房、房改资金管理】做好《关于调整完善土地出让收入使用范围优先支持乡村振兴的意见》牵头落实工作,统计分析"十三五"期间全省和16个市的土地出让收支数据,开展土地出让收支情况调研,梳理总结9个方面政策问题,提出初步贯彻建议。关注全省土地出让收支形势,分析预测全省土地市场及收入变动,撰写分析报告。组织开展2019年度城镇保障性安居工程财政资金绩效评价,绩效评价结果被列为"优秀"等次。赴合肥市开展住房租赁市场发展试点工作调研,督促指导合肥市管好用好中央住房租赁市场发展试点奖补资金,推动构建住房租赁市场健康发展的体制机制。加强房改资金管理,组织实施2019年度省直驻肥财政供给单位住房货币化补贴资金申报、审核、兑付工作,下达资金2.53亿元。

【深化政府购买服务改革】履行省级预算安排政策购买服务项目的审核责任,严格政府购买主体、购买内容,规范政府购买服务行为,发布《2020年安徽省级预算安排政府购买服务实施目录》。指导省直部门和各市财政部门完善政府购买服务目录,支持培育社会组织,力促事业单位改革。完善"安徽省政府购买服务信息平台"功能模块,做好政府购买服务信息公开,定期开展各市政府购买服务工作实施情况总结交流,推进政府购买服务工作。

【推进财政电子票据改革】印发《关于全面推进我省财政电子票据管理改革工作的通知》,启动市县财政电子票据管理改革。组织开展票据管理系统应用培训,多次组织有关部门单位召开工作推进会、座谈会,研究解决公安交警违章处罚用票、省级医院电子票据实施过程中的堵点难点问题。全省公安交警系统违章处罚、省属6家医院上线票据管理系统。省本级单位上线率为95%以上,8个市上线运行,5个市本级及部分所属县区上线运行,涵盖非税、往来、社团、医疗门诊、医疗住院6种票据。

【加强彩票市场监管】制定彩票专项整治工作方案,成立专项整治工作组,组织省体彩、福彩中心开展自查,牵头组成调研检查组,赴市县督查相关政策落实情况,形成专题报告。牵头组织建立"122"协调联系机制,履行彩票监管工作小组牵头部门责任,组织成立由省委网信办等7家单位参加的非法销售彩票工作小组,研究制定《安徽省"122"联系机制彩票监管工作小组工作方案》,明确成员单位工作定位和职能分工,召开工作小组会议,总结报送工作开展情况。针对财政部安徽监管局反馈的彩票检查问题线索,组织专人赴省福彩中心、省体彩中心进行现场指导,核实问题线索,制订整改措施。

(综合处供稿)

税政条法处工作概述

【概况】2020年,税政条法处按照省财政厅党组的部署和要求,围绕财政中心工作和改革重点目标,坚决贯彻落实减税降费和税制改革,支持疫情防控保供、企业纾困和复工复产,推进财政法治建设,总结“七五”普法成果,完成全年各项工作任务。

【落实减税降费政策】落实国家疫情防控保供、企业纾困和复工复产各项减税降费政策,全省新增减税降费681亿元。加大政策宣传,营造良好舆论氛围,将政策在门户网站公开。分类梳理编发《安徽省“六稳”“六保”财政政策清单》,通过“安徽财政”微信公众号向社会公众宣传。动态更新《安徽省财税优惠事项清单》,在门户网站减税降费专栏发布《新冠肺炎疫情防控税收优惠政策指引汇编》《2020年安徽省省级财政惠企政策指南》。细化配套政策,支持企业复工复产,出台关于疫情防控期间房产税和城镇土地使用税困难减免政策,对疫情防控期间房产税、城镇土地使用税实行困难减免,审核发布符合防控新型冠状病毒感染的肺炎疫情进口物资免税政策单位名单,支持防疫物资进口。加强政策调研,了解政策堵点和企业面临困难、在减税降费政策方面的诉求及对减税降费政策的知晓程度和享受情况,向财政部提出政策建议。加强政策评估,推动政策落到实处,制定《关于疫情防控及复工复产减税降费政策实施效果评价调查方案》,组织对全省市、县(区)财税部门开展减税降费政策落实情况问卷调查,委托省统计调查队按照“国民经济行业全覆盖、地市全覆盖”的原则,落实2100户有效问卷,对全省疫情防控及复工复产减税降费政策实施效果开展第三方评估,对防疫物资企业开展专项评估调查,向财政部报送《关于安徽省减税降费政策落实情况的评估报告》。

【完成资源税法实施工作】《中华人民共和国资源税法》于9月1日起正式施行,省财政厅牵头会同相关部门,克服疫情影响,启动相关工作,制定实施方案,建立协作机制,开展全省资源税摸底调查,选取238家企业调研测算。在广泛征求省直相关部门、各市政府、重点企业、行业协会意见的基础上,借鉴全国各省做法,提出授权事项拟定建议,经省政府第107次常务会议研究同意,省第十三届人大常委会第二十次会议通过《关于安徽省资源税具体适用税率等事项的决定》,并向社会公布。会同省税务局等部门联合制定《安徽省资源税实施细则》,对全省资源税的优惠事项认定、部门配合机制、涉税信息共享等事项作明确,规范全省资源税征收管理。

【推进契税法和城建税法实施准备工作】《中华人民共和国契税法》《中华人民共和国城市维护建设税法》均将于2021年9月1日起施行,两部税法对省级均作出授权。为做好安徽省两部税法实施的准备工作,省财政厅会同省税务局分别制定全省贯彻落实工作实施方案,就授权事项对各市财税部门初步征求意见。

【开展税法立法调研】结合全省实际,就《增值税法(征求意见稿)》和《消费税法(征求意见稿)》两次提出意见建议,部分意见建议被财政部吸纳。

【争取特定税收优惠政策】对全省“三重一创”建设和科技“攻尖”计划标志性、引领性重大项目,省财政厅积极谋划,明确专人负责跟进,克服疫情影响,协调相关部门和企业研究政策方案,多次向财政部汇报,争取政策支持。为合肥维信诺等重点企业获取财政部给予分期纳税的优惠政策,并在政策期限、执行方式上给予最优惠的倾斜。发挥牵头作用,加强与合肥海关和省税务局会商沟通,在争取财政部支持后,通过采取担保放行的方式,允许企业免缴进口环节增值税,待国家政策批准后,再按统一政策执行,为企业和合肥市减轻资金压力。

【争取设立海关特殊监管区】支持省内海关特殊监管区优化升级,6月18日,国务院批复同意安庆(皖西南)保税物流中心(B型)扩区升级为安庆综合保税区,成为全省第五个获批的综合保税区。4月17日,省财政厅会同合肥海关等部门,对合肥经济技术开发区综合保税区进行验收,6月19日正式通过海关总署验收审核。支持芜湖申报设立空港保税物流中心,做好与财政部对口司局的沟通协调。

【开展各项认定】省财政厅牵头省税务局、省民政厅对相关认定文件作出修改,抽调部分市财税业务骨干开展年度非营利组织免税资格认定工作,安徽省医疗器械行业协会等36家、安徽省物业管理协会等52家社会组织分别获得2019年度、2020年度省级非营利组织免税资格,享受企业所得税优惠。会同省税务局、省民政厅审核并公布安徽省2019年度第一批、第二批获得公益性捐赠税前扣除资格的公益性社会团体名单(共94家)。配合省科技厅开展年度高新技术企业认定工作,3744家企业获高新技术企业资格。

【做好财政普法工作】在全省财政系统开展“七五”普法总结验收,总结普法经验,宣传先进典型。落实“谁执法谁普法”普法责任制。制定《2020年度全省财政系统普法责任清单》,明确41个财政重点普法的法律法规和规章名称,提出财政普法工作阶段性目标任务和要求。梳理财政工作相关法律法规。形成《财政法律法规汇编》,发送至省财政厅各处室、单位供学习参考。梳理新冠肺炎疫情防控相关的法律法规,形成《新型冠状病毒感染肺炎疫情防控相关法律法规内容选编》。加强宪法宣传,制定印发《安徽省财政厅"宪法宣传周"活动方案》,组织开展"12·4"国家宪法日活动和"宪法宣传周"活动,举办习近平法治思想、宪法学习辅导讲座,组织全厅干部职工及市县财政局法治科长参加宪法法律知识测试,宣传宪法、民法典、《预算法实施条例》等。开展民法典普法工作,赴合肥市庐阳区南河湾社区、阜阳市颍东区吴寨进行现场宣讲。

【建立以案释法制度】选取与财政行政行为密切相关的复议、诉讼典型案例,提炼基本案情、争议焦点、工作启示,做到通俗易懂,重点突出,每月编印《以案释法案例精选》发全厅干部职工,建立以案释法常态化工作机制,编印32期。

【举行全省财政法治工作培训班】安排全省财政系统法治业务骨干、省财政厅法治联络员专题学习习近平法治思想、宪法、民法典、预算法实施条例、财政涉法涉诉典型案例等,提高财政干部依法行政能力。

【开展执法案卷评查工作】对各市执法案卷进行打分评查,交流执法工作经验。

【开展法治活动】在全省财政系统开展第六届"法润江淮 共筑美丽安徽"法治漫画、故事、微视频作品征集大赛,向省法宣办报送"以法为'谱'以尺为'钢'"、"把准法律尺度 打好财政算盘"法治漫画、"预算法'大管家'"微动漫等作品。其中,"以法为'谱'以尺为'钢'"获优秀奖。

【做好财政用法工作】落实合法性审查机制,对200件文件出具合法性审查意见(其中,重大事项70件,信息依申请公开69件,法律文书61件)。做好规范性文件备案工作,落实《安徽省行政机关规范性文件备案监督办法》,向省政府报送23件财政规范性文件备案。做好文件征求意见工作,对财政部条法司、省人大常委会法工委、省司法厅等部门转来的77件法律法规、规章和制度文件征求意见稿牵头提出反馈意见。

【做好涉法涉诉事项管理】依法做好行政复议、行政应诉工作,严把案件办理"事实关""程序关""时限关"。全年办理行政复议案件16件,行政诉讼案件12件,未出现省财政厅作出的行政行为被复议机关撤销或者被法院判决败诉的情形。发挥法律顾问作用,法律顾问实行工作日坐班制,全年审查国有资产转让、股权转让、基金设立等方面的制度文件和提供工作咨询150余件(次)。

【做好财政行政执法人员管理】做好财政行政执法考试服务工作。举办全省财政系统行政执法人员资格认证专门法律知识考试,为省财政厅有关处室参加全省行政执法人员资格认证通用法律知识考试做好考前准备工作。做好财政行政执法人员培训工作。加强与省司法厅沟通联系,组织财政干部参加全省行政执法通用法律知识培训。做好行政执法证件新发及换发工作,办理执法资格证件年审工作,保障财政执法工作需要。

【做好文件清理工作】在前期第一阶段文件集中清理的基础上,牵头对新中国成立以来到2018年底,以省财政厅名义印发的政策性文件进行全面集中清理,清理文件2787件。根据清理结果,收集、整理现行有效的政策性文件,编制《安徽省财政厅政策性文件汇编(1979—2019)》电子版,供省财政厅内各处室单位查阅。按照省司法厅等部门的统一要求,做好优化营商环境和妨碍统一市场和公平竞争政策文件专项清理工作。梳理待清理文件877件,逐件分解到26个起草责任处室,反馈《妨碍统一市场和公平竞争专项清理情况表》等清理结果。梳理现行有效财政规范性文件145件。

【开展制度执行力排查】按照省财政厅党组《关于印发〈省委第七巡视组对省财政厅党组巡视反馈意见整改工作方案〉的通知》中关于开展制度执行力排查有关工作要求,印发《〈安徽省财政厅关于开展制度执行力排查工作的方案〉的通知》,组织全厅各处室单位对本部门制度执行情况进行排查。

【促进党建业务融合】抓支部政治建设,全年召开支部政治学习35次,研讨22次,交流学习体会。部署学习《中共中央关于加强党的政治建设的意见》等制度文件,落实省财政厅党组加强党的政治建设重点工作举措分工。制定《贯彻落实厅"建设模范机关"措施任务表》,明确21项任务举措,开展模范机关建设。坚持全员抓党建,统筹推进。抓支部思想建设,落实意识形态工作责任制。采取个人领学、绘制思维导图等方式,推动支部党员干部读原著、学原文、悟原理,开展研讨,交流学习体会。巩固深化"不忘初心、牢记使命"主题教育成果,制定16项具体落实举措。开展对党忠诚教育、爱国主义教育和"四史"教育。落实谈心谈话制度,全年谈心谈话20次。抓支部组织建设,落实党建工作责任制,党支部书记落实"一岗双责",业务和党风廉政建设两手抓两促进。按照基层党建工作"领航"计划和"双争一创"标准,推进支部标准化规范化建设。主题党日形式多样,"三会一课"按照规定要求组织,先后讲授"深入学习十九届四中全会精神 积极推进财政制度体系建设""学习习近平总书记在中央政治局第二十次集体学习上的重要讲话精神 深入学习贯彻民法典""共产党员要讲党性、重品行""中华民族的民族精神"等党课。在支部会上开展保密安全教育5次。召开支委会、支部党员大会研究减税降费、财政制度建设、财政法治建设等工作,推进党建和业务融合发展。抓支部作风建设,按季度报送处领导班子和领导干部"三查三问"自查自纠"三个清单",对于查摆出的问题,明确整改措施、责任人员、完成时限。支部党员干部无“不作为”“慢作为”“乱作为”“任性为”等现象,遵守作风效能规定,精神面貌良好。开展在职党员进社区活动,新进人员到社区报道,赴南河湾社区宣传民法典。坚持和完善每月月初总结及下月计划清单制度,细化实化党建、业务工作清单、责任清单。抓支部纪律建设,推进反腐倡廉,开展“警示教育周”活动,开展深化“三个以案”警示教育,落实联系协作机制,向驻省财政厅纪检监察组报送减税降费落实情况等材料。围绕“不忘初心、牢记使命”主题教育查摆的7个问题和省财政厅党组支部巡察问题通报,列出具体整改举措,做好未巡先改工作。

(税政条法处供稿 杨玉林执笔)

预算处工作概述

【概况】2020年,面对新冠肺炎疫情、洪涝灾害叠加冲击的复杂局面,在省财政厅党组的正确领导下,预算处坚持支部党建和预算业务融合发展,完成各项工作任务。牵头负责的财政管理工作在财政部考核中第5年获国务院表彰激励;全省县级财政管理绩效综合评价平均得分第3年为全国第1位。

【注重政治理论学习】把讲政治放在首要位置,围绕习近平新时代中国特色社会主义思想、党的十九届五中全会精神等开展理论学习,全年组织支部集中学习20次、党小组学习72次,支部书记讲党课4次,集中学习时间、人员、内容落实到位。创建支部党建学习阵地,设置支部“读书角”,利用党小组机动灵活优势加强日常学习,综合运用“两微一端”,鼓励读党的理论著作,读财政预算前沿理论,营造支部学习氛围。结合深入学习《习近平谈治国理政》第三卷等,开展“支持疫情防控与经济社会发展”“落实意识形态责任制”等专题研讨12次,运用党的科学理论推动事业提升,在落实“六稳”“六保”任务、贯彻落实过紧日子要求、落实资金直达机制等重点工作上下真功夫。

【注重支部基础建设】严肃党内政治生活,申报基层党建工作领航库,执行“三会一课”等制度,落实支部“三重一大”集体议事决策机制,全年开展党员大会9次、支委会会议12次,组织召开支部专题组织生活会1次。落实“六必讲、五必谈、三必访”,开展各层级之间谈心谈话46次。注重发挥“关键少数”作用,落实“一岗双责”,按规定进行支部换届选举,支部班子带头开展党建活动、参与学习研讨、开展批评与自我批评,省财政厅领导以普通党员身份多次参加支部学习研讨并作重点发言。丰富组织活动,创新形式开展“党员活动日”,组织党员干部参与爱国主义教育、服务社区志愿活动,参与消费扶贫。培养1名入党积极分子,准备发展为预备党员。处室新入职同志经过教育培养,递交入党申请书,向党组织靠拢。

【注重作风改进提升】贯彻落实中央八项规定精神、省委实施细则和省财政厅党组实施办法要求,结合深化“三个以案”警示教育活动,经常性开展廉政建设专题教育和作风建设专项教育整顿工作,力戒形式主义、官僚主义,巩固扩大党风廉政建设工作成果。强化支部内控,开展内部管理制度建设“回头看”,修订《内部管理规程制度汇编》,梳理归纳支部党建、日常运转、资源管理等具体制度3大类12项,分类分项优化管理规程。紧盯重大节日等关键节点开展廉政谈话。强化未巡先改,对照兄弟处室党支部巡察发现问题,开展支部、党小组、个人多层次广覆盖的排查。加强与处室单位的会商沟通,了解对预算工作的意见建议,结合开展“三查三问”,深入查摆问题,务实整改举措,落实到岗到人。

【注重收支平稳运行】落实过紧日子要求,出台严把关口过紧日子文件,制定工作方案,压减一般性支出,除重点刚性支出外,其他省本级项目支出同步压减。开展省级专用存款账户资金治理,盘活财政存量资金,对因疫情等影响可暂缓或不再开展的项目,以及超期限的结转结余资金,一律收回预算,统筹用于疫情防控、基本民生等重点领域。抓好收入预期管理,应对疫情冲击影响,加强收入预期管理,强化收入调度,加强对重点行业、企业和地区的财政经济情况分析,财政收入降幅逐步收窄,全年一般公共预算收入增幅实现转正,财政运行保持总体平稳。强化预算执行,硬化预算约束,严控预算调剂事项,无大事急事要事原则上不办理预算追加。强化预算执行通报,按月通报省直部门和市县预算执行进度,加强预算执行考核挂钩,提升预算执行效率,保障重点领域支出。

【注重服务支持发展】支持疫情防控、防汛救灾和经济社会发展,动支省级预备费用于疫情防控,配合兄弟处室,落实政策,下达资金,支持全省疫情防控和防汛救灾取得全面胜利。做好省财政厅“六稳”“六保”牵头工作,细化分解工作任务,明确落实举措。争取中央直达资金支持,中央下达全省特殊转移支付和抗疫特别国债资金的份额居全国前列。制定资金分配方案,所有资金省级一分不留,6月底全部直达市县基层。兜牢兜实“三保”底线,起草保基本民生、保基层运转工作方案,以省委办公厅、省政府办公厅名义印发执行。制定县级基本财力保障测算范围和标准,组织开展县级“三保”预算编制审核和情况自查,督促指导市县用好特殊转移支付和抗疫特别国债资金,守住“三保”底线。

【注重强化改革实效】完善省以下财政体制,牵头实施省以下重点领域财政事权和支出责任划分改革,落实留抵退税分担机制,省级垫付65亿元,缓解市县财政退税压力。加大对市县转移支付力度,支持提升市县财力水平和基本公共服务保障能力。规范预算管理,编制2021年预算,第五年实现省市县乡四级财政一体布置,第八年组织实施省级预算评审论证,强化运用零基预算理念,推进预算管理一体化建设。落实预算绩效管理要求,建立绩效评价结果与预算安排和政策调整挂钩机制,压减低效无效支出。加大预算统筹力度,编制省级2021—2023年中期财政规划,推进预算公开,实现公开规范化、常态化、制度化。坚持依法理财,印发贯彻落实预算法实施条例的通知,向预算部门和市县提出要求,推动条例各项规定落到实处。写好预算报告、执行报告和决算报告,牵头做好"两会"服务工作,推进预算联网监督,争取代表委员对财政工作的理解和支持。服务审计整改,履行省领导经济责任审计、财政收支审计、疫情防控资金和捐赠款物专项审计等牵头职责,推动审计问题及时整改、对单销号。

(预算处供稿 周剑峰执笔)

预算绩效管理处工作概述

【概况】2020年,在省委、省政府的高度重视和高位推动下,在省财政厅党组的坚强领导下,在各兄弟处室的支持帮助下,预算绩效管理处紧盯省委、省政府"两步走"战略部署,推进预算绩效管理各项工作,圆满完成年度改革任务。

【坚持党建引领】强化政治理论学习,组织全处党员干部集中学习31次,撰写心得体会、学习研讨综述20余篇。学习党章党规,学习习近平新时代中国特色社会主义思想,学习党的十九届五中全会和习近平总书记考察安徽重要讲话指示精神,及《习近平谈治国理政(第三卷)》等,引导教育党员干部加强意识形态建设,提升政治觉悟和理论素养。严格支部组织生活,落实"三会一课"等组织生活制度,全年召开党员大会6次、支部委员会和支部会议17次,支部书记带头上党课4次,召开"三个以案"警示教育专题组织生活会1次,开展党员活动日12次,开展谈心谈话17次。营造团结紧张严肃活泼的支部氛围,增强支部凝聚力和战斗力。健全支部议事和决策机制,坚持民主集中制,制定《绩效处"三重一大"制度》,民主决策。加强支部标准化建设,落实党支部标准化建设要求,建立支部"三查三单"工作台账,分类完善支部工作档案,落实分工负责机制,动态收集、整理和归档。

【强化廉政作风建设】加强党风廉政建设,开展党风廉政专题学习研讨16次,谈心谈话7次,组织党员干部学习贯彻《廉洁自律准则》《纪律处分条例》,落实"一岗双责",做到未巡先改,制定支部管理制度,细化落实监督执纪第一种形态,开展"三个以案"警示教育,集中观看廉政警示教育片,用身边人身边事,警示教育党员干部时刻加强自警自省自律。强化内控管理,修订《绩效处内部控制操作规程》,完善廉政风险防控机制,明确39个风险点和22项防控措施。制定《绩效处工作人员守则》,健全工作分工,实行AB岗,严守效能建设"八项规定"。夯实工作作风,组织6名党员进社区参与志愿服务活动,深入10个市(县、区)和22家省直部门宣讲绩效政策、开展业务指导,听取意见建议。参加寿县许寺民族村结对共建、颍东区吴寨居"双包"定点帮扶等。

【深化绩效改革】健全工作机制,成立省预算绩效管理工作领导小组,建立财政、审计联席会议制度,健全省财政厅内领导机制,修订完善内部工作规程。完善制度体系,先后制定出台涵盖事前绩效评估、绩效目标管理、绩效运行监控、绩效评价、绩效结果应用和工作考核等14项制度办法和工作规程,基本建成全流程制度体系。建成涵盖16类共性项目、425条共性指标,以及16个行业领域、84个行业类别、340个资金用途、6400余条分行业分领域分层次核心指标的《安徽省省级预算绩效指标库(2020年版)》。强化全程管控,拉紧管理闭环。将绩效管理深度融入预算编制、执行、监督全过程,实施事前事中事后闭环管理。事前突出绩效导向,组织对22个项目开展事前绩效评估,涉及资金30.2亿元。实施预算部门整体、项目和省对下转移支付绩效目标编制全覆盖,实现与预算编制、审核、批复"三同步"。事中实施绩效监控,实施绩效目标实现程度和预算执行进度"双监控",实现部门整体和项目绩效运行监控全覆盖。事后强化绩效评价,出台《安徽省省级项目支出绩效自评操作规程》和《安徽省省级项目支出绩效财政评价和部门评价操作规程》,组织开展21个2019年省级预算支出项目财政绩效评价,覆盖"三大攻坚战"、"三重一创"、制造强省、创新发展、新冠肺炎疫情防控等重点领域以及重点民生工程项目,涉及资金规模230亿元。向重点领域拓展延伸,抓好涉企资金绩效。制定《关于进一步完善省级财政涉企项目资金管理工作机制的通知》和《关于2020年省级涉企系统预警项目资金内部审核(试行)有关要求的通知》,对58项涉企资金中的5923个预警项目开展实质审核,涉及资金41.4亿元。开展工作大督察,推进改革"回头看",推动各地各部门落实主体责任,推进改革任务落细落实落地。

【强化结果应用】从重点绩效信息公开、绩效问题反馈整改、绩效评价结果挂钩、绩效工作考核等多层面加强绩效结果应用,推动预算部门落实主体责任。健全绩效评价结果反馈和问题整改责任制,将财政评价结果逐一向被评价部门"点对点"反馈,反馈评价报告和问题清单,明确整改责任和时限,抓好整改落实。实施重点绩效信息公开,将8个部门整体和33个省本级500万元以上重点项目,以及所有66项省对下专项转移支付资金的绩效目标向省人大报告;180个重点项目绩效目标、48个重点项目绩效自评和47个重点项目部门评价结果随部门预决算同步公开。落实绩效结果挂钩机制,对省级21个评价项目,发现绩效管理、政策落实、项目管理、预算执行和资金管理等4大类、266个具体问题,涉及财政资金11.17亿元,拟追(收)回、收缴资金2.75亿元,调整政策、压减预算2.02亿元,整改完善资金管理6.4亿元。建立绩效管理工作考核机制,将考核结果纳入省政府目标管理绩效考核。

(绩效处供稿)

国库处工作概述

【概况】2020年,国库处坚持以习近平新时代中国特色社会主义思想为指导,在省财政厅党组的坚强领导和驻厅纪检监察组的监督指导下,深入学习贯彻党的十九大和十九届四中、五中全会精神,积极应对新冠肺炎疫情影响,聚焦"六稳""六保"工作大局,推动支部党建和业务融合发展,有序推进财政国库管理各项工作。

【推进支部建设】坚持理论学习,深入学习习近平新时代中国特色社会主义思想、习近平总书记奋斗历程、《习近平谈治国理政(第三卷)》和党的十九届四中、五中全会精神。跟进学习习近平考察安徽和在扎实推进长三角一体化建设座谈会、全国抗击新冠肺炎疫情表彰大会的重要讲话指示精神等。学习《预算法实施条例》,支部党员"学习强国"平均学分为28113分。全年开展支部学习68次,撰写心得体会30余篇。加强组织建设,全年召开党员大会4次,支部委员会14次,讲授"学习贯彻十九届五中全会精神、做好财政国库管理工作"等党课4次,开展主题党日活动12次。组织召开深化"三个以案"警示教育专题组织生活会,开展批评和自我批评。开展党员政治生日寄语活动,重温入党誓词;开展"我为支部党建献一策"活动,征集意见建议25条;参观省委党校党性教育馆,开展"疫战到底进社区"活动。推进模范机关建设,对标标准化建设要求和"领航"计划工作部署,实施清单推进。强化作风建设,落实党风廉政主体责任,推进"关键少数"履职尽责、担当作为。开展深化"三个以案"警示教育,组织观看《政治掮客苏红波》和通报姜毅、杨春、政府采购中心干部等违法违纪案件;参观《江淮廉政》,观看《周恩来回延安》和"最美公务员"专题片。开展"走基层、转作风、解难题"活动,落实精文减会、减轻基层负担要求,精简合并报表6份;开展贫困户结对帮扶、城乡基层组织结对共建和党员干部进社区活动。修订《国库处党支部书记和委员职责》,制定国库处"三重一大"事项清单;用好监督执纪第一种形态,全年开展处内巡查54次、谈心谈话65次;常态化执行离岗登记、处内巡查和外出报备制度。

【支持社会经济发展】开通"绿色通道",发挥支付电子化作用,启动应急预案,1月26日将首批防疫资金3950万元拨付至省疾控中心、定点医院等16家单位,后续资金及时到位。做好"六稳""六保",开展库款运行监测,发送预警提醒44次,督促县区采取有效措施保障国标工资按时发放,基层库款保障水平位于合理区间。做好测算调度,采取增加频次、加快拨付等措施,支持企业复工复产,加快脱贫攻坚、生态环保、民生工程等重点支出预算执行进度。全年调度市县49次,共2630笔,保障疫情防控、基本民生、基层运转等重点支出需要。提升基层财政库款支配能力,贯彻落实中央阶段性提高留用比例政策,协调人民银行,从3月开始将中央阶段性提高留用比例增加的84亿元现金流专项调度给县级使用。

【强化直达资金监控】建立联动机制,加强与财政部汇报联系,安排专人上挂帮助工作,掌握财政部工作要求。建立相关业务处室单位联络员制度,实现业务问题专人回应,专题指导数据口径、系统操作等问题。向市县财政部门传达财政部、省财政厅工作部署,推动工作开展。开展基层调研,通过"解剖麻雀"、归纳梳理,形成四个业务操作指导案例下发市县,便于市县业务人员抓好工作落实。组织全省各级财政部门2550人参加财政部直达资金监控工作视频会议,熟悉监控系统操作,对市县监控给予指导。加快建立资金台账,制定印发《安徽省直达资金监控预警业务流程图》和《安徽省直达资金拨付业务流程图》,督促各级财政将资金支付信息导入监控系统,实现资金监管"一竿子插到底"。加强日常监管,每日跟踪直达资金监控状态,对资金使用不规范行为进行提醒,督促相关市县立即整改,举一反三,加快支出进度。

【推进预算管理一体化】制定全省业务规范。细化分解落实任务,梳理业务流程,牵头组织开展专题业务研讨7次,征求财政和部门单位意见73条,形成符合财政部管理要求、契合安徽实际的全省预算管理一体化业务规范。推进业务技术深度融合,对标财政部业务规范和技术标准,会同支付中心、信息中心做好基础信息、预算执行、会计核算等模块系统开发,组织开展业务技术专项讨论64次,集中解决系统建设难点堵点。牵头组织一体化业务培训,分别于11月和12月举办全省财政系统、省直部门和省财政厅内相关处室一体化培训班,全省近3100

人参加培训，为省级试点上线和在全省推广做好充分准备。做好联调测试，会同支付中心、信息中心协调人民银行合肥中心支行和各国库集中支付代理银行开展系统上线联调测试，选择部分预算单位开展重点测试，保证上线平稳进行。

【规范银行账户管理】严格财政专户管理，从严控制财政专户开立，规范财政专户设立、变更和备案管理，全年汇总上报财政部变更财政专户15个、撤销财政专户4个；贯彻预算法实施条例相关规定，加强市县财政专户业务培训，开展财政专户管理问题自查自纠。清理规范乡镇财政账户，采取一对一调度、点对点督导方式，推动乡镇财政撤销应撤未撤银行账户。全年撤销乡镇财政各类应撤未撤银行账户1026个。强化省级预算单位账户管理，配合开展省级参公管理预算单位专用存款账户专项治理，将1.2亿元沉淀资金收缴入库。开展上划地市检察院银行账户清理，撤销实有资金账户8个。开展预算单位临时存款账户清理和行政及参公管理事业单位银行账户年检工作。

【创新决算管理工作方式】创新决算编审工作，采取线上和线下相结合的工作方式，完成2019年度决算编报工作，全省2019年度财政总决算和部门决算获优秀等次。做好政府财务报告编制工作，首次开展政府财报“云直播”培训，实现培训范围“零死角”、参训人员“零接触”和培训投入“零费用”。在财政部集中审核中安徽省财报获“好”第一等次。服务人大决算审查机制改革，听取省体育局等四部门关于部门决算编制管理和项目绩效情况汇报，询问审查有关内容，促进党委政府重点工作任务落实和财政财务管理水平提升。深化部门决算公开，加强政策指导，开展决算公开文本前置复核，在省财政监督局组织的省级部门预决算公开复核中，发现问题数量较上年减少。参与财政部总会计制度、财政决算、政府综合财务报告等制度修订和改革探索工作，全年4人6次参与财政部集中办公，获财政部6次通报表扬。

【提升国库服务水平】做好债券管理服务，协调人民银行，做好债券发行资金入库，全年转贷市县债券资金857笔、资金2148亿元；代市县债券付息及发行费业务566笔、垫付资金280亿元。做好国债转贷资金管理，下发国债转贷还本付息通知，督促市县和省属企业按时还本付息，全年上划财政部国债转贷本息4750.66万元，保障地方政府偿债信用。做好社保资金划转，全年办理社保缴库资金定期划入社保专户140次，划转资金572亿元。做好数据提供服务，根据省财政厅内业务处室和有关省直预算单位的数据需求，全年对外提供各项数据100余次。

（国库处供稿）

政府债务管理处工作概述

【概况】2020年，在省财政厅党组的坚强领导和驻厅纪检监察组的有力监督下，政府债务管理处加强与兄弟处室单位的配合，围绕厅党组确定的“坚决打赢防范化解重大风险攻坚战”思路，加强内外债管理，在“规范融资、防范风险、提升绩效、引资引智”上发力。政府债务评估中心成立后，强化业务融合，同步协调推进，实现“1+1>2”效果。全年发行地方政府债券2329亿元，发行规模创历史新高；截至当年6月底，全省债务风险等级维持在黄色；外债管理工作经验做法在全国财政国际财金合作工作会议上获财政部点名表扬。

【推进支部建设】强化政治建设，认真贯彻《中共中央关于加强党的政治建设的意见》和省委决策部署，落实省财政厅党组加强党的政治建设重点工作举措任务分工方案，加强党支部意识形态工作，6月被省财政厅机关党委评为先进党支部。加强思想建设，落实“三会一课”、组织生活会、谈心谈话等党内组织生活制度，全年召开支部学习会40次，开展专题研讨14次，推进“两学一做”“不忘初心、牢记使命”学习教育常态化制度化，开展“三个以案”专题警示教育。夯实组织建设，完成支部委员增补，选举产生新的支部纪检委员，发展1名入党积极分子，入选省财政厅基层党建工作“领航”计划。抓好干部队伍建设，推荐杜志明、韩晓峰加入财政部政府债务专家库。抓好作风建设，建立健全廉政风险防控制度，制定完善债务处工作规则、内部控制制度、廉政风险防控“十不准”制度等，全年开展会商工作49次。深入基层开展调查研究，配合驻厅纪检监察组赴池州、石台等地开展债务风险调研，赴合肥、马鞍山、芜湖等市调研地方政府债务风险防控有关情况，调研财政支持引江济淮工程建设工作，完成《我省监督防范化解政府债务风险的经验做法和路径思考》课题报告，在驻省辖市财政局纪检监察组组长座谈会作经验交流。组成六个调研组，分别对阜阳、宿州、铜陵、芜湖等专项债支出进度慢的市、县、区或尚未开工项目数量较多的地方开展督促调研，形成《关于2020年新增专项债券支出进度有关情况的汇报》调研报告，专题向省委常委、常务副省长邓向阳作汇报。坚持问题导向，根据省委巡视整改要求及省财政厅党组巡察发现问题，开展自查自纠和未巡先改工作。针对债务风险防控和债券资金管理中存在问题，明确目标持续整改，建立风险等级评定制度、支出进度定期通报制度等长效机制。

【夯实需求基础】年初根据财政部要求，组织市县财政部门征求同级发改、交通、住建等部门意见，围绕重点支持领域,提出地方政府债券资金需求,经汇总后全省申报1014个地方政府新增专项债券项目,申请新增专项债券需求2656.6亿元。3月,根据财政部和国家发展改革委有关要求,再次梳理申报地方政府新增专项债券项目,经汇总后全省申报符合条件的项目375个,申请新增专项债券需求709亿元。共向财政部等部委申报地方政府新增专项债券项目1389个,申请新增专项债券需求3365.6亿元,为全省争取新增专项债券额度奠定基础。

【硬化限额约束】经争取,财政部分两批下达安徽省新增一般债务限额205亿元、分四批下达安徽省新增专项债务限额1496亿元。根据上报的地方政府再融资债券需求,批准安徽省再融资债券发行规模上限659.1亿元。落实政府债务限额管理和预算管理要求,统筹考虑省与市县分配关系、债务风险和偿债压力,首次将债券支出进度引入分配因素,让支出进度快的地方多分额度,建立正向激励机制。按照因素法提出每一批次债券分配方案,经省政府同意后报省人大审议批准,按程序编制预算调整方案,保证债券分配依法合规、科学有序。

【募集债券资金】按照省领导“早发快发”要求,于1月16日启动安徽省地方政府债券发行工作,较上年提前半个月,缓解市县政府筹资压力、降低融资成本。9月10日完成最后一批新增专项债券发行任务,全年发行175.6亿元新增一般债券和1496亿元新增专项债券,提前50天完成全省地方政府新增债券发行任务。截至10月13日,安徽省分七批成功发行2329亿元政府债券,完成全省债券发行任务,其中发行1496亿元专项债券主要为全省新基建、长三角一体化、铁路建设、生态环境保护、棚户区改造、乡村振兴、医疗卫生、教育文化及工业园区发展等重点领域项目建设提供财力保障,体现政府债券对全省经济稳投资、扩内需、补短板的积极作用,为全省补齐民生短板,加快融入长三角一体化,促进经济持续健康向好发展发挥重要作用。

【优化债券发行】合理选择债券发行时间窗口,在利率下行期间多发债券,利率上行期间少发债券,全年安徽省政府债券平均发行利率为3.5%左右。与存量地方政府债务的平均融资成本10%相比,全年发行债券一年可节约融资成本150亿元。适当加大长期限债券发行力度,满足铁路、轨道交通、农业水利、产业园区基础设施等长期限项目的融资需求。全年发行10年期以上债券占比76.7%,全年加权平均债券期限16年,为中部六省第1位。优化债券期限结构,平滑债券存续期内偿债压力,降低债务风险,吸引保险机构、基金等长期限偏好投资人购买安徽地方债,改善投资人结构。打通省级使用专项债券融资渠道,通过计提市县土地出让收入2%,做大省本级政府性基金收入,为省铁投池黄高铁建设项目、巢马城际铁路建设项目和省引江济淮公司引江济淮工程建设项目发行45亿元专项债券。按照属地原则,通过市县政府为省级医院等单位代为申报发行26.2亿元,发行省级重大工程建设项目专项债券71.2亿元,拓宽省级重大工程建设项目融资渠道。

【扩大债券使用范围】执行国务院要求,坚持专项债券用于有一定收益的公益性项目。会同发改、住建、国土、交通等部门组织市县摸排专项债券项目,逐级审核上报,坚持“先自求平衡、再发行债券”的工作程序,开展第三方评估工作,凡不能实现项目融资与收益自求平衡或未编制自求平衡方案的,一律不发行债券,对应限额由省财政收回统筹用于其他市县符合条件的项目,从债券发行端严控风险。建立专项债券项目库,抓好基础库、储备库、发行库、存续库等“四库”建设,探索建立专项债全生命周期管理路径;定期组织开展专项债券项目评审论证工作,全年评审入库四批1105个项目,项目总投资12033.9亿元、专项债券资金需求5994.6亿元,做深、做细、做实专项债项目,保证每一个项目都符合专项债发行条件。项目库管理工作获财政部预算司肯定。

【支持助力疫情防控】贯彻落实中央疫情防控工作领导小组有关要求,印发《安徽省财政厅关于运用政府专项债券提升医疗卫生能力建设的通知》,对医院建设类项目不纳入申报数量限制、优先评审入库、给予新增专项债券额度分配上倾斜、各级财政部门要及时拨付债券资金等政策支持,补齐全省医疗卫生能力不足的短板。省立医院、阜阳肿瘤医院等195个医院建设项目成功发行使用198.7亿元新增专项债券,占发专项债券总额的13.3%,体现对医院建设类项目和疫情防控工作的倾斜支持。

【加速资金支出进度】印发《关于进一步加强专项债绩效管理工作的通知》,从专项债项目谋划绩效、项目申报绩效、项目评审绩效、项目撬动绩效、资金支出绩效、额度分配绩效、整体监管绩效等七个方面提升全省专项债绩效管理水平。明确采用债务风险状况、政府性基金财力、项目入库率、资金撬动率、债券支出进度等因素测算分配专项债额度,发挥专项债在稳投资增动能等方面作用。建立完善对市县债券支出进度通报机制、债券支出进度和债券分配挂钩机制、对市县债券支出进度协调推进和约谈机制等“三个机制”,压紧压实项目主管部门的主体责任,加快推动专项债券项目落地。全省新增专项债券国库拨付进度为100%,各地根据项目施工进展实际支出进度为78.3%。

【化解存量债务】加强隐性债务常态化监测,健全按月统计监测制度,开展隐性债务变动统计。落实缓释融资平台到期债务风险的通知精神，防范化解融资平台公司到期存量隐性债务风险，缓释短期债务偿还压力，避免项目资金链断裂，促进经济社会健康发展。指导市县做好地方政府隐性债务化解工作，分市县通报各地化解进度，督促加快化解进度，降低债务风险，引导地方政府树立债务风险意识，压实各级各部门管理责任。

【开展政府债务风险评估】加强全省债务总体情况及风险研判，逐月梳理总结隐性债务防范化解的举措及成效，登记台账并形成文字报告。向省人大书面报告上半年政府债务管理情况，每月定期向省防范化解经济领域风险领导小组提供风险研判材料，反馈全省政府债务风险工作情况，做好重大风险防范化解工作。结合财政部风险评定方法，先后对市县截至上年底、当年6月末，开展全口径债务风险等级评定，并通报相关市委、市政府。8月中旬，对上年底全口径债务风险等级评定为红色等级的地区开展集中约谈。10月，按照财政部要求通报法定政府债务风险。督促高风险地区落实制定的风险化解实施方案，化解存量，遏制增量，强化监督问责，保障不发生系统性区域性风险。

【推动高风险地区化解债务】落实省委巡视整改要求，督促相关市、县（区）在6月底隐性债务化解情况基础上，修订完善隐性债务化解方案，合理分配年度间化债任务，将2028年当年化解的隐性债务规模控制在要求范围内，落实化解计划。根据财政部有关工作要求，组织高风险地区参与建制县区隐性债务风险化解试点申报工作，并结合全省实际，研究出台省级配套支持政策，督促相关县区集中各类资金资源化解隐性债务，完善化债方案。经财政部评审，全省6个县区纳入试点，分配全省债务额度221亿元，专项用于发行地方政府再融资债券偿还存量债务，为全省高风险地区隐性债务化解起到重要保障作用。

【建立隐性债务协同监管机制】按照财政部统一部署，下发通知，会同省银保监局、省市场监管局组织开展全省地方融资平台公司债务信息与银行共享比对、单位名录比对等工作，建立健全地方融资平台公司债务常态化监控和部门间信息共享机制，从源头上遏制债务填报不规范问题，督促地方更正瞒报、少报、多报、漏报、错报债务数据等情况，核实形成债权债务单位共同认可、真实准确可靠的数据，完善地方融资平台债务监测系统。

【强化隐性债务化解监督检查】根据财政部统一部署，印发开展上半年隐性债务变动统计数据自查自纠工作的通知，建立动态监测和跟踪督查机制，摸清全省隐性债务逐笔化解规模、方式和资金来源等情况，防止出现虚假化债等问题，防范化解隐性债务风险。配合财政部安徽监管局开展隐性债务化解情况专项检查，针对检查中发现个别地区存在债务化解程序不合规等问题，赴地市核实化债情况，向相关市财政局提出整改要求，纠正弄虚作假化解隐性债务等问题，严禁搞虚假化债，严格责任追究，保证隐性债务数据真实准确。

【强化政府债务管理考核】按照《省政府办公厅关于做好2019年省政府目标管理绩效考核工作的通知》和《安徽省财政厅关于印发〈安徽省政府性债务管理评分暂行规则〉的通知》要求，从管理基础、日常工作、风险管控、结果运用等四个方面对16个市2019年政府性债务管理情况进行量化评分；印发《安徽省财政厅关于通报2019年政府性债务管理评分结果的函》，通报表扬考核结果优秀的市。通过开展考核，提高地方政府性债务管理水平，引导地方政府牢固树立债务风险意识，压实各级各部门的管理责任。

【推进问责和风险事件月报】贯彻落实防范化解地方政府隐性债务风险的实施意见和地方政府隐性债务问责办法，结合财政部关于财政部门开展地方政府隐性债务问责工作的相关规定，开展地方政府隐性债务问责工作实施办法和省财政厅内隐性债务问责操作规程，明确职责分工、责任追究、问责建议等，建立各市财政局按月对隐性债务问责情况、风险事件定期报告制度，每月定期组织市县开展月报工作，汇总上报财政部。

【配合做好巡视、审计、监督检查有关工作】落实省委省政府主要负责同志经济责任审计整改工作要求，针对审计提出的问题，整改落实到位。配合财政部开展全省上年和当年政府新增债券使用情况专项核查，对照问题、查找根源，在实际工作开展中举一反三，建章立制，巩固和完善整改成效。

【谋划外债项目申报】印发《关于建立安徽省利用国外优惠贷款储备项目库的通知》，突出地区、行业特点，做好国外优惠贷款项目谋划工作。印发《关于做好相关国外优惠贷款2021—2022年规划备选项目申报工作的通知》和《关于做好世界银行贷款2020—2022年规划备选项目申报工作的通知》，征集项目，做好项目申报。全年组织申报国际金融组织和外国政府贷款项目10个，申请国外贷款17.9亿美元，其中亚行贷款安徽巢湖流域水环境综合治理二期项目入选国家2020—2022年国际金融组织贷款备选项目规划，贷款额1.5亿美元。

【夯实项目准备工作】抓好项目前期准备工作落实，项目推进取得重大进展。亚行与德促联合融资安徽省黄山新安江流域生态保护与绿色发展项目完成《项目协议》签署，欧投行贷款大别山安徽片生物多样性保护与近自然森林经营项目完成《项目协议》和《转贷协议》签署，欧投行贷款长江经济带珍稀树种保护与发展项目经省政府常务会议审议通过，签署《项目协议》并计划签署《转贷协议》,新开行贷款安徽省公路发展项目完成项目评估,年底前开展项目谈判磋商。

【服务项目实施】加强沟通协作,协同推进在建项目建设。全省在建国际金融组织和外国政府贷款项目 17 个。召开现场会及视频会议方式,参与国际金融组织和外国贷款机构开展半年度和年度检查 13 次,配合项目单位组织召开项目推进会、机构能力提升及财务管理培训会议等,结合项目进展情况,开展在建项目中期调整,利用贷款结余资金,完善项目设计,共同推动在建项目顺利实施。推动国内体制机制创新,亚行贷款安徽省黄山新安江流域生态保护与绿色发展项目实行跨区域生态补偿机制,安徽省巢湖流域水环境综合治理项目获亚行贷款最佳项目成果奖。

【防范主权信用风险】优化贷款投向和债务结构,服务全省重大战略和地方发展规划,重点支持生态环保、绿色发展、提高能效和改善民生等领域,提升贷款质量和效益。按照签订的转贷协议履行还贷责任和义务,对上偿还到期债务,对下催收欠款,防范信用风险,获财政部肯定。截至 11 月底,提取国际金融组织贷款 2.45 亿美元,按时偿还国际金融组织贷款本息 2.42 亿美元,未发生外债违约事件。在全国财政国际财金合作工作会议上,安徽省经验做法获财政部点名表扬。

(债务处供稿 韩晓峰执笔)

行政处工作概述

【概况】2020 年,行政处加强支部政治建设,树牢全局意识、大局意识和纪律意识,突出重点保障,注重工作创新,强化绩效管理,认真落实省财政厅党组各项工作部署,完成年度各项工作任务。

【强化支部政治建设】巩固深化“不忘初心、牢记使命”主题教育成果,把学习贯彻习近平新时代中国特色社会主义思想、十九大和十九届五中全会精神作为主线,学习《习近平谈治国理政(第三卷)》及习近平总书记考察安徽重要讲话指示精神,联系岗位职责和工作实际,引导支部党员干部全面系统学、深入思考学、联系实际学。全年组织党员干部集中学习 54 次,领导干部讲党课 4 次,集中学习研讨 13 次,开展主题党日活动 2 次,组织党员活动日 12 次,组织支部党员开展党章党规党纪和宪法知识测试 3 次。

【履行“一岗双责”】制定《行政处 2020 年党建和廉政工作要点》,签订《2020 年党风廉政建设责任书》,对照省财政厅党组巡察组《关于对省直省财政科学研究所党支部巡察情况的反馈意见》《关于对省财政干部教育中心党支部巡察情况的反馈意见》等文件精神,坚持问题导向,拟定《行政处党支部关于巡察发现有关问题对照检查整改责任清单》。强化两个责任落实,做到严管厚爱。对发现的苗头性、倾向性问题运用监督执纪四种形态特别是第一种形态,把纪律挺在前面。开展廉政谈话,全年进行集体廉政谈话 1 次,廉政专题学习 10 次,开展经常性谈心谈话 28 人次。

【深化“三个以案”警示教育】制定《行政处深化“三个以案”警示教育工作计划》,组织全处党员干部深入学习赵正永、张坚等典型案例,及《“三个以案”形式主义官僚主义典型案例选编》读本等。结合财政全面从严治党和改革发展任务要求,走访联系部门,在征求意见、会商调研、谈心谈话和厅领导督导、谈话的基础上,结合巡视整改情况,对照检查,剖析原因,制定整改措施。开展集体会诊、谈心谈话、对照检查、批评与自我批评,召开支部专题组织生活会,全体党员查摆问题,剖析原因制定“四个清单”,提升党员干部综合管理水平。

【推进支部巡视整改】根据省财政厅巡视整改工作方案,盯紧问题整改落实,建立行政处整改工作台账,细化整改举措,压实责任,处长负第一责任,分管处长负直接责任,经办人员负主体责任。配合做好加强非部门预算资金管理和省级行政(包括参公管理)预算单位专用存款账户资金专项治理工作。依据预算管理相关规定,督促省统计局梳理结余存量资金并上交国库。做好联系部门(含参公单位)专用存款账户财政拨款资金统计和上缴工作,资金上缴涉及 21 个部门,上缴国库 7211.5 万元。

【支持“数字江淮”建设】按照“分级负责、共建共享、充分利旧”的原则,会同省数据资源管理局联合出台《安徽省省级政务信息化系统建设管理暂行办法》,规范省级政务信息化系统建设管理,强化系统基础设施集约整合、互联互通、数据共享和业务协同,实现省直机关信息化建设“一个口子、一把尺子、一个标准”。在 2021 年省直机关部门预算编制工作中,通过实施暂行办法,压减省直机关政务信息化建设资金,落实过紧日子要求。根据疫情发展,按照省委常委会议提出的“全覆盖、多功能、一码通”要求,将“安康码”综合服务平台建设纳入全省年度民生工程项目推进实施。

【保障“江淮英才计划”实施】贯彻落实省委、省政府关于人才工作的决策部署,围绕贯彻落实新时代“江淮英才计划”实施意见,加大财政资金投入,完善人才支持政策,注重资金使用绩效,服务做好新时代“江淮英才计划”。预算统筹安排各类人才专项资金 6 亿元左右,较上年增长近 29%。重点支持“国家引才工程”“高层次科技人才团队扶持”“高层次引才平台奖补”“特支计划”“115 产业创新团队”“战略性新兴产业 111 人才聚集工程”“企业引进科技人才”“院士工作站和院士培养”以及全省引进高层创新创业人才薪酬奖补等引才计划和平台建设。

【服务对外开放大局】围绕省委省政府外事目标任务，配合国家总体外交，服务全省开放发展。安排经费3650万元，支持世界制造业大会江淮线上经济论坛，这一经济论坛是全省首次采取线上线下结合的新模式举办的大会；安排经费570.5万元，支持开展“一带一路”项目合作、国际友城交流，举办“对话安徽——中韩高端制造业对接会”、“外事服务进基层”、经贸推介会、教育合作洽谈会等一系列重大经贸外事活动开展。通过活动举办，展示全省科技创新丰硕成果和未来发展潜力，为安徽省对外开放合作交流发展，以及“走出去”、“请进来”扩大对外影响。

【深化少数民族聚居地区共同发展】省财政厅党组书记、厅长罗建国赴寿县许寺民族村，实地察看扶贫车间，走访慰问贫困户，掌握对口帮扶少数民族村脱贫攻坚进展情况和疫情影响，与县镇党委政府、市县财政部门负责同志和村两委班子交流，听取意见建议，要求村两委因地制宜、就地生财发展种养业和特色经济，延伸产业链，完善“企业+合作社+贫困户”的利益联结机制，打好集体经济发展的“组合拳”，帮助贫困人口增加和稳定收入。联系省总工会，促成省财政厅、省总工会、安医大一附院赴许寺民族村开展“送医送药”义诊和捐赠志愿服务活动，安医大一附院9个科室近20名专家现场问诊看病，许寺民族村及周边近200名村民参与。

【实施低保适龄妇女“两癌”免费筛查】会同省妇联、省卫键委、省民政厅等部门，将城乡低保适龄妇女宫颈癌和乳腺癌免费筛查纳入民生工程备选项目。项目资金保障按照财政事权与支出责任相适应的原则，由省、市两级财政分级承担。项目实施有利于提高全省低保人群中适龄妇女“两癌”的早诊早治率，提升妇女健康水平。

【规范非部门预算资金管理】制定《中央补助基层行政单位工作经费管理办法》，明确资金分配原则、分配方式和使用范围。对政府采购、资产管理及经费结转等作出规定，规范中央补助地方基层行政单位工作经费使用管理，发挥财政资金使用效益。制定《省直机关公车大修规范》，明确大修资金安排依据等关键环节操作规范，严格省直机关车辆大修费使用管理。

【细化省直机关办公用房维修举措】贯彻《安徽省党政机关办公用房管理实施办法》，加强和规范省直机关办公用房维修项目管理。会同省管局修订印发《安徽省省直机关办公用房维修管理办法》，明确大中修和日常维修的职责分工、范围界定，解决异地项目实施主体问题，细化申报材料和审批要素，强化项目实施绩效评价工作。

【加强会议定点场所管理】根据《安徽省财政厅转发财政部关于印发〈党政机关会议定点管理办法〉的通知》，9月组织开展全省“2021—2022年度省级党政机关会议定点饭店”政府招标采购工作。此次招标有132家宾馆酒店投标，111家宾馆饭店中标。各市财政部门与所属地定点饭店签订协议，并在“党政机关会议定点管理信息系统”完成注册工作。

【完善引才资助奖补政策】根据《关于实施新时代“江淮英才计划”全面夯实创新发展人才基础的若干意见》和《关于合肥综合性国家科学中心建设人才工作的意见》精神，配合省委组织部研究拟定《安徽省引才资助奖补资金管理办法》，规范安徽省平台引进高层次人才资助、奖补、薪酬补贴以及科学中心引才奖补资金管理，明确奖补资助范围、对象、内容和标准，规范资金拨付和使用，提高资金使用绩效。

【加强部门专项资金管理】会同省妇联制定《安徽省城乡社区儿童之家公共服务专项资金管理办法》，修订《安徽省妇女创业扶持转移支付资金管理办法》《安徽省妇女创业扶持转移支付资金项目管理办法》等制度办法，规范专项资金和转移支付资金管理，提高资金使用绩效，做到最大范围惠及妇女，促进妇女创业增收。

【贯彻落实过紧日子思想】按照过紧日子要求和省财政厅党组部署，主动会商，就公用经费、“三公经费”和项目支出压减问题与对口联系的37家省直单位开展工作。通过上门会商和政策解读、专题培训等形式，以及经费压减后通过调结构、预采购等方式帮助单位解决问题。

【硬化部门预算约束】除应急支出、刚性支出外，一律不受理部门预算追加、不办理部门预算调整。落实预算执行部门主体责任，要求对口省直部门制定预算执行计划。制定行政处对口联系部门预算执行和政府采购“包保”制度，将督导37家对口部门预算执行和政府采购责任落实到处室人员。建立对口部门执行进度通报机制。落实预算执行与预算安排挂钩的要求。

【推进预算绩效管理】督促指导对口联系部门单位开展年度项目支出绩效自评与部门整体支出绩效自评工作。结合年度部门预算编制工作，实现联系部门预算单位项目和整体绩效目标编制工作全覆盖。在年度提前下达转移支付过程中，要求部门同步编制并下达项目绩效目标。加大专项资金绩效评价力度，对重点专项资金开展绩效评价，压实部门、市县资金管理责任，坚持问题导向，加大绩效评价的结果运用，推动落实财政预算绩效监督和评价结果与预算安排挂钩机制。

【严格“三公经费”支出管控】根据中央八项规定和实施细则精神及“三公经费”只减不增要求，省财政厅开展全口径“三公经费”支出月统计、季分析、年总结等工作，加强过程管控,压实工作责任,硬化“三公经费”支出管理。督促指导对口联系的37个部门单位顺利完成当年预算、上年决算公开工作。全省“三公经费”支出较上年同期下降9.7%。

【推进作风效能建设】落实效能建设“八项制度”和文明办公“五要五不”要求,完善《行政处请销假及工作考勤管理制度》《行政处效能巡查制度》等制度规定,建立处室效能建设巡查、负面清单、备案制度以及ABC岗制度。坚持“三严三实”,深化“三查三问”,推动中央八项规定精神及省实施细则的贯彻落实,巩固“8+2+1”专项整治和集中治理成果。结合支部“四种形态”应用,推动效能建设从督查“办公纪律和工作秩序”向聚焦“履行财政职能效果和提高履职能力”转变。

【加强意识形态管理】结合巡视整改,组织处室党员干部深入学习贯彻习近平总书记关于意识形态工作的重要论述,学习《论党的宣传思想工作》,贯彻落实省财政厅党组《中国共产党宣传工作条例》任务分解,压实支部意识形态管理主体责任。加强意识形态阵地管理,重视处室网页、工作群的信息发布等安全管理,规范支部党员干部网络行为,提高舆情应对处置能力,增强支部党员干部的政治敏锐性和政治鉴别力。

【开展会商调研】坚持问题导向,深化推进以加强部门预算执行、预算绩效、资产管理为方向的会商调研。与对口联系的37个部门会商279次,解决实际问题213个,实现会商100%全覆盖,会商交流获单位一致认可。建立部门单位会商调研机制,通过经办人员、处室负责同志深入部门、二级单位开展会商,调研单位财务管理、内控制度执行、预算绩效管理、资产管理、“三公经费”支出等工作情况,推进部门单位财务管理规范化,推动财政财务工作一体化提升。

【严格内控制度执行】落实内控工作主体责任,树立内控意识,坚持开展内控制度经常性学习,推动处室内控制度执行和责任落实,防范内控风险。根据省委巡视工作要求及省财政厅党组工作安排,围绕处室核心业务和关键环节,全面梳理内控制度建设和执行情况。制定《行政处“三重一大”事项决策制度实施细则》,修订完善相关专项资金管理办法,推动处室民主集中制管理,推进依法理财、依法行政。

【深化保密教育管理】学习贯彻《省财政厅2020年网络安全和信息化工作要点》《国家安全知识百问》《印制涉密文件资料的有关通知》等,组织全处人员签订保密承诺书,参加省财政厅保密办组织的各项活动,加强对内外网计算机的日常使用、涉密文件办理、登记、保管等方面管理,通过省财政厅保密办组织的保密检查。

(行政处供稿)

政法处工作概述

【概况】2020年,在省财政厅党组的坚强领导下,政法处认真贯彻履行工作职责,圆满完成年度各项工作任务。

【扩大法检财物统管覆盖面】贯彻落实中央和省关于司法体制改革的总体部署,7月1日起,在18家省以下法院检察院实行省级财物统管的基础上,再增13家市级检察院和广德市、宿松县检察院纳入省级财物统管。先后制定《安徽省省以下检察院财物统管改革实施方案》《安徽省省以下法院、检察院预算省级统一管理实施办法》《关于做好省以下检察院财物统管改革有关工作的通知》,并于5月举办业务培训班,6月开展财政一体化系统上线模拟运行,7月起收支预算全部纳入省财政管理,在省财政厅内15个处室(单位)支持下,推进政策宣传、基数测算、业务培训和经费标准建立等各项工作,预算执行和预算编制平稳过渡。

【健全财政政法制度体系】调整森林公安机关经费保障机制,经费列入公安机关预算,由同级财政保障。调整完善机场公安分局经费保障机制,支持黄山机场公安分局整建制移交黄山市管理,按照“费随人转,费随事转”原则,做好收支基数划转工作。理顺公安院校管理机制,支持公安职业学院建设,理顺安徽公安职业学院、省公安厅警察训练总队、省公安教育研究院(安徽公安学院筹备处)的预算单位和银行账户关系。调整完善人民法院诉讼费退付制度,保障当事人合法权益,优化退付方式和业务流程,修订印发《安徽省人民法院诉讼费退付管理暂行办法》。健全监狱经费保障机制,支持市属监狱收归省级直管。建立经费保障动态调整机制,修订《安徽省省直监狱罪犯劳动补偿费管理办法》。

【服务平安安徽建设】保障扫黑除恶专项斗争,足额安排省级政法部门开展专项斗争所需经费,落实公民举报黑恶势力犯罪奖励资金,配合法院部门提高“黑财”执行到位率,做好省财政厅扫黑除恶联系点调研督导,统筹安排资金支持基层政法单位开展专项斗争。支持立体化信息化社会治安防控体系建设,支持打击治理电信网络新型违法犯罪工作。支持完善刑事案件智能辅助办案系统建设。统筹资金弥补省公安厅护照短收形成的项目经费缺口。推进社会治理创新,坚持和发展新时代“枫桥经验”,支持完善社会矛盾纠纷多元预防调处化解综合机制。支持省法院统筹资金建设现代化诉讼服务体系,落实最高院“六专四室”达标建设任务。贯彻落实《社区矫正法》,健全完善社区矫正经费保障体制。完善政法公共服务体系,实施城乡困难群体法律援助民生工程,支持“12348”公共法律热线平台运行。落实“五周”再审无罪赔偿案国家赔偿金,统筹资金用于省和市县开展司法救助。加强食品药品安全监管,落实食品安全责任制,统筹安排省级食品安全监管经费8154.8万元,统筹安排省级药品监管经费9112.6万元。安排300万元开办费支持组建省级药品监管派出机构。下达中央和省转移支付资金1.54亿元支持市县市场监管工作。

【统筹疫情防控和经济社会发展】落实财政支持疫情防控职责,调整支出结构,统筹解决公安和市场监管部门开辟疫情防控期间涉刑案件物品检验检测绿色通道所需经费,落实省市场监管局计量检定、产品质量检验检测等相关收费减免政策,推进全省企业复工复产。贯彻落实《疫苗管理法》,安排200万元启动生物制品批签发实验室建设。支持质量强省、知识产权强省工作,安排产品质量安全监管经费1600余万元,安排省政府质量奖520万元。安排驰名商标奖励经费1000万元。配合省市场监管局选择合肥市成功申报知识产权运行服务体系建设重点城市,做好迎接国家知识产权保护督查考核工作,省市场监管局向省财政厅发感谢信。推进长三角市场体系一体化建设战略,支持省市场监管局信息化建设,推动建成互联网“一站式”企业服务平台,实现企业登记注册等30项高频服务事项长三角“一网通办”。根据省政府工作部署,从1月1日起,为新开办企业免费刻制公章、免费邮寄服务所需经费纳入财政预算予以保障。落实公平竞争审核制度,配合开展对地市公平竞争审查制度督查指导,及全省妨碍统一市场和公平竞争政策清理。

【落实过紧日子要求】加强预算全过程管理,强化预算硬性约束,加强绩效管理,坚持有保有压,将有限资金用在刀刃上。全年向归口部门发出10次预算执行通报,召开3次部门预算执行调度会,全年会商130余次。落实具体压减措施,压减非急需非刚性支出,督促指导对口联系部门压减预算和收回存量资金1.74亿元。争取中央财政支持,把握中央补助资金政策导向,争取中央政法纪检监察转移支付资金。加强制度建设,以“制度管人管事”,制订或修订《安徽省食品药品监管补助资金管理实施细则》等11项制度办法。代拟《安徽省省级政法部门信息化共建项目建设管理暂行办法》,提请省政法信息资源共享工作领导小组审定。根据中央文件要求,制订省以下政府国防领域财政事权和支出责任划分改革方案,调整全省预备役部队和武警部队经费保障政策。

(政法处供稿　陈晋执笔)

教科文处工作概述

【概况】2020年,教科文处坚持以习近平新时代中国特色社会主义思想为指导,贯彻落实党的十九大和十九届二中、三中、四中、五中全会精神,学习贯彻习近平总书记考察安徽重要讲话指示精神,在省财政厅党组的坚强领导和驻厅纪检监察组的有力监督下,围绕财政中心工作和教科文事业改革发展重点,以党的建设为引领,落实财政政策,转变工作作风,提升工作效能,较好完成全年工作目标任务。

【抓好支部建设】强化政治学习,学习贯彻习近平新时代中国特色社会主义思想、《习近平谈治国理政(第三卷)》、习近平总书记考察安徽重要讲话指示精神,集中学习35次、专题研讨10次、撰写学习感悟33篇。加强组织建设,以“三会一课”为重点推进支部标准化建设,召开支部党员大会7次、支部委员会(支部会议)12次、组织生活会1次,讲党课4次,开展谈心谈话54次。建立清单台账、任务到人到岗,查找整改警示教育、“三查三问”、未巡先改、巡视整改、内控检查等问题。筑牢廉政防线,深化“三个以案”警示教育,引导党员干部以案明纪、深刻反思,在自警自律自省中筑牢反腐倡廉思想防线。制定“三重一大”事项民主决策实施细则和9个专项资金管理办法,修订完善内部控制操作规程,规范决策程序,防范廉政风险。夯实工作作风,举办3场预算编制新政策专题培训,覆盖19个主管部门119个二级单位。开展部门会商195次,协调解决问题211个,形成工作合力。加强教育经费分析监测,落实“两个只增不减”要求,获财政部科教和文化司致函表扬。调研推动普通高中育人方式改革、高校学费标准调整、科研项目资金评估问效等。开展共建帮扶,实地查看岳西县张家村灾情,统筹资金442万元,支持农业基础设施、美丽乡村建设。对接颍东区吴寨居帮扶对象,帮助恢复生产、增加收入。建成张家村党群服务中心、村级环形路修建、淠河流域铁埠河段治理等三个项目。

【落实重点任务】按照“急事急办、特事特办”原则,支持启动疫苗研发、检测诊疗和防控装备等18个应急科研项目。印发《关于切实做好学校疫情防控经费保障工作的通知》,督促和指导各地统筹用好财政资金、学校自有资金和社会捐赠等各渠道资金,推动学校疫情防控工作顺利开展。统筹资金1.8亿元,支持受灾地区文化设施保护和学校灾后修缮。发放资金1.6亿元,资助受疫情汛情影响学生40.1万人次。推进实施创新驱动发展,省市投入合肥综合性国家科学中心138.1亿元,争取全国首个国家实验室在安徽挂牌、国家聚变堆大科学装置在合肥落地,获29亿元中央资金支持。安排资金13亿元,聚焦支持引导企业加大研发投入,开展重大关键技术攻关,支持科技人才团队创新创业,促进科技成果转化产业化等科技创新政策落地见效。安排省重点研发计划资金1.5亿元,支持全省经济和社会发展中共性、关键性、公益性技术研发活动。在全国率先建立覆盖所有县区的政策性科技融资担保体系。推动教育公平和质量提升,聚焦贫困地区学校和家庭经济困难学生,倾斜安排教育转移支付资金,健全义务教育保障长效机制,加强扶贫资金动态监控,完善学生资助“双保险”机制,建档立卡家庭经济困难学生实现应助尽助。全省“两类学校”(乡村小规模学校和乡镇寄宿制学校)达标率为100%,贫困地区教学点智慧学校建设实现全覆盖,推进优质教育资源共建共享。普惠性幼儿园覆盖率为85.3%,高于国家规定目标5.3个百分点。统筹资金58.6亿元,落实省属高校生均拨款政策,保障高校日常运转和事业发展需要。统筹资金11.2亿元,落实《安徽省高等学校高峰学科建设五年规划(2020—2024年)》精神,重点支持高峰学科建设、博硕学位单位立项建设及高校协同创新项目建设,支持“三全育人”试点省建设(全国8个省份)。推进宣传文化事业发展,安排资金2.7亿元,支持示范性文化产业项目、重点舞台艺术剧目创排、文化精品创作生产、传统媒体与新兴媒体融合发展,推进文化强省建设。统筹资金5.1亿元,推进城乡公共文化服务体系一体建设,提升基层公共文化设施服务效能,扩大基本公共文化覆盖面,推进基本公共服务均等化、标准化。统筹资金2亿元,推动全省1795个公共文化场馆免费开放,支持组建全省公共图书馆阅读推广联盟、文化馆活动联盟和博物院陈列展览联盟,年服务超过1亿人次。统筹资金1.1亿元支持32个贫困县实现应急广播建设全覆盖。安排资金1亿元,支持23个贫困革命老区县实施革命文物保护、红色旅游景区建设等。统筹资金2.5亿元,对旅游公共服务及5A景区创建绩效奖补,推进皖南国际文化旅游示范区及大黄山国家公园建设,支持全省22个乡村旅游重点村入选国家首批乡村旅游重点村名录。支持旅游宣传促销、旅游市场开拓培育、旅游信息化建设等重点旅游项目。支持体育事业发展,统筹资金4950万元,开展全民健身活动,支持完善全民健身公共服务体系,支持43个大型体育场馆免费低收费开放,为全民健身事业发展提供场地支持。统筹资金1.1亿元,做好运动员教练员奥运会、全运会、青运会等国际国内重大赛事备战服务保障工作,支持滁州市举办第五届全民健身运动会。安排资金2200万元,支持举办全省青少年体育比赛活动,培养体育后备人才,完善青少年体育活动体系,丰富青少年体育场地设施供给。安排资金1.5亿元,支持省全民健身活动中心维修改造、训练基地运行维护,保障省级综合球类馆、田径馆、跳水游泳馆、运动员公寓等重大体育基础设施建设。安排1.2亿元体育强省建设专项资金,发挥财政资金引导作用,支持社会资本共同投入品牌体育产品生产制造、体育场馆运营服务、公共体育场地设施建设,壮大全省体育产业,充足供给体育产品和服务,激活体育消费市场。

【完善体制机制】创新财政科技支持方式,贯彻国务院《关于推广第三批支持创新相关改革举措的通知》。印发《科技创新券试点推广工作实施方案》,按照“公开普惠、自主申领、资源共享、鼓励创新”的原则,在合肥、芜湖、蚌埠、马鞍山和宣城等市试点推广科技创新券,引导企业加大创新投入,促进产学研合作。支持马鞍山市与长三角创新券通用通兑试点。印发《安徽省科技融资担保风险分担机制推广实施方案》,按照“政府主导、市场运作、风险管控”的原则,建立科技融资担保贷款统一管理、统一授权、统一担保的信贷新机制,提高政府性科技融资担保机构增信能力,引导金融资源助力科技创新。会同省发改委探索采取“无偿补助+股权投资”相结合方式,支持合肥综合性国家科学中心项目建设,引导社会资本投入基础研究。加强涉企科技资金管理,按照《安徽省财政厅关于2020年省级涉企系统预警项目资金内部审核(试行)有关要求的通知》要求,将涉企项目纳入涉企系统管理,逐项审核创新型省份建设、重点研究与开发、中央引导地方科技发展、平台与人才等4类涉企资金2175项、涉企资金7.7亿元,排查企业多头申报项目29项、企业应纳税所得额为零的申报项目485项、企业社保缴纳为零的申报项目102项,发送核查涉企系统有关情况的函7次。督促省科技厅对预警项目逐项解释说明,提供佐证材料。完善高校附属医院预算管理,理顺安徽医科大学第四附属医院、附属巢湖医院预算和资产管理层级关系,在编制2021年部门预算时,将安徽医科大学第四附属医院、巢湖医院纳入安徽医科大学预算编制管理,统一编制部门预算,列为省教育厅三级预算单位。两所附院国有资产整体移交安徽医科大学,由医院管理和使用。支持安徽理工大学学科建设,协调省教育厅、淮南市财政局等部门,将淮南市第一人民医院整建制划转至安徽理工大学。经省政府同意,印发《安徽省公共文化领域财政事权和支出责任划分改革实施方案》,落实党中央、国务院及省委、省政府关于推进财政事权和支出责任划分改革的决策部署,加快建立权责清晰、财力协调、区域均衡的省以下财政关系,健全公共文化服务财政保障机制,促进基本公共文化服务标准化、均等化,保证财政公共文化投入水平与经济社会发展阶段相适应。会同教育、科技、文化等相关部门,制订完善财政教科文领域专项资金管理办法,相继制定《安徽省城乡义务教育补助经费管理办法》《安徽省科协所属学会能力提升资金管理办法》《安徽省高校发展专项经费管理办法》

等9个专项资金管理办法,明确专项资金管理和使用原则、资金用途和方向、分配与拨付方式、绩效与监督职责,规范和加强专项资金管理。

【强化预算约束】加快预算执行进度,全省财政教科文一般公共预算支出1729.3亿元,较上年增长2.43%。省直教科文部门一般公共预算总指标168.4亿元,支出165.8亿元,预算执行率为98.5%,较上年加快0.2个百分点;结转结余指标2.5亿元,较上年减少1亿元。政府性基金总指标2.8亿元,支出2.2亿元,预算执行率为76.3%;结转结余指标0.67亿元。全年争取中央资金180.7亿元,较上年增长6.3%。6—11月,按月通报省直教科文部门预算执行情况,预算执行进度取得进展。对省教育厅、省科技厅、省文化和旅游厅、省委宣传部等预算执行重点部门常态化调度会商,按照"不低于序时进度、不低于上年同期进度"的要求,督促部门完成预算执行任务。加强高校政府采购管理,落实厅领导关于加快省级政府采购预算执行的批示精神,会同省教育厅召开省属高校政府采购预算执行推进会,从省属高校采购预算编制、采购执行意识、采购政策执行、质询投诉纠纷、采购内控机制等5个方面分析梳理问题,提出严控政府采购预算规模、严格采购进度挂钩机制、完善高校采购内控机制、实施高校基建交钥匙工程、建立部门联动长效机制等5项举措,形成《关于省教育厅所属高校政府采购预算有关工作情况的报告》。落实政府过紧日子要求,压减会议费、差旅费、培训费、"三公经费"以及项目支出,压减经费9478.5万元。规范专用存款账户管理,开展省级行政(包括参公管理)预算单位专用存款账户资金专项治理工作,收回资金1573.3万元。加大存量资金清理盘活力度,根据《中华人民共和国预算法实施条例》要求,对连续两年未用完的结转资金和年初预算安排的确定不能支出的资金,予以收回,全年分6批次收回结转结余指标13.1亿元。加强预决算公开管理,指导和督促部门预决算公开工作,在内容上更细化、在绩效上再深入,保证公开内容的真实性、准确性和完整性,督促按规定时间在政务公开网和官网专栏同时公开。强化部门预算执行主体责任,开展年度省级预算执行考评,落实部门预算执行与预算编制挂钩政策,对预算执行得分低于80分的4家单位,在编制2021年"二下"部门预算时扣减233.4万元。在2021年预算编制工作中,先后开展省文化和旅游厅、省教育厅、省直教科文部门3场专题培训,覆盖省直19个主管部门119个二级单位,宣讲预算编制、绩效管理、政府采购新政策、新要求、新变化。规范2021年部门预算编制,整合优化项目47个,压减资金7.3亿元。实施绩效评价全覆盖,建立下钱有目标、评价有依据、年中有监控、用钱有结果的全流程绩效管理机制。会同主管部门,分别开展教育、科技、文化等中央资金绩效评价,向财政部报送17项中央资金绩效评价报告。参与财政重点绩效评价,开展省科技厅2019年部门整体支出、省教育厅智慧学校建设资金等5项绩效评价工作。指导督促部门完成单位自评和部门评价工作,会同厅绩效处对单位自评和部门评价结果开展抽查复核,将抽查结果反馈给部门整改,督促指导部门编制2021年部门整体和项目绩效目标。

(教科文处供稿)

经济建设处工作概述

【概况】2020年,经建处深入贯彻落实党的十九大及十九届二中、三中、四中、五中全会和中央经济工作会议精神,学习习近平总书记考察安徽重要讲话指示精神,紧扣财政中心工作和省财政厅党组决策部署,坚持党建引领,落实更加积极有为的财政政策,支持统筹推进疫情防控和经济社会高质量发展,获财政部办公厅来函表扬,1名同志获省防汛救灾先进个人,1名同志获省推进重点项目建设先进个人。

【支持打赢疫情防控阻击战】争取中央应急物资保障体系建设补助资金13.16亿元,制定印发《省级疫情防控重点医疗物资收储调用实施细则》,推进实施新冠肺炎防治技术产品创新及产业化专项,提升全省应急物资储备和应急动员能力建设。在省统筹基建资金中安排资金1500万元,支持保障抗疫医疗队员休养基地改造建设。预拨"三重一创"、基础设施建设等专项资金38.64亿元,支持谋划开工建设一批大项目,推进"四重一小"复工复产,助力企业纾困解难和实体经济发展。

【支持决胜防汛救灾保卫战】面对严峻汛情,争取中央各类救灾资金8批共37.57亿元,资金规模为全国首位。经省政府同意,会同省应急厅联合印发《安徽省自然灾害救灾资金管理实施细则》,建立重大自然灾害救灾资金快速核拨机制。争取中央灾毁国省道和农村公路重建资金11亿元、公路灾损抢修保通资金2400万元,安排省级交通运输应急专项资金7446万元、农村公路灾毁保险省级补助资金1959万元,支持保障"四启动一建设"。

【推动"两新一重"建设】争取中央基建资金228亿元,较上年增长21.2%,支持推动长江经济带绿色发展、全民健康保障、教育现代化和农业生产发展等民生基础设施建设,推进铁路、港航、民航等交通建设。安排省统筹基建资金15亿元,支持公益性、服务业和政法基础设施等项目建设。安排重点水利工程专项资金46.2亿元,支持引江济淮、长江重要干支流治理、淮水北调等重点水利工程建设。

安排燃油税对下转移支付、国省干线建设、民航发展等专项资金66亿元,注资省港航集团、交控集团、投资集团32亿元,铁路贷款贴息6.5亿元,加快补齐交通基础设施建设短板。首次发行省本级政府专项债券45亿元,新增安排一般债券30亿元,拓宽引江济淮、池黄杭铁路等重大基础设施建设融资渠道。争取中央新增分配安徽省地方一般债券14亿元,支持贫困县国省干线和“四好农村路”建设。

【推进新兴产业集聚发展】统筹使用60亿元“三重一创”资金,支持培育4家国家级战略性新兴产业集群,推进27个重大产业基地和五批次重大产业工程专项建设,延伸补齐壮大产业链。扩容升级“攻尖”计划,支持出台人工智能、生物基新材料产业发展政策,助力打造战略性新兴产业新引擎。落实中央军民融合发展战略纲要和省军民融合发展行动纲要,安排专项资金1.2亿元,支持新一代信息技术、新材料、人工智能、新能源等军民技术兼容性强的项目“民参军”“军转民”。

【支持推进区域一体协调发展】紧扣“一体化”和“高质量”两个关键,落实长三角一体化发展规划纲要和安徽行动计划,支持合肥新桥国际机场二期建设,加快推进省际“断头路”建设和取消省界收费站。拨付下达资金9.7亿元,支持皖北打造产业承接平台,推进江北、江南新兴产业集中区建设提质增效,助力“五个区块链接”。支持出台《安徽省县域经济高质量发展考核评价办法》,推动48个县域特色产业集群(基地)建设,安排奖励资金9400万元,引导激励开发区改革创新和提升县域发展质效。

【保障粮食能源安全】下达省以上资金35.92亿元支持粮油生产,争取生猪调出大县奖励资金1.15亿元,安排11.76亿元支持补齐农业基础设施“短板”,守住管好“江淮粮仓”。统筹使用粮食风险基金结转结余资金,消化全省1998年以来粮食政策性财务挂账35.22亿元,每年节约挂账利息支出1亿余元。下达新能源汽车推广应用资金17.72亿元,组织合肥城市群申报燃料电池汽车试点示范,推进节能减排、合同能源管理和电能替代工作,落实保障能源安全。

【助力打赢脱贫攻坚战】统筹安排农村道路畅通工程和农村公路扩面延伸工程建设资金54.6亿元,支持新建改建农村公路超1万公里。拨付下达农村危房改造资金6亿元、农村饮水安全资金5.94亿元、新网工程建设资金0.3亿元,解决民生实事。落实产业扶贫资金管理使用突出问题集中整治工作要求,参与光伏扶贫问题整治和包保调研督导石台县等工作,为高质量收官脱贫保驾护航。

【推进新型城镇化建设】争取中央城建类专项资金41.7亿元,安排省级专项资金6亿元,支持老旧小区改造、棚户区改造、城市停车场建设和黑臭水体治理等,推进以人民为中心的城市建设。推选黄山市入选国家传统村落保护示范市名单,争取中央补助资金1.5亿元,优化改善农村人居环境。

【推进交通、应急领域财政事权和支出责任划分改革】出台交通运输领域和应急领域改革实施方案,支持建立权责清晰、财力协调、区域均衡的省级与市以下财政关系,形成与现代财政制度相匹配、与国家治理体系和治理能力现代化要求相适应的划分模式,推动交通、应急管理体系和能力现代化。

【强化财政绩效管理】落实全面实施预算绩效管理要求,督导主管部门实现预算绩效目标全覆盖,组织开展省“三重一创”专项资金、皖北高质量发展专项资金和农村饮水安全工程专项资金重点绩效评价。严格部门预算执行监管,清理盘活存量资金,6批次清理收回和压减预算资金29.2亿元。树立过紧日子思想,把握财政收支立体式、全方位紧平衡的背景,从严从紧编好2021年预算。

【创新优化财政支持方式】细化落实“六有”要求,先后5次赴部门会商,按照“精准聚焦、省市合力、注重绩效”的原则,推动修订“三重一创”涉企资金管理办法,建立省市合力支持“三重一创”建设机制。在省“三重一创”产业发展基金财政出资中安排50%的规模(10亿元),对蔚来汽车、中科普瑞昇、中科未来等7个重点项目开展直接投资。设立1000亿元规模的制造业融资贷款财政贴息专项,支持制造业新建项目和技术改造项目建设,发挥财政资金撬动金融服务实体经济高质量发展的作用。

【落实重大决策】牵头协调长三角一体化发展、五大发展行动计划、“一带一路”建设、“四最营商环境”和诚信体系建设等中心工作,全年反馈意见建议1379件。研究分析人大代表、政协委员建议提案,全年办理144件,办结率和满意率均为100%。坚持“请进来”和“走出去”相结合,全年开展部门会商165余次。加强沟通对接和综合协调,全年服务重大政策贯彻落实情况、跟踪审计10余次。执行特殊转移支付机制,保证49.98亿元中央直达资金直接惠企利民。落实《预算法》及实施条例规定,提前下达2021年转移支付资金29项共85.6亿元。

(经济建设处供稿)

农业农村处工作概述

【概况】2020年,在省财政厅党组的领导下,农业农村处坚持以习近平新时代中国特色社会主义思想为指导,深入学习贯彻习近平总书记关于“三农”工作、扶贫工作的重要论述和考察安徽重要讲话指示精神,以中央脱贫攻坚专项巡视“回头看”和国家考核反馈问题整改为抓手,实施“抗疫情、补短板、促攻坚”专项行动，落实财政扶贫资金投入和监管责任，支持决战决胜脱贫攻坚战，推进乡村振兴战略，完成年初既定目标任务，各项工作取得积极成效。

【抓好各类问题整改】印发中央脱贫攻坚专项巡视“回头看”和2019年脱贫攻坚成效考核反馈意见整改工作方案，针对2项牵头任务和11项配合任务细化43条具体整改举措，实行“清单式”“台账式”管理。推进省委巡视有关反馈意见整改和省委巡视办专项检查反馈意见整改，推进国家脱贫攻坚督查反馈问题整改，推进审计、财政部监管局检查核查发现问题整改，各类问题按期整改到位。

【加大财政扶贫投入】落实“四个不摘”要求，全省投入财政专项扶贫资金162.1亿元，较上年增加20.1亿元，增长14.2%，其中省级资金32.3亿元，增长21%，5.6亿元增量部分用于大别山等革命老区贫困县和深度贫困县。安排地方债券资金31亿元、市县盘活存量资金5.2亿元用于脱贫攻坚。2016—2020年，全省投入财政专项扶贫资金578.6亿元，年均增长30.1%，是“十二五”时期的6.5倍。

【巩固资金整合试点】巩固整合试点成果，提升工作质量，加强试点工作调研指导，省委常委、常务副省长邓向阳对相关工作作出批示。严格使用管理，组织审核试点县方案，排查资金使用管理方面问题48条，涉及资金7.2亿元。做好试点方案报备工作，通报中央有关部门，全省20个国家级贫困县计划整合资金99.6亿元，较上年增长1.7%。

【防止因疫因灾致贫返贫】出台《决战决胜脱贫攻坚“抗疫情、补短板、促攻坚”实施方案》，切块安排2500万元，向受疫情影响较重的县区倾斜。拨付脱贫攻坚补短板综合财力补助资金1.5亿元，支持易地扶贫搬迁后续扶持、贫困劳动力就业和农产品产销对接。制定《财政支持蓄滞洪区新型农业经营主体及带贫脱贫若干政策》，拨付资金1亿元，加大对新型经营主体带贫脱贫支持，明确对建档立卡贫困户农业因灾损失，在蓄滞洪区补偿、农业保险赔付后仍有差额的，从扶贫资金中予以补齐。

【加强扶贫资金监管】配合驻厅纪检监察组开展产业扶贫补助资金集中整治，制发扶贫项目资金公告公示模板，规范扶贫项目资金公开公示。发挥财政扶贫资金动态监控系统功能作用，核实处理预警信息7738条。加强全过程绩效管理，完成上年度扶贫项目绩效自评、当年扶贫项目绩效目标申报工作。总结“十三五”时期扶贫资金监管情况，形成调研报告报省纪委监委和财政部，获省部领导批示肯定。

【衔接乡村振兴战略】将支持产业发展、群众就业和农村人居环境作为脱贫攻坚与乡村振兴衔接的重点，提高用于产业发展的资金占比，对实现稳定脱贫的地方，允许安排扶贫资金开展农村人居环境整治。实施资产收益扶贫民生工程，健全带贫减贫机制，全省增加资产收益扶贫投入12.6亿元，带动895个贫困村增收2712万元；带动16.8万贫困人口增收5248万元。支持做好返贫人口和新发生贫困人口的监测和帮扶工作，对纳入监测范围的脱贫监测户和边缘户，统筹安排专项扶贫资金等，落实扶贫小额信贷贴息、技能培训、公益岗位等政策，增加收入。

【推进乡村产业振兴】支持农业技术体系发展，推进“特色产业+金融+科技”试点，强化农业金融、农业科技对发展优势特色产业发展的要素支撑。统筹拨付农业发展资金34.9亿元，支持建设一批国家现代农业产业园、产业示范强镇、优势特色产业集群等，促进农村一二三产业融合，支持培育乡村产业。

【保障粮食安全大局】拨付资金71.2亿元，推动落实耕地地力保护补贴政策，引导提升耕地地力。拨付资金14.4亿元，实施稻谷补贴政策，稳定稻谷产能。拨付资金53.3亿元，支持实施380万亩高标准农田建设任务。投入省以上财政水利资金42亿元，支持中小河流治理、水利工程设施维修养护、灾后水利工程修复等，改善农业生产基础条件。

【支持长江禁捕退捕】健全完善退捕渔民安置保障政策，拨付中央财政补助资金11.6亿元，统筹安排省级补助资金2亿元，强化市县资金保障能力，加强资金统计调度，强化资金使用监管，为全省长江禁捕退捕工作实施提供保障。

【支持改善农村人居环境】拨付美丽乡村建设资金13.2亿元，支持完成“十三五”美丽乡村规划建设任务。统筹拨付农村改厕补助资金4.5亿元，支持完成“全省农村人居环境整治三年行动计划”自然村户用卫生厕所改造，提升粪污资源化利用和无害化处理水平。

【落实蓄滞洪区运用补偿】制定印发《安徽省2020年蓄滞洪区运用补偿工作方案》，成立蓄滞洪区运用补偿工作领导小组，开展灾损统计、登记、核查、补偿申报及资金发放工作。全省发放蓄滞洪区补偿资金9.96亿元，涉及受灾人口42.8万人，保障灾后生产恢复及生活稳定，未出现因灾致贫返贫情况。

（农业农村处供稿）

社会保障处工作概述

【概况】2020年，社会保障处坚持以习近平新时代中国特色社会主义思想为指导，落实省委、省政府战略部署和省财政厅党组工作要求，争取中央补助资金830.8亿元，推动各项社保事业发展，较好完成年内各项目标任务。困难群众救助工作第六年获全国考核优秀等次,社保基金预算管理工作获全国二等奖、全省养老服务改革试点考核验收全部优秀,社保基金保值增值管理成效显著。

【推进健康安徽建设】发挥财政疫情防控办公室牵头抓总作用,疫情期间全员值守,全力保障。制定医疗救治保障政策,出台疫情防控经费保障政策和一线医务人员激励保障政策,全年拨付疫情防控相关补助资金16笔共67.4亿元。强化公共卫生经费投入,坚持问题导向,聚焦新冠肺炎疫情防控暴露出的短板弱项,统筹安排资金13.8亿元支持全省公共卫生体系建设、重大疫情防控救治体系建设和医疗服务与保障能力提升。省财政统筹安排资金41.2亿元,将基本公共卫生服务财政补助标准由69元/人提高至74元/人。拨付城乡居民医保补助资金305亿元,将补助标准由520元/年提高至550元/年。实施"351""180"健康脱贫政策,推进长期护理保险制度试点工作,实现安徽省内及江浙沪皖异地就医门诊费用直接结算。拨付省直机关事业单位和省属困难企业离休干部医疗补助资金4454万元,保障离休干部医疗待遇。支持综合医改,安排省属公立医院事业发展补助资金14.3亿元,支持公立医院重点学科、人才培养、化债奖补等各项事业发展。拨付3000万元支持国家儿童区域医疗中心建设。统筹安排资金25.4亿元,支持基层医改、县级药品零差率补助、基层卫生健康人才培养、智医助理等项目实施,提升基层医疗卫生服务能力。制定《安徽省公共卫生服务等4项卫生健康补助资金管理实施办法》,从制度上堵塞风险漏洞。深化医疗卫生领域财政事权和支出责任划分改革,推进健康安徽建设。

【推进经济发展】筹措稳就业资金43.2亿元,支持疫情期间援企稳岗政策落实,实施就业优先战略和更加积极的就业政策。促进企业稳岗减负,阶段性减免企业社会保险费,全省减免各类企业社会保险费501.5亿元,缓缴4.6亿元。落实失业保险稳岗返还政策,全年返还企业失业保险费10.9亿元,惠及企业13.1万户。推动出台援企稳岗"以工代训"办法,稳定就业局势。推动退捕渔民转产转业,牵头印发《关于做好退捕渔民转产转业和生活保障有关工作的通知》,会同制定《安徽省长江禁捕退捕渔民安置保障集中攻坚专项工作实施方案》,将退捕渔民纳入特殊群体就业创业政策和疫情期间稳就业政策覆盖范围,将符合条件的退捕渔民纳入就业困难人员认定范围,会同渔业等部门开发相关公益性岗位予以兜底安置。稳定重点群体就业,修订完善公益性岗位开发管理办法,通过购买服务方式开发公益性岗位3万个。会同印发《关于做好机关事业单位就业见习工作的通知》,健全完善高校毕业生就业见习补贴政策,按规定落实补贴政策。推进企业复产复工,出台疫情防控期间援企稳岗措施,引导中小企业增加就业岗位、强化职业技能培训政策供给,推进"共享员工"等用工余缺调剂。发放1903万元,奖补承担疫情防控防护设备设施生产任务的75户定点企业。

【加强民生保障】全省各级财政投入621.4亿元,推进实施12项社保民生工程。健全分层分类的社会救助体系建设,开展老年人、残疾人、困境儿童关爱服务,建立健全退役军人工作体系和保障制度。做好困难群众兜底保障,统筹下达省以上困难群众救助补助资金87.9亿元,推进城乡低保、特困人员、临时救助、孤儿保障等困难群体帮扶救助。安徽省困难救助工作多次获财政部、民政部通报表扬,较上年争取资金增长10.1亿元。建立完善社会救助和保障标准与物价上涨挂钩联动机制,按月发放,保障困难群众基本生活。加快退役军人保障体系建设,安排相关补助资金4.7亿元,建立贫困县退役军人服务管理综合奖补机制和革命老区部分优抚对象专项解困机制,完成退役士兵社保接续补缴工作。拨付优抚对象抚恤和生活医疗补助资金25亿元,保障45万优抚对象各项待遇落实。支持残疾人事业健康发展,落实惠残助残政策,发放残疾人两项补贴11.1亿元,惠及全省91.1万困难残疾人和83.8万重度残疾人。实施残疾人康复救助,以贫困精神残疾人和残疾儿童康复为重点,推进多层次康复服务体系建设。统筹下达省以上残疾人事业发展补助资金4.35亿元,支持促进全省残疾人康复、就业等各项残疾人事业发展。构建养老服务保障体系,省级统筹安排专项资金1.62亿元,支持推进多层次养老服务体系建设和智慧养老建设。强化35万困难老年人兜底保障,纳入特困供养范围。在全国率先出台扶持养老机构纾难解困八项举措,全省三级养老服务中心实现全覆盖。推进社区居家养老服务改革,争取中央居家社区养老服务试点奖补资金1509万元,全省3个全国试点城市验收考核优秀,争取中央奖励资金200万元。

【健全社会保障体系】推进企业职工基本养老改革,实行统收统支的企业职工养老保险省级统筹,省级全年拨付各地市养老备付金897.9亿元,保证各地养老金按时足额发放。会同人社部门出台《安徽省企业职工基本养老保险预算管理办法》和《安徽省企业职工基本养老保险责任分担办法》。适当调整企业职工基本养老金水平,月人均调整130.5元,增幅5.4%。强化机关事业养老保险管理,完成第三批省直驻肥单位和省直驻肥外285家单位基本险和职业年金清算工作。977家省直机关事业单位参保901家,49家中央驻皖单位参保47家。拨付省直机关事业单位退休人员养老金46亿元。推进省直机关事业单位职业年金做实，研究完善财政补助政策。注重社保基金保值增值管理，加强医保基金监管，深化医保支付方式改革。启动实施城乡居民基本养老保险委托投资运营工作，归集128.1亿元上划社保基金理事会。加强社保基金保值增值管理，结合省级医保基金结余和预期收支情况，开展医保基金专户定存，推进医保基金保值增值。组织开展两期企业职工基本养老保险1年期竞争性存放，促进250亿元养老金有效保值增值。

【坚持党建引领】坚持党要管党、从严治党，注重党建引领，业务党建相互促进，增强支部凝聚力、战斗力。提升政治站位，推进政治建设。把党的政治建设摆在首位，树牢"四个意识"，坚定"四个自信"，做到"两个维护"，教育引导党员干部保持政治定力，把准政治方向，保障财政社保工作朝着正确的方向发展。强化理论武装，加强思想建设，把思想建设作为支部的基础性建设，做到思想自觉和行动自觉，省财政厅领导走访社保处党支部16次，开展集体学习51次，谈心谈话31人次，组织专题研讨15次，撰写心得体会36篇。打造战斗堡垒，夯实组织建设。规范做好支部换届工作，履行"一岗双责"，发挥每位党员能动作用。制定《社保处重大事项决策办法》，推动支部标准化建设，召开8次支部党员大会、1次组织生活会、26次支委会、4次党课辅导、12次党日活动。主动担当作为，抓好作风建设。贯彻落实中央八项规定精神，开展"三查三问"和作风建设教育整顿，持之以恒改作风反"四风"。组织开展社保联系部门会商110次，组织党员进社区进基层，开展走访帮扶活动。筑牢思想防线，推进廉政建设。落实党风廉政建设部署要求，深化"三个以案"警示教育，制定实施方案，建立整改台账。坚持未巡先改，落实整改要求。发挥纪检委员作用，注重抓早抓小，教育引导党员干部筑牢拒腐防变的思想防线。

（社保处供稿）

自然资源和生态环境处工作概述

【概况】2020年，自然资源和生态环境处坚持以习近平新时代中国特色社会主义思想为指导，按照省委、省政府和财政部的决策部署，在省财政厅党组的坚强领导下，在驻厅纪检监察组的监督指导下，践行习近平生态文明思想，以绿色发展为主线，围绕财政中心工作，坚持党建业务一体推进，支持打好污染防治攻坚战，以严实硬的作风做好各项工作。

【抓好支部党建】落实"不忘初心、牢记使命"主题教育要求，坚持全面从严治党，把党的建设摆在首位，履行"一岗双责"，抓好支部党的全面建设，推进党支部标准化建设和党支部建设提升行动。成立党支部，制订党支部学习计划，落实组织生活和党员学习制度，为支部工作顺利开展提供组织保障。制定《资源环境处党支部学习制度》《资源环境处党支部党风廉政制度》等文件，使全体党员学有标准，干有规范，行有规章。建立健全集中学习、支部自学和分享互动的学习制度，执行"三会一课"，每月定期组织集中学习，创新运用党员微信群交流学习、分享学习强国"好文"等方式。组织开展党支部组织生活会和"不忘初心、牢记使命"主题教育专题组织生活会，形成问题清单、任务清单、责任清单，明确责任人，抓好整改落实。创新"微座谈""微党课""微交流"方式，夯实支部建设。以"三严三实"为工作标准，以"马上就办"为工作要求，狠抓工作落实，做到重点工作分月调度、日常工作日清月结。贯彻执行中央八项规定、《廉洁自律准则》等党内法规，提醒、制止苗头性问题。

【加强衔接沟通】坚持党建业务两手抓，加强上下协调，强化会商对接，做好建章立制等基础性工作。全年办理征求意见反馈近350件，与相关部门会商近120次，提交工作进展情况及相关总结60余份，办理各类文件96件。做好对上争取工作，加强与财政部资源环境司联系，了解掌握政策动向，争取各类专项资金。全年获资源环境类中央专项资金32.2亿元，较上年增长6.2%。加强组织领导，按照省委、省政府部署和财政部工作安排，成立安徽省财政厅污染防治和生态文明建设领导小组，召开5次领导小组会议，印发污染防治和生态文明建设工作要点。加强与部门沟通联系，由省财政厅领导带队与生态环境、自然资源、林业等部门主动上门会商，宣传财政政策，讲解财政业务，处理各项工作，提升工作效率和质量。加强对市县指导，督促市县做好政策落实，纠正校正调研督导发现的苗头性问题，提高财政政策和资金的精准性和有效性。

【落实决策部署】围绕绿色发展主线，以支持生态文明建设和打好污染防治攻坚战为工作重点，做好财政支持服务保障工作。加大污染防治攻坚战财政投入力度，结合年度财政预算，统筹安排污染防治项目资金，逐步建立常态化、稳定的财政资金投入机制。全年省财政统筹安排污染防治攻坚战资金49亿元，同比增长15.2%。强化生态文明建设资金保障，安排水清岸绿产业优美丽长江（安徽）经济带奖补资金9亿元，安排水污染防治资金15.6亿元，加大对重点流域和重点区域水环境保护支持力度，支持打好碧水保卫战。安排秸秆禁烧和综合利用奖补资金7.9亿元，安排大气污染防治资金5.5亿元，聚焦"五控"支持全省空气质量改善，支持打好蓝天保卫战。安排土壤污染防治资金0.7亿元,重点用于土壤污染详查和农用地土壤污染防治相关工作,支持打好净土保卫战。拨付林业专项资金16.2亿元,围绕生态林业和民生林业,支持增绿扩面提质、护绿体系建设、管绿执法保障,支持安徽省创建全国首个林长制改革示范区。安排生态保护修复资金0.3亿元,支持矿山生态修复、采煤塌陷区综合治理等方面。创新生态文明建设体制机制,按照"谁保护,谁受益;谁污染,谁治理"原则,实施生态补偿政策,统筹安排生态补偿资金5亿元,初步构建森林、湿地、流域、空气等多领域的生态补偿政策体系,新安江机制试点成为全国跨省流域生态补偿典范。实施资源有偿使用制度,初步建立环境损害赔偿制度,探索生态产品价值转化体系。

(资环处供稿)

企业处工作概述

【概况】2020年,在省财政厅党组的坚强领导和驻厅纪检监察组的监督指导下,企业处贯彻落实新发展理念,狠抓党支部建设,坚持积极财政政策更加积极有为,统筹抓好疫情防控和经济社会发展各项工作,为高质量发展提供有力支撑。

【推进党支部建设】坚持用习近平新时代中国特色社会主义思想武装头脑,增强"四个意识",坚定"四个自信",坚决做到"两个维护",体现理论认同、情感认同,培养维护定力和能力。抓好常态化学习,全年开展集中学习54次、专题研讨16次。落实"一岗双责",以开展"双争一创"行动为契机,入选省财政厅基层党建工作"领航计划"示范库。执行"三会一课"、组织生活会等制度,实现党建微信易信订阅全覆盖,推进党务公开常态化。在"四送一服"集中月、世界制造业大会等重大活动期间,加强与党员干部谈心谈话,凝聚全处力量。贯彻落实巡视、审计、监督检查等反馈意见要求,坚持问题导向,压实责任,立行立改,保证问题不贰过。修订完善民营经济、水库移民、商贸流通等资金管理制度及内控操作规程,查缺补漏,坚持用制度管人、管事、管钱。狠抓廉政建设,开展"三个以案"、"三查三问",全员签订党风廉政建设责任书,压实廉政责任。传达中纪委、省纪委有关通报8次,加强日常廉政教育。贯彻"三严三实"要求,反对形式主义官僚主义,改进作风。

【保障战疫物资】坚持急事急办、特事特办,筹措安排省疫情防控物资采购铺底资金4500万元,做到当日申请、当日下达。制定出台《新型冠状病毒感染的肺炎疫情防控应急物资采购资金保障管理办法》,建立资金预拨机制,保证不因资金问题延误疫情防控物资保障;跟进指导主管部门开展资金核查清算工作,核定相关费用1512万元,清算收回2988万元,做好常态化疫情防控物资采购资金保障衔接。研究出台支持保供企业增产扩产政策,对疫情期间重点防控物资生产企业、产业链目录内企业疫情防控技改项目,分别按增购设备投资的50%、20%给予一次性补助,兑现奖补资金8853.5万元,惠及74家保供企业;制定出台防疫物资进出口鼓励政策,利用国际国内两个市场两种资源,保障防疫物资供应。强化疫情期间市场应急保供,对保障市场供应的商品流通和药品流通等企业给予支持,稳定生活必需品供应,保障老百姓日常生活不受严重影响。

【支持实体经济发展】强化政策引领,会同相关部门制定出台《关于提升产业基础能力和产业链现代化水平的实施意见》、三首一保、专精特新发展等政策,支持企业做大做强,提升产业链基础能力;编制并公布《2020年安徽省级财政惠企政策指南》,稳定市场主体预期,提振企业发展信心。兑现项目类资金25亿元、基金类注资10亿元,支持制造强省、民营经济、中国声谷、集成电路、机器人、数字经济、5G产业发展等,推动传统产业转型升级,促进新兴产业培育壮大,牵引未来产业提升赋能。争取并拨付国家小微企业融资担保业务降费奖补资金2.8亿元,第三年为全国首位,引导担保机构扩大业务规模、降低融资费率;赴宿州、安庆等市开展清欠调研督查,核实办结11起拖欠账款问题,无分歧账款提前实现"清零"。深入淮南市开展"四送一服"专项行动,走访10余个重点园区20余户重点企业,实地调研1个重点工程和4个重点项目;先后两次深入滁州市开展集中月活动,走访调研企业7670家,解决企业问题1036个。

【稳住外贸外资基本盘】应对新冠肺炎疫情影响,在出台临时性进口医用物资奖励等政策基础上,针对性出台阶段性稳外贸相关举措,完善出口产品转内销、小微企业统保费率等政策。统筹外经贸发展资金6.08亿元,推动外向型企业复工复产,提升外资质量效益,稳定外向型市场主体发展信心。创新世界制造业大会举办方式,采用"云端参会、线上观展"线上线下结合形式,统筹安排资金3653万元,支持世界制造业大会江淮线上经济论坛成功举办。参与安徽自贸试验区方案制定,对接联系财政部争取政策支持;按照特事特办原则保障揭牌仪式成功举办,参与任务分工、工作规则等措施完善,推动自贸区建设顺利开局。

【推动国有企业发展壮大】落实资金保障,支持去产能企业平稳有序分流职工,防范化解债务风险,完成"十三五"期间钢铁煤炭行业化解过剩产能任务。截至年末,累计下达专项奖补资金56.4亿元,支持退出煤炭产能

2737万吨、生铁产能224万吨、粗钢产能302万吨,分流安置职工8.18余万人。统筹资金11.56亿元,支持原中央下放企业、省属企业“三供一业”分离移交;安排资金1.48亿元,落实国有企业职教幼教退休教师生活待遇,推动国有企业退休人员社会化管理工作。出台一揽子制度推进划转部分国有资本充实社保基金工作,指导全省划转工作。牵头制定《省属企业国有股权划转方案》,向符合条件的23户省属企业下达划转通知书,划转省属企业国家资本83.18亿元,对应享有划转基准日归属于母公司所有者权益282.24亿元。

【做好相关民生工作】实施农村电商提质增效民生工程,统筹安排资金1.5亿元支持农村电商发展,争取将金寨、霍山、固镇等6县纳入国家农村电商综合示范,获中央服务业资金7500万元,推动农产品上行和工业品下乡,完善农村电商供应链体系,促进农村消费扩容提质。落实国家后期移民扶持政策,对接省主管水库移民局,拨付扶持资金17.09亿元,推进库区移民直补发放和扶持项目的实施。规范政策资金监管,强化政策争取对接,解决库区移民生产生活困难,117万库区移民与全省人民一道迈入小康。推动消费环境改善,兑现省级流通业资金4500万元,重点支持市场应急保供、标准化菜市场(含城乡农贸市场)建设改造、特色商业街区(含高品位步行街)培育、城乡商贸物流设施建设改造、商业品牌培育等项目建设,推进流通体系建设,释放消费潜能。

(企业处供稿)

金融处工作概述

【概况】2020年,面对疫情灾情叠加影响和严峻复杂的财政经济金融形势,在省财政厅党组坚强领导、驻厅纪检监察组监督指导下,金融处紧紧围绕财政中心工作,坚持党建引领,立足公共财政职能,做好抗击疫灾促进复工复产、财政PPP模式、政策性农业保险、政府性融资担保、国有金融资本管理改革及地方企业财务管理等重点工作,完成年度各项工作任务。

【抗击疫灾促复产】落实疫情防控支持政策,会同有关部门研究提出贯彻措施,组织各地抓落实,支持全省379户疫情防控重点保障企业发放731笔专项再贷款116.5亿元,获中央财政贴息13810万元,为全国第7位。创新灾害保险赔付举措,针对全省特大洪涝灾害,制定实施对蓄滞洪区农户“通融赔付”、提高贫困户赔付标准、补改种农作物纳入保险范围等特殊政策,农业保险因洪涝灾害赔付21.4亿元(其中保险责任内赔付19.1亿元,蓄滞洪区通融赔付2.3亿元),受益农户194.5万户。全省农业保险赔付总额为35.8亿元,简单赔付率为108%,均创历史新高。支持小微企业复工复产,省财政给予50%保费补贴,为2722家小微企业复工复产提供风险保障3.3亿元。

【推广PPP项目】坚持规范与发展并重,按地区实行“红、橙、黄、蓝”“一色一策”分类管理,注重项目谋划,加快项目落地,强化绩效管理。全省纳入财政部项目库项目479个,总投资5225亿元,落地率为89.1%,开工率为78.5%。

【发挥省级股权投资基金作用】协调配合相关处室安排财政资金35.58亿元,支持设立覆盖企业全周期、服务企业全链条、对接企业上市挂牌全过程的省级股权投资基金体系。

【支持普惠金融发展】放宽创业担保贷款政策,通过提高贷款额度、扩大贴息范围、降低利率水平、免除反担保和提升担保基金放大倍数等措施,加大创业担保贷款发放力度。全年各级财政拨付贴息6.7亿元,发放创业担保贷款104.7亿元、近6万笔,同比增长92%,支持12万人创业就业。争取中央财政资金8000万元,支持滁州市、包河区开展城市金融服务综合改革试点。

【撬动企业融资】加大续贷支持,省财政调剂库款10亿元,带动市县财政投入24.47亿元,服务企业短期资金周转。全年全省续贷过桥资金周转18.19次,周转金额680.77亿元以上,扶持中小微企业1.38万户。拨付资金2.56亿元,奖励拟上市企业43家、成功上市企业18家、首次股权融资7家、省科创板挂牌1572家。安排9.8亿元,支持皖北三市七县及金寨县产业园区融资发展。设立3000万元省金融发展专项激励资金,引导银行业金融机构加大力度,为稳企业提供更多更好的金融支持。对中央驻皖金融管理部门实施奖励政策,激励加大全省实体经济融资。

【提升担保服务】对疫情防控期间复工复产中小微企业使用贷款发放工资等提供增信,政策性担保费率不超过1%、业务办理期限压缩50%以上的,省财政统筹相关资金给予奖励。对符合条件的省专精特新中小企业融资担保业务,省财政给予最高10万元补贴。统筹安排4亿元用于省融资再担保公司注资,预拨1亿元对其年度实际代偿适当予以补助。全省“4321”政银担业务新增860.7亿元,同比增长11.6%,服务企业2.7万户,平均担保费率降至0.86%;省担保集团免收再担保费2.4亿元。

【推动农业保险发展】深化农业供给侧结构性改革,“扩面、增品、提标”,推开育肥猪保险,取消省级特色农产品保险覆盖率30%以上奖补限制,兑现上年度省级特色农产品奖补资金9717万元。经省委深改会审议通过,省财政厅等5部门联合印发《安徽省加快农业保险高质量发展工作方案》;省政府召开全省农业保险现场会,推进农业保险增品提标扩面和高质量发展;落实省长调研座谈会精神,研究制定农业保险创新发展总体政策框架。全年拨付各市保费补贴资金20.36亿元,全省投保大宗农作物及森林14943万亩、重要牲畜667万头,为1113万户农户提供风险保障743亿元,全省大宗农作物综合投保率为95.6%。

【推进国有金融资本管理改革】起草《安徽省国有金融资本出资人职责暂行规定》并提交省政府常务会和省委深改会审议通过,由省政府办公厅印发。出台《安徽省省属国有金融企业工资总额管理办法》,加快由管资产、管财务向管资本、管薪资转变。向财政部争取30亿元化解中小银行风险专项债额度,成立由分管厅长为组长、省有关单位参加的工作专班,研究省级总方案。压实市县属地责任和高风险中小银行主体责任,“一行一策”制定实施方案。

【强化地方金融企业财务管理】落实金融企业国有资产管理情况向省人大报告制度,加强地方金融企业财务季度快报、决算报表、绩效评价、产权登记等基础性工作,规范报表科目、审核标准、报送时间、行文格式等,决算报表工作第9年获财政部通报表彰。

【推进支部党建工作】强化支部政治思想建设,组织全处同志开展政治和业务学习46次,专题研讨15次,结合工作进行部署,全员交流发言并撰写学习心得。制定支部党建工作要点,以推进支部标准化建设为抓手,强化组织建设,落实“三会一课”制度。组织召开支部组织生活会,做好批评与自我批评,查摆问题8个,制定整改措施10条、制度2个。召开支委会22次、支部党员大会7次,讲党课5次,党日活动12次,谈心谈话21人次。开展党史教育,参观江淮廉风文化展和安徽红色文化博物馆。完善“三重一大”工作机制,强化民主决策,召集处务会27次,对标对表模范机关建设、“双争一创”、“领航”计划要求,找差距、促提升。根据省委综合考核、巡视、意识形态工作责任制落实情况专项检查和干部选拔任用工作检查情况巡视反馈意见,对涉及的4个问题,制定整改措施14条。开展关键少数教育监督管理情况“回头看”和“三查三问”,查摆问题,制定整改措施。对照省财政厅党组巡察反馈意见,狠抓未巡先改,定期对照复查、对单销号。支部书记履行“一岗双责”,发挥模范带头作用,纪检委员履行监督责任,日常和关键节点常提醒、常警示、严要求。推进作风建设专项教育整顿和财经纪律专项整治,全员开展职工思想状况调查。签订全员党风廉政建设责任书,6次召开党风廉政建设专题会,传达省财政厅党组会精神,通报相关违规违纪案例,结合身边典型案例,举一反三,警示党员干部遵规守纪,不触红线、把住底线。开展“三个以案”警示教育,制定工作计划,认真学习研讨,广泛征求意见,深刻分析解剖,落实问题整改。牢记宗旨意识,坚持效能作风建设永远在路上,每周效能巡查,发现问题隐患,及时处理解决。加强调研会商,全年全处23次调研38天、会商99次。全处同志6次自费6725元购买贫困地区农产品,2次深入大杨镇吴郢社区,送去防疫物资、开展疫情防控宣传,服务群众50余人次。

(金融处供稿)

乡村财政事务管理处工作概述

【概况】2020年,乡村财政事务管理处坚持党建引领,落实强农惠农政策,推进农村综合改革,提高财政资金绩效,强化乡村财政管理,各项工作取得长足进步。

【强化理论学习】坚持常学常新、突出学习重点,采取支部学习、个人自学、专题研讨、在线学习、辅导讲座、党课教育、体会交流、主题征文等方式,营造学习宣传贯彻氛围,引导党员干部学懂弄通做实,牢记财政机关是政治机关,做到“绝对忠诚、最讲政治”。围绕“学习习近平总书记奋斗历程担当作为财政事业”“学习贯彻党的十九届五中全会精神,我们怎么做”等主题,组织学习研讨20余次,开展学习党章党规党纪、宪法法律知识、党的国家机关基层组织工作条例等各类测试5次,党员干部撰写心得体会文章23篇。

【夯实基础工作】全年召开党员大会5次、支部会议34次、党课教育4次、专题组织生活会1次,开展谈心谈话25人次,组织开展主题党日活动12次,在职党员进社区3次;组织完成党支部换届选举工作,选举2名党代表出席省财政厅第八次党员代表大会。制定党支部理论学习计划、任务分解等清单台账7项,公开党费收缴、离任审计、专题组织生活会等党内重大事项。全年工作会商27次,深入基层调研9次,宣传财政政策10余项。组织党员干部采购新疆和田农产品,开展抗击疫情、“赈灾扶贫”爱心公益捐款活动。落实生病探望、干部休假等制度,走访慰问困难党员群众、老党员6人次。

【从实教育管理】落实中央八项规定及其实施细则精神、省委实施细则等,开展深化“三个以案”警示教育,开展党史教育和先进典型教育,明确加强和改进意识形态工作正面清单和负面清单。党员干部层层签订党风廉政责任书,支部书记主动运用监督执纪“第一种形态”对当事人进行提醒谈话,纪检负责同志在重要节假日前开展廉政集体谈话,处级干部按规定要求如实报告个人有关事项。对照省财政厅党组巡查党支部反馈意见、“三查三问”自查自纠问题、中央脱贫攻坚专项巡视回头看反馈问题等均整改到位。开展作风建设专项教育整顿并进行全方位分析研判，全体同志乐观、积极、向上、团结。

【加强乡镇财政建设】健全乡镇财政权力责任服务“三个清单”、乡镇财政财务互审、包村干部监管涉农资金等制度机制，加强内控建设，健全监管机制，推进乡镇涉农资金信息公开，推进涉农资金监管系统与惠农补贴资金管理发放系统、县乡镇财政国库集中支付系统对接和数据共享，促进基层依法理财、提高资金监管质量。出台《关于加强新时代乡镇财政干部队伍建设的意见》，发挥乡镇财政贴近基层、服务“三农”的基础作用。

【规范“一卡通”管理发放】梳理上年度“一卡通”专项治理、审计监督反映的惠农补贴资金管理发放中存在的薄弱环节、突出问题，优化工作流程，完善制度措施，推进“一卡通”存折更换社保卡工作。全省通过“一卡通”发放惠农补贴资金 386.4 亿元，覆盖 22 大类 93 小项，受益农户 1400 余万。

【推进农村公益事业财政奖补】发挥财政奖补机制和平台作用，加强与美丽乡村、脱贫攻坚和乡村振兴战略对接，坚持农民主体地位，强化项目资金监管，健全完善工作机制，推进村级公益事业建设。实现现有贫困村财政奖补项目全覆盖，改善农村生产生活条件。投入财政奖补、社会捐赠、群众筹资等各类资金 15.3 亿元，建成村级公益事业项目 7000 余个。

【扶持发展村级集体经济】以强化资金保障，规范资金管理，提升资金绩效为抓手，围绕“增点扩面、渠道拓宽、帮扶助力、部门联动、党建引领、示范带动”六项行动，配合省委组织部、省农业农村厅推进全省村级集体经济发展工作。全省各级财政共安排补助资金近 11 亿元，支持 1000 个省级重点扶持村、700 个市县重点扶持村，以及 500 个空壳村、薄弱村发展集体经济。全省集体经营性收入 50 万元以上的经济强村 1240 个，占比 8.1%，完成全年目标任务。

【开展农村综合性改革试点试验】指导界首市、东至县、黄山区等 3 个试点县（市、区）围绕健全村级集体经济发展机制、推进乡村治理体系和治理能力现代化等“四大机制”建设，因地制宜探索农村综合改革服务支持乡村振兴战略的路径。逐步探索形成促进乡村振兴的经验做法，试点试验取得积极成效。全省投入试点资金 2.4 亿元，建设项目 92 个。

【提升村级组织保障水平】贯彻落实中组部、财政部《关于建立正常增长机制、进一步加强村级组织运转经费保障工作的通知》，巩固三年行动计划成果，构建以财政投入为主的稳定的经费保障制度。提升农村基层组织经费保障能力，安排 17.2 亿元，支持全省 1.5 万余个村、近 10 万名在职村干部报酬，以及近 40 万离任村干部生活补助，为村级组织正常运转和基本公共服务提供保障。

【提高财政资金绩效】落实《安徽省省级预算绩效管理暂行办法》，组织开展上年度乡镇财政资金监管和惠农补贴资金管理发放绩效评价。依据审计结论、省纪律监委通报和财政扶贫资金绩效评价结果，结合市县核评、自评和日常掌握的情况，对全省 79 个县（市、区）相关工作开展综合评价。坚持绩效导向分配乡镇财政资金监管经费，评价结果通报全省，强化结果运用。出台《安徽省农村公益事业财政奖补绩效评价办法》，规范全省农村公益事业财政奖补工作绩效管理，提高资金使用效益。

（乡财处供稿）

会计处工作概述

【概况】2020 年，在省财政厅党组的领导下，在兄弟处室单位的支持下，会计处深入学习贯彻党的十九大及十九届历次全会精神，贯彻落实财政部和省财政厅党组部署要求，坚持新发展理念，服务深化财税体制改革，各项工作取得新成效。

【做好疫情防控期间会计服务】贯彻落实党中央、国务院和省委、省政府关于打赢疫情防控阻击战的决策部署，根据财政部文件精神和省财政厅具体部署，印发《安徽省财政厅关于做好疫情防控期间会计服务工作的通知》，要求全省各级财政会计管理机构在做好疫情防控的同时，创新管理理念和管理方式，做好疫情防控期间的会计服务工作，对会计行政审批事项、公益及慈善等非营利组织接受疫情防控捐赠资产会计核算、会计资格考试安排等，提出会计服务六项具体工作措施，通过网络、微信、电话等“零见面”方式，为会计人员提供会计服务，保障疫情期间服务不停、业务不断、实效不减。

【抓实会计准则制度实施】财政部出台会计准则制度后续应用解释及指引后，将推进实施作为工作“重头戏”，采取多种措施保障落实落地。运用多形式多渠道，跟进宣传财政部发布的新冠肺炎疫情相关租金减让、电子票据、政府和社会资本合作项目合同等 10 余项会计处理规定。结合疫情防控，组织开展全省范围的线上会计业务培训，推进企业会计准则高质量实施。加强协同推进，借助省财政厅支出处室业务会商或培训时机，派员协同加强对省直单位会计业务指导，5 次走进省直部门单位，对执行会计准则制度过程中遇到的问题、困难和意见等进行解答，提供解决方案。加强常态化联系，将财政部关注的公共基础设施会计核算作为政府会计准则制度执行重点难点问题加以跟踪，建立与交通、水利等部门财务常态化联系机制，走访调研省交通运输厅、合肥市交通运输局,了解交通运输系统政府会计制度执行情况,特别是公路水路基础设施账务处理情况,交流做法经验,听取意见建议,推动准则制度有效实施。加强专家资源整合,落实《财政部关于加强国家统一的会计制度贯彻实施工作的指导意见》精神,整合省内会计专家资源,建立会计准则制度执行专家咨询库,发挥会计人才在会计准则制度实施过程中的宣传、培训、咨询等专业作用,20余人次参与财政部会计准则制度征求意见稿反馈,提出有效建议60余条,为基层单位会计核算问题释疑解惑。

【推动单位会计工作转型升级】贯彻落实新发展理念,推动会计工作的理念、机制、方法转变,促进单位会计由核算型向管理型升级,加强财会监督,提升内部治理水平,增强可持续发展能力。推进行政事业单位内部控制建设,全省行政事业单位内控建设逐步由“立规矩”向“见成效”转变。按照“以评促建”思路,组织全省20706家行政事业单位参与内控报告编制,首次统一采取网络版方式编报,加强内控报告与部门决算工作的统筹协调,3月完成全省行政事业单位基础信息采集和数据发放工作,掌握应报单位数。加大培训指导力度,疫情期间依托网络平台采取“云直播”方式,面向全省各级各类行政事业单位会计人员开展培训,参加培训6000人次,采取“线上线下”指导结合,解决单位内控建设和报告填报中的疑难杂症。加强数据技术性审核和业务数据核对,与部门决算、国有资产报告数据比对自查,编报质量有所提高。坚持问题和结果导向,总结形成全省行政事业单位内控分析报告。采取实地走访省属企业、召开座谈交流会、典型案例宣传等方式,推进管理会计在企事业单位实践应用,全省4例管理会计应用案例在中国会计报宣传。选派一名业务骨干,参加省政府组织实施的“四送一服”双千工程,深入企业宣讲财政涉企政策,指导企业落实会计政策,收集企业问题建议,协助帮助企业排忧解难。

【提高会计人才队伍建设水平】围绕人才强省战略,坚持分层次、重质量的会计人才培养方式。组织做好初中高级资格无纸化考试管理工作。抓好疫情常态化防控,出台《安徽省2020年度会计专业技术资格考试新冠肺炎疫情防控工作方案》《全国会计专业技术资格考试安徽考区考生疫情防控告知书》,多方协调落实考试期间的考点机位、安全保卫、网络舆情监控、考点考场防疫事项。做好保障,服务考生,推行考生报名、资格审核和发证不见面,首次实现考试全流程与考生零见面,对因初级延考不能如期参加考试的考生实行延期考试。完成全省会计初中高级考试工作,近26万考生在全省44个考点、763个考场完成考试,初级考试通过人数4.1万人,中级通过人数1.1万人,进入全国金榜25人,银榜122人,各项成绩均创历史新高。组织开展高级、正高级会计师资格评审,调整安徽省会计系列高级评委库,首次采用评审信息化系统,评审标准突出德才兼备、以德为先、诚信为本,对长期扎根基层一线及援疆、援藏会计人员实行政策倾斜,445人通过高级会计师评审,7人通过正高级会计师评审。组织开展总会计师高端班选拔培养及素质提升工程。组织全省50多名符合报名条件人员参加总会高端班选拔笔试,5人成功入选;组织国际化高端会计人才考试工作;组织开展六期286人参加财政部总会计师素质提升工程培训。优化会计人员管理服务,依托“会计人员信息系统”采集会计人员信息,发挥系统平台作用,实现会计人员基础信息与会计资格证书办理、高级资格评审、继续教育等服务有效衔接,优化业务办理流程,精简审核事项,提供便捷服务,从“最多跑一次”到“一次也不跑”,全省会计人员信息采集量为23万人,会计资格证书审核发放5.2万人。组织开展年度会计专业技术人员继续教育,设计课程内容,加强网络继续教育监管,全省参加会计继续教育近10万人次,其中网络继续教育7万余人次。建立健全会计咨询快速应答机制,全年处理会计人员电话、微信、外网等会计政策业务咨询近4000条,回应会计人员关切,行业反响良好。

【激发会计服务市场活力】深化会计领域“放管服”改革,优化会计师事务所及代理记账业务行政审批,实行审批“权力清单化、清单流程化、流程标准化、标准信息化”,优化营商环境,激发会计服务市场活力。做好会计师事务所日常行政审批和管理服务,配合做好省级“权责清单”调整、“社会信用体系建设”等工作,完善信用信息共享机制,全年审批会计师事务所执业许可17家,注销执业许可4家,审核办理变更备案业务59家。做好会计师事务所年度报备工作,开展情况分析,形成安徽省注册会计师行业管理分析报告,上报财政部。落实财政部等部委联合发布的《银行函证及回函工作操作指引》等三个文件精神,召开部分会计师事务所负责人座谈会,讨论研究提升会计审计质量、函证及回函工作相关要求的推进。做好会计师事务所执业事中事后监管,将股东合伙人保持设立条件作为省财政厅会计师事务所联合专项检查重点内容,跟进相关会计师事务所整改监督工作,整改39家工商登记信息变更后未及时到财政办理变更备案的问题。至年末,全省执业会计师事务所(分所)304家,从业人员近8000人,为全省近10万家单位提供审计鉴证和其他专业服务。做好代理记账机构管理指导,印发《安徽省财政厅关于做好2020年代理记账行业管理有关工作的通知》,组织完成代理记账机构年度报备,查找存在的主要问题，提出意见建议，形成安徽省代理记账行业发展分析报告，上报财政部。贯彻《代理记账行业协会管理办法》，规范代理记账行业协会自律管理、自我服务行为，指导省代理记账协会发挥行业桥梁纽带作用。至年末，全省经批准设立的代理记账机构2187家，从业人员逾万人，服务客户13.6万家。

（会计处供稿）

国有资本经营预算处工作概述

【概况】2020年，在省财政厅党组的坚强领导下，国资预算处坚持以习近平新时代中国特色社会主义思想为指导，深入学习贯彻党的十九大和十九届二中、三中、四中、五中全会精神，认真贯彻落实省委、省政府和财政部决策部署，牢牢把握稳中求进总基调，坚持新发展理念，围绕高质量发展要求，不断强化国有资本经营预算管理，支持保障国资国企改革，较好完成各项目标任务。

【规范国资预算预决算管理】完善省级国资预算草案文本，配合预算处做好年度预算报告工作，向人大代表做好解释说明。根据省人大批准的预算，将年度省级国资预算批复相关预算单位和企业，明确年度收支目标，硬化预算约束。加强省级国资预算执行情况的分析与监督管理，组织预算单位、省属企业编报年度国有资本经营决算，加强数据的审核分析汇总，完成国有资本经营决算草案编报工作。

【加强国有资本收益管理】落实分类设定省属企业国有资本收益上交比例政策，组织省属企业申报应交国有资本收益，按规定核定应交收益。强化收入预期管理，督促预算单位及时组织省属企业上交收益，确保收益及时足额入库，做到应收尽收。全年收缴省属企业国有资本收益26.99亿元，较年初预算24.61亿元超收2.38亿元，较往年提前一个月完成全年收入任务。

【强化国资预算资金统筹】继续加大国资预算调入一般公共预算的力度，将省级国有资本经营预算资金调入一般公共预算的比例提至30%，调入一般公共预算8.1亿元，保障国有资本收益更多用于保障和改善民生。盘活存量资金调入一般公共预算16.5亿元，强化财政资金统筹。

【优化国资预算支出结构】围绕国资国企改革中心任务，用好国有资产经营预算资金。安排2.29亿元用于解决国有企业历史遗留问题及改革成本支出，安排30.07亿元支持国有企业公益性设施建设、前瞻性战略性产业发展、科学技术进步和生态环境保护，助力省属企业高质量发展。

【提高国资预算编报质量】加强国资预算中期财政收支规划管理，科学预测收支变化情况，合理编制全省2021—2023年国有资本经营收支规划，增强预算的前瞻性和计划性。加强与预算单位、地市财政部门的业务沟通，组织编制全省2021年国资预算。审核省级国资预算支出项目建议草案，统筹安排省级预算收入规模和项目支出结构。

【强化预算支出绩效管理】研究下发《关于加快推进省级国有资本经营预算支出绩效评价工作的通知》，明确和规范对国资预算支出绩效评价内容、程序及方法等，强化省国资委及省属企业绩效管理的主体责任，组织对2019年国资预算安排的支出项目进行绩效自评。配合省财政厅绩效管理处、预算评审中心，组织对省属企业“538英才工程”项目实施财政重点绩效评价，公开2019年财政重点评价项目评价结果，自觉接受社会监督。

【完善政府投资基金季报制度】按照财政部的统一部署，及时下发通知，修订完善政府投资基金运行情况季报指标体系，督促指导市县按时上报季报数据。针对季报审核汇总过程中发现的问题，研究下发《关于进一步加强政府投资基金运行情况季报工作的通知》，明确数据填报、审核要求，提高季报数据质量。加强对基金季报数据的审核分析，完成全省政府投资基金运行情况季报工作任务，为加强政府投资基金财政监管奠定基础。

（国资预算处供稿）

行政事业国有资产管理处工作概述

【概况】2020年，资产处坚持以习近平新时代中国特色社会主义思想为指导，深入贯彻落实党的十九大和十九届二中、三中、四中、五中全会精神，认真贯彻省委十届十二次全会和全国、全省财政工作会议精神，坚持把政治建设摆在首位，深化改革，创新机制，积极应对新冠疫情冲击和经济下行压力，推动党建和行政事业性国有资产管理融合发展，实现党建和业务相互促进、齐头并进，较好完成各项工作任务。

【落实疫情防控相关政策】严格贯彻厉行节约方针，坚持“精准、有效、节约”的原则，加强省级行政事业单位办公设备等资产配置审核，严控超标准、超数量配置资产，积极推进节约型机关建设。坚持能用尽用的原则，审慎审核新增报废资产处置，对已达规定使用年限，但尚可继续使用的通用办公设备家具，原则上继续使用，最大限度发挥资产使用效益。积极支持中小微企业复工复产，督促省直单位对承租行政事业单位及其所属企业的中小微企业和个体户免收房租1.19亿元。

【推动资产管理改革创新】落实国

有资产管理“放管服”改革要求。经省政府同意,出台《安徽省财政厅关于深化省级行政事业单位国有资产管理“放管服”改革的通知》,把限额以下的资产出租、处置等部分审批权限下放至省直主管部门,保障行政事业单位有效履职和高效运转。做好省直行政事业单位经营性国有资产集中统一监管改革。总结试点工作做法和经验,研究起草全面推进实施方案,经省委、省政府审定后,会同省国资委印发执行,确保按中央要求在2021年年底前基本完成改革任务。做好省以下检察院资产上划省级统管工作。会同省检察院精心布置安排,指导、督促做好资产上划、资产管理信息系统迁移、资产年报和月报衔接等工作,推进省以下检察院财物统管改革资产管理工作。做好省级机构改革涉改资产划转、公务用车改革取消车辆管理工作。全年办理机构改革资产划转16笔,涉及资产价值31.65亿元;办理公车改革取消车辆处置9笔,涉及资产价值0.14亿元。

【做好国有资产报告工作】经省政府审定,向财政部报送安徽省2019年国有资产报告工作开展情况和2019年度国有资产综合报告。履行牵头职能,建立完善国有资产报告工作机制,会同有关部门做好2019年度国有资产管理情况综合报告和2019年度企业国有资产(不含金融企业)管理情况专项报告相关工作,牵头做好省人大常委会审议意见整改落实工作。组织开展全省行政事业单位国有资产报告编报,公共基础设施等行政事业性国有资产报告工作受到财政部通报表扬。

【提高国有资产管理质量】加大闲置资产盘活力度,通过出租、出售、置换、收储、改造、抵债等方式,盘活并高效使用闲置资产,推进资产调剂和共享共用,提升国有资产使用效益。2020年,省级行政事业单位共上缴资产出租收入4亿元、资产处置收入5.13亿元。开展省直行政事业单位国有资产管理历史遗留问题和长期挂账问题专题调研,选取48家省直单位,通过会商座谈、现场查阅资料、调取会计账簿等方式,了解行政事业单位国有资产管理存在困难和问题,征求对处理历史遗留问题和长期挂账问题的意见建议,结合实际提出对策建议,推动相关问题解决。开展资产管理问题排查和专项整改,对省直各部门、单位资产管理中存在的账实不符、家底不清、闲置资产盘活不够、违规处置国有资产等问题开展全面自查摸排及专项整改,建立问题台账,实行月报告制度和销号管理。133家省直部门、单位按要求报送自查整改报告,能立行立改的全部整改到位,推进解决历史遗留问题。组织对省直单位国有资产管理情况进行监督检查,发现省直单位国有资产管理中存在不足和短板,推动省直单位强化和规范国有资产管理。

【加强资产评估行业管理】依法依规审核资产评估机构备案条件,严格把控、动态掌握资产评估机构资质。2020年,共办理资产评估机构登记备案25件、变更备案33件、注销登记5件。坚持优化工作流程,落实一次性告知制度,实行“承诺制”。加强资产评估行业监管,配合开展监督检查,促进评估机构规范管理、行业健康发展。

【推进支部党建和党风廉政建设】始终把政治建设摆在首位,坚持用习近平新时代中国特色社会主义思想武装党员干部头脑,进一步树牢“四个意识”,坚定“四个自信”,坚决做到“两个维护”。开展深化“三个以案”警示教育,严肃查摆问题,抓好整改落实,推进依规廉洁履职。开展作风建设专项教育整顿和加强财经纪律专项整治工作,强化作风效能和纪律建设。落实基层党建领航计划要求,进一步巩固提升党支部标准化建设成果。

(资产处供稿 钟翠执笔)

财政监督局工作概述

【概况】2020年,在省财政厅党组的坚强领导和驻厅纪检监察组的监督指导下,在各处室单位的大力支持下,财政监督局认真落实财政部和厅党组决策部署,围绕中心,服务大局,发挥财政监督职能作用,较好完成各项工作任务。

【推进检查工作】依法处理处罚上年度检查的会计师事务所和资产评估机构11户,注册会计师3名,公示公告结果。会同省财政厅相关处室随机选取20户会计师事务所和5户资产评估机构开展联合检查。组织开展1户会计信息质量检查。受理会计评估方面举报事项21件。下发《安徽省财政厅转发〈财政部办公厅关于贯彻落实习近平总书记重要讲话精神 围绕加强财会监督工作开展学习调研的通知〉》,布置并指导市县(区)财政部门开展财会监督学习调研工作。配合省委巡视工作领导小组办公室做好财会监督调研相关工作,召开省直相关部门座谈会,深入合肥市部分企事业单位,开展财会监督调研工作,形成专题调研报告,上报财政部监督评价局。

【开展补助资金专项检查】根据财政部工作安排,组织全省55个县级财政部门进行全面自查。对5个补助资金较大、渔民数量较多、工作推进较慢的县区进行省级重点抽查,查出政策制定及落实、资金管理与使用等方面7类问题,督促指导相关市、县(区)财政局针对问题,建立问题台账和责任清单,及时整改,堵塞漏洞,强化管理,建立健全长效工作机制,防止问题反弹。

【开展采购资金和项目绩效评价】通过收集文件和数据信息、现场调研了解相关情况,制定评价工作方案、明确评价体系和指标等内容,开展现场绩效评价。其中“三重”项目,发现产业发展、项目管理、资金管理使用等方面23个问题。对于新冠肺炎疫情防控物资采购资金项目，发现基础工作不够规范、补助资金申报不实等10个问题，并进行专项核查，为资金清算提供第一手资料。

【加强直达资金常态化监督】贯彻落实财政部监督评价局工作要求，转发《财政部关于加强直达资金常态化监督的通知》，并就做好常态化监管工作提出具体要求，压紧压实市县责任。督促指导市县开展常态化监管工作，下半年组织市级对47个县区开展直达资金现场核查，涉及资金258.85亿元。按月梳理分析市县常态化监督开展情况，会商省财政厅预算处、国库处，每月汇总形成全省常态化监管情况报财政部监督评价局。

【开展专用存款账户资金核查】根据省财政厅党组要求，监督局牵头会同有关业务处室组成核查组，核查8家省直预算单位本级及下属单位专用存款账户，查出3个省直部门和3个下属单位存在漏报、非税收入应缴未缴和周转金长期挂账等问题。针对存在问题，坚持以查促改，边查边改。

【开展预决算公开数据核查工作】9月，采取省市县三级联动方式，对全省2019年和2020年政府和部门预算、2018年和2019年政府和部门决算开展复核，推进全省预决算信息公开工作。通过自查复核，提升全省预决算公开质量，细化和规范预决算公开内容。

【推进内控内审工作】根据巡视整改要求，开展内审工作"回头看"，对近3年内审报告进行复审；组织排查各处室单位对内控制度建设和执行情况；会同内控专项风险牵头处室单位，结合省财政厅内巡察，对各处室单位上年内控工作情况进行全面检查；对省财政厅厅属会计学会和珠心算协会开展内部审计；对1名同志进行离任经济责任审计。

【参与配合其他相关工作】开展"小金库"防治工作，常态化受理举报，全年办理2件，落实"小金库"承诺制度，选择2个省直单位开展"小金库"防治工作调研督导。参与推进疫情防控和复工复产财税政策落实及财政资金监管工作。派员参加省委巡视组巡视工作。配合省财政厅机关纪委开展4次巡察工作。配合省财政厅预算绩效管理处开展预算绩效专项督查工作。

（监督局供稿）

政府采购处工作概述

【概况】2020年，政府采购处深化政府采购制度改革，健全政府采购管理机制，加强政府采购监督管理，规范采购行为，优化营商环境，提高工作效率和服务水平，在财政部各项考核中均为全国前列。

【加强支部党建工作】学习贯彻习近平新时代中国特色社会主义思想、党的十九大和十九届二中、三中、四中、五中全会精神，组织支部党员干部读原著、悟原理，把政治建设的部署要求细化为具体措施，贯彻到支部党建全过程和政府采购改革发展各方面。落实意识形态工作责任制，把坚定理想信念作为支部思想建设的首要任务，深化"不忘初心、牢记使命"主题教育，分管厅领导到支部督学促学7次，组织开展《习近平谈治国理政（第三卷）》轮流领学，开展党的十九届五中全会精神等专题学习研讨8次，撰写心得体会文章32篇。深化组织建设，贯彻落实党内法规和党内生活制度，巩固深化支部标准化建设成果，围绕模范机关建设创新支部学习活动方式，提升党员干部学习质量。组织支部换届选举工作，召开支部大会22次、组织生活会1次，专题党课5次，党员活动日12次。推进作风建设，坚持"三严三实"，深化"三查三问"，开展"四对照四检视"，组织开展"查摆问题自我革命"主题党日活动，抓好未巡先改。建立政府采购处"三重一大"集体决策机制、法定事项三级审批机制、离岗报告和请销假制度等，加强效能建设，改进工作作风。推进"三个以案"警示教育，重点围绕张坚案、姜毅案等政府采购领域严重违纪违法案件开展专题研讨。牵头制定《贯彻落实驻厅纪检监察组纪律检查建议整改清单》并严格执行，开展廉政谈话和集体政治监督谈话。

【开辟物资采购绿色通道】制定疫情防控便利化采购政策，在全国率先出台疫情防控紧急采购政策，印发《安徽省财政厅关于新型冠状病毒疫情防控采购便利化的通知》，明确疫情防控项目实施紧急采购，采购进口物资无需审批，为全省疫情防控采购工作开辟"绿色通道"。印发《安徽省财政厅关于积极应对疫情变化有序恢复政府采购活动的通知》，要求各有关部门、单位因地制宜妥善有序恢复政府采购活动，加快推动企业复工复产。指导代理机构制定疫情防控预案，做好办公场所及公共交易区域的疫情防控工作，开展电子化政府采购，减少人员聚集，实现全省政府采购代理机构"零感染"。

【完善政府采购制度】制定印发《安徽省深化政府采购制度改革工作方案》，部署全省改革工作。制定全省统一的集采目录，实现集中采购目录省域范围的统一。制定印发《安徽省财政厅转发财政部关于开展政府采购意向公开工作的通知》，提升政府采购透明度。贯彻落实政府绿色采购制度，要求采购人、代理机构严格执行强制或优先采购节能产品和环境标志产品采购制度，推广政府采购绿色建筑和绿色建材，促进建筑品质提升。

【推进政府采购信息公开】规范政府采购公告和公示信息，按照财政部要求,在安徽省政府采购网中嵌入各类公告和公示信息格式规范,规范政府采购信息发布行为。加强政府采购信息发布,发挥安徽省政府采购网作为全省政府采购信息指定发布媒体的作用,全年各类信息发布量为35.62万条。规范省级分散采购信息发布,安排专人逐条审核,做好信息安全防范工作,手工审核发布3000余条。应对政府采购透明度评估,加强政府采购信息公开查缺补漏,纠正补充信息公开不规范、不完整的地方,在财政部组织开展的政府采购透明度第三方评估工作中,全省政府采购信息公开工作为全国第三位。按季完成政府采购信息统计,完成政府采购信息统计汇总、分析上报,第5年获财政部通报表扬。

【提升政府采购制度执行力】加强政府采购监管,全年依法处理政府采购投诉案件42件,举报案件15件,完成241家政府采购代理机构审核备案和上年度省级集中采购机构考核。制定政府采购法定事项三级审批制度,详细说明每项审批、备案和监督检查事项的适用范围、审批依据和时限、审批流程,并报驻厅纪检监察组备案。加强对省直单位及市县的业务指导,开展省直单位政府采购业务培训,印发《2021年省级政府采购预算编制和执行工作的温馨提示》,通过线上培训、“送训上门”等方式,宣讲政府采购政策,规范操作流程,解决工作中出现的难点问题,全省各级部门、单位采购经办同志共4000余人次参加培训。

【严格政府采购预算管理】落实《中共安徽省财政厅党组关于印发〈贯彻落实驻厅纪检监察组纪律检查建议任务清单〉的通知》要求,印发《安徽省财政厅关于做好省直部门2021年政府采购预算编制工作的通知》,从2021年起,对集中采购项目和分散采购项目预算一律做到应编尽编。落实纪检监察和巡视整改要求,要求有关处室、单位加强政府采购预算管理,不得随意调整年初预算。联合各支出处室通报省直预算单位采购预算执行情况,通过会商、催办、约谈等多种形式,盯紧抓实主管部门责任,抓好政府采购支出进度,加快政府采购项目执行。

【创优营商环境】印发《安徽省财政厅关于开展政府采购领域妨碍公平竞争清理工作有关事项的通知》,清理公开采购执行中十个方面不公平行为,在上年全面清理的基础上,对政府采购领域妨碍公平竞争规定和做法进行“回头看”,保障各类市场主体平等参与政府采购活动的权利。执行公平竞争审查制度,要求各地区、各部门制定涉及市场主体的政府采购制度办法,执行公平竞争审查制度,防止出现排除、限制市场竞争问题。印发《安徽省财政厅关于进一步优化政府采购营商环境更好服务市场主体的通知》,允许供应商自主选择以支票、汇票、本票、保险、保函等非现金形式缴纳或提交保证金。要求代理机构向供应商免费提供电子采购文件,否则其代理项目的信息公告,省政府采购网不予发布。对于仍然使用纸质采购文件的,鼓励其向投标供应商免费提供,确需收费的,其收费标准不得超过采购文件的制作成本,降低企业制度性交易成本。拓宽供应商融资渠道,多途径宣传“政采贷”政策,解决供应商和“政采贷”银行之间信息不对称问题,协调银行及担保机构提供融资及融资担保业务,缓解中标(成交)中小微企业融资难问题。

【加大消费扶贫力度】落实消费扶贫政策,按照安徽省消费扶贫工作专班的统一部署,成立工作专班,联合省扶贫办、省供销社制定财政消费扶贫工作方案,印发《关于进一步做好政府采购贫困地区农副产品工作的通知》,为预算单位在“扶贫832”电子消费平台生成管理账户11184个,开通采购人账号10112个,推进消费扶贫工作。开展政府采购贫困地区农副产品网络培训班,详细介绍“扶贫832平台”账号开通、交易流程、数据统计等业务,全省各级部门、单位采购经办同志共2000余人次参加培训。定期开展督导检查,采取日汇总、月通报的形式,指导监督各级预算单位做好“扶贫832平台”扶贫产品采购工作,全省政府采购预留采购份额6345.59万元,完成交易总额12826万元,提前超额完成预留份额采购工作。

【发挥政府采购政策功能】严控政府采购进口产品,根据《政府采购进口产品管理办法》,加强政府采购进口产品审核把关,严格审批程序,强化监督检查,对违规采购进口产品依法依规严肃处理。出台政府采购支持自主创新政策,强化采购人主体责任,要求采购人跟踪产业发展前沿,加强采购需求研究,提高落实政策的主动性和自觉性。扩大首购、订购等非招标方式的应用,加大对科技型中小企业重大创新技术、产品和服务采购力度。简化科研机构采购审批流程,允许自行采购科研仪器设备,自行选择科研仪器设备评审专家,在采购活动中加强对知识产权的保护力度,推动创新型企业和科研机构发展。

(采购处供稿)

民生工程工作办公室工作概述

【概况】2020年,民生工程工作办公室在省财政厅党组坚强领导下,坚持以习近平新时代中国特色社会主义思想为指导,推动全省53项民生工作有序实施,推进33项民生工程顺利完成,民意调查群众满意度为88.7%,较上年提高3.5个百分点。

【加强政策设计】贯彻落实财政部有关民生政策意见,会同省发改委出台全省民生政策有关实施意见，增强民生政策有效性和可持续性。协调主管部门出台33项民生工程实施运行方案等。印发《关于进一步完善提升民生工程有关工作的通知》，加强政策指导，落实落细项目化精细化申报管理机制要求。制定全省民生工作要点，明确牵头和协同配合责任单位。

【推动任务完成】3月，提请省委省政府研究确定民生工程项目。4月，提请省政府常务会议审议通过全省民生工作要点，部署工作较上年提前一月有余。完成省与各市民生工程目标责任书签订，下达各项年度任务。针对疫情汛情影响，新增“安康码”应用、农村应急广播建设等补短板项目，全年投入民生工程资金1213.6亿元。

【强化调度推进】推动各地各部门报送民生工作情况，每月报送民生工程进展，形成分析报告，加强监测指导，科学精准管控，协调共享行动。对年度实施中发现进度偏慢的智联网医院、重点区域排涝能力建设等项目，在强会商、发函件、来承诺的基础上，专题向省政府报告，提请省领导专题调度。按照省领导批示要求，跟进并督促完成项目实施。加强基层调研，推动民生工程加速施工、及早竣工。

【实施绩效管理】牵头开展农村户用厕所改造、农村饮水安全巩固提升工程、养老服务等6个民生工程项目绩效评价，评价报告和问题清单转部门，促进整改提升。服务保障省人大常委会副主任、省政协副主席赴阜阳市、黄山市和池州市视察民生工程，征求省民生工程特邀监督员、人大代表、政协委员和基层群众意见建议。开展民生工程社情民意调查活动，完善调查方案，推动改进工作。

【广泛宣传引导】开辟合作专栏，开展“安徽民生加速度”“安徽民生故事”专题系列报道，在《中国财经报》《安徽日报》刊发重要稿件10余篇，通过“辉煌十三五”“民生工程这五年”等专栏，宣传“十三五”财政民生工作。编发《安徽财政信息》民生工程专辑12期，完成“安徽民生工程”专题网页优化改版，发挥信息平台总结做法、交流经验、推动工作作用。

【科学谋划工作】对标中央和全省“十四五”规划，加强“十四五”全省财政民生工作研究，会同省委宣传部、省委党校等赴安庆、六安、合肥、亳州等地开展“十四五”民生工作课题研究。开展2021年民生工程项目征集活动，公开征集时间延长至1个月，根据民生工程项目化精细化申报管理机制，会同省直主管部门、各业务处落实梳理摸底、制定方案、明确任务、评估论证等工作，提升科学化水平。

（民生办供稿　梁继鸿执笔）

人事教育处工作概述

【概况】2020年，在省财政厅党组坚强领导下，人教处深入学习贯彻习近平新时代中国特色社会主义思想，坚持新时代党的组织路线和好干部标准，立足政治上高标准、能力上再提升、作风上严紧硬，认真落实财政人事教育各项工作任务，努力为强化“两个坚持”、实现“两个更大”提供财政干部和人才保障。人教处获评2019年度厅综合考核先进单位，处党支部获评先进党支部。

【提升政治能力】把牢财政部门政治属性，坚持把政治标准放在首位，推深做实习近平新时代中国特色社会主义思想的学习贯彻工作，增强财政干部职工“四个意识”、坚定“四个自信”，做到“两个维护”。组织开展深入学习习近平总书记考察安徽和在合肥主持召开扎实推进长三角一体化发展座谈会上的重要讲话精神专题培训班。举办专题培训班，通过党组理论学习中心组专题学习研讨、厅领导参加支部学习、支部集中学习、党员干部自学、撰写心得体会等形式，学习贯彻习近平总书记考察安徽重要讲话指示精神，学习贯彻全省领导干部专题研讨班精神，结合财政工作加深理解、找准差距、厘清目标、坚定信心。深化“三个以案”警示教育。聚焦“四联四增”，坚持以赵正永、张坚等违纪违法案为镜鉴，联系近年来全省财政系统查处的违纪违法典型案例，服务召开中央脱贫攻坚专项巡视“回头看”整改暨深化“三个以案”警示教育专题民主生活会。组织全厅党员干部开展“警示教育周”，举行专题研讨、主题座谈会，开展主题征文，组织观看警示教育片，编印警示教育材料。围绕“四对照十检视”“十查十做”，征求意见建议、自查梳理问题不足。在深化“三个以案”警示教育“回头看”期间，以姜毅、吴大文、王恒文违法违纪案例通报教育警醒全厅干部，引导财政干部坚定理想信念、筑牢思想防线。深化“三查三问”，坚持问题导向，带头梳理查摆，按季度报送存在问题和整改情况，建立完善“三个清单”，常态化开展督导。强化正向引导，召开“不忘初心、牢记使命，恪尽职守、奋发有为，争当最美财政人”主题大会，学习宣传先进模范事迹，用身边典型激励财政干部担当奋进。

【坚持问题导向】把干部选任工作专项检查情况反馈意见整改，作为提高财政人教工作水平的重要抓手，统筹推进机构编制审计整改，审计指出问题整改有序推进。将意识形态工作纳入全省财政干部教育培训计划，加强对业务培训班的意识形态内容审查。优化干部队伍结构，分析研判处室单位领导班子和干部队伍状况，制订未来五年厅年轻干部队伍建设计划，加强年轻干部培养使用。截至年末，提任1970年后出生的处室单位主要负责人3人，全厅有1970年后出生的处室单位主要负责人9人，占比从巡视时的14.3%提升至26.5%；提拔

1980后副处级领导干部10人，全厅有1980后副处级领导干部13人，占比从6.4%提升至21.3%。推进交流轮岗，修订《干部交流暂行办法》，坚持“一盘棋”管理调配干部，重点关注长期未交流干部。全年交流轮岗干部37人次，其中，厅机关与厅属单位之间3人，厅机关业务处室与综合处室之间10人，厅属单位之间8人。安排1名干部援疆、1名干部援藏、4名干部基层挂职、5名干部窗口挂职、23名干部内部挂职。加强厅属单位和协学会管理，修订《各处室单位职责范围暂行规定》，采购中心更名为政府债务评估中心，评审中心更名为预算评审中心，成立省财政厅政府和社会资本合作中心，并相应调整职能。完成处室单位长期借调人员问题和厅属单位内设机构问题整改。规范厅属协会管理，注销农研会和预研会，办理会计学会、珠心算协会注销手续。夯实干部工作基础，规范干部选任程序，执行干部选拔任用有关事项报告制度，细化完善财政干部“三库”精准管理，更新全厅干部基础信息，启动干部人事档案专项审核全覆盖工作，审核140名干部档案，补充完善人事档案材料。

【严格落实政策】坚决贯彻落实中央和省委干部工作各项政策，严格落实省委组织部具体要求，确保财政干部工作始终沿着正确的政治方向。严格落实在重大斗争一线考察识别干部选任政策。制定《厅应对新型冠状病毒感染肺炎疫情工作激励问责办法》，将干部在重大斗争一线的表现作为选任的重要标准，贯穿到分析研判和酝酿动议、民主推荐、考察公示等全过程，以正确用人导向引领干部干事创业。结合财政干部在抗疫战汛和服务做好“六稳”工作、落实“六保”任务以及支持打赢“三大攻坚战”等重大斗争中的工作表现，晋升二级巡视员2人，提拔正处级领导干部6人，副处级领导干部13人，晋升一至四级调研员48人。落实退役军人安置政策，组织开展纪念建军93周年暨国防教育系列活动，厅主要负责同志与全厅退役军人座谈交流，强化使命、凝聚力量。按照下达省财政厅的军转干部和退役士官安置计划，接收安置3名军转干部、1名退役士兵。落实新录用公务员考录政策，参加省委组织部面向全国重点高校选调公务员10人。经网上资格审查、资格复审、体检、考察等程序，录用公务员12人。参加省直机关事业单位公开招募就业见习人员计划，招募见习人员10人，服务缓解受疫情影响暂未就业的高校毕业生压力。落实财政人才队伍建设政策，按照财政部和省委组织部关于人才队伍建设的部署安排，组建全省财政人才库，挑选全省财政系统317人入库。采取多种方式，招录培养博士、硕士研究生等高学历人才，为适时推进专家人才池、复合人才池、专家工作室建设创造条件。

【聚焦提升能力】以提升财政干部解决实际问题的能力为目标，围绕落实党的十九届五中全会精神、增强干部“七种能力”、财政改革发展重点任务，组织实施财政干部教育培训工作。完成重点培训任务，克服疫情影响，会同省委组织部组织财政改革、财政政策和政府债务风险防控专题培训班，省委常委、常务副省长邓向阳出席培训班开班式并讲话，省委组织部副部长、省人才办主任朱春旭参加，培训市县政府领导、财政局长242人。开展业务培训，落实疫情防控要求，会同相关处室、干教中心筛选年初培训计划，整合压缩培训班次，采取网络培训、视频培训等方式，举办各类业务培训班6个，培训学员1400余人次。指导市县财政部门开展支农（民生）政策培训和乡镇财政干部培训。采取因素法科学分配财政基层培训补助资金883万元，加强培训资金绩效管理。做好调学和网络培训，按照财政部、省委组织部、省直工委等部门要求，落实36人参加调学培训，组织全厅229人参加网络培训，省财政厅通过率保持100%。

【监督管理干部】坚持严的主基调，聚焦重点、抓住关键，让干部习惯在监督下学习工作，注重严管与厚爱结合，激励财政干部履职担当。加强“关键少数”干部教育管理监督。组织各处室单位自查问题30个，建立完善整改台账，省财政厅领导示范带头，做好示范，带动全厅绝大多数干部拉升标杆、严格要求，做到共同进步。部署领导干部个人有关事项报告专项整治。组织完成个人有关事项年度填报，随机抽查13人次，重点抽查19人，巡察抽查9人。开展作风建设专项教育整顿。聚焦“慢作为”“不作为”“乱作为”“任性为”表象，开展自查自纠，结合“三查三问”、作风效能检查和走访督导，常态化开展作风排查，广泛谈心谈话，了解摸排干部职工思想、工作、学习、生活、身体和心理情况，分析研判苗头性倾向性问题，化解干部职工思想困惑。注重干部日常监管，组织135人次干部参加宪法宣誓，厅主要负责同志亲自监誓。常态化开展谈心谈话，省财政厅主要负责同志、驻厅纪检监察组组长和分管厅领导与提拔交流、挂职入职干部集体谈话，提出期望要求。落实省财政厅疫情防控要求，在执行弹性工作制的基础上，开展考勤检查24次，审批请销假225人次。规范组织考核奖励推荐评优工作，完成全厅393名干部职工年度考核，77人获优秀等次，依规奖励47名公务员、18名参公人员、17名事业单位工作人员和3名工勤人员。推荐4个集体、11名个人参评各类评选表彰，获评全省疫情防控先进集体、先进个人和全省民族团结进步模范个人等。

【加强自身建设】把政治标准作为财政人教干部第一标准，坚持党建引领，落实模范机关创建任务，全处党员干部服务中心工作，履职尽责，建设对党忠诚、对组织赤诚、对事业热诚、对干部真诚"四诚"党支部。学懂弄通做实习近平新时代中国特色社会主义思想。学习贯彻习近平总书记考察安徽重要讲话指示精神,贯彻落实习近平总书记关于财政工作和组织人事工作的重要指示批示精神,发挥支部教育管理党员阵地作用,支部书记带头,党员全员参与。落实"三会一课",制定专题学习计划4个,开展支部学习、专题研讨63次,支部书记上党课2次,参与社区志愿服务、结对帮扶、爱心扶贫认购活动等。处党支部入选省财政厅基层党建工作"领航"计划示范库。加强财政人事教育政策业务能力建设。结合处主要负责人交流轮岗,常态化开展组织人事和财政政策业务学习,定期组织重要人事政策、人事会议、重点业务领学讲解,重新划分岗位职责,开展处室内部轮岗,倒逼干部全面熟悉掌握财政人教业务,提高专业素养。改进作风,修订人教处走访联系处室单位制度,结合日常工作,近距离接触了解干部情况,征求意见建议,改进工资、档案管理等工作,更好服务全厅干部职工。深化处室党风廉政建设。抓紧抓实深化"三个以案"警示教育,以身边事教育身边人。用好批评与自我批评,召开专题组织生活会。做好"未巡先改",对照省财政厅党组巡察非税局、资产中心等反馈意见,自查自纠。明确处室主体责任、处主要负责人全面从严治党和党风廉政建设"一岗双责",全处党员干部签订党风廉政建设责任书,经常性开展廉政学习,紧盯重要时间节点,毫不放松党风廉政建设。

(人教处供稿)

机关党委工作概述

【概况】2020年,省财政厅党组坚持以习近平新时代中国特色社会主义思想为指导,在省委坚强领导下,在省直工委指导帮助下,贯彻中央和国家机关党的建设工作会议精神及省委工作部署,执行《党委(党组)落实全面从严治党主体责任规定》,围绕中心、建设队伍、服务群众,加强财政机关党的建设,为推动财政事业高质量发展、服务决胜全面建成小康社会、决战脱贫攻坚提供有力保障。省财政厅领导班子连续获评省委综合考核"优秀"等次。

【增强政治自觉】贯彻落实《中共中央关于加强党的政治建设的意见》和省委《重点工作举措》,以及省财政厅党组加强党的政治建设重点工作举措任务分工方案,学习贯彻习近平新时代中国特色社会主义思想,学习贯彻党的十九大和十九届二中、三中、四中、五中全会精神,学习贯彻习近平总书记考察安徽重要讲话指示精神,增强"四个意识"、坚定"四个自信"、做到"两个维护"。省财政厅党组会议传达学习贯彻党中央重要会议、重要文件精神和省委的决策部署及财政部党组工作要求,保障政令畅通。落实"三会一课"、组织生活会、党员领导干部双重组织生活、谈心谈话等党内组织生活制度。研究制定省财政厅党组意识形态工作责任制责任清单分解,开展"六个一活动"。组织党员干部研读习近平同志《论党的宣传思想工作》,落实省委宣传部《关于抓好〈中国共产党宣传工作条例〉贯彻落实的工作提示函》要求。学习贯彻加强和改进省直机关意识形态工作的指导意见、做好意识形态管理重点工作等文件精神。成立省财政厅党组意识形态工作领导小组,完成意识形态专项检查问题整改。落实意识形态管理重点工作任务分解、正负面清单,开展意识形态领域风险排查、突出问题整治、阵地管理提升行动,保障财政意识形态安全。

【筑牢思想根基】巩固深化"不忘初心、牢记使命"主题教育成果,修订完善省财政厅党组《深入学习贯彻习近平新时代中国特色社会主义思想的实施意见》,落实厅党组理论学习中心组"1+8"学习制度,落实厅党组理论学习中心组年度学习计划,落实"四个第一"学习对标制度,跟进学习习近平总书记最新重要讲话指示批示精神,全年厅党组扩大会传达学习55次,召开厅党组理论学习中心组学习会19次,专题研讨学习会13次,厅主要负责同志撰写体会文章14篇,厅领导发言57人次,撰写体会文章38篇,处室单位负责同志撰写文章123篇。制定省财政厅党组《关于深入学习宣传贯彻习近平总书记考察安徽和在合肥主持召开扎实推进长三角一体化发展座谈会重要讲话精神的方案》,举办厅专题培训班,开展中心组专题学习研讨,组织全厅党员干部撰写心得体会。学习贯彻党的十九届五中全会精神及习近平总书记重要讲话精神,召开厅党组理论学习中心组学习会暨党的十九届五中全会精神宣讲全省财政系统视频会。跟进学习习近平总书记关于疫情防控重要讲话指示批示精神,学习贯彻党中央、国务院及省委、省政府的决策部署,服务保障统筹推进疫情防控和经济社会发展。组织研读《习近平谈治国理政(第三卷)》《习近平在福州》《论党的宣传思想工作》《党的十九届五中全会〈建议〉学习辅导百问》等重要文献和学习读本。组织党员干部研读习近平在正定、在宁德等6本书,开展专题学习研讨。开展厅党组书记推荐阅读活动,厅主要负责同志带头研读主流媒体评论,配发阅读感言8篇。利用"学习强国"、安徽干部教育在线、财政青年理论e家等平台,引导党员干部跟进学习。财政厅获评省直机关"学习强国"学习平台工作优秀学习组织奖。

【提升支部组织力战斗力】制定省财政厅党组党的建设工作责任清单分解,分解厅直机关党委和党支部党的建设工作责任,压实机关党建"三级五岗"具体责任。健全完善厅党建工作领导小组工作机制,厅党组书记每半年通报全厅机关党建工作情况,推进落实厅领导"一岗双责"。制定厅直机关党建工作要点和"三个清单",召开8次厅党组暨党建工作领导小组会议,召开17次机关党委委员会议、机关纪委委员会议,研究部署财政机关党建工作和支部建设工作,厅领导参加所在支部活动70次。落实党支部书记抓基层党建述职评议考核制度和厅直属机关新任党支部书记任职谈话实施办法,厅党组书记与8名新任党支部书记谈话。修订完善厅党组进一步加强和改进机关党支部建设工作的意见,修订完善厅机关党委走访党支部制度。组织召开中共安徽省财政厅直属机关第八次党员代表大会,选举产生新一届厅直机关党委、机关纪委。督促指导35个党支部完成集中换届选举工作。建立厅党组书记和班子成员党支部工作联系点,厅领导深入党支部工作联系点6人次。聚焦"五个过硬"目标,组织开展"建设模范机关"活动,年初制定细化措施任务分解表,年底督导梳理各支部任务落实情况。开展"双争一创"活动,制定厅党组工作方案,推进支部创建工作。实施基层党建工作"领航计划",建立厅直机关党委委员、纪委委员对口帮促机制,按照"一对象一策"的原则,跟踪指导帮促厅基层党建工作"领航"计划培育库党支部,动态调整培育选树对象,激励支部参与创建积极性。牵头开展省直机关党建重点课题调研,形成调研报告。印发《关于疫情防控期间强化财政党建引领的工作提示》,组织全厅36个党支部分组参加"疫战到底进社区"活动,组织全厅党员、离退休党员自愿为疫情防控捐款10万余元。举办全面从严治党和党风廉政建设培训班,邀请专家领导开展专题辅导报告,讲解党务专业知识。组织党委委员、各支部班子和专职党务干部,成立5个互查督导走访组,每月督导检查各党支部及党员干部学习贯彻《习近平谈治国理政(第三卷)》、党的十九届五中全会和习近平总书记考察安徽重要讲话指示精神情况。召开深化"三个以案"警示教育专题组织生活会,开展"学习贯彻党的十九届五中全会精神,我们怎么做"主题专题研讨、党史教育、"举旗帜·送理论"微宣讲等活动。举办庆祝建党99周年系列活动,省财政厅党组书记作专题党课报告,开展"七一"评选表彰活动,表彰11个先进党支部,49名优秀共产党员。

【锤炼机关作风】制定深入践行"三严三实"持续解决形式主义官僚主义32项具体举措。制定《省财政厅关于贯彻落实习近平总书记重要批示精神加强监督执纪坚决制止餐饮浪费行为的通知》,细化贯彻落实具体举措。每逢重要节假日,通报中央纪委国家监委和省纪委监委公开曝光的违反中央八项规定精神问题,假期安排专人采取明察暗访、重点抽查等方式开展作风督查。常态化组织明察暗访,通报发现问题。落实省直单位定点帮扶颍东区牵头单位责任,印发定点扶贫工作计划,组织召开省直单位定点帮扶颍东区每季度工作协商会,召开厅定点帮扶工作领导小组会议5次,厅领导8次赴颍东区、吴寨居调研。采购颍东区农产品,开展农产品采购8次,金额约41万元,组织其他8家单位和社会力量购买金额超过22万元。深化拓展厅领导基层联系点制度,推进处室单位党支部与7个村级和1个社区基层党组织开展结对共建工作。完善与省直预算单位会商机制,全厅各处室单位会商2264次,为预算部门和单位解决问题2200个。

【推进党风廉政建设】修订印发省财政厅党组深入推进全面从严治党的实施意见,制定厅党组落实全面从严治党主体责任清单,落实厅党组全面从严治党和党风廉政建设主体责任、厅领导干部落实主体责任全程记实暂行办法。执行省财政厅党组与驻厅纪检监察组联系协作机制,不定期召开专题会商会,主动接受监督。组织召开全省财政党风廉政建设工作会议、16次厅反腐倡廉建设领导小组会议,学习贯彻中纪委十九届四次全会精神、省纪委十届五次全会精神和全国财政党风廉政建设工作会议精神,学习贯彻省政府第三次廉政工作会议精神,印发省财政厅全面从严治党和党风廉政建设主要任务及责任分解,以及廉政工作任务及责任分解,厅党组、厅领导、各处室单位及党员干部层层签订党风廉政建设责任书。制定落实执纪问责"后半篇"文章任务分解,组织开展厅属单位"三重一大"事项专项治理,督促省农业信贷融资担保公司同步开展专项治理。开展年度厅党组政治巡察工作,完成4个党支部政治巡察。开展以"四联四增"为主要内容的深化"三个以案"警示教育,学习省委深化"三个以案"警示教育有关决策部署,开展4次专题研讨,厅主要负责同志8次深入部门和基层调研。选取财政系统11个典型案例及悔过书材料,编印3期深化"三个以案"警示教育材料。建立厅主要负责同志、厅领导班子成员、机关党委警示教育三级调度督导工作机制,组成厅督导组,开展4轮全覆盖式督导。开展年度"警示教育周"活动,常态化组织党员干部学习党章等党内法规制度,开展党章党规党纪应知应会、宪法法律知识、党和国家机关基层组织工作条例、党委(党组)落实全面从严治党主体责任规定等理论知识测试。执行厅直属机关纪律检查委员会工作规则,对99名科级干部党风廉政情况提供反馈意见。印发省财政厅机关纪检工作任务分解,制定厅直机关纪委加强财政业务监督工作方案,对财政业务工作开展纪检监督。执行厅处室单位党支部运用监督执纪"四种形态"暂行办法,推动各党支部用足用活用好第一种形态。

【打造活力财政文化】制定省财政厅精神文明建设工作要点，召开厅精神文明建设领导小组会议5次，制定厅深入推进学雷锋志愿服务计划，邀请省文明办负责同志作《新时代爱国主义教育实施纲要》《新时代公民道德建设实施纲要》专题辅导宣讲。完成新一届全国文明单位省直文明办互查督查工作，省财政厅机关获全国文明单位称号，厅机关和国库支付中心获评第十二届安徽省文明单位。制定厅新时代文明实践中心挂点联系工作计划，4次开展实地走访和志愿服务活动。开展厅志愿者小分队参与文明实践中心挂点联系单位送文化下乡志愿服务活动，被省文明网刊发宣传。建立“一中心、一所、一站”联系点工作机制，被省文明办精神文明建设简报选登刊发。2次组织72名党员干部志愿者参加疫情防控无偿献血活动。召开财政青年干部“成长·成才·成就”主题座谈会，组织开展“财政青年学与思”系列征文活动，青年干部撰写征文43篇，开展学习习近平总书记给北京大学援鄂医疗队全体“90后”党员回信微感悟活动，学习弘扬“五四精神”“西迁精神”征集微感悟64篇。落实省直妇工委《关于坚决响应全国及省妇联号召积极参与疫情防控阻击战的通知》要求，厅“抗疫有我财政巾帼勇担当”抗疫事迹在财政部《中国财政》微信公众号刊发。2个处室、9名同志在全省、省直机关各类评比表彰中获奖。组织干部职工采购新疆和田农产品12.1万元。组织开展“赈灾扶贫”爱心公益捐款活动，筹集10万余元，支持一线防汛救灾和灾后重建。开展在职党员到社区报到服务活动，开展“走基层访一线服务五大发展行动”青年党团员调研实践和“青春志愿行”主题志愿服务等活动，开展“我们的节日——走进职工生活”系列主题活动，落实生病探望、定期体检、干部年休假和谈心谈话等制度，慰问困难党员群众、老党员及生病住院职工45人次。

（机关党委供稿）

离退休工作处工作概述

【概况】2020年，在省财政厅党组的坚强领导下，在各处室单位的支持帮助下，离退休处围绕习近平总书记关于老干部工作的系列指示，推进老干部“三化建设”，落实中办、皖办有关文件精神，做好疫情防控常态化下的老干部工作，以强有力的举措推动支部标准化建设，实现业务和党建工作同步推进。

【把握离退休干部情况】全厅有离退休干部216人，其中离休干部8人，退休干部208人，党员人数139人，占离退人数的64.35%。全厅离休干部平均年龄为91岁，其中最大的95岁，最小的87岁，退休干部职工平均年龄73岁。随着人口老龄化的加剧和离休干部“双高期”的到来，离休干部逐年减少，退休人数增加，离退休干部整体年龄下降，人员思想活跃，居住地点更加分散，服务管理难度大。

【开展疫情防控】主动应对，有效预防，抓好离退休人员疫情防控工作，编写《致全厅离退休人员一封信》和疫情防控信息，利用电话、微信、短信等多种渠道，普及疫情防控知识，倡导卫生行为，全厅离退休人员无一人感染新冠肺炎。立足线上，主动作为，引导全厅离退休同志通过线上开展各类学习、交流、娱乐活动，以购买滞销农产品等实际行动支持脱贫攻坚战，以文艺作品、戏曲视频等形式丰富精神文化生活，以自身实际行动支持社区建设，弘扬正能量。疫情期间，广大老同志主动参与抗疫工作，捐款50676元，为打赢疫情防控阻击战奉献爱心。主动沟通，积极协调，加强与杏花小区、水木春城等社区联系，帮助老同志解决生活问题。提前与体检中心联系，组织124名老同志分批分次错峰体检，对高龄体弱老同志全程陪护引导，落实疫情防控工作要求。

【推进“三化”建设】应用全国离退休干部信息管理系统和全省离退休干部服务管理平台，推广新版安徽老干部APP，完善省财政厅离退休人员信息库，完成全厅离退休人员数据采集和年度统计报表上报工作。牵头组织省直、中直驻皖单位离退休干部第四工作协作组成员单位开展老干部重点调研课题，完成调研报告5篇，牵头各单位参加省直机关老干部网络竞技麻将比赛，组织厅离退休老同志参与省直机关书画、诗歌作品征集活动，上报各类作品21篇。举办“2020年离退休干部春节团拜会”，丰富离退休干部文化生活。贯彻落实中央3号和省51号文件精神，落实春节等国家法定节假日开展走访慰问、老同志日常联系交流以及为80岁、90岁老同志祝寿等固定动作，为离退休干部订阅报刊20余种，先后到医院探望11人次，登门慰问44位离退休干部、遗属并送去慰问金，为2名离休干部发放“志愿军抗美援朝出国作战70周年”纪念章。协助2名老同志的家属做好善后服务工作，为5名身患大病的老干部申报特殊困难帮扶。

【落实两个待遇】坚持把离退休干部党建工作与处室党建工作同谋划、同部署、同推进，完成各离退休干部党支部换届工作，引导各支部根据实际情况开展理论学习、组织生活，落实“三会一课”计划，系统学习《习近平谈治国理政（第三卷）》以及十九届五中全会精神，开展“微党课”“微宣讲”活动，学习警示教育相关材料，组织开展支部线下学习100余人次。省财政厅直属机关第八次党代会结束后，参会代表发挥作用，全厅离退休老党员热议党代会，献言献策。建立离退休人员外出报备制度和日常联系制度,整理制作离退休处工作手册,完善和创新离退休干部服务管理工作,规范老干部医药费报销、报刊订阅以及党费使用等工作流程,为老干部报销医疗费120余人次,报刊订阅90余人次。

【强化廉政建设】遵守《中国共产党支部工作条例(试行)》,规范支部工作机制和党费收缴工作,明晰支部委员职责分工,按月细化分解党建重点任务,激发支部建设创造性和积极性。落实党风廉政建设和反腐倡廉工作责任,落实"一岗双责",组织党员深入学习党章、党规、党纪以及廉洁从政各项规定,筑牢思想道德防线,做到勤政廉政。研究制定支部警示教育活动计划,组织学习赵正永、张坚等典型案例以及姜毅、杨春、王恒文等身边人违纪案例,聚焦"四联四增""十查十做"要求以及省财政厅巡视整改和警示教育督导组通报精神,部署开展党员回访和开门征谏工作,征求其他部门和离退休干部意见建议,制定整改措施,解决实际问题。运用监督执纪"四种形态"暂行办法,践行监督执纪"第一种形态",营造风清气正的政治生态。

(离退休处供稿)

非税收入征收管理局工作概述

【概况】2020年,非税局围绕财政中心工作任务,以党建为统领,依法依规组织非税收入,巩固拓展减税降费成效,规范非税收缴管理,推进财政电子票据改革,较好完成各项既定目标任务。

【完成非税收入任务】全省非税收入完成4368.9亿元,同比减收190.9亿元,下降4.2%,为预算的112.9%。纳入一般公共预算的非税收入完成1016.5亿元,增收43.5亿元,增长4.5%,为预算的116.2%,占地方财政收入的31.6%,保持温和增长态势。其中,行政事业性收费收入减收1.3亿元,下降1.1%,国有资源(资产)有偿使用收入成为主要增收来源,增收28.9亿元,总体呈现量"增"质"优"态势。

【执行降费减负政策】落实行政事业性收费和政府性基金目录清单"一张网"管理制度,发挥非税系统集中化管理和统一项目库源头管控优势,全省统一调整、取消或停用非税收入项目。根据疫情防控和服务支持"六稳六保"工作需要,全省同步免征"医疗器械产品注册费"和部分类型"城市道路占用费"收费项目,取消人社部门"职业技能鉴定费",降低"药品注册费"和"特种设备检验检测费"收费标准,减半征收属于地方收入的"文化事业建设费",推进各项政策落实到位,减轻社会负担。

【办理非税收入退付】贯彻财政部《关于加强非税收入退付管理的通知》要求,落实《财政部 国家发展改革委关于新型冠状病毒感染的肺炎疫情防控期间免征部分行政事业性收费和政府性基金的公告》规定,优化省级非税收入项目退付业务流程,办理相关资金退付,开展电子退付试点工作。全省退付应对疫情防控相关收入5.9亿元,提高办事企业和群众的获得感。

【深化收缴管理】根据财政部、公安部和人总行部署,自5月1日起,实施跨省异地缴纳非现场道路交通违法罚款工作,提升全省公安执法和非税收缴管理效能。从2021年1月1日起,除教育类非税收入项目外,其余省级原纳入专户管理的项目均调整为纳入国库管理。依据《安徽省非税收入管理条例》,对省级非税收入账户中逾期一年未查明的8.98亿元待查资金,经公示无误后缴入省级国库。将省级收入分成业务办理频次,从按月办理调整为每5个工作日划转。组织部分代理银行,通过人行TIPS系统,实现分成资金电子化缴库。根据财政部、最高院文件精神,参与《安徽省人民法院诉讼费退付管理暂行办法》研究制定,厘清法院诉讼费管理职责、明确收入退付流程。加强代收机构管理,将省级政府非税收入代收协议,改由省财政厅与相关代收机构签订,新增、删除和修订代收协议相关条款,组织各代收机构建立健全专项代收业务操作、资金清算规则、人员职责分工、运维保障、应急预案等内控操作规程和风险防控措。

【实施票据改革】克服新冠肺炎疫情影响,采取"网上办、云培训"等措施,推进省级财政电子票据管理改革。省级798家非税执收单位和556家社会组织完成财政电子票据实施工作,全年开具各类财政电子票2250万份,建立以"缴款识别码"和"财政电子票据"为核心的非税收入收缴全程电子化新流程,推行"非接触"办事、"不见面"办公。

【开展巡察整改】制定支部迎巡方案,建立配合巡察保障机制,谋划巡察整改举措,将反馈问题细化分解,制定整改措施,建立整改清单。建立支部巡察整改大事记,实行台账化管理,将整改动态向分管厅领导、厅巡察办、巡察组和厅机关党委汇报。完成立行立改任务,开展"三重一大"事项决策专项治理,围绕巡察反馈中涉及非税业务运行和内部控制管理方面的问题,一手抓学习教育,筑牢全局党员干部责任意识、纪律意识和规矩意识;一手抓长效机制建设,按照"严管理、可执行、重监督"的原则,组织修订完善内控操作业务规程和制度办法,构建用制度管人、管权和管事的内控机制,杜绝巡察反馈问题再次发生。

【做实政治建设】加强政治理论武装,把政治建设摆在首位,坚持以习近平新时代中国特色社会主义思想为指导,深入学习党的十九大和十九届二中、三中、四中、五中全会精神，贯彻落实习近平总书记考察安徽重要讲话指示精神和关于财政工作的重要论述，全年局支部组织集体学习44次，专题学习研讨19次。开展深化“三个以案”警示教育，巩固拓展“不忘初心、牢记使命”主题教育成果，按照“四联四增”要求，对照查找政治、工作、管理、作风等方面存在的问题，进行反思和整改。丰富干部教育方式方法，组织参观安徽红色文化博物馆等爱国主义教育基地，开展“弘扬抗美援朝精神”和“用身边先进教育身边人”学习研讨活动。夯实支部组织建设，落实支部全面从严治党主体责任和班子成员“一岗双责”，增强战斗力。依规组织完成支部换届，健全支委班子。开展支部建设提升和“双争一创”行动。执行组织生活基本制度，丰富党员活动日内容，开展组织生活会和民主评议党员工作。规范党费管理，关心干部成长，推荐雷华清同志赴新疆皮山县挂职锻炼。全年非税局支部组织支部党员大会5次，支部委员会15次，党日活动12次。加强党风廉政建设，落实全面从严治党和党风廉政建设“两个责任”，执行中央八项规定，签订“党风廉政建设责任书”，落实处级以上领导干部“三查三问”相关要求，执行领导干部个人重大事项报告制度，全年非税局支部运用“第一种形态”开展提醒谈话3次。强化廉政学习教育，组织观看拒腐防变系列警示教育片，开展深化“三个以案”专题警示教育，举办廉政警示周和专题研讨活动，营造风清气正的政治生态，激发党员干部干事创业的内生动力。

（非税局供稿）

国库支付中心工作概述

【概况】2020年，面对疫情汛情和三大攻坚战的大考，支付中心落实省财政厅党组决策部署和工作要求，按照“科学规范、透明高效、保障有力”的现代财政制度建设要求，围绕中心大局，突出精准保障，服务预算执行，深化支付改革，推进高质量发展。全年完成预算资金支付1068.36亿元。

【确保中心工作】扛起财政保障责任，疫情期间7×24小时在线待命，1月26日至2月1日，支付资金申请44笔、1.54亿元，保障省级疫情防控资金落实到医院等最终收款人。配合做好巡视审计整改，出台管理要求，重点关注向本单位实体账户及个人账户转款业务。上报扶贫资金监控报告12期，为全省完成脱贫攻坚任务提供基础保障。

【精细支付执行】确保运转平稳高效，全年完成支付130余万笔，直接支付资金796.77亿元，保障大额社会保障、基本人员支出以及社会重点关注资金支付到位。其中，统发工资18.55亿元无一例差错，工会经费1.94亿元全额支付到工会账户。严格跨年度支付资金管理，对于年内发生跨年度358笔共1338.14万元资金退回，进行梳理甄别，重新办理支付611.97万元，按规定收回纳入财政统筹安排726.17万元。保障资金支付安全，动态监控日常资金支付，全年发出省级国库集中支付动态监控信息反馈6期，提示预算单位核实整改预警业务1791笔，涉及资金3585.8万元。

【优化改革服务】配合做好司改上划，制定任务细化分解表，对纳入省级国库集中支付的淮北、芜湖等15家市县检察院，进行业务培训，做好账户开设，顺利推进改革。开展上门会商服务，深入省审计厅、安徽医科大学等基层预算单位，了解单位基本情况及财务支出特点，分析异常业务原因，交流改进管理意见建议。完善电子对账，丰富对账模块内容，增加对账明细汇总表、编报说明，为预算单位准确核对资金计划、完成预算执行提供基础保障。

【推进预算管理一体化建设】参与制定安徽省预算管理一体化建设工作方案，按照总体规划和实施步骤，落实责任分工，推进工作进程。参与制定预算管理一体化规范（试行），组织参与32次专题交流研讨，开展多方面调研，促成预算管理一体化规范（试行）出台。部署落实预算管理一体化省级试点上线，对省级800余家预算单位印章和财务岗位信息开展采集，完成系统初始化工作。参与全省预算管理一体化培训工作，对2400余人进行集中支付操作培训。

【完善直达资金监控】调研市县业务需求，完善功能模块，优化系统功能，为财政部动态监控平台应用全面推开做好基础保障。召开视频会议，对市县集中支付系统业务人员提出工作要求，进行操作培训和业务指导。巡查全省直达资金监管平台，对全省涉及直达资金642亿元、9052个项目下达、资金支付、指标台账进行实时动态监控，督促处理预警信息10071条。

【推进市县改革深入】编制年度报告，对全省国库集中支付情况进行统计，分析报告全省各级财政支付机构、人员组织及业务发展改革情况，形成国库管理改革决策参考。建立健全指导新机制，召开视频会议，部署直达资金下达、支付及监控处理要求；设立微信群，下发工作要求和业务通知，开展不定期督促和通报，保障直达机制高效运转，财政资金到企到户惠企利民。畅通支付改革交流渠道，建立工作交流群，设立业务咨询电话，召开市县座谈会，开展市县在线业务解答和交流指导，促进全省集中支付改革发展。

（支付中心供稿）

财政信息中心工作概述

【概况】2020 年,信息中心以习近平新时代中国特色社会主义思想为指导,深入学习贯彻落实十九届四中、五中全会精神和习近平总书记关于网络安全和信息化工作及网络意识形态工作重要论述,学习贯彻十届省委第十二次全体会议精神,巩固深化“不忘初心、牢记使命”主题教育成果,落实财政部、省委省政府和省财政厅党组决策部署,为扎实做好“六稳”工作、全面落实“六保”任务、支持打赢三大攻坚战、助力财政高质量改革发展提供网络安全保障和信息化支撑。

【落实网络安全责任】贯彻落实习近平总书记关于网络安全工作的重要指示精神,落实网络意识形态工作责任制和网络安全工作责任制。参加全厅干部职工意识形态工作专题辅导报告,强化网络意识形态和网络安全形势教育,加强舆论宣传阵地管理,保障财政网络意识形态安全。组织开展网络安全宣传周活动,组织观看网络安全专题片《第五空间》,在省财政厅大楼显要处张贴海报展板,依托“安徽财政综合办公网”、微信等新媒体进行宣传,营造学网用网、注重安全的氛围,提升干部职工的安全意识,织牢网络“安全网”,以实际行动维护网络安全。

【助力财政保障疫情防控】疫情期间,绷紧网络安全之弦,安排值班值守,做好网络通讯、视频会议和现场应急维护等信息技术服务,保障全厅网络安全,保障省财政厅机关办公网络畅通、公文流转、厅网站和财政业务系统稳定运行。落实《中央网络安全和信息化委员会办公室关于做好个人信息保护利用大数据支撑联防联控工作的通知》要求,加强省财政厅网站和重要财政业务系统安全监测,屏蔽网络攻击可疑站点、抵御各类网络攻击,未发生信息泄露等安全事件。推行远程办公新模式,开通财政业务系统远程维护功能,遵循最小化原则设置远程维护权限,采用堡垒机和防火墙等安全措施,保证财政数据安全,为财政政策部署、财政疫情防控资金拨付、网上办公等各项财政防疫、抗疫工作提供技术支撑。

【推进一体化建设】按照财政部《财政核心业务一体化系统实施方案》等文件要求,结合安徽实际,采用“升级改造”和“省级大集中”模式,推进全省预算管理一体化建设工作。制定并印发《安徽省预算管理一体化建设工作方案》,对照财政部业务规范和技术标准,开展业务需求分析,研究建设思路和技术实现路径,围绕项目建设目标、业务需求等方面召开 23 轮专题研讨会,形成《安徽省预算管理一体化建设方案》,报省数据资源管理局审核立项。完成公共服务子平台、预算编制和预算执行的招标采购和开发实施工作,做好省本级、合肥市、巢湖市、庐阳区和经济开发区的上线准备工作。

【推进系统应用】按照财政部的统一部署和要求,推进财政直达资金监控系统的部署上线工作,完成全省市、县(区)和市辖区监控系统的部署上线、153 个财政平台一体化系统的升级改造和数据对接工作。完成 2021 年直达资金系统的资源扩展和系统初始化,推进 2021 年直达资金监控工作。

【推进项目建设】按照财政部统一部署要求,结合全省实际,按照“集中开发、分步实施”的思路,在财政部开发建设的社保系统基础上,采取省级集中部署模式搭建符合安徽实际的财政社会保障资金信息管理系统,完善社会保险基金预算编制及审核管理,强化预算执行管理和账务管理功能,加强数据统计分析与综合利用。

【推广财政电子票据管理系统】按照财政部关于在全国推行财政电子票据管理改革的部署要求,推进财政电子票据在省本级实施应用,指导各市系统推广应用。省本级社团、非税单位实现全覆盖,医疗单位全面启动,陆续有多家上线。各市按照统一业务规范、数据规范,分批开展实施系统应用,按照时间节点要求完成上线应用。

【创新集约化运维管理方式】将技术架构相近、业务管理协同紧密的政务信息系统集中整合,打包运维,采取公开招标方式完成 7 个运维项目和 1 个新建项目的招标采购工作,中标金额 823.59 万元,相比采购预算节约 14.21 万元,较年初预算节省 357.51 万元。

【保障网络信息安全】贯彻落实《网络安全法》和公安部《网络安全等级保护条例》要求,在原 4 个三级系统基础上,新增“省财政电子票据”系统,对“财政平台一体化”等 5 个三级系统开展等保测评。依据等保 2.0 标准,增加安全网络通信、安全区域边界、安全计算环境和安全管理中心等内容,提升财政系统安全防护能力。强化网站安全,开展漏洞扫描、安全渗透测试和巡检监测。升级“安徽财政综合办公网”登陆方式,利用 CA_key 认证方式进行系统登录,解决弱口令问题。对全厅各处室单位的信息联络员开展安全培训。设置业务系统访问权限,加固安全基线,做好重要财政数据离线备份等工作。组织开展安全保密检查,组织财政系统联合开展异地灾备恢复和应急灾备演练,修订 15 个应急预案,完成“护网 2020”攻防演习任务,确保财政数据安全保障。完成创信工程各项工作。

(信息中心供稿)

预算评审中心工作概述

【概况】2020 年,预算评审中心在省财政厅党组的坚强领导下,在各处室单位的大力支持下,以习近平新时代中国特色社会主义思想为指导，学习贯彻党的十九大及十九届四中、五中全会精神，坚持党建和业务工作两手抓、两促进，坚持常态化疫情防控和评审事业发展统筹推进，开展绩效评价、预算评审、PPP 项目管理与服务等核心业务工作，服务财政中心工作。全年完成各类评审项目 28 批次 127 个，评审资金 213.31 亿元。其中完成绩效评价项目 11 批次 110 个，评价财政资金 139.30 亿元；评审预算项目 16 个，报审资金 2.47 亿元，审减 0.45 亿元，综合审减率为 18.22%；完成 1 个省级高速公路 PPP 项目的物有所值评价和财政承受能力论证工作，涉及投资 71.54 亿元。全年审核通过并经财政部审核通过对外公布 PPP 项目 18 个，投资额 237.2 亿元。

【开展绩效管理工作】以财政人员为主体具体实施，强化责任、锻炼队伍；坚持工作方案报备和评价结论审查机制，提高评价质效；坚持绩效为要、问题导向；合理配备协作人员，控制评价经费，节省评价支出。对 786 个绩效目标开展复审工作，对相关绩效指标提出修改完善意见；对 28 个项目事前绩效评估报告提出评审意见；做好上年度重点绩效评价报告向社会公开、向人大预算工委推送。派员参与督察 3 个省辖市和 6 个省直预算部门的全面实施预算绩效管理工作。

【做好应急性保障预算评审工作】全年完成预算评审项目 16 个，涉及送审金额 2.47 亿元，审减 0.45 亿元，平均审减率为 18.22%。创新预算评审组织方式，采取“中心+专家”评审模式，评审中心参与项目评审，协作专家提供专业性技术支撑。拓展预算评审思路方法，依据疫情防控形势要求，建议线上办会办展新模式，建议政企共建会展，减少财政投入。落实预算绩效管理要求，聚焦预算资金合理性评审主方向，推动预算评审更加系统、全面、规范。

【服务 PPP 项目管理】全省 PPP 工作稳步推进、规范发展，落地率、开工率等多项指标为全国前列。组织 PPP 项目评审，做好各地财政承受能力监测工作，完成年度全省 127 个市县区(账户)一般公共预算数据等数据的录入、审核。推进项目公开，加强 PPP 综合信息平台日常管理，做好 PPP 季报工作。组织开展省级高速公路 PPP 项目物有所值评价和财政承受能力论证，涉及投资 71.54 亿元。《中国财经报》《经济日报》分别刊载全省 PPP 项目管理工作成效。

【做好疫情防控和财政评审工作】落实疫情防控要求，做好“每日一报”工作；开辟财政评审绿色通道，创新评审方式，实行网上申报、网上评审，实现疫情常态化防控和财政评审业务工作统筹兼顾。

【推进财政评审规范化建设】坚持问题导向，强化制度建设、流程建设、机制建设，推进财政评审规范化管理进程。建立 1273 人的分类、分专业人员备用库，实行动态管理。规范协作专业人员付费管理，按照协作人员工作时间、工作质量考核付费，逐级审核管理。按照内部控制管理要求，对各项工作进行流程再造，规范和约束评审工作行为。

（评审中心供稿　李昌鹏执笔）

政府债务评估中心工作概述

【概况】2020 年，债务中心坚持以习近平新时代中国特色社会主义思想为指导，在省财政厅党组坚强领导下、厅领导关心指导下、相关处室大力支持下，围绕厅党组各项决策部署，坚持以支部党建为引领，以职能转型为契机，以债务工作为抓手，站在新起点，立足新任务，取得一定成绩。

【加强理论武装】深入学习习近平新时代中国特色社会主义思想，采取自学与集体研讨相结合、理论学习与工作实践相结合的方法落实学习制度，引导全体党员坚定理想信念和政治立场。利用微信、学习强国 APP 等学习《习近平谈治国理政(第三卷)》，学习习近平总书记最新重要讲话精神和重要指示批示精神、十九届五中全会精神等，组织观看全国抗击新冠肺炎疫情表彰大会等。全年开展党课 4 次，支部集体学习 51 次，专题研讨 26 次。注重业务学习，通过干部教育在线、集中学习、专家培训等方式学习掌握政府债务管理政策知识、疫情防控和个人基本技能知识，增强学习的针对性和实效性。尤其是机构转型期间，主动适应政府债务管理工作要求，强化学习培训，保证债券发行、统计评估等工作交接顺利。提升学习效果，组织开展党的建设和党章党规党纪、党的十九届五中全会应知应会等知识测试 5 次，组织党员干部撰写学习习近平总书记奋斗历程和十九届四中、五中全会学习等心得体会，提升党员理想信念和政治理论水平。

【推进标准化建设】贯彻落实《中国共产党支部工作条例(试行)》《中国共产党党员教育管理工作条例》，夯实党建基础工作，加强思想阵地建设，推进党支部标准化建设。严肃党内生活，落实“三会一课”等制度，做好党费收缴和党务公开工作，开展主题党日、组织生活会等活动。全年开展主题党日活动 12 次，召开支部党员大会 7 次，支委会 15 次，党小组会 25 次，组织生活会 1 次，谈心谈话 52 人次，党员进社区志愿服务活动 6 次。加强舆论教育，把握正确舆论导向，开展意识形态工作责任制落实情况专项检查。利用学习强国 APP、干部教育在线等载体，开展国家安全等形势政策教育，引导广大党员干部爱岗敬业。组织党员学习有关党内选举的文件，遵循党内换届选举的工作要求,坚持民主集中制,制定工作方案,组织换届选举工作,推进换届选举工作有序进行。发挥群团作用,响应扶贫号召,动员中心干部职工采购新疆和田地区和颍东区特色农产品近3.5万元。关爱职工,走访慰问生病干部职工3人次,为1名因病住院职工申请到医疗互助金。开展文体活动比赛,组织排练节目,参加省财政厅工会筹办的新春联欢会。

【深化党风廉政建设】贯彻落实全面从严治党要求,学习贯彻十九届中央纪委四次全会和省纪委十届五次全会精神,改进工作作风,营造良好政治生态。强化责任落实,落实“一岗双责”,组织签订廉政责任书。对照省财政厅党组巡察反馈问题,查找发现8个问题并整改纠正,做好巡察“后半篇文章”。落实支部纪检和监督制度,开展支部监督检查1次,常态化工作巡查50次,集体廉政谈话2次。深化“三个以案”警示教育,完成巡视整改和意识形态工作责任落实情况专项检查整改、厅党组巡察整改、“三重一大”专项治理、“关键少数”干部教育管理监督、内设机构审计问题整改和作风建设专项教育整顿行动。对省高院2013—2014年政府集中采购项目进行自查,吸取教训,引以为戒。组织学习违纪违法党员干部案件警示录及典型案例、姜毅和杨春严重违法违纪案件通报等材料。开展吴大文、王恒文等身边人身边事警示教育。组织党风廉政警示教育2次,参观“江淮廉风——安徽廉政文化展”。

【开展债务评估】年初,省直政府采购服务中心履行职责,重点做好疫情防控期间政府采购政策落实。4月,省直政府采购服务中心机构职能转型调整,更名为省政府债务评估中心,各工作岗位承担职责发生较大转变,保障转型前后各项重点工作,做到善始善终、善做善成。

【落实疫情防控政府采购政策】年初,按照财政部和省财政厅做好疫情防控期间政府采购活动有关规定和要求,原省直政府采购服务中心配合省财政厅政府采购处,协调合肥公共资源交易中心,指导和服务省直预算部门单位开展政府采购活动。落实疫情防控采购政策,根据疫情防控需要,建立疫情期间中心领导班子带班和业务岗位值班以及工作日志制度,及时下达政府采购任务书,保障有关疫情防控紧急采购项目特事特办。支持卫生健康、疾控等部门疫情防控宣传和网络疫情监测项目采购,开通紧急项目采购“绿色通道”,完成省卫健委“两微一端”及网络疫情监测项目采购任务。职能调整转型后,根据省财政厅党组要求和安排,从原省直政府采购服务中心选派2名同志在厅政府采购处挂职,为省直预算部门单位做好政府采购服务工作。做好保证金清理清退工作,清退保证金19笔,共29.2万元。

【确保各项工作平稳过渡】贯彻落实省财政厅党组的决策部署,统一思想、提高认识、主动作为,在机构职能转型中焕发精气神、练就新本领、转出好作风、干出真成绩。根据职能转换情况和具体工作职责,完成事业单位法人变更、工会更名等各项准备工作。研究制定债务中心主要职责以及领导班子分工和AB岗制度,调整内部人员岗位。出台债务中心内部操作规程,查找、梳理、评判债务中心业务工作风险点,规范政府债券发行、统计分析、还本付息、国际金融组织和外国政府贷款在还项目管理等业务工作流程,明确风险防控措施。实行业务工作月安排、周调度制度,加强与省财政厅政府债务处沟通、协调,推进各项工作有条不紊。适应政府债务管理工作特点,开展政府债务管理政策与实务培训、文字处理和图表数据加工技能培训,把握债务评估工作新任务新要求,做好债务评估工作。开展债务管理专题调研,配合财政部债务评估中心赴合肥、马鞍山、芜湖等市开展地方政府债务政策落实和风险化解情况调研,分析政府债务管理面临困难和问题,征求各地对改进和提高政府债务管理水平的意见和建议。会同省财政厅政府债务处梳理截至10月末新增专项债券资金支出进度,赴支出进度相对较慢的亳州、安庆及所属部分县区开展重点调研督促,形成专题材料上报省政府。

【推进地方政府债券发行】落实省财政厅党组关于政府债务工作一体化推进的总体要求,在省财政厅政府债务处帮助指导下,完成全年政府债券发行工作。参与组织七批次现场或非现场债券发行工作,全年发行政府债券2328.9亿元,其中:发行新增一般债券175.6亿元、新增专项债券1496亿元、再融资债券657.3亿元,为全省稳投资、增动能提供财力保障。配合做好2018—2020年政府债券承销团增补工作,增补中国国际金融有限公司等15家金融机构为2018—2020年政府债券承销团。增补后,全省债券承销团由原有43家扩充为58家,其中:主承销商6家、副主承销商4家、承销团一般成员48家,拓宽政府债券销售渠道。配合做好全省第二、第三批其他专项债券项目入库评审工作,为发行地方新增债券做好项目储备。开展2021—2023年地方政府债券第三方评估机构购买服务工作,结合形势发展和工作要求编制采购需求,开展政府采购各项准备工作,通过公开招标方式选定信用评级公司、会计师事务所、律师事务所各一家,参与政府债券发行准备工作,为提高政府债务管理专业化程度提供支撑。

【开展政府债务统计评估】按照财政部要求,向财政部预算司按月报送《安徽省地方政府债务情况月报表》,按旬统计报送《新增债券月报表》;向财政部国库司按月统计报送《地方政府债券发行计划表》《新增债券资金使用进度情况表》;按月编制《2019年新增专项债券使用情况表》《2020年新增专项债券使用情况表》《2020年使用新增专项债券重点项目支出进度表》,为地方政府债务管理提供数据支撑。按月测算政府还本付息支出情况,做好每一批次到期债券还本付息公告、指标结算、资金支付等手续办理,履行政府债券还本付息职责,保障每批次还本付息无差错。全年13只债券到期还本资金674.20亿元均及时支付,所有到期应付利息及兑付服务费295.26亿元兑付到位。编制全省隐性债务月报,做好全省隐性债务统计分析,夯实隐性债务管理基础。完成全省1350家新增单位统一社会信用代码的校核比对工作,对其中存在的问题的代码,会同市场监督局进行统一规范和补充修改完善。做好全省银行贷款等数据共享比对工作,完成金融机构参与地方融资平台公司债务信息共享比对工作。协助完成全省年度建制县区隐性债务化解试点培训和申报工作,完成财政部在合肥片区组织的相关评审会的保障服务工作,获财政部债务中心肯定。细化政府债务信息公开任务,研究制定《政府债务信息公开完成时限及任务分工表》,落实信息公开工作责任。按规定在财政部政府债务信息公开平台、中债登信息发布平台、财政厅门户网站等媒体,发布全省月度政府债务信息公开数据、政府债券月度发行安排、债券发行文件、债券信息披露文件、信用评级报告、财务评估报告、法律意见书等信息,主动接受社会监督。根据《安徽省财政厅关于江北、江南新兴产业集区部分一般债务转列省本级有关事项的通知》精神,通过查找、拆分、录入、偿还、收回、增加等一系列工作环节,核对转列债券余额明细数据和汇总数据,完成江北新兴产业集中区14亿元一般债务、江南新兴产业集中区27.33亿元一般债务转列入省本级相关工作。

【完成国际金融组织和外国政府贷款相关工作】承担23个国际金融组织和外国政府贷款在还项目的还本付息和统计信息工作。全年完成15个国际金融组织贷款在还项目还本付息4644万美元,8个外国政府贷款在还项目还本付息4387.6万人民币,完成164个外国政府贷款在还项目的数据统计和上报工作。

(债务评估中心供稿　李道兵执笔)

财政科学研究所工作概述

【概况】2020年,在省财政厅党组的坚强领导和驻厅纪检监察组的监督指导下,在分管厅长的靠前指挥和各处室单位的鼎力支持下,科研所坚持以习近平新时代中国特色社会主义思想为指导,贯彻落实厅党组各项决策部署,围绕财政中心工作,扛起责任担当,抓党建带队伍,抓融合促发展,完成全年工作任务。

【坚持政治引领】加强政治思想建设,围绕学习贯彻习近平新时代中国特色社会主义思想、学习习近平总书记考察安徽重要讲话指示精神等,全年组织集体学习50次,开展专题研讨23次,参加知识测试7次,干部职工撰写心得体会43篇。加强政策业务学习,采取所内培训和所外培训、知识讲座和业务交流、集中学习和督促自学等相结合的方式,组织开展财政政策、财政宣传、摄影讲座、文秘写作等业务交流,组织党员干部参加财政部有关单位开展的各类培训,督促每位党员干部依托学习强国、安徽干部教育在线等学习平台和财政部、安徽财政等微信公众号加强自学。

【强化财政宣传】落实意识形态工作责任制,加强财政宣传阵地建设,扩大财政对外宣传声音。强化杂志宣传,突出中心和大局,每月聚焦省委、省政府和财政部重大决策部署,聚焦财政厅重要文稿、重要政策和重要活动,聚焦处室单位工作重点和亮点,建立财政宣传信息动态台账,加强与处室单位联系与协作,开辟学习贯彻习近平总书记考察安徽重要讲话指示精神、学习贯彻五中全会精神、财政党建、财政青年、抗疫促产、防汛救灾、六稳六保、脱贫攻坚、预算绩效、民生工作、政策传递、"十三五"巡礼等20余个专栏,拓展宣传广度,改进版式设计,优化工作机制,厅办公室加强每期审核,厅领导审定把关。将印刷时间由以前的8天压缩到4天左右,全年编辑出版《安徽财政》12期,累计75万字,其中第2期专门宣传财政支持夺取疫情防控和经济社会发展情况。强化橱窗宣传,突出时效和精准,紧盯党中央、国务院时政要闻,紧盯省委、省政府和财政部重大新闻,紧盯财政厅财政要闻,优化美化版面,改进工作流程,厅办公室审核每个橱窗,厅领导审定把关,全年设计制作财政橱窗192个。强化年鉴宣传,调整优化《安徽财政年鉴(2020卷)》编辑大纲,以财政厅文件印发编纂工作通知,加强与各处室单位和各市县财政局的联系,编纂稿件378篇,共120万字,集中收录上年省委、省政府和省人大有关财政工作重要文献,完整反映上年全省财政改革发展历程和取得成效,展示上年省委、省政府和财政部领导重视,及财政党建、财政发展和财政风尚等财政工作风采。组织开展《中国财经报》《中国财政》《财政研究》等报刊在全省的宣传发行工作,获中国财经报社、中国财政杂志社和中国财政科学研究院表彰。

【开展财政科研】转变工作思路,创新服务方式,采取上挂、两边兼顾等方式,先后安排8位同志参与厅主题教育、预算管理一体化、"四送一服"等重点工作。完成财政"十四五"改革发展形势分析重点课题研究,参与财政

"十四五"规划纲要编制工作。根据省委宣传部部署,会同相关处室单位,开展智库研究选题征集和筛选工作,提出上报加快职业教育改革、巨灾保险制度、"十四五"民生工作等3项研究选题,均被省委宣传部吸纳。承担中国财科院、中国财政学会年度全国财政协作课题《流域生态补偿机制研究》工作,根据安排进行实地调研,完成安徽分报告。陪同中国财科院刘尚希院长一行赴淮南、合肥等市开展"实体企业成本和地方财政经济运行"专题调研,协助中国财科院开展"企业成本"和"国有资本投资公司和运营公司的设立运营及绩效评价"两项线上调研。按照中国财政学会部署,在全省财政系统组织开展第七次全国优秀财政理论研究成果评选和第四届财税知识网络答题竞赛系列活动,上报8篇优秀研究成果参评。参加中国珠算心算理论研讨会、鉴定研讨会、首届珠心算发展高端论坛等学术交流活动。按照省哲学社会科学规划办公室和省科技厅部署要求,填报科研所科研情况。

【加强支部建设】巩固拓展支部标准化规范化建设成果,细化实化模范机关建设、"双争一创"和"领航计划"等各项任务。加强班子建设,完成支部换届选举工作,调整支委分工,压实支委各自责任。加强党员培养,将1名预备党员转为正式党员,吸收1名发展对象成为预备党员。落实"三会一课"、党员活动日和民主集中制等制度,召开专题组织生活会,开展党员民主评议,申报先进党支部,1位同志获厅优秀共产党员称号,推选3位党代表出席厅直机关党代会。加强日常管理,做好评先评优、党费收缴等有关事项公开,加强党员信息系统日常动态管理,调整6名党员组织关系转入转出。加强激励关怀,组织党员干部观看抗日战争胜利75周年纪念大会、纪念抗美援朝出国作战胜利70周年大会、抗疫表彰大会、"最美公务员"先进事迹直播以及《周恩来回延安》《郭富山》等影片,常态化开展谈心谈话53次。

【严格纪律作风】落实全面从严治党和党风廉政建设主体责任和"一岗双责",推进巡视、巡察、经济责任延伸审计、督导督查、监督检查等发现问题整改,加强内部管理,改进作风效能。深化警示教育,开展深化"三个以案"警示教育,组织参加厅"警示教育周"活动,观看《政治掮客苏洪波》等警示教育片,组织开展"身边人身边事"警示教育,开展集体廉政谈话2次。开展"三重一大"、财经纪律等专项自查自纠、未巡先改等,落实厅属单位财务统管制度,制定完善"三重一大"实施细则等16项,全年召开所长办公会20余次。深化作风建设,开展思想作风问题大排查,克服形式主义官僚主义。加强文明创建,开展结对共建、文明实践、志愿服务、无偿献血、扶贫采购等帮扶活动,厉行节约反对浪费,优化美化办公环境,打造书香单位。

(科研所供稿　杨思雅执笔)

注册会计师管理处(注册会计师协会)工作概述

【概况】2020年,注册会计师管理处(注册会计师协会、资产评估协会)在省财政厅党组坚强领导下,在驻厅纪检监察组监督指导下,以习近平新时代中国特色社会主义思想为指导,坚持"抓支部党建带行业党建、抓行业党建促行业发展",统筹疫情防控和引领服务行业高质量发展,各项工作取得新成绩。截至年末,全省会计师事务所304家,注册会计师2784名,非执业注册会计师会员5869名;资产评估机构185家,资产评估师1171名,非执业资产评估师会员202名;基层党组织134家,党员1442名。全省注册会计师行业收入为16.67亿元,较上年增长10.99%,年纳税额1.28亿元。资产评估收入5.03亿元,增长25.44%。管理处在全厅综合考核中获年度先进单位,党支部获"先进党支部"称号并入选省财政厅"领航"计划示范库,7人次获省财政厅表彰激励。全省注册会计师考试工作获财政部考办肯定。行业党建工作在省委组织部全省社会组织党建工作座谈会上作经验交流发言。

【夯实支部党建基础】加强政治建设,讲政治守规矩,班子成员带头执行民主集中制,全年召开支委会16次、办公会45次,集体审议议题130项。将严明纪律规矩与抓班子带队伍、评先评优、交流轮岗、内控建设等结合起来,锤炼党性、筑牢根基。强化理论武装,坚持集中学和个人学、线下和线上、交流研讨和撰写心得体会等结合起来,研读《习近平谈治国理政(第三卷)》《习近平在福州》等书籍,学习党章党规党纪、党的十九届五中全会精神和习近平总书记考察安徽重要讲话及关于全面从严治党、严明纪律规矩、加强意识形态等重要论述,注重载体创新和学习实效,坚持正能量引领。全年开展74次集体理论学习,其中交流研讨21次,发言176人次,组织发动党员干部撰写心得体会44篇。坚持常态化谈心谈话,与党员干部交流思想、工作、生活,发现情绪性、萌芽性问题,消除隐患,抚慰情绪。全年开展谈心谈话101人次。抓作风、纠"四风",坚持凡会必讲效能,凡会必说廉政,每周开展2次内部效能督查,以通报的违反八项规定案例为戒,警示警醒,全年开展集体廉政勤政谈话4次。紧盯重要节点对全员进行提示提醒,杜绝餐饮浪费等不正之风。坚持未病先治,开展"关键少数"干部教育管理监督自查、"三重一大"事项治理、财经纪律专项整治、干部队伍作风研判、内部矛盾专项排查、内部控制自查等工作,形成专项报告和问题整改清单。做实日常监督，履行管党治党责任，执行党的纪律，深化“三个以案”警示教育，汲取身边违法违纪案件教训，针对检查发现的问题和日常表现出的苗头性、倾向性问题，抓早、抓小、抓细，进行提醒谈话、批评教育。

【提升行业党建质量】强化行业党建责任，贯彻落实财政部党组要求，按照省财政厅党组部署，迅速行动，谋划起草《进一步落实全省注册会计师和资产评估行业党建工作责任的实施意见》，报经厅党组审议通过，印发实施。通过健全行业党建工作责任制、行业党建工作考核制度、行业党内监督制度，压实全省财政部门和行业党组织责任，推动形成行业党建工作新格局。提升行业基层党建质量，先后就全省行业深入学习宣传贯彻习近平总书记考察安徽重要讲话指示精神、十九届五中全会精神，印发通知作出部署。完成省委组织部、省委非公工委交办的年度党建攻坚试点项目，认识把握行业党建规律。7月出台《进一步提升行业基层党建工作质量的实施意见》，提出“七抓七强”的工作目标，并以行业年检、执业质量检查等为抓手，推动党建入章等重要工作全面落实落地。全省有301家执业机构将党建有关要求写入机构章程。推荐的1家执业机构党组织被省委组织部、省委非公工委命名为第三批省级“双比双争”先进社会组织党组织。探索开展行业党内纪检工作，针对行业党员违规违纪尚不能及时有效开展党内监督处理的现象，按照上级党委的部署要求，进行先行先试。省行业党委设立纪检委员，全省有2家市行业党组织设立纪检机构、90家执业机构党组织设立纪检委员，行业党内纪检工作有序探索推进中。加强行业统战工作，推荐6名行业新社会阶层人士担任省新的社会阶层人士联谊会会员、理事，推荐5名注册会计师作为省属企业兼职外部董事人选，组织行业党外人士参加政治理论学习教育。

【引导行业发展】组织动员行业做好疫情防控工作，在省注协网站转发中央、省政府关于应对新型冠状病毒肺炎疫情若干政策措施、中注协关于2019年年报审计工作中应对新型冠状病毒感染肺炎疫情的专项提示等文件，向全行业发出《致全省注册会计师资产评估行业广大从业人员的倡议书》，引导支持配合地方开展疫情防控等工作。据统计，全省有137家会计师事务所（资产评估机构）捐款、捐物123.3万元。部分执业机构参与消费扶贫，购买阜阳颍东区滞销农产品10余万元；帮助符合条件的客户梳理可申报的扶持资金和可享受的相关税收减免政策，把疫情造成损失降至最低。减轻执业机构税费负担，落实“六稳六保”工作要求和减税降费政策，省注协（评协）免收本级单位会员和个人会员会费1204万元。减免会费用于支持执业机构深化党建、人才培养等工作，对冲疫情影响。面对全省注册会计师考试报名人数创历史新高和疫情叠加影响，出台应急预案、进行全省统一部署、压实各方责任、设立省财政厅总值守，保障注册会计师考试顺利举行。全省注册会计师考试专业阶段共52765人报名，报考143954科次；设16个考区，39个考点。全省综合阶段1231人报名，安排在合肥考区。资产评估师考试安徽考区报考人数为2364人，报考总科次为5990科次。聚焦品牌建设，开展会计师事务所综合评价。在调研基础上，优化《安徽省会计师事务所综合评价暂行办法》的有关指标、权重分配等，首次引入税收贡献指标并赋予10%的权重，加大党建工作加分值。发布会计师事务所综合评价前50家信息，引导执业机构注重诚信建设、履行社会责任，促进事业规范发展。排名前50家会计师事务所收入为10.23亿元、有注册会计师1166名，分别占全省的68.1%和43.6%。完善政策，引导行业高质量发展，修订完善有关支持行业发展政策，引导执业机构围绕服务“三大攻坚战”、预算绩效管理、党建业务融合发展等内容开展工作、提供高质量专业服务。安排35万元引导资金，奖励26家执业机构、18名执业人员，支持全行业提升审计、评估业务质量，承接好政府转移职能和公共事务，服务好财政中心工作。

【优化行业执业环境】深化行业诚信建设，坚持职业道德教育与专业胜任能力培养并重，将“职业道德守则”作为诚信建设的核心课程，设定为全员必修课，加强诚信理念教育。将事务所和个人信用情况作为综合评价内容，1家事务所因违规执业被扣除4分。加强会员信用档案管理，全年录入不良信息22条。完善行业管理信息系统信用数据，全年自助出具会计师事务所诚信证明2492份、评估机构诚信证明1953份、审计业务防伪报备超7万份。向信用安徽网站推送执业人员信息3954条、不良负面行为被注销信息3条。深化行业自律监管效能，联合审理检查发现问题，分别进行处罚惩戒。省注册会计师协会（资产评估协会）履行自律监管职责，组织专家对省财政厅监督局移交给协会的检查材料、初步检查结论进行复核论证，组织召开自律委员会审议惩戒意见。依规对4家机构、13名人员予以惩戒；对3家予以谈话提醒。核实处理11起投诉举报事宜。深化“放管服”改革，落实省财政厅“互联网+政务服务”实施方案，做到注册会计师注册全程网办；加快审核和制证效率，将承诺办结时限由20个工作日减至16个工作日，助力全省创优“四最”营商环境。全年办理17批、276人注册事宜，批次及人数均创历史新高，安徽政务服务网满意度为100%，获最高5分评价。分9批受理175名资产评估师执业会员登记、34名非执业会员入会申请。

【培养行业人才】增强服务行业人才成长的政治自觉,拟定自办专题培训班主题,作为靶向,在QQ群向执业机构征询两轮意见建议后,契合经济社会发展和执业机构需要,制定年度培训计划,培养与服务长三角一体化发展、创新驱动、安徽自贸区建设等国家战略需要相匹配的社会审计、评估、经营管理等专业人才队伍。根据疫情防控形势发展,运用北京注协及北京、上海、厦门三家国家会计学院的优质网络资源,将培训调整到线上,由事务所自行申请网络在线直播培训,组织执业人员在本所内参加,减少流动与聚集。做好培训服务,加强对分散培训的管理,通过实地走访、视频连线等方式进行随机检查,督导参训事务所做好疫情防控和培训组织实施工作。修订完善继续教育管理制度办法、内部培训管理操作规程等制度,为培训工作提供政策保障。

(注会管理处供稿　王克法执笔)

财政干部教育中心工作概述

【概况】2020年,在省财政厅党组的坚强领导和分管厅长的具体指导下,在驻厅纪检监察组的严格监督下,干教中心推动党建与业务工作同谋划、同部署、同推进、同落实,抓好疫情防控和各项重点工作,做到"两手抓、两不误"。

【做好巡视巡察整改工作】树牢政治机关意识,落实省财政厅党组巡视整改要求,针对厅属单位"三重一大"事项专项治理问题制定整改措施12条,涉及意识形态问题制定整改措施12条,建立完善5项规章制度。把巡察整改工作作为首要政治任务来抓,对照巡察反馈意见的5大类问题,细化分解并制定整改措施,立行立改、逐一落实、举一反三,问题全面整改清零,工作全面提质增效。对照省财政厅党组巡察其他处室单位党支部反馈意见,自查自纠,制定整改措施,保证未巡先改质量。

【组织政治理论学习】制定学习计划,学习贯彻党的十九届五中全会精神、《习近平谈治国理政》第三卷和习近平总书记考察安徽重要讲话指示精神。学习贯彻中央和省委经济工作会议精神、全国和全省财政工作视频会议精神、省委十届十一次、十二次全会精神等各级重要会议精神,提出贯彻落实具体要求。学习省财政厅党组书记、厅长罗建国推荐阅读文章,引导党员干部传递正能量、远离负能量,保持昂扬状态,推动财政干部教育事业高质量发展。围绕"深化'三个以案'警示教育,推进支部党风廉政建设"、"学习'最美公务员'先进事迹"等专题,开展学习研讨,支部书记和支委委员带头发言,其他同志结合自身工作实际积极参与,全员撰写心得体会。全年组织集中学习35次,开展学习研讨24次。

【推进支部标准化建设】按时完成支部换届,明确支部委员分工,发挥示范带头作用。发展新党员,教育引导普通群众向党组织靠拢,增强支部引领力和凝聚力。严肃党内政治生活,落实"三会一课"制度,分2批组织党员集体过"政治生日",开展主题党日活动,开展谈心谈话,在职党员进社区做到全覆盖。组织党员带头购买扶贫农产品,缴纳党费,按规定做好党务公开工作。

【开展作风建设专项整顿】开展干部职工思想状况摸底,撰写综合分析报告。制定支部作风建设专项整顿计划,组织开展专题研讨,形成分析研判报告。通报关于"四风"问题及违反中央八项规定精神典型案例,严守自律准则,杜绝餐饮浪费。用制度管人管事,梳理干教中心成立以来的制度办法,做好废改立工作,制定完善20项制度办法。按照要求,撤销原有内部分组,并做好相关配套整改工作。坚持职工外出报备,落实常态化疫情防控要求。开展作风效能自查并通报干部职工。

【守住廉政风险防控底线】全员签订党风廉政建设责任书,传达厅党组廉政专题会议精神,通报相关违规违纪违法案例,2次开展集体廉政谈话,赴省博物馆参观江淮廉风展,赴大蜀山参观烈士陵园接受红色教育,组织观看《政治掮客苏洪波》《鉴史问廉》等警示教育片。支部书记关键时间节点进行廉政警示提醒,纪检委员运用监督执纪第一种形态教育引导干部职工。开展深化"三个以案"警示教育,撰写综合分析材料,召开专题组织生活会,剖析问题原因,开展批评和自我批评。

【做好培训班服务保障】按照年初培训计划,经各方共同努力,10月19—21日,全省财政改革、财政政策与政府债务风险防控专题培训班举行,省委常委、常务副省长邓向阳莅临培训班并作开班授课。省财政厅党组高度重视此次专题培训班,厅党组书记、厅长罗建国靠前指挥、认真部署、积极推动并亲自主持开班式。时任厅党组成员、副厅长王召远全程坐镇指挥并作培训班结业小结。干教中心全员参与,配合厅人教处,贯彻落实厅党组的决策部署,对接会商厅相关处室,赴安徽组织干部学院,实地察看食宿、会场、视频连线和疫情防控情况。培训期间,安排专人跟班管理,做好教师接送、学员摆渡、食宿安排、医疗服务等保障工作,营造学习氛围,督促学习纪律,处理突发情况,保障培训有序进行,完成专题培训班服务保障任务,获得好评。

【探索实践线上培训模式】落实省财政厅党组书记、厅长罗建国在干教中心督导工作时的讲话精神,在学习研究的基础上,探索实践线上培训新模式,并在市县政府领导干部专题培训班上,首次采用"主会场+分会场"视频连线培训模式，学员反映良好。聚焦财政业务和能力提升建设，与厅农业处、政府债务管理处、国库处、金融处、税政条法处、资产处联合举办6期业务培训班，其中，政府债务管理处、国库处、金融处3个处室采用视频会议模式开展线上培训，全年仅主会场培训学员700余人。

【夯实培训基础工作】参与上年全省财政基层培训课程评选，依据评分标准对全省9个市19个参选课程，分别按照课件讲义、多媒体课件、现场授课录像三方面进行量化打分，并出具综合评审意见报送省财政厅人教处，汇总评选出年度优秀培训课件，为全省财政精品课件的组织开发提供重要参考。落实落细财政部干教中心培训需求调查工作，面向省财政厅13个处室(局)征集98条意见建议，经归纳整理后报送财政部干教中心，获财政部干教中心肯定。梳理分析师资库管理现状，研究制定师资库管理办法，明确专人负责，实行动态管理，增加17名政治理论、党史教育等方面优秀教师，优化财政人才培养师资队伍结构，助力财政干部综合能力提升。

【完善干部教育培训制度】适应财政干部教育培训新形势新要求，在学习调研基础上，抓住巡察整改契机，梳理培训内控管理制度，建立健全教育培训制度办法，研究制定《安徽省财政干部教育中心培训流程管理暂行办法》《安徽省财政干部教育中心师资库管理暂行办法》2个新制度，修订完善《安徽省财政干部教育中心教育培训管理制度》《安徽省财政干部教育中心干部教育培训需求调查制度》2个制度办法，规范教育培训流程，压实教育培训意识形态工作责任，提高教育培训的针对性和实效性。

(干教中心供稿)

行政事业单位资产管理中心工作概述

【概况】2020年，资产中心在省财政厅党组坚强领导下，在兄弟处室单位的大力帮助支持下，强化党支部建设，坚持问题导向，进一步推进资产管理、疫情防控、机关后勤等工作，较好完成各项任务。

【注重党建引领】深入学习贯彻习近平新时代中国特色社会主义思想，巩固"不忘初心、牢记使命"主题教育成果，组织开展集中学习33次、专题研讨25次。履行"一岗双责"，完成支部换届选举，开展谈心谈话38次，开展"见贤思齐见行动"等党建活动12次。严守纪律作风规定，开展"三查三问"，开展深化"三个以案"警示教育，运用第一种形态开展监督谈话5次。抓好巡视、审计、巡察问题整改，制定整改工作方案和清单，压实整改工作责任，46个问题全部整改完成，并持续推进。

【推进资产管理】落实资产管理新规定、新要求，为提高国有资产处置(出租)效率，制定产权交易机构绩效评价办法，完善资产处置(出租)操作流程，建立项目月度统计分析机制，对省直单位长期没有完成的项目实行挂牌催办，加快重难点项目成交。全年共备案省直单位出租合同近1600份，监缴房产出租收益4亿元；组织公开出租房产成交面积5.6万平方米，合同年租金2954万元；公开处置资产成交金额1699万元。

【抓实防控责任】根据省疫情防控办和合肥市属地疫情防控要求，制定出台厅机关疫情防控方案，印发通知文件19个、温馨提示7条。第一时间将中高风险地区分布、疫情防控要求等告知干部职工；严把人员进入关，对外来人员严格登记管理；对公共场所进行全方位消毒；配备发放消毒液、口罩等防疫物资，保障机关安全运转。配合杏花社区，统筹推进办公区和宿舍区疫情防控，组织省财政厅48人次到社区开展"疫战到底进社区"志愿服务活动。

【履行综治职责】执行综治工作领导责任制，开展"安全生产月"活动，在厅内网开展线上安全教育培训，组织网络安全知识竞赛和实地消防培训演练，增强干部职工安全意识。完善厅机关安全检查工作制度，重大节假日期间开展办公区安全和卫生专项检查；每月抽查处室单位安全卫生，每周安排人员巡查办公区夜间安全值守情况。省财政厅连续十一年被评为全省综治工作优秀单位。

【强化后勤保障】按季度召开物业联席会议，开展物业服务满意度调查，听取干部职工意见建议。加强办公楼维护，跟进杏花宿舍区老旧小区改造和电梯加装工作。加大"文明就餐、杜绝浪费"用餐文化宣传，严格执行用餐人员登记制度，安排专人加强食堂监管，检查就餐浪费行为，发布通知、提示5个。制定厅生活垃圾分类实施方案，印发分类指南和投放方法，推进节约型机关创建。

【规范内部管理】结合内控建设要求，开展制度执行力排查，规范议事规则，全年召开主任办公会33次。进一步规范财务管理，开展固定资产清查和往来账清理。开展作风建设专项教育整顿，落实"四零"服务要求，开展人员轮岗，5名青年同志到厅内处室、扶贫一线挂职锻炼。深化文明创建，完成省直文明单位迎检考核工作。

(资产中心供稿　王磊执笔)

省农业信贷融资担保有限公司工作概述

省农业信贷融资担保有限公司工作概述

【概况】2020年,省农业信贷融资担保有限公司深入学习贯彻习近平新时代中国特色社会主义思想和党的十九大及十九届二中、三中、四中、五中全会精神,贯彻落实习近平总书记系列重要讲话精神,特别是习近平总书记考察安徽重要讲话指示精神,树立新发展理念,围绕脱贫攻坚和乡村振兴战略,推进疫情防控和业务发展,落实"六稳""六保"政策措施,各项工作取得新成效。全年为15331户新型农业经营主体提供贷款担保89.54亿元,担保户数较上年增加8066户,增长111%,担保金额较上年增加53.62亿元,增长149%,年末在保余额88.08亿元,担保放大倍数为3.21倍。截至年末,为35858户(次)新型农业经营主体提供贷款担保184.97亿元,服务"四送一服"243批次1049人。获年度"安徽省五一劳动奖状"、"安徽省劳动竞赛先进集体"及"第六届安徽省省属企业文明单位"称号,信用等级由AA+提升至AAA-,"安徽农担"品牌效应日臻凸显。

【加强政治建设】加强学习型党组织建设,把习近平总书记重要指示批示精神和党中央、省委各项决策部署抓到底落到位。坚持学深悟透党的十九届五中全会精神,举办学习宣传贯彻党的十九届五中全会精神暨农担业务培训班,把学习贯彻党的十九届五中全会精神作为公司重要的政治任务,推动形成学习贯彻的浓厚氛围。

【强化组织建设】坚持和加强党的全面领导,在上级党组织的关心和重视下,召开首次党员大会,表决通过"两委"工作报告,两委委员均全票当选。健全完善"双向进入,交叉任职"领导体制,推动党的领导融入公司治理体系和治理环节各个方面。加强基层党组织标准化建设,优化调整党支部,加强新任支部书记和党务工作人员培训,明确工作职责,创新工作方法。开展党员发展工作,为公司基层党组织注入新鲜血液。

【加强队伍建设】注重员工政治思想工作,全年组织、参加各类培训30余次,提高党员领导干部和党务人员的综合能力和素质。优化人才队伍结构,明确部门职责,完善内控机制,将公司原6个职能部门调整为10个职能部门,全年发生部门或岗位调整约40人次,激发人力资源活力。开展干部选拔任用工作,健全机构人员配置,择优选拔2名部门负责人,让年轻干部"有为、有位"。强化干部年龄梯队建设,组织开展2次人员招聘工作,充实公司员工队伍。

【强化作风建设】强化党的作风建设,落实中央八项规定精神及安徽省实施细则,推进"走基层、转作风、解难题"常态化,深化为基层减负工作,纠治"四风",全年领导班子成员开展基层调研50余次。深化党风廉政建设,全年召开两次党风廉政建设工作会议,专题研究党风廉政建设工作。开展中层干部集体廉政谈话,现场签署党风廉政建设承诺书。深化"三个以案"警示教育,印发工作方案,列出问题、任务、责任、时限"四清单",对标对表、对单销号,通过开展系列专题警示教育,让利剑高悬、震慑常在,营造不敢腐、不能腐、不想腐的氛围。

【聚焦意识形态工作】重视宣传工作,把握宣传主阵地,借助公司官方网站、微信公众号等新媒体平台挖掘、总结和提炼党建工作亮点、成效。重视榜样的力量,对标先进典型,发挥党员的先锋模范带头作用,号召全员向张富清、黄文秀、李夏等优秀共产党员学习,弘扬抗疫英雄和抗洪英雄的崇高精神。重视精神文明创建工作,全年组织开展志愿服务活动近十次,组建"学雷锋"金融支农服务队,开展"家庭书香"全民阅读"农担好书分享会"活动等。

【压实巡视整改责任】针对巡视指出的问题,公司党委以高度的政治自觉对待并接收,针对问题明确责任、建立台账,立行立改、逐一销号。公司党委书记履行好第一责任人责任,抓好整改落实。公司纪委书记履行监督执纪职责,对整改进展情况全程监督,对相关问题责任人依规依纪进行问责。领导班子成员压实各自分管责任,推进问题整改,抓好反馈意见落实,抓好巡视成果运用,完善公司治理能力和治理体系。

【加快业务创新】在农业供给侧结构性改革上发力,推出农业产业链生态担保模式,实施"一县一策""一链一策""一企一策",以农业产业布局为核心,以农业产业化龙头企业为抓手,对接龙头企业及其产业链上下游适度规模经营主体,衔接各环节的供给和需求,打通融资渠道,带动上下游新型农业经营主体和农户同步发展,为蔬菜、粮食、生猪、木材、蓝莓、猕猴桃等产业链提供融资担保服务。建立长效服务机制,在产业链龙头企业设立工作站,发挥龙头企业核心作用,更好服务产业链、管理资金链、维护信用链、提升价值链,推动农业产业兴旺,助力乡村振兴。

【助力村级集体经济发展】通过支持县域发展特色产业优势,助力村级集体经济发展壮大。以怀宁县蓝莓产业为切入点,通过创新产业链融资模式,助力怀宁县实现"存入"绿水青山、"取出"金山银山的生态发展蓝图,盘活集体资产,加快推进农村"三变"改革,培育经济实体,以产业发展带动集体经济共同"造血",提升金融服务乡村振兴的适配性和能力,发挥农村金融在精准扶贫、乡村振兴中的积极作用。怀宁模式获广泛关注,岳西、无为、太湖等县政府和企业相继来公司对接,学习复制怀宁模式。

【支持环巢湖生态治理】坚持生态优先绿色发展理念,创新推出环巢湖流域"稻绿花红"生态担保耕种模式,调整"一稻一麦""一稻一油"种植结构,实行"一有机稻一紫云英"轮作模式,实现优粮、优种、优管、优价,助力打造"庐州香米"区域公共品牌。延伸绿肥和有机稻的种植,推动蜜源基地、稻米加工、观光旅游、蔬菜采摘等产业发展,以实际行动贯彻落实习近平总书记把巢湖用好、保护好、治理好的重要指示精神,走出一条环巢湖治理的"农担模式"。

【融入长三角区域农业现代化发展】把习近平总书记考察安徽和在合肥主持召开扎实推进长三角一体化发展座谈会重要讲话精神作为行动指南,联合江苏、浙江、宁波农担公司,牵头发起举办长三角区域农担体系一体化高质量发展工作推进会。在国家农担的指导下,做好"融苏联浙接沪"大文章,推动长三角区域农业供给侧结构性改革,加速推进长三角区域现代农业一体化发展。

【抓好疫情防控和防汛救灾工作】发挥政策性农业信贷担保平台作用,履行国有金融机构的责任担当,统筹做好疫情防控和防汛救灾工作。快批快担,出台《安徽省农业信贷融资担保有限公司受疫情影响涉农企业担保项目便捷化操作暂行办法》《省农担公司支持蓄滞洪区灾后恢复重建担保服务方案》,针对受疫情灾情影响、符合条件的新型农业经营主体建立便捷化审批通道,提高担保服务效率。信用接续,对担保贷款到期还款困难的,提前做好信用接续工作。协调合作银行,按照"应接续尽接续""应延展尽延展"原则,不抽贷、不断贷、不压贷,通过展期、停本停息、过桥续贷等方式,协调推动配合地方过桥资金管理机构开辟绿色通道,减免续贷过桥费用、简化申请条件、审核程序等,帮助受疫情灾情影响的新型农业经营主体周转贷款、渡过难关。降费让利,摸排受灾情影响的主体范围,落实疫情灾情期间针对农业经营主体的优惠费率,减免担保费用。对受疫情影响的茶叶企业、省农业农村厅推荐的受疫情影响的重点家禽屠宰企业、种畜禽养殖企业的年化担保费率降至0.5%;对在蓄滞洪区内各类新型农业经营主体本年内发生的续贷担保项目、新增担保项目,免收担保费用。

【扩面体系建设】贯彻落实省委一号文件精神,推动各级政府出台支持政策,完善全省政策支持体系。制定配套政策,印发《县级办事处管理办法》及《县级办事处业务奖励绩效考核办法(试行)》,发挥县级主体作用,构建农业信贷担保基层组织体系;推动县(市、区)业务机构落地,与县区对接,推动出台政策、设立机构、配备人员,把体系建设落到实处;在部分农业产业化龙头企业和乡镇设立农业信贷担保工作站,构建以县分支机构为抓手、以乡镇和企业工作站为基础的农业信贷担保体系。农业信贷担保业务覆盖全省93个县(市、区)、1113个乡镇,实现全省农业县业务和机构双覆盖,在78个农业大县设立分支机构,配备52名专职工作人员,实现机构、人员、业务下沉。

【管控业务风险】统筹处理存量风险,对自公司成立以来的存量逾期风险项目重新梳理分类,制作明细台账,一户一策制定处理计划,科学有序、分类分批、到岗到人、统筹消化。压降新增风险,定期开展风险和追偿调度会,加大风险预警和风险化解的处理力度。每月编制风险管理报告和风险案例,多维度、多角度、多层次为风控数据画像,分析风险成因,归纳风险化解经验做法,强化公司全员风控意识。加大代偿追偿力度,编写代偿项目追偿指引和代偿追偿监控表,规范代偿追偿流程。通过加强合作、丰富和创新催收手段,追偿率显著提高,全年追偿项目102个,追偿金额677万元,追偿率为6.53%,其中7个项目全部清收完毕。

【升级信息化建设】优化农业信贷担保数据管理系统,建设批量业务管理、过桥担保业务管理、代偿业务管理等功能模块。围绕业务发展需求,完成系统功能模块、流程、报表、表单、页面展示等156处调整与优化升级,提升业务精细化管控水平,发挥信息化保驾护航的作用。上线运行OA办公系统,缩短办公流程运作时间,加快推动各部门人员之间的高效协同合作和资源有效整合。推出农业产业链农担工作站“担保码”微信小程序,逐步推进安徽农担“码上服务”,在农业产业化龙头企业、金融机构、意向客户、农担公司办事处等业务场景,利用APP、微信公众号等信息载体,增强获客功能、拓展业务范围,更好发挥增信引领作用。创新推出量化风控模型,实现“外部数据与公司自有数据融合、引进智能风控模块植入、拓展公司业务数据管理系统”等功能,为担保业务筛查和准入提供技术支撑。

【优化内部管理】以建章立制为抓手,做好巡视整改后半篇文章,先后出台《员工管理办法》《代偿操作办法》等30项制度,完善公司制度体系。注重财务管理,做好财务基础工作,结合巡视整改要求,对财务管理开展内部审计及自查自纠,边查边改,强化财经纪律,堵塞管理漏洞。按照“保安全、促业务、比收益”原则,制定资金头寸调度方案,合理调度资金头寸。做好企宣工作,全年推出原创微信稿件172篇,近60篇新闻稿件被人民网、新浪网、腾讯网、凤凰网等主流媒体采用,公司官网访问量近15万人次。推进企业文化建设,形成“行农担使命 助皖美振兴”企业核心理念,引导职工深化对企业核心理念的认识,增强企业文化感召力。回应员工关切,开办员工食堂,解决员工就餐问题,提升员工满意度。强化工会建设,全年先后组织迎新春活动、三八妇女节“巾帼心向党,抗疫勇担当”线上主题活动以及“喜迎国庆 歌唱祖国”登山比赛等,丰富员工业余文化生活,推进精神文明建设,增强农担团队凝聚力和向心力。

(省农担公司供稿)

市县（区）财政工作

合肥市财政工作综述

合肥市财政工作概述

【概况】2020年,合肥市财政局坚持以习近平新时代中国特色社会主义思想为指导,全面贯彻党的十九大和十九届二中、三中、四中、五中全会精神和习近平总书记考察安徽重要讲话指示精神,坚决落实市委、市政府决策部署和省财政厅工作要求,坚持积极的财政政策更加积极有为,抢抓国家政策机遇多举筹措资金,加强预算绩效管理,深化财政重点改革,重要工作目标完成均超预期。市财政局当年获上级各项表彰50余项,第二年获国务院真抓实干成效明显督查激励,为中组部公务员绩效管理工作示范点,获全国文明单位称号,在市委综合考核和市政府目标管理考核中分别蝉联“好”和“优秀”等次。

【完成财政预算】在大规模减税降费情况下,财税部门密切配合,深化综合治税,依法合规组织收入。全市一般公共预算收入762.9亿元,完成预算的100.5%,增长2.3%,增幅高于全省1.3个百分点,总量为省会城市第9位。一般公共预算支出1164.8亿元,完成预算的99.7%,增长3.8%,通过厉行节约保主保重,为经济社会发展提供坚实保障。

【落实减税降费】全年减税降费超220亿元,占全省减税降费总额约三分之一。其中减免近9万户中小微企业社会保险费113亿元,减免5.4万户小微企业和个体工商户增值税9亿元,办理疫情防控重点保障物资生产企业留抵退税和企业所得税减免5.4亿元。办理先进制造业及其他增值税留抵退税63亿余元,为企业发展减负,激发市场主体活力。

【保障防疫抗灾】统筹疫情防控资金10.1亿元,保障防控物资采购。全额承担新冠患者自付费用,发放一线医护人员工作补助,支持疫情防控科技攻关和市滨湖医院、市二院感染病区等项目建设。紧急应对汛情,全市财政统筹52.8亿元支持防汛救灾和灾后重建。调研受灾情况,向财政部和省财政厅报告灾损,争取上级救灾资金19.9亿元,占全省分配总量的28.6%,加上市级筹集资金,快速下达受灾县(市)区和相关部门48.2亿元。制定财政支持灾后重建方案和补偿补助办法,支持县(市)做好灾后“五抢”和“四启动一建设”工作。发放灾后补偿、补助资金12.5亿元,覆盖36.9万名受灾群众和2890户企业,补偿补助资金发放做到“零差错”“零信访”。

【推广节俭举措】市委市政府联合出台厉行节约力保重点支出实施方案,明确重点任务并实行清单管理,市直部门全面严格落实。在全省财政工作会议上作相关举措典型经验交流,并在省直部门和各市推广。市直100个预算部门制定支出清单,明确部门禁止类、压缩类和严控类支出事项。财政牵头对市本级一般性支出预算压减5%,预算执行中“三公经费”和非急需非刚性支出再压减50%,会议、培训、差旅费等再压减15%。收回因疫情汛情影响调整支出计划的项目资金、完工项目结余资金等56.1亿元。支持优化政府投资建设计划,调整资金需求95.8亿元。追加安排防汛救灾、基础设施建设等支出74.3亿元,保障全年各项重点支出需求。

【进行多举筹资】全年争取上级转移支付335亿元,较上年增长27.6%。其中争取省财政分配中央特殊转移支付和抗疫特别国债50.3亿元,抵减减税降费和疫情影响。资金直达基层,直接支付至最终收款人,下达速度较正常转移支付提前20天以上,支出进度为全省第一位。在全省首创“政府专项债+银行贷款”组合融资方式支持轨道交通建设,置换轨道超额资本金71亿元,争取银行贷款授信438亿元。发行政府债券326.4亿元,其中专项债券262亿元,占全省17.5%,较上年增加169亿元,增长1.8倍。债券资金用于轨道交通、公共卫生、棚户区改造、基础设施建设等重大项目占比83.7%。通过清单式管理加强督办调度,出台全省首个地方政府专项债券管理暂行办法,全流程监管专项债券。全市政府债务率62.2%,债务风险总体安全可控。

【提升预算绩效】在全省率先建立

财政支出政策全周期绩效管理机制,建成“全方位、全过程、全覆盖”的预算绩效管理体系,获省委深改委督察高度肯定。创新建立重大项目和政策事前绩效评估机制,2021年预算编制中对56个项目开展事前绩效评估,经评审后取消项目12个,核减资金37.1亿元,核减率56.6%。“双监控”绩效目标实现程度和预算执行进度,市本级2123个项目和100个部门整体支出绩效目标实施绩效监控,根据疫情影响、政策变化等情况调整255个项目绩效目标。限期整改绩效评价发现问题,推进部门强化管理,完善制度规范,提升财政支出整体效益。完成教育、科技、交通等重点领域财政事权与支出责任划分改革。在完善基本支出标准基础上,分类制定项目支出标准,创新制定专科医院、职业教育、质检、生态环保、排水等五类公共服务领域专项资产配置标准,提高预算安排精准性和财政资金使用绩效。

【加强财政管理】财政资金分配和使用纳入制度监管,加强部门预算执行日常监督,强化业务流程管理和风险控制,国库集中支付动态监控支付记录38.5万笔,涉及资金967.2亿元。支持人大开展联网监督,开展市直单位财务检查,推进预决算、绩效、债务、专项资金等信息公开,督促部门将审计发现问题整改到位,精细管理财政资金。

【推动经济发展】开展推动经济高质量发展政策绩效评价,聚焦应对疫情、创新发展、产业升级等重点,完善政策并提前一个月出台。市财政全年投入政策资金119亿元助力复工复产和经济高质量发展,较上年增长36.7%。出台“惠企12条”“涉农12条”“商贸12条”、促消费等阶段性财政支持政策,应对疫情防控,投入2.7亿元助力各行业复工复产。补助公交、轨道等国有公益企业17.3亿元,保障企业正常提供公共民生服务。支持科技创新,投入24.3亿元支持综合性国家科学中心重大项目建设,投入6.9亿元保障市校协同创新平台加快建设,支持设立科学中心专项基金、市级自然科学基金,对国家高新技术企业予以奖补。扶持重大项目发展。围绕重点产业链和重大产业项目加大财政扶持力度,支持25个重大招商项目35.9亿元,带动项目实现投资超过194亿元、产值超过3000亿元、缴纳税收61.9亿元。支持集成电路重点项目8.3亿元,助力“卡脖子”工程研发和投产。投入3000万元奖励企业超产,撬动净增产值超700亿元。聚焦人工智能、软件和集成电路、新能源汽车等重点产业及领域,投入21.7亿元。其中5.5亿元支持中国声谷提升集聚效应,吸引入园企业超千户,年营业收入首次突破千亿元。通过先进制造业、服务业、文化产业等行业政策降低成本、助力融资和激励创优。其中:补助218个固定资产及技改投资项目2.4亿元,撬动企业投资74.4亿元。设立1亿元贷款风险补偿资金,支持地方法人银行向5667户企业投放贷款70.2亿元。设立3000万元技改贷资金风险池,撬动银行按10倍放大提供低成本融资支持。投入上市激励1.3亿元,引导12户企业成功首发上市。投入4.6亿元支持国际内陆港、航空港、水运港等开放平台发展。

【保障城乡建设需求】多渠道筹集大建设资金642.4亿元,增长7.6%。轨道交通建设投入157亿元,增长11%,保障10条轨道线同时建设。重点路桥投入184.1亿元,成功发行全市首个铁路项目政府专项债。滨湖科学城投入56.2亿元,保障新区开发建设步入快车道。引江济淮工程投入39.4亿元,推进项目征迁和移民安置等。投入20.9亿元用于老旧小区改造、拥堵点治理、慢行系统、公共停车场建设等,支持城市功能与品质提升。投入42.3亿元补助县级“三达标一美丽”水利建设工程及土地复垦项目,支持董大水库水源地保护整治和灾后修复重建。农村公路投入15.2亿元,支持新改建农村公路1200公里。

【夯牢基本民生保障】全市民生支出超过997亿元,占一般公共预算支出的85.6%,就业、教育、养老社保、医疗卫生支出分别为24.3亿元、197.5亿元、59.5亿元和130.7亿元,分别增长47.2%、1.8%、28.2%和72.4%。扶贫资金投入17.3亿元,增长11.2%,提前下达市级专项扶贫资金,建立“负面清单”,开展全程动态监控,严格公开公示和常态化督查,绩效管理获全省“优秀”。财政部门牵头实施的省定31项民生工程投入134.3亿元,完成年度目标。20项为民办实事投入14.8亿元。

【保障基层运转】市财政对县(市)区转移支付404.2亿元(含中央和省转移支付),较上年增加83.7亿元,增长26.1%,占县(市)区财力的30.7%,提升基层保障能力和基本公共服务均等化水平。其中转移支付民生类100.8亿元、产业发展类77.5亿元、农林水和生态环境治理类61亿元、均衡性转移支付72.6亿元、抗疫特别国债29.2亿元、基础设施建设类18.4亿元。

【加强党建引领】把讲政治落实到财政工作全过程,建立市财政局党组周学习机制,把学习贯彻党的十九届五中全会精神和习近平总书记考察安徽重要讲话指示精神作为重要政治任务,传达上级决策部署、解读最新财经政策。市财政局党组落实党风廉政建设“两个责任”,健全与驻局纪检监察组会商联络机制,坚持集体研究部署党建工作、集体讨论重大决策事项,入选城市领域基层党建工作“领航”计划省级培育库。坚持好干部标准选人用人,创新财政绩效考核和内控管理机制,引导激励干部职工锤炼“七种能力”,被中组部纳入公务员绩效管理试点。

(合肥市财政局供稿　陈利丽执笔)

肥东县财政工作概述

【概况】2020年,肥东县财政收入完成76.4亿元,较上年增长6.2%,其中:一般公共预算收入完成48.7亿元,较上年增长6.3%;全县一般公共预算支出完成95.74亿元,较上年增长4.2%。

【强化资金配置效益】提前研判经济形势,围绕“六稳”“六保”工作任务,提高预算编制科学性、精准性。将保基层运转作为财政预算重中之重,予以优先保障。年初预算安排17.3亿元用于保障机关、学校、公共卫生机构等单位人员经费和正常运转经费。坚持有保有压,优化支出结构,压减一般性支出,年初预算中一般性支出较上年减少1亿元,下降10.3%;削减低效无效支出,对上年度执行率较低的延续性项目直接予以核减;严控非必要、非刚性支出,在2020年部门预算中不再编列办公设备购置,减少支出0.3亿元。

【扶持实体经济发展】推进减税降费政策落实,牵头成立肥东县减税降费工作领导小组,借力“四送一服”“服务重点人才企业”等重点工作,助力解决企业发展过程中问题和难题。全年减免税14.4亿元;减免3966户企业社会保险费2.9亿元。推动落实扶持产业政策,牵头印发《肥东县2020年促进经济高质量发展若干政策实施细则》,兑付2019年高质量产业政策奖补资金1.9亿元。推动落实助企政策,疫情期间,主动发挥国资职能,结合工作实际,牵头制定助企政策,对在肥东县承租国有资产类经营用房的中小企业及个体经营户,给予3个月房租免收、3个月房租减半政策,减免租金595万元。

【注重重点领域保障】做好疫情防控及防汛救灾,保障应急物资和经费,投入疫情防控资金0.7亿元。建立重大自然灾害救灾资金核拨机制,简化审批流程,提高救灾资金时效性,全年投入防汛救灾和灾后重建资金3.1亿元。增进民生福祉,坚持民生优先,加大民生投入,投入81.69亿元,占一般公共预算支出的85.3%;推进28项民生工程,投入29.97亿元。保障财政扶贫资金投入,统筹安排各级各类扶贫资金3.4亿元,涉及四大类119个扶贫项目。发挥财政监督作用,加大财政在扶贫资金拨付、使用过程中的监管力度,在省财政厅2020年度财政扶贫资金绩效评价中获“优秀”等次。保障涉农领域资金投入,投入财政奖补资金3296万元,用于农村公益事业建设;投入6309万元,用于3.6万亩高标准农田建设;投入3.52亿元,用于农村人居环境整治;投入2.11亿元,用于13个省级中心村、11个市级中心村建设。

【提升财政管理水平】深化预算管理改革,树立“花钱问效、无效问责”的理念,加快构建“全方位、全过程、全覆盖”预算绩效管理体系,从严从紧编制2021年预算,在2020年度财政管理工作评价考核中获安徽省政府通报表彰;在2020年预算绩效管理工作考核中获合肥市财政局通报表彰。深化国资国企管理改革,成立联合调研组,专题调研全县国有企业,形成调研报告,摸清全县国资国企家底。制定出台《肥东县县管企业人员聘用及管理指导意见》《肥东县县属国有企业违规经营投资责任追究实施办法》等指导性文件,规范国有企业管理。按照国家统一部署,推动国有企业退休人员社会化管理,完成41家国有企业1784名退休人员移接交工作。深化乡镇财政管理改革,紧跟省市步伐,推广社保卡发放惠农补贴资金,全年打卡惠农资金6.6亿元,惠及农户24.6万户。深化直达资金管理改革,贯彻落实国务院关于建立财政资金直达机制的要求,按照省市统一部署,搭建中央直达资金动态监控系统,全过程监控16项6.5亿元的中央资金拨付使用,全年支付资金6.48亿元,支付率为99.7%。

(肥东县财政局供稿　叶顺龙执笔)

肥西县财政工作概述

【概况】2020年,肥西县财政收入完成86.5亿元,较上年增收4.3亿元,增长5.2%,其中地方财政收入完成51.8亿元,较上年增收1.1亿元,增长2.2%,财政收入和地方财政收入第五年位列全省61个县(市)第一位。县本级一般公共预算支出完成74.8亿元,较上年增支3.1亿元,增长4.3%。

【财政预决算管理】实施预算绩效管理,对绩效目标实现程度和预算执行进度实行“双监控”。建立事前绩效评估机制,印发《肥西县财政支出事前绩效评估管理暂行办法》,对全县26家单位开展专家公开评审。强化事后绩效评价,对18个项目和2个单位开展重点绩效评价,推动预算绩效管理工作。

【国资国企改革】制订《肥西县行政事业单位国有资产管理目标考核办法》,规范全县国有资产科学配置、有效使用和规范处置;出台《肥西县产业、创业投资引导基金管理办法》,加强引导和推动重点产业、战略性新兴产业发展和创新创业;出台《肥西县企业国有资产监督管理暂行办法》,加强企业国有资产监督管理,实现国有资产保值增值;建立国有企业负责人激励与约束机制,出台《肥西县国有企业负责人薪酬管理暂行办法》,规范国有企业负责人薪酬管理。

【服务发展】聚焦突出短板和薄弱环节,发挥财税政策调控优势,推进供给侧结构性改革,支持实体经济发展,提升经济创新力和竞争力。修订完善《肥西县培育新动能促进产业转型升级推动经济高质量发展若干政策实施细则》,全年兑现产业扶持资金 1.95 亿元。搭建政银企对接平台,拓宽各类融资渠道,全年新型政银担业务放款 11.53 亿元、税融通业务放款 6.59 亿元、续贷过桥周转资金 5.32 亿元、周转率 19.69 次,完成市政府下达目标任务。

【民生工程】投入财政资金 13.86 亿元,实施 28 项民生工程。推进民生工程项目建设,统筹做好资金安排,工程类项目除跨年度项目外,全部提前完成全年目标任务,资金补助类项目按序时进度拨付发放到位,解决脱贫攻坚、乡村环境整治、社会保障、创业就业、教育文化等一批民生难题,提升群众获得感、幸福感。

【减税降费】认真落实减税降费、惠企利民和援企稳岗政策,全年减税降费 16.6 亿元,减免养老保险费 18687.91 万元、失业保险费 1148.85 万元、工伤保险费 324.79 万元,减免中小微企业和个体工商户承租县国有资产类经营用房租金 1866.54 万元;兑现疫情防控定点企业奖补 4.06 万元,企业一次性稳定就业补贴资金 2436.6 万元,小微企业新增就业补贴 141.3 万元,小微企业吸纳就业社保补贴 16.6 万元。发放创业担保贷款 13618 万元,落实创业担保贷款贴息 1467.21 万元,推动经济社会平稳健康发展。

【脱贫攻坚】落实脱贫攻坚财政保障责任,全年投入扶贫资金 37599.86 万元,其中:专项扶贫资金 34974.7 万元,市级盘活资金 420 万元,县级存量资金 2205.16 万元。开展"四个清零"专项行动,建立"负面清单",实施扶贫资金全程动态监控,严格公开公示和常态化督查,扶贫资金绩效管理获全省"优秀"等次。

【中央直达资金管理】加强财政直达资金管理,发挥直达资金对做好"六稳"、兜牢"三保"底线的重要作用。分配财政直达资金 11 亿元,其中:抗疫特别国债资金 2.4 亿元,特殊转移支付资金 2.6 亿元,正常转移支付 0.3 亿元,参照直达资金管理资金 5.7 亿元,全部用于保就业、保基本民生、保市场主体。依托直达资金动态监控系统,建立直达资金使用台账,全覆盖全链条跟踪资金分配、拨付、使用情况,确保每笔资金流向明确、账目可查,确保直接惠企利民。

【疫情防控和防汛救灾】出台《关于新型冠状病毒疫情防控采购便利化及资金保障工作的通知》,保障疫情防控物资采购便利化和工作经费。加大资金保障力度,下达疫情防控资金 3657.12 万元,开辟资金支付绿色通道,采取预拨、垫付等措施,优先保障疫情防控资金需求。面对汛情,建立防汛应急资金拨付"绿色通道",及时下达防汛救灾资金。争取上级转移支付资金 97061.19 万元,保障防汛救灾和灾后重建资金需求,全年安排使用资金 61529.03 万元。

【获得荣誉】2019 年度全省财政扶贫资金绩效综合评价"优秀"等次;2019 年度全省乡镇财政资金监管和惠农补贴资金管理发放工作绩效评价"A 类";2019 年度合肥市民生工程实施"表现突出单位"(排名第一);全省 2020 年度财政扶贫资金绩效评价"优秀"等次;合肥市 2020 年度资产收益扶贫民生工程绩效评价"优秀"等次。

(肥西县财政局供稿　许皖祥执笔)

长丰县财政工作概述

【概况】2020 年,在县委、县政府的坚强领导下,在县人大、县政协的有力监督和支持下,长丰县财政局党组团结带领全县财政系统干部职工,全面落实从严治党要求,紧紧围绕长丰发展大局和财政工作目标任务,真抓实干、务实进取、廉洁奉公,圆满完成全年工作任务。

【加强党的建设】学习贯彻习近平总书记考察安徽重要讲话指示精神和党的十九届五中全会精神,贯彻新时代党的建设要求,按期组织召开党风廉政、意识形态建设专题党组会、党组中心组理论学习会,坚持学以致用,融会贯通。持续巩固"不忘初心、牢记使命"主题教育成果,重温革命历史、学习先进典型,组织开展财政干部教育培训,深化"学研检改",厚植"守初心"的思想根基,强化"担使命"的政治自觉。注重完善财政治理体系,制定《中共长丰县财政局党组关于意识形态工作责任制实施细则》《长丰县财政局机关作风效能建设监督检查制度》,落实《长丰县党政机关财务管理办法》,开展全县财务制度和行政执法车辆管理执行情况专项检查,规范预算单位财务制度,严肃财经工作纪律。落实财政局党组主体责任,建立党组书记及班子成员与局机关党支部工作联系制度,学习贯彻党支部工作条例、党员教育管理工作条例,严格党员教育管理监督。推进党支部标准化规范化建设、组织实施党支部建设提升行动,落实双重组织生活制度,严肃开展批评和自我批评。联系帮扶软弱涣散基层党组织,帮助解决党建与经济发展困难。加强制度执行和内部控制,强化作风效能督查,认真落实"一岗双责"。加强廉洁纪律建设,坚持民主集中制,落实"三重一大"事项集体决策制度、重大事项请示报告制度。

【保障民生支出】全县民生类支出 720255 万元,占一般公共预算支出的 83.8%,完成 28 项省定民生工程。支持教育优先发展,全年教育支出 147781 万元,支持公办和普惠制民办学校改善办学条件,补助义务教育学校公用等经费,免除义务教育阶段教科书等费用,支持名校来县合作办学。加大社会保障力度,全年社会保障和就业支出104934万元,以“扶老、助残、救孤、济困”为重点,发放城乡居民养老金等补贴补助,建设残疾人之家,实施殡葬基本公共服务等惠民工程,加大弱势群体帮扶力度。稳定社会就业水平,全年投入1856万元,开发就业见习等岗位,补助创业担保贷款贴息,支持职业技能培训等;投入2536万元,发放疫情期间一次性稳岗补贴,支持企业复工复产。健全卫健服务体系,全年卫生健康支出100144万元,完善基层医疗卫生机构服务功能和基本公共卫生服务体系,助推城乡基本公共卫生服务均等化。投入4418万元,助力打赢防疫战。提升文体服务能力,投入2922万元支持文化惠民工程与群众性体育活动,建成4个城市阅读空间,保障公益性演出,保障3本庐剧现代戏创排。保障城乡公交、供水一体化建设,投入3987万元补贴公交运营。投入12104万元,建立和改造220千米供水管网,收购整合供水企业。

【决胜“三大攻坚”】投入扶贫资金43797万元,支持扶贫产业园建设和特色种养业、资产收益、电商、旅游等产业扶贫项目实施,实施教育扶贫雨露计划,补助扶贫小额信贷贴息,完善农村基础设施建设,增加贫困群体收入。投入15866万元推进农村垃圾、污水、厕所专项整治“三大革命”,实施秸秆综合利用提升工程,开展9个重点村美丽乡村建设与乡村道路绿化与园林建设,打造绿色生态长丰。争取省财政代发地方政府债券246965万元,重点保障公立医院、市政基础设施、棚改、教育、农业等建设项目资金需求。年末全县政府性债务余额符合限额规定,政府性债务风险可控。依法开展非法集资和互联网金融风险专项整治,打击金融领域违法行为。

【激发市场活力】运用积极财政政策,支持市场主体复工复产,经济快速恢复增长。疫情期间,出台应对新冠肺炎疫情鼓励中小企业持续发展、支持服务业企业发展等若干政策,帮助企业复工复产。兑现企业固投、转型升级、上市、品牌创建、自主创新、“三重一创”、上台阶、进出口、贷款贴息等各项奖补26525万元,惠及1028户企业。投入737万元,发放消费券激活消费市场。落实疫情期间小微企业减税降费政策,为7260户企业办理减、免、缓交税款2.9亿元,减免社保费2.85亿元,返还1824户企业失业保险费1419万元。

【驱动发展动能】多渠道筹集资金,增强县域经济发展要素保障。投入128751万元,实施高标准农田建设、城乡建设用地增减挂钩等,新增耕地5846亩。投入25361万元,实施农村道路畅通工程与乡村道路养护。投入78285万元,保障全县重点项目拆迁;投入135677万元,建设保障性住房和安置房。投入41113万元,用于工业社区、双杰电气厂房等建设,支持合肥炭素搬迁。投入产业引导基金4.15亿元,招引威马汽车、露笑科技、金龙浩等科创型企业入驻。创新财政金融产品,解决企业贷款26.8亿元,安排续贷过桥资金1.05亿元,缓解中小企业融资压力。兑现华恒生物等企业上市“黄金十条”政策奖补3400万元,加快企业上市步伐。

【提高财政绩效】以预算管理改革为抓手,强化预算绩效管理,项目预算绩效全覆盖,开展新增支出100万元以上项目、新增支出政策事前绩效评估,增强财政资金使用效益。全年盘活财政存量资金37908万元,用于脱贫攻坚、“六稳”“六保”等重点支出。优化支出结构,民生支出占比提高0.2个百分点,压减一般性支出1310万元,全年“三公”经费同比下降9.9%。加强预算公开评审,全年公开评审32家预算单位110个项目,审减金额25174万元。依法公开财政信息,全面公开政府预决算、部门预决算、“三公”经费预决算等信息,主动接受社会监督。严格政府采购、政府购买服务预算编制,排查国有资产、清理预算单位往来款项。

(长丰县财政局供稿　孙青松执笔)

庐江县财政工作概述

【概况】2020年,面对新冠肺炎疫情、洪涝灾害及经济下行等因素影响,庐江县财政局坚持稳中求进工作总基调,以供给侧结构性改革为主线,做好“六稳”工作、落实“六保”任务,坚决落实积极财政政策,保障脱贫攻坚和改善民生,做好防汛救灾和灾后恢复重建,统筹推进疫情防控和经济发展,较好完成各项财政工作任务,促进全县经济社会持续向好发展。

【增长财政收支】实施积极财政政策,落实国家各项减税降费政策,减轻企业税负。加强预期预警双机制管理,加强组织收入调度,研究制定应对措施,强化预警提示管理。推进综合治税,紧抓重大项目纳税服务与台账管理,掌握税收动态,堵塞征管漏洞。强化非税收入依法征管,完善监督检查机制。坚持厉行节约,优化支出结构,压减一般性支出和非急需、非刚性支出,清理盘活结转结余资金和存量资产资源,统筹保障重点支出。全年一般公共预算收入20.6亿元,增长0.9%;一般公共预算支出82.3亿元,增长15.8%。

【保障重点支出】全年压减一般性支出和非刚性支出5595万元,集中财力统筹用于保障疫情防控、防汛救灾、民生工程、脱贫攻坚等重点支出。疫情防控期间,出台疫情防控经费保障相关规定,开辟物资采购“绿色通道”,全年拨付各类疫情防控保障经费4301万元。面对洪涝灾害,建立重大自然灾害救灾资金快速核拨机制,观台蓄滞洪区补偿及淹没区的工业、农业及受损房屋等灾后重建和恢复生产的补助政策,筹集各级各类应急救灾和灾后重建资金17.01亿元。投入24.05亿元实施30项民生工程,较上年增加1.86亿元,解决“四好农村路”、农村改厕、危房改造等民生问题。落实扶贫专项资金稳定增长机制,出台扶贫资产管理办法,完善运营和收益分配机制,强化扶贫资金动态监控,实施扶贫资金绩效管理,全年落实财政扶贫资金3.42亿元。加大农村基础设施投入,筹集2.87亿元支持农村人居环境整治和乡村振兴,安排1000万元扶持20个村发展壮大村级集体经济,投入2925万元支持121个农村公益事业财政奖补项目,投入8860万元巩固提升农村饮水安全,兑现271万元农村危房改造补助,拨付1296万元改厕专项资金。

【服务经济发展】促进实体经济持续发展,执行减税降费系列政策,落实支持疫情防护救治、物资供应、复工复产等政策,全年政策性减税1.97亿元,兑现增值税留抵退税1.29亿元,兑现中央和省市稳增长促发展扶持政策资金9744万元,核拨自主创新等九大产业发展扶持政策奖补资金8343万元。出台县疫情期间惠企利民若干政策意见,减免社会保险费1.49亿元,减免国有房租125万元。加大金融扶持服务力度,提升融资担保能力,开展“4321”新型政银担,为1071户企业提供贷款11.5亿元,为143户企业提供续贷过桥资金6.7亿元,为1579户企业和个体工商户共提供担保贷款13.3亿元,减免担保费535万元,企业综合融资成本下降18.4%。增加重点项目投资,争取上级资金,获取市级支持大建设重点项目建设资金3亿元,中央特殊转移支付和抗疫特别国债资金6.80亿元,争取再融资债券资金4.64亿元,获批13个项目政府专项债券额度44.65亿元,发行债券资金12.77亿元,增加龙磁科技和大地熊2家上市公司。

【深化财政改革】贯彻落实预算法实施条例,推进预算管理改革,完善预算支出标准体系,整合压缩项目数量,推行政府购买服务项目联合审查、信息化项目会商审核机制。严格预算执行约束,严控预算追加,实行预算支出进度按月考核,推进财政预决算领域基层政务公开标准化规范化,强化公开载体建设,严格公开时限要求。深化国库管理改革,出台全县预算单位银行账户管理办法,修订国库集中支付动态监控预警目录,完善动态监控57条预警规则,全年发生预警阻止信息5796条,涉及金额31144万元。制定行政事业单位资金支付管理规定,规范单位执行国库集中支付和公务卡管理制度。推进预算绩效管理改革,创新绩效运行监控方式,完善预算绩效管理工作考核机制,实行中期考核,将镇级预算绩效管理纳入考核范围。建立绩效评审专家库,明确评审专家管理规定。全年对55个部门1985个项目实行预算绩效全过程管理,委托6家中介机构对39个重点项目和1个试点部门整体支出开展重点绩效评价,涉及资金14.76亿元。推广社保卡发放惠农财政补贴资金,全县录入社保卡信息23.33万条,通过社保卡发放补贴13.2万户资金2.52亿元。启动全县财政电子票据管理改革,逐步实现财政电子票据全流程无纸化电子控制。推进县属国有企业改革,加强国有企业管理,实行国有企业绩效目标指标考核。

【加强财政监督】规范镇级财政财务管理,常态化开展财政巡察和内审,围绕财政管理和改革等重点工作,规范财政财务行为,对万山、白湖等5个镇财政所开展财政巡察和内审。组织开展财政扶贫资金、惠民惠农补贴资金、会计信息质量等专项监督检查,推进往来款项等财务管理不规范问题专项整治,出台29项镇级财政财务管理制度,修订镇财政所年度目标考核办法和考核细则。加强直达资金监管,建立直达资金预算执行协调机制,规范直达资金监控业务流程,实行实名制台账和定期对账机制。严管金融领域风险隐患,专项排查互联网金融和投资理财等涉众型金融风险隐患,专项整治金融放贷领域突出问题,化解各类风险隐患。提升国有资产管理水平,出台国有资产租赁、处置管理办法,规范国有资产租赁行为,加强国有资产配置、处置管理。全年审核行政事业单位资产配置预算2120万元、处置资产3752万元。防控政府债务风险,修订完善政府性债务管理办法,规范政府债务借用还行为;严格政府债务预算管理和限额管理,实行规模控制,健全风险评估、预警、应急处置机制,化解存量政府债务。落实政府债务到期偿还责任,确保不发生债务风险。

(庐江县财政局供稿　徐玉清执笔)

巢湖市财政工作概述

【概况】2020年,巢湖市财政局以习近平新时代中国特色社会主义思想为指导,深入学习贯彻党的十九届五中全会精神,以习近平总书记考察安徽和在扎实推进长三角一体化发展座谈会上的重要讲话精神为指引,围绕市委、市政府和上级财政部门重大决策部署,适应经济发展新常态,深化预算管理体制改革,创新财政支持经济高质量发展方式。

【组织财政收入】定期召开财税联席会议,分析经济发展形势,把准预期,发挥综合治税平台作用,强化税收征管。通过减税降费、产业扶持、金融扶持等举措,激发市场主体活力,促进经济平稳发展。一般公共预算收入完成23.22亿元,为调整预算的109.9%,同比增长0.26%。

【优化支出结构】厉行节约,压减一般性支出,强化"三公经费"管理,形成预算项目执行清理收回常态化机制;统筹用好直达资金,保障基本民生支出和重点支出;优化财政支出结构,兜牢民生底线。全市一般公共预算支出完成67.02亿元,同比增长10.75%。其中,民生支出56.27亿元,占财政支出84%,同比增长10%;八项支出48.35亿元,占财政支出72.1%,同比增长10.9%。

【推进绩效管理】拓展绩效管理范围,除基本支出外,所有项目资金和部门整体支出纳入绩效管理范畴,绩效范围涵盖193家预算单位,涉及1069个预算项目,环比增长1.1%。强化绩效制度体系建设,以市政府文件印发《巢湖市市本级财政支出事前绩效评估管理暂行办法》,将100万元以上的新增项目及政策纳入事前绩效评估范畴。完善绩效管理指标体系,从科学实用、细化量化、共建共享的角度出发,在借鉴上级单位成熟经验和整合自身管理资源的基础上汇总形成预算绩效指标库,收录30大类,32子类、1721个绩效指标,覆盖15大类行业、80项资金用途。

【做好"六稳""六保"】落实减税降费政策,全年减税降费3.83亿元。其中,减税1.5亿元,降费2.33亿元。对在疫情防控期间承租本市国有资产经营用房的357户承租户减免租金475.77万元。全年拨付支持高质量发展政策扶持资金1.05亿元。发放各项就业补助资金1873万元。实施省级27项民生工程,应到位资金17.14亿元,实际到位资金17.14亿元,实际支出资金16.04亿元,资金支付率93.58%。

【强化资金投入】投入各级财政扶贫资金2.92亿元。严格按照《关于印发〈中央财政专项扶贫资金管理办法〉的通知》《关于修订〈安徽省扶贫资金管理办法〉等文件的通知》《关于修订〈合肥市财政扶贫资金管理办法〉的通知》规定,加强财政扶贫资金使用管理,合理、规范分配扶贫资金,所有扶贫资金(指标)30日内下达到部门、30日内匹配到项目。扶贫资金支付2.87亿元,支付进度98.27%。2018年及以前年度专项扶贫资金结余为零,2019年度专项扶贫资金结余为零,2020年专项资金结余505.13万元,专项资金结余结转率1.74%。

【优化营商环境】全市有金融机构15家;保险业金融机构31家,其中财险公司14家,寿险公司17家;证券营业部2家;小贷公司4家;政策性融资担保公司2家。全市银行业金融机构各项存款余额668.27亿元,同比增长9.47%;各项贷款余额573.95亿元,同比增长10.74%,存贷比为85.89%。4家小额贷款公司放贷286笔,贷款余额4.45亿元,发放对象全部为小企业、个体工商户和农户。2家担保公司在保户数162户,担保金额为5.16亿元。建立3000万元经济运行保障资金池,提供126家企业过桥转贷资金4.35亿元。

【做好直达资金管理】中央下达巢湖市直达资金(不含参照直达)为5.79亿元,全部接收完毕,分配进度为100%,支付进度为93.32%。坚持民生优先,直达资金在卫生健康、社会保障、就业、教育、交通运输等民生支出方面安排5.67亿元,占其总额的97.9%。

【推进预算管理一体化试点】成立预算管理一体化建设工作领导小组,推进试点工作,完成财政专网三级等保,加强同人行、商业银行的协调配合,确保财政资金运行安全。

【其他财政工作】实施农村公益事业财政奖补项目57个,当年全部完工,投入财政奖补资金2662万元;拨付农险配套资金2284.56万元。大灾保险承保面积28.8万亩,为1011户(次)规模经营主体提供2.2亿元风险保障,全年各项理赔款6016.76万元;通过"一卡通"打卡发放惠农补贴资金6.67亿,涉及14大类50项113.8万人次;全市"三公经费"支出2489.94万元,与上年同期支出相比,减少754.69万元,同比下降23.26%。

【获得荣誉】"乡镇财政资金监管"和"惠农补贴管理发放"两项工作被评为全省A类;财政总决算和部门决算工作获合肥市先进单位;财政系统干部教育培训工作被合肥市财政局评为先进单位;民生工程被合肥市委、市政府评为高质量发展贡献奖先进集体;财政扶贫资金绩效评价工作获安徽省"优秀"等次;财政管理工作、政府性债务管理工作、信息化工作被评为合肥市先进单位;国有资产编报工作获合肥市先进单位;获合肥市财政局农村公益事业财政奖补工作优秀单位;获合肥市财政局预算绩效管理优秀单位;获合肥市财政局资产收益扶贫民生工程绩效评价"优秀"等次。

(巢湖市财政局供稿　司剑锋执笔)

瑶海区财政工作概述

【概况】2020年,瑶海区一般公共预算收入完成17.7亿元,完成预算的110.43%,较上年增长11.31%,增速为合肥市各县区第一。全区一般公共预算支出完成28.98亿元,完成调整预算的100%。其中:区级支出完成19.41亿元(含乡镇级支出0.33亿元),市追加支出完成9.57亿元。

【支持疫情防控】强化资金物资保障,投入各级防疫专项资金3120万元,采购各类防控物资1516万元。建立财政性资金采购疫情防控物资"绿色通道",紧急采购各类防疫物资15.12万件(套)。畅通社会捐赠渠道,接收社会各界企业和个人捐款146笔共549万元,接受社会捐赠各类防疫物资8.7万件(套)。开展11场全区专业市场中小微企业抗疫暖企政策宣讲活动,组织27家专业市场和400余家企业,面对面解读“暖企”政策,精准服务企业。对承租区属国有经营用房的中小企业,疫情防控期间按照两个月房租免收、两个月房租减半政策执行,为977户中小企业减免房租2054.99万元。

【平稳财政运行】面对疫情导致的收支压力,围绕年度目标任务,挖潜增收,加强收入预期管理,确保财政收入平稳均衡入库,一般公共预算收入增速为11.31%。围绕项目抓税源,重点从房地产项目、建设工程项目加强税收征管,梳理全区重点项目31个,分解下达协税护税工作任务40项。开展专业市场专项清查,牵头完成周谷堆市场、长江批发市场等5家专业市场的4395家经营户信息摸排工作,梳理异常税源信息2797家,督促及时整改。升级优化综合治税平台,将涉税信息的收集、整理、分析、反馈等工作纳入综合治税平台进行存储和管理。组织非税收入征管,依法组织清缴全区非税收入征收单位的非税收入。争取政府专项债券,申请地方政府专项债券额度4.5亿元,发行3.25亿元,支持都市科技产业园区、民生中心项目建设。2021年首批入库项目额度5.45亿元。

【保障重点支出】调整优化支出结构,坚持有保有压,统筹兼顾,统筹资金保障重点支出。树立过紧日子思想,压减一般性支出,全区一般性支出较上年减少1.43亿元,压减率为37.75%。“三公经费”同比减少22.87%。全区民生支出21.47亿元,占财政支出比重为86.51%,民生支出增幅高于财政支出增幅。保障重点建设项目支出,拨付支路网建设、复建点建设、区级重点工程51.53亿元,其中拨付东部新中心建设经费7.88亿元,用于旧城改造、企业征迁、工程建设等项目。加大生态建设和保护力度,重点支持雨污分流改造、黑臭水体治理等水环境提升项目。加强环境整治提升工作,拨付市政管养、城市环境提升、阳台排水改造经费等5.4亿元。将教育作为支出重点领域,坚持优先保障,优化配置财政资源,加大教育投入,投入11.31亿元,占财政支出39.05%。加大学前教育扶持,推进基础教育优质均衡发展。

【增进人民福祉】落实财政资金筹集渠道,保障预算安排足额到位。投入6.34亿元,实施17项民生工程,惠及群众90万人。发放城乡低保等各类社会救助和社会福利资金8200万元,保障超21万人次。投入1.61亿元,建设瑶海湾中小学、采石苑B区等17所中小学、幼儿园。实施为民服务“十件大事”,涵盖创业就业、社区管理、养老医疗等领域,投入6.28亿元,建成21个惠民停车场、12个老旧小区综合改造、5处标准化“幸福驿站”和4个“嵌入式”综合为老服务中心等78处为民服务项目点。征集调查社情民意,让群众成为民生工作“阅卷人”。通过“一封信”“微课堂”“微视频”“微反馈”等宣传方式,展示瑶海区民生建设成效。监督保障“民心工程”,全年组织30余次人大代表、政协委员和民生工程特邀监督员定期视察调研民生工作,接受社会各界监督。开展民生保障领域专项整治,围绕低保、城乡医疗救助领域,查摆整改民生领域突出问题,提升工程实施质量。

【落实积极财政政策】实施积极的财政政策,激发市场主体活力,推动经济高质量发展。加快落实中央直达资金管理使用,突出“迅速、规范、有效”,实时监控资金流向和具体使用情况,督促项目加快实施。争取中央直达资金2.9亿元,其中特殊转移支付和抗疫特别国债资金1.68亿元全部支付到位。落实中央增值税、小微企业普惠性税收减免政策,落实安徽省地方税及附加减征政策,全年减税降费及政策性退税5.43亿元。拓宽企业融资渠道,推进财政金融产品运营,为全区500多户中小微企业提供流动资金支持8.2亿元。举办多场金融资本对接会,对接辖区19家金融机构,加大对中小微企业贷款投放力度,扶持企业5567户,发放贷款金额317.57亿元。发挥财政资金综合效益,加快产业扶持政策兑现,拨付各级涉企奖补资金7800余万元。建立政府性资金存放与商业银行对瑶海区贡献挂钩和激励机制,通过公开招标方式,将财政资金定期存放于金融机构,促进财政资金保值增值,引导商业银行加大区域经济支持力度。发展多层次资本市场,通过政策宣传、资金扶持、辅导培训等活动,培育现有优质企业上市挂牌,华晶微电子等4家企业在省股权交易中心科创板挂牌,银通物联等3家后备企业拟定上市计划。加速现代金融集聚,引进人寿财险、鼎和财险合肥分公司2家企业,推动银信融资担保、国元网金、民众担保等项目落地。

【加强财政管理】贯彻落实预算法实施条例,提升财政管理效能和服务水平。突出预算全程管控。硬化预算约束,控制预算追加事项,在执行中原则上不办理预算追加。重大特殊事项按相关规定和程序办理追加预算。盘活部门和财政专户存量资金,收回资金4.49亿元,统筹用于疫情防控、基层“三保”及经济社会发展等重点领域投入。完善国库集中支付动态监控,建立动态监控分析通报机制,保障资金支付安全。动态监控173.5亿元财政性资金,退回不合规支付申请2906笔,涉及金额1.8亿元。加强政府债务管理,出台实施《瑶海区政府债务管理办法》,建立偿债准备金,做好政府债务预算保障。化解全区隐性债务,政府债务率远低于预警标准。聘请第三方对增加债券项目开展资金绩效评价,提升债务质量效益。推进财政电子票据管理改革,第一批财政电子票据管理系统单位全部上线,开出电子票据金额7.7亿元。完善政府购买服务管理,明确“负面清单”,严控6类事项不得纳入政府购买服务范围。厘清人员编制管理、政府采购服务类内容与政府购买服务界限,杜绝养人和养事并存问题。

【规范财政监督】完善财政内外部监管工作机制,加强财政财务监管。建立财政局党组与派驻纪检组会商联系协作机制,明确定期会商、重要情况通报、联合监督执纪事项等协调机制。开展财政监督检查,对全区71家预算单位开展预决算公开、“滥发津补贴和小金库”检查,对8家代理记账机构开展执业质量检查。加强收费基金收缴管理,在政府网站公开收费政策及目录清单。开展行政事业性收费和政府性基金违规征收问题专项检查,督促相关执收部门在收费场所主动公开收费基金项目、依据和标准等,杜绝乱收费行为发生。防范化解金融风险,组织开展非法集资风险专项排查活动,摸排企业1319家,核查整治20家涉嫌非法集资风险重点企业,化解风险隐患。加强公共资源交易监管,开展工程建设项目招投标领域专项整治。优化公共资源交易涉诉事项处理程序,依法处理投诉举报事项,建立风险反馈机制,全年受理处置各类投诉、举报、质疑等案件5件。推进财政信息公开,除涉密部门外,全面公开政府预决算、部门预决算、“三公经费”预决算,按规定主动公开绩效目标和绩效评价结果,将重大项目绩效目标和绩效评价结果与预决算同步报送区人大、同步公开。做好人大预算联网监督工作,贯彻落实人大预算联网监督工作要求,通过信息实时传输和联网查询功能,实现人大对财政预算执行、民生工程支出、国有资产、政府债务情况的实时监督。

【推进绩效管理】建立完善预算绩效管理体系,推进预算绩效管理工作开展。实施预算绩效管理,出台《瑶海区全面实施预算绩效管理办法》,监控预算内所有项目支出绩效运行,强化预算绩效管理。在编制本级部门预算时,同步推进绩效目标管理工作,实现所有预算单位绩效目标全覆盖。加强绩效运行监控,建立以部门监控为基础、紧盯重点项目的监控机制,监控部门整体支出和重点项目支出。全区纳入绩效运行监控的项目为704个,部门整体为70个。完善绩效评价结果的反馈和运用机制,将评价结果反馈给预算单位,预算单位根据结果反馈意见,加以整改,规范资金使用。落实财政绩效评价结果应用的项目39个,涉及资金18.57亿元。启动2021年度预算项目的事前绩效评估,重点针对新出台的产业扶持政策开展事前绩效评估,确保财政扶持政策落地见效。

【深化国资国企改革】加快形成以管资本为主的国有资产监管体制,提升国有企业发展质量和效益。建立行政事业性资产动态监管体系,依托行政事业单位资产管理信息系统,监管全区行政事业单位资产的新增、调拨、转让和报废报损,形成资产入口到出口全程动态监管体系。加强国有企业日常监管,建立定期报告制度,要求企业对大额财务收支进行报告。推行资产管理备案制度,备案资产评估、经营性资产出租。落实重大事项审核备案制度,规范企业经营管理行为,防范重大投资经营风险。加快建立现代企业制度,推动国企改革方案落地实施,制定出台《瑶海区国有企业目标责任制考核办法》《瑶海区国有企业负责人薪酬管理暂行办法》等制度,签订区属国有企业考核责任书,激发企业活力。壮大国有企业规模,推进国有企业“债转股”,将财政应收国有企业的借款转化为企业投入,降低企业资产负债率,降低企业财务费用。优化国有资本布局,推进国有资本向新兴技术领域倾斜,与同济集团组建旭东一家科技公司,将农民工创业孵化园与建设领域科技运用相结合;与云玺科技公司合资组建云海量子科技公司,推动量子安全技术在军民融合等领域的创新应用;与苏州泛普科技公司共同出资成立泛普安徽公司,促进瑶海纳米触控技术发展;与中国电子系统技术有限公司合资组建安徽中电数字城市科技有限公司,打造数字城市建设运营工程样板。推进国有企业退休人员社会化管理,梳理国企退休人员信息,和多家企业召开移交对接会,对接116家国有企业,签订实施协议523个,完成移交退休人员9218人。

【获得荣誉】瑶海区财政工作先后获财政信息宣传考核先进单位、合肥市十佳政策单位、合肥市公共资源交易考核亮点工作优秀单位、全市财政系统干部教育培训工作优秀、全市财政系统信息化工作优秀单位等市级荣誉;获瑶海区文明单位、大建设先进部门、目标管理责任制考核先进单位等区级荣誉。

(瑶海区财政局供稿　万洪波执笔)

蜀山区财政工作概述

【概况】2020年,蜀山区一般公共预算收入完成34.04亿元,同比增长3.16%,超额完成预算目标。全区一般公共预算支出完成47.73亿元,同比增长15.5%。

【涵养培植财源】优化营商环境,在政府网站建立“税收政策”专栏,宣传国家减税降费、税收优惠政策及政策解读。疫情发生以后,制作《应对新冠肺炎疫情支持实体经济发展政策汇编》展板,覆盖全区所有商务楼宇。汇总省、市、区相关政策220条,印制《应对新冠肺炎疫情支持实体经济发展政策汇编》2500本,服务区内企业。安排专项资金用于区属国有资产类和非国有资产类经营用房承租企业的房租减免和补贴。对承租国有资产经营用房的企业,减免3个月房租,为全区中小企业减免租金超2500万元。对企业承租非国有资产类经营用房,给予房租补贴1000万元。拓宽融资渠道,举办236家企业参加的“抗疫复产”“乡村振兴”等主题的多场银企对接会,促成企业和金融机构达成贷款意向23.12亿元。通过“政银担”“续贷过桥”“税融通”等为企业解决超10亿元融资需求,缓解辖区企业“融资难、融资贵”问题。

【保障重点支出】优化支出结构,投入1.67亿元用于农村环境整治、农村道路畅通工程和乡村振兴,投入1亿元用于扶持产业政策和优化营商环境,支持上市、融资、数字经济、企业创新、中小企业发展等领域。投入0.48亿元对口帮扶薄弱地区精准脱贫,出台《蜀山区结对寿县帮扶资金管理办法》,确保资金使用安全高效。出台《蜀山区民生实事项目实施机制》,解决群众“盼望能够立即得到解决”的民生实事问题。全区民生工程投入资金4.12亿元,其中区级配套资金1.62亿元。实施省级民生工程17项,工程类项目农村环境“三大革命”、学前教育促进工程和城市老旧小区整治工程提前完工。统筹兼顾生态环保,投入道路清扫保洁及垃圾清运1.09亿元,重点保障全区主次干道清扫保洁。投入城区绿化管养0.61亿元,投入市政设施管养1亿元。

【落实“六稳”“六保”】新冠肺炎疫情发生以来,财政部门简化资金拨付流程,做好资金保障,印发疫情防控资金绩效管理制度,实施事前、事中、事后全面监管。区级资金投入超亿元用于支持防疫、防汛支出以及支持灾后重建等,保障基层运转能力,夯实基层防疫、防汛堡垒,打赢防疫、防汛阻击战。成立蜀山区特殊转移支付和抗疫特别国债直达资金管理工作领导小组,单独调拨、全程监测直达资金预算指标,确保资金迅速直达、账目清晰、流向明确。全区收到特殊转移支付4933万元,抗疫特别国债7817万元,均全额分配。加大财政资金统筹力度,树立过紧日子思想,厉行勤俭节约,严禁新建楼堂馆所,严禁铺张浪费,压缩一般性支出和非急需非刚性支出,集中财力支持重点支出和民生支出。保障基层运转,加快财力下沉,推进基层治理创新。开展财政存量资金清理专项检查工作,收回存量资金7000万元;开展预算指标专项清理5次,收回预算指标1000万元,统筹用于保障民生和重点支出。

【强化预算绩效】编制2021年预算时,对于新增政策、新增政府投资项目或新增100万元以上项目编制事前绩效评估报告,提高预算编制科学性、合理性。编制事前绩效评估报告27个,涉及财政资金6.25亿元。评审事前绩效评估报告,提出修改建议67条。实施预算绩效管理,对各单位整体支出、项目支出绩效目标实现程度和预算执行进度实行“双监控”,重点关注防疫支出、特殊转移支付、国债资金等社会关注度高的财政资金。对2019年所有项目支出和整体支出开展部门评价。选取重点项目支出作为财政重点绩效评价对象,同步开展事前、事中、事后绩效评价。深化预算信息公开,及时公布政府预决算和部门预决算情况,公开教育、文化、卫生等民生专项资金情况、重点项目绩效情况,接受社会各界监督。邀请专家组成评审组,公开评审部门预算、政府采购预算及国有资本经营预算项目,纪检监察部门全程监督,打造阳光预算。

【服务实体经济】健全工作机制,组建蜀山区上市办,搭建服务平台,建立上市后备企业资源库和金融资源库。成立区金融产业联合党委,成员包括辖区银行、保险和证券公司等14家金融机构,深化党建引领政企合作。创新工作手段,在区上市办和金融产业联合党委架构下,结合“四送一服”工作,组建“融资小分队”,通过“一对一”走访企业精准对接、集中宣讲等方式,推广优质金融服务产品,满足企业融资需求。联合民生银行举办安徽自贸区合肥片区科技金融创新峰会,为区内企业投放授信额度10亿元,提供更加优质金融服务。

【防范监管风险】防范金融风险,制定专项检查方案,现场检查37家小额贷款、融资担保、商业保理、典当和融资租赁公司,督促整改存在问题,消除风险隐患。以“守护钱袋子、护好幸福家”为主题,开展防范非法集资暨地方金融领域扫黑除恶专项斗争宣传活动。着重对含有“投资”“金融”“理财”等名称的企业,在重点楼宇、商圈开展地毯式“扫楼行动”。发挥区互联网金融整治办和区处非办的牵头作用,多次召开专题会议,加快推进P2P网络借贷平台清退、非法集资陈案化解等工作。立足蜀山实际,加大债券项目储备工作力度,储备项目侧重于长三角一体化发展、水利、文化旅游等国家重点支持方向和领域。加强政府性债务管理,对全区债券资金项目开展绩效评价和现场检查,使用财政部全口径债务监测预警平台。防范廉政风险,健全动态监控预警监督机制,强化资金支付关口管控。开展全区银行账户清理和违规发放津贴补贴检查工作,编印发放《合肥市蜀山区财政财务制度选编》,提高全区财务人员依法执行财经纪律的能力。根据《合肥市蜀山区政府性资金存放商业银行管理改革实施方案》规定,完成对区内商业银行的考核工作。

【深化财政改革】深化国有资产管理改革,开展“规范提升区城投公司经营管理回头看专项行动”,形成深化区国资国企改革及区城投、西城投、旅投公司经营管理体制改革的方案初稿。开展全区行政事业单位资产清查,形成行政事业单位资产清查工作专项检查报告。以资产信息系统和二维码管理系统为依托,探索资产条码化管理。建立闲置固定资产库,提高闲置资产使用效益。建立国有资产数据库和信息共享平台,落实国有资产管理情况报告制度。开展专场调度会议、组织验收、资金审核和收回,加快落实全区“三供一业”分离移交扫尾工作。推进国有企业退休人员社会化管理,为四城区拟移交人数最多,实际接收人数最多,移交比例最高的城区。深化公共资源交易改革,围绕标前、标中、标后管理的关键环节,加强制度建设,制定和修订完善一系列公共资源交易相关配套制度办法。以信息技术手段为依托,推进全流程信息化,基本实现全流程电子化交易,开创政府采购“淘宝”模式。“政府采购网上商城运营服务规范”成为全国首部网上商城运营服务规范的地方标准。不定时重点检查重点项目、重点单位,以疏治堵。按照质疑和投诉相关办法处理项目质疑投诉事项,提升交易监管水平,净化公共资源交易生态。

(蜀山区财政局供稿　黄潇执笔)

庐阳区财政工作概述

【概况】2020年,庐阳区财政局加强财政收入预期管理,积极应对疫情、减税降费等影响,依法综合治税,动态维护纳税100万元以上重点税源信息库,开展安商稳商集中走访,着力稳存量、挖增量,推动财政收入可持续、有质量。全区一般公共预算收入完成31.2亿元,增长4.03%。落实过紧日子要求,出台《庐阳区厉行节约力保重点支出实施方案》,坚持“三保”支出在财政预算安排中的优先顺序,压减一般性和非刚性、非急需支出,统筹财力保障重点支出。全区一般公共预算支出完成35.41亿元,下降1.1%,其中“三公经费”支出534.99万元,下降14.96%。

【服务高质量发展】牵头出台《庐阳区关于应对新冠肺炎疫情支持中小企业持续发展的若干政策》和修订出台《2020年庐阳区培育新动能促进产业转型升级推动经济高质量发展若干政策》,依托区级产业政策申报云平台,加快加密兑现各级产业政策资金2.7亿元,减免国有用房租金5986万元,拨付财政贴息资金763万元。成立庐阳区争取专项资金工作领导小组,组建6个工作专班,争取环城河内老城区保护更新等4个项目入库,发行三十岗乡桃蹊乡村振兴示范先行区建设等四批专项债券资金12.1亿元。争取中央直达资金1.92亿元,支持区公共卫生服务体系等12个项目建设。

【支持保障民生】坚持公共财政属性,优化财政支出结构,全区财政民生支出31.2亿元,占一般公共预算支出的88%。投入5.58亿元实施17项省级民生工程,建立“进度、资金、宣传、管护”一体化的督查调度机制,健全民生工程综合考核指标,全省首推民生工程新媒体宣传矩阵“庐阳民生”。统筹1.49亿元保障防疫防汛等应急支出。投入10.69亿元推动教育公平和优质均衡发展。拨付社会保障和就业资金3.4亿元。投入2.68亿元支持公共卫生服务体系建设。统筹9.66亿元用于老城保护更新、环境整治等城乡事业发展。获合肥市委、市政府“2019年合肥市高质量发展贡献奖先进集体”称号。

【发展金融产业】招引徽银理财全国总部、北大方正人寿安徽总部、国家金融与发展实验室安徽基地等金融总部项目14个。金融广场获批长三角G60科创走廊金融科技产业合作示范园区。举办4次庐阳融创项目资本对接会,参会企业500余家,解决企业融资需求超3亿元。撬动新型政银担、税融通、过桥贷、DT贷和“两类机构”等为中小企业提供贷款32.16亿元。引导18家企业挂牌省股交中心“科创板”,增加直接融资信息平台备案企业7家。实现金融业增加值308亿元,占全市金融业增加值的32%,占全区GDP比重的28%。

【防范财政风险】修订《庐阳区政府性债务管理办法》,严格政府性债务预算管理、限额管理和风险管理。完成到期债券资金2.04亿元再融资,组织开展2019年增加债券项目中期绩效评价和2017年以来的已完工债券项目事后绩效评价。区政府性债务余额340960万元,其中一般债务84000万元,占24.64%,专项债务256960万元,占75.36%。组织开展3次辖区非法金融活动清理整顿,排查858家投资公司,其中注销21家、列入异常名录226家、移送非法金融活动线索4起。增加结案销案非法集资案件4起。联合公安、检察院、法院等五部门开展防范金融风险集中宣传月活动。

【实施预算绩效管理】出台《合肥市庐阳区本级财政支出事前绩效评估管理暂行办法》,将信息化项目、政府投资公益性项目等纳入事前绩效评估范畴。指导全区所有预算单位将2020年预算项目支出绩效目标随部门预算同步公开、2019年度绩效自评和部门评价结果随部门决算同步公开。对单位整体支出和重点项目支出实行绩效目标实现程度和支出进度“双监控”。开展部门整体支出和重点项目支出第三方绩效评价,部门整体支出评价结果96.8%为“优良”、项目支出结果85%为“优良”。对2021年部门预算1419个绩效目标项目进行绩效编审,评审等次95.1%,为“优良”,评估结果作为安排预算的依据。

【规范财政财务管理】依法公开区本级政府、部门预决算和“三公经费”预决算。试点预算管理一体化建设,搭建起符合网络安全要求的信息化综合管理体系。指导137家预算单位完成内控报告编报。新旧会计制度转换实现预算单位全覆盖。开展预算单位银行账户清理,完成2019年度津补贴发放情况自查自纠工作。出台区级政府集中采购目录及限额标准等3项制度,组建2020-2022年造价咨询服务定点库,项目交易实现全流程电子化、网招率100%。区级办结项目7888个,其中政府采购(含建设工程)项目490个,中标金额54807.27万元,节约率12.73%;产权项目255个,成交金额2540.93万元,增值率52%;徽采商城订单7143笔,成交金额5055.87万元。

(庐阳区财政局供稿　冯朝旭执笔)

包河区财政工作概述

【概述】2020年,包河区财政局认真贯彻区委、区政府决策部署,做好“六稳”“六保”工作,统筹推进稳增长、促改革、调结构、惠民生、防风险、保稳定各项工作,发挥好财政在资源配置、收入分配、经济稳定和发展等方面的职能作用,突出重点、精准发力,完成各项重点财政工作。包河区第五年在合肥市民生工程绩效考核中名列前茅,再获合肥市民生工程实施表现突出单位称号;第二年获批财政部“财政支持民营和小微企业金融服务综合改革”国家级试点,为全省唯一。全区财政收入96.15亿元,完成年初预算数的102.86%,同比增长3.84%。地方财政收入58.67亿元,完成年初预算数的101.71%,同比增长3.78%。财政收入总量和增幅、地方财政收入总量均为四城区首位。

【财政收支管理】贯彻落实减税降费政策,推进减税降费工作协同共治,强化重点税源精细化管理。运用综合治税平台,建立重点企业包联、数据动态更新、重点事项分析调度、异常涉税信息销号等系列机制,加大调研走访力度。中国银行、交通银行、兴业银行等10余户重点企业纳税关系变更至包河区。强化管理重点税源户,注重培植税收增长新动力,增强对优质税源企业的吸引力,为财政收入中长期平稳运行奠定基础。增加减税降费11.5亿元。应对疫情、汛情等影响,创新举措、应收尽收,税收占比为96.6%,超全市近10个百分点。强化预算约束,加强分析跟踪督查,动态掌握支出执行情况,重点加强预算单位重点项目的执行分析。压缩一般性支出,做好“六稳”工作,落实“六保”任务,服务保障疫情防控。投入1.46亿元用于防汛救灾及灾后重建,投入3.47亿元用于疫情防控及复工复产。

【预算绩效管理】加快建立全方位、全过程、全覆盖的预算绩效管理体系,全面实施预算绩效管理,强化全口径预算管理,完善部门预算编制标准体系,实施预算部门联审制度,扩大预算公开评审覆盖面。建立预算绩效执行与预算编制相衔接的机制,预算编制全面设置绩效目标。出台《包河区全面实施预算绩效管理实施办法》等文件,建立评估指标体系,实施第三方绩效评价。建立预算绩效指标库,合理编制绩效目标,对重大项目开展事前评估,所有项目实施事中双监控、事后全评价。开展2019年28个项目的第三方绩效评价和2020年48个项目的绩效目标审核。健全预决算公开机制,通过区政府信息公开网对外公开预决算情况。

【财政改革】推进财政支持金融服务改革,出台《包河区财政支持深化民营和小微企业金融服务综合改革十二条措施》普惠性专项政策,创设“民营小微助力贷”等创新型财政金融产品。发挥滨湖金融投资集团资源整合作用,用好国有金融资源杠杆。助推滨湖金融小镇发展,小镇招商落户省农业产业化发展基金和省第一支政府投资引导基金—省科技成果转化引导基金等机构56家,资本总规模185亿元。加大区属国企改革力度,发挥区国有资产工作领导小组统筹作用。出台《包河区国资委监管企业重大事项管理暂行办法》,建立法治化、市场化的监管方式。制定区属国企业绩考核指标体系,完成考核区属国企2019年度经营业绩以及拟定2020年目标责任书。完善国企法人治理结构,印发《关于进一步完善区属国有企业法人治理结构的实施意见(试行)》,推动企业治理体系和治理能力现代化建设。推广授权支付改革,启动往来户无纸化申请,推广授权支付改革成果应用。加强动态监控数据分析,修订动态监控规则,完善财政定点库基础信息,确保动态预警监控信息精准性。

【产业政策】升级产业政策体系,完成高质量发展产业政策2019年度兑现工作,兑现各级各类产业政策资金6.95亿元。针对政策兑现情况和疫情影响,提高政策覆盖范围,降低政策兑现门槛,两次调整完善高质量发展产业政策,支持新能源、智能制造、金融等重点产业快速发展、做大做强。开展产业政策绩效评价,全方位、多维度绩效评价“区产业政策130条”实施情况,对2019年度高质量发展产业政策兑现项目从项目产出、项目效益等六个方面开展评价,提高在决策、过程管理、产出和效果方面的工作质量,强化产业政策资金绩效全过程管理。发挥区属产业引导基金和泰基金放大倍增效应,设立省泰合智能出行股权投资基金,引进合肥润康、浙江天铁实业、深圳朗科智能电气三家上市企业安徽总部落户包河。投资完成滨湖大学园一期基金,投资安科幂机械、锐能科技等成长性项目。和泰基金与上汽母基金合作设立合肥和泰恒旭股权投资基金,为包河区招引长三角域内更多优质项目。区天使投资二期基金储备宽凳科技等一批成长性项目,设立首支区属招商基金—包河区产业引导基金,围绕重点产业布局发挥“强链补链”作用。

【服务发展】支持疫情防控防汛救灾,开通应急采购和资金拨付“绿色通道”,制定疫情防控便利化采购政策。投入3.47亿元,用于疫情防控及复工复产。启动重大自然灾害救灾资金快速拨付机制,特事特办,简化审批流程。投入1.46亿元,用于防汛救灾及灾后重建。完善社会保障体系建设,投入7.73亿元,加大社区养老、被征地农民保障等投入,完善托底式社会救助、社会福利体系,提高基本公共卫生服务保障水平,落实各项就业创业扶持政策。加大教育文体投入,投入23.7亿元,将教育作为支出重点领域,坚持优先保障,优化配置财政资源,加大学前教育扶持,推进基础教育优质均衡发展。支持区文化艺术中心、城市阅读空间、全民健身场所建设。支持打好污染防治攻坚战,投入3.93亿元,加强环境整治,推进水、大气、土壤、固废危废污染防治,重点支持雨污分流改造、黑臭水体治理等水环境提升项目。支持城市基础设施建设,投入16.46亿元,围绕“四大空间战略”,保障片区改造、住房保障、老旧小区整治、小街巷改造,优化空间布局。加强城市现代化治理,投入9.69亿元,聚焦城市治理体系和治理能力现代化,推进全区“大共治”,增强社会治安防控体系和重大安全隐患治理,支持化解矛盾纠纷积案。

【财政监管】提升预决算公开水平,接受社会监督,制定预算公开工作方案,完成2020年政府及部门预算公开工作,集中公开67家区直部门及街镇、大社区预算和“三公经费”预算。开展财政监督检查,组织财务专项检查、预决算公开检查、代理记账机构专项检查等工作。推进阳光村务“六个一”常态化建设工作。规范“三公经费”管理,监控全区“三公经费”支出情况,梳理“三公经费”清算情况。加强管理会议费、培训经费。加强政府购买服务管理,做好政府购买服务的资金管理、监督检查和绩效评价,加强对政府购买服务信息公开的检查。

【债务管理】落实地方政府债务预算管理相关规定和要求,接受区人大对地方政府债务“借、用、管、还”的全过程监督,健全常态化监测机制。按照财政部“开前门、堵后门”的管理思路,做好地方政府债券申报和风险把控。全年增加债券13.8亿元,主要用于包河区圩美·磨滩乡村振兴、“罍街”文创园、中国视界、金融小镇、生态田园提升、5G智能网联汽车等项目建设。

【民生保障】构建民生工作新格局,落实市“1+8”文件精神,投入1.7亿元加强社区党建和多元治理体系建设,支持“红色领航和美小区”建设。实施17项民生工程,建立完善民生工程绩效评价指标体系,推进部门绩效自评全覆盖。精准过程管控,依托民生大数据平台,提高社情民意精准度。

(包河区财政局供稿 左莉执笔)

合肥高新技术产业开发区财政工作概述

【概况】2020年,高新区财政局以习近平新时代中国特色社会主义思想为指导,坚持稳中求进工作总基调,贯彻落实工委、管委会各项决策部署,应对严峻复杂的经济形势,将积极的财政政策落实到位,树立过紧日子思想,守住“保”的底线,筑牢“稳”的基础,强收支,严管控,促金融,蓄后劲,统筹保障疫情防控和园区经济社会发展,加速助力世界一流高科技园区建设。

【加强收支统筹】全区一般公共预算收入39.9亿元,同比增长4.51%,增幅为全市开发区第一位,其中税收收入增长3.02%;非税收入增长34.87%。辖区财政总收入79.76亿元,同比增长1.54%,总量和增幅为三大开发区第一位。克服疫情及减税降费对财政收入的不利影响,通过加大重点产业支持力度帮助企业度过难关,激发市场潜能,调动产业发展活力,财政收入逐步收窄为基本与上年同期持平。优化财政支出结构,坚持精打细算、勤俭节约,兜牢“保工资、保运转、保基本民生”支出底线,支持重大项目建设。

【提升预算管理实效】严格财政支出管理,压缩部门支出,严控预算追加,制定部门预算支出压减方案。压减部门非重点非刚性支出50%,压减支出1.25亿元。制定区级直达资金管理办法和直达资金监控方案,做好直达资金审计对接工作。做优做细2021年预算编制工作,调整项目分类,归并整合项目,原则上不再保留10万元以下的项目;扩大绩效目标编制范围,除基本支出以外全面编制绩效目标;对增加及延续超50万的项目全面开展事前绩效评估。加快构建预算绩效管理体系,强化业务指导,编制绩效目标并对外公开,全年公开绩效目标项目312个,金额25.78亿元,占区级部门预算67.8%。选取2019年预算14个支出项目开展重点绩效评价,内容涉及教育、环卫及产业政策等多方面。首次选取2个部门开展部门整体支出绩效评价,注重评价结果运用。部署全年预算绩效管理工作,召开全区预算绩效工作动员会,细化工作措施,倒排时间,布置全年预算绩效工作计划。开展绩效运行监控。对年初编制绩效目标的322个项目开展预算执行进度和绩效目标实现程度的“双监控”。

【支持产业发展】疫情全面爆发期间,出台“抗疫十二条”,重在帮助中小企业纾难解困;疫情稳定后,出台“支持一流园区发展168条”,聚焦重点产业、重点企业,瞄准企业关注的难点、痛点,精准支持。全年政策资金投入18.42亿元,惠及企业近7000家,较大发挥财政资金的杠杆和撬动效应,激发产业发展的活力和动力。

【落实减税降费】落实各类减税降费政策,通过加大宣传辅导、简化办理程序、落实责任制等方式,全年减税16.1亿元,惠及企业13000户次。联合工商、税务、社区中心,设立专项工作组,坚持“定期调度机制+周简报”工作制度,督促企业工商、税务关系迁入,排查企业965户,转入工商关系201户,转入税务关系160户。完善工作方案,制订时间表,实行“销号”制度,提高税源排查成效,增加财政收入。

【加强政府债务管理】强化债务管控措施,防范化解财政金融风险。规范政府举债融资,重点控制债务规模,债务风险整体可控。做好到期债务还本工作,全年化解债务9.36亿元。化解隐性政府债务,全年按照既定化债计划完成还本付息,化解0.26亿元。

【争取债券资金】做好专项债券申报工作,深挖项目,争取专项债。谋划5个项目,总投资120.94亿元,拟申请债券73.12亿元。争取再融资债券资金,缓解区财政当年债务还本压力,释放区本级财力用于保障重点项目建设。

【争取上级资金】统筹安排全区建设资金,做好开源节流。实行总量控制,分步实施建设项目。区分项目轻重缓急,分期组织实施,把有限资金用在刀刃上,防范资金风险。争取上级资金,缓解区级投资压力。联合建发局力争项目纳入市支持县区项目库、环巢湖项目库、市级公益性项目库等,联合社会事业局争取教育转移支付资金,获取市级资金支持。落实资金调度,保障建设类项目工程进度。召开3次资金调度会,付款22.3亿元。开展高新区建设管理系统升级及移动审批功能开发工作,完成系统升级,上线移动审批功能。

【打造基金集聚地】围绕建设“财富高新”战略目标,打造“基金集聚高地、金融创新高地”。跟踪重点金融基金或税源类项目30个。其中增加签约项目28个,投资总额62.15亿元。吸引200余支基金落户,基金管理规模突破2400亿元。设立基金大厦,打造全区产业金融标新载体,引入各类股权投资基金90支,基金管理公司62家,认缴资金总规模1440亿元。安徽皖仪科技有限公司、科大国盾量子在科创板成功上市,合肥科威尔电源等5家企业成功过会。强化基金管理信息平台建设,实现智慧化管理,提升管理效能。强化财政金融产品供给,发挥财政资金引导激励作用,推进青创资金、创新贷、科技信用贷、瞪羚贷等财政金融产品创新,防疫期间开发抗疫贷、云义贷等20余项专项金融产品。编制完成《合肥高新区关于推进科技金融示范区建设助力科创企业高质量发展的政策意见》,提出设立高新区“科创贷”,开展投贷联动,支持金融产品提质创新,加大创投支持力度,鼓励金融服务系统创新,构建科技金融生态圈等19项创新政策。搭建金融机构和园区企业融资对接桥梁,开展产融对接行动,针对“领航”企业家,为民营企业融资和金融机构拓展金融服务开辟便捷通道,帮助民营企业缓解融资困难。

【推进民生工程】高新区第十年以开发区综合绩效考评第一的成绩获“全市民生工程实施表现突出单位”称号。实施省定33项中的13项民生工程,涉及38项具体指标,全年投入2.28亿元。“十三五”期间,高新区以民生需求为导向,为民生事业发展累计投入超40亿元,其中深入实施省、市、区“31+9+1”项民生工程,围绕扶贫工作、“三农”工作、就业创业、社会保障、教育文化以及城乡基础设施和公共服务等方面投入13亿元。增设安康码扫码身份证功能,解决老年群体手机使用不便难题;开发智能语音机器人,AI技术用于新员工培训的电话回访和满意度调查领域;探索联合培训和线上培训,让小微企业的新员工培训更加灵活、高效。紧盯年度目标任务,按照“保基本、兜底线、促公平、可持续”准则,保障基本民生,推动解决重点民生问题。提高就业质量和人民收入水平,优先发展教育事业,丰富文化生活,完善基础医疗卫生体系,兜底保障困难群众基本生活,推进医养结合,基本实现居家养老服务全覆盖。

【打造区级公共资源交易平台】克服疫情影响,全面恢复交易项目。全年公共资源交易完成项目数770个,成交金额79.22亿元,较上年增长43%。以“打造一流的区级交易平台”为目标,持续加强和巩固公共资源交易工作,获评2019年度全市“公共资源交易机构考核优秀单位”。启用新建公共资源交易大厅,全区公共资源交易实现“一厅通办、一站服务”。项目实现无纸化全流程“网招”,为疫情防控常态化形势下招投标工作开展提供技术支撑。区财政局履行交易监管职能,对7家企业投标弄虚作假、无正当理由弃标、拒不签订合同等不良行为开出失信“罚单”,予以5-15分记分处理,并在招投标领域实现全市信用信息共享互认。

【推进财务管理改革】推进财务体制下放工作,完成社区服务中心财务体制改革,独立开展财务管理工作。统筹全局信息化资源,优化与完善财政信息安全保障机制,确保10个在用业务信息系统稳定高效运转,获评全市财政信息化建设先进单位。规范部门决算与部门财报试编工作,财政资金拨付迅速准确。高效分析部门财务状况,控制部门财务风险,协助部门财务监督。

(合肥高新区财政局供稿　陈帅执笔)

合肥经济技术开发区财政工作概述

【概况】2020年，经开区财政局一般公共预算收入完成34.74亿元，同比下降12%。综合财政支出126.9亿元，其中基建支出54.2亿元，同比增长9.1%；债务还本付息8.6亿元，同比增长77%；土地报批2.7亿元，同比下降80%；征地拆迁9.9亿元，同比增长28.6%；支持企业发展29.1亿元，同比增长32%；城市管养2.3亿元，同比增长15.3%；教育支出7.6亿元（不含基建），同比增长22.8%；社会保障4亿元，同比下降3.8%；医疗卫生1.3亿元，同比增长89.9%；保运转7.2亿元，与上年基本持平。

【实施预算绩效管理】出台《预算绩效管理考核办法》，落实预算单位主体责任；制定《财政支出事前绩效评估暂行管理办法》《预算绩效目标管理办法》，提升绩效管理规范性。聚集重点领域，在预算单位全覆盖自评基础上，选取2019年度以及跨年度36个项目、政策和部门整体支出开展财政重点绩效评价，涉及资金13.8亿元；开展政府购买服务专项绩效评价。将绩效理念深度融入2021年预算编制中，2021年预算中，区级31个预算单位部门整体支出和469个项目支出（涉及资金22.37亿元）全面编制绩效目标。

【推动国有企业改革】出台《海恒集团重大事项报告管理暂行规定》，以管资本为主推进国有资产监管机构职能转变。完成企业2019年度绩效考核，解决部分历史遗留问题。完成区属企业3批次资产注入、划拨工作。规范行政事业单位资产监管，维护资产安全完整。完善资产管理台账，理顺公共基础设施等公益性资产入账流程，精细化管理行政事业单位资产。

【支持经济高质量发展】印发产业扶持系列政策，支持实体经济发展，助推企业提效增质；出台《合肥经济技术开发区应对新冠肺炎疫情影响促进经济持续健康发展的十三条措施》；兑现企业奖补资金29.1亿元。区内经营区外纳税督办成效显著，变更到位的1011户纳税5.97亿元。金融服务实体经济成效明显，续贷过桥扶持企业185户，周转资金59543万元；政银担完成96554万元；税融通完成5.61亿元；举办云上融资对接会，助力125家区内企业成功获贷款27.74亿元；引导担保机构向37户企业提供免收保费、信用担保、免费续贷过桥等服务。增加基金3支，总规模超60亿元。通过设立、参股及引进等形式，落地基金38支，基金总规模为1249亿元，涵盖集成电路、新能源汽车、人工智能、生物医药等主导产业，形成全生命周期投资体系；国有引导基金直投和参股基金返投27个项目。

【深化体制改革】开展初步设计评审，拟定开发区政府投资项目初步设计评审工作方案和开发区建设项目竣工财务决算暂行管理办法，修订出台开发区政府投资项目管理办法，提高投资效益。规范政府债务管理，出台区级政府性债务管理办法、区政府性债务风险事件防范应急预案，成立区政府债务管理领导小组。招标确定专项债咨询服务定点库，建立区政府专项债项目储备库。强化政府采购监管，起草定点库管理办法。强化金融生态环境监管，开展非法集资宣传月活动，完成非法集资陈案资金清退工作。

（合肥经开区财政局供稿　林敏执笔）

合肥新站高新技术产业开发区财政工作概述

【概况】2020年，新站高新区落实减税降费政策，与税务部门加强协作，依法加强税收、非税收入征管，加强收入预期管理，强化分析监控，争取免抵调收入，争取上级转移资金。全年一般公共预算收入完成17.97亿元，减税降费28.8亿元，争取一般公共预算上级转移支付资金31.92亿元，占可用财力56.99%，同比增加13.09亿元，增幅69.51%。

【落实积极财政政策】厉行节约，压减一般性支出。树立过紧日子思想，将部门定额公用经费压减10%。严控会议、培训、差旅费支出，收回经费219.63万元，压减比例23.64%。贯彻落实中央及省市“三公经费”管理规定，收回“三公经费”196.21万元，压减比例57.83%。保障重点领域支出，基本民生支出预算安排7.9亿元，较上年增长32%；扶持产业发展支出27.23亿元，同比增长5.5%，重点支持平板显示、集成电路等支柱产业发展；区级疫情防控经费支出1084万元，保障防疫工作；教育卫生和社会保障经费支出9.99亿元，同比增长67%；生态环保建设支出0.3亿元，同比增长3.7%；争取债券资金6.43亿元，缓解项目建设资金压力。全年收到中央直达资金2.4亿元，重点用于保障教育、社保、卫生健康等基本民生方面的资金1.64亿元，占比68.3%；用于生态环境治理建设资金0.36亿元，占比15%；用于基础设施建设资金0.4亿元，占比16.7%。快速分配资金并督促各单位加快直达资金使用，确保资金安全精准高效落地，直接惠企利民。全年完成直达资金支出2.35亿元，执行率98.05%。

【推进财政改革】强化绩效管理，发挥考核导向性和指挥棒作用。全面设置部门和单位整体绩效、政策及项目绩效目标，与预算编制实现“三同步”，即同步申报、同步审核、同步批复。实际编制绩效目标的项目387个，编制绩效目标的项目金额30.28

亿元。加强绩效评价和结果运用,印发《2020年新站高新区预算绩效评价工作方案》,以15个预算单位评价为基础,11个重点项目评价为支撑,5个重点领域评价为主体,1个政府综合评价为核心,构建点面结合、突出重点的全覆盖预算绩效管理体系,涉及评价项目总金额24.54亿元。评价结果反馈相关部门,要求限期整改,举一反三,完善制度规范,建立长效机制,为2021年度预算编审提供重要依据,并纳入管委会对各部门年度目标考核。深化国库集中支付改革,全年国库集中支付资金91.89亿元,支付笔数48527笔,金额与上年85.52亿元相比增长6.37亿元,增长7.5%;笔数与上年42560笔相比增长5967笔,增长14%。落实《财政性资金审批流程》,减少资金审批流程,提高支付效率。通过逐步完善动态监控系统,修订健全监控规则,拓展监控范围、改进监控流程,夯实动态监控管理机制。

【发挥财政职能】发挥财政资金撬动金融资金作用,推进金融服务。全年完成税融通3.96亿元、政银担4亿元、过桥续贷资金4.34亿元,支持企业130户,周转率14.48次。境内外首发上市1家、报安徽省证监局上市待审3家,省股权市场科创板挂牌企业12家。增加直接融资信息服务平台备案股份公司数114家。开展公共资源交易,优化营商环境,利用"互联网+"技术,在开发区实现"全流程电子网招"。全区公共资源交易项目631项,预算金额为125亿元。面对新冠肺炎疫情,第一时间转发市上级部门关于疫情期间政府采购便利化相关文件,优化工作程序,建立绿色通道,采购防疫物资,保障疫情防控工作。采取有效措施,规范国有资产管理。出台《区征迁安置小区配套房产管理暂行办法》,修订《行政事业单位固定资产管理办法》,完善制度建设。牵头各部门完成机构改革资产划拨;配合完成车改取消车辆处置工作;配合职能部门做好疫情期间特殊资产购置入账,强化国有资产管理。推进国有企业退休人员社会化管理工作,出台工作方案,召开移交协调会议,组织集中签订协议,完成年度工作任务。

【增进民生福祉】推动实施"14+1"项民生工程,全年各级财政拨付1.56亿元。足额发放补助类项目,高龄津贴发放3842人,发放208.6万元;低收入养老服务补贴发放269人,发放151.2万元。帮扶救助困难人员,向低保、困难残疾人、困难职工等发放或支付各类救助资金1451.74万元。保障义务教育经费,拨付到校公用经费2778.98万元,惠及学生33622人。完成培训类项目,促进人的全面发展。开展企业新录用人员岗前技能培训4472人次,完成年度任务的111.8%;开展退役军人技能培训33人,完成年度任务的110%。运行参保类项目,夯实托底保障能力。做好城乡医疗救助,资助困难群众参保全覆盖,参保2692人,资助67.3万元。推广城乡居民基本医疗保险,参保10.48万人,支出359.26万元。推广城乡居民基本养老保险,续保缴费人数3.31万,发放养老金3391.21万元。提前完工工程类项目,巩固完善基础设施。改造棚户区,新开工1000套,开工率100%;基本建成2616套,完成率198.78%。推进学前教育促进工程,完工公办幼儿园5所,完工率100%。保障义务教育经费,完成校舍维修改造2.71万平方米,完工率111.07%。

(合肥新站高新区财政局供稿 疏悬执笔)

巢湖经济开发区财政工作概述

【概况】2020年,巢湖经开区一般公共预算收入完成8.42亿元,增幅居全市第3位、四大开发区第1位。地方财政收入4.97亿元,同比增长2.52%,增幅为四大开发区第2位;政府性基金预算收入119968万元,其中:土地结算收入37326万元,棚改专项债收入80000万元,本级政府性基金预算收入2642万元;国有资本经营预算收入178万元,较上年增长6%。全区一般公共预算支出63905万元,较上年下降28.55%;政府性基金支出117987万元,较上年增长13.93%;国有资本经营预算支出125万元。

【管理收支预算】以组织收入为中心,创新税收征管机制,科学分解收入任务,调控经济运行,实施财政监督。强化协税护税工作,结合人员岗位变动情况,制定《关于调整协税护税领导小组成员的通知》,加强税收源头管控。加强统筹协调,加大财税工作调度会的频次和规模,分析财税形势,协调解决存在的突出问题,落实各部门征管责任。利用大数据综合治税平台,梳理全区重点减收企业,会同税务、投促、经贸等部门通过走访、电话问询等方式了解情况,重点分析减收原因,帮助企业走出困境。加快土地出让上市与结算工作。强化预算抓优化,执行年度预算安排的基本支出,加快执行项目支出。坚持先有预算后有支出,按照预算拨付资金。坚持"保工资、保运转、保基本民生、压一般"的支出安排原则,保障"三保"支出,确保全区各项民生工程支出和重点建设项目需要。

【助力园区发展】强化财政资金对园区规模以上企业的扶持,兑现园区企业产业政策奖补。注重培育新兴产业,推进重大项目建设。争取上级财政资金支持,全年协调争取上级资金128556万元,其中非标专项债券资金3亿元、棚改专项债券5亿元,主要用于产业新城基础建设和棚户区改造项目;市级调度资金4亿元,缓解财政支出压力;直达资金 7102 万元,用于减免中小微企业房租和区内基础设施建设;土地出让计提专项资金的返还补助 1454 万元,用于区内基础设施建设。

【深化财政改革】深入推进预决算、"三公经费"预决算信息全面公开,打造阳光财政。组织第三方中介机构对 2019 年度 6 个部门整体支出,8 个预算重点项目支出开展绩效评价工作,涉及项目预算资金 4447 万元,优化财政资源配置,强化财政资金支出责任。深化国有资产管理工作,规范区属企业人员薪酬管理,建立区属国有企业负责人和员工薪酬管理制度,完善长效激励机制。推进区属企业公车制度改革,完善行政事业单位资产管理系统相关信息工作。推进政府采购工作,开展政府采购领域"放管服"改革,简化采购流程,规范采购程序。推进财政信息化建设,财政信息化平台运行稳定,利用预算编制管理、项目信息管理、预算指标管理、综合查询分析等模块,实现预算支出情况动态监控,提高财政资金使用效益。

【加强民生保障】落实配套,足额安排和落实民生工程区级配套资金。强化监管,按资金管理办法、时间节点规范支付,确保当年项目实施进度与资金拨付进度相匹配。发挥民生工程牵头抓总职能,在加强日常监督检查基础上,组织召开调度会,开展综合性督查。实施 5 项省级民生工程,分别是技能培训提升,合格人数 794 人,拨付培训补助资金 79.4 万元,完成年度目标任务 113.4%;困难职工帮扶,生活救助 23 户,助学救助 12 人、医疗救助 3 人,拨付补助资金 30.92 万元;文化惠民工程,送戏进万村 5 场,开展农村体育活动 5 场,拨付文化信息共享工程 5 个行政村各 2000 元,完成率 100%;智慧健康建设,完成"安康码"区政务大厅、健康校园、区内企业考勤等多场景应用;棚户区改造,开工 6143 套,完成目标任务 103.42%。

【服务经济发展】发挥财政金融合力,推出"税融通""科技创新贷"等财政金融产品,"税融通"批准额度为 1.31 亿,较上年增长 5470 万,同比增长 72%;"科创贷"批准额度 2900 万,较上年增长 800 万,同比增长 38%。修订《安徽巢湖经济开发区小微企业续贷过桥资金实施办法》,遵循"政府引导、市场运作、服务小微、注重绩效"原则,小微企业续贷过桥资金规模 900 万元,其中省财政 300 万元,区财政按照 1:2 比例配套 600 万元。为区内 85 家企业过桥续贷 48618 万元,帮助小微企业解决部分资金周转难题。推进地方多层次资本市场体系建设。20 家企业在安徽省股权交易中心挂牌,2 家企业正在申报新三板,1 家企业为登陆主板市场作准备,形成多层次资本市场梯队。帮助园区 74 户企业及个人融资 19420 万元。开展打击非法集资、互联网金融整治、小额贷款公司监管及金融场所整治工作。

(巢湖经开区财政局供稿 高娅娅执笔)

淮北市财政工作综述

淮北市财政工作概述

【概况】2020年,淮北市一般公共预算收入完成80.1亿元,同比增长6.1%,加上级转移支付收入82亿元、一般债务转贷收入8.9亿元、调入资金等48.1亿元,收入总计219亿元。全市一般公共预算支出183亿元,同比下降3.7%,加一般债务还本支出10.5亿元、体制上解及补充预算稳定调节基金等支出25.5亿元,支出合计219亿元。全市预算实现收支平衡。

【保障新冠疫情防控】疫情期间,开通政府采购和国库集中支付绿色通道,拨付疫情防控资金7727万元,保障全市医疗救治和疫情防控所需。制定《淮北市新型冠状病毒肺炎疫情防控财政专项资金管理暂行办法》等相关文件,跟进出台并推动落实13个涉及兜底救治、援企稳岗、金融贴息等财政政策文件。全市财政系统干部参与疫情防控保障工作,安排调度拨付资金,出台相关政策制度。

【助推经济发展】按照统筹推进疫情防控和经济社会发展要求,落实落细减税降费政策,全年新增减税6.71亿元、降费20.14亿元,为1524户中小微企业及个体经营户免征3个月房租2038万元。统筹"资源、资产、资金"管理,加大一般公共预算、政府性基金和政府债券资金统筹力度,筹措资金32.9亿元,支持中小微企业和重大项目建设。推进创新驱动发展,统筹安排"三重一创"专项资金和产业扶持资金4.4亿元,支持"四基一高一大"战略性新兴产业等高质量发展。加快PPP项目建设,十大项目完成投资70余亿元。研究制定高新区等开发区财税扶持政策,助推园区改革创新,支持园区设施建设,提升承载能力。

【支持打赢三大攻坚战】聚焦"两不愁三保障",拨付中央扶贫专项资金1903万元、省级扶贫专项资金969.9万元、市本级19160万元,支持全市脱贫攻坚工作。健全完善财政涉农资金统筹整合长效机制,强化扶贫资金监管和绩效管理,推进中央脱贫攻坚专项巡视和国家脱贫攻坚成效考核反馈意见整改,抓好财政责任、政策、工作落实。强化债务风险防控,实行债务限额管理、绩效评估和风险管控,建立应急处置预案,清理规范政府举债融资行为,化解存量政府债务,确保债务风险总体可控,债务管理工作在全省综合考评中获评优秀等次。拨付资金1.07亿元,重点支持大气污染防治、地表水水质监管、土壤污染风险管控等,推动实现污染防治攻坚战阶段性目标任务。

【办好惠民利民实事】优先保障基本民生领域资金需求,全市财政民生支出完成147亿元,占一般公共预算支出的80.3%;投入33项民生工程46.5亿元,加大大病医保和医疗救助力度,支持教育优先发展,民生工程工作为全省前列。疫情期间,制定《淮北市新型冠状病毒肺炎疫情防控财政专项资金管理暂行办法》等相关文件,开辟资金支付绿色通道,全市各级财政安排疫情防控资金1.7亿元,确保疫情防控工作顺利开展。加大乡村振兴投入,拨付"地力保护补贴"资金近2亿元;拨付保费补贴资金0.6亿元,为18万户农户提供最高14亿元的风险保障;拨付美丽乡村建设专项资金0.8亿元,推进美丽乡村建设。

【推进财政改革创新】加快推进财政事权和支出责任划分改革,出台财政事权和支出责任划分改革总体方案,推进医疗卫生、科技、教育、交通运输等领域改革,逐步规范市县区利益分配关系和支出责任。强化收入预期管理,加强经济运行分析和收入调度,实现财政收入均衡入库。强化预算执行动态监控,健全预算执行通报机制,压实预算执行主体责任,提高预算执行效率。建立完善"定期报告+重点关注"的执行监控机制,加强县区"三保"预算审核和库款调度,统筹落实全市"三保"支出保障,兜牢基层"三保"底线。制定出台《淮北市市级预算绩效管理实施方案》等制度办法,组织开展绩效评价,对17个涉及资金13.8亿元的重大项目进行重点绩效评价。加强直达资金监管,制定印发直达资金管理办法,分配下达资金,强化资金跟踪督查,全年拨付直达资金22.7亿元。

完善预算信息公开制度,扩大项目公开评审范围。推动国有企业完善现代企业制度,改进国资监管方式和手段,确保国有资产保值增值。落实法定事项报告机制,按要求向市人大常委会报告预算收支运行、财政决算、债务管理、国有资产管理等情况。会同相关预算部门推动审计问题整改到位,配合市人大实时动态监控预算执行。

【深化国资国企改革】推动国有企业完善现代企业制度,建立以《关于深化国资国企改革的实施意见》为统领的制度体系,改进国资监管方式和手段,支持国企做大做强。市级国有企业资产总额1231.4亿元,负债总额737.5亿元,所有者权益493.9亿元,实现营业收入127.7亿元,利润总额18.1亿元。出台《淮北市行政事业单位国有资产管理暂行办法》等制度办法,建立市直行政事业单位资产管理系统与财政预算编制系统、财政平台一体化支付系统的对接,加强市党政机关、行政事业单位国有资产管理,发挥国有资产使用效益。全市行政事业单位资产总额159.8亿元,同比增长12.4%;负债总额31.2亿元,同比下降10.8%;净资产128.6亿元,同比增长19.9%。

【推进党风廉政建设】深化"不忘初心、牢记使命"主题教育,常态化开展市财政局党组理论学习中心组学习。深化"三查三问",修订市财政局党组工作规则、制定市财政局党组会议事清单,做好市委巡视整改工作。开展党员"三报到"工作,组织机关党员干部捐款应对新冠肺炎疫情。加强干部教育培训和管理监督,组织市县区财政局长和乡镇财政干部参加省财政厅财政政策培训班71人次。加强机关党风廉政建设,履行"一岗双责"职责,签订党风廉政建设责任书。加大执纪问责力度,开展"红脸出汗"谈话100人次。深化"三个以案"警示教育,制定落实力戒形式主义官僚主义具体举措和正负面清单,严格内控制度执行,接受驻财政局纪检监察组监督,建立市财政局党组与驻财政局纪检监察组工作协调机制,常态化开展政治巡察,推动依法廉洁理财。

(淮北市财政局供稿　郭建平执笔)

濉溪县财政工作概述

【概况】2020年,濉溪县完成财政收入42.2亿元,增长1%;其中一般公共预算收入20.68亿元,与2019年基本持平。全县一般公共预算支出完成67.3亿元,同比下降5.5%。

【加强财政收支管理】面对复杂多变的外部环境和突如其来的新冠肺炎疫情,全县财政系统做好"六稳"工作,落实"六保"任务,强化组织收入,支持企业复工复产,完成财政收支目标任务。

【推进财政管理改革】贯彻落实财政部工作要求,推进预算管理一体化系统建设。成立工作领导小组,组建综合、业务、技术、保障小组,分别负责预算编制、预算执行、会计核算与财报系统等工作。按照省财政厅要求,梳理全县系统建设业务需求,对照业务规范梳理一体化系统相关人员基础信息和单位信息,做好新旧系统转换工作。推进国库集中支付改革,加快实现财政、人民银行、预算单位、代理银行四方电子化管理。

【支持经济转型升级】统筹5500万元,安排用于支持"三重一创"、战略性产业等,服务经济高质量发展,推动经济转型升级。推进创新发展和产业升级,促进实体经济平稳健康发展,提升金融机构服务水平,支持企业复工复产。开展"税融通"业务,全年发放税融通贷款5.13亿元。及时足额兑现各项奖励政策,让上市挂牌企业得到实惠,增强政策引导效应。力幕新材料、奥邦科技等12家企业在省股权交易中心挂牌,直接融资4.8亿元。

【保障重点项目建设】与发改委等部门对接,申报各类重点项目资金2.7亿元。按照中央关于促进皖北承接产业转移集聚区建设的决策部署,抓好扩内需、促投资工作,围绕社会民生、基础设施、市政建设等领域,谋划一批项目储备到国家重大建设项目库,发挥上级项目资金对地方投资的拉动作用。做好项目前期工作,对于纳入国家重大建设项目库的储备项目主动服务、靠前服务。加快中央预算内资金拨付进度,保证项目按期开工建设,防止转移、侵占或者挪用中央预算内投资,保证资金合理使用和项目顺利建设实施。

【强化财政监管与治理】按照管理监督一体化、财政财务一体化的工作思路,完善内部制度,严肃财经纪律,优化会计监督,加强内部控制和内部监督,在全县范围开展扶贫资金专项监督检查、会计信息质量检查以及惠农补贴资金检查,强化财政资金风险防控、绩效提升,保障财政政策落实和财政资金安全规范管理使用。建立绩效运行跟踪监控机制,动态监控绩效目标完成情况。制定《濉溪县县级项目支出绩效评价结果应用管理暂行办法》,将绩效评价与预算资金相衔接,把财政评价结果纳入政府绩效考核体系。

(濉溪县财政局供稿　徐东旭执笔)

相山区财政工作概述

【概况】2020年,面对复杂严峻的财经形势和新冠肺炎疫情冲击,相山区财政局树立高质量发展理念,促进经济转型,保障民生改善,深化财政改革,财政工作有序推进,预算执行总体良好。全区财政总收入(不含省级)完成19.03亿元,同比增长11.1%(增速在全省16个主城区中为第一位)。其中,税收收入完成17.72亿元,同比增长11.8%。一般公共预算支出完成17.72亿元,同比增长30%(增速在全省16个主城区中位居第二位)。剔除上级追加专款4.06亿元,上年结转支出2717万元,区本级公共财政支出完成13.57亿元,为调整预算的99.8%。

【拓宽收入渠道】健全财税协作机制,全年召开财税联席会3次,研究解决协税护税工作具体问题。健全重点群体、退役士兵等涉税信息共享协作机制,推动行政事业单位个税汇总缴纳工作。压实镇街协税护税责任,逐一跟踪服务外迁税源,促进异地纳税企业回归。组织镇街协税护税培训会5次,强化基层协税手段,摸清零散税源情况。强化国有房屋资产管理,清理闲置的市内商业门面及“三供一业”接收资产,交由凤凰山实业公司进行市场化运营,全年上缴财政资产运营收益638.7万元。加快棚改土地征收出让,出让棚改地块3个,除足额偿还棚改贷款本息外,实收市级返还土地出让金2.8亿元。争取专项债券资金,全年成功申报专项债券项目9个,实际到位资金4.61亿元,督促各项目单位加快专项债支出进度,发挥资金效益。

【统筹财政资金】控制“三公经费”及其他一般性支出,降低行政运行成本。全区“三公经费”支出720万元,同比下降30%,招待费、公车购置费、公车运行维护费均大幅度下降。落实更大规模减税降费,个人所得税专项附加扣除、小微企业普惠性减税等多措并举,全年为辖区企业减免各项税费11439万元,其中当年出台的疫情防控和支持经济发展税收优惠政策新增减税降费5713万元。保障打赢疫情防控阻击战,拨付疫情防控专项资金2194万元,打通抗疫资金拨付绿色通道,拓宽物资采购渠道,合理有序分配物资,为全区控制疫情提供物资保障。助力产业复工复产,区财政局(国资委)获评“全省就业工作先进集体”。坚决打赢脱贫攻坚战,安排区级财政专项扶贫资金2070万元,用于教育资助、公益性岗位开发、危房改造、产业扶贫基地建设等项目,支出率为100%。印发《相山区扶贫项目管理暂行办法》《相山区扶贫资产管理办法》,健全长效管理机制,发挥扶贫资金资产效益。支持打赢污染防治攻坚战,投入670万元实施农村户改厕2860户,690万元用于农村环境整治工作,89万元用于餐饮油烟防治精细化管控服务平台建设。

【支持经济高质量发展】加大产业扶持力度,出台《相山区支持先进制造业发展若干政策》《相山区招商引资项目优惠政策暂行办法》《相山区支持工业企业战胜疫情加快发展若干政策》等相关政策,支持重点产业发展和企业复工复产。投入10547万元用于兑现开发区招商引资政策,10024万元用于调剂工业用地指标,2095万元用于支持新型工业化发展,406万元用于现代服务业发展,1080万元用于稳定就业,7752万元用于退役军人专岗及社保接续,减免疫情期间小微企业租金250.4万元。发挥直达资金效益,按上级部门要求编报复工复产、惠企利民直达资金项目,为全区争取特别转移支付、抗疫特别国债等直达资金24670万元,支出进度为98.3%。投入2688万元用于文明创建专项经费,5321万元用于环卫市场化费用,6842万元用于22个老旧小区改造项目,实施小区道路及楼道亮化改造提升工程、城市次干道及小区内雨污分流工程。

【防范政府债务风险】完善新增债券资金绩效评价机制,督促各项目单位提高重视度,加快推进项目实施,严守时间节点,形成实物工作量,加大新增债券资金和直达资金支出力度。完善隐性债务常态化监控机制,完善政府债务“借用还”全过程管理机制,落实隐性债务偿还计划,确保按时足额偿还债务,化解隐性债务存量,防范债务风险。加大考核问责力度,将债券资金使用情况纳入区政府目标考核范围,加强对政府专项债券资金使用情况的督查。压实主体责任,在用好通报、约谈等手段的同时,加大对债券资金使用情况的考核问责力度。对长期处于末位的项目单位,及时通报、约谈,在年度目标考核债务管理指标中相应扣分。全区政府债务余额133511万元,其中一般债务82411万元,专项债务51100万元,政府债务余额在市债务办核定的138765万元债务限额范围内。全年偿还债券利息3626万元,实现应偿尽偿。

【深化财政改革】全面实施预算绩效管理,出台《相山区绩效管理方案》,将预算绩效管理纳入目标考核,实现绩效评价管理全覆盖。强化绩效评价结果应用,评价结果作为2021年预算编制依据。推行非税票据电子化改革,上线非税票据电子系统,在全区各预算单位推广电子非税票据,利用现代信息化管理手段,改进财政票据监管方式,提高财政票据管理水平和工作效率,全年开具电子票据3227份,金额共390万元。推动区属国企市场化改革,落实国有企业改革三年行动方案,推动国有企业提高效益和效率,提高竞争力和抗风险能力,完善企业治理结构,确保国有资产保值增值。按照市国资委统一部署,推进国有企业退休人员社会化管理工作,组织街道社区审核退休人员信息,接收央属、省属、市属及外省企业共58家、16950名退休职工,完成国企退休人员社会化移交接收工作。

(相山区财政局供稿　焦明执笔)

杜集区财政工作概述

【概况】2020年,杜集区财政局以习近平新时代中国特色社会主义思想为引领，贯彻党的十九大及十九届二中、三中、四中、五中全会精神，落实中央决策部署和省市工作要求，统筹推进疫情防控和经济社会发展，做好“六稳”工作，落实“六保”任务，积极应对财政紧平衡，有效配置财政资金，为全区经济社会和谐发展提供强有力的财政保障。

【平稳财政收支】全区财政总收入完成12.92亿元，同比增长5%，财政收入实现5年翻一番，完成“十三五”确定的9.7亿元目标。一般公共预算收入完成5.25亿元，同比增长12.8%，其中税收收入完成4.16亿元，占比79.2%。全区财政总支出16.98亿元，同比下降9.3%，其中用于民生事业支出14.18亿元，占全区财政总支出的83.5%。因新冠疫情、宏观经济下行、更大规模减税降费等多重因素影响，税收收入持续负增长，全年减免企业税费超2亿元，税收收入同比减收2125万元，下降4.8%。财政资金更多投向疫情防控、复工复产、脱贫攻坚、民生工程及落实“六稳”“六保”任务等领域，建立防疫物资快速采购、防疫资金快速拨付等财政应急保障机制。管好用好中央直达资金，接收直达资金2.35亿元，快速分配，建立台账，加强系统预警监管，促进资金规范使用管理。预算执行中一般公用支出再压减5%，非刚性、非必要支出能压尽压，过好紧日子，全年“三公经费”支出压减13%，公务接待支出再降12%，集中有限财力补短板、强弱项，增强资金配置效率。

【兜牢民生底线】正视经济发展形势和财政收支紧平衡，把稳预期摆在重要位置，盯紧收支、“三保”等，突出抓重点、补短板、强弱项，把实施好民生工程作为对冲疫情影响的重要抓手，与做好“六稳”工作、落实“六保”任务紧密结合，制定保民生工作方案，发挥财政资金补短板和民生兜底作用。民生投入14.17亿元，占财政总支出的83.5%，较2019年提高2%。使用中央直达资金直接利民7764万元，拨付扶贫资金2085万元，发放惠农补贴资金5800万元。投入民生工程7.43亿元，发放农村低保、孤儿、残疾人等各类补助补贴资金7176万元，配套医疗保险、养老保险1.5亿元，保障城乡居民基本生活。改造农村危房9户、棚户区778户，建设“四好农村路”49公里、养老服务中心5个、农村电商示范村2个，完成道路排水等农村公益事业财政奖补项目16个，改善人居环境。

【强化预算执行】优化财政资金配置，合理安排财政支出预算，调整优化财政支出结构，集中有限财力办要事、办实事，安排更多资金向民生领域倾斜。压减一般公用经费，非急需、非刚性支出不予安排。推进全口径预算管理，所有财政资金纳入预算统一管理、统筹调配，盘活存量资金，整合项目资金，坚持“先预算后支出、无预算不支出”，提升预算执行力和约束力，落实部门预算执行主体责任，加快预算执行进度。推进预算绩效管理改革，落实《杜集区关于全面实施预算绩效管理的实施方案》，开展财政支出绩效评价工作，突出问题导向，强化财政支出绩效管理责任、效率意识与激励约束，初步建立“花钱问效、无效追责”的预算绩效管理理念，推进绩效管理与预算管理全过程有机融合。

【支持经济发展】落实好财税支持政策、减税降费政策、应对新冠肺炎疫情帮助中小企业共渡难关若干政策意见等，惠企利民，稳岗就业，降成本，促发展。全年减免企业税费2.17亿元，在2020年全国纳税人满意度调查的414个区县中，杜集区为全国第五名。使用中央直达资金惠及20家企业753万元，发放补助奖励和就业补贴资金256万元，减免中小企业房租245万元，减收贷款担保费用15万元，疏通复工复产“瓶颈”。对接银行、担保公司，优化“四送一服”服务，为中小微企业提供临时性周转资金，新增担保贷款1.7亿元，在保余额3.03亿元，在保企业74家，其中“4321”在保余额2.88亿元，59家企业受益。643户党建引领信用户信用贷款6454万元。新增11户农业经营主体“劝耕贷”835万元，激发市场主体活力，促进经济转型升级。

【严格财政监督】把财政监督嵌入预算运行全过程，形成预算编制、执行和决算各环节有效监督机制。所有财政资金纳入预算统一管理，审核预算编制的程序、基本支出和项目支出标准、预算安排合规性等方面，利用国库支付平台实时监督预算执行进展，发现问题及时提醒，会商相关部门加以解决，确保财政资金安全，防范化解财政管理风险。对专项资金进行事前审核、事中跟踪和事后问效，实现专项资金监督与管理、源头监管与全过程监控相结合。按照专项资金管理办法，加强过程管控，规范专项资金管理。加强财政监督信息化建设，完善国库支付平台、“一卡通”系统、地方政府债务系统的监督管理，上线运行中央直达资金系统、乡镇财政资金监管系统，发挥系统预警作用，提升资金监管水平。按季督查乡镇财政，督查乡镇财政资金监管平台录入使用情况、惠农补贴系统数据维护情况、农村公益事业财政奖补项目实施进度、村级财务监管等，督查结果及时反馈，确保财政资金安全和效益。

【加强国有资产监督管理】完善国有资本经营预算制度，健全国有资产监管体系，规范收益收取，确保国有资产保值增值，全年国有资本经营收入2765万元。全区行政事业资产纳入监管系统管理，按年度清查行政事业性国有资产，摸清资产底数，盘活国有资产，纳入东兴建投统一管理、运作，实现保值增值，国有资本收益上缴财政。落实国有资产配置处置、收益收取办法,强化预算管理,规范全区资产采购与处置流程。通过专项检查、审计监督、绩效评价等方式,规范资产管理和使用,确保国有资产安全。

(杜集区财政局供稿)

烈山区财政工作概述

【概况】2020年,烈山区财政局贯彻落实区委、区政府部署要求,落实"三保"工作,统筹支持疫情防控和经济社会发展。全年一般公共预算收入完成3.59亿元,为调整预算的102.5%,同比增长4.4%(剔除新增减税降费政策因素影响,增长15%);一般公共预算支出完成16.3亿元(含上级追加资金和上年结转资金安排的支出),为调整预算的90.1%,较上年下降9.9%。

【财政收入管理】克服疫情影响,落实新增减税降费决策部署,新增减税降费1.15亿元,其中新出台政策减税降费7200万元,2019年出台政策在2020年翘尾新增减税降费4300万元。加大税收征管和协税护税力度,强化重点税源分析调度,优化收入结构。

【财政管理改革】压减非刚性、非重点项目经费15%,组织压减预算资金263万元,用于疫情防控。全年一般公共预算"三公经费"支出总额728万元,较上年同期减少44万元,下降5.7%。全年收回盘活财政存量资金4402.4万元,用于"三保"支出。编制全区18个扶贫项目、23个民生项目、6个抗疫特别国债项目资金绩效目标,指导区直部门开展项目绩效自评。全年安排扶贫资金482.8万元。争取新增财政资金2.4亿元,细化分配给各具体执行单位(涉及10个部门单位,共41个项目,其中直达资金37个项目、参照直达资金4个项目)。直达资金支出2.08亿元,支出进度为86.7%。

【金融风险防范】开展金融领域专项整治,联合执法,摸排区内小额贷款公司、融资担保公司、区域性股权市场、典当行、融资租赁公司、商业保理公司、地方资产管理公司等"七类"机构和投资公司,以及农民专业合作社、社会众筹机构、各类交易场所等,建立台账,加强日常监管。注重排查重点集资风险,清查淮北盛大融资担保有限公司等35家机构,发现问题机构2家,未发现实质性非法集资活动和非法集资重大案源线索。

【财政监督与治理】完善区级预算人大联网监督系统,促进财政监督与人大预算相互监督。完善财政动态监控预警,细化日常支付受理审核业务,全年退回不规范支出1177笔,涉及金额2833万元。开展行政事业单位财务大检查,督促各部门加强票据管理、印鉴管理、账户管理等内部风险防控机制建设。开展中央直达资金、民生工程资金等专项资金规范使用检查。

【民生工程】投入资金8.1亿元,完成23项民生工程。安排财政资金396万元,新建店孜小学附属公办幼儿园1所;资助建档立卡学生78人次,资助学生423人次。安排财政资金2555万元,完成14个共1.19万平方米校舍维修改造和健全家庭经济困难学生资助体系。安排财政资金1100万元,实施企业新录用人员岗前技能培训2200人、新型职业农民培训150人、退役军人技能培训120人,开发公益性岗位402个和就业见习岗位315个。安排资金1.23亿元,落实城乡居民基本医疗保险和健康脱贫兜底综合医疗保障等。安排资金5641万元,完成城乡居民养老保险参(续)保3.83万人。完成棚户区改造工程项目,建成2290套和新开工1708套。安排资金5684万元,保障农村低保对象55695人次,特困供养对象616人,救助生活无着人员20名,发放重度残疾人护理补贴3758人,发放困难残疾人生活补贴2426人,为困难群体办理法律援助案件404件。

【重点项目建设】全区新增专项债券资金2.27亿元,重点支持烈山区人民医院新院区建设等5个项目建设,支出资金1.87亿元,支付进度82.5%。投入2865万元专项资金,用于推进污水管网改造、农村人居环境专项整治、秸秆禁烧等工作。加强财政资金统筹,安排疫情防控相关经费1007万元,支持公共卫生和重大疫情防控救治体系建设。

【政府债务专项整治】贯彻《关于进一步强化政府隐性债务风险管控的通知》精神,理清做实政府隐性债务,稳妥处置隐性债务存量,规范政府举债行为,控制隐性债务增量,防范区域性债务风险现象的发生。对区住建局、区棚改办、区征收中心、盛大公司4家债务单位下发《烈山区关于开展隐性债务"四清四实"专项整治工作的通知》,完成政府债务"四清四实"核查。

(烈山区财政局供稿)

淮北高新技术产业开发区财政工作概述

【概况】2020年,淮北高新区一般公共预算收入完成28978万元,同比增长61.44%;政府性基金收入完成7387万元。一般公共预算支出完成32602万元,同比增长39.15%;政府性基金支出完成15779万元。

【加强税源建设】加强财税征收管理,培育涵养税源。加快引入建设重点企业和重点项目,带动全区税收收入实现较块增长,入库税收44541.79万元,同比增长32.11%,大幅提升欣明资源、相邦材料等一批重点企业税收。

【强化支出管理】坚持量力而行、量入而出、有保有压,集中财力保障重点支出需要。抗击疫情期间,拨付抗疫资金,兑现企业补助资金政策,做好资金保障工作。全年扶持企业发展支出16104万元,城乡社区公共设施支出19312万元,保障抗击疫情、企业复工复产、基础设施建设等工作有序推进。

【严格债务管理】明确化债目标,编制化债计划。通过盘活存量资金、统筹财政性资金安排等渠道化解债务,化解隐性债务500万元。全年发行新增专项债券6000万元,再融资债券1400万元。申报并成功入库2020年第四、五、六批政府专项债项目。

【推进“四送一服”】对包保企业实行“一企一策”帮扶指导,协调解决资金续贷等事宜,促进企业快速复工复产。配合税务部门,落实国家减税降费政策,减轻企业负担,增强市场主体活力。推进上市(挂牌)工作,规矩铝模、智淮科技等五家企业成功在省股权托管交易中心挂牌。

(淮北高新区财政局供稿)

安徽(淮北)新型煤化工合成材料基地管委会财政工作概述

【概况】2020年,煤化工基地地方一般公共预算收入完成14051万元,上级转移支付收入829万元,动用预算稳定调节基金2260万元。基地一般公共预算支出完成9314万元,上解上级支出7826万元。基地政府性基金预算收入20029万元(市财政转贷专项债券资金20000万元,抗疫特别国债1万元,上级专项转移支付收入28万元),政府性基金预算支出2亿元,政府性基金预算年终结余28万元。

【狠抓财源建设】突出重点税源管理,深入临涣焦化、中利电厂、相淮水泥等投产运营企业摸清企业生产经营情况,研判纳税预期,做好税收管理。对接投资促进局,做好新招商引资企业落地工作,跟踪服务工商登记、税务登记等工作,确保引进企业缴纳的税收均在开发区核算范围内。突出在建项目管理,对接园区工程建设部门,做好园区政府性投资项目建设和招商引资企业项目建设管理工作,确保项目建设期税收应缴尽缴。突出特殊税种管理,联合税务部门召开纳税辅导专题会议,重点讲解纳税申报流程及注意问题,尤其是房产税、土地使用税等小税种涉税事宜,帮助已拿地办证企业及时申报,避免逾期,规范园区小税种税收的入库管理工作,增加园区税源收入。

【优化支出结构】支出安排坚持“先有预算、后有支出”“压缩一般,保证重点”的原则,首先保证工资发放、机关正常运转和社会稳定支出的需要,其次是统筹安排、合理调度,对一般性开支严格控制和压缩,保证重点支出需要。界定和调整支出范围,改进支出方式,规范支出程序,逐步建立起支出高效、监督有力、管理规范的财政支出体系。加大“收支两条线”管理力度,加强国库集中支付管理,严格按照规定,实行集中核算,统一管理,逐步推行以国库单一账户体系为基础的国库集中支付制度。

【深化财政改革】盘活财政存量资金,全面清理本级公共财政预算安排的2019年结余结转资金。推进预算公开工作,细化公开内容,完善公开方式,扩大公开范围,煤化工基地部门决算、“三公经费”均向社会公开。编制《2019年度行政事业单位国有资产报告》《2019年度公共基础设施等行政事业性国有资产报告》国有资产报表,规范基地国有资产管理。基地财政编报《煤化工基地内控制度》、2019年度政府财务报等,加强资产负债管理,防范财政风险,提升基地财务管理水平。配合市审计局开展专项债券、直达资金使用情况专项审计,保证财政资金依法合规使用。

【优化营商环境】深入包保企业,帮助做好疫情防控、联系工程物资、返程人员隔离等,助力企业复工复产。开展基地涉非涉稳风险暨地方金融领域扫黑除恶专项斗争,净化园区环境,保障园区企业生产经营正常运行。组织财税优惠政策宣讲,帮助企业了解政策、掌握政策、运用政策。对接建设银行、徽商银行、农业银行等金融机构,帮助园区企业申请贷款,缓解企业资金不足问题。

(淮北煤化工基地管委会财政局供稿)

亳州市财政工作综述

亳州市财政工作概述

【概况】2020年,全市财政收入完成217.9亿元,较上年同期增收3.7亿元,增长1.7%,高于全省平均增幅2.1个百分点,增幅居全省第8位。其中:地方收入完成126.4亿元,同比增收0.3亿元,增长0.2%;中央收入完成90.2亿元,同比增收3.2亿元,增长3.7%;国有资本经营预算收入完成1.3亿元,同比增收0.2亿元,增长15.4%。全市税收收入完成176.3亿元,同比下降1.7%,占财政收入比重80.9%,其中:地方税收收入86.3亿元,同比下降7%;中央税收收入90亿元,同比增长4%。

【加强财政收入管理】强化收入预期管理,依法依规组织收入,落实落细减税降费政策。盘活存量资产资源,依法加强非税收入征管。全市财政收入完成217.9亿元,较上年同期增收3.7亿元,增长1.7%,其中一般公共预算收入完成126.4亿元,增长0.2%,增幅居全省第八位,提前两年超额完成"十三五"收入目标。2016－2020年,全市财政收入累计完成950.5亿元,是"十二五"期间496.7亿元的1.9倍,年均增长10.9%,增幅为全省第二位。强化财政资金统筹,盘活存量资金,优化利用存量资产,市级盘活存量资金4.6亿元,全部统筹用于民生等重点领域。积极争取上级资金支持,共争取各类转移支付资金262.2亿元,其中直达资金46.4亿元(含抗疫特别国债资金13.2亿元、特别转移支付资金17.2亿元),缓解市县减收增支压力,支持县区兜牢"三保"底线。

【加强财政支出管理】精打细算过紧日子,印发《关于贯彻落实政府过紧日子要求进一步严格财政支出管理的通知》,从严执行经费开支标准,市直预算部门原则上按不低于一般性支出预算10%比例压减,"三公"经费预算按不低于5%比例压减,收回年内无法支出的项目资金。市本级压减一般性支出和非急需非刚性支出6.8亿元,统筹保障疫情防控经费、三大攻坚战、基本民生、重点项目建设等支出。优先保障基本民生,建立县级保工资监测预警机制,加强国库资金调度,保障县区"三保"资金。加强直达资金监控,加快直达资金支出进度。强化预算执行考核,严格执行支出考核通报制度,将市本级重点项目和新增债券项目纳入考核情况通报范围,每月通报部门支出进度,推动加快财政支出。

【支持打好三大攻坚战】支持打好脱贫攻坚战,各级安排专项扶贫资金19.99亿元,其中市级5.64亿元、县级5.84亿元。市县两级较2019年增列专项扶贫资金8810万元。全市共清理收回的可统筹财政存量资金2057万元(市级405万元),1669万元用于脱贫攻坚,占可统筹财政存量资金81%。全市整合涉农资金17.8亿元用于脱贫攻坚,比2019年增加1.2亿元。开展检查暗访、调研,每季度通报扶贫资金支出进度。开展2019年扶贫项目资金绩效自评结果核查。支持污染防治攻坚战,落实农村环境整治、大气污染防治、水污染防治等资金1.17亿元。落实市级财政安排城区道路保洁资金1.6亿元、秸秆禁烧和综合利用奖补资金1亿元。支持打好风险防范攻坚战,严格在省财政厅下达限额内举借政府债务,经省财政厅批准的债务限额报同级人大常委会批准后,纳入全口径预算管理。省财政厅下达亳州市新增债券额度87.7196亿元全部发行完毕,资金拨付至项目单位。全市政府债务风险可控,根据9月财政部安徽监管局对亳州市隐性债务专项检查结果,亳州市无任何形式的新增隐性债务。

【保障疫情防控和复工复产】强化疫情防控资金保障,全市安排疫情防控资金3.75亿元,支出2.67亿元。拨付资金2435万元,用于一线疫情防控人员补助和慰问。落实复工复产复商政策,全市新增减税降费17.1亿元,减免972户中小微企业房租2592万元,帮助52家疫情防控重点保障企业申报专项再贷款中央财政贴息资金650.9万元,为5654人发放创业担保贷款8.4亿元,投入2000万元支持"火热药都、惠民消费"活动。落实疫情防控要求,履行疫情防控职责,落实疫情防控措施。

【实施民生工程】强化部署推动,市委、市政府将民生工程作为保基本民生的重要抓手,出台《亳州市人民政府关于实施2020年民生工程的通知》,部署推进民生工程实施。落实配套资金,保障民生工程建设配套资金足额落实。层层落实责任,强化项目牵头部门责任,落实目标任务。强化宣传,强化精准调度,实行“问题销号制”。自5月起,每月列出问题清单,限期销号,每周市直牵头单位调度,每月市政府市长及分管副市长督办推动。32项民生工程计划投入资金210亿元,全年拨付资金210.8亿元,资金拨付率100.3%,完成年度任务。

【推进财政重点改革】推进预算管理改革,制定《2020年亳州市本级预算公开工作方案》,完成财政预算和“三公”经费预算等信息公开,开展2019年度“三公”经费支出自查及重点核验。推进资源税改革,联合税务部门,开展资源税法授权事项调研测算。推进预算绩效管理,推动部门重点项目绩效目标公开,对18个部门的22个项目绩效目标进行全面公开。推进财政事权和支出责任划分改革,出台教育、科技领域财政事权和支出责任划分改革实施方案,明确市、县区财政按照规定承担相应支出责任。推进农村综合改革,做好农村公益事业财政奖补、扶持村级集体经济发展等农村综合改革重点工作。选择谯城区作为全市惠农补贴“一卡通”更换社保卡试点,谯城区安全更换使用社保卡325918张,更换率84.88%,其他县区稳步推进。根据《安徽省财政厅关于全面推进我省财政电子票据管理改革工作的通知》和有关要求,于9月完成亳州市财政电子票据管理改革。推进政府购买服务改革,修订并公布《亳州市本级政府购买服务指导目录》。

【服务经济社会发展】加强教育经费保障,市财政安排中心城区公办中小学校及幼儿园项目建设资金7.93亿元,支持谯城区及市高新区幼儿园、中小学项目建设。支持城市基础设施建设,落实政府重点建设项目资金6.23亿元、污水处理费3194万元、雨污分流改造资金6015.8万元、路灯日常养护维修及电费4594万元、市政园林道路小修维护机制4723.57万元。支持棚户区改造,拨付市级棚户区改造资金4.76亿元。支持老旧小区改造和安居工程建设,市级配套奖补资金2755.96万元用于老旧小区改造。支持重大交通项目建设,筹集拨付资金40823万元,用于S309亳州段一级公路建设;拨付汤王大道涡河隧道工程建设资金6755万元。安排农村道路畅通工程市级补助资金6411万元,支持农村交通基础设施建设。建立完善专项资金管理办法,出台《亳州市创建全国文明城市专项资金管理办法》《亳州市城乡义务教育补助经费管理办法》。落实惠农政策,全市通过财政惠农补贴打卡发放系统发放惠农补贴资金35.39亿元,惠及农户118.9万户。

【加强国资国企监管】完善国资监管制度,出台《亳州市市属企业资产损失、财务核销工作规则》《关于印发亳州市市属企业商务招待管理规定的通知》《加强亳州市市属企业内部控制体系建设与监督工作的实施意见》,规范市属企业资产损失、财务核销和商务接待、内部控制。推进数字监管,运用市属企业工资管理信息系统,将除古井集团外的市属企业职工工资发放纳入监管。运用市属企业投资管理信息系统,强化市属企业投资管理。推进国有企业退休人员社会化管理工作,驻亳中央企业和市、省属企业、县(区)属企业分别完成移交退休人员1252人、474人、8501人,移交率100%。完成2020年度国有企业退休人员社会化管理省对市绩效目标考核工作、2020年度国有企业退休人员社会化管理中央财政补助资金申报及预算执行情况的自评工作。推进“三供一业”分离移交,完成驻亳央企、市属企业剥离供水1613户、剥离供电1036户、剥离供气570户、完成物业管理分离移交2764户。开展市属企业2019年度经营业绩考核,考核评价市属企业2019年度经营业绩,完善考核体系,引导市属企业提升质量效益。

【获得荣誉表彰】2020年,市财政局获省级以上表彰奖励及表扬13项,其中表彰奖励9项:获中国财政科学研究院颁发的2020年度财政科研宣传工作一等奖,获省第四次全国经济普查领导小组授予的安徽省第四次全国经济普查先进集体,获省财政厅评定的2019年乡镇财政资金管理和惠农补贴资金管理发放工作绩效评价结果排名第二、2019年涉企系统应用第一方阵、2019年政府性债务管理评分结果为“优秀市”、2019年社会保险基金预决算编制、执行和监督管理获三等奖、2020年安徽省PPP综合信息平台开工项目投资额第三名、中国财政杂志社发行处和安徽省财政科学研究所颁发的2020年度财政宣传工作“一等奖”;省财政厅通报表扬3项:2018年度财政总决算工作通报表扬、2019年度全国会计专业技术资格无纸化考试组织工作、惠农补贴“一卡通”存折更换工作;在省财政厅召开的会议上作先进典型发言:2020年亳州市会计专业技术资格无纸化考试工作。

(亳州市财政局供稿　张尧智执笔)

涡阳县财政工作概述

【概况】2020年,涡阳县一般公共预算收入18.22亿元,同比增收0.20亿元,同比增长1.1%。全县一般公共预算支出70.32亿元,同比下降6.6%,教育、科学技术、社会保障、卫生健康等民生领域支出60.06亿元,占一般预算支出85.4%。全县财政保持良好发展态势,为经济社会实现平稳健康发展和“十三五”圆满收官提供坚实保障。

【实施预算绩效管理】从严从紧管好财政支出,提高财政资源配置效率和使用效益,做到“花钱必问效、无效必问责”,让每一分钱花出效益,让有限的财政资金发挥最大作用。

【抓好财政收入】继续落实落细各项减税降费政策,聚焦主业务,提前谋划,主动争取支持,下好组织收入“先手棋”,实现减税降费与组织收入同频共振。狠抓组织收入,及时分析研判,强化收入征收管理,做到应收尽收。争取上级资金同时,加大财政资金整合统筹力度,清理各领域沉淀的财政资金,盘活结转结余资金0.19亿元,用于民生和脱贫攻坚事业。

【支持疫情防控】按照中央及省市工作安排,配合相关部门及股室,做好全县疫情防控资金保障和报表上报工作。全年投入新冠肺炎疫情防控资金6587万元,保障新冠肺炎疫情防控资金需求。

【保障改善民生】实施“有保有压”的财政措施,科学统筹调度资金,加大民生投入力度。教育、科学技术、社会保障、卫生健康等民生领域支出60.06亿元,占一般预算支出85.4%,保障全县基层公共服务、教育文化、社会保障等社会事业发展。

【管理涉农资金】推进涉农资金全过程绩效管理机制,在预算编制环节明确绩效目标,执行中强化绩效监控,执行后开展绩效评价。针对中央资金涉农项目开展绩效自评。健全涉农资金、政策、项目公示公告和信息公开制度,按照职责,推进分级公开公示制度,依法让人民群众享有知情权、监督权。探索利用乡镇门户网站公示涉农重点项目的实施进度、实施结果、补助对象等。

【加强会计管理】围绕年度工作重点,从规范检查、健全制度、促进管理入手,维护财经秩序,规范财政管理,做好全县会计管理工作,做好各类违反财经纪律、财税政策和财务会计制度的检查处理及违纪款项收缴入库工作。受理违反财税法规、政策、制度举报,完成2020年会计审批、行政事业单位内部控制编报以及代理记账机构检查工作。

【加强政府采购管理】完善网上商城采购管理,强化平台监管,规范政府采购行为,加强单位政府采购业务内部控制,健全政府采购内部控制制度。

【厉行勤俭节约】树立过紧日子思想,把钱用在刀刃上,坚持刚性支出不能减少,严格控制一般性支出,压缩政府机关车辆运行费、公务接待费以及会议经费等支出,增强保工资、保运转、保基本民生能力。全年“三公经费”支出0.14亿元,同比下降7.6%。

【落实减税降费政策】贯彻党中央、国务院关于减税降费的重大决策部署,会同税务局等有关部门巩固和拓展减税降费成效,落实落细相关政策措施。出台政策减税降费1.63亿元,对冲疫情影响,推动经济社会平稳发展。

【强化金融服务】引导信贷资源更多支持中小微企业和民营企业,给予重点领域、重大项目、重大工程信贷支持,增加稳金融、促消费、稳就业信贷投放力度,推动更多企业直接融资和上市挂牌。授信310家企业26.16亿元,放款23.68亿元,向58家疫情防控重点保障企业发放优惠利率贷款16.246亿元。推进扶贫小额信贷工作,做到“应贷尽贷”,投放4991笔,涉及1.456亿元,贷款户获贷率24.4%。

【管理政府债务】贯彻落实党中央、国务院决策部署,结合专项债券管理特点和全县实际,从“借、用、管、还”等各环节加强专项债券管理,防范法定专项债券风险,打好防范化解重大风险攻坚战,守住不发生系统性风险的底线。

【支持脱贫攻坚】规范财政专项扶贫资金分配,强化资金使用与管理,提高资金使用效益,保证财政专项扶贫资金安全性、规范性和有效性,2020年全县投入扶贫资金4.88亿元用于脱贫攻坚事业发展,为精准扶贫提供资金保障。

【建设财政队伍】坚持党建引领,局党组班子坚持以上率下,推动机关党建和财政业务工作双提升。加强机关效能建设,推进财政队伍管理,增强财政系统干部责任感、使命感和紧迫感。建立定期轮岗轮训制度,实现中层以上干部和重要岗位全覆盖,引导财政干部树立争先创优意识,提升为民服务水平。

(涡阳县财政局供稿　施立廷执笔)

蒙城县财政工作概述

【概况】2020年,蒙城县财政总收入36.39亿元,占年度预算96.3%,较上年同期增收1.17亿元,同比增长3.3%,居三县一区第二位。其中:一般公共预算收入完成24.3万元,占年度预算107.9%,较上年同期增收1.88亿元,同比增长8.4%;中央收入(含出口货物退增值税)完成11.85亿元,占年度预算76.4%,较上年同期减收7435万元,同比下降5.9%。公共财政预算支出完成71.4亿元,较上年同期增支5235万元,同比增长0.7%。其中民生支出完成60.95亿元,较上年同期增支4957万元,同比增长0.8%。

【收入管理】围绕财政收入目标,制定具体方案和举措,压实工作责任,应对经济下行压力和减收因素影响,依法依规组织收入。落实减税降费政策,加强调研分析,加大企业扶持和税收征管力度,应对疫情影响,确保应减尽减、应收尽收,保持财政收入增长。保持非税收入平衡有序增长,落实各项减费降费政策,扩大非税电子化收缴范围,实施财政票据电子化改革,非税科学化和精细化管理水平实现新提高。

【支出管理】落实过紧日子要求,坚持厉行节约,全年压减一般性支出3736万元,清理结转结余存量资金5472万元,“三公经费”支出下降9.9%,集中财力保障扶贫资金、民生工程、疫情防控等重点支出需求。安排各级专项扶贫资金4.05亿元,满足农村基础设施、产业发展、就业扶贫等资金需要。

【预算管理】深化预算管理改革,立足“保重点、控一般、促统筹、提绩效”,推动建立规范透明、标准科学、约束有力的预算管理制度。组织专家公开评审10个部门196个项目预算,提高预算编制科学性。加强预算资金绩效管理,重点绩效评价66个预算项目,涉及各类资金50亿元。盘活存量资金,执行结转结余资金管理规定,清理结转结余资金0.55亿元。

【直达资金管理】针对各级下发的《特殊转移支付资金管理办法》、《抗疫特别国债资金管理办法》等文件要求,将抗疫特别国债项目报省财政厅备案。针对省财政厅下达的直达资金,将指标分配相关单位,合规及时拨付资金,规范使用特殊转移支付和抗疫特别国债资金。通过扶贫系统动态监控资金,实施台账管理,反映资金分配、拨付、使用情况。督促项目单位在手续齐全情况下加快支出进度,发挥资金效益,确保中央政策落实到位,确保符合资金跟踪审计要求。

【脱贫攻坚】安排各级财政专项扶贫资金4.05亿元,包括中央资金7080万元、省级资金7542.5万元、市级资金1.04亿元、县级资金1.55亿元,主要用于农村基础设施、产业发展、就业脱贫、金融扶贫等方面。其中,县级预算安排财政专项扶贫资金较上年增列230万元,为地方财政收入增量23%,增列资金大于“按上年地方财政收入增量的20%以上增列专项扶贫资金预算”要求。积极盘活存量资金,全县收回可统筹部分资金351万元,经报批县政府同意,优先安排185万元用于脱贫攻坚,占可统筹部分的52.7%。

【民生工程】做好保障和改善民生工作,31项民生工程全部完成年度目标任务,累计投入资金51.58亿元,同比增长38.6%。投入教育文化3.07亿元,促进教育均衡发展,丰富城乡居民精神文化生活;投入扶贫工作2.57亿元,保障弱势群体基本生活;投入“三农”工作1.31亿元,助力农业丰产丰收,美丽乡村提档升级,保障百姓舌尖上的安全;投入就业创业1200万元,多渠道保障和增加就业,劳动者就业技能、创业能力逐年提高;投入社会保障18.39亿元,持续巩固群众在医疗、大病和养老保险及公共卫生等方面的保障;投入城乡基础设施和公共服务26.12亿元,补齐水利短板,加强生态保护,改善市民居住条件。

【社会保障】全年社会保障支出17.71亿元,其中社保支出5.97亿元,人社专项和就业专项支出0.68亿元,医疗卫生类支出11.5亿元。城乡低保发放低保金2.34亿元;城乡医疗救助资金8470.21万元;发放贫困残疾人两项补贴1944.85万元。发放失地农民生活、养老补助金6020.91万元。社保基金收入29.32亿元,支出26.67亿元。城乡居民养老保险、医疗保险、医疗救助全覆盖,城乡居民养老保险参保883815人,发放养老金2.54亿元;城乡居民医疗保险参保1262788人,参合率100%,筹集资金10.02亿元,报补支出9.42亿元。

【债务风险防控】严控债务余额,全县政府债务限额133.39亿元,政府债务余额128.38亿元,逾期债务为0;争取新增非标专项债券资金10.46亿元;及时偿还到期债券,无逾期情况发生。在完善各项债务管理制度基础上,依据上级文件精神,结合蒙城县实际,制定《蒙城县政府性债务管理办法》、《蒙城县政府债务风险评估和预警暂行办法》等文件,对政府债务举借审批、预算管理、资金使用、风险防控、风险评估等方面进行规定,加强政府性债务管理,防范和化解政府性债务风险。按照省财政厅工作要求,县财政部门会同有关单位,规范和加强债务报表填报,建立规范的政府性债务统计报告制度。落实地方政府性债务数据月报制度要求,按月向上级报送债务数据,做好数据分析。

【国有资产管理】紧抓国有资产管理关键环节,强化和落实管理职责,开展全县国有资产分类、解包、划转、登记工作,发挥资产资源综合利用效率;深化国有资产“放管服”改革,规范行政事业单位资产配置管理及处置工作;推进国有企业退休人员社会化管理工作,提高社会保障基础管理水平;根据《蒙城县县属国企经营业绩考核办法》,开展县属国企考核,与县属国企全体班子成员签订“廉洁从业承诺书”,促进国有企业健康持续发展,确保国有资产保值增值。

【政府工程建设】加大对基层基本公共服务项目建设、社会事业建设的投入力度,全年财政经建支出39.8亿元。投资2.3亿元实施13万亩高标准基本农田建设项目。投资1.2亿元实施农村饮水安全工程,受益人口16.5万人。投资3.1亿元实施农村道路畅通及扩面延伸项目。投资4.2亿元建设五里高(二期)、阳光东区及万庄安置小区。投资0.47亿元实施高大平房仓、林业扶贫等扶贫项目。投资0.7亿元建设乡镇卫生院、二院新区、中医院新区项目。筹集各类资金27.83亿元,加大对征地拆迁、道路建设、开发区企业扶持等县重点工程项目的投入力度,提升城乡基础设施建设,改善人居环境。

【农村财政】争取各级财政乡村振

兴战略投入资金8.69亿元,其中省级以上资金4.5亿元,重点用于支持农业生产发展及生态资源保护、农业支持保护补贴、农田建设补助、秸秆禁烧及综合利用奖补、农村人居环境建设、农业生产救灾等中央和省级重点保障项目;市级资金5667.3万元,重点用于农业产业化、秸秆禁烧、美丽乡村建设等市级重点保障项目;县级资金3.62亿元,主要用于促进现代农业生产发展奖补、美丽集镇建设、小麦赤霉病防控作业服务补助、猪瘟等重大动物疫病强制免疫疫苗配套、秸秆禁烧及综合利用等农业农村工作重点项目。争取地方债资金5387万元,用于支持高标准农田建设项目。依托省农担公司蒙城办事处,发放涉农投资金融贷款3.83亿元,其中在保余额1.43亿元。2020年政策性种植业保险投保面积为355.31万亩,总保费5948.69万元,各级财政补贴保费4758.9万元;养殖业能繁母猪保险投保3.45万头,保费收入310.22万元,各级财政补贴294.71万元;育肥猪保险投保28.18万头,保费收入1127.06万元,各级财政补贴901.65万元。

【金融监管】振兴永发农机、虹升塑粉、弘文信息科技成功在省股交中心科创板基础层挂牌;恒瑞面粉、金辉肥业、庄子农业、金冠面粉、民和园林成功在农业板挂牌;中谷旅行、世纪环球、庄子国际旅游、恋蝶谷成功在文旅板挂牌;民和金秋十月成功在中医药板挂牌;上元家居成功在新三板挂牌。出台《蒙城县农村承包土地的经营权抵押贷款实施方案》,支持蒙城农商行开展农村承包土地经营权抵押贷款工作,并发放首笔农地抵押贷款。

【“三公”经费管理】“三公”经费预算安排1840.88万元,同比降低0.33%。其中,因公出国(境)费15万元;公务接待费339.13万元;公务用车购置及运行费1358.76万元。全年支出1547.1万元,同比下降9.9%。其中,公务接待费支出209.8万元,同比下降33.6%;因公出国(境)费支出为0;公务用车费支出1209.8万元,同比下降7.6%。按照《蒙城县“三公经费”日常管理工作方案》,规范全县“三公经费”支出情况分析、统计报表报送和监督检查工作,加强“三公经费”日常管理。加强财务人员培训,提升财务人员业务水平。定期开展检查工作,上半年开展全面自查和抽查工作,下半年开展重点检查工作。配合预算、国库指导业务部门做好“三公经费”预决算公开,接受社会监督。

(蒙城县财政局供稿)

利辛县财政工作概述

【概况】2020年,利辛县财政局坚决贯彻中央和省市县决策部署,统筹疫情防控和经济社会发展,扎实做好“六保”“六稳”工作,依法理财、科学理财,较好完成各项工作任务,为决胜全面建成小康社会、决战脱贫攻坚提供坚实财政支撑。全县财政总收入26.03亿元,同比增长4.85%。全县公共财政预算支出75.02亿元,同比增长4.15%。

【支持疫情防控和经济恢复】按照特事特办、急事急办原则,优先保障疫情防控经费,加快资金拨付使用,确保确诊患者和符合条件的疑似患者不因费用问题影响就医,确保收治医院不因医保支付政策影响救治。依规动支县本级财政预备费,专项用于疫情防控,通过压减一般性支出、盘活财政存量资金等,筹措资金5280万元,其中县级资金3515万元,保障疫情防控经费需要。支持扩大市场有效需求,落实减税降费政策,全县减税降费2.2亿元。支持金融服务实体经济,贴息后企业实际负担利率下降到1.3%。推动援企稳岗政策落地,安排就业补助资金969万元。安排中央专项债券资金2.64亿元,其中:用于医疗卫生体系建设8660万元、城市基础设施PPP项目配套资本金6010万元、城乡污水处理项目建设6373万元、地表水厂建设4000万元、第十幼儿园建设1400万元。

【服务经济发展】申报并获批专项债券资金7.63亿元,包括:棚户区改造项目3.93亿元,乡镇地表水厂项目8500万元,乡镇污水管网二期项目7000万元,县城地表水厂二期项目2000万元,标准化厂房2000万元,城市停车场项目7500万元,县第二人民医院建设项目4000万元,基层公共卫生服务能力提升项目2000万元,传染病医院建设项目2000万元,阚疃中心卫生院建设项目2000万元,保障公共卫生体系建设、城镇老旧小区改造、生态环境治理等项目资金需求。担保公司全年完成担保贷款14.93亿元,小额贷款公司投放贷款1.95亿元。拨付征地拆迁补偿资金5.5亿元,土地复垦、增减挂资金2.04亿元,城市基础设施建设资金6000万元,西淝河国家湿地公园EPC项目资金1958万元,农村破旧房屋治理资金4182万元,促进县域经济发展。

【保障改善民生】投入资金37.5亿元,推动完成32项民生工程。全县财政扶贫资金投入8.8亿元,其中县本级投入1.7亿元。落实“六保六稳”要求,人员工资、行政运转等基本支出按月优先拨付。优先确保民生项目支出,其中:教育方面主要支出包括:城乡义务教育补助3.4亿元,教育均衡项目投入1.35亿元,义务教育薄弱环节改善与能力提升2992万元,支持学前教育发展1966万元,各类学生补助资金3896万元,县配套特岗教师工资及社保缴费1500万元,教师养老保险提标支出897万元。社会保障方面主要支出包括:行政事业单位养老支出3.94亿元,财政对基本养老保险基金的补助3.31亿元,最低生活保障支出

3.42亿元,抚恤5350万元,就业补助969万元,退役安置7668万元,社会福利支出1006万元,残疾人事业投入1751万元,临时救助3039万元,特困人员救助供养2907万元。医疗卫生方面主要支出包括:公共卫生服务1.38亿元,计划生育事务4436万元,基层医疗卫生机构8024万元,公立医院7347万元,行政事业单位医疗6588万元,医疗救助9898万元,财政对基本医疗保险基金的补助3221万元。教育、卫生、社保、农林水、交通、保障房等民生支出占总支出的比重为81%。

【推进财政管理改革】优化支出结构,强化支出管理,严格执行预算,坚持先有预算,后有支出。优先确保"三保"支出,印发《利辛县保基层运转工作方案》《利辛县"三保"风险应急处置方案》,建立和完善保基层运转预算安排、动态监控、风险防范机制。坚持压一般、保重点,全年压减一般性支出2216万元。对特别抗疫国债、中央专项资金等重点项目一周一调度,掌握项目实施情况,解决存在问题。深化财政改革,实现国库集中支付对县直和乡镇所有预算单位全覆盖。强化库款安全管理,妥善调度资金,控制库款保障水平在限额之上。坚持问题导向,重视审计整改工作。加强管理财政资金账户,清理撤销历史遗留的不规范账户。加强往来资金管理,在全县范围内实施暂付款与长期挂账的摸排和清理工作。出台《关于进一步细化和加强三公经费管理的通知》,制订《关于落实巡视整改意见的实施方案》,由县财政绩效评价中心牵头,对有关单位和乡镇开展专项监督检查。

【加强干部队伍建设】贯彻落实全面从严治党要求,严明纪律规矩,深化"以案示警、以案为戒、以案促改"警示教育,利用每天例会时间,对财政党员干部进行党纪党规教育,引导党员干部严守纪律规矩,筑牢思想防线。通报纪检监察机关下发典型案件,组织党员干部观看廉政警示教育片,剖析反思典型案件,教育引导全体党员干部以案为鉴、警钟长鸣。落实主体责任谈话制度,每季度对班子成员及股室、二级机构负责人进行一次廉政谈话,实现班子成员、股室单位负责人谈话全覆盖,及时掌握干部思想动态。对有苗头性问题的干部及时约谈,做到早发现、早提醒、早纠正。加强作风建设,组织全体党员干部赴展沟镇苏湾村的烈士陵园,瞻仰烈士墓碑、缅怀革命先烈。对个别存在慵懒散拖倾向的人员及时批评教育,引领财政干部担当有为,推动形成干事创业良好氛围。

(利辛县财政局供稿)

谯城区财政工作概述

【概况】2020年,面对疫情冲击,谯城区财政局按照"讲政治,注重学习;强业务,提升能力;敢担当,积极作为;严作风,廉洁自律"工作思路和年初既定的岗位责任目标,发挥财政职能,为奋力夺取疫情防控和经济社会发展"双胜利"提供坚实财政保障。全区财政收入完成43.49亿元(含国有资本经营收入500万元),占年初预算92.3%,较上年同期下降3.1%,减少收入1.39亿元,其中,地方级财政收入完成26.06亿元,占年初预算27.43亿元的95%,较上年同期下降6.4%,减收1.78亿元。财政支出完成76.63亿元,较上年同期下降4.9%,减少支出3.98亿元,民生支出完成66.03亿元,较上年同期下降6.8%,减少支出4.81亿元,占同期财政支出86.2%,较上年同期下降1.7个百分点。

【收支管理】加强收入调度,压实各收入主管部门责任,依法应征尽征,督促汇缴非税收入,提高收入增幅。涵养税源,贯彻减税降费等财税政策,增加收入增长点。突出财政支出保障重点,落实"六稳""六保"工作要求,按照"保工资、保运转、保基本民生"顺序,兜牢"三保"支出底线,保障脱贫攻坚、债务化解、环境保护方面支出。贯彻过紧日子思想,坚持"保重点、压一般",树立勤俭办事业和过紧日子思想,坚持"民生为先、尽力而为、量力而行"原则,不该办的项目不办、能缓办的项目缓办。开展盘活财政存量资金、压缩三公经费及一般性支出和清收财政暂付款工作,合规及时分配、使用中央直达新增财政资金,筹集资金保障国库支付。

【预算管理】批复2020年区直预算,要求各部门在收到本级财政部门预算批复后十五日内向所属各单位批复预算。坚持以"公开为常态,不公开为例外"为原则,按照规定的范围、内容、格式、时间和形式,在政府网站设置专栏公开2020年部门预算编制情况、"三公"经费编制情况和2019年度全区部门决算信息、"三公"经费信息。通过内部网络、微信等方式完成审核、修改和汇编。反馈2019年财政决算定稿的报表数据,完成全区2019年度财政决算工作。完成2019年度全区权责发生制政府综合财务报告汇总、编报工作。按照省财政厅统一部署和要求,组织召开政府综合财务报告汇编业务培训视频会议,对政府综合财务报告汇编工作任务进行布置和业务操作培训。参加省财政厅组织的汇编工作,调整修改报表、报告。按照要求完成全区权责发生制综合财务报告编报。

【国有资产管理】严格执行国有资产监管制度,开展全区国有资产处置工作,强化对行政事业单位国有资产的全过程管理,推动建立长效机制,规范行政事业单位国有资产处置审批程序,参照行政事业单位国有资产管理方式加强企业国有资产监管,保证国有资产保值增值。把国有资产有偿使用收入纳入非税收入管理范围,坚持“收支两条线”管理,并严格监督检查。加强日常核查、专项检查和年度稽查,加强对收入执收、解缴、核拨工作的监督检查,强化对国有资产有偿使用收入管理违法违规行为的责任追究。开展疫情期间中小微企业(含个体工商户)降本减负工作,对承租国有企业经营性用房或产权为行政事业性单位房产的中小微企业(含个体工商户),免收3个月房租,减免租金153.03万元。组织开展房产招租、公车拍卖、报废工作,组织房产招租、公车拍卖等拍卖会6次,拍卖车辆31辆,报废车辆10辆。完成《2019年度行政事业单位资产报表》、《2019年度公共基础设施报表等行政事业性国有资产报表》、《2019年谯城区企业国有资产统计报表》等编制工作。

【民生工程】实施民生工程31项,投资36.7亿元,连续四年获全市民生工程工作第一名。从扶贫、三农、社会保障、创业就业、教育文化、基础设施建设等六个方面保障和改善民生,惠及全区168万群众。全年通过惠民“一卡通”,打卡发放8.51亿元,同比上涨13.8%。发放财政补贴补助,涉及五保补助、优抚抚恤、农村低保、残疾补贴、危房改造、耕地保护等15个大项39个小项目,全区32.24万人次(户)受益。惠农补贴“一卡通”存折更换社保卡工作获亳州市财政局通报表扬,社保卡使用率处于全省领先行列,位居全市三县一区第一位。惠农补贴打卡发放系统总户数为38.39万户,其中社保卡使用户数为32.06万户,占比83.92%。拨付城乡低保、城乡医疗救助等社会补贴4.53亿元。拨付各项社会保险基金20.02亿元,其中拨付城乡居民养老保险待遇支出3.36亿元,拨付城乡居民医疗保险10.72亿元。各项基金银行活期存款全部执行优惠利率,在保证基金正常使用前提下适时进行定存。

【资金监管】杜绝违规举债,严控存量债务规模,按照债务化解方案,化解存量债务,做到存量债务只减不增。全区债务限额为114.23亿元,其中:一般债务39.95亿元、专项债务74.28亿元。政府债务余额为108.7亿元,其中:一般债务35.29亿元、专项债务73.41亿元。全区到期应偿还政府性债务8.84亿元,使用财政部发行的再融资债券偿还,及时化解政府债务,防范债务风险。争取新增债券资金10.67亿元。开展自查和签订“小金库”防治及津贴补贴管理承诺书,覆盖253个单位,其中区直机关事业单位138家,乡镇(街道)25家,教育系统(学校)61家,卫生系统(医院)29家的“一把手”签订承诺书,抽查个别单位。贯彻党中央、国务院关于建立特殊转移支付机制的部署,落实财政部严格新增财政资金监管、确保资金直达基层、直接惠企利民要求,组织开展直达资金常态化监督工作,成立组织,加强责任股室联系,定期对账,确保账账相符,账表相符,将直达资金支付到最终收款人,不得违规使用。推广与应用财政国库支付电子化系统,以电子凭证取代纸质凭证,提高支付效率,实现预算单位、财政、代理银行、人民银行全方位、全业务流程的电子化管理,形成安全高效的电子化支付体系和财政、国库与代理银行业务系统的无缝对接。

【服务发展】制定2020年政府购买服务实施清单和谯城区本级政府购买服务指导目录,并在财政局网站发布公告。确定政府购买服务实施项目20项,项目预算资金1.58亿元,支付项目资金1.54亿元。推进财政电子票据管理改革工作,选取区水务局为试点单位,开出谯城区第一张非税电子票据,全年共65家单位开通非税电子票据系统。进一步加强非税收入票据管理,对于没有上线的法院专用票据、会费、捐赠等票据,严把使用核销关,坚持“分次限量、核旧领新、票款同步”原则,对票款不同步,资金不进专户的,不供票据,对不按要求执行的单位一律停止供应票据。出台《谯城区小微企业续贷过桥资金使用管理暂行办法》,区财政筹集续贷过桥资金8795万元,发放过桥资金17.12亿元,支持小微企业386家,资金周转率19.47次,缓解新冠状病毒对实体经济影响,支持小微企业发展。推进PPP项目建设,实施7个PPP项目,项目总资金79.28亿元,其中:绿化养护及道路清扫和“2017-2018年改善农村人居环境”2个项目进入运营期;双创产业园区及配套设施PPP项目停建;产城一体、城乡一体化基础设施、交通基础设施、城乡客运一体化等4个项目推进建设。促进产业转型升级,支持民营经济发展,紧盯疫情防控情下企业的所需所求及企业技术改造、现代中药产业发展引导、工业发展专项资金等各类项目,一季度会同各相关主管部门争取项目36个,涉及企业(单位)456家。

【重点工作】规范扶贫资金管理,强化制度建设,减少中间环节,减少资金拨付流程,提升资金运转效率,精准分配脱贫攻坚项目资金,梳理“一户一方案”、“一人一措施”项目安排需求,分部门做好项目清单,完善脱贫攻坚项目库建设,进行动态管理。及时公告公示,增强扶贫资金分配使用透明度。各级财政安排谯城区扶贫专项资金3.87亿元,其中中央8420万元,省级7530.8万元,市级9884万元,区级1.29亿元,资金到位率100%,共安排产业脱贫、就业脱贫、基础设施建设、金融扶贫等4大类790个项目。完成招标采购项目358个,总预算金额16.92亿元,总中标金额15.35亿元,节约资金1.57亿元,节资率9.27%。完成一事一议财政奖补项目199个,涉及村142个(其中贫困村安排项目20个、涉及村17个)。项目投资规模

5306万元,其中财政奖补4502万元,市拨资金80万元,群众自筹275.6万元,其他筹资528.3万元。项目涉及筹资人18.3万人,受益人口35万人。全年完工道路修建项目120个、下水道项目13个、安装路灯项目6354盏(涉及41个村),资金拨付率100%。

(谯城区财政局供稿 李龙沛执笔)

亳州高新技术产业开发区财政工作概述

【概况】2020年,亳州高新技术产业开发区完成财政收入22.3亿元,为年初预算的102.4%,同比增长9.7%。其中完成地方一般预算收入14.1亿元,为年初预算的109.6%,同比增长12.2%。

【加强收支管理】加强收入征管,统筹做好税收政策落实和组织收入工作,配合税务等相关部门,严格收入管理,做到依法征收、应收尽收、坚决不收“过头税”。严格支出管理,优先足额安排“三保”支出。坚持厉行节约,加强和规范经费支出管理,压缩“三公”经费,严控一般性支出,发挥财政职能作用,提高公共财政保障能力,推进收支管理工作。

【加强预算管理】健全预算体系,完善预算编制程序,科学编制年度财政收支预算。坚持“收支并重、监管结合”方针,加强财政资金安全管理。遵循先收后支、收支基本平衡、略有结余的原则,坚持把做好“六稳”工作,落实“六保”支出同预算管理等各项重点工作相结合,推动建立完整、规范、透明、高效的政府预算管理制度。严格预算执行管理,提高预算完整性、严肃性,增强预算执行约束力,提高资金使用效益。遵守现行财经法律、法规有关规定,规范预算调整,从严控制预算追加,坚持“无预算、不支出”原则。建立和完善财政资金绩效管理及政府性投资项目财政评审机制。

【深化财政改革】推进财政国库集中支付、部门预算、政府采购、绩效评价等改革,完善部门预算、“收支两条线”等制度。加强预算支出管理,加强预算刚性约束,提高预算支出的及时性、均衡性、有效性和安全性,加强绩效评价结果应用。强化财政监督,加强重大财政政策执行情况和民生、涉农资金的监督检查,保障财政资金安全、规范和高效运行。加强监管基层财政、项目资金运转。加强资产管理,推进资产管理信息化工作建设。

【服务经济发展】创新项目服务机制,全力推动项目建设跑出“加速度”,推行全程全权代办服务,以项目代办帮办工作为抓手,帮助企业破除项目建设过程中遇到问题。坚持问题导向,重点围绕聚要素、降成本、强配套、优环境等问题,建立健全服务企业长效机制,深入企业,跟进问题解决进度。全年财政“过桥”资金放款6.4亿元,受益企业111家,防范和化解企业资金链风险;优化优惠政策兑现审查审批机制,全年依法依规快速兑现各类优惠政策资金1.5亿元。

(亳州高新区财政局供稿)

亳州芜湖现代产业园区财政工作概述

【概况】2020年,亳芜园区财政总收入完成3.68亿元,为预算的106.6%,较上年同期增收5243万元,增长15.3%,增速位居全市第一位,其中:地方收入完成2.51亿元,为预算的114%,同比增收5950万元,增长31.1%,实现年初财政收入目标。财政支出完成2.32亿元,同比下降20.1%。

【管理收支预算】聚焦财政收入调度,为推进园区常态化疫情防控提供财力保障。为克服新冠疫情和延迟复工复产要求带来的困难,园区财政局正确面对财税工作形势,采取线上对接等途径,加强收入调度,做好当月收入分析。协调税务部门,零接触辅导园区企业纳税申报,加强征收管理。联合园区相关行业主管部门,发挥涉税部门协税护税作用,堵塞税收漏洞。加强预算绩效管理,加快支出进度。根据各部门年初预算,了解项目进展情况,督促加快项目支出进度,确保项目顺利实施。加强预算编制与执行,年初根据各部门岗位职责,结合园区财力实际,组织编制年初预算,严格控制预算追加。

【落实减税降费】推进减税降费落实,帮助企业享受政策红利。加强政策宣传,在门户网站和微信等通讯工具上公示财政部、国家税务总局和省市出台的各项减税降费优惠政策;会同税务部门在园区开办纳税服务点,派驻税务工作服务人员入驻园区,解读增值税,企业所得税等十税两费的相关减税降费政策。办理各类退税3506万,税费减免5416万,合计8922万。其中:办理增值税增量留抵退税1090万、出口退税67万,其他退税1225万;增值税降率减免2858万,小微企业普惠性减免1185万,支持企业复工复产761万;社保非税减免612万元。

【管理扶持资金】做好企业扶持资金兑现,转变工作思路,提高服务意识,提升扶持资金兑现工作效率,开展调查,审核资料,简化审批流程,缩短兑现时间,给企业提供资金支持,为复工复产营造最佳营商环境。兑现各类涉企政策资金1.15亿元,合计67家企业,168件事项。试行实施“免申即享”惠企政策,通过各部门信息共享等方式披露企业基本信息,实现符合条件的企业免予申报、直接享受园区对企业的财政补贴。9家企业列入园区

“免申即享”政策享受范围,兑现政策扶持资金2171.82万元。

【帮助企业融资】推进企业对接多层次资本市场,引导园区企业家提升金融意识、提高金融能力,联合市金融办、亳州担保联合举办政银担企培训活动,围绕“企业贷不贷、贷多少、何时贷”及民营企业管理风险防控等内容进行专题授课,帮助企业拓宽视野。加大企业融资需求的信息收集力度,紧盯重点企业、重点项目,宣讲省、市应对疫情支持实体经济发展政策,收集企业信贷资金需求,多方联系金融机构,为企业提供资金支持,共帮助园区16家企业融资贷款2.47亿元。

(亳芜现代产业园区财政局供稿)

宿州市财政工作综述

宿州市财政工作概述

【概况】2020年,宿州市财政收入完成208.53亿元,完成预算的95.1%,增收7.28亿元,增长3.6%,增幅为全省第4位。全市财政支出完成486亿元,增支36.1亿元,增长8%,增幅为全省第2位。

【保障财政收入】做好牵头工作,强化部门协调配合,研究对策减轻疫情影响。科学合理安排支出,强化支出预算执行,加快支出进度。2020年,全市财政收入完成208.53亿元,其中,地方财政收入完成133.19亿元,同比增收3.02亿元,增长2.3%。分收入项目看,全市税收收入完成161.03亿元,同比增收13.18亿元,增长8.9%;非税收入完成47.5亿元,同比减收5.9亿元,下降11%。分收入部门看,税务部门完成164.45亿元,同比增收12.41亿元,增长8.2%,完成预算的94.2%。财政部门完成42.16亿元,同比减收6.4亿元,下降13.2%,完成预算的96.3%。海关部门完成1.9亿元,同比增收1.26亿元,完成预算的192.6%。分收入级次看,市级(包括市本级和经济技术开发区、宿马现代产业园区、高新技术开发区、现代制鞋产业城)财政收入完成66.33亿元,完成预算的92.1%,下降0.3%。其中,市本级完成18.27亿元,完成预算的60.9%,同比下降34%,主要是海螺及市区共享收入缴入埇桥区库。四县一区财政收入完成142.2亿元,完成预算的97.4%,同比增长7%。

【优化财政支出】树立过紧日子思想,压减一般性支出,盘活存量资金,集中有限财力保障民生等资金需求。全市财政支出完成486亿元,13大类民生支出完成416.33亿元,占财政支出的85.7%。其中:教育支出88.7亿元,同比增长6.6%;农林水支出80.35亿元,同比增长45.8%;社会保障和就业支出完成67.6亿元,同比增长20.5%;卫生健康支出58.5亿元,同比增长8.7%。

【支持疫情防控】保障疫情防控,全市统筹安排26.4亿元,支持疫情防控、医疗救治、复工复产和稳岗就业等。助力企业复工复产,市本级安排涉企资金3亿元,全部提前下达各部门,帮助企业渡过难关、复工复产。

【支持科技创新】落实《宿州市人民政府关于贯彻落实支持科技创新政策的实施意见》等文件精神,安排科技创新专项资金3864万元,支持企业开展重大关键技术攻关、科技人才团队创新创业、高新企业发展培育、促进科技成果转化专业化;安排“三重一创”专项资金5000万元,配套支持高新区云计算基地以及“三重一创”产业发展。

【落实减税降费】全市减税降费16.1亿元,减免国有房产租金3464万元,减免融资担保费310.55万元,缓解企业压力。

【保障脱贫攻坚】全市投入专项扶贫资金18.72亿元,较上年增加3.14亿元,增长20%。结合中央脱贫攻坚专项巡视“回头看”和2019年脱贫攻坚成效考核反馈问题整改,印发《关于进一步加强财政扶贫项目资金绩效管理的通知》,从强化扶贫资金监督管理、预算执行、公开公示、绩效管理等方面,指导县区做实做细扶贫资金监管。

【防范化解债务风险】化解隐性债务存量,遏制增量,加强风险评估和预警监测,确保不发生系统性财政风险。健全地方政府债务常态化监测机制,将全市所有行政事业单位、融资平台公司债务纳入财政部统一的监测平台管理,按月统计上报债务变化情况,确保实现全口径、全覆盖、动态实时监控政府性债务。全市政府债务余额565.3亿元,较省政府下达的政府债务限额620.5亿元低55.2亿元。全年发行地方政府债券101.3亿元,其中一般债券14.1亿元、专项债券87.2亿元,平均发行利率3.53%、发行期限9年。化解政府债务到期风险,发行再融资债券30.9亿元,专项用于偿还以前年度发行的政府债券到期本金,缓解到期债务还本压力。

【打好污染防治攻坚战】深入贯彻绿色发展理念,支持环境治理和生态保护修复,改善生态环境质量。全市安排3.4亿元用于蓝天、碧水、净土保卫战。实施黑臭水体治理示范项目,有效治理宿州主城区12条黑臭水体。建立地表水断面生态补偿、沱湖流域生态补偿等机制。

【实施民生工程】完成工程类项目年度建设任务,完成参保类项目参续保任务,应报尽报报销补偿,应保尽保、应助尽助补助类项目,完成培训类项目培训任务,其他项目也完成年度目标,全市民生工程考核位列全省第一方阵。33项民生工程到位136.78亿元,拨付132.51亿元,实际支出124.36亿元,完成年度支出任务。

【助力全国文明城市创建】市本级统筹安排7.2亿元资金专项用于文明创建,重点支持老旧小区改造、城区道路白改黑、雨污分流管网建设等城区基础设施建设,为首创首成全国文明城市提供资金保障。

【用好中央直达资金】落实中央特殊转移支付和抗疫特别国债等直达资金直达市县基层、直接惠企利民政策,全市直达资金下达进度100%,支出进度91.5%。建立健全直达资金预算执行及监控工作机制,落实直达资金单独调拨、直接支付各项要求,提高政策落实的时效性和精准度,确保直达资金支出快速、流向明确、账目清晰,确保资金精准落实到群众个体和市场主体。

【实施全面预算绩效管理】上报市委市政府印发《关于全面实施预算绩效管理的实施方案》等,建立财政、审计等部门参与的协同联动机制,规范指导预算单位加强绩效管理。市本级集中审核831个专项绩效目标表,对项目实施事前绩效评审全覆盖,评审结果作为预算安排参考依据。

【树牢过紧日子思想】控制和压减一般性支出,财力更多投向民生和社会发展领域。市本级压减3539万元,压减比例为5.9%,其中收回财政安排出国经费187万元。盘活存量资金,收回短期内无法形成支出的资金、超过期限的结余结转资金,市本级盘活财政存量资金1.94亿元。

【推进实施PPP项目】引导和撬动社会资本,补齐基础设施短板。纳入财政部PPP项目管理信息平台项目40个,总投资额285.32亿元。

(宿州市财政局供稿)

砀山县财政工作概述

【概况】2020年,砀山财政局发挥财政职能作用,保障改善民生福祉,实现财政运行总体平稳、稳中有进。财政总收入预算20.15亿元,实际完成19亿元,较上年增收0.88亿元,增长4.8%。公共财政预算支出完成50.33亿元,较上年减支2.82亿元,下降5.3%(剔除上年财政对城乡居民基本医疗保险基金的补助,实际增长2.8%)。

【保障基本民生】民生领域全年支出42.81亿元,占财政总支出的85.02%。33项民生工程计划投入资金18.01亿元,实际支出17.39亿元,实际支出率96.1%,完成各项目标任务,增强人民群众的获得感、幸福感、安全感。

【保障基层运转】保障"三保"支出,加大资金统筹力度。全年"三保"支出需求28.4亿元,实际安排"三保"预算35.9亿元。树立过紧日子思想,盘活财政存量资金15279万元,压减一般性支出672万元,依法调入预算稳定调节基金8339万元,集中用于疫情防控、基层运转和"三保"支出,确保重点领域支出保障到位。

【维护金融稳定】全县金融机构贷款余额290.95亿元,信贷投放61.9亿元,完成全年目标45亿元的137.57%;全县金融机构存款余额338.39亿元,较年初增加27.47亿元,余额存贷比85.98%,新增存贷比225.32%。防范化解金融领域重大风险,处置不良贷款1.02亿元,开展地方金融领域扫黑除恶专项斗争,推进非法集资案件风险处置攻坚行动,陈案化解2笔;联合公安等6部门开展金融领域乱点乱象专项整治,清除取缔涉及非法金融活动店面4家;强化地方金融行业监管,对融资担保、融资租赁、典当公司、小贷公司开展3次"双随机一公开"检查。推进融资担保服务实体经济发展,年底在保余额13.9亿元,增加"4321"业务175家10.06亿元,较上年同期增长56.21%,增加"4321"完成情况为全市第一名。平均担保费率由上年的0.86%下降为0.76%。加大担保代偿追偿工作力度,收回代偿资金926万元,占代偿款总额的23.03%。

【落实惠农惠民政策】做好惠农补贴"一卡通"资金管理打卡发放工作,全年发放各项惠农补贴资金5.5亿元,涉及农村低保、农村危房改造、各项扶贫资金等15个大项,40多个小项,惠及农户202万户次。推进农村综合改革,投入765万元支持农村集体经济发展。完善农业支持保护体系,发放农业支持保护补贴4144万元。实施"一事一议"财政奖补项目,全年审批村级公益事业建设一事一议财政奖补项目71个,项目总投入2748万元。开展政策性农业保险工作,完成午季小麦承保42.76万亩,森林保险74.12万亩,果树承保25.01万亩,养殖业投保8.67万头。全年农业保险理赔2291万元,受益农户9.3万人,提高农业生产抗灾能力。落实创业担保贷款财政贴息政策,发放创业担保贷款333笔共3428万元,财政贴息410万元,带动社会就业创业。

【支持打好脱贫攻坚战】加大扶贫资金投入,足额安排县级财政专项扶贫资金7000万元。加大财政涉农资金统筹整合力度,整合2.97亿元,集中用于贫困村、贫困区域基础设施和产业发展。加强扶贫资金监管，健全完善扶贫资金监管机制。推进资产收益扶贫项目精准施策，投入1386万元专项扶贫资金用于资产收益扶贫，建立资产收益扶贫项目6个，预计年收益69万元，带动建档立卡贫困人口2659人。其中3个项目取得收益35万元，通过“四议两公开”、“折股量化”等形式发放给贫困户。防范扶贫小额信贷风险，完成对28家用款主体剩余3.3亿元“户贷企用”扶贫贷款的清收工作。按照继续加大扶贫小额信贷工作要求，增加扶贫小额信贷10243万元，惠及贫困户2993户。

【支持打好防范化解重大风险攻坚战】推进专项债券改革，申请发行债券资金13.95亿元，支持农业基础设施建设、脱贫攻坚、棚户区改造、偿还到期政府债务等，推进地方经济发展。强化地方政府债务限额管理，全年债务限额61.69亿元，年底全县债务余额52.79亿元，债务规模处于合理区间，债务风险总体可控。

【支持打好污染防治攻坚战】投入农作物秸秆综合利用资金2915万元，加快重点行业污染源整治，改善大气质量。投入7909万元支持农村“三大革命”专项整治工作，投入3511万元支持美丽乡村建设项目，改善农村人居环境，营造美丽乡村。

【落实减税降费政策】结合“四送一服”活动，宣传国家各项减税降费政策，会同县税务局组织开展纳税人培训2000余人次，走访企业71户；清理更新行政事业性收费（包括涉企收费）目录清单，做到应降尽降，应减尽减，全县全年减免税费5.65亿元。

【加大金融政策支持】疫情期间支持企业复产复工，落实国家对中小微企业特别是防疫物资企业贷款的低利率政策，降低企业融资成本，全县金融机构完成降息金额1147万元。县担保公司发挥融资担保增信作用，在风险可控的前提下取消反担保，降低担保费率。县中小企业融资担保公司为198家企业提供新增担保服务，增加担保额13.45亿元，节省保费164万元，在保13.9亿元，担保放大倍数5.36倍。保障民营、小微企业融资，加大支持民营企业、小微企业发展力度。普惠型小微企业贷款余额35亿元，较年初增加6.48亿元，增长22.72%。有贷款余额的普惠型小微企业户数为4338户，较年初增加990户，普惠型小微企业贷款综合融资成本由年初的5.74%下降为5.11%。推进企业上市挂牌工作，在省股交中心挂牌企业12家。

【加强政府采购管理】推进政府采购“放、管、服”改革，简化采购审批手续，优化营商环境。用好应急政策，疫情防控期间开启采购绿色通道，办理各类防疫物资采购1985万元。减轻企业负担，推进政府采购“一网通办”采购模式，做到数据“多跑腿”，企业“少跑路”。

【加强预算绩效管理】对“梨都小区一期城市老旧小区整治改造项目”、“食用农产品抽样检测”以及“农村饮水安全巩固提升工程”等17个相关重大政策和重点项目编制项目绩效目标，绩效监控其实施过程。

【推进国库集中支付和公务卡制度改革】探索实施国库集中授权支付方式，提升支付效率。国库支付中心完成直接支付93878笔，结算金额106亿元。公务卡结算11930笔，结算金额3040万元，较上年增加1350万元。加强“三公经费”管控，“三公经费”支出1136万元，较上年同期1191万元减少55万元，同比减少4.6%。

【推动国企改革】完成全县国有企业退休人员社会化管理服务工作，完成全县6775名退休人员移交，加上外区域转入移交159人，共完成人员移交6934人，档案移交6934份，组织关系移交852人。

（砀山县财政局供稿）

萧县财政工作概述

【概况】2020年，面对复杂的环境和严峻的风险挑战，萧县财政局牢记使命，积极应对，加大民生保障，做好“六稳”工作，落实“六保”任务，完成既定各项目标任务，财政运行情况总体良好。财政收入完成32.1亿元，较上年增长3.8%。其中：地方一般预算收入完成22.38亿元，同比增长0.6%；中央收入完成9.17亿元，增长10.6%；出口货物退增值税5470万元，增长44.8%。财政支出完成83.37亿元，较上年增加2.53亿元，增长3.1%。财政民生支出71.18亿元，与上年持平，占一般公共预算支出的85.4%，33项民生工程支出28.49亿元。

【预算管理】坚持问题导向、改革创新、立根固本、权责匹配的原则，以全程覆盖、提高绩效、公开透明、责任追究为着力点，构建流程管控和“制度+科技”防控机制，确保财政资金使用安全、规范、高效。加强预算编制管理，遵循统筹兼顾、勤俭节约、量力而行、讲求绩效、收支平衡的原则，统筹编制一般公共预算、政府性基金预算、国有资本经营预算和社会保险基金预算；实行中期财政规划和预算评审论证制度，建立财政专项资金定期评估和动态退出机制。加强预算执行管理，执行县人代会批准预算，未列入预算的不得支出；加强财政专项资金清单管理，建立跨年度预算平衡机制，严格财政资金审核拨付，实行国库集中支付制度，清理盘活存量资金。加强预算调整管理，非经法定程序，不得调整预算，确需调整的，要依法编制预算调整方案，提请县人大常委会审议批准。加强预算监督管理，除涉密信息外，实行预算全公开，接受县人大常委会、审计和社会监督；加强预算执行监督,开展预算全面绩效管理,强化绩效评价结果运用。

【国库管理】推进国库管理精准化、账户管理规范化、库款管理安全化、决算编制公开化。做好直达资金日常监管和动态监控工作,建立会商机制,强化责任约束。深化国库电子化改革,明确目标任务,夯实工作责任,落实改革举措,强化督查考核。精细决算编制,除涉密信息外,实现决算公开全覆盖。加强财政账户管理,控制账户开设,清理撤并不符合规定的账户。建立国库集中支付动态监控预警机制,发现异常,查明原因、跟踪督查、限期整改。加强库款管理,严格支付程序、规范支付流程,完善审批手续,清理结余存量资金,提高资金使用效益。加强内控机制建设,明确职责分工,建立协调制约机制,提高服务效能。

【国有资产监管】贯彻落实财政部第35号令、36号令和《安徽省行政事业单位国有资产管理暂行办法》,加强行政事业单位国有资产管理。加强资产配置管理,印发《关于进一步加强行政事业单位国有资产管理的通知》和《萧县行政事业单位国有资产使用年限及报废报损处置等事项的规定》,把好资产入口关,单位配置资产实行先审批后配置,明确未经财政部门审批,不得进入采购程序、不得列入部门预算、不得列入单位经费支出。加强资产使用管理,定期清查、盘点、核实,做到账、卡、表、实相符。加强资产处置管理,严格审批程序,未经财政部门审批不得处置单位资产;处置资产及时进行账务处理和信息录入,完善手续以备核查。加强资产收益管理,所得收益足额上缴国库,严禁截留、坐支、挪用。加强资产责任管理,单位及个人违反资产管理规定,擅自占有、使用、处置国有资产的,依法依规严肃处理。

【政府性债务管理】加强政府隐性债务管理,债务限额838820万元,较上年增加债务限额152209万元,其中:一般债券36909万元,指定用于公立医院债务化解920万元、支持农业基础设施建设4039万元、支持脱贫攻坚24699万元、财政赤字债券额度4926万元、外债转贷限额2325万元;专项债券115300万元。狠抓财政收入,保障偿债资金来源;统筹预算安排,防止到期债务违约风险;规范举债渠道,保障合理融资需求。防范化解政府隐性债务风险,通过盘活资金、资产等方式,化解存量隐性债务,严控隐性债务增量,稳妥处置各个风险点,全方位监管政府债务、企业债券、银行贷款等,做到坚定、可控、有序、适度,推进供给侧结构性改革,推动县域经济持续健康发展。

【会计管理】联合县市场监管局规范整顿全县会计代理记账行业,限期整改未取得代理记账许可证的中介机构,检查开展代理记账业务的中介机构业务;按照省财政厅会计继续教育文件要求,动员督促各单位会计人员参加会计继续教育学习,组织开展会计专业技术资格报名审核工作,推动《政府会计准则制度》贯彻实施。全县246家预算单位完成内控报告编制工作,较上年度稳步提升。

【政府采购监督管理】支持疫情防控工作,贯彻落实《安徽省财政厅关于新型冠状病毒疫情防控采购便利化的通知》文件精神,支持各行政事业单位和团体组织采购疫情防控相关货物、工程和服务,建立采购“绿色通道”。强化政府采购预算管理,明晰预算单位主体责任,规范政府采购预算编制与执行;督促预算单位申报采购计划,加快采购预算执行进度,减少审核环节,提高工作效率。贯彻执行政府采购法和招投标管理办法,加强政策宣传,制订出台萧县2020—2021年政府集中采购目录及采购限额标准,明确年度政府采购项目范围和操作程序。做好政府采购投诉处理工作,完善政府采购投诉及信访受理、处理程序,依法处理虚假恶意投诉,加大对违法违规行为处理处罚力度,依法保护政府采购当事人合法权益。加强政府采购活动事前、事中、事后监管,监督检查预算单位政府采购内部控制制度建设与执行情况,完善政府采购信息发布制度,提高政府采购透明度。全年政府采购预算总额150073.34万元,实际采购金额132429.63万元,节约资金17643.71万元,节约率11.75%。

【非税收入征管】非税收入完成378939万元,较上年增收38621万元,增幅11%。推进电子化票据改革,贯彻落实《安徽省财政厅关于全面推进我省财政电子票据管理改革工作的通知》文件精神,推广电子化票据,推进本县财政票据电子化管理系统升级改造工作,实现部门全覆盖,杜绝乱收费、乱罚款等现象发生。加强非税收入执行情况分析,根据市财政局要求,每月按时报送非税收入报表及情况分析。每月初,加强股室间协调对接,获取每月非税收入数据,编报月报表。如果发现非税收入异常,与相关执收单位联系,了解异常原因,确保分析准确性、真实性。

【金融管理】萧县首次入围全国金融生态环境指数百强,排位第67名。全县金融机构各项存款余额418.5亿元,较上年同期增加31.92亿元,同比增长8.26%。各项贷款余额312.7亿元,较上年同期增加65.11亿元,同比增长26.26%,余额存贷比74.72%,新增存贷比203.94%,同期存、贷款余额增量在宿州市四县中排名第一。支持企业复工复产,全县投放企业贷款107.24亿元,其中新增贷款59.03亿元,当年办理续贷28.84亿元,办理无还本续贷11.42亿元,办理展期12.79亿元,投放信用贷款3.24亿元,利用人行再贷款6.94亿元。做好小额信贷工作,发放21307.5万元、6439户,存量余额21317万元、6442户。做好扶贫贷款风险防控工作,清收2017年户贷企用贷款和2018年“一自三合”贷款,确保扶贫贷款不发生大的金融风险。推进企业上市挂牌,完成上市挂牌企业15家,支持更多优质企业通过资本市场融资,帮助企业完善条件、排除困难。加强地方金融监管,打好防范化解金融风险攻坚战,牵头实施金融领域扫黑除恶专项斗争,排查“套路贷”“非法集资”等金融违法犯罪线索,摸排“非法集资”2起,移送公安机关2起,陈案化解2起。

【融资租赁典当商业保理监管】融资性担保行业运行平稳,萧县融资担保公司注册资本34698万元,融资担保公司担保余额为18.92亿元,其中税融通在保余额1.70亿元,新型政银担在保余额14.99亿元。

【支持产业发展】优化营商环境,支持招商项目落地。融入长三角和淮海经济区,推动县域经济高质量发展,争取上级财政直达特殊转移支付资金及抗疫特别国债资金57332万元、债券资金34584万元。推进减税降费政策落地见效,适度减免疫情期间的租金,全县减免房租799.59万元。引导社会资本,拨付招商引资政策扶持补助资金27710万元。支持外向型企业发展,为企业办理出口退税5470万元。推动经济开发区建设,安排专项资金7000万元。推动经济建设,落实各项惠农政策。拨付农村安全饮水巩固提升资金7194万元、农村综合环境整治资金25125.44万元,投入村级公益事业一事一议财政奖补资金2726万元,支持美丽乡村建设资金4693.12万元。拨付电子商务进农村发展专项资金1000万元。安排村级运转保障经费10016万元。安排220万元实施公共文化场馆免费开放,安排农村文化建设专项资金199.88万元、科技创新资金1101.2万元。

【助力脱贫攻坚】把脱贫攻坚摆在财政突出地位,全年财政投入专项扶贫资金55736.68万元,其中县级财政专项扶贫资金11884万元。涉农整合资金投入68754.73万元。加强扶贫资金动态监管平台建设,精准分配使用专项资金,支持十大脱贫工程,将扶贫资金分配给主管部门并落实到具体项目。加快扶贫资金支出进度,提高脱贫攻坚实效。全年财政专项扶贫资金实现支出52952.76万元,支出进度95%。统筹整合涉农资金实现支出60334.76万元,支出率87.7%。加大扶贫小额信贷投放力度,全年增加发放6338户,金额21109.5万元。

【加大民生保障】全县财政民生支出711784万元,与上年持平,占一般公共预算支出的85.4%。33项民生工程支出284902.66万元。做好直达资金支出监管,全年收到直达资金106698.5万元,支出97332.63万元,支出率91.2%。做好疫情防控资金保障工作,推动企业复工复产,全年拨付疫情防控专项资金7976.41万元,拨付企业财政专项资金项目516.6万元。积极应对内涝灾害,发挥农业保险风险保障作用,拨付政策性农业保险保费补贴县级配套资金307.29万元。

(萧县财政局供稿)

灵璧县财政工作概述

【概况】2020年,在县委、县政府的正确领导下,灵璧县财政局围绕年初制定的目标任务,研判财政运行新形势新要求,克服疫情影响,统筹常态化疫情防控和经济社会发展,做好“六稳”工作,落实“六保”任务,坚持稳中求进工作总基调,适应经济发展新常态,保障财政安全平稳运行,服务全县经济社会发展大局。

【财政收入】灵璧县一般公共财政预算收入185306万元,占预算100.1%,同比增收100.1万元,增长10.2%。其中:地方公共预算收入129108万元,占预算101.9%,同比增收11635万元,增长9.9%;中央收入48299万元,占预算82.8%,同比增收146万元,增长0.3%;出口货物退增值税7899万元,增收5349万元。分部门征收情况看:税务部门收入13亿元,完成年度目标任务94.3%,较上年同期增收8354万元,同比增长6.9%;财政部门收入55306万元,完成年度目标任务117.1%,较上年同期增收8776万元,同比增长18.9%。从收入结构看,税收收入完成126533万元,同比增长6.7%,占财政总收入68.3%;非税收入完成58773万元,同比增长18.5%,占财政总收入31.7%。

【财政支出】全县完成一般公共预算支出594043万元,完成全年支出预算的130%,较上年同期减支22672万元,同比减少3.7%(因新农合资金市级统筹,不列入县级支出)。其中:教育、科技、文化、卫生健康支出215902万元,占总支出的36.3%,同比减少19.6%;农林水支出103086万元,占总支出的17.4%,同比增长21.6%;金融支出、交通运输支出、公共安全支出49023万元,占总支出的8.3%,同比增长18.3%;一般公共服务及商业服务业、粮油物资储备支出等支出49236万元,占总支出的8.3%,同比增长29.4%。全县民生支出508965万元,占全县总支出的85.7%,减支37574万元,同比减少6.9%;八项支出400288万元,占全县总支出的67.4%,减支70612万元,同比减少15%。

【财政监督检查】加强财政内部监督管理,贯彻落实《财政部门内部监督检查办法》,不定期检查全县乡镇财政所和局直股室、局属单位财政资金监管、内控建设情况、纪律作风建设等。完善财政内部控制建设,结合各相关股室业务操作流程,梳理业务风险点并拟定防控措施,拟定单位内部控制操作规程,提高内控制度可操作性。

按照业务流程,做好"涉企系统"日常应用工作,变更调整部门和财政相关业务操作人员,更新人员信息和全县设置。开展财经纪律监督检查,重点开展财政资金重点专项检查、预决算信息公开检查,组织实施上级财政部门及县委县政府交办的案件性、举报性专项检查。结合会计监督和部门预算执行情况,开展"小金库"长效机制落实情况检查。

【民生工程实施】县政府常务会议审议通过《灵璧县人民政府关于2020年实施33项民生工程的通知》,调整民生工程领导小组成员,明确牵头部门工作目标,压实工作责任。细化资金测算,确保足额配套,全年累计投入资金22.9亿元,圆满完成33项民生工程年度目标任务。继续推行实施民生工程资金拨付"即时办"工作机制,畅通财政、牵头单位和施工单位资金申请、拨付"绿色通道",提高工作效率。规范报账流程,严格财务纪律,将资金拨付业务流程和具体要求以纸质形式送达各牵头单位,组织业务经办员和施工单位会商沟通,保障资金及时拨付到位,最大限度满足工程需要。实施精准调度,根据项目实施时间节点和进展情况,实行"一周一提示、一月一通报",列出问题清单,明确整改时限,县民生办不定期进行督查通报,逐一跟踪督办,并会同督察局对进展较慢的项目进行现场督办。根据市民生办进度通报,对工程进度较慢、落后于全市平均进度的棚户区改造城市老旧小区改造项目进行重点督查调度,推动两个项目提前完工。组织各牵头单位和各乡镇(经济开发区)启动民生工程宣传月活动,全县共通过手机推送短信微信100万余次、印发宣传单50万余张、悬挂横幅2万余条、集贸日宣传500余次、走访群众近50万次。

【农村财政管理】做好财政补贴农民资金发放工作,通过"一卡通"系统,发放财政补贴农民资金15大类45小项,打卡发放金额7.73亿元,惠及农户24.71万户(人)次。建立会商机制,加强协调配合,完善补贴资金发放机制。推进乡镇资金监管工作,对乡镇财政所操作员开展业务培训,填报资金监管、抽查巡查、公开公示等各类监管信息,上传项目类、补贴类资金的图片、文件等相关资料,搭建县乡两级财政资金监管平台。开展惠农补贴资金和乡镇财政资金监管绩效评价,按照评价评分表,逐条对照、逐项落实,完善档案资料,形成完整绩效评价报告。完成对全县基层财政所的绩效评价工作,实现20个乡镇全覆盖。

【财政扶贫资金管理】注重强化资金预算投入,统筹整合涉农资金,加强资金监督管理,加快资金支出进度。围绕全县扶贫工作部署,推进乡村振兴战略,巩固脱贫攻坚成效,增加扶贫资金投入,全县统筹整合财政涉农资金38202万元用于扶贫。

【经济建设项目资金管理】明确经济建设工作方向,加强资金监管,保障资金安全,推进项目建设,促进改善民生。按照业务和项目各自特点,研究项目批复和投资计划,开展业务会商,参与财政业务流程研讨,和项目主管部门交流沟通,把好项目预算编制和预算执行关口,宣传财政财务工作规范。坚持"三个结合"服务方向,把项目管理和资金筹集结合起来,把工程"四制"和国库集中支付结合起来,把财务管理和高效服务结合起来。落实中央特殊转移支付、抗疫特别国债资金直达市县基层、直接惠企利民要求,细化资金分配使用方案,直接用于基层最急需、最重要的支出领域,形成实物量支出。强化直达资金监控,建立健全台账管理,确保账目清晰、流向明确。推动扶贫重点项目建设,按照精准发力、精准扶贫要求,区分轻重缓急,把农村危房改造、农村饮水安全、"四好农村路"建设等扶贫项目管理放在突出位置,在筹资预算上打足配齐,不留缺口。规范便捷支出管理,督促各部门加快项目建设,向政府汇报各项资金使用情况,加快预算执行,提高财政资金使用效益。做好财政资金绩效评价工作,协同县开发区、环保、农委、水利、住建、粮食等部门,对照绩效评价文件要求和评价指标体系,重点评价棚户区改造、老旧小区改造、农村危房改造、农村饮水安全、"四好农村路"建设等项目预算安排、项目建设、资金使用、财务管理。

【PPP项目申报和实施】PPP储备项目经财政部审核认定8个项目,分别是:灵璧县污水处理PPP项目、灵璧县公安局交通管理大队驾驶人考试中心项目、灵璧县城市路网PPP项目一期工程、灵璧县公共基础设施PPP项目、灵璧县乡镇污水处理PPP项目、灵璧县城乡生活垃圾治理一体化、灵璧县城区水环境治理工程PPP项目、灵璧县城市公园PPP项目。8个PPP项目均开工建设,其中污水处理PPP项目和生活垃圾一体化项目建设完工并启动运营。

【政策性农业保险开展】贯彻落实省市相关文件精神,借鉴泗县等友邻县区经验做法,加强和承保企业联系沟通,规范业务操作流程,完善承保、勘察理赔手续,扩大宣传范围、加大宣传力度,完善农业保险工作机制。承保小麦、玉米、大豆、花生333.53万亩,发挥保险理赔积极效应,稳定农业生产成果,增强农民农业生产积极性。

【社会保障资金管理】贯彻落实《就业促进法》,实施积极就业政策。支持建立和完善统筹城乡的就业服务体系、面向全体劳动者的职业培训体系和困难群众就业援助体系,实现再就业支出3122.48万元,较上年同期增加263.82万元,同比增加9.23%。执行社会保障基金预算管理制度,提高社会保险基金自求平衡能力。编制社保基金预决算,执行社会保障基金预决算管理制度。实现社会保障基金收入 53492.86 万元,占预算 104.17%(不包含省级统筹企业职工养老保险,市级统筹机关事业单位养老保险、失业保险及工伤保险,下同);实现社会保障基金支出 33270.82 万元,占预算 105.39%。完善医疗保障制度,扩大医疗保险覆盖面,全县实现基本医疗保障制度全覆盖。城乡居民基本医疗保险参保居民 111.698 万人,筹集资金 90373.18 万元,支出补偿 69936.41 万元。深化实施医药卫生体制综合改革,建立城乡基本公共卫生服务一体化。加快建立全覆盖、保基本、多层次、可持续的基本医疗卫生制度,提高人民健康水平。实施城乡基本公共卫生服务一体化建设,支出基本公共卫生服务资金 6164.16 万元。

【行政事业财务管理】贯彻落实教育各项政策,足额安排各项项目资金,投入学前教育、义务教育阶段、中职教育、高中教育、薄弱学校改造及农村义务教育营养改善计划等专项资金 9353.25 万元。落实人口计划生育各项惠民政策,2018 年投入计生专项资金 1781.02 元。加大文化旅游投入力度,加快文化旅游强县建设,支持基层公共文化服务体系建设,落实图书馆、文化馆等文化免费开放、农村公益性电影放映等文化惠民政策,以及文化园和现代农业博览园景区建设维护,投入文化旅游专项资金 992.61 万元。落实农村组织建设专项资金、村民委员会和村党支部干部报酬及村级扶贫专干报酬等经费 9610.88 万元。落实行政及科技专项资金 364.02 万元,为各部门完成任务提供财力保障。配合做好司法体制改革,落实政法专项经费。做好"三公经费"及会议费统计报表及报送工作。加强乡镇财务管理,开展对账和监督检查,加强乡镇财政财务科学化精细化监管。开展乡镇财政资金安全检查工作。

【政府采购】全县采购预算为 184723.44 万元,实际采购 173568.04 万元,节约资金 11155.40 万元,资金节约率为 6%。其中,公开招标采购金额 167809.19 万元,邀请招标采购金额 647.92 万元,竞争性谈判 1483.38 万元,竞争性磋商 2601.70 万元,询价 611.07 万元,单一来源采购 414.78 万元。做好采购预算编制工作,实行与部门预算统一编制、统一上报、统一审批,力求全面、准确。深化"互联网+政府采购"改革,实现政府采购项目审批全过程电子化,完成政府采购项目审批"零跑腿"或"最多跑一次"的目标。贯彻落实财政部采购贫困地区农副产品实施方案,助力打赢全县脱贫攻坚战。县财政局联合县扶贫开发中心等相关部门,召集专题会议,安排预算单位通过优先采购、预留采购份额方式,采购本地农副产品,发挥"贫困地区农副产品 832 网络销售平台"政策功能。全县 162 家预算单位通过 832 网络销售平台采购本县农副产品 347 笔,总交易总额为 229.92 万元,超拟预留采购总额 75.75 万元,完成全县采购计划的 149.13%。强化信息公开,提高政府采购透明度。通过政府采购信息平台发布采购项目预算、采购需求、采购文件、采购结果、采购合同等项目信息,落实采购人政府采购主体责任。加大采购代理机构的监督检查工作力度,规范采购代理机构的执业行为,落实"双随机一公开"要求。

【会计管理】加强会计人员管理,开展会计人员信息采集审核工作,审核通过 350 人。加强会计人员继续教育管理,提高会计人员素质,开展会计人员视同继续教育审核工作,审核通过 500 人。做好县辖 13 个代理记账机构年度备案工作,检查机构保持设立条件、业务开展、操作程序、警示注意事项、小企业会计准则贯彻落实以及遵纪守法等情况。做好会计专业技术初级资格考试报名人员照片审核工作,全县会计初级技术资格考试报名人数为 569 人,全部完成注册和缴费工作。完成年度会计专业技术初级资格考试合格人员的证书申领网上审核工作,133 名会计初级资格考试合格人员审核完毕。

【财政一体化平台建设】完善一体化平台系统和单位账务系统建设,针对具体业务开展情况,加强对预算单位的业务培训和指导,提升业务人员财政信息化应用能力。理顺电子化支付业务流程,优化设置一体化平台,明确单位、财政各业务股室的责权。抓好财政网络的日常维护管理,保障财政局网络的安全有效运行。整改财政专网,提高网络安全水平,发挥技术支撑作用。定期备份保存重要财务数据,指导各股室养成数据备份习惯,保证财政数据安全。配合税务部门电子征税需求,启动工资统发系统改革,方便税务部门征税工作。完成各信息系统的年度结转,财政业务数据完整无误转入下年度。

(灵璧县财政局供稿)

泗县财政工作概述

【概况】2020 年,按照省市财政部门以及县委县政府的工作部署,泗县财政局围绕年度工作目标任务,坚持稳中求进工作总基调,落实积极财政政策,统筹推进财政收支、保障民生、服务发展等重点工作,做好"六稳"工作,落实"六保"任务,兜住"三保"底线,为全县经济社会发展提供有力财政保障。

【组织财政收支】应对经济下行压力增大、减税降费政策实施和新冠肺炎疫情带来的不利影响,强化收入征管,保障重点支出。全县财政收入完成 20.1 亿元,增长 11%,其中:税收收入完成 15.42 亿元,占财政收入的 76.7%;非税收入完成 4.68 亿元,占财政收入的 23.3%,收入质量明显提升。压减一般性支出,严控"三公经费"支出，盘活财政存量资金，做好“三保”工作。全县财政支出完成64.09亿元，增长0.6%，其中：民生支出完成55.2亿元，占财政支出的86.14%。加强同省市财政部门对接沟通，争取一般性转移支付、抗疫特别国债、地方政府债券等资金支持，缓解财政收支矛盾。

【持续助推发展】实施积极财政政策，全年支持企业发展资金1.17亿元。落实减税降费政策，全年减税降费1.5亿元。为企业申报补助资金，全年为11家企业申报外贸发展、贴息补助及服务业发展等资金0.1亿元。落实减免租金政策，为296家中小企业减免租金944.25万元。优化融资担保服务，为175户企业发放担保贷款8.92亿元，减免担保费158.4万元，降低企业融资成本；为47户在保企业提供过桥资金1.88亿元，缓解企业贷款到期续贷压力。做好金融服务工作，通过搭建银企对接平台，组织开展银企对接活动，提升企业融资效率，降低融资成本，助力企业复工复产。

【保障民生福祉】投入财政扶贫资金5.9亿元，其中：专项扶贫资金2.78亿元、涉农整合资金1.77亿元、地方政府债券用于脱贫攻坚资金1.2亿元、当涂结对帮扶资金0.15亿元，为各项脱贫政策的落实和推进提供财政保障。投入22.19亿元组织实施33项民生工程，克服疫情影响，加强调度，确保项目尽早落实、群众尽早受益。做好惠农补贴资金发放工作，通过“一卡通”发放补贴资金7.04亿元，涉及16大项、45小项，受益农户19.32万户。加大疫情防控经费投入，拨付资金1.37亿元，保障疫情防控工作顺利开展。支持做好稳就业工作，统筹安排各类促进就业资金0.29亿元，落实促进建档立卡贫困户就业、公益性岗位补贴、职业技能提升培训、社保补贴等就业扶持政策。

【落实“六稳”“六保”】落实国家及省关于保基层运转的要求，坚持基层运转支出在财政预算保障中的优先顺序，保障足预额落实到位。县财政统筹中央、省和市转移支付资金，增加对基层基本运转投入力度。按照防范化解政府债务风险的相关要求，加强隐性债务管理，处置化解隐性债务存量，严控隐性债务增量，加强债务风险预警和评估，守住不发生系统性财政风险的底线。

【规范财政管理】加强预算绩效管理，出台《关于全面实施预算绩效管理的实施方案》，加快建成预算绩效管理体系，提高财政资源配置效率和使用效益。加强直达资金管理，执行特殊转移支付机制，加快中央直达资金支出进度，确保中央直达资金迅速惠企利民。做好权责发生制政府综合财务报告编报工作，反映政府财务状况和运行情况。加强国有资产管理，依法依规向县人大常委会报告全县2019年度国有资产和国有企业资产管理情况，接受人大监督。印发《关于推进泗县党政机关和事业单位经营性国有资产集中统一监管实施方案》，做好机关事业单位经营性资产清查核实和资产移交工作，提高国有资本运营效率。严肃财经纪律，开展长期挂账往来款专项清理工作，减少财政资金不合理占用，提高财政资金使用效益。

【加强财政监督】增强预算监督意识，将预算监督贯穿预算执行、资金分配使用全过程，监督管理扶贫、就业、救助等重点领域民生资金，花钱必问效、无效必问责，确保财政资金使用安全、合规、高效。做好“小金库”专项整治、会计信息质量检查、“小微权力”监督制约等监督检查工作，查处违反财经纪律行为，让财经纪律成为带电的“高压线”。强化直达资金使用监管，加强台账管理，完善监控机制，确保每笔资金流向明确、账目可查、账实相符。配合审计机关开展审计监督，提升直达资金使用效益。

（泗县财政局供稿　王杰执笔）

埇桥区财政工作概述

【概况】2020年，面对新冠疫情影响及复杂经济形势，埇桥区财政局贯彻落实习近平总书记重要讲话精神和中央、省、市、区委决策部署，全区财政工作在区委、区政府的正确领导下，在区人大的监督指导下，坚持稳中求进的工作总基调，做好“六稳”工作，落实“六保”任务，以支持打赢“三大攻坚战”为主线，以助推埇桥经济社会发展为目标，以“保工资、保运转、保稳定”为基调，统筹管控各类政府性资金，保障全区各项工作有序开展。

【加强财政收入管理】强化收入征管，着力收入调度，确保收入及时足额入库。加强收入预算执行分析研判，开展综合治税，推动建立税收协同共治长效机制。加强税源经济考核，完善考核办法，调动部门组织收入积极性，配合税务机构征管体制改革，合理划分市、区固定收入、共享收入，加强非税收入征管，争取政策支持，做大做强埇桥区财政收入总量。全区一般公共预算收入完成52.3亿元，增长3.2%，税收收入完成41.8亿元，完成年初预算104.82%，增长13.53%，税收收入占比为80%，非税收入完成10.5亿元，占年初预算69.47%，下降30.52%，财政收入稳中有质。

【加强财政支出管理】加强预算执行管理，建立财政支出进度与预算安排挂钩制度。注重优化结构、用好增量、激活存量，做到有保有压。按照厉行节约规定压缩一般性开支，控制“三公经费”预算规模，“三公经费”零增长，行政运行等一般经费压减5%。集中有效财力保障重点支出，清理结余沉淀资金，统筹用于保障脱贫攻坚、环境创建和改善民生。全区公共财政预算支出99.34亿元，为调整预算的100%，较上年同期增长4.6%，同比增加4.37亿元。政府性基金支出3.23亿元,为调整预算的99.1%,同比增加15.89亿元,同比增长96.8%。

【落实积极财政政策】贯彻落实更大力度减税降费政策,降低纳税人税负,增强企业获得感。完善产业发展政策体系,制定埇桥区促进经济高质量发展若干政策文件及其配套实施细则,引导三产均衡发展。落实纾困惠企有关政策,全年拨付招商政策兑现和扶持民营奖补资金6455万元,兑付援企稳岗补贴824.89万元,推动企业复工复产。

【加强脱贫攻坚保障】加大区级财政投入力度,安排中央、省、市、区四级专项扶贫资金48533.26万元,较上年同比增长24.29%,其中,区级安排专项扶贫资金26545万元,占扶贫总投入50%以上。推进资金统筹整合,编制出台2020年统筹整合财政涉农资金支持脱贫攻坚实施方案和“三个清单”,整合省以下财政涉农资金37724.26万元,统筹整合的涉农资金占应纳入统筹资金规模的80%以上。财政专项扶贫资金优先安排因疫致贫急需开工、符合疫情防控需要和脱贫攻坚政策的项目,其中产业扶贫项目14590.46万元占30.1%,农村饮水安全提升工程94565万元占19.7%、农村人居环境改善8935万元占18%、就业扶贫3616万元占7.5%,其他项目占25%,大部分建设类项目完成建设并验收审计。补贴类资金按照资金使用管理规定有序拨付。开展资产收益扶贫,项目总投入5400万元,计划建设长期收益扶贫项目1个,涉及216村,其中贫困村74个,签订项目分红协议,签约率100%。贫困村平均投入资产收益项目资金25万元,项目带动贫困村集体增收89.85万元;带动建档立卡贫困户4360人,累计增收170万元,人均增收390元。推进金融扶贫,户贷率为24.21%,户均贷款额为4.06万元,超额完成小额扶贫贷款各项考核指标。安排财政专项扶贫资金1090.8万元用于小额贷款贴息,向扶贫小额贷款户贴息919.02万元。为受疫情影响的贫困户办理扶贫小额贷款续贷4户,金额18万元,展期430户,金额1895万元,延期191户,金额953万元。贴息额为1090万元,资金拨付率100%。成立消费扶贫工作专班,实行周报告制度,开展消费扶贫活动,拓展贫困地区扶贫产品销售渠道,利用扶贫832平台,促进贫困地区产业发展和贫困群众增收脱贫。健全扶贫资金绩效管理制度,用好扶贫资金动态监控系统,建立定期监督检查机制,推行信息公开制度。

【加强污染防治保障】加大污染防治和生态保护投入,改善生态环境质量,全年拨付13492万元用于砖瓦窑厂关闭拆除、秸秆综合利用、大气污染防治、矿山地质环境治理,为打好污染防治攻坚战奠定坚实基础。

【加大民生投入】民生支出完成89.53亿元,同比增长6.5%,占一般公共预算支出的89.52%。落实省民生工程要求,做好33项民生工程资金拨付工作。提升公共卫生服务,完善疫情防控体系建设。提高公共卫生服务能力,卫生健康支出6.9亿元,构建基本医保、大病保险、城乡医疗救助以及贫困人口“351”和“180”多层次医疗保障体系。推进城乡基本公共服务均等化,从抗疫国债资金安排6240万元用于疫情防控体系建设和公共卫生体系建设。优化教育资源配置,支持教育优先发展战略。教育支出24亿元,同比增长11%。保障教师工资按时发放,推进学前教育促进工程,健全学生资助制度,保障义务教育经费,推进智慧学校建设试点,保障城乡教育公平。完善社会保障体系,落实困难群体各项社会保障政策。发放农村低保、城市低保、特困供养、失能失智、困难群体临时价格补贴等45210万元。加大养老服务体系建设财政保障力度,安排区级养老服务体系建设资金3657.642万元,支持政府购买居家养老服务、社区养老和社会养老机构建设,发放高龄津贴。促进就业创业,强化技能培训。投入资金1642万元用于支持开展技能脱贫培训、企业新录用人员培训、企业职工岗位技能提升培训、就业技能培训、职业技能鉴定、就业创业补贴等。促进城乡协调发展,改善人居环境,安排农林水支出21.18亿元,同比增长66.5%。拨付农村人居环境整治、拨付中小河流治理、农村饮水安全巩固提升工程、“四好农村路”建设等资金,支持全区农村十大提升工程建设,加快农村基础设施完善。城乡社区支出9.2亿元,推动文明城市建设,市容市貌整治、背街小巷和老旧小区改造等。

【兜牢“三保”底线】按照区级财力保障范围和标准,编准编实埇桥区“三保”预算。“三保”支出预算66.73亿元,其中:保工资支出26亿元、保运转支出4.5亿元、保基本民生支出36.23亿元。预算执行过程中,贯彻落实省财政厅加强地方财政“三保”工作要求,确保“三保”支出优先顺序。树立底线思维,盘活财政存量资金,严格预算执行,优化支出结构,压减一般性支出,全区工资福利支出和各类社会保障资金按时足额兑现,运转经费保障有序,有效保障疫情防控、脱贫攻坚、生态环保等重点项目支出,加强直达资金预算执行和监控工作,财政收支运行平稳。追加33项民生工程上级资金,拨付到位配套资金。

【加强地方政府债务管理】省财政厅下达全区债券限额186013万元,一般债务66918万元(其中新增赤字额度7723万元)、外债转贷6042万元、专项债务限额113900万元。截至2020年10月,政府债务余额为522996万元,其中一般债务214293万元,专项债务308703万元,在省定限额以内,低于国际通行的100%—120%警戒线,地方政府债务风险总体可控。明确债券资金管理使用责任,加强政府债券资金的使用管理,推进债券资金使用绩效评价全覆盖。

【规范政府和社会资本合作(PPP)管理】规范政府和社会资本合作(PPP)管理,加快推动PPP项目落地。有10个在财政部库的PPP项目,涵盖管网建设、文化旅游、综合治理等领域,总投资45.08亿元。完成埇桥区三馆一院一中心及应用技术学校、埇桥区中华孝文化园PPP项目招标,总投资16.44亿元。

【完善财政管理体制】完善预算管理制度,强化预算执行管理,坚持厉行节约,树立过紧日子思想,压缩一般性支出,“三公经费”、会议费和培训费同比下降5%。做好预决算公开工作,政府预决算和全区65家部门预决算在区政务平台统一公开。实施预算绩效管理改革,出台《埇桥区全面实施预算绩效管理实施方案》,明确总体要求、主要任务、职责分工、健全体系和保障措施。从“全方位、全过程、全覆盖”三个维度推动绩效管理全面实施。

【管理国资国企】区国资委对区属国有企业履行出资人职责,采取“直接监管为主、委托监管为辅”的方式进行监督管理。到2019年底,纳入国有资产统计范围的区属国企17家,职工530人,其中高管55人,中层管理人员83人,普通职工392人。区属国有企业资产总额259.4亿元,负债总额173.49亿元,资产负债率为66.88%;实现收入18.52亿元,净利润2.14亿元;完成投资额55.1亿元;工资总额为3181.01万元。国有资本经营预算收入为99.1万元。

【管理行政事业单位资产】对全区行政事业单位按照全部确权、有房产证无土地证、有土地证无房产证和无证进行四分类分别管理,以“一物一档”原则建立档案,确保每项资产都有“身份证”。会同区征收办全面清理拆迁工作,涉及7家单位,拆迁面积15682.66平方米,其中商业面积1173.81平方米。规范资产租赁程序管理,全面摸排全区经营性资产,共33家单位经营租赁资产,全年租金收入832.49万元。兑现减免租户3个月租金。做好在建工程转固工作。提高资产使用效益,解决行政事业单位在建工程比例较大、计入固定资产相对滞后等问题,安排专人及时指导和督促项目建设单位,按时编报项目竣工财务决算,做好在建工程转固工作,防止出现故意拖延不办理在建工程转固、继续从已完工程中列支各种费用支出、项目运行维护费用等行为,保证国有资产不流失。加强国有资产处置监管,配合区政府出台《埇桥区行政事业单位国有资产处置管理实施细则》,规范资产处置各环节。

【深化供给侧结构性改革】清查、登记全区央企、省企“三供一业”分离移交资产,接收房屋、门面等不动产面积71742.35平方米,其中商业门面568套,面积23807.18平方米。不动产以增加注册资本金的方式注入城投、拂晓两大国有集团公司,扩大企业资产规模,降低资产负债率,盘活国有资产。按照上级部门工作要求,移交国有企业退休人员社会化管理服务人员36952人,完成率100%;移交档案36479份(不含档案在外地保存和已死亡职工档案计473份),完成率100%;移交组织关系5986人,完成率100%;移交企业为退休人员服务资产15900.65平方米场所。

【促进经济发展】保持信贷投放数据基本面稳定,全区存款余额1310.71亿元,贷款余额1236.59亿元,增加贷款211.93亿元,完成全年150亿元任务,余额存贷比94.35%,新增存贷比191.79%;全区发放“税融通”贷款8.56亿元;“4321”新型政银担业务发生额11.75亿元;续贷过桥资金扶持49家企业,周转贷款2.37亿元。加强走访,推进企业挂牌上市工作,共在省股交中心挂牌13家,其中:4家企业在科创板基础层挂牌、6家企业在成长板挂牌、1家企业在农业板挂牌、2家企业在专精特新板挂牌。全年实现直接融资7.35亿元,其中金鼎安全内部募集0.05亿元,区城投通过理财工具直接融资7.3亿元。初步拟定《埇桥区金融支持复工复产政策(讨论稿)》,统计全区规模以上和限额以上企业587家,将名单发给银行填写拟授信金额,摸清企业贷款存量,保证主要企业不断资金。落实市金融局、市人行和市银保监局《关于金融机构赴市管园区开展进园区入企业走访活动方案的通知》要求,制定本区工作方案,沟通联系四大园区,确定重点对接企业,开展走访活动。统计整理银行每日上报的《金融支持埇桥区企业贷款统计表》,掌握最新信贷投放情。按照市地方金融监管局要求,落实无还本续贷政策,建立企业白名单。协调银行不对受疫情影响经营困难的企业盲目抽贷、断贷、压贷,扩大信贷投放力度,做到应贷尽贷。

【防范金融风险】将“双随机,一公开”排查活动和行业整治结合起来,现场走访检查纳入监管范围的担保、小贷、典当、融资租赁、商业保理行业,审核相关企业经营资质,公开检查结果。强化排查预警,对其他行业及时出清。对于投资咨询、理财、互联网金融等未纳入统一监管体系的公司,区财政局与相关部门沟通协作,在市地方金融监管局统一部署下开展3次联合执法活动。扩大宣传教育,对社会群众普及知识。研究制定《埇桥区2020年防范非法集资暨地方金融领域扫黑除恶专项斗争宣传月活动实施方案》,开展3次防范非法集资暨非法放贷宣传活动。设立金融领域扫黑除恶举报热线和邮箱,定期收集群众反映强烈的违法经营信息,宣传知识、提示风险、增强意识、预警预防、发动举报。推进陈案化解，消除存在隐患。年初梳理非法集资存量案件，邀请区公安分局经侦大队和区法院执行局分析研判，确定3起案件作为2020年度非法集资陈案化解任务，并于当年8月完成全部案件化解工作。完成巡视整改，规范金额扶贫。针对中央巡视整改中涉及金融扶贫的“户贷企用”和“贷款对象不精准”两个问题，区财政局按广泛排查、加强管理、加大对新增小额贷款的审核力度、加强政策宣传“四步走”完成整改。

（埇桥区财政局供稿）

蚌埠市财政工作综述

蚌埠市财政工作概述

【概况】2020年,蚌埠市财政部门坚持积极的财政政策更加积极有为,落实减税降费政策,建立财政资金直达机制,完善预算管理,优化支出结构,提升预算绩效,应对疫情汛情冲击,做好“六稳”“六保”工作。市财政局获评第六届全国文明单位及蚌埠市党政目标考核优秀单位。

【预算收支】全市一般公共预算收入318.3亿元,较上年(下同)增长0.4%,受新冠肺炎疫情和减税降费政策影响,增幅较上年有所下滑。其中地方收入158.5亿元,下降2.9%。全市财政支出325.9亿元,下降3.4%。市本级财政收入132亿元,增长2.6%,完成年初预算102.3%,其中地方收入36亿元,增长2.1%,完成年初预算101.7%。市本级财政支出83.3亿元,下降0.5%,剔除争取的上级转移支付、新增债券、年中追加等支出,完成年初预算93.4%。全市政府性基金收入176.8亿元,支出254.7亿元。全市国有资本经营收入3.4亿元,支出2.4亿元。全市社会保险基金收入101.4亿元,支出130.1亿元。

【政府债务】2020年,省核定蚌埠市地方政府债务限额487.4亿元,其中一般债务174.1亿元,专项债务313.3亿元。全年争取省转贷地方政府债券124.5亿元,其中:再融资债券23.5亿元,新增债券101亿元。全市地方政府债务余额455.5亿元,其中:一般债务158.7亿元,专项债务296.8亿元。市本级地方政府债务余额231.4亿元,其中:一般债务82.4亿元,专项债务149亿元。

【支持防疫和复工复产】加强防疫经费保障,启动资金拨付应急预案,通过动用预备费、争取上级资金、优化支出结构、盘活存量资金等方式,全市安排防疫资金4.4亿元,支持重点救治药品、防护物资、设备等应急物资保障体系建设,落实患者救治费用补助、医护人员临时性工作补助等政策,保障疫情防控资金需求。制定《关于贯彻落实应对新型冠状病毒肺炎疫情有关涉企财政政策的实施意见》,支持复产复工。提前兑现各类市级产业扶持资金5.1亿元。对承租国有企业经营性用房和行政事业单位房产的中小微企业疫情期间前3个月房租全免、后期减半,累计减免租金9464万元。通过财政贴息支持24户疫情防控重点保障企业获贷10.4亿元。分批次发放商品餐饮、文化旅游、汽车消费券5000万元。加强直达资金使用监管,争取中央直达资金32.9亿元,用于抗疫相关支出、医疗卫生体系建设等。建立财政直达资金监控系统,动态跟踪资金分配、拨付、使用情况。建立资金使用实名台账,推动资金直达县区基层惠企利民。

【落实积极财政政策】推进“工业攻坚年”行动。落实减税降费政策,全市新增减税降费27.7亿元。投入各项产业扶持资金10.9亿元,扶持“十强”和“三十佳”工业企业,推进硅基、生物基等主导产业集聚区建设,支持军民融合和传统产业改造升级。安排中小企业(民营经济)发展资金2亿元,提高“小升规”奖补标准。支持创新体系建设。安排创新型城市建设资金1.3亿元,支持科技研发、创新平台建设、人才引进培育等。安排运营经费3000万元,支持成立中科蚌埠技术转移中心,推进中科院系统科技创新成果在蚌转化。安排资金3000万元,参股硅基玻璃新材料创新中心。发挥债券资金投资撬动作用,统筹谋划项目申报,66个专项债项目获批纳入省级项目库,总投资839亿元。争取省分配蚌埠市新增债券101亿元,较上年增长37%,重点投向上海(蚌埠)微电子产业园、临港地下管廊、重点生物化工企业退市进园搬迁改造等项目建设。拓宽企业融资渠道。支持设立5亿元蚌埠市融资担保基金和1亿元中小微企业贷款风险补偿资金池。财政安排1亿元续贷转贷过桥资金,全年新增续贷过桥业务11.2亿元,扶持企业187户次。加大企业上市挂牌奖补力度,上市奖励标准从500万元提至1200万元,新三板挂牌奖励标准从140万元提至300万元。拨付市级奖励资金2090万元,惠及全市158家企业。

【财政资金统筹】压减一般性支出,从严控制“三公”和会议、培训、差旅等经费,严禁新建、扩建政府性楼堂馆所,一般性支出按不低于5%比例进行压减。加大存量资金盘活力度,将超过规定期限仍未使用的市本级资金2.7亿元收回预算,统筹用于疫情防控、复工复产和三大攻坚战等重点领域。

【民生保障】全市民生支出280.3亿元,占财政支出86%。投入资金79.8亿元,完成33项民生工程年度任务。兜牢“三保”底线,坚持“保工资、保基本民生、保基层运转”支出在财政支出中的优先顺序,建立县级“三保”预算审核机制,加大自有财力和上级转移支付统筹力度,强化库款调度保障,省分配蚌埠市特殊转移支付资金10.3亿元,全部下达县区,增强县区“三保”保障能力。提升公共服务水平,投入资金59.4亿元,支持学前教育发展,加强义务教育经费保障,落实普通高中学生资助政策,推进职业教育质量提升,支持智慧学校建设等。投入资金22亿元,支持市“十三五”医疗卫生服务能力提升、蚌医一附院新院、蚌医二附院心脑血管中心和县区公立医院等项目建设。拨付资金3.2亿元,支持国家登山健身生态步道和禹会村、双墩国家考古遗址公园建设,创建国家公共文化服务体系示范区,提升公益性文化服务水平。加大社会保障力度,城乡居民医保财政补助标准从520元提高到550元,农村低保、农村特困人员生活保障标准分别提高到7920元、10470元。落实企业职工基本养老保险省级统筹制度,确保养老金按时足额发放。全市拨付就业资金1.5亿元、失业保险返还4530万元,支持稳定和扩大就业。安排资金3080万元,开展居家和社区养老服务改革试点,获评国家优秀试点市。支持做好退役军人创业就业、社保接续、安置补助工作。

【三大攻坚战】支持决战决胜脱贫攻坚。全市投入财政扶贫资金6.2亿元,支持贫困地区基础设施建设、产业发展、人员技能培训等。投入资金3437万元,安排40个资产收益扶贫项目,通过务工就业、技术服务、土地流转等利益联结机制,实现收益365万元,惠及建档立卡贫困户6836人。对196个扶贫项目资金绩效目标进行跟踪监控,确保扶贫资金使用安全高效。打好污染防治攻坚战。坚持生态优先、绿色发展,健全分级分类财政投入机制,全市投入污染防治资金7.2亿元,突出问题导向,支持农作物秸秆“五化”综合利用,加强环保监测能力建设,开展打击河道非法采砂、“清四乱”等专项行动,推进实施河长制、湖长制、林长制和淮河流域重点水域禁捕退捕,巩固龙子湖水生态治理成果。实施环境空气质量、地表水断面生态补偿机制,实行“奖惩+补偿”双向措施,倒逼责任县区环境质量改善。着力防范化解政府债务风险。严格落实地方政府债务预算管理相关规定和要求,健全常态化监测机制,加强债务风险评估和预警,发现和处置潜在风险。坚持定期调度机制,统筹安排好偿债资金来源,筹集在建项目后续资金,完成年度化债任务。加强债券资金使用监管,开展债券项目事中、事后绩效评价,督促项目加快实施,尽快形成实物工作量。

【城乡协调发展】支持区域合作发展。发挥财政职能作用,支持中国自贸区蚌埠片区建设,开展长三角招商推介,积极承接产业转移。支持中恒商贸城获批国家级市场采购贸易方式试点。兑现铁海联运、出口信用保险保费补贴,支持稳住外贸基本盘。支持城市能级提升。统筹安排土地出让金等资金96.8亿元,支持棚户区和老旧小区改造、水蚌线外迁、城市道路、市政泵站、数字化城管、老旧小区地下管网综合整治等项目建设。安排资金3000万元,支持组建蚌埠机场建设投资有限公司,加快推进民用机场建设。支持全面实施乡村振兴战略。统筹资金38.4亿元,支持高标准农田建设、扶持壮大村级集体经济、助推农业产业发展等。投入配套资金10.5亿元,支持淮河蚌浮段等重点水利项目建设。拨付资金1.5亿元,支持做好防汛抗灾和蓄滞洪区补偿工作。拨付政策性农业保险补贴资金1.6亿元,发放涉农补贴资金18.6亿元,保障农业生产和粮食安全。市本级安排资金1.4亿元,推进美丽乡村建设、农村环境“三大革命”,改善农村人居环境。

【财政改革】加快推进预算绩效管理改革。市委印发《全面实施预算绩效管理的实施办法》,健全绩效目标、运行监控、第三方评价、结果运用等绩效管理制度体系,推进预算绩效管理制度化常态化。编制市本级专项资金绩效目标,与项目同步申报、同步审查、同步批复。建立绩效自评和外部评价相结合的绩效评价体系,在部门自评基础上,市本级选取16个项目和4个部门整体开展第三方绩效评价。推进绩效信息公开,市本级101个项目绩效目标及106个项目绩效自评结果随预决算同步公开。提高预算精细化管理水平。压实预算部门主体责任,清理整合项目支出预算,控制代编事项,提高预算编制水平。加强政府预算统筹衔接,国有资本经营预算调入一般公共预算比例提至30%。控制预算追加,确需追加事项,按规定程序报市人大常委会审查批准。深化人大预算联网监督平台共享机制,推进预算审查监督重点向支出预算和政策拓展。督促审计发现问题整改落实,建立健全长效机制,加强审计结果运用。推进国资国企改革。加强国有资产管理,组织开展市本级行政事业单位资产清查工作。选择10户企业开展经营性国有资产集中统一监管试点。完成国有企业退休人员社会化管理,推进国有企业混合所有制改革。出台《关于市属企业加强参股管理有关事项的通知》,规范市属企业参股管理。开展地方金融企业国有产权登记。

(蚌埠市财政局供稿　赵辰执笔)

怀远县财政工作概述

【概况】2020年,怀远县一般公共预算收入完成37.32亿元,较上年增长1.6%;其中地方一般预算收入23.41亿元。全县一般公共预算支出75.92亿元,较上年下降5.2%。县本级一般公共预算收入15.26亿元,较上年下降20.42%;县本级一般公共预算支出61.45亿元。全县政府性基金收入12.84亿元,较上年下降11.9%,政府专项债券及抗疫特别国债资金7.9亿元,上级补助收入7103万元,当年基金可用财力22.02亿元;政府性基金支出16.48亿元,较上年增长27.4%,结转下年支出6108万元,收支相抵当年净结余4.93亿元,用于补充预算稳定调节基金。全县社会保险基金收入19.4亿元,较上年下降17.9%;社保基金支出17.16亿元,较上年下降14.3%。全县国有资本经营预算收入1.2亿元,较上年增长20%;国有资本经营预算支出8520万元,较上年增长20%。

【收支管理】争取政策、项目和资金。组织协调各相关部门谋划债券项目15个,成功入库项目7个。全年专项债备选库项目新增15个,总投资额76.54亿元,到位新增一般债券及再融资债券资金4.68亿元,专项债券资金5.84亿元。争取中央直达资金,到位抗疫特别国债资金2.06亿元,特殊转移支付资金2.34亿元,缓解财力短缺压力。调整优化支出结构。树牢过紧日子思想,强化资金统筹,压缩一般性支出,严控"三公"经费支出,压减各部门一般性支出及支出进度缓慢项目资金9085万元,清理盘活财政存量资金1.83亿元,优先保障疫情防控、"保基本民生、保工资、保运转"等重点支出需求。

【财政改革】强化工作落实,接受人大依法监督、政协民主监督,向县人大常委会及财经委员会报告预算执行情况,落实县人大对预决算的审查意见,办理人大议案、建议和政协提案。加强预算执行分析工作,提供预算收支执行信息。完成财政一体化系统往来资金管理模块测试上线工作,实现代管资金分年度明细核算功能,优化财政代管资金管理水平,提高资金拨付效率及会计核算质量。做好库款保障、民生支出保障等指标统筹,发挥财政资金使用效益,确保财政政策有效落实。落实县委县政府《全面实施预算绩效管理的实施办法》,增强部门预算绩效理念,研究建立绩效目标动态监控及绩效评价结果运用体系。

【国资管理】开展清产核资,摸清国有资产、资源家底;强化国有资产监管,严格资产配置、使用、处置及有偿使用收入管理;制定《怀远县县级行政单位通用办公设备家具配置标准》,强化行政单位通用办公设备、家具配置管理,加快推进资产管理与预算管理的结合。推进县直党政机关和事业单位经营性国有资产集中统一监管,将县直机关事业单位经营性资产打包处置,壮大怀投集团资产规模,提高资产使用效益;强化县属国有企业考核激励,引导企业规范经营行为,走可持续发展路子。

【财政监督】公开评审80家县直单位2021年度部门预算,评审项目515个,涉及资金11.1亿元,压减资金3400余万元,压减率3.1%。根据上级统一部署,公开县本级及各部门预决算信息。组织开展全县两个年度的预决算公开专项检查,规范部门信息公开工作。

【民生保障】加大重点投入,助力民生保障。全县民生支出68.27亿元,占一般公共预算支出的89.9%。优先落实财政对公共卫生和疫情防控的保障职责,安排7212万元支持疫情防控和复工复产。做好民生兜底保障,安排城乡低保、五保、特困供养、高龄老人等特殊群体、灾补等补助资金2.72亿元,拨付城乡居民基本养老保险、医疗保险等社保补助资金12.25亿元,筹集4022万元用于代缴优抚、低保、五保、贫困人口、计生家庭城乡居民基本医疗保险。支持教育事业发展,投入18.42亿元,较上年增加4.8%;拨付义保经费1.29亿元,发放困难学生补助、助学金等各项补助3647万元,拨付智慧学校建设及教学设备采购资金1.1亿元。

【服务发展】减轻企业负担,落实减税降费、援企稳岗兜底等一系列支持政策,会同税务、经信等部门做好政策宣传、辅导、细化和执行。坚持"放水养鱼",为企业"松绑"让利,全年新增减免税费2.45亿元。做大做强主导产业,支持兑现"促进总部经济发展"、"民营经济发展"、"盘活闲置低效利用资产"和"建筑业高质量发展"等扶持政策,筹措资金支持发展装备制造和汽车零部件等主导产业,为承接长三角产业转移提供财政支撑。向7户新引进企业兑现扶持资金1.12亿元,兑现省、市、县各项发展专项资金156户次3913万元,向40户优质企业发放奖励资金500万元。强化金融撬动作用,完善金融服务体系,大禹小贷公司通过批准设立,科技担保公司加入省"政银担"体系,协助企业通过信贷、债券等方式融资,投放供应链金融56笔金额3.5亿元,为24户企业提供续贷过桥资金7452万元,政银担等担保业务在保余额7.66亿元,协调金融机构向460户企业发放贷款29.6亿元,缓解小微企业融资难问题。鼓励优质企业通过资本市场做大做强,4户企业在省股权交易中心科创板挂牌,壹石通公司通过上交所科创板上市审核。

(怀远县财政局供稿)

固镇县财政工作概述

【概况】2020年,固镇县财政收入21.56亿元,完成调整预算的100.3%,增长7.2%。财政支出完成40.67亿元,同比增长1.35%。

【优化财政支出结构】应对经济下行压力,调整优化支出结构,保障民生,促进社会和谐。财政民生支出完成36.63亿元,同比增长1.6%,占财政支出的90%。落实疫情防控经费保障等政策,拨付疫情防控经费6381.76万元,其中财政安排资金5881.76万元,医保基金安排500万元。完成民生工程,在市财政局2020年民生工作考核中,获民生工作总体评价第一名,连续六年获评安徽省民生工程绩效评价先进县。

【支持经济高质量发展】围绕新时代"高特美强"新固镇建设,统筹安排资金,提供财力保障,拨付项目资金28.55亿元,支持固镇县棚户区改造、保障性安居工程、老旧小区改造、农村环境整治等重大项目、重点工程建设。支持科技创新,促进产业结构升级,拨付三重一创等科学技术资金2998万元,兑现制造强市等奖补资金2765.3万元。

【落实减税降费政策】支持实体经济发展,减轻企业负担。减免企业电费500万元,降低天然气费用120万元,国有企业减免市场主体房租48.04万元;兑现就业稳岗补贴730.55万元,减免企业养老保险费5957万元、失业保险费123.58万元、工伤保险费147.3万元,城镇职工医疗保险1136万元。

【用好国家直达资金】累计下达中央直达资金4.7亿元,支付4.46亿元,完成进度95%,主要用于疫情防控救治体系、应急物资储备体系建设,弥补市县减收增支和县级"三保"缺口补助,支持市县基础设施建设和抗疫相关等支出。

【落实各项惠民政策】通过财政补贴"一卡通"发放各类惠农补贴10类27项,157个批次,补贴金额3.12亿元,覆盖12.5万户(人)。推进农村公益事业发展,实施村级公益事业财政奖补项目131个,工程预算3504.59万元。抓好农业保险理赔工作,赔付金额3288.18万元,受益农户10.6万户次。坚持教育优先发展战略,巩固两基成果,一般公共教育经费支出10.15亿元,同比增长14.3%。支持社会保障和就业,拨付城乡困难群众基本生活保障资金1.68亿元、城乡困难群众医疗救助2134万元。支持医疗卫生事业,筹集城乡居民基本医疗保险财政资金2.99亿元,安排公立医院改革资金4155.62万元,拨付"351"和"180"资金716万元,拨付基本公共卫生服务资金3744万元。保证"老字号"群体待遇兑现,发放退出村医4802人次,资金555.47万元;发放离任村干部生活补助资金59233人次,资金1598.5万元。

【规范政府债券融资】申报入库新增专项债(非标债)项目9个,总投资101.72亿元,获批债券额度72.3亿元,到位非标专项债券资金8.37亿元,第四批棚改专项债券发行3.96亿元,支持固镇县医疗卫生、水利、园区基础设施和教育事业发展。

【打好脱贫攻坚收官战】下达扶贫资金1.12亿元,累计支出扶贫资金1.08亿元,支出比例96.25%。其中财政专项扶贫资金6196.36万元,累计支出6154.7万元,支出比例99.33%。

(固镇县财政局供稿 王晓冬执笔)

五河县财政工作概述

【概况】2020年,五河县完成财政收入18.74亿元,较上年增长10.2%,其中县本级收入完成12.05亿元。财政支出完成43.26亿元,同比增长2.3%,其中,县本级支出完成37.57亿元。

【收支管理】完成财政收入18.74亿元,其中,税务部门12.44亿元,财政部门6.3亿元。坚持量入为出、收支平衡的原则,控制一般性支出,压缩公用经费,特别是压缩"三公"经费支出,在保工资、保运转、保基本民生前提下,监控和分析预算支出和重点支出执行进度,掌握预算支出执行进度,提高预算支出均衡性。全县财政支出43.26亿元,其中民生支出38.89亿元,占一般预算支出90%,占比连续七年超过85%。压缩一般公共预算支出和"三公经费"支出,按照压缩5%的原则,压缩五河县各部门综合定额指标120多万元;县"三公经费"支出总额1504万元,同比减少0.6%。

【预算管理】深化预算管理改革,开展预算会商,推进财政预算编制,推进全面预算绩效管理。按照《预算法》和上级文件精神,印发《关于2020年预算公开工作方案的通知》,要求县直部门和乡镇按照省财政厅规定的统一信息公开格式及内容,公开各自部门预算信息(除涉密单位外)。全县56个县直部门和14个乡镇公开"三公"经费等预算信息,公开比例为100%(涉密单位除外)。落实财税扶持政策,执行疫情期间税收减免、房租减免等税费减免政策,全年减免税费1.41亿元。完成预算绩效评价工作,按照《关于全面实施预算绩效管理的实施意见》,以民生工程和扶贫项目为核心,评价民生工程和扶贫项目,实现2019年度全县33项民生工程、314个扶贫项目预算绩效全覆盖。

【财政改革】完善县乡支出改革,制定《五河县人民政府办公室关于进一步完善财政支出管理的实施方案(试行)的通知》,理顺县乡两级政府财政分配关系,调动县乡两级发展经济、开辟财源、增收节支的积极性。深化国资国企改革,推进融资平台转型发展,提升服务实体经济能力。完成招聘五河国有资本运营投资集团有限公司管理层人员工作。加大财政存量资金盘活力度,健全结转结余资金定期清理机制,按照上级要求对存量资金清理收回,收回存量资金 2600 万元,政府可统筹使用资金 1448 万元。加强统筹使用收回资金,重点用于疫情防控、脱贫攻坚等关键领域,提高资金使用效益。

【民生保障】2020 年省级 33 项民生工程中承担目标任务 30 项,拨付资金 19.65 亿元,较上年增长 1 亿元,增长 5.3%,民生工程惠及全县医疗卫生、文化教育、劳动就业、社会保障、农业生产、住房保障等多个领域,全部完成年度目标任务。加强资金保障,会同各牵头部门出台五河县 2020 年度民生工程资金筹措方案、分项资金管理办法,保障资金筹措到位、使用规范。开通民生工程资金拨付“绿色通道”,保障资金及时拨付到位、项目运行平稳有序,月末统计资金拨付情况及时调度。加大宣传力度,制定全年宣传方案和集中宣传月方案,重点宣传新增、调整的民生工程项目。印发民生工程政策宣传展板 231 块,发放至全县所有村居,使民生工程政策宣传覆盖全县。利用报刊、网站、公开栏等载体,发挥媒体宣传主渠道、网络宣传主窗口、基层宣传主阵地作用,丰富宣传载体,加强舆情管理。在省、市民生工程网站及媒体刊登信息 14 条,其中省财政厅信息 3 条、市财政局网站 11 条、《蚌埠日报》1 条。强化协调配合,通过集中督查与强化协调配合,完善县、乡、村三级联动协调推进机制,加强与各部门沟通交流,每月通报各项目进展情况,确保各项工程按时按质完成。

【服务发展】推动重点项目建设,拨付 1.3 亿元支持县乡道路升级改造及农村道路养护工程,保证县乡道路安全通畅;拨付抗疫国债 5300 万元,保障 S313 头铺西至望淮岭段改线工程顺利实施。拨付五河县花园湖行蓄洪区移民迁建项目建设资金 754.92 万元,确保行蓄洪区人民群众安居乐业。全年投入资金 7000 万元支持棚户区改造、保障性安居工程等项目建设。改善人居环境,投入大气污染防治 276 万元,农村改厕 577 万元,污水处理费 3363 万元,城市和农村生活垃圾处理 7233 万元等。扶持民营企业发展,安排 1.7 亿元产业扶持资金和 200 万元担保风险补偿基金,保障扶持民营经济、工业企业、服务业企业资金需求。强化金融支持发展,结合金融扶持企业政策,深入企业走访调研,协助解决企业融资需求。上报省级保障企业名录 39 家,为上海电气、天麟面业、东博米业专项再贷款 7500 万元并申请中央贴息补助,协调担保公司授信 60 家企业担保贷款 3.01 亿元,降低担保费率按 0.5%执行,为 25 家企业解决过桥资金 1.15 亿元。

(五河县财政局供稿　洪宇执笔)

龙子湖区财政工作概述

【概况】2020 年,龙子湖区实现财政收入 16.37 亿元,较上年增收 3125 万元,增长 1.9%。其中,税收收入 14.34 亿元,占财政收入比重 87.6%。全区财政支出 11.96 亿元,较上年增支 1.4 亿元,增长 13.4%。

【组织财政收入】抓好增收重点,将抓好互联网平台经济发展作为财源建设的新思路和税收增长的新突破点,促进财政增收,提升收入质量。建立长效沟通机制,了解收入动态,定期分析税收形势,排查和梳理税源,挖掘收入增长点。加强非税收入管理,加大对平台公司等重点单位、重点项目和重点环节的征管力度,按规定时限足额缴库。全年组织非税收入 2.03 亿元,缓解财政收支平衡压力。

【多渠道筹集资金】广开渠道争取各类扶持资金,缓解本级财政压力和矛盾,确保“三保”支出及重点项目支出需求。申请专项债券资金 1.78 亿元,储备申报项目 8 个、申报金额 120 亿元。出让地块 5 块,成交价 12.47 亿元,土地出让金收入 7.17 亿元。向上争取 3.93 亿元转移支付资金,其中一般转移支付收入 3.18 亿元,抗疫特别国债资金 7465 万元,弥补因减税降费、疫情影响等因素造成的财力缺口。

【实施民生工程】坚持保基本、兜底线、补短板、促公平,财政投入优先向民生领域倾斜。全区财政民生支出 10.69 亿元,增长 14.3%,占财政支出比重 89.3%。区财政局履行民生工程牵头推进职责,组织实施 18 项省级民生工程,会同各项目主管部门,分解目标任务,研究制定民生工程实施办法、资金管理办法等文件。综合采取月分析、月通报、现场督察、召开推进会等方式,管控调度民生工程实施过程。推进民生工程建后管养,开展部分重点民生工程项目绩效评价,检验惠民效益。

【支持社会事业发展】健全义务教育经费保障机制,实施学前教育促进工程。全年教育支出 2.64 亿元,占一般公共预算支出比重 22.1%。支持实施“智医助理”项目,提升妇幼保健计划生育服务中心、乡卫生院服务能力,建成全市首家婴幼儿照护早教服务中心和孕产妇孕养服务中心。全年卫生健康支出 7033 万元,占一般公共预算支出 5.9%。做好城乡居民基本医疗保费补助、困难人员救助、拥军优抚等财力保障,支持建设三级养老服务中心、站所、智慧养老和助残服务平台。全年社保支出 1.9 亿元,占一般公共预算支出 15.9%。支持推进城市老旧小区整治和棚户区改造,支持交通宿舍和交通停车场周边城中村、造纸厂宿舍周边棚户区、朝阳新村一期等征迁项目实施,支持续建新建老山二期、朝阳城中村、宋庄片区等安置房项目。全年城乡社区支出4.08亿元,占一般公共预算支出34.1%。

【支持企业发展】发挥财政资金导向作用,强化科技创新驱动,分项目、分行业、分方式为企业发展提供帮助。投入3.7亿元推动企业创新、绿色、高质量发展。落实减税降费,实地走访企业,宣传减税降费、疫情防控税费优惠政策,为辖区企业减免各项税费3亿元。运用金融工具,通过银企对接会等方式为50余家企业解决融资需求11亿元;提请市地方金融监管局邀请市政府主要领导以及证券交易所专家到施普瑞德、宏业药业等拟上市公司调研指导;完成省股权托管交易中心科创板挂牌任务。

【加强财政管理】从预算编制源头上强化精细管理,提升预算执行效率和质量。深化全口径预算管理,完善财政资金统筹使用机制,健全预算执行监控制度,实现财力统筹考虑、项目统筹保障、管理统筹推进。落实债务管控政策,严控新增政府隐性债务。动态监控债务变动情况,排查债务风险隐患点。多方筹资缓解短期偿债压力。建立信息公开制度,接受社会监督。区政府债务余额12.39亿元,债务风险总体可控,未出现违约失信行为。

【强化国有资产监管】履行国资监管职能,代表区政府向区人大汇报全区国有资产管理情况综合报告,掌握全区企业国有资产、行政事业国有资产以及自然资源国有资产状况。全区国有资产总规模125亿元。重点加强企业国有资产监管,研究制定《蚌埠市龙子湖区区属国有企业资产管理暂行办法》,依法监管区属平台公司资产、财务及重大事项,防范债务风险及经营风险。规范行政事业资产管理。强化预算管理、政府采购约束,加强资产处置管理。全区新增资产1394万元,处置资产156万元。

【防范化解金融风险】开展防范和处置非法集资宣传活动,协调处非工作领导小组成员单位,推进辖区陈案化解和资金清退,完成化解陈案3起。做好"7+4"行业监管,在线检查和现场检查辖区小贷公司和典当公司,并将检查结果同步录入"双随机一公开"平台。开展扫黑除恶整治金融乱象工作,提请上级金融监管部门,注销经营不规范、不正常的小额贷款公司1家、互联网金融公司1家,维护辖区金融稳定。

【推动金融服务创新】发展后备企业资源库,鼓励辖区企业了解和对接多层次资本市场,推动优质企业直接融资,加强上市挂牌业务培训、宣传,引导企业上市或在新三板、省股权交易中心科创板挂牌。全区后备企业35家,辅导淮开电器、赛英电子等8家企业完成科创板挂牌工作。举办银企对接会,运用新型政银担、税融通、续贷过桥等方式为辖区企业解决融资难题,一对一制定融资方案,帮助企业解决融资需求11亿元。

(龙子湖区财政局供稿)

蚌山区财政工作概述

【概况】2020年,蚌山区公共财政预算收入16.1亿元,同比增长9.4%,增加1.38亿元。其中:地方公共财政预算收入11亿元,同比增长12.3%,增加1.20万元;上划中央公共财政预算收入4.9亿元,增长11.6%,增加5038万元;出口退税0.2亿元,同比下降63.9%,减少3275万元。公共财政预算支出11.2亿元,同比下降8.9%,减少1.1亿元。政府性基金支出3.2亿元。其中:抗疫特别国债支出6865万元,新增专项债券支出2.33亿元。

【收入管理】加大税源培育力度,引进优质税源,坚持服务靠前、保障靠前、落实靠前,提升对重点项目的税收服务力度。组织重点项目税收入库7.09亿元,强化全口径预算管理,加大非税收入征管力度,组织4.05亿元非税收入入库,同比增长19.8%。中央直达县级基本财力保障机制奖补资金8190万元全部分配用于保障民生支出,抗疫特别国债资金8643万元全部用于市政及农村公路建设、基础设施建设和基层医疗卫生设施改造。申报债券资金,降低融资成本,保障重点项目建设。发行专项债券2.23亿元,其中棚改专项债券1.73亿元,用于蚌山区中山街周边、马场湖路西侧、公栈路北侧棚户区改造项目;非标专项债券5000万元,用于蚌埠市蚌山区城市停车场及附属设施建设项目。

【支出管理】优化支出结构,保障重点支出需要。加大专项支出管理力度,压减行政和一般性公共支出5%,"三公经费"压减8%以上。优化支出结构,加快财政支出进度,保障重点支出需要。

【预算绩效管理】制定《蚌山区全面实施预算绩效管理的实施办法》,将绩效理念和方法深度融入预算编制、执行、监督全过程,采取部门自评、财政评价和第三方评价的方式,构建事前事中事后绩效管理闭环系统。选取残联贫困残疾人康复民生工程、民政局福彩公益金项目、农业农村局农业支持保护补贴和稻谷补贴以及住建交通局省级老旧小区整治项目等4个项目,根据设定的绩效目标,运用科学、合理的绩效评价指标、评价标准和评价方法进行预算评价,涉及财政资金8765.56万元。

【财务管理】完善财务制度,规范财政支出,制定《蚌山区全面实施预算绩效管理的实施办法》文件,并就《蚌山区财务报销管理办法》、《蚌山区差旅费管理办法》、《蚌山区关于加强国有资产管理的实施意见》、《关于贯彻落实过“紧日子”要求进一步加强和规范区直部门预算管理的通知》和政府采购相关业务，召开全区财政财务业务培训大会，对区直各预算单位和部门以及乡街分管财务的领导和财务工作人员进行专题培训。规范支出行为，防范财务风险，树立过紧日子思想，提高财政资金使用绩效。

【疫情防控】筹措各类资金2152.72万元，主要用于防疫物资和设备采购及完善基层医疗基础设施，为战胜新冠肺炎疫情提供资金保障，助推经济健康稳定发展。

【民生保障】民生支出10.03亿元，占财政总支出89.54%。实施33项民生工程(涉及蚌山区21项)，主要涉及教育文化、社会保障、基础设施建设、三农等方面，区级配套资金4443万元提前保障到位，及时足额保障民生工程项目资金需求。

【经济发展】全面落实减税降费政策，实施税前减征4.9亿元，增值税留抵退税等1亿元；减免36家企业房租173万元；新增中小企业融资担保18户8500万元，采取供应链金融等反担保方式，担保费减按0.5%征收，帮助企业解决资金难题，降低融资成本，减轻企业税负。

【金融服务】创新融资模式，帮助荣盛金属、景泰科技等15家企业进入多层资本市场，在安徽省股权交易托管中心成功挂牌。蚌埠卓越中小企业融资担保公司为区属中小企业提供融资服务，获中国农业银行、中国建设银行、浦发银行等7家银行授信5.9亿元；与蚌埠网盛签订合作协议，授信额度不限；中国银行、五河农商行等授信进入受理审批流程。担保贷款4030.16万元，新增委托贷款6600万元，合计1.06亿元。巩固拓展政银企沟通渠道，与商务局及乡镇街道联合举办银企对接会4场，帮助企业克服疫情影响解决融资难问题。完成供应链金融企业授信2亿元，放款640万元。推动实施中小企业信用贷款，探索建立区级风险补偿基金，支持企业发行集合债券、集合票据、私募债券等。区属卓越担保公司探索供应链金融新模式，根据企业特点，为企业量身定制反担保措施。鼓励企业直接融资，新增德诠、中唐热浪岛、怡舟等储备企业逾10家。

【互联网+政务服务】贯彻落实国家“放管服”改革要求、稳步推进“互联网+政务服务”事项，把握优化营商环境关键环节，严格按照工作要求和时间节点完成相关工作。网上办理事项均在政务服务中心设立综合服务窗口，实现一窗办结，并承诺为民服务事项最多跑一趟。办结时限比法定时限缩减三分之二以上。全年实现网上办理业务17件。

【政务公开】加强政务信息平台数据维护，提升政务公开水平。加强政务公开的力度和栏目信息的动态维护，加强重点领域公开力度，提升信息公开质量和水平。利用互联网、新媒体等载体，宣传财政法律法规和政策文件，回应社会关切，做好重大事项新闻发布。强化政府考核指标管理和省、市、区月度监测要求，加强财政收支预决算、三公经费、减税降费、民生工程和“六稳”“六保”等重点工作、政策解读和回应社会关切栏目信息更新、发布，提升财政政策透明度和群众满意度。

(蚌山区财政局供稿)

禹会区财政工作概述

【概况】2020年，禹会区完成财政总收入18.65亿元，完成调整预算的100.8%，同比下降10.9%。其中：地方收入12.5亿元，完成98.4%，同比下降11.1%。全年财政总支出完成14.7亿元，完成调整预算的98.5%，同比下降3.12%。

【提高财政保障能力】加强部门联动，拓展财税数据共享的广度与深度，紧盯重点行业、重点企业投产及项目建设进度，抓收入保增长，确保税收收入足额缴库。完成泰康人寿等7家保险公司税收征管属地划转事宜，争取正列举企业收入基数320万元。区财政局、区税务局和马城镇政府三方协调配合，设立马城建材物流园发票代开点，规范零散税源征收管理。培育远期税源。禹会区加大招商引税力度，坚持引资与引税相结合，通过强化税收导向，引入优质项目，提高招商引资的产出率和税收贡献度。

【提升民生福祉】民生支出13.04亿元，占财政总支出的88.7%。坚持优化支出结构，资金优先用于民生工程，健全帮扶困难群众长效机制，提升民生工程资金保障水平。全年拨付资金3.7亿元，22项民生工程全面完成。投入2800万元，用于新冠肺炎疫情的防控防治；投入2200万元，推进义务教育经费保障机制改革，为全区26761名义务教育阶段学生免学杂费和教科书费用，足额保障生均公用经费；投入1970万元，完成39个校舍维修改造项目，建成4所公办幼儿园；投入1400万元，完成“智慧校园”一期建设。拨付4200万元，用于保障基层医疗机构运转，推进基本公共卫生服务、智医助理，“一站式”救助等。投入2880万元，用于优抚对象补助、义务兵家属优待金、退役军人一次性安置等；投入4540万元，用于基本养老保险金补助、农村低保五保、老字号补助、残疾人“两项补贴”等。

【优化财政管理】出台《禹会区乡(镇)、街道财政体制改革实施意见》，按照权责对等原则，建立财力与事权相适应的分配机制，规范财政支出、分配制度，统筹考虑乡街人口规模、辖区面积和工作职能等因素，建立与街道承担事项相适应的财政保障体制。按照“依法采购、规范管理、开拓创新、稳步推进”的要求,出台《关于规范禹会区政府采购工作管理的通知(试行)》,制定适合禹会区的政府集中采购目录和限额标准。利用区级限额小额备案库,缩短招标时间,严格招标程序,节约资金,降低采购预算。全区115家预算单位全面实现国库电子化支付,突破资金支付的时间和地域限制。全年办理资金支付3.76万笔,提高支付效率。强化预算约束机制,真正过紧日子,全年一般性支出压减5%,“三公经费”压减8%,同时盘活财政存量资金,收回沉淀资金333万元,统筹用于大建设等重点项目支出,提升财政资金使用效益。

【保障项目建设】围绕禹会区发展定位,支持现代化城市建设,支持统筹发展、协调发展。统筹资金5.06亿元,竣工交付涂山美林园、天马花园安置房2269套;王岗、文轩园等2900套安置房开工建设;拨付1.49亿元,用于支付滨河西片区、大庆社区、禹墟项目、柴油机厂等16个项目拆迁补偿款;拨付1460万元,用于提升改造淮滨小区等8个老旧小区,受益家庭约1000户。拨付4500万元,用于环卫一体化建设,提升环卫全覆盖能力,清理八里沟、迎河水面1.1万平方米,清理水面垃圾900处;推进农村环境“三大革命”,完成农村改厕500户,整治农村道路问题107处,清理农村生活垃圾2.64万吨。争取抗疫特别国债资金1.03亿元,用于“四好农村路”、农村污水处理项目,争取非标专项债券资金1.2亿元,用于登山步道项目建设;竣工交付蚌埠二中禹会实验学校二期、马城中学一期,基本建成禹会区人民医院,建成交付席家沟路620米,开工建设张公山北公园绿化景观、涂山公园项目。

【加强债务管理】规范举债融资行为,完善以政府债券为主体的举债融资机制,争取抗疫特别国债、中央特殊转移支付超2亿元,缓解疫情带来的财政支出矛盾。全年新增非标专项债券保障蚌埠市国家新型工业化产业化示范基地项目和蚌埠国家登山健身生态步道项目建设用款需求,加快债券资金使用进度,形成实物工作量。加强地方政府性债务风险防控管理,化解存量政府隐性债务,全年未发生债务违约,守住不发生区域性、系统性风险的底线。

(禹会区财政局供稿)

淮上区财政工作概述

【概况】2020年,淮上区财政总收入完成17.9亿元,为调整预算的100%,同比增长1.6%,增收0.29亿元。其中:地方财政收入完成11.9亿元,为调整预算的100%,下降3%,减收0.36亿元。中央收入5.5亿元,完成调整预算的100.3%,较上年同期增长11.7%,增收0.58亿元;出口货物退增值税5135万元,完成调整预算的100%,较上年同期增长15.8%,增收701万元。全区公共财政预算支出完成15.2亿元,下降18.3%,减支3.4亿元。

【支持防疫和企业复工复产】支持疫情防控。启动应急响应机制,在确保安全的前提下,对急需资金简化程序、加快审批,保障各镇各单位防疫资金使用。全区拨付疫情防控资金1950万元,用于采购药品、口罩、防护服等紧缺防护物资,为一线防控工作者发放工作补助、购买防疫保险,购置救护车。助力企业复工复产。加大失业保险稳岗返还政策落地落实力度,筹集资金支持稳定就业,加大资金投入力度,统筹做好资金安排。安排年度就业专项资金2340万元,在保障现行就业政策的基础上,增设财政补贴帮助企业外地务工人员返岗和新招聘人员,鼓励企业吸纳高校毕业生和农民工等重点群体就业。对疫情防控重点保障企业给予稳岗补贴和创业担保贷款支持,支付合一冷链等4家企业疫情防控重点保障企业优惠贷款贴息26.2万元,支付疫情防控重点物资技术改造项目资金82万元。对承租区属国有企业或行政事业单位经营性用房的中小微企业、个体工商户减免租金573万元。

【加强支出管理】压减一般性支出。贯彻真正过紧日子要求,取消不必要的项目支出,从严控制“三公”经费、会议培训、差旅、展会招商等,严禁新建、扩建政府性楼堂馆所。为应对财政减收压力,区级一般性支出统一按不低于5%比例进行压减,压减资金69万元。在经济下行压力持续加大的情况下,着力保障民生资金需求。新增支出重点向民生领域倾斜,全区财政民生支出13.38亿元,占财政支出的88%。

【落实减税降费政策】贯彻中央和省、市更大规模减税降费政策,减税降费约2.71亿元,其中减免税收2.64亿元,减免非税757万元;减免社保费1.1亿元。为企业纾困解难,帮扶21家企业贷款担保3.14亿元。帮助53家企业在省股权交易中心科创板挂牌,支付企业奖补扶持资金1590万元。争取中央、省市各项对企业政策资金9280万元,全年拨付企业奖补资金2.33亿元。

【强化政府债务管理】申报非标专项债券项目并评审入库6个,争取地方政府专项债券资金6.51亿元,主要用于水利工程、生态环境保护、人居环境(乡村振兴)改善、梅桥农业示范区、智能制造产业园、生物医药产业园等项目建设。强化政府债务管理,落实债务风险化解责任。完善政府债务管理制度,规范和强调政府性债务管理工作,落实地方政府债务限额管理和预算管理要求,加强专项债券项目收支预算管理。结合淮上区实际情况制定偿债计划,明确偿债责任,采取措施,化解存量债务,遏制隐性债务增量,化解隐性债务存量。全区归还到期政府债券本金5556万元,偿还到期政府债券利息5707.69万元,守住不发生区域性系统性金融风险的底线。促进国有公司转型升级,提高自身造血能力。对于国有公司融资行为采取企业化运作,将融资业务作为国有公司一项正常业务,加大国有公司与银行等金融机构合作,全年融资22.18亿元,为全区重大项目做好资金保障。创新经营机制,加快平台公司转型升级,支持融资平台公司转型为自负盈亏、自主经营的国有企业。推动企业做大做优做强,更好服务经济社会发展。

【用好直达资金】为应对疫情,中央财政下达淮上区直达资金1.97亿元,主要用于保就业、保基本民生、保市场主体,其中拨付特别转移支付7998万元和抗疫特别国债9698万元。区财政细化分配至区级各部门,用于教育基础设施建设和区城乡基础设施建设。执行特殊转移支付机制有关要求,强化财政资金使用监管,以直达资金台账为基础、直达资金监控系统为支撑,加强对资金分配下达、资金支付、惠企利民补贴补助发放情况的监控,促进资金落实到位、规范使用,资金拨付进度为95.3%。

【提升管理水平】落实全面实施预算绩效管理制度,选取区级重点项目开展第三方绩效评价,推动预算绩效评价工作提质扩围。推进重点领域财政事权和支出责任划分工作,编制“十四五”财政规划。定期向区人大常委会报告国有资产管理情况、政府债务风险防控情况等,配合做好预算联网监督工作。开展预决算公开、财政涉企资金、小金库等检查监督,严肃财经纪律。构建集约化发展,推进闲置资源利用,通过不良资产收购、并购、重组、二次招商等方式盘活多家企业。

(淮上区财政局供稿)

蚌埠高新技术产业开发区财政工作概述

【概况】2020年,蚌埠高新区适应经济发展新常态,推进稳增长、促改革、调结构、惠民生、防风险、保稳定各项工作。全年完成财政总收入17.66亿元。其中,地方一般公共预算收入9.85亿元,一般公共预算支出11.09亿元。

【加强财政收入管理】协调税务部门,建立信息相互沟通、数据相互交流、情况相互通报工作机制,密切配合,做好重点企业税收统计及分析工作,解决企业税收征管问题。深入企业宣传,落实落细各项减税降费政策,纾解企业困难、稳定市场主体、支持复工复产,2020年呈“一季度收入大幅下降,二季度触底回升,三季度由负转正,全年回稳向好”的发展态势。规范非税收入管理,将国有资本经营收益纳入预算管理,严格按照相关法律法规执行,足额上缴国库,确保国有资本经营收益的安全和有效使用。

【强化财政支出管理】树立过紧日子思想,坚持量入为出、有保有压、可压尽压,压减部门一般性支出和非急需、非刚性支出。控制预算追加,除疫情防控、民生类等重大事项外,其他事项原则上不予追加预算。加大存量资金盘活力度,全年盘活存量资金3124万元,统筹用于保障“三保”、疫情防控和复工复产等急需领域。用好中央直达资金,实现国库集中支付系统、指标系统与直达资金监控系统的全覆盖全链条监控,确保资金流向明确、使用精准、安全高效,确保抗疫特别国债资金及特殊转移支付资金全部用于农村道路建设及“六稳”“六保”工作。

【服务经济高质量发展】优化营商环境,落实减税减费政策,联合税务局实地走访企业2014户,电话走访170户,全年实现减税1.24亿元,减税规模为全市前列,减免涉企行政事业性收费614万元,覆盖企业252户。助力企业复工复产,对区内162户中小微企业(个体工商户)减免租金392万元。拨付政策扶持资金7629万元,惠及项目(企业)164个,全区规模以上工业企业复工复产率100%。落实疫情防控重点保障企业优惠贷款贴息政策,拨付区内6家企业贴息资金328.2万元。筹措资金,协同业务主管部门,做好企业项目申报工作,全年兑现企业各项奖励政策及惠企专项补贴5.04亿元。

【深化国资国企改革】加强国有企业管理制度建设,推动区属国有企业市场化改革和法人治理结构改革。制定印发国企负责人薪酬、绩效考核、对外投资、担保、借款等制度文件。通过建立激励和约束机制,促进区内国有企业持续健康发展,发挥高新区经济社会事业发展重要载体作用。加大对区内政府性融资担保机构蚌埠科技担保有限公司投资力度,公司注册资本经多次增资后增至3亿元,成长为蚌埠市专业科技担保公司,先后获“最受欢迎的小微企业金融服务提供商”、“蚌埠市中小企业公共服务示范平台”等称号。

【防范政府债务风险】加强地方政府债务的统计分析工作,通过综合分析和预测财力,了解债务的总体情况和自身财政承受能力,防止盲目举债。加强对融资平台公司资产状况和各项债务指标的管控,严防债务风险。在市财政局统一部署下,完成违规政府债务、政府购买服务的摸底、清理、整改工作。一般债务和专项债务余额不超过省下达的债务限额,无逾期、无违规债务。

(蚌埠高新区财政局供稿　安莹执笔)

蚌埠经济开发区财政工作概述

【概况】2020年,蚌埠经开区完成财政总收入22.06亿元,较上年增加530万元,增长0.2%。其中地方一般公共预算收入完成15.22亿元,较上年减少5667万元,下降3.6%。财政一般公共预算支出18.59亿元,较上年增加1.64亿万元,增长9.7%。其中民生支出16.5亿元,较上年增加1.52亿元,增长10.1%。

【收支管理】贯彻落实减费降税政策,把抓收入、保增长、促民生作为首要任务。协调税务部门,定期召开税收工作联系会,健全涉税信息共享机制,跟踪监管重点纳税企业、重点行业税收缴纳情况,摸清税源分布、了解税源变化、掌握税源动态,查找问题,分析原因,以完工结算楼盘为切入点督促配合税务部门抓好开发企业土地增值税征收。以重点税种为切入点,加强企业所得税、土地使用税的汇算清缴。加大对重点项目、重点产业的投入力度。全年通过本级财力、土地出让金市级返还、上级补助资金、棚改专项债等筹集各类建设发展资金18.29亿元。重点保障基础设施建设和支持重点产业项目发展。利用特殊转移支付资金,做好“六保”工作。其中专项特殊转移支付资金5373万元,全部用于保工资和保基本民生;特别抗疫国债资金1.15亿元,用于凤阳东路项目、纬五路、高铁东路道排工程项目。两项资金惠企利民,直达企业和个人。

【预算管理】深化预算管理改革,建立健全财政收入征管分析工作机制,加强财政收入形势研判和入库管理,实现收入平稳可持续。推进预算信息公开,依规公开政府预决算和“三公经费”预决算,增加相关解释说明,增强预决算信息透明度。按照“保重点、控一般、促统筹、提绩效”的预算管理要求,真正过紧日子,注重结构调整,落实“六稳”“六保”任务,集中力量保障重点领域支出需要。清理2019年结转结余资金,对超规定年限的资金收回统筹使用。

【财政改革】加强预算绩效管理,提高财政资金使用效益。建立绩效目标审查机制,将绩效目标作为部门预算安排的主要依据。绩效目标要清晰反映预算资金的预期产出和效果,以绩效指标予以细化、量化描述。加强绩效运行监控,对重点监控发现资金使用和项目管理中存在的问题和绩效目标执行中的偏差,各部门及时整改,对问题整改或整改不到位的暂缓或停止预算拨款。规范绩效评价管理,建立单位自评、部门评价和财政评价相结合的多等次绩效评价体系。

【民生保障】全区民生工程提前完成年度目标,主要包括“四好农村路”建设,贫困残疾人康复,就业创业促进工程,养老服务和智慧养老,城乡居民基本医疗保险等16项民生工程。除棚改项目外,全年区级实际拨付资金1871万元。

【经济发展服务】帮助企业加快复工复产。根据政策要求,对经开区承租国有资产类经营用房的中小微企业,对在疫情期间为承租的中小企业减免租金的创业园、科技企业孵化器、众创空间、创业基地等各类载体,落实相关租赁费用减免的优惠政策。落实疫情期间房租减免优惠政策企业171户,减免1061万元。

(蚌埠经开区财政局供稿 何玉执笔)

阜阳市财政工作综述

阜阳市财政工作概述

【概况】2020年,面对复杂严峻的宏观环境,特别是新冠肺炎疫情和特大汛情,阜阳市财政局坚决贯彻党的十九大和十九届二中、三中、四中、五中全会精神以及习近平总书记考察安徽重要讲话指示精神,在市委市政府的坚强领导下,落实更加积极有为的财政政策,统筹推进疫情防控和经济社会发展,助力打赢疫情防控阻击战、复工复产联动战、防汛救灾保卫战、脱贫攻坚收官战、文明创建攻坚战,做好"六稳"工作、落实"六保"任务,为实现经济社会稳步发展提供坚实财政保障。

【抓收入优支出】全市财政收入完成346.3亿元,收入总量位居全省第四。研究各项政策,争取各类财政资金,全年争取上级资金598.1亿元,资金规模位居全省第一,其中:转移支付资金367.9亿元、地方政府新增债券资金174.8亿元、中央特殊转移支付资金和抗疫特别国债资金55.4亿元。树立过紧日子思想,加强预算执行管理,优化财政支出结构,全市"三公经费"支出1.6亿元,同比下降6.1%。全市财政支出完成671亿元,同比增长2.4%,支出总量居全省第二位,经济社会发展重点领域、重点任务、关键环节,以及工青妇、民族宗教、外事侨务、双拥共建、行政机关、事业单位、群团组织和重点群体等支出需求得到有力保障。

【助抗疫保防汛】把人民群众生命安全和身体健康放在首位,做好疫情防控资金保障。按照"急事急办、特事特办"原则,建立疫情防控专项资金快速审核机制,开通资金支付"绿色通道",第一时间拨付4亿元,为实现"全收治、全治愈、无医务人员院内感染"的"两全一无"目标作出财政贡献。安排3.3亿元,支持公共卫生和重大疫情防控救治及应急物资保障体系建设,全市具备核酸检测能力医疗卫生机构增至34家。围绕统筹推进疫情防控和经济发展,运用减税降费、财政奖补、减免租金等政策工具"组合拳",对冲疫情带来的损失,全市新增减税降费36亿元以上,兑现财政奖补资金8.2亿元,为1787户中小微企业减免租金0.6亿元,推动全市企业复工复产,经济秩序加速恢复。拨付防汛救灾资金1.8亿元,支持灾区基本生活物资供应、环境消杀、卫生保健等工作,确保受灾群众日常生活稳定。支持"四启动一建设"工作,统筹3.4亿元支持灾后恢复重建,确保电力设施、桥梁道路、泵站涵闸、农田水利等基础设施及时修复。加大对阜南县、颍上县两地资金调拨力度,超调0.9亿元开展灾后预补偿工作,争取中央、省蓄滞洪区运用补偿资金4.7亿元,补改种农作物43万亩,助力受灾地区恢复生产。

【兜底线促稳定】落实就业优先政策,2020年安排就业专项资金4.6亿元,城镇新增就业8.6万人。保市场主体稳定,为2762户中小微和"三农"企业新增发放政策性融资担保贷款28亿元,担保费率降至1%以下;为460家企业提供续贷过桥资金,周转贷款金额24.9亿元,降低企业融资成本近2.5亿元;阜城安排消费券补贴资金0.8亿元,带动直接消费23亿元,激发市场活力。阶段性减免企业养老、失业、工伤保险费和职工医保单位缴费部分减半征收政策全面落实,全市降低企业社会保险费10.2亿元。保粮食能源安全,全市拨付政策性农业保险财政补贴资金3.5亿元、拨付小麦赤霉病防治资金1.8亿元,通过"一卡通"发放各类惠农补贴资金44.1亿元,同比增长18.9%,惠及全市241.6万农户。保产业链供应链稳定,兑现工业奖补资金3.9亿元,支持企业节能环保、技改提升、设备更新等,助力工业转型升级;投入科技资金7.2亿元支持创新发展,全市高新技术企业为372家,登记科技成果1594项,新增国家级专精特新"小巨人"企业3家、省级专精特新中小企业18家,省级创新型城市建设加快推进。保障基层运转,争取中央特殊转移支付资金32.6亿元,将中央下达市本级的特殊转移支付资金2.3亿元,全部分配到县市区,助力提升基层"三保"保障能力。

【强产业重项目】贯彻落实“产业兴城、工业强市”发展战略，以“产业项目建设年”活动为抓手，出台《阜阳市市级政策奖补资金兑付办法》，优化资金兑付流程，加快资金拨付进度。市级兑付产业奖补资金8.2亿元，支持工业建筑业、农业产业化、商贸服务业等重点领域项目建设。安排1亿元专项资金支持工业企业“13581”龙头培育工程。安排0.9亿元推进“三重一创”建设，支持新兴产业发展壮大，太和现代医药产业聚集发展基地走在全省同类前列。统筹政府专项债、抗疫特别国债41.2亿元支持阜阳机场扩建、阜阳高铁西站、阜城东北大外环、阜裕大桥拆除新建等重点交通工程项目建设，区域性综合交通枢纽地位进一步夯实。统筹1.9亿元支持“三馆一院”室内装修、设备购置等，加快推进场馆有序建设，确保按时序要求顺利开馆。统筹112.1亿元支持农业农村发展，建成省级中心村198个，建立市级安全优质农产品标准化生产基地242个，8个县市区成功创建省级农产品质量安全示范县。安排1.2亿元扶持村集体经济发展壮大，推动实施村集体经济“百千万”工程，165个村集体经济经营性收入超过50万元。

【补短板强弱项】坚持以人民为中心的发展思想，加大民生投入。全市民生类支出572.9亿元，占财政支出的85.4%。全市拨付民生工程资金148.6亿元，占计划投入的100.5%，完成省政府下达的33项民生工程任务。支持打赢脱贫攻坚战，全市统筹整合资金42.3亿元，同比增长5.5%，临泉县、阜南县、颍东区3个国家级贫困县区成功摘帽，剩余2.39万农村贫困人口全部脱贫，全市脱贫攻坚战取得决定性成就。支持打好污染防治攻坚战，全市拨付大气污染防治资金4.7亿元，PM2.5平均浓度同比下降3.5%，大气环境质量持续改善；拨付水污染防治资金6.1亿元，5个列入国家考核及6个纳入省生态补偿的断面水质均值全部达标；拨付土壤污染防治资金1.2亿元，土壤生态环境状况总体稳定。全市拨付123亿元加大教育投入，全面落实城乡义务教育保障机制，扎实推进学前教育提升计划和阜城义务教育优质均衡三年行动计划，学前教育到高等教育生均拨款制度实现全覆盖，新改建扩建公办幼儿园88所，阜阳一中新校区建成使用。推动阜城职业教育发展，实施技师学院二期工程，推进阜阳师范大学信息工程学院转设工作。支持健康阜阳建设，全市拨付卫生健康资金91.5亿元，8个县市区紧密型县域医共体建设实现全覆盖，每千人口床位数为6.15张，每千人口医师数为2.46人，均高于全省平均水平。全市统筹棚户区改造资金29.3亿元，支持3万余套棚户区房屋建设，改善居民居住环境。提升市民幸福指数，统筹8亿元专项资金实施百巷改造及“121”三带建设，提升人民群众幸福感和城市品质。安排5亿元支持文明城市创建，成功创建全国文明城市。

【抓改革推绩效】推进财政支出标准化建设，完善基本支出和项目支出定额标准体系。坚持零基预算编制原则，建立项目准入退出机制，打破预算安排只增不减固化格局，提升预算编制的科学化、精细化水平。坚持“公开为常态、不公开为例外”原则，预算信息公开做到“四统一”“双公开”。加强预算绩效制度建设，制定《阜阳市全面实施预算绩效管理实施办法》《阜阳市市直预算绩效管理暂行办法》等，完善预算绩效管理制度体系。推动绩效评价，对市级奖补政策、新增债券资金项目及部分重点项目进行财政绩效评价，涉及资金27.6亿元。完善市属国有企业薪酬管理体制，健全企业投资和经营风险防控监管机制。完善预算审查监督机制，增强预算执行监督实效，人大预算联网监督平台健康运行，人大监督工作的时效性和针对性增强。落实审计监督全覆盖和重大政策跟踪审计要求，对审计发现的问题整改到位。

【强作风提效能】抓牢作风建设，围绕“优良作风建设年”，推深做实服务群众“四项活动”，解决群众身边的操心事烦心事揪心事。践行“马上就办、办就办好”，开展“四送一服双联”，优化财政营商环境。健全预算单位会商机制，构建市、县财政系统之间工作衔接、密切配合、上下联动机制。发挥财政监督职能，坚持刀刃向内，重点对中央直达资金使用、预算执行情况、预决算信息公开等开展监督检查，确保财政各项资金、各项政策落实到位，做到财政资金使用安全规范高效。加强财政部门党风廉政建设，深化“三个以案”警示教育，建立健全市县乡三级财政党风廉政建设同频共振机制，增强全市财政系统履行全面从严治党政治责任，为推进财政事业高质量发展提供坚强纪律保障。

（阜阳市财政局供稿　孙立宏执笔）

太和县财政工作概述

【概况】2020年，太和县财政工作以习近平新时代中国特色社会主义思想为指导，全面贯彻党的十九大和十九届二中、三中、四中、五中全会精神，坚持稳中求进工作总基调，坚持新发展理念，坚持以供给侧结构性改革为主线，认真贯彻落实“积极的财政政策要更加积极有为”要求，围绕做好“六稳”工作、落实“六保”任务，抓紧抓细抓实财政各项工作，推动高质量发展，为确保完成决战决胜脱贫攻坚、全面建成小康社会提供坚实财政支撑。

【主要指标完成情况】全县财政收入完成33.33亿元，较上年同比下降28.6%，总量居全市第三。其中，地方财政收入完成21.43亿元，较上年同比下降 29.5%。从税收情况看,税收收入 25.94 亿元(其中出口退税 1.97 亿元),占总收入 77.82%;非税收入 7.39 亿元,占总收入 22.18%。从部门情况看,税务部门完成 26.89 亿元,较上年同期下降 27.8%,财政部门完成 6.44 亿元,较上年下降 31.6%。全县财政支出 74.93 亿元,较上年同期下降 19.9%,其中民生类支出 64.42 亿元,占财政支出 86%。政府性基金收入完成 17.83 亿元,下降 62.2%,其中:土地出让金收入 17.3 亿元,下降 62.8%。政府性基金预算支出完成 35.09 亿元,下降 41.8%,其中:土地出让金支出 16.01 亿元,下降 57.7%。金融机构各项存款余额 658.05 亿元,较年初新增 63.96 亿元,同比增长 10.77%,总量排名为全市五县(市)第一;金融机构各项贷款余额 396.77 亿元,较年初新增 51.19 亿元,同比增长 14.81%,总量排名居全市五县(市)第一;金融机构存贷款余额总量 1054.82 亿元,较年初新增 115.15 亿元,同比增长 12.25%,总量排名居全市五县(市)第一;金融机构存贷比 60.3%。

【支持打赢疫情防控阻击战】强化疫情防控资金和政策保障,围绕减轻患者救治费用负担、提高疫情防治人员待遇、保障疫情防控物资供应,支持打赢疫情防控阻击战。安排疫情防控资金 5318.96 万元,组织做好资金结算工作,协调金融部门,坚持“特事特办”原则,确保财政资金快速到位。对接全县疫情防控全盘工作,保证财政政策、财政资金、财政项目“三落地”。加强公共卫生体系建设。落实常态化疫情防控要求,加大财政投入力度,推动建设重大疫情防控救治体系和应急物资保障体系,补齐公共卫生基础设施建设短板,推进县医院新院区、第二人民医院、妇幼保健院和城关医院建设。加强融资支持。出台《关于新冠肺炎疫情防控期间金融支持服务企业复工复产的实施意见》,细化措施,强化疫情防控期间金融服务,支持企业复工复产。开辟金融服务快速审批通道,简化审批流程,杜绝盲目抽贷、断贷、压贷。降低融资成本,对受疫情影响较大的企业,运用无还本续贷、应急转贷等措施支持企业稳定授信,通过适当降低利率、减免逾期利息、调整还款期限等方式,帮助困难企业渡过难关。创新融资模式,重信用、重质地,轻资产、轻抵押,助推企业发展。落实减免政策,制定《关于落实减免中小微企业租金实施细则的通知》,对在疫情期间承租县国有企业经营性用房或产权为行政事业单位房产的中小微企业(含个体工商户),免收 3 个月房租。

【支持打好三大攻坚战】防范化解财政金融风险。化解存量隐性债务,强化违规举债责任追究,遏制隐性债务增量。全年发行非标专项债券 15.66 亿元,发行一般债券 1.24 亿元,再融资债券 3.97 亿元。下达整合扶贫资金 5.3 亿元,推动完成剩余脱贫攻坚任务和巩固脱贫成果,推动脱贫攻坚与乡村振兴有机衔接。支持打好污染防治攻坚战,安排生态环保支出 9944 万元,支持打好大气、水、土壤等标志性重大战役,提升区域生态系统服务功能和生态环境质量。

【提高基本民生保障水平】加大民生投入力度,加强民生资金管理,全年民生类支出 64.42 亿元,占财政支出 86%。落实各类就业资金 3366 万元,稳定就业总量,改善就业结构,提升就业质量。落实失业保险基金 4788 万元,扩大失业保险保障覆盖范围,保障失业人员基本生活。把教育作为财政支出重点领域予以优先保障,优化教育支出结构,向义务教育、薄弱环节倾斜,落实 16.54 亿元资金支持发展公平优质教育。落实各类养老政策,提高社会保障水平,发放企业养老金 3.82 亿元、机关事业养老金 5.05 亿元、城乡居民养老金 3.11 亿元。落实卫生健康资金 6.05 亿元,加强公共卫生体系建设,推动健康太和建设。发放城乡居民低保金 2.7 亿元、各类救助资金 1.8 亿元,实施社保兜底工程,完善社会救助体系,推进农村低保与扶贫开发制度衔接,提高特困人员保障水平。加强公共文化服务体系建设,安排公共文化服务体系建设补助资金 5708 万元,支持提高基本公共文化服务的覆盖面和适用性,促进基本公共文化服务均等化。完善基本住房保障体系,专项安排保障性安居工程补助资金 4693 万元,重点支持城镇老旧小区改造;落实棚改资金 2.82 亿元、农村危房改造资金 3023 万元,推进城镇棚户区和农村危房改造,加强困难群众住房保障。

【支持推动经济高质量发展】加大减税降费力度,全县新增减税降费 1.21 亿元,减轻市场主体负担,促进经济平稳运行。支持缓解融资难融资贵,投放担保贷款 21.26 亿元,担保增信解决企业融资需求;提供过桥续贷资金 5.14 亿元,改善金融生态环境,增强企业中小企业融资能力;投入专项资金 1348.97 万元,推进“三重一大”建设;支持“借转补”资金 2.77 亿元,用于战略性新兴产业基地建设。深化银企对接,150 家签约企业获贷款 36.5 亿元,稳定疫情特殊时期金融领域发展秩序。支持企业挂牌上市,推动企业精准对接多层次资本市场,新增挂牌企业 6 家,挂牌企业总数增至 146 家。加强政府与社会资本合作(PPP)项目绩效管理,对 6 个落地 PPP 项目开展综合绩效考评,提升财政资源配置效率和使用效益。

【全面深化财政改革】推进财政事权和支出责任划分改革,实现权责清晰、财力协调,推进基本公共服务均等化。启动推进 2021 年预算编制工作,落实支出保障责任,确保预算平衡、运行平稳。推进预决算公开,强化预算公开透明和刚性约束,全县所有预算单位和 31 个乡镇政府均按时公开部门预决算及“三公经费”预决算。围绕构建全方位、全过程、全覆盖的预算绩效管理体系,出台《太和县全面推进和实施预算绩效管理办法》,建立分行业分领域分层次的核心绩效指标和标准体系,推动预算绩效管理扩围升级。贯彻落实上级关于新增财政资金直接惠企利民决策部署,做到“一笔资金、一次调度”,确保每笔资金有标识、可追溯。全年接收直达资金10.94亿元,均直达惠企利民,支持“六稳”“六保”工作任务落实。

(太和县财政局供稿　关朝兴执笔)

界首市财政工作概述

【概况】2020年,面对外部环境、新冠肺炎疫情等复杂局面,界首市财政坚持以习近平新时代中国特色社会主义思想为指导,贯彻落实习近平总书记考察安徽重要讲话指示精神和上级决策部署,紧扣全面建成小康社会目标任务,坚持以供给侧结构性改革为主线,坚决打好三大攻坚战,扎实做好“六稳”工作,全面落实“六保”任务,落实“积极的财政政策更加积极有为”要求,为坚决打赢疫情防控阻击战、复工复产联动战、精准脱贫收官战、防汛救灾保卫战、经济社会实现量的合理增长和质的稳步提升,提供坚实财政保障。全市一般公共预算收入29.08亿元,一般预算支出54.85亿元。

【支持疫情防控和防汛救灾】秉持“特事特办、急事急办”原则,依规动用预备费,专项用于疫情防控。强化疫情期间重点物资应急保障,开辟物资采购“绿色通道”,支持重点救治药品、防护物资、设备等应急物资保障体系建设。启动临时价格补贴机制,投入2000万元,做好困难群体兜底保障。建立重大自然灾害救灾资金快速核拨机制,简化审批流程,实行快速核拨、事后报备、后期清算。加强财政资金统筹,安排疫情防控相关经费4595万元。提高公共卫生能力建设水平,加大对医院建设类项目的倾斜支持力度,为人民医院北区新院、人民医院南区、城乡医共体建设、医防融合服务中心项目争取18.9亿元政府专项债。加强政策支持力度,落实支持工业企业共渡难关22条政策措施。设立2亿元应对疫情支持工业企业复工生产专项资金;对入驻国有企业持有的孵化器、双创空间的中小微企业在疫情防控期间的租金等,市财政全额补贴资金1207万元;对疫情期间到期贷款偿还困难企业展期2.25亿元,无还本续贷14.6亿元,35家重点保障企业获贷5.26亿元;设立800万元专项资金用于支持企业招聘专业技术人才;设立2000万元专项资金开展新录用员工培训。支持汛情灾后重建工作,农业保险承保农作物111.45万亩,承保牲畜41.8万头,投保农户10.1万户次,提供风险保障15.05亿元,农业保险支付赔款4268万元。

【落实更加积极有为的积极财政政策】落实减税降费政策,重点减轻中小微企业、个体工商户和困难企业税费负担,全年为各类市场主体减税降费2.87亿元。紧盯债券政策导向,争取政府债券资金,坚持“堵后门”与“开前门”相结合,加大地方政府债券争取力度,获批及发行地方政府债券75.21亿元,安排用于颍南高中、阜阳科技工程学校职业实训基地等项目。抓住中央直达资金政策机遇,争取直达资金10.04亿元,统筹用于农村最低生活保障、基层医疗机构运行等项目。开展“产业项目建设年”活动,支持推进民营企业进行产业转型升级。创新财政资金投入方式,设立7亿元产业发展扶持专项资金,设立国元高新技术产业基金、融城高新技术股权投资基金两支发展基金,采用奖补、贴息等政策措施,支持南都华拓新能源公司等重点企业发展壮大。落实科技驱动创新战略,围绕国家高新区创建和国家创新型县(市)建设,完善“1+X+Y”科技政策体系,设立1亿元科技创新基金、2000万元科技信贷风险补偿资金。加大金融服务实体经济力度,“税融通”贷款余额1.5亿元,服务企业156家;新型政银担年度发生额16.86亿元,服务企业170家;提供续贷过桥资金1958万元,为72家企业提供过桥资金3.31亿元,资金周转率16.91%;中小企业融资担保公司在保余额18.93亿元,为267家企业提供担保服务;“劝耕贷”在保473户,在保余额2.7亿元;深化科技金融创新,科技贷款审核批准5400万元,服务科技企业14家;“助保贷”撬动贷款1.2亿元;投入3156万元,设立创业担保贷款风险基金,撬动贷款1.68亿元;“新三板”挂牌企业4家,省股权交易中心挂牌企业163家;成立安徽省农业信贷融资担保有限公司首家县级分公司。

【支持打好“三大攻坚战”】强化资金优先保障,本级财政投入2.7亿元,落实扶贫政策。完善扶贫资金动态监控系统应用,提高财政扶贫资金使用绩效,在全省财政专项扶贫资金绩效评价中第四年获优秀等次。投入14651万元,支持打赢污染防治攻坚战。投入3000万元,推进农业面源污染治理及支持开展秸秆禁烧和综合利用。安排500万元以上专项资金,落实“河长制”“林长制”要求。引入2亿元社会资金,支持黑臭水体治理,推动生态环境保护。支持打好风险防范攻坚战,防范化解重大风险,接受人大对地方政府债务全过程监督。健全常态化监测机制,加强债务风险评估和预警。

【开展“厉行节约年”活动】优化财政支出结构,树牢过紧日子思想,全年一般性支出压减20%,“三公经费”压减5%。坚持预算安排和库款拨付优先“三保”支出,兜紧兜牢“三保”底线。落实《政府投资条例》,在项目立项环节研究项目投入经济性和绩效目标合理性,严控超越财力以及不切合实际需求、实施内容设计不合理项目。强化政府采购全过程管控,实施政府采购项目317个,预算金额10.34亿元,实际成交金额9.25亿元,节约资金1.08亿元,节约率10.47%。统筹整合信息化项目,60个项目整合为39个项目,节约财政资金3.7亿元。

【坚持保障和改善民生】加大民生投入,投入民生类项目资金47.03亿元,占一般公共预算支出86.2%,其中投入33项民生工程资金32.73亿元。落实十件民生实事,推进三条省道建设,打通胜利西路等"断头路",支持安置房建设和老旧小区改造,建成安置房9177套等。支持提高社会保障水平,全市社会保障与就业支出11亿元,增长1.69%,城乡低保标准统一提至651元。支持教育事业发展,安排义务教育经费保障资金1亿元,推动城乡义务教育均衡发展。支持提高医疗卫生服务水平,卫生健康投入28037万元。支持构建现代公共文化服务体系,全市文化旅游体育与传媒支出3623万元。落实关心关爱干部担当作为具体举措,支持实现乡镇机关工作人员收入高于市直机关同职级人员20%以上。支持平安界首建设,全市公共安全投入18615万元。做好全市"扫黑除恶"专项斗争资金保障工作,支持增强弱势群体司法救助和法律援助、强化各领域安全监管等。

【推动城乡协调发展】推进惠民惠农财政补贴资金"一卡通"发放工作,全年发放27411万元,惠及群众166409户。支持提升城市综合承载能力。投入2.3亿元,支持城东地表水厂建成;投入7000万元,支持3座立体停车场建成;投入1600万元,保障全市农村建档立卡贫困户等四类对象危房改造顺利实施;投入8800万元,加快美丽乡村建设。支持提升农业综合生产能力,全市农林水支出77223万元,增长13.7%。投入资金2.23亿元,支持农田水利基础设施建设。获产粮大县、产油大县等奖励资金2339万元,支持提高农业生产能力和农民生产积极性。投入资金1660万元,支持动物疫病防控、落实生猪生产补贴政策等,稳定生猪生产供应。支持"乡村振兴"战略实施,投入8600万元,支持农业生产发展和农业产业发展。投入3100万元,支持农村"厕所革命"实施。投入1.69亿元,支扶农村公益事业项目建设。

【推进财政重点改革】加快数字财政建设,推进国库支付平台、电子票据改革等财政数字化转型,启用首张非税电子票据。深化预算管理制度改革,实行"大专项(大类别)+任务清单"预算编制方式,遵循中期财政规划和债务规划,加大四本预算统筹力度。落实财政部《政府购买服务管理办法》要求,更新完善政府购买服务目录,规范政府购买服务行为。提升资金监管水平,采取部门自行监控与财政重点监控"双监控"方式强化绩效监管,417个项目实施预算绩效运行监控,涉及财政资金359353万元。开展财政专户资金集中清理行动,收回结余资金32910万元。盘活政府资产,依规处置闲置未用资产和出租收入1021万元上缴财政,纳入预算统筹安排。深化国有资产监管体制改革,履行国有资本出资人职责,推动集团公司"三化"转型。启动国有集团公司高管选任改革及薪酬管理改革等,整合有效资产注入市养城集团、融城集团,壮大国有集团实力,实现资源优化配置,增强国有资产保值增值能力。国家农村综合性改革试点试验工作投入18115万元,完成5个批次71个项目的审批与实施,在村级集体经济发展、乡村治理体系和治理能力现代化、农民持续增收和农村生态文明发展等"四大机制"方面形成具有界首特色的工作亮点,"离村经济"和"联村经济"两种集体经济发展模式初步推广。

【强化财政监督管理】完善财政监督机制,强化财政执法监督,结合绩效评价检查考核,加强对全市各专项资金的监督检查、对全市行政事业单位的会计信息质量抽查、对重大工程项目的财务督查等,做好财政执法监督工作。做好预决算及"三公经费"公开工作,建立本级预决算公开统一平台,集中公开政府预决算和72家部门预决算信息,方便群众监督。贯彻落实《预算法》和《预算法实施条例》,主动接受市人大对预算管理工作全口径、全过程、全方位的监督。加强部门预算编制审核,压实预算部门主体责任,提高部门预算科学化、精细化水平。强化部门预算执行管理,对当年支出进度较慢或无法执行项目,采取收回、调整用途等方式统筹使用。支持配合审计监督,落实审计监督全覆盖和重大政策落实跟踪审计要求,推动审计问题整改到位。

(界首市财政局供稿　王怡然执笔)

阜南县财政工作概述

【概况】2020年,阜南县完成财政收入22.55亿元,较上年同期增长7.5%,其中,地方一般预算收入完成13.96亿元,增长6.5%;上划中央收入完成8.59亿元,增长9%。全县一般预算支出完成81亿元,同比下降3.1%。

【强化收入征管】分析研究新冠肺炎疫情对财政收入影响,强化征管措施,加强收入调度,健全收入预测制度,强化收入预期管理,提高收入精准性,实现收入有质量、可持续。税收收入完成18.77亿元,增长7.5%,占财政总收入83.3%;非税收入完成3.78亿元,增长7.4%,财政收入质量第五年得到提升。

【提高保障水平】坚持以收定支,真正过紧日子,压缩一般性支出,加强"三公经费"管理,确保部门"三公经费"只减不增。加大财政资金统筹力度,盘活存量资金,科学理财。优化财政支出结构,优先保障民生等重点支出需求,推进基础教育、城市基础设施建设、棚户区改造,加大投入农业、医疗、社会保障和就业等领域。全年民生类支出占一般公共预算支出87%以上。

【防范债务风险】坚持疏通并举,建立健全举债融资机制,强化限额管理和预算管理,拓宽融资渠道,推进全县城镇化建设。全县政府债务余额133.06亿元,低于县人大批准通过的政府债务限额,债务风险总体可控。

【推进财政改革】落实直达资金管理使用政策,推进直达资金监控管理,联系直达资金使用部门,解决项目实施和资金拨付环节存在问题,加快直达资金支出进度。直达资金监控系统下达资金19.25亿元,确保资金直达基层、直接惠企利民。建立结转结余资金清理机制,收回统筹超过规定年限的资金,集中财力保民生、补短板、增后劲,盘活财政存量资金2.86亿元。

【服务实体经济】落实国家各项税费减免政策,减轻企业税费负担。着力解决融资困难,提高"4321"政银担服务效能,全年担保额12.31亿元,办理续贷过桥业务161笔,资金6.11亿元;对疫情防控重点保障企业和受疫情汛情影响较大的中小微企业,在风险可控前提下取消反担保要求,补贴担保费615.17万元。服务科技型小微企业,科技担保在保余额4.35亿元。金融机构贷款余额362.26亿元,较年初增加66.38亿元,存贷比69.78%,其中,制造业贷款余额20.33亿元,占贷款总余额5.61%;小微企业贷款余额124.87亿元,占贷款总余额34.47%。

【落实"三农"政策】通过涉农补贴"一卡通"方式打卡发放惠民补贴资金10.19亿元、发放农业支持保护补贴1.62亿元、稻谷补贴资金1672万元、农村综合改革资金5396万元、蓄洪补偿资金2.94亿元、灾后恢复重建资金9636万元。推进高标准农田项目建设,拨付资金2.15亿元;实施农田水利"最后一公里"项目建设5.34万亩,总投资4912.8万元。

【保障脱贫攻坚】加大扶贫资金投入力度,投入9.6亿元,其中:扶贫专项资金投入54175.7万元、统筹整合其他财政涉农资金18852万元、地方债券扶贫资金投入19979万元、盘活财政存量可统筹资金1352万元、肥西县结对帮扶资金1600万元。开展资产收益扶贫工程,建立健全贫困户稳定增收和防范返贫长效机制。安排资产收益产业扶贫项目56个,投入资金2950.4万元,其中:种植类产业项目26个,投入资金1244.9万元;养殖类产业项目24个,投入资金1199.3万元;加工类产业项目6个,投入资金506.2万元。

【实施民生工程】实施33项民生工程,全县实际实施31项,总投入资金40亿元,所有资金均筹集并拨付使用到位。按照省、市、县工作部署,压缩一切可压缩开支,保证县本级民生工程配套资金落实到位,确保不因资金问题影响民生工程项目实施。坚持严格管理,专款专用,跟踪问效,保障资金运行安全。强化项目建设过程监督检查,发现问题,及时整改,确保建设优良工程、精品工程,解决人民群众最关心、最直接、最现实的利益问题。

(阜南县财政局供稿 蔡秉钧执笔)

临泉县财政工作概述

【概况】2020年,临泉县财政部门以习近平新时代中国特色社会主义思想为指导,在县委县政府坚强领导下,应对疫情的巨大挑战,坚持"让人民过好日子,让政府过紧日子"工作导向,立足财政职能、强化底线思维、接续开拓创新,为推动全县经济社会高质量发展作出贡献。

【平稳财政收支】实现收支平稳目标,抓实抓细税收征管。加强税源培植,优化营商环境,做好招商引资,扩大税基、培育财源。推进综合治税工作,开展税源普查,加强对重点行业、重点税种、重点企业征管,实现税源管理工作规范化、精细化。实现财政收入30.06亿元,同比增收1.45亿元,增长5.1%。一般公共预算支出92.72亿元,总体保持平稳,其中用于"保工资、保运转、保基本民生"的"三保"支出69.82亿元,占财政支出75.3%。

【提升民生保障】执行上级党委政府过紧日子要求,做好"六稳"工作、落实"六保"任务,压降政府运行成本,加大民生投入。全县民生保障支出聚焦普惠性、基础性目标,安排各类民生支出69.82亿元。其中,城乡居民最低生活保障资金发放3.31亿元,拨付城乡居民养老保险、城乡居民医疗保险和公共卫生服务等社会保障民生资金15.83亿元;发放优抚对象抚恤补助经费0.75亿元;因疫情发放各类临时价格补贴0.35亿元。全年教育投入20.23亿元,发放困难学生各类资助8662余万元,义务教育营养餐改善资金支出4385万元,推动教育事业高质量发展。拨付政策性及特色农业保险财政补贴资金1092万元、"一卡通"发放各类惠农补贴资金9.56亿元,兜住基本民生底线,满足民生保障基本需求。

【落实减税降费】落实"减税减到位、降费降到位"要求,贯彻落实各项行政事业收费和政府性基金收费降费政策,全年减征各项税费7.39亿元,减征、免征、调整各项行政性事业收费833.77万元,为378家中小微企业减免行政单位和国有企业房租租金

558.6万元。聚焦“六保”“六稳”,落实企业奖补政策,联合多部门开展企业奖补项目121余个,发放企业奖补资金3.57亿元,为291家中小微和“三农”企业发放政策性融资担保贷款24亿元、为49家企业提供3.29亿元周转贷款金,下达上级财政直达资金14.89亿元。

【推进财政改革】实施全面预算管理,提升预算绩效水平,落实预算绩效管理“全方位、全过程、全覆盖”要求。坚持“先有预算、后有支出”,做好预算公开工作。开展违规设立“小金库”、违规发放各项津补贴及“三公”经费支出检查,做好化解隐性债务风险和不良贷款清收等工作,发挥财政资金使用效益。压减一般性支出1331万元,压减比例为10%;压减“三公”经费,全年支出1694.11万元,占年初预算比例为79.63%,压缩比例20.36%,“三公”经费持续下降,压减资金统筹用于“三保”支出。

【加强政府债务管理】抓好债务风险防控,规范债务管理。出台政府性债务管理办法和政府性债务风险应急处置预案,严格债务举借管理,规范政府举债方式,建立健全债务风险应急处置机制,硬化预算约束,防范债务风险。全县政府债务余额为102.33亿元,逾期债务率为0;成功入库非标专项债券项目12个,总投资161.38亿元,申请债券总额度111.1亿元,下达新增债券23.05亿元,新增13个专项债券项目。规范债券项目管理,确保债券资金用在刀刃上。

(临泉县财政局供稿 黄佳伟执笔)

颍上县财政工作概述

【概况】2020年,颍上县财政工作在县委、县政府的坚强领导下,以习近平新时代中国特色社会主义思想为指导,全面学习贯彻党的十九大和十九届二中、三中、四中、五中全会精神,落实“六稳”“六保”任务,克服新冠肺炎疫情、洪涝灾害以及宏观经济下行压力等叠加因素影响,充分发挥财政职能,财政收入由下降转增长,各项工作取得重大进展。

【完成财政收支】全县一般公共预算收入完成27.91亿元,增长16.6%,一般公共预算支出完成86.87亿元,下降1.8%。全县政府性基金预算收入完成17.22亿元,政府性基金预算支出完成30.31亿元。全年社会保险基金收入19.85亿元,为预算的99%,社会保险基金支出17.17亿元,为预算的98%。争取政府专项债18.19亿元、特别抗疫国债资金3.37亿元。

【推进“四送一服”工作】结合“四送一服”、优化营商环境等工作,采取多种方式服务企业,宣传各级财政支持企业发展的政策措施,配合经信、发改、商务等部门帮助县内国有、民营企业申报企业贴息项目、市级新型工业化和现代服务业奖补项目、省制造强省建设项目和省中小企业(民营经济)发展专项资金奖补项目逾500项。落实疫情期间行政事业单位及国有企业房租减免工作,27家行政事业单位为1776家中小微企业(个体工商户)减免2、3、4月租金282.95万元。13户国有企业为142户中小微企业(含个体工商户)减免租金396万元。

【支持疫情防控和复工复产】落实疫情防控经费保障政策,统筹一般预算、抗疫国债预算等财政资金,发挥资金合力,加大医疗卫生投入力度,优先保障疫情防控经费需求。县本级从预算内安排2792.09万元,专项用于开展疫情防控、应急处置、医疗救助和防疫物资采购等工作。制定颍上县《关于新型冠状病毒疫情防控期间做好政府采购有关工作的通知》,按照特事特办原则,开辟“绿色通道”,提高采购工作效率,便利疫情防控物资采购。印发《关于落实减免中小微企业租金实施细则的通知》,落实疫情期间中小微企业租金减免工作,把中小企业担保费下调至0.8%,为167家企业减免保费318.276万元。

【优化营商环境】强化措施,推进电子化平台建设,扩大政府采购规模范围,推进政府采购管理工作科学化、精细化,提高财政资金使用效益。制定政府采购行动提升方案,清理政府采购领域妨碍公平竞争的规定和做法,执行公平竞争审查制度,加强政府采购执行管理,提升政府采购透明度。运用政府采购政策支持脱贫攻坚,通过“扶贫832平台”助力消费扶贫,注册单位预算管理账号187家,激活96家,在“扶贫832平台”注册供应商20家,上架产品量61件,销售总额400余万元。

【服务实体经济发展】多种方式引导金融机构加大对中小企业的信贷金融支持,年底各项贷款余额377.38亿元,是“十三五”末的2.2倍;建立中小企业担保公司资本金持续补充机制,优化融资担保体系,解决小微企业抵押物不足融资难问题。政策性担保机构在保余额13.05亿元,在保企业259家。加快续贷过桥资金周转速度,解决企业过桥难问题,周转续贷过桥资金20.15亿元,扶持企业357家,金融顾问走访企业855次,投放贷款7.16亿元。全县30个乡镇在农业担保劝耕贷建档立卡1488户,申请金额13.52亿元,省农担放款183户1.75万元,批量担保业务放款2.71万元,新型农业经营主体担保贷款4.46亿元,农担业务放款位列全省78个县(市、区)第一名。加大企业走访力度,摸排拟上市挂牌企业,建立上市挂牌企业后备库,推进企业上市挂牌。创新工作方法,采取集中挂牌方式减轻企业挂牌负担,兑现奖补政策,拨付上市挂牌企业补助资金。挂牌企业67家,其中新三板1家;省股权托管交易中心66家(成长板10家,科技板18

家,农业板 20 家,专精特新板 9 家,科创板 9 家)。

【支持脱贫攻坚工作】加大财政资金投入力度,巩固脱贫攻坚成果,统筹整合扶贫资金 45821.4 万元,其中:中央专项扶贫资金 11073 万元,省级专项扶贫资金 4075.4 万元,市级专项扶贫资金 2349 万元,县级财政预算安排专项扶贫资金 18000 万元,整合其他涉农资金 10324 万元。严格资金使用管理,制定《颍上县财政扶贫资金管理办法》《颍上县财政扶贫资金使用管理程序》《关于进一步规范财政扶贫资金管理的通知》《颍上县财政局关于建立财政扶贫资金使用情况督查检查制度的通知》等文件,健全扶贫资金监督管理体系,联合扶贫局、农业农村局,开展扶贫资金督查。在省 2020 年扶贫资金使用绩效考评中,获优秀等次。投入资产收益扶贫项目资金 800 万,取得资产收益 58.6 万元,其中:带动 16 个贫困村村级增收 29.8 万元,村均 1.86 万元;量化至贫困户 28.8 万元,带动贫困户数 308 户、贫困人口 796 人,贫困人口增收 362 元/人。

【完成 30 项民生工程】牵头实施 30 项民生工程,投入财政资金 32.5 亿元。城乡居民低保提标扩面,农村五保供养对象做到应保尽保。实施五保供养机构、饮水安全工程等建设项目,提高群众生活质量。实施保障性安居工程和棚户区改造,缓解城镇困难居民的住房困难问题等。全县 153 万余城乡居民参加基本医疗保险。规范化建设乡镇卫生院、村卫生室和社区卫生服务机构,实现群众就近就医、及时治病目标,基本实现基本卫生服务全覆盖。新建和改扩建一批乡镇公办幼儿园,方便农村幼儿就近就学。落实义务教育阶段学生学杂费免收政策。30 个乡镇综合文化站、县图书馆、文化馆免费开放,建设 40 余个公共文化服务信息化电子阅览室,每年更新图书。

【规范行政事业单位资产管理】落实“国家统一所有,政府分级监管,单位占有、使用”的管理体制,完善“财政部门、主管部门、行政事业单位”三层次监督管理体系,强化财政部门综合管理职能和主管部门具体监管职能,落实行政事业单位管理主体责任,建立全县资产月报、年报等报表体系,加强行政事业单位资产会计核算基础工作。重视资产管理信息系统建设,提高单位资产管理信息化水平,实现资产从“入口”到“出口”全生命周期管理。加大监管资产配置、资产使用、资产处置的力度,行政事业单位出租出借及处置资产统一纳入县公共资源交易中心公开实施,确保阳光交易,接受社会监督,防止国有资产流失。

(颍上县财政局供稿　朱大勇执笔)

颍州区财政工作概述

【概况】2020 年,颍州区财政收入完成 45.84 亿元,较上年增收 7568 万元,增长 1.7%,完成财政支出 50.17 亿元,较上年减支 3.04 亿元,下降 5.7%。

【加强增收节支】面对严峻收入形势,颍州区财税部门采取各项措施促增收、保增长,随着生产生活秩序加快恢复、复工复产稳步推进,颍州区财政收入累计降幅逐步收窄,全年增幅实现由负转正,收入规模为全市第二位,超额完成“十三五”规划 40 亿元收入目标任务。落实“三保”支出在财政支出中的优先顺序,面对收支矛盾压力,向上争取补助资金、提前调度资金,加强“三保”支出风险监控。压减一般性支出,落实“三公经费”预算安排只减不增,把有限财力用在保障脱贫攻坚、教育、医疗卫生、社会保障、住房、“三农”、环保等重点工作上,优化财政支出结构,提升保障能力。

【做好疫情防控惠企利民保障】统筹保障防控经费,拨付疫情防控物资储备专项经费、工作性经费及补助经费等 3688 万元。助力中小微企业复工达产,牵头制定《颍州区关于应对新型冠状病毒肺炎疫情支持中小微企业平稳健康发展若干措施的实施细则》等文件,鼓励引导全区 29 家各类房屋经营主体为全区 2991 家中小微企业减免房租 4505 万元,财政补助 759 万元。为 1065 家中小微企业兑现各级、各类奖补资金 2.02 亿元。落实减税降费政策,全年减税降费 6.8 亿元。

【加大融资担保增信力度】加强担保、银行、企业三方合作,推广新型政银担业务模式,加大对企业融资增信支持力度。全年“4321”政银担业务 11.84 亿元(含“劝耕贷”3.15 亿元、科技担保 8740 万元),超额完成 10 亿元目标任务;运用“续贷过桥”资金,提高资金使用效率,完成续贷过桥资金周转 2.4 亿元,扶持企业 29 家,周转 20 次,超额完成目标任务;落实就业创业担保政策,提升创新创业活跃度,完成新增创业担保贷款 111 笔、2370 万元,在保 141 户、2656 万元。

【保障民生工程建设】把实施 33 项民生工程作为全年公共财政保障的重中之重,投入资金 13.5 亿元,通过强化资金保障、细化分解任务、完善工作机制、严格调度通报、夯实督查绩效、拓展宣传渠道等举措,完成 33 项民生工程年度目标任务,项目建设及绩效评价工作受到上级部门肯定。

【支持打好三大攻坚战】把脱贫攻坚作为第一政治任务,持续加大财政投入,共投入财政扶贫资金 3.43 亿元,实施扶贫项目 24 个(按大类),其中区本级专项资金安排 1.95 亿元。把防范化解重大风险作为第一要务,严防“三保”、内控、招标采购、资金分配、支付监控等风险。执行地方政府债务限额管理和预算管理制度,规范地方政府举债融资行为,强化政府债务限额管理。加强污染防治,规范生态补偿资金使用,拨付空气质量生态补偿资金280.2万元、水环境补偿资金600万元,投入1700余万元增设15个空气自动监测站。申报乡村污水处理厂及配套管网工程项目,总投资2.68亿元,当年发行1.07亿元。开展畜禽养殖废弃物资源化利用工作,争取中央财政以奖代补资金3000余万元。投资污水处理厂PPP项目1.89亿元,拨付秸秆禁烧等资金2856.6万元,奖补符合条件的8家秸秆产业化加工企业210万元。PM2.5平均浓度完成市下达约束性指标,列入考核地表水断面水质达标率100%。

【规范财政管理机制】强化预算绩效管理,制定《阜阳市颍州区全面实施预算绩效管理实施办法》及配套文件,构建“1+2+5”的预算绩效管理政策制度框架体系。规范政府采购行为,推进政府采购工作流程进入一体化平台操作系统,加强政府采购监管工作,严把政府采购公告关、开标关、定标关、合同履约关。做好直达资金管理,对直达资金单独发文下达、分别列示来源、分类打上标识,执行国库集中支付制度,点对点将资金直接支付到企业和个人。抓实农村财政管理工作,开展乡镇财政督查检查、乡镇财政干部培训、资产收益扶贫、扶贫资金排查、扶贫资金项目村级档案管理检查、“两项绩效评价”等工作。严格非税收入管理,改进非税征收方式,实现非税收入4.51亿元。加强非税收支两条线、退付管理,全年非税总退费1936.5万元。推广“政务服务互联网+皖事通”非税征收网上支付,改变缴款人上缴传统模式。

(颍州区财政局供稿　刘朝燕执笔)

颍泉区财政工作概述

【概况】2020年,颍泉区财政收入完成22.52亿元。地方一般公共预算收入完成11.23亿元,加上级补助收入22.56亿元,上年结余3403万元,调入资金5.18亿元,调入预算稳定调节基金9201万元,地方政府一般债务转贷收入4.89亿元,全年可用财力45.12亿元。全区一般公共预算支出41.38亿元,加上解支出-7359万元(市固定财力补助3.17亿元,上解支出2.44亿元),一般债务还本支出4.14亿元,加结转下年3397万元,支出合计45.12亿元。

【夯实增收节支举措】面对疫情冲击,加强收支预期管理,科学研判经济形势,依法依规组织财政收入,多渠道做大可用财力“蛋糕”,全年争取债券资金106684万元,争取中央直达资金和抗疫特别国债52494万元,盘活存量资金6605万元,调入资金51849万元,缓解财政压力。优化支出结构,压减“三公经费”及一般性支出,降低行政运行成本,保障运转类支出压减5%。

【落实积极财政政策】落实减税降费和复工复产政策,减免国有企业及行政事业单位租金528万元,拨付商贸企业减租补贴398.5万元,兑现各级企业奖补资金4595.5万元,减轻企业负担。支持产业及镇域经济发展,拨付产业发展及招商引资政策资金7627万元,兑现镇域经济发展奖励资金2709万元。谋划专项债券项目,全年入库项目13个,争取专项债券资金9.93亿元,推动全区基础设施建设。做好金融服务,担保费率保持1%低位运行,为102家企业提供担保贷款,在保余额78647万元;为77家企业提供续贷过桥资金46539万元;金融业增加值为9431253万元,解决中小微企业融资难、融资贵问题。

【兜牢民生保障底线】落实基本民生保障要求,全区民生类支出36.13亿元,占财政总支出的87%。完成33项民生工程,拨付资金12.37亿元。支持就业创业,发放创业担保贷款947万元,拨付就业促进资金363.7万元、技能培训资金298.6万元、复工复产就业奖补资金95万元。助力文化教育事业提升,拨付城乡义务教育保障经费10888.1万元,资助高校、中职和普通高中家庭经济困难学生1312.9万元,投入智慧学校建设资金1143.7万元,学前教育促进资金2500.5万元,文化惠民资金172万元。加大医疗卫生服务力度,拨付城乡居民医疗保险50461.2万元、大病保险5653.3万元,健康脱贫综合医疗保障资金4482万元,出生缺陷防治资金45万元,智慧健康建设资金114.6万元,妇幼健康和职业病防治资金105.6万元。增强养老及社会保障能力,投入养老服务和智慧养老资金561.2万元,城乡居民养老保险14383.6万元,困难人员救助暨困难职工帮扶资金14102.9万元,贫困残疾人康复资金259.7万元,困难群体法律援助资金89万元;完成棚户区改造4760套。

【助力打赢“重点战役”】支持打好疫情防控阻击战,开通资金拨付“绿色通道”,投入各类资金3177.4万元,保障防疫物资充足供应,助力疫情防控工作顺利开展。支持打好脱贫攻坚战,拨付各级各类资金30270万元,强化扶贫资金动态监控,提升资金使用绩效,助力精准脱贫攻坚战圆满收官。支持打好污染防治攻坚战,将秸秆禁烧综合利用、大气污染防治、水环境生态补偿全部纳入预算管理,全年投入节能环保资金8582万元。规范政府性债务预算管理,化解存量债务,全区债务风险安全可控;健全金融风险防控机制,加强行业监管系统运行监测、分析、预警。保障防汛救灾需求,拨付应急防汛资金168万元,维护人民生命财产安全。支持文明城市创建,投入资金11980万元,改善城乡面貌,提升群众幸福感。

【推动建设全面小康】改善农村人居环境,拨付“一事一议”财政奖补资金698.7万元、危房改造资金329万元、农村改厕资金960万元、“四好农村路”建设资金1347万元、农村饮水安全资金2340万元、美丽乡村建设资金2084.5万元,改善农村基本生产生活条件。加大农业产业扶持,投入产业扶持资金4837.2万元、农村电商提升资金89.4万元。提升农业保障能力,安排农业风险保障资金307万元,政策性农业保险理赔3364.9万元。提高惠农补贴资金发放效率,全面实行补贴资金社保卡发放,发放惠农补贴资金36493.1万元。创新农村金融管理模式,成立省农担公司颍泉办事处,农业信贷担保余额10648.1万元,缓和农村金融供需矛盾。

【深化机制体制改革】推进预算绩效管理改革,将绩效评价结果与预算安排挂钩,提高预算编制准确性,规范预算管理。开展财政电子票据管理改革,提升非税收入信息化水平。强化财政监督职能,实施扶贫资金监管、“小金库”治理、预决算公开、镇村财政财务互审、会计信息质量监督检查,提升财政监督质效。重视中央直达资金监管,提升资金绩效,确保资金使用规范高效。优化政府采购领域营商环境,搭建公平公开公正竞争平台,提高采购效率。完善国有资本监管体系,落实国有资产管理向人大报告制度,摸排区域内国资企业资产概况,阶段性完成国企退休人员社会化管理工作,建立企业综合绩效考核机制,实现国有资本保值增值。

(颍泉区财政局供稿　黄月光执笔)

颍东区财政工作概述

【概况】2020年,颍东区财政部门克服疫情、灾情和经济下行压力等困难,做好“六稳”工作、落实“六保”任务,统筹推进稳增长、促改革、调结构、惠民生、防风险、保稳定工作,全区财政运行平稳,完成预期目标,为全区经济发展和社会进步提供有力支撑。

【落实积极财政政策】争取上级转移支付资金,用足用好地方政府债券,加强财政结余、结转和闲置资金管理,盘活财政存量资金资产,夯实“三保”基础;下调政府性融资担保费率,提供续贷过桥资金,降低企业经营成本,落实落细支持疫情防控和经济社会发展各项税费优惠政策,巩固拓展减税降费成效,助推复工复产。完善产业奖补政策,支持开展“产业项目建设年”活动,促进实体经济和民营经济发展。

【强化预算绩效考核】细化量化绩效目标编制,增强预算绩效意识,落实绩效主体责任,加快建立“花钱必问效,无效必问责”的硬约束机制。健全绩效评价结果同预算安排挂钩机制,所有预算项目均编制绩效目标,一级预算单位编制整体绩效目标,未按要求编制绩效目标或编制不科学不合理的,不予安排预算。开展重点支出绩效监控,压减执行缓慢项目预算,对偏离绩效目标的及时纠正。

【规范预算管理】科学编制本级收入预算,完整编制上级各项补助收入,将政府性基金、社保基金纳入预算管理,统筹安排,实现部门所有收入项目纳入综合财政预算,增强预算体系完整性。合理编制支出预算,准确编制人员经费,将预算单位分类分档,建立公用经费标准,完善综合定额体系,规范预算分配制度。进行项目支出可行性研究和评审,减少待安排项目,提高预算分配的一次性到位率和预算执行率。建立公开透明预算,打造“阳光”财政,区级及76家一级预算单位的预算和“三公经费”信息纳入公开范围。

【加强预期管理】紧盯预期目标,跟踪监测税源,强化非税收入征管,力求应收尽收。完成财政收入25.99亿元,占调整预算的102.7%,同比增长4.7%,增幅为全市第四位,高于全市增幅6.4个百分点,总量为全市第六位,完成“十三五”规划目标任务。树牢过紧日子思想,加强预算执行管理,优化财政支出结构,保障民生、扶贫等重点领域和项目建设。严控一般性支出,全区“三公经费”支出0.07亿元,较上年同期减少9.22%。全区财政支出完成36.94亿元,较上年同期下降9.4%。民生支出31.73亿元,占总支出85.9%。

【支持疫情防控和复工复产】保障疫情防控资金需要,启动应急机制,开辟“绿色通道”,拨付疫情应急经费0.22亿元。落实疫情防控重点保障物资生产等相关税费减免政策,支持个体工商户复工复产减免增值税,执行抗击疫情财产行为税地方性政策、调整增值税税率减税、非税收入降费等,减税降费3.5亿元。做好“六稳”“六保”工作,为疫情重点保障企业发放优惠利率贷款4.19亿元,贴息0.05亿元,发放政策性专项贷款0.98亿元,提供担保贷款1.13亿元,为企业发放疫情防控重点物资技术改造、三重一创、制造强省、中小企业(民营企业)发展、新型工业化、现代服务业、现代农业、皖北贴息等省、市各级奖补资金0.61亿元。落实房租减免政策,减免107家中小微企业租金0.06亿元。投入0.21亿元全方位落实各项保就业政策,开展就业帮扶,开发扶贫公益性岗位,发放贫困劳动力交通补贴,发放岗位补贴,鼓励企业吸纳就业,稳企稳岗。强化跟踪问效,开展疫情防控经费专项督查和贴息资金使用情况监督检查,提高防疫资金使用绩效。

【用好直达资金】落实特殊转移支付机制,做好直达资金分配、支付、使用、监管工作,确保直达资金及时合规使用。加强项目绩效管理,运用直达资金监控系统实时跟踪,确保每笔资金流向明确、账目清晰可查、数据真实可靠。全面监控和重点监控相结合,做到账户实名,透明可控,畅通公众监督渠道,加大监督力度。收到直达资金7.62亿元、抗疫特别国债项目资金

1.85亿元、特殊转移支付2.58亿元、专项政府债券0.14亿元;直达资金支出进度为99.93%。

【加大民生领域投入】保障各项“三保”支出,可用于“三保”收入为27.95亿元,按国家标准计算全年“三保”支出需求为18.51亿元,“三保”支出预算为19.57亿元。拓宽渠道,加大投入,安排3.65亿元支持脱贫攻坚。扶贫资金支出3.55亿元,支出比率97.3%;投入资金0.31亿元用于资产收益扶贫;参与消费扶贫行动。推进民生工程,到位民生工程资金9.6亿元,项目单位实际支出9.59亿元,支出比率99.9%。

【防范金融债务风险】完善债务管理制度,加强政府债务限额管理,建立政府债务预警监控。完善新增债券项目申报机制,在债务限额内举借新债,政府债务余额未突破限额。政府债务余额70.43亿元,低于债务限额3.59亿元。新增政府债券13.63亿元,其中,新增一般债券0.57亿元,新增专项债券11.21亿元。强化金融风险防控,开展行业清源行动,推动金融放贷领域突出问题专项整治;开展金融机构现场检查,清理整顿各类交易场所以及投资类公司。建立风险代偿补偿专项资金,防范融资担保行业风险。

【支持实体经济发展】落实金融扶持政策,金融机构存贷款余额566.05亿元,同比增长13.59%,存贷比72%。发放“4321”新型政银担贷款17.02亿元;发放“续贷过桥”资金3.93亿元,资金周转次数19.55次;担保公司在保余额18.77亿元,融资担保放大倍数5.85倍。推进企业挂牌上市和直接融资,增加省股交中心挂牌企业18家;实现直接融资12.4亿元。发展普惠金融,推进党建引领信用村建设,评定信用户21003户,授信8.64亿元;评定新型农业经营主体信用户79户,授信0.88亿元。授予24个村(居)“信用村”称号。推进蚂蚁金服“智慧县域+普惠金融”项目,授信6.43万人12.55亿元。加强扶贫小额信贷政策宣传,应贷尽贷,发放“户贷户用”贷款4368户0.55亿元,获贷率22.89%。

【提升财政绩效水平】健全预算绩效管理信息系统,实施民生工程项目年度预算绩效自评工作。优化营商环境,规范程序,支持紧缺物资供应,健全采购投诉处理机制。组织政府采购活动225次,执行各类采购预算4.03亿元,实际采购金额3.46亿元,节约财政资金0.57亿元。“徽采商城”完成交易429笔,成交金额0.11亿元。加强国有资产监督管理,完成国有企业退休人员社会化管理,接收退休人员3647名;基本完成“三供一业”维修改造;开展区属国有企业公车改革,制定完善国有企业商务招待管理制度;处置单位资产0.21亿元;完成保安公司转制;配合移交处置0.31亿元涉黑涉恶财产。强化内部监督,加强财政性资金支出审核,深入开展财政涉农资金和扶贫资金检查。运用动态监控平台对扶贫资金实时监控、风险预警。

【压实党建主体责任】抓好党建工作落实,专题研究全面从严治党工作、意识形态风险防范、落实巡视巡察整改、深化“三个以案”警示教育活动等。加大党内法规学习贯彻落实力度,执行“三会一课”等党内政治生活制度。强化理论武装,持续深入学习习近平新时代中国特色社会主义思想和党的十九大及十九届二中、三中、四中、五中全会精神,增强“四个意识”,坚定“四个自信”,做到“两个维护”。推进党风廉政建设,细化分解任务,压实主体责任,开展警示教育,加强经常性纪律教育和日常监督。落实重大事项报告制度及党员领导干部廉政谈话、约谈、日志制度,开展集体约谈,持续整治“四风”问题。落实意识形态工作责任制,抓好舆情研判,净化行业环境,防范化解债务、金融领域意识形态风险。

(颍东区财政局供稿　李明侠执笔)

阜阳经济技术开发区财政工作概述

【概况】2020年,阜阳经济技术开发区财政金融保障局按照党工委、管委会确定的发展目标和任务,以依法理财为准绳,以园区发展为要务,以保障重点为根本,持续增强财政保障经济和各项社会事业发展的能力,为开发区的改革发展提供财力保障。2020年完成财政收入18.87亿元,同期增收2829万元。

【防范化解风险】建立防范化解债务工作机制,制定工作预案,明确责任主体。编实编细年度还债预算,合理安排还债资金。优化债务结构,提高一般债券和专项债券比例,降低直接融资成本,确保不发生系统性债务风险。

【加强财政监管】加强财政资金监督检查工作,每月对财政局内部和预算单位账户检查,做到账账相符、账实相符;每季度清算预算单位资金使用情况,半年清理一次存量资金,提高资金使用效率,全年清理盘活结转节约资金1.086亿元。强化审计监督,运用绩效目标评价,跟踪问效预算执行情况,跟踪审计政府性投资项目,跟踪整改审计、巡视巡察提出问题。抓住财政工作中重点领域、关键岗位和易发多发问题,强化日常监督。开展专项检查,现场检查与日常监管相结合,规范财务行为。

【提升服务能力】组织财务人员监督检查区内持牌和非持牌金融单位,引导金融单位树立为企业服务理念。通过“四送一服”、包保包联等方式,主动服务企业。全年走访企业256人次,统筹拨付区级企业扶持资金10390.5万元,87家企业受益。联系市担保及三区担保公司、区内各银行网点,对接企业进行金融服务115人次,完成市“四送一服”办公室转办的25家企业融资协调任务。结合“四送一服双联”活动,组织银企对接四次,帮助协调企业贷款3.4亿元。

【规范国资管理】规范国有资本收益管理,完善国有资本收益和国有资产收益制度。规范采购标准范围及流程,执行中央八项规定。通过徽采系统,做到同等质量比价格,同等价格比服务,做到采购物品价廉质优,提高国有资产使用效益。建立健全资产处置制度,完善规范资产处置流程。加强政府采购监管,做到依法、合规、公正、公开。开展固定资产清查,做到资产管理权责一致,资产使用规范高效。

(阜阳经开区财政金融保障局供稿　王颍林执笔)

淮南市财政工作综述

淮南市财政工作概述

【概况】2020年,淮南市财政部门应对新冠肺炎疫情冲击,坚持稳中求进工作总基调,做好"六稳"工作,落实"六保"任务,保障全市经济和社会事业平稳健康发展。全年财政收入完成162.77亿元,完成调整预期目标的100%,同比下降7.88%。其中:地方一般公共预算收入完成104.02亿元,完成调整预期目标的100%,同比下降4.93%。全年财政支出完成288.11亿元,完成调整预算的99.3%,同比增长9.9%。按现行财政体制测算,全市实现财政收支平衡。

【提升预算管理水平】应对经济下行、减税降费和新冠疫情等对财政收入减收影响,按照实事求是、把握规律、均衡运行原则,组织财政收入,完善收入预研预判机制,强化收入运行跟踪监测,实现收入增幅与经济运行和减税降费政策预期相符。制定《淮南市财政局关于积极应对新冠肺炎疫情影响做好机关事业单位一般性支出压减工作的通知》,全年市本级压减一般性支出0.3亿元。统筹一般公共预算、国有资本经营预算、政府性基金预算等财政资金,重点用于保基本民生、保基层运转等重点领域投入,保障财政平稳运行。加大存量资金盘活力度,执行财政存量资金清理收回的相关规定,市本级盘活存量资金3.9亿元。推进预算公开,印发《2020年预算公开工作方案》,分层分级压实预算公开责任,坚持市县区一体化,指导市直部门,督促县区财政部门,落实预算公开政策要求,打造透明预算制度,增强政府债务信息透明度。

【做好直达资金监控】贯彻党中央、国务院关于建立特殊转移支付机制的部署,落实财政部严格新增财政资金监管、确保资金直达基层、直接惠企利民的要求,按照《财政部关于做好直达资金监控工作的通知》《安徽省财政厅关于做好直达资金监控工作的通知》等文件规定,落实岗位职责,强化组织领导。制定《淮南市财政局关于做好直达资金监控工作的通知》、《淮南市财政局关于做好直达资金监控及台账管理工作的通知》、《市本级财政直达资金对账管理暂行办法》等文件,组织全市各级财政部门146人开展直达资金系统操作培训,点对点加强科室具体操作人员业务培训。按照直达资金管理要求,明确职责分工、压实工作责任,抓好协调落实,督促相关科室、县区财政部门各司其职、各尽其职、各负其责。定期召开直达资金监控支出调度会,通报支出进度,要求落后于全市总体支出进度的县区说明原因并报送支出计划,实时跟踪支出情况。全市直达资金下达71.96亿元(其中:直达资金31.41亿元,参照直达资金40.55亿元),参照直达资金支出38.24亿元,支出进度为94.3%。直达资金支出28.23亿元,支出进度为89.8%。

【组织开展绩效评价工作】聚焦部门整体、重大建设项目、重点民生实事等,开展2019年绩效评价项目90个,其中重点评价30个、部门自评60个,覆盖财政资金5.9亿元。重点绩效评价从一般公共预算拓展到政府性基金、国有资本经营预算,项目类型从一般支出项目拓展到政府采购、政府购买服务等特定类型项目,评价项目资金规模较上年增长22.5%。强化绩效评价结果运用,根据绩效评价报告,统一制定财政支出绩效评价结果反馈意见书,发至预算部门进行整改。综合项目绩效评价等因素,推广运用绩效评价结果,对绩效评价结果不同等级项目,采用优先安排、适当安排、压缩直至不安排等方式,分类管理,分类施策;对一次性项目在绩效评价达到预期目标和实施效果后,动态调整,及时退出;对民生工程、发放类等项目,在确保投入、不压减的情况下,督促部门单位加强项目管理,提升项目质量;对未实施的项目下一年度不再安排。全年绩效评价结果运用资金7418.77万元。

【保障汛期安全和救灾应急】面对暴雨洪涝灾害,紧密配合市应急管理局、市消防救援支队等部门,加大救灾应急资金投入,拨付各级救灾应急资金9368.4万元,其中市级资金703万元,保障防汛救灾资金需求。完善专项资金管理办法,出台《淮南市采煤沉陷区应急安置资金使用管理办法》《淮南市财政局淮南市应急管理局关于印发〈淮南市自然灾害救灾资金管理实施细则〉的通知》,建立救灾资金快速核拨机制,确保救灾资金直达基层。除下达中央省级自然灾害救灾资金外,市级拨付市采煤沉陷区汛期应急、市防汛抗旱指挥部工作经费、市消防救援支队水域救援装备经费、各县(区)救灾应急等资金,用于各级各部门组织开展救灾和受灾群众救助等支出。加强资金监管,联合市应急管理部门实地检查全市各县(区)救灾资金使用拨付情况,确保资金使用符合要求。

【保障疫情防控和复工复产】新冠肺炎疫情发生后,发挥财政职能,统筹各种资金(基金),调整优化支出结构,动用预备费,争取中央、省级财政支持,保障疫情防控和复工复产。全年筹措资金16.08亿元。疫情防控经费2.21亿元,其中:中央财政1.21亿元(含疫情防控4592.41万元、应急物资保障体系建设7500万元),省财政1434万元,市财政4139.01万元(含疫情防控2000万元、核酸检测能力建设555万元、中医应对疫情能力提升555万元、传染病院改造460万元、民生工程配套121.4万元、部门预算447.61万元),县区财政4440.28万元。疫情期间对困难群体补贴1629.28万元,其中:困难群众一次性生活补贴1581万元(市财政666万元、县区财政915万元),困难养老机构水电气补贴48.28万元。市财政统筹拨付医疗保险基金和医疗救助资金12.76亿元,其中:医疗保险基金12.03亿元(职工医保9.15亿元、城镇居民医保2.18亿元、新农合7000万元),医疗救助资金7289万元(市本级配套2000万元)。援企稳岗资金9094.45万元,其中:失业保险费返还7133.26万元、就业补助650.32万元、减免中小微企业房租1310.87万元(市本级458万元)。疫情期间增加投入创业担保基金400万元。

【加强扶贫资金绩效管理】全市投入财政专项扶贫资金49622.4万元,其中:中央财政专项扶贫资金14688万元,省级专项扶贫资金11884.4万元,市级财政专项扶贫资金5600万元。加强扶贫资金监管力度,规范扶贫资金管理制度。会同市扶贫办加强监管县区扶贫项目资金,结合中央巡视整改"回头看"工作,修订《淮南市扶贫资金管理办法》,建立财政扶贫资金"负面清单"制度,要求清单内项目一律不得安排。下发《关于加强财政专项扶贫资金项目管理工作的通知》,提高扶贫资金使用效益,加快扶贫资金预算执行进度,落实扶贫资金负面清单,推动扶贫资金与项目对接,促使资金细化到项目,加强扶贫资金日常监管。督促县区简化审批程序、加强动态监控、压实压紧责任,加快项目实施和扶贫资金支出进度,提高扶贫资金使用效益。加大对扶贫资金的督查检查力度,采取"四不两直"方式督查检查财政扶贫项目资金,专项督查资金管理不规范、支出进度较慢的县区。加强扶贫资金绩效管理,突出问题和结果导向,对扶贫资金分配、使用、管理等工作实行全过程绩效管理,做好扶贫资金绩效评价,将绩效考评结果作为以后年度市级扶贫资金分配的重要依据。

【加大乡村振兴战略投入】按照"盘活存量、加大增量、提高总量"原则,加大乡村振兴财政投入。市级财政预算安排农林水事务支出5亿元,其中,市直农口部门预算2.5亿元。地方债切块7788万元安排用于农业基础设施建设,切块8717万元安排用于脱贫攻坚。加快涉农资金统筹整合长效机制建设,在预算源头推动涉农资金在行业内整合,对财政支农资金实行"大专项+任务清单"管理模式改革,由县区政府统筹使用涉农资金。加大农村人居环境投入,将农村人居环境建设作为财政支持乡村振兴战略的重要内容,市级财政安排美丽乡村建设资金5000万元,农村人居环境"三大革命"3000万元,推进农村生活垃圾、污水处理和卫生厕所建设,加快补齐农村人居环境基础设施建设短板。

【加大行蓄洪区建设资金投入】通过整合有关涉农资金,增加债券资金等方式,推进全市行蓄洪区移民迁建工作。对接省财政厅争取上级补助资金,确保资金投入与迁建进度相适应。拨付县区14.87亿元,其中:寿县13.37亿元、谢家集区1055万元、毛集实验区1.31万元、潘集区896万元。指导县区通过发行地方政府专项债券筹措迁建资金,寿县先期申报25亿元专项收益债,其中2019年下达发行额度2亿元,2020年下达发行额度5.84亿元;市水利部门牵头毛集、谢家集区申请专项债2.5亿元,其中2019年下达发行额度2000万元,2020年下达发行额度8000万元。各县区结合本地区实际情况和脱贫攻坚总任务,通过整合农村危房改造、美好乡村建设等相关涉农专项资金和盘活土地资源等方式,建立政府主导、群众自筹、社会参与的多元化投入机制。

【加大保护环境资金投入】投入资金14.35亿元,重点推进大气污染、水污染、固体废物、农村污染治理及其他污染防治,开展采煤沉陷区治理、山水林田湖草、增绿增效等专项环境修复。大气污染防治投入2.25亿元,主要用于秸秆禁烧及综合治理、人工增雨、大气环境监测与综合管理系统建设PPP项目等。水防治投入5.04亿元,主要用于黑臭水体治理、污水处理及污泥处置等。土壤防治投入0.24亿元,推进固体废物污染排查整治专项行动,完成土壤污染状况详查管理,实现所有县区全覆盖。支持农业农村污染防治投入3.58亿元,主要用于农村环境整治等,提升生态保护修复及环保能力。投入3.24亿元,主要用于山水林田湖草生态保护修复、林业增绿增效、林长制改革、采煤沉陷区治理、环境保护管理实务和能力建设等。全市环保类PPP项目9个,总投资31.81亿元。

【推进政府购买服务改革】加强政府购买服务预算管理,将政府购买服务预算纳入到年度部门预算编制,实行政府购买服务预算与部门预算、政府采购预算同步编制、同步审核、同步批复、同步执行。做好分级分部门政府购买服务指导性目录的编制工作,做到应编尽编。做好政府购买服务信息公开工作,建立信息公开平台,公开政府购买服务政策法规、工作动态等信息。全年财政预算安排通过政府购买服务项目427项,预算资金7.79亿元,其中一般公共预算安排5.82亿元,政府性基金安排1.97亿元;政府购买服务合同约定金额7.53亿元,全年实际支付6.65亿元。

【强化政府债务管理】全市政府性债务余额363.87亿元,其中:政府负有偿还责任的债务余额320.02亿元,负有担保责任的债务余额0.94亿元,可能承担一定救助责任的债务余额42.91亿元。市本级政府性债务余额188.25亿元,其中:一类债务余额152.85亿元,二类债务余额0.87亿元,三类债务余额34.53亿元。按照财政部要求,实行政府债务限额管理,依法设置政府债务“天花板”,全市政府债务余额保持在省财政厅下达限额内。坚持促发展与防风险并举,用好用活地方政府债券资金。贯彻落实积极的财政政策和稳健的货币政策,配合做好地方政府专项债券发行及使用工作。以合法合规的方式保障重点项目合理融资需要,选取优质公益性事业领域重点项目,发行项目收益与融资自求平衡专项债券。全年发行4批专项债券资金47.04亿元,资金用于水利工程、乡村振兴、城镇基础设施建设、生态环保、医疗教育等领域。制定《淮南市市本级专项债券资金管理办法》、《淮南市市本级专项债券还本付息管理暂行办法》(试行),规范地方政府专项债券资金管理,防范政府债务风险。根据省市相关文件精神,出台防范政府隐性债务风险措施相关文件,加强隐性债务问责工作内控管理,防范隐性债务风险。地方政府债券到期应偿还37.5亿元,到期债券全部偿还完毕,其中通过再融资债券偿还34.94亿元。遏制隐性债务增量,化解隐性债务存量。按照政府隐性债务化解方案,化解存量债务。全市及市本级完成2018-2020年累计化解任务,无新增隐性债务。

(淮南市财政局供稿　吴波执笔)

寿县财政工作概述

【概况】2020年,寿县财政收入完成24.13亿元,同比增长2.36%,财政支出完成83.59亿元,同比增长8.74%。

【支持县域经济发展】落实积极财政政策更加积极的要求,巩固和拓展减税降费政策,全年减税降费5.3亿元。发挥财政职能作用,落实财政支持政策,加快涉企财政资金拨付,助力企业复工复产,拨付全省疫情防控重点生产企业一次性奖补、市级支持促进受疫情影响中小企业发展资金等1441.19万元,支持企业复工复产。健全财政支持“小微企业”融资的体制机制,设立专项风险补偿资金,开展政策性融资担保风险补偿,全年为207户中小企业提供担保9.68亿元,为企业节省融资担保费用190万元。推进小微企业续贷过桥业务,搭建政银企对接平台,与9家银行建立合作关系,解决企业续贷资金难题,减少企业民间借贷成本390万元以上。发放过桥资金66笔,续贷过桥资金3亿元,年度资金周转率为9.6次。申报疫情防控重点保障企业贷款中央贴息资金,对全县符合申报贴息条件6户企业的3100万元再贷款,申请中央财政贴息47.4万元。鼓励县内企业上市挂牌,增加直接融资渠道,对成功上市挂牌企业给予奖励,兑现2019年度企业上市(挂牌)奖励资金250万元。加大创业担保贷款贴息政策落实力度,发放创业担保贷款5543万元,占年度目标任务145.8%,其中小微企业贷款510万元,个人微利项目贷款5033万元,财政贴息资金支出218.7万元。

【加强农业保险服务】推进全县农业保险高质量发展,政策性农业保险农作物承保298.6万亩,其中大灾保险承保13.9万亩,政策性农作物理赔保险理赔13134万元;政策性养殖业承保25.62万头,其中能繁母猪承保2.83万头、育肥猪承保22.89万头,保险理赔317万元。特色农业保险承保大棚蔬菜和露天蔬菜承保7071亩、水产养殖承保2319亩、经果林承保6180亩、中药材(瓜蒌)承保491.5亩;特色农产品保险理赔1010万元,其中水产养殖保险理赔172万元、大棚蔬菜保险理赔133万元、经果林保险理赔705万元。

【支持决战决胜脱贫攻坚】发挥财政投入主体和主导作用,落实专项扶贫资金稳定增长机制,按照地方财政收入增量的20%以上增列专项扶贫资金,盘活存量资金可统筹部分50%以上用于脱贫攻坚,全县投入各类财政扶贫资金8.63亿元,增长9.14%。安排资产收益项目22个,投入资金2.23亿元。项目带动贫困户6109户,贫困人口16672人,平均每户年收益不低于1200元。带动非贫困户684户,2672人,平均每户年收益不低于1000元。

【完善预算管理】建立完善一般公

共预算、政府性基金预算、社保基金预算和国有资本经营预算体系,形成"大专项(大类别)+任务清单"预算编制方式,执行县委、县政府《全面实施预算绩效管理的落实意见》,将预算绩效管理工作纳入县目标考核体系,从制度上建立单位预算绩效目标管理意识。围绕2021年预算编制开展预算评审,要求部门做好事前预算绩效评估、部分部门整体支出以及预算财政资金在50万元及以上的项目绩效评价,同步上报绩效目标、同步审核、同步批复绩效目标,压实部门预算绩效编制主体责任。开展新增债券资金、扶贫资金等59个项目绩效评价,完成10个抗疫特别国债项目绩效目标设立。出台《关于进一步加快2020年财政预算支出进度的通知》,加强预算支出管理,压缩财政资金拨付时间,加快预算执行进度。加快专项债券资金下达,执行财政直达资金监管有关要求,关注直达资金使用全过程管控,实现从资金下达到使用结果穿透式管理,发挥资金效益和政策作用。

【强化资金管理】出台《关于进一步加强预算指标执行管理严防资金闲置沉淀的通知》《寿县财政局关于开展"以拨代支"专项清理工作的通知》等多个文件,落实审计整改,优化指标下达流程,严禁"以拨代支",严防资金闲置沉淀,提高预算执行效率。界定结转结余资金使用时限,动态跟踪存量资金使用情况,按规定收回不足两年的结转资金;按规定收回当年预计难以支出以及可暂缓实施的项目资金。全年盘活财政存量资金1.83亿元,优先用于补充基本运转和补齐民生短板。推进规范透明、标准科学、约束有力的预算制度。按照信息公开要求,公开财政预算及"三公经费"信息,政府和64家县直部门按照统一时间和格式要求公开政府预算、部门预算和"三公经费"预算。

【优化财政监督管理】健全财政常态化监督机制,专项检查寿县融资性担保公司经营及财务管理情况和寿县小微企业续贷过桥资金使用管理情况,实地检查寿县金诚财务咨询有限责任公司代理记账工作。做好收费基金管理,上半年每月抽查五个执收单位,规范收费基金管理。修订完善县乡财政管理体制,开展以县乡财政事权和支出责任划分改革为主要内容的财政体制调研。印发财政体制文件,坚持激励与保障并举,理顺县乡财政分配关系,坚持财力下倾,调动乡镇增收积极性,将新增财力全部用于乡镇发展,增强乡镇统筹发展能力。

【平稳金融运行】金融机构总体运行平稳,信贷投放规模逐月加大。全县金融机构各项存款为416.28亿元,较年初增加42.98亿元,增长11.51%。全县金融机构各项贷款余额为322.96亿元,较年初增加32.82亿元。发挥融资担保体系职能,担保公司在保余额10.27亿元,其中新型"政银担"在保余额为9.67亿元(含"税融通"担保余额8987万元)。强化金融扶贫,完成中央脱贫攻坚巡视"回头看"整改工作。建立扶贫小额信贷信息畅通机制,落实金融机构及乡镇催还责任,联合印发《关于切实做好2020年扶贫小额信贷工作的通知》等文件。成立清收工作小组,现场督催重点乡镇,确保全县扶贫小额信贷不出现重大责任事件。全县小额扶贫贷款余额为1.41亿元。县级投入风险补偿基金3649.1万元,没有发生风险补偿。增加扶贫小额贷款2152户,金额1.1亿元。

(寿县财政局供稿)

凤台县财政工作概述

【概况】2020年,凤台县财政收入完成32.3亿元,同比降低23.9%。财政支出完成38.02亿元,下降6.63%。

【加强政府性债务管理】严格债券资金管理,妥善处理债务偿还。加强政府债务预警,设立债务风险指标。健全风险处置机制,防范化解财政风险。建立债务管理长效机制,实行限额管理制度。推进政府债务债券化,优化债务结构。落实政府债务限额管理和预算管理,控制政府债务规模。通过地方政府债券方式争取上级资金4.37亿元,其中一般债券为0.23亿元,非标专项债券为4.14亿元。项目主要为凤台县城河东片区给水工程0.5亿元、凤台经济开发区污水管网工程0.5亿元、凤台县凤凰湖新区五馆(文化产业园)工程项目0.47亿元、凤台县人民医院新院区建设1.15亿元、凤台电子智能制造产业园项目0.5亿元、凤台县经济开发区凤凰湖片区双创产业园项目0.5亿元和新湖新村二期棚户区改造项目0.52亿元。

【加大扶贫工作力度】全县投入各级财政专项扶贫资金4565万元,分配拨付到相关主管部门。其中:中央财政第一批专项扶贫资金861万元,中央财政第二批专项扶贫资金150万元。省级财政专项扶贫资金590万元。市级财政专项扶贫资金312万元。县级财政预算安排专项扶贫资金2652万元。县财政投入320万元用于资产收益扶贫。其中,中央资金320万元,用于凤台县森林苗圃2020年中山杉产业扶贫基地项目建设,资金拨付到县苗圃。开展金融扶贫,发放扶贫信贷2747.46万元,风险补偿金928.8万元。

【加大民生资金投入】足额安排义务教育免费教科书和公用经费补助,安排免费教科书953.36万元、义务教育公用经费7053.4万元。支持义务教育均衡发展,投入1483万元用于义务教育阶段校舍维修改造;投入615.26万元用于全县教育系统安全保卫专项经费;投入1547.86万元用于校车运营经费;投入714万元用于爱国主义读书活动等素质教育用书;投入212万元用于中小学免费簿本费;投入500万元用于第二批教学设备采购及校园文化建设。落实建档立卡贫困寄宿生补助、普通高中、中等职业学校的各项助学制度,落实中职城乡家庭经济困难学生资助及免学费政策,全年计划安排1242.1万元,由教育部门审核上报后通过民生工程和惠民一卡通发放。支持文化事业发展,落实文化体育与传媒投入政策,全年各级财政安排文化体育与传媒专项资金1336万元,其中文化惠民工程专项经费386.85万元,体彩公益金470万元,体育强省资金115万元,公共文化服务体系建设资金142.5万元,旅游发展基金40万元。

【支持社会保障】落实养老和就业服务工作,全年发放城乡居民养老保险1.56亿元、被征地农民养老保险5219万元、机关事业单位养老保险25448万元。拨付困难残疾人生活补助420万元、重度残疾人护理补贴630万元,临时救助190万元、生活无着人员救助70万元、优抚对象生活补助1992万元、疫情期间困难群众一次性生活补助277万元、困难群众价格临时补贴2260万元,打卡发放农村居民最低生活保障7978万元、城市居民最低生活保障2329万元、农村五保供养2993万元、孤儿基本生活费423万元、老字号群体生活补助2152万元。

【服务经济社会发展】促进城乡污染防治及环境卫生建设,农村环境“三大革命”支出7954万元、水污染防治支出6400万元、城市老旧小区改造支出560万元、农村贫困户房屋提升改造支出387万元,保障性安居工程支出1527万元。兑现企业发展奖励资金,拨付电子商务发展资金80.27万元,商贸流通企业发展专项资金105万元,2019年省中小企业(民营经济)发展专项资金120万元。支持中小企业发展,强化服务,放大财政资金效应,支持中小微企业融资,拨付华城融资担保有限公司2019年度国有资本经营收益244万元,帮助企业缓解相关困境。深入企业开展“四送一服”,召开凤台县“四送一服”专场银企对接会,现场签约金额3532万元。

【促进“三农”工作】促进农民持续增收,发放涉农补贴项目28项,涉及资金3.48亿元,惠及全县13余万农户。推进政策性及特色农业保险试点政策调整,全县16个乡镇和3个国有农场参与政策性农业保险试点,小麦承保面积57.75万亩;水稻承保面积54.94万亩;特色农产品保险面积10.32万亩;能繁母猪45058头;育肥猪22.9万头,奶牛405头。农作物的承保面为91%以上。深化农村综合改革,中央、省、市、县投入村级公益事业建设财政奖补资金2166万元,实施项目174个,惠及群众47.79万人。投入各级资金1310万元用于全县扶持壮大村集体经济发展。

【支持疫情防控和复工复产】开通绿色通道,拨付资金。疫情发生后,各级财政投入防控经费5027.91万元。加大金融支持力度,降低企业成本。减免担保费163笔,全年金额为460万元。全年减免“过桥资金”费用32笔,金额为71.5万元。降低企业成本,落实减免中小微企业租金政策,减免中小微企业(含个体工商户)49户,金额262.7万元,其中有中小微企业14户,涉及78.8万元,个体户35户,涉及183.9万元。

(凤台县财政局供稿)

大通区财政工作概述

【概况】2020年,大通区财政收入完成6.25亿元,同比增长4.17%。财政支出完成5.16亿元,同比增长2.18%。

【防范金融风险工作】加大金融支持力度,优化企业融资环境。提升融资效率。出资1000万元入股淮南市振兴融资担保公司,向淮南市振兴融资担保公司推荐大通区工业园区优质企业,帮助企业解决融资困难。对符合政策的企业实行贷款财政贴息,帮助企业降低融资成本。积极开展金融扶贫,为符合扶贫小额信用贷款政策的3户贫困户办理扶贫小额信用贷款12万元,用于贫困户产业发展。自2017年以来,发放扶贫小额信用贷款195笔,金额为876.36万元。

【规范政府举债行为】保障重点项目合理融资需要,选取优质公益性事业领域重点项目,发行项目收益与融资自求平衡专项债券。增发政府债券1.65亿元,其中:一般政府债券864万元,用于孔店乡村组道路项目;专项债券1.56亿元,分别用于大通区2019-2020年农村饮水巩固提升和园区污水管网工程5600万元、淮南市大通区大通工业集聚区标准化厂房项目5000万元、胡圩城中村-矿南棚户区改造项目2000万元、淮南市大通区乡村振兴建设项目3000万元。入库高塘湖流域水环境综合治理项目、大通区学前教育提升项目、大通区采煤沉陷区生态环境综合整治项目,债券金额为18.85亿元。

【落实精准扶贫政策】执行财政专项扶贫资金管理办法,足额落实配套资金,瞄准建档立卡贫困人口,合理、规范分配和使用扶贫资金。各级财政下达扶贫专项资金503万元,其中,中央财政专项扶贫资金147万元,市级财政专项扶贫资金141万元,区级专项扶贫资金215万元。区扶贫开发领导小组批复下达8个扶贫项目,支持贫困村产业发展和基础设施建设,改善生产生活条件,提高贫困群众收入水平。加强扶贫资金管理,建立健全覆盖资金预算编制、执行、使用和监管全程的政策体系。开展2次扶贫资金监督检查,对督查发现问题下达工作提示函,要求加快项目实施进度和资金支付进度,确保扶贫资金早日发挥效益。开展资产收益扶贫,实施河沿村草莓标准化园区二期项目,项目总投资 76.5 万元,使用中央专项扶贫资金。该项目建成后对外发包,每年村集体经济租赁收入增加 6 万元。

【支持农业农村发展】落实惠农补贴政策,加强“农业支持保护补贴”发放管理工作,支持保护耕地地力。发放稻谷补贴 437 万元,惠及农户 17512 户;发放农业支持保护补贴 1763 万元,惠及农户 22700 户。发挥政策性农业保险“保护伞”作用,为全区农业生产保驾护航。全区种植业小麦参保 6.85 万亩,水稻参保 6.54 万亩,玉米参保 116.16 亩,财政补贴保费 217.98 万元。实施农村公益事业财政奖补项目 37 个,其中:农田水利设施 2 个;道路修建 22 个;其他项目 13 个。37 个项目总投资 384.8 万元(财政奖补资金 296.8 万元,村民自筹资金 33.8 万元,村集体投入 40.7 万元,社会捐赠 13.5 万元)。受益人口为 8.6 万人,贫困村覆盖率 100%。提前完成“一卡通”存折更换社保卡工作,惠及群众 1.4 万户。

(大通区财政局供稿)

田家庵区财政工作概述

【概况】2020 年,田家庵区财政收入完成 15.83 亿元,同比下降 11%。财政支出完成 12.73 亿元,同比增长 0.79%。

【做好“六保”工作】调整优化支出结构,压减一般性支出,按照中央、省、市要求,统筹规划,总量控制,“三公经费”持续下降。用好转移支付资金,新增财政资金直达县区基层惠企利民,按照《淮南市财政局关于下达特殊转移支付的通知》、《淮南市财政局关于下达 2020 年抗疫国债资金的通知》和相关资金管理办法,结合实际情况进行分配,报上级财政部门备案。统筹一般公共预算、转移支付等各类资金,优先用于保基本民生、保基层运转。全区教育、卫生、科技等 13 大类民生支出 10.3 亿元,占全区财政总支出 85%。其中民生工程项目涉及 24 项,总投入 1.92 亿元(含区级财政投入 6400 万元)。提高社区经费标准,保证基层运转,拨付基层运转资金 6429 万元;建立乡镇财政蓄水池,为 4 个乡镇各增加预算资金 200 万元。

【发挥资金使用效益】财政资金优先用于疫情防控保障,投入疫情防控资金 1750 万元。减免企业税费、房租 2.15 亿元,帮助企业渡过难关,助力市场主体纾困发展。保障脱贫攻坚,全年投入区级扶贫专项资金 1006 万元,做好资金监管,确保不发生扶贫领域腐败问题。开展以“守住钱袋子、护好幸福家”为主题的防范非法集资暨地方金融领域扫黑除恶专项斗争宣传月活动,引导全社会形成“自觉远离非法集资、参与非法集资风险自担”的舆论氛围。排查疑似非法集资风险企业 34 家,化解风险点 22 个。

【提升绩效管理水平】实施预算绩效管理,加强本级预算执行、决算环节绩效管理,构建全面实施预算绩效管理保障体系,加快建成全方位、全过程、全覆盖的预算绩效管理体系。发挥预算联网监督平台作用,推进预算执行全过程监督,向人大做好预算执行中的重大问题和重要事项汇报。制定出台相关制度文件,推进全区国有企业退休人员社会化管理工作,全面移交 65 家共 4.9 万名退休职工,接收公共服务场所 48 处共 3.2 万平方米。

(田家庵区财政局供稿)

谢家集区财政工作概述

【概况】2020 年,谢家集区财政收入完成 3.93 亿元,同比增长 15.38%。财政支出完成 8.27 亿元,同比下降 5.05%。

【落实“六稳”“六保”任务】面对财政减收影响,按照“保主、保重、保基”原则,通过优化支出结构,统筹盘活存量等方式,集中财力做好“六稳”“六保”等重点支出。全区科教文卫等十三大类民生支出 66347 万元,占全区财政支出的 80.21%。实施 33 项民生工程,其中投入 21600 万元,支持教育优先发展;投入 1556.78 万元,保障全区 19037 名学生接受义务教育的权利。投入 418 万元提升妇幼健康水平、构建智慧医疗系统,改善社区、乡镇医疗条件;“一卡通”系统发放惠民惠农补贴 220 批次,发放金额 11323.76 万元,惠及全区 4.34 万人。

【投入防疫救灾资金】启动应急处理机制,对新冠疫情防控资金、防汛救灾资金开辟“绿色通道”,做好疫情防控、企业复工复产、灾后重建工作。拨付卫健委各项资金 634.5 万元;拨付医保局医疗救助 190.11 万元;拨付民政局困难群众一次性生活补贴 94.4 万元。减税降费 1200 万元,减免房租 244.5 万元,推进企业复工复产。举办专场银企对接会,帮助企业贷款 1270 万元。兑现重点企业工业扶持资金 5300 万元,发放稳产保供政策补贴资金 797 万元,落实一次性稳就业奖补 141 万元。支持灾后重建,拨付救灾应急资金 150 万元,拨付全区蓄滞洪区运用补偿资金 940.11 万元,涉及 216 户补偿对象。

【打好三大攻坚战】把脱贫攻坚作为第一任务,抓好中央脱贫攻坚专项巡视“回头看”反馈问题整改工作。投入各类扶贫专项资金 529 万元。加大脱贫攻坚投入,为 3 个贫困村申报市财政奖补示范村项目资金 120 万元,支持发展,防止返贫。把防范化解重大风险作为第一要务,执行地方政府债务限额管理和预算管理制度,规范政府举债融资行为,强化区政府债务限额管理。全区政府债务余额低于债务限额,债务风险安全可控。规范生态补偿资金使用,加大生态保护投入力度,助力生态环境综合整治,拨付文明创建,人居环境整治、污染防治等资金2048.47万元。

【加强收支预算管理】面对严峻形势,加强财税协调,堵漏挖潜,提升财政资金使用效益。全区“三公经费”支出366.1万元,同比下降18%;会议费支出25.6万元,同比下降6.9%。依法推进预决算公开,74家预算单位均在本级政府门户网站统一公开。完成人大预算联网系统建设,提升预算监督效率。推动财政电子票据改革,建立科学规范性监管体系。制定《谢家集区区级预算绩效管理暂行办法》《谢家集区预算绩效管理工作考核办法》,扩大财政资金绩效评价范围,对专项债券、扶贫等项目实施全过程绩效管理。落实向区人大常委会报告国有资产管理情况制度,改制2家经营性事业单位,落实国有企业法人治理结构。完成34家国有企业退休人员社会化管理移交工作,规范国有资产经营、处置管理程序,开展区级存量资产盘活、处置工作。

【发挥财政监管职能】执行国库集中支付相关制度,强化国库管理职能,保障区财政资金规范、安全、高效运行。全区通过财政国库集中支付平台完成支付48306笔。制定《谢家集区小额工程招标及政府采购分类管理暂行办法》,完成谢家集区工程监理服务公开招标,全年政府采购和招投标完成4055.59万元,节约财政资金434.59万元,实现节资率9.68%。完成“小金库”及国有资产专项整治、乡镇村级财务互审、直达资金监督、预决算公开复核,发挥财政监督的管理性和建设性作用。对全区161家各类机构开展涉非涉稳风险及地方金融领域扫黑除恶专项斗争排查,完成4家风险预警单位核查,取消1家小额贷款公司业务资质。

(谢家集区财政局供稿)

八公山区财政工作概述

【概况】2020年,八公山区财政收入完成2.96亿元,同比下降12.92%。财政支出完成5.24亿元,同比增长5.01%。

【保障重点支出】根据《关于进一步压缩“三公”经费严控一般性支出例行节约的通知》的要求,在年初预算压减公用经费和一般性支出基础上,继续压减会议费、培训经费等一般性支出,压减407万元。坚持“三保”支出在财政支出中的优先顺序,保障基本民生、工资发放和机构运转。发放惠民资金4334万元,惠及农户15711人次。社会保障和卫生健康、教育等重点民生支出分别完成年初预算的104%、119%和108%,均呈增长态势。

【按规使用直达资金】八公山区收到中央直达资金2.4亿元。其中,抗疫特别国债资金2582万元,用于卫健体系硬件设施及能力提升建设。中央特殊转移支付资金2.14亿元,主要用于弥补“三保支出”缺口。按照财政部要求上线中央直达资金监管系统,合理预算分配直达资金,加快支出进度,发挥直达资金作用。

【发行非标专项债券资金】参与发行2020年安徽省基础设施专项债券(十一期)—2020年安徽省政府专项债券(十三期)淮南市八公山区豆腐文化产业园提升改造工程—标准化厂房(一期)建设项目4000万元;2020年安徽省基础设施专项债券(十七期)—2020年安徽省政府专项债券(二十期)八公山区水环境综合治理项目3000万元。非标专项债务余额1.6亿元。

【加强政企银互通合作】由区财政局牵头,组织通商银行八公山支行与三家企业展开银企对接洽谈会,听取企业资金需求情况。通过组织银企对接会,加强政企银三方合作沟通,为融资困难的企业拓宽融资渠道。

(八公山区财政局供稿)

潘集区财政工作概述

【概况】2020年,潘集区财政收入完成7.76亿元,同比下降1.36%。财政支出完成17.15亿元,同比增长17.79%。

【加强政府性债务管理】严格债券资金管理,妥善处理债务偿还;加强政府债务预警,设立债务风险指标;健全风险处置机制,防范化解财政风险;建立债务管理长效机制,实行限额管理制度;推进政府债务债券化,优化债务结构。落实政府债务限额管理和预算管理,控制政府债务规模,全年化解隐性债务6.3亿元。

【推进区域金融工作】加强对担保公司等各类金融机构的监督和管理,按照省、市地方金融监管部门要求,制定检查工作方案,组织人员对类金融机构进行“双随机一公开”、年度及专项现场检查,形成检查报告并上报。加强风险处置,组织风险排查,将防范化解重大金融风险纳入扫黑除恶专项斗争工作重点,统筹部署推进,落实责任到人,及时报送防风险报表、材料。在市地方金融监管局指导推动下,安徽淮谷粮油贸易有限公司、淮南市龙企粮油食品有限公司、淮南市明泽生态农业有限公司等企业成功在农业板挂牌。淮南市金财融资担保有限责任公司全年开展新型政银担业务4.82亿元。

【做好补贴资金发放】加强与代发银行、市区人社部门、各乡镇和省爱普公司联系沟通,全区社保卡更换率为83.7%,完成目标任务。发放惠农补贴16大类41项,发放补贴资金2.72亿元,通过社保卡发放补贴资金 9246.8 万元,占 33.9%,覆盖所有乡镇。其中:农业支持保护补贴资金 2316.2 万元,占应发资金 40%;稻谷补贴资金 683.6 万元,占应发资金 42.8%;通过社保卡发放各乡镇蓄滞洪区补偿资金 3616.5 万元,占应发资金 78.4%。

【规范政府采购工作】制定《关于做好疫情防控期间招标采购工作的通知》,做好疫情防控期间招标采购工作,确保政府采购活动的正常开展。制定印发《潘集区人民政府关于进一步加强和规范公共资源交易管理的通知》。使用各类财政资金采购项目 256 项(次),实际采购金额 2 亿元,较上年增长 85.1%,节约资金 900.32 万元,节资率为 4.4%。其中:公开招标采购 1.2 亿元,竞争性谈判采购 6317.45 万元,竞争性磋商采购 834.75 万元,询价采购 270.24 万元,单一来源采购 167.4 万元,淮南网上商城采购金额 311.49 万元。

(潘集区财政局供稿)

毛集实验区财政工作概述

【概况】2020 年,毛集实验区财政收入完成 2.77 亿元,同比下降 4.34%。财政支出完成 9.34 亿元,同比增长 75.56%。

【加大民生保障投入】全区教育、卫生、科技等 13 大类民生支出 7.95 亿元,增长 85.25%,占全区财政支出的 85.1%。助力"六稳""六保",把有限财政资金用到"刀刃"上,盘活沉淀资金 1130.92 万元,用于保基本民生、保基层运转等重点领域投入。实施 25 项民生工程,保障和改善基本民生,全年投入资金 1.67 亿元。

【支持灾后重建】多渠道筹措资金,落实上级政府相关政策和要求,制定方案,严格监控,将中央直达资金 7434.42 万元、参照直达资金 1.23 亿元分配下达,直达基层、惠企利民。支持保障疫情防控和企业复工复产,投入抗疫相关支出 218 万元,应急物资保障 870 万元,疫情期间对困难群体补贴 2802 万元,统筹拨付医疗保险基金和医疗救助资金 843 万元,公共卫生体系建设 591 万元,重大公共卫生服务 23.8 万元。支持防汛救灾和灾后恢复重建,做好物资保障、资金监管等工作,补助自然灾害救灾补助和灾后重建 1 亿元,其中国家蓄滞洪区运用补偿中央补助资金 5871 万元、灾后恢复重建财力补助资金 4096 万元、国家蓄滞洪区运用中央财政补偿资金(压砂耕地修复)63.66 万元。

【加强财政重点管理】加强财政资金绩效管理,落实过紧日子思想。压减一般性支出和非刚性、非重点、非急需支出。完善区直预算单位财务集中管理平台建设,45 家预算单位纳入集中记账。推动预算绩效评价提质扩围,评价项目 41 个,覆盖财政资金 21768 万元。建立健全债务管理长效机制,选取优质公益性事业领域重点项目发行专项债券,以合法合规方式保障重点项目合理融资需要。全区非标债项目申报入库 8 个,发行债券 1.58 亿。加大保障脱贫攻坚力度,全年投入财政专项扶贫资金 888.4 万元,实施扶贫项目 19 个。安排 30 万元财政资金用于资产收益扶贫。助力污染防治攻坚战,投入财政资金 2070 万元,重点推进大气、水等污染防治工作。

(毛集试验区财政局供稿)

淮南高新技术产业开发区(山南新区)财政工作概述

【概况】2020 年,淮南高新区财政收入完成 9.81 亿元,同比增长 11.49%。财政支出完成 7.52 亿元,同比增长 10.1%。

【支持重点建设】回收土地出让金,与国土部门对接,掌握地块出让、缴款信息,向市土储中心及市财政提交资金报告,并进行跟踪。配合科技局对符合规定的企业和项目积极申报上级奖励资金,成功争取省级大数据基地发展资金 5000 万元,促进皖北地区高质量发展暨皖北承接产业转移集聚区专项资金 1000 万元,和中央保障安居工程配套基础设施建设资金 5000 万元。盘活存量资金 2.61 亿元,包括与铁办共管账户结余资金 0.81 亿元、三和镇安置房结算差价 1.45 亿元、山南开发公司资产处置 0.35 亿元,统筹用于重点项目支出。

【筹措财政资金】全年申报政府债券总额度 35.25 亿元,入库总额度 16.7 亿元,债券资金下达 1.7 亿元。三和镇中心卫生院项目通过省 2020 年第一批非标债项目评审入库,申请专项债券总额度 1.7 亿元;双创综合服务中心二三期项目通过省 2020 年第一批非标债项目评审入库,申请专项债券总额度 3 亿元;淮南市科技企业孵化器二期项目通过省第四批非标债项目评审入库,申请专项债券总额度 4 亿元;淮南高新区产业园二期项目通过省第四批非标债项目评审入库,申请专项债券总额度 8 亿元。申报棚改专项债券总额度 18.55 亿元,其中:惠民花园一期 952 套,申报 3.67 亿元;香樟苑五期Ⅲ标段 648 套,申报 2.95 亿元;香樟苑六期 1600 套,申报 11.93 亿元。下达棚改债券资金额度 0.7 亿元,到位商合杭高铁南站项目资金 1 亿元。

【强化预算管理】提高预算编制水平,遵循"六稳""六保"要求及"聚焦重点、保障民生、强化统筹、提升绩效"的预算编制原则,完成 2020 年财政预算编制工作。按照中央下达的特殊转移支付和抗疫特别国债,调整年初预算,并报市人大审核。注重厉行节约,体现效率优先,压缩一般公务性支出,集中财力支持重点项目建设及产业扶持。安排政策兑现资金2.35亿元,土地报批征迁资金6.04亿元。按规定时限公开政府预算、部门预算、三公经费及专项资金预算,推进预算公开,提高预算透明度。加强民生保障投入,针对涉及的17项民生工程,区财政局与区直牵头单位、三和镇签订目标责任书,落实具体项目责任。

(淮南高新区(山南新区)财政局供稿)

淮南经济技术开发区财政工作概述

【概况】2020年,淮南经济技术开发区财政收入完成6.15亿元,同比增长4.77%。财政支出完成3.94亿元,同比下降23.35%。

【强化管理意识】完成2020年财政预算草案和部门预算编制、预算公开、预算执行工作,开展财政收支预算分析,完成2019年财政决算编制及决算公开工作。以稳健财政政策为指导,按照"责权利"和"借用还"相统一的原则,严格政府性债务管理,提高防范和化解风险能力,保证资金安全,守住不发生区域性、系统性债务风险的底线。牵头申报2020年度非标准专项债券,全年发行非标债资金1.97亿元,分别为绿色智造产业园项目0.8亿元、新型城镇化项目1.17亿元。开展绩效评价工作,做到事前制定绩效目标、事后进行绩效评价,对5个抗疫特别国债项目实行绩效评价。严控"三公经费",全年支出金额42万元,同比下降11.9%。

【发挥保障作用】拨付下达各级财政疫情保障资金573万元,做好防疫物资储备和调配工作。支持防汛救灾和灾后恢复重建,做好物资保障、资金监管等工作,拨付救灾应急资金100万元。协调组织推动14项民生工程实施,全年支出758万元。落实强农惠农政策,全年发放财政涉农补贴资金10大项,金额为744万元。涉农补贴资金通过一卡通发放到位。

【提升服务能力】落实减税降费政策,在管委会网站减税降费专栏宣传最新减税降费政策。加强督查调研,深入企业走访,为企业答疑解惑,促进企业自身发展。拨付疫情期间中小制造业、中小战略性新兴产业一次性稳定就业补贴204万元;减免中小微企业租金272万元。做好国有企业退休人员社会化管理工作,出台工作方案,接洽32家涉及退休人员社会化管理转移工作的企业,实现国有企业退休人员社会化2592名,接收人事档案2323份,党员409名。推进政府采购工作,保证各部门工作正常开展。全年开展货物类政府采购项目67项,完成货物类政府采购金额675万元,较年初预算资金节约率为6.1%。

(淮南经开区财政局供稿)

安徽(淮南)现代煤化工产业园区财政工作概述

【概况】2020年,安徽(淮南)现代煤化工产业园区处于筹建期。安徽(淮南)现代煤化工产业园区管理委员会代表市政府统一领导和管理园区建设、产业发展和社会事务,园区财政局为其内设机构,园区财政体制尚未独立,作为市级一级主管部门预决算。2020年园区税收收入6212万元,同比增长19.14%,按规定全部上缴市级财政部门。市财政按照市级预算单位标准保障园区人员工资和机构运转支出。

【工作进展】完成年度各项工作任务,做好部门预决算编制及信息公开工作,贯彻落实厉行节约反对浪费条例,执行财经纪律,监管国有资产使用。组织实施园区管委会及下属事业单位的财务集中核算、国有资产管理、政府采购管理、政府债务管理、内部控制建设、综合财务报告等工作。

(淮南煤化工产业园区财政局供稿)

滁州市财政工作综述

滁州市财政工作概述

【概况】2020年,滁州市财政收入完成371.8亿元,较上年增长4.1%,总量和增幅均为全省第三位。全年财政收入运行平稳有序,各月财政收入均保持正增长。全市政府债务管理工作第四年位列全省第一,专项债申报额和入库率均为全省第一位,发债额居全省第二。成功申报全国财政支持深化民营和小微企业金融服务综合改革试点城市,在全省财政工作会上交流直达资金使用管理经验,在全省剥离国有企业办社会职能和解决历史遗留问题工作推进会上作交流发言,助力滁州市入选第六届全国文明城市。

【助力疫情防控】健全完善疫情防控财政投入保障机制,全市投入疫情防控经费3.7亿元,助力重大防疫救治体系和应急物资保障体系建设,补齐应对重大疫情方面短板。开启财政支付"绿色通道",下达应急物资保障资金,用于购置医疗物资、应急医疗设备等,保障疫情防控资金及时到位。

【完成收支任务】树立过紧日子思想,把保障和改善民生作为财政优选方向,压减一般性支出,盘活存量资金资产,加大资金统筹力度,做到民生支出只增不减、重点领域支出保障到位。全市一般公共预算收入完成226亿元,增长5.3%,总量和增幅分列全省第3位和第4位。全市财政支出462.9亿元、增长1.7%,其中民生支出393.9亿元,占财政支出的85.1%。

【下达直达资金】管好用好抗疫特别国债和直达资金,注重过程把关,加强联合监管,建立预警机制,抓好审计整改,把有限的财政资金用到最亟需的领域,下达直达资金579笔,共41亿元,实际支出39.4亿元,支出进度为96%,推动直达资金使用精准、管理规范,直达基层、惠企利民。

【发展实体经济】落实各项减税降费举措,执行下调增值税税率和社会保险费率等政策。全市新增减税降费35亿元,降低企业运行成本。落实3个月房租减免政策,行政事业单位经营性用房减免1851户、金额2541.6万元;国有企业经营性用房减免2324户、金额5586.2万元。落实"四送一服"双千工程,开展市直园区招工帮扶包保,全年市财政拨付园区企业用工帮招奖励资金435.9万元。支持经济转型发展,激发市场主体活力。全市投入专项资金7亿元,重点支持智能制造、精品制造和服务型制造;统筹资金1.2亿元,培育外贸补贴、电子商务、商贸流通等现代服务业发展,推进"1+8"战新基地建设,新增战新企业68家。落实"1+4+N"科技创新政策体系,全市科学技术支出15.2亿元,重点支持科技创新驱动发展。推动现代农业发展,统筹资金,扶持农业产能稳固、农产品加工业提升、现代特色农业发展等。畅通企业融资渠道,降低企业融资成本。放大资金杠杆效应,注资市担保公司4000万元,公司注册资本金增至9.3亿元。加大扶持力度,将个人创业者担保贷款、小微企业贷款最高额度分别提至50万元和300万元,给予100%贴息支持。全市财政贴息创业担保贷款2342万元,同比增长17.6%。简化疫情防控重点保障企业贷款申报流程,全市疫情重点保障企业名单内42家企业获优惠贷款支持5.6亿元,利率均为同期LPR减100基点(含)以下。成功申报全国财政支持金融服务综合改革试点城市,资金全部用于全市政府性融资担保机构的资本补充或民营、小微企业信贷风险的补偿或代偿。聚力社会保障和就业创业,安排直达资金10.8亿元,落实援企稳岗政策,促进规上工业企业全面复工复产,全市新增规上企业272户,总数增至1836户。

【打好三大攻坚战】支持打好风险防控攻坚战,执行政府债务限额管理和预算管理制度,出台《全面加强政府债务管理有关工作的通知》,将债券资金还本付息分别纳入一般预算和政府性基金预算管理。强化政府隐性债务管理,完善管理制度,严控债务增量,稳妥化解存量,定期评估市县债务风险状况,不增加新的隐性债务。滁州市债务余额731亿,市本级302.3亿,政府债务余额控制在上级下达的限额内,债务风险总体可控。支持打好脱贫攻坚战,落实扶贫资金投入,全市投入财政扶贫资金9.2亿元。聚焦脱贫攻坚“十大工程”,推进资产收益扶贫,投入资金6515万元,建立资产收益扶贫项目33个,实现资产收益414万元。开展扶贫资金动态监控,加强扶贫资金绩效管理。支持打好污染防治攻坚战,统筹资金12.3亿元,重点打好蓝天、碧水、净土三大保卫战,推进“三大一强”专项攻坚行动,建立地表水、空气环境质量生态补偿机制,加快清流河综合治理等工程,落实皖苏长江流域(滁河)横向生态保护补偿机制。推进美丽长江(安徽)经济带、淮河生态经济带等建设,完成261户禁捕退捕目标任务。

【做好财政服务保障】支持防汛抗旱和灾后重建工作,争取中央、省抗旱补助资金4052万元,实施“引江入滁”应急补水工程,上半年为滁城和全椒县供水3000余万方,保障城乡居民饮水安全。安排防汛资金872万元,做好防汛救灾物资保障工作,重点支持滁河、淮河流域防汛双线作战,防汛抗旱工作取得全面胜利。做好蓄滞洪区运用补偿资金发放工作,发放补偿资金1.4亿元,帮助受灾农民和农业经营大户恢复生产生活。申请省财政洪涝自然灾害生活救助专项补助1580万元。开展农业保险赔付,对往年投保、当年已种植、未及时投保的受灾农户给予投保理赔,汛期6.6万户次受灾农户获赔付9493万元。保障重点项目建设,聚焦重大政策、重大举措、重大工程等,提升财政保障精准度。发行长三角一体化发展专项债券35.5亿元,争取中央预算内基建投资4.1亿元,推动滁宁城际铁路及来六、明巢等高速公路建设,推进顶山-汊河、浦口-南谯2个省际毗邻地区新型功能区建设。统筹债券资金、土地出让收入和预算资金105亿元,改造全市45个老旧小区、棚户区和背街小巷,开展清流河、老城区和北湖综合治理等。聚焦民生保障,贯彻以人民为中心的发展思想,坚持尽力而为、量力而行。全市投入资金97.9亿元,聚焦幼有所育、学有所教、劳有所得、病有所医、老有所养、住有所居、弱有所扶“七有”目标,推进33项民生工程。社会保障上,投入资金1.2亿元,落实就业创业政策,全年城镇新增就业9.4万人;投入资金10.1亿元,强化社会救助保障体系建设;投入资金2.4亿元,加快推进残疾人、养老事业发展。社会事业上,投入资金78.2亿元,优先保障教育公平发展,构建从学前教育到职业教育全覆盖的财政基本保障机制;投入资金45亿元,增强卫生健康服务能力;投入资金4.9亿元,推进基层公共文化资源整合利用、共建共享。

【推进财政改革】做好体制机制改革工作,加快建立现代财政制度。落实财政体制改革,贯彻落实分领域财政事权和支出责任划分改革,建立权责清晰、财力协调的政府间财政关系。推进金融服务改革,成功申报财政支持金融服务综合试点,获中央财政4000万元奖励,助力全市民营、小微企业金融服务高质量发展。开展财政电子票据改革,实现非税收入收缴全流程电子化管理,提升非税收入收缴运行效率,更好满足支付需求,助推“互联网+政府服务”加快落实。创优政府采购营商环境,清理政府采购领域妨碍公平竞争的规定和做法,优化工作流程,加强政府采购监督管理,提高政府采购效率。推进政务服务数字化转型,启动局机关内部办事事项“一次办”改革试点工作,打造“扁平化管理、快递式服务、社会化评价”的财政服务新形象。落实国有企业人员社会化管理,在全省剥离国有企业办社会职能交流会上作典型发言。全市上报国有企业退休人员15409人,移交档案15409人,转接党组织关系3390人,实现党组织转接率、档案移交率100%。

【规范财政管理】加强预算绩效管理,出台《滁州市市级部门预算绩效运行监控管理暂行办法》,构建“1+N”的绩效管理制度体系;选聘46名预算绩效管理专家建立专家库,引入第三方服务机构参与绩效管理,市本级79个预算部门全部纳入绩效目标管理范围。加快建立预算绩效管理闭环,将评估审核结果作为预算安排的依据,提升财政资源配置效率和使用效益。2020年度市级预算绩效管理工作获市人大满意评价。加强预算执行管理,压实部门预算执行主体责任,健全预算执行进度督促提醒和月通报制度,加大预算执行考核结果与预算安排挂钩力度。加强财政监督管理,推进财政内部控制建设,选取2个内设科室开展检查,对全市不同行业共471个单位开展财会监督情况调研,对全市13家地方金融机构开展2019年度会计信息质量检查。防范资金支付风险,推行大额资金支付短信提醒,加强财政财务数据共享服务。加强国有资产管理,出台《滁州市市级行政事业单位及所属企业和市属文化企业国有资产评估项目核准与备案管理办法》,开展经营性事业单位改革资产管理工作,指导开展资产清查核实,摸底调查监管企业国有资本布局和产业链水平情况,强化国有资本经营预算管理。市本级完成国有资本经营预算收入28764万元,按30%比例调入一般公共预算10303万元。

(滁州市财政局供稿 施翠萍执笔)

天长市财政工作概述

【概况】2020年,天长市财政收入完成57.4亿元,增长8.2%,其中一般公共预算收入41.2亿元,增长9.2%。全市公共财政支出69.9亿元,下降1.9%,其中,教育、社保、卫生等13项民生类支出61.3亿元,占公共财政支出87.8%,全年一般性支出下降5%,

“三公经费”支出下降4.2%。市财政局2019年度财政管理绩效评价工作受财政部通报表彰,2019年度乡镇财政资金监管和惠农补贴资金管理发放工作在省财政厅绩效评价中被评为A类,市财政局机关获滁州市2019年度民生工程组织实施先进单位、2019年度全市财政金融业务报表工作先进单位、天长市创建全国文明城市先进集体等称号。

【支持实体经济】落实中央、省减税降费政策和阶段性援企稳岗财税政策,全年税收政策性减免2.4亿元,落实留抵退税1.8亿元,社保降费1.5亿元,减免小微企业租金240万元。拨付5.8亿元,支持金牛湖新区建设。拨付2.8亿元,支持“一区、六园、八个集中区”和国家现代农业产业园基础设施建设。落实各项助企纾困措施和惠企政策,拨付2.6亿元,兑现民营经济高质量发展、建筑业、内外贸等政策奖励资金。拨付0.6亿元,支持科技创新、制造强省和智能装备仪表等产业转型升级。拨付0.5亿元,加大政府融资担保公司注册资本金,两家政策性担保公司在保余额超16亿元。拨付0.2亿元,壮大续贷过桥资金规模,为295家企业过桥续贷20亿元。

【增进民生福祉】推进33项民生工程,投入民生工程资金10.1亿元,配套本级资金3.4亿元,完成全年目标任务。拨付2.9亿元,支持全国义务教育优质均衡发展县和全国全民运动健身模范县创建,建成第二小学、二中新校区、益智小学等。拨付3.5亿元,支持人民医院住院楼、二院、三院能力提升等项目建设,落实城乡居民基本医疗保险、大病保险政策。拨付0.6亿元,保障疫情防控物资采购、医疗设备投入和核酸检测实验室改造建设等。投入6.2亿元,支持社会养老服务体系建设,落实城镇居民、机关事业养老保险和农村低保、特困人员供养等政策。拨付0.8亿元,支持龙岗古镇文化旅游、崇本门布展、兰芬书屋、茉莉书舫等项目建设。投入0.4亿元,保障农村人居环境整治项目实施。投入2.1亿元,支持城镇污水垃圾处理、入河排污口排查整治和黑臭水体治理。安排0.7亿元,支持省级森林城市创建和城市防护绿地建设。安排0.3亿元,保障城市总体和专项规划编制。拨付4.6亿元,加快推进东市区、城南新区建设,提升城市新区承载力,完成地下综合管廊、安置五区东区建设。拨付2.1亿元,加快推进老旧小区改造、城市停车场、西月城、市区拥堵交口改造等重点工程实施。

【推进乡村振兴】落实乡村振兴战略三年行动计划,拨付0.1亿元,健全美丽乡村长效管护保障机制。投入2.5亿元,支持高标准农田和农田水利“最后一公里”项目建设。投入0.2亿元,完成农村改厕6900余户。安排0.2亿元,完善农村生活垃圾治理体系。投入2.8亿元,支持S205/S410铜城至冶山段一级公路建设。投入1.6亿元,支持“四好”农村路建设,完成农村道路扩面延伸400公里,养护提升41.7公里。投入3.6亿元,保障增减挂钩项目实施。投入2.8亿元,支持现代农业示范区基础设施建设、农业产业化发展、水库补水工程等。

【加强财政管理】加强预算绩效管理,出台《全面实施预算绩效管理实施办法》等,绩效管理覆盖所有财政资金,对所有预算单位开展整体支出绩效评价和重点评价,提高绩效评价水平。加强直达资金管理,建立直达资金日常工作机制,统筹协调直达资金分配、拨付、监控和系统维护等工作,督促各单位加快资金使用进度,发挥直达资金效益,直达资金分配率、拨付率均为100%。加强国资国企管理,修订天长市国有资产管理公司负责人经营业绩考评指标体系,对市管国企进行年度经营业绩考核,督促企业负责人履职尽责;通过健全市管国企现代企业制度,向市管国企委派独立董事、监事,指导市管国企完善法人治理结构,推动市管国企科学化、制度化、规范化管理;通过扩大投资、盘活整合资产资源,支持国企创新发展,提高市管国企运营能力,加快推动市管国企市场化转型。加强财政资金监管,印发《2020年财政资金风险防控专项整治工作实施方案》,专项检查市直各单位和各镇街财政资金风险防控专项整治情况、“小金库”专项治理情况和新冠肺炎疫情防控期间财税政策落实情况等。按照内控管理制度要求,检查各镇街财政财务情况,防范财政资金风险。

(天长市财政局供稿 梁晓涛执笔)

明光市财政工作概述

【概况】2020年,明光市财政收入完成24.5亿元,增长14.8%,增幅为滁州市县区第一位,占年初预算104.4%,其中:税务部门完成15.33亿元,下降4.4%,占年初预算86.8%;财政部门完成9.17亿元,增长73.1%,占年初预算157.8%。全市公共财政预算支出完成45.92亿元,增长9.6%。

【加强预算管理】深化部门预算改革,按照政府支出经济分类科目改革要求,编实编细部门综合预算,实行部门预算与绩效目标同步申报、同步批复,增强预算编制与预算执行、国库集中支付、政府采购的关联性、实用性。推进预算信息公开,提升预算编制质量。强化财政资金绩效,坚持“花钱必有效、无效必问责”,健全完善预算绩效管理工作机制,推进全过程预算绩效管理,提升财政资金使用效益。明光市2019年度县级财政管理绩效综合评价获财政部通报表彰。向明光市编办申请成立明光市预算绩效评价中心,专业做好财政资金绩效工作。

【优化支出结构】严控一般性支出,压缩“三公经费”,优先保障民生工程及重点项目支出。加大对结余和连续结转两年以上的存量资金清理力度,清理收回资金16893万元,统筹安排用于市重点项目建设和民生工程支出。全市完成一般公共预算支出459235万元,增长9.6%。政府性基金支出完成246295万元,为预算113554万元的216.9%,结转下年1300万元。支出总计249920万元,当年收支平衡。

【强化民生保障】推进33项民生工程,投入资金17.01亿元。6个资产收益扶贫工程项目完工并实现分红。完工“四好农村路”84.203公里;改造完成农村危房123户。完成5000户农村环境三大革命改厕任务。超额完成3个美丽乡村建设工程省级中心村建设年度目标任务。完成技工大省技能培训工程技能脱贫培训238人,完成企业新录用人员培训1950人,完成退役士兵培训110人,完成新型农民培训450人。棚户区改造新开工2708户,基本建成3263套。完工城市老旧小区整治任务5个,总建筑面积6.42万平方米,涉及居民住户753户。

【实施脱贫攻坚】投入中央、省、滁州市、本级四级财政专项扶贫资金9232.5万元,按照扶贫资金投入方向,落实到101个具体项目。清理回收存量资金265万元用于脱贫攻坚。截至当年10月末,全市发放扶贫小额贷款2891户,金额15462.77万元,收回扶贫小额贷款1767户,金额11619.7万元。在贷户数1124户,在贷金额3843.07万元,其中当年发放扶贫小额贷款947户,金额3215.92万元。

【监管国有资产】推进国资国企改革,探索创新国资管理方式方法,提升资产管理水平,实现国有资产保值增值和经营效益最大化。制定完善各项管理制度,出台《明光市财政局关于印发行政事业单位通用办公资产配置标准(试行)的通知》,转发《滁州市财政局关于加强行政事业性国有资产会计核算管理的通知》,搭建起资产管理从“入口”到“出口”的全链条制度管理体系,明确资产配置、使用、评估、处置、产权登记的标准和程序。转变国资监管方式,加大监管力度,建立健全单位内部监督与财政监督、审计监督相结合,日常监督与专项检查相结合的监管机制,实现国有资产监管制度化、科学化、规范化。利用信息化手段,实现线上线下资产管理相结合,建立资产月报、年报,经管资产及自然资源报告制度,推进资产管理业务网格化、信息化管理,实现固定资产动态监管。落实国有资产管理情况向人大报告工作机制,发挥国有资产重要作用。

【服务经济发展】争取皖北发展专项资金1400万元,安排经济开发区建设资金7500万元,支持经开区基础设施建设,加快工业强市战略发展;拨付5000万元,支持化工集中区等项目建设;牵头设立小微企业续贷过桥资金,为67家民营企业发放续贷过桥资金3.71亿元。减免360户小企业(含个体工商户)疫情期间房租572.61万元。申报艾珂尔、海港凹坭、美阅印刷7家企业等上市奖励资金80万元。拨付乐斯福、明光酒业和园区企业土地使用税政策扶持资金1262.37万元;拨付2019年中小企业国家试产个开拓资金81.25万元;兑付各类奖补资金3846.15万元。

【支持资产收益扶贫】投入818.6万元建立资产收益扶贫民生工程项目6个(种植项目1个、养殖项目1个、加工项目0个、其他项目4个),年资产收益51.54万元,收益率为6.3%,其中量化给集体30.07万元,量化给贫困人口21.47万元。截至当年年底,建成资产收益扶贫项目106个(村级光伏15个、户用光伏2个、种植项目29个、养殖项目6个、加工项目仓储设备等其他项目54个),形成资产15085.15万元,取得资产收益2528.04万元,其中量化给村集体769.5万元,量化给贫困人口1758.54万元。

【深化财政改革】深化国库集中支付改革,建立国库集中支付情况分析机制,完善动态监控预警目录和规则,开展国库集中支付改革“回头看”,制定《明光市清理规范预算单位财政资金实施方案》,规范管理,提高效益。编报2019年度国库集中支付年报,加强国库支付改革情况调研,撰写《明光市财政国库制度改革情况调研报告》,被滁州市财政局选中上报省厅。推进乡镇集中支付改革,组织梳理乡镇街道财政制度机制建设、银行账户管理、公务卡推广使用、会计核算及内控制度建设等情况,全市146702户完成“一卡通”社保卡更换,占总户数的6.36%。

【加强监督管理】组织开展明光市2017—2019年规划编制费用绩效评价,财政资金风险防控专项整治工作,行政事业单位会计信息质量及内控建设检查,国有资产管理抽检工作和“小金库”防治等工作,针对全市17个乡镇、街道和市直相关单位,排查问题,并要求相关单位立行立改,清退、追缴问题资金。开展预决算公开数据核对工作,包含全市65个预决算公开单位,覆盖面为100%(依法不予公开的除外)。针对数据核对检查发现的问题,督促问题单位做好整改工作。

【推进“三农”发展】落实强农惠农富农政策,通过“一卡通”发放涉农补贴45项、471159万元,139741人次受益;拨付1314万元,实59个施农村公益事业建设财政奖补项目。

【防控新冠疫情】全体干部职工取消春节假期,于年初三坚守岗位,保障及时拨付防疫资金。利用单位宣传栏、官方微博、包保小区宣传栏、广播等方式传递防疫新知识,发挥党员带头作用。组织党员干部两次深入包保小区,全面排查离汉人员,实地排查巴黎公馆小区837户、翡翠花苑小区167

户。组织成立巴黎公馆小区与百仓巷南口临时党支部,落实24小时卡点值班。调度资金,保障疫情防控资金需求,建立拨款绿色通道,协调金融部门畅通拨款渠道,及时拨付全市疫情防控经费。拨付疫情防控经费4095万元,用于疫情防控处置、药品、物质储备、疫情防控人员补助等。

(明光市财政局供稿　陈博文执笔)

定远县财政工作概述

【概况】2020年,定远县财政局完成各项工作任务,财政收入实现28.2亿元,增长8%,收入增幅为全市第二位。财政支出实现65.7亿元,增长4.5%,支出总量为全市第二位。全县“三公经费”同口径下降2.68%。获全国脱贫攻坚先进集体、全省央企合作项目先进单位、全省财政宣传工作先进单位、全市民生工程协调推进先进单位、市级文明单位、市第十届“爱心报刊”捐赠爱心单位、全县脱贫攻坚先进集体、健康促进先进单位、“双拥”模范单位、征迁工作和农饮安全工程重组工作先进单位等荣誉。

【做好“六稳”“六保”工作】疫情以来,落实中央、省市政策,减税降费2.3亿元,减轻企业负担,激发市场活力。管好用好中央直达资金,执行特殊转移支付资金管理办法等规定,分配下达中央直达资金11.76亿元,重点用于支持基础设施建设、抗疫相关支出、弥补减收增支和“三保”缺口。强化预算绩效管理,发挥直达资金效益,做好“六稳”、“六保”工作。加大金融政策支持力度,聚焦重大金融政策落实,加大金融助企纾困力度。落实《关于应对新型冠状病毒肺炎疫情支持企业平稳健康发展的十八条意见》,缓解企业复产复工的融资压力。

【提升财政管理水平】面对疫情以来经济运行下行压力,强化综合治税,依法组织各项财政收入。全县财政收入实现28.2亿元,占预算100.2%,增长8%。统筹推进疫情防控和支持经济社会发展,优化支出结构,有序安排支出,全年完成一般公共预算支出65.7亿元,其中,财政民生支出57.55亿元,占一般公共预算支出87.6%。投入疫情防控资金2979万元。全县“三公经费”同口径下降2.68%,节约更多资金保障重点支出,兜牢“三保”底线。筹措各项资金,主动对接、掌握落实中央和省市新出台的有关政策情况,争取中央、省、市各类转移支付资金40.84亿元,债券资金12.99亿元。

【支持脱贫攻坚工作】筹资保障脱贫攻坚,全年投入扶贫资金5.1亿元。用好管好扶贫资金,执行项目绩效目标管理办法,全过程加强扶贫资金绩效管理,在全省扶贫资金绩效考核中取得“五年五优”。开展资产收益扶贫工作,全县112个行政村向贫困户分红935.27万元。推进金融扶贫,全年新增贷款5600户、2.37亿元,排名全省前三位。县财政局获全国脱贫攻坚先进集体称号。

【加强民生工程监管】加强民生资金保障,调整支出结构,财政配套4.2亿元,保障各项民生工程顺利实施。加快实施进度,发挥牵头抓总作用,强化部门协调配合,推进项目建设,提前完成农村危房改造、资产收益扶贫工程、“四好农村路”建设、党建引领扶贫工程等19个项目年度目标任务。加强监督,抓好绩效评价,把民生工程建设纳入对各乡镇和县直单位目标管理绩效考核,注重过程监管,强化年终考评。组织人大代表和政协委员及民生工程特约监督员深入基层开展巡视和调研,民生工程实施单位、乡镇政府逐项对照提出的意见和建议,逐项落实,改进方法。

【防范政府债务风险】主动对接省财政厅,组织实施全县新增债券工作,争取新增债券资金12.99亿元,其中新增一般债券资金1.86亿元,新增专项债券资金11.13亿元。科学筛选公益事业项目,编制项目实施、资金平衡方案,全县14个非标债进入省项目库,总投资156亿元。梳理项目进展情况,督促建设单位加快新增债券资金支出进度。新增一般债券资金支出进度75%,新增专项债券资金支出进度67%。化解债务风险,加强政府债务动态监控,全县限额内债务余额53.3亿元,债务率68%。隐性债务余额42.81亿元。全县无新增隐性债务,各项债务考核指标良好,债务风险总体可控。

【加强金融监管服务】增加信贷总量,全县银行机构各项存款余额317.57亿元,增幅8.03%,完成年度任务的112.12%,总量为滁州市第三位,增量为滁州市第四位。全县银行机构各项贷款余额208.81亿元,增幅18.03%,完成市下达任务119.24%。全县存贷比为65.7%。推动企业上市,安徽华塑经省证监局辅导验收通过,新增新三板挂牌企业1家,安徽省股交中心四板挂牌企业11家。加大直接融资,向安徽科昂纳米科技有限公司股权投资等三家项目陆续投放9100万元。开展金融领域扫黑除恶专项斗争,加强金融风险防范政策宣传,开展线索排查,健全“三书一函”工作台账,建立和完善各项监管制度,完成“行业清源”工作任务。

【深化国企国资改革】完成国有企业退休人员社会化管理任务,移交率100%。完成县汽运公司、盐业公司“三供一业”分离移交,解决国有企业资产权属不清等历史遗留问题。加快推动央企合作,签约5个项目,总投资为23.51亿元。加强县属国有企业的监督管理,制定《2020年定远县城乡发展投资集团负责人经营业绩考核及薪酬管理细则》,完善企业负责人薪酬激励和约束机制。加强国有资本经营预算管理,加强政府预算体系建设,采取资本与资产管理相结合方式,结合县属国有企业经营现状,按照统筹兼顾、适度集中原则编制全县年度国有资本经营预算。

(定远县财政局供稿 陈虹执笔)

全椒县财政工作概述

【概况】2020年,面对突如其来的疫情、汛情,以及错综复杂的国际形势,全椒县财政局落实各项减税降费政策,抢抓政策机遇,争取上级转移支付资金和地方政府专项债券额度,支持全县重点项目建设和民生保障。全县一般公共预算收入完成33.2亿元,增长7%,占调整预算的100.8%;一般公共财政预算支出43.46亿元,同比增长2%,其中:十三类民生支出37.8亿元,民生支出占比87%。

【提升收入质量】财政收入逆势增长,收入质量提高,总量增速为全市前列。全年财政收入完成33.6亿元,增长8.2%,总量为全市第三位、增速为全市第二位。收入质量稳步提升,全年完成税收收入26.2亿元,增长11.3%,超财政收入增长3.1个百分点,税收占比78%,较上年提升2.2个百分点。全年纳税在千万元以上工业企业14家,较上年增加4家,其中亿元以上4家,增加3家。

【落实积极财政政策】落实减税降费政策,全年减免税收2.7亿元,其中:新出台政策减免1.86亿元,2019年出台在2020年翘尾新增减免税0.84亿元,减轻企业负担、促进居民消费和稳定市场预期。用足用好直达资金,做好新增财政资金直达基层、直接惠企利民工作,聚焦保就业、保基本民生、保市场主体。中央直达资金3.1亿元拨付到位。

【支持高质量发展】推进企业优胜劣汰,加快处置“僵尸企业”,全年投入收储资金0.67亿元。加大创新支持力度,安排科技奖励资金0.53亿元、科技创新专项资金0.29亿元、产业发展资金1.34亿元,支持企业研发和技术改造,促进产业转型升级。促进产城融合发展,推进园区和城镇基础设施、产业发展、市场体系、基本公共服务和生态环保一体化建设,全年投入1.7亿元。

【助力三大攻坚战】支持打好脱贫攻坚战,坚持“四个不摘”,完善财政扶贫政策,巩固拓展“两不愁三保障”和饮水安全成果,全年财政专项扶贫资金支出0.93亿元,较上年增长9.7%。支持打赢污染防治攻坚战,全年财政投入0.75亿元,提高城乡居民生活污水和工业污水处理能力,支持长江禁捕退捕工作,完善秸秆综合利用奖补机制,推进农村垃圾整治。强化政府债务风险化解,守住不发生系统性、区域性风险底线,超额完成政府隐性债务化解任务。规范政府融资行为,通过发行政府债券,筹集建设资金,全年发行债券17.51亿元。

【保障疫情防控和防汛救灾】把人民生命安全和身体健康放在第一位,把疫情防控、防汛救灾和灾后重建财力保障作为财政工作的重中之重,全年拨付疫情防控资金0.51亿元、抗洪抢险和救灾资金0.33亿元、蓄滞洪区运用补偿资金0.61亿元。

【支持乡村振兴】支持实施乡村振兴战略,支持农业农村优先发展,抓好农业特别是粮食生产,推动藏粮于地、藏粮于技,推进高标准农田和农田水利建设,夯实农业生产基础。全年农林水支出8.86亿元。全年投入0.86亿元,改善农村人居环境,做好农村垃圾污水处理、厕所革命及农村道路、村容村貌提升。落实惠民惠农政策,全年打卡发放惠民资金4.33亿元,惠及农户129648户,全年投入农村公益事业项目建设资金0.12亿元,改善农民生产生活条件。引导金融机构加大农业投入,投入政策性农业保险保费补贴资金0.37亿元,提供风险保障8.67亿元;发挥政策性担保公司作用,发放劝耕贷0.33亿元。

【加大基础设施投入】加大交通基础设施建设,投入4.2亿元,支持滁州大道、东互通、滨湖大道、永乐路、慢城一横二纵等道路建设。加大水利基础设施建设,投入4.3亿元,用于黄栗树水库除险加固、襄水大桥、襄河口大桥新建工程、城乡供水一体化、荒草二圩、三圩进退洪闸等项目。实施县城人居环境提升工程,投入4.5亿元,改造提升站前路、儒林路及县城校园周边等道路,增加停车场10个,改造老旧小区11个、后街巷道11个,增加城市园林绿化面积78万平方米。

【守好保基本底线】全年实施民生工程30项,财政总投资13.65亿元,较上年增长14%。支持教育公平发展,落实义务教育学生“两免一补”和学前、普通高中、中职、高等教育各项学生资助政策;投入资金0.21亿元,支持智慧校园建设。全年教育支出6.7亿元,较上年增长2.4%。支持文化事业发展,全年安排0.46亿元,推进文化惠民项目,支持文物保护、非遗保护、文化遗产传承。强化就业和社会保障,安排就业补助资金0.11亿元,落实就业创业政策;安排困难群众救助补助资金1.2亿元,做好特困人员救助供养、流浪乞讨人员救助、孤儿基本生活保障等工作。落实划转部分国有资本充实社保基金政策。保障基本医疗需求,安排城乡居民医保补助资金0.21亿元,居民医保人均财政补助标准提高到每人每年550元。安排医疗救助补助资金0.29亿元,做好医疗保障托底。完善基本住房保障体系,支持棚户区改造,加快城镇老旧小区改造。全年住房保障支出3.35亿元。支持优先完成建档立卡贫困户等重点对象新增危房改造任务,全年农村危房改造支出800万元。

【推进财政管理改革】推进财政管

理改革,实施预算绩效管理。加快构建预算绩效管理体系,建立镇和部门预算绩效管理考核制度,完善分行业分领域绩效指标和标准体系,开展重点项目财政绩效评价,健全绩效评价结果与预算安排、政策调整的挂钩机制。推进预算信息公开,落实预算公开主体责任,扩大预算公开范围、细化预算公开内容,打造阳光财政。全县所有预算单位在政府信息平台公开部门预决算和“三公经费”预决算。推进财政电子票据改革、医疗收费电子票据改革,完成财政系统电子票据系统初始化建设。

(全椒县财政局供稿　孙德祥执笔)

来安县财政工作概述

【概述】2020年,面对新冠肺炎疫情和复杂严峻的经济形势,来安县财政局认真执行县委、县政府各项决议,按照高质量发展要求,实施积极财政政策,推进财税体制改革,克服政策性减收增支等诸多困难,利用新增债券增加政府投资,支持打好三大攻坚战;突出“保工资、保运转、保基本民生”,强化抗疫特别国债、特殊转移支付等直达资金积极作用,惠企利民;调整优化支出结构,培植财源税源,保障重点项目及社会民生事业发展,全县财政预算执行平稳,为县域经济高质量转型发展提供坚实的财力保障。全县财政总收入完成30.88亿元,全县一般公共预算支出完成40.2亿元,获2019年度扶贫资金绩效评价“优秀”等次、2019年度乡镇财政资金监管和惠农补贴资金管理发放工作绩效评价“A类县”等次。

【加强收入征管】夯实收入组织责任,结合经济运行走势和全年收支目标,分解收入任务,落实征收责任。预算执行中,完善收入考核办法,按月通报收入预算执行情况,跟进督促指导,促进征管责任的有效落实。加强收入组织工作。落实税收保障制度,筑牢信息管税基础,强化重点税源管控,开展综合治税管理,增强外地企业纳税贡献。加强非税收入征管,深化财政票据电子化改革。做好向上争取工作,全年争取特殊转移支付资金9985万元,缓解县级财政运行压力。争取债券资金22.26亿元,重点支持全县重点项目建设。

【落实积极财政政策】贯彻减税降费政策,支持实体经济发展。兑现县委、县政府关于加快工业发展和促进民营经济壮大的一系列财税扶持政策,支持民营企业和小微企业发展,拨付各项奖励扶持资金共计1.04亿元。缓解中小企业融资难问题,开展政策性融资担保,政银担业务新增167户,放款9.51亿元;税融通业务新增60户共3.06亿元;续贷过桥资金5.79亿元,周转19.29次。树立过紧日子思想,压减一般性支出,调整财政资金支出结构和方向,保证财政收支平衡和基层财政可持续运行,全县一般性支出压减5%。在优先“保工资、保运转、保基本民生”基础上,通过盘活财政存量,压减一般性支出、加大土地出让力度、向上争取专项债及中央预算内投资等多种筹资方式,解决县域内重点项目建设资金需求。

【支持打好三大攻坚战】防范化解重大风险,坚持政府投资项目量力而行,从严审核资金来源,根据财力情况,按照轻重缓急,合理安排政府投资项目。稳步置换到期债券,申请再融资债券4.46亿元。化解存量隐性债务,完成隐性债务化解任务。争取专项债资金,20个项目进入省财政厅非标债项目库,项目总投资128.01亿元,申请发债总额度98.65亿元,年度下达专项债17.64亿元,项目入库数量和总额度为全市第二位。支持脱贫攻坚,落实县级扶贫资金稳定增长机制,全年安排县本级专项扶贫资金7230万元,用清理回收的存量资金安排105万元,中央、省、市下达专项扶贫资金2813万元,累计到位扶贫资金10148万元。加大污染防治投入力度,支持打好污染防治攻坚战,投入1.14亿元,支持来河流域综合治理、饮用水源保护、生态补偿机制建设。

【增强民生福祉】落实加大民生领域投入常态化机制,重点支持民生社会事业发展,全年财政民生支出35亿元,占一般公共预算支出的87.2%。统一实施省定33项民生工程中的30项,其中工程和培训类项目10项,补助和救助类项目20项,投入资金7.2亿元。筑牢稳岗就业“保障网”,开展援企稳岗,安排36.8万元就业配套资金,用于加强返岗用工指导、支持企业吸纳就业、加大企业稳岗支持,全方位保障企业用工。支持商业银行开展创业担保贷款业务,加大创业担保贷款担保基金和贴息资金投入,开办创业担保贷款商业银行1家,投入创业担保贷款担保基金200万元,新增创业贷款贴息资金300万元。保障医疗卫生事业发展,拨付资金15910万元,支持医共体建设。拨付城乡居民基本医疗保险基金32456万元,完善城乡基本医疗保险制度。筹集资金1090万元,兑现困难残疾人生活补贴和重度残疾人护理补贴政策。做好社会救助和优抚安置工作,拨付5项社会救助资金11848万元。保障教育事业发展,投入17391万元,支持幼儿园、义务教育及职业中专教育建设。

【提高财政管理水平】加强预算执行管理,配合县人大开展预算联网监督工作,推送系统所需数据信息,推动实施全面规范、公开透明预算制度。强化政府采购管理,降低企业交易成本,取消项目投标保证金的收取,降低民营小微企业投标成本,采取保函等形式收取企业履约保证金,减轻企业负担。推动“政采贷”业务发展,与县农商行签订“政采贷”协议,允许中小微企业、民营企业用政府采购合同从县农商行以更低利率贷款,协助银行优化信贷审批流程,打造政府采购合同融资审批绿色通道。深化预算绩效管理改革,落实党中央、国务院关于全面实施预算绩效管理要求,出台《关于全面实行预算绩效管理的实施意见》,明确预算绩效管理改革阶段性目标,推进部门整体支出和财政重点支出绩效评价工作。加强国有资产管理,落实国有资产管理报告制度,做好国有资产统计分析,接受人大对国有资产的依法监督,强化管理措施,规范资产管理。

【管好用好直达资金】贯彻党中央、国务院决策部署,统筹推进新冠肺炎疫情防控和经济社会发展工作,支持基层政府保工资、保运转、保基本民生,做好“六稳”工作,落实“六保”任务,中央财政分配来安县的特殊转移支付,主要用于支持疫情防控、公共卫生体系建设和基础设施建设等方面。按照“六保”要求,通过细化财政支持政策,确保资金精准落实到位,保障民生领域。全年下达直达资金 37378 万元,支付 35575 万元,支付比例 95.2%;参照直达资金 37047 万元,支付 36545 万元,支付比例 98.6%。支出以“三保”为先,以民生为要,保障基本民生、工资发放和机构运转,做到应保尽保,坚持国家标准的“三保”支出在财政支出中的优先顺序,兜牢“三保”底线。

(来安县财政局供稿　余一瑞执笔)

凤阳县财政工作概述

【概况】2020 年,凤阳县财政局深入贯彻落实习近平新时代中国特色社会主义思想及党的十九大和十九届二中、三中、四中、五中全会精神,落实省市决策部署,围绕县委、县政府的中心工作,努力完成财政收支任务,强化财政收支管理,财政运行总体平稳。全年一般公共预算收入完成 369557 万元,较上年增收 28007 万元,增长 8.2%;在全市 8 个县区中总量为第 2 位,增幅为第 4 位。

【民生保障】33 项民生工程中,凤阳县有目标任务的共 31 项(贫困地区义务教育学生营养改善和智慧学校建设两项无任务),全年财政投入资金 13.57 亿元,其中县级财政配套资金 5.76 亿元,完成资金补助类、培训服务类和建设类项目年度目标任务。资金补助补贴类项目发放到位,发放困难人员救助、义务教育经费保障和城乡居民基本医疗保险、大病保险、养老保险等项目资金 8.6 亿元,惠及 40.5 万人次。完成培训“安康码”应用便民工程、困难群体法律援助、技能培训提升工程、出生缺陷防治、妇女儿童健康水平提升和职业病防治等项目年度任务。完工建设类项目,改造新建棚户区 1036 套、基本建成 106 套,农村危房改造 101 户,完工资产收益扶贫工程项目 7 个,农村饮水安全巩固提升工程 9 处,四好农村路建设扩面延伸工程 194.74 公里、养护工程 44.42 公里,义务教育经费保障校舍维修改造 10200 平方,学前教育促进工程幼儿园 2 所,城市老旧小区整治 4 个,农村改厕及废弃物资源化利用改厕项目 7000 户。

【财政扶贫】统筹安排使用各级财政扶贫资金,提高扶贫资金使用绩效。全年投入 13419.2 万元财政资金用于脱贫攻坚,其中:财政专项扶贫资金总收入为 12534.3 万元,包括中央专项扶贫资金 1834 万元,省级专项扶贫资金 1263.3 万元,市级专项扶贫资金 1137 万元,县级财政专项扶贫资金 8300 万元。财政专项扶贫资金支出 12098.15 万元,支出进度 96.52%,其中:产业脱贫工程支出 3257.34 万元,就业脱贫支出 781.96 万元,智力脱贫工程支出 219.81 万元,基础设施建设脱贫工程支出 7407.14 万元,金融支持脱贫 431.91 万元。盘活存量资金 884.9 万元,拨付到项目 811.66 万元,支出进度 91.72%。全年建设 23 个到村产业项目,投入 2236.08 万元,其中 10 个贫困村项目 881.88 万元,13 个非贫困村项目 1354.2 万元。项目全部完工,完成分红 101.84 万元。

【金融服务】推进项目建设带动有效资金需求,引导信贷支持调转促和实体经济发展。定期召开金融工作座谈会、形势分析会、银企对接和领导小组会。对照全年增量任务,下达各银行金融机构,坚持月通报、季分析、年考核,引导金融机构快投放、多投放。出台《凤阳县人民政府关于应对新型冠状病毒感染的肺炎疫情支持企业平稳健康发展的若干政策措施》,制定《凤阳县新冠肺炎疫情期间加强金融支持的财政等相关配套政策》。用活支持政策,助推银企联相关单位和园区密切配合,调研分析企业发展前景,引导金融机构为企业“雨中送伞、雪中送炭”。全县金融机构存款余额 309.48 亿元,较年初增加 32.81 亿元,同比增长 11.86%。存款增量为全市第三位,完成目标任务的 109.37%。各项贷款余额 235.75 亿元,较年初增加 42.62 亿元,同比增长 22.06%,贷款增量为全市排名第四位,完成目标任务的 103.95%。

【债务管理】全年申报 4 个批次 11 个项目入省财政厅非标准专项债项目库,申报入库成功率 100%,入库项目涉及重大交通基础设施、水利、文化旅游、教育、医疗卫生和农业等方面,总投资 162.3 亿元,申请债券融资 114.7 亿元。参与发行 4 个批次专项债券共 17.73 亿元,其中含 5800 万元专项债工作奖励额度,奖励标准为全省最高,获滁州市人民政府通报表彰。入库项目申请发债额度及全年争取专项债券金额均为滁州市 8 个县市区第一。

【重大风险防范化解】按照省、市

有关文件精神,在全县范围内开展以“守住钱袋子•护好幸福家”为主题的防范非法集资暨地方金融领域扫黑除恶专项斗争宣传月活动,印发《凤阳县2020年防范非法集资暨地方金融领域扫黑除恶专项斗争宣传月活动方案》,设置宣传条幅3条,宣传板9块,发放宣传彩页1000余份、宣传袋1000份、宣传杯100余份,加强防范非法集资暨地方金融领域扫黑除恶专项斗争宣传教育,提升人民群众风险防范意识,推进非法集资及扫黑除恶源头治理。联合市场监管等部门走访排查涉及全县的25家投资类企业,重点排查金融业务情况及可能出现的风险,以便早发现早处置。市下达陈案销案任务2起,完成2起,完成目标任务的100%。

【服务乡村振兴】争取各项涉农资金,持续增加财政“三农”投入。整合各类支农项目,建立涉农资金统筹整合长效机制,发挥财政支农资金示范效益和引导效益。全年“一事一议”建设项目财政奖补资金额度为1701.4万元,其中:中央财政资金777万元、省级财政资金525万元,县级配套财政资金335万元,各界自筹资金64.4万元。全县实施90个项目,其中:道路项目36个、村内水利9个、村容美容亮化21个、村内环卫14个、绿化7个、其他3个。通过财政补贴资金管理系统“一卡通”发放16大项69小项财政补贴惠农资金,共50935.83万元(其中扶贫补助资金3300万元),惠及全县17.73万户(人)。

【预算绩效评价】出台《凤阳县县级部门预算绩效运行监控管理暂行办法》《凤阳县级政策和项目事前绩效评估管理暂行办法》,推进实施预算绩效管理工作。各预算单位批复预算项目652个,其中经常性支出项目115个,专项业务费及发展建设类支出项目537个。50万元以上项目共70个,对其中27个部门67个项目开展全过程预算绩效管理,涉及资金1.7亿元;对9个部门单位开展部门整体支出绩效管理,涉及资金7.89亿元。

【干部队伍建设】坚持以习近平新时代中国特色社会主义思想为指导,以党的政治建设为统领,贯彻落实习近平总书记关于意识形态工作的系列讲话精神,把坚决做到“两个维护”作为首要任务,把不忘初心、牢记使命作为加强财政党的建设的永恒课题和财政干部的终身课题。保持为民务实清廉的政治本色,同特权思想和特权现象作斗争,坚决预防和反对腐败,干干净净做事、老老实实做人。严格遵守党章党规党纪,深化“三个以案”警示教育,落实财政全面从严治党和党风廉政建设“两个责任”和“一岗双责”。坚守道德底线,始终把艰苦奋斗作为高尚的人生价值追求,在生活上简单一些、平淡一些,用良好的人品和党性做一个俭朴清正的人。

(凤阳县财政局供稿　汤文琪执笔)

琅琊区财政工作概述

【概况】2020年,在区委、区政府的坚强领导下,在区人大、区政协的监督支持下,琅琊区财政工作以习近平新时代中国特色社会主义思想为指导,全面贯彻党的十九大和十九届二中、三中、四中、五中全会精神,深入学习贯彻习近平总书记考察安徽重要讲话指示精神,坚持稳中求进工作总基调,坚持高质量发展,紧扣全面建成小康社会目标任务,统筹推进疫情防控和经济社会发展,做好“六稳”工作,落实“六保”任务,支持“两重”行动,发挥稳定经济的关键作用,维护经济发展和社会稳定大局。全区财政收入(省口径)完成154481万元,为调整预算的101%,下降11.9%。

【加强收入预期管理】分析疫情、经济运行、减税降费等对财政收入的影响,把握财政收入走向。加强多部门协调联动,建立综合治税信息共享机制,强化税收依法监管,堵塞征管漏洞,挖潜增收,确保财政收入稳预期、有质量、可持续。争取中央直达资金26974万元,统筹用于基层运转、民生保障和重点项目建设。结合财政运行紧平衡压力,适时调整收支预算,调减地方财政收入1.1亿元、中央收入2.5亿元,压减支出0.45亿元。贯彻落实中央、省和市关于严把关口过紧日子决策部署,压减一般性支出和非刚性、非重点项目支出,严控“三公经费”,全区“三公经费”支出526.6万元,下降0.2%。坚持“三保”支出在财政支出中的优先顺序,保障基本民生、工资发放和机构运转,守住财政支出底线。全年投入防疫资金1578万元,做好疫情防控资金保障需求。依法规范政府举债融资行为,分类处置存量债务,守住不发生区域性系统性风险底线。

【服务经济发展】做好减税降费阶段性政策与制度性安排相结合,帮助市场主体渡过难关。减税降费28291万元,增值税留抵退税3162万元。优化金融服务,发挥政策性融资担保作用,帮扶136户企业(个人)担保贷款31172万元;支持22户企业资金过桥20237万元,为企业节约融资成本171万元。加大援企稳岗力度,对冲疫情影响,兑现各类就业补助资金1840万元。落实应对疫情支持企业平稳健康发展相关政策,减免941户中小微企业(含个体工商户)房租896万元,奖补29户工业企业城镇土地使用税925万元,补助26户规模以上工业企业疫情期间城镇土地使用税特别政策406万元,兑现各类民营经济发展补助资金5557万元。推动金春股份在深交所创业板成功上市,首发融资9.16亿元。指导5家企业在安徽省股权托管交易中心挂牌。

【做好“六稳六保”工作】及时兑现提前复工复产、纳入重点防控物资生产的企业一次性就业补贴11.24万元。实施中小微企业失业保险费返还,726家企业符合失业保险基金稳岗补贴条件,发放补贴资金249万元。促进高校毕业生多渠道就业,对24家就业见习基地165名高校毕业生发放就业见习补贴103.2万元;对31家机关事业单位56名高校毕业生发放就业见习补贴33.85万元。加强困难居民托底安置,从失业保险基金中发放8个月的价格临时补贴14.25万元,共2244人次。发放灵活就业人员社保补贴55.56万元,惠及277人。优化公共就业服务,安排4场服务企业公益性线上招聘会经费12.08万元。加强公共卫生体系建设,争取非标债资金7000万元,用于建设扬子医院、妇幼保健院。支持民办幼儿园克服疫情影响,缓解疫情期间幼儿园运营压力,统筹拨付专项资金320.29万元,下达至金域豪庭、未来之星等13所普惠性幼儿园。强化农业基础建设,投入农田水利"最后一公里"建设及灾后水利薄弱环节治理建设项目448万元;小型水库雨水情自动测报系统建设项目207万元;农村饮水安全巩固提升工程建设1077.78万元;高标准农田建设项目资金853.7万元。预拨相关街道办事处大中型水库移民后扶项目资金516万元;按照区发改委公示审核清册,打卡发放上半年水库移民直补资金268.74万元。加强预算编制管理,足额保障区直单位、街道办事处等各部门人员经费、项目经费,编列部门预算经费72417万元,其中:基本支出47057万元,项目支出25360万元。统筹安排重点领域资金保障,教育支出预算安排51582万元,占全区年度支出预算的29.8%。严格基层运转经费执行,加强预算执行管理,统筹上级财政转移支付资金,完成区街财政体制结算。下达各部门11033万元均衡性转移支付结算指标,下达街道3209万元区街财政体制结算资金,接收上级特殊转移支付资金8159万元,抗疫国债9985万元。加强风险研判和应急处置,根据县级基本财力保障范围和标准精细测算,开展预算收支、保工资、保运转及保基本民生自查。全年"三保"支出需求62785万元,实际执行需求66716万元。全年可用财力171289万元,高于"三保"支出需求,保工资、保运转、保基本民生无财力缺口。区级月均"三保"支出5232万元,库款2.9亿元,保障基本支出和重要建设,财政运行总体平稳。

【促进协调发展】抓住创建全国文明城市契机,补齐城市基础设施短板,多渠道筹集资金2.37亿元,重点用于老旧小区改造、住宅小区文明创建达标、背街小巷、门头店招和农贸市场改造等。争取2018年棚户区改造专项债券资金11142万元,加快棚户区改造步伐。加强农村基础设施建设,拨付农村道路畅通工程资金1430万元,修建农村公路25公里。实施村级公益事业建设一事一议财政奖补8个项目和三官社区农业综合开发高标准农田建设项目,拨付财政奖补资金298万元,安装太阳能路灯136盏,硬化乡村道路3.5公里,治理农田1000亩。投入资金557万元,推进农田水利基本建设"最后一公里"和灾后水利薄弱环节水库治理。支持污染防治攻坚战,投入禁养殖资金93万元,保护西涧湖、清流河水资源。拨付资金118万元,支持秸秆禁烧和大气污染防治。拨付资金3087万元,实施城区保洁和农村环卫全覆盖。推行河(湖)长制、林长制和路长制管理,落实大气和水质量考核横向生态补偿机制。

【保障民生支出】拨付各类资金22311万元,实施老旧小区改造、农贸市场提升、城乡环卫一体化等项目,助力滁州成功创建全国文明城市。争取新增债券资金40600万元,统筹土地出让收入和抗疫特别国债等各类资金96530万元,用于琅琊新区、开发区和拓展区基础设施、安置房、清流河、李湾河等水系和大气、土壤生态环境治理。支持实施乡村振兴战略,拨付资金4809万元,聚焦推动农村人居环境、"四好农村路"、高标准农田和灾后水利薄弱环节等项目建设。突出以人为本的民生理念,拨付资金60744万元,保证教育投入只增不减。拨付资金260万元,实施市民文化乐园和应急广播项目,提升市民文化生活水平。拨付资金75万元,保障产业扶贫、智力脱贫、就业脱贫、金融扶贫等项目实施。拨付农业支持保护补贴和稻谷补贴资金1340万元,落实粮食安全政策,惠及14366户农户。拨付资金389万元,补缴接续215名退役士兵社保,保障退役军人合法权益。弥补机关事业单位养老保险基金缺口2586万元,保证退休人员待遇不降低。提高城乡居民养老保险和城乡低保待遇,分别提升4.5%和7.4%。全区财政民生支出15.15亿元,占财政总支出的85.1%。完成21项民生工程目标任务,投入资金3.1亿元,其中区级配套1.07亿元,惠及全区30余万城乡居民。

【提高财政管理水平】推进预算编制管理改革,完善基本支出标准体系,建设成形基础信息库、项目库、政策库。盘活财政存量资金,开展结转结余资金清理,收回国库集中支付结转结余、财政专户结余和预算单位往来资金结余共19673万元。调整完善区街财政体制,出台园区财政体制。优化政府采购和金融领域营商环境。开展全区国有房产清查,推动2处1.25万平方米房产盘活增效。建立全区房产智慧监管平台,实现国有房产新增、调拨、出租出借、处置核销的全闭环管理。深化国有企业改革,完成区属909名国有企业退休人员社会化管理和544名退休党员党组织关系转接社区。强化财政监督管理职责,"小金库"监管常态化,开展减税降费政策落实和财政资金风险防控整治。实施预算绩效管理，实现项目预算绩效与部门整体支出绩效全覆盖。做好区本级政府投资建设项目造价审查复核职能划转衔接工作，完成7个工程项目结算造价审核，送审金额14377万元，复核审减184万元，复减率1.3%。开展地方金融领域扫黑除恶专项斗争，接收黑恶势力犯罪集团涉案资产2.8亿元。

（琅琊区财政局供稿 何青执笔）

南谯区财政工作概述

【概况】2020年，南谯区完成财政总收入25.54亿元，占年初预算的94.6%，同比增长2.1%。其中：地方一般预算收入完成17.28亿元，同比增长9.1%；上划中央收入完成8.26亿元，同比下降10%。全区地方财政一般预算支出完成29.43亿元，增幅7.6%。其中：教育、社会保障、医疗卫生等13大类民生支出完成25.77亿元，占全区支出总额的87.6%。

【支持疫情防控】把人民群众生命安全和身体健康放在第一位，做到特事特办、急事急办，动支预备费450万元，专项用于疫情物资防控。加强财政资金统筹，安排疫情防控经费2788万元。开通资金拨付快速通道，疫情防控资金随到随拨。开辟物资采购“绿色通道”，制定疫情防控便利化采购政策。启动临时价格补贴机制，对基本生活出现严重困难的家庭或个人予以救助，做好困难群体兜底保障。出台房产税和城镇土地使用税困难减免政策，全年减免房产税和城镇土地使用税2701万元。有序引导企业复工复产，对符合条件的复工复产企业给予保费补贴。加大创业担保贷款贴息支持力度，贴息支持符合条件的个人和小微企业，通过担保费减免、财政贴息等方式为企业节约财务成本372.5万元。免收承租国有企业经营性用房或产权为行政事业单位房产的中小微企业3个月房租，22家单位对425户中小微企业和个体工商户减免房租274.05万元。

【落实“六保”任务】把“六保”作为“六稳”工作的着力点，稳住经济基本盘。做好新增财政资金直达市县基层、直接惠企利民工作，争取上级财政特殊转移支付和抗疫特别国债资金，分别制定相关资金管理办法，分配用于保就业、保基本民生、保市场主体。强化困难群众基本生活保障，提高保障水平，为全区6329位高龄老人发放高龄津贴590.37万元；发放低收入养老服务补贴86.03万元，惠及2726人。实施33项民生工程和10件为民实事，全年民生投入25.7亿元，占全区支出总额的88%。支持教育优先发展，拨付3.87亿元，落实义务教育经费及学生助学金、免学费、免费教科书、贫困寄宿生补助、校内资助、贫困家庭幼儿资助等政策，义务教育生均公用经费标准提高到小学675元/人、初中875元/人。加强就业和社会保障，安排就业补助资金1374万元用于落实促进就业创业政策，实现城镇新增就业1.6万人，农村新增就业0.3万人。实施特困人员供养及生活无着人员救助，发放城乡低保补助2956.04万元、特困人员供养资金780.68万元、孤儿基本生活费47.77万元。开展医疗救助8284人次，发放救助资金823万元。加快养老服务体系建设，为散居特困供养人员、空巢老人、65岁以上独居等符合条件的老人购买居家养老服务86万元，惠及3086人。投入223万元建设24个养老服务站，提升居家养老服务水平。

【促进经济发展】聚焦长三角一体化高质量发展，实施浦口—南谯省际毗邻地区新型功能区建设。筹措资金，成立注册资金5亿元的滁州南浦合作开发有限公司；开工建设总投资30亿元的首个合作重大产业项目华瑞微半导体；与社会资本积极合作，成立首支社会资本参与的产业发展基金；对接浦口区，加快国家中小企业发展基金子基金落地工作，助推南谯浦口合作共建园区产业加快发展。安排资金，抓好滁河、清流河岸线管理和水域保洁，推进公共服务设施和资源共建共享。支持民营经济发展，创新财政支持实体经济发展方式，健全政策性融资担保体系。设立5000万元的民营经济发展及科技创新奖补专项资金，支持民营经济发展、企业科技创新和引进高层次人才团队创新创业，开展人才引进三大行动。落实好减税降费政策，强化阶段性政策与制度性安排相结合，重点减轻中小微企业、个体工商户和困难行业企业税费负担。全区新增减税降费3.1亿元。拓宽企业融资渠道，开展“政银担”“税融通”“续贷过桥”业务，发挥融资担保机构服务科技型企业作用，加大对科技型企业融资支持力度。全年新增政银担业务156户、金额8.92亿元，新增税融通业务46户、金额1.21亿元，新增周转续贷过桥扶持企业98户、金额4.83亿元。

【支持打好三大攻坚战】支持打好精准脱贫攻坚战，开展“抗补促”专项行动，投入798万元，清零“两不愁三保障”和饮水安全问题，完成剩余8户25人脱困。建立健全防范返贫监测机制和帮扶长效机制，做到“四个不摘”，推深做实“一抓双促”工程，实现村集体经济收入10万元以上村为100%。安排资金支持打好污染防治攻坚战，推进蓝天、碧水、净土保卫战。投入1.1亿元，实施农村人居环境整治项目181个，创建区级农村人居环境整治示范村3个，重点示范村1个；安排林业增绿增效专项资金1000万元，创建林长制示范区，网格化管理55万亩森林资源，完成造林1.27万亩、森林抚育5.1万亩。投入230万元，落实长江“十年禁渔”，完成禁捕退捕工作任务。安排环保专项资金1562.1万元，用于燃气锅炉低氮改造等大气污染防治项目779.1万元,乌衣官塘沟综合治理等水污染治理项目440万元,长江经济带生态保护资金170万元。防范重大风险,落实区防范化解重大风险"1+4+N"方案,加强风险动态监测预警。开展互联网金融风险专项整治行动,打击"套路贷"、非法集资等违法犯罪,核查"查冻扣"案件9起,化解非法集资陈案积案2个。落实债务风险防范化解方案,强化政府债务管控,加强政府债务化解。规范融资行为,科学配置投资结构,推动国有平台公司市场化转型。

【加强财政预算管理】实施预算绩效管理,区政府成立南谯区预算绩效管理工作领导小组,建立分行业分领域的绩效指标和标准体系,选择10个重点项目开展财政绩效评价,涉及预算资金2.5亿元。提升预算编制水平,加快预算管理一体化系统建设,强化中期财政规划管理,实行"大专项(大类别)+任务清单"预算编制方式。加大预算统筹力度,收回结转结余资金1.2亿元。盘活政府资产,依规处置闲置资产,处置和出租收入上缴财政,纳入预算统筹安排。落实预算执行限时制度,及时批复和下达预算资金。

(南谯区财政局供稿　赵云执笔)

六安市财政工作综述

六安市财政工作概述

【概况】2020年，六安市财政总收入完成231.4亿元，增长5.1%，增幅居全省第2位，其中：一般公共预算收入完成132.88亿元，增长5.3%，增幅为全省第4位；一般公共预算支出完成505.21亿元，其中民生支出430.44亿元，增长4.93%，占财政支出比重为85.2%。

【平稳财政运行】强化收入预期管理，加强收入形势分析研判，开展财政运行情况调研和财税政策落实情况专项检查，建立局领导班子成员联系县区收入预期管理、"三保"保障等重点工作机制，组织财政收入，确保全市财政运行总体平稳。牢固树立过紧日子思想，年初预算一般性支出压减5.7%，执行中再压减非急需非刚性支出0.3亿元，压减比例为10%以上，节省财力用于疫情防控、防汛救灾等重点领域支出。

【加强财政保障】落实疫情防控部署要求，做好财政服务保障，做到特事特办、急事急办，开辟疫情防控资金拨付、物资采购"绿色通道"。投入疫情防控经费4.75亿元。落实患者救治保障政策，拨付医保基金9.38亿元。强化应急物资保障，投入资金3.17亿元，支持重点救治药品、防护物资、设备等应急物资保障体系建设。提升公共卫生服务能力，投入资金1.43亿元支持公共卫生和重大疫情防控救治体系建设，发行专项债券13.46亿元支持11家公立医院和18家乡镇卫生院项目建设。落实关爱政策，兑现一线医务人员临时性工作补助和一次性慰问补助0.24亿元。启动临时价格补贴机制，阶段性提高补贴标准，兑现补贴资金1.17亿元，受益困难群体185.35万人次。发放电子消费券3000万元，拉动消费10.5亿元，带动社会资金消费比例为1:35。支持应对暴雨洪涝等自然灾害，全市投入资金5.81亿元，其中市级通过动用预备费、压减非急需非刚性支出等方式筹集资金0.85亿元。

【落实财政政策】落实减税降费政策，重点减轻中小微企业、个体工商户和困难行业企业税费负担，全年新增减税降费27亿余元。推进创新发展和产业升级，投入资金5.2亿元支持先进装备制造业、重大产业项目、"专精特新"中小企业培育、产业园建设等，投入资金2.38亿元支持加快科技创新平台建设。开展"四送一服"活动，梳理复工复产相关政策，走访调研包保企业，优化营商环境。出台《关于扩大失业保险保障范围的通知》《六安市落实阶段性减免企业社会保险费有关工作操作办法》等文件，落实援企稳岗政策，返还4910家企业失业保险费0.51亿元，拨付248家企业稳岗返还资金0.74亿元。用好续贷过桥资金，扩大合作银行范围，加快周转速度，周转资金43.4亿元，扶持企业720户。发挥政府性融资担保机构作用，降低担保费率，全年新增"4321"新型政银担合作贷款62.8亿元，服务企业和个人6181户；对承租国有企业经营性用房或产权为行政事业性单位房产的个体工商户和中小微企业，减免上半年3个月房租5903万元，惠及3429户。支持提高创业担保贷款额度上限和放宽贷款申请条件，拨付贴息资金0.5亿元，推动发放创业担保贷款9.8亿元。全年发行新增专项债券105.02亿元，支持医疗卫生、棚户区改造、政府收费公路等补短板项目建设。市级通过预算安排、专项债券、上级补助等筹集资金85.13亿元，支持城市"畅强补""两补一化""内畅外联"等重点项目建设。运用PPP模式，纳入财政部PPP综合信息平台管理项目39个，总投资363.8亿元，落地项目、开工率均为全省前列。

【保障三大攻坚战】支持打赢脱贫攻坚战，投入财政专项扶贫资金21.76亿元，其中市级2.98亿元，统筹涉农、债券和存量资金34亿余元，助力完成脱贫攻坚目标任务。定点帮扶的金寨县槐树湾乡码头村、燕子河镇张畈村完成各项脱贫攻坚目标任务。实施建档立卡贫困户"深贫保"综合保险模式，筑牢致贫返贫防线，巩固脱贫攻坚成果。强化财政扶贫资金动态监控系统应用，实行财政扶贫项目资金全过程绩效管理。投入资金38.36亿元,支持实施大气污染防治“六个专项行动”、城市黑臭水体整治、厂网河一体化综合治理、土壤污染治理与修复等。用好大别山区水环境生态补偿资金,建立滚动项目库,强化绩效评价结果与资金分配挂钩,提高资金使用效益。完善专项债券项目申报、资金使用负面清单、项目收益管理等制度,健全政府隐性债务按月统计监测制度和定期风险评估机制,形成覆盖政府性债务“借、用、管、还”全过程的管控体系。全市债务风险总体可控。

【推进社会事业】投入33项民生工程财政资金161.85亿元,落实并完善民生工程牵头联络员制度、特邀监督员制度、实施进度通报制度和约谈制度,完成33项民生工程年度目标任务。投入城乡义务教育经费6.9亿元,惠及学生50.42万人。投入资金27.17亿元,提高城乡居民医保年人均财政补助标准到550元。统筹城乡低保标准,月人均保障水平为630元。城市、农村特困人员年人均保障水平分别为12384元、9828元。投入资金47.17亿元,完成棚户区改造2.28万户。统筹资金3.46亿元,支持保居民就业政策落实落地。市级投入资金0.6亿元支持推深做实“138+N”工程,扶持龙头企业和优质项目。出台加快农业保险高质量发展实施意见,全市投保大宗农作物及森林1315.57万亩、牲畜45.26万头,开展特色农产品保险30余种,提供风险保障255.1亿元。通过“一卡通”发放惠农补贴资金48.82亿元,保障惠民惠农政策落地。统筹资金11.34亿元,支持改善农村人居环境。投入“四好农村路”建设资金13.4亿元,完成扩面延伸工程949.61公里。

【深化国资改革】实施预算绩效管理,出台《预算绩效管理工作考核暂行办法》等10余项制度,创新建立分行业分领域的绩效指标和标准体系,涵盖16个行业类别、330个资金用途、7000余个核心指标。绩效目标编审实现全覆盖,市级615个项目全部设定绩效目标。选择市级8个项目和6个部门整体支出开展财政重点绩效评价,公开评审27个项目、10个部门整体支出,结果与预算安排挂钩。推进财政事权与支出责任划分改革,出台教育、科技、交通运输领域改革方案,建立财政事权、支出责任和财力相适应的制度。推进财政信息公开,除涉密信息外,政府和部门预决算公开率为100%,市级专项资金分配使用全部公开。强化直达资金管理,通过动态监控系统、组织督查调度、配合审计监督等举措,对直达资金分配、拨付、使用等情况实行全链条监控、闭环式管理,直达资金支出进度为96%,惠企1065家、利民880余万人。深化国资国企改革,落实市属国有企业公务用车制度改革,优化国有资本布局,完善企业法人治理结构。推进国有企业退休人员社会化管理工作,完成全市国有企业退休人员社会化管理移交工作,移交8700余人,移交率100%。

【强化财政管理】推进财政法治建设,动态调整权责清单,加强规范性文件管理,落实合法性审查、集体讨论决定等制度,重大决策合法性审查率为100%。做好土地增值税立法调研和资源税法授权事项省立法调研,落实、宣传减税降费政策、抗疫期间关税和企业税收优惠政策。执行市人大的各项决议以及常委会的审查意见,落实预算调整、政府债务限额批准、预决算执行情况、国有资产管理等报告制度,受理办结各类服务事项6373件,在全省首批完成市级票据管理电子化改革,完成年度会计专业技术初中高级、注册会计师资格无纸化考试。联系服务人大代表、政协委员,牵头办理人大代表建议4件、政协提案3件。完成中央脱贫攻坚专项巡视“回头看”反馈问题整改工作、四届市委第十一轮巡察整改“回头看”专项检查,各项整改任务均整改到位。开展财政监督检查工作,检查市卫健委等6家市直单位,随机检查12家代理记账机构,开展部分县区乡镇财政财务互审,发现解决问题,完善相关制度。

【优化机关作风】强化财政政治生活、政治文化、政治生态建设,执行党组理论学习中心组学习制度、领导干部讲党课制度,全年召开党组理论学习中心组(扩大)学习会16次,领导干部讲党课7次。落实“三会一课”、民主评议党员、党员领导干部过双重组织生活等制度。完成市财政局机关党委和5个机关党支部换届工作,选举产生机关纪委。加强和深化财政系统党风廉政建设,印发《中共六安市财政局党组落实党风廉政建设主体责任清单》等制度文件4项,开展深化“三个以案”警示教育及“回头看”工作,落实政治监督谈话整改责任,开展财政内部监督检查,规范财政权力运行。落实意识形态工作责任制,定期分析研判意识形态情况,发现和解决苗头性、倾向性问题。开展模范机关创建,巩固拓展结对共建、志愿服务、定点帮扶成果,组织志愿者开展疫情防控、创城宣传、文明礼让斑马线等各类志愿服务活动80余次,参与人数400余人次,获评“第十二届安徽省文明单位”荣誉称号,复查保留“全国文明单位”荣誉称号,2名同志获评市直优秀共产党员、优秀党务工作者称号。

(六安市财政局供稿)

霍邱县财政工作概述

【概况】2020年,霍邱财政践行新发展理念,认真学习贯彻习近平总书记考察安徽重要讲话指示精神,稳增长、促改革、调结构、惠民生、防风险,打好三大攻坚战,保障“121”平台建设,做好“六稳”工作,落实“六保”任务,保障县域经济及各项社会事业稳步发展。

【完成财政收支任务】完成财政收入301315万元,占年初预算101.5%,同比增长3.5%。其中税务部门完成202091万元,占年初预算101%,同比下降1.1%;财政部门完成99224万元,占年初预算102.3%,同比增长14.2%(其中一般公共预算收入完成76762万元、国有资本经营预算收入完成22462万元)。非税收入完成107350万元,占财政收入总量的35.6%,同比上升3.7个百分点。实现财政支出935190万元,占年初预算的148.4%,较上年增加133962万元,增长16.7%。其中县本级完成财政支出888904万元,乡镇完成财政支出46286万元。

【加强收入预期管理】贯彻落实减税降费政策,支持税务部门加强征管,依法依规组织收入。加强收入预期管理,研判财政收入形势,跟踪测算疫情对财政收入的影响,提前采取应对措施,保持财政运行符合预期、总体平稳。按照有关规定征收非税收入,加大对乱收费查处力度,不得违规设立征收项目、扩大征收范围、提高征收标准,确保应征非税收入及时、足额征收到位。

【开展预算绩效评价】开展财政资金绩效考评,通过政府购买服务,对2017—2018年度新增政府债券完工项目和2019年度新增政府债券在建项目资金使用情况开展绩效评价,涉及部门10个,项目31个,资金规模26.3亿元。对水利局和融媒体中心开展部门整体支出绩效评价。严格预算执行,坚持无预算不列支、有预算不超支,确需增支的,按规定程序办理,清理存量资金2.4亿元。检查全县“三公经费”预算执行,“三公经费”支出1210万元,同比下降25%。

【强化扶贫资金投入】投入扶贫资金12.32亿元,与上年持平,其中:专项扶贫资金5.51亿元;整合其他涉农资金2.77亿元;清理存量资金0.29亿元;新增债券资金1.95亿元;其他资金1.8亿元。建立与扶贫局等项目资金主管部门会商制度;建立扶贫资金“负面清单”管理制度;推进扶贫资金绩效管理,压实部门主体责任,建立月中通报、月底调度制度,加快项目实施进度,提高资金支付率。霍邱县在省扶贫办、省财政厅对全省2020年度财政扶贫资金绩效评价通报中获“优秀”等次。

【强化财政监督管理】印发《霍邱县国有企业领导人员管理暂行办法》《霍邱县县属投融资机构薪酬管理及业绩考核办法》,开展县属投融资企业2019年度投融资企业负责人经营业绩考核审计及2016—2019年企业负责人任期经济责任审计,开展县属投融资企业巡视整改工作,收回不良资产15800.36万元。落实应对新冠肺炎疫情支持企业平稳健康发展有关政策措施,免收4户企业三个月房租6.97万元。推进企业退休人员社会化管理,全县移交国有退休人员2755人,涉及70家企业。建立向县人大常委会报告国有资产管理情况工作机制。

【推进民生工程实施】实施33项民生工程,较上年新增3项、完善5项、调整和退出3项,实施25项。投入资金45.56亿元,较上年增加2.5亿元,增长4%。印发《霍邱县实施民生工程督查工作方案》,建立清单管理、序时推进、半月通报、随时调度等工作机制,压实部门主体职责,加快工程实施。强化督查调度,加强各成员单位之间协调配合,形成整体合力。强化宣传动员,营造实施良好氛围。补助发放类项目注重规范程序,及时打卡拨付到位;建设类项目按照施工规程,抓紧工程进度,重视工程质量,推行规范化和精细化管理。印发《霍邱县人民政府办公室关于做好2020年蓄滞洪区运用补偿资金发放工作的通知》,补偿蓄滞洪区6314.82万元(城东湖蓄滞洪区转移人口924人共77.28万元、临淮岗乡蓄滞洪区24294人共6237.54万元)。

【提升金融服务水平】印发《霍邱县打好防范化解重大金融风险攻坚战2020年工作方案》《关于印发〈霍邱县“套路贷”违法犯罪行为专项整治实施方案〉的通知》等。开展“防范非法集资集中宣传月”活动,在车站、政务中心等现场设点,运用两微一端等新媒体等多种方式,悬挂宣传横幅500余条,张贴公益广告800余张,印制“防范非法集资”宣传单页、宣传手提袋、扇子等宣传载体12000余份。清理霍邱县供销农资服务专业合作社网点5个,清退资金2000余万元。全县银行业金融机构存款余额498.67亿元,较年初增加67.29亿元,余额同比增幅17.3%,同比增幅为全市第二位;各项贷款余额322.84亿元,较年初增加57.13亿元,余额同比增长23.9%,完成年初目标任务的107.8%;新增存贷比84.9%。协调兴业融资担保公司将疫情防控物资生产企业,以及疫情发生前3个月生产经营正常但受疫情影响暂遇困难的中小微企业和省专精特新及科创版挂牌中小企业发生的新增贷款,纳入“4321”新型政银担业务范围。办理政策性融资担保275笔,担保金额8.56亿元,其中“4321”新型政银担业务241笔,担保金额7.46亿元,完成年度目标任务124.3%(全年任务6亿元)。加强银企对接,印发《霍邱县全面有序复工复产暨“百行进万企”银企对接会方案》,促成10家银行业金融机构与116家企业签订意向贷款协议37140万元。牵头办理县四送一服办及“三包三抓”专项行动工作组交办的企业诉求130项,落实贷款需求7.5亿元。推动企业上市挂牌,摸排推送至上市挂牌后备企业资源库3家;上报省股权交易中心后备企业19家,成功挂牌15家,完成年度目标任务

100%。投入8000万元建立风险补偿机制,投放扶贫小额贷款8408户共3.4亿元,新增、展期和续贷7895户共3.3亿元,扶贫小额信贷不良率低于1%。整改完成中央脱贫攻坚专项巡视“回头看”及2019年成效考核反馈意见涉及“金融扶贫方面”的2个牵头问题。

【推进财政改革】优化政府采购程序,宣传贯彻《电子招投标办法》,推进政府采购招投标业务全流程电子化进程,推进“徽采商城”网上采购,完成采购91场次,节约资金3576.2万元。推进PPP模式试点,实施城区四条和十四条市政道路工程等2个PPP项目,投入资金20.4亿元。推进高质量农业保险,财政配套354.37万元,投保种植业320万亩、森林保险2.16万亩、能繁母猪2.91万头、育肥猪14.8万头,赔付种植业76.2万亩、能繁母猪0.067万头、育肥猪报险0.88万头,赔付资金1130.4万元。强化财政监管,开展“小金库”专项治理和滥发津补贴专项检查,规范财政资金使用。推进政务公开,印发相关方案,加强部门预决算及“三公经费”信息公开,102个一级预算部门(除一个涉密部门外)全部按时公开。

(霍邱县财政局供稿)

金寨县财政工作概述

【概况】2020年,金寨县财政局坚持以习近平新时代中国特色社会主义思想为指导,全面落实积极财政政策,推进防疫抗疫和财政管理服务互促互进,经济社会事业实现较好发展,为“十四五”开好局、起好步打下坚实基础。

【平稳财政收支】全县完成财政总收入25.03亿元,完成年初目标任务100.3%,增长9.73%。全县一般公共预算收入加税收返还、一般性转移支付收入、专项转移支付收入、调入资金、地方政府一般债务转贷收入、动用预算稳定调节基金等533417万元。全县一般公共预算支出完成646906万元,完成预算100%,同比下降3%。全县一般公共预算支出加上解支出、地方政府一般债务还本支出、安排预算稳定调节基金等46787万元,全县一般公共预算支出总计693693万元。

【支持企业复工复产】发挥财税政策杠杆作用,落实国家普惠性减税降费政策和抗疫阶段性减税降费政策,全年减免税收24450万元,减免企业社保缴费等6114万元,减轻实体企业负担,缓解资金困境,县域经济实现恢复发展。

【推动经济发展】发挥财政资金引导作用,安排民营经济发展及企业奖扶资金3.4亿元,重点支持民营企业创业创新和招商引资扶持奖励。设立科学技术奖励资金500万元,支持企业技术改造和科技创新,引进重点龙头企业和支柱产业,优化县域经济结构。

【支持实体经济】发挥财政资金撬动作用,落实担保、贴息等积极财政政策,安排创业担保贷款贴息资金2000万元,周转续贷过桥资金115145万元,开展“金融活血脉”“千名行长进万企”“百行进万企”等活动,扩大“4321”新型政银担业务规模,撬动金融资金149901万元,助力县域经济发展。

【支持抗疫救灾】建立突发事件财政应急保障机制,按照急事急办、特事特办原则,筹措疫情防控保障经费,优化财政拨款程序,简化政府采购流程。疫情防控期间,统筹各级财政疫情防控资金8048万元,用于患者医疗救治、一线医务人员疫情防控补助、设备和防控物资等。用足用好专项再贷款政策,为4家疫情防控重点保障企业贷款1600万元,为321户个体工商户和84家小微企业减免国有房产租金574万元,减少实体企业损失。安排和利用上级灾后恢复重建资金8889万元,修复水毁道路工程950公里,修复重点河堤970米,修复倒塌房屋242间。

【服务脱贫攻坚】按照“脱贫不脱政策”要求,克服减收增支矛盾,不减财政扶贫资金投入力度,全年统筹整合涉农资金62282万元。按照地方财政收入增量20%以上,安排财政专项扶贫资金1.35亿元,较上年增加3300万元;按照财政存量资金可统筹部分50%用于脱贫攻坚要求,统筹存量资金1650万元用于脱贫攻坚。安排新增地方政府债券资金1.49亿元,支持易地扶贫搬迁、农村道路、农业产业;安排资金2000万元,支持全县生猪产业发展和农副产品销售。落实扶贫工作队、扶贫专班等扶贫工作保障经费3000万元,为脱贫攻坚工作提供坚实后勤保障。狠抓扶贫资金绩效考评和动态监管,落实中央脱贫攻坚专项巡视“回头看”和2019年成效考核反馈问题整改。按照省、市、县决战决胜脱贫攻坚“抗疫情、补短板、促攻坚”工作部署,优化产业扶贫措施,实施资产收益扶贫,稳定“边缘户”产业和就业收入,化解疫情对农民收入影响,巩固脱贫攻坚成果。

【实施民生工程】不减财政保障民生力度,安排53.36亿元用于养老、医疗、就业、特困、住房等各项民生支出,占一般公共预算支出82.5%。围绕老有所养,安排资金13220万元,建设养老服务中心13个;发放养老服务补贴264万元,受益4400人;发放高龄补贴407.73万元,受益10600人。围绕病有所医,投入资金9150万元,推进医药卫生综合体制改革,支持公立医院债务化解、乡镇卫生院急救体系建设、基层医疗队伍人才建设和医共体建设;安排资金4052万元,为161231名贫困户、低保对象、重点优抚对象、重度残疾人、特困供养人员和计划生育优待家庭等特殊群体,定额或全额代缴基本医疗保险;支付资金65053万元,落实基本医疗保险、大病保险等医疗健康保障制度。围绕业有所从,投入资金540万元,开展技能脱贫、企业新录用人员、新技工、新型职业农民和退役士兵等各种技能培训2035人次,提高就业再就业能力;投入资金4102万元,用于就业创业服务补助、社会保险补贴、公益性岗位补贴等。围绕贫有所助,发放农村低保、城镇低保、农村特困供养补助资金17954.53万元,受益37436人,解决低收入群体生活困难问题;发放贫困残疾人补贴759.46万元,受益11241人;发放重度残疾人护理补贴1085.83万元,受益15081人。围绕住有所居,安排资金41890万元,实施棚户改造4644套;安排资金114.5万元,实施农村危房改造101户,改善全县城乡居民住房条件。

【推进"三农"发展】增加农业产业发展投入,统筹资金1.29亿元,支持全县中药材(西山药库)、蚕桑等特色产业发展;投入资金1600万元,实施政策性农业保险和特色农业保险,增强农业抗风险能力。加强农村基础设施建设,落实资金1.1亿元,支持小型农田水利及高标准农田等农业基础设施建设;统筹资金2.35亿元,启动实施中河水库项目建设,缓解古碑片区人畜饮水和生态保护需求;投入资金18610万元,推进"四好农村路"建设,修建农村公路扩面延伸工程24.96公里、村组道路237公里、危桥23座、安装乡村道路防护工程151公里;统筹资金5000万元,结合美丽乡村与农村环境建设"三大革命",推进农村生活垃圾、污水处理和卫生厕所建设。加大农民补贴力度,执行党和国家涉农补贴政策,通过"一卡通"发放粮补、林补、库扶等各项涉农补贴资金7.8亿元。

【推进社会事业发展】投入资金1298万元,推进学前教育促进工程建设,新建、改扩建公办幼儿园5所,完成幼儿资助4012人次;增强教育公用经费投入,分别安排学前教育、义务教育、高中教育和中职学校公用经费515.7万元、5448.36万元、787.44万元、2569.4万元;落实学生资助政策,为11628名义务教育贫困寄宿生发放生活补助892.8万元,为5520名中职学生发放助学金940.3万元,为4571名普通高中生发放助学金728.6万元;实施农村义务教育学生营养改善计划,拨付营养餐补助资金2692万元,改善34303名义务教育学生营养状况;投入资金2782.38万元,实施校舍维修改造、中小学采暖和校安工程。推进医疗卫生事业发展,利用抗疫特别国债资金8631万元,建成新城区医院107737平方米;安排一般债券资金400万元,采购医疗物资设备9台件。推进文化旅游事业发展,安排旅游发展资金1000万元,支持重点旅游项目建设,争创全域旅游示范区,助力实施"旅游富县"战略;拨付资金517万元,免费开放县公共图书馆、县文化馆、县博物馆,以及23个乡镇综合文化站,推动基本公共文化服务均等化;争取革命老区红色文化保护和旅游产业专项转移支付资金3434万元,维修、布展全县55处红色文物保护和红色旅游项目,开展"三防"和环境治理等。

【加强直达资金管理】省财政通过直达资金监控系统下达金寨县直达资金127486.14万元,其中直达资金80728.54万元(正常转移支付资金33563.3万元、特殊转移支付资金21533.94万元、抗疫特别国债资金25631万元),实际支出60432.99万元,支出进度74.8%;参照直达资金46757.6万元,实际支出36531.27万元,支出进度78.1%。

【强化"三保"支出管理】执行中央和省级规定的工资、津贴补贴、奖金、社保缴费等标准,建立适应全县经济社会发展的机构运转经费保障机制,分类制定行政、政法、学校等公用经费预算定额体系,完善县乡财政管理体制。全县"三保"支出预算292639万元,高于国家规定标准43536万元,其中,保工资支出99697万元,保运转支出23921万元,保基本民生支出169021万元,"三保"支出预算占全县基本财力52.9%。

【加强预算管理】加强预算执行管理,贯彻落实《预算法》《预算法实施条例》《安徽省预算监督审查条例》,组织财政收入,分解下达上级转移支付,加快预算执行进度,严控预算追加,硬化预算约束。树立过紧日子思想,加强"三公经费"支出管理,推进公务用车经费预算定额管理,压减一般性支出,将县直部门公务接待费、会议费、培训费、差旅费等公务费,在年初预算基础上再压减5%。推进预算绩效管理,制定出台预算绩效管理实施意见,建立全方位、全过程、全覆盖的预算绩效管理工作机制,开展重点领域项目绩效评价,推动绩效评价结果运用,实施绩效问责。

【规范国库集中支付管理】推进国库集中支付电子化管理,以中央直达资金动态监控为重点,完善预算执行动态监控机制,规范部门预算支出行为。清理财政往来款项,加强和规范财政专户管理,严查财政性资金私存私放或私设"小金库",防止资金游离于财政监管之外。开展财政资金和财经纪律大检查,全覆盖排查财政性资金支出的合法性、合规性,促进全县财务管理规范有序。

【严格政府采购管理】强化政府资产资源管理,调整完善政府采购目录,规范政府采购行为,处置政府采购投诉案件10件,依法办理行政处罚案件1例。全县完成政府采购项目869个,采购预算总额39459.12万元,中标成交金额35732.4万元,节约财政资金3726.72万元,综合节支率为9.44%。

其中,通过县政府采购中心和社会代理机构公开采购的项目221个,采购预算金额37819.52万元,中标成交金额34194.46万元,节约财政资金3625.06万元,综合节支率为9.59%。

【推进机关基层管理】推进学习型、效能型、服务型、廉洁型机关建设。推进乡镇财政所"三权"下划,强化乡镇财政业务指导,理顺县乡财政体制。参与县乡党建、脱贫攻坚、扫黑除恶,文明城市创建等重点工作,深化管理与服务,扶贫资金绩效评价、民生工程建设、服务文明城市创建分获省、市、县表彰。注重机关文化打造,参与全县各类文体活动,展现积极向上、朝气蓬勃的良好形象。县财政局机关获安徽省双拥先进单位、安徽省涉军维权工作先进单位、六安市五一劳动奖章、安徽省五四红旗团支部等称号;斑竹园镇财政分局被财政部授予"全国最美财政所"。

(金寨县财政局供稿)

霍山县财政工作概述

【概况】2020年,霍山县财政局担当作为,围绕中心,服务大局,做好"六稳"工作,落实"六保"任务,支持疫情防控、灾后重建和经济发展,统筹推进脱贫攻坚、民生保障等社会事业发展,强化财政财务管理监督,促进全县经济社会持续健康发展。全年完成财政收入23.1亿元,一般公共预算支出32.99亿元。

【支持疫情防控和灾后重建】面对新冠肺炎疫情和"7.18"洪灾,县财政局党组成立领导小组和多个保障组,明确工作职责,细化任务分工,落实应急处置、经费保障、值班值守各项工作。按照"急事急办、特事特办"原则,服从县委、县政府统一部署,开辟网银系统线上支付,简化资金支付流程,确保资金及时到位。拨付疫情防控经费6330.52万元、防汛救灾经费596万元。争取资金支持,强化统筹调度,支持防疫物资保障企业获再贷款3980万元,落实支持企业复工复产各项政策。

【抓好财政收支】围绕目标任务,应对疫情灾情影响,深挖增收潜力,坚持相机把控,健全协税护税机制,强化收入预期管理和分析调度,积极组织收入。完成财政收入231001万元,占预算100%,同比增7%。优化支出结构,树牢过紧日子思想,坚持财政支出以收定支、量力而行,硬化预算约束,严控预算追加,坚持"三保"优先支出,兜牢"三保"底线。全年一般公共预算支出329954万元,同比增加10.8%。其中民生支出280626万元,占一般公共预算支出的85.1%,同比增加10.8%。出台文件,规范政府投资项目和资金管理,明确审批程序、监督和支付渠道,厘清政府和国有企业责任边界;推进预决算公开数据核查和会计信息质量检查,立行立改;开展财会监督和资源税调研,推进疫情防控资金和直达资金监督监管,强化重大财政政策落实;修订完善内控操作规程,明确岗位设置、人员分工和工作责任,规避岗位风险。

【促进经济发展】助力经济回暖,将向上争取项目资金、落实支持企业发展政策作为助推经济复苏的重要举措,梳理近三年项目资金争取工作完成情况,下达2020年目标任务,调动部门争取项目资金的积极性。落实减税降费和支持企业发展政策,用活财政融资担保政策,统筹财力支持招商引资、工业平台建设和企业创新发展,拨付招商专项经费1326.98万元,园区发展资金2000万元,科技创新资金1182.78万元,企业转型升级资金1708.59万元,企业奖补资金1104.57万元,办理续贷过桥"转贷通"周转金10720万元,支付创业担保贷款贴息988.6万元。出台资金管理办法,加强对直达资金的分配、拨付、使用和监管。中央财政实行的特殊转移支付机制下达霍山县直达资金39347.12万元,参照直达资金35193.35万元,合计74540.47万元。直达资金支付39034.56万元,参照直达资金支付26158.48万元,合计支出65193.04万元,支出进度为87.46%。争取专项债项目,申请发行专项债项目6个,到位债券资金66900万元,争取抗疫特别国债12332万元,实施工程项目4个。

【做好惠民工作】推进民生工程,落实牵头责任,强化协调调度、宣传动员、建后管养等机制建设,完成民生工程目标任务。全县民生工程到位资金11.3亿元。压实主体责任,加强资金调度,强化扶贫资金动态监控,加强扶贫资金绩效管理,选择重点项目开展绩效评价,强化扶贫项目资金预算编制、执行、决算全过程监管。投入100万元实施资产收益扶贫项目2个,带动40户贫困户人均增收510元;全年到位财政扶贫资金7917.8万元,其中县级资金2235万元。落实惠民政策,打卡发放各类惠民补贴资金3.12亿元,拨付515万扶持壮大村级集体经济。争取大别山区水环境生态补偿项目,严把项目申报、过程控制、竣工审批、绩效评价关,申报通过入选市级项目14个,申请上级补助资金9240.7万元。拨付就业专项资金3110万元,发放城市低保970万元,农村低保5215.2万元,临时救助974.8万元,五保供养补助2007.7万元。推进"一事一议"财政奖补,推广"深贫保"和政策性(特色)农业保险,全年"深贫保"理赔83.5万元,政策性(特色)农业保险理赔725.12万元。兑现健康脱贫、就业脱贫等政策,强化教育经费保障,支持文体设施建设,统筹发展社会事业。

【加强财政管理】实施预算绩效管理,引入第三方开展部门整体支出、新增债券资金绩效评价和2021年部门项目预算事前绩效评价,强化结果运用,提高资金绩效。深化预算管理改革,从严从细编制预算,完善四本预算,试编国有资本经营预算和“三保”预算,推进预决算公开,盘活存量资金,建立库款监测机制。强化国企国资监管,建立向县人大常委会报告国有资产管理情况制度,健全县属企业“三重一大”报告、纪委监委联系监管等制度,健全国有资产核查登记、勘测评估、清理划转等运营机制。密切与大别山国投集团的联系会商,开展薪酬管理和业绩考核,规范国企运营;完成小水电公司改制,组建大别山乡村振兴公司,加强日常管理;开展乡镇国有资产清查和城区国有公房排查,提升国资管理水平。加强政府性债务管理,强化监测预警,加强信息比对,开展债务清理核销和置换,化解债务存量,控制债务增量,规范政府举债融资行为。推进财政信息化建设,建立智慧财税信息系统,健全联系机制,强化信息共享,营造公平有序财税环境。建立人大预算联网监督系统,完成非税票据电子化改革,深化财政“授权支付”改革,推进政府采购节约集约。

(霍山县财政局供稿)

舒城县财政工作概述

【概况】2020年,在县委、县政府的正确领导下和上级财政部门的精心指导下,舒城县财政局落地落实积极财政政策,战疫情、防汛情、强保障、促发展,全年完成财政收入30.2亿元,增长17.9%,其中地方级收入完成20.1亿元,增长29.8%;完成财政支出63.6亿元,增长12.2%,全县财政运行总体平稳。

【抓好财政收入】克服经济下行压力、减税降费和新冠肺炎疫情及汛情带来的不利影响,围绕全年收入目标,加强税收收入运行分析,挖掘增收潜力,强化非税收入征管,加大待查收入清理力度,确保应收尽收。税收收入完成24亿元,增长4.1%;非税收入完成6.2亿元,增长144.1%。收入总量和增幅两项指标为六安市第一位。

【落实积极财政政策】配合税务部门,落实围绕支持疫情防控和经济发展出台的税费优惠政策,全年新增减税降费3.4亿元,减征企业社保费1.1亿元,退还企业各项保险费655.7万元,办理增值税留抵退税6035万元。下调中小微企业和“三农”主体的融资担保费率,为企业降费238.4万元。支持帮助企业复工复产,对承租国有企业经营性用房或产权为行政事业性单位房产的1020家中小微企业(含个体工商户),免收3个月房租共1109.5万元;为中小微企业减免水、电、气费共923万元;县财政安排1000万元专项资金,补贴企业招工、稳岗、培训、人才引进。支持重点项目建设,围绕“补短板”实际需要,加大资金整合力度,推进重点项目建设。安排28.1亿元,支持县重点项目建设;拨付7.6亿元,用于华夏幸福基础设施建设;申请发行新增专项债券19.1亿元,支持合安高铁(舒城东站)、县人民医院新东区扩建、县中医院康复业务楼、杭埠污水厂改扩建和城区3个棚户区改造项目建设。安排抗疫国债资金3.1亿元,用于县体育中心及三里河东路、七门堰路、滨河路等县城基础设施建设。

【强化民生保障】兜牢“三保”底线,全年完成“三保”支出34.9亿元,牵头制定保基本民生、保基层运转工作方案。落实防疫抗灾资金保障,拨付疫情防控资金2625万元,其中县本级837.3万元,保障医护人员临时性补助、防控物资和设备购置等支出。拨付上级有关自然灾害救灾资金2048.9万元、县本级防汛救灾资金427.6万元,保障受灾群众基本生活及灾后重建和生产恢复;筹集资金4亿元,用于灾后路网损毁、丰乐河决口、饮水安全工程、县乡村道路水毁、光伏电站水毁修复和水灾受损学校修缮。保障民生投入,全县民生支出54.2亿元,增长12.4%,占财政总支出的85.2%。其中教育支出13.5亿元,社会保障和就业支出11.7亿元,卫生健康支出5.1亿元,住房保障支出1.2亿元。提高低保困难补助标准,城乡低保人均月保障标准由585元提高到630元,城市低保对象月人均补差由2019年的385.4元提高到510.4元,农村低保对象月人均补差由2019年的326.3元提高到420.3元。落实优抚政策,发放各类抚恤补助款6581.2万元,发放优抚对象价格临时补贴526.5万元。投入财政资金23.6亿元,完成33项民生工程。整合投入资金5.5亿元用于脱贫攻坚,巩固脱贫成果。投入污染防治资金7623万元,支持打好蓝天、碧水、净土保卫战。投入资金5.9亿元,完成各类保障性安居工程2610套、农村危房改造400户、改扩建农村道路237公里、整治老旧小区4个。

【提升财政管理水平】完善乡镇国库集中支付制度,开展乡镇账户清理,实现财政资金国库集中支付全覆盖。出台《舒城县国库集中支付管理办法》,完善国库集中支付制度。推进公务卡改革,扩大改革范围。启动财政电子票据管理改革工作,推进教育收费网上支付,全县公办学校均实现网上缴费。推广应用社保卡发放惠农补贴资金,全县280577户70余万人的惠农补贴资金均通过社保卡发放。建立预算绩效管理机构,出台《舒城县预算绩效管理暂行办法》,推动预算绩效管理体系建设。落实县政府向县人大常委会报告国有资产情况制度,专题向县人大常委会报告国有资产管理情况。制定国有企业退休人员社会化管理工作实施办法和实施细则,完成全县28家国有企业1056名退休人员社会化管理服务移交工作,实际移交率为100%。推动组建县国有资产管理中心,规范政府债务管理,守住不发生系统性债务风险的底线。组织实施新增债券工作,全年新增发行债券20.5亿元,安排用于县基础设施建设项目,缓解重点工程建设资金的支付压力。

(舒城县财政局供稿)

金安区财政工作概述

【概况】2020年,金安区财政局聚焦财政主业,研判财政形势,谋划财政工作,克服疫情、汛情影响,化解减收增支困难,全面完成年度目标任务。全年完成财政收入25.38亿元,财政支出55.65亿元。

【支持疫情防控】面对新冠疫情,贯彻落实区委区政府决策部署,保障疫情防控支出,统筹安排疫情防控经费7000万元。助力企业复工复产,为57家小微企业和个体工商户减免房租176万元;返还企业失业、工伤保险费640万元;支持疫情防控企业稳岗返还资金1548万元;减免受疫情影响企业过桥资金逾期利息73.51万元;疫情防控重点保障企业贴息165万元;为8户企业提供免反担保疫情保障贷款3800万元,为20户企业担保复工复产贷款11850万元,为150户小微企业降低担保费190万元。

【保证收支平衡】面对经济下行,减税降费、新冠疫情、洪涝灾情等错综复杂局面,多渠道组织财政收入,增加可用财力,对冲收入负面影响。全年完成财政收入25.38亿元,同比增长7.24%,其中税收收入22亿元,同比增长4.4%,非税收入3.3亿元,同比增长31.3%。坚持有保有压,压减一般性支出,保障重点支出。落实政府过紧日要求,通过节支缓解财政收支矛盾,全区一般性支出在年初预算基础上再压减10%。全年完成财政支出55.65亿元,占年初预算的122.7%,增支10亿元。其中民生支出47.4亿元,增长5.9%,占财政支出的85.2%,较上年提高三个百分点。实现全年财政运行总体平稳。

【支持经济发展】落实减税降费政策,为企业减负,全年减税降费3.06亿元。解决中小企业融资难题,为小微企业和“三农”办理融资担保贷款230笔10.7亿元;为企业和个人办理续贷过桥资金38笔3.13亿元,无还本续贷301笔5.87亿元,合计9亿元;为企业和个人发放创业担保贷款10550万元,财政贴息资金981万元。落实惠企政策,兑付招商引资奖励资金4511万元,17家企业从中受益;争取中央财政直达资金7.2亿元,直接用于纾企解困、惠企利民。支持疫情防控和灾后重建,投入各类资金16797万元,用于疫情防控支出、水毁设施修复、农业生产恢复,受灾群众帮扶。加快推进投融资平台转型发展,挖掘相关资源,壮大资产规模,优化资产结构,提升平台公司信用评级。全年城投获批项目22个,获批金额50.78亿元,提款到位资金33.56亿元。

【推进财政改革】推进财政事权和支出责任划分改革,结合第六轮乡镇财政体制,制定区以下相关领域财政事权和支出责任划分改革方案。结合区“十四五”财政发展规划编制,谋划未来五年财政事权和支出责任划分。强化区乡分级保障和分类分担责任,提高整体保障水平。推进预算制度改革,落实人大预算联网监督工作要求,提高预算监督水平。加强资金审核监管,召开资金审核会11次,审核资金100960万元,核减金额10300万元。推进预算信息公开,全年部门预算公开率为100%,在全市预决算公开检查比评获第二名。深化国库电子化支付改革,规范单一账户体系建设,压实预算单位支出责任,扩大财政授权支付比例,往来资金基本实现上线操作。区财政支付一体化平台直接支付金额62.35亿元,授权支付金额18.56亿元,公务卡支付1.29亿元。动态监控“三公经费”,实行违规预警,实现支付系统自动阻断。推进财政电子票据改革,提升财政票据监管效能。全区往来电子票据全部开通,非税电子票据先行试点14家。加大存量资金盘活力度,应收尽收各类结余、沉淀资金,收回存量资金1991万元。加强政府性债务管理,主动接受区人大全过程监督,细化完善《金安区隐性债务化解实施方案》,加强政府隐性债务风险管控,守住不发生区域性和系统性风险底线,区2019年债务管理工作获全市优秀。争取债券项目资金支持,争取新增债券项目15个,新增债券到位资金10.67亿元。开展新增债券绩效评价,评价项目19个,涉及债券资金17.12亿,绩效评价得分均为90分以上。

【加强财政管理】强化国企国资日常监管,掌握划转国有资产的运营状态和管理效果,督促区管国有企业落实“三重一大”报告制度,建立国有企业经营业绩考核机制,推进国有企业退休人员社会化管理工作。深化预算绩效管理,构建指标库,收集整理预算绩效指标2100余条。组建预算评审专家库,征集评审专家39人。开展项目支出公开评审,选取10个单位13个项目,评审核减642万元。开展财政扶贫资金绩效抽查,抽查项目105个,涉及金额3亿元。加大财政监督检查,开展预决算公开检查,抽查57家区直单位2020年预算公开情况、69家区直单位2018年决算及2019年预算公开情况。开展财政内部业务审计,对局机关2014－2019年财务进行审计,对22个乡镇(街)财政所2019年度财务进行检查。开展局机关财政财务自查,落实问题整改4大项19个小项。强化会计基础规范管理,组织开展2019年度行政事业单位内部控制编报工作,加强区直部门会计业务核算工作的日常监管工作和跟踪问效。

推进政府投资类项目审核,成立"金安区财政投资评审中心",落实投资评审,严格项目监管。全年完成评审项目164个,送审金额7.13亿元,审定金额6.37亿元,审减金额0.76亿元,审减率10.65%。开展法治财政建设,深入社区、企业开展宪法宣传教育活动。

【改善民生福祉】推进民生工程工作,实施33项省级民生工程,投入22.98亿元,其中区级配套13.2亿元。以民生工程清单管理为抓手,建立问题清单管理台账,督促部门和乡镇限时整改销号。建立月通报、月调度、督办督查、约谈等工作机制,强化民生工程过程考核,考评结果与效能奖惩挂钩,在2019年度六安市民生工程考核中为第一名。支持社会事业发展,多渠道筹集社保资金,全年组织筹集7项社会保险基金8.86亿元,拨付各类保险待遇支出14.71亿元;拨付民政、退役军人事务等部门社保类资金2.97亿元;拨付卫健部门、人社部门社保类、残疾人事业费等1.36亿元。规范发放惠农资金,打卡发放各类财政补贴资金321个批次,发放19.33万户,共6.68亿元。完善教育经费投入,拨付教育类专项3.34亿元。

【支持脱贫攻坚】贯彻区委区政府《关于金安区2020年脱贫攻坚工作实施意见》,投入财政扶贫资金4.52亿元,支持"两不愁三保障"及饮水安全全面清零。加大涉农资金整合力度,整合涉农资金1.02亿元,支持农村基础设施建设和产业发展。组织实施资产收益扶贫,实施5个扶贫项目,投入资金150万元,受益贫困户496户,贫困人口1389人。坚持"四个不摘"要求,落实"单位包村、干部包户"责任。开展决战决胜脱贫攻坚"抗疫情、补短板、促攻坚"专项行动,制定"一户一方案、一人一措施",挂图作战、挂牌督战。帮扶东桥镇莲花村打造"莲花柿树园"品牌,发展乡村旅游;实施整村推进项目,改善人居环境;发展集体经济54.48万元。帮扶段新街村争取延伸扩面工程,投资100万元,完成1.2公里道路扩建;投资140万元建设1.8公里水泥路;争取192万元完成12公里U60渠道修建工程。区财政局党组7名成员增加未脱贫户、边缘户12户,充实重点帮扶户的帮扶力量。区财政局被市委组织部等四家单位联合评为市脱贫攻坚社会扶贫工作先进单位,在2019年全省财政扶贫资金绩效评价中获"优秀"等次,排全省第五名。

【加强队伍建设】聚焦主业主责,夯实选准用好干部的基础,提升财政干部素质能力,着力打造一支适应新时代新要求、忠诚干净担当的高素质财政干部队伍。打通能上能下的交流机制,从基层财政所公开选用5名工作人员,充实机关业务力量;机关3名同志交流到基层任职;实现4名股长股室内交流、3名所长异地交流。提拔培养年轻干部,机关5名同志被提拔为股室负责人,5名同志被提拔为副股长,乡镇5名副所长被提拔为所长,另有13名同志被提拔为副所长。激发干事创业激情,解决"老人老办法"落实公务员同等待遇问题,兑现113名"老人"待遇;打通"新人新办法"岗位职称评聘渠道,28名同志评聘为初级职称;解决23名平行调动人员编制归位问题,实现工资与编制、社保缴费相一致。充实财政队伍新生力量,招录18名新同志,财政队伍更加朝气蓬勃。

(金安区财政局供稿)

裕安区财政工作概述

【概况】2020年,裕安区财政收入完成251482万元,较上年增长4.29%,其中国有资本经营预算收入6924万元。分部门看,税务部门收入为228560万元,财政部门收入为22922万元。

【平稳财政运行】受新冠疫情、洪涝灾害、土地及房地产市场走势趋缓等影响,从年初至6月份财政收入呈下行趋势。随着企业全面复工复产和政府投资项目推进力度加大,7月份财政收入企暖回升,下半年持续增长。全区税收收入完成221923万元,占财政收入88.25%,财政收入质量持续平稳。树立过紧日子思想,优先足额保障"三保"支出,加强库款运行监控,优化财政支出结构,压减一般性支出,从严从紧控制"三公经费"。通过争取上级转移支付、债券发行额度、盘活存量资金、库款调度等方式,统筹安排各项支出,集中财力保障民生、社会事业等重点领域资金需求。统筹新增财政直达资金82683万元用于惠企利民。全年民生类支出587826万元,占财政支出85.03%。

【助推经济复苏】保障疫情防控经费,全年防疫资金支出8374万元,其中区本级4595万元,上级专项转移支付3469万元,其他支付310万元,主要用于物资采购、企业复工、学校复学、防控人员补助等。推动企业复工复产,拨付企业发展专项资金2878万元,用于中小微企业复工复产、城乡商贸物流设施建设改造、出口信保和国际市场开拓。补助小微企业、个体工商户经营性用房租金138万元。区担保公司执行1%的融资担保优惠费率,简化担保流程,为企业融资提供担保60131万元;过桥资金占用费从6%降至4.35%,全年过桥资金周转额126910万元;新增创业担保贷款14540万元,财政贴息926万元。通过产业引导和股权基金方式完成直接融资16200万元,裕安盛平村镇银行四板股权融资700万元。兑现招商引资等优惠政策奖补资金12178万元,办理"四送一服"企业诉求问题63件。推动企业上市,在安徽省股交中心挂牌18家。支持抗洪救灾和灾后重建,拨付抗洪救灾资金4015万元,采购应急救援物资和保障灾民生活;拨付灾后重建资金18528万元,恢复农业生产、基础设施以及重灾户临时生活救助。启动保险理赔程序,政策性农业保险理赔5744万元,“深贫保”理赔970万元。现场办理“应急贷”,为330家企业办理担保贷款1717万元,免收担保费17万元,政府贴息15万元。创新开展“灾贫贷”。

【支持打赢三大攻坚战】决战决胜脱贫攻坚,加大扶贫资金投入。投入扶贫资金63972万元,其中涉农整合资金50154万元。盘活存量资金3520万元用于脱贫攻坚,占可统筹部分的75.06%。增列区级专项扶贫资金1700万元,占新增财力25.11%,新增债券资金中3900万元用于脱贫攻坚。匹配项目资金,分批次将资金安排到扶贫项目,其中基础设施建设扶贫47661万元,产业扶贫14545万元,就业扶贫660万元,智力扶贫95万元,社保兜底扶贫54万元,金融扶贫957万元。规范扶贫资金管理,执行扶贫资金管理规定,落实公开公示制度。推广消费扶贫,指导区直各预算单位从832扶贫平台购买农副产品292笔94万元。防范化解财政金融风险,完善债务管理机制。债务余额为441964万元,债务规模控制在规定限额内。全年发行专项债券83900万元,支持民生服务、医疗卫生、基础设施等重点领域和重大项目建设。加强专项债项目基础库、储备库、发行库、存续库管理,谋划基础库项目14个,总投资约1277249万元,进入储备库项目11个,总投资约735890万元,完成发债74600万元。开展金融风险排查和打击“套路贷”违法犯罪专项整治工作。摸底排查金融大厦等重点区域和92家区内疑涉投资企业。防范扶贫小额信贷风险,新增贷款6253户22487万元,收回贷款8267笔37683万元,在贷余额6888笔24419万元,均为户贷户用。支持打好污染防治攻坚战,投入34247万元支持大气、水、土壤污染防治。管好用好大别山区水环境生态补偿资金,完工总投资8000万元的马堰河渠下涵民生工程。投入1438万元用于“23+N”突出生态环境问题整治。安排美丽乡村建设及农村人居环境整治23488万元,助力实施乡村振兴战略。

【提高民生保障水平】推进33项民生工程,完成全区33项民生工程年度目标任务,投入资金364218万元,其中区配套资金38739万元,较上年增长9.63%。安排民生工程建后管养管护经费5070万元,同比增长14.56%。促进社会事业发展,扩大就业。全年投入就业补助资金2459万元,完成技能培训提升5579人。加大教育投入,投入144041万元支持教育事业发展。其中,保障教师待遇70379万元;学校正常运转及学生资助21790万元;推进城乡教育优质均衡发展51872万元。完成9所义务段公办学校、7所公办幼儿园建设,解决“大班额”、缓解“入园难”。保障公办幼儿园、义务教育、普通高中、职业学校公用经费达到全省平均水平,推行农村中小学营养餐改善计划,完成教学点智慧校园建设。拨付1121万元用于全民健身、青少年业余训练、竞技体育赛事、足球场等体育设施建设。保障居民健康水平,全年投入基层医疗机构大型设备购置、等级医院创建及正常运转10212万元;全区45-64周岁城乡居民健康普查、实施基本公共卫生服务及家庭签约医生13388万元;健康示范区和卫生城市创建163万元;计生家庭类补助3530万元;疫情防控和防疫物资储备购置经费5531万元;防汛救灾352万元;抗疫特别国债资金用于购置社区卫生服务中心业务用房和乡镇卫生院发热预检门诊建设8361万元;卫生健康扶贫项目515万元。加快行蓄洪区建设,拨付固镇、丁集行蓄洪区建设资金45885万元,建设完成移交5个安置点,部分拆迁户入住,完工大部分基础设施配套。提高社会保障水平,全区90.61万人参加城乡基本医疗保险,报销补偿资金62815万元;支付大病保险资金8721万元,城乡医疗直接救助资金4710万元,健康脱贫综合医疗保障补助资金5185万元。发放临时救助400万元,城乡低保18939万元,特困供养9776万元,孤儿基本生活446万元,残疾人生活护理补贴1786万元,优抚优待5511万元。为退役军人办理社保接续2075万元,支付退伍安置费用1020万元。31.73万人参加城乡居民养老保险参(续)保,发放养老金21179万元,老年人各项福利补贴2600万元。完成66个养老服务中心(站)和1个养老智慧化试点示范项目。通过“一卡通”系统平台发放惠民惠农财政补贴资金75897万元,惠及22.5万人。

【深化财政体制改革】完善财政预算管理体制,强化零基预算理念,加强预算执行动态监控管理,发挥预算审计监督作用,深化财政国库支付改革,实现非税系统升级改造。支持人大开展预算审查工作,配合做好预算联网监督工作。加强与人大代表沟通联络,听取意见建议。健全预算绩效管理体系,推进预算绩效管理工作,落实预算绩效信息公开,对2019年部门预算部门整体支出及50万元以上预算安排重点项目抽样开展财政绩效评价工作,按程序公开评价结果。加强绩效评价结果运用,与部门预算项目编制挂钩。落实政府投资建设项目评审机制,设立“六安市裕安区政府投资建设项目评审中心”,完成协审机构招标选聘和入库工作,按照“服务财政管理、节约政府投资、提高财政资金使用效率”原则,对工程实施过程实行“事前”、“事中”控制,“事后”审核评价。加强国有资产监督管理,落实国有资产管理和服务工作,履行国有资产管理向人大报告制度,强化行政事业单位国有资产配置、使用、处置、收益管理。清理收回东大街商业用房3998平方米;接收法院移交门面房972平方米;清理全区剩余安置房1133套、城区社区用房111处。配合相关单位登记2016年以来扶贫资金投入形成资产,加强扶贫项目资产后续管理。与34家国有企业签订总体移交协议目标任务,完成580人人事档案、579人党组织关系移交。利用社会资本促进产业发展,充分发挥科技对经济的引领和支撑作用,支持裕安区经济建设和企业发展。区城投公司通过参股方式投资设立裕科、裕达等五支基金,总规模276430万元,注资76008万元,投入区内企业21家,为招商引资项目提供资金保障。

(裕安区财政局供稿)

叶集区财政工作概述

【概况】2020年,叶集财政应对严峻经济形势,围绕年度目标任务,加强财政收入征管,保障重点项目建设,发挥财政职能作用,提升金融服务水平,支持打赢三大攻坚战,财政运行总体平稳。全年完成财政收入86651万元,较上年增加5553万元,增长6.85%;完成财政支出230470万元,同比增支45215万元,增长24.41%。

【完成收入目标】面对新冠疫情、减税降费冲击,积极应对,兑现各项财税减免、优惠、帮扶、支持政策,帮助市场主体渡过难关、复工达产,稳定经济税源。加强非税统筹,根据实际情况提高个别重点领域国有资本经营收益上缴比例,在确保年度非税目标基础上支撑财政收入较高增长。

【保障财政支出】坚持过紧日子,坚持以收定支,坚持统筹兼顾、突出重点,科学分配预算财力,用好每一分钱。守住"三保"底线,优先安排"三保"经费,实现基本民生稳定投入、工资待遇及时发放、区乡村三级正常运转。支持新冠疫情防控及疫情防控常态化下经济社会平稳发展,区财政安排各类疫情防控资金2471万元,用于设备物资采购、救治补贴补助、防控工作经费等支出;安排直达资金41225万元用于医疗卫生等重点项目建设、困难群体救助供养、重点企业贴息奖补、基本公共服务运行等支出。保障脱贫攻坚决战决胜,全年安排各类财政扶贫资金12047.1万元,其中:财政专项扶贫资金11517.1万元(中央财政专项扶贫资金3831万元,省财政专项扶贫资金1736.1万元,市财政专项扶贫资金850万元,区级专项扶贫资金5100万元);区级存量资金400万元;整合其他涉农资金130万元。

【提升服务质效】围绕财政运行发展关键领域、重点环节,推进各项管理改革落地见效。加快实施预算绩效管理,制定事前绩效评估、绩效运行监控等制度办法,加强预算绩效业务培训,编制评估报告、绩效目标,开展绩效监控,扩大评价范围,推进结果应用及公开。压减一般性支出,按5%比例压减非重点、非刚性会议培训活动等一般性支出经费74.36万元,压减"三公经费"支出61.3万元(其中公务用车运行经费42.86万元、公务接待费18.44万元)。盘活财政资金存量,全年盘活资金16459万元,用于脱贫攻坚、疫情防控以及区级重点项目等支出。加强政府采购管理,执行政府采购法律法规,增强采购计划性和规范性。全年审批采购项目187次,预算总金额116181万元,其中集中采购项目119次、预算金额19974.22万元,实际集中采购金额18375.54万元,节约资金1598.68万元,节约率8.00%。强化政府债务管理,加强统计监测,落实防范措施,规范预算管理,用好债务限额,全区政府债务风险总体可控,其中全年发行新增债券101335万元、再融资债券9813万元。

【促进财政金融发展】发挥金融行业作用,加强金融风险防范,为全区经济社会平稳发展提供坚实金融保障。加大信贷投放,全年新增贷款20.65亿元,较年初增长30.01%,其中小微企业贷款新增21.96亿元、增幅53.16%。用好政策工具,修订"税融通"及续贷过桥业务实施细则,将纳税信用M级企业纳入"税融通"支持对象,扩大续贷过桥服务对象范围,提高单笔额度上限。全年新型政银担贷款完成3.67亿元、增长34.43%,"税融通"贷款完成3.46亿元、增长300.96%,续贷过桥业务完成2.73亿元、增长128.79%。推进企业走向资本市场,出台加快推进企业上市挂牌工作意见,加强上市挂牌后备资源培育。全年实现直接融资0.25亿元,新增区域股权市场挂牌企业11家。推进扶贫小额信贷,坚持防风险与优投放并重,提前实现"户贷企用"贷款清零、到期贷款清零。全年新增"户贷户用"贷款投放1076户4099万元,其中边缘户贷款51户170万元。防控金融风险,规范金融活动,开展非法集资宣传、排查、整治,进行"套路贷"等金融违法犯罪行为专项整治,完善区乡村金融风险防范联动机制,加强担保、典当等"7+4"类机构监管。叶集农商行加大不良处置,压降风险。全区金融风险总体可控且处于较低水平。

(叶集区财政局供稿)

六安经济技术开发区财政工作概述

【概况】2020年,六安经济技术开发区实现一般公共预算收入217438万元,同比增长2.5%。实现一般公共预算支出89435万元,同比增长6.4%。其中财政民生支出75953万元,占财政总支出的84.97%;财政科技支出29723万元,占财政总支出的33.2%。

筹措资金67703万元偿还债务本息。政府性债务余额131549万元,债务率99.1%,法定债务率处于绿色等级安全区域。获"第十二届安徽省文明单位"和"六安市五一劳动奖状"称号。

【支持经济发展】应对疫情,加大对复工复产企业支持力度,兑现政策扶持资金39149万元,同比增长193%。筹集调度资金120423万元,用于土地开发、城市建设等重点项目。落实财政配套资金4531万元,13项民生工程发放补助补偿类资金1702.08万元,建设类项目完成投资额4080万元。开展新增专项债券资金绩效评价,发行高端装备制造产业园专项债12800万元,完成投资10152.31万元,支出进度79.31%。以"三重两上""四送一服"帮扶活动为抓手,协调解决企业融资问题,帮助安徽明都电力线缆有限公司贷款5000万元。

【提升服务效能】扩大国库集中支付范围,把所有公用经费支出纳入国库集中支付,加强公务卡结算管理,提高支出占比。将管委及各部门在一个账套集中核算模式改为分部门设账单独核算。推进财政票据电子化改革,发挥财政"以票控费、以票促收"作用。开展国有资产资源清查,考核国有企业经营业绩。完成国有企业退休人员社会化管理123人。开展部门整体绩效评价和预算绩效运行监控,借助徽采商城公共资源交易电子服务平台,增强政府采购透明度。开通统一公共支付平台业务,为缴费人提供"互联网+政务服务"的支付渠道。推进社保卡替换惠农补贴"一卡通"存折工作,完成社保卡更换9000余户,占全区总人口数80%以上。

【完善制度建设】结合财政工作职能,建立健全各项制度。修订《中小企业续贷过桥资金使用管理办法》,建立"税融通"、续贷过桥联席会议制度,做好银企对接的桥梁纽带作用,缓解中小企业融资难题。制定《政府性投资建设项目招标采购及造价咨询工作管理办法》,建立政府投资协审机构库,健全协审机构考核机制,提高政府投资项目的质量和效益。加强国有公司管理,完善国有公司管理考核制度。印发《六安开发区预算绩效管理和考核暂行办法》,强化预算支出责任,提高科学管理水平和工作效能。明确差旅费报销事项执行口径,推行厉行节约、反对浪费。

【强化监管措施】落实全口径预算管理,强化预算安排和执行约束,减压一般性支出,执行经费开支标准。结合机构改革,与机关部门重新签订代理记账协议,捋清职责关系。开展财政监督内控检查,严肃财经纪律,堵塞财政资金监管漏洞。分配县级基本财力保障机制奖励资金到部门、到项目,利用国库集中支付平台和直达资金监控系统进行全过程监控。完成政府投资项目预算审核81件、结算审核27件、复审项目6件,审减额为1698万元、5427万元、29万元,核减率分别为4.78%、9.2%、0.15%。推动重启正阳路(寿春路-新北二路)道路、皋陶学校(皋陶中学东校区)、新华小区二标段、高端装备制造产业园一期01标段等审核工作,化解政府投资项目审计积案。

【促进金融提升】落实省中小企业应急贷款和大中型企业应急融资试点工作,15户中小企业应急贷款获批。扩大"税融通"业务授信额度至6964.75万元,服务企业9户。办理续贷过桥企业2户,共550万元。新增政银担业务贷款500万元。上市报备目标任务数1家,五粮泰公司向安徽省证监局提交辅导备案资料,实现长江精工直接融资10亿元。新增9家企业在省股交中心挂牌,其中7家企业在省股交中心科创板挂牌。开展小贷公司、融资租赁公司、投资公司的现场检查和风险排查工作,加强防范非法集资及金融诈骗宣传,防范金融风险。

(六安经开区财政局供稿)

马鞍山市财政工作综述

马鞍山市财政工作概述

【概况】2020年,马鞍山市各级财政部门坚持以习近平新时代中国特色社会主义思想为指导,实施更加积极的财政政策,落实"六稳""六保"任务,统筹推进疫情防控、减税降费,保基本兜底线、惠民生促发展,优化营商环境,稳增长、促改革、调结构、惠民生、防风险、保稳定,促进全市经济社会发展。全市财政收入完成300.7亿元,同比增长5.6%。其中,一般公共预算收入完成169.5亿元,增长7.1%。全市财政总收入和地方一般公共预算收入总量在全省16市中分别为第7位和第5位,增幅均为全省首位。全市财政支出264.8亿元,同比增长4.5%。其中,民生支出完成225.2亿元,占财政支出的85%。

【深化财政改革】以全面绩效为导向,按照"决策有评估、编制有目标、执行有监控、完成有评价、结果有运用"要求,建立事前评估、事中跟踪、事后监管机制。出台《马鞍山市本级预算绩效目标管理暂行办法》等6项制度文件和2020年版的市级分行业、分领域指标库,建成绩效管理制度体系。推进现代财政制度运转,完善项目库建设,细化预算编制,开展预算公开评审,夯实预算管理基础。出台财政预决算领域基层政务公开标准化规范化操作指南,加大预决算和政府债务信息公开力度,更好接受社会监督。加强财政内部监督,规范国库集中支付行为,保障财政资金安全高效运行。

【支持打好三大攻坚战】加大扶贫资金投入力度,市县(区)两级财政安排扶贫专项资金1.49亿元,与中央、省扶贫专项补助0.26亿元统筹使用。强化扶贫资金监管,坚持"两不愁三保障一安全"标准,出台扶贫资金使用"负面清单",保障扶贫资金规范使用。全年新建资产收益扶贫项目13个,带动13个贫困村村均增收1.03万元,在全省专项扶贫资金绩效评价和资产收益扶贫工作考核中获优秀等次。加强政府债务管理,遏制隐性债务增量,健全债务统计监控机制,落实债务管理主体责任,定期评估市县债务风险状况。抢抓政策"窗口期",化解隐性债务存量,防范化解风险隐患,5个县区获批财政部建制县区隐性债务风险化解试点资格,债务管理工作在全省考评中获优秀等次。开好规范举债融资"前门",加大专项债券项目谋划申报力度,全市58个专项债券项目总投资669.45亿元通过省级评审入库,当年获批专项债券额度50.93亿元,到位新增债券资金51.86亿元,分别较上年增加36亿元和36.27亿元,新增专项债券资金实际支出进度为全省第一位。全市投入资金8.12亿元,统筹中央、省转移支付资金6.89亿元,推进蓝天碧水净土保卫战。支持废气治理、燃煤锅炉改造、秸秆综合利用,支持建设美丽长江(马鞍山)经济带、农村"三大革命"和中心城区水环境综合治理,支持生活垃圾、建筑垃圾、废弃矿山等综合整治。安排环保专项资金0.45亿元,提升全市环境保护和监测能力。

【保障民生】完善民生工程精准实施、精细管理机制,支持普惠性、基础性、兜底性民生建设,全年投入资金68.65亿元,推进33项民生工程和10件市政府为民办实事项目实施,解决群众关心的重点民生需求。投入资金3.8亿元,推进教育现代化建设,落实公办教育生均公用经费和生均拨款政策。新建和改扩建12所幼儿园,缓解"入园难"问题。完善国家公共文化服务体系示范区巩固提升经费保障机制,推进优质文化资源向基层、向农村倾斜。落实更加积极的就业政策,发放稳岗补贴0.75亿元,惠及职工17.47万人,托住就业基本盘。将城乡低保标准由604元/月提高到648元/月,发放低保金3.92亿元,惠及困难群众4.29万人。投入资金11.84亿元,加快推进36个老旧小区和8393户棚户区改造工程。安排奖补资金0.12亿元,推进公立医院债务化解。完善公立医院财政补助政策和基层医疗机构财政补偿机制,推动分级诊疗体系建设,支持家庭医生签约服务和"智医助理"试点,打造健康马鞍山。

【助推经济发展】落实国家大规模

减税降费政策及应对新冠肺炎疫情影响阶段性减税降费政策，全年新增减税降费32亿元。开展企业亩均效益评价，修订维护产业扶持政策，兑现各类产业扶持政策资金4.09亿元。争取中央再贷款资金9.19亿元、贴息0.12亿元，帮助企业续贷过桥10.8亿元，扶持中小微企业125户，放大财政资金杠杆效应。推进政府和社会资本合作，纳入财政部PPP综合信息平台管理项目21个，总投资137.23亿元，实施项目17个，总投资117.02亿元，撬动社会资本100.99亿元，投入公共服务和基础设施建设。

【深化国资国企改革】按照"政企分开、政资分开、所有权与经营权分离"要求，强化国有资产监管，推动国企提质增效，完善出资人监管权力清单和责任清单，推进国有企业高质量发展三年(2020—2022年)行动方案落地见效。优化行政事业性资产配置，盘活存量资产，提升资产运行效率。加快剥离国有企业办社会职能和解决历史遗留问题，推动国有企业退休人员社会化管理，完成驻马央企、省企及市(县、区)属企业工作任务，全市国有企业存量退休人员5.4万余人全部移交社区管理，移交率100%。按照"成熟一个，验收一个，决算审计一个"的原则，完成"三供一业"维修改造，加快推进后期财务审计资金清算工作。

【做好党建工作】始终把党建纳入财政工作大局中思考、谋划和推进，班子成员落实"一岗双责"，年终述职时做到"双述双评"。推进党史学习教育、巩固"不忘初心、牢记使命"主题教育和新一轮"三个以案"警示教育，引导党员干部增强"四个意识"，坚定"四个自信"，做到"两个维护"。加大党建创新力度，强化"创特色、树品牌"激励机制，形成"财政145""党建聚力财惠民生"等9项党建品牌。健全"抓党建、促发展"的考评机制，加强考核激励，激发党建活力。加强国企党的领导、党的建设，设立国企党建办公室，配备专职党务干部，指导监管企业党建，将党建内容纳入监管企业目标责任管理和年度综合考核。制定党组织前置研究讨论事项清单，发挥党"总揽全局、协调各方"作用。开展"一企一品"国企党建品牌创建年活动，打造国企党建特色。

(马鞍山市财政局供稿)

含山县财政工作概述

【概况】2020年，面对疫情、汛情影响，含山县各级财政部门以习近平新时代中国特色社会主义思想为指导，坚持稳中求进工作总基调，在县委、县政府的坚强领导下，直面宏观经济下行、财政收支矛盾突出的挑战，统筹做好新冠肺炎疫情防控和经济社会事业发展工作，取得优异成绩。

【保障财政平稳运行】落实国家持续新增减税降费政策，完成全年收支预期目标任务。坚持目标导向，按月会商研判、分析调度，落实落细征管举措，保持月度收入正增长。落实部门协税护税联动机制，分析研究涉税事项运行过程，加强重点行业和重点企业税源征管，增加收入。加强政策扶持和税务监管服务，培育新业态、新模式经济健康发展，促进税收可持续增长。全年完成财政收入21.6亿元，同比增收1.6亿元，增长8%，增幅位于全市前列。坚持底线思维，落实"六保"任务。坚持过紧日子，按20%比例压减"三公经费"等一般性支出及非急需非刚性项目支出1100万元，争取抗疫特别国债等一次性特殊转移支付近3亿元，统筹用于保就业、保基本民生、保市场主体。争取3.4亿元新增债券资金支持得胜河水环境治理、城乡供水一体化、乡村振兴以及含城居民环境改造提升工程等城乡补短板项目建设。把保障和改善民生作为财政支出的优先方向，安排资金6000余万元，保障疫情防控各项应急经费；安排近亿元资金，保障防汛物资采购和应急度汛各项支出需求；完成教育、社保、卫生健康等民生类支出295776万元，同比增长10.5%，占财政支出的87.55%。

【扶持实体经济发展】强化产业政策扶持，出台促进建筑业加快发展扶持政策，支持本土建筑业做大做强。制定促进电子商务产业发展实施办法，推动电子商务、快递物流业健康发展。落实降低企业成本各项措施，助力企业提升效益。加强财政金融等政策保障，支持重大产业链项目落地生效。扶持"含山大米"等农副产品品牌创建，打造长三角地区绿色农产品供应基地。支持市场主体发展，落实减税降费政策，全年新增减税降费4000万元，减免中小微企业、个体工商户房租近千万元。创优"四最"营商环境，出台支持中小企业共渡难关二十条措施，兑现产业奖补政策资金27800万元，为中小微企业提供2.8亿元续贷过桥周转，实施新型政银担业务900笔8亿元，激发市场主体发展活力。引导普惠金融支持，运用再贷款再贴现等国家金融政策，加大金融机构考核评价力度，召开"政银担企"对接会，全年新增贷款30亿元。拨付贴息资金860万元，发放创业担保贷款7700万元。推动企业上市挂牌，同兴环保成为全县首家主板上市公司。

【保障脱贫攻坚收官】加大资金投入力度，全年拨付财政扶贫资金7900.6万元，支持实施五大类144个扶贫项目，支出率100%。落实反馈问题整改，印发《含山县财政局关于印发〈中央脱贫攻坚专项巡视"回头看"和国家脱贫攻坚成效考核反馈问题整改实施方案〉的通知》，开展自查，梳理问题11个，其中牵头问题4个，制定整改措施32条，形成整改问题清单并完成整改。强化扶贫资金绩效管理，抽查

2019年度20个扶贫项目绩效自评结果,涉及扶贫资金2081万元;对2019年度产业扶贫和基础设施类2个重点扶贫项目进行绩效评价。加强绩效目标审核,强化绩效目标运行监控,按季度进行跟踪分析,在线维护扶贫项目和绩效目标执行情况。财政扶贫资金绩效评价获全省“优秀”等次。推进资产收益扶贫,严格项目审批程序,严把项目选择关,实施新增资产收益扶贫项目2个,分别用于村集体发展茶叶加工和乡村旅游等,带动8名贫困人口就业,全年资产收益扶贫分红41.9万元,1756名贫困人口受益,人均分红192元,资产收益扶贫民生项目被市评为“优秀”等次。做好扶贫小额信贷监管,建立“户贷企用”重点挂牌监测台账,明晰“户贷企用”用款企业名称、贷款余额、到期详细日期和金额,督促各镇、承贷银行动态摸排还款风险,提前排查,防范逾期风险。全年清收11442.1万元。坚持户贷户用户还方向,全年新增发放715户贫困户贷款3190万元。

【推动民生工程实施】筹集资金8.38亿元,其中县级配套资金3亿余元,保障省定33项民生工程任务全面完成。强化责任落实,专题部署调度,细化量化工作任务和具体指标,签订民生工程目标责任书,拉紧工作链条,实行挂图作战,层层压实责任。加强统筹,印发民生工程实施办法及运行管护方案,强化民生工程联络员工作机制,做好项目绩效目标申报工作,推动民生工程规范化、长效化实施。严格民生工程考核,落实《含山县人民政府办公室关于印发2019年度民生工程考核办法的通知》,从政务公开、信息宣传、基础数据等九个方面,对镇政府和县直牵头部门进行综合考评,对全县民生工程实施工作表现突出的9个单位和16名个人予以通报表彰,对考核成绩落后的3个部门和2个镇予以通报批评。强化宣传引导,制定《2020年民生工程宣传工作计划》,分解落实信息宣传工作任务,举办民生工程宣传日活动,营造宣传氛围,提高群众知晓率、满意度。含山县社情民意满意度调查结果为全市先进。

【防范财政金融风险】抓好债务风险防范化解工作,发行再融资政府债券8.9亿元,专项用于归还2015年和2017年到期政府债券本金,化解财政到期债务兑付压力,其中30年期债券占比96.4%,优化全县存量债务结构。抓好政府隐性债务防范化解工作,遏制隐性债务增量,拨付3925万元支持完成年度化解任务,全年化债完成率为298%。防范化解金融风险,开展地方金融领域扫黑除恶专项斗争,加大非法集资等宣传处置力度,实施防范化解县农商行金融风险提升金融服务实体经济能力专项行动。防范财政资金支付风险,建立财政库款监测机制,按日监控、防范“三保”支付风险,按月测算库款保障水平,加强大额支出计划管控,确保财政库款保持合理水平。

【提升财政监管能力】推进全面预算绩效管理,出台《含山县全面实施预算绩效管理实施细则》,制定绩效目标、事前评估、绩效监控、绩效评价、绩效管理考核等五个配套办法,构建全面预算绩效管理制度体系。推动预算安排与绩效目标同步落实机制,实行扶贫、民生等重点项目绩效目标运行监控,开展13个项目财政重点评价,涉及资金4亿余元。含山县财政管理绩效综合评价第三年为全国、全省前列,每年奖励500万元,全面预算绩效管理考核为全市并列第一名。强化直达资金监管,加强抗疫特别国债和转移支付等直达资金管理,建立实名台账,通过信息系统全链条、全过程监控资金使用。深化国资国企改革,出台《含山县县直单位国有资产清查处置工作实施方案》,清查摸底,分类处置,提高资产使用效益。引进社会资本参与盘活国有资源,加快国有企业资产盘活运营,推进国有企业退休人员社会化管理移交,实施县属国有企业公务用车管理制度改革。加强资金常态监管,公开预决算,接受人大预算联网监督。开展惠农惠民补贴资金专项清查,全年发放惠民补贴资金2.4亿元。全县惠农补贴发放和资金监管绩效评价获省、市一等奖。强化公务卡强制结算制度执行,全年公务卡报销结算同比增长31.4%。落实各级巡察、检查和审计发现问题整改,制定完善18项内控管理制度,提高财政资金监管水平。

【深化财政党的建设】坚持党组理论学习中心组学习制度,制订中心组学习计划,全年开展14次中心组理论学习,跟进学习研讨习近平总书记重要讲话指示批示精神、《习近平谈治国理政》第三卷和党的十九届五中全会精神等。加强“为民理财红管家”党建品牌建设,推进“党建+”等系列活动,实现财政党建与业务融合。加强意识形态工作,坚持和加强党对意识形态工作的全面领导,掌握意识形态工作领导权、管理权、话语权。学习县委2起意识形态领域问题通报,汲取教训,引以为戒。加大推广应用“学习强国”平台力度,开展学习强国积分竞赛,教育引导党员干部坚定理想信念,站稳政治立场,在政治上思想上行动上始终与党中央保持高度一致。深入开展以“四联四增”为主要内容的“三个以案”警示教育活动,以赵正永、张坚、洪一玉、冯云峰等案件为镜鉴,班子成员对照要求开展批评与自我批评,查摆问题,加以整改,坚决反对形式主义官僚主义。加强党风廉政建设,坚持“一岗双责”,抓好主体责任“牛鼻子”。召开党风廉政建设专题会议,分析研究部署党风廉政工作,强化责任传导,将党风廉政建设责任制纳入年度重点工作。抓好审计整改,针对审计反馈4个方面问题,县财政局党组高度重视,召开党组会专题研究制定整改方案,分解任务,明确责任,完善制度,完成审计整改工作。纠正“四风”,落实中央八项规定,严格公务接待、公务用车等管理,执行外出请假报备制度,修订完善机关考勤制度,每月通报考勤情况,提升机关工作效能。县财政局党风廉政建设工作受到县委通报表彰。

(含山县财政局供稿)

和县财政工作概述

【概况】2020年,和县财政局深入学习贯彻习近平总书记考察安徽重要讲话指示精神,盯紧全年目标任务,积极应对疫情、汛情等不利因素组织收入。树立过紧日子思想,坚持厉行节约办一切事业,调整优化支出结构,把有限的财政资金用在刀刃上。全县本级财政收入完成228811万元,同比增长2%;全县一般公共预算支出完成381256万元,同比增长21.2%。其中,教育、科技、医疗卫生、社会保障和就业、住房保障等13项民生支出完成331699万元,占财政支出的87%,较上年同期提高0.42个百分点。和县财政局获省财政厅2020年度乡镇财政资金监管和惠农补贴资金管理发放工作绩效评价A类、财政扶贫资金绩效评价优秀等次,县委、县政府第十七届人大代表建议办理先进单位、全县党委信息工作先进单位、优化营商环境及“四送一服”双千工程绩效考核优秀等次单位、招商引资服务保障先进集体、招商项目线索任务完成奖等。

【国有资产管理】开展行政事业单位国有资产管理和公共基础设施等行政事业性国有资产登记工作,贯彻执行《和县行政事业单位国有资产管理办法》《和县县直行政事业单位国有资产出租出借管理办法》及《和县行政事业单位国有资产处置管理暂行办法》等相关国有资产管理办法,加强国有资产月报、年报等基础性管理工作,按月公示国有企业的财务指标和考核指标,规范国有资产配置、使用、处置、调拨等工作流程。聘请社会中介机构,对部分行政事业单位和国有企业集中开展固定资产与2019年会计报表等专项审计业务,如实反映企业、行政事业单位资产、负债和盈亏情况,督促其建立和完善内部监控制度。完成国资国企“十四五”规划编制、2021—2023年国有资本经营预算收支规划编报工作、县属7家企业2020年国有资本经营预算收入缴库、国有企业退休人员社会化管理、国有企业公务用车改革和国资系统“中国人民志愿军抗美援朝出国作战70周年”纪念章颁发对象信息统计及发放等工作。完成县政府向县人大常委会2019年度国有资产管理情况的报告。

【地方金融管理】出台《和县银行业金融机构支持地方经济发展考核奖励办法》《关于进一步规范和完善扶贫小额信贷管理的通知》《关于印发进一步规范县政策性融资担保业务的通知》《和县“税源贷”担保实施细则》《和县开展涉非涉稳风险暨地方金融领域扫黑除恶专项斗争专项排查活动工作方案》等文件。各类金融机构存贷款实现稳步增长,全县银行业金融机构人民币存款余额345.4亿元,增幅16.9%;贷款余额233亿元,增幅22.1%。推动晶晶玻璃、弘源化工等12家企业在省股交中心四板挂牌,全年实现直接融资10.58亿元。召开5场全县“四送一服”专场银企对接会,签约31家企业意向金额12.8亿元。金融机构全年为404家企业新增贷款32亿元、244家企业续贷14.7亿元、53家企业展期3.9亿元、265家企业减息2635万元。县振兴担保公司落实“4321”风险分担机制,全年新增政银担业务7.33亿元,为23户企业担保贷款6311万元。全年为54家企业节约担保费261万元。县农行结合和县蔬菜、黄桃等特色产业,研发推出多项惠农e贷,新增贷款6172万元,贷款余额1.33亿元。县农商行等金融机构与省农担公司合作,为新型农业经营主体、家庭农场提供免抵押、低成本劝耕贷,全年新增2.3亿元,贷款余额2.7亿元。开展小贷公司现场检查、涉非涉稳风险暨地方金融领域扫黑除恶专项斗争专项排查等活动4次、联合执法活动5次、排查公司店铺350余家次、整改广告违规店铺8家。发放贷款766户共3697万元,收回扶贫小额贷款13153万元,无一笔逾期。入镇走访16次,多轮摸排1508户未贷款建档立卡贫困户,应贷能贷尽贷。摸排收回“死亡、清退、标注”等三类人员贷款97.8万元,规范扶贫小额信贷资金用途,清收贷款33万元。

【民生工程】组织实施“四带一自”产业扶贫、党建引领扶贫、资产收益扶贫、“四好农村路”建设等33项民生工程,把“实施民生工程,推动改善民生”放在更加重要的位置。全年民生工程筹集资金12.59亿元,实际支出8.07亿元,所有项目均按计划完成年度目标任务。

【财政改革】推行公务卡结算制度,规范单位预算执行,减少现金支付,提高支出透明度。有196家单位使用公务卡,刷卡20728次,较上年同期增加2905次,支付5981.23万元,较上年同期增长17.5%。深化财政国库支付电子化管理改革、完善国库集中支付体系,提高财政资金使用效率,构建国库集中支付管理体系。理清、压实预算单位在资金使用上的主体责任和财政部门的监督责任。执行安徽省2020—2021年政府集中采购目录及标准,交由县公管局公开采购,加强政府采购管理。全年受理单位采购计划申请496笔,金额15.3亿元。

【债务管理】加强政府性债务管理,防范财政金融风险,按照化解政府隐性债务方案的要求,处置隐性债务存量,遏制隐性债务增量。县本级地方债务系统政府性债务余额34.44亿元,其中:政府负有偿还责任债务32.76亿元,政府负有担保责任债务0.05亿元,政府负有救助责任债务1.63亿元,低于省政府核定债务限额。申报省级专项债项目8个,项目投资总额为87.79亿元。由省政府代发地方政府债券116687万元,其中:发行新增债券68458万元,主要用于全县水利、道路、医疗、园区基础设施等方面建设;发行再融资债券48229万元,用于到期债券还本支出。

【管理绩效】压减“三公经费”,全年“三公经费”支出1788.01万元,较上年同期1940.2万元减少152.19万元,减幅7.84%。完成人大建议及政协提案工作,实行专人负责、专人办理,当面与代表委员沟通,书面形成答复,并报备县人大办、政协办和督查局目标办。全年人大代表建议和政协委员提案主办4件、协办21件,8月底全部办理结束,见面率和满意率均为100%。

【财政监督】加强财政内部监督检查,牵头协调配合有关部门重点围绕直达资金监管、预决算公开、会计信息质量、“小金库”治理、长江流域禁捕财政补助资金等进行专项检查。开展会计信息质量检查,对县直行政事业单位、乡镇(园区)、地方金融机构等10家单位实施会计信息质量重点检查和督导,针对发现问题,责成单位进行整改。将县直行政事业预算单位纳入绩效目标管理,制定《和县本级预算绩效管理办法》《和县本级预算绩效运行监控暂行管理办法》《和县本级预算绩效目标管理办法》和《和县本级预算绩效事前绩效评估暂行管理办法》等预算绩效管理制度,为建立科学、规范、高效的财政资金使用和管理体系提供制度保障。

【队伍建设】落实守纪律讲规矩要求,抓好自身建设和廉政建设,抓好意识形态工作,加强意识形态阵地管理。强化学习教育,深化思想认识,深入学习贯彻习近平总书记系列讲话精神和党中央治国理政新理念、新思想、新战略,构建学习型机关。抓好“两群一栏一室”,加大党务公开力度。利用“学习强国”APP、安徽干部教育在线、“今日和县”等网络学习平台开展学习。加强党风廉政建设,把党风廉政建设工作纳入日常工作,推进廉政教育常态化。开展各镇财政所(分局)巡查试点工作。

(和县财政局供稿)

当涂县财政工作概述

【概况】2020年,面对突如其来的新冠肺炎疫情以及日益精细化的发展改革任务,当涂县财政系统干部职工在县委、县政府的坚强领导下,坚持以习近平新时代中国特色社会主义思想为指导,贯彻落实习近平总书记考察安徽重要讲话指示精神,坚持提效能、优支出、保重点的工作总基调,做好“六稳”工作、落实“六保”任务,防范化解财政金融风险,支持污染防治,推进实施乡村振兴战略,提高基本民生保障水平,深化财税体制改革,较好完成全年各项目标任务。

【加强收支管理】全县财政收入完成50.99亿元,较上年增长0.82%。其中,税收收入38.62亿元,同比减少2.04亿元,下降5.03%。非税收入12.37亿元,占当年财政收入24.26%,同比增加4.66个百分点。财政支出完成52.32亿元,教育、文化体育与传媒、社会保障和就业等13类民生支出45.81亿元,较上年增加7700万元,占财政支出87.55%。

【支持“三农”发展】年初预算安排县级扶持村集体资金1000万元,其中重点扶持村一次性补助资金标准50万元/村,空壳村、薄弱村一次性补助资金标准30万元/村。出台《当涂县关于2020年扶持壮大村级集体经济专项资金分配意见的通知》,明确资金使用和监管细则,加强资金跟踪监管。推进农村人居环境整治,支持农村垃圾污水处理、厕所革命,加快秸秆综合利用,扶持“四好农村路”扩边延伸工程,推动美丽乡村建设提档升级,落实乡村振兴战略化多元投入保障机制,加强涉农资金统筹整合。

【开展绩效评价】根据上级财政部门的统一布置和局领导的安排,确定监督检查项目,开展长江禁捕专项资金检查、会计信息质量检查、预决算公开检查、直达资金常态化监管、“小金库”常态化防治、工伤保险基金专项检查以及“双随机一公开”检查工作。

【实施民生工程】省33项民生工程中,当涂县实施27项,全年拨付资金10.51亿元,其中县级财政投入5.57亿元,占计划的124.3%。按照“保基本、兜底线、促公平、可持续”的要求,实施民生工程,打造“七有”民生工程、文化惠民工程,开放1个图书馆、1个文化馆、10个文化站,争创全国义务教育优质均衡发展县、全省体育强县等,提升全县人民群众的生活水平和幸福指数。

【支持金融稳定】金融运行平稳,全县银行业金融机构存款余额为389.76亿元,当年新增存款46.94亿元,较年初增长13.69%;贷款余额为261.13亿元,当年新增存款57.35亿元,较年初增长28.14%,余额存贷比为67%。召开税融通联席会议8次,为17家企业核定税融通贷款5000万元(其中16户放款4585万元);发放续贷过桥资金贷款89笔,共43520万元;引导11家企业在省四板挂牌(其中科创板企业9家,农业板企业1家,文旅板企业1家)。全县实现直接融资8.2亿元;新增新兴政银担保贷款8.07亿元。

【管理国有资产】贯彻落实省市关于建立政府向同级人大报告国有资产

管理情况制度的意见,履行监管职责,严格依法管理,改革和完善国资监管体制机制,防止资产流失,实现资产保值增值。完成国有企业退休人员社会化管理工作,当涂县国有企业退休人员1787人(党员627人),全部完成社会化管理。落实疫情防控期间承租国有用房减免房租政策,当涂县对承租行政事业单位及国有企业经营性用房的277户中小企业(含个体工商户),减免房租335.76万元。实现行政事业单位经营性房产统一集中管理,制定《当涂县城区经营性房产处置方案》,对城区1000余宗经营性资产分类处置,盘活经营性房产。

【防控债务风险】加强债券资金管理,使有限的资金用在刀刃上,形成督查与通报相结合机制,每月通报新增债券支出进度,掌握债券资金使用情况,定期收集支付凭证,确保实际支出真实有效。强化债券资金项目绩效评价,建立项目跟踪问效机制,通过事前审核、事中监控督查、事后检查评价,对债券资金安全性、合规性和绩效情况进行跟踪,支持全县各项社会经济事业发展。获省财政厅代发地方政府债券资金12.5亿元,其中新增一般债券0.16亿元,新增专项债券4.24亿元,再融资债券8.1亿元。

【服务实体经济】全年兑现产业扶持资金6471万元,推进"三重一创"建设,支持实施科技创新攻关行动,保障全县经济结构调整和新旧动力转换,推动新型产业发展,吸引高新技术企业。实施更大规模的减税降费政策,全年对企业减税降费3.1亿元。落实一系列扶持政策推动小微企业上规模,奖励首次达规且两年内均为规上企业的或获得专精特新的企业,奖励9家在省股权托管交易中心(科创版)挂牌的民营企业。开展"四送一服""双千活动",走访企业32家,了解企业在经营中遇到的问题,帮助企业完成资金要素的对接,解决企业现实问题,落实落细"一企一组一策"帮扶措施。

【推进党建工作】开展以"四联四增"为主要内容的"三个以案"警示教育,在以案示警中受警醒明法纪、在以案为戒中严对照深检视、在以案促改中强整改促提升。把学习习近平新时代中国特色社会主义思想、党的十九届四中和五中全会精神及习近平总书记考察安徽重要讲话指示精神作为首要政治任务,通过党组会议、理论中心组学习、主题党课、主题党日等方式,组织党员干部深化党的理论政策学习。严肃党内政治生活,执行民主集中制原则,坚持科学民主依法决策,修订党组议事规则等工作制度,严格集体议事。落实民主生活会、专题组织生活会等制度,完成2020年度党组民主生活会和支部组织生活会,开展批评和自我批评,查摆问题并整改落实。开展"送温暖下基层"、"新冠肺炎防疫志愿者活动"、"防汛抗洪志愿者活动"、"含山红色教育主题党日活动"、"党风廉政教育月活动"等主题党日活动,调动党员积极性,提升基层党组织凝聚力,巩固意识形态阵地。

【推进财政改革】推进预算绩效管理工作,加强绩效目标管理,要求所有项目支出和部门整体支出编制绩效目标。在2021年预算中编制项目绩效目标900余项,项目资金预算18亿余元。开展事前绩效评估,要求各预算单位2021年新增200万元以上的重大政策和项目,必须进行绩效事前绩效评估。进行项目绩效监控,对2020年预算项目进行绩效运行监控,分析项目目标未完成或进度滞后原因,纠正和堵漏目标执行偏离和管理漏洞。推进国库集中支付电子化改革,加强动态监控机制建设,优化监控系统,加强实时管理,探索和改进动态监控系统,加强动态监控队伍人员建设,开展各类业务知识和政策法规培训,提高监控人员综合素质。规范推进PPP工作,发挥财政资金引导作用,鼓励社会资本以PPP等形式参与进来,应用PPP模式推动经济社会和生态文明建设。当涂县纳入省财政厅项目库项目3个,财政资金投资总额为21.39亿元,带动社会资本投入19.08亿元。

(当涂县财政局供稿)

花山区财政工作概述

【概况】2020年,花山区财政收入完成27.09亿元,收入质量良好,财政收入总量为全市前列。一般公共预算支出为17.95亿元,完成预算的117%,同比增长6.8%。

【收入征管】受疫情、减税降费、增值税税率下调等因素影响,全区制造业、建筑业及小微企业税款出现大幅下降,大量企业申请缓交税款。因减税降费,全区减少税收4亿余元。

【预算执行】树立过紧日子思想,区财政在年初安排预算时按照20%压减公用经费,"三公经费"只减不增。以保基本民生、保基层运转为导向,保障教育、文化、社会保障、卫生健康、城乡社区和其他基本民生支出。全年基本支出为8.3亿元,项目支出为9.65亿元,完成年初预算的117%。区财政采取多种渠道落实防控保障资金,协调银行开通非工作日期间防疫资金结算绿色通道,保障防疫工作的刚性支出,保障资金的实时拨付,投入各类资金2.45亿元。

【民生工程】实施33项民生工程(其中有建设任务19项),召开领导小组会议,将任务分解下达各部门。召开联络员会议,细化分解任务。全区投入财政资金2.69亿元,较上年增加0.49亿元,同比增长22.07%。所有建设类项目均完成年度目标任务,补助类、培训类和保险类项目除按月发放的民生项目均完成年度目标任务,总体情况良好。

【国有资产】重视国有资产管理工

作,建立国有资产管理部门工作例会,明确国有资产处须经“三重一大”集体研究通过,重大产权处置向区政府书面报告,完善管理制度,规范国有资产评估。创新资产运营模式,推进闲置资产处置力度。按市场化运作规范资产交易行为,保证国有资产处置合法合规,实现资产经营(出租)的增收创收。通过市区公共交易平台、媒体、网站、现场张贴等多种方式开展招商招租,外地资产结合区域招租方式,借力市场,实现国有资产的高效利用。核对国有资产租金的收缴、资产抵押和新增资产权证等情况,了解租金收缴情况,加强经营管理,实现资产保值增值。在规范经营管理基础上,提升资产处置收益。针对长期拖缴欠缴的租户,通过告知函、律师函和诉讼等方式,协商不成提交司法解决。接管国有企业退管人员,保障服务。根据各级国资委要求,将所有央、国企业退休人员纳入地方管理,区国资委对接企业,联系组织部门、人社部门和街道核实党组织关系和退休人员信息。19家企业与区政府签订协议,接收退管人员2.8万人、退休党员7200余人、房产7处(退休职工活动用房),完成工作目标。

【金融工作】开展各项惠企业务工作,开展银企对接会,向企业送金融政策、送金融产品,为企业融资发展搭建平台。推动有实力企业和高层次人才团队挂牌科创板,推动5家企业挂牌省股交中心科创板。开展重大风险防范、扫黑除恶专项斗争及防范和处置非法集资工作,联合市金融局、区市监、税务、公安等部门开展主题宣传、线索排查及专项整治行动,完成非法集资陈案化解10件,完成非法集资行政处置5件。

(花山区财政局供稿)

雨山区财政工作概述

【概况】2020年,面对突发疫情给经济发展带来的冲击,雨山区财政局积极落实减税降费政策,组织收入,优化支出结构,推进财政改革,保障区委、区政府重大决策部署有效落实,为雨山区经济和社会各项事业平稳发展提供财力保障。全年完成财政收入20.71亿元,增幅5.7%。全区财政支出13.17亿元,增幅6.38%。

【抓好收入征管】全区完成税收收入17.27亿元,占比83.4%。做好收入组织工作,采取多种措施加强税收征管。区政府定期召开财税调度会,商讨解决税收征管中存在问题。加强辖区房地产、建安项目税收征管,支持辖区建筑业企业发展,做到稳税源促增长。加强对重点再生资源企业税收监管,兑现政策奖励资金,确保再生资源企业税收及时上缴。强化非税收入管理,加强对国有资产转让、有偿使用收入、罚没收入、行政事业性收费收入等非税收入的征缴工作,弥补财政收入不足。

【提升融资服务水平】兑现企业优惠政策,支持中小企业发展,落实马鞍山市扶持产业发展政策,兑现制造业升级政策、现代服务业政策等产业政策扶持资金1765.4万元。落实区科技创新奖励政策,兑现区科技创新奖励资金472.56万元。落实市招商引资企业高层管理人员补贴政策,兑现个人所得税补贴资金41.95万元。落实市区人才引进政策,兑现引进“龙马”“骏马”“驿马”工程奖补资金413.28万元。落实金融支持政策,缓解小微企业融资难题,完成“4321”政银担贷款14725万元、续贷过桥资金720万元、税融通和固定资产投资贷3235万元。支持金福担保公司开展融资担保业务,公司在保余额21177万元,在保企业31户,放大倍数0.97倍。贯彻落实中央、省、市关于新农村建设的方针政策,加强涉农资金管理。以土地确权面积为补贴依据,发放农业支持保护补贴236.39万元,发放稻谷补贴资金45万元。加强投融资管理,提升企业融资服务水平。支持企业上市直接融资,推进马鞍山农商行上市工作,完成省股交中心挂牌10家,其中科创板挂牌6家。支持企业开展直接融资,辖区企业完成直接融资19.67亿元。

【加大社会事业投入】树牢以人民为中心的发展思想,加强基本民生领域经费保障,兜住基本民生底线。实施33项民生工程,完成项目投资额32.49亿元,除棚改资金由市级调度外,区级资金足额保障到位。落实《安徽省财政厅转发财政部关于有效应对新冠肺炎疫情影响切实加强地方财政“三保”工作的通知》精神,按照优先保障“三保”支出原则安排支出,拨付资金。全区财政民生支出11.46亿元,占财政支出的87%。突出普惠民生,加快民生工程推进。针对受疫情影响暴露出来的短板和不足,优化推进民生工程举措,实施33项民生工程。支持疫情防控,用好用足上级转移支付政策,多渠道筹措资金,保障疫情防控经费需求。突出基本民生,落实国家标准,突出支持教育、养老、卫生健康、社会救助、基本公共服务等重点领域,集中财力落实保障国家确定的保基本民生支出范围及标准。

【加强政府债务管理】贯彻落实中央严控地方政府债务管理的各项要求,坚持“开前门、堵后门”,严防利用PPP、政府购买服务等方式违法违规举债。化解存量债务,盘活存量资产,加快资产变现。获政府再融资债券22656万元,做好再融资债券资金使用。执行《雨山区人民政府关于加强地方政府性债务管理的实施意见》相关规定,规范政府举债行为,严格控制债务增量,通过控制项目规模、减少支出、处置资产、引入社会资本等方式,筹集资金消化存量债务,降低债务风险。

【深化财政改革】落实《省财政厅关于积极应对新冠肺炎疫情影响做好机关事业单位行政开支压减工作的通知》要求,坚持过紧日子,控制和压减一般性支出。预算编制时,在对部门人员定额公用支出、车辆定额公用支出压缩5%的基础上,对非急需非刚性的项目支出按50%以上比例压减,压减支出1383.27万元。完善预算绩效管理,研究制定区预算绩效目标管理、区预算事前绩效评估、区预算绩效管理工作考核等管理制度。聘请第三方对2个重点部门和27个重点项目开展财政重点绩效评价,将绩效评价结果与预算资金安排挂钩。加强直达资金监督管理,收到中央直达资金14959.77万元。按照省财政厅《关于做好直达资金监控工作的通知》规定,搭建直达资金监控系统,加强对直达资金预算分解下达、资金支付、惠企利民补贴补助发放情况的监控,提高资金使用效率,通过系统预警规则发现问题,促进资金落实到位、规范使用。

【推进党风廉政建设】深入学习习近平总书记系列重要讲话精神,用习近平新时代中国特色社会主义思想武装头脑,筑牢财政干部理想信念之魂。加强党史学习教育,引导广大党员、干部筑牢信仰之基、补足精神之钙、把稳思想之舵。落实"一岗双责"制度,党员领导干部率先垂范,发挥党风廉政"领头羊"作用。加强党章学习,增强"四个意识",坚定"四个自信",做到"两个维护",提高政治站位。结合"三个以案"警示教育,以案示警,以案为戒,以案促改,在财政系统营造风清气正的良好氛围。完善财政内控机制,坚持抓早抓小、防微杜渐、挺纪在前,让党员干部知敬畏,存戒惧,守底线。

(雨山区财政局供稿)

博望区财政工作概述

【概况】2020年,博望区财政收入完成14.19亿元,较上年同期增长14.09%,其中:税收收入完成10.42亿元,较上年增长2.37%,占财政总收入73.38%;非税收入完成2.11亿元,同比增长18.32%,占财政总收入14.84%。全区完成一般公共预算支出13.37亿元,较上年同期增长12.22%。全年预算支出执行进度均超序时进度。13大类民生支出完成11.79亿元,占财政总支出88.21%。

【财政收入管理】面临宏观经济下行和国家实施更大规模的减税降费等减收因素,多措并举、合力共为,财政收入实现较快增长,收入质量得到提升。强化收入征管,加强税种管理,加大非税收入清缴力度,克服经济下行及疫情、汛情影响,完成财政收入目标任务。加强可持续财源建设,提高收入质量。把抓项目、调结构、促转型放在财源建设的首位,发挥财政资金引导作用,强化项目建设和产业发展的财税导向。

【预算管理】深化预算管理改革,按照"以收定支、量入为出"的原则,运用零基预算理念,打破财政资金分配的固化模式,建立财政资金项目"能进能出"的决策机制。创新预算管理方式,利用国库集中支付平台电子化改革成果,完善国库集中支出动态监控预警规则。采取信息系统预警、部门反馈情况、财政重点监控的方式,深化预决算信息公开,实现对财政资金运行全过程的监控。坚持保基本民生、保工资、保运转在财政支出中的优先顺序,压缩一般性支出,做好"六稳"工作,完成"六保"任务。按照"三保"工作要求,合理编制部门预算,全区"三保"可用财力为92237万元,按国家标准计算,"三保"支出需求数为49538万元。确保财政综合平衡、动态平衡、长期平衡,深化"三大财政"体系建设,把政府带头过紧日子思想贯彻落实到位,统筹一般公共预算、政府性基金预算和国有资本经营预算。盘活财政存量资金,全年盘活存量资金26696万元,减少财政资金二次沉淀,将难以支出的预算资金统筹调整用于其他亟需资金支持的领域。

【财政奖补政策】加大积极财政政策实施力度,推动供给侧结构性改革,支持经济结构转型。全年安排各类促进工业企业发展资金23208万元,鼓励企业自主创新和技术改造;安排高端数控机床产业集聚发展试验基地建设资金2893万元,加快构建创新型现代产业体系;安排土地使用税奖补资金137万元,落实国家各项减税降费政策0.52亿元。支持江宁—博望跨界一体化发展,强化财政资金引导,拨付资金700万元,与上海交大、南京工程学院等高校开展科研合作,引进先进经验和优质服务;拨付专项工作经费258万元,支持跨界一体化发展前期工作全面推进。

【民生工程】把保障和改善民生作为财政支出的优先方向,调整优化财政支出结构,加大民生投入力度。全区财政民生支出11.64亿元,占财政支出的87.1%。实施33项民生工程,投入资金3.51亿元。提升养老服务及设施配建,发放高龄津贴368万元、老年人服务补贴43万元、特困供养人员护理补贴26万元;设立区、镇级养老服务中心及农村社区助老服务站,覆盖率为100%。完善孤儿基本生活保障制度,按照社会散居孤儿每人每月1050元标准落实经费,按月打卡发放,实行应保尽保,为全区60名孤儿发放生活保障金78万元。加强社会救助能力,全年街面救助2人,接收市救助站送返流浪乞讨人员2人,均送至原户籍村地。救助生活无着落的流浪乞讨人员32人次,发放救助物品及救助金1.7万元。提升困难残疾人生活保障,发放困难残疾人生活补贴90万元,惠及困难残疾人1338人,其中一、二级937人,三、四级401人;补贴重度残疾人护理对象1806人,发放补助资金127.7万元。优化殡葬服务水平,成立横阳山陵园建设管理领导小组,开展殡葬领域专项整治。提升改造全区7座公益性公墓,建设概算980万元。

【为民办实事】按照区人大《关于博望区政府民生实事项目实行人大常委会票决和实施监督办法》文件要求,倾听群众意见,根据区人大票决结果,开展暖心校车工程、暖心午餐工程、博望中心卫生院服务能力提升暨血透中心建设、妇女"两癌"筛查、残疾人就业创业扶持工程、新农村主干道路面修复项目、旅游道路建设工程—百仙路项目、旅游道路建设工程—丹新河路项目建设,全年投入资金2978万元。

【国有资产管理】完成全区资产清查工作,清查范围覆盖全区70家行政事业单位及区属国有企业,协调区审计局、区纪委监委推进后期整改工作,全面摸清家底。严格资产配置,将部门采购与预算系统相结合,严格审批部门采购,核对预算申报情况和本部门现有资产情况,杜绝超预算,超配置采购。完成2019年度国有资产管理情况报告,梳理、总结上一年度工作,将国有资产管理情况向区委、区政府、人大进行汇报。组织资产管理业务培训,提升资产管理水平。组织业务培训,加强各单位对于资产管理相关文件的学习。加强资产配置管理,核定全区2021年固定资产采购预算,严把资产入口关,从源头上遏制超标准、超配置采购。

【投融资管理】拓宽企业融资渠道,构建多元化融资机制。完善金融工作会商机制,搭建政银企交流平台,促进企业与金融机构有效对接。会同证券公司等中介机构开展一对一上市(挂牌)辅导工作,完成21户企业四板挂牌。推广"4321"、"税融通"等新型政银担业务,在保余额3.39亿元,缓解中小微企业融资难题。

【债务管理】将政府债务纳入预算管理,举借债务和资金使用情况主动向区人大财经工委或常委会报告,自觉接受人大监督。对全区政府债务规模实行年度限额管理,一般债务和专项债务均纳入限额管理,在市财政下达债务限额内举借政府债务。加强债务风险防控和应急处置机制建设,建立健全政府性债务风险应急处置和地方政府债务动态监测机制,分析政府整体偿债能力、偿债压力等,定期评估全区政府性债务风险情况。向上争取新增债券资金与专项债券资金,加快政府存量债务置换,优化债务期限结构和降低利息负担。2015年以来争取新增一般债券与专项债券43391万元,置换债券51300万元,再融资债券21973万元。强化隐性债务清理化解,成立区防范化解重大风险工作领导小组(区防范化解政府隐性债务风险工作领导小组),制定博望区化解存量隐性债务风险实施方案,用10年时间多渠道消化隐性债务存量。推广使用政府与社会资本合作模式(PPP模式),吸引社会资本参与城市基础设施等建设,减轻政府建设资金压力。申报入库PPP项目4个,总投资11.98亿元。

【涉农资金补贴】落实惠农政策,全年"一卡通"发放农业支持保护、农机具购置等惠农补贴资金2738万元。安排资金563万元,实施村级公益事业一事一议财政奖补项目32个。推动政策性农业保险健康发展,全年投保额605万元,发放理赔款479万元,受益农户2000余户。

【财政内控和监督】健全制度,出台《博望区行政事业单位资产管理暂行办法》《国有企业资产管理暂行办法》《关于进一步规范预算追加事项的通知》《关于进一步规范财政资金支出审批程序的通知》等制度,规范监督行为。履行"一岗双责",严格执行党风廉政建设责任制各项规定,落实廉政风险预警防控管理工作。结合实际,从单位、股室、个人岗位三个层次排查廉政风险点,确定风险等级,提出和制定防控措施,形成以岗位为点、以程序为线、以制度为面的廉政风险管理机制。开展机关事业单位财政督查检查,涵盖"三公经费"管理制度执行情况、截留非税收入及设置小金库情况、违规招标采购情况、专项资金管理情况等。开展财政专项资金检查、"小金库"专项治理、"不规范津补贴发放"专项整治等工作,提高财政监管效果,严肃财经纪律。

【预决算公开】深化预决算信息公开,坚持及时公开、内容准确、形式规范,坚持问题导向,注重公开时效,方便社会监督。坚持以"公开为常态,不公开是例外"为原则,规范公开渠道,将公开透明贯穿预决算及"三公经费"公开的全过程,主动接受社会监督。全区53个部门按期公开预决算和"三公经费"信息,区本级一级预算单位公开率为100%。

【财政绩效评价】抓好绩效目标编制,20万元以上项目均需填报绩效目标任务,填报资金预算、资金落实、项目管理、财务管理、经济社会效益指标等,作为项目审核的依据,全年纳入本级绩效目标管理的项目金额为36579万元。围绕财政预算绩效目标项目,全过程监控各单位财政资金支出绩效运行,年度中期了解财政预算资金支出绩效运行跟踪监控情况,要求各项目单位资金支出进度达到时间过半、支出进度过半。项目绩效着力全覆盖,纳入本级绩效评价范围的共200个项目,涉及资金57482万元,占本级项目支出的157%。对卫健委、机关事务管理局两个部门从预算配置、预算执行、预算管理、资产管理、职责履行、履职效益六个方面进行全面整体的绩效评价,提升预算绩效管理工作水平,强化部门支出责任,规范资金管理行为,提高财政资金使用效益,保障部门更好履行职责。

(博望区财政局供稿)

马鞍山经济技术开发区财政工作概述

【概况】2020年,马鞍山经济技术开发区(示范园区)实现财政收入28亿元,同比增长8%。全年实现地方一般公共预算收入15.46亿元,完成预算的98.3%,较上年增长2.1%,其中:税收收入增长12.5%,非税收入下降36%。税收收入占地方一般公共预算收入的86.6%。全年完成一般公共预算支出15.88亿元,其中民生支出占88%。

【平稳财政运行】响应疫情防控措施,健全完善疫情防控经费投入保障机制,加强财政资金调度,保障疫情防控资金及时足额拨付到位。贯彻落实减税降费政策,出台支持中小企业共渡难关政策汇编,保护市场主体,全年减税降费4亿余元,落实各项疫情防控资金1亿余元,化解疫情影响,促进企业复工复产达产。呼应企业诉求,会同税务部门,在年陡镇设立代征点,建立多功能办税服务厅,完成南区个体及零散户税收管理,提升南区企业税收征管服务效率。

【加强税收征管】探索经济新常态下税收收入稳定增长的长效机制,推进"三项制度"建设。建立收入统筹协调机制,做好落实减税降费政策和稳增长目标措施,加大实体企业支持力度,促进实体企业复工复产,保持税收收入增长。建立税收联动预测机制,分上、中、下旬三次沟通当月税收预测数据、大额退税数据和延期缴纳税款数据,确保税收预测及时准确。建立税源管理网格化包保机制,协调税务部门按照"辖区有网、网内有格、格中有人、人尽其责"的工作要求,以园区内重点开工项目为抓手,靠前服务,指导建设项目涉税问题,化解税收风险。

【坚持"三保"优先】树立过紧日子思想,按照"保重点、控一般、促统筹、提绩效"的预算管理要求,压减非急需非刚性支出2000余万元。贯彻落实财政部和省委、省政府的工作要求,提高政治站位,坚持"三保"优先,保障"保工资、保运转、保基本民生"的支出落实到位。完成民生工程各项任务推进工作,加快对民生工程的财政保障支出,落实0.8亿元保障资金,促进园区社会民生和谐稳定。

【实现国资保值增值】推动平台转型升级,拓展公司融资渠道。围绕"市场化、实体化、多元化、专业化"目标要求,拟定马鞍山经开区(示范园区)融资平台公司全面深化改革实施方案,为平台公司做大做强、拓展融资渠道打好基础。解决遗留问题,保全国有资产价值,牵头负责园区平台公司,依法对迪嘉特科技园资产进行破产重组。在相关部门配合下,开展清场工作,督促各商户限期搬离园区,取得阶段性成效。盘活各类停产停业企业不动产支付收购款1.76亿元,完成金山嘉苑配建农贸市场、晨光花园等面积测绘、权籍调查、楼盘建模、产权证办理。推进基金股权投资,完善国有资产配置。支持政府投资基金对外投资1.5亿元,参股华骐环保喜获上市,管理各类公租房4152套,管理各类厂房、办公用房、商品房、门面房30余处,取得租金收入1500余万元。

【防范化解债务风险】克服不利因素,全年未新增隐形债务,完成债务化解任务。防控债务风险,组织制定化解方案,坚持开好"前门"、严堵"后门",严控新增政府债务,完善债务绩效考核评价机制,完成省市政府存量债务置换工作。防控运行风险,做好"三保"支出预算审核和运行风险监控。健全绩效考核机制,征缴收入实现平稳增长。防控资金使用风险,完善财政预算管理业务操作,规范财政资金使用,围绕重点领域财政专项资金开展绩效评价,将评价结果与预算安排、政策调整等挂钩。

【支持企业发展】做好对中小企业的金融服务工作,与农商银行、农发行、兴业银行等多家金融机构签署银政企合作协议,通过各类金融服务帮扶企业对接融资服务超8亿元。落实政策贷,通过"税融通"、"固投贷"、"应急周转金"等形式推荐11户企业,推荐担保金额10150万元。做好招商、产业扶持、再生资源奖补、总部经济等各项优惠政策兑现工作,全年兑现奖补贴资金5亿余元。推进园区企业上市挂牌工作,帮扶优质企业挂牌,其中华骐环保通过深交所注册,中钢矿院完成省证监局备案,11户企业在安徽科创板成功挂牌。

【推进财政改革】贯彻《预算法》规定,硬化预算约束机制,强化部门预算执行主体责任,细化项目预算编制,以财政一体化平台为依托,加快预算执行进度。加强部门经费管理措施,执行定额管理制度,降低公用经费支出规模。压减部门预算中非急需非刚性项目支出金额0.2亿元。强化债务风险防控,对照政策文件,严格执行政府债务管控制度。采取多种举措防范政府债务风险,完成化债计划进度。加强预算绩效管理,推进项目绩效评价。经开区预算支出实行绩效全覆盖管理,对2019年度的支出项目开展全面绩效自评,涉及89个项目,金额超10亿元,并对11个项目开展财政重点绩效评价。

【落实从严治党主体责任】履行党风廉政建设责任制,按照"一岗双责"的要求,分解细化党风廉政建设各项任务。区财政局领导班子分别同各自分管的业务负责人签订党风廉政建设目标责任书,形成一级抓一级、一级促一级的责任机制,健全党风廉政建设责任制体系。贯彻落实习近平总书记关于进一步纠正“四风”、加强作风建设重要批示精神,执行《中共中央政治局贯彻落实中央八项规定的实施细则》及开发区关于廉政建设各项要求,抓好督促检查。坚持问题导向,开展全面从严治党和财政资金巡查,深入推进财政系统内部控制建设,防范业务风险和廉政风险。加强机关作风建设,推进干部作风建设,剖析“怕、慢、假、庸、散”等方面存在的突出问题,整治形式主义、官僚主义等作风问题,转变干部作风。

(马鞍山经开区财政局供稿)

马鞍山慈湖国家高新技术产业开发区财政工作概述

【概况】2020年,马鞍山慈湖国家高新技术产业开发区财政审计局贯彻落实中央及省、市统筹推进新冠疫情防控和经济社会发展各项决策部署,做好疫情防控工作,做好“六稳”工作,落实“六保”任务,保基本兜底线,惠民生促发展,坚持稳中求进工作总基调,组织财政收入,为促进全区经济社会的稳定增长和可持续发展提供财力保障。

【保障财政平稳运行】做好财政收支预算管理,多渠道开源节流,增加财政收入。强化收入管理,把握经济发展动态,强化收入分析研判,加强预期管理,确保财政收入应收尽收。全年实现财政收入20亿元,地方一般公共预算收入11.19亿元,较上年增长18.69%。争取上级资金,坚持及时、准确、主动原则,加强与上级的联系沟通,掌握最新政策信息,扣准主题、优选项目,提升项目资金申报争取成功率。全年成功申报3个入库非标专项债项目,成功发行2批非标专项债,发债1.25亿元。盘活存量资金,加强对各单位项目结余资金的清理盘活力度,统筹安排使用,兜牢“三保”底线,保障重点支出。

【加强财政支出管理】立足岗位职责、严格审核把关,按照过紧日子要求,做好疫情防控常态化下预算管理工作,加强直达资金台账管理。按照资金使用范围和支持领域,区分轻重缓急、精准谋划项目,提出直达资金安排渠道建议,全年收到直达资金10575万元,形成支出金额10575万元,确保直达资金真正直达基层、落地见效、惠民利企

【助力园区企业发展】修订印发《慈湖高新区产业发展若干政策》,加强对国家和省出台的财税政策的研究,发挥财政资金“四两拨千斤”的杠杆作用,制定和完善支持全区产业发展、科技创新等一系列政策性奖励措施,助推财源培植、重大项目、特色产业等重点工程建设,助力企业在慈湖高新区实现新发展。加强应对疫情财税政策保障,加快促进企业复工复产。疫情发生后,按照保障政策落实、提高资金绩效的监管思路,加强疫情防控、复工复产财税政策落实和资金监管工作,根据相关文件精神,减免企业房租376万元,兑现加快企业复工复产扶持资金202万元,推动企业加快复工复产,保障经济平稳健康发展。

【强化绩效管理工作】贯彻落实党中央、国务院和省、市政府关于全面实施预算绩效的决策部署,加快建立“全方位、全过程、全覆盖”的预算绩效管理体系,实现预算和绩效管理一体化。健全组织机构和制度体系建设,成立由管委会分管领导任组长,各相关责任单位为成员的绩效管理工作领导小组,出台《慈湖高新区全面实施预算绩效管理暂行办法》等全面开展绩效管理工作相关制度。开展项目支出绩效管理工作,将57个项目资金(70180万元)全部纳入绩效目标和绩效监控管理。推进项目支出绩效评价工作,对2019年的11个项目资金开展绩效评价,评价资金为3161.93万元。

【提升民生保障质量】科学规划民生项目,突出有质量、可持续要求,坚持实事求是,尽力而为,量力而行,做好民生工程和为民办实事项目管理。加大基本民生领域投入,确保全区民生工程早部署、早启动、早开工、早见效,筹集资金17898万元,保障民生工程项目按时推进。把稳就业作为重中之重,实施更加积极的就业政策,落实稳岗稳企补贴,稳住就业基本盘,为园区企业发展夯实基础。

(马鞍山慈湖高新区财政审计局供稿)

郑蒲港新区财政工作概述

【概况】2020年,受疫情、汛情、减税降费等多重因素影响,郑蒲港新区财政局深入学习贯彻习近平总书记考察安徽重要讲话指示精神,在新区管委会的坚强领导下,围绕年度目标任务,狠抓增收节支,强化财政管理,以组织收入为中心,做好“六稳”工作,落实“六保”任务,有效防范化解财政金融风险,有力保障重点支出,新区各项工作取得新进展。

【财政收支管理】财政收入完成18.2亿元,同比增长22.8%,增幅为全市首位。其中,税收收入15.9亿元,非税收入2.3亿元。财政支出完成12.1亿元,教育、文化体育与传媒、社会保障和就业等13类民生支出11.1亿元,占财政支出91.12%。

【服务企业发展】根据市财政统一部署,启动市级产业政策兑现工作,按照“方便查、加速审、及时兑”原则,为

企业提供更高效优质的服务。用好财政金融政策,发挥融资担保和再担保作用,为疫情防控期间复工复产企业提供政策性担保贷款。按序时进度考核招商企业财政贡献,落实招商引资优惠政策,帮助企业渡过疫情难关。

【开展绩效评价】实施绩效管理,建立"全方位、全过程、全覆盖"的预算绩效管理体系,提高绩效考评结果的客观性、真实性、准确性,提升预算工作的制度化、规范化、科学化水平。科学制定预算绩效管理目标、绩效衡量指标等指标体系,建立预算安排与绩效目标、资金使用效果挂钩的激励约束机制。完善绩效管理的评价模式与开展方式,鼓励财政部门及财政资金使用部门开展自我评价,委托第三方机构参与财政资金使用绩效的评价、开展跟踪评价,提高绩效管理工作水平。

【实施民生工程】落实以人民为中心的发展思想,加大对民生投入,促进民生工程实施效果。实施完成25项民生工程,全年投入民生工程资金11924万元。做好"保工资、保运转、保基本民生"工作,树立过紧日子思想,完善"三保"支出预算管理机制,确保经济运转平稳有序、民生政策落实有力,兜住财政支出保障的底线。

【决胜脱贫攻坚】强化财政扶贫资金投入保障,按照地方财政收入增量不低于10%的要求,本级安排扶贫专项资金2898万元,拨付中央、省、市、县区扶贫专项资金3910万元,拨付率为100%。建立财政扶贫专项资金使用情况的动态监控,建立健全扶贫绩效管理制度,确保扶贫资金动态监控项目准、金额清、去向明、看得见、监管好、有绩效。

【落实直达资金】全年直达资金5036万元,其中:特殊转移支付2536万元,抗疫特别国债2500万元。对照直达资金分配方案,全部用于保障困难群众基本生活和帮助企业解决实际困难。加强资金日常监督和重点监控,实时跟踪资金分配、拨付和使用情况,确保每笔资金流向明确、账目可查。

【管理国有资产】完成对公租房、厂房、门面房等资产的清理,明确运营主体,安排审计单位进驻审计,加强国有资产运营管理。对未办理产权证的资产与相关部门联合加快办证速度,全年完成办证资产17处,总面积60万平方米,涉及金额13亿元。

【防控债务风险】完善制度建设,从制度管理上建立地方政府性债务风险预警机制,出台《郑蒲港新区政府性债务风险应急处置预案》等文件,成立专门工作领导小组,统筹协调,通过分析债务率、新增债务率、偿债率等各项指标,控制和化解地方政府性债务风险。实行限额管理,压缩投入规模,压控债务过快增长。树立防风险守底线思维,做好防范化解政府性债务风险工作。贯彻中央、省、市关于加强地方政府性债务管理的部署要求,规范举债行为,严禁新增隐性债务,落实化债方案,守住不发生重大风险的底线。加快推进融资平台市场化转型,帮助融资平台做实主业,提升平台自身造血能力。新区4个项目进入项目储备库,获批债券资金25亿元,发行债券资金6.9亿元,支持新区重点项目建设加快推进。

【管理地方金融】按照全市统一要求,开展打击扫黑除恶、非法集资的专项活动。分时段开展"进社区"、"进校园"、"进乡镇"宣传月活动,发放宣传资料及宣传礼品2000余份,悬挂横幅10余条。下乡推广金融专项服务3次,重点宣讲防范金融风险、私募危害等方面内容,坚决打好防范化解金融风险攻坚战。

【加强党建队伍建设】落实守纪律讲规矩要求,抓好自身建设和廉政建设,抓好意识形态工作,加强意识形态阵地管理,加强财政资金监管。强化学习教育深化思想认识,深入贯彻习近平总书记系列讲话精神和党中央治国理政新理念新思想新战略,认真学习贯彻习近平总书记考察安徽重要讲话指示精神,构建机关学习型组织,利用"学习强国"、安徽干部教育在线等网络学习平台开展学习。加强党风廉政建设,把党风廉政建设工作纳入日常工作之中,推进廉政教育常态化。

(马鞍山郑蒲港新区财政金融局供稿)

芜湖市财政工作综述

芜湖市财政工作概述

【概况】2020 年,芜湖市一般公共预算收入 331.4 亿元,增长 3%;全市一般公共预算支出 485.4 亿元,下降 3.4%。市级(含市本级、江北新兴产业集中区、经济技术开发区、三山经济开发区,下同。)一般公共预算收入 124 亿元,下降 1.1%;市级一般公共预算支出 186.2 亿元,增长 0.8%。

【保障经济发展】出台芜湖市应对疫情支持企业发展 18 条政策,修订芜湖市扶持产业发展政策,加大政策宣传,在政策扶持上"靶向发力"。统筹用好财政政策工具,在落实国家、省既往减税降费政策基础上,执行疫情期间出台的各项税费优惠政策,减税降费 60 亿元。落实对企帮扶政策,加快兑付进度,兑付扶企资金 60.5 亿元。对承租国有资产类经营用房的困难中小微企业,减免租金 1.1 亿元;临时降低企业用气用水价格,补助资金 671 万元。争取进入国家融资担保基金首批 5000 万元注资试点,增强芜湖市民强担保公司担保能力。降低融资担保费率,全市政府性融资担保机构对疫情防控重点保障企业和受疫情影响较大的小微企业担保费率降至 0.5%,费率标准为全省最低。落实央行疫情防控重点保障企业再贷款贴息政策,25 户企业获中央专项再贷款 8.6 亿元,兑付贴息资金 1036 万元,企业综合融资成本下降至 1.2%以下。补充政府股权投资基金 14 亿元,增强基金实力,撬动社会资本,支持重点产业和关键领域发展。

【确保收支平衡】确保减税降费政策落地生效,依法依规加强税收征管,实现应收尽收。清理盘活存量资产,资产处置取得收入 13 亿元。加快土地上市节奏,土地出让金超收 30 亿元。调整优化支出结构,压一般、保重点,压低效、保高效。树立过紧日子理念,市本级预算安排的用于日常运转的项目支出一律压减 5%,公用经费压减 5%。盘活财政存量资金,清理结余结转资金 16.3 亿元。全面梳理部门预算实际执行情况,收回受疫情影响可暂缓实施和不再开展的项目支出 8 亿元,将节约的资金用于加大对防控疫情、推动产业发展等重点项目的支持。发挥好政府债券在"稳投资、补短板"中的重要作用,加大地方政府债券发行力度,发行债券 181.7 亿元,其中:再融资债券 93.6 亿元;新增债券 88.1 亿元,保障芜宣机场、商合杭大桥接线、皖江学院、江北医院等一批重大项目建设。

【兜牢"三保"底线】将民生支出放在优先位置,投入民生工程资金 89.5 亿元,保障 33 项重点民生实事落地。创建美丽乡村物业管理基金新模式,补齐美丽乡村民生工程后续管养短板。加大涉农资金整合力度,加大财政脱贫攻坚投入,贯彻"四个不摘"要求,落实财政对脱贫监测户和边缘户帮扶政策。开展消费扶贫,更好发挥政府采购作用,优先采购贫困地区农副产品 23 万元,支持农民增收。加强扶贫资金监管,强化扶贫项目资金全过程绩效管理。开展县级"三保"预算编制审核,确保国家规定范围和标准的支出在预算中足额安排。加强县级"三保"预算执行动态监测,分析反馈运行风险。市本级统筹财力 22 亿元,加大对下转移支付力度,提高基层财政保障能力。坚持直达基层、惠企利民,快速将中央增加赤字和发行抗疫特别国债分配芜湖市资金 31.9 亿元全额下达县(市)区,将资金纳入监控系统全程监测,推动中央分配资金落地见效。

【推进预算绩效管理】健全制度体系,研究制定预算绩效管理、预算绩效运行监控等制度 10 余项,覆盖预算绩效管理全过程和重点领域。编制财政预算绩效指标库,收录通用指标和专用指标共 30 大类、1721 项。绩效目标实现同步申报、同步批复,市本级编制项目绩效目标 565 个,金额 106.8 亿元。采取预算单位自行跟踪监控、财政部门重点监控相结合的监控机制,对绩效目标实现程度和预算执行进度实施"双监控"。推行项目绩效、部门整体绩效自评,建立重点绩效评价常态机制,选取民生工程、新增债券等项目,开展重点绩效评价,涉及财政资金

140.8亿元。强化绩效结果应用,将预算绩效管理纳入政府绩效考核,将预算绩效评价的结果直接用于部门预算编制,核减部门预算资金8.6亿元。建立健全绩效目标随预算公开、评价结果随决算公开的“双公开”机制,接受社会监督。

【防范财政资金风险】加强和规范政府债务管理,严格项目审查,规范政府融资行为,完善常态化监测机制。加大化债力度,落实公立医院等债务化解方案,推进弋江区进入化债试点。建立部门、市政府、市委常委会专项债券三级调度机制,推动项目加快实施,加快债券资金使用进度,发挥债券资金效益。配合完善市级人大预算联网监督系统,报送“四本预算”的预决算数据和预算执行、政府债务、绩效管理等信息。预算执行动态监控工作稳步拓围扩面,市本级部门公务支出按规定全部使用公务卡结算,动态监控促规范作用明显。试航事业单位所办企业国资统一监管模式,解决企业集中监管、励责联动问题。加大审计问题整改力度,建立审计问题边审边改机制,按照落实情况逐项销号。针对共性问题,完善相关制度机制,在2021年预算编制中有针对性地制定预防措施。

(芜湖市财政局供稿 王诗群执笔)

无为市财政工作概述

【概况】2020年,无为市完成一般公共预算收入26.5亿元,增长2%;实现财政支出66.2亿元,有力促进全市社会经济发展。

【兜牢“三保”底线】面对突如其来的新冠疫情和减税降费等多重因素的影响,密切关注宏观经济形势变化和全市经济走势,健全完善财税分析、协调联动和联席会议制度,实行周对接、旬督促、月调度,应对挑战,狠抓收入预期管理。坚持“尽力而为,量力而行”原则,围绕做好“六稳”工作、落实“六保”任务,加大国库库款调度力度,兜住“保基本民生、保工资发放、保基层运转”保障底线,全年十三大类民生支出占比为87%,有力有效落实“三保”政策。

【致力财源经济建设】落实党中央、国务院出台的关于降低企业成本、促进节能环保、改善民生、扶持三农、支持小微企业发展等各项减税降费政策,全年落实减税降费8.53亿元(其中2020年新增减税降费1.94亿元),有效减轻市场主体负担。围绕全市产业定位,设立战略性新型产业和首位产业等扶持产业发展资金6200万元,保障“电、食、钙、羽”四大主导产业高质量发展。落实应对疫情支持企业共渡难关“十七条”政策和支持民营经济发展实施意见,兑现“企业贡献”“科技创新”“土地使用税奖励”“一企一策”等各类奖补资金4.69亿元,对冲疫情影响,帮助企业渡过难关。安排现代农业发展专项资金1000万元,加大对农民合作社、家庭农场等新型农业经营主体的扶持力度。安排创业富民资金1260万元,兑现小额担保贷款贴息政策,支持大众创业万众创新政策的落地见效。完善财政资金存放银行业金融机构考核管理办法,实行财政存款与银行贷款挂钩机制,发挥财政资金杠杆作用。

【支持三大攻坚战】加强政府性债务风险管控,实行政府性债务限额管理,从严控制政府债务规模,全年争取棚改专项债、非标专项债等债券资金11.8亿元,用于棚户区改造、城乡供水一体化和中医院项目建设。落实化解存量隐性债务工作实施方案,完成年度隐性债务化解任务105.71%。保障脱贫攻坚资金需求,聚焦“精准扶贫、精准脱贫”打赢脱贫攻坚战要求,落实财政扶贫资金筹集、分配、监管责任,统筹调度资金3.68亿元,及时将资金分解下达到“九大工程”实施部门,确保如期完成全年脱贫攻坚任务。强化扶贫资金监督管理,会同市扶贫办、市农业农村局等部门对全市20个镇开展扶贫领域作风建设制度执行情况专项检查,促进扶贫资金使用精准、监管严格、绩效显著。坚持问题导向,做好中央脱贫攻坚专项巡视“回头看”和2019年成效考核反馈问题涉及财政局整改工作。支持推进污染防治攻坚战,全年投入环保资金2.42亿元,攻克突出生态环境问题,推动污染防治攻坚战取得关键进展。多渠道筹集资金3780万元,做好长江流域重点水域禁捕和退捕渔民安置保障工作。

【改善民生福祉】全年筹集资金38亿元,牵头实施33项民生工程,21个补助补偿类项目按时打卡发放和待遇补偿;农村危房改造等8个工程类项目全面完成;棚户区改造、水利薄弱环节治理2个跨年度项目按时间节点序时推进。落实强农惠农政策,投入资金1964万元,实施“一事一议”财政奖补项目127个,121个村和1个国有农场受益,农村基础设施得到改善。完成种植业投保面积70万亩,养殖业能繁母猪投保1740头,全年理赔9600余万元。严格程序,规范操作,全年通过“一卡通”打卡发放145批次5.73亿元。支持社会事业发展,坚持教育优先发展,拨付资金16.57亿元,推进城乡各类教育一体化发展;拨付资金1.87亿元,助力文旅体融合发展;投入资金6.49亿元,补齐全市医疗卫生短板;拨付社保基金17.28亿元,保障全市居民养老、医疗、生育等保障性支出。投入资金7267万元,推进美丽乡村建设;安排资金1.35亿元,用于高标准农田建设项目;投入资金1.72亿元,打通农田水利“最后一公里”;安排资金4019万元,实施林业增绿增效;统筹资金2.95亿元,用于神塘河泵站改造、凤凰颈新站建设及水利薄弱项目治理等水利工程;投入资金1.94亿元,用于“四好公路”扩面延伸等交通项目建设;投入资金23亿元,实施40项城市重点工程,完成棚改任务750套、改造老旧小区5个。安排资金300万元,保障扫黑除恶专项斗争工作;市本级预算安排公检法司经费2.38亿元,保障提升基层社会治理效能。

【提升资金使用绩效】深化预算改革,完善部门预算定额支出标准,破除支出项目固化局面,促进支出预算向“细”和“实”目标迈进。加快预算批复,缩短预算批复下达时限,为预算执行留出充裕时间。加快资金拨付进度,特别是做好中央直达资金的支出进度,发挥直达资金对做好“六稳”工作、落实“六保”任务的重要作用。按照“特事特办、急事急办”的要求,建立疫情防控、防汛救灾、生活救济等资金拨付“绿色通道”,做好财政资金保障工作。出台《无为市市级预算指标管理暂行办法》,规范财政支出行为,强化预算约束力度。规范预决算公开,按照统一平台“集中晒”、统一标准“规范晒”、统一板块“完整晒”、统一时点“齐步晒”四统一要求,网上公开全市财政预决算及55个市直部门预决算,提高财政资金运行透明度。按照“盘活存量,用好增量”的要求,清理存量资金3.94亿元,用于急需的领域或平衡预算缺口。开展国有资产清查核实工作,规范国有资产出租、出售程序,全年处置收益5.91亿元,收益及时上缴市财政。严格资金监督,完善日常监督与专项监督相结合的监督机制。加快财政监督信息化建设,通过人员信息系统等监控平台数据比对,年节约资金360万元。强化财经纪律执行情况监督检查,选取市场监督局等4个单位开展会计信息质量监督;强化内部监督管理,对20个镇财政所(分局)机关财务和财政资金监管情况开展检查。树立过紧日子思想,控制和压缩一般性支出,全市“三公经费”特别是公务接待费持续下降,节约的资金用于保障重点项目支出。按照“花钱要有效、无效必问责”的要求,开展预算支出绩效评价工作,增强财政资金使用效率。

【全面落实从严治党】坚持党组、党支部、党小组“三级联动”,持续开展“不忘初心、牢记使命”主题教育和深化“三个以案”警示教育,增强“四个意识”,坚定“四个自信”,做到“两个维护”。全年召开15次党组会议,4次听取机关党建和意识形态工作汇报,部署安排党建和党风廉政建设工作。研究制定党组党建工作计划,将党建工作细化分解为五个方面18项具体内容,做到目标明确、任务具体、责任清晰。强化“一岗双责”意识,一级抓一级,层层抓落实。健全党建工作例会制度,全年召开党建工作例会6次,促进机关党组织活动规范化、标准化和意识形态工作开展。开展“解放思想大讨论”活动和“一抓四比八看”专项行动,坚持全局“一盘棋”,提升工作状态、工作作风、工作效能、工作水平。完成局总支及4个支部换届工作,夯实机关党建工作基础。推进国有企业退休人员社会化管理,完成381名国有企业党员档案移交地方工作。强化执纪问责,围绕“教育、制度、监督”三个环节和“人、财、物”三项重点,建立健全内部监督制度。开展警示教育,做到警钟长鸣,常抓不懈。落实党组与纪检监察组会商制度,支持驻市政府办公室纪检监察组工作,发挥从严治党利剑作用。

(无为市财政局供稿　万士水执笔)

南陵县财政工作概述

【概况】2020年,南陵县财政部门坚持以习近平新时代中国特色社会主义思想为指导,贯彻党的十九大和十九届二中、三中、四中、五中全会及中央经济工作会议精神,落实县委、县政府决策部署,按照“积极的财政政策要更加积极有为”要求,做好“六稳”工作,落实“六保”任务,统筹做好疫情防控和经济社会发展保障工作,获“第十二届安徽省文明单位”、“安徽省财政扶贫资金绩效评价优秀单位”、“芜湖市三大攻坚战先进集体”、“芜湖市第十四届市级文明单位标兵”等称号。全县一般公共预算收入21.48亿元,占预算的100%,较上年增长1.9%;全县一般公共预算支出39.90亿元,占调整预算的100%,同比下降3.2%。

【财政管理体制改革】明确县镇事权和支出责任,严格县镇收入范围和收入级次调整,完善县镇土地出让金分成办法,规范镇级转移支付和资金调度管理,建立完善“边界清晰、权责一致、约束有力、保障有序”的县镇财政管理体制。建立完善镇级财政资金分类调度管理机制,提高镇级基本财力保障能力,促进县镇财政协调、均衡发展。

【预算管理改革】贯彻执行《预算法》和预算实施条例,完善预算编制办法,规范预算编制程序,硬化预算刚性约束,推进预算信息公开,建立完善“规范透明、标准科学、约束有力”的预算管理制度。强化绩效目标管理,推进绩效目标与项目预算同步批复下达。强化绩效运行监控,推进绩效目标实现程度和项目预算执行进度“双监控”管理。强化结果导向运行,推进绩效评价结果与部门预算编制有效衔接。构建事前事中事后绩效管理闭环系统,加快建成全方位、全过程、全覆盖的预算绩效管理体系。

【国库集中支付管理改革】坚持问题导向,加强预算执行动态监控建设,扩大授权支付范围,启动电子票据改革,推进县镇财政国库集中支付、电子化支付、预算绩效管理、财政财务核算一体化等改革全覆盖,提升财政资金运行效率。

【政府债务管理】严格政府债务限

额管理,遏制隐性债务增量,化解隐性债务存量,鼓励依法合规举债融资,坚决守住政府性债务风险底线。坚持严堵“后门”,落实隐性债务化解方案,支持融资平台市场化转型发展,鼓励依法合规市场融资,多渠道筹措化债资金,守住“不新增隐性债务”底线。坚持开好“前门”,用足用好政府债券政策,加强项目储备、项目申报、债券使用,建立健全政府债券资金“借、用、管、还”全过程运行监管机制,守住“不发生重大风险事件”底线。全县政府债务余额477837万元,低于省财政厅核定的政府债务限额517650万元。

【社会保障财政管理】统筹上级专项补助、年初预备费、清理盘活存量等资金,通过预拨资金、预下指标、专项调度等方式,加强新冠肺炎疫情防控人员、物资及患者救治费用等经费保障工作,拨付疫情防控资金4392万元。加大社会保障投入,落实城乡居民低保、优抚、特困、残疾人补贴、“老字号”工龄补助等各项补贴发放政策,全年发放资金27382万元。

【政府采购管理】指导全县各部门单位依法实施政府采购工作,推进徽采商城工作。依法审查备案政府采购类项目招标文件162项;依法受理并处理政府采购投诉举报案件5起。全县采购预算金额为7.87亿元,实际采购金额为6.2亿元,资金节约率为21.22%。

【非税收入管理】贯彻非税管理各项政策规定,依法组织非税收入,确保全年收入任务完成。依法加大非税收入征管力度,确保各项非税收入应收尽收,全年完成非税收入189975万元。规范和完善非税收入征管工作,全面执行收费目录清单制。编制《南陵县行政事业性收费目录清单》《南陵县政府性基金目录清单》《南陵县涉企行政事业性收费目录清单》,在县政府网站公布,接受社会监督。推进财政电子票据管理改革工作,上线运行财政电子票据系统,全县123家行政事业单位全部开通运行。

【脱贫攻坚】筹集财政专项扶贫资金7590.6万元,其中中央财政专项扶贫资金321万元、省级财政专项扶贫资金319.6万元、市级财政专项扶贫资金2950万元、县级财政专项扶贫资金4000万元。截至11月20日,财政专项扶贫资金支出7590.6万元,支出率为100%。在全省2020年度财政专项扶贫资金绩效评价中获“优秀”等次。资产收益扶贫民生工程—籍山镇先进村标准化厂房建设项目总投资330万元,项目产生收益20.7万元,带动贫困村增收4.815万元,其中籍山镇长乐村、烟墩镇海井村、工山镇乔村村分别增收1.605万元。带动贫困户182户445人增收15.58万元,贫困户户均增收855.77元,人均增收350元,其中籍山镇先进村39户87人、籍山镇长乐村41户104人、烟墩镇海井村38户94人、工山镇乔村村65户160人。项目带动非贫困户和边缘户4户8人增收3100元。

【美丽乡村建设】筹集美丽乡村建设资金4550.5万元,其中上级资金2950.5万元、本级资金1600万元。坚持“群众主体、创新驱动、彰显特色、建管并重”的理念,建设5个美丽乡村示范点,规范项目和资金管理,提高资金使用效益,改善示范点村容村貌。

【农村综合改革】在村民民主议事的基础上,按照“村级申报、镇级审核、县级审批”的项目申报程序,全县实施村级公益事业“一事一议”财政奖补项目38个,其中:村组道路项目32个,小型农田水利项目1个,村容美化亮化项目5个。项目投资总额1063万元,其中:各级财政奖补资金1046万元,村民筹资5万元,社会捐赠8万元,村集体投入4万元。项目完工率100%,项目建设效果显著,结合农村人居环境整治,改善农业、农村和农民的生产、生活条件。

【政策性农业保险管理】及时足额到位政策性农业保险县级配套资金,督促保险经办机构履行实施主体职责。全年政策性农业保险种植业承保69.97万亩、养殖业能繁母猪承保0.99万头、林业(商品林、公益林)承保24.71万亩,保费收入2836.44万元,县级财政补贴资金130.91万元,理赔2481.85万元,全部打卡到投保户。

【财政监督检查】对南陵县农商行开展会计信息质量检查,芜湖振诚会计师事务所有限公司、安徽芜南会计师事务所、芜湖诚兴资产评估事务所三家中介机构为自查单位。会同县农业农村局、县人社局组织开展长江流域禁捕财政补助资金专项检查工作,全县长江流域禁捕的宣传力度大、措施得力,长江流域禁捕财政补助资金的发放对象准确、时间及时。开展预决算公开检查,对全县54个一级预算单位进行决算公开自查和考核工作,自查面为100%。

【“小金库”专项治理】开展常态化“小金库”防治工作。印发《关于重申“小金库”防治工作有关事项的通知》,对有关责任人依照《监察部等四部委〈设立“小金库”和使用“小金库”款项违法违纪行为政纪处分暂行规定〉》《中共芜湖市委办公室、芜湖市人民政府办公室转发〈中共安徽省委办公厅、安徽省人民政府办公厅印发〈关于全面构建“小金库”防治长效机制的意见〉的通知〉的通知》等文件规定,一律先予免职,再组织调查处理,涉嫌犯罪的,移送司法机关处理。对查实的“小金库”问题在一定范围内予以通报曝光。全年未发现南陵县行政事业单位存在“小金库”现象。

【会计管理】做好新《会计法》宣传贯彻工作,贯彻“放管服”改革要求,促进会计人员管理职能转变。向全县行政事业单位及各镇转发《安徽省财政厅关于认真做好宣传贯彻新〈中华人民共和国会计法〉有关工作的通知》。通过网络、媒体等,宣传《会计法》修改具体内容,受众人数有 2000 人。利用法制宣传日设立咨询台,散发新《会计法》全文宣传单。全县审核通过会计人员在线信息采集 1329 人,开展网络继续教育审核通过 4235 人次。做好督促、指导全县行政事业单位建立和实施内部控制的工作,完成各单位的内控报告软件系统填报、生成和上报工作,推进全县行政事业单位内部控制制度建设和执行。

【基本建设保障】多元化筹措资金,全年财政投入基本建设 43374 万元,其中农村道路等交通基础设施建设投入 12177 万元,农田水利基本建设投入 27816 万元,生态环保、特色小镇等项目投入 3381 万元,改善城乡环境,提高人民群众生产生活条件。

【产业发展服务】兑现产业奖励政策,支持县域经济发展,兑付产业发展资金 35675 万元,其中:首位产业等投资补助 14703 万元,打造建筑之乡奖补 5751 万元,固定资产投资及税收奖励 9371 万元,设备改造升级 971 万元,鼓励外贸企业发展奖补 357 万元,厂房租赁、促进服务业等其他奖补 4522 万元。

【民生工作管理】克服疫情、汛情和灾情影响,强化组织领导,创新工作方法,夯实民生工作,完成 30 项民生工程目标任务。成立以县长任组长的民生工作领导小组,落实项目责任主体一把手负责制,调度协调项目组织实施。落实县人大、县政协视察及民生工程特邀监督员检查等,发现项目实施中存在问题,协调解决矛盾和困难,完成目标任务。出台《南陵县 2020 年 30 项民生工程实施方案》《南陵县 2020 年民生工作要点》,明确工作任务和职责,确保机制顺畅、责任明确。落实民生工程调度机制,召开民生工程布置会、推进会、约谈会,推动民生工程项目实施。强化政策宣传,拓宽宣传渠道,开展民生工程政策培训,加强信息审核和报送力度,设置信息处理和审核岗,提升信息质量和水平。创新开展民生工程政策培训,借助融媒体开辟“走基层 · 访民生”专栏,依托农村广播、微信、抖音等形式拓展宣传渠道,提升群众政策知晓率。制定下发《2020 年民生工程项目预算》,全年拨付资金 99787.49 万元,拨付率为 100%。创新改厕新模式,拓宽管养新渠道,革新出“砖砌式+便捷式可调盖板”一体化农村户厕建设新模式。创新营造湿地生态系统助力粪污治理,结合美丽乡村点建设,采取“小三格式化粪池+大三格式化粪池+生态湿地”无害化处理模式,提升粪液合理利用,保护生态环境。

(南陵县财政局供稿　吕公明执笔)

镜湖区财政工作概述

【概况】2020 年,镜湖区一般公共预算收入完成 33.85 亿元,加上上级补助收入 6.94 亿元,调入其他资金 0.97 亿元,动用预算稳定调节基金 0.01 亿元,一般债券转贷收入 2.61 亿元,收入共 44.38 亿元。全区一般公共预算支出完成 34.21 亿元,加上上解支出 7.01 亿元,安排预算稳定调节基金 0.55 亿元,一般债券还本支出 2.61 亿元,支出共 44.38 亿元。

【加强财政收支管理】发挥财政保障支撑作用、财政政策引导作用和财政资金杠杆作用,依规平稳有序组织收入。推动减税降费政策落地生效,依法依规加强税收征管,实现应收尽收。集中财力保基本、保重点,采取有效措施,着重做好“三保”支出。除“三保”、疫情防控、污染防治、脱贫攻坚、民生保障、产业发展、债务化解等刚性和重点支出外,对各部门年初预算安排用于日常运转的项目支出(政府采购、已签订协议合同类项目除外)一律压减 5%,公用经费(主要包括定额公务费、公务用车运行维护费等)压减 5%。严禁各部门铺张浪费和大手大脚花钱,硬化预算约束,盘活存量资金 2741 万元,缓解收支矛盾。

【支持企业复工复产】减免承租区国有资产的中小微企业及个体工商户租金 1277 户,减免金额 651.43 万元,减免区属中小微企业水费、燃气费 29.39 万元。补助受疫情影响严重的餐饮、宾馆、交通运输、旅游企业缴纳的房产税、城镇土地使用税 99.46 万元。降低融资担保费率,全年平均担保费率降至 0.32%,扶持小微企业及个体工商户 330 户,兑付贴息资金 190.61 万元。落实减税降费政策,确保直接惠及市场主体,全区新增减税降费金额为 42568.63 万元。

【保障决策部署落地】落实疫情防控资金 1.31 亿元,统筹用于疫情防控支出。拨付上级补助资金,保障疫情防控工作开展。安排防汛救灾经费 0.06 亿元,保障防汛救灾各项工作需要,满足灾前物资储备、汛情监测和隐患排查及灾后排危除险、受灾群众救助安置等防汛救灾工作经费需要。安排长江禁捕资金 0.02 亿元,确保财政投入与长江禁捕退捕和渔民转产安置任务相适应,强化长江禁捕退捕财政保障。

【打好三大攻坚战】打好防范化解重大风险攻坚战,置换 2.61 亿元再融资债券,偿还到期政府债券利息 0.94 亿元,政府债务余额控制在限额之内。打好精准脱贫攻坚战,安排专项资金 0.15 亿元对口帮扶望江县,推进结对帮扶,共建扶贫产业综合体。打好污染防治攻坚战,投入 0.5 亿元重点支持打好蓝天、碧水、净土保卫战,建设改造雨污水管网,完成两埠底泥清淤,推进河湖长制、林长制。

【保障民生工程】优化支出结构,资金优先用于民生工程,实施 20 项民生工程,投入 3.60 亿元,提升民生工程的资金保障水平。发放低收入家庭居家养老服务券(补贴)2.38万人次、155.02万元;发放高龄补贴22.95万人次、1324.34万元,为全区60周岁及以上低保、五保和困难重点优抚对象2500人购买老年人意外伤害综合保险9.86万元,为1.93万名具有本区户籍80周岁以上高龄老人购买意外伤害保险47.48万元,为24名孤儿发放保障金及价格补贴25.3万元,为2723名困难残疾人发放生活补贴367.67万元,为4870名重度残疾人发放护理补贴347.92万元。资助2.58万人参加城镇居民基本医疗保险,资助金额438.3万元。

【实施预算绩效管理】贯彻落实中央、省、市关于全面实施预算绩效管理的实施意见,成立绩效评价领导小组,建立绩效考核机制,将绩效评价工作纳入区政府目标考核任务,制定部门、街道目标考核细则,将预算绩效管理落到实处。整理归集全年重点项目工程、财务资料,对项目实施过程进行事中监督,为下一步绩效评价打下基础。加强事后绩效评价,由各单位对2019年所有专项根据目标设定开展自评。聘请第三方机构对2019年重点项目支出、新增债券等22个项目实行绩效评价并公开,涉及资金16.04亿元。

【加强直达资金常态化监督】贯彻落实党中央、国务院和财政部关于建立特殊转移支付机制的决策部署,管好用好直达资金,确保资金直达基层,直接惠企利民。按照直达资金预算管理工作要求,强化直达资金预算源头管理,在规定工作日内规范分配监控系统所有直达资金指标,发文分别列示资金来源,打上直达标识。做好数据台账,保障直达资金安全、合规运行,最大限度发挥资金使用效率。

【做好国有资产管理】健全资产管理体系,依法履行国有资产监督管理职责,做到国有资产管理全覆盖、无死角。组织全区房屋、土地等重大资产的盘点清查,理清全区资产的数量质量情况。推进公建配套用房权证办理,组织梳理无证、待办证房产和已接收的公建配套用房,逐一查明具体位置、建筑面积等详细信息,通过与芜湖市不动产登记中心协调,推动已移交的社区办公用房权证办理工作。组织经营业绩考核,结合全区产业发展导向和区属企业实际,研究制定考核方案及指标,通过聘请第三方考核机构组织考核,将考核结果与企业员工待遇挂钩,提高企业发展动力。推进区属企业改革,优化企业法人治理结构,调整人员配置,制定业务操作规程,提升企业管理水平。

(镜湖区财政局供稿　谭雯执笔)

鸠江区财政工作概述

【概况】2020年,鸠江区一般公共预算收入343649万元,为预算的100.9%,增长3.9%。全区一般公共预算支出424805万元,增长16.8%。

【管理地方政府性债务】经市财政局批准下达并报区人大常委会批准,全年区级地方政府债务限额275328万元,其中:一般债务限额211375万元、专项债务限额63953万元。全年区级地方政府债务余额为275328万元,其中:一般债务211375万元、专项债务63953万元。新增地方政府债券50400万元,均为非标专项债。

【服务经济发展】落实国家和省市各项减税降费以及应对疫情的阶段性减税降费政策,实现增值税留抵退税等各类退税近2亿元。加强各项政策宣传力度,配合税务部门帮助和指导企业用好用足政策,缓解因疫情带来的资金困难。加强减税降费实施效果监测监控和分析研判,充分释放政策红利,全年减轻各类社会市场主体负担超5亿元。贯彻"四送一服""创优四最营商环境"工作部署,统筹安排各类资金,加快拨付进度,提升企业服务水平,支持企业发展。全年兑现各类奖励扶持资金6.3亿元,其中:投入5600万元,落实支持促进科技创新若干政策措施,引导企业加大研发投入和自主创新;投入6200万元,落实人才优先发展和战略性新兴产业人才政策,推进战略性新兴产业集群发展;投入5700万元,促进土地集约节约利用;投入6600万元,支持文化旅游产业发展;投入2200万元,推进企业上市挂牌工作。

【深化国有企业改革】深化区属国有企业改革,提高国有资本效率,成立区属国有企业改革工作领导小组,制定《鸠江区深化国有企业改革工作方案》。建立健全激励约束机制,出台《鸠江区区属国有企业负责人经营业绩考核暂行办法》《关于加强区属企业党的领导完善公司治理结构的实施意见》《芜湖市鸠江区中小企业融资担保有限公司改革方案》等文件。加强国有企业党的领导,完善公司治理结构。推动全区国有企业退休人员社会化管理,与48家国有企业签订移交协议,接收4996名国有企业退休人员(其中党员147名)。

【推进金融工作】推进企业对接多层次资本市场,新增上交所科创板上市企业1家,省证监局辅导备案企业2家,省股交中心科创板挂牌企业30家,实现直接融资10.2亿元。发挥金融服务实体经济作用,新增政银担8.26亿元,续贷过桥4.52亿元,当年周转次数17.5次,税融通5.69亿元,中小企业信用贷3.62亿元。按照省、市工作部署,深化金融领域风险处置工作,开展防范和处置非法集资宣传活动及非法集资陈案化解工作,开展打击"套路贷""校园贷"、防范非法集资及互联网金融风险专项排查行动。

【保障民生工程】全区22项民生工程投入资金4.9亿元,完成年初计划的100%。"四好农村路"建设农村公路扩面延伸完成23.38公里,农村公路养护完成31公里;农村危房改造完成78户,发放补助资金114万元;农村环境“三大革命”完成改厕9496座。实施学前教育促进工程,新建、改扩建幼儿园4所,校舍维修5个,改造面积1.06万平方米。棚户区改造完成522套。完成水利薄弱环节治理三年行动保安站和下沟站年度投资任务。老旧小区整治改造5个。区文化馆、区图书馆和9个镇街综合文化站对外免费开放,送戏下乡56场。开展体育活动56场。开展产前筛查2770人,免费婚检4200人,婚检率99.7%。预防接种11.9万针次,疫苗接种率保持90.5%以上,疫苗建卡率95%以上。全区设有4家中心卫生院,5家社区卫生服务中心,23家社区卫生服务站,70家村卫生室使用“智医助理”,共申领安康码68万人,申领率为107.9%。发放高龄津贴962万元,为经济困难的高龄、失能等老年人发放养老服务券132万元,区级养老服务中心、镇养老服务中心覆盖率为100%,城市社区养老服务设施配建率为100%以上。发放特困人员基本生活补助2199.6万元,孤儿生活补助79.2万元,困难残疾人生活补助527.5万元,重度残疾人护理补助574.5万元,帮扶困难职工补助11.7万元,医疗救助金2151.2万元。对814名贫困精神残疾人按月免费发药,安置转送152名四类儿童去机构康复,为23名残疾儿童适配假肢矫形器或其他辅具。法律援助受理案件592件。推进义务教育经费保障机制改革,为全区33435名义务教育阶段学生免学杂费和补助公用经费2599.4万元,免除教科书404.6万元。企业录用人员培训1613人,新型职业农民培训100人,退役士兵培训124人。开发公益性岗位350个,安排就业见习127人。完成5个“三品一标”农产品并实施追溯,开展产品追溯的农业生产经营主体10家。城镇居民大病保险报销补助1.3万人次,补助金额3245万元,居民医保享受报销补助20.1万人次,补助金额28233万元,城镇居民基本医疗保险政策范围内住院费用支付比例为75%,参保居民住院及门诊特殊病的医疗费用实际报销(兜底报销)比例为35%。城乡居民养老保险当年缴费人员9.48万人,参(续)保率为105%,对符合领取条件的人员养老金发放率为100%。

(鸠江区财政局供稿　艾永锋执笔)

弋江区财政工作概述

【概述】2020年,面对疫情影响及减税降费压力,弋江区财政局以习近平新时代中国特色社会主义思想为指导,在常态化疫情防控下,坚持稳中求进工作总基调,坚持高质量发展要求,发挥财政职能作用,做好“六稳”工作,财政收入保持平稳增长,民生及重点支出保障加强,政府债务管理更加规范。全区完成一般公共预算收入25.48亿元,较上年增长11%。全区一般公共预算支出25.23亿元,较上年增长16.5%,总体收支情况良好。

【管控债务风险】按照政府债务管理要求,加强政府债务风险防范,规范举债行为,坚决遏制债务增量。全区地方政府债务限额198648万元,地方政府债务余额188332万元。全年争取政府债券到期再融资22094万元,新增地方政府专项债券65400万元。开展隐性债务展期、借新还旧等方式化解债务逾期风险,多渠道筹措化债资金,化解隐性债务存量。谋划申报新增专项债券项目资金,缓解建设资金不足,支持环境治理、民生改善等社会公益项目建设。发行专项债券项目7个,发行债券6.54亿元。

【落实减税降费】全年减税降费3.32亿元,其中:新增政策支持抗击疫情减税降费0.85亿元,上年政策延续减税降费2.47亿元。在疫情及减税降费等多重因素影响下,财税部门主动谋划、多措并举,对抗疫情带来的不利因素。财税部门密切协作,定期召开财税调度会,做好收入预期管理。建立完善协税护税体制机制,推动构建全方位协税护税网络。开展“四送一服”活动,帮助企业解决疫情期间各种困难,做好企业服务。全区财政收入克服新冠疫情影响,由上半年的负增长逐步转正,下半年反弹,增速为11%。

【坚持过紧日子】坚持政府过紧日子思想,压减一般性支出和“三公经费”支出。下发《关于压减一般性预算支出的通知》,要求各单位在年初预算的基础上全年再压减5%,确保完成全年压减任务。对落实压减支出任务完成不力的部门和单位下发提示函,督促其围绕全年目标作好计划安排。加快资金统筹支持力度,下达基本公共卫生服务中央及省补资金1902万元,省疫情防控补助经费31万元。安排区级防疫经费2355万元,用于防疫临时留置观察所建设、疫情值班人员补助等项目,保障全区防疫工作需要。面对汛情压力,区财政统筹调度,紧急安排防汛抗洪资金380万元,保障安全度汛。

【支持企业复工复产】宣传国家、省、市产业扶持和减税降费政策,贯彻落实中央及省市各项惠企利民政策,围绕区委区政府“百日攻坚”大会战,开展“四送一服”活动,帮助全区境内企业复工复产,消除疫情带来的不利影响。全年兑现各类产业扶持资金6.6亿元,惠及企业1252户(次)。

【保障民生工作】拨付民生工程资金2.86亿元,完成年度计划。20项民生工程中“四好农村路”建设、贫困残疾人康复、城乡困难群体法律援助、就业创业促进、技能培训提升、城乡居民基本养老保险、义务教育经费保障、困难职工帮扶、文化惠民等11项民生工程提前完成年度目标任务,序时补贴项目按月(季)发放到位,其他项目平稳有序推进,均按期完成年度目标任务。

【加强直达资金监管】贯彻落实国家、省、市直达资金使用要求,强化特殊转移支付和抗疫特别国债资金使用管理,落实清单制和实名制管理要求。受疫情和汛情影响,宏观经济下行压力加大,财政收支紧张,财政收入增长放缓,减税降费、疫情防治、民生保障、支持企业复工复产等刚性支出增长明显,财政收支矛盾凸显。全区树立厉行节约的思想,坚决落实“六稳”“六保”要求,硬化预算支出,严格控制预算追加,减少一般性支出,控制“三公经费”,应对收支压力。推进资金直达,确保精准迅速,发挥财政资金使用效益,缓解财政困难,保障民生和社会事业发展。

(弋江区财政局供稿　洪毅峰执笔)

湾沚区财政工作概述

【概况】2020年,湾沚区财政收入完成50.56亿元,增长2.9%。其中,一般公共预算收入完成31.74亿元,增长11.2%。全区一般公共预算支出47.72亿元,增长9.3%。全区政府性基金收入完成25.27亿元,增长17.1%;全区政府性基金支出33.19亿元,下降1.8%。全区国有资本经营收入完成0.01亿元,全区国有资本经营支出0.01亿元。全区社会保险基金收入1.98亿元,全区社会保险基金支出0.97亿元。年末滚存结余5.36亿元。

【提高财政收入质量】加强财政收入预期管理,跟踪、监控主体税源及重点企业的运行情况,研判收入趋势,强化日常管理,堵塞征管漏洞,确保收入应缴尽缴。召开四次财政收入目标完成情况及问题分析调度会。每月上旬预测统计全区月度财政收入计划,月中紧盯收入进度,月末确保月度计划数足额入库。强化部门联动机制,定期召开财税库联席会议,研究收入征管形势,解决征管困难和问题,发挥部门护税协税作用。把握合理的支出规模和进度,加大政府性基金预算和一般公共预算的统筹;推进存量项目清理和盘活存量资金;控制预算追加,压减政府性投资和一般性支出。面对新冠肺炎疫情及减税降费政策影响,多措并举,实现财政运行整体平稳有序。

【改善民生工程建设】投入8.61亿元,开展25项民生工程项目。各项民生项目资金严格按照足额保障、量力而行的原则落实到位。其中补助发放类项目按时发放到位;人员培训类项目完成年度培训任务且培训合格;参保参合类项目将补助金拨付到位;工程建设类完成年度目标任务。做好资金管理工作,编制民生工程资金年度预算,按照“专户管理、专账核算、实时追踪”的工作要求加快资金拨付进度,完善民生工程资金垫付、调度制度;加大民生工程资金监管力度,利用“互联网+”优势在各类线上线下公开平台做好公示公开,提高民生工程资金分配使用透明度。

【落实减税降费政策】加大减税降费力度,全年新增减税降费17007万元,其中,当年新出台的支持疫情防控和经济社会发展的政策措施新增减税降费8018万元,2019年出台政策在2020年翘尾新增减税降费8989万元。财政部门争取上级资金、清理回收财政存量资金等增加财力,压减一般性支出和“三公经费”支出,取消无效低效支出等,应对落实减税降费政策形成的财政收支缺口,保证“三保”支出底线和重点项目支出,实现年度财政收支平衡。

【加大重点领域保障力度】聚力高质量发展,重点加大对“一新、一轻、一重”产业扶持,拨付6.02亿资金扶持先进制造业、现代服务业、企业转型升级、技术改造、节约集约用地发展,其中扶持“一新”企业奖补资金4051万元,“一轻”企业奖补资金1203万元,“一重”企业奖补资金57493万元。拨付1195万元推进企业上市,拨付6188万元扶持企业科技创新,拨付4600万元补助战略性新兴产业基地建设,拨付12645万元用于芜湖军民融合通航科技产业基地PPP项目支出,拨付职工技能培训补助1947万元、职业培训补贴692万元、吸纳高校毕业生补贴340.25万元、见习生补贴71万元、政策性人才购房补贴446万元、其他高端人才补贴41万元。

【提高财政管理综合绩效】强化预算绩效管理,成立芜湖市湾沚区财政局预算绩效管理工作领导小组,压实财政业务股室责任,明确预算绩效管理归口股室工作职责分工。按照“项目支出绩效自评为主、财政归口管理股室审查、突出重点项目重点评价”的原则开展绩效评价。实现年度预算编制、绩效项目申报、政府采购和政府购买服务等同步编制、融合执行。按照“谁支出、谁负责”的原则,对绩效目标实现程度和预算执行进度实行“双监控”,发现问题及时纠正,完善预算绩效信息公开报告制度,一定范围内公开绩效评价结果,尤其是社会关注度高、影响力大的民生项目和重点项目支出绩效情况,接受社会监督。强化国有资产管理,印发《芜湖县县属企业国有资产管理办法》,规范国有企业资产管理工作,审核备案行政事业单位及国有企业资产处置和国有资产出租事项,盘活闲置国有资产。审核行政事业单位公务用车定点维修费用,规范公务车辆维修流程,节约公务用车维修开支。调整部分区属国有企业法定代表人、董事会、监事会成员,成立芜湖红岭旅游开发有限公司、芜湖县红杨镇文化旅游建设投资有限公司。加强政府采购预算管理,要求全区政府采购及购买服务编制采购预算,审核汇编各单位采购预算。联合公管部门印发《关于贯彻执行〈安徽省2020—2021年政府集中采购目录及标准〉的通知》,规范政府采购管理。

【强化党的建设】以开展"三个以案"警示教育、"不忘初心、牢记使命"主题教育等活动为契机,利用集中学习、研讨学习、深入调研等形式强化党员干部理论武装,坚定党员理想信念。落实全面从严治党要求,建设忠诚干净担当的高素质财政干部队伍。狠抓意识形态责任制落实工作,教育引导党员干部增强"四个意识",坚定"四个自信",做到"两个维护"。深入学习贯彻习近平新时代中国特色社会主义思想以及党的十九大和十九届二中、三中、四中和五中全会精神,学习贯彻习近平总书记最新讲话精神,加强党员干部思想建设工作力度。强化队伍管理,严格纪律约束,增强组织生活的政治性、时代性、原则性和战斗性,履行党风廉政"一岗双责",强化单位内部监督,强化纪检监察和社会舆论监督。加强机关效能建设,弘扬求真务实作风,激励财政干部保持奋发进取的精神状态。争创机关支部党建品牌,推进"财苑先锋"党建品牌创建工作,以品牌创建推进财政机关建设,提升财政形象。利用机关办公楼走道,精选"不忘初心,牢记使命""社会主义核心价值观""清正廉洁""阳光财政""财政人风采"和"财政文化"等题材,打造财政机关廉政文化墙。湾沚区财政局获第十二届安徽省文明单位称号,在全区岗位目标责任制考核中第3年获优秀等次。

(湾沚区财政局供稿 孙政执笔)

繁昌区财政工作概述

【概况】2020年,繁昌区财政局立足财政职能,推动各项工作有序开展。全区实现财政收入55.5亿元,同比增长2.3%;实现支出43.8亿元,同比增长5%。

【财政改革】完善预算编制程序,把握从严从紧总基调,按照"保障基本支出、规范项目支出、区分轻重缓急"的原则,结合部门非税收入,统筹安排支出预算。按照"两上两下"编制程序,完成部门综合预算的编制。推进预决算公开,印发《关于做好2020年政府预算、部门预算及"三公经费"预算公开工作的通知》,细化公开内容和范围,规范公开程序,应对社会舆情,加快构建预决算管理机制。加强国库管理和核算,编制2019年权责发生制政府综合财务报告,完成2019年度政府和部门综合财务报告编报工作。推进预算绩效管理,树立绩效理念,加快构建全方位、全过程、全覆盖的预算绩效管理体系,实行事前、事中、事后的全程绩效管理。重点绩效评价项目政策落实、目标任务完成、资金使用、项目管理、效益发挥及受益群众满意度等方面,确保财政资金"提质增效"。

【收支管理】加强财政收入管理,加强与税务、非税执收单位配合联动,加强收入预期测算,跟踪落实收入入库。招引税源,加强对重点税源企业的动态监管,确保应收尽收。从严从紧控制支出,强化预算刚性约束,坚决贯彻"以收定支"和政府过紧日子要求,完善公务接待费、会议费、培训费等支出管理办法,严格"三公经费"管理,对一般公共性支出压减10%。优先保证"保工资、保运转、保基本民生"资金需求,确保"三保"支出预算不留缺口。

【债务管理】深化"四清四实"专项整治,建立健全政府隐性债务月度统计监测和年度报告制度。严控新增投资项目,落实3000万元以上公益性项目,报市发改委和市财政局审查后立项建设工作机制。根据省财政转贷繁昌区新增债券额度25282万元,初步安排新增债券使用项目,经预算安排依法统筹用于公益性项目支出。管好用好中央下达全区的直达资金,发挥直达资金效益,依托直达资金监控系统,建立直达资金实名台账,加强对资金的日常监督和重点监控,掌握资金去向及使用情况,减少资金沉淀、防止资金滞留。

【强农惠农】加大财政支农重点投入,安排专项资金,重点支持农业产业升级、水利薄弱环节提升、乡村振兴、长江禁捕退捕等工作,安排农业项目预算17089万元,较上年增长9.6%。落实强农惠农补助政策,惠农补助资金纳入"惠民直达系统"发放,全年通过惠民直达平台发放各项补贴资金41项,补贴对象50.34万/人次,补贴金额18966.83万元。支持美丽乡村建设,美丽乡村建设点4个安排建设资金2973.2万元。推进农村公益事业财政奖补工作,批复36个行政村、农村社区道路建设项目36个,参与群众11万人,总投资1007万元,其中财政奖补资金935万元,年底完工。加大财政扶贫投入,安排对口太湖扶贫资金1575万元,均拨付到位。

【民生保障】实施完成25项民生工程,投入资金6.35亿元。全区民生支出37.21亿元,占总支出85.01%。完成农村道路扩面延伸工程44.626公里、县乡公路大中修工程33公里;完成40户农村危房改造;为716名贫困残疾人提供康复帮助;办结法律援助案件351件;认证"三品一标"农产品7个,完成6个规模经营主体入驻省农产品质量安全追溯平台,落实有机农产品区块链追溯应用企业1家;完成农村改厕5928座;完成4个省级美丽乡村中心村建设年度目标任务;培育省级电商示范镇1个、示范村5个、网销额1000万元以上农村电商示范企业2家、网销额100万元农村电商品牌2个及农村电商示范站点3个;开展岗前技能培训、退役士兵技能培训、新型职业农民培训2260人;开展产前筛查

744 人次;建成区级养老服务指导中心 1 个、社区养老服务站 11 个;“安康码”应用便民工程申领率为 108%(含流动人口);救助各类困难人员及职工 8.4 万人次,发放资金 4117 万元;城乡居民基本医疗保险参保 21.5 万人;城乡居民大病保险救助 7574 人次;城乡居民基本养老保险参保 11.7 万人;开展免费婚检 2375 人次,适龄儿童预防接种 4.4 万针次,完成 122 名微型企业接触职业病危害从业人员培训;对 193 名贫困家庭幼儿和 8 名建档立卡学生实施资助,新建 1 所公办幼儿园;对 18688 名城乡义务教育学生免除学杂费、免费提供国家规定课程教科书,为 824 名家庭经济困难学生补助生活费,维修改造义务教育阶段学校校舍 4 处,完成投资 411 万元;健全家庭经济困难学生资助体系,资助 2780 人次;区文化馆、图书馆、博物馆、镇文化站均采取预约限流的方式对外免费开放,兑现文化信息共享工程补助资金 14 万元;完工漳河新平段堤防加固工程,推进峨溪河排洪新站工程,完成年度投资计划;签订棚户区房屋征收补偿安置协议 194 户;改造 13 个城镇老旧小区,投资 3800 万元。

【财政监督】根据省财政厅和市财政局要求,督查地方金融机构的会计信息质量。在全区范围内组织开展“小金库”专项整治工作,未发现私设“小金库”现象。对全区 52 个部门于 4 月份和 10 月份分别开展预决算公开检查,核查发现问题,要求整改到位。

【国有资产管理】编制 2020 年繁昌区行政事业单位资产报表。编制人数 5422 人,年末实有人数 4927 人。繁昌区资产总计账面数(净值)132789.63 万元。开展资产清理核销、划拨工作,现场核对区司法局等 22 家单位需报废处置的资产(原总价值 2173.3 万元),资产核销做到账实相符。规范国有企业资产管理,出台《繁昌县县属企业国有资产监督管理暂行办法》,规范区属企业国有资产管理活动。强化国有企业管理工作,组织对区建设投资有限公司、金繁担保公司 2019 年度考核事宜。出台关于区建投公司、金繁担保公司的 2019 年度考核指标和相关人员薪酬待遇的办法。完成马钢矿业公司、中海工业有限公司荻港 711 船厂“三供一业”移交工作。完善国有企业退休职工社会化管理,接收安徽省烟草公司芜湖市公司繁昌营销部等十九家国有企业移交的退休人员 755 人(其中党员 153 人),签约率和接收率为 100%。

(繁昌区财政局供稿　盛念慈执笔)

三山经济开发区财政工作概述

【概况】2020 年,三山经济开发区一般公共预算地方收入完成 15.32 亿元,为预算的 100.15%,增长 0.03%。全区一般公共预算支出 12.41 亿元,增长 3.06%。

【地方政府性债务】全年区级地方政府债务限额 172702 万元,其中一般债务限额 113782 万元、专项债务限额 58920 万元。年末区级地方政府债务余额为 172702 万元(原大桥区 56202 万元、原三山区 116500 万元),其中一般债务 113782 万元(原大桥区 33802 万元、原三山区 79980 万元)、专项债务 58920 万元(原大桥区 22400 万元、原三山区 36520 万元)。区级新增地方政府债券 39700 万元,均为非标专项债。

【经济发展】贯彻落实“减税降费”系列政策措施,应对减税效应带来的因素影响,跟踪全区企业税负增减情况,确保政策落实。做好疫情期间资金兑付工作,加大对企业的扶持力度与各项政策宣传力度,走访企业复工复产情况。兑付支持企业发展政策奖励资金 5.61 亿元,享受优惠政策企业数百户,其中税收奖励(含土地使用税)为 1.73 万元,享受奖励企业近 70 户;政策专项奖励为 3.88 亿元,享受奖励企业近 60 户。

【国有企业】深化区属国有企业改革,整合全区国有企业,优化整合后的 10 个区属各国有企业职能,发挥国有企业作用,确保国有资本保值增值。建立健全激励约束机制,出台《安徽芜湖三山经济开发区管委会国有资产监督管理委员会工作规则》、《安徽芜湖三山经济开发区区属国有企业领导人员管理规定(暂行)》等文件。加强国有企业党的建设,完善公司治理结构。推动全区国有企业退休人员社会化管理,与 17 家国有企业签订移交协议,接收 76 名国有企业退休人员(其中党员 19 名)。

【金融工作】推进全区金融工作,落实过桥续贷 6.41 亿元,周转 20.2 次,落实“税融通”贷款 1.19 亿元,新增政银担业务 6.61 亿元,其中科技担保 0.78 亿元,落实信用贷 1.19 亿元。新增海格瑞德、蜜之源、川岳机械、天山茶叶等 10 家省股交中心科创板挂牌企业,源本生态、响丰农业 2 家省股交中心农业板挂牌企业,通潮精密 1 家省股交中心专精特新板挂牌企业。开展走访排查区内企业扫黑除恶防范和打击非法集资、套路贷等工作,拓宽多种防范舆论途径,营造全社会共同参与扫黑除恶的舆论氛围。

【民生工程】采取强化责任、强化对接、强化宣传、强化监管等措施,完成“四好农村路”建设、农村危房改造等 20 项民生工程年度目标任务,补助类项目按时有序足额发放,参保类项目应补尽补。全年“四好农村路”建设完成养护工程 17 公里;生命防护工程完成 11.975 公里。农村危房改造完成 12 户。农村环境“三大革命”农户卫生厕所改造完工 1620 户。完成校舍维修改造 6000 平方米。完成改造城镇老旧小区1个,房屋建筑面积0.4万平方米。补助264名贫困精神残疾人患者药费,发放补助资金26.4万元;补贴52名贫困残疾儿童康复训练,为8名贫困残疾儿童配发矫形器和辅具。企业新录用人员技能培训完成1091人;退役士兵培训37人;新型职业农民培训80人。城镇居民基本医疗保险享受待遇14.18万人次,补偿金额10592.53万元。城乡居民大病保险享受待遇6411人次,补偿金额1634.48万元。城乡居民基本养老保险当年缴费人数为2.05万人,待遇发放率为100%。

(三山经开区财经局供稿　汪璐执笔)

芜湖经济技术开发区财政工作概述

【概况】2020年,芜湖经开区健全财税联席制度,加强税收协同共治工作,在开展减税降费工作、维持征纳关系和谐稳定并保证纳税人正常生产经营的前提下,全年完成财政总收入70.9亿元,占年初预算70.1亿元的101.1%,同比增长3.1%。其中:中央收入19.6亿元,同比增长9.5%;出口退税14.9亿元,同比增长1.8%;地方收入36.4亿元,同比增长0.5%,完成年初预算收入。

【完善财政管理体制】按照新《预算法》要求,严格预算执行,用好增量、盘活存量,构建全面规范、公开透明的预算制度。推进各部门认真规划项目,完善预算编制软件,实行预算编制与项目库对接,推动建立三年滚动预算,对地方债务实行规模控制,纳入预算管理。加强国库内部监督制约机制,规范国库业务工作程序,防范业务办理风险,确保财政资金安全。推进预决算和"三公经费"公开,加强和规范差旅费管理,厉行节约、反对浪费,制定完善差旅费管理相关规定。

【筹措争取资金】筹措争取资金4.35亿元。其中,社会事务、民生保障类资金0.75亿元,主要用于教育、文体、社会福利、残疾人事业、卫生健康事业等;扶持产业发展方面政策资金3.6亿元,主要为支持安家补助、科技创新若干政策、新型工业化、战略性新型产业等方面政策资金。

【加大扶持企业力度】优化财政支持经济发展方式,构建新型创业扶持体系,从更深层次推动产业转型升级。鼓励和引导企业实施"机器换人",鼓励和支持企业品牌创建、结构优化和技术创新。支持企业上市,开展针对性服务工作。贯彻落实《芜湖市人民政府关于应对疫情支持企业发展的政策意见》精神,制订出台《芜湖经济技术开发区财政局关于印发〈芜湖经济技术开发区应对疫情加强企业融资服务、减免租金、降低生产要素成本及相关税费政策实施细则〉的通知》等政策文件,助力企业缓解融资需求、资金压力,稳定发展信心。加快涉企奖补资金兑现,落实省市区相关政策文件精神,兑付"一企一策"项目奖补及各类政策资金12.86亿元。其中:审核兑现一企一策投资补助10.0亿元;审核拨付土地使用税142户次,兑付资金0.99亿元;兑付购房契税、安家补助、安置房退税710户共0.17亿元,加快商品房去库存,促进住房消费;其他如污水处理服务、人才奖励、上市挂牌奖补、科技自主创新配套资金等项目补助资金1.7亿元。

【加大财政监督力度】加强财政管理,规范财政行为,加强财政监督,配合完成2018年度及2019年度基本公共卫生、重大公共卫生专项审计,完成疫情防控资金审计及2019年度预算执行绩效审计,完成2017—2019年度省"三重一创"资金绩效评价等,落实规范执行。开展政府性投资项目竣工决算的审计工作、压减一般性支出自查工作。组织中介机构对招商引资企业如奇瑞科技、奇瑞集团等进行项目绩效跟踪审计工作,按法定程序完成卫岗乳业征收资产挂牌转让等。贯彻落实省市相关文件精神,守住不发生区域性系统性风险底线,完善调整经开区政府性债务管理领导小组。开展金融政策落实及金融风险排查工作,组织投资类公司规范经营检查及防范非法集资宣传活动,加大金融政策贯彻力度,强化金融风险防范处置。

【推进民生工程建设】推进15项民生工程,制定实施办法,规范补助程序,加强项目绩效管理,提高工程建设水平和建后管养水平,拨付各级各类资金1.08亿元,实际支出资金1.05亿元。为120名贫困精神残疾人患者提供药费补助12万元,为46名残疾儿童提供康复训练救助,开发100个公益性岗位,组织200名见习学员参加就业见习,企业新录用人员技能培训合格2320人,退役士兵培训合格27人,出生缺陷防治筛查837人,发放低收入养老服务补贴53.98万元,发放2081名老人高龄津贴120.9万元,发放467名特困供养对象补助517.54万元,保障4名孤儿基本生活,发放困难残疾人生活和护理补贴1700人次共160.34万元。实施城乡医疗救助870人次共370.84万元,总工会各类救助44户,居民医保参保67684人,居民大病保险支付558万元,居民养老保险参(续)保3051人,领取养老金11385人。免疫规划接种45776针次,免费婚前健康检查人数502人。竣工验收公办幼儿园2所,政府资助幼儿107人。免除11283名义务教育阶段学生学杂费、国家规定课程教材费,补助义务教育学校公用经费675.56万元,完成校舍维修改造面积9700平方米,资助普通高中家庭困难学生21人,发放国家助学金2.15万元,免除2名普通高中建档立卡等家庭困难学生学杂费。向群众免费开放2个综合文化站,提供基本文化服务项目和公共空间设施场地。

【推进招商引财】立足财政职责和财税优势,整合调动各种招商引资资源和力量,创新招商方式,优化投资环境,完善奖惩机制,做好落户项目服务。配合开展省政府"四送一服"双千工程等活动,配合招商部门做好项目引进工作,协调解决项目落户过程中所产生的税务、土地、融资等问题。

【加强党风廉政建设】把党风廉政建设责任制落实工作作为一项经常性、长期性的重要工作来抓,贯彻落实中央、省市有关开展党风廉政建设的部署和要求,结合财政工作实际,坚持"标本兼治、综合治理、惩防并举、注重预防"方针,执行《廉政准则》和党内监督各项制度,加强党风廉政宣传教育,强化制约监督。认真执行中央八项规定,纠正"四风",组织参与全区反腐倡廉新闻宣传,推进部门效能建设。

【推进扫黑除恶工作】贯彻落实中央、省市决策部署和经开区扫黑除恶专项斗争领导小组工作要求,发挥财政职能作用,推进扫黑除恶专项斗争工作。保障资金投入,认真履行职责,统筹落实好扫黑险恶专项斗争经费保障。加强资金监管,严肃财经纪律,为保障扫黑险恶工作顺利开展发挥更大作用。认真摸排线索,对存在金融风险隐患的问题企业,会同相关部门通过查阅资料、实地查看等方式,防范风险。

(芜湖经开区财政局供稿　李小俭执笔)

皖江江北新兴产业集中区财政工作概述

【概况】2020年,江北集中区完成财政收入12.91亿元,同比增长3.6%,完成预算的103.3%。其中:中央级收入5.92亿元,区级收入6.42亿元,出口退税0.57亿元。上级补助收入6600万元,地方政府一般债券转贷收入4.22亿元,地方一般公共预算收入6.42亿元,预算总收入11.30亿元。全区一般公共预算支出6.29亿元,地方政府一般债券还本支出4.22亿元,安排预算稳定调节基金6800万元,上解上级支出1100万元(增值税留抵退税),支出共11.30亿元。

【强化收入调度】逐户调查分析重点纳税大户,发现企业受疫情、国际贸易摩擦或金融管控政策影响,税收有较大的下降风险。面对财政收入下降风险,主动向大户寻求突破,调整总部经济政策,密切财税部门协调,精细化收入调度,熨平收入波动。

【严格支出审核】编制年度预算收支安排,细化各部门经费和项目支出。加强日常经费审核把关,杜绝发生不合理和不合法支出。压缩"三公经费",全年"三公经费"支出102万元,同比下降7.3%。执行财政奖励资金支出审核管理制,百万元以上大额资金报党工委会10次,审批金额3.64亿元;完成小额奖补资金会商9次,审批金额3269万元。完成江北集中区年度财政总决算和部门总决算。

【帮助企业解困】落实疫情期间房租减免政策,集中区国有企业及社会经营性用房业主减免房租970万余元,惠及253个纳税户。落实降低中小微企业用水用气成本政策,优惠12万元,惠及20余家实体企业。用好用活中央直达资金。全年江北集中区直达资金1229.5万元,聚焦重点基础设施、疫情期间财政政策落实、稳定就业补贴等方面,用好用活中央直达资金,支出进度为100%。

【加强债务管理】按照"严控增量、消化存量、逐年下降、防控风险"的原则,加强政府债务管理。申报置换到期的政府债务42219万元;化解隐性债务4917万元;申报新增专项债券项目3个,债券规模62亿元,当年下款3.5亿元。落实好省政府支持政策,将一般债券14亿元划转到省级,降低集中区债务率。联合公安、工商等部门排查金融企业,没有出现重大风险隐患。

【加强国有资产管理及审计工作】加强国有企业日常监督,督促国有企业按规定填报企业财务会计年度决算报表、投资产业项目年度评价报告和国有资产管理情况年度报告,规范国有企业日常经营管理。配合完成市审计局开展的2019年度预算执行和其他财政收支对集中区的审计、市党政主要领导任期经济责任审计。执行《江北集中区政府投资建设项目审计制度》,推进审价服务超市选取制度,实现政府性投资工程项目审计全覆盖。

(江北产业集中区财金部供稿　李霞执笔)

宣城市财政工作综述

宣城市财政工作概述

【概况】2020年,宣城市一般公共预算收入完成168.4亿元,增收3.4亿元,增长2%。市本级一般公共预算收入完成28.4亿元,增长5.4%。全市财政支出完成324.8亿元,减支0.8亿元,下降0.2%。其中,财政民生支出完成276.2亿元,占财政支出的85%。市本级财政支出完成63.5亿元,增长20%。

【预算编制】坚持以收定支、厉行节约、保障重点、注重绩效,支出安排与事业发展需要、财力水平相适应。落实政府过紧日子要求,压减一般性支出,降低行政运行成本。调整优化支出结构,聚焦中央、省及市委、市政府重大决策部署,把有限的财政资金用到"刀刃"上。实施预算绩效管理,提高财政资金配置使用效益。贯彻预算法和预算法实施条例等法律法规,落实人大有关决议精神,规范预算编制,严格预算执行,硬化预算约束。

【非税收入管理】全市非税收入完成180.7亿元[其中:政府性基金收入完成111.3亿元;专项收入完成14.9亿元;行政事业性收费收入完成7.9亿元;国有资源(资产)有偿使用收入完成36.2亿元;罚没收入完成6.8亿元;国有资本经营收入1.0亿元;其他收入完成2.6亿元],较上年同期减少16.3亿元,减幅为8.3%。其中:市本级完成非税收入57.1亿元,较上年同期增加1.8亿元,增幅为3.3%;县级完成非税收入123.6亿元,较上年同期减少18.1亿元,减幅为12.8%。

【社会保险基金】全市社会保险基金总收入122.56亿元,增收27.51亿元,增长28.9%;社会保险基金总支出129.15亿元,增支35.81亿元,增长38.4%。其中,市本级社会保险基金总收入66.31亿元,增收48.4亿元,增长270.2%;社会保险基金总支出62.37亿元,增支51.22亿元,增长459.4%。

【疫情防控和防汛救灾保障】发挥财政职能,保障疫情防控和防汛救灾资金需要。全市投入和拨付疫情防控、防汛救灾和灾后重建等领域资金9.64亿元,确保不因资金问题影响医疗救治和疫情防控,为抗击特大洪涝灾害取得全面胜利提供财政支撑。

【政府性基金和行政事业性收费】调整残疾人就业保障金征收政策;对涉及新冠肺炎疫情防控的相关产品和行业免征部分行政事业性收费和政府性基金;降低部分检验检测收费标准;减免港口建设费和船舶油污损害赔偿基金;暂免征收国家电影事业发展专项资金;对纳税人提供电影放映服务取得的收入免征增值税、免征文化事业建设费。

【政府债务管理】争取新增债务额度68.1亿元,较上年增加23.5亿元。申报发行再融资债券57.3亿元,用于偿还到期政府债务,缓解地方政府偿债压力。

【中心城市建设】多渠道筹集城市建设资金45亿元,支持中心城市建设"品质提升年"活动;支持宛陵路和阳德路东向交通主动脉建设,加强城东和城区的联系,缓解城区交通压力;支持中央生态绿地、宣绩铁路、巷口桥铁路二级物流基地等重点项目建设;支持智慧城市建设、水环境综合治理和老旧小区及棚户区改造,改善提高群众生活水平。

【企业发展服务】为助力企业克服疫情影响加快复工复产,按照"主动办、提早办、共同办"原则,全市各级财政部门拨付各类企业政策奖补资金19.11亿元(其中提前预拨7776万元)。市财政安排4900万元注入宣城瑞丰农业担保公司,发挥农业企业融资平台作用,提高担保能力。市财政安排市工投公司续贷过桥资金2634万元,加大应急转贷支持力度。争取中小企业各类补助资金1.76亿元,重点支持制造强市建设、外贸发展、流通业发展及民营经济发展等。

【政策性农业保险】全市种植业农作物投保面积179.4万亩,同比增长12.1%;养殖业能繁母猪投保25666头,同比增长71%;育肥猪投保144193头;政策性森林投保997.3万亩,同比增长15%。公益林保险实现应保尽保,商品林保险覆盖率为96%。政策性农业保险保费8486.6万元,赔付

1.1亿元,受益农户4.1万人次。各级财政补贴5739.3万元。全市开展的地方特色保险农产品保险主要有烟叶、茶叶、菊花、大棚蔬菜、小龙虾养殖、淡水鱼养殖、肉鸡养殖、肉鸡价格指数、苗鸡价格指数等。地方特色保险投保完成2927.1万元,赔付资金5442.8万元。

【政府与社会资本合作(PPP)】全市共34个、静态投资206亿元的PPP项目通过财政部PPP综合信息平台审核并签约落地建设,其中民间投资和控股项目19个,静态投资92.47亿元。

【贷款服务】世界银行贷款方面,办理安徽宣城承接东部地区产业转移基地基础设施示范建设项目年度提款到账金额1.35亿元人民币(折合1973.63万美元),项目提款报账工作全部完成。贴息贷款方面,全市财政系统配合人社、人行等部门做好创业担保(贴息)贷款工作,申请并拨付创业担保贷款贴息资金,做好创业担保(贴息)政策的宣传和执行,全年发放创业担保(贴息)贷款2522笔,创业担保(贴息)贷款6.16亿元。年末担保基金余额1.08亿元;年度实际贴息2333.66万元。

【脱贫攻坚】全年市本级及5个有扶贫任务的县区投入财政专项扶贫资金25707万元,较上年增加2944万元,增长幅度13%。其中市本级投入3495万元,县级投入14293万元,市县两级投入较上年增加2666万元,增长幅度18%。全市实施资产收益扶贫项目41个,涉及贫困村41个,投入资金2206万元,其中财政资金2091万元。带动贫困村增收67万元,带动贫困人口增收80万元。

【财政监督】开展预决算公开检查,除涉密部门外,全市政府预决算公开单位8个,部门预算公开单位463个,决算公开单位472个,公开覆盖率为100%。开展会计信息质量检查,市县两级财政部门组成6个检查组(除广德市),43人投入检查,检查7家地方金融机构(政府投融资平台)。市财政局获2019年度全市“双随机、一公开”监管工作先进单位。

【预算绩效管理】实施预算绩效管理,围绕预算绩效管理各环节,出台《宣城市部门预算绩效目标管理暂行办法》等10余个规范性和指导性文件。建立分行业、分领域的核心绩效指标和标准体系,收录通用指标和专业指标32大类,细分为147个资金使用小项,3079条具体指标。从一般公共预算拓展到政府性基金预算、国有资本经营预算、社会保障基金预算,市本级实现项目和部门整体支出绩效目标编制和绩效自评全覆盖。推进绩效管理全过程监控,对绩效目标实现程度和预算执行进度开展“双监控”。强化绩效评价结果应用,将绩效评价结果作为预算安排的重要依据。

【政府采购管理】全市政府采购中标(成交)金额73.4亿元,节约资金10.7亿元。依法受理政府采购供应商投诉10起。完成第四批网上商城供应商招标工作,新增30家企业为徽采商城供应商。推行政府采购项目全程电子化交易,全市开展“不见面”开标政府采购项目792个,总金额13.3亿元。

【会计管理】贯彻实施国家统一会计制度,监督和管理会计工作,推进全市行政事业单位内部控制建设工作。组织实施会计专业技术资格考试、注册会计师考试等会计类考试和会计人员继续教育培训,15877人次报名参加各类会计考试,9017人次会计人员参加继续教育学习。

【一般性支出经费控制】市政府部门人员因公出国(境)经费、公务接待费、公务用车购置及运行费“三公经费”支出18772.88万元,较上年减少692.21万元,下降3.56%。其中:因公出国(境)费41.32万元,减少283.38万元,下降87.27%;公务接待费6559.35万元,减少260.64万元,下降3.82%;公务用车购置及运行费12172.21万元,减少148.19万元,下降1.2%。

【国库集中支付】市本级下达集中支付用款计划185.21亿元,其中:直接支付计划45.21亿元,占计划的24.4%;授权支付用款计划140亿元(含实有资金83.12亿元),占下达计划的75.6%。实际发生集中支付156590笔,支付资金144.1亿元,其中:直接支付1661笔,直接支付金额45.21亿元,占支付总额的31.4%;授权支付154929笔,支付金额98.9亿元(含实有资金50.95亿元),占支付总额的68.6%。

【公务卡结算】全年市本级单位公务卡消费27759笔,合计消费金额3288万元,较上年下降19.7%;除慰问老干部、慰问困难职工等少数情况使用现金,均采用转账等方式结算,全年支付现金213.6万元,较上年下降36.3%。

(宣城市财政局供稿　任雁执笔)

郎溪县财政工作概述

【概况】2020年,郎溪县财政局坚持以习近平新时代中国特色社会主义思想为指导,发挥财政职能作用,克服新冠肺炎疫情带来的不利影响,做好“六稳”工作,落实“六保”任务,保障改善民生福祉,促进全县经济持续健康发展。全县一般公共预算收入完成208527万元,增收1196万元,增长0.6%。全县一般公共预算支出完成353219万元,减支38741万元,下降9.9%。

【财税体制改革】实施乡镇机构改革,完善财政管理体制,按照财政事权与支出责任相匹配的原则,按照收入和财力向乡镇倾斜的原则,理顺县乡收入分配关系。原由县财政局管理的9个财政所划转为乡镇所属机构,由乡镇管理。

【预算绩效管理】对2019年度新增债券资金、农村综合改革资金、扶贫资金及产粮大县资金等开展绩效评价。组织部门对25个重点项目进行自评。根据上级预算绩效管理相关要求,组织专家对预算单位绩效管理工作进行培训,落实预算项目绩效目标和部门整体支出预算绩效目标全覆盖的预算绩效管理体系。

【财政收入管理】落实减税降费各项政策,应对财政收支平衡压力,组织好财政收入,筹措财政资金。加强收入征管,防控"跑冒滴漏"。加大存量资产盘活力度,弥补疫情影响带来的减收,盘活各类存量资产6.35亿元。向内挖潜,盘活沉淀资金,完善有保有压的分配机制。全年收回存量资金25031万元,统筹用于保障重点支出等。争取特殊转移支付资金11010万元、特别国债资金11522万元,合计新增财政资金22532万元,用于保障基本民生和基础设施建设等。

【财政支出管理】树立"节支就是增收"理念,坚持勤俭办一切事业,调整优化财政支出结构,坚持厉行节约,从严控制"三公经费"等一般性支出。加强制度保障,出台《郎溪县财政局关于加强资金保障支持做好疫情防控工作的通知》《郎溪县财政局关于贯彻落实〈安徽省财政厅关于严把关口过紧日子提高财政支出绩效的通知〉的通知》《郎溪县盘活财政存量资金暂行办法》《郎溪县预算追加管理办法》及预算绩效管理方面等制度文件,织紧织密财政支出管控的制度笼子。按5.3%的幅度压减年初预算安排的县本级预算单位综合定额、征管业务费及专项业务费(不含人员经费),节省资金用于保障"三保"支出等。

【财政支农】打卡发放财政补贴农民资金2.2亿元。全县中央、省级扶持强村16个,扶持资金480万元,县财政配套320万元;市县扶持优村5个,县级安排资金240万元、市级安排扶持资金10万元;县级"消薄村"2个,县级安排资金40万元;县级共安排扶持资金600万元。村级公益事业财政奖补申报项目75个,财政奖补资金843.35万元。其中道路建设项目41个,亮化项目22个,水利设施项目3个,文体项目6个,环卫设施项目3个。预算安排农村"三变"改革600万元、"茶产业"发展资金500万元,扶持苗木花卉产业发展专项资金500万元,拨付村级集体经济发展资金480万元。

【国库支付】办理支付472558万元,其中财政直接支付资金86324万元,占全部支付资金的18%;财政授权支付资金386234万元,占全部支付资金的82%。

【政府采购】完成政府采购支出66027.64万元(不含涉密采购),节约资金8894.2万元,综合节约率为11.87%。其中货物、服务类采购支出总额25632.09万元,较上年同期增加8834.47万元,增长52.6%。节约资金2765.48万元,综合节约率为9.7%。

【会计管理】全县新增代理记账机构3家。会计人员信息采集申报1254人,审核通过1196人。

【财政监督与管理】根据《安徽省财政厅转发财政部关于加强直达资金常态化监督的通知》要求,做好直达资金监管工作,细化工作内容,强化责任落实,每月按时报送。根据《安徽省财政厅关于开展2020年度会计评估监督检查工作的通知》精神,制定检查工作方案,成立检查小组,按照"双随机一公开"要求,采取随机抽查方式定向选取检查对象,重点关注其内部控制、资产质量和债务风险等情况,揭示风险隐患,防范系统性和区域性风险。根据省财政厅《关于开展2020年度预决算公开复核工作的通知》要求,对郎溪县政府本级和56个预算单位2019年政府和部门预算、2020年政府和部门预算、2018年政府和部门决算、2019年政府和部门决算进行自查,开展预决算复核工作。

【"小金库"专项整治】要求各乡镇、县直各单位组织开展本级及所属单位"小金库"自查工作;每季度末月25日前向县财政局报告发现和查处的"小金库"情况;年初对"小金库"防治工作做出公开承诺,填写《"小金库"防治工作承诺书》。制发《关于在全县开展财务制度专项检查的通知》,联合纪委监委,核查检查全县9个乡镇及28个县直有关单位的"小金库"常态化防治工作。

【行政事业单位内部控制建设】通过软件工程师授课培训,推动2019年全县行政事业单位内部控制报告网络编制填报,构建全方位内控监督体系,为加强财政人、财、物的管理及防范和化解风险提供有力保障。147个行政事业单位参加内控报告学习。

【债务管理】拨付地方隐性债务化解资金1.48亿元,安排债券付息资金17596万元,实现全县政府隐性债务"无增量、减存量"目标。发行地方政府债券3.92亿元,其中:一般债券300万元,收益与融资自求平衡专项债33000万元,棚改专项债5900万元。

【民生工程】实施省定33项民生工程,其中贫困地区义务教育学生营养改善、智慧学校建设、棚户区改造三个项目无任务。全年投入民生工程财政资金5.17亿元,其中,上级资金3.66亿元,县级配套1.51亿元。完成省定民生工程目标任务。

(郎溪县财政局供稿)

宁国市财政工作概述

【概况】2020年,宁国市完成财政收入497700万元,较上年增收11296万元,增长2.3%。其中:上划中央收入187612万元,较上年增收10473万元,增长5.9%;一般公共预算收入309806万元,较上年增收769万元,增长0.25%。国有资本经营预算收入282万元。完成财政支出465370万元,较上年同期减少29866万元,下降6.0%。

【乡镇财政管理】发挥乡镇财政职能作用,提高乡镇财政服务水平,优化乡镇财政职能,明确乡镇财政工作重点,合理划分县乡财政事权和支出责任,完善乡镇财政管理体制。硬化乡镇财政预算约束,保障乡镇财政资金安全。加强乡镇财政队伍建设,推进乡镇财政服务大局,提升乡镇财政管理水平。

【预算管理】强化收入预期管理,利用"金税三期"和宁国市综合治税分析平台,加强重点税源企业和重点行业税收比对分析、监控。定期组织召开财政、税务、经开区等综合治税成员单位联系会议,分析研判当前收入形势和收入预期,确保财政收入稳定可持续增长。强化预算执行管理,调整和优化支出结构,确保民生支出和重点支出持续均衡增长。坚持过紧日子思想,一般性支出在年初预算压减10%的基础上再压缩5%,压减金额216.8万元,压减非刚性、非急需项目资金1.12亿元,压减资金全部用于民生领域和重点项目保障。

【财政绩效管理】贯彻落实全面实施预算绩效管理有关部署和要求,推进预算绩效管理改革,完善预算绩效管理制度和绩效指标体系建设,将预算绩效贯穿到预算管理的事前、事中、事后各个环节。指导推动预算部门开展事前评估、编制绩效目标,实现绩效目标编制全覆盖;开展绩效目标运行监控,建立绩效自评和财政重点评价相结合的多层次绩效评价体系,财政重点绩效评价由项目拓展到重大政策和部门整体,并重点加强民生工程、新增债券资金项目等领域绩效评价。通过绩效运用监控和绩效评价,对未能如期实现绩效目标或绩效评价结果较差的项目,收回或调减部分项目资金,涉及19个部门46个项目,资金为9117万元。

【财政支农】发挥财政职能,助力乡村振兴发展。投入资金13148.92万元,用于美丽乡村建设、中小河流治理、农田水利最后一公里建设、高标农田建设、水库移民后期扶持项目建设、农村环境卫生整治等基础设施建设。发放各类惠农补贴5656.66万元,支持实施乡村振兴战略,助力乡村振兴。

【防控新冠肺炎疫情保障】贯彻落实中央和省、市决策部署,发挥财政职能作用,加大资金统筹调度力度,对接市直各单位、开发区及乡镇街道,整合各级财政资金用于疫情防控工作。支持市红十字会开通捐赠通道,指导和协助红十字会规范接收和使用社会捐赠资金,支持做好疫情防控经费保障工作。全年投入2694万元用于保障疫情防控。

【直达资金惠企利民】成立直达资金工作领导小组,负责直达资金工作总体协调,研究制定资金分配方案并细化落实到符合保民生、保基层运转、保市场主体等工作要求的具体项目和单位。按规定拨付资金,督促项目单位加快支出进度。根据《关于下达疫情防控重点保障企业优惠贷款贴息资金预算的通知》,向宁国市获得疫情防控优惠利率专项贷款的两家企业拨付中央财政贴息资金5.1万元。发放创业担保贷款9640万元,贴息354万元(其中宁国市财政贴息177万元),受惠人数460人。向17家企业拨付省股权托管交易中心科创板挂牌企业省级财政奖励资金180万元。

【PPP项目管理】有全国PPP综合信息平台项目管理库在库项目9个,总投资为52亿元。9个PPP项目进入执行阶段。全年付费1.65亿元。

【政府采购管理】执行《政府采购法》等相关法律法规,修订《宁国市政府采购限额标准和审批权限》《宁国市限额以下小型工程及货物和服务项目交易操作规程》,履行采购管理职责,审核采购资金来源和采购方式,下达采购计划,加强采购监管。全年采购预算74813.94万元,资金性质均为财政性资金;实际采购金额65353.51万元,节约资金9460.43万元,节约率为12.65%。

【国库支付】规范国库集中支付行为,保障财政资金安全高效运行。全年国库集中支付办理业务131905笔,支付资金717575万元,其中直接支付业务6347笔,支付资金221306万元;授权支付业务125558笔,支付资金496269万元。

【地方政府专项债发行】申报入库地方政府专项债券项目7个,发行专项债券资金15.27亿元,发行规模位列宣城市七个县(市、区)首位,有力推动高铁、中德小镇等重大政府投资项目实施。

【抗疫特别国债资金管理】上级下达抗疫特别国债资金16577万元。按照特别抗疫国债资金管理办法要求,会商相关部门逐项审核项目预期实施进度和社会效益以及与直达资金政策的契合性,提出具体项目,报经市政府批准后,将抗疫特别国债资金批复下达到项目具体执行部门,将用于基础设施建设项目的资金,按有关规定报市发改委备案。针对支付进度较慢的项目,上门会商,督促项目加快实施,形成实物工作量,发挥资金使用效益。

【行政事业单位国有资产管理】按照资产信息系统监管要求,开展全市行政事业单位国有资产月报、年报及公共基础设施报表的编制工作,动态化监督管理国有资产,掌握全市行政事业单位资产变动情况。加强管理各单位报废、报损资产和处置收益,批复处置资产32批次,集中处置公务用车14辆,报废车辆23辆,两轮摩托车(含电瓶车)263辆。完善政府向人大报告国有资产管理情况制度,首次代政府向人大常委会全面报告全市国有资产管理情况。

【财政监督与管理】会同宁国市人社局开展长江流域禁捕财政补助资金专项检查、对宁国市中小企业融资担保有限公司开展会计信息质量检查工作、对梅林镇政府开展会计信息质量检查、对全市一级预算单位开展预决算公开专项检查、"小金库"专项治理等5项工作。遵循行政执法三项制度,规范行政执法流程和执法案件档案管理。开展3次财政部门规范性文件清理活动。

【民生工程】坚持民生优先导向,强化工作举措,克服疫情不利影响,加大投入力度,推进民生工程加快实施,保障民生政策落实,办好民生实事。投入资金8.39亿元,完成全市33项民生工程。棚户区改造、老旧小区改造、农村危房改造等工程取得明显成效,农村安全饮水工程、"四好农村路"建设工程、城乡居民大病保险等工程惠及成千上万居民,覆盖城乡的社会保障体系基本建成,教育、卫生、体育等社会事业全面进步,全市基本公共服务均等化水平提高。建立完善民生工作责任机制、协调调度机制、督查考核机制和宣传引导等机制,制定全市民生工程实施方案、资金筹措办法等制度文件。建立完善民生工程建后管养投入长效机制,加大民生工程管养资金保障力度,统筹安排建后管养资金6000余万元,发挥建成项目效益。

【党的建设】学深学透习近平新时代中国特色社会主义思想,特别是习近平总书记考察安徽重要讲话指示精神和党的十九届五中全会精神,增强"四个意识",坚定"四个自信",把做到"两个维护"转化为思想自觉和行动自觉。巩固深化主题教育成果,开展机关"三联三传"活动,推动机关党建走在前列、做好表率。开展中央脱贫攻坚专项巡视"回头看"暨深化"三个以案"警示教育。建立五项工作机制,加强与派驻纪检监察组联系协作,形成同向发力、协作互动的工作格局,严明纪律规矩。

【干部队伍建设】组织开展"庆中秋迎国庆职工摄影展"等各类职工文化活动,增强机关活力。在抗击新冠疫情和文明创建工作中,机关党员干部敢于吃苦、连续作战,圆满完成工作任务,充分展现财政干部勇于担当、快干实干的时代底色。

(宁国市财政局供稿 刁弘丹执笔)

泾县财政工作概述

【概况】2020年,泾县财政局紧扣全面建成小康社会目标任务,坚持新发展理念,应对经济下行、新冠肺炎疫情等影响,巩固减税降费成果,落实中央直达资金直接惠企利民,兜牢"保工资、保运转、保基本民生"底线,支持脱贫攻坚及"五大会战",推进稳增长、促改革、调结构、惠民生、防风险等各项工作,财政运行总体平稳。全县一般公共预算收入完成153208万元,增长0.2%,税收占比48.48%。一般公共预算财力合计386270万元。全县一般公共预算支出完成378862万元,增长2.32%。泾县财政局获省财政厅关于2019年度乡镇财政资金监管和惠农补贴资金管理发放工作绩效评价结果B类;获省财政厅关于2019年度财政扶贫资金绩效评价结果"优秀"等次;在省财政厅关于财政部2019年度县级财政管理绩效综合评价结果中,财政管理综合评价为全国第64位、中部地区第14位、全省第9位。

【强化财政支出管理】树立过紧日子思想,压减一般性支出。印发《泾县县级财政预算追加管理暂行办法》,转发《安徽省财政厅关于积极应对新冠肺炎疫情影响做好机关事业单位行政开支压减工作的通知》和《安徽省财政厅关于严把关口过紧日子提高财政支出绩效的通知》。强化"三公经费"管理,印发《关于进一步加强"三公经费"管理的通知》《关于加强财政预算收支和库款管理做好"三保"落实工作的通知》《关于转发安徽省财政厅贯彻落实过紧日子要求进一步加强和规范省直部门预算管理的通知》等,从严控制会议费、差旅费、劳务费等支出,一般性支出在年初预算的基础上再压减10%,支出346.8万元。全年"三公经费"支出1984万元。

【推进预算绩效管理】成立泾县预算绩效管理工作领导小组,明确工作流程及各成员单位工作职责。印发《泾县县直部门预算绩效目标管理暂行办法》《泾县2021年县级预算公开评审工作方案》等相关制度,建立评价反馈整改机制,将预算绩效管理工作列入全县目标管理考核体系。分步推进,开展事前评估,将绩效管理关口前移;做实绩效监控,对11项民生实事实施"双监控";试点整体评价,对县教体局、县公安局、县农业农村局、县卫健委4个部门开展部门整体支出绩效评价;实施重点评价,通过购买服务对500万元以上项目开展财政重点评价。

【做好预决算编制及公开】坚持量入为出、收支平衡,统筹兼顾、突出重点,厉行节约、讲求绩效,规范透明、硬化约束,保障"三保"、防范财政风险的原则,做好县本级部门预算编制工作,提交县人大常委会、县委常委会研究,县人代会批复后随即下达,要求各部门单位完善项目绩效目标申报工作,实行项目预算绩效管理全覆盖。根据要求完成本级财政预决算和"三公经费"信息公开工作。组织142个县直行政事业单位及11个乡镇开展部门决算编制工作,完成市级汇编。

【支持打赢脱贫攻坚战】支持实现脱贫攻坚目标任务,中央、省、市及县级扶贫资金安排6677万元,实际总支出6440.58万元,支出进度为96.46%,完成92%的考核任务。印发《2020年度泾县资产收益扶贫实施方案》,确定7个资产收益扶贫项目,投入357万元。7个项目全部完工,年收益23.97万元,7个开展资产收益扶贫项目的贫困村均完成资产收益分红,带动1253个贫困户受益分红,人均分红217元。落实中央巡视整改“回头看”和2019年脱贫攻坚成效考核问题整改任务,开展扶贫小额信贷“七排查、七提升”专项行动,对照“354+N”问题清单进行自查自纠,采取“四不两直”方式深入乡镇、村,逐户走访调研,补齐问题整改短板弱项。印发《关于进一步做好扶贫小额信贷“应贷尽贷”工作的通知》,加大政策宣传力度,完善“三级清单”,优化申贷流程,严把准入关口。

【支持打好污染防治攻坚战】实施《宣城市地表水断面生态补偿暂行办法》,一般公共预算安排生态流域补偿300万元用于地表水环境质量生态补偿。加强生态环境保护相关资金保障,节能环保支出9355万元,保障创建国家生态文明建设示范县、污染源普查、环境能力建设费等支出;配合各部门扬子鳄保护区整改工作,自2018年扬子鳄保护区巡视整改被约谈以来,拨付保护区整改资金23417万元;保障泾县生活垃圾处理场、市容市貌社会化管理、垃圾中转站、城市老旧小区整治改造等支出;争取中央水污染防治补助资金760万元,用于桃花潭镇生活污水处理管网建设及昌桥乡安全饮水工程项目。推进“林长制”“河长制”,实施“禁渔期、禁渔区”制度,做好秸秆禁烧和综合利用,加大秸秆禁烧巡查督查力度。实行生态环保网格化管理,全年安排52万元用于发放村级生态环境保护网格化监管员工作补贴。

【支持防范化解重大风险】依法规范举债,防范化解地方政府债务风险。全县政府债务余额301828万元,其中:一般债务余额91494万元,专项债务余额210334万元,余额均控制在省财政厅下达限额内。全年在省财政厅下达限额内发行新增债券60496万元,其中:新增一般债券2796万元,新增专项债券57700万元。2018年8月开展政府隐性债务清理认定后,累计化债率和2020年化债率均超序时进度。多举措开展金融领域扫黑除恶专项斗争,防范系统性金融风险。指导各金融机构开展金融领域扫黑除恶宣传工作,印发推进“资金霸”专项整治工作方案;开展防范非法集资暨地方金融领域扫黑除恶专项斗争宣传月活动,每周三志愿服务站常态化宣传,全年开展集中宣传71场,发放宣传资料4万余份,悬挂横幅189条,LED宣传218个,参与38000余人次,在电视台持续播放“防范非法集资”公益广告、全县140余个村(社区)悬挂宣传横幅、新媒体阵地微信公众号发布宣传内容;联合多部门排查投资公司、从事融资担保业务的市场主体,防控非法、违规金融活动风险;对全县典当、担保、小贷公司开展金融领域扫黑除恶专项斗争专项排查,未发现涉黑涉恶线索。

【深化财政改革】实施预算绩效管理改革,建立预算绩效管理顶层制度,印发《泾县关于全面实施预算绩效管理实施方案》《全面实施预算绩效管理的实施办法》和《泾县县直部门预算绩效目标管理暂行办法》,通过借鉴先进地区经验、模式,借助专业机构力量,提升预算绩效管理工作水平。赴德清县、安吉县学习先进地区管理经验,邀请上海闻政公司到县财政局分享预算绩效管理经验,会商有关单位制定泾县全过程预算绩效管理工作计划,在2021年预算编制会上系统培训全县单位。做好公务卡改革工作,执行《关于深入推进公务卡制度改革、切实加强预算单位现金管理的通知》精神,要求按照《泾县预算单位公务卡强制结算目录》使用公务卡结算日常支出。完善预算执行动态监控系统,建立健全公务卡使用情况通报制度。全县系统内公务卡办理3133张,公务卡消费支出17580笔,金额1747.71万元,其中公务消费还款524.49万元;全县11个乡镇符合公务卡办理条件人数为821人,办理公务卡751人,办卡率为91.4%,公务卡消费还款102.97万元。推进国有资产监管体制改革,坚持国有资本布局优化和结构调整,将有限资产资源向重点行业、关键领域和优势企业集中。组建安徽泾县文化旅游集团有限公司,将泾县青弋江建设有限公司、安徽印象皖南集团控股有限公司分别整体无偿划转进入县城镇化公司、县文旅集团,通过授权国有资本投资、运营公司履行出资人职责,成立泾县交通实业有限公司、泾县司乘公寓管理有限公司等一批子公司。推动其他履行出资人职责的部门建立和完善国有企业监管制度,印发《关于进一步加强部门履行出资人职责国有企业监督管理工作的意见》,明确其他履行出资人职责部门的监管责任。

【做好社会保障工作】加强社会保险资金保障,全年拨付机关事业单位退休人员养老金、城乡居民养老金、被征地农民养老金、未参保集体企业退休人员基本生活费、离任村干部生活补贴、退出村医生活补贴等资金3.6亿元;拨付职工养老金、工伤保险费、失业保险费5.0亿元;拨付城镇职工基本医疗、城乡居民基本医保、离休(伤残)医疗费3.5亿元。加大社会救助体系建设投入,做好农村城市低保金、特困供养对象补助、孤儿生活费、重度残疾人护理补贴、困难残疾人生活补贴等发放工作;做好临时社会救助工作,特别是加大疫情下的困难群众救助;在基本医疗保障、大病医疗保险基础上,对困难群体实行医疗救助政策。对贫困人口执行“351”“180”“160”政策,按照上级颁布标准对低保对象、特困供养人员、孤儿、优抚对象等特殊群体发放价格临时补贴。做好疫情防控资金保障,统筹中央、省级财政资金 293.5 万元,县财政安排 1084.5 万元,共 1378.0 万元,做好疫情防疫资金保障。支出 1324.2 万元,用于全县疫情检测设备和防控物资的采购、核酸检测、人员隔离,值守卡点建设和运行费用,各级疫情防控宣传,以及各乡、镇村(社区)联防联控费用支出等。

【支持乡村振兴战略】支持美丽乡村建设,筹集资金推进农村人居环境整治。县级预算安排 4460 万元,争取新增地方政府一般债务资金 2496 万元,共 6956 万元统筹用于农村人居环境整治工作。加强财政支农项目资金管理,督促项目实施单位根据省、县批复下达的各类项目资金计划,按照方案建设内容和资金使用管理要求,加快项目实施进度,做好项目实施后续管护、项目竣工验收总结和资金拨付等工作。加快支农项目资金拨付工作,争取中央、省、县级资金 1052 万元安排用于农村公益事业财政奖补项目 70 个。配合主管部门做好农业支持保护资金、农机购置补贴、森林生态效益补偿基金等涉农补贴的发放,做好各类补贴审核汇总发放等工作。做好惠农惠民补贴资金发放,通过"一卡通"平台发放惠农资金 21264.5 万元,涉及 16 大类、39 小类资金种类。

【推进民生工程】认真贯彻落实全县民生工程工作部署会议要求,精准调度、务实推进,33 项民生工程中泾县涉及 31 项,如"四好农村路"建设、农村危房改造、贫困残疾人康复、城乡困难群体法律援助等项目,均圆满完成任务。

【加强国有资产管理】围绕县委县政府制定的深化国资国企、投融资体制机制改革的目标任务,以优化国有资本配置、提高国有资本运营效率为中心,调整国有资本布局结构、优化国有资本监管方式,深入推进县属国有企业改革,充分发挥国有资本在县域经济社会发展的引领引导作用。

【加强项目建设资金保障】做好交通建设大会战、城市提品大会战资金保障工作。交通项目资金支出 35106 万元,其中洗马桥—爰民美丽公路 4646 万元,榔茂路 3100 万元,芜黄高速、皖南川藏线、农村畅通工程及扩面延伸工程等项目 27360 万元。住建项目资金支出 35784 万元,其中棚户区改造还本付息 12917 万元,江心洲公园、青弋江北路及青弋江北路景观 977 万元,谢园路白加黑、财富路白加黑等项目资金 21890 万元。做好重点项目资金调度工作,拨付牛岭水库征迁及工程项目建设资金,牛岭水库工程项目资金支出 55314 万元。做好宣城市工业学校产教融合项目及扩建项目、农村安全饮水、老旧小区改造等项目资金保障。

【推进 PPP 项目实施】跟踪 PPP 项目实施进展,加强 PPP 项目信息公开,配合主管单位做好项目库内实施内容调整。红色旅游 PPP 项目中,云北路完工,进行第一期政府付费;宁泾公路施工中;泾青通道开展前期工作。生态文明建设 PPP 项目中,桃花潭中路完工,进行第一期政府付费;城镇污水处理建设项目即将完工;运河(城区段)绿色长廊建设项目、泾县社会主义核心价值观教育基地项目开工建设。

【助力经济高质量发展】服务实体经济,开展省股权交易中心"科创板"政策宣讲和挂牌推广工作,兑现 2019 年、2020 年挂牌奖励资金 230 万元。在省股权交易中心"科创板"成功挂牌 5 家企业,非"科创板"4 家企业。落实惠企利民政策,审核兑现各项扶持企业奖励资金 17653.77 万元。结合"四送一服"等活动,以送政策入企、银企对接等方式,搭建政府部门、金融部门与企业间的交流平台,宣传解读各级惠企利民政策,帮助解决企业资金、人才、土地等要素问题。

【加强法治财政建设】完成 2019 年度财政局法治宣传教育、依法行政目标管理考核和《法治政府建设实施纲要(2015-2020 年)》全面自查等材料的汇编上报。印发《泾县财政局 2020 年法治宣传教育工作要点》、《泾县财政局"谁执法谁普法谁开展法律服务"责任清单》《2020 年度泾县财政系统普法责任清单》。组织参加"机关集中学法月"法律知识测试、财政行政执法证考试和应急普法网上知识竞赛。邀请市"七五"普法讲师团来县财政局开展"法律六进"、"以案释法"宣讲 3 次,面向财政系统、国有企业、民营企业宣传公益诉讼法规、《公司法》、《行政处罚法》等法律法规。组织集中收看《扬子讲堂》传染病防治法解读和未成年人犯罪预防解读、廉政法治动漫系列宣传片《微腐面面观》《民法典》解读等法治视频讲座。开展财政行政执法证和地方金融监管行政执法证年检、修订公共服务清单和中介服务清单、行政处罚和行政强制事项统一规范指导目录、规范性文件清理、证明事项告知承诺制政务服务事项目录、"双随机一公开"等依法行政工作。

【加强政府性债务管理】建立并完善全县专项债券项目库,加大债券项目申报力度,在限额内规范举债,发挥举债融资对经济社会发展的促进作用。加强政府性债务资金管理,坚持"资金跟项目走"原则,加大项目调度,督促各债券资金沉淀单位及相关项目主管部门落实债务主体责任,加快债券资金支付进度,发挥债券资金使用效益。落实隐债化解方案,减存量、控增量、消隐量,防范化解地方政府债务风险,打好防范化解重大风险攻坚战。

【加强国库集中支付管理】强化部门单位预算执行主体责任,完善授权支付制度。出台《关于调整国库集中支付资金支付方式目录的通知》,扩大授权支付范围。根据《关于进一步规范财政专项资金管理的通知》,将专项资金纳入国库集中支付范畴,加强专项资金指标及用款计划审核,解决支付流程不顺畅、支付主体责任不明确等问题。健全预算执行动态监控体系,将所有财政资金和预算单位纳入动态监控范围,健全动态监控分析报告制度,建立事前有预警、事中有监控、事后有检查、结果有反馈的预算执行动态监控机制。利用动态监控系统加强对授权支付的监督及检查,依托动态监控系统对部分授权支付情况进行检查。

【加强财政监督管理】开展预算和"三公经费"预算信息公开预检查,确保预算信息按要求公开,接受社会公众监督和约束。开展财会监督工作调研,形成调研报告并上报。按规定使用财政监督检查和绩效考评中介服务机构库,完成7个财政监督检查和绩效考评项目。印发《关于进一步做好财政专项资金监督检查的通知》,按季度编列下达财政专项资金监督检查计划,开展财政专项资金监督检查,通报监督检查情况,限期整改到位。强化内控建设,编制县财政局2019年度内控报告,执行等级为"良";完成局机关内控制度存在问题整改工作。

【加强政府采购管理】印发《关于进一步明确政府采购有关问题的通知》,明确落实采购单位的主体责任,强调政府采购预算管理和政府采购计划管理,特别是对政府采购信息公开提出要求。按照政府采购政策规定,办理各单位政府采购项目计划审批,受理政府集中采购项目231个,采购预算金额31347万元。推进"徽采商城"采购方式改革,审批各单位"徽采商城"采购计划346个,采购预算金额1094万元。加强政府采购供应商投诉处理工作,受理政府采购供应商投诉5起,处理完结5起,受理政府采购行政处罚案件1起,处理完结1起。

【加强乡镇财政管理】按照"一级政府、一级财政"要求,强化乡镇财政职能,严格乡镇收支预算管理,深化乡镇国库集中支付改革,强化预算执行。出台《关于进一步加强乡镇财政专项资金管理的通知》,乡镇专项资金实行专款专用、专项核算,各乡镇每月向财政部门报送各类专项资金使用情况,县财政部门对重点项目资金实行季度通报。严把关口过紧日子,统筹乡镇资金使用,各乡镇根据每月支出情况,上报用款计划。通过完善预算执行动态监控工作机制,加强重点资金监控,加大预警问题核查,坚持"线上预警"与"线下核查"相结合的方式,全面检查11个乡镇财政授权支付业务,对检查中发现问题,下发《乡镇动态监控预警问题处理建议函》。

【加强会计行业管理】按照《关于加强全县行政事业单位会计管理工作的通知》要求跟踪监办,各行政事业单位会计管理工作规范整改落实到位。组织开展行政事业单位内部控制报告网络编报工作,全县150个单位均通过审核。全县会计人员通过信息采集855人,视同教育办理69件。3家会计代理记账机构获行政许可,全县代理记账机构增至10家;推进社会信用体系建设,上传红榜22条,基础信息25条。优化营商环境,提高服务效能,压缩财政行政许可事项审批办理时限至1-3日,精简网络查询审批材料。

【加强担保代偿管理】坚持"一企一策"追偿原则,压实工作责任,与相关企业及法院等部门加强沟通协调,梳理工作关系,依法依规实施追偿。县担保中心担保代偿1.87亿元,完成追偿收入7184.24万元。受疫情及汛期灾情等影响,实现追偿收入894.31万元。推进昌桥乡原工业园区土地盘活工作,形成初步工作意见,根据工作难易程度,按先易后难、一企一策原则,分两批对相关企业土地及资产进行处置。

(泾县财政局供稿　宋玲执笔)

绩溪县财政工作概述

【概况】2020年,绩溪县财政局实施积极的财政政策,加强税收预期管理,加大对小税种、零散税收的征管力度,确保应收尽收。全县完成一般公共预算收入82205万元,较上年增长0.3%。优化支出结构,压缩一般性支出,保障重点项目建设。安排全年"三保"经费7.6亿元;筹措资金3.41亿元,其中县级财政安排9917万元,完成省定33项民生工程任务。全县完成一般公共预算支出(含省追加指标,下同)190312万元,占年度预算调整数的99.8%,较上年实绩增长5.9%。

【疫情防控】统筹疫情防控和经济社会发展,组织全体财政干部投身社区、卡点、高铁站等防控一线485人次;开通疫情防控资金拨付"绿色通道",全年安排疫情防控资金2200万元,全力支持做好全县疫情防控工作。

【预算绩效管理】成立财政预算绩效管理工作领导小组,制定《关于绩溪县全面实施预算绩效管理的实施意见》,明确各预算单位作为预算执行主体,按照年初下达的部门预算执行,非重大特殊事项一般不予安排追加(调剂)。对县委、县政府明确要求追加的项目,确保当年启动实施、当年支出。推进预算公开,将预决算公开情况作为财政管理工作绩效考核重要内容。推进预算绩效评价工作,完成财政收入预期管理、预决算公开、财政专项扶贫资金、乡镇财政资金监管和惠农补贴资金管理等工作的绩效评价。建立财政存量资金按季定期清理制度,防止财政资金沉淀,全年收回财政存量资金1300万元。

【债务管理】坚持疏堵并举,严格政府债务限额管理和预算管理,化解存量,遏制增量。规范地方政府信息公开。加强债务日常监测和绩效管理,完成对6个单位12个债券项目的绩效评价工作。入库专项债券项目7个,总投资16亿元。全年发行地方政府新增债券2.44亿元。

【扶持实体经济发展】落实减税降费政策,全年新增减税降费1.92亿元。落实企业扶持政策,全年本级财政拨付工业、物流、利废、商贸等企业扶持资金超1亿元;向上争取制造业高质量发展、中小企业发展专项资金、疫情防控重点保障企业设备补助和贷款贴息、流通业发展、科创板挂牌奖励及外贸奖励等相关专项资金1382万元。开展“4321”新型政银担、“税融通”担保业务,在保金额3.3亿元。

【精准扶贫】第三年在全省财政扶贫资金绩效评价中获优秀等次。安排扶贫资金3540万元,其中县级配套资金1718万元,支持脱贫攻坚。开展资产收益扶贫工程,确定资产收益项目3个,投入财政专项扶贫资金100万元,带动贫困人口242人。制定印发《关于进一步加强财政专项扶贫资金绩效管理的实施意见》、《财政专项扶贫资金绩效目标设定等4个操作规程的通知》、《关于规范财政专项扶贫资金绩效运行监控有关事项的通知》,健全完善扶贫资金绩效管理政策制度体系。推进扶贫小额信贷,支持建档立卡贫困户、边缘户用于发展生产,全年新增续贷388户、1711万元。

【财政监督与管理】开展“两项目两资金”专项整治工作,对资金拨付进度慢、账务处理不及时不规范等问题进行整改。常态化开展乡镇财政资金监管和惠农补贴资金管理发放检查督查。开展会计评估监督检查工作,对绩溪县中小企业融资担保有限责任公司及绩溪县德信会计服务有限公司、绩溪县金鑫财税咨询有限公司两家代理记账机构完成实地检查。完成年度预决算公开复核工作。开展行政事业单位内部控制报告编报工作,规范行政事业单位内控制度建设。

【直达资金监管】将直达资金纳入预算管理;优化国库集中支付,把关指标录入、流转和支出等流程,加强直达资金拨付管理。成立直达资金监督工作小组,依托直达资金监控系统建立直达资金台账,详细记录资金拨付使用情况,实现资金台账与线下数据同步,全过程监控资金使用情况,对受益对象实行实名制管理,加强动态跟踪监控,确保直达资金使用规范、安全。全年争取到位直达资金1.93亿元,其中特殊转移支付8266万元、抗疫特别国债4981万元。

【乡镇财政管理】建立农村公益事业财政奖补2020-2022三年项目库,入库项目121个,工程总预算4155.2万元,受益群众9.6万人。落实扶持壮大村级集体经济发展项目20个,投入各级财政专项资金960万元。印发《绩溪县惠农补贴资金使用社保卡工作实施方案》,推行绩溪县惠农补贴资金存折换卡,全年发放35项惠民补贴共12166.73万元,补贴农户42783户。在全省乡镇财政资金监管和惠农补贴资金管理发放工作绩效评价中被评为A类。

【政府采购管理】加强各预算单位政府采购预算编制,制定《绩溪县创优营商环境政府采购提升行动工作方案》,规范政府采购程序、信息公告发布、合同管理、网上商城采购以及诚信体系建设。开通疫情防控物资紧急采购“绿色通道”;运用政府采购助力消费扶贫。全年采购预算50475.65万元,实际采购金额42641.03万元,节约资金7834.62万元,节约率15.22%,其中网上商城采购完成706.57万元。

【国库支付】根据账户管理相关文件要求规范开立、变更、撤销和管理账户,按规定与财政专户开户银行签订银行结算账户管理协议,将财政专户归口财政部门国库管理机构统一管理,将财政专户资金收付纳入信息系统管理。全年办理国库集中支付57634笔,支付资金271806万元。其中,直接支付业务5972笔,支付资金156165.9万元;授权支付51662笔,支付资金115640.1万元。

【PPP项目管理】全县5个在库项目进入执行阶段,根据合同规定和绩效考核结果,绩溪县生态文明提升基础设施建设、城乡污水处理、省道215绩溪至歙县段改造工程和生态工业园区西环线道路PPP项目开始运营付费。

【民生工程】省定33项民生工程中绩溪县实际实施28项,均按时间节点和目标要求完成。年初制定绩溪县2020年民生工程工作要点,建立完善民生工程工作运行、督查、考核、宣传、管护五项机制。县政府将任务分解落实到县直各实施部门和乡镇,签订目标责任书,县直实施部门、乡镇对照分解任务制定实施方案或细则。县民生办发挥牵头抓总作用,围绕民生工程工作进展、资金配套、拨付监管、建后管养等方面,加强工作会商,全年上门会商65次。完善联络员管理机制,加强民生工作人员队伍建设,对调整联络员的单位上门会商工作职责,提升履职能力。建立民生工程月调度、月通报制度,县民生办多次组织召开会议检查调度民生工程进展情况,县领导多次到实施单位及项目现场进行实地督查检查。开展全县民生工程“互学互查互比互评”活动,组织民生工程实施单位通过看现场、查资料、比进度、评成效等形式,寻找差距短板,分析研究对策,完善整治措施。制定《绩溪县2020年民生工程宣传工作方案》,印制多种宣传资料开展集中宣传,利用新闻媒体、网站信息平台、政务村务公开栏、电子显示屏、进村入户面对面宣讲等不同形式宣传,做好民生工程标识牌安装和应用工作。制定民生工程专项资金管理办法,印发民生工程工作考核办法,将部门绩效自评、第三方评价、社情民意调查结果相结合,全年收到社会监督员反馈意见建议11条。

(绩溪县财政局供稿)

旌德县财政工作概述

【概况】2020年,旌德县财政总收入完成84410万元,同比减收3257万元,下降3.7%。其中:一般公共预算收入完成64244万元,同比增收127万元,增长0.2%。全县一般公共预算支出完成164893万元,同比增支5229万元,增长3.3%。其中:财政民生支出完成140870万元,占总支出85.4%。

【助推社会事业发展】全县33项民生工程投入财政资金3.64亿元,其中:上级财政资金2.47亿元,县财政配套资金1.17亿元。财政资金全部拨付完毕,做到民生工程资金优先安排、优先配套、优先拨付,保障基本民生支出在财政支出中的优先顺序。全县安排12个项目、12个村开展扶持村级集体经济试点工作,项目总投资2040万元,其中省级财政综改资金150万元,市级财政资金30万元,县财政资金560万元,社会投入1300万元。支持农村"三变"改革,壮大村级集体经济,预算安排年度专项资金560万元。促进就业工作,发挥资金效益。兑现县级涉企优惠政策奖补资金7370万元,其中工业企业政策性奖补资金1041.87万元。

【严格地方债务管理】规范和加强政府性债务管理,完善债务风险防控机制,加强常态化监测,遏制隐形债务增量,化解存量,守住不发生区域性系统性风险的底线。地方政府债务规模实行限额管理,举债不得突破批准限额。经省政府批准全县政府债务限额为176046万元,较上年新增债务限额16601万元,主要用于支持市县公立医院债务化解、支持农业基础设施建设以及符合要求的专项债项目。对地方政府债务中的一般债务和专项债务分别纳入一般公共预算和政府性基金预算管理。全县政府债务余额166937万元,较上年增加16466万元。

【加强国有资产监管】县国资委履行出资人职责,重点督促各企业建章立制,规范重大投融资行为,规范重大投融资报告报备。根据干部管理权限,按程序管理县属国有企业干部,监管企业员工选聘选调工作。规范要求县属国有企业工程项目及商品货物采购执行招标投标法和政府采购法,出台《旌德县县属国有企业工资总额预算管理暂行办法》,督促各企业建立完善公司员工薪酬管理制度与绩效考核管理办法。在全市县级层面启动国有资本经营预算编制工作。落实县政府向人大常委会报告国有资产管理情况制度。

【推进乡镇机构改革】根据中共旌德县委《关于深化乡镇机构改革的实施方案》,县财政局原派出机构10个财政分局不再保留,统一为各镇政府下属事业单位,各分局人、财、物三权下划到各镇政府,改称财政服务管理中心。

【进行金融领域扫黑除恶】发挥旌德县金融领域扫黑除恶专项斗争领导小组和县防范和处置非法集资工作领导小组工作职能,完善制度保障,协调联动,推进地方金融领域扫黑除恶专项斗争,防范和处置非法集资。加强宣传,普及金融知识,提高群众金融风险防范意识和普及金融领域扫黑除恶专项斗争知识。全县开展"七进"等宣传活动78次,参与群众1.1万人次,报纸杂志、广播电视等宣传42次,发布原创作品22篇,互动宣传覆盖23000人,发送宣传短信2600余条,发放宣传册40000册,电视专题宣传报道8次。定期组织排查,化解风险。摸排63家投资公司和寄卖行,现场检查6家投资公司和1家寄卖行,未发现非法集资和非法放贷现象。核查县扫黑办移交的线索,采取约谈和现场检查、下达整改通知书、签订承诺书等手段,规范经营活动。总结金融领域扫黑除恶专项斗争工作成果,梳理三年来工作开展情况,收集整理工作资料,形成资料汇编,建立扫黑除恶专项斗争长效机制。

【支持城市建设】全县入库PPP项目5个,总投资额12.62亿元,其中交通基础设施类1个,文旅类1个,教育基础设施类1个,污水处理类2个。分别为:高铁新区基础设施一期PPP项目,总投资3.53亿;宣砚小镇文创中心综合体PPP项目,总投资1.6亿;旌德县县域乡镇污水处理设施及配套污水管网PPP项目,总投资1.34亿;宣城旅游学校迁址新建PPP项目,总投资2.33亿;旌德县城区污水管网提升改造PPP项目,总投资3.82亿。5个PPP项目均处于执行阶段,其中高铁新区基础设施一期PPP项目竣工验收并进入运营阶段。

【脱贫攻坚】县级财政预算安排扶贫专项资金955万元,各级安排财政专项扶贫资金2095万元。加强和规范财政专项扶贫资金绩效管理,提高扶贫项目资金使用效益,完善考评指标体系,健全日常监管流程。依据国家相关政策及脱贫攻坚规划,制定《旌德县财政专项扶贫资金绩效管理实施细则》,将全县40个扶贫项目全部纳入绩效目标管理范围,对2019年30个扶贫项目绩效目标开展自评工作。全县11个部门、10个镇共21个单位参与扶贫资金绩效目标管理工作,涉及金额4055.8万元。从绩效目标设定、绩效目标审核、绩效目标批复、绩效运行监控、绩效评价结果应用等方面完善绩效目标体系建设,实现绩效目标管理全覆盖。发挥金融扶贫助力脱贫攻坚积极作用,加强对县金融机构和类金融机构监管,创新金融服务模式,支持县域经济发展。

【开展"一事一议"】全县实施农

村公益事业财政奖补项目44个,占全县68个村居总数的64.7%。其中道路建设项目23个;小型水利设施建设项目4个;村容美化亮化项目5个;其他类型项目12个(主要为广场建设),受益人口达6.54万人。拨付年度“一事一议”财政奖补项目资金448.8万元。

【强化政府采购约束】政府采购规模实现23683.16万元,节约资金1945.74万元,节约率为7.6%,采购预算、实际采购金额较上年分别增加53%、57.4%。一般公共预算资金为23683.16万元,占采购资金总额的100%。

【强化财政监督管理】加强财政资金管理制度建设,增强财政制度刚性,保障财政资金安全。巩固“小金库”治理、“一卡通”专项整治工作成效。落实减税降费政策,减轻纳税人负担。严把廉政关,完善内部管理制度。加强预算绩效管理,对55个一级预算单位和10个镇的项目资金和整体支出进行预算绩效评价,评价结果向社会公开,评价情况纳入政府考核范围。

【创建示范机关】开展社会主义核心价值观、文明礼仪、文明上网等宣传教育活动。利用县财政局大厅LED屏、宣传栏、楼道文化等宣传媒介,展现单位文明风采,营造创建文明单位浓厚氛围。以“大拇指”志愿服务队为主体,开展环境保护、帮扶济困、宣扬好人、结对共建等志愿服务活动,用爱心传承文明。贯彻落实《安徽省健康素养促进行动规划(2016—2020年)》,推进健康旌德建设,提高居民健康水平,做好争创省级健康促进示范机关、示范县工作。

【加强党风廉政建设】专题研究党建工作4次、党风廉政建设工作14次、意识形态工作4次。推进中央脱贫攻坚专项巡视“回头看”整改暨深化“三个以案”专题警示教育,党员干部集中学习42次,其中:集中学习《习近平谈治国理政》第三卷19次,学习党的十九届五中全会精神5次。开展专题党课8场、专题研讨4次。开展基层党组织标准化建设。

(旌德县财政局供稿　邵红梅执笔)

宣州区财政工作概述

【概况】2020年,宣州区财政收入完成43.58亿元,较上年增长0.56%。其中:税务部门完成31.51亿元,财政部门完成12.07亿元。区级一般公共预算收入完成29.52亿元,增长0.37%,占总收入的67.74%。

【预算管理】推进财政预算绩效管理,强化预算意识,增强预算硬性约束力,从严从紧编制预算,压减一般性支出,执行先有预算、后有支出。实行全口径预算管理,规范预算编制、执行和监督,增强财政资金统筹能力。推进预算绩效管理,推动预算评审由重点领域向全部项目覆盖。推进预决算公开,完善预决算公开长效机制,落实预决算公开主体责任。推进国库集中支付制度改革,规范财政收支行为,发挥财政资金使用效益。实施国库集中支付电子化管理模式,确保财政资金安全、高效运行。完善区乡财政管理体制,理顺区乡财政分配关系,促进乡镇各项社会事业健康发展。

【财政改革】推广PPP模式,鼓励和支持社会资本参与重点领域建设,提高公共产品和服务的供给质量和效率。入库执行阶段项目有2个,总投资11.64亿元,分别是区交通局实施的S604沈村至朱桥段(朱沈路)建设工程、S104宣城至港口段一级公路改建工程PPP项目(总投资8.388亿元)和区住建局实施的乡镇污水治理工程PPP项目(总投资3.254亿元),项目建设有序推进实施中。准备阶段项目1个。正在谋划阶段的项目1个,为南漪湖流域规划保留自然村污水处理项目,总投资为7.99亿元。建立规范的政府举债融资体制,强化违规责任追究,加强监测,控制债务规模和防范债务风险,政府债务余额低于批准限额,债务风险总体可控。

【疫情防控】按照区委、区政府决策部署,疫情发生后启动疫情防控经费应急保障机制,急事急办、特事特办、随到随办,简化工作流程,开辟资金拨付、医保支付、政府采购等绿色通道,保障组各部门会商资金筹集、分配、费用结算等工作,保障防控物资购置、领用和核酸检测、确诊患者医疗救治等重点支出。筹措防控专项经费3041.43万元,其中:各级财政资金2633.3万元、区红十字会捐赠资金357.47万元、宣城市光彩事业促进会捐赠资金42.83万元、宣州区慈善协会捐赠资金7.83万元。全区支出防控专项经费3004.11万元。其中:拨付乡镇街道409.5万元,购买防控物资支出1388.97万元,其他支出1205.64万元,结余资金219.05万。运用专项债券政策,提升全区医疗卫生能力和水平,补齐医疗卫生短板,申报评审入库医疗卫生项目2个,总投资43007万元。申请专项债券资金31500万元,其中:宣城高新技术产业开发区综合医院建设项目,总投资29981万元,申请专项债券资金23500万元;宣城市中心医院内科病房综合楼建设项目,总投资13026万元,申请专项债券资金8000万元。当年到位资金4000万元,均投入项目建设。

【三大攻坚战】控制地方债务风险,规范举债,制止违规担保和变相融资等行为。做好金融领域“扫黑除恶”专项斗争,防范化解金融风险。集中整治金融乱象,打击非法集资,推进陈案攻坚。严格市场准入,加强投资类公司清理整顿。推进互联网金融风险专项整治,确保在营机构全部无风险退出。压实区属企业防控信用风险主体责任,防控重点企业信用违约风险。

完善地方金融监管,督导七类机构强化内控机制建设。紧盯脱贫攻坚,安排财政专项扶贫资金9477.9万元,其中:中央财政专项扶贫资金1352万元,省级财政专项扶贫资金1005.9万元,市级财政专项扶贫资金820万元,区本级安排扶贫资金6300万元,结对帮扶舒城县资金1500万元。加强扶贫资金绩效管理,执行《安徽省财政专项扶贫资金绩效管理办法》,对全区扶贫项目进行绩效管理,在项目绩效申报、运行、自评等各项工作中实施监控管理。推进资产收益扶贫,全区实施资产收益民生工程扶贫项目6个,涉及6个贫困村,项目总投资460.15万元,其中财政专项扶贫资金395万元,其他资金65.15万元。深入学习贯彻习近平总书记关于扶贫和巡视巡察工作重要论述,围绕"354+N"问题整改,聚焦"两不愁三保障一安全",推进"抗补促""四季攻势",推进问题整改落地见效。落实生态保护补偿制度,缴纳宣州区地表水断面生态保证金360万。拨付资金531.94万,配合区自然资源和规划局妥善处置野生动物补偿工作。落实长江流域重要支流禁捕退捕工作,完成210条退捕渔船和636个退捕渔民建档立卡;发放补偿资金724万余元,发放2016—2018年渔民生活补助1134.16万元。

【**乡村振兴**】拨付各级农业生产发展资金1445万,拨付秸秆禁烧资金2313.39万;安排本级财政资金2700万元,完成77个省级中心村"生态美超市"建设任务。抢抓灾后重建,拨付防汛救灾资金1115万元;统筹5600万元财政资金,支持各地迅速开展灾后水毁工程修复。拨付10042.8万元资金,用于新郎川河北山河浑水河治理、双桥河朱桥段防洪治理、双桥河破城河沈村集镇段治理和其他水利工程水毁修复。"四好农村路"扩面延伸165.188公里,大中修51.37公里。农村危房改造337户。农村饮水安全巩固提升工程建设供水工程22处,改善2万居民饮水安全。深化农村"三变"改革,发展壮大村级集体经济,实施村级集体经济发展项目22个,投入财政资金1036万元。宣州区现代农业产业园被批准创建国家现代农业产业园,获项目资金1亿元。水阳镇入选国家农业产业强镇,项目资金1000万元。下拨中央财政资金9979万元,用于耕地地力保护。投入3546万元,补贴各类农机具894台(套),发放补贴款860.6万元。完善农业保险三级保障体系建设,开展特色农产品地方保险试点,政策性农业保险赔付3792.35万元。全年特色保险赔付资金4028.56万元。

【**财政民生保障**】投入资金16.99亿元(其中市区投入3.75亿元),完成宣州区承担的30项(省定33项任务中宣州区无"贫困地区义务教育学生营养改善""智慧学校建设""棚户区改造"任务)民生工程年初目标任务。"四带一自"产业扶贫建成园区16个,带动贫困户365户,引导和支持特色产业5966户。党建引领扶贫,落实扶贫经费39万元,推动脱贫攻坚。6个贫困村开展资产收益扶贫,村均增收5.34万元,带动贫困人口608人,人均增收166元。为1543名贫困精神残疾人提供药物补助;帮助194名残疾儿童康复训练;矫形器适配取模34人、辅助器具适配25人。办理法律援助案件919件。促进就业创业,开发343个公益性岗位;组织305名高校毕业生参加就业见习。培育1个省级电商示范镇、4个省级电商示范村。提升技能培训,组织实施技能脱贫培训180人次,岗前技能培训3460人,新技工系统培养316人,退役军人培训164人,新型职业农民培训200人。开展产前筛查4600人,筛查率为97.71%,孕妇咨询随访率为100%。开展养老服务和智慧养老,高龄津贴惠及24910人;低收入养老服务补贴惠及5100人;县乡村三级养老服务全覆盖。加快智慧健康建设,智医助理社区卫生服务中心改造完成,电子政务网正常启用,系统网络支撑体系基本建成;前置机服务器软件系统环境部署到位,系统上线应用;完成乡村医务人员培训;完成"安康码"推广使用,申领人数848279人,完成电子健康卡、电子社保卡、医保电子凭证互联互通,政务大厅应用全覆盖;开发安康码医疗健康、企业服务、景区、智慧社区、党员、政务大厅闸机等6个场景应用。加大困难人员救助暨困难职工帮扶,发放农村低保18517人;发放特困供养4133人;保障发放204孤儿基本生活权益;救助生活无着人员92人次;发放困难残疾人生活补贴惠及10511人;发放重度残疾人护理补贴惠及8869人;发放城乡医疗救助惠及35318人;困难职工帮扶完成生活救助31户、子女助学16户和医疗救助29户。城乡居民基本医疗保险参保率为97.47%,政策范围内住院费用报销比例为75.02%,大病保险合规费用报销比例为65.5%。城乡居民基本养老保险当年缴费人数26.24万,符合待遇领取条件人员养老金发放率为100%。提升妇女儿童健康水平,免费婚前健康检查5311人,婚检率为90.07%,完成国家免疫规划常规免疫接种156145剂次,第一类疫苗适龄儿童接种率为95.37%,建卡6001人,建卡率为100%。完成微型企业培训58人,上报职业病监测信息4221条。促进学前教育,春季资助439人,秋季资助348人,投资3510万元新建幼儿园4所,组织幼师培训418人次。义务教育"两免一补"惠及64564名学生;资助4367人困难学生,投资1180万元维修校舍2.81万平方米。资助困难学生,发放中职学校免学费补助3381人、助学金420人,普通高中免学杂费补助253人、助学金1553人。免费开放文化馆、图书馆和26个综合文化站等,补贴文化信息共享工程村级服务点38.8万元;完成“送戏进万村”199场,农村体育活动379场。加强水环境生态补偿,实现地表水断面生态补偿210万元,超标断面支付赔偿金140万元。基本完成双桥河五星庆丰段防洪治理工程;开工新郎川河北山河浑水河治理工程和双桥河朱桥段防洪治理工程城东联圩谢村站。改造城镇老旧小区19个,改造面积65.69万平方米,涉及8123户。

【金融监管】强化地方金融监管,选聘会计师事务所对全区融资担保机构和小额贷款公司开展现场检查,发现问题限时整改;制作防范金融风险宣传视频,发放定制宣传品,在各金融机构、城区公交车、村(社区)开展宣传,打通群众宣传最后一公里。紧盯重点区域、重点行业,通过约谈提醒、风险提示和责令整改等,部门联合开展风险排查,立案侦查恒利金融涉嫌非法集资;督促1家网贷平台实现无风险清退,完成税务登记注销、营业执照注销程序,平台借款余额全部清零并关闭运行。联合开展金融投资咨询类公司排查,将74家投资咨询类公司列入异常经营名录处理。推进政府购买服务,根据财政部《政府购买服务管理办法》,结合宣州区实际,调整出台《宣城市宣州区政府购买服务指导性目录》,加强政府购买服务预算管理,明确政府购买服务“六项”负面清单。

(宣州区财政局供稿　周梦扬执笔)

铜陵市财政工作综述

铜陵市财政工作概述

【概况】2020年,铜陵市财政局以推进高质量发展为目标,围绕做好“六稳”工作、落实“六保”任务发力,以实施“全员绩效管理年”活动为抓手,强化预算管理、资金管理、内部管理,统筹推进疫情防控、灾后重建和财政平稳运行,保障全市经济社会持续健康发展。全市财政资金制度建设、政府性债务管理、民生工程实施等考核为全省前列;财政疫情防控、债务管理、绩效管理、民生工程等工作被《中国财政》《安徽日报》等多家媒体刊登报道;2名同志被评为全省疫情防控、防汛救灾先进个人。

【平稳财政运行】围绕“六稳”“六保”工作任务,统筹疫情防控和经济社会发展,财政运行总体平稳、好于预期。全年一般公共预算收入完成81.8亿元,增长5.4%,增幅为全省第三位,税收占比近85%;财政支出完成182亿元。提升间歇资金使用效益,实现保值增值收益超2亿元。

【加力对上争取】坚持“一把手”亲自抓,建立对上争取资金责任落实和上下联动机制,形成工作合力,实行单月报告、双月调度、季度通报。争取上级转移支付资金73亿元,超额完成全年目标任务。到位特殊转移支付和抗疫特别国债资金15.7亿元,其中下达县、区12亿元,支持加快落实“六稳”“六保”工作。

【突出应急保障】贯彻落实过紧日子要求,从严从紧控制预算安排,按照不低于15%的比例压缩一般性支出,“三公经费”支出持续下降,节约资金用于基本民生、基层运转和重点领域需求。保障防疫经费,紧密联防联控,各级财政拨付疫情防控资金超1.3亿元。开展“四启动一建设”,拨付1.7亿元支持倒房重建、受灾群众安置、农业生产等灾后恢复重建。

【支持共同发展】优化市对区财政体制,让渡既得利益,将土地使用税、土地增值税和契税三个市级固定税种划转各区征管,扩大超收分成范围,提高超收分成比例,调动县区发展积极性。支持政策兑现,对重大招商引资项目形成的税收全部留归县区,政策范围内涉及市级财力全额奖补县区,为发展松绑减负。

【推进复工复产】全年减税降费近18亿元,出台16条扶持政策,出台土地使用税财政奖励政策、援企稳岗等文件,市财政局领导带队走访调研41户重点企业。落实减税降费政策,减免社会保险费1.5亿元,下达就业补助资金等超1.2亿元,兑现稳岗资金6827万元。拨付担保资本金6000万元,申报中央财政普惠金融发展资金1688万元,发放专项再贷款3.3亿元,实际利率低于1.4%。

【优化扶持政策】聚焦聚力项目攻坚,集中优势重点扶持“三重一创”和先进结构材料产业集群建设,实行项目前期和规划经费统一归口管理。市级财政专项资金安排4亿元,兑现民营经济资金占比超过85%。

【决胜脱贫攻坚】落实扶贫资金稳定增长机制,全市各级财政安排扶贫资金超2.5亿元,市财政资金高于省规定的9.5个百分点。开展专项巡视“回头看”和考核反馈问题整改,健全财政扶贫资金监管制度,严格扶贫资金绩效管理。安排3370万元扶持壮大村集体经济,村级公益事业财政奖补项目覆盖率为50%。

【支持污染防治】全年投入污染防治资金12.9亿元,增长7.5%。财政资金重点向生态环境倾斜,支持突出问题整治和河长制、林长制、湖长制等。助力水清岸绿产业优美丽长江经济带建设,做好产业转型升级文章,投入1.2亿元支持长江禁捕。支持“垃圾分类试点城市”和“节水城市”创建,推动人居环境提升。

【突出风险防控】高位推动债务管理工作,债务风险等级实现由红退橙,隐性债务化解率超110%。建立“偿债资金池”,将还本付息资金作为刚性支出纳入全口径预算,坚守政府债务不逾期的底线。落实分级责任和主体责任,将债务管理纳入市对县区目标管理考核及国有企业负责人薪酬考核。

【推进民生工程】补齐短板,兜住民生底线,坚持民生工程资金优先安排、刚性保障,34 项民生工程全面实施,进展顺利,促进发展成果更多更公平共享,群众满意度提高。创新工作方式,完善建后管养制度建设,提升民生工程项目第三方机构评价绩效。

【支持社会事业】争取新增债额度 40.9 亿元,平均发债年限超 10 年,支持重大基础设施项目开工建设;申报入库非标债项目 90 个,入库率为 95%。制定促进铜陵学院争创应用型大学扶持政策,支持职业技术学院高质量办学。发行公立医院项目非标债,推动疾控中心等改扩建,支持县区卫生室改扩建,提升基层公共卫生服务能力。

【统筹城乡建设】支持农业农村优先发展,通过对上争取、预算安排、发行专项债券和统筹特别国债资金近 7 亿元支持四好农村公路、乡镇污水处理等项目实施,支持美丽乡村建设和人居环境整治提档升级,推进高标准农田和农田水利建设,兑现现代农业发展专项资金 3500 万元。

【推进绩效管理】82 家部门整体支出和 76 个重大项目支出实现编制绩效目标“全覆盖”。强化绩效评价扩围提质,重点评价由项目支出扩展至部门整体支出,评价结果与预算安排、政策调整挂钩。强化绩效运行过程管控,开展市级预算项目库建设,开展 36 个支出政策(项目)整体预算公开评审,组织 3 批次 12 个常态化支出政策(项目)预算评审,完成财政投资项目评审 35 个,核减 10%,实现三年全覆盖。

【强化预算管理】建立全口径预算执行报告制度和动态监控通报制度,开展集中支付检查,规范资金拨付和清算审核。强化会计行业管理。健全预算公开机制,坚持“公开为常态、不公开为例外”。完善预算联网,接受人大监督。深化政府采购“放管服”改革,制定政府采购目录 60 个,严格按目录执行,政府购买服务项目 124 个、金额超 1 亿元。

【严格监督管理】强化重点领域和项目的财政监督检查,将疫情防控资金、直达资金及禁捕资金纳入财政监管重点,下达处理决定 20 余份,收回资金 630 万元,推进中介机构服务质量考核。对 25 个一级预算单位开展会计信息质量、小金库和“三公经费”常态化检查,组织实有资金账户、内控制度建设等专项检查,建立惠农补贴资金防控预警平台。

(铜陵市财政局供稿 孟伟执笔)

枞阳县财政工作概述

【概况】2020 年,枞阳县财政局坚持以习近平新时代中国特色社会主义思想为指导,认真贯彻落实党的十九大精神,在县委、县政府的坚强领导下,主动适应经济发展新常态,贯彻“六稳”要求,坚持“三保”底线,克服新冠肺炎疫情影响,积极履行财政职能,提升财政工作科学化、精细化水平,较好完成各项工作任务。

【财政收支】全县一般公共预算收入完成 181388 万元,为预算 102.3%,增长 9.5%。全县一般公共预算支出 467286 万元,为预算 118.7%,增长 21.4%(同比剔除上划市级财政的对城乡居民基本医疗保险基金的补助 4.7 亿元)。

【民生工作】实施 34 项民生工程,各级财政投入 25.26 亿元,其中县级财政配套 1.96 亿元。其中:生活保障类 4 项按月兑现,补助 26.78 万人次,发放补助资金 2.25 亿元;参保服务类 19 项,拨付资金 9.11 亿元;工程建设类 11 项,拨付资金 11.88 亿元,完成年度目标任务。

【预算绩效管理】结合县域经济发展水平,合理确定收入预期目标,优化支出结构,完善支出定额标准体系,科学编制年度预算。强化收入预期管理,会同税务部门每月精准预测,依法征管,促进收入均衡入库。保障重点支出,优先安排保工资、保运转、保基本民生支出,重点保障脱贫攻坚支出。按 15%的比例压减非刚性支出,确保“三公经费”只减不增。清理部门结转结余资金,整合各类专项资金,保障财政平稳运行。成立预算绩效管理机构,对 12 个百万元以上项目开展预算公开评审,将评审结果作为预算安排的重要依据。推进预算公开,督促部门及时公开部门预算决算和“三公经费”情况。

【精准脱贫攻坚】投入扶贫资金 20347 万元,其中县本级投入财政专项扶贫资金 4410 万元,较上年增长 15.51%。在全县 9 个乡镇 11 个村实施资产收益扶贫项目 11 个。投入财政专项扶贫资金 694 万元(省财政 604 万元、县财政 90 万元),在全县 9 个乡镇 11 个村实施资产收益扶贫项目 11 个,带动 11 个贫困村取得村集体收益 18.55 万元,村均增收 1.69 万元;带动 1115 户贫困户增收 63.93 万元,户均增收 573.38 元;带动 337 名非贫困人口或边缘贫困人口增收 38.4 万元。全县 2009 名贫困人口通过第三方监测评估,达到“两不愁、三保障”脱贫标准,完成剩余贫困人口全部脱贫的年度计划。

【扶贫小额信贷】设立扶贫小额信贷风险补偿金,按 1∶8 的融资放大倍数注入风险补偿金 5480.5 万元。银行免收贫困户贷款利息,县财政按基准利率贴息,降低贫困户融资成本。

【涉企政策兑现】应对疫情防控,促进企业复工复产,拨付疫情防控专项资金 6679 万元。安排财政专项资金 3459 万元,支持大企业技术创新、节能减排和污染防治等调结构促转型。兑现企业奖励扶持资金、贴息和补助资金 4580 万元。落实国家大规模减税降费政策,全年减税降费 2.6 亿元,减轻企业税费负担。

【政府购买服务】按照政府购买服务的相关规定,将项目资金全部纳入财政预算管理,坚持先有预算、后购买服务,强化预算源头管控,紧跟项目预算执行,发挥政府购买服务效益。全年政府购买服务项目29项,资金总额3530.56万元。

【债务风险防范】贯彻落实中央、省、市关于防范地方重大风险的决策和部署,执行《枞阳县政府隐性债务化解方案》要求,始终将扩大收入、化解隐债作为防范政府债务风险的核心举措,做大财政收支规模,推动隐性债务化解。压实债务单位偿债主体责任,拓宽资金筹集渠道,多措并举,按照化债计划完成全年隐债化解任务。做好隐性债务变动统计,确保数据真实可靠。压实融资平台公司的主体责任,严格融资期限、规模和用途管理。

【财政资金制度建设】坚持将财政资金制度建设摆在资金监管的突出位置,织密制度网络,强化资金管理。印发《关于调整乡镇财政管理体制的决定》,始终坚持把保工资作为政治任务,将保基层运转和保基本民生作为基本要求。出台《枞阳县新型冠状病毒肺炎疫情防控工作补助资金管理办法》,规范新型冠状病毒肺炎疫情资金管理。

【国家宏观政策落实】中央财政下达枞阳县直达资金93007.5万元,资金分配100%,主要用于社会保障、城区环卫、疫情防控及禁捕退捕。执行直达资金管理使用的相关要求,将"六稳""六保"摆在支出保障的突出位置,细化资金分配方案并经区政府审定批准后报送市财政备案。紧跟资金执行进度,将直达资金录入动态监控系统,逐月分项统计资金支出情况并及时调整分配方案,支出进度100%。落实禁捕退捕政策措施,统筹上级资金3991.05万元,利用直达资金安排县级配套1273.28万元,支出禁(退)捕资金3065.22万元。

【国有资产管理】推进国有企业重组整合,优化国企资本布局,深化国有企业管理。改制组建成立县建设投资发展有限公司、县文旅公司,通过公司制改革建立起适应市场经济发展要求的体制机制,提升企业核心竞争力。组建安徽长江农业发展有限公司,促进全县乡村振兴,吸引更多社会资本参与"三农"建设。完成国有企业退休人员社会化管理档案移交458人。

【金融服务】通过正向激励、财政支持等措施,推进新型"政银担"、"税融通"等业务提标扩面,推动金融机构加大信贷投放,精准服务实体经济。加大信贷投放力度,引导商业银行加大对中小微企业资金投放,发放无还本续贷9.08亿元、"劝耕贷"1.22亿元,续贷过桥资金周转率为13.44次。

【扶持"三农"】坚持把扶持壮大村级集体经济摆在"一抓双促"优先位置,着力打造一批有实力、有潜力、有特色的专业村,发展壮大村级集体经济。安排扶持激励对象41个项目村,其中扶持村17个,提升村18个,培强村6个,投入财政资金790万元。实施100个行政村农村公益事业财政奖补项目103个,项目总投资1898.4万元。扶持村级集体经济发展试点行政村8个,投入资金830万元,村集体实现收益28.5万元。精准发放惠农补贴资金,通过"一卡通"发放惠农补贴资金16大项4.3亿元。政策性农业保险共三大类、十三个险种,承保农作物3.02万公顷,大灾保险2.9万公顷,能繁母猪5002头,森林保险3.87万公顷。地方特色险种8个,特色险保费收入574.52万元,赔付1.17亿元,其中:种植业9647.96万元,森林保险12.54万元,特色险2006.07万元,养殖业33.43万元。

【PPP工作】在库PPP项目5个,总投资43.49亿元,分别是县城区水环境综合治理PPP项目、城乡公交一体化PPP项目、农村自来水并网PPP项目、农村环卫一体化PPP项目、家居智造产业园基础设施建设PPP项目。开展绩效管理,明确绩效目标,建立健全本行业、本领域核心绩效指标体系,财政拨付项目资金8476万元。

(枞阳县财政局供稿　何玉斌执笔)

铜官区财政工作概述

【概况】2020年,铜官区一般财政收入完成20.4亿元,为预算的104%,增长17.7%。一般公共预算收入完成11.65亿元,为预算的105.3%,增长10.9%。一般公共预算支出完成20.35亿元(含上级转移支付),为预算的100.1%,增长17.3%。

【深化财政体制改革】创新财政体制改革,制定《铜陵狮子山高新技术产业开发区财政管理体制方案》和《铜官区新城办财政管理体制实施方案》,加强财政管理,理顺财政分配关系,提高基本公共服务保障水平,促进事权和支出责任划分,调动开发区和办事处培育财源和组织收入积极性,增强其自求平衡、自我发展能力。出台《铜官区关于加强社区财税管理工作的实施方案》,发挥区直管社区服务中心在服务辖区经济工作中的基础作用,增强社区服务企业的积极性。

【强化国资国企改革】推进国资国企改革,出台《铜官区人民政府办公室关于进一步加强区属国有企业资产监督管理的意见》《关于印发铜官区国资委以管资本为主推进职能转变方案的通知》,以管资本为主加强国有资产监管,实现授权与监管相结合,保障国有资本规范有序运行。做好全区国有企业退休人员社会化管理工作,与13家企业签订《国有企业退休人员社会化管理服务移交协议》。

【助力疫情防控和企业发展】优先保障和拨付疫情防控资金,按照"特事特办、急事急办"原则,拨付各项疫情防控资金。兑现涉企扶持资金,建立企业应对疫情复工复产帮扶机制,帮助企业解决问题。落实省、市相关财税、金融、社保等政策,帮助中小微企业渡过难关。开展“四送一服”和重点企业走访联系活动,指导企业用好政策,帮助企业解决问题。加快兑现涉企扶持资金,兑现各级各类优惠政策资金3.61亿元。

【增进人民群众福祉】提升人民群众幸福感获得感,组织实施23项民生工程,拨付资金2.97亿元。民生保险政策实现全覆盖,对1.6万人开展生活救助,文教卫惠民政策覆盖41余万人,完成1602户棚户区改造安置、10个老旧小区改造等工程类项目。支持实施乡村振兴战略,落实各项惠农政策,发放“一卡通”补贴资金。组织实施3个“一事一议”财政奖补项目,助力村庄道路提升、农用电网等项目。

【加强风险防控】多措并举防控风险,争取上级各类资金5.6亿元,保障全区经济社会事业发展。加大财政存量资金清理力度,收回存量资金5600万元。组织申报债券资金,完成四批次6个项目专项债券申报入库工作,申请专项债券额度17.8亿元,当年到位专项债券资金5.56亿元。通过新增再融资债券偿还到期债务,超进度完成全年隐性债务分解任务,降低债务风险。铜官区综合债务率和政府法定债务率均为绿色等级。

(铜官区财政局供稿　汪若恬执笔)

义安区财政工作概述

【概况】2020年,义安区财政一般预算收入完成38.88亿元,同比增长5.5%,其中:上划中央收入完成23.03亿元,同比下降3.8%;地方收入完成15.85亿元,同比增长22.7%。全区财政一般预算支出完成32.21亿元,较上年同期增长4.5%,其中:区本级支出完成28.79亿元,同比增长6%;乡镇支出完成3.42亿元。教育、科技、社会保障和就业、卫生健康等十三大类民生支出27.75亿元,占总支出的86.14%。

【支持区域经济发展】落实招商引资、工业转型升级、战略性新型产业发展等政策,兑现“1+7”产业扶持政策资金2.9亿元。推进政策性融资担保体系建设,拨付担保中心2000余万元。安排过桥资金7905万元,设立中小微企业转贷资金池,小额在保资金余额175万元,帮助企业短时间解决资金周转困难。推进PPP项目,其中义安区乡镇政府驻地生活污水处理PPP项目全部完工。落实减税降费政策,为企业“纾困”,全年享受减税降费优惠政策的在册登记户数为12702户,占全部登记户数的100%,减税降费近5.4亿元。拨付抗疫物资经费3824万元,安排拨付企业抗疫国债资金500万元。实现财政保卫蓝天、碧水、净土作用,多渠道筹集资金,投入2.3亿元用于污染防治、生态修复、绿色发展,促进生态文明建设。建立园区发展新机制,落实园区减税降费和招商引资各项优惠政策,建立稳定建设资金来源,解决园区发展后顾之忧。

【加快乡村振兴进程】落实各项惠农补贴政策,规范惠农补贴“一卡通”管理,全年财政补贴农民资金“一卡通”发放108批次,发放补贴对象8.38余万户、人,发放资金10919万元。加强扶持壮大村级集体资金管理,筛选24个村集体经济发展项目,统筹安排财政资金1030万元。推进村级公益事业发展,实施农村公益事业项目55个,计划投资961万元,财政统筹奖补资金795万元。扩大“劝耕贷”模式覆盖范围,建立农村产权融资贷款保证保险风险补偿机制,对贷款如期偿还的新型农业经营主体按国家基准利率50%给予贴息,降低新型农业经营主体的融资成本。在保余额2237万元,在保贷款项目40户,拨付贴息资金22.7万元。

【促进民生事业发展】有序、高效推进各项民生工作,补齐民生短板,组织实施28项民生工程,其中生活补助类5个项目,补助资金4736万元;参保服务类15个项目,补贴或补偿资金34468万元;工程建设类8个项目38个建设点,提前完成目标任务并相继交付使用。义安区在全市民生工程月度考评中排名为县(区)第一名。

【规范国有资产管理】加大资产动态管理,开展行政事业单位资产清查,截至11月30日,全区行政事业单位资产总额15.35亿元,负债总额3.42亿元,净资产总额11.93亿元。盘活国有闲置资产,提高国有资产使用效率,将闲置资产转化为有效资源。办理调拨、核销资产77笔,金额3487万元,行政事业单位报废资产处置收入11.72万元。强化国有企业管理,截至11月30日,全区国有企业资产总额247.5亿元,负债总额163.5亿元,净资产84亿元。加大国有资产处置力度,出台《义安区矿山生态修复产生余料处置办法》,参与、指导耀安集团公司处置非法采砂“三无”罚没船只收入4600万元,实现财政收入3537万元。公开处置矿山修复治理余料,实现财政收入3183万元。

【深化财政重点改革】推进财政电子票据管理改革工作,正式启动财政电子票据改革的相关工作,实现财政票据制样、赋码、开具、传输、查验、入账、归档等全流程电子化管理。实施预算绩效管理,起草并以两办文件印发《关于全面实施预算绩效管理实施办法》。深化会计核算中心工资业务,完成全区乡镇学校教师工资由财政大平台统发工作,增设义安区在职职工工资查询系统。贯彻落实中央财政直达资金工作的决策部署,推进直达资金工作落实。全区收到上级下达直达资金37149.71万元,主要用于基础设施建设和民生保障领域。做好村级公益事业“一事一议”财政奖补工作,推动农村综合改革。

【强化财政监督管理】加强“三公经费”管理,确保全区“三公经费”只减不增,全区“三公经费”同比下降5.46%。规范政府投资行为,对政府投资项目工程进行最高投标限价审核,受理各单位报送的政府投资项目173件,送审金额8.28亿元。完善政府采购监管机制,落实政府采购过程中“放管服”政策,提高效能。做好涉企系统常态化应用管理工作,全区申报项目43个,审核通过项目41个,申请资金44.8万元,审定资金42.8万元。依托部门预算编制软件,建立并应用预算绩效管理信息系统,初步建立义安区区级财政预算绩效指标体系(共性+个性);强化运行监控纠偏,对19个项目、1个部门整体的绩效目标和预算执行进度实行“双监控”,涉及资金17830万元。做好财政部直达资金监督系统部署,开展对动态监控数据信息的分析,构建直达资金监管的信息公开和反馈机制。

(义安区财政局供稿 徐菁执笔)

郊区财政工作概述

【概况】2020年,郊区财政局坚持以习近平新时代中国特色社会主义思想为指导,在区委、区政府的坚强领导下,在区人大、区政协的依法监督和民主监督下,紧扣高质量发展核心主题,紧跟人民群众根本利益,将做好“六稳”工作、落实“六保”要求摆在突出位置,履职公共财政职能,落实财政科学化、精细化管理要求,为发挥政府社会化职能、推进全区高质量发展提供有力资金支持。

【财政收支】全区不含海关完成财政收入12.56亿元,完成调整预算的100.51%,同比增长0.61%。全区完成财政支出13.82亿元,完成可执行预算的92.13%,同比增长45.02%。

【民生工作】全区实施32项民生工程(省级29项、市级3项),各级财政安排资金111457.84万元。其中:生活保障类4项按月及时兑现,补助7.1万人次,发放补助资金5868.32万元;参保服务类17项,拨付资金54043.53万元;工程建设类11项,拨付资金39698.47万元,除受汛情影响的“水利薄弱环节治理”项目外,其余10项完成年度目标任务。全区实施“村级公益事业财政奖补”项目48个,实施“为民办实事项目”8个,发放各类惠农惠民补贴12739.26万元。

【预算绩效管理】印发《铜陵市郊区区级预算资金绩效管理暂行办法》《铜陵市郊区财政预算绩效目标管理暂行办法》,明确绩效管理要求,规范绩效编制内容,压实部门主体责任,实现预算单位绩效管理全覆盖。全年编制绩效目标并开展事前绩效评估的项目10个,涉及财政资金10471万元;实施绩效运行监控的项目数8个,涉及财政资金4643万元;完成10个项目的绩效评价工作,涉及财政资金10215万元;公开绩效目标1个、评价结果3个。

【长江退捕转产】树立生态民生政治观,贯彻落实长江退捕转产工作的整体要求,以维护人民群众利益为根本出发点,以统筹可用财力、强化资金保障、及时发放补贴为工作重点,利用“两个特别资金”足额安排区级资金,协调主管部门、代发金融机构加快生活补助发放效率。全年拨付专项资金4712.22万元,形成支出2487.73万元。

【精准脱贫攻坚】实施项目147个,各级财政安排专项扶贫资金4953万元,其中:中央资金1091万元,省级资金337万元,市级资金2004万元,区级资金1521万元。区财政牵头实施1个“资产收益扶贫项目”——老洲镇源潭村“无花果深加工基地”项目,安排专项扶贫资金45万元,21户农户实现收益,户均增收1000元,项目完成建设。

【扶贫小额信贷】以扶贫小额信贷为“带贫减贫”的重要手段,规范新增贷款,回收到期贷款,妥善处理逾期贷款。全区新增扶贫小额信贷1617笔4329.7万元;办理因疫因灾续贷12户45.5万元,展期5户22万元;清收到期贷款2706万元,还贷额9304.03万元,无逾期贷款;拨付扶贫小额信贷贴息资金320.2万元。

【涉企政策兑现】落实惠企暖企政策,统筹可用财力,保障政策落实;以建筑业、商贸业为重点,织密区级企业扶持政策网络,促进原有企业扎根郊区,吸引优质企业入驻郊区,为财政增收增添动能。区年初预算安排惠企政策资金2200万元,年底实际兑现1603万元;拨付创业担保贷款贴息资金256.79万元;减免企业税费1.4亿元。

【政府购买服务】按照政府购买服务的相关规定,将项目资金全部纳入财政预算管理,坚持先有预算,后购买服务,强化预算源头管控,紧跟项目预算执行,发挥政府购买服务效益。全区编制政府购买服务项目52个,项目资金5134.81万元(其中区级资金3122.66万元)。

【债务风险防范】贯彻落实中央、省、市关于防范地方重大风险的决策和部署,坚持执行区委、区政府的指示和要求,始终将扩大收入、化解隐债作为防范政府债务风险的核心举措,做大财政收支规模,推动隐性债务化解,综合债务率同比降低53%。

【财政资金制度建设】坚持将财政资金制度建设摆在资金监管的突出位置,织密制度网络,强化资金管理。区财政制定印发《郊区关于抗疫特别国债资金管理办法的通知》《铜陵市郊区区级预算资金绩效管理暂行办法》《铜陵市郊区财政预算绩效目标管理暂行办法》,完善《铜陵市郊区财政(专项)资金管理办法》,为落实资金监管要求、规范资金运行、提升资金使用效益提供制度保障。

【国家宏观政策落实】市财政下达全区直达资金18771.61万元。区财政执行直达资金管理使用的相关要求,将"六稳""六保"摆在支出保障的突出位置,细化资金分配方案并经区政府审定批准后报送市财政备案。紧跟资金执行进度,将直达资金录入动态监控系统,逐月分项统计资金支出情况,及时调整分配方案,加快支出进度。直达资金形成支出17243.11万元,支出进度91.9%。

【国有资产管理】做好国有资产清产核资工作,特别是区划调整后国有资产的清算接收工作,做到"底数清、任务明",防止国有资产流失。以盘活存量资产、促进保值增值为抓手,促进国有资产变现,提升全区国有资产管理整体水平。加强对区属国企的考核力度,修改完善对铜陵金诚投资集团有限公司、铜陵市金诚担保(小贷)有限公司和铜陵市大通影视传媒产业园有限公司业绩考核办法。

【金融服务完善】通过正向激励、财政支持等措施,推进"新型政银担","税融通"等业务提标扩面,推动金融机构加大信贷投放,精准服务实体经济。全年办理"税融通"业务3.09亿元,完成市下达任务数的154.52%;办理"政银担"业务187笔,金额10.18亿元;办理专项"过桥"资金业务72笔,金额为4.18亿元;协助3家企业在"新四板"挂牌成功。

【金融扶持"三农"】为区内符合条件的农户办理政策性农业保险、扶贫小额贷款、"劝耕贷"业务。其中:政策性农业保险投保33.85万亩,区级配套保费116.98万元,理赔金额2919.39万元;办理扶贫小额信贷13笔,贷款额60.48万元1617笔,贷款额4329.7万元,收回贷款2706笔,还贷额9304.03万元,未产生不良贷款;劝耕贷各项业务快速增长,实现新型农业经营主体建档立卡全覆盖、符合条件的新型农业经营主体的推荐工作全覆盖、贷款户的跟踪服务工作全覆盖。

【金融风险化解】重视政策性担保公司、小贷公司的日常监管工作,安排会计师事务所现场检查区内担保(小贷)公司,发现互保、准备提取不足等问题。区财政局下达整改通知书,要求限期整改,整改效果明显。对区内两家P2P网络借贷公司加大监管力度,督促两家企业持续降标。其中一家网贷平台于当年5月底完全退出市场,注销营业执照,相关注销材料上交区金融局。另外一家网贷公司在年初停发新标,6月底完成全部借款余额清退,11月份完成营业执照经营范围变更手续。

(郊区财政局供稿　唐振邦执笔)

池州市财政工作综述

池州市财政工作概述

【概况】2020年,池州市有效应对新冠疫情等减收因素影响,财政收入在全省率先转正,财政运行情况良好。

【执行财政预算】全市财政收入完成116.3亿元,增长3.3%,全省排名第5位,其中:一般公共预算收入66.9亿元,上划中央收入46.9亿元,国有资本经营预算收入2.5亿元。全市一般公共预算支出177.8亿元,增长8%,一般债务还本21.3亿元,上解支出0.9亿元,安排稳定调节基金0.7亿元,调出资金0.3亿元,结转下年支出0.8亿元。市直政府性基金支出13.1亿元,为调整预算的98.9%,下降29.2%,安排稳定调节基金2亿元,结转下年支出0.4亿元。市直国有资本经营预算支出1.8亿元,完成预算的88%,调出资金0.1亿元。市直社会保险基金预算支出22亿元,完成预算的115.8%。市直社会保险基金累计结转下年8.5亿元。

【支持经济发展】支持复工复产,落实中小微企业"15条",市本级审核兑现涉企补助资金1.3亿元,通过财政贴息方式引导商业银行为疫情防控重点保障企业发放贷款1亿元。做好市本级政府投资预算管理,拨付1亿元实施31个政府投资项目。拨付国省干线、老旧小区改造等专项资金6.8亿元,拨付主城区教育三年提升计划等项目建设资金1.6亿元,对冲经济下行压力。落实各项"减、免、缓、退、抵"等政策措施,减轻企业负担35.3亿元。拨付科学技术支出2.7亿元,加快支持科技成果转化,鼓励企业技术创新。提高创业担保贷款额度上限,扩面支持重点群体创业就业,拨付创业担保贷款贴息资金855万元,引导商业银行发放创业担保贷款9447万元,较上年同期增加1877万元、增长24.8%。全市国有企业、行政事业单位为支持抗疫工作减免租金3074万元。

【助力三大攻坚战】落实专项扶贫资金稳定增长机制,拨付财政扶贫专项资金3.3亿元;落实财政扶贫资金负面清单管理,建立财政扶贫资金动态监控管理协调机制;投入1612万元实施资产收益扶贫项目;完成643公里"四好农村路"扩面延伸,城乡道路客运一体化发展全域为5A水平。实现危房和饮用水安全问题动态清零;8746人次享受兜底政策,综合报销比例为88.3%。防范债务风险,执行地方政府债务限额管理和预算管理制度,出台首个专项债项目管理办法。争取27个专项债项目资金30亿元,占全省发行额度的3%,较上年提高1.3个百分点。将江南集中区27.3亿元一般债务转列省本级。健全隐性债务常态化统计监控机制,全年化解隐性债务15亿元。支持生态保护,统筹拨付资金1.8亿元,支持长江禁捕退捕工作。拨付4亿元专项资金加快推进蓝天保卫、治水提升、治土攻坚行动,开展全市地表水断面、空气质量生态补偿资金清算工作,投资参股国家绿色发展基金。

【加强收支管理】加强财政收入预期管理,加大非税收入征缴力度,非税收入完成24.83亿元。清理盘活存量资金4.1亿元。争取中央、省级一般性转移支付资金93.4亿元、专项转移支付资金12亿元。加强预算支出管理,牵头制定保基本民生、保基层运转方案,摸排县级"三保"预算安排和资金需求。坚持政府过紧日子,加强财力统筹,市直一般性支出压减650万元,压减比例为7%。加强预算绩效管理,基本实现项目支出绩效目标管理全覆盖。全年开展民生项目等财政重点绩效评价28个,涉及资金39亿元。优化预算绩效,健全财政收支通报制度,动态跟踪预算执行情况,对支出进度过低的地区和部门进行通报和约谈。制定市直部门预算绩效管理操作指南,规范绩效评价工作程序,加快构建"三全"绩效管理体系。市本级实施重点绩效评价项目28个,涉及资金39.42亿元;完成13个,涉及资金31.88亿元。

【监督管理国有资产】市属集团资产总额351.38亿元,负债总额128.98亿元,所有者权益总额222.4亿元,资产负债率为36.71%。市属国有集团公司实现营业收入103044.82万元,较上年同期119719.54万元减少16674.72万元,同比减少13.93%。市属国有集团实现利润总额9199.31万元,较上年同期减少1325.39万元,减少率为12.59%,有效控制因受疫情因而造成得亏损。深化财政管理改革,加快推进市与县区财政事权和支出责任划分改革。开展长江南路办公楼资产项目清查工作,摸清国有高层群不动产产权。将机关事业单位所属国有企业集中统一监管,推进国有企业退休人员社会化管理。制定出台市属企业违规经营投资责任追究实施办法,健全监督问责制度体系、组织体系。

【**推进民生工程**】年度33项民生工程到位资金42.93亿元,到位率为103.57%,资金拨付42.72亿元,完成33项民生工程年度目标任务。做好社会救助兜底保障,发放低保资金2.02亿元,农村敬老院五保集中供养能力为90%以上,为全市10032名特困供养人员发放基本生活和照料护理保障金7652万元。救助困难残疾人41475人次。加强就业创业服务,开展企业新录用人员岗前技能培训8670人、新型职业农民培训1641人、退役士兵培训234名,开发青年见习岗位1421个、公益性岗位2551个。保障教育供给,投入2.9亿元实施教育民生工程,完成11所幼儿园建设任务,实施校舍维修改造项目132个,占目标任务的150%。资助3.45万人次贫困学生共3786万元。提高卫生健康服务水平,拨付疫情防控资金2.5亿元。争取特殊转移支付、抗疫特别国债资金等各类中央直达资金19.6亿元。全市基本医保参保人数136.26万人,参保率为103.7%,支付医保待遇9.13亿元,政策范围内住院报销比例为76.6%,大病保险基金支付金额1亿元,职业病防治完成年度目标任务。多层次推进养老服务,启动市智慧养老服务大数据中心、主城区7个街道社区养老服务中心、县区50个居家养老“三级中心”建设,全部投入运营。提升公共文化服务,推进公共文化服务均等化,免费开放67个公共文化场馆,完成农村文艺演出、文化信息共享工程、石台县应急广播体系建设、农村文化体育活动等年度目标任务。改善人居环境,中小河流治理续建项目完成投资1.7亿元,重点区域排涝能力建设完成投资3.9亿元,45个乡镇政府驻地、139个中心村污水处理设施基本建成,农村改厕2.2万户,农村生活垃圾无害化处理率为95%。

(池州市财政局供稿　罗仁勇执笔)

东至县财政工作概述

【**概况**】2020年,东至县财政系统在县委、县政府的正确领导下,坚持以习近平新时代中国特色社会主义思想为指导,全面贯彻党的十九大和十九届二中、三中、四中、五中全会精神,全力支持做好“六稳”工作、落实“六保”任务,为巩固全县疫情汛情持续向好态势、推进生产生活秩序加快恢复和保障经济社会发展提供有力支撑。全县财政收入完成近18亿元(含划转石台县0.24亿元),增长5.5%。全县地方一般公共财政预算收入11.3亿元,同比增长8.2%。财政支出完成38.8亿元,同比增长14.3%。

【**支持防疫防汛**】把人民群众生命安全和身体健康放在第一位,坚持“特事特办、急事急办”原则,开辟资金支付和采购绿色通道,简化程序、快拨速拨。全年安排疫情防控资金2535.5万元,其中县财政专项资金1900万元,上级财政补助资金391万元,基本公共卫生专项资金244.5万元。支持企业稳定和扩大就业岗位,发放一次性稳就业复工复产补助资金815万元,中小微企业新增就业补贴资金5.6万元,创业补贴资金4.5万元。返还企业一次性失业保险稳岗资金431.78万元、企业失业保险费216.46万元。印发《东至县开展金融支持企业复工复产“春风行动”工作实施方案》,组织春季政银企对接会,现场签约2.96亿元。落实担保门槛和担保费率双降要求,全年为68户企业减少担保费85.53万元。通过争取上级支持、动用本级财力等方式,筹集资金7552万元用于交通、水利项目灾后恢复重建。赔付农业保险资金5129万元,弥补农业损失,支持农业恢复生产。加强防汛救灾资金管理,防止资金挤占挪用等违规行为,督促有关部门按规定安排使用救灾资金,最大限度发挥资金使用效益。引导各金融机构深入灾区,做好金融支持防汛救灾和灾后恢复重建工作,支持受灾企业和农户生产自救。

【**推动经济发展**】争取并用好中央财政新增财政赤字、抗疫特别国债、地方政府新增专项债券等政策和资金,争取直达资金51068.1万元,支持重点项目建设等重大支出。按照“突出重点、量入为出”原则,安排基本建设项目172个。拨付县财政投资基本建设资金1.6亿元,保障县重点工程及舜城新区建设。申报发行非标专项债券,全年成功入库10个项目,发行11.46亿元。全年拨付各类涉企资金3223.5余万元,其中2019年制造强省资金994万元、2019年省中小企业(民营经济发展)专项资金444.9万元、市推进制造业加快发展和促进民营经济发展项目补助资金787.95万元、商务经济发展项目资金351.05万元、民营经济奖补资金645.6万元。全面落实减税降费政策,以财政收入的“减法”换取企业效益的“加法”,全年减税降费1.57亿元。全县银行业金融机构人民币各项贷款余额为150.6亿元,较年初增加22.2亿元,同比增长17.34%,完成市年初下达任务的176%,完成市县调整目标的111%。为

114户企业提供过桥资金3.97亿元,周转率26次。全年通过“税融通”向33家企业发放贷款1.3亿元。中信担保公司在保余额5.56亿元,其中制造业在保余额3.81亿元,制造业占比68.53%。

【深化重点改革】推动“劝耕贷”提质放量增效,全年在保457户,在保余额2.33亿元。推进党建引领信用村建设,成立村银联合党组织23个,8家金融机构在村设立金融服务点38个。金融服务团选派41名“红色信贷员”下沉网格开展服务。“红色信e贷”平台上线58种党建引领信用村建设金融产品,线上授信1.61亿元,放贷1.94亿元。“整村授信”覆盖全县251个行政村(含社区)中的120个行政村,为38070户农户提供预授信,线下预授信额度27亿余元,用信8919万元。支持开发区财政管理体制改革,设立大渡口经开区财政局,参照东至经开区制定支持大渡口经开区发展的财政管理体制。支持综合医改工作,指导总医院编制部门预算,人员工资按实有在编人数保障,定额公务费按编制数核定。项目支出根据业务需要足额安排,确保总医院正常运转。多渠道筹集公立医院基本建设资金,化解公立医院发展建设性债务,整合各方资金补齐基层医疗卫生短板。

【加快国资国企改革】印发并落实《关于推进东至县县直党政机关和事业单位经营性国有资产集中统一监管的实施方案》。出台《安东投资集团重大事项联席会议制度》、《东至县国有企业退休人员社会化管理工作实施方案》、《关于做好我县划转部分国有资本充实社保基金工作的通知》等,并组织实施。合法合规处置国有资产,成功处置原香山矿区7号宕口高陡边坡安全隐患治理工程产生的界外矿石资源、东流港埠码头部分拆迁资产等。以安东投资集团董事会、监事会换届为契机,推动监管企业优化公司法人治理结构,建立国有企业领导人员分类分层管理制度。强化安东集团国有资产的监督与管理,确保国有资产保值增值。加强和改进外派董事制度,建立健全县属国有企业违法违规经营责任追究体系,对国有企业重大决策失误和失职渎职责任建立追究倒查机制。支持优化国有企业产业布局,支持安东投资集团统筹谋划,做大做强主业,创新运营优势产业,实现经济效益和社会效益双赢,为建材板块主板成功上市奠定基础。

【推进民生工程】完成省定30项民生工程,投入资金14.16亿元,其中县级配套2.89亿元。完成棚户区改造、老旧小区改造、“四好农村路”建设、农村饮水安全巩固提升工程等20个项目或子项目年度目标任务。党建引领扶贫、资产收益扶贫、农村电商提质增效、水环境生态补偿等4个项目资金及时拨付到位。完成城乡居民基本医疗保险、城乡居民大病保险、城乡居民基本养老保险等3个保险类项目全年参保任务,兑现费用报销和养老金领取。完成2019年度20个省级美丽乡村中心村验收工作,推进省级中心村美丽乡村建设。困难人员救助、养老服务和智慧养老等2个补助类项目按照时序进度打卡发放。

【决战决胜脱贫攻坚】安排专项扶贫资金4905.9万元,支持脱贫攻坚“九大工程”。在大渡口镇安全村、花园乡双河村和昭潭镇下塔村等3个贫困村选定3个项目开展资产收益分红,投入专项扶贫项目资金120万元,带动建档立卡贫困人口234人实现增收12.64万元,人均增收540元,实现村集体增收12.96万元,贫困村村均增收4.32万元。加大扶贫小额信贷新增投放,全年投放1131户,金额6238万元。开设“三户一体”救助专户,全年发放特别救助资金274.2万元。开发“防贫保”扶贫保险项目,推出农业保险产量损失险、农业保险价格下跌损失险、人身伤亡救助金、住院医疗费救助金、履约保证金、基本生活补贴、法律费用补贴等7个保险产品,提高贫困户和边缘户抗风险能力。

(东至县财政局供稿 吴正飞执笔)

石台县财政工作概述

【概况】2020年,石台县一般公共预算收入完成32340万元,较上年增收2444万元,增长8.2%。全县一般公共预算支出完成158969万元,较上年减支2292万元,下降1.4%。其中民生支出131851万元,占支出的82.9%。

【强化财政收支管理】狠抓收入征管,落实中央、省各项减税降费政策,确保财政收入应收尽收。盘活用好财政存量资金,全年清理回收财政存量资金10835.3万元。加强支出管理,强化预算管理,严格预算约束,除追加扶贫发展等涉及民生类支出外,尽可能减少预算追加;从严从紧控制财政支出,坚持把“保工资、保运转、保基本民生”放在首位,压减行政性开支和非紧迫的项目预算,把有限财力用在刀刃上。加快落实特殊转移支付、特别国债、专项债券等新增资金分配下达。优化支出结构,保障重点支出。开展城乡居民大病保险等14个项目预算绩效评价。

【支持打好三大攻坚战】支持防范债务风险,争取新增一般债券资金9456万元;争取新增非标专项债券资金9500万元,偿还到期债券债务12101万元。申报主城区基础设施建设等4个项目入省专项债项目库。化解隐性债务9910万元。完成2019年度新增债券资金项目绩效评价。获省财政厅2019年度考核奖励专项债券资金3400万元。支持防范金融风险,召集有关部门召开防范非法集资工作专题会议,摸清底数,查明情况。推行投融资类企业联审制度常态化,从源头遏制非法金融活动。开展对金融放贷领域专项整治活动,协调有关部门各自做好本部门专项整治工作。支持决战决胜脱贫攻坚,纳入整合范围的财政涉农资金规模为26284.29万元,实际整合资金19501.2万元。盘活存量资金3280.5万元用于脱贫攻坚;投入480万元在8个村开展资产收益扶贫项目,惠及建档立卡贫困户287人;制定出台《关于积极应对新冠肺炎疫情影响,切实加强扶贫项目及资金管理工作的通知》,实现疫情防控和加强扶贫项目资金管理工作两不误。支持打赢污染防治攻坚战,安排1362万元用于城乡环卫一体化PPP项目运营,安排277万元用于农村"厕所革命"政策推进财政奖补和自然村户厕改造工作。提升大气质量,安排77万元用于秸秆禁烧和综合利用。推进水环境保护工作,安排300万元用于水污染防治,拨付75万元用于垃圾填埋场渗滤液处理站EPC总承包工程运行。

【支持经济社会发展】支持城乡协调发展,拨付4523万元用于新城区新城防站建设,拨付1502万元资金支持城市市政重点工程建设。拨付94.6万元城市公交车油价格补助和新能源公交车补助支持城乡公交运营;拨付95万元用于船舶报废拆解和船型标准化改造。拨付528万元用于20个城市老旧小区整治改造,拨付155万元支持县武警中队"智慧磐石"工程建设。投入1011万元资金用于36.933公里县乡道养护大中修工程建设。下达资金1647.4万元用于美丽乡村建设。投入412万元用于仙寓镇农田水利"最后一公里"建设。拨付1250万元用于富硒氧吧小镇、慢庄小镇等特色小镇建设。助力企业复工复产,拨付涉企财政资金450万元、制造业奖补资金36.05万元,全县金融机构为27家企业发放复工复产贷款1.14亿元;为3家企业提供无还本续贷394万元;为天方公司发放"抗疫贷"1000万元,以"政融保"业务模式提供担保贷款550万元,办理续贷过桥业务580万元。发放小微企业新增就业补贴、重点企业稳定就业补贴等各类就业补贴329万元,对承租国有企业经营性用房或产权为行政事业性单位房产的中小微企业,免收3个月房租共63.85万元。支持金融服务经济,全县金融机构存款新增10亿元,贷款新增5.3亿元。为28户小微企业借用续贷过桥资金1.2亿元,申报小额担保贴息资金165万元。全县金融机构为781家中小微企业复工复产提供贷款9.71亿元,为1490户小微企业提供普惠小微信用贷款3.73亿元,为905户中小微企业提供延期还本付息5.08亿元。县担保公司为102户小微企业、个体工商户和农户提供贷款担保18722万元。全县"劝耕贷"授信53户,授信金额2890万元。县财政安排旅游发展资金1000万元、旅游行业业务管理旅游发展经费1200万元,支持文化旅游融合发展,用于重点旅游基础设施项目建设、旅游规范编制、旅游对外宣传营销及旅游品牌创建奖励等。

【保障改善民生】由财政部门牵头抓总职责,组织实施33项民生工程(其中两项无任务)。民生工程安排资金3.21亿元。31项民生工程目标任务全面完成。支持促进教育均衡发展,把教育摆在优先发展的战略位置,全年投入资金4310.55万元。落实社会保障政策,拨付机关企事业单位养老保险等社保基金支出、城乡低保等社会保障类支出、疫情防控、卫生健康等资金49989万元。落实农业补贴保险政策,通过"一卡通"发放财政惠农补贴资金151批次,共9264万元。根据省财政厅要求,在横渡镇、矶滩乡开展社保卡替换"一卡通"存折试点工作。安排300万元资金落实全县油菜等15个政策性农业保险险种参保工作。深化政法经费保障,拨付公检法司及纪委监察等政法转移支付资金1859.53万元。

【深化国资国企改革】深化预算执行动态监控改革,提升预算单位内控管理,规范支付业务操作。深化国库集中支付电子化改革,制定电子印章管理制度和应急预案,增加授权支付方式,确保财政资金安全。深化农村综合改革,批复农村公益事业财政奖补项目73个,安排财政奖补资金380万元,安排11个行政村村级集体经济发展项目500万元,研究出台《石台县关于规范农村公益事业一事一议财政奖补项目建设与管护的指导意见》。深化国资国企改革,全年向兴石集团注入货币资本金3708.1万元,组建石台县兴旅旅游发展集团有限公司,将县蓬莱仙境、牯牛降旅发公司整体资产无偿划转至兴旅集团,试推行企业全面预算管理,探索国有企业经营业绩考核,县属企业完成2020年度预算编制,完成对兴石集团2019年度经营业绩考核,完成县供水公司公司制改革,推进国有企业公务用车制度改革。

【提升财政监管水平】加强乡镇资金监管,公开公示乡镇财政资金监管情况571次,抽查补助类资金1438户次,抽查面为5%;巡查工程项目152个次;通过监管平台监管资金3.36亿元。加强非税收入征管,监督销毁罚没物品;核实部分执收单位的收入真实性,督促单位据实上缴非税收入;加强核查已取消的收费项目。加强政府投资项目评审,实施预算审查项目409个,审查金额46841.66万元;审定项目400个,净审减金额533.24万元。实施结算审查项目415个,审查金额51282.78万元;审定项目322个,净审减金额1508.05万元。加强政府采购和公共资源交易监管,备案政府采购项目480个,预算金额12746万元,实际成交金额11382万元,资金节约率为10.7%。推进网上商城项目351个,项目总预算596万元,实际成交金额为558万元,资金节约率为6%。加强政府采购活动监督,依法做好政府采购投诉受理与处理工作,加强公共资源交易监管。加强财政监督管理,完成西黄山硒茶特色产业等8个项目绩效评价,组织开展全县行政事业单位"小金库"专项整治、财务管理情况检查,对省财政厅2018年度预决算公开检查发现问题进行整改,组织开展行政事业单位2018—2019年度预决算公开情况检查,督促规范各部门预决算公开。加强国有资产管理,拟定企业投资监督管理办法等制度,规范国有企业经营行为,完成企业退休人员社会化管理摸排工作,开展国资监管系统企业国有资本布局和产业链水平情况摸底调查,处置固定资产902件并将处置收入全额上缴财政,完成县农机局机构改革涉及的国有资产划转工作。

【开展党建工作】加强政治建设,坚持以党的政治建设为统领,严肃党内政治生活,落实意识形态重点工作,增强"四个意识",坚定"四个自信",做到"两个维护"。强化理论武装,巩固"不忘初心 牢记使命"主题教育成果,开展深化"三个以案"警示教育。狠抓机关作风,严格落实中央八项规定和实施细则精神,在春节等重要时间节点开展作风检查,规范履行请销假、上下班考勤等各项制度。执行首问责任制、一次性办结制度,提升服务质量。建强基层战斗堡垒,完成县财政局机关党支部换届工作。开展文明创建,县财政局被省文明委授予"第十二届安徽省文明单位"称号。

(石台县财政局供稿　胡昭执笔)

青阳县财政工作概述

【概况】2020年,青阳县财政局实施积极的财政政策,认真落实"六稳""六保"工作要求,统筹推进各项工作,为决战决胜脱贫攻坚、全面建成小康社会、全面建设"修身福地、灵秀青阳"提供坚实财力保障。全年财政收入完成17.68亿元,同比增长3.8%,完成市下达目标的100%。其中:地方一般公共预算收入完成97939万元;上划中央收入完成78530万元;国有资本经营预算收入完成300万元。全年公共财政支出22亿元,其中用于民生领域支出占比为85%。县财政局第6年获全县综合绩效考核A类单位,获评全县县直专业招商(服务)组招商引资绩效考评二等奖、平安建设暨综治工作先进单位、脱贫攻坚先进帮扶单位、评议机关优胜单位,保留市级文明单位称号。

【支持经济发展】支持重点项目建设,拨付重点项目和基础设施建设资金54854.25万元。促进产业结构升级,支持企业发展和奖励资金2752.4万元。推动全民创业就业,拨付创业培训和就业补贴资金1627万元,发放个人创业担保贷款4000万元、财政贴息金额260万元,对3家劳动密集小企业贷款贴息16万元。打好污染防治攻坚战,拨付环保资金734.67万元。支持美好乡村建设,拨付农村基础设施建设专项资金4874.45万元。争取专项债券项目资金,获批国家专项债券项目6个,到位资金5.13亿元。加强银企直接对接,召开银企对接会2次,签订融资协议4.71亿元,对接金额9.83亿元。

【倾力保障民生】推进33项民生工程。投入资金4.41亿元,其中县级配套9890万元。落实强农惠民政策,发放涉农补贴资金1.17亿元,"一事一议"财政奖补资金708.5万元,支农资金12034.47万元。加大社会保障力度,安排医疗卫生专项和疫情防控资金4355万元,低保资金3237万元,救助资金2109万元,"老字号"群体工龄补助514万元,退役士兵社保接续缴费资金954万元。支持脱贫攻坚,安排财政4688.4万元支持脱贫攻坚,强化扶贫资金精准使用,提高扶贫资金使用成效。

【加快改革步伐】加强国有资产监管,强化党对国有企业的领导,开展党组织书记抓基层党建工作述职评议,开展政治监督谈话,开展九华山非主业经营性资产处置,落实新冠病毒疫情期间房租减免政策。对乡镇实行国库集中支付电子化管理,印发《关于进一步完善乡镇国库集中支付制度改革有关问题的通知》,将乡镇视同县级预算单位实施改革,仅保留1个零余额账户和1个代管资金专户,实行国库集中支付电子化管理。落实减税降费政策,加强政策宣传,落实税费优惠政策,细化责任主体,完成企业减税降费政策落实情况调查问卷,确保各项减税降费政策落实到位。

【强化财政监督】做好政府投资项目评审工作,完成评审项目80个,审定金额40070万元。开展惠农补贴资金发放互审,在各乡镇自查基础上,由县财政局和其他乡镇对3个乡镇进行重点审查。开展"小金库"专项防治行动,印发《关于报送"小金库"防治工作有关材料的通知》,实行年度承诺公示,132个单位进行自查。印发《2020年度行政事业单位财务管理、内控建设情况和"小金库"防治专项检查工作方案》,实地抽查4家单位。推进财政队伍建设,加强学习教育,深入学习习近平新时代中国特色社会主义思想,深化"三个以案"警示教育,召开专题民主生活会,制定整改方案和整改清单,推进制度建设,建立长效机制。支持驻局纪检监察组工作,对17位关键岗位人员进行轮岗交流,加强财政干部作风建设和乡镇财政督查工作。

(青阳县财政局供稿　项之明执笔)

贵池区财政工作概述

【概况】2020年,贵池区财政收入完成37.3亿元,较上年增长6.9%,完成预算的100%,其中:一般公共预算收入21.4亿元,上划中央收入15.3亿元,国有资本经营预算收入0.6亿元。收入总量和一般公共预算收入在池州市三县一区排名中,均为第一位。全区一般公共预算支出50.03亿元,增长18.3%,其中:民生支出42.7亿元,占一般公共预算支出比重为85.3%,高于全市平均水平0.2个百分点。

【落实积极财政政策】落实减税降费政策,坚持应减尽减、应免尽免、应退尽退,让红利直接惠及市场主体,全年减税降费8.86亿元。支持重大基础设施建设,筹集建设资金14.88亿元,重点支持园区基础设施、农村人居环境整治、老旧小区改造等重大项目建设。盘活财政存量资金,压减、清理存量资金1.24亿元,统筹用于"三保"和重点项目支出。管好用好财政直达资金,全年上级财政拨付直达资金6.1亿元,第一时间下达到部门和具体项目,同步建立资金台账,确保支出精准、直接惠企利民。

【助力经济发展】支持企业上市挂牌和直接融资,先后组织4批次18家企业参加上市后备企业专题培训,其中艾可蓝公司成功上市,直接融资4.06亿元。全区实现26家企业在区域性股权交易市场挂牌,当年新增6家。加强融资担保体系建设,推进民生担保公司功能再造,健全完善风险防控机制,开展代偿资金追偿清收,保障担保业务规范运行。引导银行业金融机构加大对我区信贷投放,支持区域经济发展。银行业金融机构对全区发放各项贷款余额521.4亿元,同比增长31.12%,高出全市平均水平6个百分点;新增信贷投放123.75亿元,超年度目标任务(48.1亿元)157个百分点;各项存款余额622.86亿元,同比增长9.06%,存贷比为83.7%。

【保障抗疫抗洪】优先保障疫情防控资金需求,投入疫情防控专项资金0.43亿元,保障各项抗疫工作落实;安排0.78亿元,支持公共卫生体系基础设施建设及重点救治药品、医疗防护物资、医疗救治设备储备。畅通重点项目、民生工程"绿色通道"服务机制,采取全流程电子化招标和不见面开标等方式,保障疫情期间招标采购活动有序进行。拨付援企稳岗资金0.15亿元,兑付企业区本级财政扶持资金4.5亿元,降低中小微企业融资担保费率0.2个百分点,推动企业复工复产。安排抗洪救灾资金0.76亿元,支持抗洪抢险、灾后重建及自然灾害防治体系建设。

【打好三大攻坚战】坚决打好防范化解重大风险攻坚战,制定《池州市贵池区关于防范化解政府债务重大风险专项工作方案》,加强全口径债务动态监测,获取再融资债券3.99亿元,防范政府债务逾期风险。加强与金融机构债务信息比对,完成当年隐性债务化解任务103.3%。完善防范化解金融风险工作机制,支持地方金融领域有效化解金融风险,全年化解不良风险0.6亿元。支持打赢脱贫攻坚战,完善扶贫资金投入保障机制,统筹安排财政专项扶贫资金9447万元,当年支出9255万元,支出率为98%,较全省规定标准高出6个百分点。支持打好污染防治攻坚战,坚持绿色发展理念,推进"三大一强"专项攻坚行动。统筹安排2.1亿元资金,用于黑臭水体治理、大气污染防治、镇街污水处理、农村人居环境整治等项目。拨付资金0.54亿元,支持长江禁捕退捕各项工作正常开展。

【推进财政改革】推进国企改革向纵深发展,开展"国有资产管理提升年"行动,引导金桥集团公司在矿权整合、廊道运输、港口运营、股权投资等领域多元化经营,增强企业自身"造血"功能。分步分类推进闲置、经营性国有资产集中统一监管,推动国有企业重组整合。健全镇街财政管理体制,制定《贵池区2020-2022年分税制镇街道财政管理体制实施方案》,厘清区与镇街财政事权和支出责任,促进财权与事权相统一。补助困难镇街财力8569万元,推动镇街均衡发展;安排专项扶持资金2000万元,支持牛头山、殷汇两个全国重点镇加快发展。规范工程建设项目招投标管理,将建设工程项目分散采购限额标准提高至60万元,制定《贵池区建设工程项目招投标管理实施细则》,印发《关于进一步加强工程建设项目招投标管理工作的通知》,加强招标采购业务的培训力度,提升招标人主体责任意识和业务能力。开展以加强镇街预算管理、项目资金管理、村级集体资金监管为重点的基层分局管理巩固提升年活动,压实基层财政分局工作责任,提升镇街财政财务管理水平。

【打造财政队伍】深化"三个以案"警示教育,制定《贵池区财政局(国资委)党委深化"三个以案"警示教育实施方案》,引导全体党员干部从反面教材中吸取教训,以案为鉴。紧盯财政运行薄弱环节,强化日常监管,严肃财经纪律,打造忠诚干净担当的高素质专业化财政干部队伍。强化全面从严治党,贯彻落实从严治党主体责任相关规定,压紧压实党委主体责任和纪委监督责任。与所辖国有企业及基层财政分局、二级机构签订党风廉政责任书,层层落实责任,层层传导压力。坚持把管党治党政治责任担起来,将党建工作与财政(国资)业务工作同谋划、同部署、同推进、同考核。

(贵池区财政局供稿 纪浩执笔)

九华山风景区财政工作概述

【概况】2020年,九华山风景区一般预算收入完成30277万元,完成调整预算数 100%。全年一般公共预算支出完成 35529 万元。

【财政收入】积极组织收入，落实财政收入运行调度机制，多形式加强与收入征管单位沟通协作，会商研判收入形势，加大收入征管力度，做到应收尽收。按月调度风景区财政收入任务，确保做到收入均衡入库。强化目标管理，积极配合各单位争取上级项目资金。加强直达资金管理，贯彻落实党中央、国务院关于建立特殊转移支付机制的决策部署，执行财政部严格新增财政资金监管的工作要求，做好直达资金指标接收以及直达资金分配工作。全年接收并参照直达资金 1241.5 万元，参照直达资金分配支出进度为 94.3%，其中直达资金分配支付 226.92 万元，直达资金支付进度为 100%。

【财政支出】加强资金管理，严把资金决算审核关。全年风景区财政性投资基本建设支出 7105.07 万元，稳妥保障重点工程支出。严把决算审核关，对已竣工验收的工程，在建设单位提供竣工决算(结算)书后，及时委托中介机构进行价格审查。全年送审项目 65 个，送审额 3072.26 万元，完成工程价格审核项目 43 个，送审额 1570.21 万元，核减资金 62.97 万元，平均核减率为 4%。加强预算管理，树立过紧日子思想，控制和压缩一般性支出，优化支出结构，保障重点领域支出，实施预算绩效管理，提高财政资金使用效益。贯彻落实《预算法》及其实施条例要求，推进预决算信息公开工作。严格支出管理，坚持运用财政一体化平台监控系统与人工核查相结合的办法加强对部门支出的监管，全年财政一体化平台监控系统 Ⅰ 级预警(系统直接阻断) 1140 笔，预警金额 1088.17 万元。人工核查受理退回 998 笔，退回支付金额 1806.11 万元。

【惠民措施】落实稳岗就业政策，发放重点企业稳岗补贴 146 万元，发放创业担保贷款 285 万，拨付技能提升补贴、企业新录用人员培训补贴等 89 万余元；返还失业保险费 287 万元，加大失业保险费援企稳岗力度。兑现社保费优惠政策，落实阶段性减免缓缴企业社保费等各项政策 1200 万元，涉及企业 80 余户。严格落实税收减免政策，全年新增减税 2318 万元。

【民生工程】投入 3794.47 万元实施 16 项民生工程，保障民生福祉。贫困残疾人康复、困难人员救助暨困难职工帮扶工程、养老服务和智慧养老等补助类项目按照时序进度或超时序进度足额发放。全年发放各类补助 375.57 万元，拨付义务教育经费 176.96 万元，完善社会保险体系，提高保障水平。协调推进各类项目，完成就业创业促进、“四好农村路”建设、义务教育经费保障机制、城乡困难群体法律援助、妇幼健康水平提升和职业病防治等项目。加强政策宣传，为广泛宣传民生政策营造良好的社会舆论氛围，提高群众政策知晓率和满意度。

【综合改革】加强财政资金安全管理，规范国库集中支付往来资金对账行为，从第三季度起采取纸质对账方式，要求预算单位及时反馈对账结果，确保财政资金支付安全。加强国有企业管理，印发实施《九华山风景区所属国有企业负责人经营业绩考核和薪酬管理办法(试行)》和《九华山风景区管委会所属国有企业工资总额预算管理(暂行)办法》。深入贯彻中央八项规定精神及省市委和党工委规定要求，规范国企负责人履职待遇业务支出管理，就国有企业负责人的公务用车、办公用房、培训及公务接待、商务接待、公务出差、因公临时出国(境)、通信等方面支出进行明确规定。加强行政事业单位资产管理，规范管委会行政事业单位通用办公设备配置，强化资产管理与预算管理的有机结合，降低行政成本。印发《九华山风景区管委会行政事业单位国有资产配置、使用、处置管理办法》，规范行政事业单位的固定资产配置、使用和处置工作。

【机关建设】组织开展深化“三个以案”警示教育，对照“四联四增”、“十查十做”要求，以案为鉴，查找自身不足，认真加以整改。通过专题学习、交流研讨等方式，认真学习领会习近平总书记考察安徽重要讲话指示精神，指导财政工作。加强制度建设，完善内控管理，印发实施《关于印发〈财政局党组 2020 年度落实全面从严治党主体责任清单〉的通知》《财政局党组与纪检组党风廉政建设会商沟通制度》《关于建立财政局与各部门财政财务会商机制的通知》和《财政局干部职工约谈制度》，并经常性开展督查。推进文明创建，开展党员奉献日、志愿者服务、“清白行动”、留守儿童结对帮扶、困难党员慰问帮扶、敬老院慰问等活动。

(九华山风景区财政局供稿 张演财执笔)

安庆市财政工作综述

安庆市财政工作概述

【概况】2020年,安庆市财政总收入完成322.5亿元,增长0.3%,其中一般公共预算收入141.6亿元,增长3.3%。全市一般公共预算支出482.4亿元,同比增长4.1%,其中民生支出410.11亿元,同比增长4.1%,占财政支出的85.02%。

【支持防疫防汛】坚持人民至上、生命至上,保障疫情防控总体战、阻击战。做好政策支持和资金投入,确保不因资金问题影响患者救治和疫情防控。建立资金拨付和物资采购"绿色通道",筹措疫情防控经费9.1亿元,用于应急物资保障、专用设备及试剂采购、患者救治补助、临时性补助和一次性慰问等。安排18.5亿元债券资金,支持13个医疗卫生项目建设。安排资金0.5亿元,推进皖西南应急保供物资储备中心建设。运用疫情防控专项再贷款资金,向33户防疫保供重点名单企业提供优惠利率信贷3.1亿元。运用复工复产专用再贷款资金,向245户涉农、小微经营主体发放优惠利率贷款2.9亿元。运用普惠性再贷款再贴现资金,向25110户农业、制造业、批发零售业等经营主体提供再贷款、再贴现资金54.4亿元,再贷款再贴现运用量为全省前列。开展中小企业应急贷款和大中企业应急融资试点工作,向18户企业发放1亿元应急贷款。发放0.5亿元一次性稳就业补贴、1.7亿元失业保险稳岗返还补助。阶段性减免6900余户中小企业和个体工商户承租国有经营用房或行政事业性单位房产租金0.5亿元。支持防汛救灾和灾后重建,推进"四启动一建设",保障受灾群众生活稳定、受灾产业恢复生产、受灾地区灾后重建,拨付资金6.2亿元。发挥农业保险保障作用,实行快保快查快赔,赔付12万受灾农户3.6亿元。

【落实积极财政政策】落实减税降费政策,让企业和群众享受政策红利,1—11月新增减税降费24.4亿元。紧抓政策窗口期,争取上级转移支付资金291.8亿元,较上年增加33.8亿元,保障中央和省、市重大决策部署的落实。争取中央特殊转移支付资金18.4亿元、抗疫特别国债16.4亿元,统筹用于"六稳""六保"重点支出。发挥政府投资撬动作用,市本级争取中央预算内投资7亿元、政府债券资金25.2亿元、政府性基金及公共预算安排57.3亿元,支持补齐基础设施和公共服务领域短板。市区兑现工业企业土地使用税奖励0.4亿元。统筹各类财政资金10.3亿元支持经开区、高新区发展。引导市级国有投融资平台分别为经开区、高新区提供70亿元和40亿元的增信支持。

【支撑三大攻坚战】整合涉农资金19.4亿元(其中5个重点县专项扶贫资金14.1亿元),清理回收存量资金0.4亿元,安排债券资金2.8亿元,助力全市脱贫攻坚圆满收官。投入1.1亿元在193个贫困村实施资产收益扶贫项目。开展消费扶贫,组织预算单位通过扶贫"832"平台采购贫困地区农副产品。树立"两山"理念,支持生态文明建设,实现污染防治攻坚战阶段性目标。投入11.1亿元,支持长江生态环境修复、水系综合治理、大气污染防治、城乡环境整治等项目。安排5亿元用于长江流域重点水域禁捕。获欧洲投资银行2800万欧元贷款,支持大别山安徽片生物多样性保护与近自然森林经营项目。认缴2亿元加入国家绿色发展基金。加强地方政府债务限额管理,按照限额举借地方政府债务,依法合规使用债券资金。遏制隐性债务增量,稳妥化解存量,超额完成年度化债任务。开展金融领域专项整治,重点打击"套路贷""校园贷"。化解地方金融机构风险,高风险金融机构有序退出,兑现银行取得抵债资产缴纳税收奖励0.5亿元。建立联防联控机制,防范扶贫小额信贷风险,全年收回30.3亿元,余额20.2亿元,逾期率为0.06%、严控在1%的风险预警线以下。

【促进实体经济发展】加大实体经济、新兴产业、创新平台的支持力度,兑现产业扶持政策奖补资金6.5亿元,拨付"三重一创"引导资金0.6亿元。上线中小微企业综合金融服务平台,14家金融机构发布37个金融产品。全市本外币各项贷款余额2616.8亿元,增长17%,新增贷款379.2亿元,较上年增加118.4亿元。新型政银担新增贷款74.8亿元,服务企业1497户;"税融通"投放25.2亿元,服务企业1151户;续贷过桥资金周转112.1亿元,年周转率为16.7次、扶持企业2332户;发放创业担保贷款12.1亿元,惠及创业者6500余人,财政贴息1.1亿元;"劝耕贷"担保余额10.8亿元,在保1476户。支持政府性融资担保机构扩大担保规模、降低企业融资成本,担保费率降至1%及以下。市担保集团作为全国首批12个政府性融资担保机构之一,获国家融资担保基金0.5亿元注资。推进企业上市,新增首发上市企业2家、上市在审3家、上市辅导备案2家、新三板挂牌1家、省股交中心挂牌131家。推进"互联网+政府采购",优化营商环境,进入全省政府采购领域"标杆城市"行列。

【保障民生福祉】按照过紧日子要求,压减一般性支出2.1亿元,用于保基本民生、保工资、保运转。投入32项民生工程132.1亿元,完成年度目标任务。财政性资金投入27.2亿元用于棚户区改造、4亿元用于101个老旧小区改造。市本级通过多渠道筹措,支付棚改资金68.3亿元。统筹资金2.1亿元,落实保居民就业政策。城乡低保标准提高到628元/月·人,城市、农村特困人员基本生活财政补助标准分别提高到860元/月·人、650元/月·人。支持实施智医助理项目,拨付资金0.3亿元。向困难群众发放价格临时补贴0.9亿元,惠及近200万人次。支持城乡义务教育均衡发展,生均公用经费提高到小学650元、初中850元。拨付专项资金1.6亿元,支持128个美丽乡村中心村建设。安排资金1.3亿元,实施741个"一事一议"财政奖补项目。落实惠民惠农政策,通过"一卡通"发放补贴28.1亿元。推动多层次农业保险体系建设,投保种植业597万亩、林业816万亩、特色水产15万亩、养殖业1099万头(羽)。

【推进财政管理改革】印发《安庆市市级政策和项目事前绩效评估管理暂行办法》《安庆市市直部门预算绩效目标管理暂行办法》,对新增1000万元(含)以上的政策和400万元(含)以上的项目支出开展事前绩效评估,从源头强化预算绩效管理。贯彻中央加强直达资金监督管理的部署要求,强化日常监督和重点监控,用好资金监控系统。完成21户城区国有集体中小企业改革改制任务,实现3.6万名国有企业退休人员社会化管理。加强党对国有企业的全面领导,促进党建与业务深度融合。按照全面深化"放管服"改革和"互联网+政务服务"的要求,实现非税收入收缴"网上支付"全覆盖,全面实施财政电子票据管理改革。

(安庆市财政局供稿　林浩执笔)

桐城市财政工作概述

【概况】2020年,桐城市财政部门在市委、市政府的坚强领导下,有力有效保障全市财政平稳运行,各项工作取得较好成绩,财政管理绩效综合评价位于全国先进行列,财政专项扶贫资金绩效评价为全省第十位,民生工程获安庆市先进位次。

【做实财政蛋糕】完成收入任务,强化国家、省重点工程税收征管协调,推进砂石资源、房地产行业税收专项整治,建安工程税源管理效果明显,增加本地纳税1.3亿元。出台企业纳税贡献上台阶奖励办法。强化口罩行业专项税收辅导,增加纳税3亿元。全年压减总部企业纳税3亿余元,完成财政收入31.06亿元。争取新增债券资金8.28亿元、中央财政直达资金5.49亿元,统筹用于支持疫情防控、"三保"、重大项目建设。盘活资金资产,统筹整合各类结余结转资金2.9亿元,增强财政统筹协调和资金集约使用能力。

【优化支出结构】内部挖潜,调整支出结构,做到有保有压。全年一般公共预算支出实现54.4亿元。全力保障刚性支出,优先保障疫情防控资金9480万元,打赢打好疫情防控阻击战。安排特大洪涝灾害抢险资金5102万元,保障困难群众基本生活和灾后恢复重建。多渠道筹措资金1.92亿元,打赢打好脱贫攻坚战。安排4876万元用于渔民减船转岗安置,安排6576万元用于养殖户补偿,做好长江流域禁退捕工作。兜牢"三保"底线,新增对镇街体制内财力补助8896万元。机关事业单位公务费定额标准,全部按行政人员每人每年1万元、事业人员每人每年0.6万元的标准纳入预算。全年拨付村级保障资金6028万元,加大农村基层组织经费保障力度。投入资金20.11亿元,实施30项民生工程;投入教育资金12.6亿元,支持办好教育;兑现各类惠农惠民补贴3.75亿元、城乡居民基本养老金1.79亿元;安排基本公共卫生服务补助资金4563万元,财政补助标准提高至年人均74元;筹措专项资金6472万元,支持实施西苑新村等57个老旧小区改造。勤俭节约过紧日子,压减非刚性、非重点项目支出。全年压减公务用车、公务接待等"三公经费"和会议费5%以上。

【做强实体经济】加大政策支持,全年减税降费3.3亿元,兑现产业扶持政策补助资金1.38亿元,发放稳岗就业补贴1798万元,减免社保缴费和国有门面租金,缓解企业压力。召开应对新冠肺炎疫情财政支持企业发展奖励资金兑现大会,集中兑现奖励资金315万元。助推企业上市,加强重点企业摸排,推荐5家企业进入省后备企业资源库。举办全省重点贫困地区企业上市培训会。组织6家重点企业赴太湖县考察学习,斥资1.5亿元增持金田高新材料。全年新增省股交中心科创板挂牌企业13家,全市上市(挂牌)企业总数为79家。

【提升业务能力】加强业务规范化建设,成立财政财务业务指导委员会,优化业务流程。出台《桐城市财政专项资金管理办法》,取消财政二次审核。撤销镇街"一事一议""工资代发"财政专户。制订桐城市会计基础工作规范、政府采购、村集体经济组织会计核算三个内部业务指引。每季度开展镇街会计业务达标评比活动。强化业务知识学习,组织开展系统内专业技能学习培训和科长上讲台系列活动,提高财政干部专业水平和综合素质,打造学习型财政。与市委党校共同举办"财政财务人员业务能力培训班",组织系统内先进工作者和业务骨干赴浙江大学学习金融、法律、国资管理等知识。开展业务提升行动,针对巡视巡察、审计反馈问题,开展镇村财务规范提升行动。组织镇街财务人员开展"三资"管理互查互审活动。防范重大风险,偿还到期债务8亿元,通过借新还旧、展期等方式缓释到期债务风险7.8亿元。开展PPP项目中期评估,明确政府支出责任,强化项目绩效评价。

(桐城市财政局供稿 吕尚执笔)

怀宁县财政工作概述

【概况】2020年,怀宁县一般公共预算收入完成25.85亿元,同比增收1.88亿元,增长7.87%。其中地方一般公共预算收入13.92亿元,同比增收8210万元,增长6.27%。全县一般公共预算支出完成40.13亿元,较上年增支2.98亿元,增长8.02%。

【加强收入征管】加强收入预期管理,定期召开财税库联席会议,分析研判新冠肺炎疫情、减税降费等对财政收入的影响,协调解决组织收入过程中存在的问题,把握组织收入主动权。密切部门协作,形成征管合力,发挥综合治税平台作用,加强重点税源监控,确保应收尽收。完善政府非税收入管理,确保及时足额缴库。主动对接沟通,积极向上争取项目、资金和政策支持,提高财政资金统筹能力。全年争取上级转移支付资金25.61亿元、各类债券资金15.94亿元,支持教育文化、医疗卫生、社会保障等社会事业协调发展,促进乡村振兴、基础设施等重点项目建设。

【统筹财政支出】把保工资、保运转、保基本民生等"三保"支出放在首要位置,从严控制和压缩"三公经费"等一般性支出,优化支出结构。保障民生福祉,安排财政资金1.1亿元,实施义务教育薄弱环节能力提升、校舍维修改造等项目65个。实施文化惠民工程,支持举办石牌戏曲文化节、海子诗歌文化节。实施公共卫生体系全面提升工程,启动紧密型县域医共体建设。发放救助补助资金1.05亿元、各类保险金14.9亿元,落实城乡低保、特困、临时救助等保障措施。发放15大类惠农补贴资金3.32亿元,惠及农户15.49万户次。实施农村饮水安全巩固提升工程,投入资金995万元,改善4.63万人饮水安全。推进棚户区改造,新开工2750套,基本建成697套;投资650万元改造城镇老旧小区1个。全年各类民生支出34.59亿元,占财政支出的86.2%。支持打好精准脱贫攻坚战,安排财政专项扶贫资金1.32亿元,支持四好农村路、蓝莓产业园、农业产业等项目建设;实施资产收益项目5个,带动贫困村及贫困户增收。助力乡村振兴战略,拨付资金2090万元,实施村级集体经济发展项目73个。投入资金1550万元,实施村级公益事业建设财政奖补项目85个。推进独秀乡村振兴示范区"三中心"、商业街和独秀山公园等工程建设。开展农业信贷融资担保,支持蓝莓产业发展,推动乡村产业振兴。

【助推经济发展】巩固扩大减税降费成果,坚持"放水养鱼",为企业"松绑"让利,全年减税降费5.89亿元,减轻企业税费负担。支持中小微企业发展,出台促进经济发展十条措施,设立5000万元专项资金,助推企业复工复产。落实扶持政策,安排兑现各项涉企奖扶资金2.14亿元,缓解企业资金困难。撬动金融资金,完善创业担保贷款办法,推动大众创业、万众创新。组织银企对接,全县银行业金融机构新增贷款35.7亿元,实现过桥资金周转78笔共4.15亿元,新增贷款担保138笔共5.09亿,续贷担保146笔共7.81亿元。推进国有企业转型发展,深化县城投公司、交发公司、国资公司实体化改革,推动企业参与主导产业、人居环境提升、城乡供水、乡村振兴等项目建设,全年实现投融资53.55亿元。

【发挥监管职能】制定出台《关于进一步加强全县行政事业单位财务管理工作的意见》《怀宁县行政事业单位国有资产处置管理办法》等制度,规范财务行为,严肃财经纪律。完善国库集中支付制度,推进国库支付电子化改革,升级改造一体化平台中的动态监控模块,将各单位人员经费等指标锁定,纳入直接支付,加强国库集中支付行为监控,防范工资支付风险。根据省财政厅统一部署,取消乡镇特设专户,统一纳入国库集中支付管理。规范财政投资评审,强化政府采购预算编制和执行力度。全年评审政府投资项目210个共22.54亿元,审减1.04亿元,审核政府采购527项共2.31亿元。强化财政监督,开展县乡财政财务监督检查、扶贫资金等专项检查、会计信息质量检查,追回财政资金223万元。严格国有资产管理,落实向人大常委会报告国有资产管理制度,接受全方位监督。印发《怀宁县行政事业单位国有资产处置管理办法》,规范国有资产处置审批程序和资产处置行为,防止国有资产流失。全年受理资产处置93批次,其中报废报损52批次共4076万元,出租出借22批次,无偿调拨19批次。防范金融风险,做好扶贫小额信贷清收工作,制定风险防范工作方案,印发《致扶贫小额信贷借款人的一封信》《关于打击恶意逃废扶贫小额信贷债务的通告》,打消恶意逃废债务的侥幸心理。跟踪了解全县147家"户贷企用"模式用款企业,建立"一企一策"。全县扶贫小额信贷余额2098户共10312万元,全部为户贷户用,无逾期贷款。开展金融环境专项整治提升行动,组织开展联动排查,摸排金融领域涉黑涉恶线索,妥善处置风险机构和风险点,消除风险隐患。

【加强机关建设】站在讲政治、讲大局、讲党性的高度,以强烈的自觉性和责任感全力支持巡察工作。对标对表巡察反馈问题,制定整改方案、任务清单、责任清单,明确整改举措和完成时限,狠抓督查落实。牢固树立党建、业务"一盘棋"理念,加强支部标准化、规范化建设,第3年获五星党组织称号。按期完成换届选举,成立首届机关党委、机关纪委。强化干部队伍建设,做好党员发展工作,转正党员1名,接收预备党员3名,确定发展对象7名。坚持正确的选人用人导向,提拔2名同志充实到县财政局领导班子,交流1名同志到县直单位任班子副职。加强干部梯队建设,提拔一批年轻干部任股室和乡镇财政所(分局)副职,招录7名公务员充实到乡镇财政所(分局),改善队伍年龄结构、知识结构。

(怀宁县财政局供稿　戴名胜执笔)

潜山市财政工作概述

【概况】2020年,潜山市一般公共预算收入完成155721万元,较上年增收11716万元,增长8.1%。市级一般公共预算收入98410万元,较上年增收7790万元,增长8.6%。全市一般公共预算支出完成497342万元,增长2.3%。

【服务高质量发展】按照"保基本、守底线、促均衡、提质量"要求,统筹财力和资源,促进实体经济持续稳定增长。争取抗疫特别国债和特殊转移支付等资金43307万元,新入库政府专项债券项目7个。办理无还本续贷77020万元,投放复工复产专项贷款12189万元、创业担保贷款8490万元、疫情重点保障企业专项再贷款1780万元,新增农业担保贷款13404万元。减免814家参保企业养老、失业、工伤保险的单位缴费6057万元、382家医疗保险的单位缴费524万元。企业综合融资担保费率降至1%以下。减免中小微企业和个体工商户承租国有经营用房疫情期间3个月房租346万元。设立2000万元刷业专项发展资金。投入5623万元支持企业自主研发和科技创新。

【支持打好三大攻坚战】支持决战决胜脱贫攻坚,补短板、强弱项,提升扶贫成色,巩固脱贫成效。实施扶持村集体经济发展项目20个,投入1000万元;实施财政公益事业奖补项目55个,投入1878万元;实施资产收益扶贫项目9个,投入1068万元。支持打好污染防治攻坚战,安排大气、水、土壤等方面污染防治资金2.1亿元,支持城市黑臭水体治理、城镇污水处理、农业农村污染治理,完成入河排污口排查,坚决打赢蓝天、碧水、净土保卫战。防范化解财政金融风险,健全政府债务风险预警机制,执行限额和预算管理,做好扶贫小额信贷风险防控。

【增进民生福祉】实施32项民生工程,其中补助类项目16项,工程类项目11项,投入资金172992万元。保障8件实事工程、53项重点工程资金投入。兜牢"三保"底线,坚持"三保"支出在财政支出中的优先地位,一般性支出压减5%以上,盘活存量资金12673万元。支持稳岗就业,把就业摆在基本民生的重要位置,统筹安排就业补助资金、职业技能提升专项资金2857万元,强化高校毕业生、退役军人、下岗失业人员、农民工等重点群体就业扶持。支持教育卫生等社会事业发展,落实学前教育、义务教育、职业教育补助政策;实现天柱山中心小学整体搬迁;投入5218万元,实施校舍维修、义务教育薄弱环节改善与能力提升,改善普通高中办学条件。做好疫情初期和常态化防控保障,投资6亿元基本建成潜山市立医院新区(一期)工程,启动第一人民医院和黄铺分院建设,落实在岗村医养老保险政策,推进基本公共卫生服务均等化。做好社会保障,提高城乡低保、五保等困难群众生活补助标准,发放社会救助资金15168万元,支付城乡居民养老保险金14438万元。做好退役军人社保接续工作,完善覆盖城乡的社会保障体系。

【提升管理水平】深化财政管理体制改革,健全全口径预算编制体系,强化政府四本预算统筹衔接。推进预决算公开,部门预决算及"三公经费"信息公开实现全覆盖。实施非税征收制度改革,实现非税收入电子化管理。完善预算绩效改革,强化预算单位绩效管理意识,绩效目标自评实现全覆盖。推进国资国企改革,开展国有企业改革攻坚行动,采取创新转型一批、改制重组盘活一批、关闭破产退出一批"三个一批"的方式,分类推进全市国有企业改革。加快推进潜润集团市场化转型、实体化发展,激发国有企业服务发展动力活力。

【支持企业上市(挂牌)】安徽华业香料股份有限公司在深交所创业板首发上市,实现潜山市企业上市"零"的突破。安徽孺子牛轴承有限公司、安庆永大体育文化有限公司等7家企业在安徽省区域性股权交易中心科创板挂牌。

【加强融资担保】举办银企对接会3场,创新推出民宿贷、刷业贷、地摊贷等特色金融产品。当年新增信贷22.91亿元,担保机构年度在保余额9.73亿元。开展金融领域扫黑除恶专项斗争,常态化防范和打击非法集资,守住不发生区域性系统金融风险的底线。

(潜山市财政局供稿　叶东执笔)

太湖县财政工作概述

【概况】2020年,太湖县完成一般公共预算收入12亿元,较上年增长8.1%。完成一般公共预算支出52.82亿元,较上年增长1.1%。按省级口径统计,全县完成财政一般公共预算收入11.58亿元,收入增幅达9.1%,位居安庆七县市榜首,实现历史性突破。其中税收收入9.67亿元,税收占比83.5%。

【强化资金保障】优化财政支出结构,坚持有保有压。全年足额保障"三保"支出25.9亿元,其中:保工资8.6亿元,保运转1.4亿元,保基本民生15.9亿元。加大对脱贫攻坚、生态环保、社会保障、公共卫生、乡村振兴等重点领域的资金投入。树立过紧日子思想,压减"三公经费"、会议费、培训费、设备购置费等一般性支出,其中"三公经费"财政拨款支出1742.66万元,较上年同期下降7.58%,挤出资金支持招商引资、首位产业发展等中心工作以及开发区扩区、246省道改线、合安九高铁修建、县医院整体东迁等重点工程项目建设资金需求。应对新冠疫情防控需要,紧急拨付资金15681万元,为建设4所核酸检测实验室以及设立6287名"单元长""联防长"提供资金保障。

【防范财政风险】严防区域金融风险,出台《太湖县稳金融工作方案》,搭建银企交流合作平台,为企业纾困解困,提升金融服务实体经济质效。开展扫黑除恶整治金融乱象专项行动,加强扶贫小额信贷风险排查,强化地方金融监管,守住金融风险底线。妥善防范化解政府性债务风险,向上争取新增地方政府债券资金12.09亿元,库内政府债务总额52.28亿元,较省财政厅核定的债务限额少4.59亿元,政府债务规模适度,风险可控。通过"年初预算安排一部分,银行展期一部分,平台公司存量资金解决一部分",发挥平台公司转型成果,多渠道筹措资金,化解政府隐性债务,完成年度化债计划。清理锁定村级债务,化解村级存量债务,严控村级新增债务。全年完成1.58亿元村级债务化解工作,兑现各乡镇村级化债奖励资金2663.45万元。

【实施民生工程】13大类民生支出44.9亿元,占一般公共预算支出的85%,较上年增长1%。发放14大类、40小项各类惠农补贴38827万元,保障农村居民基本生活需要和发展农业生产。31项民生工程投入资金12.8亿元,其中县本级财政配套2.9亿元。签订《太湖县2020年度民生工程目标责任书》,完成各项民生工程年度目标。投入14183万元,落实义务教育"两免一补"、国家助学、营养改善、采暖工程等支教政策,惠及学生11.76万人,新建幼儿园3所,维修校舍1.51万平方米。投入64669万元,完善健全社会保障体系,提升城乡居民社会保险参保率,农村低保、五保、孤儿和生活无着人员应保尽保、应救尽救,残疾人生活、护理和康复全覆盖,养老机构和老年人高龄津贴应补尽补。投入31789万元,加强基础设施建设,实施"四好农村路"扩面延伸工程200公里、县乡公路大中修22公里。启动实施21个省级中心村美好乡村建设,完成农村改厕5000户,废弃物资源化利用覆盖174个村,棚户区改造新开工988套,改造老旧小区6个、面积6.47万平,惠及居民539户。

【巩固脱贫成果】围绕"两不愁、三保障、一安全"工作要求,落实"四个不摘"政策,巩固拓展脱贫攻坚成果。全年拨付各级财政专项扶贫资金35111万元,盘活财政存量资金400万元,安排新增债券资金10010万元,统筹其他各类涉农资金6420万元。按照"应贷尽贷"原则新增、续贷扶贫小额信贷资金21290万元,对接44家期货公司直接投入产业帮扶资金1000万元。全年接受国家审计署南京特派办扶贫资金审计和国家扶贫资金绩效评价2次,扶贫资金绩效管理工作得到省市肯定。

【接续乡村振兴】筹措资金,打造"产业兴旺、生态宜居、乡风文明、治理有效、生活富裕"的新农村,助力乡村振兴战略全面实施。支持农村经济发展,推进农村综合改革,强化农村公益事业奖补。全年下达财政奖补资金1395万元,完成181个农村公益事业项目建设任务,涵盖道路修建、当农塘治理、文化体育设施、环卫设施等方面,补齐农村基础设施短板,改善农村生产生活条件。争取上级电子商务进农村综合示范县补助资金3500万元,加快打造"电商太湖"。牵头实施资产收益扶贫民生工程,筹措产业扶贫资金21890万元,扶持农村光伏发电、特色种养业、乡村旅游业和商贸流通业发展。做实农业保险工作,投入财政补贴资金2714万元,提供农业风险保障157721万元,财政资金投入效果放大58倍。全县政策性农业保险赔款3558万元,受益农户1.7万户(次)。

提标扩面地方特色农产品保险,开设9个特色农产品险种,为发展种养业提供风险保障。改善人居环境。拨付江河湖库水系综合整治资金6283万元,推进“河长制”“湖长制”“塘长制”,实施“河畅水清”行动;拨付农田水利建设农业生态保护补助资金13947万元,加强农田水利基础设施建设及水土保持,加大花亭湖国家湿地公园建设和保护力度;拨付林业生态保护恢复资金7668万元,推深做实“林长制”,实施退耕还林、护林防火、森林生态修复工程,开展增绿增效行动;拨付农村环境综合治理资金5340万元,推进城乡环卫一体化,支持农村环境“三大革命”;拨付秸秆禁烧和综合利用、扬尘治理、高污染燃料禁燃、餐饮油烟整治等大气污染防治资金1917万元,实施“蓝天工程”;拨付城镇污水垃圾处理设施及污水管网工程资金6325万元,推进新城外环南路生态廊道、黑河治理等工程建设;拨付乡镇政府驻地污水处理资金9695万元,美丽乡村建设资金4000万元,营造宜居宜游的农村人居环境;拨付长江流域重点水域禁捕退捕专项资金1631万元,恢复水生生物资源,促进水域生态环境修复;安排县生态环境保护分局生态保护资金900万元,常态性开展生态环保工作。

【服务经济发展】围绕服务实体经济、防控金融风险、深化金融改革三大任务,推进金融体系建设,开展扫黑除恶整治金融乱象专项行动,加强扶贫小额信贷风险排查,强化地方金融监管,严控地方金融风险。提升金融服务水平,加大财政投入力度,发挥财政支持经济的撬动作用,助力太湖经济高质量发展。全县金融机构存款余额272.5亿元,较年初增加29亿元,增长12.02%,居全市第3位;贷款余额166.48亿元,较年初增加26.84亿元,增长19.22%,增速为全市第2位,为市下达增量任务24亿元的111.83%;贷存比为61.09%,为全市第二位。贯彻落实太湖县委“1142”工作安排和工业强县、产业兴县战略,落实《太湖经济开发区体制改革与机制创新实施方案》,全年兑现开发区税收返还资金8100万元。落实《太湖县乡镇财政管理体制改革的实施意见》,全年兑现徐桥镇、小池镇、城西乡三个乡镇税收返还资金3050万元。延续徐桥镇扩权强镇试点政策,按《太湖县扩权强镇试点工作实施方案》的相关规定给予政策和资金支持。加大对小池工业集聚的支持力度,将小池镇辖区内2015年后新增企业当年入库的工商税收县级所得部分全额返还小池镇。全年县本级财政兑现支持工商业企业发展财政奖补资金5864万元,支持现代农业发展财政奖补资金2500万元,支持乡镇和村级集体经济发展财政奖补资金825万元,兑现“一区三园”企业奖补资金8000万元。支持“放管服”、商事制度改革,实施创优“四最”营商环境提升行动,推进“互联网+政务服务”,开展“三比一增”专项行动,释放全社会创新创业创造动能。为企业发放担保贷款12.78亿元,续贷过桥资金2.68亿元,补充风险代偿补偿基金1935万元,代偿到期贷款208万元,兑现普惠金融发展资金和金融机构涉农贷款增量奖励资金947万元。拨付招商引资、“放管服”、商事制度改革、“互联网+政务服务”等专项经费2000万元,保障改善营商环境的资金需求。

【深化财政改革】实施项目绩效预算全覆盖,实行“全口径”预算制度,强化政府采购预算编制,完善国有资产管理,启动预算管理一体化改革,推进财政电子票据管理改革,加强直达资金和存量资金管理,推动财政改革纵深推进。创新预算编制方法,坚持绩效预算与零基预算相结合,实行“全口径”预算制度。执行“以收定支、收支平衡”原则,严防“有预算无支出”和“有支出无预算”。强化项目绩效预算编制,实行单位项目绩效预算编制全覆盖。深化国库集中支付改革,修订预算执行动态监控规则,启动新版动态监控系统,严禁违规将财政资金转入单位其他账户。强化公务卡应用,减少现金结算。全年规范办理支付业务165662笔,支付资金60.2亿元。完善国有资产管理,出台行政事业单位国有资产配置、使用、处置管理实施细则,对资产配置和处置实行单位网上申报审批,先审批后采购、先审批后处置。全年规范配置审批144个单位11861项资产,价值6555万元;审批资产处置7543项资产,原值2831万元。推进政府采购改革,强化政府采购预算编制,坚持所有政府采购事项必须编制政府采购预算或办理预算追加。推进电子化政府采购工作,运用政府采购政策鼓励动员各级预算单位进入“宜采商城”购买贫困地区农副产品126.5万元。扩大政府采购范围,将工程项目的勘察、设计、监理纳入政府服务类采购管理。全年完成政府采购规模16591万元,较上年增长12%。深化非税收入电子化征管改革,落实省政府“互联网+政务服务”建设要求,推行财政电子票据管理改革,实行“单位开票、银行代收、财政统管”的非税收入征管模式,发挥财政票据“以票管收、源头管控”作用。加强直达资金管理,将项目资金以“直接支付”方式直接支付到项目施工单位和个人,建立直达资金管理台账,加快项目推进和资金支付进度。全年分解落实中央直达资金114114.9万元。强化结余资金管理,收回预算单位各类结余结转资金2702万元,收回财政专户存量资金2071万元,收回结余结转指标7238万元。

【加强政治建设】坚持党建引领,加强政治建设,提高政治能力,加大财政干部队伍培养,不断提高政治判断力、政治领悟力、政治执行力,打造干净、忠诚、担当的财政队伍。狠抓组织建设工作,坚持党建引领,落实“三会一课”制度,巩固扩大“不忘初心、牢记使命”主题教育成果。坚持民主集中制度,执行“三重一大”制度,促进党建、业务、队伍建设融合发展。狠抓意识形态工作,提高工作执行力。弘扬社会主义核心价值体系,抓牢意识形态,抓实舆情管控,严守网络阵地,弘扬传统美德,开展深化“三个以案”警示教育专题学习研讨,推进财政各工作顺利推进。狠抓干部队伍建设,增强发展后劲。树立从严治党理念,把党风廉政建设“两个责任”和惩防体系建设工作摆在重要位置,招录新进20人,组织全县财会人员参训1500人次。推进单位内控管理,强化自身建设,提升履职能力。

(太湖县财政局供稿 刘沛执笔)

望江县财政工作概述

【概况】2020年,望江县一般公共预算收入完成113136万元,较上年增收3119万元,增长2.8%。全县一般公共预算支出完成461073万元,较上年增支27333万元,增长6.3%。县级财政管理绩效综合评价工作获财政部通报表彰,并获全省财政扶贫资金绩效评价“优秀”等次、农业信贷担保工作先进县等荣誉。县财政局机关3名同志获“安庆好人”称号。

【支持防疫防汛】支持打赢疫情防控阻击战,拨付疫情防控相关经费12556万元。出台疫情防控专项资金管理办法,加快资金拨付力度,保障疫情防控各项工作有序开展。安排4.37亿元,加强医疗卫生基础设施和基本公共卫生服务建设,健全公共卫生应急管理体系。支持打赢防汛救灾保卫战,投入防汛救灾资金6480万元,做好抗洪抢险、灾后安置及重建资金保障,助力受灾群众恢复生产生活。

【支持打好三大攻坚战】强化脱贫攻坚资金保障力度,筹集各类扶贫资金8.89亿元,其中:纳入扶贫统筹整合资金3.5亿元,扶贫双基等专项资金2.34亿元,新增投放扶贫小额信贷3.05亿元。强化扶贫资金管理,狠抓扶贫项目推进。提升扶贫资金使用绩效,对扶贫项目实施动态监控和台账管理。强化财政金融风险防控,加强政府债务预算管理,安排财政资金2.22亿元,确保地方政府债券本息按期偿还。强化地方政府债务风险防控,发挥债务监管平台作用,健全规范举债融资和风险防范机制,防范化解政府隐性债务风险。全县地方政府债务率为64.32%,低于省财政厅确定的三类县90%的警戒值,债务风险可控。推进金融风险防控,对16家小额贷款类公司采取规范性措施,推进金融市场健康发展。安排融资担保和扶贫小额信贷风险补偿金3600万元,增强担保流动性,提高抗风险能力。全年收回到期扶贫小额信贷4.96亿元,逾期率为0.18%。支持打好污染防治攻坚战,投入节能环保资金1.77亿元,改善人居环境,支持沿江污染企业关闭。推进林长制、河(湖)长制建设,创建省级生态文明县城。安排长江禁捕资金7230万元,支持做好退捕渔民转产转业和生活保障,保护生态环境。

【推进民生事业发展】全年完成十三大类民生支出39.43亿元,占财政总支出85.5%。其中31项民生工程投入19亿元。强化社保兜底作用,落实退役军人安置及优抚保障工作,投入社会保障资金6.34亿元,确保老有所养、病有所医,保障特殊群体基本生活。支持教育优先发展,投入教育经费9.59亿元保障教育工作运行,完善教育基础设施。将公办普通高中生均公用经费由800元提标至1000元,推进教育现代化发展。完善交通体系,投入3.43亿元推进“四好农村路”、县域一级路、城区道路等各类道路建设。优化城镇功能,投入2300万元完成2个老旧小区9万平方米改造工程,安排42375万元推进2109户棚户区改造项目建设,提升城区居民生活品质。建设美好乡村,投入7.3亿元推进农林水事业发展,夯实农村产业化发展基础;拨付5390万元推进省市县三级中心村及村庄整治点建设,优化乡村环境。

【促进经济社会发展】落实减税降费政策,减免各项税费2亿元,减免承租国有经营用房或行政事业单位房产房租170万元,减轻市场主体压力。发挥财政支持引导作用,安排产业引导基金17320万元,缓解企业短期资金周转困难。兑现工业、现代农业、现代服务业、科技创新等产业奖补及招商引资政策奖励资金17041万元,支持县域产业发展。强化金融服务力度,安排普惠金融发展等奖励资金1825万元,兑现金融政策奖补。为121户中小微企业提供贷款担保4.26亿元,在保余额8.76亿元。推行“续保通”担保项目,为企业过桥续贷续保3.44亿元,纾困中小微企业融资压力。支持企业上市挂牌,加大上市挂牌后备企业培育力度,当年新增1家企业新三板挂牌,2家企业完成股改,6家企业在省科创板(精选层)挂牌,2家企业在专精特新板挂牌。全年争取上级各类转移支付和新增政府债券资金42.5亿元,较上年增加3.6亿元,增长9.3%。加大投融资力度,当年获批项目融资39.26亿元,完成年度融资计划的130.86%,用于交通基础设施建设、棚户区改造、城乡建设用地增减挂钩、示范创业园等重点项目建设。维护社会稳定,投入公共安全支出1.52亿元,推动扫黑除恶、综治维稳、平安建设等工作有序开展。

【强化财政改革管理】提升预算管理水平,建立健全预算执行限时制度,按时批复下达预算资金,提高预算执行效率。树立过紧日子思想,压减一般性支出,严控“三公经费”支出。深化国库集中支付管理改革,规范财政专项资金支付流程,推进全过程预算绩效管理机制,加大财政存量资金清理回收力度。推进财政电子票据管理改革,更新完善政府购买服务目录,规范政府购买服务行为。开展国有资产清产核资,将国有资产处置和出租收入上缴金库,纳入预算统筹安排。完善财政监督体系,支持县人大预算联网监督和县纪委监委权力运行大数据监督平台建设。做好扶贫资金、直达资金动态监控系统运行管理,确保资金惠企利民。落实国有资产管理和财政医疗卫生资金管理使用情况向县人大报告制度。按法定时限公开预算信息,接受社会监督。办理人大代表建议和政协委员提案。落实财政"同级审"和各级巡视巡察问题整改长效机制。

(望江县财政局供稿 汪恭稳执笔)

岳西县财政工作概述

【概况】2020 年,岳西县一般公共预算收入完成 101056 万元,较上年增长 7%。地方一般公共预算收入完成 63011 万元,较上年增长 10.4%。全县一般公共预算支出 427800 万元,较上年增长 3.5%。乡镇财政资金管理、财政扶贫资金绩效评价等工作在全省财政系统中保持领先,县财政局在文明单位创建、县直单位绩效综合考核中保持先进行列。

【保障重点支出】加大脱贫攻坚财政投入,预算安排专项扶贫资金 5200 万元,较上年增加 1200 万元,增列专项扶贫资金占地方财政收入增量的 22%。收回可统筹使用存量资金 1542 万元,用于脱贫攻坚资金 849 万元,占可统筹使用存量资金的 55%。加大涉农资金整合力度,做到"因需而整、应整尽整",巩固脱贫攻坚成果。保障民生工程支出,33 项民生工程投资总额为 159323 万元,其中县级配套资金 51061 万元;安排民生工程建后管护资金 2170 万元。支持重点项目,通过 PPP 项目,政府投资 4400 万元,撬动社会资本 18.57 亿元,保障"四馆一中心"、金山标准化厂房、步文大道、城乡环卫一体化、岳西中学、县委党校建设资金需求。压缩一般性支出,执行一般性支出压缩 5%的硬性规定。严格执行中央八项规定,加强全县"三公经费"管理,从严控制会议费、接待费,保障各项重点支出。全县"三公经费"支出 1831.5 万元,同比下降 4.81%。

【推进疫情防控与灾后重建】面对新冠疫情,坚持把人民群众生命安全和身体健康放在第一位,按照县疫情防控经费保障相关政策,做到特事特办、急事急办。前期紧急安排 3527 万元,落实患者救治费用补助、困难群众救助、驰援武汉医疗队员临时性补助、稳岗就业、复工复产、疫情期间重点物资保障及相关隔离点建设。安排 3499 万元用于疫情防控体系建设,提升全县疫情防控应急能力。秉承特事特办、简化流程原则,事前快速拨付,事中严格监管,事后细致清算,保证每一笔资金都用在抗疫相关支出上。强化救灾资金保障,统筹资金 14513 万元,用于防汛救灾及灾后恢复重建、受灾群众救助及其他相关救灾备灾体系建设。

【助推高质量发展】发挥财政资金杠杆作用,拓宽筹资渠道,助推经济高质量发展。投入 8524.49 万元助力企业复工复产;补充风险补偿金及担保费 2334.6 万元。减免中小微企业(含个体工商户)三个月租金 463.06 万元。落实减税降费政策,强化阶段性政策与制度性安排相结合,激发市场活力,增强经济发展内生动力,全年新增减税降费 13219 万元,其中应对新冠疫情减税降费 6973 万元。利用金融杠杆撬动企业发展,通过立信担保撬动银行发放贷款 60126.85 万元,解决 246 家企业融资难题,降低担保费率 0.7%,为企业减少融资成本 250 万元。通过"过桥资金"2800 万元为 34 家中小企业解决"零时"资金紧缺。通过"劝耕贷"模式帮助 161 家家庭农场和农业专业合作社融资 22672.6 万元,为全县特色农产品品质提升提供资金保障。通过"创业担保"模式发放贷款 9035 万元,支持 273 名个体户创业。通过"劳动密集型小企业担保"发放贷款 6930 万元,激励 23 家劳动密集型小微企业发展。

【防范化解风险】规范政府债务管理,开好"前门",抢抓政策机遇,争取债券发行额度;严堵"后门",完善政府债务化解考核机制。实时监测政府债务,确保债务风险可控。防范扶贫小额信贷风险,扶贫小额信贷余额 35039 万元,其中"户贷户用"贷款余额 35039 万元,户数 9073 户;收回"户贷企用"54 家企业的贷款 21035 万元,余额按期清零,未发生逾期风险。新增投放增长明显,当年投放 26086 万元,居全市首位。岳西县在全市"十大工程"调度会议上进行小额扶贫信贷工作交流发言;市人行将岳西县精准分类化解清收难题作为典型经验上报市委主要领导。

【创新财政管理】实施国有企业改革,推进县城投公司转型,按照岳西县城投公司转型总体实施方案,支持县城投公司转型组建成立安徽皖岳投资集团有限公司,出台皖岳集团薪酬管理和绩效考核暂行办法(试行一年)。按照省市统一部署,推进水电供区电网管理体制改革,完成岳西县国有水电有限公司组织架构搭建。平稳运行直达资金支付系统,各股室协同加班加点,在规定时间内做好直达资金管理和监控系统数据导入等工作,落实岗位职责。上线财政电子票据,完成基础数据采集和非税征收系统的升级改造工作,开启财政非税管理从"群众跑腿"到"数据跑路"的服务管理模式。

初步建立预算绩效管理制度,抽调精干力量组建绩效评价管理办公室,以县委、县政府名义下发预算绩效管理实施办法,将预算绩效管理工作纳入单位绩效考核,做到“花钱必问效,无效必问责”。

(岳西县财政局供稿 储莉著执笔)

迎江区财政工作概述

【概况】2020年,迎江区财政一般预算收入完成176128万元,为预算的100.7%,增长6.7%,其中:地方一般预算收入完成99812万元,为预算的102.9%,同比增长0.2%。全区一般公共预算支出完成152271万元,为调整预算的133.34%,同比增长42.8%。

【增强财政保障能力】加强财政收入组织管理,完善组织协调机制,区财税部门每月至少会商一次,稳定财政收入预期。支持招商引资工作,服务招商企业落户,招商企业产生税收较上年同期增长65.8%。加强与上级财税部门对接,协调12户企业税收户管调入迎江区。加强非税收入管理,保障非税收入及时足额入库,全年组织非税收入5828.99万元。加强项目资金争取,争取新增政府债券资金18527万元,支持园区和两乡基础设施建设;争取专项转移支付资金28701.24万元,重点用于民生支出保障;争取特殊转移支付资金6377万元,用于财政“三保”支出;争取抗疫特别国债资金14019.71万元,支持历史文化街区升级改造。

【兜牢财政“三保”底线】落实过紧日子要求,落实中央关于压减一般性支出和“三公经费”支出有关要求,压减各部门单位一般性支出89.79万元,“三公经费”较上年同期下降47.7%。加强结余结转资金清理,收回各预算单位年度预算结余2387.19万元,盘活财政存量资金1190.93万元,加强库款调度,保障全区库款保障水平保持在合理区间。调度资金4386万元,保障乡(街道)、村(社区)基本运转。向43366人次发放临时价格补贴227万元、城乡低保资金2441万元、五保资金141.73万元、医疗救助资金167.64万元、义务教育阶段困难家庭学生救助资金8.1万元、贫困精神残疾人药费补助29万元,增强民生保障水平,兜牢“三保”底线。

【保障和改善民生】全区财政民生支出完成132776万元,同比增长46%,占财政支出87.2%,较上年同期提高1.9个百分点。与17个项目牵头单位、9个乡街、3个服务单位分别签订民生工程目标责任书,细化、量化22项民生工程工作。安排资金3794.37万元,支持长风乡合兴村、三山片农村饮水安全巩固提升工程建设,解决7000余人饮水安全问题。安排资金304万元,开发公益性岗位167个,开发就业见习岗位404个,开展技能培训提升工程。投入资金7260万元,实施老旧小区改造和污水治理,提升人居环境。筹集资金7429.77万元,支持十四中迁建。

【减轻企业负担】落实国家减税降费政策,为12531家企业减免税收27260.28万元,为6户企业办理延期申报,为42户企业办理延期缴纳税款11164.76万元。清理行政事业性收费项目,全区行政事业性收费较上年同期下降88.5%;安排资金50万元为企业办理免费刻章服务;组织区属国有企业为346家小微企业减免租金401.51万元;兑现各类涉企资金34116万元,支持企业发展。

【服务经济发展】争取项目资金支持,全区各部门单位申报项目61个,争取资金到位43个;发挥国有政策性融资担保公司作用,千年塔公司融资担保放大倍数较上年同期增加3倍;与2家商业银行合作,为25家企业提供17860万元的过桥续贷服务;筹集林业PPP项目公司资本金746.34万元,撬动社会资本13985.59万元。支持网络货运示范区建设和数字经济发展;发挥“信用贷”、“税融通”、保函、“总对总”、过桥续贷等财政金融产品作用,支持企业发展;探索建立市场化运作产业基金、园区共建税收共享机制、国有平台公司合作交流机制,加快融入长三角。安徽安思恒信息科技有限公司、安庆欣普诺碳纤维科技有限公司等6家企业在省股交中心科创板挂牌。

【支持打好三大攻坚战】支持打好防范化解重大风险攻坚战,化解财政金融风险,通过再融资债券资金解决到期政府性债务1172万元。到期隐性债务5339.5万元,通过筹措资金还款339.5万元,与银行会商通过展期化解5000万元。化解9起网络借贷纠纷,提请上级有关部门关注2起涉非法集资案件,遏制辖区内金融领域风险,全年没有发生金融风险引发的群体性事件。支持打好精准脱贫攻坚战,强化资金支持,安排1000万元支持脱贫攻坚、550万元支持农村三大革命和乡村振兴。支持打好污染防治攻坚战,安排资金支持长江岸线治理,投入7116万元用于污染防治工作。

【深化财政改革】深化预算绩效管理,组织全区各预算部门编制预算绩效目标并开展自评工作,选取5个重点项目(政策、部门整体支出)开展财政重点绩效评价,将评价结果与2021年预算挂钩。探索建立预算事前评估机制。推进迎江区国有集体企业改革改制工作和国有企业退休人员社会化工作。完成7家国有企业改制工作和6家区属企业926名退休人员社会化工作。推动财政信息化建设,在全面推行国库集中支付的基础上,上线政府采购监管平台、动态监控平台和财政直达资金监控系统,实现财政资金支付全过程监控。开通授权支付,减少中间流程,提高财政资金支付效率。

开展电子票据改革,在线开具全区第一张电子票据。优化营商环境,推行网上申报及审批,为41家代理记账机构办理行政许可审批手续。

【加强财政监督】牵头制定并印发《迎江区人民政府加强财政监督的意见》,在全区开展乡村财务管理规范提升检查、"三公经费"及国有资产专项检查、财政专用存款账户资金检查、单位预算项目绩效评价和政政策兑现专项检查、民生工程项目绩效评价及预算公开专项检查。开展会计代理记账机构检查工作,完成辖区内41家从事会计代理记账机构执业情况检查,对检查发现的问题现场让各代理记账机构以签字确认的形式予以反馈,并限定期限予以整改。对发现的问题提出有效建议,指导企业规范开展业务活动,强化事中、事后监管及各代理记账机构的责任意识。完成全区91家单位(包括二级预算单位)2019年部门决算报表编制汇总工作和2018、2019部门预决算、2020年预算公开整改工作。

【接受各界监督】开通人大预算联网监督系统,配合人大依法履职。落实审计整改有关要求,整改完成市审计关于财政直达资金审计整改和区审计局关于财政同级审整改任务。按要求公开2019年决算和2020年预算有关信息,接受社会监督。办理人大代表建议和政协委员提案4个,回应社会关切。

【发挥党建引领作用】狠抓党的政治建设,加强党员干部政治素养,制定区财政局党组、党支部全面从严治党责任清单。在疫情防控和特大汛情等重大事项中,发挥党组带头作用和党支部战斗堡垒作用,推动各级党委、政府的重要决策部署落实,围绕"六稳""六保"做出艰苦细致工作,财政运行稳中有进。获2020年度迎江区模范机关、优秀领导班子、全市基层党组织标准化规范化建设示范点等荣誉。

(迎江区财政局供稿　杨云玲执笔)

大观区财政工作概述

【概况】2020年,大观区一般公共预算收入完成8.01亿元,同比增长6.9%,其中:中央级一般公共预算收入完成3.47亿元,地方一般公共预算收入完成4.54亿元。

【组织财政收入】积极作为,发展总部经济。按照"以旬保月、以月保季、以季保年"总体思路,实现按月完成财政收入序时进度。强化征管措施,加强财税部门联动,加强税源管理,强化非税收入征管。加强预测分析,关注财政经济运行变化情况,做好月度、季度财政预算执行分析。

【加强支出管理】将人民群众生命安全和身体健康放在首位,做到特事特办、急事急办,拨付抗疫资金1403万元。树立过紧日子思想,压缩一般性支出,严控"三公经费"支出规模。坚持"保基本民生、保工资、保运转",守住"三保"底线。统筹资金3000万元,开展市域社会治理现代化改革试点。统筹资金1.3亿元,支持海口灾后恢复重建及水利薄弱环节三年行动计划北闸站项目建设。落实长江流域和重点水域禁捕退捕工作,拨付长江流域和重点水域禁捕退捕渔民养老保险、生活补助等资金4200万元。拨付太湖县精准结对扶贫帮扶资金1000万元。持续优化支出结构,保障教育、医疗卫生、社会保障和就业等重点支出,为做好"六稳"工作、落实"六保"任务提供坚实保障。

【强化民生福祉】实施23项民生工程,投入资金2.51亿元,民生支出占财政总支出85.5%。完成15.8公里"四好农村路"、5个农村校舍维修改造、2个学前教育促进工程、1个省级美丽乡村建设、319户卫生厕所改造、10个城镇老旧小区改造任务。完成新增培育23个"三品一标"农产品质量追溯。发放农村居民最低生活保障、五保供养对象、孤儿基本生活保障、困难残疾人生活补贴及高龄津贴等补助项目补贴1183.24万元。金安养老服务中心、福田幸福苑入选首批长三角异地养老机构、菱湖颐心殿养老中心入选省第二批智慧养老示范工程。

【支持实体经济】强化银企对接,召开政银企对接会4次,为企业和银行搭建融资平台。完善"普惠金融超市"相关金融产品,合作11家银行,在皖事通APP上线"普惠金融超市"。兑现"4+x"产业政策奖补资金2亿余元。开展"四送一服"、包保企业、驻点企业服务,降低金融担保费率。发挥国有担保政策性作用,疫情期间通过"见贷即保"模式为2家疫情防控重点保障企业提供信用担保1200万元,通过市场化方式为企业提供各类担保1.5亿元。与商业银行签订银担"总对总"批量担保业务协议,创建"纯信用、无担保、见贷即保"担保模式。突出过桥续贷周转性作用,为25家企业提供过桥续贷资金1.4亿元。

【防范财政风险】建立库款预警机制,强化库款预期管理,密切市区沟通协调,保持库款处于合理区间,确保"三保"、直达资金、疫情汛情等重点支出需求。执行政府债务限额管理,接受人大对地方政府债务依法监督,新增政府债券全部纳入预算管理,债务余额低于债务限额,债务风险总体可控。化解存量隐性债务,保证不发生系统性区域性财政金融风险。

【深化财政改革】贯彻省财政厅出台的县级"三保"预算执行约束和风险防范处置机制,开展预算编制审核工作。深化预算信息公开,对预决算和部门项目绩效目标同步公开,接受社会监督。落实中央直达资金监管要求,做到精准快速落地、安全高效使用、直接惠企利民。注重预算绩效管理,将预算绩效管理工作纳入年度综合考核,民生工程、债券资金安排的项目绩效评价实现全覆盖,部门项目绩效目标与预算实现同步编制。强化财政补贴资金“一卡通”工作,建立健全部门管事、财政管钱、银行管发的财政补贴资金管理和发放体系,实现财政补贴资金“一卡通”系统全覆盖。开展政府综合财务报告编制工作,保障数据真实完整。加强国有资产管理监督。推进财政电子票据改革,完成财政票据电子化管理系统推广应用工作,提高票据监督效率。上线运行区级预算联网监督系统,实现区人大对预算执行的实时动态监控,为人大依法监督提供有效支撑。

(大观区财政局供稿　李振华执笔)

宜秀区财政工作概述

【概况】2020年,宜秀区财政一般预算收入完成13.46亿元,为年初预算的97.2%,较上年同期增长3%。地方一般预算收入完成8.29亿元,为年初预算的100.3%,较上年同期增长6.9%。其中:税收收入完成11.82亿元,为年初预算的90.64%;非税收入完成1.64亿元,为年初预算的236.3%。

【组织财政收入】完成全年财政收入任务,关注财政收入动态,分析财政收入形势,加强对重点税源、重点企业的调查和分析,发现并协助解决组织收入中的存在问题。加大非税收入征管,规范预算外收入管理。

【优化支出结构】贯彻落实区委、区政府关于支持经济发展的重大战略决策,保障工资正常发放和机关正常运转的支出需要,保证重点支出。支出增量倾向扶贫和民生领域,优化支出结构,体现公共财政效能。拓展融资渠道,推动金融资本更好服务实体经济发展。

【服务经济实体】坚持以市场运作为主,发挥政府引导作用,国有鑫桥融资担保有限责任公司进入省“4321”再担保体系。全年为企业担保贷款92笔,担保金额41455万元,在保余额36665万元。区财政出资设立1000万元小微企业过桥资金池,帮助企业协调提供过桥资金16953万元,服务企业52户,降低企业转贷成本,提升企业抗风险能力,解决小微企业融资难问题。

【保障民生工程】按照《安庆市宜秀区人民政府关于2020年实施28项民生工程的通知》,各责任单位制定实施方案。对工程建设项目,要求早开工、早建设、早见效,完善落实招投标、工程监理、竣工验收等各项制度,保证工程质量。补助发放类项目做到摸查仔细、程序合法、打卡到人。完善对各地各部门的民生工程考核办法、信息任务分解办法、资金管理办法等,将民生工程实施情况纳入区委区政府对各地各部门的绩效考核之中,实行精细化管理。28项民生工程投入资金1.99亿元,其中区级配套资金8636.36万元。

【落实惠农政策】围绕省、市财政工作的总体部署和全区财政工作目标任务,创新乡镇财政资金监管工作机制,贯彻落实各项强农惠农政策,提升乡镇财政管理水平。加强作风效能建设,服务大局、服务基层、服务群众。发放惠民补贴资金41项共8590.83万元,做到补贴对象真实、公示到位,各项发放清册齐全完整,补贴项目完整清楚。加强支农项目资金管理,完善制度,按程序办事,依法理财,遵守资金报账制管理办法,做到资金跟着项目走,杜绝截留、挪用、套取财政专项资金问题的发生。拨付各类支农资金1.17亿元,其中:农田水利资金3363.5万元,财政扶贫资金5238.04万元,一事一议财政奖补资金554.6万元,其他财政支农资金2567万元。按照科学规划、因地制宜综合治理、可持续发展路径,加强农业基础设施建设,加大科技示范推广力度,扶持产业化龙头企业,助推乡村振兴事业发展。全年争取建设美丽乡村财政专项资金2461万元,整合涉农资金2799万元,吸引社会资金2116万元。

【支持脱贫攻坚】围绕扶贫工作任务,坚持问题导向,从资金保障、制度完善、支出管理、日常监督、巡视整改等方面开展工作,认真履责。提前谋划,保障脱贫攻坚资金需求。按照脱贫攻坚入库项目轻重缓急,优先安排资金,提高资金投向精准性。加强支出管理,提高资金使用效益。建立财政扶贫资金支出月通报制,定期督促检查项目实施单位资金支付进度。健全制度,强化资金监管。区财政局主动出谋划策,促进扶贫专项资金管理使用规范化、制度化。开展脱贫攻坚巡视整改工作,保证整改到位。对照省、市、区整改实施方案及问题清单,认真梳理,全面排查,逐条逐项制定整改任务和整改措施,明确整改要求,压实整改责任,完成脱贫攻坚成效考核反馈问题整改。

【深化财政体制改革】推进预算绩效管理改革,实行预算项目绩效事前有评审、事中有监管、事后有评价的全流程绩效跟踪体系,首次实现部门预算绩效目标填报和项目支出资金的全覆盖。推进预决算信息公开工作,提高预决算信息的公开性和透明度,提升预决算管理水平,提高资金使用效益。推进国有资产管理改革,贯彻落实国有资产报告制度,提升资产管理透明度。首次向区人大常委会专项报告国有资产管理情况。搭建完成全区行政事业单位国有资产管理大数据平台,推进资产管理与预算管理结合。完善国库集中支付改革,全区行政事业单位财政资金全部纳入国库统一公共支付平台。推进电子票据改革。

【加强采购管理】建立“阳光透明”的政府采购监督机制,减少人为因素干扰。按照法律规定时间要求发布招标、中标以及变更等政府采购信息,推动信息公开及时、到位。完善政府采购工作流程,根据《政府采购法》《政府采购法实施条例》,依据《安徽省财政厅关于印发安徽省2020—2021年政府集中采购目录及采购限额标准的通知》。对货物与服务采购项目按采购标准实行分类管理,采取公开招标、竞争性谈判、询价采购等方式相结合;将财政性资金投资的公共工程,特别是实施的民生工程项目纳入采购范围,对公共工程采购中的设计、监理、中介等服务项目实行统一招标。全年完成采购145笔,达成交易1.25亿元,节约财政资金2009.49万元。落实乡镇招投标领域问题集中治理专项行动,抓好整改工作。召开专题会议,督促制定整改方案,整改措施基本落实到位。

(宜秀区财政局供稿　朱曼执笔)

安庆经济技术开发区财政工作概述

【概况】2020年,安庆经济技术开发区财政局在面对经济下行压力加大和新冠肺炎疫情的局面下,坚持以习近平新时代中国特色社会主义思想为指导,攻坚克难抓改革,凝心聚力促发展。全年财政收入完成16.49亿元,增长8%。

【保障疫情防控】疫情防控期间,筹集口罩30.84万只、橡胶手套1.03万只、消毒液535升、酒精1515升、温度计972支、额温枪462只、隔离服835套、防护服781套等防疫物资,安排疫情经费752万元,保障疫情防控工作物资充足,筑牢全区防疫工作保障基石。

【服务实体经济】发挥财政资金引导作用,拨付就业资金930万元,惠及146家企事业单位3361人次。落实疫情防控重点保障企业贷款贴息41万元,奖励复工复产优秀个人6万元。兑现"四大政策"7551万元,其中区级配套6041万元。支持重点项目33599万元,促进工业企业高质量发展。

【推进金融工作】发挥"续贷过桥"资金作用,将续贷过桥资金总额从1500万元增至3450万元。扶持企业119户。周转贷款金额增加至64002万元,周转率提高到18.54次,降低企业续贷成本。推进企业上市挂牌工作,完成9家企业在安徽省股交中心科创板挂牌,其中科创板8家,专新特新板块1家,兑付奖励285万元。注资新能源二期基金7500万元,助力首位产业高质量发展和新能源汽车产业链招商引资落户。防范化解地区金融风险,组织开展三类公司专项检查、非法金融活动全面排查,分别对融资租赁、商业保理、担保公司、小额贷款公司、投资公司等金融放贷行业展开排查摸底、专项整治、规范清理工作,防范金融风险发生。开展打击非法集资和"套路贷"进社区等宣传活动,营造良好金融环境。

【强化民生支出】加大基本民生保障投入,支持普惠性、基础性、兜底性民生改善。全区民生支出58109万元,占财政支出84.55%。实施18项民生工程,全年拨付民生工程资金7000.28万元,完成各项民生工程目标任务,全区文教卫事业、人居环境等方面得到加强和改善。

【加强财政管理】开展"不忘初心、牢记使命"主题教育,将主题教育和财政具体工作相结合。开展帮扶走访、捐款献爱心、送政策进社区等活动,按要求高标准推进主题教育活动。改革续贷过桥资金运作模式,委托商业银行运作续贷过桥资金,提高资金安全和效益。

【强化队伍建设】加强队伍建设,深入贯彻落实习近平总书记考察安徽重要讲话指示精神,把讲话精神体现到破解发展难题、打造良好营商环境、干事创业担当作为上来。严肃党内政治生活,落实以"三会一课"为主要内容的组织生活制度,每月召开支部委员会,每季度召开支部大会。贯彻民主集中制,倡导勇于批评与自我批评的优良作风,健全谈心谈话制度。召开民主生活会,领导干部带头对照检查发言查摆问题,开展相互批评。落实"三重一大"集体决策制度,加强民主集中制度建设,在涉及重大决策、重大人事任免、重大项目安排和大额资金使用上,执行人事纪律、财经纪律,充分酝酿沟通,遵照领导班子集体研究、"一把手"末位表态和票决制度,进行全程监督检查。

(安庆经开区财政局供稿　汪翔执笔)

安庆高新技术产业开发区财政工作概述

【概况】2020年,安庆高新区财政收入完成23054万元,增长11.5%,增幅为全市第一位。全区一般公共预算支出完成29386万元。

【提升服务水平】深化政府采购改革,建立健全招标采购机制,选定区级委托招标代理机构。出台进一步规范区级政府采购和招标采购行为相关办法,规范全区货物、服务和工程类招标采购方式和审批流程。完善区乡财政体制,草拟区乡财政管理体制文件,明确区乡收入范围、支出保障和财力分成等情况。完善财政管理制度,结合2019年财政制度执行情况,修订完善区级预算编制、资金审批、支出行为规范等制度和办法,促进财政管理制度化、规范化,提高财政管理效能。

【保持收入增长】开展收入预期管理,研判财政收入形势,做好重点项目、重点企业、重点行业税收分析,强化收入预期管理,促进收入稳步增长。强化重点税源服务,掌握区级税源状况,了解企业生产经营情况,预测企业税收走势。支持重点企业发展,培植税源基础,提高重点企业税收贡献率。

【优化财政支出】提高预算执行水平,按照有保有压、突出重点的原则,编细编实部门预算和建设资金计划,提高预算编制的完整性和科学性。硬化预算执行约束,坚持先有预算,后有支出,严把财政支出关口,从严审核部门支出事项,规范财政支出行为。保障区级稳定运行,结合区级可用财力,压减一般性支出,优先安排区乡两级保工资、保运转、保基本民生支出。按照量力而行、尽力而为、风险可控的原则,统筹安排促进经济发展和基础设施建设支出。加大争取资金力度,出台关于争取上级项目和资金支持的通知,纳入绩效考核范围,最大限度争取上级项目和资金支持。全年上级下达转移支付资金1.89亿元。支持实体经济发展,发挥财政资金引导作用,出台《应对疫情支持中小微企业平稳健康发展政策》,抓好疫情防控同时统筹推进经济社会发展各项工作,支持中小微企业平稳健康发展。出台《支持企业高质量发展政策》,促进园区企业转型升级、提质增效、做大做强,提升高新区的核心竞争力。支持企业申报中央、省、市污染防治资金、产业发展资金和中央预算内投资资金,推进首位产业发展。

【增进人民群众福祉】加强组织领导,完善民生工作协调推进机制,调整民生工作领导小组。出台民生工程实施意见和方案,明确民生工程目标任务,签订目标责任书,压实乡镇、部门主体责任。开展政策宣传,制定民生工程宣传方案,发挥媒体、网站、短信、宣传栏、明白纸等作用,宣传民生工程政策。落实信息全程网上公示制度,开展民生工程集中宣传月活动,提高知晓度和满意度。注重信息报送数量和质量,全年市民生工程网站采用信息70条,较上年增加40条。省级网站采用信息45条,增加43条。强化项目推进,出台民生工程考核评价办法,精准推进民生工程,对照民生工程目标和工作要求,及时掌握项目实施情况、存在问题。组织召开主任会议、民生工程调度会和推进会,分析民生工程进展情况,均衡推进民生工程。落实民生资金,按照民生工程政策,足额落实配套资金。加快资金拨付,个人补助类项目通过"一卡通"按时打卡发放,工程类项目按工程进度拨付。全年拨付民生工程资金988万元,同比增加284万元。

【保障重点项目需求】加大平台公司支持,配合化建投公司,增强与银行、租赁、担保等公司合作,拓展融资渠道。支持企业债发行,对接相关部门,协调担保方式变更。协助完善农发行贷款项目审批资料,落实放款条件。推进化建投公司转型升级发展,注资2000万元成立安庆高新投资控股有限公司,为下一步公司集团化发展奠定基础。配合做好亚同污水处理厂收购,预算安排污水处理补贴2600万元。全年支持化建投公司9400万元,用于优化资产结构。推进国有资产资源整合,做强做大国有企业。推进政府发债工作,对接上级财政部门,申报"农田水利最后一公里"一般债券项目。组织申报非标专项债,创新型智慧园区、综合能源工程2个项目入库,储备天然气项目。

【营造良好金融环境】协调企业融资需求,构建政银企对接长效机制,掌握企业融资需求,加大与银行、担保对接协调力度,推进金融机构精准服务,为企业提供融资支持,引导银行加大信贷投放。推进税融通贷款落地,鑫祥瑞、华兰科技、华兴纤维等6户企业贷款3700万元。协调金融机构为园区十余家企业授信1.1亿元、票据贴现近1000万元。督促产业基金加快投资,全年完成7500万元基金投放。吸引外部基金投资园区企业,安元基金投资力天环保2200万元。推进企业上市挂牌,鼓励企业对接资本市场,开展全面摸排,建立企业上市(挂牌)目标企业库,按照资本市场分层次体系,进行分类储备,分类辅导,加快培育上市后备资源。完成11家企业在省股交中心科创板挂牌,其中:精选层1家,培育层7家,基础层3家。长虹化工与华安证券签订上市辅导培育协议,进入前期辅导阶段。

【保障重大项目推进】服务山口项目建设,按照工程建设进度,依法选定第三方审计机构。完成勇进路、勇进路大桥、粉煤灰堆场预算编制工作。完成外环西湖路、杨家圩路、龙隔圩路等6条路概算评审工作。加强项目现场跟踪审计,按期编制审计工作简报。协助项目公司落实融资函件,依法合规履行政府义务,项目融资工作全面落地。服务石化技改项目,测算项目资金需求,制定资金总体方案和阶段性资金需求,对接市直相关部门,争取项目资金,到位资金2.7亿元。制定项目资金管理办法,规范资金拨付流程,推进搬迁企业残值评估、资产拍卖工作。完成包保企业协议签订,稳步推进技改项目。服务棚改项目建设,测算山口片棚户区改造项目资金需求,申报棚改专项债资金,最大程度争取资金额度,落实到位资金5.73亿元。办理棚改资金拨付,有序推进棚改项目。

(安庆高新区财政局供稿　陈超执笔)

黄山市财政工作综述

黄山市财政工作概述

【概况】2020 年,在市委、市政府的坚强领导下,黄山市各级财政部门坚持以习近平新时代中国特色社会主义思想为指导,全面贯彻落实党的十九大和十九届二中、三中、四中、五中全会精神,深入学习贯彻习近平总书记考察安徽重要讲话指示精神,坚定不移贯彻新发展理念,坚持稳中求进工作总基调,有力应对疫情、洪灾对经济发展的不利影响,统筹疫情防控和经济社会发展,落实"积极的财政政策更加积极有为"要求,扎实做好"六稳"工作,全面落实"六保"任务,推动全市经济恢复和社会大局稳定。全市一般公共预算收入完成 83.9 亿元,增长 3.5%,为全省第 7 位;一般公共预算支出完成 206.3 亿元,增长 4.8%。

【稳住财政运行预期】把疫情防控作为首要政治任务和最重要的工作来抓,做好疫情防控政策支持、投入保障和资金监管,保证不因资金问题影响患者救治和疫情防控。建立疫情防控资金拨付和采购"绿色通道"机制,投入各级各类疫情防控经费 3.45 亿元。坚持底线思维,加强收入形势分析研判,在落实各项减税降费政策的基础上,做到应减尽减、应收尽收,把各种不利因素降到最低。将过紧日子要求贯穿财政工作各环节,制定出台涵盖严禁、压缩、严控及统筹事项方面的二十条措施。调整优化支出结构,压减一般性支出,严控"三公经费"支出,全市"三公经费"财政拨款支出同比下降 6.7%。紧抓政策窗口期,加大向上争取力度,全市争取各级各类转移支付资金 124 亿元。严格财政存量资金定期清理制度,完善综合治税共享机制,开展财税体制调研,完善市与开发区体制结算,提高开发区对市直的贡献度。

【护航经济稳定复苏】实施积极财政政策,支持市场主体纾困和发展。落实支持疫情防控和经济社会发展等税费优惠政策,全年新增减税 6.94 亿元,阶段性减免企业社会保险费 4.8 亿元以上。牵头制定支持企业灾后复工复产政策措施,落实市政府"双十条"、"双五条"政策,市财政拨付扶持民营经济发展资金 2 亿元,用于支持新型工业化、现代服务业、科技创新以及文旅发展等重点产业。争取疫情再贷款资金及贴息,全市 23 家企业获疫情防控重点保障企业优惠再贷款 2.76 亿元、中央财政贴息 331 万元。引导政府性担保公司减费聚焦主业,现综合担保费率降至 1%以内。运作续贷过桥资金,周转金额 40 亿元,扶持企业 691 户,周转次数 20.4 次。鼓励直接融资,培育优质税源,统筹资金 1260 万元,奖补首发上市股改和辅导备案、"新三板"挂牌受理及在省股权托管交易中心成长等挂牌的企业。发挥政府债券对稳投资、扩内需、补短板的重要作用,全市争取入库非标债项目 66 个。省代发黄山市新增债券 41.47 亿元并加快使用,其中市本级 18.19 亿元,重点保障医院、高铁高速、水环境治理、特色小镇建设、旅游风景道、公交停车场等项目。

【打好三大攻坚战】落实财政专项扶贫资金增长机制,全市投入各级专项扶贫资金 2.68 亿元,实现贫困村稳定出列、贫困人口稳定脱贫。支持推进脱贫攻坚"十大工程",推进资产收益扶贫,全市投资 2081.5 万元开展资产收益扶贫项目 35 个,带动 45 个贫困村村集体经济增收 132.3 万元,带动建档立卡贫困人口 4515 人增收 166.3 万元,人均增收 368.4 元。树立"两山"理念,全市投入各类环保项目资金 3.23 亿元,重点推进污水处理、流域生态综合整治、大气精细化管理、工业 VOCs 治理、农村环境整治等项目。"生态美超市"增至 264 家,实现流域重点乡镇全覆盖,"生态美超市"做法入选水利部全面推行河湖长制典型案例。认缴 1 亿元,加入国家绿色发展基金认缴城市。执行政府债务限额管理和预算管理,抓好政府债务风险处置,做好债务偿还,全市争取再融资债券 15.6 亿元,如约履行偿还责任。加强隐性债务动态监控,遏制隐性债务增量,建立问责月度报告工作机制,按期超额完成年度化债任务。全市政府债务余额 256.04 亿元,市县政府债务余额均控制在省下达限额内,债务规模适度,风险总体可控。

【保障改善民生】坚持新增财力优先保障民生事业,全市财政民生支出完成169.8亿元,占财政支出82.3%。把“保工资、保运转、保基本民生”支出作为防范财政运行风险的重点,全力保障。做细做实直达资金管理,落实特殊转移支付和抗疫特别国债资金16.2亿元。健全监督机制,以直达资金台账为基础,以直达资金监控系统为支撑,对直达资金有效实施全覆盖、全链条监控。推进“四启动一建设”,支持应急救灾和恢复重建,全市争取各级各类救灾资金2.96亿元和灾后恢复重建财力补助资金2.15亿元。提高基本民生保障水平,履行牵头抓总职责,完成33项民生工程目标任务,完成投资54.92亿元,占年度计划135.4%;拨付资金51.27亿元,占年度计划119.4%,其中市级和区县配套到位资金9.3亿元,占年度计划104.2%。开展民生工程项目绩效评价,以绩效管理推动民生工程实施水平持续提升。健全民生工程建后管养长效机制,投入管养资金1.66亿元,保障建成项目正常运行。

【推进乡村振兴】加大财政支农投入,全市农林水支出25.5亿元,增长26.2%。推进美丽乡村建设,市级财政安排专项资金5700万元。整合美丽乡村、新安江生态保护等涉农资金5720.2万元,支持深入开展农村人居环境整治。落实各级财政资金2.17亿元,坚决打好禁捕退捕攻坚战。推进农村综合改革,投入农村公益事业项目资金4741万元,建设完工项目400个,近55万人受益。统筹安排市级资金1000万元,专项用于扶持75个重点村发展村级集体经济,重点村获经营性收入703万元。保障各项强农惠农政策落地生根,推进政策性农业保险,出台《黄山市加快农业保险高质量发展工作方案》。特色险扩面明显,全市茶叶保险承保30.5万余亩,完成绿色防控占比85%,投保量较上年增长3倍以上;大棚蔬菜保险保额由5500元/亩提升至最高11800元/亩;为贫困户首开高山羊新保险。

【筑牢绿色生态屏障】以推进三轮生态补偿机制试点和全域环境整治为抓手,持续保持新安江水质优良。试点后累计投入182.9亿元(其中试点补助资金47.2亿元)用于新安江保护治理,新安江生态补偿第三轮试点圆满收官。“十大工程”完成年度工作任务。启动新安江—千岛湖生态补偿试验区建设。新安江重要水利枢纽工程月潭水库启动蓄水。健全流域管理体系,制定《新安江流域突发事件应急方案》《新安江流域全面推广生态美超市实施方案》等制度文件70余份。研究推进排污权管理机制,完成确权2938家,全省首单水排污权交易成功。建成水质自动监测站42个,打造“智慧新安江”。设立全国首个跨省流域生态补偿绿色发展基金,专精特新特新基金(一期)10亿元募资到位,实现投放7.58亿元。新安江国元种子创业投资基金实缴2000万元,其中黄山市出资1000万元,支持企业股权投资,培育绿色战略性产业。建成新安江生态文明实践中心,国家及省级主流媒体报道新安江生态补偿机制试点工作31次。

【提升财政治理能力】成立市政府预算绩效管理工作领导小组,出台实施意见及配套制度6项,初步构建“事前决策有评估、编制有目标,事中执行有监控,事后完成有评价、评价结果有应用”的全闭环绩效管理机制。市级项目和部门整体绩效目标与预算同步编制,绩效目标编制覆盖所有市级部门。实行绩效目标和预算执行双监控,建立预算绩效管理工作考核机制。出台并实施市级财政性资金审批管理办法,规范资金议事规则和审批程序。修订完善市级预算评审论证办法,出台市级政策和项目事前绩效评估管理方案,首次将预算评审工作与事前绩效评估工作相结合,实现预算绩效管理关口前移。提升财政信息公开质量,重点核查2019年、2020年政府和部门预算及2018年、2019年政府和部门决算公开情况。贯彻落实省级预算延伸审计、市级同级审等跟踪审计整改,配合做好新增财政资金直达市县基层直接惠企利民情况、新安江生态补偿专项审计工作,以及财政部安徽监管局重点监管等工作。深化国库集中支付,完善动态监控系统,当好“电子支付警察”。开展城乡居民基本养老保险委托投资运营,全市归集上划运营资金3.21亿元。启动财政电子票据改革,推进市直单位与所办企业脱钩改革及市直经营类事业单位转企改制工作。

(黄山市财政局供稿　胡雁彬执笔)

歙县财政工作概述

【概况】2020年,面对疫情、灾情、政策性减收“三叠加”形势,歙县财政部门按照中央和省、市、县委决策部署,统筹支持疫情防控和经济社会发展,落实更加积极有为的财政政策,财政运行逐季好转,预算执行总体良好。全县一般公共预算收入完成18.83亿元,同比增长1.4%,为全市第二位,税收收入占比69.2%,为全市第一位。分季度看,全县一般公共预算收入呈现一季度大幅下降后二季度触底回升、三季度降幅持续收窄、四季度由负转正的态势。多渠道增加可用财力,弥补收支缺口,保持支出总量稳定增长。全县一般公共预算支出完成40.06亿元,同比增长6.8%,其中民生领域支出31.1亿元,占公共预算支出的85.1%。

【支持防疫救灾】坚持把打赢疫情防控阻击战作为重大政治任务,按照特事特办、急事急办原则,优先安排疫情防控经费1931万元,开辟防疫物资采购绿色通道,加快资金拨付使用。落实"六稳""六保"决策部署,兑现应对疫情共渡难关的"中小微企业十二条"政策措施,减免企业税费1.28亿元,提供疫情"纾困贷"担保1.53亿元。安排资金5160万元支持重大疫情防控救治体系和应急物质保障体系建设,提升公共卫生和医疗基础设施能力水平。快速应对"7.7"特大洪灾,在对上争取同时,出台财政(金融)支持市场主体灾后恢复政策"十条",统筹资金3.15亿元用于灾后重建,其中灾后基础设施修复14263万元、保市场主体10489万元、保基本民生6953万元;为81户受灾企业提供担保贷款3.2亿元,支持企业渡过难关。

【保障县域经济】跟踪分析研判财政经济形势,围绕扎实做好"六稳"工作、全面落实"六保"任务,打好财税金融政策组合拳,建立财政资金直达机制,对冲疫情影响,推动经济恢复性增长和高质量发展。加大减税降费力度,全年新增减税降费1.79亿元,减轻中小微企业等税费负担。落实惠企纾困政策,全年拨付涉企资金1.77亿元,助力实体经济转型升级。发展普惠金融,全年发放再贷款5.6亿元、"税融通"贷款2.68亿元、政银担业务14.6亿元、企业贷款27亿元,缓解企业融资难融资贵问题。支持国家级开发区创建,投入资金1227万元加快低效用地处置,筹集资金2.55亿元建设农民工返乡创业园,促进开发区做强实体。加大政府投入,全年争取到位上级补助资金29.68亿元,地方政府新增债券资金6.62亿元,筹集调度财政资金2.37亿元,保障全县重点项目建设。

【发展民生事业】突出民生兜底,坚持勤俭节约、艰苦奋斗,压减一般性支出339万元,盘活存量资金5970万元,将挤出的财力优先用于"三保"领域,提高基本民生领域保障水平。加强普惠性、基础性、兜底性民生建设,组织实施33项民生工程,投入资金12.32亿元,投资完成率114.36%。实施就业优先政策,全年发放创业担保贷款5800余万元,用好职业技能提升行动专项资金363万元,统筹资金6218万元用于退役士兵安置、专项岗位开发,城镇登记失业率控制在2.81%以内。安排资金3094万元,第16次提高养老金发放标准。扩大低保、临时救助范围,下达社会救助资金10166万元,发放临时性价格补贴资金755万元,保障困难群体基本生活。调整优化教育布局,拨付资金7005万元实施义务教育薄弱环节改善和能力提升工程。统筹资金1.3亿元支持文物、古建筑保护、博物馆等项目建设,改善古徽州文化旅游区基础设施。

【打好重点战役】对标全面建成小康社会目标任务,精准聚焦发力,强化攻坚保障,推动三大攻坚战和创城创卫取得决定性成就。投入财政专项扶贫资金1.01亿元,推进"十大工程",实施145个扶贫项目和1.51万个贫困户特色种养业,统筹交通、水利、农林等部门资金5.6亿元,补短板、强弱项,打赢脱贫攻坚收官战。实施新安江流域生态保护"十大工程",投入资金3000万元建设郑村等5个乡镇污水处理设施提升工程,安排资金1100万元开展城区备用饮用水源保护区治理;推进农村"三大革命",投入资金4551万元实施农村垃圾处理PPP项目、改水改厕2475户和关停搬迁养殖场;安排资金5568万元支持新安江重点水域全面禁捕和渔民转产就业;调度资金7721万元支持松材线虫防治和森林资源培育;投入资金1203万元支持大气、土壤污染防治,污染防治攻坚战取得阶段性目标。安排资金7800万元实施创城项目400余个,推进城乡人居环境整治,打赢创城创卫决胜战。落实县委防范化解重大风险总体部署,严格债务预算管理,政府债务管理市级考核获优秀等次,防范化解重大风险攻坚战取得积极成效。

【改善城乡面貌】聚焦"三农",安排资金9976万元推进"四好农村路"建设,实施农村公路扩面延伸工程78公里、生命安全防护工程56公里,完善农村路网。投入资金1634万元实施农村公益事业财政奖补项目71个,安排资金1634万元,深入推进农村饮水安全巩固提升工程,拨付防汛抗旱资金1683万元、落实农田水利建设资金1775万元,改善农业生产生活条件。投入资金1200万元开展"百村示范、千村整治"专项行动,安排资金6630万元扎实推进美丽乡村建设,乡村颜值全面提升。投入资金1000万元推动有机肥替代,安排农机购置补贴、农业经营主体提升、农民技术培训等资金952万元,发放"劝耕贷"贷款8309万元,支持农业产业振兴。实施城市品质提升工程,投入资金96万元完成安华园老旧小区改造,安排资金1269万元实施城区污水管网改造,拨付资金528万元完成142辆载客正三轮车取缔。

【严格财政监督】加强日常财政监督检查,落实"小金库"防治部门主体责任、单位主要领导承诺制和自查情况上报制,发布《歙县"小金库"专项整治工作举报奖励办法》,拓宽私设"小金库"线索来源,助推"小金库"整治工作。制定《县直行政事业单位财务管理工作全面清理检查方案》,围绕内控建设等8个方面内容,联合审计等部门,在全面自查自纠基础上,选取12家县直单位有序开展重点检查,列出问题清单,督促各单位按要求整改到位。结合春节等节日节点,配合有关部门,围绕易发问题,检查9家单位,督促落实党风廉政建设主体责任。开展重大财政政策落实情况监督,做好预决算信息公开情况核查。开展扶贫资金使用情况督查,规范扶贫资金精准高效使用。通过走访调研、情况收集,开展新安江歙县段退捕禁捕资金自查,推动渔民转产转业、就业创业。

【加快制度创新】强化预算管理,实施部门预算供给政策改革,完善定员定额标准体系,整合归并项目支出144项。加强预算执行管理,落实落细中央直达资金监管,实时监控资金流向和具体使用情况。实行预算执行、直达资金支出、专项债券资金支出通报制度,加快支出进度。组织财务管理培训,规范预算单位财务管理。加强绩效管理,落实全面实施预算绩效管理实施意见,制定县级预算绩效管理实施方案,实施政策和项目事前绩效评估管理,开展部门预算整体支出绩效目标评价试点和重点项目资金绩效评价,全年实施绩效评价项目68个,金额为26.68亿元,财政扶贫资金绩效管理获全省非扶贫开发重点县第一名。深化国资国企改革,完成歙县城市公共交通、县住建中心重组和斯干苗圃改制,并入徽投集团,助力做大做强。注入资金1000万元,支持县经济开发区投资开发有限公司转型运营。

【加强自身建设】深入学习贯彻党的十九大以及十九届二中、三中、四中、五中全会和中纪委十九届四次全会精神,落实管党治党主体责任,召开党组会议专题研究部署党风廉政建设。印发《关于分解下达落实党风廉政建设主体责任任务清单的通知》,明确相关要求,形成一级抓一级、层层抓落实的工作格局。把深化“三个以案”警示教育与县委巡察反馈问题整改结合起来,制定工作方案,研读警示教育读本,上好廉政党课,对照反面典型,深入查摆问题,开展批评与自我批评,注重立行立改与建章立制相统一,制定或完善制度30余项,实现问题清单整改销号。践行新时代党的组织路线,建强党组织,培养好干部,激励干部投身疫情防控、抗洪救灾等急难险重任务,展现硬核作为,作出突出实绩,县财政局机关党支部获“歙县先进基层党组织”称号。

(歙县财政局供稿　方跃军执笔)

休宁县财政工作概述

【概况】2020年,休宁县认真落实“六稳”“六保”部署,保障和改善民生,落实积极财政政策,发挥财政职能作用,强化细化预算编制,坚持重质量稳增长、调结构惠民生,狠抓财政精细化和绩效强管理,推进财政改革,加强预算管理,基本完成年初确定的各项财政目标任务。

【支持发展】应对疫情和水灾对县域企业的不利影响,梳理涉企资金,加快财政资金兑现进度,支持企业快速复工复产,全年拨付涉企财政资金2994万元。施以税收减免、房屋租金减免以及员工社保缴费减免等措施,降低企业经营成本,增加相关贷款支持,缓解企业流动性危机,恢复市场主体活力,保证居民充分就业,增加居民收入,扩大居民消费,促进经济平稳发展。

【民生工程】全县33项民生工程(其中3项无任务)全年计划投资6.99亿元,完成投资7.82亿元,完成年度计划的111.9%。县政府与各乡镇人民政府、各县直责任单位分别签订目标责任书,明确全年目标任务及工作责任,并要求按照责任明细表将责任落实到人到岗。全年组织发放《休宁县2020年33项民生工程的一封信》及各类宣传材料16万余份;结合送戏下乡活动,在全县153个行政村开展民生工程政策宣传及有奖问答活动;开设309期《民生视线》栏目,跟踪报道民生工程进展情况,报道群众关心的民生话题。提前谋划民生工程项目,对工程类项目,提前做好项目招投标测算及其他各项前期基础工作,压实责任,督促各单位在保证质量前提下加快建设进度;对资金发放类项目,实行月度督促,按序时和工作需要拨付资金。对工作进度滞后的单位和项目,采取“一月一通报,一月一调度”的工作机制,督促各乡镇、各责任单位加快进度,保障建设进度及质量,按时完成年度目标任务。

【脱贫攻坚】安排县级扶贫资金2329万元,较上年增加400万元,占地方财政收入增量的10%。执行扶贫资金项目公告公示公开制度。在财政部门网站“精准扶贫”专栏公开公示中央、省、市、县扶贫资金使用计划,接受社会监督。强化财政扶贫资金管理,落实“财、扶、审”联动机制。抽查2019年扶贫项目绩效目标执行情况,当场反馈问题,督促乡镇立行立改,落实项目资金互知、工作进展互通、审计结果共享的工作机制。制定县财政局《中央脱贫攻坚专项巡视“回头看”和2019年成效考核反馈问题整改实施方案》,将任务具体分解到责任股室和责任人,认领中央脱贫攻坚专项巡视“回头看”和2019年成效考核反馈问题12个(牵头整改5个,配合整改7个),全部如期完成整改。

【人民福祉】保障疫情投入,全年投入新冠肺炎财政专项资金7049万元。实施援企稳岗,保障稳定就业,投入就业资金1056万元。加大社保基金征管力度,贯彻落实社保费阶段性减免政策,减免缓缴社会保险费用,全年减免社保费3850万元。上划城乡养老个人账户省级委托投资资金6500万元。做好社会保障方面各类养老及待遇发放工作。发放80周岁以上老年人高龄津贴,全年支出490万元;为全县公办养老机构620张床位办理养老机构综合责任保险,最高赔付额20万元/床;提升农村低保覆盖面,全年发放低保资金3429万元;发放全县城乡居民基本养老金7356万元;发放全县机关事业退休养老金19284万元。

加大对公立医院投入力度,投入3925元(含退休人员养老金);把基层卫生院人员经费含五险一金、乡镇补贴等纳入年初预算,全年投入4254万元(不含退休人员养老金)。

【生态保护】全县建成100个生态美超市,数量居全市首位,乡镇覆盖率100%;开展坚持“两山论”永葆“新安绿”休宁县生态文明建设“六大行动”再出发活动,表彰全县首批10个最佳生态美超市。配合县生态环境分局完成中央财政水污染防治专项资金项目申报工作,拟申报朱村河(东临溪镇一心村段)河道整治、新安江流域综合治理示范乡(镇)建设项目,总投资7100万元;重点抓好鹤城乡大源河(鱼塘段)水环境治理等7个试点项目推进工作,项目计划总投资5784.8万元,完成投资2330万元,占计划的40.3%。推进农村垃圾治理PPP项目建设,配合县住建局做好对中环洁公司分季考核工作,发挥资金效益;加快推进农村污水治理PPP项目建设,全县共有20个新建站点、2个提升改造站点纳入农村污水治理PPP项目(一期);推进生物农药集中配送体系、禁养区畜禽养殖场关停搬迁、农村人居环境综合整治等重点工作。开展基础工作重落实,做好新安江保护市人大建议案1件、县人大建议案1件,县政协提案1件办理工作,当年全部办结。

【财政管理】加强国有资产管理,拟定《组建休宁城乡建设投资集团有限公司的总体实施方案(审议稿)》《休宁城投集团负责人薪酬管理暂行办法(审议稿)》《休宁城投集团负责人经营业绩考核暂行办法(审议稿)》,经县政府专题会议及县四大班子领导审议通过,递交县政府常务会议及县委常委会议研定。加强“三公经费”管理,执行“三公经费”支出统计月报制度,掌握并上报“三公经费”支出情况。加强预算执行,强化预算约束,严格执行政府采购预算管理相关规定。落实省委第六巡视组、省委第八巡视组巡视黄山市“4+12”交办整改督查督办事项。严格账户管理,从严控制预算单位开户;加强财政专户管理,上线运行财政专户管理系统,通过系统实现专户资金月报的定期报送与审核。规范乡镇国库集中支付管理,发挥一体化平台资金支付全程监控的作用,规范乡镇财政资金的使用管理。加强惠民惠农“一卡通”管理,提升“一卡通”管理发放水平。全年通过“一卡通”打卡发放惠农补贴资金15167万元,涉及17个资金类59个项目,涉及农户73554户。开展涉农两项绩效评价工作,2019年休宁县惠农资金管理发放和资金监管两项绩效评价工作在省级评比中获B类奖次。加强乡镇财政资金监管工作,从事前参与、事中把关和事后审核来加强项目资金监管。加强乡镇资金检查,组织开展乡镇财务互审工作。发现和解决乡镇财务收支中存在问题,扶持壮大村级集体经济。配合相关部门组织完成2019年度16个村扶持村集体经济项目的报账和市级绩效评价工作。

【风险防范】强化宣传教育,开展以“守住钱袋子,护好幸福家”为主题的防范非法集资宣传月活动。强化行业监管,采取座谈交流、现场查看、审查账册和走访调研等方式,对融资担保机构的融资担保业务合规情况、风险防控情况、资金运用及管理情况等开展检查。强化排查整治,全面摸排走访27家公司,抽取休宁县鑫都资产管理有限公司进行第三方现场检查,未发现有涉及非法集资、高利放贷和“套路贷”现象。强化市场准入,严格核查新成立和拟从县外转入的投资类公司,把住第一道关口。加大扶贫小额信贷力度,保持扶贫小额信贷政策稳定,保证符合贷款条件、有发展生产意愿的受灾未脱贫户、脱贫户、脱贫监测户和边缘易致贫户“应贷尽贷”。全年发放贷款3266.36万元,贷款余额3129.46万元,涉及户数761户。排查存量“户贷企用”贷款用款主体企业的经营情况,根据企业实际情况提前谋划、分类处置。各金融机构探索通过信贷置换等方式处理,全年收回(含置换)户贷企用贷款5760万元,未出现逾期。

(休宁县财政局供稿　余星源执笔)

黟县财政工作概述

【概况】2020年,黟县一般公共预算收入完成39826万元,占调整任务数的101.3%,较上年增收11万元。一般公共预算支出完成150102万元,同比增长7.1%,其中十三大类民生支出完成124074万元,占财政支出的82.7%,同比增加0.5个百分点。

【提升预算执行质量】强化收入预期管理,加强对全县收入形势分析,理清工作思路,细化月度收入计划和时间节点,压实部门和乡镇主体责任,加强对重点企业(行业、项目)的管理,落实减税降费政策。根据全省统一规定,调整财政收入统计口径,剔除中央收入,由财政总收入调整为一般公共预算收入。加大向上争取力度,争取各类补助资金10.5亿元,同比增长5%。加强政府债务管理,全县债务期末余额99888万元。其中,政府债务余额99177万元,在省政府核定的108894万元债务限额之内;或有债务711万元。无逾期债务发生,债务风险总体可控。新增债券资金17132万元全部拨付相关项目,发挥债券资金补短板、促发展作用。打造阳光透明财政,全县57个预算部门和8个乡镇当年部门预决算和“三公经费”预决算信息分别在县政府网站进行统一公开,并保持长期公开状态,接受社会各界监督。加强财政监督,开展党风廉政建设“1+N”专项整治中的扶贫领域形式主义官僚主义问题、财政扶贫资金动态监控平台和惠民惠农财政补贴补助资金"一卡通"专项治理,推进县乡两级财务互查互审、专项资金检查、"小金库"常态化防治和节假日廉洁自律督查等,杜绝违规违纪使用财政资金。

【深化财税制度改革】落实减税降费政策,发挥减税降费政策效应,增强企业发展后劲,夯实税源基础,全年减税降费5679万元。实施预算绩效管理,预算编制时纳入绩效目标管理项目83个,涉及金额6201万元。并对50万元以上的37个项目开展重要绩效目标公开,实际公开金额5526万元。开展2019年度中央转移支付项目自评55个,涉及部门23个,项目资金22121.1万元。开展乡镇财政体制改革,将碧阳镇财政分局等5个镇的财政分局改为财政所,仍在各镇经济发展办公室挂牌,其原有职能不变。推进"一卡通"系统存折换卡工作,存折换卡率为82.03%。开展农村集体"三资"财务线上支付工作,完成服务器建设工作,推进各乡镇的专用线路连接工作。完善电子票据管理改革,按照省财政厅工作安排,黟县纳入电子票据管理改革第三批试点,在全县范围内应用推广财政电子票据系统。

【强化财政民生保障】全县33项民生工程(其中29项有任务)计划投资27724.04万元,完成投资29600万元,完成年度投资计划的107%。保障脱贫攻坚,到位财政专项扶贫资金2189.7万元,安排扶贫项目121个,全部报账完毕,扶贫资金支出进度为100%。加强对财政扶贫专项资金的管理,做好中央脱贫攻坚专项巡视"回头看"和2019年成效考核反馈问题的整改工作。支持社会事业发展,做好疫情防控保障工作,全年投入疫情防控财政专项资金406万元,安排就业资金1317万元,落实失业稳岗资金82万元,落实阶段性减免企业社保费1937万元,兑现涉企奖补资金2490万元,支持复工复产、创业就业。发放困难群众生活补助2712万元,保障困难群众基本生活。发放困难群众生活保障等补助资金2672.62万元。投入4327万元支持渔亭学校建设,拨付义务教育"两免一补"和校舍维修资金976万元,统筹安排318万元筹建碧山小学,优化提升教育资源配置。推进新安江流域生态补偿机制第三轮试点工作。常态化开展农村保洁、河面打捞工作,人居环境更加优美;推进新安江试点和中央水污染防治续建项目建设;全县建成33家生态美超市并开展垃圾兑换活动;实施新安江流域生态补偿项目9个,完成6个。加大城乡基础设施建设投入,投入"一事一议"奖补资金308万元,支持32个村级公益事业项目建设。投入资金3934万元,加快实施农田水利"最后一公里",提升农业生产保障能力。安排2080万元实施"四好农村路"建设,改善农村交通基础设施。

【加强国资国企管理】落实疫情期间县属国有企业租金减免政策。全年减免租金114户共236.5万元,其中文旅企业2户共40.5万元。做好国企退休人员社会化管理,完成驻黟央企、省企和县属国有企业222人社会化管理移交工作。完成国有资本充实社保基金划转工作,召开黟县划转部门国有资本充实社保基金工作推进会,部署开展黟县国有社会资本充实社保基金企业情况调查,撰写《黟县划转部分国有资本充实社保基金划转建议方案》。做好国有资产的保值增值,做好黟县国有建设用地使用权地块挂牌出让竞拍保证金收缴、退还工作。出台《关于加强财政专项资金投资建设项目资产管理的通知》,规范国有资产管理。加强国有企业管理,完善国有企业监督管理办法,堵塞重大事项监管漏洞。强化履行出资人职责,加强对县属国有企业薪酬改革、投融资、对外合作、资产处置等重大事项的前置报备、审核、审批等监管。推动国企改革,指导做好黟县国投公司改革重组,推动国投集团、徽黄集团进行现代企业制度改革。支持国企做大做强,落实国企发展政策,帮助争取落实贷款2亿元,项目建设资金1.38亿元。加强行政事业单位国有资产监管,完成国资相关年报系统的审核上报。

【加大金融支持力度】全县金融机构存款余额88.4亿元,同比增长13.15%,完成年度目标任务的205.6%;贷款余额65.3亿元,同比增长17.43%,完成年度目标任务的129.3%,县域存贷比为73.86%。加大融资担保力度,新型"政银担"、"风险基金"等融资担保在保余额3.06亿元,为93家企业或个体工商户提供还贷应急业务102笔共5.9亿元,周转次数29.5次。帮助企业解决"过桥"资金难题。华达铝塑在省股交中心科创板挂牌,完成市下达1家挂牌任务。天方茶叶、金元生态和黄山小住一下(塔川书院)分别在农业板、文旅板挂牌,超额完成市下达四板挂牌任务。完成直接融资2亿元目标任务。推动蚂蚁金服普惠项目实施。贷款人数1468人,贷款余额4393.4万元;向全县授信1.7万人,授信金额4.45亿元。全县保费收入共1.2亿元,较上年同期增加0.19亿元,同比增长18.18%,完成市政府目标考核任务。规范实施金融扶贫工程,扶贫小额贷款余额(剔除清退户)277户共1331.5万元,其中当年新增放贷255户共1231.5万元。2018年变相户贷企用4户20万,无逾期贷款。做好金融风险防范,发布处非预警,通过发送标语、彩色宣传页等方式广泛开展集中宣传,开展金融监管及金融领域扫黑除恶专项斗争,维护全县金融安全。

【推进全面从严治党】重视思想政治学习,把坚定理想信念作为开展党内政治生活的首要任务,通过组织集中学习、交流研讨等多种形式强化党员理论武装,坚定党员理想信念。落实意识形态工作责任制,做好研究部署、分析研判、专题汇报、风险排查、舆情监测、网络监管等工作。加强机关作风建设,执行中央八项规定及实施细则和省市县有关规定精神,坚持问题导向和从严标准,持之以恒正风肃纪,坚持每季度开展分析研判,防止“四风”问题反弹回潮。强化法治建设,做到依法行政。强化党风廉政建设,开展“查严促”专项行动,推进深化“三个以案”警示教育,开展党风廉政建设“1+N”专项整治,加强党风党纪和廉政风险教育,落实党风廉政建设责任制。加强基层组织建设,落实“三会一课”,规范党内活动,开展谈心谈话,党员领导干部执行双重组织生活制度,严格规范党内政治生活。

(黟县财政局供稿　吴少辉执笔)

祁门县财政工作概述

【概况】2020年,祁门县财政部门围绕工作中心,创新举措,加强队伍管理,推进财政系统党风廉政建设、行业作风建设和行政效能建设,打造“为民、务实、清廉”的财政形象,财政干部综合素质和服务水平全面提高。祁门县财政局获十二届省级文明单位。

【财政收支】全县一般预算收入完成8.06亿元,同比增长1.5%。全口径税比64.8%。地方一般公共预算收入完成5.56亿元,同比增长6.3%;中央收入(含出口货物退增值税)完成2.49亿元,同比下降8.2%。优化财政支出结构,增强民生财政投入。全县一般公共预算支出20.7亿元,同比增长4.4%。其中民生支出占总支出的81.3%。坚持保重点、控一般、促统筹、提绩效,真正过紧日子,按照5%的比例压减一般性支出,全年公务接待支出同比下降9%。

【民生工程】落实新增财政资金直达基层直接惠企利民,直达资金主要安排用于民生保障支出,全年财政民生支出16.84亿元,较上年增加6142万元,民生支出占总支出81.3%。33项民生工程投资6.1亿元,完成年度投资计划的105.2%,其中县级预算安排资金1.08亿元。整合安排民生工程管护资金2908万元,十件惠民实事投资2349万元,加强普惠性、基础性、兜底性民生保障,推动解决群众关心关注的切身利益问题。

【脱贫攻坚】聚焦打赢脱贫攻坚战,落实地方财政收入增量的10%、盘活存量资金可统筹部分50%以上用于脱贫攻坚政策。统筹新增债券资金安排,投入扶贫资金4812万元,其中县级财政资金配套安排1290万元,较上年增长27.1%。坚持从“抗疫情、补短板、促攻坚”出发,财政政策、财政资金、财政监督三位一体,同步推进,发挥资金使用绩效,保障收官之年贫困群众就业、产业扶贫等各项扶贫工作加快落实。落实金融扶贫政策,清收扶贫小额信贷1302户,共6316.44万元;投放888户,共4349.96万元;在贷896户,在贷余额4395.37万元。

【社会保障】推进机关事业单位养老保险的参保工作,参保198家单位,在职参保4339人,缴费人数4259人,人均月缴费(含单位和个人)1523.13元,退休人员参保2710人,人均月退休待遇4394.54元。保障基层医疗卫生事业发展,推进基本公共卫生服务均等化,全年用于县级公立医院和基层医药卫生体制改革资金为4736万元。支持大众创业、万众创新工作,全年投入就业资金1147.2万元,用于就业培训、公益性岗位设立、大学生见习和社会保险补贴等。参与城乡居民最低生活保障工作,全年享受城镇最低生活保障19789人次,保障标准从565元提高到606元,发放低保生活费816.9万元。农村最低生活保障人数62076人次,年保障标准由6780元提高到7272元,发放农村低保生活费2836.2万元。完善《祁门县社保基金增值保值规范流程》,定期存款总额为20570万元,实收优惠利息948.6万元。

【减税降费】落实减税降费和疫情防控税费优惠政策,扩大政策红利受益面,全年新增减税降费7762万元,其中当年出台的支持疫情防控和经济社会发展税费优惠政策新增减税降费4853万元。减免160户中小微企业房屋租金124.06万元。加大财政投入强度,加快支出进度,支持统筹疫情防控和经济社会发展,兜牢社会民生底线。落实产业发展政策,安排2100万元财政专项资金,支持祁红、电子、文旅、中医药四大产业和农村经济发展,对政策明确的涉企项目资金加快兑现拨付。

【“四最”营商】实施“四送一服”专项行动推进会、银企对接会,鼓励金融机构加大对中小微企业和实体经济支持力度。为82户中小企业提供融资担保5.99亿元,融资担保在保余额6.16亿元。为54户小微企业发放税融通贷款6773万元,审批发放个人创业担保贷款178户2652万元,拨付创业担保贷款财政贴息243.9万元,办理“纳税信用+”信贷业务31笔共3667.5万元。支持黄山市芯微电子有限公司上市,完成股改,进入省证监会辅导阶段。完成祁红发展专精特新板挂牌,杨树林茶业、祁雅茶业农业板挂牌,金富医疗科创板挂牌。

【金融监管】开展金融放贷领域突出问题专项整治和涉非涉稳金融领域现场排查,加强扶贫小额信贷整改,强化金融领域风险防范宣传教育提效扩面。全县金融运行保持平稳增长态势,全县金融机构各项存款余额134.76亿元,较年初增加19.04亿元,存款同比增幅16.45%,全县金融机构各项贷款余额79.47亿元,较年初增加11.78亿元,贷款同比增幅17.4%。

【债务管理】实施政府债务限额管理,省财政厅核定下达祁门县政府债务限额 188119 万元(其中一般债务 130678 万元,专项债务 57441 万元),较上年新增债务限额 31062 万元。全县政府债务余额 175669 万元(其中一般债 121492 万元、专项债 54177 万元),债务余额控制在限额内。当年到期政府债务 15970 万元,申请再融资债券全部偿还。落实政府存量隐性债务化解责任,稳妥化解风险。

【国有资产管理】加强国有资产资源整合,发挥国有资产效益,完善县国有企业管理结构,开展全县国有资产资源“清占”专项行动。对 2 处被侵占的国有资产,通过法律途径解决被占资产。管理全县行政事业单位的资产处置,处置资产 18 笔,涉及资产原值 174.35 万元。完成上级下达的国有企业退休人员社会化管理任务,县乡镇、社区接收国企退休人员 175 人。

【财政管理改革】健全政府预算体系,推进财政资金统筹利用,加强政府预算间统筹与衔接,推进预决算公开。深化预算绩效管理改革,对年度新增 50 万元以上的支出政策和项目,开展事前预算绩效评估,并将评估结果与预算安排相挂钩,部门整体预算绩效目标、50 万元以上项目支出绩效目标与年初预算同步编制、同步下达,扩大重点领域财政支出绩效评价覆盖面。深化国库集中支付改革,依规扩大授权支付范围。完善县乡财政管理体制,促进乡镇经济发展,保障基层基本运转。加强财税政策落实、财政资金分配拨付使用全过程财政监管。通过“祁门县惠农补贴资金综合业务管理”平台对惠农补贴资金的监管同步实现从“粗放监管”到“精细监管”的跨越,全年发放涉农补助资金 12219 万元。

(祁门县财政局供稿 胡玉霞执笔)

屯溪区财政工作概述

【概况】2020 年,屯溪区财政部门在习近平新时代中国特色社会主义思想指导下,深入贯彻党的十九大和十九届二中、三中、四中、五中全会精神,坚持稳中求进工作总基调,贯彻新发展理念,落实高质量发展要求,以供给侧结构性改革为主线,坚持积极的财政政策更加积极有为,扎实做好“六稳”工作,全面落实“六保”任务,推进财政各项工作,为全区经济社会持续健康发展作出贡献。全年一般公共预算收入完成 13.9 亿元,同比增长 1%。全区一般公共预算支出完成 18.6 亿元,同比增长 2.1%。全区财政实现收支平衡。

【增进民生福祉】坚持以人民为中心的发展思想,尽力而为、量力而行,推动全区民生事业发展。组织实施 33 项民生工程,全年完成投资 12.47 亿元,完成年度计划的 257.6%。按照“保基本民生、保工资、保运转”顺序合理安排支出,全区财力的三分之二以上用于民生支出,全年民生支出完成 15.8 亿元,占一般公共预算支出的 85.7%。完善城乡社会保障体系,全年拨付城乡居民医疗保险参保居民医药费 6569 万元,60303 人次受益。拨付城乡养老保险财政补助 2420 万元,发放城乡居民养老金 2224 万元。发放低保金 42915 人次共 2317 万元;为城乡低保对象、特困供养人员及孤儿发放价格临时补贴 37350 人次共 171 万元。拨付医疗救助资金 520 万元,保障弱势群体基本利益;安排帮扶专项资金 50 万元,完善社会救助相关制度,实现全区精准兜底保障。支持教育优先发展,拨付 1924 万元用于学校和幼儿园改善办学条件,支持江南实验小学教辅楼、龙山实验小学校舍等改扩建工程,缓解中心城区“入学难”、“大班额”问题,优化城区教育布局。拨付“两免一补”和生均公用经费基准定额资金 1370 万元,惠及 12688 人。助力文化事业发展,拨付 850 万元,用于黄山市党群服务中心项目建设。拨付 97 万元,用于戴震纪念馆改造提升、程大位故居修缮工程。拨付 214 万元,支持博物馆、图书馆、体育场馆等公益性文化设施开展免费开放等公益性文化活动。落实惠农政策,依托涉农“一卡通”系统,全年发放惠农补贴资金十六大类 5473 万元,惠及 25124 人次。投入 445 万元,实施农村“一事一议”财政奖补项目 35 个,惠及 5.1 万人,推动农村公益事业发展。完成油菜、水稻、公益林政策性农险投保工作,综合投保率 90%。

【服务经济发展】落实减税降费,落实各项税费优惠政策,减轻企业负担,增强企业发展后劲,实现减税额 6500 万元。减免阶段性各类保险费 1.07 亿元,惠及 2192 家单位。对承租国有资产类经营用房或产权为行政事业性单位房产的中小微企业(含个体工商户)减免房租 302 万元。保障重点项目,争取地方政府专项债券资金 2.99 亿元,用于保障江南新城市政基础设施整治提升、九龙园区、阜上邻里中心等政府重点项目建设。投入 1.2 亿元,完成 27 个老旧小区改造、38 个老旧小区完善提升以及市城投公司移交的草市花园等 7 个安置区改造提升。投入 1700 万元,推进龙山花园东苑、洽阳南苑 16 号楼安置房建设。投入 2532 万元,推进美丽乡村建设、改善农村人居环境,完成 4300 余户农村厕所无害化改造,农村生活垃圾无害化处理率为 100%。

【支持生态治理】推进新安江流域生态补偿试点工作,提升治理体系和治理能力,争取补助资金 8312 万元,助推项目提质增效,有效改善新安江流域屯溪片区水质水体,点源面源污染逐渐减少。坚持共建共治共享,强化公民环境意识,推广生态美垃圾兑换超市16家。

【防范化解风险】树立依法理财意识,执行《预算法》,接受人大、政协和社会各方监督。落实审计意见,整改相关问题,强化对重大政策、重点项目和民生事项资金落实情况的监督检查。加强库款管理,保证库款在警戒线以上水平运转,控制地方财政运行风险;强化国库系统风险防控管理,保障财政资金和财务人员双安全。制定《屯溪区政府存量隐性债务化解实施方案》,细化化债方案,依规完成年度化债任务。全区地方政府性债务余额74816万元,其中:一般债务余额42121万元,专项债务余额32695万元,政府债务严格控制在省政府核定的债务限额之内,债务风险总体可控。

【加强预算管理】根据《预算法》及中央、省有关规定,按照科学化、规范化、精细化管理要求,树立过紧日子思想,按不低于10%的比例压减一般性支出,全年压减一般性支出1332万元。完善预决算信息公开,加大绩效信息公开力度,落实主体责任和法定公开时限,政府预算及全区56家预算单位均在人大批准及财政部门批复后20日内向社会公开。厉行节约,审核和控制区直部门"三公经费"预算,"三公经费"呈下降趋势,同比减少103万元,下降17.8%。出台《关于全面实施预算绩效管理的实施意见》,加快建立"政府主导、财政主抓、部门执行、社会参与"的预算绩效管理工作机制。印发《2020年预算绩效评价工作实施方案》,采取"单位自评"和"财政重点评价"两种方式开展,试点开展部门整体支出绩效评价,评价涉项目金额24.6亿元。强化绩效管理观念,开展预算绩效业务培训,把预算绩效培训工作嵌入2021年部门预算编制,项目及部门整体绩效目标申报全覆盖,形成各部门绩效管理的共识和氛围,全面实施绩效管理。

【落实新增中央直达资金政策】贯彻落实党中央、国务院新增财政资金直达基层要求,惠企利民资金实行资金分配、拨付、使用全链条跟踪,保证账务清晰、流向明确、全程留痕。新增直达资金用于增强"三保"能力,保障基本民生、工资发放和机构运转,做到应保尽保,依规用于灾后重建恢复、重大疫情防控救治体系、应急物资储备体系,用于保障困难群众基本生活、帮助企业和个体工商户解决实际困难等领域。全年纳入中央监测平台直达资金2.32亿元,支付完成率为93%。

(屯溪区财政局供稿　朱奇靖执笔)

黄山区财政工作概述

【概况】2020年,黄山区财政工作坚持以习近平新时代中国特色社会主义思想为指导,深入学习贯彻党的十九大和十九届二中、三中、四中、五中全会精神,全面落实习近平总书记考察安徽重要讲话指示精神,围绕服务全区大局和改革发展需要,扎实做好"六稳"工作,着力落实"六保"任务,支持打好三大攻坚战,统筹推进稳增长、促改革、调结构、惠民生、防风险、保稳定各项工作,应对疫情汛情冲击,推动经济恢复性增长和高质量发展,促进社会和谐稳定。

【支持疫情防控】支持公共卫生体系建设,统筹安排疫情防控相关经费671.7万元。建立疫情快速反应机制,开辟"快速通道"和"绿色通道",疫情防控资金随到随拨,疫情防控物资便利化采购。支持公共卫生体系建设,投入3007.5万元重点支持应急物资储备指挥中心建设、区公共卫生应急中心指挥楼、区医院实验室改造、中医院服务能力提升和4个基层医疗卫生服务等项目建设,提升重大突发公共卫生事件应急处置和救治能力。做好"六稳"、落实"六保",争取中央财政特殊转移支付资金7963万元和抗疫特别国债资金5822万元,稳住经济基本盘。建立完善监控系统,建立实名台账,推进新增财政资金直达市县基层、直接惠企利民。强化防汛救灾资金保障,拨付防汛救灾资金3468万元,预期兑现企业灾后贴息152万元。健全"三保"工作机制,坚持预算安排、预算执行和库款保障"三个优先",兜牢"三保"底线。实施援企稳岗财税政策,落实《黄山区人民政府办公室印发关于应对新冠肺炎疫情支持中小微企业及文化和旅游企业共渡难关的政策措施的通知》等相关规定,兑现文旅企业困难补助100万元,疫情期间企业购置设备补贴943万元,对承租国有企业经营性用房或产权为行政事业单位房产的中小微企业(含个体工商户)免收3个月房租144.54万元。健全疫情防控期间就业保障政策,加大创业担保贷款贴息支持力度,落实房产税、城镇土地使用税和社会保险缴费减免政策,引导企业复工复产。启动临时价格补贴联动机制,做好困难群体兜底保障。

【实施积极财政政策】落实减税降费政策,强化阶段性政策与制度性安排相结合,重点减轻中小微企业、个体工商户和困难行业企业税费负担,全年减免税收27035万元、社保费4728万元。落实增值税留抵退税政策,全年退税3186万元,缓解企业资金压力。支持经济协调发展,围绕统筹推进"一湖四门"协调发展,支持经开区打造特色园区,谋划专项债项目。发挥财政资金激励导向作用,统筹安排高层次人才引进专项资金100万元。出台工业技改、文旅企业投资激励补助政策,推动符合条件的新建项目和技术改造项目建设。支持落实开放发展战略,拨付资金411.6万元,兑现出口信用保险补贴等外贸促进政策。安排支持流通业、电子商务等内贸资金437万元,实施扩大内需战略,推动消费回升。安排1000万元专项资金,支持民营经济发展。落实安徽省财税优惠事项清单,安排新开办企业免费刻制公章经费,服务优化营商环境。投入资金593万元,推动农业保险高质量发展。统筹安排1560万元,支持美丽乡村建设。整合各项资金支持农村公益事业、村级集体经济发展和村级组织运转,服务实施乡村振兴战略。扩大有效投资,紧抓中央扩大专项债券发行规模和扶持新基建投资政策机遇,谋实谋细非标债项目,申报非标债项目9个,成功入库项目8个,评审通过率为89%,申请债券资金额度34.5亿元,到位资金3.52亿元。落实财政贷款贴息政策,发放创业担保贷款2130万元、财政贴息222万元,支持发放专项再贷款3.9亿元,推动综合融资成本下降12.3%,减轻企业资金周转压力。

【优化支出结构】支持打赢脱贫攻坚战,落实“四个不摘”要求,强化资金优先保障,投入财政专项扶贫资金4330.7万元,实施扶贫项目75个,聚焦“两不愁三保障”及饮水安全突出问题,支持推进脱贫攻坚“十大工程”。发挥财政扶贫资金动态监控系统作用,提升扶贫资金使用绩效。推动实现污染防治攻坚战阶段性目标,重点支持打好蓝天、碧水、净土保卫战。拨付水污染防治专项资金1760万元,地表水断面补偿资金395万元,新安江流域水环境生态补偿资金1441万元,助推长江经济带生态保护修复,支持加快绿色发展。统筹安排农村环境“三大革命”资金1143万元,完成农村改厕2918户。拨付松材线虫防控经费2807万元,为打好黄山松保卫战提供资金保障。争取重点生态功能区资金5742万元,促进全区生态环境优化。开展非法金融活动专项整治,健全完善地方金融监管机构台账,清退2家P2P网络借贷平台。做好防范化解风险工作,化解存量,遏制增量,确保不发生系统性风险,全区债务风险总体可控。织牢民生保障网,全年收回存量资金4733万元,统筹优先用于民生支出。财政十三类民生支出17.76亿元,占总支出的80.1%。按照“七有”目标要求实施33项民生工程(4项无任务),全年完成投资42391万元,拨付民生工程资金41443万元,其中区财政配套资金11628万元,建立健全养老、就业等多层次的社会保障体系,覆盖面从就业人员扩大到非就业人员,从城镇居民扩展到农村居民。推进公立医院改革,建立统一的城乡居民基本医疗保险和大病保险制度。落实过紧日子要求,印发《关于做好严把关口过紧日子提高财政支出绩效工作的通知》,在年初压减预算一般性支出基础上,对公用经费和项目支出中的会议费、差旅费、培训费等再压减127.41万元。强化预算约束,坚持先有预算、后有支出,严控预算调剂事项,加强支出政策财政可承受能力评估,预算执行中原则上不出台新增当年支出政策,除疫情防控、自然灾害等应急支出外,做到无大事要事急事一般不追加。

【推进财税体制改革】贯彻落实《预算法实施条例》,将条例的新规定、新要求落实到预算编制、执行、决算和监督全过程。按法定时限公开预算信息,公开重大政策、重点项目的绩效目标,主动接受社会监督。完善工作机制,落实向区人大常委会报告国有资产管理情况制度,专项报告2019年度企业(不含金融企业)国有资产管理情况。深化国资国企改革,指导、督促区国资公司制定和完善7大类74项公司管理制度,设立区国资公司党委,完善公司章程,成立区国资公司董事会、监事会,完善法人治理结构。将黄山太平湖文化旅游有限公司等6家公司股权划转至区国资公司,按照集中管理和市场化运营方式,盘活政府资产,依规处置闲置资产并上缴财政。推进国家农村综合性改革试点试验工作,三年投入6600万元,梳理汇总相关机制文件28个,总结推广试点经验15条。促进集体经济和农民双增收,推进乡村管理服务和生态文明双治理。加强财政预算管理,成立预算绩效管理工作领导小组,印发《关于全面实施预算绩效管理的实施意见》《黄山区政策和项目事前绩效评估管理实施方案》,启动事前绩效评估和财政支出绩效评价。落实预算执行限时制度,实行政府性基金预算结转资金调入一般公共预算统筹使用和区乡统编预算编制方式,优化财政金融事务资源配置,逐步推进政府综合财务报告试点改革。坚持防范资金风险,开展项目专项资金管理、行政事业单位财务管理、“小金库”清查等专项整治工作。推动系统建设,完善丰富预算联网监督系统,定期向人大推送政府预算、部门预算、财政收支月报、财政政策、财政评价报告等信息。推动预算评审论证方式由财政一家向人大、审计及专家广泛参与转变,预算审查内容由收支平衡向支出政策及项目支出转变。

(黄山区财政局供稿　谢龙裕执笔)

徽州区财政工作概述

【概况】2020年,徽州区财政局始终坚持以习近平新时代中国特色社会主义思想为指导,深入学习贯彻党的十九大及十九届二中、三中、四中、五中全会精神和习近平总书记考察安徽重要讲话指示精神,围绕区委“高质量发展推进年”要求,统筹抓好疫情防控和经济发展,围绕“六保”“六稳”目标,深化国资国企改革、强化资金绩效管理、规范内控制度建设、扶持民营经济发展、打好三大攻坚战,推进“财政制度建设提升年”活动,巩固“不忘初心,牢记使命”主题教育成果,力戒形式主义、官僚主义,保持经济平稳发展和社会和谐稳定。

【指标完成】全区财政总收入(含中央级)完成128875万元,较上年同期增收1346万元,增幅1.1%,全口径税比67.2%,较上年增长4.4个百分点;一般公共预算收入(地方级)完成88563万元,较上年同期减少609万元,增幅-0.7%,地方级税比52.5%,较上年增长5.3个百分点。在全市区县排名中全口径税比为第2位、地方级税比为第2位、总收入增幅为第3位。全区一般公共财政预算支出完成167267万元,增幅3.1%。年末各项贷款余额92.31亿元,同比增长15.62%,存贷比为83.49%,高于全市平均水平12.03个百分点。1—11月,“首贷”培植103户2.58亿元,制造业贷款投放(含转贷)33.49亿元,普惠小微企业贷款加权平均利率低于5.4%,较年初降低0.6个百分点以上,发放制造业等重点领域信用贷款5.02亿元,其中,制造业中长期贷款3.14亿元,满足战略新兴产业重点企业融资需求。

【经济发展】加强财政收入征管,发挥重点税源大户在税收增长中的支撑作用,强化建筑业协税护税工作,强化非税收入征管,加强机关事业单位和国有企业行政事业性收费、罚没收入和国有资产转让、出租等非税收入管理,推进非税收入足额缴库。支持民营经济发展,加大产业扶持力度,促进企业转型升级。结合全区实际,修订完善《黄山市徽州区扶持产业发展的实施意见》,年初预算安排产业扶持资金9000万元,落实国家减税降费政策。全年完成政银担6.51亿元,同比增长9.3%;税融通2.69亿元,同比增长40.25%;应急还贷5亿元,同比增长44%;银企对接履约20.94亿元,减税降费1.2亿元,帮助企业缓解资金压力。做好企业上市工作,完成首发上市股改及辅导备案1户(新远科技)、新三板挂牌1户(金川电缆)、省股交中心挂牌企业7户(甜蜜蜜、花之韵、裕籽贵、龙一湾),其中科创板挂牌3户(华塑新材料、艾肯机械、三夏精密机械),上市挂牌工作排名全市第1位。全区形成力推首发上市4户(新远、新诺、华惠、泰达)、新三板挂牌4户(谢裕大、恒泰、泰达、金川)、省股交中心挂牌企业35户的上市挂牌梯队。加强与上级部门对接,紧扣产业发展和重点项目建设,分解任务,编报项目,对上争取。全年对上争取资金10.52亿元,增幅27%;化解债务资金2.67亿元。

【重大风险防范】支持打赢脱贫攻坚战,推进实施资产收益扶贫民生工程,强化项目绩效管理,提升项目产出效益。全区财政专项扶贫资金实施资产收益扶贫项目94个,投资3507万元。开展金融小额信贷工作,鼓励有信贷资金需求、符合贷款条件的建档立卡贫困户(包括已脱贫贫困户)通过扶贫小额信贷发展特色产业,巩固脱贫攻坚成果,做到“应贷尽贷”,发放扶贫小额信贷236户1109.5万元,贷款存量233户1094.5万元。严格政府性债务管理,防范化解债务风险。化解政府性债务。树立过紧日子思想,通过盘活各类资金资产化解政府性债务5340万元,合规转化债务2.14亿元。通过展期等方式置换债务21160万元,缓释债务风险。支持生态环境改善提升,组织开展新安江流域生态保护项目库建设工作,围绕农业面源污染防治、城乡垃圾污水治理、生态保护与修复等6个方面16项具体内容谋划新安江流域生态保护项目68个。发挥各村“生态美超市”激励引导作用,开户10676户,开展兑换业务129624人次,回收垃圾263.68吨。加强线索调查处理,防范金融风险。设立30万元的奖励资金,建立举报奖励制度,鼓励群众提供非法集资等涉及金融安全的相关非法线索。全年处置办结涉及金融、保险和相关企业的非法集资等方面的市民热线投诉和举报5起,对2起投诉金融服务的问题做好解释和沟通协调。

【“六保”“六稳”落实】加强组织领导,成立新型冠肺炎疫情防控工作领导小组,负责统筹协调全区疫情防控资金保障、落实政策、指导资金管理使用和参与联防联控工作。加强资金保障,贯彻落实各级新型冠状病毒感染肺炎疫情防控经费保障政策。拨付卫健部门基本公共卫生服务中央和省补助资金562.8万元、区配套131.6万元共694.4万元,以及中央防控补助资金19万元,拨付各类涉企资金5678万元,核定疫情期间技改设备奖补资金1000.99万元、担保降费补贴29.25万元。落实国有企业减免房租政策,全区减免承租国有资产类经营用房的中小微企业房租162户158.6万元。做好信贷投放,借力“四送一服”平台,召开银企对接会,对接317个项目共25.64亿元,其中承诺类263个共20.72亿元,履约率为98.92%;为644户制造业企业(含小微企业主)提供32.67亿元贷款,为企业贷款展期或延迟还本付息109笔,金额2.63亿元。

【民生投入】全区民生工程计划投资额35482万元,区配套资金6819万元。完成投资40466万元,占投资计划的114.05%。强化资金保障,为贯彻落实国务院、省市政府关于做好2020年政府带头过紧日子的精神,出台《关于压减2020年部门一般性支出预算的通知》、《徽州区财政局关于做好应对新冠肺炎疫情影响压减机关事业单位行政开支工作的通知》,要求全区各单位厉行节约,压减一般性公共支出348万元,收回存量资金1307万元,压减资金统一收回区财政局,统筹用于全区重点民生领域支出。推进教育事业发展,打造成为全国义务教育优质均衡发展区。投入1200万元,将二中综合楼改扩建用于岩寺小学教学使用;投入375万用于义务教育优质均衡功能室改造;投入80万元用于岩寺小学塑胶运动场维修。区级配套义务教育保障经费197.76万元,连同上级下达资金共1216.16万元,用以保障全区公办、民办学校义务教育阶段教育开支。区级营养膳食经费190万元连同上级下达资金共296万元,用于保障公办学校农村义务教育阶段学生能够吃上"免费午餐"。投入300万元用于保障义务教育"零收费"。统筹城乡一体化发展,在城镇污水管网建设、农村环境保护、基础设施建设等方面做好项目编制工作,特别是涉及交通、国土、环保等重点专项资金,对上争资,支持地方经济发展。运用惠农补贴资金"一卡通"管理系统软件,落实惠农惠民补贴政策。全区发放惠农补贴资金项目18大项36小项,打卡发放共38批次,资金总额为8587万元,惠及农户2.6万户次,同比上年增加904万元,增长率11.7%。

【国资国企改革】深化"国资国企改革提升年"活动,按照"围绕发展抓党建、抓好党建促发展"的思路,坚持落实党的建设和国有企业改革同步谋划、党的组织及工作机构同步设置、党组织负责人及党务工作人员同步配备、党建工作同步开展原则,实现体制对接、机制对接、制度对接和工作对接。完善公司的法人治理结构,出台《关于组建黄山徽州浪漫红文化旅游集团有限公司实施方案》,设立区浪漫红文旅集团党委、纪委,完善公司董事会。督促区属国有企业执行《区属国有企业重大事项监督管理暂行办法》,对区属国有企业重大事项报告及决策加强监督管理,推进国有企业贯彻落实"三重一大"决策制度。制定出台《区属国有企业功能界定与分类方案》《区属国有企业负责人经营业绩考核与薪酬管理》。根据企业主营业务范围划分企业类别,在实施企业经营业绩考核、薪酬管理等制度时,分类实施监管,分类定责考核,依法履行区属国有企业国有资产出资人职责。落实《中国共产党国有企业基层组织工作条例(试行)》,建立工委委员基层党建联系点制度,3名工委委员分别到联系国企党支部走访调研2次,同支部书记开展谈心谈话2次,给党员上党课或作形势政策报告1次,协调解决国企党建问题3个。专项检查区属国有企业安全生产情况。对检查中发现问题的企业,现场下发《安全隐患整改通知书》,要求明确责任,落实整改。

【党建工作】加强组织领导,落实主体责任,制定党建工作计划,督促班子成员履行好"一岗双责",形成党组书记带头抓、党组成员分工抓、支部书记具体抓的党建工作格局。贯彻落实民主集中制,坚持"三重一大"事项集体研究决定,按照《财政局党组议事规则》,全年党组会议研究党建工作8次,落实党建工作议题21个。开展党内政治生活,落实"三会一课"制度,全年召开党员大会12次,集中研讨8次,观看电教片4次,领导干部上党课3次,邀请区委宣讲团专家讲党课1次。传达学习贯彻上级决策和会议精神,全面落实基层党建工作要求。

【荣誉表彰】徽州区财政局坚持以抓党建促工作,提升全局党员干部精神面貌。获第六届全国"文明单位"称号、全国2019-2020年节约型公共机构示范单位称号;民生工程工作第五年获全市第一;第五年获安徽省民生工程绩效奖补先进区县;获安徽省财政扶贫资金绩效评价优秀等次、安徽省惠农补贴资金发放绩效评价一等奖。

(徽州区财政局供稿　谢凌童执笔)

广德市财政工作概述

广德市财政工作概述

【概况】2020年,广德市一般公共预算收入完成48.7亿元,同比增长7.1%,增收32157万元。一般公共预算支出完成50.97亿元,同比下降5.8%,减少支出31581亿元,其中财政管理工作获国务院对2019年落实有关重大政策措施真抓实干成效明显地方督查激励。

【加强直达资金管理】落实相关政策,在上级规定时间内完成全部直达资金指标的分配下达工作,其中特殊转移支付17259万元,直接用于基本养老保险基金收支缺口、农村居民最低生活保障、城乡居民基本养老保障等基本民生领域;抗疫特别国债资金17966万元,主要用于桃州镇第四小学南校区、广德经开区人才公寓建设、S341柏垫至梨山段道路改建等城市、交通基础设施领域,保证党中央和省委省政府重大决策部署落实到位,缓解全市财政支出压力。

【打赢疫情防控阻击战】打赢疫情防控阻击战,投入资金3708万元,用于中医院CT专项设备采购、全市防疫物资供应、乡镇卡点建设及村级路障费用、健康宣传及乡镇防控补助等支出。减免企业税费3.95亿元,兑现市本级奖补资金5070万元,拨付上级补助资金2109万元,兑现财政扶持资金17794万元,为13户“专精特新”企业申报省级奖补资金。拨付就业专项资金1174万元,提升职业技能补贴专项支出649万元,工业企业奖补专项资金350万元,市本级预算安排300万元用于返乡就业奖励,支持中小微企业复工复产。

【防范政府债务风险】强化政府债务风险管理,从严控制债务增量,严格新增债务预算管理,保证政府债务风险整体可控。争取债务资金支持地方建设。建立政府债券资金绩效管理机制,提高债券资金使用绩效。建立新增专项债券资金支出进度半月报告制度和月通报制度,明确责任落实和责任追究。规范举债融资行为,规范政府举债主体、程序和方式,遏制隐性债务增量。

【服务经济社会发展】加大向上争取项目力度,全年争取项目231个,项目资金14亿元。保障重点项目建设,拨付交通专项资金、中央预算内基建资金、教育类建设项目资金等各类资金27.7亿元。助推经济转型升级,拨付节能生态建设、服务业发展引导等奖补资金215万元,拨付“三重一创”建设专项引导资金788万元,奠定支持企业产业转型升级基础。

【支持乡村振兴】争取上级财政涉农项目32个,涉及资金(含补贴类资金)2.53亿元。发挥涉农资金引导作用,推动政银保担合作,健全完善政策性农业信贷担保体系。市财政安排200万元担保风险基金,为697户农户提供担保贷款1.75亿元。专项安排茶产业专项资金200万元,用于茶叶品牌强化建设、基地优化培育和三产融合发展。做好农村综合改革工作,按照项目实施面50%的要求,实施村级公益事业建设项目69个,投入财政奖补资金2063万元。安排运维资金900万元,在5个试点乡镇初步建立农村公共设施运行维护的管理机制。

【推进民生工程建设】召开政府常务会、专项调度会研究部署民生工程工作,制定《33项民生工程时间节点控制表》,推进省定33项民生工程任务(其中无任务7项,实际实施26项)。筹集项目建设资金,加快资金拨付,强化资金监管。完善民生工程资金拨付“绿色通道”,采取资金推着项目走,及时拨付项目资金。全年投入15.86亿元,用于“四好农村路”建设、农村危房改造、农村饮水安全巩固提升工程等民生工程项目建设。丰富宣传形式,开展民生工程宣传月活动,通过市广播电台开设“民生工程专项解析”栏目,结合政府门户网站及“市民生工程”微信公众号做好信息推送,提高宣传质量,打造民生工程品牌效应,提升群众知晓度和满意度。

【强化财政预算和绩效管理】开展预算编制,坚持保重点、控一般、促统筹、强绩效,优化财政支出结构。落实过紧日子要求,坚持以收定支,做好财政收支平衡,不搞超出财政承受能力的支出,把有限的财政资金用在刀刃上。强化重点支出保障,把“三保”支出放在首位,将“保工资、保运转、保基本民生”各项要求落到实处。支持产业结构调整、科技创新、乡村振兴、生态环保、公共卫生体系等重点支出。加强预算绩效管理,出台《广德市市级财政预算绩效管理暂行办法》,推进预算绩效管理制度建设。对部分单位预算执行、稻谷补贴、保障性安居工程、债券资金项目、村级公益事业建设财政奖补项目、革命老区项目等6大类97个项目开展绩效评价,涉及财政资金近14亿元。

【强化地方金融监管】根据管理权限,市地方金融监督管理局监管全市融资担保公司3家、小额贷款公司5家、典当公司2家、融资租赁公司1家,其他地方金融机构1家。结合“双随机一公开”,聘请会计师事务所,对融资担保公司、小额贷款公司、其他地方金融机构开展现场检查;联合公安、市监部门,对典当公司、融资租赁公司开展现场检查;联合金融服务中心、公安、市监、银行等部门,开展地方金融领域扫黑除恶、防范和处置非法集资现场宣传活动;开展抵制“资金霸”“套路贷”“校园贷”进社区、进校园、进网点、进农村现场宣讲宣传;发送警示短信20万余条,在广德新闻电视频道滚动播放防范非法集资公益广告和滚动字幕;联合金融服务中心开展防范处置非法集资,接待群众来访举报多起。

【加强国有企业和国有资产监管】制定市属国有企业负责人管理的相关暂行办法,深化国有企业改革。落实向人大常委会报告国有资产管理情况制度,规范全市行政事业单位国有资产处置行为,提高国有资产的使用效益。根据“三清”及经营性国有资产集中统一管理要求,市直行政事业单位开展经营性、闲置性资产清理移交国投公司工作,文旅局、发改委、桃州镇(拆迁办)、住建局、房管中心等五个单位移交经营性资产241处。开展专项清理和监督检查,清理出原未准确掌握且处于空置状态房源248套。对国投公司下属康达出租车、建材公司、混凝土公司、泉水塘矿区治理项目等4家企业进行安全生产专项检查,提出具体整改意见。

【加强党的建设和作风建设】以党建工作引领财政业务工作,通过责任认领、责任签订、责任汇报拧紧责任螺丝,层层传导压力。组织安排党组理论中心组、支部、党小组等层面的集中学习和交流研讨,引导党员干部读原著、学原文、悟原理。聚焦“大调研、大宣讲、大落实”活动,开展调查研究,形成调研文章7篇。召开中央脱贫攻坚专项巡视“回头看”整改暨深化“三个以案”警示教育专题民主生活会,查摆问题,分析原因,明确努力方向。开展廉政警示教育,组织党员干部集中观看《国家监察》《纪说扶贫》等4部警示教育专题片,开展典型案例通报,邀请市纪委讲师讲授廉政党课。建立健全党内监督工作制度,党支部每月检查党员参加组织生活情况,机关党委每季度检查党支部工作开展情况,督查9个乡镇财政所党建工作,梳理出政治建设、思想建设、组织建设、作风建设、纪律建设等五大方面问题,限期跟踪整改到位。以“同过政治生日、共践初心使命”为主题,开展“书记领办项目”活动,以季度为单位,支部组织过政治生日的党员干部开展分享一段政治感言、重温一回入党誓词、赠送一份生日纪念、领办一次实事好事、开展一次谈心谈话的“五个一”活动。全年开展9次主题活动,80名在职党员领办扶贫帮困、共驻共建、文明劝导等各项志愿服务活动,以实际行动践行党员先锋模范作用。

(广德市财政局供稿)

宿松县财政工作概述

宿松县财政工作概述

【概况】2020年,宿松县一般公共预算收入完成14.73亿元,为年初预算的100%,增长8%,其中税务部门完成11.11亿元、财政部门完成3.62亿元。地方一般公共预算收入完成8.97亿元,增长6.9%,其中税收收入54347万元、非税收入35335万元。一般公共预算支出完成57.72亿元,增长2.1%。政府性基金收入完成11.28亿元,政府性基金支出完成20.99亿元。社保基金收入完成6.75亿元,社保基金支出完成6.75亿元。

【保障"六保""六稳"工作】保障疫情防控、防汛救灾,坚持特事特办、急事急办,统筹调度各类资金1.1亿元支持疫情防控;加强政策和资金对接,安排拨付11756万元防汛抢险救灾和灾后恢复重建资金。抓好直达资金惠企利民工作,建立直达资金全过程监管机制,全年支出10.55亿元。兜牢保基本民生、保工资、保运转支出底线,打足"三保"支出预算,实现"三保"支出363143万元,占一般公共预算支出的63%。保居民就业和市场主体,落实减税降费政策,疫情期间减免和返还养老保险费、工伤保险费、失业保险费3154万元,政策性退税4296万元,全年减免企业税负2.8亿元。兑现新增吸纳就业、技能提升、稳定就业、支持创业等就业补助资金2492万元。拨付工业发展专项资金、首位产业发展资金6415万元,兑现招商引资奖励2712万元,拨付3789万元用于支持民营经济发展和制造业产业链协同创新。安排5000万元设立特殊时期企业纾困担保基金、过桥资金和风险补偿,引导金融机构支持实体经济发展,全年发放政府性融资担保贷款13.27亿元,融资担保放大倍数至3.27倍。支持稳定粮食生产,投入16105万元支持高标准农田和农田水利"最后一公里"项目建设;拨付11088万元落实农业支持保护补贴和稻谷补贴政策;安排政策性农业保险保费补贴3900万元,提高农业抵御风险能力。

【服务区域经济发展】发挥财政资金配存、贴息、贷款增量奖励等政策引导撬动作用,全县各金融机构新增信贷投放26.6亿元,贷款余额189.6亿元,存贷比为57.96%,较上年提高3.46个百分点。加强前期谋划,强化要素保障,争取新增专项债券资金57300万元,统筹安排用于县级重大项目建设。保障重点工程建设资金需求,拨付市政重点工程建设资金23900万元,水利重点工程建设资金3546万元,交通重点工程建设资金33672万元,教育重点工程建设资金33361万元。支持农业农村发展,保障基础设施建设投入力度,安排"四好农村路"建设资金16488万元,拨付财政奖补资金2310万元用于村级公益事业建设,安排1103万元实施农村改厕,投入5207万元支持美丽乡村建设。

【防范化解风险】坚守不发生系统性、区域性金融风险底线,争取再融资债券24407万元,用于偿还到期债券本金,防范政府债务风险。成立扶贫小额信贷清收工作指挥部,化解扶贫小额贷款逾期风险,收回到期贷款54747万元,逾期率为0.19%。开展金融领域扫黑除恶专项斗争"行业清源"专项行动,加快非法集资陈案处置,打击恶意逃废金融债务和侵害金融债权等行为。

【加强民生保障】支持打好脱贫攻坚收官战,安排本级专项扶贫资金预算6350万元,较上年增列1350万元,占地方财政收入增量30%,统筹整合涉农资金32090万元。推进实施民生工程,履行牵头协调工作职责,完成33项民生工程年度目标任务,投入资金26.67亿元,较上年增长19.7%。建立社会救助和保障标准与物价上涨挂钩联动机制,发放临时价格补贴2225万元;发放五保、低保等困难救助资金18925万元;安排244万元支持养老服务中心(站)建设运营,发放城乡居民、企业职工养老金53347万元。安排8185万元用于长江流域重点水域禁捕和退捕渔民安置。促进社会事业发展,支持教育优质均衡发展,拨付中小学公用经费8737万元,兑现各类学生资助3893万元。支持卫生健康事业发展,投入1528万元用于公共卫生应急保障体系建设和应急救治物资储备,安排医改专项资金2000万元,拨付城乡居民基本医疗保险补助资金57500万元。支持文化旅游体育事业发展,安排2870万元加快乡镇、村综合文化服务中心等项目建设,安排2555万元用于融媒体中心中央厨房和公共文化服务体系建设,安排1479万元促进全域旅游发展,安排430万元支持全民健身。

【深化管理改革】推进国资国企改革,出台实施细则,规范行政事业单位国有资产出租出借行为。将行政事业单位资产管理工作情况纳入单位负责人经济责任审计内容。建立和完善政府向同级人大常委会报告国有资产管理情况制度。出台国有企业监管清单,加强县属国有企业监督管理。实施预算绩效管理,配套出台预算绩效管理实施细则、操作规程,在2021年部门预算编制中设定绩效目标,覆盖所有预算资金,强化绩效导向。完善国库集中支付预警机制,执行动态监控新规则52条,对不合规支出直接熔断或进行人工干预和预警。开展乡镇财务管理规范提升专项行动,组织交叉互查,解决乡镇财政预算执行约束力不强、规章制度执行不严和村级集体财务管理不规范等问题。

(宿松县财政局供稿 汪震执笔)

财政大事记

省财政工作大事记

省财政工作大事记

1月

1月1日 省委书记李锦斌在省财政厅《关于全国财政工作会议主要精神的报告》上批示：2019年，全省财政系统认真贯彻党中央、国务院及省委、省政府决策部署，克难奋进、深挖潜力，认真落实减税降费各项措施，促进经济运行在合理区间，成绩实属不易。谨向同志们致以诚挚慰问！新的一年，要深入学习贯彻习近平新时代中国特色社会主义思想，按照中央及省委经济工作会议部署要求，牢牢把握稳中求进工作总基调，坚定贯彻新发展理念，大力提质增效实施积极的财政政策，巩固拓展减税降费成效，更好激发企业和市场活力。要坚持以收定支，精打细算过紧日子，厉行节约办好事业，保重点、压一般、促统筹、提绩效，着重在服务实体经济、支持三大攻坚战、推动科技创新、保障改善民生等方面加大力度，兜牢“三保”底线，做好“六稳”工作，推动全省经济高质量发展，为确保全面建成小康社会和“十三五”圆满收官作出新的贡献。

1月5日 省财政厅召开2019年度党支部书记抓基层党建述职评议暨处室单位综合考核总结会，7个处室单位党支部书记就抓基层党建情况进行现场述职，其他党支部书记进行书面述职，全厅36个处室单位主要负责人汇报2019年度党建和发展情况，厅党组书记、厅长罗建国主持会议，对现场述职的党支部进行点评，并就做好2020年财政机关党建等工作提出要求。

1月6日 省长李国英对财政工作作出批示：2019年，全省财政系统认真贯彻落实中央及省委、省政府决策部署，主动应对经济下行压力，全面落实减税降费政策，强化统筹盘活存量，优化支出提升绩效，保持了财政持续平稳健康运行，为推动经济高质量发展作出了重要贡献。谨向同志们致以诚挚问候！新的一年，要全面落实中央及省委经济工作会议精神，坚持积极的财政政策要大力提质增效，坚守节用裕民之道，更加注重结构调整，更加注重保障改善民生，巩固和拓展减税降费政策成效，全力保障三大攻坚战、重大基础设施建设、乡村振兴战略、兜牢“三保”底线等重点领域投入，着力补齐短板弱项，切实防范化解债务风险，为全面建成小康社会、加快建设现代化五大发展美好安徽提供坚实财政支撑！

1月6日 省财政厅党组书记、厅长罗建国主持召开市财政局长座谈会，总结2019年财政工作，研判当前财政形势，谋划做好2020年财政工作。

1月6日 省财政厅召开全省财政工作视频会议，总结2019年全省财政工作，研究部署2020年财政工作。

1月7日 省财政厅、省人力资源社会保障厅、国家税务总局安徽省税务局印发《安徽省企业职工基本养老保险预算管理办法》和《安徽省企业职工基本养老保险责任分担办法》，进一步加强企业职工基本养老保险基金预算管理，建立健全企业职工基本养老保险省级统筹制度，明确各级政府责任，均衡各地基金负担，推进养老保险制度可持续发展。

1月7日 省财政厅党组书记、厅长罗建国赴省农担公司，听取工作情况介绍，走访慰问干部员工。

1月8日 省财政厅召开机关工作总结大会，通报2019年机关党建和干部人事工作情况，表彰2019年度厅综合考核先进单位，总结2019年机关工作，部署推进2020年工作。厅党组书记、厅长罗建国出席会议并讲话。

1月10日 省财政厅获全国减税降费知识竞赛优秀组织奖。

1月10日 省财政厅党组召开理论学习中心组学习会，深入学习贯彻党的十九届四中全会精神，传达学习习近平主席二〇二〇年新年贺词、习近平总书记在中央政治局“不忘初心、牢记使命”专题民主生活会上的重要讲话等精神，开展“充分履行财政职能服务国家治理体系和治理能力现代化”专题学习研讨，省财政厅党组书记、厅长罗建国出席会议并讲话。

1月11日 省委书记李锦斌、省长李国英在省人大会议中心查阅2020年省级部门预算草案。在充分肯定预算编制工作成绩后,李锦斌、李国英强调,要深入学习贯彻习近平新时代中国特色社会主义思想,深化预算管理制度改革,完善标准科学、规范透明、约束有力的预算制度,着力提高财政资源配置效益和使用效益。要坚持以收定支,精打细算过紧日子,厉行节约办好事业,保重点、压一般、促统筹、提绩效,兜牢"三保"底线,做好"六稳"工作,推动经济高质量发展。要进一步推进预算公开改革,细化公开内容、完善公开方式,自觉接受人大监督、社会监督和舆论监督,为全面建成小康社会和"十三五"圆满收官提供坚实财政保障。

1月12日 受省政府委托,省财政厅以书面形式向省第十三届人民代表大会第三次会议作《关于安徽省2019年预算执行情况和2020年预算草案的报告》。

1月12日 省财政厅将遴选的8个省级预算部门整体、33个省本级500万元以上的重点项目,以及所有省对下专项转移支付绩效目标,与2020年省级预算草案同步报省人大预算工委审查。这是省级首次将绩效目标与预算草案同步提交人大审查。

1月15日 省财政厅召开"不忘初心、牢记使命"主题教育总结会,深入学习贯彻习近平总书记在"不忘初心、牢记使命"主题教育总结大会上的重要讲话,学习贯彻全省主题教育总结会议精神,通报全厅主题教育开展情况,总结主题教育成效,巩固拓展主题教育成果。厅党组书记、厅长罗建国出席会议并讲话。

1月16日 省财政厅举办2020年离退休干部春节团拜会。省财政厅党组书记、厅长罗建国,厅领导班子以及各处室单位主要负责人与厅离退休老领导、老同志欢聚一堂,畅叙友情,共迎新春。

1月17日 省财政厅举办"新征程、新使命、新作为"主题2020年新春联欢会,全厅干部职工400余人欢聚一堂、共迎新春。

1月17日 省委常委、常务副省长邓向阳莅临省财政厅调研指导,走访预算处、税政条法处,了解询问预算编制、预算管理、预算批复、减税降费政策落地、税制改革、地方税体系建设等情况,看望慰问干部职工,并向全省财政系统干部职工致以新春祝福。

1月19日 省财政厅2019年度财政监督评价获财政部通报表扬。

1月19日 省财政厅印发《安徽省交通运输领域财政事权和支出责任划分改革实施方案》,明确公路、水路、铁路、民航、邮政、综合交通等6个方面财政事权和支出责任改革的具体内容及相应配套措施。

1月20日 省财政厅党组书记、厅长罗建国赴安徽日报社、安徽新媒体集团、安徽广播电视台走访调研,看望一线财务工作人员,实地了解财务会计核算和薪酬分配、财政资金绩效管理等情况,了解新媒体融合发展情况,听取对财政服务支持新闻媒体工作的意见建议。

1月22日 省财政厅印发《安徽省2020—2021年政府集中采购目录及标准》,明确集中采购机构采购项目、分散采购限额标准和公开招标数额标准。

1月26日 省财政厅按程序报经批准,动支省长预备费1亿元并紧急下拨,支持全省疫情防控工作。

2月

2月1日 省财政厅党组书记、厅长罗建国赴滁州市及所辖县区,走访社区村庄、农贸市场等,与基层干部、城乡居民、企业员工、医务人员等面对面交流,查看武汉返乡人员摸排登记隔离、医疗救助观察、交通检测防控等情况,督导指导扎实做好疫情防控工作。

2月3日 省财政厅党组书记、厅长罗建国赴天长市调研督导疫情防控工作,随机走访天发商业圈的超市、沿街商铺、天长街道天一社区及市财政局等地,了解流动人员体温检测、重点人群摸排登记、群众自我防护、疫情防控物资生产等各项工作情况。

2月4日 省财政厅党组书记、厅长罗建国陪同省委常委、省委秘书长陶明伦赴来安县、琅琊区、南谯区开展疫情防控督查。

2月6日 省财政厅党组书记、厅长罗建国赴明光市督查疫情防控工作,深入明光与盱眙交界处检测站、涧溪镇农贸市场、涧溪镇鲁峰村,检查沿街商铺、居家隔离、巡逻巡查等情况,征求意见建议,督导指导抓实抓细疫情防控工作。

2月7日 省财政厅党组书记、厅长罗建国赴定远县督查疫情防控工作,深入定远县高速路口检查关口、连江镇S101线省道检查点等地,重点检查道口人车管控、居民生活物资供应等情况。

2月10日 省财政厅党组成员、副厅长王召远参加安徽省新冠肺炎疫情防控工作新闻发布会。

2月10日 省财政厅党组书记、厅长罗建国走访办公室、资产中心和机关食堂、物业公司,了解机关疫情防控工作落实和值班值守情况,以及机关政务运转、舆情宣传引导、食堂就餐管理、机关环境卫生、公共区域消毒管理等情况,看望慰问在机关疫情防控服务保障工作一线的财政干部和工作人员,并就进一步做好机关疫情防控工作提出要求。

2月10日 省财政厅印发《关于做好疫情防控期间会计服务工作的通知》,要求全省各级财政会计管理机构在认真做好疫情防控工作的同时,切实做好疫情防控期间会计服务工作,全力支持打赢疫情防控阻击战。

2月11日　省财政厅党组书记、厅长罗建国深入凤阳县高速公路检测站、官塘镇隔离点等地，检查道口管控、集中隔离、医疗救治、物资保障等情况，实地督导指导疫情防控工作。

2月17日　省财政厅党组书记、厅长罗建国赴凤阳县官塘镇、临淮岗镇、县工业园等地，了解集中隔离、边界管控、“三无”小区封闭管理以及企业复工复产等情况，调研督导和回访查看疫情防控工作。

2月19日　省财政厅党组书记、厅长罗建国赴滁州市经济技术开发区及来安县督导指导疫情防控和复工复产工作，深入开发区生产企业，了解企业物资运输、厂区员工防疫、用工复工、绿色通道、分级分区等措施落实情况。

2月20日　省财政厅、省人社厅、省国资委、省税务局和安徽证监局印发《关于全面推开安徽省划转部分国有资本充实社保基金工作的通知》，明确划转范围、划转对象和划转程序。

2月21日　省财政厅党组书记、厅长罗建国赴天长市、明光市督导疫情防控和复工复产工作，深入开发园区、企业车间、项目现场、建设工地，察看企业复产运行、厂区员工防疫、物流要素保障、分级分区防控等措施落地，了解企业税收优惠、补助贴息、援企稳岗等政策落实情况。

2月25日　省财政厅召开党组扩大会议，开展“深入学习贯彻习近平总书记重要讲话和重要指示批示精神，落实财政支持疫情防控职责，扎实做好财政重点工作”专题学习研讨，厅党组书记、厅长罗建国出席会议并讲话。

2月27日　省财政厅党组书记、厅长罗建国赴全椒县、琅琊区督导疫情防控和复工复产工作，深入开发园区、企业车间、项目现场、建设工地，察看企业复产运行、员工防疫、要素保障等措施落地，以及园区组织推进、帮办帮扶等情况，了解复工复产、金融支持、援企稳岗等政策落实情况。

2月28日　省财政厅广大党员积极响应党中央号召和省委部署，自发捐款支持新冠肺炎疫情防控工作。厅党组书记、厅长罗建国和班子成员带头捐款，包含离退休党员在内，全厅508名党员累计捐款超过10万元。

2月28日　省财政厅党组书记、厅长罗建国赴凤阳县调研督导统筹推进疫情防控和经济社会发展工作。

3月

3月2日　省财政厅、省教育厅印发《安徽省城乡义务教育补助经费管理办法》，明确城乡义务教育补助经费的支持范围、资金用途，以及分配方式和资金申报要求，城乡义务教育补助经费的资金测算、下达时限、支付方式和财务管理的原则要求等。

3月3—5日　省财政厅党组书记、厅长罗建国赴滁州市全椒县、明光市、凤阳县、定远县，深入重点园区、重点企业、重点工程、重点项目和中小微企业，察看企业复产运行、产业链供应、疫情防控等措施落地，了解财政贴息、援企稳岗等政策落实，及脱贫攻坚工作推进等情况。

3月5日　省财政厅青年党员志愿者深入三孝口街道大夫第、杏花、城隍庙等社区，开展疫情防控志愿服务。

3月7日　省财政厅副厅长胡锡萍参加安徽省新冠肺炎疫情防控工作新闻发布会第四十三场，解读“阶段性减免企业社会保险费”相关政策，并答记者问。

3月10日　省委书记李锦斌在《关于我省连续四年荣获全国财政管理工作考核表彰情况的汇报》上作出批示：来之不易，应予以充分肯定。望再接再厉，深化改革，加强管理，有力保障高质量发展。

3月10日　省财政厅、省商务厅印发《安徽省商贸流通业发展专项资金管理暂行办法》，明确专项资金支持范围和对象、资金分配方式和管理要求、资金支持方式监督检查和绩效评价等。

3月11日　省财政厅党组书记、厅长罗建国赴滁州市全椒县、来安县督导疫情防控、脱贫攻坚和复工复产复市工作，深入家庭农场、扶贫车间、种植基地、农业园区，查看扶贫车间复工复产、贫困人员就业增收、扶贫政策落实落地等。

3月11日　省财政厅、省林业局印发《安徽省财政林长制考核奖励及林业增绿增效行动综合奖补资金管理办法的通知》，明确奖补资金用途、分配原则、奖补范围等。

3月12日　省财政厅党组书记、厅长罗建国等督导组一行，赴颍东区督导脱贫攻坚工作，实地了解贫困户生产生活、企业复工复产、扶贫项目实施、贫困人口就业等情况，听取干部群众、贫困户、企业负责人等意见建议，对照“一县一清单”督促问题整改，帮助解决实际困难和问题。

3月13日　省长李国英在省财政厅《关于我省连续四年荣获全国财政管理工作考核表彰情况的汇报》上作出批示：我省财政管理工作在财政部综合考核中再次荣获优异成绩，连续四年受到表彰奖励，可喜可贺！希望同志们再接再厉，不骄不躁，尽职担当，砥砺奋进，为全面建成小康社会、加快建设现代化五大发展美好安徽提供坚实的财政支撑！

3月20日　提请省政府印发《关于2020年实施33项民生工程的通知》，决定2020年继续实施33项民生工程。

3月20日　省财政厅党组书记、厅长罗建国与驻厅纪检监察组全体同志会商座谈，深入学习习近平总书记在十九届中央纪委四次全会上的重要讲话精神，学习贯彻省纪委十届五次全会精神，学习《党委（党组）落实全面从严治党主体责任规定》,交流财政纪检监察工作经验和存在不足,征求意见建议,共同研究进一步加强财政全面从严治党和党风廉政建设工作。

3月25日　省财政厅召开党组扩大会议,开展“深入学习习近平总书记关于扶贫工作的重要论述 支持保障决战脱贫攻坚决胜全面建成小康社会”专题学习研讨,厅党组书记、厅长罗建国主持会议并发言。

3月26日　省财政厅党组书记、厅长罗建国赴定远县督导脱贫攻坚、疫情防控和经济社会发展等工作,深入大桥镇,查看扶贫车间复工复产、贫困人员就业等情况,并召开座谈会,研究从严从实抓好脱贫攻坚问题整改工作。

3月26—27日　省财政厅党组书记、厅长罗建国赴颍东区,深入袁寨镇同庄村、经济开发区,实地查看扶贫基地、电商网点、项目现场、园区企业,走访慰问贫困户,与区、镇、村干部交流,并召开座谈会,督促指导脱贫攻坚问题整改和复工复产复市等工作。

3月31日　省财政厅召开党组扩大会议,开展“深入学习领会习近平总书记关于巡视工作和意识形态工作的重要论述 高质量完成巡视整改和意识形态工作责任制落实情况专项检查整改工作”专题学习研讨,厅党组书记、厅长罗建国主持会议并发言。

4月

4月4日　省财政厅机关下半旗,表达对抗击新冠肺炎疫情斗争牺牲烈士和逝世同胞的深切哀悼。

4月8日　省财政厅召开深化“三个以案”警示教育动员部署会,传达学习全省深化“三个以案”警示教育动员部署会精神和省委工作方案,通报厅党组实施方案,部署推进全厅深化警示教育工作。厅党组书记、厅长罗建国主持会议并作动员讲话。

4月8—9日　省财政厅党组书记、厅长罗建国赴颍东区调研督导脱贫攻坚等工作,深入扶贫基地、扶贫车间、电商网点、村居委等,看望慰问贫困户,了解产品订单需求、员工待遇保障、贫困户销售滞销农产品等情况,赴区政府、区人社局、产业园区等,了解脱贫攻坚责任落实、政策落实和工作落实“三落实”情况,扶贫产业分类、组织技能培训、兑现就业增收扶持和惠企奖补政策情况。

4月9日　省财政厅印发《关于深化省级行政事业单位国有资产管理“放管服”改革的通知》,优化资产出租流程,调整处置审批权限,规范资产处置管理,压实资产管理职责。

4月11日　省财政厅党组书记、厅长罗建国赴宿松县、太湖县,深入扶贫基地、为民服务中心、乡镇财政所等,了解中央脱贫攻坚巡视“回头看”等相关问题整改、基层“三保”保障、财政运行、财政党建作风等情况,征求意见建议,推动做好财政脱贫攻坚整改等重点工作。

4月13日　省财政厅获评2019年度全省平安建设(综治工作)优秀单位。

4月15日　省财政厅召开党组扩大会议,开展“深化‘三个以案’警示教育 一以贯之推进财政全面从严治党和党风廉政建设”专题学习研讨,厅党组书记、厅长罗建国主持会议并发言。

4月17日　省财政厅党组书记、厅长罗建国赴寿县堰口镇许寺民族村,实地察看扶贫车间,走访慰问贫困户,与县镇党委政府、市县财政部门负责同志和村两委班子交流,听取意见建议,推进财政支持脱贫攻坚和帮扶工作。

4月21日　省财政厅获2019年度“四送一服”双千工程双优等次优秀表彰。

4月22日　省财政厅召开党组扩大会议,开展“深化‘三个以案’警示教育 力戒形式主义官僚主义”专题学习研讨,厅党组书记、厅长罗建国主持会议并发言。

4月22日　安徽获财政专项扶贫资金绩效评价考核优秀奖,并奖励资金8000万元。

4月22日　省财政厅、省公安厅、中国人民银行合肥中心支行印发《关于进一步加强道路交通违法罚款缴纳管理工作的通知》,进一步方便群众办事,提高执法效率,规范收入管理。

4月23日　省财政厅、省教育厅印发《安徽省支持学前教育发展资金管理办法》等四个资金管理办法,明确改善普通高中学校办学条件补助资金、特殊教育补助资金、支持学前教育发展资金、中小学幼儿园教师国家级培训计划资金的管理原则、主要用途、分配方式、申报要求、监督检查和绩效评价等。

4月28日　省财政厅召开全省财政党风廉政建设工作会议,深入学习贯彻习近平新时代中国特色社会主义思想,全面贯彻落实党的十九大和十九届二中、三中、四中全会及十九届中央纪委四次全会精神,认真贯彻落实省纪委十届五次全会和全国财政党风廉政建设工作会议精神,总结2019年财政全面从严治党和党风廉政建设工作,部署2020年工作任务。厅党组书记、厅长罗建国主持会议并代表厅党组作工作报告。厅党组成员、驻厅纪检监察组组长项中胜讲话。

4月28日　省财政厅召开党组扩大会议,开展“坚持以习近平总书记视察安徽重要讲话精神为指导、为实现‘两个确保’提供坚实财政支撑”专题学习研讨,厅党组书记、厅长罗建国主持会议并发言。

5月

5月5日　安徽财政管理工作在国务院办公厅发布的对2019年落实有关重大政策措施真抓实干成效明显地方督查激励的通报中再次获评优秀

等次,连续四年荣获通报表彰。

5月6日　省财政厅党组书记、厅长罗建国赴舒城县,深入园区企业、扶贫基地、乡镇财政所等,了解中央脱贫攻坚巡视“回头看”等相关问题整改、扶贫资金使用管理、基层“三保”、基层财政党建作风等情况,征求意见建议,推动做好财政脱贫攻坚整改等重点工作。

5月6日　财政部、民政部通报2019年度全国困难群众救助工作绩效评价结果,安徽省获得全国优秀等次。

5月6日　省财政厅党组成员、副厅长朱长才赴滁州市参加“四送一服”“三包三抓”专项行动。

5月7日　省财政厅召开青年干部“成长·成才·成就”主题座谈会。厅党组书记、厅长罗建国出席会议并讲话,对做好财政青年工作提出要求、对财政青年干部提出期望。

5月8日　省财政厅党组书记、厅长罗建国赴省数据资源管理局走访会商,与省数据资源管理局领导座谈交流,听取省数据资源管理局对财政厅的意见建议,并到财政窗口坐班,看望慰问窗口工作人员,了解窗口业务办理和党建工作情况,就进一步做好财政窗口政务服务工作提出要求。

5月15日　省财政厅窗口在省数据资源管理局印发的《关于2019年度省政务服务中心优秀窗口单位的通报》中,再次荣获优秀窗口单位,位列第5。

5月18日　省财政厅、省卫生健康委员会、省医疗保障局印发《关于安徽省公共卫生服务等4项卫生健康补助资金管理实施办法的通知》,明确公共卫生服务补助项目、公共卫生服务补助资金管理原则、资金筹集与分担、资金分配与拨付、资金绩效与监管等。

5月18日　省财政厅党组成员、副厅长王召远参加省政府举办安徽省贯彻落实中央“六稳”“六保”部署要求新闻发布会(第一场),介绍安徽省《保基本民生工作方案》《保基层运转工作方案》起草情况和主要内容,并回答记者提问。

5月20日　全国人大代表、省财政厅党组书记、厅长罗建国启程前往北京,参加十三届全国人大三次会议。

5月22日　省财政厅、省教育厅印发《安徽省中央现代职业教育质量提升计划资金管理办法》,明确提升计划资金的管理原则、支持范围、分配方式、申报要求、监督检查和绩效评价等总体要求。

6月

6月1日　省财政厅召开党组扩大会议,开展“学习贯彻‘两会’精神坚持积极的财政政策更加积极有为 服务保障全省疫情防控和经济社会发展”专题学习研讨,厅党组书记、厅长罗建国主持会议并发言。

6月1日　省财政厅被授予第十二届安徽省文明单位称号。

6月3日、5日　省财政厅党组书记、厅长罗建国赴庐阳区、长丰县,深入居民小区、社居委、医疗机构、商街、学校、企业,查看常态化疫情防控下复工复产、复市复业、复商复学等,了解财政政策惠企利民情况,征求意见建议,推动更加积极有为的财政政策落地见效。

6月11日　省财政厅召开全省财政工作视频会议,深入学习贯彻习近平总书记在“两会”期间重要讲话精神,落实全国“两会”、政府工作报告、预算报告、国务院新增财政资金直接惠企利民工作视频座谈会和全国财政厅(局)长座谈会精神,传达学习省领导关于落实过紧日子要求和新增财政资金直接惠企利民批示精神,部署贯彻落实工作,布置2021年预算编制工作。厅党组书记、厅长罗建国主持会议并就抓好新增资金直达和预算执行、预算编制等财政重点工作提出要求。

6月12日　省财政厅党组书记、厅长罗建国主持召开厅领导班子中央脱贫攻坚专项巡视“回头看”整改暨深化“三个以案”警示教育专题民主生活会。

6月16日　省财政厅党组书记、厅长罗建国赴省特勤局调研财政支持服务特勤改革工作,了解省特勤局装备建设、资金使用、财务管理等情况,听取对财政服务保障工作的意见建议。

6月18—20日　省财政厅党组书记、厅长罗建国赴颍东区、太和县和界首市,深入扶贫工厂、商超卖场、企业车间、教育卫生机构、乡镇财政所等,与小微企业主、工商个体户、人大代表、市县乡政府和财政负责人交谈交流,了解常态化疫情防控、“六稳”“六保”工作落实和新增财政资金直达基层惠企利民工作情况,征求意见建议,推动积极财政政策更加积极有为、更加积极有效。

6月22日　安徽在2020年度全国县级财政管理绩效综合评价中位列全国第一。

6月28日　省财政厅党组书记、厅长罗建国做客省直机关工委首期“厅局长学习会客厅”,就深入学习贯彻习近平新时代中国特色社会主义思想特别是经济思想,为省直机关青年作辅导报告。

6月28日　省财政厅参加财政部长江流域禁捕财政补助资金专项检查工作布置(视频)会,并同步召开市县(区)视频会,省财政厅副厅长胡锡萍参会,对下一步检查工作提出具体要求。

6月29日　省财政厅党组书记、厅长罗建国受省政府委托,在省第十三届人民代表大会常务委员会第十九次会议上报告《安徽省2020年省级预算调整方案(草案)》。

6月30日　提请省政府成立省预算绩效管理工作领导小组。

6月30日　经省委、省政府同意，并经财政部审查备案，省财政厅第一时间将特殊转移支付、抗疫特别国债等新增财政资金，以及教育、社保等参照直达管理资金全额下达市县，全力支持各地加快落实“六稳”“六保”工作任务。

7月

7月1日　省财政厅党组书记、厅长罗建国在四楼会议室察看新增财政资金直达基层惠企利民监控系统运行，并主持召开厅特殊转移支付直达市县基层直接惠企利民工作领导小组专题会议，听取国库处等相关处室关于直达资金监控工作开展情况的汇报，实地观看监控系统运行情况，了解系统贯通、市县落实和处室推进情况，研究部署下一阶段工作。

7月2日　省财政厅举行宪法宣誓仪式，厅党组书记、厅长罗建国监誓并作讲话，厅机关和厅属单位新任职的22名干部参加宣誓仪式。

7月2日　省财政厅党组书记、厅长罗建国带领厅党组理论学习中心组成员到省博物院参观“江淮廉风——安徽廉政文化展”。

7月2—3日　省财政厅党组书记、厅长罗建国赴休宁县、屯溪区，深入养殖基地、园区企业、专项债工程项目、体育文化场馆、教育卫生机构、县区和乡镇财政所等，与贫困群众、企业负责人、人大代表、市县乡财政部门负责人及基层干部交谈交流，了解“六稳”“六保”工作落实、新增财政资金直达基层惠企利民工作、财政支持新安江生态环境保护等情况，征求意见建议，推动积极的财政政策更加积极有为。

7月3日　省民生工作领导小组办公室组织开展2021年民生工程项目网络公开征集活动。

7月6日　省财政厅召开庆祝建党99周年“七一”表彰暨党课报告会，深入学习贯彻习近平总书记在中央政治局会议及第二十一次集体学习时的重要讲话精神，传达省委理论学习中心组学习《习近平谈治国理政》第三卷会议精神，学习贯彻李锦斌书记在省委庆祝建党99周年暨疫情防控中涌现的优秀共产党员和先进党组织表彰会议上的讲话要求，通报上半年财政机关党建、深化“三个以案”警示教育和干部人事工作情况，表彰先进党支部和优秀共产党员。厅党组书记、厅长罗建国作党课报告。

7月6日　提请召开省预算绩效管理工作领导小组2020年第一次会议。

7月6日　省财政厅、省科学技术厅印发《安徽省中央引导地方科技发展资金管理实施细则》，支持和引导地方政府落实国家创新驱动发展战略和科技改革发展政策、优化区域科技创新环境、提升区域科技创新能力。

7月7—8日　省财政厅党组书记、厅长罗建国陪同李锦斌书记在黄山市督导检查防汛救灾和高考组织等工作。

7月9日　省财政厅党组书记、厅长罗建国赴淮南市谢家集区、田家庵区，深入区、街道、社区新时代文明实践中心(所、站)党员教育室、道德讲堂、文体活动室等，实地察看建设运行，与干部群众、志愿服务者交谈交流，了解服务平台作用发挥、特色志愿服务队伍组建、宣传服务体系建设等情况，听取意见建议，推动新时代文明实践中心建设工作落地生根、走深走实。

7月13日　省财政厅党组书记、厅长罗建国主持召开财政工作视频培训会，深入学习贯彻习近平总书记重要指示批示精神，进一步布置新增财政直达资金管理、长江禁捕资金监管、财政支持防汛救灾等工作。

7月13—14日　省财政厅举办全面从严治党和党风廉政建设培训班。厅党组书记、厅长罗建国主持开班式，省直机关工委书记以“理想和纪律”为主题讲授开班第一课，有关专家领导围绕贯彻落实新时代党的建设总要求和党的组织路线，聚焦财政机关全面从严治党和党风廉政建设工作，开展高质量的专题辅导报告。

7月14—15日　省财政厅党组书记、厅长罗建国赴来安县、全椒县、马鞍山、宣州区调研新增财政资金直达基层惠企利民、防汛救灾、长江禁捕退捕等工作。

7月18日　提请省政府印发《安徽省国有金融资本出资人职责暂行规定》，对履行国有金融资本出资人职责作出明确规定。

7月20日　省财政厅召开党组理论学习中心组学习扩大会，开展“学习贯彻《习近平谈治国理政》第三卷”专题研讨。厅党组书记、厅长罗建国出席会议并讲话。

7月21日　省财政厅党组书记、厅长罗建国赴全椒县督导防汛救灾工作，深入全椒县古河镇一线查看水情，慰问受灾群众，了解人员转移、抗洪抢险、救灾保障等工作落实情况。与镇负责人和县镇财政部门负责同志交流，了解后勤保障、物资准备、受灾群众安置等情况，并就全力做好防汛抗洪抢险救灾财政投入保障、资金拨付等工作提出要求。

8月

8月5日　省财政厅党组书记、厅长罗建国率预算处、教科文处、农业处、社保处、企业处和民生办等处室主要负责同志，参加安徽广播电视台《政风行风热线》栏目现场直播活动，围绕“聚焦财政服务民生，认真做好‘六稳’工作、落实‘六保’任务，让积极的财政政策更加积极有为”主题，与听众朋友们交流互动。

8月5日　省财政厅党组书记、厅长罗建国赴庐江县、巢湖市调研财政支持防汛救灾工作,深入庐江县、巢湖市受灾现场、堤坝、安置点、创业园、商户等,调研推动财政支持防汛救灾和灾后重建工作。

8月11日　省财政厅、省林业局印发《林业草原生态保护恢复资金管理办法实施细则》,加强和规范林业草原生态保护恢复资金使用管理,提高资金使用效益,加强林业草原生态保护恢复。

8月12—13日　省财政厅党组书记、厅长罗建国赴全椒县、明光市开展调研,深入圩区受灾现场、农业合作社、企业、电力排管站等,调研督导财政支持灾后恢复重建工作。

8月14日　省财政厅召开退役军人座谈会,深入学习贯彻习近平总书记在中央政治局第二十二次集体学习时的重要讲话精神,7名退役军人代表作交流发言。厅党组书记、厅长罗建国主持会议并讲话。

8月29日—9月7日　2020年全国会计初中高级资格考试安徽考区近26万考生在全省44个考点、763个考场进行考试。

8月31日—9月1日　省财政厅党组书记、厅长、省蓄滞洪区运用补偿工作领导小组副组长罗建国赴六安市霍邱县、阜阳市阜南县,深入蓄滞洪区、闸口、庄台等,与受灾种养殖大户、村民、贫困群众和基层干部访谈交流,调研了解蓄滞洪区受灾退水、补偿、灾后生产恢复重建等情况,听取意见建议,推动做好蓄滞洪区补偿及财政支持灾后恢复重建工作。

9月

9月2日　省财政厅、省林业局印发《林业改革发展资金管理办法实施细则》,加强和规范林业改革发展资金使用管理,提高资金使用效益,促进林业改革发展。

9月7日　省财政厅党组书记、厅长罗建国在省直机关学习贯彻《习近平谈治国理政》第三卷第二场辅导讲座上,应邀作题为《牢固树立以人民为中心的发展思想,不断提高新时代财政保障和改善民生水平》的辅导报告。

9月7日　省财政厅党组召开理论学习中心组学习扩大会议,深入学习贯彻习近平总书记考察安徽和在合肥主持召开扎实推进长三角一体化发展座谈会重要讲话精神,传达学习全省领导干部专题研讨班精神,开展“学习习近平总书记奋斗历程 担当作为财政事业”专题学习研讨。厅党组书记、厅长罗建国主持会议并作主题发言。

9月7—8日　省财政厅举办专题培训班,通过召开厅党组理论学习中心组学习会、开展专题研讨、厅领导参加支部学习、处室单位党支部集中专题学习、党员干部自学等多种形式,深入学习贯彻习近平总书记考察安徽和在合肥主持召开扎实推进长三角一体化发展座谈会重要讲话精神,学习贯彻全省领导干部专题研讨班精神。

9月9日　省财政厅党组书记、厅长罗建国赴省统计局走访会商,与局领导及相关处室负责人座谈交流,听取省统计局对财政预算工作意见建议。

9月9日　省财政厅党组书记、厅长罗建国赴财政部安徽监管局开展工作会商,与局领导及相关处室负责同志座谈交流,听取对财政厅工作的意见建议,研究谋划财政工作落实举措。

9月10日　省财政厅召开直达资金监管工作推进视频会,深入学习贯彻习近平总书记考察安徽和在合肥主持召开扎实推进长三角一体化发展座谈会重要讲话精神,进一步部署加强直达资金管理、财政专户管理、地方政府债务风险防范等工作。厅党组书记、厅长罗建国主持会议并讲话。

9月11日　省财政厅党组书记、厅长罗建国赴省体育局走访会商,实地参观省体育博物馆、看望财务工作人员,与局领导及相关处室负责人座谈交流,听取省体育局对财政工作的意见建议,研究谋划进一步做好财政支持体育事业发展工作。

9月11日　省财政厅、国家税务总局安徽省税务局、省自然资源厅、省水利厅、省应急管理厅印发《安徽省资源税实施细则》,明确我省资源税税目税率、计征方式、税收优惠政策以及具体征收管理制度等。

9月14日　省财政厅召开党组扩大会议暨全厅干部职工大会,集中收看全国抗击新冠肺炎疫情表彰大会实况,深入学习贯彻习近平总书记在大会上的重要讲话精神,传达学习省委常委会会议和省政府常务会议有关议题精神,总结财政支持抗击疫情阶段工作,研究布置贯彻落实工作。

9月14日　提请省预算绩效管理工作领导小组印发《2020年全面实施预算绩效管理工作要点》和《安徽省省级预算绩效管理结果应用暂行办法》。

9月14日　省财政厅、省审计厅印发《关于建立全面预算绩效管理工作协同机制的通知》,明确进一步汇聚财政与审计部门力量,构建财政与审计互动共融的工作对接机制和便捷畅通的信息沟通渠道,实现预算绩效管理和审计监督信息共享、工作共推、成果共用,同向发力推动实施全面预算绩效管理。

9月16日　省财政厅获2019年度省委综合考核“好”等次,厅党组书记、厅长罗建国,厅党组成员、副厅长孟照红获优秀等次,分别记嘉奖一次。

9月21日　省财政厅启动2021年省级预算评审工作。厅党组书记、厅长罗建国出席首场评审会并讲话,对各位专家对财政工作的关心、支持和帮助表示感谢,并就做好2021年预算评审工作提出要求。

9月25日　省财政厅举办全省财政支持脱贫攻坚与乡村振兴衔接暨贫困县涉农资金整合试点政策培训班。厅党组书记、厅长罗建国出席开班式并讲话。

9月26日　省财政厅党组书记、厅长罗建国赴宿州市开展财政重点工作调研,深入埇桥区财政局,走访派驻纪检监察机构及预算、国库、农财、社保、绩效评价中心等股室,了解市财政机关党建、预算运行、支持脱贫攻坚等情况,看望慰问基层财政干部,听取意见建议。

9月27日　省财政厅组织新任职务职级干部进行集体宪法宣誓活动。厅党组书记、厅长罗建国监誓并讲话。

9月27日　省财政厅党组书记、厅长罗建国受省政府委托,在省第十三届人民代表大会常务委员会第二十一次会议上报告《安徽省2020年省级第二次预算调整方案(草案)》。

9月28日　省财政厅党组书记、厅长罗建国出席安徽省直单位定点帮扶成果展暨全省优质特色扶贫产品展示展销会开幕式和消费扶贫产销签字仪式。

9月29日　省财政厅、省科学技术协会印发《安徽省科协所属学会能力提升资金管理办法》,突出支持重点,明确管理流程,强化部门职责,加强绩效管理,进一步规范安徽省科协所属学会能力提升资金管理,提高财政资金使用效益。

9月30日　省财政厅党组书记、厅长罗建国就"十三五"以来安徽民生工程实施情况主题接受安徽广播电视台采访。

10月

10月16—17日　省财政厅党组书记、厅长罗建国赴滁州市明光市、淮北市濉溪县和杜集区,深入蓄滞洪区、防汛堤坝、企业、市县财政部门等,了解财政支持灾后恢复重建、乡村振兴及财政收支运行、财政"十四五"规划编制、财政党建工作等情况,听取意见建议,推动全面完成财政全年目标任务。

10月19—21日　省委组织部、省财政厅举办全省财政改革、财政政策与政府债务风险防控专题培训班。省领导出席开班式并讲话,省委组织部副部长、省人才办主任出席开班式,省财政厅党组书记、厅长罗建国主持开班式。

10月21日　省财政厅党组书记、厅长罗建国率调研组赴宣城市郎溪县、广德市调研,调研组深入政法、教育、卫生机构和疫情防控集中隔离点及基层财政部门等,了解财政支持公共安全、医疗卫生、疫情防控、义务教育等民生事业及财政运行、基层财政党建等情况,征求财政"十四五"规划的意见建议,推动做好财政服务保障基层民生等重点工作。

10月22日　省财政厅党组书记、厅长罗建国等厅领导上门走访参加抗美援朝的檀枫和杨宝清两名离休干部及其家人,并向他们致以亲切问候和崇高敬意。

10月23日　省财政厅组织党员干部集中收看纪念中国人民志愿军抗美援朝出国作战70周年大会实况,认真聆听习近平总书记的重要讲话。

10月26日　省财政厅党组召开扩大会议,传达学习习近平总书记在纪念大会和在中国人民革命军事博物馆参观"铭记伟大胜利捍卫和平正义——纪念中国人民志愿军抗美援朝出国作战70周年主题展览"时的重要讲话精神,学习贯彻省委常委会扩大会议精神,研究布置贯彻落实工作,并通报厅离休老干部檀枫、杨宝清参加抗美援朝战争英勇事迹。厅党组书记、厅长罗建国主持会议并讲话。

10月26日　省财政厅获2019年度全国地方预算绩效管理工作考核优秀奖。

10月26日　经省委全面深化改革委员会审议并原则同意,省财政厅、省农业农村厅、省林业局、省地方金融监督管理局、中国银保监会安徽监管局印发《安徽省加快农业保险高质量发展工作方案》,对有效提升农业保险服务能力、不断优化农业保险运行机制、持续加强农业保险基础设施建设等方面作出规定。

10月28日　省财政厅因2019年度地方财政总决算和地方部门决算工作成绩突出,获财政部通报表扬。

10月29日　全省农业保险高质量发展现场推进会在寿县召开,省领导出席会议并讲话。

10月30日　省财政厅、省农业农村厅印发《安徽省农作物秸秆综合利用奖补资金管理办法》,明确资金支出范围、资金分配和下达、资金使用和管理、监督检查和绩效管理等。

11月

11月4日　省财政厅党组书记、厅长罗建国赴池州市石台县视察民生工程,察看智慧学校建设、"安康码"应用、美丽乡村建设和新安江生态补偿机制实施项目,召开座谈会听取民生工程相关汇报。

11月10—11日　省财政厅党组书记、厅长罗建国赴双包帮扶联系点颍东区吴寨居开展调研,实地察看扶贫车间、扶贫企业、村务公开栏等,随机走访预脱贫对象,与区、镇、居干部交流,共同学习党的十九届五中全会关于农业农村工作的部署要求,听取意见建议,推动做好脱贫攻坚和财政扶贫资金绩效考核等工作。

11月12日　省财政厅党组书记、厅长罗建国赴砀山县,深入医疗机构、学校、园区、乡镇财政所等,包保督导疫情防控工作,了解财政支持疫情防控、脱贫攻坚及基层财政党建等情况,听取对财政"十四五"规划编制的意见建议,推动做好财政重点工作。

11月16—17日　省财政厅党组书记、厅长罗建国赴合肥市肥东县、庐江县、肥西县,深入专项债项目建设点、蓄滞洪区、园区、企业、医务室、农户、乡镇财政所等，调研了解蓄滞洪区运用补偿补助、财政支持灾后恢复重建、债券资金项目推进等情况，听取对财政工作的意见建议，推动做好财政“十三五”规划收官和“十四五”规划谋划工作。

11月19日　提请省领导开展全面实施预算绩效管理工作调研督察。

11月20日　经中央文明委复查，省财政厅继续保留全国文明单位荣誉称号。

11月23日　提请召开省预算绩效管理工作领导小组2020年第二次会议。

11月23—24日　省财政厅党组召开理论学习中心组学习会，开展“学习贯彻党的十九届五中全会精神 研究谋划财政‘十四五’发展思路举措”专题研讨。厅领导和部分处室单位负责同志作交流发言。厅党组书记、厅长罗建国出席会议并作主题讲话。

11月26日　中共安徽省财政厅直属机关召开第八次代表大会。会议审议通过中共安徽省财政厅直属机关委员会工作报告、直属机关纪律检查委员会工作报告，选举产生新一届厅直属机关委员会、直属机关纪律检查委员会。省直机关工委书记到会指导。厅党组书记、厅长罗建国出席会议并讲话。

12月

12月2日　驻省财政厅纪检监察组在合肥市召开驻省辖市财政局纪检监察组组长座谈会，交流新时代财政纪检监察工作经验做法，省纪委监委第七纪检监察室副主任到会指导，省财政厅党组书记、厅长罗建国和驻厅纪检监察组组长、厅党组成员项中胜参加会议并讲话。

12月3日　省委宣讲团成员、省财政厅党组书记、厅长罗建国赴宿州作党的十九届五中全会精神宣讲报告。

12月3—4日　省财政厅党组书记、厅长罗建国率调研组赴亳州市、蒙城县调研，深入企业、扶贫基地及基层财政部门，宣讲党的十九届五中全会精神，了解财政支持脱贫攻坚、乡村振兴、基本民生及财政运行、基层党建等情况，听取对财政“十四五”规划编制的意见建议，推动做好财政重点工作。

12月4日　省财政厅印发《县级基本财力保障机制奖补资金管理办法》，进一步增强县级政府“保基本民生、保工资、保运转”的能力，强化县级基本财力保障机制奖补资金管理，提高资金使用效益。

12月4日　省财政厅制定《安徽省财政厅“宪法宣传周”活动方案》，开展形式多样的“深入学习宣传习近平法治思想，大力弘扬宪法精神”宪法法律宣传活动。印发《关于开展2020年度宪法法律知识测试的通知》，组织全厅干部职工及市县财政局法制科长参加宪法法律知识测试，在厅机关大厅开设宣传专栏，召开全省财政法治工作培训班。厅党组书记、厅长罗建国主持召开厅党组扩大会，专题学习宪法，深入学习贯彻习近平法治思想。

12月7日　省财政厅党组书记、厅长罗建国，党组成员、副厅长王召远参加省政府新闻办召开“美好安徽‘十三五’成就巡礼”系列新闻发布会（第十二场），介绍全省“十三五”财政改革发展成就，并回答记者提问。

12月10日　省财政厅召开厅党组理论学习中心组学习会暨党的十九届五中全会精神宣讲全省财政系统视频会，厅党组书记、厅长罗建国作宣讲报告。

12月14日　省财政厅党组召开理论学习中心组学习会，开展“学习习近平总书记《论党的宣传思想工作》”专题研讨。厅领导和部分处室单位负责同志作交流发言。厅党组书记、厅长罗建国出席会议并作讲话。

12月16日　省财政厅党组书记、厅长罗建国主持召开座谈会，就财政“十四五”规划编制听取专家学者、人大代表、政协委员及市县财政局长、业务骨干的意见建议。

12月16日　省财政厅、省应急管理厅印发《安徽省应急救援领域财政事权和支出责任划分改革实施方案》，明确预防与应急准备、灾害事故风险隐患调查及监测预警、应急处置与救援救灾等方面财政事权和支出责任改革的具体内容及相应配套措施。

12月18日　省财政厅、省生态环境厅印发《安徽省生态环境领域财政事权和支出责任划分改革实施方案》，明确生态环境规划制度制定、生态环境监测执法、生态环境管理事务与能力建设、环境污染防治、生态环境领域其他事项财政事权和支出责任改革的具体内容及相应配套措施。

12月18—19日　省财政厅党组书记、厅长罗建国深入引江济淮蜀山枢纽工程、淠河总干渠渡槽工程、东淝河枢纽工程等建设现场，以及引江济淮寿县小宋家台墓群文物发掘现场，走访中国铁建大桥工程局集团有限公司引江济淮工程项目部等工程承建单位及工程财务部门，了解引江济淮工程建设进展、资金筹集使用管理、工程沿途文物考古发掘保护情况，听取企业、相关单位对财政工作的意见建设，推进做好财政支持引江济淮工程建设工作。

12月24日　省财政厅获评2019年度中央水库移民扶持基金绩效评价优等次。

12月24日　省财政厅印发《安徽省公共文化领域财政事权和支出责任划分改革实施方案》，明确基本公共文化服务、文化艺术创作扶持、文化遗产保护传承、文化交流、能力建设等方面财政事权和支出责任改革的具体内容及相应配套措施。

12月24日　省财政厅、省自然资源厅、省林业局印发《安徽省自然资源领域财政事权和支出责任划分改革实施方案》,明确自然资源调查监测、自然资源产权管理、国土空间规划和用途管制、生态保护修复、自然资源安全、自然资源领域灾害防治、自然资源领域其他事项财政事权和支出责任改革的具体内容及相应配套措施。

12月31日　省财政厅党组书记、厅长罗建国在全国财政工作视频会议上,就“坚持政治标准 聚焦能力建设 努力打造高素质专业化财政干部队伍”主题作交流发言。

(办公室供稿)

派驻财政纪检监察工作大事记

派驻财政纪检监察工作大事记

1月7日　省财政厅党组成员、驻厅纪检监察组组长项中胜参加省农担公司党委书记任职宣布会并讲话。

1月14日　省财政厅党组成员、驻厅纪检监察组组长项中胜向省纪委监委领导述职。

1月20日　会同省财政厅党组印发《关于进一步完善省财政厅党组与驻省财政厅纪检监察组联系协作机制的意见》,完善定期会商、重要情况通报、线索移送排查、联合监督执纪机制,推动“两个责任”同向发力、同增质效。

1月20—21日　省财政厅党组成员、驻厅纪检监察组组长项中胜参加省纪委十届五次全会。

2月28日　印发驻厅纪检监察组2020年度工作要点,围绕5个方面明确13项重点工作;修订印发《驻省财政厅纪检监察组处理信访举报实施办法》。

3月25日　修订印发《驻省财政厅纪检监察组谈话安全规定》《驻省财政厅纪检监察组谈话室使用管理规定》。

3月27日　组织召开财政保障疫情防控和经济社会发展工作座谈会,省财政厅10个处室单位主要负责人参加。

4月7日　印发《驻省财政厅纪检监察组关于省委第七巡视组巡视反馈问题整改工作方案》,抓实涉及全组4个具体问题的整改工作,并明确监督省财政厅党组巡视整改9项重点工作;印发《驻厅纪检监察组2020年监督工作联系分工安排》,明确监督对象、联系分工、监督内容、监督方式,提高政治监督、日常监督、主动监督质效。

4月9日　向省纪委监委书面报告监督财政保障疫情防控和经济社会发展情况。

4月17日　制定《驻省财政厅纪检监察组关于中央脱贫攻坚专项巡视“回头看”反馈问题整改方案》《驻省财政厅纪检监察组推动驻在部门整改问题清单台账》,落细落实中央脱贫攻坚专项巡视“回头看”反馈问题整改。

4月20日　印发严重违纪问题及其教训警示通报,发挥身边人、身边事的警示震慑作用;派员督导省农担公司党风廉政建设和反腐败工作会议暨深化“三个以案”警示教育动员部署会议。

4月21日　在安徽分会场参加全国财政党风廉政建设工作(视频)会议;与省财政厅党组举行2020年第1次专题会商会,共同会商议题2个。

4月28日　会同省财政厅党组召开全省财政党风廉政建设工作会议,省财政厅党组成员、驻厅纪检监察组组长项中胜讲话。厅领导班子成员,驻厅纪检监察组全体人员,全厅干部职工和省农担公司领导班子成员在主会场参加会议。

4月30日　印发《集中整治产业扶贫补助资金使用管理突出问题工作安排》,明确总体要求、整治重点、方法步骤和保障措施,会同省财政厅党组集中整治产业扶贫补助资金使用管理突出问题。

4月—5月　派员参加中央脱贫攻坚专项巡视整改“回头看”、省委巡视整改专项检查;结合深化“三个以案”警示教育,会同省财政厅党组印发3期深化“三个以案”警示教育材料。

5月13日　驻财政部纪检监察组《理论·实践·探索-全国财政系统纪检监察工作征文选编》刊登驻厅纪检监察组文章《认真把握三个方面辩证关系 努力推动派驻监督工作高质量开展》。

5月19—22日　省财政厅党组成员、驻厅纪检监察组组长项中胜带队赴宿州市、萧县、灵璧县调研督导财政扶贫资金使用管理情况。

5月28日　印发《关于开展2020年财政全面从严治党和党风廉政建设调研活动的通知》,选取11个参考课题,要求驻各省辖市财政局纪检监察组、省农担公司纪委和省财政厅机关纪委结合实际认真组织本级和所辖县(市、区)财政局纪检监察组选择有关课题开展调研。

5月—7月　派员参加省纪委监委信访窗口实习。

6月8—19日　派员参加省财政厅党组对厅财政干部教育中心党支部巡察工作。

6月9—16日　督导省农担公司党委和省财政厅6个处室单位党支部中央脱贫攻坚专项巡视“回头看”整改暨深化“三个以案”警示教育专题民主生活会(组织生活会)民主生活会。

6月23日　制定《驻省财政厅纪检监察组2020年学习计划》,明确18项年度学习内容;派员参加财政部直达资金监控工作视频培训会。

6月23—24日　省财政厅党组成员、驻厅纪检监察组组长项中胜带队赴岳西县开展结对共建调研。

7月6日　驻厅纪检监察组党支部被省财政厅机关党委表彰为“先进党支部”;省财政厅党组成员、驻厅纪检监察组组长项中胜主持召开省财政厅落实省委巡视整改工作推进会。

7月7日　省财政厅党组成员、驻厅纪检监察组组长项中胜带队现场察看直达资金监控系统运行情况,对做好直达资金监控工作提出明确要求。

7月13日　省财政厅党组成员、驻厅纪检监察组组长项中胜出席财政直达资金和长江禁捕资金管理工作视频培训会并讲话。

7月16日　会同省财政厅党组上报《安徽省“十三五”时期财政扶贫资金监管调研报告》,得到财政部部长刘昆、驻部纪检监察组时任组长赵惠令、财政部时任副部长程丽华和省纪委书记、省监委主任刘惠的肯定。财政部《财政监督评价简报》全文刊登调研报告。

7月27日—8月7日　派员参加省财政厅党组对厅行政事业单位资产管理中心党支部巡察工作。

8月12日　省财政厅党组成员、驻厅纪检监察组组长项中胜到省行政服务中心窗口坐班指导。

8月12日　印发《关于紧盯2020年暑期升学季“四风”问题的通知》,要求加强教育管理,强化监督检查,严格执纪问责。

9月2—4日　省财政厅党组成员、驻厅纪检监察组组长项中胜带队赴池州市、石台县调研财政支持“六稳”“六保”、防范化解债务风险及灾后恢复重建情况。

9月10日　省财政厅党组成员、驻厅纪检监察组组长项中胜参加直达资金监管工作推进视频会并讲话。

9月14—25日　派员参加省财政厅党组对厅非税收入征收管理局党支部巡察工作。

10月14—16日　省财政厅党组成员、驻厅纪检监察组组长项中胜带队赴颍东区吴寨村及寿县许寺民族村走访调研,查看落实巡视整改任务情况,开展包保帮扶工作。

10月27日　与省财政厅党组举行2020年第2次专题会商会,共同会商研究议题6个。

10月28—30日　省财政厅党组成员、驻厅纪检监察组组长项中胜带队赴马鞍山市、当涂县、无为市调研“六稳”“六保”工作政策监督落实和省委巡视整改措施落实情况。

11月2—8日　派员参加中国纪检监察学院“省级纪委监委机关及派驻纪检监察组审查调查业务提高班(第1期)”。

11月4日　印发严重违纪违法问题及其教训警示通报,要求各级财政党组织和财政干部职工紧密结合深化“三个以案”警示教育,深刻反思、引以为戒,知敬畏、存戒惧、守底线。

11月4—6日　省财政厅党组成员、驻厅纪检监察组组长项中胜带队赴歙县、黟县调研“六稳”“六保”工作政策落实监督和新安江流域生态补偿机制运行监督等情况。

11月12日　制定《驻省财政厅纪检监察组推进省农担公司深化纪检监察体制改革工作任务清单》,明确12项落实措施。

11月12日　省财政厅党组成员、驻厅纪检监察组组长项中胜到省农担公司走访调研,听取公司党委履行全面从严治党主体责任和公司纪委履行监督责任情况汇报,要求公司下一步重点做好6个方面工作。

11月16—27日　派员担任省财政厅党组巡察组组长,参加对厅经济建设处党支部的巡察工作。

11月—12月　派员参加省财政厅及支出类处室组织的预算编制审核会议,督促将过紧日子要求落实到预算编制工作全过程。

12月2日　梳理年度财政全面从严治党和党风廉政建设调研成果,组织召开驻省辖市财政局纪检监察组组长座谈会,省纪委监委第七纪检监察室副主任李诚臣到会指导,省财政厅党组书记、厅长罗建国和省财政厅党组成员、驻厅纪检监察组组长项中胜参加会议并讲话。驻省辖市财政局和部分驻县财政局纪检监察组组长,省农担公司纪委书记,新一届省财政厅机关党委委员、机关纪委委员参加会议。

12月2—3日　派员参加省纪委监委对“关键少数”干部教育管理监督情况专项督察。

12月14—31日　组织开展省财政厅处室代编预算中机动费管理使用情况专项检查。

12月15—20日　省财政厅党组成员、驻厅纪检监察组组长项中胜赴福建省厦门市参加“全国财政(社保基金会)纪检监察业务培训班”。

12月23日　针对中国政府网通报怀远县违反减税政策增加企业负担等问题,印发工作提示函,要求驻各省辖市财政局纪检监察组压实主体责任、注重统筹推进、做实日常监督。

12月25日　向驻财政部纪检监察

组书面报告学习贯彻全国财政(社保基金会)纪检监察业务培训班精神情况。

12月30日 2020年第24期《中国财政》刊登驻厅纪检监察组《“四个结合”强化监督 助力资金高效直达》文章,并获财政部党组书记、部长刘昆及驻财政部纪检监察组时任组长赵惠令批示肯定。

(驻厅纪检监察组供稿)

重要财经法规

地方财经法规

安徽省人民代表大会常务委员会关于安徽省资源税具体适用税率等事项的决定

（2020年7月31日安徽省第十三届人民代表大会常务委员会第二十次会议通过）

为促进资源节约集约利用、加强生态环境保护，根据《中华人民共和国资源税法》（以下称《资源税法》）规定，对本省资源税具体适用税率、计征方式和部分情形下免征减征具体办法作出如下决定：

一、《资源税法》规定实行幅度税率的税目，具体适用税率按照《安徽省资源税税目税率表》执行。

二、《资源税法》规定可以选择实行从价计征或者从量计征的税目中，砂石、对外销售的石灰岩实行从价计征，地热、其他粘土、矿泉水、自采自用连续生产非应税产品的石灰岩，实行从量计征。

三、符合《资源税法》第七条规定情形之一的，按以下具体办法免征或者减征资源税：

（一）纳税人开采或者生产应税产品过程中，因自然灾害或者不可抗力造成的意外事故等原因遭受重大损失的，允许按其损失金额的50%减征资源税，但减征额最高不超过其遭受重大损失当年应纳的资源税；

（二）纳税人开采伴生矿，伴生矿与主矿产品销售额分开核算的，伴生矿矿产品减征30%资源税；

（三）纳税人开采低品位矿，减征40%资源税；

（四）纳税人开采尾矿，减征50%资源税。

纳税人按照上述规定申报享受税收优惠政策，并将有关资料留存备查。

本决定自2020年9月1日起施行。

附件：安徽省资源税税目税率表

附件

安徽省资源税税目税率表

<table>
<tr><td colspan="3" rowspan="2">税目</td><td colspan="2">税率</td></tr>
<tr><td>原矿</td><td>选矿</td></tr>
<tr><td rowspan="7">能源矿产</td><td colspan="2">原油 *</td><td>6%</td><td></td></tr>
<tr><td colspan="2">天然气 *</td><td>6%</td><td></td></tr>
<tr><td colspan="2">煤</td><td>2.5%</td><td>2%</td></tr>
<tr><td colspan="2">煤成(层)气</td><td>1%</td><td></td></tr>
<tr><td colspan="2">铀 *</td><td>4%</td><td></td></tr>
<tr><td colspan="2">石煤</td><td>1%</td><td>1%</td></tr>
<tr><td colspan="2">地热</td><td>2 元/立方米</td><td></td></tr>
<tr><td rowspan="7">金属矿产</td><td rowspan="2">黑色金属</td><td>铁</td><td>4%</td><td>2.5%</td></tr>
<tr><td>锰、铬、钒、钛</td><td>4.5%</td><td>3%</td></tr>
<tr><td rowspan="5">有色金属</td><td>铜</td><td>6%</td><td>4%</td></tr>
<tr><td>铅、锌、锡、镍、锑、镁、钴、铋</td><td>4.5%</td><td>3%</td></tr>
<tr><td>钨 *</td><td></td><td>6.5%</td></tr>
<tr><td>钼 *</td><td></td><td>8%</td></tr>
<tr><td>金、银、锆、镓、铊、镉、硒</td><td>4.5%</td><td>3%</td></tr>
<tr><td rowspan="9">非金属矿产</td><td rowspan="9">矿物类</td><td>高岭土</td><td>3%</td><td>2.5%</td></tr>
<tr><td>石灰岩</td><td colspan="2">1. 对外销售,原矿 6%、选矿 5.5%。
2. 自采自用连续生产非应税产品 3.5 元/吨。</td></tr>
<tr><td>磷、石墨</td><td>7%</td><td>5.5%</td></tr>
<tr><td>萤石</td><td>7%</td><td>6%</td></tr>
<tr><td>硫铁矿</td><td>2.5%</td><td>2%</td></tr>
<tr><td>天然石英砂、脉石英</td><td>7%</td><td>5.5%</td></tr>
<tr><td>水晶、工业用金刚石</td><td>8%</td><td>6%</td></tr>
<tr><td>硅线石(矽线石)</td><td>7%</td><td>5.5%</td></tr>
<tr><td>长石、滑石</td><td>4%</td><td>3%</td></tr>
</table>

续表

税目			税率	
			原矿	选矿
非金属矿产	矿物类	菱镁矿、芒硝、明矾石、砷、膨润土	7%	5.5%
		陶瓷土、耐火粘土	3%	2.5%
		凹凸棒石粘土	8%	6.5%
		伊利石粘土	3%	2.5%
		叶蜡石	7%	5.5%
		硅灰石	6%	4.5%
		透辉石	7%	5.5%
		珍珠岩	4%	3%
		云母	3%	2%
		沸石、重晶石	7%	5.5%
		方解石	4.5%	3.5%
		石棉	7%	5.5%
		石膏	3.5%	2.5%
		其他粘土	1元/立方米	1元/立方米
	岩石类	大理岩、花岗岩	5%	4%
		白云岩	5.5%	4%
		石英岩	7%	5.5%
		砂岩、辉绿岩、安山岩、闪长岩、板岩、玄武岩、片麻岩、角闪岩、页岩、凝灰岩、蛇纹岩、泥灰岩、含钾岩石、辉长岩、正长岩、泥炭、砂石	5%	4%
	宝玉石类	玉石	10%	7.5%
水气矿产	矿泉水	井采	2.5元/立方米	
		自流	2元/立方米	
盐	钠盐			3%

注:1. 标“*”税目的税率由《中华人民共和国资源税法》直接规定,实行全国统一的固定税率。

2. 砂石税目仅指天然砂。

财政规范性文件

安徽省财政厅
关于印发《安徽省交通领域财政事权和支出责任划分改革实施方案》的通知

(皖财建〔2020〕50号　2020年1月19日)

各市、县人民政府,省政府各部门、各直属机构:

《安徽省交通运输领域财政事权和支出责任划分改革实施方案》已经省政府同意,现印发给你们,请结合实际认真贯彻落实。

安徽省交通运输领域财政事权和支出责任划分改革实施方案

为贯彻落实《国务院办公厅关于印发交通运输领域中央与地方财政事权和支出责任划分改革方案的通知》(国办发〔2019〕33号)以及《安徽省人民政府关于推进省以下财政事权和支出责任划分改革的实施意见》(皖政〔2017〕83号)精神,现就我省交通运输领域中央、省级与市以下财政事权和支出责任划分改革,制定如下实施方案。

一、总体要求

(一)指导思想。以习近平新时代中国特色社会主义思想为指导,全面贯彻落实党的十九大和十九届二中、三中、四中全会精神,深入贯彻落实习近平总书记视察安徽重要讲话精神,统筹推进“五位一体”总体布局,协调推进“四个全面”战略布局,坚持和加强党的全面领导,坚持稳中求进工作总基调,坚持新发展理念,坚持推动高质量发展,坚持以供给侧结构性改革为主线,合理划分交通运输领域中央、省级与市以下财政事权和支出责任,通过改革形成与现代财政制度相匹配、与国家治理体系和治理能力现代化要求相适应的划分模式,为推进“四好农村路”建设、构建现代综合交通运输体系,为加快建设现代化五大发展美好安徽提供有力保障。

(二)基本原则。

——充分调动各方积极性。在落实中央决策、地方执行机制的基础上,合理确定省级与市以下政府各自承担的责任,充分发挥市以下政府区域管理优势和积极性,保障改革举措落实落地。

——坚持人民交通为人民。把满足人民日益增长的美好生活需要作为出发点和落脚点,提高交通运输基本公共服务供给效率,着力解决我省交通运输领域发展不平衡不充分问题,不断增强人民群众的获得感、幸福感、安全感。

——遵循交通运输行业发展规律。充分考虑行业特点,对运转情况良好、管理行之有效、符合行业发展规律的事项进行总结和确认,对存在问题的事项进行调整和完善,稳步推进相关改革。

二、主要内容

根据《国务院办公厅关于印发交通运输领域中央与地方财政事权和支出责任划分改革方案的通知》(国办发〔2019〕33 号)及《安徽省人民政府关于推进省以下财政事权和支出责任划分改革的指导意见》(皖政〔2017〕83号),结合我省交通运输工作的实际,划分公路、水路、铁路、民航、邮政、综合交通六个方面的中央、省级与市以下财政事权和支出责任。

(一)中央、省级与市以下共同财政事权。

1. 公路。国家区域性公路应急装备物资储备。中央承担国家区域性公路应急装备物资储备专项规划、政策决定、监督评价职责,具体执行事项由省级与市以下实施。中央、省级与市以下共同承担支出责任。

2. 水路。(1)内河高等级航道。淮河干线航道。中央承担专项规划、政策决定、监督评价职责,省级(含省属企业)承担建设、养护、管理、运营等具体事项的执行实施。中央与省级(含省属企业)共同承担支出责任。除长江、淮河外的其他内河高等级航道。中央承担专项规划、政策决定、监督评价职责,省级(含省属企业)承担省级负责部分的建设、养护、管理、运营相应职责和具体事项的执行实施,市以下承担市以下负责部分的建设、养护、管理、运营等职责和具体事项的执行实施。中央、省级(含省属企业)与市以下共同承担支出责任。(2)重大水上搜救。中央承担政策决定、监督评价等职责,具体执行事项由中央、省级与市以下共同实施。发挥地方政府组织能力强、贴近基层、获取信息便利的优势,强化地方政府在重大水上搜救方面的相关职责。(3)水运绿色发展。中央承担专项规划、政策决定、监督评价职责,具体执行事项由省级与市以下共同实施。上述重大水上搜救和水运绿色发展事项由中央、省级(含省属企业)与市以下共同承担支出责任。

3. 铁路。中央(含中央企业)与地方共同承担干线铁路的组织实施职责,包括建设、养护、管理、运营等具体执行事项,其中干线铁路的运营管理由中央企业负责实施。中央(含中央企业)与地方共同承担支出责任。省内出资由省政府铁路出资人代表与沿线市人民政府(含县、市、区)共同承担。

4. 民航。中央与地方共同承担运输机场相关职责,中央承担运输机场布局、建设规划、政策决定和相关审批工作等职责;省级负责根据全国运输机场布局和建设规划,制定全省运输机场建设规划,负责指导全省运输机场的建设、运营等工作,省级(含省属企业)承担省级负责部分运输机场建设、运营等具体事项的执行实施;市以下负责除省级负责部分的运输机场建设、运营、机场公安等具体事项的执行实施。中央(含中央企业)、省级(含省属企业)与市以下共同承担支出责任。

5. 邮政。(1)邮政业安全管理和安全监管。中央承担专项规划、政策决定、监督评价职责,具体执行事项由中央(含中央企业)、省级(含中央驻皖企业)与市以下共同实施。(2)其他邮政公共服务。中央承担专项规划、政策决定、监督评价职责,具体执行事项由中央(含中央企业)、省级(含中央驻皖企业)与市以下共同实施。上述邮政领域事项由中央、省级与市以下共同承担支出责任。

6. 综合交通。(1)运输结构调整、全国性综合运输枢纽与集疏运体系。中央承担专项规划、政策决定、监督评价职责,建设、养护、管理、运营等具体执行事项由中央(含中央企业)与省级及市以下共同实施。省级负责贯彻落实运输结构调整、国家综合运输枢纽与集疏运体系国家专项规划、政策决定,做好市以下督促指导;市以下负责运输结构调整、综合运输枢纽与集疏运体系建设、养护、管理、运营等具体事项的执行实施。(2)综合交通应急保障。中央、省级与市以下共同承担国家应急性交通运输公共服务、军民融合和国防交通动员能力建设与管理、国家特殊重点物资运输保障等职责。(3)综合交通行业管理信息化。中央承担专项规划、政策决定、监督评价职责,省级承担省级负责部分的建设、维护、管理、运营等相应职责,市以下承担建设、维护、管理、运营等具体事项的执行实施。上述综合交通领域事项由中央(含中央企业)、省级(含省属企业)与市以下共同承担支出责任。

(二)省级与市以下财政事权。

1. 省级财政事权。

(1)省级公路应急装备物资储备库。省级承担省级公路应急装备物资储备库规划、政策决定、监督评价,建设、维护、管理等具体事项委托市以下执行实施。省级承担支出责任。

(2)铁路。组织编制全省铁路专项规划,开展省级审批铁路项目质量安全、招投标等事项监管。上述事项由省级承担支出责任。

此外,公路、水路、铁路、民航、邮政、综合交通领域省级履职能力建设,由省级承担财政事权和支出责任,主要包括相关领域省级履行行业管理职责所开展的重大问题研究、地方相关政策法规规章及地方标准制定、行业监管、行政执法、行业统计与运行监测、支撑保障体系建设、人才队伍建设、应急性交通运输公共服务等事项。

2. 省级与市以下共同财政事权。

(1)公路。

国道。省级承担国道(包括国家高速公路和普通国道)的计划上报、建设监管、技术指导等职责,省级(含高速公路经营企业)承担由省级负责部分的建设、养护、管理、运营、应急处置的相应职责;市以下承担国家高速公路的市以下负责部分的建设、养护、管理、运营、应急处置的相应职责,承担普通国道的建设、养护、管理、运营、应急处置等具体事项的执行实施。省级(含高速公路经营企业)与市以下共同承担国家高速公路建设中除中央财政出资以外的其余资金,普通国道建设、养护、管理、运营中除中央支出以外的其余支出责任。

省道。省级承担省道(包括省级高速公路和普通省道)的宏观管理、专项规划、政策决定、监督评价、路网运行监测和协调,省级(含高速公路经营企业)承担省道中由省级负责部分的建设、养护、管理、运营、应急处置的相应职责;市以下承担省级高速公路中由市以下负责部分的建设、养护、管理、运营、应急处置的相应职责,承担普通省道的建设、养护、管理、运营、应急处置等具体事项的执行实施。省级(含高速公路经营企业)与市以下共同承担支出责任。

道路运输站场。省级承担全省道路运输站场专项规划、政策决定、监督评价职责;市以下承担本行政区域内道路运输站场专项规划、政策决定、监督评价等相应职责,并承担建设、养护、管理、运营等具体事项的执行实施。省级与市以下共同承担支出责任。

道路运输管理。省级承担省级道路运输宏观管理、政策决定、监督评价职责,市以下承担本行政区域道路运输行业的专项规划、政策决定、监督评价等职责和具体事项的执行实施。省级与市以下共同承担支出责任。

(2)水路。内河干线航道(纳入内河高等级航道的除外)。省级承担专项规划、政策决定、监督评价职责,省级(含省属企业)承担省级负责部分的建设、养护、管理、运营相应职责和具体事项的执行实施,市以下承担市以下负责部分的建设、养护、管理、运营等职责和具体事项的执行实施。省级与市以下共同承担支出责任。

(3)铁路。路网干线铁路,跨市城际铁路项目建设、运营等事项。自2015年1月1日起新开工的跨市路网性铁路、城际铁路项目,省内出资由省政府铁路出资人代表与沿线市人民政府(含县、市、区)按比例分摊。

(4)邮政。省级承担邮政普遍服务、特殊服务和快递服务末端基础设施,邮政业环境污染治理的专项规划、政策决定、监督评价等相关职责;市以下承担建设、维护、运营、应急处置的相应职责和具体事项的执行实施。省级与市以下共同承担支出责任。

(5)综合交通。省级承担一般性综合运输枢纽专项规划、政策决定、监督评价等职责;市以下负责建设、维护、管理、运营等具体事项的执行实施。省级与市以下共同承担支出责任。

民航领域无省级与市以下共同财政事权。

3. 市以下财政事权。

(1)公路。

农村公路。市以下承担农村公路的专项规划、政策决定、监督评价,并承担农村公路的建设、养护、管理、运营、应急处置等具体事项的执行实施。

市以下公路应急装备物资储备。市以下承担市以下公路应急装备物资储备库规划、政策决定、监督评价,并负责建设、维护、管理等具体事项的执行实施。

(2)水路。

内河航道。市以下承担规划编制上报、政策决定、监督评价职责,并承担建设、养护、管理、运营等具体事项的执行实施。

内河港口公共锚地、陆岛交通码头、客运码头安全检测设施及农村水上客渡运管理。市以下承担专项规划、政策决定、监督评价职责,并承担建设、养护、管理、运营等具体事项的执行实施。

水上安全监管和搜寻救助。市以下承担具体事项的执行实施。上述水路领域事项由市以下承担支出责任。

(3)铁路。市域(郊)铁路、城市轨道交通、铁路专用线(支线)项目,不跨市城际铁路项目以及按照市域(郊)、城市轨道交通制式建设的相关项目建设、运营。各市扩大站房面积,以及在特定项目上承诺的出资。铁路沿线(红线外)环境污染治理和铁路沿线安全环境整治。上述事项由市级(含县、市、区)承担支出责任。

(4)民航。市以下负责本行政区域内通用机场布局和建设规划编制上报,并负责通用机场的建设、维护、运营等具体事项的执行实施(民航局及其所属企事业单位所有的通用机场除外)。市以下承担支出责任。

(5)邮政。市以下承担村邮站的规划、建设、维护、运营、应急处置等职责和具体事项的执行实施。市以下承担支出责任。

此外,公路、水路、铁路、民航、邮政、综合交通领域市以下履职能力建设,由市以下承担财政事权和支出责任,主要包括相关领域市以下履行行业管理职责所开展的问题研究、地方相关政策法规规章及地方标准制定、本行政区域内行业监管、行政执法、行业统计与运行监测、支撑保障体系建设、人才队伍建设、应急性交通运输公共服务等事项。

省内交通运输领域属于中央财政事权的事项,按照国办发〔2019〕33号文由中央(含中央企业)承担相应支出责任。

省内交通运输领域的其他未列事项,按照国家改革的总体要求和事项特点,并结合我省实际情况,具体确定财政事权和支出责任。

三、配套措施

(一)加强组织领导,确保改革落实。各地、各有关部门要增强"四个意识",坚定"四个自信",做到"两个维护",切实加强组织领导与协调配合。

省直有关部门和单位要根据本方案,强化对改革任务进展情况的督查和评估。市以下要认真执行相关政策,履行好提供交通运输基本公共服务的职责,确保改革顺利实施。

(二)落实支出责任,强化投入保障。各地、各有关部门要根据本方案,按规定做好预算安排和投资计划,切实落实支出责任。对属于市以下财政事权的,原则上由市以下政府通过自有财力安排,确保市以下承担的支出责任落实到位。对市以下政府履行财政事权、落实支出责任存在收支缺口的,上级政府可根据不同时期发展目标给予一定的资金支持。

(三)加强省级统筹,推进市以下改革。要加强省级统筹,适度加强省级政府承担交通运输基本公共服务的职责和能力,避免将过多支出责任交由基层政府承担。各市要根据本方案精神,结合本地实际情况,按照财税体制改革要求,制定市以下交通运输领域财政事权和支出责任划分改革方案,组织推动相关改革工作。

(四)协同推进改革,形成良性互动。要积极稳妥统筹推进交通运输领域财政事权和支出责任划分改革,与交通运输领域现有重大改革有机衔接、整体推进、务求实效。要强化方案设计,准确把握各项改革措施出台的时机、力度和节奏,形成良性互动、协同推进的局面。要完善预算管理制度,全面实施预算绩效管理,盘活存量资金,优化支出结构,着力提高交通运输领域资金配置效率和使用效益。

(五)完善配套制度,促进规范运行。市以下、省直有关部门要在全面系统梳理交通运输领域财政事权方面相关法律制度的基础上,抓紧修订相关管理制度,推动研究完善相关法规规章,逐步实现交通运输领域财政事权和支出责任划分的法治化、规范化。

本方案自 2020 年 1 月 1 日起实施。

安徽省财政厅　安徽省医疗保障局　安徽省卫生健康委关于印发《安徽省医疗救助补助资金管理实施办法》的通知

(皖财社〔2020〕171 号　2020 年 2 月 28 日)

各市、县(区)财政局、医保局、卫生健康委:

为规范和加强医疗救助补助资金管理,提高资金使用效益,根据《财政部国家卫生健康委国家医保局关于印发〈中央财政医疗救助补助资金管理办法〉的通知》(财社〔2019〕142 号)要求并结合实际,我们制定了《安徽省医疗救助补助资金管理实施办法》。现印发给你们,请遵照执行。

安徽省医疗救助补助资金管理实施办法

第一条　为规范和加强安徽省医疗救助补助资金(以下简称省级医疗救助资金)管理,提高资金使用效益,根据《财政部国家卫生健康委国家医保局关于印发〈中央财政医疗救助补助资金管理办法〉的通知》(财社〔2019〕142 号)要求,制定本办法。

第二条　本办法所称省级医疗救助资金,是指中央和省级财政通过一般公共预算和政府性基金预算(彩票公益金)安排用于补充城乡医疗救助基金、疾病应急救助基金的资金(以下分别简称省级城乡医疗救助资金、省级疾病应急救助资金)。实施期限根据医疗卫生领域财政事权和支出责任划分的调整相应进行调整。

在脱贫攻坚期间,中央财政安排我省提高深度贫困地区农村贫困人口医疗保障水平救助资金(以下简称深度贫困地区医疗救助资金),专门用于补助我省确定的 9 个深度贫困县区,进一步减轻农村贫困人口医疗负担。

第三条　省财政厅会同省医保局分配省级城乡医疗救助资金,会同省卫生健康委分配省级疾病应急救助资金,会同省医保局、省卫生健康委分配深度贫困地区医疗救助资金。省医保局、省卫生健康委负责提供与资金分配因素相关数据及初步资金分配方案;省财政厅会同相关部门按规定审核下达补助资金。各级财政部门要会同相关部门安排、拨付补助资金;各级医疗保障、卫生健康部门要会同财政部门按要求设定绩效目标并做好绩效自评,强化绩效监控、自评和资金监管。

第四条 省级医疗救助资金按照以下原则分配:

(一)合理规划,科学安排。按照相关规定,结合重点工作,明确资金使用方向。

(二)统一规范,公开透明。采用统测算过程和分配结果公开透明。

(三)保障重点,量效挂钩。加强医疗救助资金全过程绩效 管理,保障重点工作需要,建立绩效评价结果与资金分配挂钩机制。

第五条 省级城乡医疗救助资金采取因素法分配,主要考虑救助需求因素(包括参保人数、医疗救助对象人数、救助人次、救助水平等)和绩效因素。测算公式为:

$$某地区应下达资金=资金总额\times\left[\begin{array}{l}\frac{参保人数}{\sum 参保人数}\times 20\%+\frac{医疗救助对象人数}{\sum 医疗救助对象人数}\times 30\%+\\ \frac{救助人次}{\sum 救助人次}\times 30\%+\frac{救助水平}{\sum 救助水平}\times 10\%+\frac{该地区绩效因素}{\sum 绩效因素}\times 10\%\end{array}\right]$$

深度贫困地区医疗救助资金主要考虑深度贫困地区贫困人口因素、因病致贫人口因素等。

第六条 省财政厅会同省医保局按照预算法和预算管理有关规定,及时下达省级城乡医疗救助资金和深度贫困地区医疗救助资金。设立基金地区的财政部门应当在收到上级财政医疗救助资金预算指标文件后,于年度内按序时进度及时将上级和本级财政安排的资金拨付至本级财政专户。

各地将医疗救助资金拨付基金后,具体使用按照医疗救助基金管理有关规定执行,本办法与此前印发的基金管理有关规定不一致的,以本办法为准。其中,深度贫困地区医疗救助资金纳入城乡医疗救助基金管理,在统筹地区社会保险基金财政专户中实行专账核算,专款专用。

第七条 省财政厅及时将中央财政下达和省本级安排的疾病应急救助资金拨付至省本级疾病应急救助基金管理财政专户。

疾病应急救助基金的分配,主要考虑需求因素(包括“三无”病人欠费、新增欠费)、基金支出因素和绩效因素。测算公式为:

$$某地区应下达基金=基金总额\times\left[\begin{array}{l}\frac{该地区“三无”病人欠费}{\sum “三无”病人欠费}\times 40\%+\frac{该地区新增欠费}{\sum 新增欠费}\times 40\%+\\ \frac{该地区基金支出数}{\sum 年度基金支出数}\times 10\%+\frac{该地区绩效因素}{\sum 绩效因素}\times 10\%\end{array}\right]$$

第八条 各级财政部门应当会同同级医疗保障部门、卫生健康部门对医疗救助资金全面实施绩效管理,建立全过程预算绩效管理链条,强化绩效目标管理,做好绩效运行监控和绩效评价,并加强绩效评价结果应用。各级财政、医疗保障、卫生健康部门要加强对本地区医疗救助资金的绩效运行监控,及时发现和纠正有关问题,必要时可以委托专业机构或具有资质的社会中介机构开展医疗救助资金绩效运行监控和评价工作,确保资金使用管理安全高效,专款专用。

第九条 各级医疗保障部门、卫生健康部门根据职责分工会同同级财政部门建立健全绩效评价机制,分别对城乡医疗救助资金(深度贫困地区医疗救助资金)、疾病应急救助资金的执行情况开展绩效评价。根据评价结果起草绩效自评报告,并按要求分别报省医保局、省卫生健康委和省财政厅。

第十条 各级财政、医疗保障、卫生健康部门及其工作人员在资金分配、监督等管理工作中,存在滥用职权、玩忽职守、徇私舞弊等违法违纪行为的,依照《中华人民共和国预算法》《中华人民共和国公务员法》《中华人民共和国监察法》《财政违法行为处罚处分条例》等国家有关规定追究相应责任;涉嫌犯罪的,依法移送司法机关处理。

第十一条 本办法由省财政厅会同省医保局、省卫生健康委负责解释。

第十二条 本办法自印发之日起施行。

安徽省财政厅　安徽省教育厅
关于印发《安徽省城乡义务教育补助经费管理办法》的通知

（皖财教〔2020〕176 号　2020 年 2 月 28 日）

各市、县（区）财政局、教育局：

为规范和加强城乡义务教育补助经费管理，提高资金使用效益，推进义务教育均衡发展，根据《财政部、教育部关于印发〈城乡义务教育补助经费管理办法〉的通知》（财教〔2019〕121 号）精神和国家、省有关规定，省财政厅、省教育厅制定了《安徽省城乡义务教育补助经费管理办法》，现予印发，请遵照执行。

安徽省城乡义务教育补助经费管理办法

第一条　为加强城乡义务教育补助经费管理，提高资金使用效益，推进义务教育均衡发展，根据《安徽省人民政府关于进一步完善城乡义务教育经费保障机制的实施意见》（皖政〔2016〕31 号）、《中共安徽省委 安徽省人民政府关于全面实施预算绩效管理的实施意见》（皖发〔2019〕11 号）、《财政部、教育部关于印发〈城乡义务教育补助经费管理办法〉的通知》（财教〔2019〕121 号）、《安徽省财政厅关于印发安徽省教育领域财政事权和支出责任划分改革实施方案的通知》（皖财教〔2019〕1142 号）等国家和省有关规定，制定本办法。

第二条　本办法所称城乡义务教育补助经费（以下称补助经费），是指中央和省财政用于支持城乡义务教育发展的转移支付资金。本办法所称城市、农村地区划分标准：国家统计局最新版本的《统计用区划代码》中的第 5—6 位（区县代码）为 01—20 且《统计用城乡划分代码》中的第 13—15 位（城乡分类代码）为 111 的主城区为城市，其他地区为农村。

第三条　补助经费管理遵循"城乡统一、重在农村，统筹安排、突出重点，客观公正、规范透明，注重绩效、强化监督"的原则。

第四条　现阶段，补助经费支持方向包括：

（一）落实城乡义务教育经费保障机制。

1. 对城乡义务教育学生（含民办学校学生）免除学杂费、免费提供教科书、对家庭经济困难学生补助生活费。民办学校学生由学校按照获得的生均公用经费补助免除学杂费。免费提供国家规定课程教科书和免费为小学一年级新生提供正版学生字典的补助标准由国家统一制定，所需资金由中央财政全额承担。家庭经济困难学生生活补助资金由中央与市、县（区）按规定比例分担，其中家庭经济困难寄宿生生活补助国家基础标准由国家统一制定，并按国家基础标准的一定比例核定家庭经济困难非寄宿生生活补助标准。

2. 对城乡义务教育学校（含民办学校）按照不低于生均公用经费基准定额的标准补助公用经费，并适当提高寄宿制学校、规模较小学校、特殊教育学校和随班就读残疾学生的公用经费补助水平。城乡义务教育生均公用经费基准定额由国家统一制定。公用经费补助资金由中央、省与市、县（区）按规定比例分担，用于保障学校正常运转、完成教育教学活动和其他日常工作任务等方面支出，具体支出范围包括：教学业务与管理、教师培训、实验实习、文体活动、水电、取暖、交通差旅、邮电，仪器设备及图书资料等购置，房屋、建筑物及仪器设备的日常维修维护等。公用经费不得用于人员经费、基本建设投资、偿还债务等方面的支出。其中，教师培训费按照学校年度公用经费预算总额的 5% 安排，用于教师按照学校年度培训计划参加培训所需的差旅费、伙食补助费、资料费和住宿费等开支。

3. 巩固完善农村义务教育学校校舍安全保障长效机制，支持公办学校维修改造、抗震加固、改扩建校舍及其附属设施。公办学校校舍单位面积补助测算标准由国家统一制定，所需资金由中央与省级按规定比例分担。

4. 对国家集中连片特困地区落实乡村教师生活补助等政策给予综合奖补，奖补资金根据相关因素核定，各地可统筹用于城乡义务教育经费保障机制相关支出。

(二)实施农村义务教育阶段学校教师特设岗位计划,中央财政对特岗教师给予工资性补助,补助资金按规定据实结算。

(三)实施农村义务教育学生营养改善计划。国家统一制定学生营养膳食补助国家基础标准。国家试点地区营养膳食补助所需资金,由中央财政全额承担,用于向学生提供等值优质的食品,不得以现金形式直接发放,不得用于补贴教职工伙食、学校公用经费,不得用于劳务费、宣传费、运输费等工作经费;对于省里试点地区,中央和省财政给予生均定额奖补;对于自主试点地区,中央财政给予生均定额奖补。

第五条 省财政厅、省教育厅根据省委、省政府和财政部、教育部有关决策部署、义务教育改革发展实际以及财力状况适时调整相关补助标准、分配因素及计算公式,并按规定报经省政府批准后执行。现行补助标准、分配因素和计算方法详见附表。

城乡义务教育补助经费分配公式为:某市、县(区)城乡义务教育补助经费=城乡义务教育经费保障机制资金+特岗教师工资性补助资金+学生营养改善计划补助资金。

第六条 市级财政、教育部门应当于每年1月底前向省财政厅、省教育厅报送当年补助经费申报材料。申报材料主要包括:

(一)上年度工作总结,主要包括上年度补助经费使用情况、年度绩效目标完成情况、市县财政投入情况、主要管理措施、问题分析及对策。

(二)当年工作计划,主要包括当年本地义务教育工作目标、补助经费区域绩效目标表、重点任务和资金安排计划,绩效指标要指向明确、细化量化、合理可行、相应匹配。

第七条 补助经费由省财政厅、省教育厅共同管理。省教育厅负责审核市、县(区)相关材料和数据,提供资金测算需要的基础数据,并提出资金需求测算方案。省财政厅根据预算管理相关规定,会同省教育厅研究确定各市、县(区)补助经费预算金额。市县(区)财政、教育部门要根据职责承担在经费分担、资金使用管理等方面的责任,切实加强资金管理。

第八条 省财政厅于每年省人民代表大会批准预算后三十日内,会同省教育厅正式下达补助经费预算。每年11月30日前,提前下达下一年度补助经费预计数。省财政厅在收到中央财政补助经费预算后,会同省教育厅在三十日内按照预算级次合理分配、及时下达本行政区域县级以上各级政府部门,并抄送财政部安徽监管局。

第九条 补助经费支付执行国库集中支付制度。涉及政府采购的,按照政府采购有关法律制度执行,其中国家课程免费教科书由省教育厅、省财政厅结合当地实际,按政府采购有关规定统一组织采购。

第十条 省财政厅、省教育厅在分配补助经费时,结合年度义务教育重点工作和省级财政安排的城乡义务教育补助经费,加大省级统筹力度,重点向农村地区倾斜,向贫困地区、贫困革命老区倾斜。省财政厅、省教育厅按责任、按规定切实落实应承担的资金;合理界定学生贫困面,提高资助的精准度;合理确定校舍安全保障长效机制项目管理的具体级次和实施办法;统筹落实好特岗教师在聘任期间的工资津补贴等政策;市县(区)有关部门要科学确定营养改善计划供餐模式和经费补助方式。

第十一条 县(区)级财政、教育部门应当落实经费管理的主体责任,加强区域内相关教育经费的统筹安排和使用,兼顾不同规模学校运转的实际情况,向乡镇寄宿制学校、乡村小规模学校、教学点、薄弱学校倾斜,保障学校基本需求;加强学校预算管理,细化预算编制,硬化预算执行,强化预算监督;规范学校财务管理,确保补助经费使用安全、规范和有效。县(区)级教育部门应会同有关部门定期对辖区内学校校舍进行排查、核实,结合本地学校布局调整等规划,编制校舍安全保障总规划和年度计划,按照我省校舍安全保障长效机制项目管理有关规定,负责组织实施项目,项目实施和资金安排情况,要逐级上报省教育厅、省财政厅备案。

第十二条 学校应当健全预算管理制度,按照轻重缓急、统筹兼顾的原则安排使用公用经费,既要保证开展日常教育教学活动所需的基本支出,又要适当安排促进学生全面发展所需的活动经费支出;完善内部经费管理办法,细化公用经费等支出范围与标准,加强实物消耗核算,建立规范的经费、实物等管理程序,建立物品采购登记台账,健全物品验收、进出库、保管、领用制度,明确责任,严格管理;健全内部控制制度、经济责任制度等监督制度,依法公开财务信息;做好给予个人有关补助的信息公示工作,接受社会公众监督。

第十三条 市、县(区)财政、教育部门要按照全面实施预算绩效管理的要求,建立健全全过程预算绩效管理机制,按规定科学合理设定绩效目标,对照绩效目标做好绩效监控、绩效评价,强化绩效结果运用,做好绩效信息公开,提高城乡义务教育补助经费配置效率和使用效益。省财政厅、省教育厅根据工作需要适时组织开展补助经费绩效评价。

第十四条 市、县(区)财政部门应当会同同级教育部门,按照各自职责加强项目审核申报、经费使用管理等工作,建立"谁使用、谁负责"的责任机制。严禁将补助经费用于平衡预算、偿还债务、支付利息、对外投资等支出,不得从补助经费中提取工作经费或管理经费。

第十五条 各级财政、教育部门

及其工作人员、申报使用补助资金的部门、单位及个人存在违法违规行为的，依照《中华人民共和国预算法》《中华人民共和国监察法》《财政违法行为处罚处分条例》等法律法规予以处理、处罚，并视情况提请同级政府或同级监委进行行政问责，涉嫌职务违法和职务犯罪的，移送监察机关处理。

第十六条　本办法由省财政厅、省教育厅负责解释。各级财政、教育部门应当根据本办法，结合各地实际，制定具体管理办法，报省财政厅、省教育厅备案。

第十七条　本办法自印发之日起施行。《安徽省财政厅 安徽省教育厅关于印发〈安徽省农村义务教育经费中央专项资金支付管理暂行办法〉的通知》（财库〔2006〕478 号）、《转发财政部关于加强农村义务教育经费保障机制改革中央专项资金国库集中支付管理的紧急通知》（财库〔2007〕14 号）、《安徽省财政厅 安徽省教育厅关于印发〈安徽省城乡义务教育补助经费管理办法〉的通知》（财教〔2017〕480 号）同时废止。

（附件略）

安徽省财政厅　安徽省商务厅
关于印发《安徽省商贸流通业发展专项资金管理暂行办法》的通知

（皖财企〔2020〕170 号　2020 年 3 月 10 日）

各市、县财政、商务主管部门：

为加强我省商贸流通业发展专项资金管理，提高财政资金使用绩效，根据《财政部关于印发〈服务业发展资金管理办法〉的通知》（财建〔2019〕50 号）等有关规定，我们对《安徽省财政厅 安徽省商务厅 安徽省科技厅 安徽省工商局关于印发〈安徽省促进服务业发展专项资金实施细则〉的通知》（财企〔2013〕1888 号）进行了修订，制定了《安徽省商贸流通业发展专项资金管理暂行办法》，现印发给你们，请遵照执行。

安徽省商贸流通业发展专项资金管理暂行办法

第一章　总　则

第一条　为加强我省商贸流通业发展专项资金（以下简称专项资金）管理，提高财政资金使用绩效，根据《中华人民共和国预算法》和《财政部关于印发〈服务业发展资金管理办法〉的通知》（财建〔2019〕50 号）等有关规定，制定本办法。

第二条　本办法所称专项资金，包括省级财政预算安排用于支持我省商贸流通业发展的专项资金，以及中央财政预算安排用于支持我省服务业项目建设和发展的资金。

第三条　专项资金由省财政厅会同省商务厅等业务主管部门共同管理，分别履行以下管理职责：

（一）省财政厅主要负责年度专项资金预算安排和资金拨付，制定专项资金管理办法以及资金使用的监督；

（二）省商务厅等业务主管部门承担专项资金使用管理的主体责任，根据服务业发展需要，研究提出年度专项资金预算建议以及具体工作和绩效管理方案，会同省财政厅研究确定资金支持方向和重点，提出资金分配方案。

第四条　专项资金的管理和使用遵循统筹兼顾、公平公开、规范高效的原则，对贫困县、革命老区项目支持标准上浮 10%。

第二章　专项资金支持范围和对象

第五条　中央服务业发展资金按照财政部确定的方向，主要用于支持创新现代商品流通方式，改善现代服务业公共服务体系，推动流通产业结构调整，促进城乡市场发展，扩大国内消费，提升消费品质。具体包括：电子商务、现代供应链、科技服务、环保服务、信息服务、知识产权服务等现代服务业；养老服务、健康服务、家政服务等民生服务业；农村生产、生活用品流通及服务体系建设；全国跨区域农产品流通网络建设；现代服务业的区域性综合试点；规范商贸流通业市场环境，建设维护诚信等制度体系；财政部会同相关业务主管部门确定的其他相关领域。

第六条　省级商贸流通业发展专

项资金围绕贯彻落实国家以及省委、省政府关于发展流通、促进消费的工作部署,按照流通信息化、标准化、集约化、品牌化、绿色化方向,支持流通产业转型升级,改善流通业公共服务体系。具体包括:

1. 支持限上企业及商业品牌培育(含示范创建),进一步壮大市场主体;

2. 支持商业步行街改造提升(含商业特色街区培育),提升品质化、数字化管理服务水平;

3. 支持城乡农贸市场和标准化菜市场建设与升级改造,提高农产品流通水平;

4. 支持城乡商贸物流设施(含农产品冷链物流设施)建设和标准托盘(1.2×1m)循环共用,提升城乡物流配送水平;

5. 支持消费市场分析样本体系建设与维护、流通行业重要发展规划的研究编制、重要行业标准制定以及开展职业技能竞赛等流通业公共服务体系项目;

6. 支持茧丝绸产业优化结构和国际化发展;

7. 支持开展省级活畜储备和市场应急保供;

8. 支持家政企业品牌建设和家政服务培训;

9. 支持市级重要产品追溯平台建设;

10. 其他经省财政厅、省商务厅研究确认,需要支持的有利于流通业转型升级以及改善流通业公共服务体系的项目。

第七条　专项资金支持的企业和单位,应当符合以下基本条件:

(一)在安徽省境内依法登记注册,具有独立法人资格;

(二)遵章守法,合规经营,近五年内未发现违纪违规行为;

(三)具备实施项目所必需的专业人员和资质条件;

(四)财务管理制度健全,按有关规定及时报送相关资料;

(五)专项资金的使用单位和项目申请单位必须一致;

(六)同一项目不得重复申请和多头(部门)申请,同一企业同一项目(事项)不得重复享受各级同类资金奖补,市县已经出台实施的叠加政策除外;

(七)其他按规定应满足的条件。

第三章　资金分配方式和管理要求

第八条　专项资金的分配采取项目法和因素法相结合的方式。

采取因素法分配的资金,仅指纳入省级商贸流通业发展专项资金中安排的,用于支持贫困县(区)统筹整合使用的资金,根据《国务院办公厅关于支持贫困县开展统筹整合使用财政涉农资金试点的意见》(国办发〔2016〕22号)、《安徽省人民政府办公厅关于支持贫困县统筹整合使用财政涉农资金的实施意见》(皖政办〔2016〕31号)等文件规定,省财政厅会同省商务厅直接安排到贫困县(区),脱贫攻坚期内由贫困县(区)统筹安排使用。其他未列入贫困县(区)统筹整合使用范围的专项资金,采取项目法分配。

第九条　采取项目法分配的资金,包括中央服务业发展资金按因素法分配我省的资金,以及省级商贸流通业发展专项资金扣除因素法分配的部分。

对于项目法分配的专项资金,由省商务厅会同省财政厅,根据专项资金管理办法要求和年度资金使用重点,下发专项资金年度申报文件。符合条件的企业,根据属地原则,按有关文件要求向所在地商务部门、财政部门报送项目材料;所在地商务、财政部门初审并汇总后,由各市商务局、财政局汇总上报省商务厅、省财政厅。省属企业直接报省商务厅、省财政厅。

省商务厅、省财政厅对各市、各单位报送的项目进行汇总、审核,研究确定资金支持方案,方案经公示(公示期不少于5个工作日)无异议并通过"安徽财政涉企项目资金管理信息系统"审核后,确定具体支持项目。

省商务厅在牵头组织审核时可以组织有关方面的专家或第三方机构进行项目评审,建立科学的评审论证机制。在确定企业支持金额时,应充分考虑其项目投资、带动作用以及就业、税收等社会贡献情况,并利用涉企信息系统进行比对分析。

省财政厅根据省商务厅项目安排建议等文件进一步审核后,及时下达资金文件,各地在收到省财政厅资金安排文件后,在30日内将资金拨付至项目单位。

省商务厅、省财政厅对采取项目法分配的资金,原则上在每年提前下达到各地,年度执行中根据项目安排具体情况进行调整。

采取项目法分配的资金,各地商务、财政部门根据相关文件规定并结合当地实际,制定相应的工作方案并具体负责组织实施,抓好项目验收审核与监督管理,提高财政资金使用绩效。

第十条　对于按项目法分配的中央服务业发展资金,省商务厅等业务主管部门会同省财政厅按照财政部及相关业务主管部门文件要求,制定下发我省的项目申报文件,确定项目具体范围、申报条件、申报程序、时间要求等。相关市县根据通知要求,结合本地实际,组织项目申报。

省商务厅等业务主管部门会同省财政厅联合对各地上报的项目进行审核、评审,研究确定支持的项目,制定我省实施方案,在规定的时间内以正式文件形式上报财政部及相关业务主管部门。

省财政厅根据财政部下达我省的服务业发展资金额度和省级业务主管部门分配建议,在收到中央服务业发展资金后,30日内将相关资金下达到相关市县财政部门。

相关市县应根据资金额度及文件

要求,结合实施方案,制定资金使用具体方案,于收到省财政厅资金下达文件30日内报送省商务厅等业务主管部门及省财政厅备案。备案内容包括:绩效目标、具体项目、项目总投资、项目资金来源、主要建设内容、建设地点、项目开竣工期等。在资金使用具体方案备案前应通过门户网站等媒介向社会公示,公示期不少于5个工作日,公示无异议后方可上报并组织实施。省级业务主管部门会同省财政厅将按照相关文件规定,公示无异议后及时报送财政部及有关业务主管部门备案。

资金使用具体方案备案后不得随意调整。确需调整的,应当将项目调整情况及调整原因报省财政厅、省商务厅等业务主管部门备案,省财政厅、省商务厅等业务主管部门及时将相关情况报财政部及有关业务主管部门备案。

第四章 资金支持方式

第十一条 专项资金主要采取以奖代补、财政补助、股权投资、购买服务等方式安排到具体项目。其中:

(一)以奖代补。对于能够制定具体量化标准的项目,在项目竣工验收后,通过申报程序,对符合条件的项目予以补助,单个项目补助额不超过项目总投资的30%。

(二)财政补助。对于使用自有资金建设的项目采取财政补助方式,一般对单个项目补助额不超过项目总投资的30%。

(三)股权投资。资金以国有股权方式投入项目企业,支持金额不得超过项目总投资额的20%,且不得参与企业的具体经营管理。

(四)购买服务。根据提供服务的具体内容和标准,合理确定服务价值,按合适的价格向服务提供方支付相关经费。

第十二条 专项资金主要用于属于支持范围的项目建设支出,不得用于征地拆迁、人员经费等经常性开支及提取工作经费,购买服务项目按有关规定执行。

第十三条 对中央和省级财政其他资金已经支持的项目,专项资金原则上不再重复支持。

第五章 监督检查和绩效评价

第十四条 省财政厅会同省商务厅等业务主管部门,加强对专项资金使用情况和项目执行情况的监督管理。

市(区、县)业务主管部门、财政部门应认真落实专项资金管理办法和有关文件精神,按照职责分工,负责项目实施、资金监管和绩效管理等,着力提高资金使用效益。

对造成项目实施重大损失或不良影响的,省级业务主管部门会同省财政厅将视情况终止项目并将资金收回省级财政。

各地财政部门应严格按照预算管理及国库集中支付制度等有关规定,加强专项资金支付管理,确保专项资金及时、有效、安全支付。

第十五条 省商务厅等业务主管部门会同省财政厅并指导各地业务主管部门及财政部门,建立健全专项资金绩效评价制度,按职责分工加强对专项资金安排使用情况的绩效评价,评价重点是预算执行进度、项目建设实施情况、项目产出和社会及经济效益等。

各地业务主管部门会同财政部门按照资金管理有关规定及有关业务指导文件要求,加强对项目建设的监管并及时验收,于每年12月底前向省级业务主管部门和省财政厅报送当年专项资金项目实施及绩效情况总结。

第十六条 获得专项资金支持的企业、单位收到资金后,应当按照国家财务、会计制度的有关规定进行账务处理,严格按照规定使用资金,如实向同级业务主管部门、财政部门报送项目执行、资金使用和效益评价材料,并自觉接受监督检查。

第十七条 各级财政部门、商务等业务主管部门、相关企业及其工作人员在专项资金的申请、审核、分配、使用等工作中,若存在利用不正当手段骗取资金、违反规定分配使用资金等行为的,以及其他滥用职权、玩忽职守、徇私舞弊等违法违纪行为的,按照《预算法》《公务员法》《监察法》《财政违法行为处罚处分条例》等有关规定追究相应责任;涉嫌犯罪的,移送司法机关处理。

第六章 附 则

第十八条 本办法自发布之日施行。《安徽省财政厅 安徽省商务厅 安徽省科技厅 安徽省工商局关于印发〈安徽省促进服务业发展专项资金实施细则〉的通知》(财企〔2013〕1888号)同时废止。

安徽省财政厅　安徽省林业局关于印发《安徽省财政林长制考核奖励及林业增绿增效行动综合奖补资金管理办法》的通知

(皖财资环〔2020〕222号　2020年3月11日)

各市、县(区)财政局、林业局:

根据《中共安徽省委办公厅安徽省人民政府办公厅关于印发〈安徽省创建全国林长制改革示范区实施方案〉的通知》(皖办发〔2019〕19号),省财政设立林长制考核奖励及林业增绿增效行动综合奖补资金。为进一步加强和规范资金分配、使用和管理,根据预算管理有关规定,省财政厅、省林业局制订了《安徽省财政林长制考核奖励及林业增绿增效行动综合奖补资金管理办法》,请结合实际贯彻执行。

安徽省财政林长制考核奖励及林业增绿增效行动综合奖补资金管理办法

第一条　根据《中共安徽省委办公厅安徽省人民政府办公厅关于印发〈安徽省创建全国林长制改革示范区实施方案〉的通知》(皖办发〔2019〕19号)、《安徽省人民政府关于实施林业增绿增效行动的意见》(皖政〔2017〕62号)和《安徽省人民政府办公厅关于支持油茶产业扶贫的意见》(皖政办〔2017〕72号)等精神,省财政设立林长制考核奖励及林业增绿增效行动综合奖补资金、森林长廊示范段建设和创建国家级省级森林城市奖补资金(以下统称"奖补资金")。为加强和规范资金的分配、使用和管理,根据《安徽省财政一般性转移支付资金管理办法》(皖政办秘〔2017〕271号)等有关规定制定本办法。

第二条　奖补资金主要用于支持各地林长制改革、林业增绿增效行动营造林建设、森林长廊示范段建设、国家级和省级森林城市创建。

第三条　分配原则:

(一)公开公正原则。按照任务完成实绩等客观因素分配资金,公开透明。

(二)引导激励原则。将核查验收结果与年度奖补资金直接挂钩,先干后补,多干多补,以奖代补。

(三)统筹推进原则。奖补资金由各地统筹用于林长制改革、林业增绿增效行动,调动地方自主性和积极性。

(四)支持脱贫原则。贯彻省委省政府脱贫攻坚部署要求,大力扶持油茶和薄壳山核桃产业扶贫,支持林业生态脱贫。

第四条　奖补范围为省级林长制考核的16个省辖市和实施林业增绿增效行动的市、县(区)。

第五条　除新造油茶林(含薄壳山核桃)外,其他林业增绿增效行动营造林奖补资金采用因素法、公式化分配,以营造林分项建设内容为因素,以各地实际完成合格情况为指标,分项考核,综合奖补。具体分配方法:

某县(市、区)林业增绿增效行动综合奖补资金额=Σ{该县(市、区)分项任务完成合格面积×〔(全省资金额×分项权重)/全省分项任务完成合格面积〕}

分项权重:以一般人工造林、封山育林、退化林修复、森林抚育为分项,由省林业局于每年12月底前确定分项权重。

第六条　对纳入林业增绿增效行动的新造油茶林(含薄壳山核桃),按每亩500元的标准给予一次性奖补,在此基础上,再对国家级和省级贫困县(市、区)按每亩100元的标准给予一次性补助。

第七条　森林长廊示范段建设奖补资金采用因素法、公式化分配,以当年建设里程连续达5千米以上(含5千米)为奖补起点。

某县(市、区)森林长廊示范段建设奖补资金=(全省资金额/全省当年奖补起点以上森林长廊示范段总里程)×该县(市、区)当年奖补起点以上森林长廊示范段里程数

第八条　对获得国家级森林城市的,一次性奖励100万元;对获得省级森林城市的,一次性奖励50万元。

第九条　林长制考核奖励资金采用因素法、公式化分配,以各市林业资源和林长制改革年度考核结果为依据。具体分配方法:

某市林长制考核奖励资金额=某市基本考核奖励金额+某市督查激励金额+(全省资金总额-各市基本奖励

金额-各市督查激励金额)×分项权重

基本考核奖励指对各市完成林长制改革任务的基本奖励,督查激励指对省级林长制督查结果前三名给予的奖励,具体金额根据每年林长制工作推进和督查情况确定。

分项权重以各市资源状况(包括有林地和湿地)、各市林长制考核结果为分项,具体分项权重根据每年工作重点可适当调整。

第十条　资金分配以省级对各地林长制考核结果、林业增绿增效行动营造林核查验收的年度实际完成合格情况、获得国家级和省级森林城市称号为依据。省林业局于每年初向省政府报告上一年度全省验收考核结果,省财政厅根据审定的验收考核结果分配下达奖补资金。

第十一条　奖补资金用于营造林和森林长廊示范段建设的,主要用于补助种苗、整地、栽植、抚育等支出,要直接全额兑现给营造林主体,各地不得提取方案编制、作业设计、检查验收等间接费用。分项补助标准由各地依据省下达的奖补资金总额,结合当地实际具体确定。创建国家级省级森林城市奖补资金主要用于造林绿化、森林城市建设规划设计编制和宣传发动等支出。奖补资金用于林长制改革的,主要用于市本级和县级林业生态保护修复、城乡造林绿化、森林质量提升、森林防火及林业有害生物防治等方面,不得用于林长制改革信息化建设、"五个一"服务平台等日常管理方面的工作经费。

第十二条　各市、县(区)财政和林业主管部门要按照国库集中支付制度的规定及时拨付资金,其中涉及林农个人的要通过财政惠农补贴"一卡通"直接发放给农民。要加强资金监管和绩效评价,保证资金使用安全,提高资金使用效益。

第十三条　对各级财政、林业等部门及其工作人员在奖补资金分配使用管理中的违法违规问题,按照有关法律法规的规定处理,追究相关责任人责任。

第十四条　本办法由省财政厅、省林业局负责解释。

第十五条　本办法自印发之日起施行,有效期3年。《安徽省财政厅安徽省林业厅关于印发〈安徽省财政林业增绿增效行动综合奖补资金管理办法〉的通知》(财农〔2017〕1924号)同时废止。

安徽省财政厅　安徽省教育厅
关于印发《安徽省支持学前教育发展资金管理办法》等四个资金管理办法的通知

(皖财教〔2020〕357号　2020年4月23日)

各市、县(区)财政局、教育局:

为规范和加强支持学前教育发展等资金管理,提高资金使用效益,推进教育事业发展,根据《财政部 教育部关于印发〈支持学前教育发展资金管理办法〉的通知》(财教〔2019〕256号)等文件精神和国家、省有关规定,省财政厅、省教育厅对《安徽省支持学前教育发展资金管理办法》等四个资金管理办法进行了修订,现予印发,请遵照执行。

安徽省支持学前教育发展资金管理办法

第一章　总　则

第一条　为规范和加强支持学前教育发展资金管理,提高资金使用效益,根据《财政部 教育部关于印发〈支持学前教育发展资金管理办法〉的通知》(财教〔2019〕256号)和国家预算管理有关规定,结合我省实际,制定本办法。

第二条　本办法所称支持学前教育发展资金,是指中央财政一般公共预算用于支持学前教育发展的转移支付资金。实施期限根据教育领域中央与地方财政事权和支出责任划分、学前教育改革发展政策等确定。

第三条　支持学前教育发展资金管理遵循"中央引导、省级统筹,突出重点、讲求绩效,规范透明、强化监督"的原则。

第四条　2019—2020年,支持学前教育发展资金主要用于以下方面:

(一)支持各地坚持公益普惠基本

方向,公办民办并举多种形式扩大普惠性学前教育资源。通过新建、改扩建公办幼儿园,改善办园条件;支持各地扶持普惠性民办园发展等。

(二)支持各地深化体制机制改革,健全"省市统筹、以县为主"的管理体制,理顺机关、企事业单位、街道集体幼儿园办园体制,面向社会提供普惠性服务;健全成本分担机制,制定并落实公办园生均公用经费标准和普惠性民办园补助标准,建立动态调整机制。

(三)支持各地健全幼儿资助制度,资助普惠性幼儿园家庭经济困难幼儿、孤儿和残疾儿童接受学前教育,确保建档立卡等家庭经济困难幼儿优先获得资助。

上述政策到期后,根据财政部、教育部有关规定和学前教育改革发展新形势等情况,适时按程序调整支持学前教育发展资金支持方向。

第五条　支持学前教育发展资金由省财政厅会同省教育厅共同管理。省教育厅负责审核市县(区)相关材料和数据,提供资金测算需要的基础数据,审核市县(区)提出的区域绩效目标,并提出资金需求测算方案。省财政厅根据预算管理相关规定,会同省教育厅研究确定有关市县(区)资金预算金额。

市县(区)财政、教育部门要根据职责承担在资金安排、使用管理等方面的责任,切实加强资金管理。

第六条　支持学前教育发展资金采取因素法分配。按基础因素、投入因素、管理创新因素分配到有关市县(区),重点向国家集中连片特困地区、国家和省扶贫开发工作重点县、深度贫困地区倾斜。其中:

基础因素(权重60%)主要包括在园幼儿数、普惠性幼儿园覆盖率(公办幼儿园和普惠性民办幼儿园在园幼儿数占在园幼儿总数的比例)、建档立卡等家庭经济困难幼儿数、深度贫困村数、专任教师数等子因素。各子因素数据通过相关统计资料获得。

投入因素(权重20%)主要包括生均一般公共预算学前教育支出及增长率、地方幼儿资助财政投入、社会力量投入(主要是民办学校举办者投入、社会捐赠等)总量等子因素。各子因素数据通过相关统计资料获得。

管理创新因素(权重20%)主要包括绩效评价结果、落实中央和省委省政府指示要求等子因素。其中,绩效评价结果子因素主要由省教育厅会同省财政厅依据各地工作任务完成情况及相关标准,组织评价获得数据。如省财政厅单独开展重点绩效评价,相关市县(区)以省财政厅的评价结果为准。落实中央和省委省政府指示要求子因素,由省教育厅会同省财政厅确定数据。

计算公式为:

某市县(区)支持学前教育发展资金=(该市县(区)基础因素/∑全省基础因素×权重+该市县(区)投入因素/∑全省投入因素×权重+该市县(区)管理创新因素评分/∑全省管理创新因素评分×权重)×支持学前教育发展资金年度预算资金总额

省财政厅、省教育厅根据财政部、教育部有关要求和学前教育改革发展新形势等情况,适时调整完善相关分配因素、权重、计算公式等。

第七条　市级财政、教育部门应当于每年1月底前向省财政厅、省教育厅报送当年支持学前教育发展资金申报材料。省级财政、教育部门于每年2月底前向财政部、教育部审核汇总报送当年支持学前教育发展资金申报材料,并抄送财政部安徽监管局。申报材料主要包括:

(一)上年度工作总结,包括上年度支持学前教育发展资金使用情况、年度绩效目标完成情况、绩效评价结果、当地财政投入情况、主要管理措施、问题分析及对策等。

(二)当年工作计划,主要包括当年全市工作目标和支持学前教育发展资金区域绩效目标、重点任务和资金安排计划,绩效指标要指向明确、细化量化、合理可行、相应匹配。

第八条　省级财政在收到资金预算后,会同省级教育部门在三十日内按照预算级次合理分配、及时下达本行政区域县级以上各级政府部门,并抄送财政部安徽监管局。

第九条　支持学前教育发展资金支付执行国库集中支付制度。涉及政府采购的,按照政府采购有关法律法规和有关制度执行。属于基本建设的项目,应当严格履行基本建设程序,执行相关建设标准和要求,确保工程质量。

第十条　各级财政、教育部门在分配支持学前教育发展资金时,应当结合本地区年度重点工作和本级财政安排相关资金,加大统筹力度,重点向农村地区、贫困革命老区、国家集中连片特困地区、国家和省扶贫开发工作重点县、深度贫困地区倾斜。要做好与发展改革部门安排基本建设项目等各渠道资金的统筹和对接,防止资金、项目安排重复交叉或缺位。

县(区)级财政、教育部门应当落实资金管理主体责任,加强区域内相关教育经费的统筹安排和使用,指导和督促本地区幼儿园健全财务、会计、资产管理制度。加强幼儿园预算管理,细化预算编制,硬化预算执行,强化预算监督;规范幼儿园财务管理,确保资金使用安全、规范和高效。

各级财政、教育部门要加强财政风险控制,强化流程控制、依法合规分配和使用资金,实行不相容岗位(职责)分离控制。

第十一条　支持学前教育发展资金原则上应在当年执行完毕,年度未支出的资金按国家和省结转结余资金管理有关规定处理。

第十二条　各级财政、教育部门

要按照全面实施预算绩效管理的要求，建立健全预算绩效管理机制，按规定科学合理设定绩效目标，对照绩效目标做好绩效监控，认真组织开展绩效评价，强化评价结果应用，做好绩效信息公开，提高资金配置效率和使用效益。省财政厅、省教育厅根据工作需要适时组织开展绩效评价。

第十三条 各级财政部门应当会同同级教育部门，按照各自职责加强项目审核申报、经费使用管理等工作，建立“谁使用、谁负责”的责任机制。严禁将资金用于平衡预算、偿还债务、支付利息、对外投资等支出，不得从资金中提取工作经费或管理经费。

第十四条 财政、教育部门及其工作人员存在违反本办法规定滥用职权、玩忽职守、徇私舞弊等违法违纪行为的，依照《中华人民共和国预算法》《中华人民共和国公务员法》《中华人民共和国监察法》《财政违法行为处罚处分条例》等国家有关规定追究相应责任；涉嫌职务违法和职务犯罪的，依法移送监察机关处理。

第十五条 申报使用资金的部门、单位及个人存在违反本办法规定的财政违法违规行为的，依照《中华人民共和国预算法》《财政违法行为处罚处分条例》等国家有关规定追究相应责任。

第十六条 本办法由省财政厅、省教育厅负责解释。各级财政、教育部门可以根据本办法，结合各地实际，制定具体管理办法。

第十七条 本办法自印发之日起施行。《安徽省财政厅 安徽省教育厅关于印发〈安徽省支持学前教育发展资金管理办法〉的通知》（财教〔2017〕714 号）同时废止。

安徽省中小学幼儿园教师国家级培训计划资金管理办法

第一条 为加强和规范中小学幼儿园教师国家级培训计划资金管理，提高资金使用效益，根据《财政部 教育部关于印发〈中小学幼儿园教师国家级培训计划资金管理办法〉的通知》（财教〔2019〕257 号）和国家预算管理有关规定，制定本办法。

第二条 本办法所称中小学幼儿园教师国家级培训计划资金（以下称补助资金），是指中央财政用于支持我省开展普通中小学幼儿园教师培训的转移支付资金。实施期限根据教育领域中央与地方财政事权和支出责任划分、支持教师队伍建设政策等确定。

第三条 补助资金管理遵循“中央引导、省级统筹，突出重点、讲求绩效，规范透明、强化监督”的原则。

第四条 补助资金由省财政厅、省教育厅根据党中央、国务院、省委、省政府有关决策部署和新时代教师培训工作重点确定支持内容。

第五条 补助资金主要用于补助培训期间直接发生的各项费用支出，各项费用按照县域内每人每天不高于 190 元，县域外每人每天不高于 450 元标准包干执行。具体包括：

（一）住宿费是指参训人员培训期间发生的租住房间的费用。

（二）伙食费是指参训人员培训期间发生的用餐费用。

（三）培训场地及设备费是指用于培训的会议室、教室或实验室租金、网络研修平台和相关设备租金。

（四）讲课费是指聘请师资授课所支付的必要报酬。

（五）培训资料费是指培训期间必要的学习资料费、网络课程资源费及办公用品费。

（六）交通费是指用于接送以及统一组织的与培训有关的考察、调研等发生的交通支出。参训人员外出培训发生的交通费，按照相关规定回所在单位报销。

（七）其他费用是指现场教学费、文体活动费、医药费以及授课教师交通、食宿等支出。

各地财政、教育部门要根据当地物价水平、国家和省有关培训费管理规定，本着厉行勤俭节约的原则，结合实际科学合理制定培训期间直接发生的住宿费等七项费用支出标准。

第六条 补助资金由省财政厅会同省教育厅共同管理。省教育厅负责审核市县（区）相关材料和数据，提供资金测算需要的基础数据，审核市县（区）提出的区域绩效目标，并提出资金需求测算方案。省财政厅根据预算管理相关规定，会同省教育厅研究确定有关市县（区）补助资金预算金额。

市县（区）财政、教育部门要根据职责承担在资金安排、使用管理等方面的责任，切实加强资金管理。

第七条 补助资金采取因素法分配。分配因素及其权重和计算公式如下：

基础因素（权重 70%）下设农村中小学幼儿园专任教师数等子因素；投入因素（权重 15%）下设教师培训投入情况等子因素；绩效因素（权重 15%）下设绩效评价结果、落实中央和省委省政府指示要求等子因素。各因素数据主要通过相关统计资料、各地资金申报材料以及考核结果获得。其中，绩效评价结果子因素主要由省教育厅会同省财政厅依据各地工作任务完成情况及相关标准，组织评价获得数据。如省财政厅单独开展重点绩效评价，相关市县（区）以省财政厅的评价结果为准。落实中央和省委省政府指示要求子因素，由省教育厅会同省财政厅确定数据。

计算公式为:某县(市、区)补助资金=(该县(市、区)基础因素/Σ有关县(市、区)基础因素×权重+该县(市、区)投入因素/Σ有关县(市、区)投入因素×权重+该县(市、区)绩效因素评分/Σ有关县(市、区)绩效因素评分×权重)×补助资金年度预算总额

省财政厅、省教育厅根据财政部、教育部有关要求和教师队伍建设新形势等情况,适时调整完善相关分配因素、权重、计算公式等。

第八条 市级财政、教育部门应当于每年1月底前向省财政厅、省教育厅报送当年补助资金申报材料。省财政厅、省教育厅于每年2月底前向财政部、教育部审核汇总报送当年补助资金申报材料,并抄送财政部安徽监管局。申报材料主要包括:

(一)上年度工作总结,包括上年度补助资金使用情况、年度绩效目标完成情况、绩效评价结果、当地财政投入情况、主要管理措施、问题分析及对策等。

(二)当年工作计划,主要包括当年全市工作目标和补助资金区域绩效目标、重点任务和资金安排计划,绩效目标要指向明确、细化量化、合理可行、相应匹配。

(三)上年度市级财政安排用于中小学幼儿园教师方面的补助资金统计表及相应预算文件。

第九条 省级财政在收到资金预算后,会同省级教育部门在三十日内按照预算级次合理分配、及时下达本行政区域县级以上各级政府部门,并抄送财政部安徽监管局。

第十条 补助资金支付执行国库集中支付制度。涉及政府采购的,应当按照政府采购法律法规和有关制度执行。

第十一条 各级财政、教育部门在分配补助资金时,应当结合本地区年度重点工作和本级财政安排相关资金,加大统筹力度,重点向革命老区和贫困地区倾斜。

县级财政、教育部门应当落实资金管理主体责任,加强区域内相关教育经费的统筹安排和使用,指导和督促本地区中小学幼儿园健全财务、会计、资产管理制度。加强预算管理,细化预算编制,硬化预算执行,强化预算监督;规范财务管理,确保资金使用安全、规范和高效。

各级财政、教育部门要加强财政风险控制,强化流程控制、依法合规分配和使用资金,实行不相容岗位(职责)分离控制。

第十二条 培训任务承担单位要按照预算和国库管理等有关规定,建立健全内部管理机制,制定绩效考核和内部人员激励措施,加快预算执行进度。

第十三条 补助资金原则上应在当年执行完毕,年度未支出的资金按国家和省结转结余资金管理有关规定处理。

第十四条 各级财政、教育部门要按照全面实施预算绩效管理的要求,建立健全全过程预算绩效管理机制,按规定科学合理设定绩效目标,对照绩效目标做好绩效监控,认真组织开展绩效评价,强化评价结果应用,做好绩效信息公开,提高补助资金配置效率和使用效益。省财政厅、省教育厅根据工作需要适时组织开展绩效评价。

第十五条 各级财政部门应当会同同级教育部门,按照各自职责加强材料审核申报、资金使用管理等工作,要建立"谁使用、谁负责"的责任机制。严禁将资金用于平衡预算、偿还债务、支付利息、对外投资等支出,不得从资金中提取工作经费或管理经费。

第十六条 财政、教育部门及其工作人员存在违反本办法规定滥用职权、玩忽职守、徇私舞弊等违法违纪行为的,依照《中华人民共和国预算法》《中华人民共和国公务员法》《中华人民共和国监察法》《财政违法行为处罚处分条例》等国家有关规定追究相应责任;涉嫌职务违法和职务犯罪的,依法移送监察机关处理。

第十七条 申报使用补助资金的部门、单位及个人存在违反本办法规定的财政违法违规行为的,依照《中华人民共和国预算法》《财政违法行为处罚处分条例》等国家有关规定追究相应责任。

第十八条 本办法由省财政厅、省教育厅负责解释。各级财政、教育部门可以根据本办法规定,结合本地实际,制定具体管理办法。

第十九条 本办法自印发之日起施行。《安徽省财政厅 安徽省教育厅关于印发〈安徽省中小学幼儿园教师国家级培训计划专项资金管理办法〉的通知》(财教〔2017〕1067号)同时废止。

安徽省特殊教育补助资金管理办法

第一条 为加强和规范特殊教育补助资金管理,提高资金使用效益,根据《财政部 教育部关于印发〈特殊教育补助资金管理办法〉的通知》(财教〔2019〕261号)和国家有关法律制度规定,结合我省实际,制定本办法。

第二条 本办法所称特殊教育补助资金(以下简称补助资金),是指中央财政用于支持特殊教育发展的转移

支付资金，实施期限根据教育领域中央与地方财政事权和支出责任划分改革方案、支持特殊教育改革发展政策确定。

第三条 补助资金遵循“中央引导、省级统筹，突出重点、讲求实效，规范透明、强化监督”的原则。

第四条 补助资金支持范围为全省独立设置的特殊教育学校和招收较多残疾学生随班就读的义务教育阶段学校。重点支持国家集中连片特困地区县、国家和省扶贫开发工作重点县、深度贫困地区县。2019—2020 年，补助资金主要用于以下方面：

（一）支持特殊教育学校改善办学条件，为学校配备特殊教育教学专用设备设施和仪器等。

（二）支持特殊教育资源中心（教室）配置必要的设施设备，对随班就读学生较多的义务教育阶段学校进行无障碍设施改造。

（三）支持向重度残疾学生接受义务教育提供送教上门服务，为送教上门的教师提供必要的交通补助；支持探索教育与康复相结合的医教结合实验，配备相关仪器设备，为相关人员提供必要的交通补助。

资源中心应当优先选择在未建立特殊教育学校的县，资源教室应当优先设立在招收较多残疾学生随班就读且在当地学校布局调整规划中长期保留的义务教育阶段学校；“医教结合”实验项目应当优先选择具备整合教育、卫生、康复等资源的能力，能够提供资金、人才、技术等相应支持保障条件的地区和学校。

上述政策到期后，根据财政部、教育部有关规定和特殊教育改革发展新形势等情况，适时按程序调整补助资金支持方向。

第五条 补助资金由省财政厅会同省教育厅共同管理。省教育厅负责审核市县（区）相关材料和数据，提供资金测算需要的基础数据，审核市县（区）提出的区域绩效目标，并提出资金需求测算方案。省财政厅根据预算管理相关规定，会同省教育厅研究确定有关市县（区）资金预算金额。

市县（区）财政、教育部门要根据职责承担在资金安排、使用管理等方面的责任，切实加强资金管理。

第六条 补助资金采取因素法分配。按照基础因素、绩效因素分配到各市。其中：

基础因素（权重 60%）下设义务教育阶段特殊教育学生数、特殊教育学校数、特殊教育专任教师数、特殊教育生均公共财政预算教育支出等子因素，各子因素数据通过相关统计资料获得；

绩效因素（权重 40%）下设随班就读人数占特殊教育总人数比例、绩效评价结果、落实中央和省委省政府指示要求等子因素。其中，随班就读人数占特殊教育总人数比例因素数据通过相关统计资料获得。绩效评价结果子因素主要由省教育厅会同省财政厅依据各地工作任务完成情况及相关标准，组织评价获得数据。如省财政厅单独开展重点绩效评价，相关市县（区）以省财政厅的评价结果为准。落实中央和省委省政府指示要求子因素，由省教育厅会同省财政厅确定数据。

计算公式为：

某市县（区）补助资金 =（该市县（区）基础因素/∑有关市县（区）基础因素×权重+该市县（区）绩效因素/∑有关市县（区）绩效因素×权重）×补助资金年度预算资金总额

省财政厅、省教育厅根据财政部、教育部有关要求和特殊教育改革发展新形势等情况，适时调整完善相关分配因素、权重、计算公式等。

第七条 市级财政、教育部门应当于每年 1 月底前，向省财政厅、省教育厅报送当年补助资金申报材料。省级财政、教育部门于每年 2 月底前，向财政部、教育部审核汇总报送当年补助资金申报材料，并抄送财政部安徽监管局。申报材料主要包括：

（一）上年度工作总结，包括上年度补助资金使用情况、年度绩效目标完成情况、绩效评价结果、当地财政投入情况、主要管理措施、问题分析及对策等。

（二）当年工作计划，主要包括当年全市工作目标和补助资金区域绩效目标、重点任务和资金安排计划，绩效指标要指向明确、细化量化、合理可行、相应匹配。

第八条 省级财政在收到中央资金预算后，会同省级教育部门在三十日内按照预算级次合理分配、及时下达本行政区域县级以上各级政府部门，并抄送财政部安徽监管局。

第九条 补助资金支付执行国库集中支付制度。涉及政府采购的，按照政府采购法律法规和有关制度执行。

第十条 各级财政、教育部门在分配补助资金时，应当结合本地区年度重点工作和本级财政安排相关资金，加大统筹力度，做好与发展改革部门安排基本建设项目等各渠道资金的统筹和对接，防止资金、项目安排重复交叉或缺位。

县（区）级财政、教育部门应当落实资金管理主体责任，加强区域内相关教育经费的统筹安排和使用，指导和督促本地区特殊教育学校健全财务、会计、资产管理制度。加强特殊教育学校预算管理，细化预算编制，硬化预算执行，强化预算监督；规范学校财务管理，确保资金使用安全、规范和高效。

各级财政、教育部门要加强财政风险控制，强化流程控制、依法合规分配和使用资金，实行不相容岗位（职责）分离控制。

第十一条 补助资金原则上应在当年执行完毕，年度未支出的资金按国家和省结转结余资金管理有关规定处理。

第十二条 各级财政、教育部门要按照全面实施预算绩效管理的要求,建立健全预算绩效管理机制,按规定科学合理设定绩效目标,对照绩效目标做好绩效监控,认真组织开展绩效评价,强化评价结果应用,做好绩效信息公开,提高资金配置效率和使用效益。省财政厅、省教育厅根据工作需要适时组织开展绩效评价。

第十三条 各级财政部门应当会同同级教育部门,按照各自职责加强项目审核申报、经费使用管理等工作,建立"谁使用、谁负责"的责任机制。严禁将资金用于平衡预算、偿还债务、支付利息、对外投资等支出,不得从补助资金中提取工作经费或管理经费。

第十四条 财政、教育部门及其工作人员存在违反本办法规定滥用职权、玩忽职守、徇私舞弊等违法违纪行为的,依照《中华人民共和国预算法》《中华人民共和国公务员法》《中华人民共和国监察法》《财政违法行为处罚处分条例》等国家有关规定追究相应责任;涉嫌职务违法和职务犯罪的,依法移送监察机关处理。

第十五条 申报使用资金的部门、单位及个人存在违反本办法规定的财政违法违规行为的,依照《中华人民共和国预算法》《财政违法行为处罚处分条例》等国家有关规定追究相应责任。

第十六条 本办法由省财政厅、省教育厅负责解释。各级财政、教育部门可以根据本办法,结合各地实际,制定具体管理办法。

第十七条 本办法自印发之日起施行。《安徽省财政厅 安徽省教育厅关于印发〈安徽省特殊教育补助资金管理办法〉的通知》(财教〔2017〕477号)同时废止。

安徽省改善普通高中学校办学条件补助资金管理办法

第一条 为加强和规范改善普通高中学校办学条件补助资金管理,提高资金使用效益,根据《财政部 教育部关于印发〈改善普通高中学校办学条件补助资金管理办法〉的通知》(财教〔2019〕262号)和国家预算管理有关规定,制定本办法。

第二条 本办法所称改善普通高中学校办学条件补助资金(以下简称补助资金),是指中央财政用于支持改善我省贫困地区普通高中学校基本办学条件的转移支付资金。实施期限根据教育领域中央与地方财政事权和支出责任划分改革方案、支持普通高中教育改革发展政策等确定。

本办法的贫困地区是指我省国家集中连片特困地区县、国家和省扶贫开发工作重点县。市所辖区不列入本办法所指的贫困地区。

本办法的普通高中学校是指教学、生活设施等不能满足基本需求、尚未达到国家基本办学条件标准的公办普通高中学校、完全中学或十二年一贯制学校的高中部。

第三条 补助资金管理遵循"中央引导、省级统筹,突出重点、讲求绩效,规范透明、强化监督"的原则。

第四条 2019—2020年,补助资金主要用于以下方面:

(一)支持学校校舍改扩建,消除"大班额"。

(二)支持学校配置图书和教学仪器设备以及体育运动场等附属设施建设。

上述政策到期后,根据财政部、教育部有关规定和普通高中教育改革发展新形势等情况,适时按程序调整补助资金支持方向。

第五条 补助资金由省财政厅会同省教育厅共同管理。省教育厅负责审核市县(区)相关材料和数据,提供资金测算需要的基础数据,审核市县(区)提出的区域绩效目标,并提出资金需求测算方案。省财政厅根据预算管理相关规定,会同省教育厅研究确定有关市县(区)资金预算金额。

市县(区)财政、教育部门要根据职责承担在资金安排、使用管理等方面的责任,切实加强资金管理。

第六条 补助资金采取因素法分配。按照基础因素、管理创新因素分配到有关市县(区)。其中:

基础因素(权重90%)主要包括贫困地区普通高中学生数、大班额数、普通高中教育生均一般公共预算增长率等子因素。各子因素数据通过相关统计资料获得。

绩效因素(权重10%)主要包括绩效评价结果、落实中央和省委省政府指示要求等子因素。其中,绩效评价结果子因素主要由省教育厅会同省财政厅依据各地工作任务完成情况及相关标准,组织评价获得数据。如省财政厅单独开展重点绩效评价,相关市县(区)以省财政厅的评价结果为准。落实中央和省委省政府指示要求子因素,由省教育厅会同省财政厅确定数据。

计算公式为:

某市县(区)补助资金=[该市县(区)基础因素/Σ有关市县(区)基础因素×权重+该市县(区)绩效因素评分/Σ有关市县(区)绩效因素评分×权重]×补助资金年度预算总额

省财政厅、省教育厅根据财政部、教育部有关要求和普通高中教育改革发展新形势等情况,适时调整完善相关分配因素、权重、计算公式等。

第七条 市级财政、教育部门应当于每年1月底前向省财政厅、省教育厅报送当年补助资金申报材料。省财政厅、省教育厅于每年2月底前向财政部、教育部审核汇总报送当年补助资金申报材料，并抄送财政部安徽监管局。申报材料主要包括：

（一）上年度工作总结，包括上年度补助资金使用情况、年度绩效目标完成情况、绩效评价结果、当地财政投入情况、主要管理措施、问题分析及对策等。

（二）当年工作计划，主要包括当年全市工作目标和补助资金区域绩效目标、重点任务和资金安排计划，绩效指标要指向明确、细化量化、合理可行、相应匹配。

第八条 省级财政在收到资金预算后，会同省级教育部门在三十日内按照预算级次合理分配、及时下达本行政区域县级以上各级政府部门，并抄送财政部安徽监管局。

第九条 补助资金支付执行国库集中支付制度。涉及政府采购的，按照政府采购法律法规和有关制度执行。属于基本建设的项目，应当严格履行基本建设程序，执行相关建设标准和要求，确保工程质量。

第十条 各级财政、教育部门在分配补助资金时，应当结合本地区年度重点工作和本级财政安排相关资金，加大统筹力度，做好与发展改革部门安排基本建设项目等各渠道资金的统筹和对接，防止资金、项目安排重复交叉或缺位。

县级财政、教育部门应当落实资金管理主体责任，加强区域内相关教育经费的统筹安排和使用，指导和督促本地区普通高中学校健全财务、会计、资产管理制度。加强预算管理，细化预算编制，硬化预算执行，强化预算监督；规范财务管理，确保资金使用安全、规范和高效。

各级财政、教育部门要加强财政风险控制，强化流程控制、依法合规分配和使用资金，实行不相容岗位（职责）分离控制。

第十一条 补助资金原则上应在当年执行完毕，年度未支出的资金按国家和省结转结余资金管理有关规定处理。

第十二条 各级财政、教育部门要按照全面实施预算绩效管理的要求，建立健全预算绩效管理机制，按规定科学合理设定绩效目标，对照绩效目标做好绩效监控，认真组织开展绩效评价，强化评价结果应用，做好绩效信息公开，提高资金配置效率和使用效益。省财政厅、省教育厅根据工作需要适时组织开展绩效评价。

第十三条 各级财政部门应当会同同级教育部门，按照各自职责加强项目审核申报、经费使用管理等工作，建立"谁使用、谁负责"的责任机制。严禁将资金用于平衡预算、偿还债务、支付利息、对外投资、人员经费等支出，不得从资金中提取工作经费或管理经费。

第十四条 财政、教育部门及其工作人员存在违反本办法规定滥用职权、玩忽职守、徇私舞弊等违法违纪行为的，依照《中华人民共和国预算法》《中华人民共和国公务员法》《中华人民共和国监察法》《财政违法行为处罚处分条例》等国家有关规定追究相应责任；涉嫌职务违法和职务犯罪的，依法移送监察机关处理。

第十五条 申报使用资金的部门、单位及个人存在违反本办法规定的财政违法违规行为的，依照《中华人民共和国预算法》《财政违法行为处罚处分条例》等国家有关规定追究相应责任。

第十六条 本办法由省财政厅、省教育厅负责解释。各级财政、教育部门可以根据本办法，结合各地实际，制定具体管理办法。

第十七条 本办法自印发之日起施行。原《安徽省财政厅 安徽省教育厅关于印发〈安徽省改善普通高中学校办学条件补助资金管理办法〉的通知》（财教〔2017〕478号）同时废止。

安徽省财政厅　安徽省卫生健康委员会　安徽省医疗保障局
关于印发安徽省公共卫生服务等4项卫生健康补助资金管理实施办法的通知

（皖财社〔2020〕455号　2020年5月18日）

各市、县（区）财政局、卫生健康委、医保局：

为规范和加强转移支付资金管理，提高资金使用效益，根据国家有关法律法规和政策要求，结合我省实际情况，我们联合制定了安徽省公共卫生服务等4项卫生健康补助资金管理实施办法，现印发给你们，请遵照执行。

安徽省公共卫生服务补助资金管理实施办法

第一章　总　则

第一条　为加强和规范公共卫生服务补助资金管理,提高资金使用效益,根据《中华人民共和国预算法》《安徽省人民政府办公厅关于印发安徽省医疗卫生领域财政事权和支出责任划分改革实施方案的通知》(皖政办〔2018〕55号)、《财政部国家卫生健康委国家医疗保障局国家中医药管理局关于印发基本公共卫生服务等5项补助资金管理办法的通知》(财社〔2019〕113号)等有关法律法规和政策要求,制定本办法。

第二条　本办法所称公共卫生服务补助资金,是指中央财政补助和省财政预算安排的、通过一般性转移支付和专项转移支付方式下达的、统筹支持各地实施基本公共卫生服务、重大公共卫生服务、地方公共卫生服务、突发疫情应急救治与处置等项目的补助资金。实施期限根据安徽省医疗卫生领域中央与地方财政事权和支出责任划分改革方案的调整相应进行调整。

第三条　公共卫生服务补助项目主要包括以下内容:

(一)基本公共卫生服务。包括健康教育、预防接种、重点人群健康管理等原基本公共卫生服务内容,以及按照医疗卫生领域财政事权和支出责任划分改革要求,从原重大公共卫生和计划生育项目中划入的妇幼卫生、老年健康服务、医养结合、卫生应急、孕前检查等内容。

(二)重大公共卫生服务(重大传染病防控)。包括纳入国家免疫规划的常规免疫及补充免疫,艾滋病、结核病、血吸虫病、包虫病防控,精神心理疾病综合管理、重大慢性病防控管理模式和适宜技术探索等全国性或跨区域的重大疾病防控内容。

(三)地方公共卫生服务。包括国家免疫规划冷链建设、一类疫苗接种工作补助及接种异常反应补偿,寄生虫病、性病、麻风病、碘缺乏病、氟砷中毒、沿淮肿瘤防治等地方性重大疾病防治,口腔卫生、生活饮用水监测、急诊救治能力建设、医疗质量监管等公共卫生服务,以及其他全省性或跨市域的重大疾病防控内容。

(四)突发疫情应急救治与处置。主要包括人感染禽流感等流行性疾病、自然灾害衍生的重大疾病疫情等方面的全省性或跨市域的突发疫情等公共卫生事件的应急救治和疫情处置内容。

第四条　公共卫生服务补助资金管理应遵循以下原则:

(一)合理规划,科学论证。坚持以人民为中心的卫生健康发展思想,科学合理规划公共卫生服务项目,科学论证项目可行性和必要性。

(二)权责统一,分级管理。落实医疗卫生领域财政事权和支出责任划分改革要求,构建权责、利相统一的管理机制,压实各级、各部门管理责任。

(三)讲求绩效,公平公正。全面实施预算绩效管理,加强项目资金绩效评价,建立绩效评价结果与资金分配挂钩机制,体现绩效导向,公平公正推动项目实施,提高转移支付资金使用效益。

第二章　资金筹集与分担

第五条　各级财政部门要按照公共卫生服务项目和经费标准足额安排补助资金预算,建立健全公共卫生服务经费保障机制,确保年度公共卫生工作任务保质保量完成。

第六条　基本公共卫生服务补助资金标准,原则上执行国家基础标准,并根据国家和省有关规定,结合经济社会发展情况和物价水平适时调整。

基本公共卫生服务明确为中央、省级与市以下共同财政事权,由中央、省级与市县财政共同承担支出责任。具体分担办法为:对国家制定的补助基础标准部分,中央、省、市县财政按6∶2∶2共同分担,其中对比照实施西部大开发有关政策县,中央与省财政按8∶2分担。

各级财政部门要会同卫生健康部门,根据国家确定的基本公共卫生服务项目、任务和国家基础标准,结合本地区疾病谱、防治工作需要、经济社会发展水平和财政承受能力,合理确定本地区基本公共卫生服务项目内容及各项服务的数量和地区标准,地区标准事先按程序报上级备案后执行,高出国家基础标准部分所需资金自行承担。

第七条　重大公共卫生服务补助资金标准,根据疾病谱、项目内容、任务量、成本核定、经济社会发展和财政承受能力等因素合理确定和动态调整。重大公共卫生服务为中央财政事权,由中央财政承担支出责任。

第八条　地方公共卫生服务补助资金标准,根据疾病谱、项目内容、任务量、成本核定、经济社会发展和财政承受能力等因素合理确定和动态调整。地方公共卫生服务为省级财政事权,由省级财政承担支出责任;各市域内重大传染病防控等公共卫生服务由市县财政承担支出责任。

第九条　突发疫情应急救治与处置补助资金标准,根据应急响应等级、危及人群范围、疫情受害程度、危害波及地域等情况确定。突发疫情应急救治与处置为省级与市以下共同财政事权,由省级与市县财政共同承担支出责任。市域内或危害程度较低的突发疫情应急救治与处置,由市县财政承担支出责任。

第三章 资金分配与拨付

第十条 根据公共卫生服务补助资金的性质类型、政策目标、预算安排、使用范围、补助标准、责任分担等情况,可采取标准定额、因素系数、一事一议等分配方式。

第十一条 基本公共卫生服务补助资金采取因素系数分配,考虑各地实施基本公共卫生服务常住人口数量、国家基础标准、分担比例、绩效评价等因素,绩效评价因素原则上不低于中央和省级资金规模的5%。单独实施的基本公共卫生服务项目根据工作任务量和补助标准采取标准定额方式予以分配。

根据医疗卫生领域财政事权和支出责任划分改革要求,原基本公共卫生服务项目内容、资金按照相应的服务规范组织实施,主要用于城市社区卫生服务中心(站)、乡镇卫生院和村卫生室等基层医疗卫生机构提供基本公共卫生服务所需支出,也可用于其他非基层医疗卫生机构提供基本公共卫生服务所需支出,以及用于疾控等专业公共卫生机构指导开展基本公共卫生服务所需支出。具体金额由同级卫生健康委根据具体工作任务量研究拟定,并会同财政部门确定。

承担单位获得的原基本公共卫生服务项目转移支付资金,在核定服务任务和补助标准、绩效评价补助的基础上,可统筹用于经常性支出,包括人员经费、公用经费等,不得用于开展基本建设工程、购置国家规定的甲类和乙类大型医用设备等。新划入基本公共卫生服务的项目转移支付资金不限于基层医疗卫生机构使用,主要用于需方补助、工作经费和能力建设等支出。

第十二条 重大公共卫生服务和地方公共卫生服务补助资金根据工作任务量和补助标准测算资金,采取标准定额方式予以分配。

重大公共卫生服务和地方公共卫生服务补助资金主要用于药品治疗等需方补助和医疗卫生机构开展随访管理,加强实验室建设和设备配置能力建设,以及开展相关工作所需经费等支出。

第十三条 突发疫情应急救治与处置补助资金,一般根据突发事件应急响应等级、危及人群范围、疫情受害程度、疫情波及地域等因素和“一事一议”的原则统筹分配,主要用于突发疫情应急救治与处置相关工作所需支出。

第十四条 省财政基本公共卫生服务补助资金通过一般性转移支付方式安排,地方公共卫生服务补助资金和突发疫情应急救治与处置补助资金通过一般性转移支付和专项转移支付方式安排。

中央财政基本公共卫生服务补助资金通过一般性转移支付方式安排,重大传染病防控补助资金通过专项转移支付方式安排。

第十五条 省财政公共卫生服务补助资金,按照规定于每年年底前将下一年度补助资金预计数指标提前下达市县,并于省人民代表大会批准预算后三十日内(一般性转移支付)和六十日内(专项转移支付)正式下达。

中央财政公共卫生服务补助资金,省级财政部门接到中央财政公共卫生服务补助资金后,应当在三十日内正式下达,并抄送财政部安徽监管局。

市县财政部门接到中央和省财政公共卫生服务补助资金后,应当在三十日内细化分配至项目实施部门或单位。

第四章 资金绩效与监管

第十六条 公共卫生服务补助资金全面实施预算绩效管理,强化绩效目标管理,做好绩效监控和绩效评价,并加强评价结果应用,确保提高资金使用效益。

各级卫生健康部门负责业务指导和项目管理,会同财政部门建立健全绩效评价机制,并对相关工作进展和资金使用情况开展绩效评价。省级原则上每年组织开展一次绩效评价,并上报国家。国家将组织开展复核及重点绩效评价,必要时将委托第三方机构开展。

第十七条 公共卫生服务补助资金分配与相关项目执行进度、绩效评价、预算监管和监督检查结果适当挂钩。绩效评价结果作为项目资金分配、以后年度预算安排的重要依据。各级卫生健康部门和财政部门要做好绩效管理信息公开工作。对绩效评价中发现的问题,应及时反馈并督促整改落实。

第十八条 各地要积极推进购买服务机制,省级卫生健康部门要会同财政部门,做好各类基本公共卫生服务项目的成本测算,合理确定采购预算或最高限价。

第十九条 各地按照财政预算和国库管理有关规定,加强资金管理,规范执行管理,完善资金管理办法。转移支付资金原则上应在当年执行完毕,年度未支出的转移支付资金按结转结余资金管理有关规定管理。

转移支付资金的支付按照国库集中支付制度有关规定执行。资金使用过程中,涉及政府采购的,应当按照政府采购有关法律法规及制度执行。

第二十条 转移支付资金的管理使用依法接受财政、审计、监察等部门监督,必要时可以委托专业机构或具有资质的社会机构开展转移支付资金监督检查工作。

省级财政部门负责公共卫生服务补助资金的安排、分配等工作。省级卫生健康部门负责公共卫生服务项目设立及资金申请、部署推进、绩效管理、业务指导等工作。省级财政、卫生健康部门负责本地区项目资金监督检查,确保资金安全。省级财政部门会同相关部门分配下达资金以及绩效目标等工作时,相关文件抄送财政部安徽监管局。

市县级财政、卫生健康部门负责公共卫生服务项目执行落实、资金使用监管、绩效管理及本地资金安排等工作。

第二十一条　各级财政、卫生健康部门及其工作人员在资金分配、监督管理等工作中,存在滥用职权、玩忽职守、徇私舞弊等违法违纪行为的,依照《中华人民共和国公务员法》《中华人民共和国监察法》《财政违法行为处罚处分条例》等法律法规追究相应责任。

第五章　附　则

第二十二条　各地应根据本办法,结合实际,制定本地公共卫生服务补助资金管理实施细则。

第二十三条　本办法由省财政厅会同省卫生健康委负责解释。

第二十四条　本办法自印发之日起开始施行,《安徽省财政厅安徽省卫生和计划生育委员会安徽省食品药品监督管理局关于印发安徽省公共卫生服务补助资金管理暂行办法的通知》(财社〔2016〕1567号)同时废止。

安徽省基本药物制度补助资金管理实施办法

第一条　为加强和规范基层医疗卫生机构实施国家基本药物制度补助资金管理,提高资金使用效益,根据《中华人民共和国预算法》《安徽省人民政府办公厅关于印发安徽省医疗卫生领域财政事权和支出责任划分改革实施方案的通知》(皖政办〔2018〕55号)、《财政部国家卫生健康委国家医疗保障局国家中医药管理局关于印发基本公共卫生服务等5项补助资金管理办法的通知》(财社〔2019〕113号)等有关法律法规和政策要求,制定本办法。

第二条　本办法所称基层医疗卫生机构,包括城市社区卫生服务中心(站)、乡镇卫生院和村卫生室等机构。

第三条　基本药物制度补助资金,是指通过共同财政事权转移支付、一般性转移支付或专项转移支付方式安排,用于支持基层医疗卫生机构实施国家基本药物制度、推进基层医疗卫生机构综合改革的转移支付资金。实施期限根据医疗卫生领域中央与地方财政事权和支出责任划分改革方案的调整相应进行调整。

第四条　基本药物制度补助资金管理应遵循以下原则:

(一)合理规划,科学论证。按照医改工作总体要求及相关规划,合理确定基本药物制度补助资金使用方向,科学论证项目可行性和必要性。

(二)强化管理,注重实效。加强对基本药物制度补助资金全过程管理,规范分配使用各环节的要求,明确相关主体的权利责任,保障资金安全、高效使用。

(三)讲求绩效,公平公正。全面实施预算绩效管理,加强项目资金绩效评价,建立绩效评价结果与资金分配挂钩机制,公平公正推动项目实施,提高转移支付资金使用效益。

第五条　中央基本药物制度补助资金采用因素法分配。主要考虑补助标准、服务人口数量和地方财力状况等因素,并统筹考虑绩效评价结果进行结算(绩效因素权重原则上不低于5%)。省级财政分配中央基本药物制度补助资金采用因素法分配,综合考虑社区卫生服务中心(站)和乡镇卫生院在编和离退休人数、农业户籍人口数和补助标准等因素。

市县级根据实际和财力情况,统筹安排基本药物补助资金并分配使用。

第六条　对政府办社区卫生服务中心(站)和乡镇卫生院,基本药物制度补助资金主要用于弥补核定收支后的经常性收支差额补助、推进基层医疗卫生机构综合改革等符合政府卫生投入政策规定的支出。对在实施基本药物制度的村卫生室,基本药物制度补助资金主要用于乡村医生的收入补助。

第七条　省级财政部门接到中央财政基本药物制度补助资金后,应当在三十日内正式下达,并抄送财政部安徽监管局。

市县财政部门要在规定时间内,统筹分配使用上级财政和本级财政安排的基本药物补助资金。

第八条　基本药物制度补助资金全面实施预算绩效管理,强化绩效目标管理,做好绩效监控和绩效评价,并加强评价结果应用,确保提高资金使用效益。

各级卫生健康部门负责业务指导和项目管理,会同财政部门建立健全绩效评价机制,并对相关工作进展和资金使用情况开展绩效评价。省级原则上每年组织开展一次绩效评价,并上报国家。国家将组织开展复核及重点绩效评价,必要时将委托第三方机构开展。

第九条　基本药物制度补助资金分配与相关项目执行进度、绩效评价、预算监管和监督检查结果适当挂钩。绩效评价结果作为项目资金分配、以后年度预算安排的重要依据。各级卫生健康部门和财政部门要做好绩效管理信息公开工作。对绩效评价中发现的问题,应及时反馈并督促整改落实。

第十条　对政府办基层医疗卫生机构,有条件的地区要积极推进以购买服务的方式支付转移支付资金。对非政府办的社区卫生服务中心(站)和乡镇卫生院,按照自愿原则通过购买服务的方式支持实施基本药物制度。

第十一条　各地要按照财政预算和国库管理有关规定,加强资金管理,规范执行管理,完善资金管理办法。转移支付资金原则上应在当年执行完毕,年度未支出的转移支付资金按结转结余资金管理有关规定管理。

转移支付资金的支付按照国库集中支付制度有关规定执行。资金使用过程中,涉及政府采购的,应当按照政府采购有关法律法规及制度执行。

第十二条　转移支付资金依法接受财政、审计、监察等部门监督,必要时可以委托专业机构或具有资质的社会机构开展转移支付资金监督检查工作。

省级财政部门负责基本药物补助资金分配等工作。省级卫生健康部门负责基本药物补助资金部署推进、绩效管理、业务指导等工作。省级财政、卫生健康部门负责本地区项目资金监督检查,确保资金安全。省级财政部门会同相关部门分配下达资金以及绩效目标等工作时,相关文件抄送财政部安徽监管局。

市县级财政、卫生健康部门负责对基本药物制度补助项目执行落实、资金使用监管、绩效管理等工作。

第十三条　各级财政、卫生健康部门及其工作人员在资金分配、监督管理等工作中,存在滥用职权、玩忽职守、徇私舞弊等违法违纪行为的,依照《中华人民共和国公务员法》《中华人民共和国监察法》《财政违法行为处罚处分条例》等法律法规追究相应责任。

第十四条　各地应根据本办法,结合实际,制定本地基本药物制度补助资金管理实施细则。

第十五条　本办法由省财政厅会同省卫生健康委负责解释。

第十六条　本办法自印发之日起开始施行。

安徽省医疗服务与保障能力提升补助资金管理实施办法

第一章　总　则

第一条　为加强和规范安徽省医疗服务与保障能力提升补助资金管理,提高资金使用效益,根据《安徽省医疗卫生领域财政事权和支出责任划分改革实施方案》《财政部国家卫生健康委国家医疗保障局国家中医药管理局关于印发基本公共卫生服务等5项补助资金管理办法的通知》(财社〔2019〕113号)等有关法律法规和政策要求,制定本办法。

第二条　本办法所称安徽省医疗服务与保障能力提升补助资金,是指中央财政补助和省财政安排,通过共同财政事权转移支付、一般性转移支付或专项转移支付方式下达的统筹支持各地实施公立医院综合改革、医疗卫生机构能力建设、卫生健康人才培养、医疗保障服务能力建设、中医药事业传承与发展等项目的补助资金。实施期限根据安徽省医疗卫生领域中央与地方财政事权和支出责任划分改革方案的调整相应进行调整。

第三条　医疗服务与保障能力提升补助资金管理应遵循以下原则:

(一)合理规划,科学论证。按照健康安徽战略和医改工作总体要求及相关规划,合理确定医疗服务与保障能力提升补助资金使用方向,科学论证项目可行性和必要性。

(二)统筹分配,保障重点。统筹考虑健康安徽战略和医改工作需要,合理安排补助资金预算,切实保障医疗服务与保障能力提升重点项目的资金需求。

(三)讲求绩效,公平公正。全面实施预算绩效管理,加强项目资金绩效评价,建立绩效评价结果与资金分配挂钩机制,体现绩效导向,公平公正推动项目实施,提高转移支付资金使用效益。

第二章　资金分配与拨付

第四条　中央财政补助资金采取因素法分配。

中央财政公立医院综合改革、医疗卫生机构能力建设、卫生健康人才培养补助资金分配主要考虑补助数量、补助标准等因素。

中央财政医疗保障服务能力建设补助资金分配时主要考虑基础因素、工作任务量因素、绩效因素等因素。其中,基础因素和工作因素各占40%,绩效因素占20%。

中央财政中医药事业传承与发展补助资金分配时主要考虑基础因素、工作任务量因素、绩效因素等因素。其中,基础因素占20%,工作任务量因素占60%,绩效因素占20%。

第五条　省级县级公立医院药品零差率补助资金,采取标准定额分配法,以改革初一次性核定的补助基数,每年定额给予补助。

第六条　省级重点专科建设补助资金,主要支持省属医疗卫生机构开展临床、公共卫生等重点专科建设。根据省属公立医疗卫生机构的医技人才、科研能力及医疗技术等因素进行分配。

第七条　省级引导优质医疗资源下沉补助资金,主要通过以奖代补,引导省属公立医院优质的人才、技术、设备、服务等医疗资源下沉至基层薄弱和贫困地区,支持提升基层医疗卫生服务能力和水平。采取下沉工作任务量、接受支持地区转诊率及医疗费用控制、综合管理、群众满意度等因素进行分配。

第八条 省级重点医院事业发展补助资金,重点支持省属公立医院改革和发展。采取省属公立医院床位数(编制床位、平均开放床位等)、服务数量及质量、预算执行进度、医改任务落实等因素进行分配。

第九条 省级中医药事业发展补助资金,主要支持中医药传承创新、中医药服务能力提升、人才培养、健康服务等中医药事业改革和发展。根据各市常住人口、中医药服务量及中医药医疗机构数量等因素进行分配。

第十条 省级卫生健康人才培养补助资金,与中央财政相关补助资金统筹使用,重点支持农村订单定向免费医学生培养、住院医师规范化培训、助理全科医生培训、全科医生转岗培训、住院医师规范化培训师资培训等,按照补助对象数量和补助标准分配。

第十一条 省级医疗服务与保障能力提升补助资金,按照规定于每年年底前将下一年度补助资金预计数指标提前下达市县,并于省人民代表大会批准预算后三十日内(一般性转移支付)和六十日内(专项转移支付)正式下达。

中央财政医疗服务与保障能力提升补助资金,省级财政部门接到中央财政医疗服务与保障能力提升补助资金后,应当在三十日内正式下达,并抄送财政部安徽监管局。

市县财政部门接到中央和省财政医疗服务与保障能力提升补助资金后,应当在三十日内细化分配至项目实施部门或单位。

第三章 资金绩效与监管

第十二条 医疗服务与保障能力提升补助资金全面实施预算绩效管理,强化绩效目标管理,做好绩效监控和绩效评价,并加强评价结果应用,确保提高资金使用效益。

各级卫生健康、医疗保障、中医药部门负责业务指导和项目管理,会同财政部门建立健全绩效评价机制,并对相关工作进展和资金使用情况开展绩效评价。省级原则上每年组织开展一次绩效评价,并上报国家。国家将组织开展复核及重点绩效评价,必要时将委托第三方机构开展。

第十三条 医疗服务与保障能力提升补助资金分配与相关项目执行进度、绩效评价、预算监管和监督检查结果适当挂钩。绩效评价结果作为项目资金分配、以后年度预算安排的重要依据。各级卫生健康、医疗保障、中医药部门和财政部门要做好绩效管理信息公开工作。对绩效评价中发现的问题,应及时反馈并督促整改落实。

第十四条 各地要积极推进购买服务机制,省级卫生健康、医疗保障、中医药部门要会同财政部门,做好各类医疗服务与保障能力提升项目的成本测算,合理确定采购预算或最高限价。

第十五条 各地要按照财政预算和国库管理有关规定,加强资金管理,规范执行管理,完善资金管理办法。转移支付资金原则上应在当年执行完毕,年度未支出的转移支付资金按结转结余资金管理有关规定管理。

转移支付资金的支付按照国库集中支付制度有关规定执行。资金使用过程中,涉及政府采购的,应当按照政府采购有关法律法规及制度执行。

第十六条 转移支付资金依法接受财政、审计、监察等部门监督,必要时可以委托专业机构或具有资质的社会机构开展转移支付资金监督检查工作。

省级财政部门负责医疗服务与保障能力提升补助资金的安排、分配等工作。省级卫生健康、医疗保障、中医药部门负责医疗服务与保障能力提升项目设立及资金申请、部署推进、绩效管理、业务指导等工作。省级财政、卫生健康、医疗保障、中医药部门负责本地区项目资金监督检查,确保资金安全。省级财政部门会同相关部门分配下达资金以及绩效目标等工作时,相关文件抄送财政部安徽监管局。

市县级财政、卫生健康、医疗保障、中医药部门负责对医疗服务与保障能力提升项目执行落实、资金使用监管、绩效管理及本地资金安排等工作。

第十七条 各级财政、卫生健康、医疗保障、中医药部门及其工作人员在资金分配、监督管理等工作中,存在滥用职权、玩忽职守、徇私舞弊等违法违纪行为的,依照《中华人民共和国公务员法》《中华人民共和国监察法》《财政违法行为处罚处分条例》等法律法规追究相应责任。

第四章 附 则

第十八条 各地应根据本办法,结合实际,制定本地医疗服务与保障能力提升补助资金管理实施细则。

第十九条 本办法由省财政厅会同省卫生健康委、省医疗保障局、省中医药管理局负责解释。

第二十条 本办法自印发之日起开始施行,《安徽省财政厅安徽省卫生和计划生育委员会关于印发安徽省卫生计生人才能力建设补助资金管理暂行办法的通知》(财社〔2016〕1566 号)和《安徽省财政厅安徽省卫生和计划生育委员会关于印发安徽省公立医院补助资金管理暂行办法的通知》(财社〔2016〕1568 号)同时废止。

安徽省计划生育服务补助资金管理实施办法

第一章 总 则

第一条 为规范和加强计划生育服务补助资金管理,提高资金使用效益,根据《中华人民共和国预算法》《财政部卫生健康委国家医保局国家中医药管理局关于印发基本公共卫生服务等5项补助资金管理办法的通知》(财社〔2019〕113号)、《安徽省人民政府办公厅关于印发安徽省医疗卫生领域财政事权和支出责任划分改革实施方案的通知》(皖政办〔2018〕55号)、《安徽省财政厅关于印发安徽省省级部门预算绩效目标管理暂行办法的通知》(财绩〔2018〕389号)、《安徽省财政厅关于印发安徽省省级预算绩效管理暂行办法的通知》(皖财绩〔2019〕1018号)等法律法规和政策规定,制定本办法。

第二条 本办法所称计划生育服务补助资金,是指中央财政补助和省财政预算安排的、通过共同财政事权转移支付、一般性转移支付和专项转移支付方式下达的、统筹用于支持各地实施计划生育服务,对符合规定的人群落实财政补助政策等方面补助资金。实施期限根据医疗卫生领域中央与地方财政事权和支出责任划分改革方案的调整相应进行调整。

第三条 计划生育服务补助资金,主要包括农村计划生育家庭奖励扶助、计划生育家庭特别扶助、计划生育家庭补助、婚前健康检查、计划生育服务管理等项目补助资金。

计划生育服务的补助项目及具体内容根据国家有关规定、经济社会发展水平、综合财力、计划生育工作需要等情况合理确定,适时调整,确保落实计划生育基本国策。

第四条 计划生育服务补助资金管理应遵循如下原则:

(一)权责统一、分级负责。按照事权与支出责任相适应的财政体制改革方向,明确各级在落实计划生育政策、安排计划生育服务支出方面的主体责任和监管责任,中央和省财政给予适当补助。

(二)突出重点、统筹整合。围绕服务计划生育家庭发展、计划生育服务能力提升,根据计划生育服务财政事权划分,区分各级财政支持保障重点,积极推动现行各级、各类计划生育服务补助资金整合,统筹用好用活各级、各类补助资金,促进人口长期均衡发展。

(三)绩效管理、量效挂钩。坚持绩效管理导向,优化考核指标体制,创新绩效评价手段,建立考核结果与资金分配挂钩机制,奖优罚劣。统筹运用标准定额、因素系数等多种分配方式,提高资金绩效。坚持公开透明、公平公正,主动接受监督。

第五条 省财政厅会同省卫生健康委分配计划生育服务补助资金,指导督促市县财政和卫生健康部门按要求制定绩效目标并做好绩效自评,对资金进行监督管理。省卫生健康委负责提供测算因素的数据,并对其准确性、及时性负责。

第二章 资金筹集与分担

第六条 完善计划生育家庭奖励扶助制度和特别扶助制度,实行扶助标准动态调整,建立健全政府为主、社会补充、覆盖城乡、公平合理的计生家庭发展支持体系,对全面两孩政策实施前的独生子女家庭和农村计划生育双女家庭继续按规定落实各项奖励扶助政策。

第七条 农村计划生育家庭奖励扶助。对只生育一个独生子女或两个女孩的符合条件的农村部分计划生育家庭给予奖励扶助,明确为中央、省级与市以下共同财政事权,由中央、省级与市县财政共同承担支出责任。具体分担办法为:对国家制定的补助基础标准部分,中央财政对我省按60%给予补助,其中,对我省比照实施西部大开发有关政策县按80%给予补助,省级财政分别按40%、20%予以配套,市县财政不需配套。对奖励扶助的省级提标部分,由省级财政承担支出责任;对奖励扶助的市县提标部分,由市县财政承担支出责任。

第八条 计划生育家庭特别扶助。对城乡独生子女伤残(三级以上)、死亡后未再生育或合法收养子女的符合条件的计划生育家庭,给予特别扶助,明确为中央、省级与市以下共同财政事权,中央、省级与市县财政共同承担支出责任。参照计划生育家庭奖励扶助分担办法执行。

第九条 计划生育家庭补助。对省级或市以下所属职能部门、国有企事业单位依法落实独生子女保健费政策,根据其隶属关系、单位性质及财政供给政策给予保障或补助,分别划为省级财政事权或市以下财政事权,由同级财政承担支出责任,同级财政根据单位性质、财政供给政策给予保障或补助。现阶段,省级财政根据补助需求、财力状况等因素统筹安排预算资金,按照人口规模及结构、人均可用财力、人均卫生投入、目标考核等因素和一定的系数权重分配转移支付资金,市县财政据实安排补助资金。

第十条 婚前健康检查。对在结婚登记前免费为符合条件的男女双方提供的健康检查服务给予补助,划分为省级与市以下共同财政事权,由省级与市县财政共同承担支出责任。省级根据服务标准及物价部门核定的价格制定补助标准,由省级与市县财政各按50%、50%分担。

第十一条 计划生育服务管理。包括计划生育“四项手术”、技术服务、落实长效节育措施一次性奖励及其他服务管理事项,划分市以下财政事权,由市县财政承担支出责任。省级财政暂按现行政策给予适当补助。

第十二条 市县财政结合中央和省财政补助资金,以及本地相关资金安排统筹使用。市县财政在确保国家基础标准落实到位的前提下,结合本地经济社会发展水平和财政承受能力等合理确定本地区计划生育服务项目地区标准,按程序报上级备案后执行,高出国家基础标准部门所需资金自行负担。

第三章 资金分配与拨付

第十三条 计划生育家庭奖励扶助、特别扶助经费根据各地在册管理扶助对象实有人数以及规定的发放标准分配至市县,其他计划生育服务管理项目根据计划生育服务补助资金的性质类型、政策目标、预算安排、使用范围、补助标准、责任分担等情况,可采取标准定额、因素系数等分配方式。

第十四条 省财政计划生育服务补助资金,应按照省对市县转移支付资金管理相关规定,主要通过一般性转移支付方式安排;对群体特定、用途专项、阶段性强的资金通过专项转移支付方式安排,并逐步减少专项个数、压缩专项资金规模。

中央财政计划生育补助资金,依据中央财政下达我省的指标类型,通过专项转移支付或一般性转移支付方式安排。

第十五条 省财政计划生育服务补助资金,按照规定于每年年底前将下一年度补助资金预计数指标提前下达市县,并于省人民代表大会批准预算后三十日内(一般性转移支付)和六十日内(专项转移支付)正式下达。

中央财政计划生育服务补助资金,省级财政部门接到中央财政计划生育服务补助资金后,应当在三十日内正式下达,并抄送财政部安徽监管局。

市县财政部门接到中央和省财政计划生育服务补助资金后,应当在三十日内细化分配至项目实施部门或单位。

第十六条 各级财政、卫生健康部门以及计划生育服务补助资金具体使用单位,要按照财政预算和国库管理有关规定,制定资金管理办法,加强资金管理,规范预算执行管理。中央和省财政计划生育服务补助资金原则上应当在当年执行完毕,年度未支出的补助资金按财政部门结转结余资金管理有关规定管理。

计划生育服务补助资金按规定应发放到补助对象个人银行账户的,补助资金的支付按照国库集中支付制度有关规定执行,通过惠农补贴“一卡通”予以发放,严禁违规将资金从国库转入财政专户,或支付到预算单位实有资金银行账户。

对项目实施周期较长、资金额度较大的计划生育服务补助资金,可采取“先预拨、后清算”的方式加快资金支付,具体预拨比例、方式等事宜由当地财政部门会同卫生健康部门按有关规定确定。

第十七条 各级财政部门应按预算管理、财政资金统筹使用等有关规定和各项目要求,将中央和省财政计划生育服务补助资金,与本地预算安排的相关补助资金积极整合,统筹使用。

第四章 资金绩效与监管

第十八条 各级财政部门、卫生健康部门应按照全面实施预算绩效管理的要求,强化绩效目标管理,做好绩效监控和绩效评价,并加强结果运用,确保提高计划生育服务补助资金配置效率和使用效益。

第十九条 按照定量为主、定量与定性相结合的原则,从综合管理、成本投入、效益产出、群众获得感等方面,科学设置计划生育服务补助资金绩效评价指标,公开考核过程,量化考核结果。

第二十条 各级卫生健康部门负责业务指导和项目管理,会同财政部门建立健全绩效评价机制,并对相关工作进展和资金使用情况开展绩效评价。建立卫生健康、财政、实施单位及相关部门分工协作的计划生育服务补助资金绩效评价工作机制。积极推动第三方考核机制,发挥第三方中介机构专业性、客观性、公正性的优势。

第二十一条 计划生育服务补助资金分配与相关项目执行进度、绩效评价、预算监管和监督检查结果适当挂钩。计划生育服务补助资金绩效评价结果,作为完善相关补助资金政策和以后年度预算申请、安排和对下分配的重要参考依据。对绩效评价中发现的问题,应及时反馈给被考核单位,并督促整改落实。

第二十二条 根据财政部《中央对地方专项转移支付绩效目标管理暂行办法》(财预〔2015〕163号)规定,各级卫生健康、财政部门应按时做好中央财政计划生育服务补助资金绩效目标的设定、审核、录入等工作。

第二十三条 建立健全责任清晰、主次分明、分级分类、分工负责的计划生育服务补助资金监督管理责任体系,明确各级、各部门、各单位监管责任。

(一)省级财政部门对省级计划生育服务补助资金的安排、分配等工作承担主体责任。

(二)省级卫生健康部门对计划生育服务项目设立及资金申请、总体部署推进、绩效管理、业务协调指导等工作承担主体责任。

(三)市县财政、卫生健康部门对计划生育服务的项目执行落实、资金监管使用、绩效管理及本地相关资金安排等工作承担主体责任。

第二十四条 加强计划生育服务补助资金的监督检查,主动接受人大监督、审计监督、财政监督、监察监督、社会监督,提高财政资金管理的透明度和知晓度。

第二十五条 各级财政、卫生健康部门及其工作人员在资金分配、监督管理等工作中,存在滥用职权、玩忽职守、徇私舞弊等违法违纪行为的,依照《中华人民共和国公务员法》《中华人民共和国监察法》《财政违法行为处罚处分条例》等法律法规追究相应责任。

第五章 附 则

第二十六条 本办法由省财政厅会同省卫生健康委负责解释。市县财政、卫生健康部门要结合当地实际,依据本办法制定本地计划生育服务补助资金管理实施细则。

第二十七条 本办法自印发之日起施行,《安徽省财政厅安徽省卫生和计划生育委员会关于印发安徽省计划生育服务补助资金管理暂行办法的通知》(财社〔2016〕1565号)同时废止。

安徽省财政厅 安徽省教育厅
关于印发《安徽省中央现代职业教育质量提升计划资金管理办法》的通知

(皖财教〔2020〕464号 2020年5月22日)

各市、县(区)财政局、教育局,有关职业院校:

为规范和加强中央现代职业教育质量提升计划资金管理,提高资金使用效益,根据《财政部 教育部关于印发〈现代职业教育质量提升计划资金管理办法〉的通知》(财教〔2019〕258号)等文件精神和国家、省有关规定,省财政厅、省教育厅对《安徽省中央现代职业教育质量提升计划资金管理办法》进行了修订,现予印发,请遵照执行。

安徽省中央现代职业教育质量提升计划资金管理办法

第一条 为规范和加强中央现代职业教育质量提升计划资金管理,提高资金使用效益,根据《财政部 教育部关于印发〈现代职业教育质量提升计划资金管理办法〉的通知》(财教〔2019〕258号)和国家预算管理有关规定,结合我省实际,制定本办法。

第二条 本办法所称现代职业教育质量提升计划资金(以下简称提升计划资金),是指中央财政用于支持我省职业教育改革发展的转移支付资金。实施期限根据职业教育改革发展等政策进行调整。

第三条 提升计划资金管理遵循“中央引导、省级统筹,突出重点、注重绩效,规范透明、强化监督”的原则。

第四条 2020—2022年,提升计划资金重点支持:

(一)支持各地巩固和完善以改革和绩效为导向的高等职业院校(以下简称高职院校)生均拨款制度,逐步提高生均拨款水平;支持开展高职院校“1+X”证书制度试点以及中国特色高水平高职学校和专业建设等。

(二)支持各地在优化布局结构的基础上,改扩建中等职业学校(以下简称中职学校)校舍、实验实训场地以及其他附属设施,配置图书和教学仪器设备等;推动建立完善中职学校生均拨款制度,进一步提高中职学校生均拨款水平;支持中职学校开展“1+X”证书制度试点。

(三)支持各地加强“双师型”专任教师和“1+X”师资培养培训,提高教师教育教学水平;支持职业院校设立兼职教师岗位,优化教师队伍人员结构。

(四)支持有条件的地方探索通过政府和社会资本合作模式等加强职业院校实训基地建设,以及推进产教融合、校企合作等职业教育改革发展相关工作。具体支持内容和方式,按照财政部、教育部相关规定执行。

2022年以后,根据财政部、教育部有关要求,并结合我省职业教育改革发展新形势,适时按规定调整提升计划资金支持内容。

第五条 提升计划资金由省财政厅、省教育厅共同管理,其他职业院校主管部门配合管理。

省教育厅负责提供提升计划资金

分配基础数据,提出提升计划资金分配安排方案,审核汇总各地、各有关职业院校提出的提升计划资金申报材料,报省财政厅审核。省财政厅根据预算管理相关规定,会同省教育厅研究确定各地、各有关职业院校提升计划资金预算金额,审核提升计划资金绩效目标。省直有关部门负责审核所属职业院校提升计划资金细化方案、绩效目标,督促严格预算执行,组织做好绩效管理。

市级及市以下各级财政、教育和职业院校主管部门要参照省级做法,落实各部门在资金安排、使用管理、绩效管理等方面的责任,切实加强提升计划资金管理。

第六条　提升计划资金采取因素法分配。

高职院校分配公式为:某高职院校提升计划资金=高职院校生均拨款奖补+职业院校教师素质提高计划奖补;

中职学校分配公式为:某市县区(学校)提升计划资金=中职学校改善办学条件奖补+职业院校教师素质提高计划奖补。

第七条　高职院校生均拨款奖补资金包括拨款标准奖补和改革绩效奖补两部分。

拨款标准奖补以中央财政核定规模,按上年度教育事业统计全日制学历教育在校高职高专学生人数、生均一般公共预算教育事业费支出、人均财力等因素分配。改革绩效奖补分配因素包括基础因素和管理创新因素,其中:基础因素(权重 80%)下设"1+X"证书制度试点情况、中国特色高水平高职学校和专业建设情况、技能型高水平大学、实习实训基地等子因素;管理创新因素(权重 20%)下设提升计划资金使用管理情况、落实党中央、国务院以及省委、省政府决策部署要求等子因素。

某高职院校生均拨款奖补=该高职院校拨款标准奖补因素/∑有关高职院校拨款标准奖补因素×拨款标准奖补预算+(该高职院校改革绩效奖补基础因素/∑有关高职院校改革绩效奖补基础因素×权重+该高职院校改革绩效奖补管理创新因素/∑有关高职院校改革绩效奖补管理创新因素×权重)×改革绩效奖补年度资金预算

第八条　中职学校改善办学条件奖补资金采取因素法分配,因素包括:基础因素和管理创新因素。其中:基础因素(权重 80%)下设中职在校生数、贫困因素、生均财政拨款情况、"1+X"证书制度试点情况、中职学校分类达标示范建设、实习实训基地建设情况等子因素。管理创新因素(权重 20%)下设提升计划资金使用管理情况,落实党中央、国务院以及省委、省政府决策部署要求等子因素。

某市县区(学校)中职学校改善办学条件奖补=[该市县区(学校)基础因素/∑有关市县区(学校)基础因素×权重+该市县区(学校)管理创新因素/∑有关市县区(学校)管理创新因素×权重]×中职学校改善办学条件奖补年度资金预算

第九条　职业院校教师素质提高计划奖补资金由省级统筹使用。省教育厅根据国家有关规定,组织各地、各有关职业院校申报教师培训计划,核定培训项目和人数,并组织实施;依法依规遴选具体承担培训任务的培训基地(院校);按培训计划及支出标准,将培训经费拨付至培训基地(院校);对培训项目实施、资金使用情况组织开展绩效评价并报省财政厅备案。

第十条　基础因素数据主要通过相关统计资料获得;管理创新因素主要由省教育厅会同省财政厅依据各地、各有关职业院校相关政策落实情况、工作任务完成情况以及相关文件、评选、统计获得数据。中国特色高水平高职学校和专业建设情况因素根据教育部、财政部公布结果确定;落实党中央、国务院以及省委、省政府决策部署要求等子因素,由省财政厅、省教育厅确定。

第十一条　市级财政部门、教育部门以及各有关职业院校应当于每年1月底前,向省财政厅、省教育厅报送当年提升计划资金申报材料。逾期不提交的,相应扣减相关分配因素得分。申报材料主要包括:

(一)上年度工作总结,主要包括上年度提升计划资金使用情况、年度绩效目标完成情况、同级财政投入情况、主要管理措施、问题分析及对策。

(二)当年工作计划,主要包括当年职业教育工作目标、提升计划资金区域绩效目标表、重点任务和资金安排计划,绩效指标要指向明确、细化量化、合理可行、相应匹配。

省财政厅、省教育厅于每年 2 月底前向财政部、教育部报送当年提升计划资金申报材料,并抄送财政部安徽监管局。

第十二条　省级财政部门在收到中央财政提升计划资金预算后,会同省级教育部门在三十日内按照预算级次合理分配、及时下达提升计划资金预算和绩效目标,并抄送财政部安徽监管局。

第十三条　提升计划资金支付执行国库集中支付制度。涉及政府采购的,按照政府采购法律法规和有关制度执行。属于基本建设的项目,落实相关建设标准和要求,严禁超标准建设和豪华建设,并确保工程质量。年度未支出的提升计划资金,按照结转结余资金管理有关规定执行。

第十四条　各级财政、教育部门在分配提升计划资金时,应当加大统筹力度,结合本地区年度职业教育重点工作,注重投入效益,防止项目过于分散,并向农村、贫困地区倾斜,向现代农业、先进制造业、现代服务业、战略性新兴产业等国家急需特需专业,以及技术技能积累和民族文化传承与创新方面的专业倾斜。应当做好与发展改革部门安排基本建设项目等资金的统筹，防止资金、项目安排重复交叉。

第十五条　各级财政、教育部门要按照全面实施预算绩效管理的要求，建立健全预算绩效管理机制，按规定科学合理设定绩效目标，对照绩效目标做好绩效监控、绩效评价，强化评价结果运用，做好绩效信息公开，提高资金配置效率和使用效益。省财政厅、省教育厅根据工作需要适时组织开展提升计划资金绩效评价，将绩效评价结果作为预算安排、完善政策、改进管理的重要依据。

第十六条　职业院校应当健全预算管理制度，细化预算编制，严格预算执行；规范学校财务管理，完善内部经费管理办法，健全内部控制制度。

第十七条　提升计划资金应当按照规定安排使用，建立“谁使用、谁负责”的责任机制。严禁将提升计划资金用于平衡预算、偿还债务、支付利息、对外投资等支出，不得从提升计划资金中提取工作经费或管理经费。

第十八条　各级财政、教育部门及其工作人员在提升计划资金分配、使用、管理等相关工作中，存在违反本办法规定，以及其他滥用职权、玩忽职守、徇私舞弊等违法违规行为的，按照《中华人民共和国预算法》《中华人民共和国公务员法》《中华人民共和国监察法》《财政违法行为处罚处分条例》等国家有关规定追究相应责任；涉嫌职务违法和职务犯罪的，依法移送监察机关处理。

第十九条　资金使用单位和个人在提升计划资金使用过程中存在各类违法违规行为的，按照《中华人民共和国预算法》《财政违法行为处罚处分条例》等国家有关规定追究相应责任。

第二十条　本办法由省财政厅、省教育厅负责解释。各级财政、教育部门可根据本办法，结合各地实际，制定具体管理办法。

第二十一条　本办法自印发之日起施行。《安徽省财政厅 安徽省教育厅关于印发〈安徽省中央现代职业教育质量提升计划专项资金管理办法〉的通知》（财教〔2016〕1099 号）同时废止。

安徽省财政厅　安徽省科学技术厅
关于印发《安徽省中央引导地方科技发展资金管理实施细则》的通知

（皖财教〔2020〕678 号　2020 年 7 月 6 日）

各市、县（区）财政局、科技局，省直有关单位：

为规范安徽省中央引导地方科技发展资金管理和使用，提高资金使用效益，根据《财政部 科技部关于印发中央引导地方科技发展资金管理办法的通知》《中共安徽省委办公厅 安徽省人民政府办公厅关于改革完善省级财政科研项目资金管理等政策的实施意见》《安徽省财政厅关于印发安徽省科技领域财政事权和支出责任划分改革实施方案的通知》等有关规定，结合我省实际，我们修订了《安徽省中央引导地方科技发展资金管理实施细则》，现印发给你们，请遵照执行。

安徽省中央引导地方科技发展资金管理实施细则

第一章　总　则

第一条　为规范安徽省中央引导地方科技发展资金（以下简称“引导资金”）的使用和管理，提高资金使用效益，根据《财政部 科技部关于印发〈中央引导地方科技发展资金管理办法〉的通知》（财教〔2019〕129 号）、《安徽省财政厅关于印发安徽省科技领域财政事权和支出责任划分改革实施方案的通知》（皖财教〔2019〕1139 号）等有关规定，结合我省实际，制定本细则。

第二条　本细则所称引导资金是指中央财政通过转移支付安排的，支持地方政府落实国家创新驱动发展战略和科技改革发展政策、优化区域科技创新环境、提升区域科技创新能力的资金。

第三条　引导资金管理遵循“中央引导、省级统筹，简政放权、激发活力，聚焦重点、突出绩效”的原则。

第二章　管理机构及职责分工

第四条　省财政厅主要负责引导资金管理制度制定、预算下达、绩效管理等。具体是：

(一)会同省科技厅制定中央引导地方科技发展资金实施细则,确定引导资金支持方向;

(二)根据中央财政安排的年度预算资金,审核下达资金;

(三)会同省科技厅开展引导资金绩效评价、监督检查。

第五条　省科技厅主要负责引导资金项目管理、绩效管理工作。具体是:

(一)配合省财政厅制定中央引导地方科技发展资金实施细则,确定引导资金支持方向;

(二)组织开展项目受理、形式审核、评审论证和立项;

(三)提出项目资金预算安排建议;

(四)与项目承担单位签订项目任务书(包括绩效目标表,下同);

(五)组织实施项目过程管理、绩效评价、监督检查和验收等工作。

第六条　项目归口管理单位职责:

(一)负责项目的初审和推荐;

(二)负责立项项目的日常管理;

(三)配合省财政厅、省科技厅开展引导资金绩效评价、监督检查和验收等工作。

第七条　项目承担单位职责:

(一)根据引导资金支持方向,组织凝练项目,据实、完整编报项目立项申请材料(包括绩效目标表);

(二)组织项目实施,落实项目实施条件和配套资金;

(三)规范项目资金支出管理,对项目资金专款专用、单独核算;

(四)按要求开展绩效自评,报送绩效自评材料;

(五)主动配合有关部门监督检查和审计。

第三章　支持范围与方式

第八条　引导资金支持以下四个方面:

(一)自由探索类基础研究。主要指聚焦探索未知的科学问题,结合基础研究区域布局,自主设立的旨在开展自由探索类基础研究的科技计划,如自然科学基金等。

(二)科技创新基地建设。主要指根据本地相关规划等建设的各类省级以上科技创新基地,包括依托大学、科研院所、企业、转制科研机构设立的科技创新基地(含省部共建国家重点实验室、临床医学研究中心等),以及具有独立法人资格的产业技术研究院、技术创新中心、新型研发机构等。

(三)科技成果转移转化。主要指结合本地实际,针对区域重点产业等开展科技成果转移转化活动,包括技术转移机构、人才队伍和技术市场建设,以及公益属性明显、引导带动作用突出、惠及人民群众广泛的科技成果转化示范及科技扶贫项目等。

(四)区域创新体系建设。主要指国家自主创新示范区、国家科技创新中心、综合性国家科学中心、可持续发展议程创新示范区、国家农业高新技术产业示范区、创新型县(市)等区域创新体系建设,重点支持跨区域研发合作和区域内科技型中小企业科技研发活动。

第九条　支持自由探索类基础研究资金采取公开竞争立项投入方式。支持科技创新基地建设、区域创新体系建设资金采取后补助投入方式。支持科技成果转移转化资金,采取公开竞争立项、后补助、创投引导等投入方式。

第十条　引导资金不得用于支付各种罚款、捐款、赞助、投资、偿还债务等支出,不得用于行政事业单位编制内在职人员工资性支出和离退休人员离退休费,以及国家规定禁止列支的其他支出。

第四章　项目和预算管理

第十一条　省科技厅、省财政厅按照科技部、财政部的要求,结合国家区域发展战略任务、省科技创新发展规划和年度重点工作发布项目申报通知,征集项目。

第十二条　符合条件的单位经项目归口管理单位推荐,向省科技厅报送项目申请材料,包括项目基本情况、目标任务、绩效目标、资金预算及结构、支持方式、实施期限等内容。

第十三条　省科技厅组织或委托第三方专业机构开展项目评审、绩效评价等工作,确定拟支持项目;将拟支持项目通过官方网站等媒介向社会公示,公示期不少于7日;根据公示结果,提出项目资金预算安排建议。省财政厅按照国库集中支付制度和转移支付等有关规定下达资金,并抄送财政部安徽监管局。

第十四条　省科技厅会同省财政厅编制年度引导资金实施方案,包括当年引导资金总体目标和思路、重点任务、项目及资金安排计划、区域绩效目标等,其中重点任务、项目及资金安排计划要加强与国家区域发展战略任务相结合。实施方案随资金分配情况抄送财政部安徽监管局,并报科技部、财政部备案。

第十五条　省财政厅、省科技厅在财政部、科技部资金预算下达后30日内,细化下达资金。省科技厅同步下达项目立项计划通知。

第十六条　项目立项计划通知下达后30日内,公开竞争立项资金和区域创新体系建设资金的项目承担单位与省科技厅签订项目任务书,其他资金的项目承担单位填报绩效目标表,任务书和绩效目标表作为项目实施、绩效管理、监督检查和验收的依据。涉及政府采购的,按照政府采购法律法规和有关制度执行。

第十七条　涉及项目和预算管理、科研设备采购、结转结余资金管理等事项,按以下规定办理:

(一)自由探索类基础研究项目和资金,按照《安徽省自然科学基金资助项目资金管理办法》(财教〔2016〕2151

号)、《关于优化省重点研究与开发计划、省科技重大专项、省自然科学基金资助项目等科研资金管理的通知》(皖财教〔2019〕839号)执行。

(二)科技成果转移转化中科技成果转化示范、科技扶贫项目资金,以及区域创新体系建设资金的管理按照《安徽省科技厅关于印发〈安徽省科技重大专项项目管理办法〉等三个管理办法的通知》(皖科资〔2019〕33号)中的《安徽省重点研究与开发计划项目管理办法》执行,引导资金统筹用于研发活动的直接费用支出。

(三)其他资金按照《中共安徽省委办公厅 安徽省人民政府办公厅关于改革完善省级财政科研项目资金管理等政策的实施意见》(皖办发〔2016〕73号)和《安徽省人民政府关于印发安徽省进一步优化科研管理提升科研绩效实施细则的通知》(皖政〔2018〕108号)执行,引导资金统筹用于研发活动的直接费用支出。

第十八条 引导资金项目执行期结束后,按以下方式实施验收管理:采取公开竞争立项和区域创新体系建设资金支持项目需组织验收。其中,自由探索类基础研究项目,按照安徽省自然科学基金有关项目验收管理规定执行;其他公开竞争立项和区域创新体系建设资金支持的项目验收,参照安徽省科技计划项目验收管理规定执行。其他项目不再组织项目验收。

第五章 绩效评价和监督检查

第十九条 按照全面实施预算绩效管理的要求,建立健全全过程预算绩效管理机制,按照规定科学合理设定绩效目标,开展绩效评价,强化绩效结果应用,按规定做好绩效信息公开,提高引导资金使用效益。省科技厅每年牵头组织或委托第三方专业机构开展引导资金绩效评价,重点考量项目承担单位科技创新能力提升情况、目标任务落实情况以及资金使用绩效等情况,省财政厅根据工作需要适时组织重点绩效评价。省科技厅、省财政厅于每年12月31日前向科技部、财政部报送绩效自评报告,并抄送财政部安徽监管局。

第二十条 获得引导资金支持的项目承担单位,应当切实履行法人责任,严格执行国家会计法律法规制度和财政科研项目资金管理规定,规范管理使用资金,自觉接受绩效评价和监督检查。

第二十一条 建立专项资金管理承诺机制。项目承担单位法定代表人、项目负责人在项目申报时应共同签署承诺书,保证所提供信息的真实性,并对信息虚假导致的后果承担责任。

第二十二条 建立信息公开机制,省科技厅及时公开非涉密项目安排情况,接受社会监督。

第二十三条 资金使用单位和个人在引导资金使用过程中存在各类违法违规行为的,按照《中华人民共和国预算法》《财政违法行为处罚处分条例》等国家有关规定追究相应责任。对严重违规、违纪、违法犯罪的相关责任主体,按程序纳入科研严重失信行为记录。

第二十四条 各级科技、财政部门及其工作人员在引导资金分配、使用、管理等相关工作中,存在违反本细则规定以及其他滥用职权、玩忽职守、徇私舞弊等违法违纪行为的,按照《中华人民共和国预算法》《中华人民共和国公务员法》《中华人民共和国监察法》《财政违法行为处罚处分条例》等国家有关规定追究相应责任;涉嫌职务违法或者职务犯罪的,移送监察机关处理。

第六章 附 则

第二十五条 本细则由省财政厅、省科技厅负责解释。

第二十六条 本细则自印发之日起施行。原《安徽省中央引导地方科技发展专项资金管理实施细则》(财教〔2017〕1012号)同时废止。

安徽省财政厅 安徽省林业局
关于印发《林业草原生态保护恢复资金管理办法实施细则》的通知

(皖财资环〔2020〕892号 2020年8月11日)

各市、县(区)财政局、林业局:

为加强和规范林业草原生态保护恢复资金使用管理,提高资金使用效益,加强林业草原生态保护恢复,根据《财政部、国家林业和草原局关于印发〈林业草原生态保护恢复资金管理办法〉的通知》(财资环〔2020〕22号)等文件,结合我省实际,省财政厅、省林业局制定了《林业草原生态保护恢复资金管理办法实施细则》。现印发给你们,请认真贯彻执行。

林业草原生态保护恢复资金管理办法实施细则

第一章 总 则

第一条 为加强和规范林业草原生态保护恢复资金使用管理,提高资金使用效益,加强林业草原生态保护恢复,根据《财政部、国家林业和草原局关于印发〈林业草原生态保护恢复资金管理办法〉的通知》(财资环〔2020〕22号)等文件,结合我省实际,制定本实施细则。

第二条 本实施细则所称林业草原生态保护恢复资金是指中央预算安排的用于全面停止天然林商业性采伐、完善退耕还林政策、新一轮退耕还林、生态护林员、国家公园等方面的共同财政事权转移支付资金。

第三条 林业草原生态保护恢复资金由省财政厅、省林业局负责管理。

省财政厅负责审核资金分配建议方案并下达资金预算,组织预算执行,组织开展预算绩效管理和预算监管,指导市县加强资金使用管理监督。省林业局负责提出资金分配建议方案,下达年度工作任务计划,做好预算绩效管理具体工作,督促和指导市县做好项目实施和资金使用管理监督工作等。

市、县(区)财政、林业主管部门根据职能负责林业草原生态保护恢复资金的分解下达、预算执行、组织项目实施、资金使用管理监督以及预算绩效管理工作等。

第四条 林业草原生态保护恢复资金实施期限至2022年,到期前根据国家规定确定是否继续实施和延续期限。

第二章 资金使用范围

第五条 全面停止天然林商业性采伐补助用于停止国有天然商品林采伐后,保障国有林经营管理单位正常运转、职工基本生活等相关支出。

第六条 完善退耕还林政策补助用于上一轮退耕还林任务(1999—2006年)粮食和生活费补助期满后,为支持解决退耕农户生活困难发放现金补助。

第七条 新一轮退耕还林补助用于对实施新一轮退耕还林农户发放现金补助。

第八条 生态护林员补助用于国家规定地区建档立卡贫困人口受聘开展森林、草原、湿地、沙化土地等资源管护人员的劳务报酬支出。

第九条 国家公园补助用于国家公园勘界、自然资源调查监测、生态保护补偿与修复、野生动植物保护、自然教育与生态体验、保护设施设备运行维护等相关支出。

第十条 林业草原生态保护恢复资金不得用于兴建楼堂馆所、偿还举借的债务及其他与林业草原生态保护恢复无关的支出。

第三章 资金分配

第十一条 林业草原生态保护恢复资金采取因素法分配。其中承担相关改革或试点任务的可以按照国家规定采取定额补助。

第十二条 全面停止天然林商业性采伐补助按照停伐产量分配。

第十三条 完善退耕还林政策补助按照省政府有关部门下达的年度任务和国家确定的补助标准执行。每亩退耕地每年补助125元。还生态林补助期限为8年,还经济林补助期限为5年。

第十四条 新一轮退耕还林补助按照省政府有关部门下达的年度任务和国家确定的补助标准执行。每亩退耕地补助1200元,五年内分三次下达,第一年500元,第三年300元,第五年400元。

第十五条 生态护林员补助存量资金重点巩固前期脱贫攻坚成效,增量资金按照生态护林员需求数量、待管护资源面积、政策等因素分配,权重分别为70%、20%和10%。

第十六条 国家公园补助按照国家公园建立情况和国家有关规定分配。

第十七条 在分配林业草原生态保护恢复资金时,结合相关工作任务和实际,适当向贫困地区、革命老区倾斜,脱贫攻坚有关政策实施期内,向深度贫困地区及贫困人口倾斜。

第十八条 各级财政部门应当会同同级林业主管部门支持涉农资金统筹整合。加强林业草原生态保护恢复资金与中央基建投资等资金的统筹使用,避免重复支持。

第四章 预算下达

第十九条 市级林业主管部门会同财政部门于每年6月15日前,向省林业局、省财政厅报送退耕还林、生态护林员、国家公园等任务计划,同步报送相应资源面积、人员数量等基本情况,对与上年相比变动情况进行说明并附佐证材料。

第二十条 省财政厅根据国家提前下达的下一年度林业草原生态保护恢复资金预计数,会同省林业局按规定时间将资金分解下达到市、县(区),同时将资金分配结果抄送财政部安徽监管局。

第二十一条 省林业局、省财政厅根据国家下达的当年任务计划,及时将任务计划下达到市、县(区)。

第二十二条 省财政厅会同省林业局在接到林业草原生态保护恢复资金预算后30日内分解下达到市、县(区),同时将资金分配结果报财政部、国家林业和草原局备案，抄送财政部安徽监管局。

第五章　预算绩效管理

第二十三条　林业草原生态保护恢复资金建立“预算编制有目标、预算执行有监控、预算完成有评价、评价结果有反馈、反馈结果有应用”的全过程预算绩效管理机制。

第二十四条　林业草原生态保护恢复资金绩效目标主要内容包括与任务数量相对应的质量、时效、成本以及经济效益、社会效益、生态效益、可持续影响、满意度等。

第二十五条　绩效目标设定、审核、下达的依据：

(一)国家相关法律、法规和规章，党中央、国务院，省委、省政府对林业领域重大决策部署，国民经济和社会发展规划。

(二)预算管理制度、项目和资金管理办法等。

(三)林业发展规划、林业行业标准及其他相关重点规划等。

(四)统计部门或行业主管部门公布的有关林业统计数据和财政部门反映资金管理的有关数据等。

(五)符合财政部、国家林业和草原局、省财政厅、省林业局要求的其他依据。

第二十六条　省林业局、省财政厅在下达当年任务计划时同步下达绩效目标申报表指标体系。

市级林业主管部门会同财政部门按规定时间，结合任务计划和本地区实际情况，编制绩效目标申报表，连同上一年度资金使用管理情况报送省林业局、省财政厅。

省林业局会同省财政厅于每年2月15日前，结合任务计划和全省实际情况，编制区域绩效目标申报表，连同上一年度资金使用管理情况报送财政部、国家林业和草原局，抄送财政部安徽监管局。

省财政厅会同省林业局随下达当年资金预算下达绩效目标。

第二十七条　各级财政部门会同林业主管部门按要求实施绩效监控，林业主管部门是实施预算绩效监控的主体，重点监控林业草原生态保护恢复资金使用是否符合下达的绩效目标，发现绩效运行与预期绩效目标发生偏离时，应当及时采取措施予以纠正。

第二十八条　各级财政部门会同林业主管部门组织实施林业草原生态保护恢复资金绩效评价。

预算执行结束后，各级林业主管部门组织本部门和资金使用单位对照确定的绩效目标开展绩效自评。市级林业主管部门、财政部门审核汇总本级和所属县(市、区)绩效自评表和绩效自评报告后，按时向省林业局、省财政厅报送，并对本地区自评结果和绩效评价相关材料的真实性负责。省财政厅、省林业局审核汇总后按时向财政部、国家林业和草原局报送。

省林业局适时组织实施林业草原生态保护恢复资金部门绩效评价，绩效评价结果作为改进管理以及下一年度预算申请、安排、分配的重要依据。

第二十九条　绩效评价的依据除了绩效目标设定、审核、下达的依据外，还包括以下依据：

(一)区域绩效目标。

(二)预算下达文件、财务会计资料等有关文件资料。

(三)人大审查结果报告、巡视、审计报告及决定、财政监督稽核报告等，以及有关部门或委托中介机构出具的项目评审或竣工验收报告、评审考核意见等。

(四)反映工作情况和项目组织实施情况的正式文件、会议纪要等。

第三十条　绩效评价内容包括资金投入使用情况、资金项目管理情况、资金实际产出和政策实施效果。

第六章　预算执行和监督

第三十一条　各级财政部门、林业主管部门应当加快预算执行，提高资金使用效益。结转结余的林业草原生态保护恢复资金，按照财政部关于结转结余资金管理的相关规定处理。

第三十二条　林业草原生态保护恢复资金的支付执行国库集中支付制度有关规定。属于政府采购管理范围的，应当按照政府采购有关规定执行。

第三十三条　林业草原生态保护恢复资金使用管理相关信息应当按照预算公开有关要求执行。

第三十四条　各级财政部门、林业主管部门应当加强对资金申请、分配、使用、管理情况的监督，发现问题及时纠正。财政部安徽监管局根据财政部要求对林业草原生态保护恢复资金进行监管。

第三十五条　各级财政部门、林业等有关部门及其工作人员在林业草原生态保护恢复资金分配、使用、管理等相关工作中，存在违反本办法规定的行为，以及其他滥用职权、玩忽职守、徇私舞弊等违纪违法行为的，按照《中华人民共和国预算法》《中华人民共和国公务员法》《中华人民共和国监察法》《财政违法行为处罚处分条例》等国家有关规定追究相应责任。构成犯罪的，依法追究刑事责任。

第三十六条　资金使用单位和个人在使用林业草原生态保护恢复资金中存在各类违法违规行为的，按照《中华人民共和国预算法》《财政违法行为处罚处分条例》等国家有关规定追究相应责任。

第七章　附　则

第三十七条　本实施细则由省财政厅会同省林业局负责解释。

第三十八条　本实施细则自印发之日起施行。《安徽省财政厅 安徽省林业厅关于印发〈林业生态保护恢复资金管理办法实施细则〉的通知》(财农〔2018〕987号)、《安徽省财政厅 安徽省林业厅关于〈林业生态保护恢复资金管理办法实施细则〉〈林业改革发展资金管理办法实施细则〉的补充通知》(皖财资环〔2019〕823 号)中涉及林业生态保护恢复资金的内容同时废止。《安徽省财政厅 安徽省林业厅转发财政部国家林业局关于修改有关资金管理办法条文的通知》(财农〔2017〕65 号)中有关涉及退耕还林财政资金预算管理规定与本实施细则不符的,执行本实施细则。

安徽省财政厅　安徽省林业局
关于印发《林业改革发展资金管理办法实施细则》的通知

(皖财资环〔2020〕1008 号　2020 年 9 月 2 日)

各市、县(区)财政局、林业局:

为加强和规范林业改革发展资金使用管理,提高资金使用效益,促进林业改革发展,根据《财政部 国家林业和草原局关于印发〈林业改革发展资金管理办法〉的通知》(财资环〔2020〕36 号)等文件,结合我省实际,省财政厅、省林业局制定了《林业改革发展资金管理办法实施细则》,现印发给你们,请认真贯彻执行。

林业改革发展资金管理办法实施细则

第一章　总　则

第一条　为加强和规范林业改革发展资金使用管理,提高资金使用效益,促进林业改革发展,根据《财政部 国家林业和草原局关于印发〈林业改革发展资金管理办法〉的通知》(财资环〔2020〕36 号)等文件,结合我省实际,制定本实施细则。

第二条　本实施细则所称林业改革发展资金是指中央预算安排的用于林业改革发展方面的共同财政事权转移支付资金和省财政预算安排的省级森林生态效益补偿资金。

第三条　林业改革发展资金由省财政厅、省林业局负责管理。省财政厅负责审核资金分配建议方案并下达资金预算,组织预算执行,组织开展预算绩效管理和预算监管,指导市县加强资金使用管理监督。省林业局负责提出资金分配建议方案,下达年度工作任务计划,做好预算绩效管理具体工作,督促和指导市县做好项目实施和资金使用管理监督工作等。

第四条　市、县(区)财政、林业主管部门根据职能负责林业改革发展资金的分解下达、预算执行、组织项目实施、资金使用管理监督以及预算绩效管理工作等。

第五条　林业改革发展资金实施期限至 2022 年,到期前根据国家规定确定是否继续实施和延续期限。

第二章　资金使用范围

第六条　林业改革发展资金主要用于森林资源管护、国土绿化、国家级自然保护区、湿地等生态保护方面。

第七条　森林资源管护支出用于天然林保护管理和森林生态效益补偿,主要是对停伐后的天然商品林,国家级和省级公益林,符合国家级公益林区划界定条件、政策到期的上一轮退耕还生态林等森林资源的保护、管理以及非国有的国家级公益林和省级公益林权利人的经济补偿等。

第八条　国土绿化支出用于林木良种培育、造林、森林抚育以及油茶、油用牡丹等木本油料营造。

第九条　国家级自然保护区支出用于国家级自然保护区(不含湿地类型)的生态保护补偿与修复,特种救护、保护设施设备购置维护与相关治理,专项调查和监测,宣传教育等。

第十条　湿地等生态保护支出用于湿地保护与恢复、退耕还湿、湿地生态效益补偿等湿地保护修复,森林防火、林业有害生物防治、林业生产救灾等林业防灾减灾,珍稀濒危野生动物和极小种群野生植物保护、野生动物疫源疫病监测和保护补偿等国家重点野生动植物保护(不含国家公园内国家重点野生动植物保护),以及林业科技推广示范等。

第十一条　林业改革发展资金不得用于兴建楼堂馆所、偿还举借的债务及其他与林业改革发展无关的支出。

第三章　资金分配

第十二条　林业改革发展资金采取因素法分配,其中承担试点或改革任务的可以采取定额补助。森林资源管护和政策到期的上一轮退耕还生态林抚育支出按照各地工作任务、中央和省补助标准等因素确定补助规模，其他支出按照工作任务、资源状况、绩效、政策等因素分配，权重分别为80%、10%、5%、5%，可以根据财力状况适当调节。

第十三条 林业改革发展资金分配结合工作任务和政策因素，适当向贫困地区、革命老区倾斜。脱贫攻坚有关政策实施期内，向深度贫困地区及贫困人口倾斜。

第十四条 贫困县开展统筹整合使用财政涉农资金试点期间，分配给国家级贫困县的林业改革发展资金中纳入统筹整合范围的部分，按照有关法律法规和整合试点政策规定执行。

第十五条 各级财政部门应当会同同级林业主管部门按照有关法律法规和整合政策支持涉农资金统筹整合。加强林业改革发展资金与中央基建投资等资金的统筹使用，避免重复支持。

第四章 预算下达

第十六条 市级林业主管部门会同财政部门于每年6月15日前，向省林业局、省财政厅报送全市下一年度任务计划。任务计划应当与本地林业发展规划、中期财政规划等相衔接，根据本实施细则规定的支出方向和具体补助内容进行细化并根据重要程度排序。报送任务计划时，应当同步报送相应资源面积、人员数量等基本情况，对与上年相比变动情况进行说明并附佐证材料。

第十七条 省财政厅根据国家提前下达的下一年度林业改革发展资金预计数，会同省林业局按规定时间将资金分解下达到市、县(区)，同时将资金分配结果抄送财政部安徽监管局。

第十八条 省林业局、省财政厅根据国家下达的当年任务计划，及时将任务计划下达到市、县(区)。

第十九条 省财政厅会同省林业局在接到林业改革发展资金预算后30日内分解下达到市、县(区)，同时将资金分配结果报财政部、国家林业和草原局备案，抄送财政部安徽监管局。

第五章 预算绩效管理

第二十条 林业改革发展资金建立“预算编制有目标、预算执行有监控、预算完成有评价、评价结果有反馈、反馈结果有应用”的全过程预算绩效管理机制。

第二十一条 林业改革发展资金绩效目标主要内容包括与任务数量相对应的质量、时效、成本以及经济效益、社会效益、生态效益、可持续影响、满意度等。

第二十二条 绩效目标设定、审核、下达的依据：

(一)国家相关法律、法规和规章，党中央、国务院，省委、省政府对林业领域重大决策部署，国民经济和社会发展规划。

(二)预算管理制度、项目和资金管理办法等。

(三)林业发展规划、林业行业标准及其他相关重点规划等。

(四)统计部门或行业主管部门公布的有关林业统计数据和财政部门反映资金管理的有关数据等。

(五)符合财政部、国家林业和草原局、省财政厅、省林业局要求的其他依据。

第二十三条 省林业局、省财政厅在下达当年任务计划时同步下达绩效目标申报表指标体系。

市级林业主管部门会同财政部门按规定时间，结合任务计划和本地区实际情况，编制绩效目标申报表，连同上一年度资金使用管理情况报送省林业局、省财政厅。

省林业局会同省财政厅于每年2月15日前，结合任务计划和全省实际情况，编制区域绩效目标申报表，连同上一年度资金使用管理情况报送财政部、国家林业和草原局，抄送财政部安徽监管局。

省财政厅会同省林业局随下达当年资金预算下达绩效目标。

第二十四条 各级财政部门会同林业主管部门按要求实施预算绩效监控，林业主管部门是实施预算绩效监控的主体，重点监控林业改革发展资金使用是否符合下达的绩效目标，发现绩效运行与预期绩效目标发生偏离时，应当及时采取措施予以纠正。

第二十五条 各级财政部门会同林业主管部门统一组织实施林业改革发展资金绩效评价。

预算执行结束后，各级林业主管部门组织本部门和资金使用单位对照确定的绩效目标开展绩效自评，并对本地区自评结果和绩效评价相关材料的真实性负责。市级林业主管部门、财政部门审核汇总本级和所属县(市、区)绩效自评报告和绩效自评表后，按时向省林业局、省财政厅报送。省林业局、省财政厅审核汇总后按时向国家林业和草原局、财政部报送，并抄送财政部安徽监管局。

省林业局适时组织实施林业改革发展资金部门绩效评价，绩效评价结果作为改进管理以及下一年度预算申请、安排、分配的重要依据。

第二十六条 绩效评价的依据除了绩效目标设定、审核、下达的依据外，还包括以下依据：

(一)区域绩效目标和项目绩效目标。

(二)预算下达文件、财务会计资料等有关文件资料。

(三)人大审查结果报告、巡视、审计报告及决定、财政监督稽核报告等，以及有关部门或委托中介机构出具的项目评审或竣工验收报告、评审考核意见等。

(四)反映工作情况和项目组织实施情况的正式文件、会议纪要等。

第二十七条 绩效评价内容包括资金投入使用情况、资金项目管理情况、资金实际产出和政策实施效果。

第二十八条 对于林业改革发展资金中纳入贫困县涉农资金统筹整合范围的部分,绩效目标对应的指标按被整合资金额度调减,不考核该部分资金对应的任务完成情况。

第六章 预算执行和监督

第二十九条 市县(市、区)财政、林业主管部门应当加快预算执行,提高资金使用效益。结转结余的林业改革发展资金,按照财政部关于结转结余资金管理的相关规定处理。

第三十条 林业改革发展资金的支付执行国库集中支付制度有关规定。属于政府采购管理范围的,应当按照政府采购有关规定执行。

第三十一条 各地应当积极创新林业改革发展资金使用管理机制,可采用以奖代补、先建后补、贷款贴息等方式,采用贷款贴息方式的,应当将银行征信查询纳入审核环节。鼓励各地通过购买服务的方式开展国有林场造林、管护、抚育等业务。

第三十二条 林业改革发展资金使用管理相关信息应当按照预算公开有关要求执行。

第三十三条 市县(市、区)财政、林业主管部门应当加强对资金申请、分配、使用、管理情况的监督,发现问题及时纠正。财政部安徽监管局根据财政部要求对林业改革发展资金进行监管。

第三十四条 各级财政部门、林业等有关部门及其工作人员在林业改革发展资金分配、使用、管理等相关工作中,存在违反本办法规定的行为,以及其他滥用职权、玩忽职守、徇私舞弊等违纪违法行为的,按照《中华人民共和国预算法》《中华人民共和国公务员法》《中华人民共和国监察法》《财政违法行为处罚处分条例》等国家有关规定追究相应责任。构成犯罪的,依法追究刑事责任。

第三十五条 资金使用单位和个人在使用林业改革发展资金中存在各类违法违规行为的,按照《中华人民共和国预算法》《财政违法行为处罚处分条例》等国家有关规定追究相应责任。

第七章 附 则

第三十六条 市县(市、区)应当安排资金,用于公益林的营造、抚育、保护、管理和非国有公益林权利人的经济补偿等,并制定具体管理办法。各地使用各级财政安排的用于上述方面的资金,实行专款专用。

第三十七条 本实施细则由省财政厅会同省林业局负责解释。

第三十八条 本办法自公布之日起施行。《安徽省财政厅安徽省林业厅关于印发〈林业改革发展资金管理办法实施细则〉的通知》(财农〔2017〕502号)、《安徽省财政厅安徽省林业厅关于印发〈林业改革发展资金预算绩效管理暂行办法实施细则〉的通知》(财农〔2017〕1271号)、《安徽省财政厅安徽省林业局关于〈林业生态保护恢复资金管理办法实施细则〉〈林业改革发展资金管理办法实施细则〉的补充通知》(皖财资环〔2019〕823号)同时废止。

安徽省财政厅 国家税务总局安徽省税务局 安徽省自然资源厅 安徽省水利厅 安徽省应急管理厅 关于印发《安徽省资源税实施细则》的通知

(皖财税法〔2020〕1005号 2020年9月11日)

各市、县(区)财政局、税务局、自然资源局、水利(水务)局、应急局,江北、江南产业集中区税务局:

根据《中华人民共和国资源税法》,省十三届人大常委会第二十次会议审议通过了《安徽省人民代表大会常务委员会关于安徽省资源税具体适用税率等事项的决定》。为进一步确保税法在我省顺利实施,我们制定了《安徽省资源税实施细则》,自2020年9月1日起施行,请遵照执行。

安徽省资源税实施细则

第一条 为了促进资源节约集约利用、加强生态环境保护,根据《中华人民共和国资源税法》(以下简称《资源税法》)、《中华人民共和国税收征收管理法》《安徽省人民代表大会常务委员会关于安徽省资源税具体适用税率等事项的决定》(以下简称《决定》)等相关规定,结合我省实际,制定本细则。

第二条　我省资源税适用的具体税目、税率依照《决定》所附《安徽省资源税税目税率表》执行。

第三条　《资源税法》规定可以选择实行从价计征或者从量计征的税目中,砂石、对外销售的石灰岩应当缴纳的资源税,实行从价计征;地热、其他粘土、矿泉水、自采自用连续生产非应税产品的石灰岩应当缴纳的资源税,实行从量计征。

第四条　下列情形减征或者免征资源税:

(一)纳税人开采或者生产应税产品过程中,因自然灾害或者不可抗力造成的意外事故等原因遭受重大损失的,允许按其损失金额的50%减征资源税,但减征额最高不超过其遭受重大损失当年应纳的资源税;

(二)纳税人开采伴生矿,伴生矿与主矿产品销售额分开核算的,伴生矿矿产品减征30%资源税;

(三)纳税人开采低品位矿,减征40%资源税;

(四)纳税人开采尾矿,减征50%资源税;

(五)国家规定的其他情形。

第五条　纳税人开采或者生产应税产品过程中,因自然灾害或者不可抗力造成的意外事故等原因遭受重大损失情况,由矿产所在地的乡(镇、街道)进行统计上报,县级以上人民政府应急管理部门评估、核定,损失金额应扣除保险赔偿金额。

纳税人开采伴生矿、低品位矿由县级以上人民政府自然资源部门认定。

纳税人开采尾矿由县级以上人民政府应急管理部门认定。

第六条　除法律法规另有规定外,纳税人自行判别和申报享受资源税优惠,并将相关部门的认定资料留存备查。纳税人对资源税优惠事项留存资料的真实性、合法性和完整性负责。

第七条　跨县(市、区)开采应税产品的纳税人,应当向应税产品开采地的税务机关申报缴纳资源税。煤以矿井主井口所在地确定开采地。

实行从价计征的应税产品,其应纳税款由独立核算的单位按照每个开采地应税产品的销售额及适用税率申报缴纳;实行从量计征的应税产品,其应纳税款由独立核算的单位按照每个开采地应税产品的销售数量及适用税率申报缴纳。

第八条　税务机关按应税产品组成计税价格确定销售额的,我省组成计税价格的成本利润率统一为10%。

第九条　市、县两级财政、税务、自然资源、水利、应急管理等相关部门应当建立工作配合机制,定期研究解决资源税征收管理中遇到的问题。

第十条　市、县两级同级税务机关、自然资源、水利、应急管理等相关部门应当实行涉税信息共享,每年2月底前定期交换下列涉税信息:

(一)税务机关向自然资源、水利、应急管理等相关部门提供上年度资源税申报、征收、在途、入库税款及滞纳金等情况。

(二)自然资源部门向税务机关提供上年度本辖区采矿证发放信息、矿山储量变化信息、伴生矿和低品位矿开发利用信息。

(三)水利部门向税务机关提供上年度本辖区河道采砂证发放信息。

(四)应急管理部门向税务机关提供上年度本辖区尾矿开发利用信息。

第十一条　对因自然灾害、不可抗力造成的意外事故遭受重大损失的评估、核定结果,市、县税务机关可以向同级应急管理部门提出申请,应急管理部门在收到申请之日起三十日内予以反馈。

第十二条　市、县税务机关发现纳税人纳税申报的矿种种类、开采销售数量、享受优惠证明材料等数据资料异常的,可以向同级相关部门提出认定申请,相关部门应当自收到税务机关复核申请之日起三十日内向税务机关出具认定意见。

第十三条　本细则下列用语的含义:

(一)伴生矿,是在主矿体(层、脉)中,伴生其他有用矿物、组分、元素,但未达标或未成型,技术和经济上不具有单独开采价值,须与主要矿产综合开采、回收利用的矿产。

(二)低品位矿,是指按我国部、省级发布的相应矿种现行地质勘察规范相关规定,经评审备案的矿产储量报告工业指标中边界品位和最低工业品位之间的矿产资源。

(三)尾矿,是指原矿经过选矿加工处理,回收有用矿物(包括共伴生矿)后剩余的产物或者废弃物。

第十四条　本细则由省财政厅、省税务局负责解释。

第十五条　本细则自2020年9月1日起施行。

(附件略)

安徽省财政厅　安徽省农业农村厅
关于印发《安徽省农作物秸秆综合利用奖补资金管理办法》的通知

(皖财农〔2020〕1204 号　2020 年 10 月 30 日)

各市、县(市、区)财政局、农业农村局:

为更好推动我省秸秆综合利用,经省政府审定,省财政厅会同省农业农村厅制定了《安徽省农作物秸秆综合利用奖补资金管理办法》,现印发给你们,请遵照执行。

安徽省农作物秸秆综合利用奖补资金管理办法

第一章　总　则

第一条　为加强和规范全省农作物秸秆综合利用奖补资金管理,推进资金统筹使用,提高资金使用效益,进一步推动我省秸秆综合利用,根据《中华人民共和国预算法》及《安徽省人民政府关于大力发展以农作物秸秆资源利用为基础的现代环保产业的实施意见》等有关规定,制订本办法。

第二条　安徽省农作物秸秆综合利用奖补资金(以下简称秸秆奖补资金)是省级财政安排并用于支持水稻、小麦、玉米、油菜等农作物秸秆综合利用的转移支付资金。

第三条　秸秆奖补资金由省财政厅会同省农业农村厅共同管理,按照“政策目标明确、分配办法科学、绩效结果导向、规范公开透明”的原则分配、使用和管理。

(一)省财政厅负责:秸秆奖补资金的年度预算编制;会同省农业农村厅拟定资金分配总体方案;审核资金分配建议,分配下达奖补资金;参与制定年度项目管理制度及实施方案;对资金使用情况进行绩效管理监督。

(二)省农业农村厅负责:参与制定秸秆奖补资金管理办法;根据资金分配总体方案提出资金分配建议;会同省财政厅制定下发年度省级实施方案、任务清单和绩效目标;做好年度秸秆奖补资金的测算、任务完成情况监督、绩效目标制定、绩效监控和绩效评价等工作。

第四条　市、县(市、区)财政、农业农村部门管理职责:

(一)财政部门负责:根据本办法规定,结合本地实际,牵头制定秸秆奖补资金管理细则;筹集管理本级秸秆奖补资金,审核资金拨付建议,按照项目执行进度及时拨付资金;参与制定本地项目管理制度及具体实施方案;对资金使用情况进行绩效管理监督,会同有关部门对单位自评和部门评价结果进行抽查复核。

(二)农业农村部门负责:参与制定本地秸秆奖补资金实施细则;根据省级实施方案并结合本地实际牵头制定秸秆综合利用项目管理制度及实施方案;组织奖补项目申报及奖补对象资格条件核实,建立秸秆综合利用项目审核制度、奖补重点项目档案及相关台账;制定项目管理流程,强化项目执行管理;做好对项目实施情况的督促检查、竣工验收、绩效评价等。

第五条　秸秆综合利用奖补资金实施期限为 2020—2022 年。

第二章　资金支出范围

第六条　秸秆奖补资金的奖补对象为符合条件的秸秆综合利用市场主体。

第七条　秸秆奖补资金主要用于秸秆标准化收储点(中心)、秸秆产业化利用、省级秸秆现代环保产业示范园区、秸秆博览会签约项目建设、以秸秆为原料的大中型沼气工程项目以及省委、省政府确定的秸秆综合利用其他重点事项的支出。秸秆发电奖补政策仍按《安徽省财政厅 安徽省发展和改革委员会关于对农作物秸秆发电实施财政奖补的意见》(财建〔2014〕958 号)执行。

第八条　秸秆机械化还田、离田等其他支出,可由市、县(市、区)政府根据实际情况安排。

第九条　秸秆奖补资金不得用于以下支出:

(一)兴建楼堂馆所、购置车辆和办公设备;

(二)弥补预算支出缺口;

(三)人员经费、办公经费;

(四)其他与秸秆综合利用无关的支出。

第十条　秸秆奖补资金可以采取直接补助、先建后补、以奖代补、贴息等支持方式，采取后补助方式。具体奖补标准由省农业农村厅会同省财政厅制定。

第三章 资金分配和下达

第十一条 按照财政事权和支出责任划分，奖补资金实行省与市、县（市、区）共同承担，进一步压实市、县（市、区）责任，增强项目申报的真实性，提高监管的便利性，有效形成政策合力。市、县（市、区）财政先拨付属于本级承担部分，省财政补助资金据实清算。

第十二条 秸秆奖补资金主要采取因素法进行分配。资金分配因素主要包括：上一年度各地农作物秸秆可收集量、上一年度秸秆综合利用及产业化利用相关指标、上一年度秸秆综合利用奖补资金绩效评价结果、上一年度秸秆焚烧火点数以及秸秆现代环保产业示范园区认定、秸秆博览会签约项目等。

第十三条 省农业农村厅应在省人民代表大会批准年度预算后规定时限前向省财政厅函送当年秸秆奖补资金分配建议，省财政厅审核后按规定下达。

第十四条 秸秆奖补资金的支付，按照国库集中支付制度有关规定执行。属于政府采购管理范围的，按照政府采购有关规定执行。

第四章 资金使用和管理

第十五条 秸秆奖补资金的安排和使用，由市、县（市、区）按照本办法及省级年度实施方案结合实际确定，实行主体申报、县级初审、市级审核制度。省级国有农场和中国融通农业发展集团有限公司所属农场纳入所在市、县（市、区）统一实施。

第十六条 市、县（市、区）应根据省级年度实施方案、任务清单和绩效目标，及时编制本行政区内实施方案，明确本地的奖补对象、奖补标准、奖补程序等。

第十七条 市、县（市、区）应做好秸秆奖补资金的公开公示工作，财政部门在部门网站公开奖补资金分配情况，农业农村部门在部门网站公开奖补政策及奖补对象、奖补资金安排结果等，确保公开透明、阳光操作，接受社会监督。

第十八条 市、县（市、区）财政、农业农村部门应当加快预算执行，提高资金使用效益。秸秆奖补资金结余的，按照财政部及省财政厅关于结转结余资金管理有关规定执行。

第五章 监督检查和绩效管理

第十九条 市、县（市、区）农业农村部门、财政部门要从制度上对秸秆奖补资金申报、拨付、监督、管理实行全流程控制，坚决堵塞监管漏洞。市、县（市、区）农业农村部门可委托第三方对补贴项目进行统计核实，牵头组织相关核查，并对上报数据和资料的真实性、完整性、准确性负责；市、县（市、区）财政部门负责对奖补资金分配使用进行监督管理；市、县（市、区）审计部门依法加强对奖补资金的审计监督。

第二十条 省农业农村厅会同省财政厅制定项目监督检查办法，对市、县（市、区）秸秆综合利用项目实施情况和资金管理使用情况开展督查检查。

第二十一条 秸秆奖补资金管理实行绩效评价制度，市、县（市、区）财政部门、农业农村部门应加强秸秆奖补资金全过程预算绩效管理，做好绩效目标编制、绩效运行监控和绩效评价。绩效评价结果按照政府信息公开有关规定进行公示，接受社会公众监督。

第二十二条 省农业农村厅负责组织开展秸秆奖补资金绩效评价等绩效管理工作，会同省财政厅组织第三方对各地秸秆综合利用资金使用情况进行抽查检查，评价结果作为下一年度秸秆奖补资金预算安排、资金分配的重要依据。秸秆奖补资金绩效管理按照《安徽省农业转移支付绩效管理办法》等执行。省财政厅可根据工作需要，组织对资金使用绩效评价情况开展抽查，或实施财政重点项目绩效评价。

第二十三条 秸秆奖补资金使用情况列入秸秆综合利用政府目标管理绩效考核。

第二十四条 各级财政、农业农村部门及其工作人员在资金分配、审核等工作中，存在违反规定分配资金、向不符合条件的单位、个人（或项目）分配资金或者擅自超出规定的范围、标准分配或使用资金等，以及存在其他滥用职权、玩忽职守、徇私舞弊等违法违纪行为的，按照《中华人民共和国预算法》《中华人民共和国公务员法》《中华人民共和国监察法》及《财政违法行为处罚处分条例》等有关规定追究相关责任；涉嫌犯罪的，依法移送司法机关处理。

第二十五条 资金使用单位和个人存在虚报冒领、骗取套取、挤占挪用秸秆奖补资金等违反本办法规定行为的，一经查实应扣回秸秆奖补资金，并按有关规定严肃追究相关单位和人员的责任。对恶意骗补的企业，按照《财政违法行为处罚处分条例》等法律法规予以处理，且三年内不允许申报秸秆综合利用奖补项目；涉嫌犯罪的，依法移送司法机关处理。

第六章 附 则

第二十六条 县级财政部门应会同本级农业农村部门根据本办法规定及省级实施方案，结合实际，制定具体奖补资金实施细则，报省财政厅、省农业农村厅备案。

第二十七条 本办法由省财政厅会同省农业农村厅负责解释。

第二十八条 本办法自印发之日起执行。《安徽省财政厅 安徽省环境保护厅 安徽省农业委员会关于印发〈安徽省农作物秸秆禁烧奖补办法〉的通知》（财建〔2014〕584 号）、《安徽省

财政厅 安徽省环境保护厅 安徽省农业委员会关于印发〈安徽省农作物秸秆产业化利用及示范园区奖补资金管理暂行办法〉的通知》(财建〔2017〕430号)、《安徽省财政厅 安徽省环境保护厅 安徽省农业委员会 安徽省发展和改革委员会 安徽省审计厅关于进一步加强秸秆禁烧和综合利用奖补资金使用管理工作的通知》(财建〔2017〕72号)同时废止。

财经统计

安徽省2020年国民经济和社会发展统计公报

2020年，面对突如其来的新冠肺炎疫情和历史罕见的洪涝灾害以及复杂严峻的内外部环境，全省上下坚持以习近平新时代中国特色社会主义思想为指导，全面贯彻党的十九大和十九届二中、三中、四中、五中全会精神，认真贯彻落实习近平总书记考察安徽重要讲话指示精神，统筹疫情防控、防汛救灾和经济社会发展，扎实做好“六稳”工作，全面落实“六保”任务，经济发展稳定向好，社会大局和谐稳定，“十三五”规划圆满收官，为扎实推动“十四五”时期高质量发展、全面建设新阶段现代化美好安徽奠定了坚实基础。

一、综合

初步核算，全年全省生产总值(GDP)38680.6亿元，居全国第11位；比上年增长3.9%，居第4位。分产业看，第一产业增加值3184.7亿元，增长2.2%；第二产业增加值15671.7亿元，增长5.2%，其中工业增加值11662.2亿元，增长5.1%；第三产业增加值19824.2亿元，增长2.8%。三次产业结构由上年的7.9：40.6：51.5调整为8.2：40.5：51.3。预计全员劳动生产率88317元/人，比上年增加4284元/人。

新兴动能加快成长。规模以上工业中，高新技术产业、装备制造业增加值比上年分别增长16.4%和10.3%，占比分别为43.8%和33.5%。战略性新兴产业产值增长18%，其中新一代信息技术产业、高端装备制造产业、新材料产业、生物产业、新能源汽车产业、新能源产业、节能环保产业产值分别增长28.5%、9.3%、14.8%、22.7%、23.1%、29.6%和8.9%。市场销售中，网上零售额2775.8亿元，增长20.1%。其中，实物商品网上零售额2375.1亿元，增长24.3%，占社会消费品零售总额的比重为13%，比上年提高2.3个百分点。固定资产投资中，高技术产业投资增长9.7%，快于全部投资4.6个百分点。

区域经济协调发展。合肥都市圈生产总值24499.9亿元，比上年增长4%；合芜蚌国家自主创新示范区生产总值15881.5亿元，增长4%；皖江城市带承接产业转移示范区生产总值25564.5亿元，增长4.1%；皖北六市生产总值11195.2亿元，增长3.6%；皖西大别山革命老区生产总值4528.3亿元，增长3.9%；皖南国际文化旅游示范区生产总值12738.1亿元，增长3.8%。

全年城镇新增就业66.3万人，失业人员再就业22.5万人。年末城镇登记失业率2.8%，比上年上升0.2个百分点。全省农民工共1967.4万人，其中外出农民工1342.1万人。

全年居民消费价格比上年上涨2.7%，其中食品烟酒价格上涨8.4%。商品零售价格上涨1.6%。工业生产者出厂价格下降0.9%，工业生产者购进价格下降1.5%。农业生产资料价格上涨4.8%。

二、农业

全年粮食产量4019.2万吨，比上年下降0.9%。其中，夏粮1671.9万吨，增长0.9%；秋粮2256.1万吨，下降1.7%。油料产量162.5万吨，增长0.7%。棉花产量4.1万吨，下降26.2%。

年末全省生猪存栏1419.3万头，比上年增长30%；全年生猪出栏2150.5万头，下降6.2%。猪牛羊禽肉产量395万吨，下降1.4%。禽蛋产量184.2万吨，增长9.2%。牛奶产量37.6万吨，增长11.5%。

年末全省农业机械总动力6800万千瓦，比上年增长2.2%。累计建成高标准农田4950万亩；有效灌溉面积4603.5千公顷，新增31千公顷；新增节水灌溉面积42.1千公顷。

三、工业和建筑业

年末全省规模以上工业企业18369户。全年规模以上工业增加值比上年增长6%，居全国第6位。分经济类型看，国有及国有控股企业增加值增长6.6%，股份制企业增长5.8%，外商及港澳台商投资企业增长9.8%。分门类看，采矿业增长6.1%，制造业增长6.5%，电力、热力、燃气及水生产和供应业增长0.1%。分行业看，40个工业大类行业有26个增加值保持增长。其中，计算机、通信和其他电子设备制造业增长22.4%，汽车制造业增长15.3%，石油、煤炭及其他燃料加工业增长14.3%，化学原料和化学制品制造业增长13.5%，煤炭开采和洗选业增长8.1%。工业产品中，微型计算机设备、移动通信手持机、汽车产量分别增长37.4%、4.7%和23.8%。

全年规模以上工业企业利润2294.2亿元，比上年增长5.1%。分经济类型看，国有控股企业利润683.2亿元，增长8.2%；股份制企业2009.8亿元，增长4.5%，外商及港澳台商投资企业247.8亿元，增长11.6%；私营企业680亿元，下降2.4%。全年规模以上工业企业每百元营业收入中的成本为85.08元，比上年增加0.04元；营业收入利润率为6.05%，提高0.09个百分点。

全年建筑业增加值4032.7亿元，比上年增长5.8%。年末具有资质等级的总承包和专业承包建筑业企业5878家，比上年增加1304家。全年房屋建筑施工面积49377万平方米，增加765.6万平方米;房屋竣工面积14606.3万平方米,减少1100.4万平方米。

四、服务业

全年批发和零售业增加值3516.7亿元,比上年增长1.7%;交通运输、仓储和邮政业增加值1970.7亿元,增长0.8%;住宿和餐饮业增加值698.1亿元,下降7.6%;金融业增加值2553.9亿元,增长6.7%;房地产业增加值3100.9亿元,增长2.4%;信息传输、软件和信息技术服务业增加值888.6亿元,增长18.2%;租赁和商务服务业增加值1075亿元,增长0.4%。全年规模以上服务业企业营业收入增长6.8%,其中以互联网信息技术、商务服务等新兴行业为代表的其他营利性服务业营业收入增长10.9%。

全年货物运输量37.4亿吨,比上年增长1.7%。货物运输周转量10209.2亿吨公里,下降0.1%。全年港口货物吞吐量5.4亿吨,下降2.5%。全年旅客运输量3.3亿人次,下降45.3%。旅客运输周转量728.6亿人公里,下降39.9%。全省民航机场旅客吞吐量1032.9万人次,下降32%,其中合肥新桥机场旅客吞吐量859.4万人次,下降30%。

年末全省民用汽车拥有量990.9万辆,比上年增长8.6%,其中私人汽车872.5万辆、增长9.3%。民用轿车拥有量557.3万辆、增长8.3%,其中私人轿车529.9万辆、增长8.7%。到2020年末,全省高速公路达4904公里、一级公路达5773公里、铁路营业里程达5159.4公里,其中高速铁路营业里程2329公里。

全年电信业务总量5054.8亿元,比上年增长26.2%;邮政业务总量608.4亿元,增长38%。快递业务量22亿件,快递业务收入175亿元,分别增长42.5%和26.5%。年末全省电话用户总数6870.2万户,其中移动电话用户6310.7万户。移动电话普及率99.1部/百人。固定互联网宽带接入用户2145.2万户,比上年末增加233.1万户,其中固定互联网光纤宽带接入用户1955.6万户,增加238.3万户。全年移动互联网用户接入流量61.5亿GB,增长33%。

全年入境旅游人数69.3万人次,比上年下降89.4 %。其中,外国人44万人次,下降88.4%;港澳台同胞25.3万人次,下降90.9%。国内游客4.7亿人次,下降42.6%。旅游总收入4240.5亿元,下降50.3%。其中,旅游外汇收入2.7亿美元,下降91.9%;国内旅游收入4221.5亿元,下降49.1%。皖南国际文化旅游示范区旅游收入2167.3亿元,下降51.1%。年末全省有A级及以上旅游景点(区)625处。

五、固定资产投资

全年固定资产投资(不含农户)比上年增长5.1%。其中,工业技术改造投资下降0.9%,基础设施投资增长10.6%,民间投资增长0.8%。分产业看,第一产业投资增长34.8%,第二产业投资下降4.3%,第三产业投资增长9.3%。工业投资下降4.3%,其中制造业投资下降5.6%。

全年房地产开发投资7042.3亿元,比上年增长5.6%。商品房销售面积9534.1万平方米,增长3.3%;商品房销售额7346.1亿元,增长7.7%;年末商品房待售面积1541.7万平方米,增长0.7%。

重点项目建设有序推进。合肥轨道交通6号线、滁州东方日升高效太阳能电池和组件、六安AMOLED柔性显示触控模组与5G智能终端研发制造基地等3778个省重点项目开工,商合杭高铁、合安高铁、蚌埠泰坦新能源产业园、芜湖工业机器人智能制造基地二期等1826个省重点项目竣工。

年末煤炭产能12696万吨/年,发电装机容量7816万千瓦,其中燃煤火电5142.9万千瓦,新能源和再生能源2469万千瓦。

六、国内贸易

全年社会消费品零售总额18333.7亿元,比上年增长2.6%。按经营地统计,城镇消费品零售额15102.1亿元,增长2.4%;乡村消费品零售额3231.6亿元,增长3.9%。按消费类型统计,商品零售额16353.3亿元,增长3.8%;餐饮收入1980.4亿元,下降6.3%。

限额以上企业商品零售额中,吃、用类商品零售额比上年分别增长10.5%和4.9%,粮油类增长10.9%,肉禽蛋类增长24.3%,服装类下降4.5%,日用品类增长6.9%,中西药品类增长5.2%,家用电器和音像器材类增长3.6%,家具类下降6.2%,通讯器材类下降6.6%,建筑及装潢材料类增长10.1%,汽车类增长4.2%,石油及制品类下降1.7%。

七、对外经济

全年进出口总额780.5亿美元,比上年增长13.6%。其中,出口455.8亿美元,增长12.8%;进口324.6亿美元,增长14.6%。从出口商品看,机电产品、高新技术产品出口分别增长17.9%和19.4%。

全省亿元以上在建省外投资项目5955个,当年实际到位资金14104.7亿元,比上年增长12.5%。其中,沪苏浙在皖投资在建亿元以上项目3493个,实际到位资金7490.5亿元、增长16.8%。

全年新备案外商投资项目393个,比上年增长12.9%;合同利用外资51.7亿美元,下降78.1%;实际利用外商直接投资183.1亿美元,增长2.1%。到2020年末,来皖投资的境外世界500强企业增加到89家。

全年对外承包工程新签合同金额28.1亿美元,比上年增长31.4%;完成营业额25亿美元,下降25.2%;当年外派劳务人员6329人,下降37.8%。全年新批境外企业(机构)103个,实际对外投资14.4亿美元,增长5.6%,其中对“一带一路”沿线国家和地区投资2.5亿美元,下降7.1%。

八、财政和金融

全年全省一般公共预算收入3216亿元,比上年增长1%。财政支出7471亿元,增长1.1%。重点支出项目中,社会保障与就业支出增长8.5%,城乡社区事务支出下降25.5%,科学技术支出下降2.1%,教育支出增长3.2%。全年33项民生工程累计投入1213.6亿元。

全年社会融资规模增量9251.2亿元,比上年增加1987.6亿元。年末全省金融机构人民币各项存款余额59897.8亿元,比上年末增加5519.9亿元,增长10.2%;人民币各项贷款余额51520.5亿元,比上年末增加7231.2亿元,增长16.3%。

全年上市公司通过境内市场累计筹资351.6亿元,比上年减少77.5亿元。其中,首次公开发行A股20只,筹资129.6亿元;A股再筹资(包括配股、公开增发、非公开增发、认股权证)100亿元;上市公司通过发行可转债、公司债筹资122亿元。年末全省有上市公司126家,上市公司市价总值18772亿元,比上年增长43.6%。

全年保险业原保险保费收入1403.5亿元,比上年增长4.1%。其中,财产险业务原保险保费收入470.95亿元,增长4%;人身险业务原保险保费收入932.6亿元,增长4.1%。赔款和给付477.4亿元,增长13.9%。其中,财产险业务赔款支出279.6亿元,增长16.5%;人身险业务赔款和给付支出197.75亿元,增长10.5%。

九、人民生活和社会保障

全年全省常住居民人均可支配收入28103元,比上年增长6.4%,扣除价格因素实际增长3.6%。城镇常住居民人均可支配收入39442元,增长5.1%,扣除价格因素实际增长2.5%。人均消费支出22683元,下降4.6%。其中,食品烟酒支出下降0.3%,衣着支出下降12.2%,居住支出增长1.6%,生活用品及服务支出下降7.3%,交通和通信支出下降6.8%,教育文化娱乐支出下降18.5%,医疗保健支出下降1.2%。城镇常住居民恩格尔系数为32.6%,比上年上升1.4个百分点。年末城镇常住居民人均住房建筑面积42.1平方米,比上年末增加0.3平方米。

全年农村常住居民人均可支配收入16620元,比上年增长7.8%,扣除价格因素实际增长4.8%。人均消费支出15024元,增长3.3%。其中,食品烟酒支出增长8.2%,衣着支出增长2.9%,居住支出增长2.4%,生活用品及服务支出增长1%,交通和通信支出下降2.7%,教育文化娱乐支出下降3.3%,医疗保健支出增长10.1%。农村常住居民恩格尔系数为34.3%,比上年上升1.6个百分点。年末农村常住居民人均住房建筑面积54.6平方米,比上年末增加1.1平方米。

年末全省参加城镇职工基本养老保险人数为1283.5万人。城乡居民基本养老保险参保人数为3490.1万人。参加失业保险人数为564.2万人,全年为15.3万名失业人员发放了不同期限的失业保险金。参加工伤、生育保险人数分别为683.9万人和653万人。年末全省参加基本医疗保险人数为6705万人。

年末34.4万人享受城市居民最低生活保障,183.7万人享受农村居民最低生活保障,农村五保供养34.6万人。

十、教育、科学技术和文化

年末全省有研究生培养单位21个,普通高校115所,各类中等职业教育(不含技工学校)298所,普通高中661所。初中2846所,初中阶段适龄人口入学率99.98%。小学7464所,小学学龄儿童入学率99.99%。

年末全省专业技术人才总量达435万人,其中高层次人才45万人。科研机构7074个,其中大中型工业企业办机构1288个。从事研发活动人员26.2万人。

全省已建成全超导托卡马克、稳态强磁场、同步辐射等国家大科学装置;有国家重点实验室(含国家研究中心)12个,省重点实验室175个;有省级以上工程技术研究中心534家,其中国家级9家。有省级以上高新技术产业开发区20个,其中国家级6个。有高新技术企业8559家,比上年净增1923家。

全年登记科技成果20168项,其中各类财政资金支持形成的科技成果953项。授权专利11.97万件、比上年增长45%。年末全省有效发明专利9.82万件。全年输出技术合同成交额742.4亿元,增长64%;吸纳技术合同成交额1131.2亿元,增长85.4%。

年末全省有获得资质认定的检验检测机构1530个,国家质量监督检验中心23个;产品质量、体系认证机构42个(包含在皖分部、分公司),累计获得强制性产品认证的企业1067个;法定及授权计量检定技术机构226个,全年强制检定计量器具308.1万台(件)。累计主导或参与制定国际标准44项、国家标准3100项,制定、修订地方标准2984项。累计拥有国家地理标志产品81个、有效注册商标76.9万件。

省测绘档案资料馆全年为社会各界提供各种比例尺地形图37811幅、测绘基准成果3060点(次),航空航天遥感影像332万平方千米、数据量25581GB;完成国家基本比例尺地形图生产与更新30710幅、地理国情动态监测14万平方千米、“天地图·安徽”地图网站数据更新1113.2GB。

年末全省拥有文化馆123个,公共图书馆127个,博物馆219个(含民营博物馆),乡镇街道综合文化站1437

个。全国重点文物保护单位175处,合并国保项目4处,省级重点文物保护单位915处。国家级非物质文化遗产名录88项,省级名录479项。

年末全省广播电视台78座,广播节目综合人口覆盖率99.93%,电视节目综合人口覆盖率99.9%。有线电视用户783.4万户。全年出版报纸98种,总印数5.6亿份;期刊(杂志)180种,总印数0.36亿册;图书9821种,总印数2.9亿册。年末全省有各级国家综合档案馆125个,馆藏档案资料4698.7万卷(件、册),库馆总建筑面积52.5万平方米。

十一、卫生、体育和社会服务

年末全省有医疗卫生机构29391个,其中医院1388个、基层医疗卫生机构27400个、专业公共卫生机构481个、其他卫生机构122个。基层医疗卫生机构中,卫生院1361个,社区卫生服务中心(站)1870个,村卫生室15710个;专业公共卫生机构中,疾病预防控制中心121个,专科疾病防治院(所、站)43个,妇幼保健院(所、站)123个,卫生监督所(中心)105个。全省卫生技术人员41.2万人,其中执业(助理)医师16.3万人,注册护士18.8万人。乡村医生和卫生员3.1万人。医疗卫生机构床位40.8万张,其中医院31.8万张,基层医疗卫生机构床位7.9万张。全年医疗卫生机构共诊疗3.7亿人次。

全年在国际国内重大比赛中,我省运动健儿共获得28枚金牌、38枚银牌、58枚铜牌。全年共开展全民健身活动5191次,参加活动总人数396万人次。人均体育场地面积约为2平方米。全年销售体育彩票65.5亿元。

年末全省有各类提供住宿的社会服务机构2554个,床位36.9万张,收养救助人员12.9万人;不提供住宿的社会服务机构和设施1.6万个,其中社区服务站9747个。全年销售社会福利彩票43.8亿元,筹集社会福利资金14亿元。

十二、资源、环境和应急管理

全省已发现的矿种为128种(计算到亚矿种为165种)。查明资源储量已上表统计的矿种108种(含亚矿种,不含石油、铀、煤层气),其中能源矿种2种,金属矿种23种,非金属矿种81种,水气矿种2种。全年地质勘查部门开展各类地质(科研)项目(省级)277项。新增查明资源储量的大中型矿产地10处。

全年规模以上工业综合能源消费量比上年增长5%,单位工业增加值能耗下降0.9%。

全年生态保护和环境治理业投资比上年增长76.7%。已建成国家级自然保护区8个,省级自然保护区30个。年末森林面积4175.3千公顷,森林蓄积量2.7亿立方米。当年人工造林面积59.6千公顷。

年末全省共有省、市、县级环境监测站87个。全省PM2.5年均浓度为39微克/立方米,比上年下降15.2%。全省16个省辖市空气质量平均优良天数比例为82.9%,比上年提高11.1个百分点;有5个市空气质量达到二级标准。

淮河干流安徽段水质以Ⅲ类为主,总体水质优良。长江干流安徽段水质为Ⅱ类,总体水质优;主要支流总体水质优。巢湖湖区整体水质轻度污染,主要环湖支流整体水质良好。新安江干、支流水质优。全省城市集中式饮用水水源地水量达标率为97%。

全年亿元GDP生产安全事故死亡人数为0.03人,煤矿百万吨死亡人数为0.045人。全年发生道路交通事故10617起。

2020年度安徽省一般公共预算收支决算总表

单位:万元

预算科目	预算数	调整预算数	决算数	预算科目	预算数	调整预算数	决算数
一、税收收入	23852846	23536685	21995249	一、一般公共服务支出	6030048	5284404	5151165
增值税	10368819	10190119	9432070	二、外交支出			
企业所得税	3948441	3922860	3625127	三、国防支出	72095	61925	59552
个人所得税	691553	687559	767409	四、公共安全支出	2776381	3060888	2997843
资源税	312805	315015	307221	五、教育支出	10485956	12755968	12618566
城市维护建设税	1510733	1490140	1481101	六、科学技术支出	3024595	3718932	3699780
房产税	769310	771056	725717	七、文化旅游体育与传媒支出	987454	988658	970640
印花税	371616	368880	362855	八、社会保障和就业支出	9887029	11794684	11730704
城镇土地使用税	1122969	1135469	1023003	九、卫生健康支出	5881003	7713985	7616183
土地增值税	1631539	1604206	1476357	十、节能环保支出	1350049	1962564	1908277
车船税	244744	243820	252362	十一、城乡社区支出	6036665	8652797	8601776
耕地占用税	412738	369232	227692	十二、农林水支出	5768954	9340483	9242878
契税	2410324	2382448	2262364	十三、交通运输支出	2492572	3446178	3336903
烟叶税	10757	10585	8009	十四、资源勘探工业信息等支出	1201997	1187636	1152989
环境保护税	40236	38843	32247	十五、商业服务业等支出	362859	450456	437578
其他税收收入	6262	6453	11715	十六、金融支出	214209	82580	76471
二、非税收入	8781268	8940256	10164830	十七、援助其他地区支出	60829	58334	58334
专项收入	2674131	2717260	2950449	十八、自然资源海洋气象等支出	426449	633128	603570
行政事业性收费收入	1172512	1195765	1234015	十九、住房保障支出	1872623	2217669	2185937
罚没收入	810022	849269	992941	二十、粮油物资储备支出	236286	314793	305155
国有资本经营收入	372505	403522	439445	二十一、灾害防治及应急管理支出	283849	635834	578097
国有资源(资产)有偿使用收入	3193998	3204491	3824596	二十二、预备费	828854		
其他收入	558100	569949	723384	二十三、其他支出	1790665	94970	75802
				二十四、债务付息支出	1284076	1320719	1320719
				二十五、债务发行费用支出	5077	7006	7006
本年收入合计	32634114	32476941	32160079	本年支出合计	63360574	75784591	74735925

安徽省2020年省级一般公共预算收入决算表

单位:万元

项　　目	2020年预算数	2020年调整预算数	2020年决算数	为预算的%	为上年决算的%
一、税收收入	2016000	2016000	1525218	75.7	88.6
增值税	73000	73000	-353663		212.8
企业所得税	1599000	1599000	1515829	94.8	97.6
个人所得税	258000	258000	294282	114.1	117.3
城市维护建设税	13800	13800	12468	90.3	93.1
房产税	2400	2400	2136	89.0	92.8
印花税	1300	1300	1268	97.5	99.5
城镇土地使用税	3100	3100	2210	71.3	73.9
土地增值税	700	700	1579	225.6	233.6
耕地占用税	45500	45500	32959	72.4	75.1
环境保护税	19200	19200	16125	84.0	86.6
其他税收收入			25		
二、非税收入	1084000	1084000	967812	89.3	84.7
专项收入	393810	393810	397147	100.8	94.4
行政事业性收费收入	150940	150940	111127	73.6	73.5
罚没收入	38389	38389	53612	139.7	137.1
国有资本经营收入	3345	3345	9778	292.3	33.3
国有资源(资产)有偿使用收入	461719	461719	343149	74.3	72.6
捐赠收入	120	120	448		
政府住房基金收入	10470	10470	18936	180.9	109.1
其他收入	25207	25207	33615	133.4	285.6
收入合计	3100000	3100000	2493030	80.4	87.1
加:返还性收入			3174945		
一般性转移支付收入			31192309		
专项转移支付收入			3073338		
上解收入			1808053		
调入资金			445297		
动用预算稳定调节基金			2340000		
地方政府一般债务收入			6646655		
接受其他地区援助收入			40000		
上年结转收入			404947		
收入总计			51618574		

安徽省2020年省级一般公共预算税收返还和转移支付收入决算表

单位:万元

项　　目	2020年决算数
一、返还性收入	2664545
所得税基数返还收入	194850
成品油税费改革税收返还收入	
增值税税收返还收入	717395
消费税税收返还收入	320300
增值税"五五分享"税收返还收入	1432000
二、一般性转移支付收入	31192309
均衡性转移支付收入	9549700
基本财力保障机制奖补资金收入	3378533
结算补助收入	900058
资源枯竭型城市转移支付补助收入	72700
产粮(油)大县奖励资金收入	349872
重点生态功能区转移支付收入	233000
固定数额补助收入	1862490
革命老区转移支付收入	60168
贫困地区转移支付收入	392106
公共安全共同财政事权转移支付收入	195030
教育共同财政事权转移支付收入	1647356
科学技术共同财政事权转移支付收入	8200
文化旅游体育与传媒共同财政事权转移支付收入	76968
社会保障和就业共同财政事权转移支付收入	5120614
医疗卫生共同财政事权转移支付收入	2896211
节能环保共同财政事权转移支付收入	179452
农林水共同财政事权转移支付收入	2233617
交通运输共同财政事权转移支付收入	1323214
住房保障共同财政事权转移支付收入	371365
粮油物资储备共同财政事权转移支付收入	104593
灾害防治及应急管理共同财政事权转移支付收入	197815
其他共同财政事权转移支付收入	12707
其他一般性转移支付收入	26520
三、专项转移支付收入	3073338
一般公共服务	9129
国防	1091
公共安全	53346
教育	86160
科学技术	2192
文化旅游体育与传媒	22673
社会保障和就业	24876
卫生健康	272566
节能环保	425118
城乡社区	46091
农林水	1058222
交通运输	157000
资源勘探信息等	116490
商业服务业等	70229
金融	13810
自然资源海洋气象等	2627
住房保障	421343
粮油物资储备	33385
灾害防治及应急管理	187357
其他收入	69633
合计	36930192

安徽省2020年省级一般公共预算支出决算表

单位:万元

项　　目	2020年预算数 1	预算调整数 2	中央追中 3	上年结转等 4	2020年调整预算数 =1+2+3+4	2020年决算数	为预算的 %	为上年决算的 %
一、一般公共服务支出	725314		20285	-361990	383609	331882	86.5	65.5
二、国防支出	13743		3699	-6271	13871	13741	99.1	95.6
三、公共安全支出	391887		36520	68786	497193	460979	92.7	119.7
四、教育支出	1048468		457811	-45109	1461170	1367317	93.6	101.9
五、科学技术支出	223801		9422	50346	283569	280090	98.8	36.9
六、文化旅游体育与传媒支出	336937		14760	-111506	240191	233996	97.4	87.1
七、社会保障和就业支出	296616	837	2764101	45405	3106959	3073216	98.9	103.7
八、卫生健康支出	221978	1148	166636	-35036	354726	317045	89.4	160.0
九、节能环保支出	59120		5579	-55193	9506	-2421		
十、城乡社区支出	21974			-14601	7373	6885	93.4	77.4
十一、农林水支出	287181		450825	-101883	636123	616571	96.9	66.7
十二、交通运输支出	471393	-60000	576150	-23649	963894	892283	92.6	80.7
十三、资源勘探工业信息等支出	293752		7561	138234	439547	433943	98.7	109.4
十四、商业服务业等支出	31705			-24686	7019	6217	88.6	44.1
十五、金融支出	172167			-169501	2666	2661	99.8	34.2
十六、援助其他地区支出	60480			-3053	57427	57427	100.0	104.4
十七、自然资源海洋气象等支出	101789			-38538	63251	52332	82.7	111.7
十八、住房保障支出	169552			-45663	123889	123464	99.7	90.1
十九、粮油物资储备支出	9802		162531	-312	172021	169637	98.6	107.0
二十、灾害防治及应急管理支出	62228		51118	-48030	65316	58549	89.6	94.8
二十一、预备费	80000			-80000				
二十二、其他支出	19920	126458		-144510	1868	1654	88.5	111.3
二十三、债务付息支出	214193			-15695	198498	198498	100.0	129.5
二十四、债务发行费用支出	2000			-524	1476	1476	100.0	163.6
支出合计	5316000	68443	4729698	-1022979	9091162	8697442	95.7	87.2
加:返还性支出						2164862		
一般性转移支付						27773406		
专项转移支付						3241123		
上解支出						811838		
安排预算稳定调节基金						2846037		
地方政府一般债务还本支出						400459		
地方政府一般债务转贷支出						5289687		
结转下年						393720		
支出总计						51618574		

备注:1. 预算调整数:新增一般债务收入等安排支出,根据预算法规定编制预算调整方案,经省人大常委会批准后的预算变动数。

2. 上年结转等:主要包括上年结转,以及按规定动支预备费、盘活财政存量资金等形成的预算支出增减数。

安徽省2020年省级一般公共预算本级支出决算表

单位:万元

项　　目	2020年预算数	2020年调整预算数	2020年决算数	为预算的%	为上年决算的%
一般公共服务支出	725314	383609	331882	86.5	65.5
人大事务	10353	11284	10838	96.0	97.0
行政运行	5615	6784	6617	97.5	92.5
一般行政管理事务	817	395	395	100.0	62.4
机关服务	557	921	688	74.7	92.2
人大会议	1345	1351	1351	100.0	101.5
人大立法	190	126	126	100.0	63.0
人大监督	171	124	124	100.0	32.7
人大代表履职能力提升	135	117	116	99.1	113.7
代表工作	658	527	505	95.8	309.8
人大信访工作	47	107	107	100.0	214.0
其他人大事务支出	818	832	809	97.2	205.3
政协事务	7318	7846	7618	97.1	101.1
行政运行	3854	4569	4493	98.3	99.0
一般行政管理事务	320	320	319	99.7	69.8
机关服务	158	231	231	100.0	104.5
政协会议	1016	869	869	100.0	158.0
委员视察	163	99	73	73.7	64.0
参政议政	560	456	433	95.0	88.4
事业运行	171	209	188	90.0	105.0
其他政协事务支出	1076	1093	1012	92.6	102.7
政府办公厅(室)及相关机构事务	47054	47108	43129	91.6	98.9
行政运行	14095	18157	17667	97.3	103.3
一般行政管理事务	17126	13371	11904	89.0	94.6
机关服务	6125	5947	5419	91.1	94.3
信访事务	819	783	659	84.2	99.5
参事事务	360	261	201	77.0	73.9
事业运行	1928	2298	2199	95.7	96.2
其他政府办公厅(室)及相关机构事务支出	6601	6291	5080	80.8	102.6
发展与改革事务	175341	74852	48165	64.3	33.6
行政运行	5915	7815	7627	97.6	97.2
一般行政管理事务	28	29	29	100.0	96.7
社会事业发展规划	10	10			
经济体制改革研究	163	163	133	81.6	92.4

续表

项目	2020年预算数	2020年调整预算数	2020年决算数	为预算的%	为上年决算的%
物价管理	543	473	399	84.4	67.1
事业运行	981	1252	1204	96.2	99.5
其他发展与改革事务支出	167701	65110	38773	59.5	29.0
统计信息事务	7800	9632	8496	88.2	104.5
行政运行	2475	3290	3095	94.1	90.6
一般行政管理事务	147	226	221	97.8	597.3
信息事务	754	732	650	88.8	61.1
专项统计业务	908	894	728	81.4	89.8
专项普查活动	245	504	371	73.6	109.4
统计抽样调查	552	548	548	100.0	637.2
事业运行	1710	2326	1803	77.5	101.4
其他统计信息事务支出	1009	1112	1080	97.1	180.9
财政事务	12877	12260	12195	99.5	87.2
行政运行	4964	6454	6454	100.0	101.3
一般行政管理事务	1264	1152	1152	100.0	112.1
预算改革业务	80	62	62	100.0	79.5
财政国库业务	170	94	94	100.0	94.9
信息化建设	1255	969	904	93.3	56.1
事业运行	1030	1359	1359	100.0	92.2
其他财政事务支出	4114	2170	2170	100.0	65.3
税收事务	39000	39000	39000	100.0	147.7
其他税收事务支出	39000	39000	39000	100.0	183.1
审计事务	8433	12716	10706	84.2	146.9
行政运行	4019	7518	7397	98.4	155.0
一般行政管理事务	20	36	36	100.0	18.1
审计业务	4047	4712	2899	61.5	147.8
信息化建设	76	108	32	29.6	168.4
事业运行	163	235	235	100.0	95.5
其他审计事务支出	108	107	107	100.0	118.9
海关事务	432	922	922	100.0	110.3
缉私办案		490	490	100.0	121.3
其他海关事务支出	432	432	432	100.0	100.0
人力资源事务	30707	31496	27826	88.3	125.8
政府特殊津贴	181	181	181	100.0	23.7
引进人才费用	23990	24162	22962	95.0	150.9
事业运行	523	663	628	94.7	72.1
其他人力资源事务支出	6013	6490	4055	62.5	76.8

续表

项　目	2020年预算数	2020年调整预算数	2020年决算数	为预算的%	为上年决算的%
纪检监察事务	20021	18955	13629	71.9	74.7
行政运行	6886	8148	8032	98.6	105.9
一般行政管理事务	8919	4985	832	16.7	11.2
大案要案查处	4000	3997	2947	73.7	98.8
事业运行	183	1791	1791	100.0	785.5
其他纪检监察事务支出	33	34	27	79.4	62.8
商贸事务	5547	6531	5866	89.8	107.4
行政运行	3026	4137	3798	91.8	124.2
一般行政管理事务	1246	1319	1168	88.6	54.4
招商引资	325	196	133	67.9	52.6
其他商贸事务支出	950	879	767	87.3	
知识产权事务	460	791	791	100.0	124.4
行政运行	260	367	367	100.0	99.7
其他知识产权事务支出	200	424	424	100.0	158.2
民族事务	1187	1341	1319	98.4	89.7
行政运行	887	1158	1138	98.3	95.2
民族工作专项	250	133	133	100.0	168.4
事业运行	9	9	7	77.8	28.0
其他民族事务支出	41	41	41	100.0	24.1
港澳台事务	1546	1741	1688	97.0	42.2
行政运行	987	1292	1267	98.1	36.7
台湾事务	559	449	421	93.8	76.8
档案事务	1611	2138	1979	92.6	100.8
行政运行	876	1221	1220	99.9	95.6
档案馆	735	917	759	82.8	131.8
民主党派及工商联事务	4925	5200	5181	99.6	91.3
行政运行	3153	3999	3990	99.8	100.6
一般行政管理事务	1751	1173	1163	99.1	73.5
事业运行	21	4	4	100.0	
其他民主党派及工商联事务支出		24	24	100.0	19.0
群众团体事务	8229	8328	8165	98.0	130.9
行政运行	1837	2375	2361	99.4	99.5
一般行政管理事务	2441	1991	1879	94.4	82.0
工会事务	3089	3029	3029	100.0	
事业运行	704	857	823	96.0	89.4
其他群众团体事务支出	158	76	73	96.1	11.2
党委办公厅(室)及相关机构事务	26928	30521	29339	96.1	101.0

续表

项　　目	2020 年预算数	2020 年调整预算数	2020 年决算数	为预算的%	为上年决算的%
行政运行	11481	15525	14862	95.7	104.7
一般行政管理事务	7541	7785	7396	95.0	118.5
机关服务	1000	1096	1096	100.0	94.6
专项业务	5788	4996	4868	97.4	81.6
事业运行	445	439	439	100.0	84.1
其他党委办公厅(室)及相关机构事务支出	673	680	678	99.7	71.4
组织事务	14746	7597	7597	100.0	87.0
行政运行	3221	3772	3772	100.0	94.7
一般行政管理事务	10050	2512	2512	100.0	76.4
其他组织事务支出	1475	1313	1313	100.0	89.9
宣传事务	6286	7120	7106	99.8	106.1
行政运行	2516	3316	3303	99.6	99.5
一般行政管理事务	3570	3609	3608	100.0	113.0
其他宣传事务支出	200	195	195	100.0	104.8
统战事务	3893	3448	3143	91.2	88.5
行政运行	1711	2165	2131	98.4	108.7
一般行政管理事务	644	400	295	73.8	118.0
宗教事务	1086	669	518	77.4	46.3
华侨事务	431	194	179	92.3	87.7
其他统战事务支出	21	20	20	100.0	111.1
网信事务	2109	2376	2350	98.9	120.8
行政运行	909	1100	1090	99.1	107.5
一般行政管理事务	530	615	610	99.2	81.1
其他网信事务支出	670	661	650	98.3	361.1
市场监督管理事务	44407	49967	45541	91.1	87.3
行政运行	6726	8161	8157	100.0	92.0
市场主体管理	1280	1179	1179	100.0	450.0
市场秩序执法	635	610	596	97.7	204.1
信息化建设	800	1098	818	74.5	129.0
药品事务	2820	2775	1703	61.4	80.0
质量安全监管	1653	1582	1567	99.1	
食品安全监管	964	936	777	83.0	
事业运行	5104	5129	5119	99.8	79.1
其他市场监督管理事务	24425	28497	25625	89.9	77.3
其他一般公共服务支出	244104	-9561	-10707	112.0	-14.0
国家赔偿费用支出	2000	1260	1260	100.0	25200.0
其他一般公共服务支出	242104	-10821	-11967	110.6	

续表

项　　目	2020年预算数	2020年调整预算数	2020年决算数	为预算的%	为上年决算的%
国防支出	13743	13871	13741	99.1	95.6
国防动员	13139	13792	13666	99.1	95.9
兵役征集	399	399	399	100.0	95.0
人民防空	6686	940	940	100.0	82.7
国防教育	95	95	95	100.0	95.0
预备役部队	486	2392	2392	100.0	100.6
民兵	5406	9774	9774	100.0	101.3
其他国防动员支出	67	192	66	34.4	11.6
其他国防支出	604	79	75	94.9	65.8
其他国防支出	604	79	75	94.9	65.8
公共安全支出	391887	497193	460979	92.7	119.7
武装警察部队	2600	2600	2600	100.0	108.3
武装警察部队	2600	2600	2600	100.0	108.3
公安	49460	51892	42305	81.5	80.0
行政运行	20324	26305	25904	98.5	100.2
一般行政管理事务	4773	2225	1904	85.6	39.4
信息化建设	7131	7035	788	11.2	12.2
执法办案	219	226	158	69.9	24.8
特别业务	382	382	344	90.1	85.6
特勤业务	1950	1950	1950	100.0	
其他公安支出	14681	13769	11257	81.8	76.7
国家安全	18757	21388	21388	100.0	97.2
行政运行	15986	18616	18616	100.0	97.1
一般行政管理事务	931	932	932	100.0	96.1
安全业务	1840	1840	1840	100.0	99.5
检察	31371	56342	50481	89.6	144.8
行政运行	18254	32737	31714	96.9	141.9
一般行政管理事务	4003	8756	7236	82.6	174.9
“两房”建设	72	72	72	100.0	
检察监督	7359	8244	7414	89.9	109.6
事业运行		15	15	100.0	
其他检察支出	1683	6518	4030	61.8	250.5
法院	50512	52574	49563	94.3	92.8
行政运行	28096	30454	30237	99.3	98.0
一般行政管理事务	5819	5441	4759	87.5	86.2
案件审判	8924	8525	8043	94.3	87.4
案件执行	52	53	53	100.0	88.3

续表

项　　目	2020年预算数	2020年调整预算数	2020年决算数	为预算的%	为上年决算的%
“两庭”建设	4696	4734	3344	70.6	65.1
事业运行	137	189	173	91.5	110.2
其他法院支出	2788	3178	2954	93.0	119.9
司法	7589	8470	8380	98.9	94.6
行政运行	3983	4930	4930	100.0	98.5
一般行政管理事务	95	92	92	100.0	92.0
普法宣传	95	92	92	100.0	92.0
律师公证管理	11	9	9	100.0	81.8
法律援助	142	140	140	100.0	93.3
国家统一法律职业资格考试	30	31	31	100.0	50.0
法制建设	371	377	377	100.0	63.1
事业运行	985	893	876	98.1	92.0
其他司法支出	1877	1906	1833	96.2	97.4
监狱	207084	263077	250908	95.4	140.3
行政运行	113334	152288	152268	100.0	101.7
一般行政管理事务	184	174	174	100.0	90.2
犯人生活	10414	18245	18241	100.0	97.2
犯人改造	162	2721	2721	100.0	98.4
狱政设施建设	78408	82656	70513	85.3	46390.1
事业运行	87	87	87	100.0	94.6
其他监狱支出	4495	6906	6904	100.0	97.3
强制隔离戒毒	19465	37367	32086	85.9	118.0
行政运行	16770	22417	22417	100.0	102.8
强制隔离戒毒人员生活	1415	1410	1410	100.0	71.5
强制隔离戒毒人员教育	312	293	293	100.0	89.1
所政设施建设		12311	7035	57.1	343.2
其他强制隔离戒毒支出	968	936	931	99.5	91.4
缉私警察	40	40	40	100.0	100.0
其他缉私警察支出	40	40	40	100.0	100.0
其他公共安全支出	5009	3443	3228	93.8	66.9
其他公共安全支出	5009	3443	3228	93.8	66.9
教育支出	1048468	1461170	1367317	93.6	101.9
教育管理事务	15637	17017	12438	73.1	61.1
行政运行	2074	2804	2802	99.9	87.4
一般行政管理事务	1079	834	711	85.3	49.5
其他教育管理事务支出	12484	13379	8925	66.7	56.8
普通教育	638453	937708	931099	99.3	99.2

续表

项　　目	2020年预算数	2020年调整预算数	2020年决算数	为预算的%	为上年决算的%
高等教育	637500	936855	930850	99.4	99.2
其他普通教育支出	953	853	249	29.2	53.1
职业教育	256969	423622	392519	92.7	111.7
中等职业教育	42077	60201	57875	96.1	114.7
技校教育	509	509	509	100.0	100.0
高等职业教育	214217	362060	333882	92.2	111.4
其他职业教育支出	166	852	253	29.7	31.0
成人教育	7818	6923	6688	96.6	98.0
成人高等教育	3598	3326	3326	100.0	99.1
成人广播电视教育	220	211	211	100.0	64.3
其他成人教育支出	4000	3386	3151	93.1	100.4
进修及培训	29327	16201	16189	99.9	88.1
干部教育	22656	14607	14603	100.0	89.8
培训支出	1671	1594	1586	99.5	77.0
其他进修及培训	5000				
其他教育支出	100264	59699	8384	14.0	161.2
其他教育支出	100264	59699	8384	14.0	161.2
科学技术支出	223801	283569	280090	98.8	36.9
科学技术管理事务	3892	3545	3374	95.2	107.9
行政运行	1551	1957	1947	99.5	105.0
一般行政管理事务	1	1	1	100.0	50.0
机关服务	22	15	15	100.0	68.2
其他科学技术管理事务支出	2318	1572	1411	89.8	113.1
基础研究	16200	15709	15659	99.7	156.3
自然科学基金	8000	9209	9159	99.5	91.4
重点实验室及相关设施	8200	6500	6500	100.0	
应用研究	22200	28612	27605	96.5	92.3
机构运行	16703	22071	21998	99.7	96.3
社会公益研究	5497	5693	5489	96.4	96.1
高技术研究		848	118	13.9	14.8
技术研究与开发	130000	192189	192045	99.9	28.3
其他技术研究与开发支出	130000	192189	192045	99.9	
科技条件与服务	10117	14968	14426	96.4	86.7
技术创新服务体系	2660	2191	2178	99.4	72.1
科技条件专项	7457	7041	6512	92.5	149.7
其他科技条件与服务支出		5736	5736	100.0	61.9
社会科学	4100	5114	5000	97.8	104.0

续表

项　　目	2020年预算数	2020年调整预算数	2020年决算数	为预算的%	为上年决算的%
社会科学研究机构	2483	3279	3279	100.0	82.8
社会科学研究	1617	1835	1721	93.8	202.0
科学技术普及	3666	4276	3951	92.4	106.8
机构运行	626	775	775	100.0	98.5
科普活动	551	484	484	100.0	99.6
青少年科技活动	248	252	252	100.0	86.6
学术交流活动	227	218	218	100.0	143.4
科技馆站	1212	1896	1571	82.9	111.7
其他科学技术普及支出	802	651	651	100.0	112.8
科技重大项目	15000	15049	15034	99.9	
重点研发计划	15000	15049	15034	99.9	
其他科学技术支出	18626	4107	2996	72.9	24.4
转制科研机构	675	634	632	99.7	101.3
其他科学技术支出	17951	3473	2364	68.1	20.3
文化旅游体育与传媒支出	336937	240191	233996	97.4	87.1
文化和旅游	32455	35767	33937	94.9	102.1
行政运行	2587	3369	3368	100.0	95.0
一般行政管理事务	2707	2258	1790	79.3	144.9
图书馆	3534	4259	4256	99.9	102.0
文化展示及纪念机构	383	548	545	99.5	101.1
艺术表演场所	526	481	481	100.0	120.3
艺术表演团体	2340	2335	2335	100.0	99.8
文化活动	494	419	419	100.0	64.8
群众文化	433	321	312	97.2	128.4
文化和旅游交流与合作		35	35	100.0	21.3
文化创作与保护	1837	2974	2557	86.0	105.7
文化和旅游市场管理	237	255	220	86.3	132.5
旅游宣传	10649	10069	9245	91.8	103.1
文化和旅游管理事务		107	107	100.0	34.5
其他文化和旅游支出	6728	8337	8267	99.2	102.3
文物	4796	10024	8030	80.1	118.5
行政运行	1937	1937	1937	100.0	118.3
文物保护	19	2703	1142	42.2	266.2
博物馆	2006	4498	4109	91.4	102.6
其他文物支出	834	886	842	95.0	119.8
体育	19387	22511	21410	95.1	89.5
行政运行	935	1125	1000	88.9	51.0

续表

项　　目	2020 年预算数	2020 年调整预算数	2020 年决算数	为预算的%	为上年决算的%
运动项目管理	11541	15008	14460	96.3	98.6
体育训练	2076	1780	1761	98.9	55.5
体育场馆	180	280	280	100.0	92.4
群众体育	77	77	76	98.7	30.3
其他体育支出	4578	4241	3833	90.4	111.9
新闻出版电影	957	1130	1082	95.8	83.6
出版发行	478	598	565	94.5	200.4
其他新闻出版电影支出	479	532	517	97.2	56.6
广播电视	147385	135108	135068	100.0	78.2
行政运行	1187	1543	1511	97.9	90.3
一般行政管理事务	380	306	304	99.3	76.0
电视	143023	128753	128753	100.0	77.0
其他广播电视支出	2795	4506	4500	99.9	124.8
其他文化体育与传媒支出	131957	35651	34469	96.7	112.6
宣传文化发展专项支出	1602	2112	2112	100.0	131.8
文化产业发展专项支出	18000	22875	22378	97.8	108.0
其他文化体育与传媒支出	112355	10664	9979	93.6	120.5
社会保障和就业支出	296616	3106959	3073216	98.9	103.7
人力资源和社会保障管理事务	12259	8430	8138	96.5	89.7
行政运行	2656	3487	3434	98.5	97.0
一般行政管理事务	130	94	94	100.0	284.8
综合业务管理	489	576	570	99.0	105.4
就业管理事务	299	297	250	84.2	82.0
社会保险业务管理事务	814	1082	1080	99.8	77.7
信息化建设	760	820	820	100.0	87.5
社会保险经办机构	583	406	397	97.8	60.6
劳动关系和维权	81	82	82	100.0	97.6
公共就业服务和职业技能鉴定机构	1409	1550	1375	88.7	91.4
其他人力资源和社会保障管理事务支出	5038	36	36	100.0	41.4
民政管理事务	4180	4747	4640	97.7	98.1
行政运行	2027	2492	2455	98.5	100.2
一般行政管理事务	456	448	448	100.0	93.3
社会组织管理	161	125	122	97.6	78.7
行政区划和地名管理	135	201	175	87.1	112.2
其他民政管理事务支出	1401	1481	1440	97.2	96.7
行政事业单位离退休	121476	606253	605550	99.9	84.3

续表

项　目	2020年预算数	2020年调整预算数	2020年决算数	为预算的%	为上年决算的%
行政单位离退休	14622	54194	53950	99.5	99.7
事业单位离退休	45501	139200	138984	99.8	101.8
机关事业单位基本养老保险缴费支出	56972	57586	57439	99.7	94.0
机关事业单位职业年金缴费支出	4215	4465	4372	97.9	112.9
对机关事业单位基本养老保险基金的补助		350640	350640	100.0	75.8
其他行政事业单位离退休支出	166	168	165	98.2	91.2
企业改革补助	135	135	135	100.0	86.5
其他企业改革发展补助	135	135	135	100.0	126.2
就业补助	5012	5579	4826	86.5	132.8
就业创业服务补贴	5000	4379	3627	82.8	
公益性岗位补贴	2	3	2	66.7	
职业技能鉴定补贴	2	2	2	100.0	200.0
就业见习补贴	8	8	8	100.0	
其他就业补助支出		1187	1187	100.0	32.7
抚恤	4550	7271	6920	95.2	65.3
死亡抚恤		86	86	100.0	2.3
伤残抚恤	79	80	80	100.0	133.3
优抚事业单位支出	4391	7025	6674	95.0	102.0
其他优抚支出	80	80	80	100.0	27.7
退役安置	665	52911	52649	99.5	177.3
退役士兵安置		96	96	100.0	114.3
军队移交政府离退休干部管理机构		10	10	100.0	15.2
退役士兵管理教育		209	57	27.3	
军队转业干部安置	20	52552	52442	99.8	178.3
其他退役安置支出	645	44	44	100.0	32.1
社会福利	166	201	181	90.0	87.0
社会福利事业单位	166	201	181	90.0	87.0
残疾人事业	3220	3392	3333	98.3	123.0
行政运行	670	913	913	100.0	98.3
一般行政管理事务	351	263	263	100.0	71.3
残疾人康复	544	641	641	100.0	112.9
残疾人就业和扶贫	432	396	396	100.0	85.5
残疾人体育	1011	941	941	100.0	635.8
其他残疾人事业支出	212	238	179	75.2	77.2

续表

项　　目	2020年预算数	2020年调整预算数	2020年决算数	为预算的%	为上年决算的%
红十字事业	559	675	675	100.0	88.7
行政运行	243	325	325	100.0	87.1
其他红十字事业支出	316	350	350	100.0	90.2
其他生活救助	4	4	4	100.0	100.0
其他城市生活救助	4	4	4	100.0	100.0
财政对基本养老保险基金的补助		2359765	2359765	100.0	109.0
财政对企业职工基本养老保险基金的补助		2359765	2359765	100.0	109.0
财政对其他社会保险基金的补助		1	1	100.0	
财政对生育保险基金的补助		1	1	100.0	
退役军人管理事务	3702	4196	4126	98.3	64.1
行政运行	987	1261	1259	99.8	143.7
一般行政管理事务	715	864	797	92.2	15.1
拥军优属	1725	1722	1721	99.9	
事业运行	229	303	303	100.0	110.2
其他退役军人事务管理支出	46	46	46	100.0	460.0
其他社会保障和就业支出	140688	53399	22273	41.7	182.2
其他社会保障和就业支出	140688	53399	22273	41.7	182.2
卫生健康支出	221978	354726	317045	89.4	160.0
卫生健康管理事务	6885	7506	7504	100.0	95.3
行政运行	2988	3508	3508	100.0	83.8
一般行政管理事务	2606	2522	2521	100.0	188.3
其他卫生健康管理事务支出	1291	1476	1475	99.9	62.8
公立医院	86620	72317	67784	93.7	121.5
综合医院	21532	21311	20931	98.2	107.2
中医(民族)医院	2630	2615	2615	100.0	99.5
职业病防治医院	331	402	402	100.0	99.5
儿童医院	2047	1881	1881	100.0	124.6
其他专科医院	1580	1537	1537	100.0	94.4
其他公立医院支出	58500	44571	40418	90.7	134.4
公共卫生	24715	64489	52118	80.8	210.6
疾病预防控制机构	4482	14212	8634	60.8	123.2
卫生监督机构	1146	1569	1569	100.0	89.4
妇幼保健机构	1316	1468	1460	99.5	96.0
基本公共卫生服务	1180	4724	4083	86.4	104.2
重大公共卫生专项	15174	12814	8123	63.4	219.6

续表

项　　目	2020年预算数	2020年调整预算数	2020年决算数	为预算的%	为上年决算的%
突发公共卫生事件应急处理		25071	24983	99.6	
其他公共卫生支出	1417	4631	3266	70.5	48.7
中医药	300	2249	2182	97.0	126.4
中医(民族医)药专项	300	2249	2182	97.0	126.4
计划生育事务	1057	1315	1236	94.0	87.7
计划生育机构	85	122	122	100.0	72.2
其他计划生育事务支出	972	1193	1114	93.4	89.8
行政事业单位医疗	60977	59432	58286	98.1	99.5
行政单位医疗	28254	28325	28124	99.3	103.3
事业单位医疗	18371	18134	17708	97.7	97.9
公务员医疗补助	52	104	103	99.0	198.1
其他行政事业单位医疗支出	14300	12869	12351	96.0	93.5
医疗救助		2082	2082	100.0	101.5
疾病应急救助		2082	2082	100.0	101.5
医疗保障管理事务	2249	2358	2221	94.2	17.8
行政运行	984	1183	1141	96.4	134.9
一般行政管理事务	460	402	349	86.8	88.4
信息化建设		10667	10667	100.0	
医疗保障经办事务	645	716	694	96.9	568.9
事业运行		47	47	100.0	
其他医疗保障管理事务支出	160	-10657	-10677	100.2	-96.0
老龄卫生健康事务	208	179	179	100.0	118.5
老龄卫生健康事务	208	179	179	100.0	118.5
其他卫生健康支出	38967	142799	123453	86.5	369.7
其他卫生健康支出	38967	142799	123453	86.5	369.7
节能环保支出	59120	9506	-2421		
环境保护管理事务	14427	-29949	-35698	119.2	-59.5
行政运行	2819	3734	3499	93.7	120.7
生态环境保护宣传	381	468	387	82.7	97.7
其他环境保护管理事务支出	11227	-34151	-39584	115.9	-69.8
环境监测与监察	2776	2814	1930	68.6	69.8
建设项目环评审查与监督	349	379	357	94.2	96.7
核与辐射安全监督	289	358	348	97.2	93.5
其他环境监测与监察支出	2138	2077	1225	59.0	60.6
污染防治	888	8470	3543	41.8	27.4
大气		1798	1798	100.0	1293.5
水体		4191	543	13.0	28.9

续表

项　　目	2020年预算数	2020年调整预算数	2020年决算数	为预算的%	为上年决算的%
固体废弃物与化学品	188	216	213	98.6	97.7
其他污染防治支出	700	2265	989	43.7	9.2
自然生态保护	5000	1413	1413	100.0	1095.3
生态保护		1	1	100.0	0.8
其他自然生态保护支出	5000	1412	1412	100.0	35300.0
退耕还林		25	25	100.0	100.0
其他退耕还林支出		25	25	100.0	100.0
能源节约利用	20000	20000	20000	100.0	99.0
能源节约利用	20000	20000	20000	100.0	99.0
污染减排	2994	5297	5027	94.9	101.5
生态环境监测与信息	2780	3637	3367	92.6	91.4
生态环境执法监察	214	180	180	100.0	90.0
其他污染减排支出		1480	1480	100.0	138.7
能源管理事务	635	639	543	85.0	101.1
能源行业管理	160	197	151	76.6	117.1
信息化建设	475	442	392	88.7	96.1
其他节能环保支出	12400	797	796	99.9	0.2
其他节能环保支出	12400	797	796	99.9	0.2
城乡社区支出	21974	7373	6885	93.4	77.4
城乡社区管理事务	3926	3982	3835	96.3	80.5
行政运行	1943	2468	2390	96.8	97.6
工程建设标准规范编制与监管	825	619	604	97.6	65.6
工程建设管理	200	160	144	90.0	51.4
住宅建设与房地产市场监管	95	65	54	83.1	87.1
其他城乡社区管理事务支出	863	670	643	96.0	61.2
城乡社区规划与管理	1081	620	493	79.5	74.1
城乡社区规划与管理	1081	620	493	79.5	74.1
城乡社区公共设施		32	32	100.0	1.4
其他城乡社区公共设施支出		32	32	100.0	1.4
建设市场管理与监督	457	508	475	93.5	80.9
建设市场管理与监督	457	508	475	93.5	80.9
其他城乡社区支出	16510	2231	2050	91.9	336.1
其他城乡社区支出	16510	2231	2050	91.9	336.1
农林水支出	287181	636123	616571	96.9	66.7
农业农村	30955	54694	51862	94.8	47.8
行政运行	4726	6987	6961	99.6	163.3
一般行政管理事务	4997	4783	4199	87.8	204.7

续表

项 目	2020年预算数	2020年调整预算数	2020年决算数	为预算的%	为上年决算的%
机关服务	530	323	321	99.4	123.9
事业运行	3714	4818	4714	97.8	97.9
农垦运行	1856	2007	1607	80.1	71.6
科技转化与推广服务	2290	11248	9709	86.3	228.2
病虫害控制	292	320	320	100.0	97.6
农产品质量安全	240	549	549	100.0	153.8
执法监管	404	509	499	98.0	118.5
对外交流与合作	200	200	200	100.0	100.0
农业生产发展	980	5880	5880	100.0	134.9
农村合作经济		113	113	100.0	2.1
农业资源保护修复与利用	110	109	109	100.0	9.8
农田建设	240	5440	5436	99.9	
其他农业支出	10376	11408	11245	98.6	14.4
林业和草原	10817	14521	13030	89.7	80.5
行政运行	3456	3945	3938	99.8	43.7
事业机构	390	507	506	99.8	120.8
森林资源培育	160	644	528	82.0	397.0
技术推广与转化	385	793	637	80.3	102.4
森林资源管理	1410	2422	2138	88.3	112.1
森林生态效益补偿		78	78	100.0	
自然保护区等管理		163	163	100.0	187.4
动植物保护	1136	792	792	100.0	150.9
湿地保护	419	1201	878	73.1	585.3
执法与监督	95	104	104	100.0	133.3
产业化管理	40	61	61	100.0	338.9
林业草原防灾减灾	96	112	85	75.9	113.3
其他林业和草原支出	3230	3699	3122	84.4	99.5
水利	93543	476499	473041	99.3	60.9
行政运行	2980	4035	4035	100.0	129.9
机关服务	548	380	380	100.0	84.8
水利行业业务管理	7030	6679	6607	98.9	92.4
水利工程建设	10500	366454	366035	99.9	54.5
水利工程运行与维护	44505	55178	54839	99.4	104.8
水利前期工作	1600	1595	1576	98.8	58.8
水利执法监督	80	80	80	100.0	
水土保持	1569	1580	1576	99.7	110.4
水资源节约管理与保护	8320	8317	8026	96.5	135.9

续表

项　　目	2020年预算数	2020年调整预算数	2020年决算数	为预算的%	为上年决算的%
水文测报	7163	10261	10260	100.0	96.9
防汛	1730	9462	7521	79.5	211.8
抗旱	360	360	354	98.3	26.0
农村水利	2248	2431	2313	95.1	39.0
水利技术推广	1910	1858	1858	100.0	476.4
江河湖库水系综合整治		4843	4843	100.0	73.0
农村人畜饮水		-42	-42	100.0	-3.2
其他水利支出	3000	3028	2780	91.8	93.2
扶贫	3241	16250	15892	97.8	89.6
行政运行	713	1003	913	91.0	83.9
一般行政管理事务	1200	835	716	85.7	656.9
其他扶贫支出	1328	14412	14263	99.0	86.2
农村综合改革	605	605	605	100.0	66.9
国有农场办社会职能改革补助	605	605	605	100.0	100.0
目标价格补贴		773	732	94.7	121.0
棉花目标价格补贴		773	732	94.7	121.0
其他农林水支出	148020	72781	61409	84.4	10907.5
其他农林水支出	148020	72781	61409	84.4	10907.5
交通运输支出	471393	963894	892283	92.6	80.7
公路水路运输	197499	408388	405647	99.3	170.5
行政运行	1275	1792	1791	99.9	114.4
一般行政管理事务	8	8	8	100.0	100.0
机关服务	282	282	282	100.0	102.9
公路建设	23145	23144	23144	100.0	
公路养护	2698	3442	3442	100.0	158.2
交通运输信息化建设	917	2846	2808	98.7	239.8
公路和运输安全	2141	2113	2077	98.3	124.4
公路运输管理	19135	18992	18662	98.3	103.7
公路和运输技术标准化建设	120	152	152	100.0	89.9
港口设施	60000	60000	60000	100.0	100.0
航道维护	200	10702	10181	95.1	100.5
船舶检验	30	5	4	80.0	
海事管理	7814	7112	6984	98.2	90.9
水路运输管理支出	19	19	18	94.7	120.0
其他公路水路运输支出	79715	277779	276094	99.4	204.5
铁路运输	165000	207000	207000	100.0	78.1
铁路路网建设		42000	42000	100.0	

续表

项　　目	2020 年预算数	2020 年调整预算数	2020 年决算数	为预算的%	为上年决算的%
其他铁路运输支出	165000	165000	165000	100.0	62.3
邮政业支出	184	209	209	100.0	88.6
行业监管	184	209	209	100.0	88.6
车辆购置税支出		270368	270368	100.0	45.5
车辆购置税用于公路等基础设施建设支出		270368	270368	100.0	45.5
其他交通运输支出	108710	77929	9059	11.6	
其他交通运输支出	108710	77929	9059	11.6	
资源勘探工业信息等支出	293752	439547	433943	98.7	109.4
资源勘探开发	173826	189970	188843	99.4	155.4
行政运行	1387	1805	1778	98.5	113.7
煤炭勘探开采和洗选	24279	27448	27367	99.7	103.4
黑色金属矿勘探和采选	16251	16745	16745	100.0	100.4
非金属矿勘探和采选	579	579	578	99.8	99.3
其他资源勘探业支出	131330	143393	142375	99.3	186.7
制造业	2737	4034	3875	96.1	3.6
行政运行	922	1085	1008	92.9	87.7
一般行政管理事务	240	231	231	100.0	131.3
纺织业	132	194	191	98.5	90.5
非金属矿物制品业	301	300	300	100.0	66.8
其他制造业支出	1142	2224	2145	96.4	2.1
建筑业	84	116	116	100.0	123.4
其他建筑业支出	84	116	116	100.0	123.4
工业和信息产业监管	13196	17872	16953	94.9	107.9
行政运行	5635	7751	7190	92.8	139.3
机关服务	72	108	108	100.0	67.9
专用通信	1079	1176	1142	97.1	99.9
无线电监管	10	2288	2288	100.0	88.1
工业和信息产业支持	19	19	19	100.0	100.0
其他工业和信息产业监管支出	6381	6530	6206	95.0	93.9
国有资产监管	4225	4861	4591	94.4	97.4
行政运行	1862	2577	2498	96.9	125.2
其他国有资产监管支出	2363	2284	2093	91.6	77.0
支持中小企业发展和管理支出	1549	101579	101577	100.0	6799.0
机关服务	173	203	201	99.0	170.3
其他支持中小企业发展和管理支出	1376	101376	101376	100.0	7367.4

续表

项　　目	2020 年预算数	2020 年调整预算数	2020 年决算数	为预算的%	为上年决算的%
其他资源勘探信息等支出	98135	121115	117988	97.4	81.5
黄金事务	135	128	127	99.2	114.4
其他资源勘探信息等支出	98000	120987	117861	97.4	87.0
商业服务业等支出	31705	7019	6217	88.6	44.1
商业流通事务	2105	2142	2125	99.2	80.0
行政运行	1105	1280	1263	98.7	92.2
一般行政管理事务		5	5	100.0	55.6
其他商业流通事务支出	1000	857	857	100.0	67.2
其他商业服务业等支出	29600	4877	4092	83.9	36.7
其他商业服务业等支出	29600	4877	4092	83.9	36.7
金融支出	172167	2666	2661	99.8	34.2
金融部门行政支出	1167	1395	1390	99.6	117.5
行政运行	749	955	955	100.0	115.3
一般行政管理事务	48	64	64	100.0	256.0
金融部门其他行政支出	370	376	371	98.7	112.4
金融发展支出	171000	1271	1271	100.0	21.4
其他金融发展支出	171000	1271	1271	100.0	21.4
援助其他地区支出	60480	57427	57427	100.0	104.4
其他支出	60480	57427	57427	100.0	104.4
自然资源海洋气象等支出	101789	63251	52332	82.7	111.7
自然资源事务	51378	59537	48625	81.7	147.5
行政运行	2545	3499	3228	92.3	94.8
一般行政管理事务	1984	1628	1155	70.9	95.0
自然资源规划及管理	2511	2354	1087	46.2	3623.3
自然资源利用与保护	1188	884	564	63.8	93.4
自然资源社会公益服务	3950	3710	3409	91.9	110.5
自然资源调查与确权登记	200	2050	1960	95.6	
地质矿产资源与环境调查	7000	6565	5843	89.0	219.2
地质勘查与矿产资源管理		6	6	100.0	50.0
地质勘查基金(周转金)支出	6271	6271	6271	100.0	
基础测绘与地理信息监管	1500	2902	2489	85.8	50.6
事业运行	5744	7898	7725	97.8	96.8
其他自然资源事务支出	18485	21770	14888	68.4	104.1
气象事务	3711	3714	3707	99.8	134.7
气象事业机构	154	158	153	96.8	137.8
气象预报预测	958	958	958	100.0	149.7
气象服务	143	142	142	100.0	94.7

续表

项　　目	2020 年预算数	2020 年调整预算数	2020 年决算数	为预算的%	为上年决算的%
气象基础设施建设与维修	617	617	615	99.7	
其他气象事务支出	1839	1839	1839	100.0	99.6
其他自然资源海洋气象等支出	46700				
其他自然资源海洋气象等支出	46700				
住房保障支出	169552	123889	123464	99.7	90.1
保障性安居工程支出	40000	34219	34219	100.0	87.5
棚户区改造	40000	34219	34219	100.0	87.5
住房改革支出	81769	87393	86968	99.5	90.6
住房公积金	40313	40127	39763	99.1	109.2
提租补贴	15456	21831	21793	99.8	76.1
购房补贴	26000	25435	25412	99.9	82.3
城乡社区住宅	47783	2277	2277	100.0	117.9
公有住房建设和维修改造支出	67	66	66	100.0	
住房公积金管理	1987	1646	1646	100.0	118.0
其他城乡社区住宅支出	45729	565	565	100.0	105.2
粮油物资储备支出	9802	172021	169637	98.6	107.0
粮油事务	5802	156505	154155	98.5	99.0
行政运行	1301	1672	1573	94.1	99.3
粮食信息统计	13	13	12	92.3	109.1
粮食专项业务活动	960	899	759	84.4	85.9
粮食风险基金		103266	103266	100.0	100.0
事业运行	238	160	160	100.0	76.9
其他粮油事务支出	3290	50495	48385	95.8	97.2
物资事务		200	189	94.5	
其他物资事务支出		200	189	94.5	
能源储备		13050	13050	100.0	
煤炭储备		4550	4550	100.0	
其他能源储备支出		8500	8500	100.0	
粮油储备	300	440	417	94.8	139.0
储备粮油补贴	300	300	300	100.0	100.0
其他粮油储备支出		140	117	83.6	
重要商品储备	3700	1826	1826	100.0	96.9
肉类储备	2540				
化肥储备		666	666	100.0	80.8
农药储备	360	360	360	100.0	138.5
医药储备	800	800	800	100.0	100.0

续表

项目	2020年预算数	2020年调整预算数	2020年决算数	为预算的%	为上年决算的%
灾害防治及应急管理支出	62228	65316	58549	89.6	94.8
应急管理事务	8257	7722	7217	93.5	88.6
行政运行	1732	2296	2204	96.0	107.7
一般行政管理事务	3975	3734	3561	95.4	103.2
安全监管	551	317	308	97.2	87.7
应急救援	210	210	210	100.0	
其他应急管理支出	1789	1165	934	80.2	40.6
消防事务	8255	4041	3906	96.7	163.8
其他消防事务支出	8255	4041	3906	96.7	163.8
煤矿安全	557	42558	42558	100.0	87.8
其他煤矿安全支出	557	42558	42558	100.0	87.8
地震事务	1159	1053	1033	98.1	87.6
地震监测	270	232	232	100.0	82.0
地震预测预报	243	212	212	100.0	82.8
地震应急救援	228	197	177	89.8	75.6
地震事业机构	354	357	357	100.0	104.7
其他地震事务支出	64	55	55	100.0	84.6
自然灾害防治		406	406	100.0	68.4
其他自然灾害防治支出		406	406	100.0	68.4
自然灾害救灾及恢复重建支出		6497	390	6.0	39.5
中央自然灾害生活补助		3528	390	11.1	53.0
自然灾害救灾补助		2969			
其他灾害防治及应急管理支出	44000	3039	3039	100.0	
预备费	80000				
其他支出	19920	1868	1654	88.5	111.3
其他支出	19920	1868	1654	88.5	111.3
其他支出	19920	1868	1654	88.5	111.3
债务付息支出	214193	198498	198498	100.0	129.5
地方政府一般债务付息支出	214193	198498	198498	100.0	129.5
地方政府一般债券付息支出	214193	198447	198447	100.0	146.3
地方政府向国际组织借款付息支出		51	51	100.0	
债务发行费用支出	2000	1476	1476	100.0	163.6
地方政府一般债务发行费用支出	2000	1476	1476	100.0	163.6
支出合计	5316000	9091162	8697442	95.7	87.2

安徽省2020年省级一般公共预算基本支出决算表

单位:万元

项　　目	2020年预算数	2020年调整预算数	2020年决算数	为预算的%	为上年决算的%
一、机关工资福利支出	943212	382265	381060	99.7	82.7
工资奖金津补贴	251542	291130	290390	99.7	78.7
社会保障缴费	51751	53513	53375	99.7	102.7
住房公积金	26691	27500	27372	99.5	86.4
其他工资福利支出	613228	10122	9923	98.0	118.6
二、机关商品和服务支出	108939	103975	99716	95.9	96.6
办公经费	62159	66406	64559	97.2	97.4
会议费	8635	4447	3424	77.0	81.0
培训费	7041	4577	4029	88.0	81.6
专用材料购置费	459	457	454	99.3	192.4
委托业务费	5661	6137	5941	96.8	106.8
公务接待费	2051	1051	989	94.1	61.6
因公出国(境)费用	2305	53	46	86.8	3.1
公务用车运行维护费	5827	3940	3791	96.2	76.8
维修(护)费	4162	3618	3426	94.7	94.9
其他商品和服务支出	10639	13289	13057	98.3	126.3
三、机关资本性支出(一)	855	893	849	95.1	81.1
设备购置	698	744	712	95.7	82.9
其他资本性支出	157	149	137	91.9	74.1
四、对事业单位经常性补助	741781	878732	870097	99.0	114.5
工资福利支出	595599	736369	730356	99.2	118.7
商品和服务支出	146182	142363	139741	98.2	96.5
五、对事业单位资本性补助	707	850	828	97.4	66.5
资本性支出(一)	707	850	828	97.4	66.5
六、对个人和家庭的补助	112506	246274	245268	99.6	100.6
社会福利和救助	29598	29699	29330	98.8	97.3
助学金	10819	10647	10577	99.3	121.8
离退休费	55679	189356	189029	99.8	99.4
其他对个人和家庭补助	16410	16572	16332	98.6	110.4
支出合计	1908000	1612989	1597818	99.1	101.7

安徽省2020年省级一般公共预算对下税收返还和转移支付支出决算表

单位:万元

项　　目	2020年决算数
一、返还性支出	2164862
所得税基数返还支出	189079
增值税税收返还支出	428855
消费税税收返还支出	211454
增值税“五五分享”税收返还支出	1335474
二、一般性转移支付	27773406
体制补助支出	2847968
均衡性转移支付支出	4805012
县级基本财力保障机制奖补资金支出	2169819
结算补助支出	2346961
资源枯竭型城市转移支付补助支出	73966
产粮(油)大县奖励资金支出	304323
重点生态功能区转移支付支出	233000
固定数额补助支出	14008
革命老区转移支付支出	82668
贫困地区转移支付支出	702629
公共安全共同财政事权转移支付支出	264138
教育共同财政事权转移支付支出	1456852
文化旅游体育与传媒共同财政事权转移支付支出	72447
社会保障和就业共同财政事权转移支付支出	2682688
医疗卫生共同财政事权转移支付支出	3821349
节能环保共同财政事权转移支付支出	269427
农林水共同财政事权转移支付支出	3079769
交通运输共同财政事权转移支付支出	1302761
住房保障共同财政事权转移支付支出	381126
粮油物资储备共同财政事权转移支付支出	661
灾害防治及应急管理共同财政事权转移支付支出	191708
其他共同财政事权转移支付支出	11397
其他一般性转移支付支出	658729
三、专项转移支付	3241123
一般公共服务	54128
国防	4465
公共安全	34980
教育	67154
科学技术	11322
文化旅游体育与传媒	48882
社会保障和就业	69514
卫生健康	199510
节能环保	534075
城乡社区	166221
农林水	723698
交通运输	125142
资源勘探信息等	240696
商业服务业等	113171
金融	13810
自然资源海洋气象等	150846
住房保障	421343
粮油物资储备	35434
灾害防治及应急管理	145107
其他支出	81625
合　　计	33179391

安徽省2020年省级一般公共预算对下税收返还分地区决算表

单位:万元

地　区	2020年决算数
合肥市	727578
淮北市	29818
亳州市	104317
宿州市	66104
蚌埠市	186808
阜阳市	92781
淮南市	32266
滁州市	136415
六安市	101416
马鞍山市	76488
芜湖市	206617
宣城市	91109
铜陵市	55186
池州市	76139
安庆市	103555
黄山市	78265
合　计	2164862

安徽省2020年省级一般公共预算对下一般性转移支付分地区决算表

单位:万元

地　区	2020年决算数
合肥市	2618414
淮北市	720839
亳州市	2302741
宿州市	2608083
蚌埠市	1295368
阜阳市	3854701
淮南市	1396897
滁州市	1881696
六安市	2906384
马鞍山市	783311
芜湖市	1254281
宣城市	1181940
铜陵市	661987
池州市	876127
安庆市	2508886
黄山市	921751
合　计	27773406

安徽省2020年省级一般公共预算对下专项转移支付分地区决算表

单位:万元

地　区	2020年决算数
合肥市	365625
淮北市	98011
亳州市	154796
宿州市	202507
蚌埠市	152899
阜阳市	285813
淮南市	213746
滁州市	243515
六安市	245543
马鞍山市	145244
芜湖市	256353
宣城市	163037
铜陵市	132458
池州市	121546
安庆市	306316
黄山市	153714
合　计	3241123

安徽省2020年省级一般公共预算专项转移支付分项目决算表

单位:万元

项目	2020年预算数	2020年决算数	为预算的%
发展改革专项资金	21200	21200	100.0
基层组织党建工作经费	3697	3697	100.0
民族企业技术改造贷款贴息和生产补助经费(含少数民族补助经费)	1550	1550	100.0
市场监督管理专项经费	2503	2503	100.0
台湾产业园区发展专项资金	600	600	100.0
特殊疑难信访问题省级配套资金及全省基层信访工作规范化建设经费	400	400	100.0
药品监管专项经费	3075	3075	100.0
补助全省重点人防工程建设及人防专项业务费	3500	3500	100.0
铁路护路联防补助经费	656	656	100.0
教育补助经费	5169	5154	99.7
科普专项经费	660	660	100.0
革命老区红色文化保护和旅游产业专项经费	10000	10000	100.0
省级文化文物及旅游发展专项经费	14600	14600	100.0
残疾人事业发展补助资金	7160	7160	100.0
革命老区农村综合保障体系建设专项经费	10000	10000	100.0
民政事业发展专项资金	24400	24400	100.0
人力资源社会保障专项经费	2379	2378	100.0
皖北地区青年创业贷款财政贴息专项资金	700	700	100.0
卫生健康事业发展专项资金	7100	7100	100.0
生态环保专项经费	148482	112482	75.8
老旧小区整治改造经费	20000	20000	100.0
特色小镇建设经费	50000	50000	100.0
住房城乡建设专项资金	50150	50130	100.0
林业专项经费	17592	17592	100.0
交通发展专项资金	19200	19200	100.0
现代化经济体系建设专项经费	199130	179304	90.0
中小企业(民营经济)发展专项资金	47900	45203	94.4
商务发展专项资金	40750	40750	100.0
新农村现代流通服务网络工程专项经费	2000	2000	100.0
自然资源专项经费	164434	147801	89.9
粮食流通事业发展专项经费	16300	15099	92.6
自然灾害救济补助经费	3000	2761	92.0
军民融合发展专项资金	12000	11992	99.9
合　计	910287	833647	91.6

安徽省2020年省级政府性基金收入决算表

单位:万元

项　　目	2020年预算数	预算调整数	2020年调整预算数	2020年决算数	为预算的%	为上年决算的%
一、国家电影事业发展专项资金收入	5400		5400	1471	27.2	24.9
二、农业土地开发资金收入	3850		3850	651	16.9	79.2
三、国有土地使用权出让收入		520000	520000	543703	104.6	
四、彩票公益金收入	188381		188381	164811	87.5	80.8
五、彩票发行销售机构业务费用	41617		41617	38058	91.4	87.2
六、其他政府性基金收入				6		
收入合计	239248	520000	759248	748700	98.6	289.4
加:政府性基金补助收入				2510360		
地方政府专项债务收入				16781907		
上年结转收入				41892		
收入总计				20082859		

安徽省2020年省级政府性基金支出决算表

单位:万元

项　　目	2020年预算数 1	预算调整数 2	中央追加 3	盘活存量等 4	2020年调整预算数 =1+2+3+4	2020年决算数	为预算的%	为上年决算的%
一、国家电影事业发展专项资金安排的支出	5419			-4996	423	180	42.6	180.0
二、大中型水库移民后期扶持基金支出			380		380	247	65.0	
三、国有土地使用权出让收入安排的支出		390000			390000	390000	100.0	
四、农业土地开发资金支出	3850			-3850				
五、港口建设费安排的支出			68183		68183	68183	100.0	194.5
六、民航发展基金支出			1714		1714	1714	100.0	8.0
七、其他政府性基金及对应专项债务收入安排的支出		450000			450000	450000	100.0	
八、彩票发行销售机构业务费安排的支出	43515		4125	-17407	30233	26767	88.5	96.7
九、彩票公益金安排的支出	58334		657	-28865	30126	23307	77.4	79.5
支出合计	111118	840000	75059	-55118	971059	960398	98.9	846.1
加:政府性基金补助支出						2652380		
调出资金						127513		
地方政府专项债务转贷支出						16331907		
结转下年						10661		
支出总计						20082859		

备注:盘活存量等主要包括按政策规定从政府性基金调出、政府性基金超短收等形成的预算支出增减数。

安徽省2020年省级政府性基金本级支出决算表

单位:万元

项　　目	2020年预算数	2020年调整预算数	2020年决算数	为预算的%	为上年决算的%
文化旅游体育与传媒支出	5419	423	180	42.6	180.0
国家电影事业发展专项资金安排的支出	5419	423	180	42.6	180.0
其他国家电影事业发展专项资金支出	5419	423	180	42.6	180.0
社会保障和就业支出		380	247	65.0	
大中型水库移民后期扶持基金支出		380	247	65.0	
基础设施建设和经济发展		380	247	65.0	
城乡社区支出	3850	390000	390000	100.0	
国有土地使用权出让收入安排的支出		390000	390000	100.0	
其他国有土地使用权出让收入安排的支出		390000	390000	100.0	
农业土地开发资金安排的支出	3850				
交通运输支出		69897	69897	100.0	123.9
港口建设费安排的支出		68183	68183	100.0	194.5
航道建设和维护		68183	68183	100.0	194.5
民航发展基金支出		1714	1714	100.0	8.0
航线和机场补贴		1714	1714	100.0	101.7
其他支出	101849	510359	500074	98.0	877.2
其他政府性基金及对应专项债务收入安排的支出		450000	450000	100.0	
其他地方自行试点项目收益专项债券收入安排的支出		450000	450000	100.0	
彩票发行销售机构业务费安排的支出	43515	30233	26767	88.5	96.7
福利彩票销售机构的业务费支出	14902	8614	6730	78.1	51.8
体育彩票销售机构的业务费支出	27502	16735	16103	96.2	131.1
彩票市场调控资金支出	1111	4884	3934	80.5	163.2
彩票公益金安排的支出	58334	30126	23307	77.4	79.5
用于社会福利的彩票公益金支出	5093	1678	1363	81.2	76.1
用于体育事业的彩票公益金支出	53241	28028	21524	76.8	81.5
用于残疾人事业的彩票公益金支出		420	420	100.0	122.1
支出合计	111118	971059	960398	98.9	846.1

安徽省2020年省级政府性基金预算转移支付分项目决算表

单位:万元

项　　目	2020年预算数	2020年决算数	为预算的%
安徽省第五届全民健身运动会	2000	2000	100.0
市县体育彩票销售公益金分成	60000	53158	88.6
体育强省建设经费	12000	12000	100.0
社会工作和志愿服务项目经费	400	400	100.0
社会养老服务体系和养老智慧化建设经费	9300	9300	100.0
城乡公益性公墓建设奖补	1000	1000	100.0
福利彩票公益金市县分成经费	65000	53043	81.6
特困人员供养服务机构运行维护以奖代补资金	5000	5000	100.0
临时救助	2000	2000	100.0
流浪乞讨人员(生活无着)救助经费	2000	2000	100.0
电影专资政策返还经费	2750	1048	38.1
返还市级业务费	8572	8572	100.0
合　　计	170022	149521	87.9

安徽省2020年省级政府性基金预算对下转移支付分地区决算表

单位:万元

地　　区	2020年决算数
合肥市	357464
淮北市	88641
亳州市	151971
宿州市	182930
蚌埠市	130285
阜阳市	250160
淮南市	112820
滁州市	202540
六安市	265995
马鞍山市	108072
芜湖市	163960
宣城市	126479
铜陵市	100796
池州市	83087
安庆市	232794
黄山市	94386
合　　计	2652380

安徽省2020年省级国有资本经营收入决算表

单位:万元

项目	2020年预算数	2020年调整预算数	2020年决算数	为预算的%	为上年决算的%
一、利润收入	120393	120393	117185	97.3	113.0
电力企业利润收入	23312	23312	20861	89.5	72.8
煤炭企业利润收入	10059	10059	13882	138.0	
化工企业利润收入	2578	2578	2428	94.2	222.8
机械企业利润收入	14668	14668	15211	103.7	144.8
投资服务企业利润收入	48075	48075	44700	93.0	97.2
纺织轻工企业利润收入	205	205	102	49.8	28.7
贸易企业利润收入	689	689	921	133.7	132.5
建筑施工企业利润收入	8311	8311	7024	84.5	122.1
农林牧渔企业利润收入	2967	2967	2489	83.9	90.4
军工企业利润收入	591	591	640	108.3	111.1
转制科研院所利润收入	397	397	328	82.6	21.1
金融企业利润收入	8541	8541	8599	100.7	147.2
二、股利、股息收入	125770	125770	152754	121.5	132.6
国有控股公司股利、股息收入	125770	125770	133820	106.4	116.1
国有参股公司股利、股息收入			18934		
收入合计	246163	246163	269939	109.7	41.6
加:中央补助收入			13201		
上年结转收入			298239		
收入总计			581379		

安徽省2020年省级国有资本经营支出决算表

单位:万元

项　　目	2020年预算数 1	中央追加 2	补助市县 3	盘活存量等 4	2020年调整预算数 5=1+2+3+4	2020年决算数	为预算的%	为上年决算的%
一、解决企业历史遗留问题及改革成本支出	22943	3027	9262		16708	14382	86.1	21.6
“三供一业”移交补助支出	3000		3000					
国有企业办职教幼教补助支出	3077				3077	751	24.4	
国有企业办公共服务机构移交补助支出	6985	3027	6262		3750	3750	100.0	100.0
国有企业改革成本支出	5600				5600	5600	100.0	13.7
其他解决历史遗留问题及改革成本	4281				4281	4281	100.0	19.5
二、国有企业资本金注入	300695			-30000	270695	240695	88.9	166.1
国有经济结构调整支出	127695				127695	107695	84.3	316.7
公益性设施投资支出	63000			-30000	33000	33000	100.0	47.1
前瞻性战略性产业发展支出	40000				40000	40000	100.0	124.2
生态环境保护支出	28000				28000	28000	100.0	560.0
支持科技进步支出	42000				42000	32000	76.2	868.6
三、金融国有资本经营预算支出	141431			-134994	6437	6437	100.0	124.1
资本性支出	141431			-134994	6437	6437	100.0	124.1
四、其他国有资本经营预算支出	4551	10174	10174	-60	4491	1790	39.9	141.4
其他国有资本经营预算支出	4551	10174	10174	-60	4491	1790	39.9	141.4
支出合计	469620	13201	19436	-165054	298331	263304	88.3	120.8
加:调出资金						246037		
补助市县支出						19436		
结转下年						52602		
支出总计						581379		

安徽省2020年省级国有资本经营本级支出决算表

单位:万元

项　　目	2020年预算数	2020年调整预算数	2020年决算数	为预算的%	为上年决算的%
解决企业历史遗留问题及改革成本支出	22943	16708	14382	86.1	21.6
“三供一业”移交补助支出	3000				
国有企业办职教幼教补助支出	3077	3077	751	24.4	
国有企业办公共服务机构移交补助支出	6985	3750	3750	100.0	100.0
国有企业改革成本支出	5600	5600	5600	100.0	13.7
其他解决历史遗留问题及改革成本支出	4281	4281	4281	100.0	19.5
国有企业资本金注入	300695	270695	240695	88.9	166.1
国有经济结构调整支出	127695	127695	107695	84.3	316.7
公益性设施投资支出	63000	33000	33000	100.0	47.1
前瞻性战略性产业发展支出	40000	40000	40000	100.0	124.2
生态环境保护支出	28000	28000	28000	100.0	560.0
支持科技进步支出	42000	42000	32000	76.2	868.6
金融国有资本经营预算支出	141431	6437	6437	100.0	124.1
资本性支出	141431	6437	6437	100.0	124.1
其他国有资本经营预算支出	4551	4491	1790	39.9	141.4
其他国有资本经营预算支出	4551	4491	1790	39.9	141.4
支出合计	469620	298331	263304	88.3	120.8

安徽省2020年省级国有资本经营预算对下转移支付决算表

单位:万元

项　　目	2020年预算数	2020年决算数	为预算的%
解决企业历史遗留问题及改革成本支出	6235	6235	100.0
省属企业职工家属区"三供一业"分离移交费用	3000	3000	100.0
国有企业办公共服务机构移交补助支出	3235	3235	100.0
合计	6235	6235	100.0

安徽省2020年省级社会保险基金收入决算表

单位:万元

项　　目	2020年 预算数 1	预算 变更数 2	2020年调整 预算数 =1+2	2020年 决算数	为预算的%	为上年 决算的%
一、职工基本医疗保险基金	276750	-44277	232473	233865	100.6	92.3
基本医疗保险费收入	272180	-42924	229256	228181	99.5	92.1
利息收入	3728	-1433	2295	2378	103.6	53.3
其他收入	3	228	231	2529	1094.8	906.5
转移收入	839	-148	691	777	112.4	102.0
二、企业职工基本养老保险基金	19411876	-3877105	15534771	15896885	102.3	397.5
基本养老保险费收入	1025688	-296110	729578	729140	99.9	67.5
利息收入	44578	31904	76482	74398	97.3	92.1
委托投资收益	155000	-39060	115940	405890	350.1	116.9
其他收入	50	33	83	311	374.7	622.0
转移收入	6200	-1641	4559	4087	89.6	40.5
财政补贴收入	2351353	8412	2359765	2359765	100.0	405.3
下级上解收入	12541441	-3724189	8817252	9123530	103.5	2589.8
上级补助收入	3287566	143546	3431112	3199764	93.3	207.0
三、机关事业单位养老保险基金	395602		395602	310278	78.4	65.9
基本养老保险费收入	186931		186931	168521	90.2	57.7
利息收入	4867		4867	4606	94.6	111.8
财政补贴收入	201800		201800	130089	64.5	74.6
其他收入	4		4	5	125.0	100.0
转移收入	2000		2000	7057	352.9	
收入合计	20084228	-3921382	16162846	16441028	101.7	348.1
加:上年结转收入				9909928		
收入总计				26350956		

安徽省2020年省级社会保险基金支出决算表

单位:万元

项目	2020年 预算数 1	预算 变更数 2	2020年调整 预算数 =1+2	2020年 决算数	为预算的%	为上年 决算的%
一、职工基本医疗保险基金	217044	9767	226811	230324	101.5	111.1
基本医疗保险待遇支出	217044	9767	226811	229026	101.0	111.1
其他支出				1298		101.2
二、企业职工基本养老保险基金	14159330	-91569	14067761	12848887	91.3	441.5
养老金支出	1453818	12411	1466229	1466568	100.0	109.2
丧葬抚恤支出	60749	-1905	58844	58914	100.1	104.0
上解上级支出	3131246	-60629	3070617	3077592	100.2	208.3
补助下级支出	9507517	-50886	9456631	8230747	87.0	
转移支出	6000	9440	15440	15066	97.6	44.8
三、机关事业单位养老保险基金	335874		335874	271960	81.0	63.6
基本养老金支出	335674		335674	271763	81.0	63.5
转移支出	200		200	197	98.5	
收入合计	14712248	-81802	14630446	13351171	91.3	376.6
加:结转下年				12999785		
收入总计				26350956		

安徽省2020年全省政府一般债务余额决算表

单位:万元

项　　目	决算数
一、2019年末地方政府一般债务余额	36359045
二、2020年地方政府一般债务限额	44350800
三、2020年地方政府一般债务收入	6646655
其中:中央转贷地方的国际金融组织和外国政府贷款	138771
地方政府一般债券发行额	6507884
四、2020年地方政府一般债务还本	4805427
五、其他方式化解的债务本金	33063
六、2020年末地方政府一般债务余额	38167210

安徽省2020年政府一般债务限额余额分地区决算表

单位:万元

项　　目	2020年债务限额	2020年末债务余额
安徽省合计	44350800	38167210
安徽省本级	6911381	6513109
合肥市	5678231	3910809
芜湖市	4065254	3543688
蚌埠市	1721878	1584217
淮南市	1704532	1363597
马鞍山市	2503447	1625745
淮北市	996004	903790
铜陵市	1256725	1046670
安庆市	2574847	2357069
黄山市	1315225	1231214
滁州市	2403841	2289232
阜阳市	2769631	2283603
宿州市	2147968	1996486
六安市	2627266	2305688
亳州市	2139606	1928639
池州市	1512131	1306725
宣城市	2022833	1976929

安徽省2020年全省政府专项债务余额决算表

单位:万元

项　　目	决算数
一、2019年末地方政府专项债务余额	43004624
二、2020年地方政府专项债务限额	62559100
三、2020年地方政府专项债务收入	16781907
四、2020年地方政府专项债务还本	1949840
五、其他方式化解的债务本金	2462
六、2020年末地方政府专项债务余额	57834229

安徽省2020年政府专项债务限额余额分地区决算表

单位:万元

项　　目	2020年债务限额	2020年末债务余额
安徽省合计	62559100	57834229
安徽省本级	917179	450254
合肥市	8612283	7541045
芜湖市	4509966	4468779
蚌埠市	3113147	2967583
淮南市	2069700	1836586
马鞍山市	3206848	2189529
淮北市	855786	831625
铜陵市	2374508	2190223
安庆市	3744440	3600786
黄山市	1348547	1325261
滁州市	5298033	5021009
阜阳市	9112924	8995980
宿州市	3991885	3656134
六安市	4868458	4742525
亳州市	4539526	4245742
池州市	1223253	1223245
宣城市	2772617	2547923

安徽省2020年政府债券发行及还本付息情况表

单位:万元

项　　目	安徽省	安徽省本级
一、2020年发行数	23289791	1806917
(一)一般债券	6507884	1356917
其中:再融资债券	4751426	400459
(二)专项债券	16781907	450000
其中:再融资债券	1821907	
二、2020年还本数	6741958	400459
(一)一般债券	4792118	400459
(二)专项债券	1949840	
三、2020年付息数	2974798	198447
(一)一般债券	1312335	198447
(二)专项债券	1662463	

安徽省2020年省级政府债券使用情况表

单位:万元

项目名称	项目类型	债券类型	债券规模	债券发行日期(年-月-日)
水利三年行动计划	水利建设	一般债券	8236	2020-08-14
铁路建设	铁路干线	一般债券	100000	2020-08-14
2020年普通国省干线公路养护工程	其他公路	一般债券	15000	2020-08-14
公立医院事业发展补助	公立医院	一般债券	15000	2020-01-16
2020年普通国省干线公路养护工程	其他公路	一般债券	100000	2020-08-14
水利三年行动计划	水利建设	一般债券	66903	2020-08-14
农村饮水安全工程	农村饮水安全	一般债券	40319	2020-08-14
国省道建设	其他	一般债券	32000	2020-08-14
淮河行蓄洪区居民迁建	其他社会保障	一般债券	64000	2020-08-14
基层基本公共服务功能建设	其他	一般债券	100000	2020-01-16
贫困革命老区县基本公共服务建设	其他	一般债券	92000	2020-01-16
国省道建设	其他	一般债券	118000	2020-01-16
公立医院事业发展补助	公立医院	一般债券	35000	2020-01-16
“四好”农村路建设	其他	一般债券	170000	2020-01-16
新建池州至黄山高速铁路项目	铁路干线	专项债券	75000	2020-09-10
引江济淮工程项目安徽段	饮水工程	专项债券	200000	2020-09-10
巢湖至马鞍山城际铁路项目	铁路干线	专项债券	175000	2020-09-10

2020 年度合肥市一般公共预算收支决算总表

单位:万元

预算科目	预算数	调整预算数	决算数	预算科目	预算数	调整预算数	决算数
一、税收收入	6044585	6011356	5707318	一、一般公共服务支出	841167	758146	757517
增值税	2669207	2650007	2539992	二、外交支出			
企业所得税	767595	764345	690046	三、国防支出	9876	7217	7017
个人所得税	165648	165598	190396	四、公共安全支出	420907	408943	408794
资源税	17050	17350	17496	五、教育支出	1843798	1980330	1975427
城市维护建设税	409133	408833	396456	六、科学技术支出	1462609	1636102	1633287
房产税	284885	284935	273985	七、文化旅游体育与传媒支出	108038	101809	101708
印花税	132053	131653	127386	八、社会保障和就业支出	911188	1073459	1072429
城镇土地使用税	125520	125020	122817	九、卫生健康支出	766508	867924	866015
土地增值税	595265	594965	573732	十、节能环保支出	313442	401552	400783
车船税	62523	62523	65952	十一、城乡社区支出	1622787	2359863	2342479
耕地占用税	22585	21885	33068	十二、农林水支出	640209	839019	836181
契税	790890	782061	672571	十三、交通运输支出	128358	212713	211361
烟叶税				十四、资源勘探工业信息等支出	147625	184749	184292
环境保护税	1401	1351	831	十五、商业服务业等支出	128422	150972	150657
其他税收收入	830	830	2590	十六、金融支出	6818	12819	12811
二、非税收入	1581477	1583377	1921691	十七、援助其他地区支出			
专项收入	968073	965473	1059604	十八、自然资源海洋气象等支出	42356	80114	79974
行政事业性收费收入	158357	160807	176550	十九、住房保障支出	290947	271871	271662
罚没收入	102323	103823	127051	二十、粮油物资储备支出	11499	27171	26936
国有资本经营收入				二十一、灾害防治及应急管理支出	47221	156521	155772
国有资源(资产)有偿使用收入	188098	188648	379404	二十二、预备费	182236		
其他收入	164626	164626	179082	二十三、其他支出	330646	6153	6153
				二十四、债务付息支出	137944	141746	141746
				二十五、债务发行费用支出	918	458	458
本年收入合计	7626062	7594733	7629009	本年支出合计	10395519	11679651	11643459

2020年度淮北市一般公共预算收支决算总表

单位:万元

预算科目	预算数	调整预算数	决算数	预算科目	预算数	调整预算数	决算数
一、税收收入	597887	602559	571440	一、一般公共服务支出	192703	171233	171118
增值税	302061	301178	281796	二、外交支出			
企业所得税	75431	76761	62201	三、国防支出	2017	1037	1037
个人所得税	8893	8929	9609	四、公共安全支出	79596	86756	86756
资源税	27521	27521	23222	五、教育支出	245217	353005	352703
城市维护建设税	43805	44594	39816	六、科学技术支出	23888	25677	25377
房产税	18662	18662	18369	七、文化旅游体育与传媒支出	14477	18212	18200
印花税	10949	10949	9636	八、社会保障和就业支出	254007	225632	225084
城镇土地使用税	30390	33790	27893	九、卫生健康支出	106563	207448	206034
土地增值税	23077	23077	32719	十、节能环保支出	29379	43684	40521
车船税	7556	7556	7869	十一、城乡社区支出	253373	279634	279543
耕地占用税	3608	3608	1861	十二、农林水支出	134177	181750	181750
契税	44145	44145	55674	十三、交通运输支出	43205	54010	54010
烟叶税				十四、资源勘探工业信息等支出	31047	44741	44062
环境保护税	1005	1005	591	十五、商业服务业等支出	1770	2726	2726
其他税收收入	784	784	184	十六、金融支出	2002	3295	3295
二、非税收入	181325	181325	229255	十七、援助其他地区支出	34		
专项收入	33920	33920	35382	十八、自然资源海洋气象等支出	5579	11301	11301
行政事业性收费收入	27660	27660	39688	十九、住房保障支出	65753	80100	80100
罚没收入	46042	46042	49146	二十、粮油物资储备支出	72	2054	1816
国有资本经营收入	1500	1500	1649	二十一、灾害防治及应急管理支出	7795	7283	6707
国有资源(资产)有偿使用收入	26390	26390	73189	二十二、预备费	16539		
其他收入	45813	45813	30201	二十三、其他支出	149618	11945	11945
				二十四、债务付息支出	23014	33430	33430
				二十五、债务发行费用支出		95	95
本年收入合计	779212	783884	800695	本年支出合计	1681825	1845048	1837610

2020年度亳州市一般公共预算收支决算总表

单位:万元

预算科目	预算数	调整预算数	决算数	预算科目	预算数	调整预算数	决算数
一、税收收入	951809	951809	863403	一、一般公共服务支出	323694	400077	371816
增值税	432057	432057	374558	二、外交支出			
企业所得税	92174	92174	85335	三、国防支出	2441	3861	2599
个人所得税	10254	10254	13440	四、公共安全支出	116333	145504	144881
资源税	8717	8717	5657	五、教育支出	628948	811266	802909
城市维护建设税	56682	56682	54137	六、科学技术支出	21745	57292	55157
房产税	21098	21098	21600	七、文化旅游体育与传媒支出	29576	29798	28759
印花税	14020	14020	13596	八、社会保障和就业支出	485144	634398	630249
城镇土地使用税	48273	48273	50060	九、卫生健康支出	521648	576997	568999
土地增值税	92910	92910	71098	十、节能环保支出	68244	84991	78002
车船税	14295	14295	16154	十一、城乡社区支出	184350	248637	236170
耕地占用税	25995	25995	21900	十二、农林水支出	393584	560064	547380
契税	134930	134930	135662	十三、交通运输支出	135493	146864	138761
烟叶税				十四、资源勘探工业信息等支出	38740	27286	24713
环境保护税	404	404	251	十五、商业服务业等支出	40557	27465	23810
其他税收收入			-45	十六、金融支出	2588	3995	3825
二、非税收入	321932	321932	400327	十七、援助其他地区支出			
专项收入	69791	69791	68001	十八、自然资源海洋气象等支出	16056	19787	19534
行政事业性收费收入	43674	43674	43750	十九、住房保障支出	153547	163504	143941
罚没收入	33902	33902	46854	二十、粮油物资储备支出	8902	10086	7384
国有资本经营收入	80	80	81	二十一、灾害防治及应急管理支出	8266	14646	12676
国有资源(资产)有偿使用收入	153040	153040	214790	二十二、预备费	51040		
其他收入	21445	21445	26851	二十三、其他支出	73869	177	177
				二十四、债务付息支出	54762	67548	67548
				二十五、债务发行费用支出	67	333	333
本年收入合计	1273741	1273741	1263730	本年支出合计	3359594	4034576	3909623

2020 年度宿州市一般公共预算收支决算总表

单位:万元

预算科目	预算数	调整预算数	决算数	预算科目	预算数	调整预算数	决算数
一、税收收入	910642	919574	871621	一、一般公共服务支出	308286	357236	357070
增值税	437470	444970	419469	二、外交支出			
企业所得税	63921	64221	68012	三、国防支出	2630	2898	2898
个人所得税	14034	13584	12649	四、公共安全支出	151372	188117	188117
资源税	22280	22280	16048	五、教育支出	672394	889456	889290
城市维护建设税	53758	55580	53477	六、科学技术支出	61861	61515	60456
房产税	21124	21184	16254	七、文化旅游体育与传媒支出	26873	41064	41064
印花税	16454	16514	12511	八、社会保障和就业支出	582586	679147	678517
城镇土地使用税	42997	43957	41861	九、卫生健康支出	498019	589634	581500
土地增值税	71277	70957	81460	十、节能环保支出	78332	94501	93516
车船税	17130	17130	15926	十一、城乡社区支出	429550	559982	559982
耕地占用税	26318	25318	9530	十二、农林水支出	472592	809663	802517
契税	122619	122619	123884	十三、交通运输支出	107574	206409	206409
烟叶税				十四、资源勘探工业信息等支出	31719	56209	56209
环境保护税	805	805	441	十五、商业服务业等支出	3327	5516	5516
其他税收收入	455	455	99	十六、金融支出	451	934	934
二、非税收入	477795	474515	460247	十七、援助其他地区支出			
专项收入	61883	63583	59643	十八、自然资源海洋气象等支出	20688	46543	46543
行政事业性收费收入	80215	75415	91258	十九、住房保障支出	123796	182128	182128
罚没收入	58003	57953	58523	二十、粮油物资储备支出	9096	15768	15768
国有资本经营收入	11800	11800	5016	二十一、灾害防治及应急管理支出	14080	21923	19279
国有资源(资产)有偿使用收入	225220	225140	188345	二十二、预备费	51244		
其他收入	40674	40624	57462	二十三、其他支出	223272	5948	5948
				二十四、债务付息支出	69208	65846	65846
				二十五、债务发行费用支出	5	481	481
本年收入合计	1388437	1394089	1331868	本年收入合计	3938955	4880918	4859988

2020 年度蚌埠市一般公共预算收支决算总表

单位:万元

预算科目	预算数	调整预算数	决算数	预算科目	预算数	调整预算数	决算数
一、税收收入	1062017	1005884	985556	一、一般公共服务支出	316256	226130	211376
增值税	502962	488980	492655	二、外交支出			
企业所得税	78783	75945	68313	三、国防支出	2518	2945	2889
个人所得税	13572	14576	14249	四、公共安全支出	145453	149559	141108
资源税	540	410	2501	五、教育支出	501365	596091	591496
城市维护建设税	109353	107685	113976	六、科学技术支出	132939	181131	176122
房产税	33670	31237	28785	七、文化旅游体育与传媒支出	39359	44044	36598
印花税	14265	13498	14345	八、社会保障和就业支出	417220	464142	456778
城镇土地使用税	52794	46030	50877	九、卫生健康支出	306133	362573	352244
土地增值税	88563	82245	63644	十、节能环保支出	57266	42563	38563
车船税	11578	13080	13112	十一、城乡社区支出	339982	509815	507982
耕地占用税	28999	11255	10112	十二、农林水支出	235434	392257	384602
契税	126517	120515	112496	十三、交通运输支出	63279	96134	87099
烟叶税				十四、资源勘探工业信息等支出	18481	21036	20124
环境保护税	421	428	368	十五、商业服务业等支出	6389	13569	11642
其他税收收入			123	十六、金融支出	5597	7398	7235
二、非税收入	618930	684293	599245	十七、援助其他地区支出			
专项收入	124907	126244	111909	十八、自然资源海洋气象等支出	34495	37686	37675
行政事业性收费收入	38210	38951	40904	十九、住房保障支出	89849	118344	115924
罚没收入	31676	48367	45661	二十、粮油物资储备支出	1397	8205	6721
国有资本经营收入	170000	173865	97504	二十一、灾害防治及应急管理支出	10421	20857	17302
国有资源(资产)有偿使用收入	238042	281134	272357	二十二、预备费	35080		
其他收入	16095	15732	30910	二十三、其他支出	141821		
				二十四、债务付息支出	55786	55647	55647
				二十五、债务发行费用支出	301	272	272
本年收入合计	1680947	1690177	1584801	本年收入合计	2956821	3350398	3259399

2020年度阜阳市一般公共预算收支决算总表

单位:万元

预算科目	预算数	调整预算数	决算数	预算科目	预算数	调整预算数	决算数
一、税收收入	1576017	1418052	1315753	一、一般公共服务支出	507102	519188	508690
增值税	745117	635267	589795	二、外交支出			
企业所得税	153857	146457	135791	三、国防支出	2193	2463	2428
个人所得税	17859	16479	18534	四、公共安全支出	213449	242894	237639
资源税	19154	19154	17757	五、教育支出	1020045	1239291	1231899
城市维护建设税	106163	95663	96483	六、科学技术支出	35686	72787	72307
房产税	22361	24061	25566	七、文化旅游体育与传媒支出	38383	54714	54142
印花税	22072	20572	19284	八、社会保障和就业支出	845037	1113380	1107714
城镇土地使用税	56245	51445	56734	九、卫生健康支出	545632	925554	914630
土地增值税	151626	147526	143194	十、节能环保支出	70380	104040	94532
车船税	20887	20087	20943	十一、城乡社区支出	400481	555293	548231
耕地占用税	41476	41186	10308	十二、农林水支出	785929	1127111	1119482
契税	217944	198844	176729	十三、交通运输支出	137714	250269	243724
烟叶税				十四、资源勘探工业信息等支出	94174	107043	96019
环境保护税	586	441	377	十五、商业服务业等支出	27566	27314	25498
其他税收收入	670	870	4258	十六、金融支出	3140	11787	11777
二、非税收入	442564	437154	676801	十七、援助其他地区支出			
专项收入	110330	94830	153460	十八、自然资源海洋气象等支出	27686	55767	45615
行政事业性收费收入	75713	78013	92465	十九、住房保障支出	177270	268944	266914
罚没收入	80755	98155	126984	二十、粮油物资储备支出	11553	12456	10148
国有资本经营收入	1823	1823	10395	二十一、灾害防治及应急管理支出	16702	55786	30176
国有资源(资产)有偿使用收入	150188	140478	240807	二十二、预备费	92927		
其他收入	23755	23855	52690	二十三、其他支出	130669	19190	12943
				二十四、债务付息支出	79063	78560	78560
				二十五、债务发行费用支出	20	429	429
本年收入合计	2018581	1855206	1992554	本年收入合计	5262801	6844260	6713497

2020年度淮南市一般公共预算收支决算总表

单位:万元

预算科目	预算数	调整预算数	决算数	预算科目	预算数	调整预算数	决算数
一、税收收入	813809	810116	636470	一、一般公共服务支出	336102	226760	221302
增值税	420837	423370	318391	二、外交支出			
企业所得税	59483	58103	48163	三、国防支出	3769	2992	2652
个人所得税	15699	15168	14233	四、公共安全支出	134182	125202	119246
资源税	32569	32569	34046	五、教育支出	370643	486350	483048
城市维护建设税	56291	53071	40266	六、科学技术支出	12294	39869	39849
房产税	26569	27069	22190	七、文化旅游体育与传媒支出	21232	25395	25190
印花税	11152	11152	10929	八、社会保障和就业支出	327555	488101	482200
城镇土地使用税	39156	38556	31211	九、卫生健康支出	228766	392067	391793
土地增值税	49799	49749	31667	十、节能环保支出	38223	91359	90151
车船税	11719	11624	9649	十一、城乡社区支出	108639	180188	179868
耕地占用税	9798	9248	6387	十二、农林水支出	229514	521069	517338
契税	76231	76231	68599	十三、交通运输支出	65506	109732	109225
烟叶税				十四、资源勘探工业信息等支出	64019	17271	15014
环境保护税	1298	1298	763	十五、商业服务业等支出	8741	23873	23615
其他税收收入	3208	2908	-24	十六、金融支出	3613	4585	4585
二、非税收入	297914	299014	403692	十七、援助其他地区支出			
专项收入	57460	56810	78456	十八、自然资源海洋气象等支出	10307	24221	23305
行政事业性收费收入	42873	42823	61502	十九、住房保障支出	61648	82566	80685
罚没收入	47389	48039	42096	二十、粮油物资储备支出	9656	3259	3162
国有资本经营收入	16457	15657	13790	二十一、灾害防治及应急管理支出	12032	22193	21763
国有资源(资产)有偿使用收入	105979	107899	174976	二十二、预备费	27200		
其他收入	27756	27786	32872	二十三、其他支出	70532	178	178
				二十四、债务付息支出	26226	46643	46643
				二十五、债务发行费用支出	2	256	256
本年收入合计	1111723	1109130	1040162	本年收入合计	2170401	2914129	2881068

2020 年度滁州市一般公共预算收支决算总表

单位:万元

预算科目	预算数	调整预算数	决算数	预算科目	预算数	调整预算数	决算数
一、税收收入	1513769	1456818	1395558	一、一般公共服务支出	311940	321269	314649
增值税	613388	598320	597619	二、外交支出			
企业所得税	173089	163552	145651	三、国防支出	4884	5654	5654
个人所得税	21808	20874	23244	四、公共安全支出	183918	203504	201612
资源税	26098	26570	22673	五、教育支出	618422	788063	782019
城市维护建设税	92268	90224	90537	六、科学技术支出	74792	153880	152043
房产税	52210	52769	45781	七、文化旅游体育与传媒支出	48098	49668	49344
印花税	24030	22785	20513	八、社会保障和就业支出	560063	609673	608827
城镇土地使用税	127590	127128	114354	九、卫生健康支出	457393	516369	515302
土地增值税	121730	108849	85979	十、节能环保支出	66922	87645	87087
车船税	15897	15694	12954	十一、城乡社区支出	405206	635869	635210
耕地占用税	102998	79635	56149	十二、农林水支出	464008	719317	713762
契税	140383	149041	177788	十三、交通运输支出	124782	193884	193676
烟叶税				十四、资源勘探工业信息等支出	82121	57898	54325
环境保护税	2280	1377	762	十五、商业服务业等支出	8403	19231	17636
其他税收收入			1554	十六、金融支出	2453	6544	4862
二、非税收入	694434	730485	864647	十七、援助其他地区支出	15	15	15
专项收入	146444	177767	178285	十八、自然资源海洋气象等支出	24725	53012	49759
行政事业性收费收入	87730	102659	136355	十九、住房保障支出	126839	121501	121229
罚没收入	89340	88640	107404	二十、粮油物资储备支出	10691	12527	12377
国有资本经营收入	4000	4000	8905	二十一、灾害防治及应急管理支出	25816	29696	28073
国有资源(资产)有偿使用收入	348030	337541	396128	二十二、预备费	48200		
其他收入	18890	19878	37570	二十三、其他支出	59504	1035	1035
				二十四、债务付息支出	94074	80539	80539
				二十五、债务发行费用支出	230	368	368
本年收入合计	2208203	2187303	2260205	本年收入合计	3803499	4667161	4629403

2020年度六安市一般公共预算收支决算总表

单位:万元

预算科目	预算数	调整预算数	决算数	预算科目	预算数	调整预算数	决算数
一、税收收入	1018103	1018667	986780	一、一般公共服务支出	394468	413505	411163
增值税	421965	424073	450459	二、外交支出			
企业所得税	105744	104844	105318	三、国防支出	2765	2994	2779
个人所得税	17388	17554	19893	四、公共安全支出	132008	178787	178787
资源税	17750	17897	18352	五、教育支出	698093	912215	912215
城市维护建设税	57540	57987	55949	六、科学技术支出	71734	83072	82972
房产税	27780	27680	30631	七、文化旅游体育与传媒支出	46500	65601	65601
印花税	14190	14268	14379	八、社会保障和就业支出	580075	694868	694685
城镇土地使用税	52935	50735	52522	九、卫生健康支出	493492	627051	626607
土地增值税	108410	109358	77693	十、节能环保支出	77070	124853	124725
车船税	13425	12925	13391	十一、城乡社区支出	172024	311209	311128
耕地占用税	14126	12426	1662	十二、农林水支出	565377	1006307	1005207
契税	166350	168350	145358	十三、交通运输支出	204316	304610	299161
烟叶税				十四、资源勘探工业信息等支出	19628	20866	20866
环境保护税	470	470	496	十五、商业服务业等支出	5824	14310	14310
其他税收收入	30	100	677	十六、金融支出	1328	2005	1991
二、非税收入	259402	261320	342025	十七、援助其他地区支出			
专项收入	74884	73243	74468	十八、自然资源海洋气象等支出	20440	35775	35775
行政事业性收费收入	56602	57602	53359	十九、住房保障支出	104386	125096	125096
罚没收入	42474	43367	48113	二十、粮油物资储备支出	4194	9983	9983
国有资本经营收入				二十一、灾害防治及应急管理支出	10071	52126	50896
国有资源(资产)有偿使用收入	63872	65469	142145	二十二、预备费	41810		
其他收入	21570	21639	23940	二十三、其他支出	237729	270	108
				二十四、债务付息支出	59568	79489	79489
				二十五、债务发行费用支出	135	364	364
本年收入合计	1277505	1279987	1328805	本年收入合计	3943035	5065356	5053908

2020年度马鞍山市一般公共预算收支决算总表

单位:万元

预算科目	预算数	调整预算数	决算数	预算科目	预算数	调整预算数	决算数
一、税收收入	1278147	1277572	1269439	一、一般公共服务支出	233919	185964	182657
增值税	743915	742815	770497	二、外交支出			
企业所得税	123237	124207	94376	三、国防支出	794	944	809
个人所得税	29214	28569	27045	四、公共安全支出	121489	114824	112600
资源税	17700	17700	19222	五、教育支出	332843	387234	384481
城市维护建设税	94962	94912	88216	六、科学技术支出	84772	120436	120287
房产税	50292	50292	48867	七、文化旅游体育与传媒支出	34411	37590	37530
印花税	20622	20422	21833	八、社会保障和就业支出	277765	335454	334468
城镇土地使用税	69965	67765	52585	九、卫生健康支出	178252	273211	266903
土地增值税	38450	39450	41766	十、节能环保支出	134609	165069	160213
车船税	10759	10759	10389	十一、城乡社区支出	407945	504268	503012
耕地占用税	5513	5513	2117	十二、农林水支出	138321	254849	243757
契税	69438	71088	88305	十三、交通运输支出	61482	77255	76794
烟叶税				十四、资源勘探工业信息等支出	30518	14865	14682
环境保护税	4080	4080	3876	十五、商业服务业等支出	18462	16471	16151
其他税收收入			345	十六、金融支出	3038	2927	2507
二、非税收入	351477	352677	425959	十七、援助其他地区支出		544	544
专项收入	87470	87270	87675	十八、自然资源海洋气象等支出	15239	19146	19097
行政事业性收费收入	54758	56058	69753	十九、住房保障支出	78319	86521	86521
罚没收入	28878	31378	49066	二十、粮油物资储备支出	2585	2162	2162
国有资本经营收入	1000	1000	10056	二十一、灾害防治及应急管理支出	10563	22567	21632
国有资源(资产)有偿使用收入	162684	160284	182895	二十二、预备费	25406		
其他收入	16687	16687	26514	二十三、其他支出	72523	4367	4344
				二十四、债务付息支出	61854	56716	56716
				二十五、债务发行费用支出	212	357	357
本年收入合计	1629624	1630249	1695398	本年收入合计	2325321	2683741	2648224

2020年度芜湖市一般公共预算收支决算总表

单位:万元

预算科目	预算数	调整预算数	决算数	预算科目	预算数	调整预算数	决算数
一、税收收入	2357457	2377004	2315625	一、一般公共服务支出	360458	298904	298903
增值税	1220058	1210411	1208663	二、外交支出			
企业所得税	324650	322970	287736	三、国防支出	5829	4816	4816
个人所得税	51505	51445	62039	四、公共安全支出	174780	186001	186001
资源税	25052	25136	26134	五、教育支出	637816	814682	814159
城市维护建设税	182858	182885	205829	六、科学技术支出	491676	545432	544930
房产税	87622	90462	81684	七、文化旅游体育与传媒支出	42661	63825	63721
印花税	37389	37766	36630	八、社会保障和就业支出	477776	601909	601792
城镇土地使用税	169066	185495	141063	九、卫生健康支出	439487	448517	445730
土地增值税	71148	73361	69945	十、节能环保支出	88492	184287	182948
车船税	14210	14463	18283	十一、城乡社区支出	572736	744392	744387
耕地占用税	11898	19340	19319	十二、农林水支出	217577	381999	379355
契税	157625	158713	153725	十三、交通运输支出	86979	128679	128532
烟叶税	2000	2031	1628	十四、资源勘探工业信息等支出	135048	55967	55967
环境保护税	2376	2464	2770	十五、商业服务业等支出	26243	31902	31900
其他税收收入		62	177	十六、金融支出	1320	4137	3197
二、非税收入	829209	830766	998084	十七、援助其他地区支出	300	300	300
专项收入	231110	231099	232458	十八、自然资源海洋气象等支出	22908	44888	44888
行政事业性收费收入	75786	81077	66649	十九、住房保障支出	122415	145966	145966
罚没收入	42095	41405	45333	二十、粮油物资储备支出	2271	6506	6506
国有资本经营收入	157500	157600	251307	二十一、灾害防治及应急管理支出	12617	29957	29957
国有资源(资产)有偿使用收入	277220	274064	353852	二十二、预备费	48380		
其他收入	45498	45521	48485	二十三、其他支出	120188	8887	7280
				二十四、债务付息支出	134949	134413	134413
				二十五、债务发行费用支出	438	718	718
本年收入合计	3186666	3207770	3313709	本年收入合计	4223344	4867084	4856366

2020年度宣城市一般公共预算收支决算总表

单位:万元

预算科目	预算数	调整预算数	决算数	预算科目	预算数	调整预算数	决算数
一、税收收入	1150709	1150709	1044614	一、一般公共服务支出	382041	240490	234798
增值税	517166	517166	505975	二、外交支出			
企业所得税	98258	98258	94572	三、国防支出	2027	2201	2201
个人所得税	24330	24330	24698	四、公共安全支出	139112	123809	121774
资源税	21875	21875	23206	五、教育支出	320799	428918	428245
城市维护建设税	62279	62279	63928	六、科学技术支出	136749	145200	145029
房产税	32875	32875	31829	七、文化旅游体育与传媒支出	41429	52854	52073
印花税	12775	12775	14174	八、社会保障和就业支出	360966	398521	398391
城镇土地使用税	126500	126500	98513	九、卫生健康支出	294660	395468	394154
土地增值税	60070	60070	62211	十、节能环保支出	61725	94755	93096
车船税	12470	12470	13047	十一、城乡社区支出	436954	536912	534332
耕地占用税	51157	51157	9784	十二、农林水支出	268205	420900	412025
契税	122040	122040	95392	十三、交通运输支出	93251	146151	143375
烟叶税	7286	7286	5679	十四、资源勘探工业信息等支出	99239	28279	28155
环境保护税	1628	1628	1344	十五、商业服务业等支出	11336	11789	11789
其他税收收入			262	十六、金融支出	1968	2843	2344
二、非税收入	479139	479139	639603	十七、援助其他地区支出			
专项收入	76367	76367	148781	十八、自然资源海洋气象等支出	28071	38018	37775
行政事业性收费收入	60695	60695	57400	十九、住房保障支出	79158	108075	108066
罚没收入	48774	48774	68068	二十、粮油物资储备支出	2354	3547	3547
国有资本经营收入	2000	2000	364	二十一、灾害防治及应急管理支出	11177	29118	27464
国有资源(资产)有偿使用收入	278236	278236	347163	二十二、预备费	40808		
其他收入	13067	13067	17827	二十三、其他支出	58802	2366	908
				二十四、债务付息支出	70315	68182	68182
				二十五、债务发行费用支出	139	362	362
本年收入合计	1629848	1629848	1684217	本年收入合计	2941285	3278758	3248085

2020年度铜陵市一般公共预算收支决算总表

单位:万元

预算科目	预算数	调整预算数	决算数	预算科目	预算数	调整预算数	决算数
一、税收收入	574642	609660	600628	一、一般公共服务支出	135310	123531	123366
增值税	278926	287300	304817	二、外交支出			
企业所得税	72482	72800	65047	三、国防支出	492	1044	1044
个人所得税	6676	6206	6899	四、公共安全支出	66621	81638	81628
资源税	25300	26100	25685	五、教育支出	234412	255524	253246
城市维护建设税	36548	38386	41092	六、科学技术支出	81242	103482	103108
房产税	17400	16909	16166	七、文化旅游体育与传媒支出	17467	25965	25964
印花税	14670	15364	18473	八、社会保障和就业支出	208425	247575	245364
城镇土地使用税	49800	60688	49634	九、卫生健康支出	139312	194111	192826
土地增值税	23100	29384	18325	十、节能环保支出	35276	56034	51744
车船税	6150	5124	5401	十一、城乡社区支出	174348	233207	231277
耕地占用税	1320	420	253	十二、农林水支出	148196	206940	204980
契税	39900	48909	47274	十三、交通运输支出	47780	76607	76607
烟叶税				十四、资源勘探工业信息等支出	23942	20803	20718
环境保护税	2370	2070	1322	十五、商业服务业等支出	8434	35838	34933
其他税收收入			240	十六、金融支出	1058	2323	2277
二、非税收入	220320	232334	216923	十七、援助其他地区支出			
专项收入	55700	56900	66230	十八、自然资源海洋气象等支出	12646	26750	26107
行政事业性收费收入	60400	57600	42513	十九、住房保障支出	47232	82533	80533
罚没收入	24400	27178	23912	二十、粮油物资储备支出	2028	3349	3309
国有资本经营收入				二十一、灾害防治及应急管理支出	4637	18738	17686
国有资源(资产)有偿使用收入	68720	77484	62575	二十二、预备费	12550		
其他收入	11100	13172	21693	二十三、其他支出	14100	11875	11875
				二十四、债务付息支出	25832	36039	36039
				二十五、债务发行费用支出		229	229
本年收入合计	794962	841994	817551	本年收入合计	1441340	1844135	1824860

2020年度池州市一般公共预算收支决算总表

单位:万元

预算科目	预算数	调整预算数	决算数	预算科目	预算数	调整预算数	决算数
一、税收收入	464410	463710	450478	一、一般公共服务支出	138328	123022	122950
增值税	219442	217041	202382	二、外交支出			
企业所得税	43959	44769	47206	三、国防支出	3345	1761	1761
个人所得税	7683	7878	7942	四、公共安全支出	47061	50902	50902
资源税	41461	43236	43833	五、教育支出	214049	251653	251653
城市维护建设税	25802	25929	24983	六、科学技术支出	10574	27287	26987
房产税	12551	12556	13114	七、文化旅游体育与传媒支出	25160	20482	20425
印花税	6547	6357	6633	八、社会保障和就业支出	166454	186589	186538
城镇土地使用税	43513	44148	38230	九、卫生健康支出	118411	213304	212951
土地增值税	19367	18077	16835	十、节能环保支出	63106	113000	111905
车船税	4601	4641	5124	十一、城乡社区支出	128785	250509	250309
耕地占用税	4265	4425	3520	十二、农林水支出	150520	247909	247909
契税	33348	32968	39218	十三、交通运输支出	62547	108824	108799
烟叶税	1181	1030	471	十四、资源勘探工业信息等支出	14889	14978	12778
环境保护税	690	655	978	十五、商业服务业等支出	6151	11881	11881
其他税收收入			9	十六、金融支出	155	1159	1159
二、非税收入	211299	223129	218595	十七、援助其他地区支出			
专项收入	36837	40077	40796	十八、自然资源海洋气象等支出	11487	16539	16039
行政事业性收费收入	60687	60117	48734	十九、住房保障支出	37333	68041	68041
罚没收入	20268	21088	24100	二十、粮油物资储备支出	1237	2822	2822
国有资本经营收入	3000	3000	2553	二十一、灾害防治及应急管理支出	6792	17852	17669
国有资源(资产)有偿使用收入	86126	93926	97683	二十二、预备费	16244		
其他收入	4381	4921	4729	二十三、其他支出	16984	924	644
				二十四、债务付息支出	53147	56739	56739
				二十五、债务发行费用支出	41	226	226
本年收入合计	675709	686839	669073	本年收入合计	1292800	1786403	1781087

2020 年度安庆市一般公共预算收支决算总表

单位:万元

预算科目	预算数	调整预算数	决算数	预算科目	预算数	调整预算数	决算数
一、税收收入	1086858	1026331	1043162	一、一般公共服务支出	326278	363666	360510
增值税	571913	554088	548020	二、外交支出			
企业所得税	81201	78608	78938	三、国防支出	3328	2510	2510
个人所得税	17892	17559	17316	四、公共安全支出	148496	177718	177581
资源税	6863	7072	9518	五、教育支出	550033	874833	872896
城市维护建设税	86472	79623	83756	六、科学技术支出	46480	116633	116519
房产税	34023	33845	29077	七、文化旅游体育与传媒支出	55301	74711	74690
印花税	13653	14374	15081	八、社会保障和就业支出	474555	659590	659489
城镇土地使用税	52359	52314	63182	九、卫生健康支出	453483	568172	567979
土地增值税	77279	65654	64437	十、节能环保支出	45517	146878	146518
车船税	14936	14512	15824	十一、城乡社区支出	185967	391353	388596
耕地占用税	14952	9599	5142	十二、农林水支出	432932	776826	775061
契税	114269	98078	111592	十三、交通运输支出	209859	272144	270608
烟叶税				十四、资源勘探工业信息等支出	48676	48573	46294
环境保护税	1046	1005	791	十五、商业服务业等支出	23487	40412	39129
其他税收收入			488	十六、金融支出	3973	10777	9129
二、非税收入	328930	354887	372787	十七、援助其他地区支出			
专项收入	113342	137665	124061	十八、自然资源海洋气象等支出	22100	45892	43417
行政事业性收费收入	69702	74174	74498	十九、住房保障支出	98837	132850	131655
罚没收入	56920	52694	55297	二十、粮油物资储备支出	4071	20256	20256
国有资本经营收入			32	二十一、灾害防治及应急管理支出	13966	44344	43913
国有资源(资产)有偿使用收入	62276	57798	76712	二十二、预备费	44160		
其他收入	26690	32556	42187	二十三、其他支出	12390	13830	4691
				二十四、债务付息支出	74242	77723	77723
				二十五、债务发行费用支出	409	420	420
本年收入合计	1415788	1381218	1415949	本年收入合计	3278540	4860111	4829584

2020年度黄山市一般公共预算收支决算总表

单位:万元

预算科目	预算数	调整预算数	决算数	预算科目	预算数	调整预算数	决算数
一、税收收入	435985	420864	412186	一、一般公共服务支出	188637	171674	171398
增值税	199335	190076	180645	二、外交支出			
企业所得税	35577	35846	32593	三、国防支出	3531	2717	2717
个人所得税	11098	10556	10941	四、公共安全支出	98717	99537	99438
资源税	2875	1428	1871	五、教育支出	188076	225887	225563
城市维护建设税	23019	22007	19732	六、科学技术支出	45804	65568	65260
房产税	23788	23022	19683	七、文化旅游体育与传媒支出	48517	42735	41635
印花税	5475	5111	6184	八、社会保障和就业支出	221568	275287	274963
城镇土地使用税	32766	30525	29257	九、卫生健康支出	99167	200859	195471
土地增值税	38768	37874	40073	十、节能环保支出	57921	117847	116394
车船税	6608	6937	8344	十一、城乡社区支出	191564	344293	342385
耕地占用税	2230	2722	3621	十二、农林水支出	180187	258380	255001
契税	53695	53916	58097	十三、交通运输支出	52789	97999	96479
烟叶税	290	238	231	十四、资源勘探工业信息等支出	28379	27525	24828
环境保护税	176	162	161	十五、商业服务业等支出	6042	10168	10168
其他税收收入	285	444	753	十六、金融支出	2540	2386	1882
二、非税收入	401121	409909	427137	十七、援助其他地区支出		48	48
专项收入	31803	32411	34093	十八、自然资源海洋气象等支出	9877	14438	14434
行政事业性收费收入	28510	27500	27510	十九、住房保障支出	45742	55740	54012
罚没收入	18394	20075	21721	二十、粮油物资储备支出	1612	2621	2621
国有资本经营收入		27852	28015	二十一、灾害防治及应急管理支出	9465	26911	18583
国有资源(资产)有偿使用收入	298158	275241	278426	二十二、预备费	15030		
其他收入	24256	26830	37372	二十三、其他支出	58098	5957	5919
				二十四、债务付息支出	49899	42961	42961
				二十五、债务发行费用支出	160	162	162
本年收入合计	837106	830773	839323	本年收入合计	1603322	2091700	2062322

2020年度一般公共预算收支及平衡情况表(收入部分)

单位:万元

地区	收入合计	税收收入												非税收入						
		小计	增值税	企业所得税	个人所得税	资源税	城市维护建设税	房产税	城镇土地使用税	土地增值税	耕地占用税	契税	其他各项税收收入	小计	专项收入	行政事业性收费收入	罚没收入	国有资本经营收入	国有资源(资产)有偿使用收入	其他收入
安徽省	32160079	21995249	9432070	3625127	767409	307221	1481101	725717	1023003	1476357	227692	2262364	667188	10164830	2950449	1234015	992941	439445	3824596	723384
安徽省本级	2493030	1525218	-353663	1515829	294282		12468	2136	2210	1579	32959		17418	967812	397147	111127	53612	9778	343149	52999
安徽省地市合计	29667049	20470031	9785733	2109298	473127	307221	1468633	723581	1020793	1474778	194733	2262364	649770	9197018	2553302	1122888	939329	429667	3481447	670385
宣城市	1684217	1044614	505975	94572	24698	23206	63928	31829	98513	62211	9784	95392	34506	639603	148781	57400	68068	364	347163	17827
宣城市本级	284452	179137	64734	17180	3039	1866	13118	7857	29714	14949	696	18607	7377	105315	32272	11449	32883	314	20809	7588
宣城市区县合计	1399765	865477	441241	77392	21659	21340	50810	23972	68799	47262	9088	76785	27129	534288	116509	45951	35185	50	326354	10239
宣州区	295229	168074	81422	9657	4706	7246	11550	3825	13717	6097	1602	21340	6912	127155	15775	4110	2222		104016	1032
郎溪县	208527	110661	63199	6882	2585	525	5925	3183	7972	5259	1887	9295	3949	97866	17147	3111	5918		69256	2434
广德市	286546	221418	118859	24441	3922	6731	12676	7489	12778	11708	3455	13430	5929	65128	22483	12785	9824		16858	3178
宁国市	309806	215521	96542	27431	7922	3375	13249	6142	27078	10513	412	17318	5539	94285	33752	6075	6040		47399	1019
泾县	153208	74271	44671	4272	1242	1323	3800	1323	2642	4857	201	7114	2826	78937	13373	12665	6034	50	45585	1230
旌德县	64244	31762	13899	1181	462	1875	1250	610	1158	4982	994	4466	885	32482	3877	6338	2918		18750	599
绩溪县	82205	43770	22649	3528	820	265	2360	1400	3454	3846	537	3822	1089	38435	10102	867	2229		24490	747
宿州市	1331868	871621	419469	68012	12649	16048	53477	16254	41861	81460	9530	123884	28977	460247	59643	91258	58523	5016	188345	57462
宿州市本级	412035	312109	167785	25512	4722	-963	24365	6940	25438	14578	131	33101	10500	99926	23275	33789	13538	5000	16359	7965
宿州市区县合计	919833	559512	251684	42500	7927	17011	29112	9314	16423	66882	9399	90783	18477	360321	36368	57469	44985	16	171986	49497
埇桥区	303090	198988	93797	16718	3716	11873	14584	4322	7968	18466	745	23361	3438	104102	13301	21331	6236		38690	24544
砀山县	132248	87229	33969	5279	940		2775	1253	2146	15208	8168	14252	3239	45019	6392	8235	11438	16	16117	2821
萧县	223814	117792	58445	10438	1557	4702	5257	1547	2317	13645		16073	3811	106022	7932	9453	8975		71408	8254
灵璧县	129058	70585	26640	6299	860	436	2554	1194	2171	8573	65	18011	3782	58473	3611	5168	7525		33061	9108
泗县	131623	84918	38833	3766	854		3942	998	1821	10990	421	19086	4207	46705	5132	13282	10811		12710	4770
滁州市	2260205	1395558	597619	145651	23244	22673	90537	45781	114354	85979	56149	177788	35783	864647	178285	136355	107404	8905	396128	37570
滁州市本级	525441	393748	139823	47614	6055	222	39464	15837	29985	22161	1371	78993	12223	131693	37857	17404	21998	8405	30448	15581
滁州市区县合计	1734764	1001810	457796	98037	17189	22451	51073	29944	84369	63818	54778	98795	23560	732954	140428	118951	85406	500	365680	21989
琅琊区	103296	73130	35397	4849	2081	2	4605	3183	4484	4166	6191	7127	1045	30166	4122	2764	3612		19411	257
南谯区	172802	102044	47591	10084	1977	1385	5671	2210	8344	7481	10747	5161	1393	70758	6796	10968	3397		48675	922
天长市	412018	227503	108527	13872	3028	1760	13524	5315	18616	21328	9502	24951	7080	184515	44770	17232	25186		91910	5417
来安县	206554	124566	57038	15143	2651	654	5393	5445	11439	8157	752	15108	2786	81988	25366	13898	7838		32939	1947
全椒县	209796	139940	61253	21159	3259	3175	6691	5033	13460	8407	412	14481	2610	69856	28944	6562	5047		27439	1864
定远县	213191	87765	37110	7839	1281	4116	3639	2882	9600	3167	4372	10244	3515	125426	11888	44036	12614	500	52111	4277
凤阳县	232097	157336	77079	18192	1814	10034	7137	3589	10069	4736	9450	11883	3353	74761	14036	14310	21337		21984	3094
明光市	185010	89526	33801	6899	1098	1325	4413	2287	8357	6376	13352	9840	1778	95484	4506	9181	6375		71211	4211
池州市	669073	450478	202382	47206	7942	43833	24983	13114	38230	16835	3520	39218	13215	218595	40796	48734	24100	2553	97683	4729
池州市本级	221498	136133	49621	22158	1681	143	10478	7416	13033	7689	690	19715	3509	85365	11589	32910	11501	2553	23337	3475
池州市区县合计	447575	314345	152761	25048	6261	43690	14505	5698	25197	9146	2830	19503	9706	133230	29207	15824	12599		74346	1254
贵池区	214000	152852	80928	10143	2667	25381	7406	2440	9616	3155	2266	4560	4290	61148	13522	8487	4158		34565	416
石台县	22525	13440	6779	959	192	2097	378	245	185	878	298	1099	330	9085	700	892	1235		5484	774
青阳县	97939	80166	37340	6389	1648	8712	4090	1493	7062	3510		7450	2472	17773	5803	4468	2387		5113	2
东至县	113111	67887	27714	7557	1754	7500	2631	1520	8334	1603	266	6394	2614	45224	9182	1977	4819		29184	62
阜阳市	1992554	1315753	589795	135791	18534	17757	96483	25566	56734	143194	10308	176729	44862	676801	153460	92465	126984	10395	240807	52690
阜阳市本级	485895	262185	147725	36837	6240		34927	2599	6658	11803	62	9562	5772	223710	73740	30164	33279	10395	71013	5119
阜阳市区县合计	1506659	1053568	442070	98954	12294	17757	61556	22967	50076	131391	10246	167167	39090	453091	79720	62301	93705		169794	47571
颍州区	251221	209295	54325	16631	2173		7851	6200	17410	41620	686	50286	12113	41926	9297	5055	4028		19626	3920
颍泉区	112300	75825	23812	5392	969		3292	3871	4375	13319	3	17747	3045	36475	3431	280	1331		30173	1260
颍东区	145464	90149	29278	6691	1045	2213	12495	2157	5773	12145	1325	13150	3877	55315	9883	1194	3262		39148	1828
临泉县	194708	117553	48374	14183	1547	155	4967	1358	3553	18094	344	21500	3478	77155	5802	13790	15794		31542	10227
太和县	214254	140485	73810	9079	2390		7926	3439	7186	13011	4396	14459	4789	73769	10821	22484	28601		9593	2270
颍上县	279064	202709	101497	29861	1782	15384	9404	2145	2881	12675	2220	19404	5456	76355	10241	8887	26352		20524	10351
阜南县	139569	101918	45708	10565	1368	5	4716	1379	4222	12174	1032	17830	2919	37651	5212	8132	8437		12901	2969
界首市	170079	115634	65266	6552	1020		10905	2418	4676	8353	240	12791	3413	54445	25033	2479	5900		6287	14746
六安市	1328805	986780	450459	105318	19893	18352	55949	30631	52522	77693	1662	145358	28943	342025	74468	53359	48113		142145	23940

续表

地区	收入合计	税收收入												非税收入						
		小计	增值税	企业所得税	个人所得税	资源税	城市维护建设税	房产税	城镇土地使用税	土地增值税	耕地占用税	契税	其他各项税收收入	小计	专项收入	行政事业性收费收入	罚没收入	国有资本经营收入	国有资源(资产)有偿使用收入	其他收入
六安市本级	326719	243810	82046	36975	4266		17725	9242	15161	22736	487	49497	5675	82909	16917	13522	18495		24962	9013
六安市区县合计	1002086	742970	368413	68343	15627	18352	38224	21389	37361	54957	1175	95861	23268	259116	57551	39837	29618		117183	14927
金安区	142303	126997	63245	12984	2091	1647	6272	1700	7279	10795		14530	6454	15306	8282	3369	1424		2162	69
裕安区	146953	125359	64746	11319	2591	1725	5989	1856	8292	12889		14180	1772	21594	9162	4765	2312		5243	112
霍邱县	191936	107329	58093	9597	1244	9177	6091	2600	4677	3947		8425	3478	84607	9359	8977	11148		54576	547
舒城县	200684	139078	58308	13435	3098	1431	5565	8762	4670	11121		28774	3914	61606	8347	16597	7048		20649	8965
金寨县	160276	119615	65417	6834	2110	2666	6542	2095	5070	8451	917	15662	3851	40661	10981	825	2302		22993	3560
霍山县	110490	83394	39645	10506	3921	1441	5478	3315	4653	3405	258	8218	2554	27096	8047	3836	3998		10034	1181
叶集区	49444	41198	18959	3668	572	265	2287	1061	2720	4349		6072	1245	8246	3373	1468	1386		1526	493
合肥市	7629009	5707318	2539992	690046	190396	17496	396456	273985	122817	573732	33068	672571	196759	1921691	1059604	176550	127051		379404	179082
合肥市本级	4311705	3058647	1446545	385484	124312	10	259843	87765	75550	95123	1629	506095	76291	1253058	814012	75173	59562		193723	110588
合肥市区县合计	3317304	2648671	1093447	304562	66084	17486	136613	186220	47267	478609	31439	166476	120468	668633	245592	101377	67489		185681	68494
瑶海区	177023	134639	47366	11285	3119		6742	11118		48818			6191	42384	729	11054	2981		17000	10620
庐阳区	311934	246418	82438	61331	12460		12647	36280		28200			13062	65516	1652	14472	1676		41223	6493
蜀山区	340391	306634	90868	32964	14667		21117	43015		91,385			12,618	33,757	2,565	2,283	505		13,047	15,357
包河区	586726	550435	178522	71445	15000		26198	44035		194384			20851	36291	3253	5075	3721		16313	7929
肥东县	487374	377760	201116	23355	3439		18161	11760	10079	30263	612	48234	30741	109614	64895	12324	9018		23112	265
长丰县	430458	270998	143987	27986	3995	7	13902	9797	10649	19465	690	34436	6084	159460	86473	23266	7757		34561	7403
肥西县	545263	414975	178171	35946	6614		19475	19830	14888	51687	24287	50912	13165	130288	53503	14723	12374		29901	19787
庐江县	205949	168770	95818	17009	2052	6501	9111	4126	5782	7840	1083	15093	4355	37179	14620	8249	7616		6694	
巢湖市	232186	178042	75161	23241	4738	10978	9260	6259	5869	6567	4767	17801	13401	54144	17902	9931	21841		3830	640
蚌埠市	1584801	985556	492655	68313	14249	2501	113976	28785	50877	63644	10112	112496	27948	599245	111909	40904	45661	97504	272357	30910
蚌埠市本级	610676	408612	163191	30627	4245	2472	74799	10591	18685	16083	2224	80956	4739	202064	63103	13743	5725	20506	79190	19797
蚌埠市区县合计	974125	576944	329464	37686	10004	29	39177	18194	32192	47561	7888	31540	23209	397181	48806	27161	39936	76998	193167	11113
龙子湖区	98664	78341	49688	4585	2134		7112	1929	2330	2382			8181	20323	4904	3142	1177	8000	3076	24
蚌山区	110088	69593	34027	6533	1321		4764	4210	1886	15564			1288	40495	3265	824	16727	15845	3747	87
禹会区	125056	66914	39734	8546	1316		5146	2340	4335	4118			1379	58142	3659	1448	989	50020	1932	94
淮上区	118743	73217	34119	9875	2308		4895	3611	6100	11116			1193	45526	3463	1018	409	3000	36408	1228
怀远县	234140	142532	86803	3413	889		9071	3063	7183	8303	7215	12094	4498	91608	22387	6483	8325	77	52696	1640
固镇县	156322	82836	46981	2855	1045		4339	1870	7816	3471	406	11191	2862	73486	6031	10575	6220	56	45544	5060
五河县	131112	63511	38112	1879	991	29	3850	1171	2542	2607	267	8255	3808	67601	5097	3671	6089		49764	2980
淮南市	1040162	636470	318391	48163	14233	34046	40266	22190	31211	31667	6387	68599	21317	403692	78456	61502	42096	13790	174976	32872
淮南市本级	432910	210968	83238	19000	3685	9165	9349	7267	13997	11628	2176	45104	6359	221942	41618	36918	20639	11719	89564	21484
淮南市区县合计	607252	425502	235153	29163	10548	24881	30917	14923	17214	20039	4211	23495	14958	181750	36838	24584	21457	2071	85412	11388
田家庵区	92977	74029	40369	7871	3062		5613	3750	3589	4923			4852	18948	8	3491	7496		2862	5091
大通区	33656	31731	18854	2986	1329	1	5065	1167	1879	-88			538	1925		1533	123		89	180
谢家集区	25241	16505	12433	529	312	1	1379	566	588	404			293	8736		243	1121		7372	
八公山区	15075	10855	4397	3739	499	341	716	449	550	40			124	4220		277	2034	140	1769	
潘集区	49924	37966	23306	903	1030	1063	5182	3031	2400	80			971	11958	3476	500	1448		5225	1309
凤台县	216722	168063	98491	5724	2068	23461	9218	4979	5329	5282	173	7514	5824	48659	11609	14360	4177	1922	13207	3384
寿县	173657	86353	37303	7411	2248	14	3744	981	2879	9398	4038	15981	2356	87304	21745	4180	5058	9	54888	1424
铜陵市	817551	600628	304817	65047	6899	25685	41092	16166	49634	18325	253	47274	25436	216923	66230	42513	23912		62575	21693
铜陵市本级	363076	243034	87559	36676	3032	11410	14268	8010	31318	7348		28067	15346	120042	48815	25771	11906		16709	16841
铜陵市区县合计	454475	357594	217258	28371	3867	14275	26824	8156	18316	10977	253	19207	10090	96881	17415	16742	12006		45866	4852
郊区	77914	59377	40211	3180	335		5738	1460	6052	988		265	1148	18537		1175	4069		12935	358
铜官区	116548	110811	67973	6950	1993		9640	3293	3934	5089		7761	4178	5737		897	474		3675	691
义安区	158484	116725	73985	7115	1131	8510	7728	2362	5992	1907	99	5155	2741	41759	11659	11872	3750		14478	
枞阳县	101529	70681	35089	11126	408	5765	3718	1041	2338	2993	154	6026	2023	30848	5756	2798	3713		14778	3803
马鞍山市	1695398	1269439	770497	94376	27045	19222	88216	48867	52585	41766	2117	88305	36443	425959	87675	69753	49066	10056	182895	26514
马鞍山市本级	646693	510288	304127	34320	9414	5354	34500	23413	19635	11137	363	48782	19243	136405	40845	18521	15602	10056	30759	20622
马鞍山市区县合计	1048705	759151	466370	60056	17631	13868	53716	25454	32950	30629	1754	39523	17200	289554	46830	51232	33464		152136	5892
花山区	162446	117051	75189	9243	4579		11249	5802	2454	5990			2545	45395	4800	1873	2846		35225	651
雨山区	127767	93420	59560	6607	1285	251	8760	3842	3119	8293			1703	34347	3942	2381	1719		26114	191
当涂县	303720	204342	130627	15003	3894	2330	12415	7989	7213	4955	911	13973	5032	99378	15078	22169	10653		51378	100
含山县	130507	93904	55598	9015	1206	4394	5651	2419	4561	2825	298	6126	1811	36603	6526	4117	7658		14182	4120
和县	239619	182836	101288	17118	6007	6892	10458	4390	12354	5366	10	13950	5003	56783	12168	17874	5090		20844	807

续表

地　区	收入合计	税收收入												非税收入						
		小计	增值税	企业所得税	个人所得税	资源税	城市维护建设税	房产税	城镇土地使用税	土地增值税	耕地占用税	契税	其他各项税收收入	小计	专项收入	行政事业性收费收入	罚没收入	国有资本经营收入	国有资源（资产）有偿使用收入	其他收入
博望区	84646	67598	44108	3070	660	1	5183	1012	3249	3200	535	5474	1106	17048	4316	2818	5498		4393	23
淮北市	800695	571440	281796	62201	9609	23222	39816	18369	27893	32719	1861	55674	18280	229255	35382	39688	49146	1649	73189	30201
淮北市本级	431582	276120	147992	27677	3844	5921	24735	7840	8131	554	1367	38278	9781	155462	22459	20271	37064	1649	55132	18887
淮北市区县合计	369113	295320	133804	34524	5765	17301	15081	10529	19762	32165	494	17396	8499	73793	12923	19417	12082		18057	11314
相山区	73959	68376	26254	4753	575	183	3868	4544	6054	19688			2457	5583	1630	1881	839		1167	66
杜集区	52466	40763	19488	5700	427	3543	2133	1506	3338	3350			1278	11703	821	1346	1697		548	7291
烈山区	35889	22689	12053	1193	165	3480	1098	732	1789	1571			608	13200	505	689	1096		10853	57
濉溪县	206799	163492	76009	22878	4598	10095	7982	3747	8581	7556	494	17396	4156	43307	9967	15501	8450		5489	3900
芜湖市	3313709	2315625	1208663	287736	62039	26134	205829	81684	141063	69945	19319	153725	59488	998084	232458	66649	45333	251307	353852	48485
芜湖市本级	1240116	791578	409241	120766	12493		112160	31839	48754	8266	101	22136	25822	448538	142042	30589	25569	36888	178311	35139
芜湖市区县合计	2073593	1524047	799422	166970	49546	26134	93669	49845	92309	61679	19218	131589	33666	549546	90416	36060	19764	214419	175541	13346
镜湖区	338506	262124	114662	53944	23900		15660	10236	5706	10025		22904	5087	76382	10876	2907	517	55644	4160	2278
弋江区	254829	218176	117767	17935	5241		16569	7385	9391	9464		30749	3675	36653	11308	2909	928	17500	3895	113
鸠江区	343649	251290	110003	26737	9528	530	14350	13042	18415	16580	22	37219	4864	92359	9767	3177	615	78500	299	1
繁昌区	339271	230039	134868	30659	2076	17204	13788	3726	13042	1861	1088	5856	5871	109232	16395	4759	2782	5000	78615	1681
南陵县	214845	142213	83618	6654	2817	1423	8157	2835	6408	6153	9581	10633	3934	72632	11937	5521	3575	47675	2172	1752
湾沚区	317425	251391	137320	17483	2806	1198	14126	9987	31424	11878	7442	11611	6116	66034	17387	8120	3038	10100	27337	52
无为市	265068	168814	101184	13558	3178	5779	11019	2634	7923	5718	1085	12617	4119	96254	12746	8667	8309		59063	7469
安庆市	1415949	1043162	548020	78938	17316	9518	83756	29077	63182	64437	5142	111592	32184	372787	124061	74498	55297	32	76712	42187
安庆市本级	470355	306327	151582	20681	4470	910	36812	9449	17757	10087	1539	44683	8357	164028	73285	25993	15210		19521	30019
安庆市区县合计	945594	736835	396438	58257	12846	8608	46944	19628	45425	54350	3603	66909	23827	208759	50776	48505	40087	32	57191	12168
迎江区	99812	90018	59123	6927	1169		8457	2189	3662	6278			2213	9794	6015	55	119		2951	654
大观区	45359	40039	29088	1455	1006		3885	1906	1404	490			805	5320	2807	370	1619		366	158
宜秀区	82863	64844	33697	7922	540	595	4290	2335	5043	9262			1160	18019	3051	2849	1719		9900	500
怀宁县	139255	113539	45732	17522	1389	6031	4342	2713	5127	6940	1382	19289	3072	25716	6395	13011	1881		3672	757
桐城市	182097	150242	91141	8766	1760	124	12570	3838	8835	3851	780	14255	4322	31855	11662	8182	7265		1297	3449
潜山市	98410	67608	34627	4588	1243	431	3353	1135	1407	8245	418	9578	2583	30802	4518	6675	3358		15284	967
太湖县	70118	51499	24568	2642	2996	223	2464	988	2238	7067	435	5728	2150	18619	3120	5090	5690		2765	1954
宿松县	89682	54346	33306	3345	1082	498	3052	573	701	3747	-12	6350	1704	35336	6466	5128	9033	32	12281	2396
望江县	74987	56868	22371	2585	946	2	2300	2633	12854	4646	457	6235	1839	18119	3171	3824	4903		5380	841
岳西县	63011	47832	22785	2505	715	704	2231	1318	4154	3824	143	5474	3979	15179	3571	3321	4500		3295	492
黄山市	839323	412186	180645	32593	10941	1871	19732	19683	29257	40073	3621	58097	15673	427137	34093	27510	21721	28015	278426	37372
黄山市本级	224889	107834	36830	10829	2543	16	5279	4467	4771	9016	952	29596	3535	117055	7565	8871	7170	100	78155	15194
黄山市区县合计	614434	304352	143815	21764	8398	1855	14453	15216	24486	31057	2669	28501	12138	310082	26528	18639	14551	27915	200271	22178
屯溪区	104249	43645	17398	3858	1719	17	2216	2575	2941	11644			1277	60604	3159	4984	1202		49896	1363
黄山区	102645	52986	20838	2917	1290	157	1908	2953	6972	7055	443	7307	1146	49659	3157	2457	2140		41116	789
徽州区	88563	46453	22387	3790	1374	156	2668	2600	4252	1105	247	3871	4003	42110	4081	921	1298		31914	3896
祁门县	55566	27396	17482	1977	664	120	1543	654	1208	360	549	2097	742	28170	5062	1426	1846		13371	6465
黟县	39826	18765	8683	1172	484	574	741	1214	1108	1587	268	2604	330	21061	1588	1126	914		13597	3836
休宁县	94482	43667	20685	2843	1298	496	2071	1945	3170	3396	375	4820	2568	50815	4062	3232	3167		38832	1522
歙县	129103	71440	36342	5207	1569	335	3306	3275	4835	5910	787	7802	2072	57663	5419	4493	3984	27915	11545	4307
亳州市	1263730	863403	374558	85335	13440	5657	54137	21600	50060	71098	21900	135662	29956	400327	68001	43750	46854	81	214790	26851
亳州市本级	418841	297147	123451	37153	4113	-154	25580	9328	18530	32278	650	35699	10519	121694	30446	20012	20953		41388	8895
亳州市区县合计	844889	566256	251107	48182	9327	5811	28557	12272	31530	38820	21250	99963	19437	278633	37555	23738	25901	81	173402	17956
谯城区	260635	169318	92295	12941	5116	-51	11697	5217	10026	10436	863	18101	2677	91317	11304	7778	3641		60240	8354
涡阳县	182161	118060	47521	10717	1127	2347	4968	2508	5283	5993	1983	30197	5416	64101	6007	6668	9048		38658	3720
蒙城县	243026	158878	58302	11696	1930	3501	6609	2716	8475	14663	10563	33969	6454	84148	7656	5118	8856		60093	2425
利辛县	159067	120000	52989	12828	1154	14	5283	1831	7746	7728	7841	17696	4890	39067	12588	4174	4356	81	14411	3457

2020年度一般公共预算收支及平衡情况表(支出部分)

单位:万元

地区	支出合计	一般公共服务支出	外交支出	国防支出	公共安全支出	教育支出	科学技术支出	文化旅游体育与传媒支出	社会保障和就业支出	卫生健康支出	节能环保支出	城乡社区支出	农林水支出	交通运输支出	资源勘探工业信息等支出	商业服务业等支出	金融支出	援助其他地区支出	自然资源海洋气象等支出	住房保障支出	粮油物资储备支出	灾害防治及应急管理支出	其他支出	债务付息支出	债务发行费用支出
安徽省	74735925	5151165		59552	2997843	12618566	3699780	970640	11730704	7616183	1908277	8601776	9242878	3336903	1152989	437578	76471	58334	603570	2185937	305155	578097	75802	1320719	7006
安徽省本级	8697442	331882		13741	460979	1367317	280090	233996	3073216	317045	-2421	6885	616571	892283	433943	6217	2661	57427	52332	123464	169637	58549	1654	198498	1476
安徽省地市合计	66038483	4819283		45811	2536864	11251249	3419690	736644	8657488	7299138	1910698	8594891	8626307	2444620	719046	431361	73810	907	551238	2062473	135518	519548	74148	1122221	5530
宣城市	3248085	234798		2201	121774	428245	145029	52073	398391	394154	93096	534332	412025	143375	28155	11789	2344		37775	108066	3547	27464	908	68182	362
宣城市本级	634837	57056		768	42299	20163	23201	9466	20238	144632	13607	145566	43765	34489	15330	3049	1397		5436	34227	641	1831		17579	97
宣城市区县合计	2613248	177742		1433	79475	408082	121828	42607	378153	249522	79489	388766	368260	108886	12825	8740	947		32339	73839	2906	25633	908	50603	265
宣州区	550880	33466		252	8161	88272	12696	8738	90325	33929	7975	91523	133814	8937	858	244			1542	14361	278	5955		9505	49
郎溪县	353219	27064			6677	67136	25861	3619	41844	40985	8631	45074	39700	10341	3178	708			5267	13638	149	4511		8797	39
广德市	509656	32438		359	16191	79903	13510	5329	72442	71274	32990	65847	46764	21127	5417	871	739		8645	15824	1471	6391	908	11138	78
宁国市	465370	30808		518	21998	69126	41882	11087	57040	48351	10611	78452	36848	17771	1239	3125			6262	14618	450	4659		10478	47
泾县	378918	26213		304	13746	57918	8762	7895	64936	28498	9355	37199	63134	36782	692	2670	143		7153	9117	146	1360		2886	9
旌德县	164893	11309			7675	17433	10763	2170	27345	13683	3724	26715	24473	8030	164	306			1359	4734	134	1471		3380	25
绩溪县	190312	16444			5027	28294	8354	3769	24221	12802	6203	43956	23527	5898	1277	816	65		2111	1547	278	1286		4419	18
宿州市	4859988	357070		2898	188117	889290	60456	41064	678517	581500	93516	559982	802517	206409	56209	5516	934		46543	182128	15768	19279	5948	65846	481
宿州市本级	1294521	90467		1977	75111	60219	49340	11584	36048	332964	32809	331959	105300	52844	20166	2014	710		7912	50109	2724	5026	500	24583	155
宿州市区县合计	3565467	266603		921	113006	829071	11116	29480	642469	248536	60707	228023	697217	153565	36043	3502	224		38631	132019	13044	14253	5448	41263	326
埇桥区	993356	71108		337	19835	240155	4665	3968	179454	68895	10782	91065	210835	28153	202	551	117		12795	35120	2756	1907	5448	5123	85
砀山县	503293	40750		184	20136	125632	530	4523	100199	34185	6090	25351	96897	11810	4037	339			11714	10478	110	3334		6946	48
萧县	833863	52071		237	27873	159135	4866	6907	163355	52295	29631	47101	165042	35832	26183	1096			7728	34481	4471	4371		11103	85
灵璧县	594043	46239			22313	160616	551	9917	106584	46818	7201	11966	103086	26603	3972	275	107		3147	26827	2722	2652		12370	77
泗县	640912	56435		163	22849	143533	504	4165	92877	46343	7003	52540	121357	51167	1649	1241			3247	25113	2985	1989		5721	31
滁州市	4629403	314649		5654	201612	782019	152043	49344	608827	515302	87087	635210	713762	193676	54325	17636	4862	15	49759	121229	12377	28073	1035	80539	368
滁州市本级	960898	83598		2339	65242	85119	61917	16133	53251	217944	13704	110085	62607	72889	39968	9069	914		7063	24710	1872	9573		22780	121
滁州市区县合计	3668505	231051		3315	136370	696900	90126	33211	555576	297358	73383	525125	651155	120787	14357	8567	3948	15	42696	96519	10505	18500	1035	57759	247
琅琊区	177984	14895			7407	60744	7056	856	26686	12071	1921	14263	12452	394	464	57	192		92	14858	10	940		2616	10
南谯区	294291	20090			6429	78178	4747	2857	37735	20317	4239	50429	29719	13022	2033	962	870	15	653	14831	5	996	242	5900	22
天长市	698647	39070		406	29152	132975	24724	4749	91198	71230	13238	128944	89100	16800	2151	2622	1741		20033	13423	4141	2996		9923	31
来安县	401832	29571		470	11339	63748	5436	4248	65480	41458	8854	48590	76267	17464	1695	1484	225		4243	11419	1562	1561		6683	35
全椒县	434545	27422		399	15533	67014	9178	4569	66423	34796	14439	55900	88641	19208	3020	1199	251		4095	9829	2696	3773		6129	31
定远县	656958	41332		280	24779	93380	7421	4593	106179	45285	9028	105200	155587	28686	1289	924	75		5727	12887	560	2471		11228	47
凤阳县	545013	35797		1032	23562	125120	22429	8340	79550	37963	12844	44085	118401	9355	919	1002	314		5467	5560	737	2926	29	9542	39
明光市	459235	22874		728	18169	75741	9135	2999	82325	34238	8820	77714	80988	15858	2786	317	280		2386	13712	794	2837	764	5738	32
池州市	1781087	122950		1761	50902	251653	26987	20425	186538	212951	111905	250309	247909	108799	12778	11881	1159		16039	68041	2822	17669	644	56739	226
池州市本级	512719	21493		1382	16208	37153	16899	8664	23309	58319	44834	139634	17663	57593	6171	10174	1117		4394	15718	808	2397	294	28389	106
池州市区县合计	1268368	101457		379	34694	214500	10088	11761	163229	154632	67071	110675	230246	51206	6607	1707	42		11645	52323	2014	15272	350	28350	120
贵池区	500272	42759		379	6851	79858	3962	2696	61476	64805	41519	50218	77911	9768	5153	175			6669	27529	289	5600	350	12262	43
石台县	159070	15683			7283	21978	845	4658	23806	11489	4250	4689	41947	11852	208	221	42		742	5154	220	1362		2622	19
青阳县	220964	19687			7325	32109	2168	2131	26050	27330	5662	39638	36881	6411	111	442			1562	7225	211	313		5686	22
东至县	388062	23328			13235	80555	3113	2276	51897	51008	15640	16130	73507	23175	1135	869			2672	12415	1294	7997		7780	36
阜阳市	6713497	508690		2428	237639	1231899	72307	54142	1107714	914630	94532	548231	1119482	243724	96019	25498	11777		45615	266914	10148	30176	12943	78560	429
阜阳市本级	1525006	96754		676	81248	101436	20620	10477	87297	554328	8647	173563	118626	120819	46234	21098	6264		11552	28670	1387	9295	8603	17352	60
阜阳市区县合计	5188491	411936		1752	156391	1130463	51687	43665	1020417	360302	85885	374668	1000856	122905	49785	4400	5513		34063	238244	8761	20881	4340	61208	369
颍州区	501646	52488		337	11094	98520	6930	2319	105494	39483	5662	54565	84818	4222	2194	704	979		655	23185	287	1891		5796	23
颍泉区	413788	34759		208	8354	84201	6973	1906	73631	29146	8582	42880	68497	5618	696	213	403		1038	37381	1245	1462		6543	52
颍东区	369364	33827		198	5907	107419	1485	1963	63361	35007	3039	25422	65828	8387	2638	691	861		492	4164	68	1858		6722	27
临泉县	927224	80121			29759	202326	1816	13932	204031	59892	19935	87732	149719	18054	8265	445			4862	28686	1759	3002	4180	8660	48
太和县	749340	50374		589	32877	165432	2089	5708	147551	60543	9944	62870	132814	23892	8950	368	576		9583	21961	1471	2244	74	9376	54
颍上县	868675	62544		148	27260	196539	7124	6584	170740	46934	13807	49984	199879	32861	8646	675	2446		4438	21088	1956	3193		11753	76
阜南县	809959	52086		272	22237	176103	2590	7630	145639	63463	12878	17890	222076	21461	11851	215	188		4462	33023	1194	4945	86	9596	74
界首市	548495	45737			18903	99923	22680	3623	109970	25834	12038	33325	77225	8410	6545	1089	60		8533	68756	781	2286		2762	15

续表

地区	支出合计	一般公共服务支出	外交支出	国防支出	公共安全支出	教育支出	科学技术支出	文化旅游体育与传媒支出	社会保障和就业支出	卫生健康支出	节能环保支出	城乡社区支出	农林水支出	交通运输支出	资源勘探信息等支出	商业服务业等支出	金融支出	援助其他地区支出	自然资源海洋气象等支出	住房保障支出	粮油物资储备支出	灾害防治及应急管理支出	其他支出	债务付息支出	债务发行费用支出
六安市	5053908	411163		2779	178787	912215	82972	65601	694685	626607	124725	311128	1005207	299161	20866	14310	1991		35775	125096	9983	50896	108	79489	364
六安市本级	1027127	57692		85	58506	73074	47205	15357	39303	315123	36308	78983	118284	103114	7035	4544	1066		7896	36821	1982	2919	8	21761	61
六安市区县合计	4026781	353471		2694	120281	839141	35767	50244	655382	311484	88417	232145	886923	196047	13831	9766	925		27879	88275	8001	47977	100	57728	303
金安区	556502	55012		572	12622	133883	5608	7376	97818	46018	7846	18165	117649	26517	5064	1790	370		4120	6638	631	3528		5239	36
裕安区	691453	75242		307	11787	144041	3503	4300	116032	55605	19682	28930	132658	49307	2025	1593	182		2944	28257	1185	6785	100	6952	36
霍邱县	935190	68850		230	30570	227921	1393	6775	142833	67673	12691	24402	263799	39535	4766	1893	10		6420	16167	2548	6762		9891	61
舒城县	636306	49275		116	28990	134807	18042	9064	116969	50613	22739	25102	114953	30203	473	440	60		6043	11549	1091	6956		8783	38
金寨县	646906	61991			18967	88931	1230	12572	107156	47767	5433	72594	151380	21427	581	1661			4209	18895	310	15254		16491	57
霍山县	329954	21469		213	14273	66086	4625	3316	38868	29576	17039	55959	46064	12011		1601	116		2606	2770	587	4489		8240	46
叶集区	230470	21632		1256	3072	43472	1366	6841	35706	14232	2987	6993	60420	17047	922	788	187		1537	3999	1649	4203		2132	29
合肥市	11643459	757517		7017	408794	1975427	1633287	101708	1072429	866015	400783	2342479	836181	211361	184292	150657	12811		79974	271662	26936	155772	6153	141746	458
合肥市本级	5612558	244809		3570	240198	703435	1287847	58056	319739	291285	217597	1525379	75292	154855	136143	109821	5090		38553	73532	5954	30800	4912	85461	230
合肥市区县合计	6030901	512708		3447	168596	1271992	345440	43652	752690	574730	183186	817100	760889	56506	48149	40836	7721		41421	198130	20982	124972	1241	56285	228
瑶海区	289806	28419		372	5626	113250	2417	2123	30678	16965	654	64795	1253	1	1661	2127	183			11406		5035	1226	1615	
庐阳区	354102	27136		67	8307	106914	10308	1162	34043	26849	9291	96600	12843	61	306	6907	501		10	7151		2274		3361	11
蜀山区	477277	44006		57	5242	139619	11621	2382	34135	19204	6789	178662	6049	248	4787	14225	524		5	2812		4560		2319	31
包河区	683045	74463		37	9497	189888	79940	6087	40472	32931	25832	156730	18845	350	2522	9945	2393			17269	4667	9034		2143	
肥东县	957440	84334		950	31766	144052	106035	8374	138633	113097	46304	40589	154304	12320	5539	1945	824		8370	40481	2411	10048		7036	28
长丰县	859546	75282		272	32640	147781	62400	6474	104934	100048	16450	78908	160840	8240	19858	1884	668		11773	19651	766	4542	15	6099	21
肥西县	918210	70357		267	29942	145297	43628	10057	98011	92369	38130	134487	146031	14509	5087	1547	375		8467	47928	1218	20499		9966	38
庐江县	821307	59519		533	19208	152292	9309	4178	138888	94434	21132	41447	148579	12363	6105	1092	1880		6367	32934	6655	53110		11227	55
巢湖市	670168	49192		892	26368	132899	19782	2815	132896	78833	18604	24882	112145	8414	2284	1164	373		6429	18498	5265	15870		12519	44
蚌埠市	3259399	211376		2889	141108	591496	176122	36598	456778	352244	38563	507982	384602	87099	20124	11642	7235		37675	115924	6721	17302		55647	272
蚌埠市本级	1130201	93448		1217	85588	101523	56144	22433	148768	211228	8774	173753	62400	45725	11385	6777	2236		10731	44266	2449	8763		32424	169
蚌埠市区县合计	2129198	117928		1672	55520	489973	119978	14165	308010	141016	29789	334229	322202	41374	8739	4865	4999		26944	71658	4272	8539		23223	103
龙子湖区	119648	7120		148	3027	26385	4474	901	19033	7033	2114	40766	1381		928	410	141			4406		1381			
蚌山区	112042	5839		118	3547	29283	3076	763	16211	12097	458	32204	1616		698	1160	312		34	3415		607		598	6
禹会区	146999	8061		113	3658	29005	2889	886	22983	8672	544	48596	6699	556	1124	920	1012		15	8596		1406		1258	6
淮上区	151976	12093		13	1654	39019	4019	827	17801	10148	1762	34383	14270	76	3635	213	726			9131	1396	17		785	8
怀远县	759203	43582		561	18242	177727	72644	3409	94313	50878	11601	66122	153021	20260	1440	881	1237		16866	14175	806	1698		9690	50
固镇县	406727	19912		313	12390	101482	2961	2979	65143	26528	8053	79512	55661	7646	510	270	569		7487	7498	997	1720		5087	9
五河县	432603	21321		406	13002	87072	29915	4400	72526	25660	5257	32646	89554	12836	404	1011	1002		2542	24437	1073	1710		5805	24
淮南市	2881068	221302		2652	119246	483048	39849	25190	482200	391793	90151	179868	517338	109225	15014	23615	4585		23305	80685	3162	21763	178	46643	256
淮南市本级	1085907	56516		1496	64218	110270	31594	12373	156506	149882	51801	108979	178850	51050	6136	17914	3452		11540	42134	2047	5278		23739	132
淮南市区县合计	1795161	164786		1156	55028	372778	8255	12817	325694	241911	38350	70889	338488	58175	8878	5701	1133		11765	38551	1115	16485	178	22904	124
田家庵区	127311	13350		125	4260	48320	1220	409	24418	12326	870	12953	4420	60	362	26			241	2955		620		375	1
大通区	51630	4113			2200	9216	116	124	10385	5507	533	9151	6296	216	267				41	2610		596		255	4
谢家集区	82718	11205			3098	19962	116	412	19474	6789	6867	2728	5339		537	124			1636	2900		1087		443	1
八公山区	52424	4026		138	2761	10551	361	1340	13394	4966	3131	5551	2703		103	468				2112		233		585	1
潘集区	171513	17771		155	3201	37113	39	521	30101	19853	1363	12247	34905	5204	48				98	4795		2415	103	1574	7
凤台县	473649	32743		260	17999	89610	6057	3512	88199	66372	14839	19357	88633	7930	313	4488	1053		3461	10582	760	7977	57	9405	42
寿县	835916	81578		478	21509	158006	346	6499	139723	126098	10747	8902	196192	44765	7248	595	80		6288	12597	355	3557	18	10267	68
铜陵市	1824860	123366		1044	81628	253246	103108	25964	245364	192826	51744	231277	204980	76607	20718	34933	2277		26107	80533	3309	17686	11875	36039	229
铜陵市本级	693795	54829		357	40866	63982	48927	14343	64195	101649	28596	110531	23289	49812	14487	4939	1294		7664	28419	2362	4977	7105	21058	114
铜陵市区县合计	1131065	68537		687	40762	189264	54181	11621	181169	91177	23148	120746	181691	26795	6231	29994	983		18443	52114	947	12709	4770	14981	115
郊区	138150	9438			3476	24036	1279	1148	22324	13257	7625	18774	20716	2459	82	2917	128		1392	5473	118	3007	5	489	7
铜官区	203514	10879			7320	48608	4742	1388	35963	13041	2377	33845	3672		2825	20341	150		393	13908		1705	262	2076	19
义安区	322115	18058		341	13316	41034	43322	3634	42572	21287	4075	43468	44200	6705	2449	5294	316		10135	11708	35	2651	1223	6248	44
枞阳县	467286	30162		346	16650	75586	4838	5451	80310	43592	9071	24659	113103	17631	875	1442	389		6523	21025	794	5346	3280	6168	45
马鞍山市	2648224	182657		809	112600	384481	120287	37530	334468	266903	160213	503012	243757	76794	14682	16151	2507	544	19097	86521	2162	21632	4344	56716	357
马鞍山市本级	840396	78526		650	54355	77167	34633	22306	81214	74400	103908	183360	25087	30049	8001	9923	1741	372	9054	14624	417	7676	202	22610	121
马鞍山市区县合计	1807828	104131		159	58245	307314	85654	15224	253254	192503	56305	319652	218670	46745	6681	6228	766	172	10043	71897	1745	13956	4142	34106	236
花山区	179510	12425			4639	42042	3244	737	42747	12205	11791	19487	3627	339	468	268	53		200	20940		296		3979	23
雨山区	131090	7977			3434	29985	3468	544	23896	10426	11252	18019	3478	239	663	415	131		287	13271		845	158	2581	21

续表

地区	支出合计	一般公共服务支出	外交支出	国防支出	公共安全支出	教育支出	科学技术支出	文化旅游体育与传媒支出	社会保障和就业支出	卫生健康支出	节能环保支出	城乡社区支出	农林水支出	交通运输支出	资源勘探信息等支出	商业服务业等支出	金融支出	援助其他地区支出	自然资源海洋气象等支出	住房保障支出	粮油物资储备支出	灾害防治及应急管理支出	其他支出	债务付息支出	债务发行费用支出
当涂县	523190	30896			19345	79985	10960	5412	60911	62941	11584	126407	58566	18980	988	2078	347		4091	15189	963	2587		10880	80
含山县	337838	19255		159	10690	61326	8249	4810	47560	44753	7111	63460	40238	7487	1520	719		100	2532	7322	209	3953		6349	36
和县	502520	27492			17341	72187	44896	3462	65978	53180	12810	61254	95935	15636	1605	1709	151	72	2264	12179	573	5248	100	8383	65
博望区	133680	6086			2796	21789	14837	259	12162	8998	1757	31025	16826	4064	1437	1039	84		669	2996		1027	3884	1934	11
淮北市	1837610	171118		1037	86756	352703	25377	18200	225084	206034	40521	279543	181750	54010	44062	2726	3295		11301	80100	1816	6707	11945	33430	95
淮北市本级	652568	54047		1037	48565	78757	18814	9237	51611	116630	12792	116081	23247	36295	22837	1030	3022		5174	31326	716	2794	716	17787	53
淮北市区县合计	1185042	117071			38191	273946	6563	8963	173473	89404	27729	163462	158503	17715	21225	1696	273		6127	48774	1100	3913	11229	15643	42
相山区	178954	21336			5739	31738	1965	612	34465	12396	2599	35086	7460	1249	1457	103	96		16	17606	598	1229	228	2976	
杜集区	169786	18219			4204	38999	1331	701	18355	9808	2321	49322	10752	1962	1664	85	10		276	7578	187	1003	195	2814	
烈山区	163566	20629			3920	38515	1508	898	25373	12036	5855	29994	9694	2049	813	113	42		1292	8750		555	258	1272	
濉溪县	672736	56887			24328	164694	1759	6752	95280	55164	16954	49060	130597	12455	17291	1395	125		4543	14840	315	1126	10548	8581	42
芜湖市	4856366	298903		4816	186001	814159	544930	63721	601792	445730	182948	744387	379355	128532	55967	31900	3197	300	44888	145966	6506	29957	7280	134413	718
芜湖市本级	1861215	110264		2098	92257	196799	337100	22602	187665	241242	113263	212311	76772	79972	22391	8824	1757		25446	45278	2163	9862	2036	70731	382
芜湖市区县合计	2995151	188639		2718	93744	617360	207830	41119	414127	204488	69685	532076	302583	48560	33576	23076	1440	300	19442	100688	4343	20095	5244	63682	336
镜湖区	342086	18798		427	8568	76970	62746	628	36345	16917	4673	65706	5314	226	443	938	30	150	96	30501		2994	2515	7074	27
弋江区	252348	17842		133	7822	38176	60241	1079	41406	13809	2501	32221	9963	1615	3419				341	13318		2352	1734	4352	24
鸠江区	424805	31553		293	8029	67326	12393	7105	66486	22314	16950	98603	43431	4098	11007	15880	150		1059	6172	203	4417	65	7230	41
繁昌区	437594	30013		775	16598	52105	15508	6533	35248	28975	16481	141106	49561	6418	4399	4195	580		5887	8936	1061	2991		10154	70
南陵县	398974	25189		659	18716	81592	21414	3626	74143	34435	5517	43593	45990	11850	352	835	170		3137	13428	1595	2483		10204	46
湾沚区	477163	28147		230	15954	135494	26433	3443	54023	23130	8251	82282	48691	4921	12335	631	340	150	5463	14007		1747	400	11009	82
无为市	662181	37097		201	18057	165697	9095	18705	106476	64908	15312	68565	99633	19432	1621	597	170		3459	14326	1484	3111	530	13659	46
安庆市	4829584	360510		2510	177581	872896	116519	74690	659489	567979	146518	388596	775061	270608	46294	39129	9129		43417	131655	20256	43913	4691	77723	420
安庆市本级	1031948	66497		1664	54809	112750	19357	25196	82640	280816	57359	134946	41977	52095	10387	6318	1046		17918	29729	4595	8085	1918	21784	62
安庆市区县合计	3797636	294013		846	122772	760146	97162	49494	576849	287163	89159	253650	733084	218513	35907	32811	8083		25499	101926	15661	35828	2773	55939	358
迎江区	152271	14123			622	19767	256	507	15122	11357	9245	49812	15088	25	2890	5866	140		196	5507	28	1158		551	11
大观区	98069	6471			3194	18298	122	268	22820	7918	1906	3852	8281		354	11183	10		85	8636		1072	2561	1031	7
宜秀区	107041	6996			3418	18022	387	1276	12016	11116	2846	11703	22308	545	1106	471	135		977	9534		2246	32	1886	21
怀宁县	401325	27705		29	12258	84207	6289	4714	83271	42114	7413	14616	67226	14927	3068	1660	1489		3256	14690	1555	2349	80	8358	51
桐城市	544000	37155			19272	125991	53790	4846	72947	35421	6284	37266	80916	21446	8421	2140	140		2776	18718	840	5577		9986	68
潜山市	497342	42836		534	16856	94788	9252	7888	91685	41752	15995	11301	94455	35200	3541	3408	755		3568	12775	703	3040		6977	33
太湖县	528211	36353			17964	90041	779	10106	68812	31624	10849	44055	140062	35928	8287	1331	4642		3411	11210	1507	4070		7126	54
宿松县	577215	47690		283	19095	148325	555	7168	83195	37293	5336	28597	119418	37886	2535	3239	344		5002	5869	8746	8851	100	7647	41
望江县	461073	36753			15179	90813	16871	4967	63389	27747	17742	36544	89774	34298	3932	2012	110		2953	5550	1681	4636		6075	47
岳西县	431089	37931			14914	69894	8861	7754	63592	40821	11543	15904	95556	38258	1773	1501	318		3275	9437	601	2829		6302	25
黄山市	2062322	171398		2717	99438	225563	65260	41635	274963	195471	116394	342385	255001	96479	24828	10168	1882	48	14434	54012	2621	18583	5919	42961	162
黄山市本级	461404	33827		834	30877	36201	17510	13558	43372	19732	60904	86340	21996	53413	9288	2268	476		4427	10008	473	1086	1104	13663	47
黄山市区县合计	1600918	137571		1883	68561	189362	47750	28077	231591	175739	55490	256045	233005	43066	15540	7900	1406	48	10007	44004	2148	17497	4815	29298	115
屯溪区	186305	16493		58	5175	14807	5719	1773	27580	17031	9054	57530	11000	2189	1509	1151	369		233	11899	46	1199	48	1436	6
黄山区	221268	21513		1088	9525	30920	5709	2848	26450	21886	5212	43593	28864	4060	3330	926	218		1372	5343	123	3456	258	4555	19
徽州区	167267	14136		419	8246	17707	3898	2154	15891	12736	10927	43059	22136	2956	3665	1705	276		974	1805	205	1460		2901	11
祁门县	206966	19541		98	10048	24110	3337	3031	31519	21989	5817	25237	34733	8882	2388	444	67	48	1639	6768	856	2312		4082	20
黟县	150102	13724		220	7522	12252	1535	6739	17118	14385	8518	21727	22845	8557	505	1442	43		863	4584	301	793	4134	2287	8
休宁县	268444	22851			11742	30748	7656	5094	37062	33777	6922	27234	55645	6497	4123	1105	107		2659	6186	351	3506	327	4833	19
歙县	400566	29313			16303	58818	19896	6438	75971	53935	9040	37665	57782	9925	20	1127	326		2267	7419	266	4771	48	9204	32
亳州市	3909623	371816		2599	144881	802909	55157	28759	630249	568999	78002	236170	547380	138761	24713	23810	3825		19534	143941	7384	12676	177	67548	333
亳州市本级	1050827	95811		1829	57708	152282	8140	11794	28629	332869	20230	95400	80637	76337	15083	13921	2347		7002	28069	929	4553		17206	51
亳州市区县合计	2858796	276005		770	87173	650627	47017	16965	601620	236130	57772	140770	466743	62424	9630	9889	1478		12532	115872	6455	8123	177	50342	282
谯城区	766396	73711		143	13562	173491	31522	3852	139856	65850	17995	45572	118206	12890	3826	7916	769		1628	38491	2917	1904		12215	80
涡阳县	703153	55477		152	26937	147552	7123	2977	171918	57457	14655	38776	104159	20115	4899	512	709		4240	29630	1282	1597	177	12741	68
蒙城县	714005	69638		316	19643	157060	7410	6527	144020	56347	17533	48082	128359	8003	698	1249			2687	29988	2197	1783		12398	67
利辛县	675242	77179		159	27031	172524	962	3609	145826	56476	7589	8340	116019	21416	207	212			3977	17763	59	2839		12988	67

2020年度一般公共预算收支及平衡情况表(平衡部分)

单位:万元

地区	收入部分											支出部分										结余部分		
	收入总计	本年收入	上级补助收入	待偿债置换一般债券上年结余	上年结余	调入资金	债务(转贷)收入	国债转贷收入、上年结余及转补助	动用预算稳定调节基金	接受其他地区援助收入	省补助计划单列市收入	支出总计	本年支出	上解上级支出	调出资金	债务还本支出	补充预算周转金	国债转贷拨付数及年终结余	安排预算稳定调节基金	援助其他地区支出	计划单列市上解省支出	结余总计	待偿债置换一般债券结余	年终结余
安徽省	87622337	32160079	37440592		887350	5287728	6646655		5159933	40000		86573671	74735925	811838		4805427	-64558		6285039			1048666		1048666
安徽省本级	11341443	2493030	4261201		404947	445297	1356968		2340000	40000		10947723	8697442	-996215		400459			2846037			393720		393720
安徽省地市合计	76280894	29667049	33179391		482403	4842431	5289687		2819933			75625948	66038483	1808053		4404968	-64558		3439002			654946		654946
宣城市	3835423	1684217	1436086		30784	199063	351668		133605			3804750	3248085	20871		316510			219284			30673		30673
宣城市本级	931138	284452	355295		15640	62074	103050		110627			915549	634837	2939		91623			186150			15589		15589
宣城市区县合计	2904285	1399765	1080791		15144	136989	248618		22978			2889201	2613248	17932		224887			33134			15084		15084
宣州区	596446	295229	218965		8329	28257	45543		123			588136	550880	1823		35433						8310		8310
郎溪县	399600	208527	131260		220	7101	37557		14935			399381	353219	2349		37257			6556			219		219
广德市	585646	286546	194619		1199	30000	73282					584451	509656	6909		67615			271			1195		1195
宁国市	536546	309806	133317		2972	42258	45193		3000			533575	465370	4355		43857			19993			2971		2971
泾县	386674	153208	201241		833	19108	7475		4809			385874	378918	1179		4679			1098			800		800
旌德县	186234	64244	97965		1130	265	22630					185105	164893	116		19664			432			1129		1129
绩溪县	213139	82205	103424		461	10000	16938		111			212679	190312	1201		16382			4784			460		460
宿州市	5581268	1331868	2876694		33561	525597	458472		355076			5560338	4859988	30365		306226	-17000		380759			20930		20930
宿州市本级	1643735	412035	568738		14170	243457	145713		259622			1642443	1294521	-69794		144912	-17000		289804			1292		1292
宿州市区县合计	3937533	919833	2307956		19391	282140	312759		95454			3917895	3565467	100159		161314			90955			19638		19638
埇桥区	1089032	303090	580245		5150	98663	79619		22265			1089032	993356	82709		12967								
砀山县	556499	132248	352873		165	18080	44794		8339			551773	503293	4316		31087			13077			4726		4726
萧县	920357	223814	504071		5167	59022	82997		45286			913857	833863	5462		43368			31164			6500		6500
灵璧县	676423	129058	462551		3220	1280	72900		7414			674545	594043	3738		65960			10804			1878		1878
泗县	695222	131623	408216		5689	105095	32449		12150			688688	640912	3934		7932			35910			6534		6534
滁州市	5302055	2260205	2261626		37792	201446	348578		192408			5264297	4629403	59549		305643	-47541		317243			37758		37758
滁州市本级	1273868	525441	449286		20506	34422	112722		131491			1253410	960898	2779		108602	-47541		228672			20458		20458
滁州市区县合计	4028187	1734764	1812340		17286	167024	235856		60917			4010887	3668505	56770		197041			88571			17300		17300
琅琊区	211464	103296	86502		1722	7059	8029		4856			209742	177984	19526		8029			4203			1722		1722
南谯区	352016	172802	122951		440	17037	20786		18000			351616	294291	18739		20586			18000			400		400
天长市	751277	412018	210546		6377	91605	30731					744905	698647	6927		30531			8800			6372		6372
来安县	445535	206554	189484		164	480	32347		16506			445372	401832	3368		30712			9460			163		163
全椒县	472835	209796	204232		3684	15000	29377		10746			469185	434545	2068		26546			6026			3650		3650
定远县	700091	213191	428900		2560		48131		7309			697541	656958	3134		26044			11405			2550		2550
凤阳县	594708	232097	288213		1859	35843	36696					592852	545013	1807		31705			14327			1856		1856
明光市	500261	185010	281512		480		29759		3500			499674	459235	1201		22888			16350			587		587
池州市	2,041576	669073	1073812		4787	68587	211698		13619			2036260	1781087	9307		212573			33293			5316		5316
池州市本级	665911	221498	280767		4515	46970	98542		13619			661479	512719	-146		118242			30664			4432		4432
池州市区县合计	1375665	447575	793045		272	21617	113156					1374781	1268368	9453		94331			2629			884		884
贵池区	545445	214000	274342			16499	40604					545445	500272	6774		38399								
石台县	169362	22525	128224			46	18567					168750	159070	535		9111			34			612		612
青阳县	239996	97939	117855		72	5072	19058					239924	220964	850		18110						72		72
东至县	420862	113111	272624		200		34927					420662	388062	1294		28711			2595			200		200
阜阳市	7578409	1992554	4233295		117207	504499	404211		326643			7447646	6713497	52927		295588			385634			130763		130763
阜阳市本级	1838448	485895	937742		55660	94489	54253		210409			1782788	1525006	-39779		53353			244208			55660		55660
阜阳市区县合计	5739961	1506659	3295553		61547	410010	349958		116234			5664858	5188491	92706		242235			141426			75103		75103
颍州区	594433	251221	269076		22431	30000	21705					582349	501646	44334		20148			16221			12084		12084
颍泉区	451184	112300	225557		3403	51849	48874		9201			447787	413788	-7359		41358						3397		3397
颍东区	428529	145464	240677		1718	13026	24485		3159			425118	369364	23482		18808			13464			3411		3411
临泉县	970697	194708	663746		2385	61467	48391					968310	927224	8373		12630			20083			2387		2387
太和县	797226	214254	505038		4042	22621	51271					794726	749340	7008		38378						2500		2500
颍上县	1021161	279064	502824		4145	95000	69730		70398			1017085	868675	6528		61118			80764			4076		4076
阜南县	904266	139569	642608		21123	15025	70680		15261			859298	809959	7299		39446			2594			44968		44968
界首市	572465	170079	246027		2300	121022	14822		18215			570185	548495	3041		10349			8300			2280		2280

续表

地区	收入部分											支出部分										结余部分		
	收入总计	本年收入	上级补助收入	待偿债置换一般债券上年结余	上年结余	调入资金	债务(转贷)收入	国债转贷收入、上年结余及转补助	动用预算稳定调节基金	接受其他地区援助收入	省补助计划单列市收入	支出总计	本年支出	上解上级支出	调出资金	债务还本支出	补充预算周转金	国债转贷拨付数及年终结余	安排预算稳定调节基金	援助其他地区支出	计划单列市上解省支出	结余总计	待偿债置换一般债券结余	年终结余
六安市	5567939	1328805	3253343		3700	505113	349537		127441			5556491	5053908	30770		228205			243608			11448		11448
六安市本级	1218674	326719	638510		3700	94247	63498		92000			1214934	1027127	-5725		58764			134768			3740		3740
六安市区县合计	4349265	1002086	2614833			410866	286039		35441			4341557	4026781	36495		169441			108840			7708		7708
金安区	596142	142303	364325			56295	33219					596142	556502	8216		26005			5419					
裕安区	726621	146953	435384			111726	32558					726621	691453	7603		19022			8543					
霍邱县	1014056	191936	651904			92809	55842		21565			1006348	935190	6367		21355			43436			7708		7708
舒城县	700307	200684	412335			46668	40620					700307	636306	4153		21998			37850					
金寨县	693693	160276	438558			32079	51670		11110			693693	646906	4959		30792			11036					
霍山县	375780	110490	181005			40000	44285					375780	329954	2013		41257			2556					
叶集区	242666	49444	131322			31289	27845		2766			242666	230470	3184		9012								
合肥市	13306954	7629009	3711617		36402	981389	442773		505764			13270762	11643459	714189		393127			519987			36192		36192
合肥市本级	6310207	4311705	818658		27721	780242	230278		141603			6282532	5612558	332990		226565			110419			27675		27675
合肥市区县合计	6996747	3317304	2892959		8681	201147	212495		364161			6988230	6030901	381199		166562			409568			8517		8517
瑶海区	318824	177023	141664			137						318824	289806	12550					16468					
庐阳区	458780	311934	136741			105	10000					458780	354102	75520		10000			19158					
蜀山区	567095	340391	176652			501	15251		34300			567095	477277	56687					33131					
包河区	859997	586726	242678		181	412			30000			859816	683045	149167					27604			181		181
肥东县	1061399	487374	430152		2811	47899	28163		65000			1058588	957440	4846		23879			72423			2811		2811
长丰县	996642	430458	374658		2286	72366	19789		97085			994515	859546	5962		17079			111928			2127		2127
肥西县	1008807	545263	384357		2000	7064	38493		31630			1006807	918210	4947		31144			52506			2000		2000
庐江县	914076	205949	561382		490	52094	52947		41214			913586	821307	4761		46569			40949			490		490
巢湖市	811127	232186	444675		913	20569	47852		64932			810219	670168	66759		37891			35401			908		908
蚌埠市	3949064	1584801	1635075		57307	200052	254882		216947			3858065	3259399	185336		218861			194469			90999		90999
蚌埠市本级	1572716	610676	539429		45716	69015	158077		149803			1507729	1130201	63119		156377			158032			64987		64987
蚌埠市区县合计	2376348	974125	1095646		11591	131037	96805		67144			2350336	2129198	122217		62484			36437			26012		26012
龙子湖区	146476	98664	36304		1027	346			10135			144942	119648	24239					1055			1534		1534
蚌山区	162086	110088	40642		24	4647	5331		1354			161522	112042	40555		5331			3594			564		564
禹会区	178887	125056	46690		23	1258	5860					178272	146999	21103		5860			4310			615		615
淮上区	187926	118743	53592		7131	628	7832					181783	151976	21924		5556			2327			6143		6143
怀远县	814679	234140	425609		212	62060	47185		45473			805564	759203	6993		24217			15151			9115		9115
固镇县	426380	156322	236245		1966	12700	8965		10182			421898	406727	2886		6285			6000			4482		4482
五河县	459914	131112	256564		1208	49398	21632					456355	432603	4517		15235			4000			3559		3559
淮南市	3231934	1040162	1642909		21635	193921	258046		75261			3198873	2881068	81433		206103			30269			33061		33061
淮南市本级	1219066	432910	506642		19675	116853	139629		3357			1189325	1085907	-23766		119186			7998			29741		29741
淮南市区县合计	2012868	607252	1136267		1960	77068	118417		71904			2009548	1795161	105199		86917			22271			3320		3320
田家庵区	178221	92977	73523			3820	500		7401			178221	127311	50410		500								
大通区	69383	33656	26882			2369	2838		3638			69383	51630	15779		1974								
谢家集区	101160	25241	68182			3237	1000		3500			100817	82718	12675		1000			4424			343		343
八公山区	60768	15075	37901			5845	1947					60441	52424	6070		1947						327		327
潘集区	182343	49924	99174			27606	5639					182343	171513	6991		3839								
凤台县	532575	216722	203477		1960	33854	39371		37191			529925	473649	8706		36957			10613			2650		2650
寿县	888418	173657	627128			337	67122		20174			888418	835916	4568		40700			7234					
铜陵市	2073965	817551	849631		9804	164700	212950		19329			2054690	1824860	32263		165276			32291			19275		19275
铜陵市本级	748058	363076	186098		4730	71848	105893		16413			743009	693795	-54106		95990			7330			5049		5049
铜陵市区县合计	1325907	454475	663533		5074	92852	107057		2916			1311681	1131065	86369		69286			24961			14226		14226
郊区	180840	77914	94313		2615		5998					169044	138150	26406		4488						11796		11796
铜官区	272953	116548	121736		890	13841	17022		2916			272073	203514	46479		16242			5838			880		880
义安区	387853	158484	134735		1569	52015	41050					386303	322115	7700		37748			18740			1550		1550
枞阳县	484261	101529	312749			26996	42987					484261	467286	5784		10808			383					
马鞍山市	3443149	1695398	1005043		3475	195549	357089		186595			3407632	2648224	182144		324957			252307			35517		35517
马鞍山市本级	1161289	646693	187327		3442	81401	130890		111536			1130251	840396	60819		113015			116021			31038		31038
马鞍山市区县合计	2281860	1048705	817716		33	114148	226199		75059			2277381	1807828	121325		211942			136286			4479		4479
花山区	263871	162446	65565			3161	21189		11510			262521	179510	61822		21189						1350		1350
雨山区	209211	127767	58143		33	3106	20162					209191	131090	49378		20162			8561			20		20
当涂县	661752	303720	190717			59255	74060		34000			659752	523190	5626		72436			58500			2000		2000

续表

地区	收入部分											支出部分										结余部分		
	收入总计	本年收入	上级补助收入	待偿债置换一般债券上年结余	上年结余	调入资金	债务(转贷)收入	国债转贷收入、上年结余及转补助	动用预算稳定调节基金	接受其他地区援助收入	省补助计划单列市收入	支出总计	本年支出	上解上级支出	调出资金	债务还本支出	补充预算周转金	国债转贷拨付数及年终结余	安排预算稳定调节基金	援助其他地区支出	计划单列市上解省支出	结余总计	待偿债置换一般债券结余	年终结余
含山县	374667	130507	202258			1140	38705		2057			373558	337838	933		32819			1968			1109		1109
和县	621256	239619	250212			43786	61185		26454			621256	502520	2877		54669			61190					
博望区	151103	84646	50821			3700	10898		1038			151103	133680	689		10667			6067					
淮北市	2253403	800695	848668		8465	338139	89164		168272			2245965	1837610	53017		105622			249716			7438		7438
淮北市本级	972814	431582	225301		5552	104012	40969		165398			968230	652568	40948		57079			217635			4584		4584
淮北市区县合计	1280589	369113	623367		2913	234127	48195		2874			1277735	1185042	12069		48543			32081			2854		2854
相山区	185281	73959	78480		2717	26780	3345					183917	178954	1617		3346						1364		1364
杜集区	179723	52466	71873			50262	3623		1499			179309	169786	3434		3623			2466			414		414
烈山区	168539	35889	91764		196	38531	784		1375			168344	163566	2363		784			1631			195		195
濉溪县	747046	206799	381250			118554	40443					746165	672736	4655		40790			27984			881		881
芜湖市	5924163	3313709	1717251		24429	89124	673761		105889			5913445	4856366	216663		651238			189178			10718		10718
芜湖市本级	2401983	1240116	655234		24429	32527	355124		94553			2391265	1861215	41461		343727			144862			10718		10718
芜湖市区县合计	3522180	2073593	1062017			56597	318637		11336			3522180	2995151	175202		307511			44316					
镜湖区	443763	338506	69355			9661	26072		169			443763	342086	70091		26072			5514					
弋江区	334454	254829	57531				22094					334454	252348	51780		22094			8232					
鸠江区	498390	343649	101016			8173	37552		8000			498390	424805	29397		37552			6636					
繁昌区	507254	339271	102275				65708					507254	437594	862		62727			6071					
南陵县	442323	214845	163958			18763	44710		47			442323	398974	1235		40256			1858					
湾沚区	556247	317425	162556				76266					556247	477163	4021		74858			205					
无为市	739749	265068	405326			20000	46235		3120			739749	662181	17816		43952			15800					
安庆市	5268522	1415949	2918757		29533	466641	402335		35307			5237995	4829584	94392		256999			57020			30527		30527
安庆市本级	1078765	470355	457890		14608	75323	60589					1060113	1031948	-43900		57976			14089			18652		18652
安庆市区县合计	4189757	945594	2460867		14925	391318	341746		35307			4177882	3797636	138292		199023			42931			11875		11875
迎江区	196627	99812	66552		10989		10608		8666			196533	152271	40278		1172			2812			94		94
大观区	136729	45359	83687		935		5754		994			130724	98069	29443		3212						6005		6005
宜秀区	173717	82863	70990		228		19636					173500	107041	47276		14208			4975			217		217
怀宁县	459155	139255	231977		2229	30000	49349		6345			457042	401325	2585		41477			11655			2113		2113
桐城市	601330	182097	263796			80105	63012		12320			598426	544000	3736		47809			2881			2904		2904
潜山市	522795	98410	330040			62000	31756		589			522795	497342	1920		20053			3480					
太湖县	559081	70118	369431			69310	48915		1307			559081	528211	2872		22680			5318					
宿松县	606587	89682	396672		544	78281	41064		344			606045	577215	6036		20063			2731			542		542
望江县	480831	74987	327473			31622	44831		1918			480831	461073	2593		11869			5296					
岳西县	452905	63011	320249			40000	26821		2824			452905	431089	1553		16480			3783					
黄山市	2321231	839323	1153730		9061	120042	159266		39809			2291853	2062322	8371		139154	-17		82023			29378		29378
黄山市本级	566459	224889	207828		6131	61176	43335		23100			560329	461404	3929		43015			51981			6130		6130
黄山市区县合计	1754772	614434	945902		2930	58866	115931		16709			1731524	1600918	4442		96139	-17		30042			23248		23248
屯溪区	196213	104249	85939		65		5960					195425	186305	396		5421			3303			788		788
黄山区	243800	102645	109515		2270	9733	19163		474			238338	221268	493		16544			33			5462		5462
徽州区	187250	88563	72811		252	9100	10687		5837			184382	167267	892		10088			6135			2868		2868
祁门县	230453	55566	143789			7721	19888		3489			227168	206966	303		16307			3592			3285		3285
黟县	165614	39826	96357		44	18843	8249		2295			164370	150102	233		7455			6580			1244		1244
休宁县	292676	94482	167947		175	9336	19534		1202			290149	268444	945		13880	-17		6897			2527		2527
歙县	438766	129103	269544		124	4133	32450		3412			431692	400566	1180		26444			3502			7074		7074
亳州市	4601839	1263730	2561854		54461	88569	315257		317968			4476886	3909623	36456		278886			251921			124953		124953
亳州市本级	1344433	418841	548531		10889	59260	48087		258825			1292750	1050827	13022		47432			181469			51683		51683
亳州市区县合计	3257406	844889	2013323		43572	29309	267170		59143			3184136	2858796	23434		231454			70452			73270		73270
谯城区	895162	260635	509332		8388	7118	74726		34963			874114	766396	5391		67839			34488			21048		21048
涡阳县	799363	182161	504297		11651	19651	64268		17335			792238	703153	6298		56396			26391			7125		7125
蒙城县	788327	243026	465266		8368	2381	62441		6845			779646	714005	5355		50713			9573			8681		8681
利辛县	774554	159067	534428		15165	159	65735					738138	675242	6390		56506						36416		36416

财政机构人员

省财政厅机构人员

省财政厅机关及厅属单位处级以上干部名单

（2020 年 12 月 31 日）

厅长室

厅党组书记、厅　长：罗建国

厅党组成员、副厅长：朱长才

副厅长：胡锡萍

厅党组成员、驻厅纪检监察组组长：项中胜

厅党组成员、副厅长：孟照红

二级巡视员

王　琢　汪代启　鲍习生

驻厅纪检监察组

副组长、一级调研员：王　梵

副组长、一级调研员：杨基洪

四级调研员：杨　柳

厅机关

办公室

主　任：万卫国

副主任、三级调研员：尹立祥

副主任：蔡功伙

副主任：代云霄

四级调研员：聂孝林

四级调研员：贾振东

四级调研员：刘凌列

综合处

处　长、一级调研员：彭高俊

副处长、二级调研员：徐玉明

副处长、二级调研员：宋葛民

二级调研员：李运孝

四级调研员：张　飞

四级调研员：贾凤丽

四级调研员：叶　翔

税政条法处

处　长、一级调研员：方山恩

副处长、二级调研员：陈　蕙

一级调研员：杨玉林

四级调研员：方　志

四级调研员：汪　韬

预算处（预编办）

处　长、一级调研员：左自智

副处长、二级调研员：田　丰

副处长、三级调研员：张白平

副处长：李　强

四级调研员：乔传宗

四级调研员：贾成亮

四级调研员：陈小永

预算绩效管理处

处　长、一级调研员：丁　俊

副处长、二级调研员：张　玲

副处长、二级调研员：周　远

四级调研员：杨作华

国库处

处　长、一级调研员：廖晓虹

副处长、二级调研员：袁　圆

副处长、三级调研员：朱正余

二级调研员：王韵妮

二级调研员：刘　翔

四级调研员:杨　洋

政府债务管理处

处　长、一级调研员:尹祥领

副处长、二级调研员:余　禹

副处长:谢　勇

二级调研员:王永力

三级调研员:杜志明

四级调研员:韩晓峰

行政处

处　长、一级调研员:许先才

副处长、二级调研员:李　斌

三级调研员:张惠敏

四级调研员:刘儒之

政法处

处　长:徐　韬

二级调研员:姚　伟

二级调研员:童　兵

四级调研员:叶凡青

四级调研员:陈　晋

教科文处

处　长:吴祎明

一级调研员:何　义

副处长:项立安

四级调研员:邓英旭

四级调研员:侯正华

经济建设处

处　长、一级调研员:张　力

副处长、三级调研员:宋先贵

副处长:李元元

一级调研员:汪小俊

农业农村处

处　长、一级调研员:陈维光

副处长、二级调研员:郭安明

副处长:王　林

一级调研员:洪　军

二级调研员:汪　辉

四级调研员:王　剑

社会保障处

处　长、一级调研员:张恒景

副处长、二级调研员:孙玫玫

副处长:项军宁

四级调研员:陶　颖

自然资源和生态环境处

处长、一级调研员:江永泓

副处长、三级调研员:唐　兵

二级调研员:姚　瑶

四级调研员:徐　顺

四级调研员:江　腾

企业处

处　长、一级调研员:徐光耀

副处长、二级调研员:解亚平

副处长:关　勇

二级调研员:程荣明

四级调研员:张　铭

金融处

处　长、一级调研员:张　黎

副处长、二级调研员:张先虹

四级调研员:李红波

乡村财政事务管理处

处　长:左磊明

副处长、二级调研员:徐向前

二级调研员:魏祥瑾

三级调研员:耿　鹏

四级调研员:朱乐磊

会计处

处　长、一级调研员:季必英

副处长:孙荣春

副处长、二级调研员:谷　媛

四级调研员:王光杰

四级调研员:章　辉

四级调研员:伊安红

国有资本经营预算处

处　长、一级调研员:焦玲仪

副处长、三级调研员:周　涛

一级调研员:殷鹭滨

一级调研员:周晓丽

行政事业国有资产管理处

处　长、一级调研员:朱士昂

副处长、三级调研员:王知国

二级调研员:连发玉

四级调研员:钟　翠

财政监督局

局　长、一级调研员:胡德林

副局长、三级调研员:张克和

副局长、三级调研员:胡继龙

副局长、三级调研员:李汪祥

二级调研员:杨　刚

二级调研员:高维国

二级调研员:陈　军
四级调研员:赵　洋

政府采购处

处　长、一级调研员:杨延彬
副处长、三级调研员:张为中
副处长:杜荣胜
四级调研员:孙卫国

民生工程工作办公室

主　任、一级调研员:黎学东
副主任、三级调研员:方虹慧
副主任、三级调研员:孟　骞
三级调研员:李　燕
四级调研员:张绍德

人事教育处

处　长、一级调研员:陈　欢
四级调研员:孙玮玮
四级调研员:章光辉

机关党委

专职副书记、一级调研员:管立新
四级调研员:曹自云

离退休工作处

副处长(主持工作)、三级调研员:张顺建
副处长:夏　波
二级调研员:段焕松
四级调研员:仝茂江
四级调研员:王友环
四级调研员:邹　玉

厅属单位

安徽省社会保障资金管理中心

主　任:杨前炉
四级调研员:方　芳

安徽省非税收入征收管理局

局　长:张忠文
副局长:徐延俊
四级调研员:刘云芬
四级调研员:范晓玲
四级调研员:周先红

安徽省财政厅国库支付中心

主　任:李德军
副主任:陈文权
三级调研员:金　琦
四级调研员:李　勇
四级调研员:李　宏
四级调研员:陈　斌

安徽省财政信息中心

主　任:达小敏
副主任:曾志娟

安徽省预算评审中心

主　任:王　旭
副主任:邓建成
副主任:王　冶
副主任:吴小林
副主任:郭立宏
三级调研员:刘　群
四级调研员:龚传洲
四级调研员:章　昕

安徽省政府债务评估中心

主　任:金嘉岳
副主任:马再兴
副主任:彭学勇
副主任:孙春美
三级调研员:张晓兰
三级调研员:丁　健
四级调研员:郑　军
四级调研员:程晓岚
四级调研员:孟晶森
四级调研员:李道兵

安徽省财政科学研究所

所　长:鲍文前
副所长:傅　依
副所长:范　勇

安徽省注册会计师管理处(注册会计师协会)

处　长:张行宇
副处长:胡正中
副处长:廖文学
副处长:宋中锋

安徽省财政干部教育中心

副主任(主持工作):朱克俊
副主任:李　军
副主任:金　烨

安徽省行政事业单位资产管理中心

主　任:姚先飞
副主任:周启安
副主任:丁汉卓

安徽省农业信贷融资担保有限公司

党委书记、董事长:方习利
党委副书记:王定友

副总经理:刘德旺

纪委书记:汪公发

财务总监:王　坤

副总经理:汤大海

市县乡财政系统机构人员

合肥市财政系统领导名单

合肥市财政局

党组书记、局长:黄永强

党组成员、副局长:孔天华

党组成员、副局长:郝晓东

党组成员、副局长:杨帆

党组成员、驻局纪检监察组组长:王军

总会计师:余成晨

肥东县财政局

党组书记、局长:陈桂玲

党组成员、驻局纪检监察组组长:王鹏贤

党组成员、副局长、县地方金融监督管理局局长:孙维荣

党组成员、副局长、县国有资产监督管理委员会主任:韩永立

党组成员、副局长:卢因忠

党组成员、总会计师:张振松

党组成员:张志勤

肥西县财政局

党组书记、局长:胡昌勇

党组成员、金融发展服务中心主任:何友才

党组成员、副局长:胡芳玉

党组成员、副局长:魏宏文

党组成员、副局长:刘泉(挂职)

党组成员、总会计师:杨云

党组成员、民生办副主任:袁家民

党组成员、农村局局长:陈先锋

党组成员、国资科科长:王恒传

长丰县财政局

党组书记、局长:蔡继能

党组成员、副局长:姚文贵

党组成员、副局长:杨德军

党组成员、副局长:李咏梅

党组成员、副局长:顾涛

总会计师:许忠农

党组成员、办公室主任:孙青松

庐江县财政局

党组书记、局长:钱俊

党组成员、副局长:汪散明

党组成员、副局长:周炎

党组成员、副局长:张永兵

党组成员、驻局纪检监察组组长:杨传跃

党组成员、总会计师:盛世财

巢湖市财政局

党组书记、局长:陈永铸

党组副书记:程庭浪

党组成员、副局长:李政

党组成员、驻局纪检监察组组长:吴理萍

党组成员、副局长:徐济贵

总会计师:朱京红

瑶海区财政局

党组书记、局长:王峰

党组成员、驻局纪检监察组组长:宣哲

党组成员、副局长:高捷

副局长:李芳

蜀山区财政局

党组副书记、局长:徐明

党组成员、副局长:李学峰

党组成员、副局长:钟丽霞

党组成员:谢莉

副局长:蒋顾鑫(挂职)

庐阳区财政局

党委书记、局长:沈兵

党委委员、区国有资产管理中心主任:周莹

党委委员、副局长:魏平

包河区财政局

党组书记、局长:周明洁

党组成员、副局长:王苏华

三级主任科员:汪云

高新技术产业开发区财政局

局　长:王强

副局长:邵代志

副局长:施浩音

公共资源交易中心主任:严晓娟

财务管理中心主任:甄志强

经济技术开发区财政局

财政局局长、国资局局长:刘岸

国资局副局长:石华

财政局副局长:闫之文

财政局副局长: 费红英

财务中心主任:黄全进

财务中心副主任:刘卫兵

新站高新技术开发区财政局

局长:杨培红

副局长:张高峰

副局长:袁莉

副局长:沈爱华

巢湖经济开发区财政局

局长:施建

副局长:黄丽虹

副局长:张钦

肥东县

肥东经开区财政分局	分局长:黄磊
循环园财政分局	分局长:罗守斌
东部新城财政办事处	主任:丁腾渊
陈集镇财政所	所长:浦青松
古城镇财政分局	分局长:陈兆金
马湖乡财政所	副所长:陈正邦
八斗镇财政分局	分局长:何进军
响导乡财政所	所长:季波
杨店乡财政所	所长:谢群
白龙镇财政分局	分局长:魏华祥
元疃镇财政所	所长:李玉春
张集乡财政所	所长:宋丽
梁园镇财政分局	分局长:杨世应
包公镇财政所	副所长:周康应
石塘镇财政分局	分局长:黄胜虎
店埠镇财政分局	分局长:王建
牌坊乡财政所	所长:万兴平
众兴乡财政所	所长:薛华领
桥头集镇财政分局	分局长:葛静海
撮镇镇财政分局	分局长:陈长胜
长临河镇财政分局	分局长:席玉龙

肥西县

肥西经开区财政分局	分局长:吕文亚
紫蓬山管委会财政分局	分局长:汤杰
上派镇财政分局	分局长:张波
三河镇财政分局	分局长:董光武
花岗镇财政分局	分局长:郭韶奇
高店乡财政所	所长:朱爱平
官亭镇财政所	所长:张永安
铭传乡财政所	所长:卞强
山南镇财政所	所长:吴敏
柿树岗乡财政所	所长:魏小军
桃花镇财政所	所长:余刚
紫蓬镇财政所	所长:潘学军
丰乐镇财政所	所长:章声化
严店乡财政所	所长:王超

长丰县

水湖镇财政分局	局长:郑永昌
罗塘乡财政所	所长:孟凡富
朱巷镇财政所	副所长:梁刚
左店乡财政所	副所长:胡清忠
造甲乡财政所	所长:杨良基
杜集镇财政所	所长:许金忠
下塘镇财政分局	局长:张恩奎
陶楼镇财政所	所长:俞林
双墩镇财政分局	局长:杨德丰
岗集镇财政分局	局长:王华桥
杨庙镇财政所	所长:杨秀侠
吴山镇财政分局	局长:龚义传
义井乡财政所	所长:刘刚
庄墓镇财政所	所长:闫媛媛
双凤开发区财政分局	局长:陈斌

庐江县

庐城镇财政所	所长:张立华
冶父山镇财政所	所长:伍明能
汤池镇财政所	所长:杨玉著
万山镇财政所	所长:钱金龙
金牛镇财政所	所长:钱明华
郭河镇财政所	所长:董富贵

石头镇财政所 所长:韩松
同大镇财政所 所长:张安稳
白山镇财政所 副所长:金先声
盛桥镇财政所 所长:龙力保
白湖镇财政所 所长:刘胜利
龙桥镇财政所 所长:刘宝才
矾山镇财政所 所长:万玉柱
泥河镇财政所 所长:苏建醒
罗河镇财政所 副所长:郑龙留
乐桥镇财政所 所长:吴启超
柯坦镇财政所 副所长:柏光舟
高新区财政局 局长:盛波
台创园财政分局 局长:杨正龙

巢湖市

中庙街道办事处财政所 所长:赵桂竹
黄麓镇财政所 所长:许红梅
烔炀镇财政所 所长:赵桂竹
中垾镇财政所 所长:朱宏伟
柘皋镇财政所 所长:孙群东
槐林镇财政所 所长:钱泽民
栏杆集镇财政所 所长:肖军民
庙岗乡财政所 所长:陶道华
苏湾镇财政所 所长:郎正兵
夏阁镇财政所 所长:舒龙
卧牛山街道办事处财政所 所长:张华锋
天河街道办事处财政所 所长:季学武
凤凰山街道办事处财政所 所长:孙骏
亚父街道办事处财政所 所长:朱黎明
银屏镇财政所 所长:秦新华
散兵镇财政所 所长:向从华
坝镇财政所 所长:高红群

瑶海区

大兴镇财政所 所长:夏燕

蜀山区

井岗镇财政所 所长:赵龙谊
南岗镇财政所 所长:王道安
小庙镇财政所 所长:王叶友

庐阳区

三十岗乡财政所 所长:李春林
大杨镇财政所 所长:钱志军

包河区

包公街道发展服务部 部长:王莉
芜湖街道发展服务部 部长:李松波
大圩镇财政所 所长:沈岚
骆岗街道财政所 负责人:丁军
滨湖世纪社区服务中心 副主任:窦永胜
滨湖世纪社区财务室 主任:姜雪莲
烟墩街道发展服务部 会计主管:许爱武
同安街道发展服务部 部长:李贤锋
万年埠街道发展服务部 副主任:何伟
义城街道发展服务部 部长:吴志力
方兴社区党政办 副主任:孙桂云
包河经开区财税工作部 部长:黄建树
淝河镇财政所 副所长:吴芳
望湖街道发展服务部 部长:董爱梅

巢湖经济开发区

半汤街道财政所 所长:童新生

淮北市财政系统领导名单

淮北市财政局

党组书记、局长(主任):徐涛
党组成员、副局长(副主任):胡文莉
党组成员、驻局纪检监察组组长:田跃全
党组成员、副局长(副主任):焦福生
党组成员、总会计师:王春强
党组成员、政府非税办(综合科)主任(科长):袁松
党组成员、副局长(副主任):徐本立

濉溪县财政局

党组书记、局长:程振华
党组成员、驻局纪检监察组组长:赵华山
党组成员、副局长:汪炳臣
党组成员、副局长:鲁德明
党组成员、副局长:王满意
党组成员、财政信息中心主任:王祥

相山区财政局

党组书记、局长:陆恒
党组成员、副局长:宋磊
党组成员、副局长:陈淼

杜集区财政局

党组书记、局长:杨登俊
党组成员、副局长:张俊影
副局长:刘卫华
党组成员:王海洋

烈山区财政局

党组书记、局长:蒋祥力

党组成员、副局长:秦胜兵

党组成员、副局长:赵静

党组成员、民生办主任:杨浩

濉溪县

濉芜产业园财政局　局长:周海峰

濉溪开发区财政局　局长:金保信

南坪镇财政所　所长:邵思亮

百善镇财政所　所长:毕跃华

刘桥镇财政所　所长:杨学森

孙疃镇财政所　所长:李从祥

濉溪镇财政所　所长:戚志杰

临涣镇财政所　所长:谢士忠

双堆集镇财政所　所长:马坤

四铺镇财政所　所长:刘永

韩村镇财政所　所长:周宗文

铁佛镇财政所　所长:张震

五沟镇财政所　所长:张锰

相山区

渠沟镇财政所　所长:丁杰

任圩街道办事处财政所　所长:张丽

杜集区

高岳街道办事处财政所　所长:丁敏

矿山集街道办事处财政所　所长:朱成华

石台镇财政所　所长:许生

朔里镇财政所　所长:徐敬卓

段园镇财政所　所长:王建民

烈山区

杨庄办事处财政所　所长:徐庆功

烈山镇财政所　所长:张守德

宋疃镇财政所　所长:张士民

古饶镇财政所　所长:王敬义

亳州市财政系统领导名单

亳州市财政局

党组书记、局长(主任):张传宾

党组成员、副局长(副主任):王振喜(挂职市扶贫局党组成员、副局长)

党组成员、副局长(副主任):黄晖(市财政局驻涡阳县李园村扶贫工作队队长)

党组成员、副局长(副主任):邓昊

二级调研员:吕锋

三级调研员:杨文玲

国库支付中心主任:闫勇

非税收入征收管理局局长:宋德良

涡阳县财政局

党组书记、局长:赵良

党组成员、副局长:吕秀成

党组成员、副局长:赵冲

党组成员、驻局纪检监察组组长:黄桂峰

党组成员、总会计师、国库支付中心主任:刘顺

党组成员、国资和地方金融管理服务中心副主任:郑涛

党组成员、国资和地方金融管理服务中心副主任:马大恩

蒙城县财政局

党组书记、局长:锁必武

党组成员、副局长:杨晓保

党组成员、副局长:王继生

党组成员、副局长:白君利

党组成员、副局长:葛绍峰

党组成员、驻局纪检监察组组长:韦如辉

党组成员、财监办主任:吕桂芹

利辛县财政局

党组书记、局长:郑书第

党组成员、副局长:刘富修

党组成员、副局长:邢伟

党组成员、驻局纪检监察组组长:宫继新

谯城区财政局

党组书记、局长:李海荣

党组成员、副局长:陈胜志

党组成员、副局长:魏峰

亳州高新技术产业开发区财政局

局长:赵绍宇

副局长:纪晓蕾

亳州芜湖现代产业园区财政局

局长:肖迎清

副局长:张昭

涡阳县

天静宫街道办事处财政所　所长:侯景超

星园街道办事处财政所　所长:马坤

城关街道办事处财政所　所长:席广华

高炉镇财政所　所长:邵彦伟

西阳镇财政所　所长:徐连元

丹城镇财政所　副所长:张体影

涡南镇财政所　所长:宋兴明

马店集镇财政所　所长:张杰

花沟镇财政所　所长:李良晨

龙山镇财政所　所长:刘敏
曹市镇财政所　所长:李航修
牌坊镇财政所　所长:包齐林
青疃镇财政所　所长:张芳
高公镇财政所　所长:王涛
义门镇财政所　所长:王心英
新兴镇财政所　所长:周广坤
标里镇财政所　所长:李朝林
楚店镇财政所　所长:葛友峰
石弓镇财政所　所长:徐凤海
临湖镇财政所　所长:程莉
店集镇财政所　所长:孟献启
公吉寺镇财政所　所长:郑超
陈大镇财政所　所长:周延知

蒙城县

城关街道财政所　所长:丁沛跃
庄周街道财政所　所长:郑武
漆园街道财政所　所长:徐文信
乐土镇财政所　所长:刘芳
楚村镇财政所　所长:曹凯
三义镇财政所　所长:杨海涛
篱笆镇财政所　所长:刘彦明
小辛集乡财政所　所长:李保金
岳坊镇财政所　所长:唐殿军
马集镇财政所　所长:吕保真
小涧镇财政所　所长:宁春军
坛城镇财政所　所长:王晖
许疃镇财政所　所长:李民
板桥镇财政所　所长:耿云灵
王集乡财政所　所长:陈桂彬
立仓镇财政所　所长:张峨岭
双涧镇财政所　所长:李二朴

利辛县

城关镇财政所　所长:李涛
江集镇财政所　所长:刘应宏
旧城镇财政所　所长:关军
西潘楼镇财政所　所长:苏永光
城北镇财政所　所长:盛家伟
孙集镇财政所　所长:关键
纪王场乡财政所　所长:刘军超
张村镇财政所　所长:何鹏飞
汝集镇财政所　所长:程斌
王人镇财政所　所长:王立强
巩店镇财政所　所长:王继中
王市镇财政所　所长:邵拥军
孙庙乡财政所　所长:李保强
马店镇财政所　所长:高翔
永兴镇财政所　所长:宫琦
胡集镇财政所　所长:安学龙
大李集镇财政所　所长:姜之安
展沟镇财政所　所长:张林
新张集乡财政所　所长:王建
阚疃镇财政所　所长:姜勇
程家集镇财政所　所长:聂红
望疃镇财政所　所长:戴利
中疃镇财政所　所长:朱子付

谯城区

十八里镇财政所　所长:曹凯
十河镇财政所　所长:李桂瑛
赵桥乡财政所　所长:闫丽
双沟镇财政所　所长:南子富
淝河镇财政所　所长:陈亮
古城镇财政所　所长:杨蓉
立德镇财政所　所长:尹鹏
龙杨镇财政所　所长:李刚
大杨镇财政所　所长:周为
城父镇财政所　所长:任大东
谯东镇财政所　所长:王自强
观堂镇财政所　所长:王辉
沙土镇财政所　所长:周新雷
五马镇财政所　所长:于海
张店乡财政所　所长:张峰
颜集镇财政所　所长:赵乐会
芦庙镇财政所　所长:钱欢
华佗镇财政所　所长:马金梅
魏岗镇财政所　所长:冯莉
牛集镇财政所　所长:邱明奇
古井镇财政所　所长:刘景林
汤陵街道办事处财政所　所长:张玉琦
花戏楼街道办事处财政所　所长:周丽
薛阁街道办事处财政所　所长:毛渊兰
谯城经开区财政分局　局长:李峰

宿州市财政系统领导名单

宿州市财政局

党委书记、局长、一级调研员:张亮
二级调研员:欧亚东
二级调研员:潘相明
副局长、三级调研员:谢安
党委委员、驻局纪检监察组组长:陈玮
党委委员、副局长:陈尚业
党委委员、副局长、三级调研员:柏红
党委委员、总会计师:寇智
三级调研员:王奎
三级调研员:韩健民
四级调研员:王晓兰
四级调研员:王启军

灵璧县财政局

党组书记、局长:皮殿飞
党组成员、副局长:魏广前
党组成员、副局长:陶接迎
党组成员:程跃武
党组成员、民生办主任:司桂林
党组成员:赵卡
党组成员、国库支付中心主任:侯峰

泗县财政局

党组书记、局长:蔡晨光
党组成员、副局长:沈辉
党组成员、副局长:王韬
党组成员、总会计师:毛晓峰
党组成员、民生工程管理中心主任:周璞

萧县财政局

党组成员、副局长:何玉良
党组成员、副局长:王中华
党组成员、副局长:朱鹏程
党组成员、总会计师:蒋杰
党组成员、支付中心主任:刘振东

砀山县财政局

党组书记、局长:汪亚光
党组成员、副局长:王美玲
党组成员、驻局纪检监察组组长:王飘
党组成员、副局长:周玉成
党组成员、财监局局长:王莉
党组成员、总会计师:曹桂堂

埇桥区财政局

党委书记、局长:王敬东
党委委员、副局长:曹贡献
党委委员、副局长:徐永
党委委员、驻局纪检监察组组长:宋磊
党委委员、总会计师:丁玉梅
党委委员、机关党委书记:陶静
副局长(挂):毛传峰
副局长(挂):张飞

经济开发区财政局

局长:董克洲

宿州马鞍山现代产业园区财政局

局长:董强

宿州高新技术产业开发区财政局

局长:张争平

灵璧县

韦集镇财政所	所长:卓建
向阳乡财政所	所长:鲁作战
黄湾镇财政所	所长:王现理
娄庄镇财政所	所长:李冰
杨疃镇财政所	所长:袁野
尹集镇财政所	所长:侯君
浍沟镇财政所	所长:高存玖
朱集乡财政所	所长:许岩
尤集镇财政所	所长:王富
下楼镇财政所	所长:谢业慧
朝阳镇财政所	所长:张俊
渔沟镇财政所	所长:朱杰
大路乡财政所	所长:李玉白
高楼镇财政所	所长:赵跃
大庙乡财政所	所长:雷兴奎
冯庙镇财政所	所长:陈益尚
禅堂乡财政所	所长:赵成
虞姬乡财政所	所长:闫兴跃
灵城镇财政所	所长:王宗迎
开发区财政所	所长:张超

泗县

泗城镇财政分局	局长:刘道胜
大路口乡财政所	所长:高磊
墩集镇财政所	所长:苏衍维
草庙镇财政所	所长:朱凯
瓦坊乡财政所	所长:韩非
黑塔镇财政所	所长:张万里

刘圩镇财政所 所长:娄运城
山头镇财政所 所长:于贤宝
黄圩镇财政所 所长:时飞
大庄镇财政所 所长:韩昌清
屏山镇财政所 所长:计兵
大杨乡财政所 所长:李庆春
长沟镇财政所 所长:袁晓林
草沟镇财政所 所长:张建
丁湖镇财政所 所长:杨彬
开发区财政所 所长:尤墩跃

萧县

龙城镇财政所 所长:吴信瑞
新庄镇财政所 所长:何静
黄口镇财政所 所长:刘伟
大屯镇财政所 所长:张林
赵庄镇财政所 所长:杨兴民
张庄寨财政所 所长:马建
青龙镇财政所 所长:沈红军
石林乡财政所 所长:刘春
孙圩子乡财政所 所长:朱孝民
王寨镇财政所 所长:吴志强
杜楼镇财政所 所长:黄继明
丁里镇财政所 所长:许磊
马井镇财政所 所长:郝允峰
闫集镇财政所 所长:肖春雷
圣泉乡财政所 所长:张颂荣
祖楼镇财政所 所长:王家瑞
杨楼镇财政所 所长:王信权
刘套镇财政所 所长:罗献伦
白土镇财政所 所长:安孝民
庄里乡财政所 所长:袁龙连
官桥镇财政所 所长:王永干
永堌镇财政所 所长:张朝阳
酒店乡财政所 所长:胡光明
工业园区财政所 所长:盛凯

砀山县

砀城镇财政所 负责人:王峰
赵屯镇财政所 负责人:付浩
曹庄镇财政所 负责人:陈晓宇
官庄坝镇财政所 负责人:张玉阁
玄庙镇财政所 负责人:周衍波
周寨镇财政所 负责人:唐怀堂
良梨镇财政所 负责人:薛继秋
葛集镇财政所 负责人:张春立
唐寨镇财政所 负责人:刘箭
程庄镇财政所 负责人:邵延强
关帝庙镇财政所 负责人:段瑞良
朱楼镇财政所 负责人:卞卡
李庄镇财政所 负责人:郭进良
开发区财政所 负责人:王安鲁
薛楼园区财政所 负责人:邵丽
高铁新区财政所 负责人:汪鹏

埇桥区

城东街道办事处财政所 所长:王成龙
三八街道办事处财政所 所长:张晓伟
西二铺乡财政所 所长:韩军峰
三里湾街道办事处财政所 所长:郭朝辉
北关街道办事处财政所 所长:李伦
道东街道办事处财政所 所长:林广森
东关街道办事处财政所 所长:刘燕
南关街道办事处财政所 所长:桑武平
西关街道办事处财政所 所长:董雪
埇桥街道办事处财政所 所长:王申球
沱河街道办事处财政所 所长:尹松
褚兰镇财政所 所长:林国贤
杨庄乡财政所 所长:王彬
曹村镇财政所 所长:吴胜昔
夹沟镇财政所 所长:刘洪涛
支河乡财政所 副所长:曹传安
栏杆镇财政所 所长:秦怀轩
解集乡财政所 所长:范志华
金海街道办事处财政所 副所长:刘开成
循环经济示范园区财政所 副所长:张峰
时村镇财政所 所长:潘超
桃沟乡财政所 所长:童永
永安镇财政所 所长:曾实现
灰古镇财政所 所长:李祥林
顺河乡财政所 所长:代伟
苻离镇财政所 所长:张宏峰
汴河街道办事处财政所 所长:邵志坚
蒿沟乡财政所 所长:李剑楠
苗安乡财政所 所长:吴义斌
大店镇财政所 所长:梁太旺
朱仙庄镇财政所 所长:刘伟
芦岭镇财政所 所长:韩世玉
大泽乡财政所 所长:张茂玲
北杨寨乡财政所 副所长:唐伟
桃园镇财政所 所长:李虎生

祁县镇财政所 所长:李琳
大营镇财政所 所长:王雷
永镇财政所 所长:刘传贵
东城财办财政所 副所长:李志新
经济开发区财政所 副所长:涂俊永

蚌埠市财政系统领导名单

蚌埠市财政局

党组书记、局长(国资委主任):叶斌
党组成员、副局长:马飙
党组成员、副局长:周波
党组成员、驻局纪检监察组组长:陈利铭
党组成员、副局长:胡云
党组成员、总会计师:蒋忠东
二级调研员:翁美君
二级调研员:唐忠利

固镇县财政局

党组书记、局长,地方金融监督管理局局长,国资委主任:李飞
党组成员、副局长:崔怀贵
党组成员、副局长:党献文
党组成员、副局长:王亚辉(挂职)
党组成员、驻局纪检监察组组长:刘凤亚
党组成员:仲谋
党组成员:陈福柱
党组成员:陶廷春
党组成员:陈敏
总会计师:张店全

五河县财政局

党组书记、局长:孙立富
党组成员、副局长:陈尚标
党组成员、副局长:陈非非
党组成员、驻局纪检监察组组长:武怀守
党组成员:凌德宏
党组成员、总会计师:王尊昌

怀远县财政局

党组书记、局长:朱咏君
党组成员、副局长:陈顺
副局长:任涛

蚌山区财政局

党组书记、局长:李金凤
党组成员、副局长:丁忠胜
党组成员、副局长:路冬梅
党组成员、副局长:黄雅婷

淮上区财政局

局长:徐杰
副局长:周啸
财政支付中心主任:丁丽

高新区财政局

局长:刘富国
副局长:祝来斌
四级调研员:吴丽萍
支付中心副主任:关睿伟

龙子湖区财政局

党组书记、局长:翁畅
党组成员、副局长:张利军
党组成员、副局长:郭靓
党组成员、支付中心主任:黄金凤

禹会区财政局

副局长:敬小蓉
财政支付中心主任:吴美艳

经开区财政局

局长:肖尤欢
副局长:陈迅
财政支付中心主任:罗宏

固镇县

仲兴乡财政所 所长:王天山
任桥镇财政所 所长:王道永
湖沟镇财政所 所长:谢进
杨庙乡财政所 所长:李晓清
连城镇财政所 所长:强恒银
新马桥镇财政所 所长:崔北锐
王庄镇财政所 所长:孙玉胜
石湖乡财政所 所长:安永
濠城镇财政所 所长:杨鹏
刘集镇财政所 所长:姚兵
城关财政分局 局长:邱朝阳
开发区财政分局 局长:徐艳光

五河县

城关镇财政所 所长:王森功
朱顶镇财政所 所长:吴明海
小溪镇财政所 所长:王培福
头铺镇财政所 所长:彭思洋
新集镇财政所 所长:张军
大新镇财政所 所长:郭树峰

临北回族乡财政所 副所长:武路
浍南镇财政所 所长:朱克东
东刘集镇财政所 副所长:李超
申集镇财政所 副所长:蒋其龙
小圩镇财政所 所长:蒋光胜
沱湖乡财政所 所长:黄保举
武桥镇财政所 所长:孙立群
双忠庙镇财政所 所长:朱全松
城南工业区财政所 所长:张贤明

怀远县

荆山镇财政分局 副局长:符布山
包集镇财政所 所长:张根祥
龙亢镇财政所 所长:潘磊
河溜镇财政所 所长:周传艳
常坟镇财政所 副所长:叶喜
双桥集镇财政所 所长:赵勇
魏庄镇财政所 所长:张立柱
万福镇财政所 所长:邹德国
唐集镇财政所 所长:张毅
淝河镇财政所 所长:袁化飞
褚集镇财政所 所长:荣克轩
陈集镇财政所 所长:年福启
白莲坡镇财政所 所长:常飞
榴城镇财政所 副所长:韦庆
古城镇财政所 所长:赵彬
徐圩乡财政所 所长:许友功
淝南镇财政所 所长:宋泽霖
兰桥镇财政所 所长:张秀新
经开区财政分局 局长:姚荣平

蚌山区

雪华乡(宏业村街道)财政所 所长:高婷
燕山乡财政所 所长:李广忠
天桥街道财税服务所 所长:赵莉
青年街道财税服务所 所长:牛丽娟
纬二街道财税服务所 所长:谢晓来
黄庄街道财税服务所 所长:胡胜明

淮上区

小蚌埠镇财政所 所长:安家韦
吴小街镇财政所 所长:黄娟
曹老集镇财政所 所长:张成
梅桥镇财政所 所长:褚雅洁
沫河口镇财政所 所长:刘德平

高新区

天河科技园财政所 所长:葛继秀
秦集镇财政所 所长:孔静

龙子湖区

李楼乡财政所 所长:王迪

禹会区

长青乡财政所 所长:胡守陆
马城镇财政所 所长:赵武

经开区

长淮卫镇财政所 所长:路洁

阜阳市财政系统领导名单

阜阳市财政局

党组书记、局长:段相霖
党组成员、副局长:侯永贵
党组成员、驻局纪检监察组组长:苗育新
党组成员、副局长:马晓峰
党组成员、总会计师:陈青
党组成员、副局长:崔巍
党组成员、阜阳工业经济学校校长:周波
一级调研员:高玉臻
三级调研员:夏河
三级调研员:李侠

颍上县财政局

党组书记、局长:陈德刚
党组成员、副局长:徐伯承
党组成员、副局长:马冬青
党组成员、财政绩效评审中心主任:张振亚
党组成员、财政绩效评审中心副主任:吴锡录

界首市财政局

党组书记、局长:卢萍
党组副书记、城市建设投资管理中心主任:于华兰
党组成员、财政监督管理局局长:张琦林
党组成员、农村综合改革促进中心主任:李超
党组成员、副局长:任曙光
党组成员、副局长:张华
党组成员、农村财政管理中心主任:艾梅
党组成员(挂)、高新区财政局局长:张建朝
总会计师:刘鹏丽

临泉县财政局

党组书记、局长:顾立
党组成员、驻局纪检监察组组长:刘智奇
党组成员、副局长:郭峰

党组成员、副局长(挂):李超
副局长:孟丽萍
党组成员、总会计师:李芳

阜南县财政局

党组书记、局长(主任):孙存龙
党组成员、副局长(副主任):熊东田
党组成员、副局长(副主任):郭怀亮
党组成员、金融工作促进中心副主任:刘琦
党组成员、总会计师:刘志亮
党组成员、国库集中支付中心主任:孙伟

太和县财政局

党组书记、局长:刘飞
党组成员:于海
党组成员、工会主席:李岩
党组成员、非税收入管理中心主任:于冰
党组成员:于翔
党组成员、副局长:栾福志
党组成员、财政信息中心主任:彭燕

颍州区财政局

党组书记、局长:王献斌
党组成员、副局长:郭献举
党组成员、副局长:宋维菊
党组成员:赵东洲
党组成员、乡村财政管理中心主任:何道中

颍泉区财政局

党组书记、局长:张　炜
党组副书记、区金融办主任、区地方金融监督管理局局长:王燕
党组成员、总会计师:郝海云
党组成员、副局长:陈静
党组成员、副局长:贾建峰
党组成员、农村财政管理中心主任:魏灿峰

颍东区财政局

党组书记、局长:任俊喜
党组成员、副局长:邵爱华
党组成员:王继刚
党组成员、区财政国库集中支付中心主任:宋云澍
党组成员、副局长:李强

经济技术开发区财政金融保障局

副局长:张文学(主持工作)
副局长:郭景诚
副局长:朱艳(兼任)

颍上县

工业园区财政分局	副局长:王佩刚
慎城镇财政所	所长:朱奎
十八铺镇财政所	所长:强国清
三十铺镇财政所	所长:王峰
建颍乡财政所	所长:韩俊
六十铺镇财政所	所长:李少义
五十铺财政所	所长:刘树俭
耿棚镇财政所	所长:吴均业
润河镇财政所	所长:刘涛
盛堂乡财政所	所长:李刚
半岗镇财政所	所长:沈娟
关屯乡财政所	所长:黄海
王岗镇财政所	所长:张天虹
赛涧回族乡财政所	所长:唐坤
垂岗乡财政所	所长:黄领先
八里河镇财政所	负责人:祁坦
南照镇财政所	所长:高勇
红星镇财政所	所长:王干
杨湖镇财政所	所长:赵艳梅
鲁口镇财政所	所长:张勇
刘集乡财政所	所长:李树刚
江店孜镇财政所	所长:孙峰
黄坝乡财政所	所长:蒋家友
夏桥镇财政所	所长:官喜良
黄桥镇财政所	所长:姜庆莲
江口镇财政所	所长:郭英杰
古城镇财政所	所长:程永宏
陈桥镇财政所	所长:侯学成
迪沟镇财政所	所长:毕兰付
谢桥镇财政所	所长:董凤军

界首市

西城街道财政所	所长:胡光宇
东城街道财政所	所长:吕广阔
颍南街道财政所	所长:吕丽莉
光武镇财政所	所长:张强
靳寨乡财政所	所长:彭新华
芦村镇财政所	所长:申云剑
邴集乡财政所	所长:程立新
大黄镇财政所	所长:李斌
新马集镇财政所	所长:徐翔
田营镇财政所	所长:陈俊荣
陶庙镇财政所	所长:齐影
王集镇财政所	所长:李保强
泉阳镇财政所	所长:任磊
任寨乡财政所	所长:段兆辉

代桥镇财政所	所长:徐少远
砖集镇财政所	所长:程伟
舒庄镇财政所	所长:王永华
顾集镇财政所	所长:陈志华

临泉县

城关街道办事处财政所	负责人:刘雷
城南街道办事处财政所	副所长:刘宁
城东街道办事处财政所	所长:高健
邢塘街道办事处财政所	所长:韩立
田桥街道办事处财政所	所长:谢尚伟
杨桥镇财政所	负责人:汪新
谭棚镇财政所	负责人:曹建民
高塘镇财政所	负责人:吴春堂
老集镇财政所	所长:陈泽
滑集镇财政所	所长:杨青龙
土陂乡财政所	负责人:王子林
吕寨镇财政所	副所长:王灼喜
单桥镇财政所	负责人:曾健
长官镇财政所	副所长:穆效杰
宋集镇财政所	副所长:刘成年
张新镇财政所	副所长:马为民
陈集镇财政所	副所长:张峰
艾亭镇财政所	副所长:霍存荣
陶老乡财政所	负责人:陈黎明
韦寨镇财政所	负责人:蒋振
迎仙镇财政所	负责人:秦子彬
瓦店镇财政所	所长:李允章
姜寨镇财政所	所长:许栋
庙岔镇财政所	负责人:范绍栋
黄岭镇财政所	负责人:张振祥
白庙镇财政所	副所长:杨正昆
鲖城镇财政所	负责人:王亚军
关庙镇财政所	负责人:刘相春

阜南县

经济开发区财政分局	局长:韩少山
鹿城镇财政所	所长:王玉林
田集镇财政所	所长:王辉
公桥乡财政所	所长:耿朝程
方集镇财政所	所长:王大运
段郢乡财政所	所长:赵建涛
王堰镇财政所	所长:刘祥彬
洪河桥镇财政所	所长:杜士保
地城镇财政所	所长:乔龙军
于集乡财政所	所长:乔晓
龙王乡财政所	所长:庞建辉
王化镇财政所	所长:卢峰
王家坝镇财政所	所长:刘维健
老观乡财政所	所长:郎士元
曹集镇财政所	所长:马永群
郜台乡财政所	所长:徐刚
中岗镇财政所	所长:张要礼
苗集镇财政所	所长:戎泽峰
柳沟镇财政所	所长:李华焰
黄岗镇财政所	所长:张国波
张寨镇财政所	所长:熊运楠
焦陂镇财政所	所长:贾东风
朱寨镇财政所	所长:朱新启
许堂乡财政所	所长:刘成立
柴集镇财政所	所长:赵复林
新村镇财政所	所长:李伟
王店孜乡财政所	所长:孙献保
赵集镇财政所	所长:韩文
会龙镇财政所	所长:王道侠

太和县

城关镇财政所	所长:陈文杰
旧县镇财政所	所长:刘国礼
大新镇财政所	所长:刘业任
肖口镇财政所	所长:王秀燕
胡总乡财政所	副所长:范驰远
赵集乡财政所	所长:桑传法
关集镇财政所	所长:刘书强
三塔镇财政所	副所长:张华欣
郭庙乡财政所	所长:李效宗
原墙镇财政所	所长:张鹏
三堂镇财政所	副所长:牛晓艳
苗老集镇财政所	副所长:张晓华
宫集镇财政所	所长:肖桥
二郎乡财政所	所长:王军
阮桥乡财政所	所长:刘朝峰
坟台镇财政所	所长:刘新
马集乡财政所	副所长:付杰
五星镇财政所	副所长:李克明
倪邱镇财政所	负责人:刘维洗
洪山镇财政所	负责人:康伟
桑营镇财政所	负责人:刘磊
赵庙镇财政所	所长:池鹏
李兴镇财政所	所长:朱井宇
清浅镇财政所	主持工作:李存辉

双庙镇财政所 负责人:王伟
税镇镇财政所 所长:吴标
皮条孙镇财政所 所长:刘剑锋
大庙镇财政所 所长:范兴建
蔡庙镇财政所 所长:石凤杰
高庙镇财政所 所长:于泉
双浮镇财政所 主持工作:张晓虎

颍州区

清河街道办事处财政所 所长:卢峰
鼓楼街道办事处财政所 所长:岳霖
文峰街道办事处财政所 所长:周登峰
颍西街道办事处财政所 所长:王志勇
程集镇财政所 所长:龚九鹏
三合镇财政所 所长:周长春
西湖镇财政所 所长:刘庆宇
西湖景区街道办事处财政所 所长:王群
九龙街道办事处财政所 所长:李刚
马寨乡财政所 所长:刘伟
王店镇财政所 所长:郝秀彬
三十里铺镇财政所 所长:李学义
三塔集镇财政所 所长:李杰
袁集镇财政所 所长:刘海彬
京九街道办事处财政所 所长:杜梅

颍泉区

中市街道办事处财政所 所长:汪涛
宁老庄镇财政所 所长:王涛
行流镇财政所 所长:曹军
闻集镇财政所 所长:王亚洲
周棚办事处财政所 所长:白子兰
伍明镇财政所 所长:齐伟
统筹试验区管委会 财务负责人:邵海
循环经济园区管委会 财务负责人:胡九云

颍东区

河东街道办事处财政所 所长:董强龙
向阳街道办事处财政所 所长:闫俊启
新华街道办事处财政所 所长:李泽祥
插花镇财政所 所长:高伟
袁寨镇财政所 所长:武学成
枣庄镇财政所 负责人:屈伟
正午镇财政所 所长:高兰义
新乌江镇财政所 所长:白怀玉
口孜镇财政所 所长:闫雷
冉庙乡财政所 所长:李志
杨楼孜镇财政所 所长:许广峰
老庙镇财政所 所长:张涛

淮南市财政系统领导名单

淮南市财政局

党组书记、局长、一级调研员:张瑞昌
党组成员、副局长、一级调研员:杨勋敏
党组成员、副局长、一级调研员:金四鑫
党组成员、副局长、三级调研员:管迎新
党组成员、驻局纪检监察组组长:朱明生
党组成员、总会计师:黄仕兴
二级调研员:张琳娜
三级调研员:戴冰
三级调研员:于天奎
四级调研员:刘世民

寿县财政局

党组书记、局长:赵成凤
党组成员、副局长、国资委主任:阮双胜
党组成员、驻局纪检监察组组长:赵晓酣
党组成员、总会计师:陈士章
党组成员、副局长:王伟

凤台县财政局

党组书记、局长:陈贵刚
党组成员、副局长:田辉
党组成员、副局长:张志凯
党组成员、总会计师:胡启旺

大通区财政局

党组书记、局长:王捷
党组成员、副局长:盛杰

田家庵区财政局

党组书记、局长:陈灯海
党组成员、副局长:张燕
党组成员、副局长:陈文光

谢家集区财政局

局长:胡年权
副局长:张广忠

八公山区财政局

局长:王桂芝
副局长:孙郁雯

潘集区财政局

党组书记、局长:陈永
党组成员、副局长:杨卫

党组成员、副局长:郑礼山

毛集实验区财政局

局长:宋维德

副局长:李晋

副局长:陈君兰

淮南经济技术开发区财政局

局长:郭庆东

副局长:姜艳

淮南高新区(山南新区)财政局

局长:张蓓蕾

副局长:贾怡君

淮南现代煤化工产业园区财政局

负责人:丁雁泽

寿县

新桥国际产业园财政局　局长:程叶红
寿春镇财政中心所　所长:吴承明
八公山乡财政所　所长:汪新彬
涧沟镇财政中心所　所长:赵奎
丰庄镇财政所　所长:史秀宝
正阳关镇财政中心所　所长:李福成
迎河镇财政中心所　副所长:刘化安
张李乡财政中心所　副所长:孙应时
板桥镇财政中心所　所长:孙自启
安丰塘镇财政所　所长:丁传格
窑口镇财政所　所长:袁绪江
堰口镇财政中心所　所长:王守前
陶店回族乡财政所　所长:李永葆
保义镇财政所　所长:常传灿
安丰镇财政中心所　所长:李国胜
众兴镇财政中心所　副所长:鲁勇
隐贤镇财政所　所长:孙杰
茶庵镇财政所　所长:刘庆友
三觉镇财政所　所长:汤彦
炎刘镇财政中心所　所长:宋瑾
刘岗镇财政所　副所长:李勇
小甸镇财政中心所　所长:唐立保
瓦埠镇财政所　所长:张子好
大顺镇财政所　所长:张志国
双庙集镇财政所　所长:李厚保
双桥镇财政中心所　所长:洪申

凤台县

城关镇财政分局　局长:谢家亮
经济开发区财政所　所长:刘广雷
新集镇财政所　所长:胡云
岳张集镇财政所　所长:高明东
朱马店镇财政所　所长:孟献全
顾桥镇财政所　所长:计金奎
桂集镇财政所　所长:樊春良
凤凰镇财政所　所长:吕文林
杨村镇财政所　所长:高勤贵
刘集镇财政所　所长:陈佩辉
丁集镇财政所　所长:李洋
大兴镇财政所　所长:刘锐
尚塘镇财政所　所长:张翔
钱庙乡财政所　所长:王业昶
关店乡财政所　所长:蒋克友
古店乡财政所　所长:周伟
李冲回族乡财政所　所长:陈良

大通区

上窑镇财政所　所长:马凤琳
洛河镇财政所　所长:宗升贵
九龙岗镇财政所　所长:宫军
孔店乡财政所　所长:宋相勇

田家庵区

安成镇财政所　所长:刘晓菊
舜耕镇财政所　所长:程晋成
曹庵镇财政所　所长:胡平
史院乡财政所　所长:杨吉生

谢家集区

唐山镇财政所　所长:王霞
李郢孜镇财政所　所长:邱文士
孙庙乡财政所　所长:金威
杨公镇财政所　所长:周伟
望峰岗镇财政所　所长:王晓梅
孤堆回族乡财政所　所长:王涛

八公山区

山王镇财政所　所长:孔德野
八公山镇财政所　所长:王璐玲

潘集区

平圩镇财政所　所长:聂宏伟
祁集乡财政所　所长:许瑞武
泥河镇财政所　所长:刘斌
架河乡财政所　所长:孔玲
田集街道财政所　所长:曹多军
高皇镇财政所　所长:葛新方
古沟回族乡财政所　所长:陶法宪
贺疃乡财政所　所长:石秀传
潘集镇财政所　所长:许瑞昌

芦集镇财政所 所长:陈传厚
夹沟乡财政所 所长:李璇

毛集实验区

毛集镇财政分局 局长:史方英
焦岗湖镇财政所 所长:沈建联
夏集镇财政所 所长:丁敬侠

淮南高新区(山南新区)

三和乡财政所 所长:徐勇

滁州市财政系统领导名单

滁州市财政局

党委书记、局长:贡植平
副局长、民盟滁州市委主委(正县级):杨庆毅
党委成员、副局长:朱哲
党委成员、副局长:王兴德
党委成员、驻局纪检监察组组长:程娟
党委成员、副局长:李兵
党委成员、机关党委书记:胡宁
总会计师:葛德军

天长市财政局

党组书记、局长:潘中勇
党组成员、副局长:管林
党组成员、副局长:崇飞
党组成员、驻局纪检监察组组长:朱庆彬
党组成员、信息中心主任:翁晓明

全椒县财政局

党组书记、局长:章宗敏
主任科员:张雷
党组成员、副局长:怀长乐
党组成员、副局长:李军
党组成员、驻局纪检监察组组长:梁春

凤阳县财政局

党组书记、局长:胡夕宝
党组成员、副局长:周梅
党组成员、副局长:程文九
党组成员、副局长:岳文忠
党组成员、民生办副主任:余霜
党组成员、驻局纪检监察组组长:周晓虎

来安县财政局

党组书记、局长:蔡金林
党组成员、副局长:刘正东
党组成员、驻局纪检监察组组长:采俊
党组成员、副局长:宋长城
党组成员、副局长:杜康波
党组成员、工会主任:孙明俊
党组成员、绩效管理股股长:朱永宁

定远县财政局

党组书记、局长:马军
党组成员、主任科员:杜峰
党组成员、副局长:丁发成
党组成员、副局长:王大军
党组成员:赵金柱
党组成员:赵顶佑
主任科员(正科级):何德云

明光市财政局

党组书记、局长:李仁标
党组成员、副局长、财政监督局局长:巴霖
党组成员、副局长:阚斌
党组成员、国库支付中心主任:孙传芳
党组成员、经开区管委会财政局局长:季敏
党组成员、扶贫办主任:胡红军
党组成员:汤仁民

琅琊区财政局

党组书记、局长:杨文浩
党组成员、副局长:杨玉荣
党组成员、副局长:郝泠
党组成员、债务中心主任:杨华军
党组成员、民生中心主任:刘德伟

南谯区财政局

党组书记、局长:孙宝林
党组成员、副局长:刘志青
副局长:陈芳
党组成员:魏明星
党组成员、驻局纪检监察组组长:陈大兵

天长市

千秋街道办事处财政所 所长:沈学官
广陵街道办事处财政所 所长:姚宪平
永丰镇财政所 所长:胡明余
杨村镇财政所 所长:翁延悦
冶山镇财政所 所长:周相杰
大通镇财政所 所长:瞿文云
秦栏镇财政分局 副局长:王国林
仁和集镇财政所 所长:程长葆
万寿镇财政所 所长:黄玉山
金集镇财政所 副所长:梁宝岗

汉涧镇财政所 所长:王德华
新街镇财政所 所长:夏新秋
石梁镇财政所 所长:李华庭
铜城镇财政所 所长:刁杏坤
张铺镇财政所 所长:何其功
郑集镇财政所 所长:孟爱国
滁州高新区财政分局 副局长:李晔

全椒县

襄河镇财政所 所长:杨义明
古河镇财政所 所长:刘树来
二郎口镇财政所 所长:张学斌
马厂镇财政所 所长:许敏
大墅镇财政所 所长:范圣明
武岗镇财政所 所长:高福树
石沛镇财政所 所长:施文武
六镇镇财政所 所长:王茂明
西王镇财政所 副所长:万柳明
十字镇财政所 所长:郑华平
开发区财政分局 副局长:李广玉

凤阳县

经开区财政分局 局长:赵传胜
府城镇财政所 所长:朱道哲
临淮关镇财政所 所长:孙世礼
武店镇财政所 所长:倪业合
西泉镇财政所 所长:王保勤
官塘镇财政所 所长:张家胜
刘府镇财政所 所长:肖法
大庙镇财政所 所长:吴在键
总铺镇财政所 所长:高新山
殷涧镇财政所 所长:詹绍军
红心镇财政所 所长:鲁善飞
板桥镇财政所 所长:徐军
黄湾乡财政所 所长:李晓云
大溪河镇财政所 所长:叶俊
小溪河镇财政所 所长:刘文乐
枣巷镇财政所 所长:张士权

来安县

县经济开发区财政所 所长:吕思亮
汊河经济开发区财政所 所长:许玉伟
新安镇财政所 所长:罗章铭
舜山镇财政所 所长:李仕蕾
三城镇财政所 所长:陈克锋
汊河镇财政所 所长:潘璐
独山镇财政所 所长:吴航

施官镇财政所 所长:罗龙海
半塔镇财政所 所长:王金良
张山乡财政所 所长:孙承忠
雷官镇财政所 所长:黄波
杨郢乡财政所 所长:颜怀城
水口镇财政所 所长:陶云梅
大英镇财政所 所长:王爱峰

定远县

界牌集镇财政所 所长:雍广生
藕塘镇财政所 所长:范铭和
仓镇财政所 所长:陶友厚
大桥镇财政所 所长:朱彦
池河镇财政所 所长:范祥平
桑涧镇财政所 所长:赵顶升
拂晓乡财政所 所长:柏传伍
三和集镇财政所 所长:杨刚
定城镇财政所 所长:倪刚
西卅店镇财政所 所长:许茂玉
严桥乡财政所 所长:潘超
范岗乡财政所 所长:郭君莉
永康镇财政所 所长:单葵花
炉桥镇财政所 所长:徐冬松
能仁乡财政所 所长:余泽庆
七里塘乡财政所 所长:汪玉聪
张桥镇财政所 所长:王培会
连江镇财政所 所长:唐开刚
二龙回族乡财政所 所长:高恒龙
吴圩镇财政所 所长:周恒民
蒋集乡财政所 所长:王振
朱湾镇财政所 所长:杨诚

明光市

泊岗乡财政所 所长:李长金
柳巷镇财政所 副所长:查倩倩
潘村镇财政所 所长:石泽卫
桥头镇财政所 所长:杨虎行
三界镇财政所 所长:袁艺书
苏巷镇财政所 所长:吴兆林
古沛镇财政所 所长:杨劲
涧溪镇财政所 所长:蒋盛民
女山湖镇财政所 所长:何善明
管店镇财政所 所长:杨维明
张八岭镇财政所 副所长:阚绪宝
石坝镇财政所 所长:郁从高
自来桥镇财政所 所长:丁隆

明西街道办事处财政所 所长:申为西
明南街道办事处财政所 副所长:唐帆
明东街道办事处财政所 所长:赵祥贤
明光街道办事处财政所 所长:丁伟珍

琅琊区

遵阳街道办事处财政所 所长:徐庆
丰山街道办事处财政所 所长:王磊
琅琊街道办事处财政所 所长:陈召
清流街道办事处财政所 所长:贡伟
滁阳街道办事处财政所 所长:杨宏林
扬子街道办事处财政所 所长:李壮
西涧街道办事处财政所 所长:孙雪梅
三官街道办事处财政所 所长:何之江

南谯区

乌衣镇财政所 所长:王奇
沙河镇财政所 所长:储成菊
章广镇财政所 所长:赵应枝
龙蟠街道财政所 所长:王玲
黄泥岗镇财政所 所长:鄢毅
珠龙镇财政所 所长:窦亭亭
施集镇财政所 所长:李春燕
大柳镇财政所 所长:武运珍
腰铺镇财政所 所长:翟光明

六安市财政系统领导名单

六安市财政局

党组书记、局长:汪斌
党组成员、副局长:刘玉飞
党组成员、副局长:费小松
党组成员、国资委副主任:杜家如
党组成员、驻局纪检监察组组长:唐锐
党组成员、副局长:鹿翌元
调研员:周仁孟
四级调研员:潘献庆
四级调研员:方伟
四级调研员:陈久稳

霍邱县财政局

党组书记、局长:王懿
党组副书记、副局长:王树平
党组成员、副局长:李宝
党组成员、副局长:陈玲
党组成员、副局长:徐新忠
党组成员、总会计师:徐修传
党组成员、驻局纪检监察组组长:陈孝军
工会主席:潘孝华
党组成员、县委财经委员会办公室专职副主任:许亚玲
县地方金融监督管理局专职副局长:万建群
县国资委专职副主任:顾科春

霍山县财政局

县政府党组成员、局党组书记、局长:刘朝东
县财金系统党委书记、局党组副书记、国资委主任:汪庆
党组成员、驻局纪检监察组组长:刘正奇
党组成员、副局长:高宗敏
党组成员、国库支付中心主任:汪德国
党组成员、行政事业股股长:查勇
党组成员、综合股股长:沈云
工会主席:程善祥

金寨县财政局

党组书记、局长:戚家乐
党组成员、副局长:唐宁
党组成员、副局长:李述庆
党组成员、副局长:王龙
党组成员、总会计师:郑长礼

舒城县财政局

党组书记、局长:肖波
党组成员、驻局纪检监察组组长:黄祖涛
党组成员、副局长:王大方
党组成员、副局长:张旺
党组成员、国库集中支付中心主任:车文生
总会计师:董伟
党组成员、农业股股长:许晖
党组成员、办公室主任:曹孝平

金安区财政局

金安区政协副主席,局党组书记、局长:司家祥
党组成员、副局长:杨刚
党组成员、副局长:余永生
党组成员、驻局纪检监察组组长:方堃
党组成员、副局长:高乾俊
党组成员、副局长:叶开文
党组成员、工会主任:李国辉

裕安区财政局

党组书记、局长:刘为义
党组副书记、副局长:张文卫
党组成员、驻局纪检监察组组长:邹熔
党组成员、一级主任科员:王利超

党组成员、副局长:韩杨
党组成员、副局长:潘明础
党组成员、区地方金融服务中心主任:刘体金

叶集区财政局

党组书记、局长:付启胜
党组成员、副局长:汪立刚
党组成员、副局长:台德炜
党组成员、国库支付中心主任:吴奇
党组成员、洪集镇扶贫副书记:张亮

经济技术开发区财政局

局长:李欣
副局长:郝宗刚
副局长:曹开芳
副局长:张玲玲

霍邱县

城关镇财政分局 局长:周金荣
河口镇财政所 所长:李祖堂
长集镇财政分局 局长:曾凡诚
户胡镇财政所 所长:李传炎
石店镇财政所 所长:马良锡
马店镇财政分局 局长:雷家杰
周集镇财政分局 局长:李立成
临水镇财政分局 局长:李勇
孟集镇财政分局 局长:许磊
新店镇财政分局 局长:张玉和
花园镇财政所 所长:刘田
乌龙镇财政所 所长:黄应旭
高塘镇财政分局 局长:李传斌
曹庙镇财政所 所长:曹建辉
众兴镇财政所 所长:冯浩然
夏店镇财政所 所长:周红
岔路镇财政所 所长:沈明乐
龙潭镇财政所 所长:程红
白莲乡财政所 所长:杨永笑
邵岗乡财政所 所长:王宏
冯井镇财政分局 局长:张习芝
范桥镇财政分局 局长:李绍明
王截流乡财政所 所长:郭凤云
城西湖乡财政分局 局长:牛金合
临淮岗乡财政分局 局长:鲁俊贤
宋店乡财政所 所长:薛炜
三流乡财政所 所长:王兆强
潘集镇财政所 所长:李骥
冯瓴乡财政所 所长:臧德龙
彭塔乡财政所 所长:刘彭丽

霍山县

衡山镇财政分局 局长:唐家胜
下符桥镇财政所 所长:刘玉石
但家庙镇财政所 所长:叶祥恕
与儿街镇财政分局 局长:杨延龄
东西溪乡财政所 所长:徐德厚
单龙寺镇财政所 所长:何照明
磨子潭镇财政所 所长:赵玉洋
大化坪镇财政所 所长:刘祖才
落儿岭镇财政分局 局长:项志方
诸佛庵镇财政分局 局长:罗来成
黑石渡镇财政所 所长:吴中胜
佛子岭镇财政所 所长:徐家文
漫水河镇财政所 所长:汪辉群
太阳乡财政所 所长:刘一夫
太平畈乡财政所 所长:方红兵
上土市镇财政所 所长:何祥田
经济开发区财政分局 局长:刘虎

金寨县

梅山镇财政和资产管理服务中心 主任:吴为中
白塔畈镇财政和资产服务中心 副主任:吴德清
青山镇财政和资产管理服务中心 副主任:张经奎
油坊店乡财政和资产管理服务中心主任:方翠霞
张冲乡财政和资产管理服务中心 副主任:简祖江
麻埠镇财政和资产管理服务中心 副主任:汪文智
燕子河镇财政和资产管理服务中心主任:张家勇
天堂寨镇财政和资产管理服务中心主任:兰中义
长岭乡财政和资产管理服务中心 副主任:孙浩
古碑镇财政和资产管理服务中心 副主任:余玉林
槐树湾乡财政和资产管理服务中心副主任:袁文刚
斑竹园镇财政和资产管理服务中心主任:余维丽
吴家店镇财政和资产管理服务中心副主任:田家礼
果子园乡财政和资产管理服务中心副主任:陈克忠
沙河乡财政和资产管理服务中心 副主任:周烽
关庙乡财政和资产管理服务中心 副主任:钟文学
南溪镇财政和资产管理服务中心 副主任:曾瑜
汤家汇镇财政和资产管理服务中心副主任:余海宁
双河镇财政和资产管理服务中心 副主任:姜兴云
桃岭乡财政和资产管理服务中心 副主任:杨正刚
铁冲乡财政和资产管理服务中心 副主任:张经楼
全军乡财政和资产管理服务中心 副主任:王玉兰

舒城县

城关镇财政所 所长:傅世昀

桃溪镇财政所 所长:储德元
杭埠镇财政所 所长:胡海平
千人桥镇财政所 所长:王金林
棠树乡财政所 所长:盛吉富
干汊河镇财政所 所长:许礼荣
开发区财政所 所长:华兴圣
南港镇财政所 所长:张功稳
舒茶镇财政所 所长:黄斌
春秋乡财政所 所长:陈从越
百神庙镇财政所 所长:孔令其
柏林乡财政所 所长:石康俊
张母桥镇财政所 所长:陶云
万佛湖镇财政所 所长:刘万奇
五显镇财政所 所长:李新明
阙店乡财政所 所长:许令松
晓天镇财政所 所长:韦宗保
山七镇财政所 所长:胡显月
高峰乡财政所 所长:胡孝俊
河棚镇财政所 所长:谭永红
汤池镇财政所 所长:常前富
庐镇乡财政所 所长:陈少俊

金安区

东市街道财政所 所长:张懿
中市街道财政所 所长:张涛元
三里桥街道财政所 所长:王兴
清水河街道财政所 所长:蔡磊
望城岗街道财政所 所长:刘春
城北乡财政所 所长:吴昌东
椿树镇财政所 所长:何宏应
东河口镇财政所 所长:邓齐全
东桥镇财政所 所长:唐兆刚
横塘岗乡财政所 所长:张显坤
马头镇财政所 所长:马晓春
毛坦厂镇财政所 所长:潘忠
木厂镇财政所 所长:陈楠
淠东乡财政所 所长:王希志
三十铺镇财政所 所长:孙光明
施桥镇财政所 所长:陈新和
双河镇财政所 所长:朱增军
孙岗镇财政所 所长:李陈冀
翁墩乡财政所 所长:周山
先生店乡财政所 所长:张军香
张店镇财政所 所长:高大宇
中店乡财政所 所长:章元华

裕安区

西市街道财政所 所长:杨克平
鼓楼街道财政所 所长:熊祖虎
小华山街道财政所 所长:朱家中
平桥乡财政所 所长:黄文业
城南镇财政所 所长:刘家刚
分路口镇财政所 所长:开煊
韩摆渡镇财政所 所长:刘华斌
苏埠镇财政所 所长:徐祖胜
青山乡财政所 所长:周希胜
石板冲乡财政所 所长:张轮锟
狮子岗乡财政所 所长:李茂洲
独山镇财政所 所长:赵本雨
石婆店镇财政所 所长:蒲全村
西河口乡财政所 副所长:吴以飞
新安镇财政所 所长:王鑫华
徐集镇财政所 所长:马永胜
江家店镇财政所 所长:谢正虎
罗集乡财政所 所长:丁瑞东
丁集镇财政所 所长:江文
顺河镇财政所 所长:董德生
单王乡财政所 所长:李庆功
固镇镇财政所 所长:刘富生

叶集区

史河街道财政所 所长:张莹莹
孙岗乡财政管理中心 主任:熊庆兵
三元镇财政所 所长:方超
平岗街道财政所 所长:祝宇航
姚李财乡财政管理中心 主任:林敏
洪集镇财政所 所长:吴平志

马鞍山市财政系统领导名单

马鞍山市财政局

党委书记、局长:吴斌
党委委员、副局长:张道祥(挂职)
党委委员、驻局纪检监察组组长:钟正保
党委副书记、副局长:陈陆林
党委委员、副局长:胡振华
党委委员、总会计师:钱世军
党委委员、副局长:齐道友
党委委员、非税收入管理中心主任:蔡田词

二级调研员：董清华
三级调研员：张丛善
三级调研员：张立彬

含山县财政局

党组书记、局长：马伟
党组成员、副局长：宫尚峰
党组成员、副局长：李大付
党组成员、国库集中支付中心主任：贾庆竺
党组成员、总会计师：钟昌青

和县财政局

党组书记、局长：孙贤峰
党组成员、驻局纪检监察组组长：徐斌
党组成员、副局长：杨小红
党组成员、副局长：倪宇江
党组成员、国库支付中心主任：王传标
党组成员、总会计师：童文胜
副局长：蒋定根

当涂县财政局

党组书记、局长：方秀武
党组成员、副局长：刘科霞
党组成员、总会计师：程立浦
党组成员、工会主席：李齐花
党组成员、驻局纪检监察组组长：戎尤生
党组成员、副局长：吴刚

花山区财政局

局长：华俊
副局长：吴新贵
非税中心主任：史艳

雨山区财政局

局长：陈振家
副局长：王美华
副局长：鲍婕
非税收入管理局局长：孙畅
国库支付中心主任：李亚妮

博望区财政局

局长：许泓
副局长：程秋平
副局长：汪木英
国库集中支付中心主任：梁启松

经济技术开发区财政局

局长：杨庆新
副局长：唐晓娣
副局长：王蓓

慈湖高新区财政审计局

局长：汤翠芳
副局长：王良平
副局长：张倩倩

郑蒲港新区财政金融局

局长：倪宇柱

含山县

环峰镇财政分局 局长：童如成
林头镇财政分局 局长：李伏森
运漕镇财政分局 局长：尹其二
仙踪镇财政分局 局长：李娟
清溪镇财政所 所长：黄荣宗
铜闸镇财政所 所长：曹玉军
陶厂镇财政所 所长：李天清
经济开发区财政分局 局长：贺明

和县

历阳镇财政分局 局长：张俊
香泉镇财政分局 局长：吴祚明
乌江镇财政分局 局长：李德军
石杨镇财政分局 局长：余忠发
西埠镇财政所 所长：张孟金
功桥镇财政所 所长：何龙俊
善厚镇财政所 所长：黄义龙

当涂县

姑孰镇财政分局 局长：钟燕华
太白镇财政分局 局长：汤晓芳
黄池镇财政分局 局长：魏元刚
石桥镇财政分局 局长：姜跃进
护河镇财政所 所长：江家文
乌溪镇财政所 所长：汪勇
塘南镇财政所 所长：张成敏
大陇镇财政所 所长：尹成鑫
江心乡财政所 所长：吴云
湖阳镇财政所 所长：徐为红

花山区

霍里街道财政所 所长：薛明梅
濮塘镇财政所 所长：姜凯

雨山区

向山镇财政所 所长：王青
佳山乡财政所 所长：王玲

博望区

博望镇财政分局 局长：陈海妹
新市镇财政所 所长：夏家武
丹阳镇财政所 所长：刘明忠

经济技术开发区

年陡镇财政所 所长:李飞

郑蒲港新区

姥桥镇财政所 所长:孙有泉

白桥镇财政所 所长:施以发

芜湖市财政系统领导名单

芜湖市财政局

党组书记、局长:童宗新

党组成员、副局长(正县级):陈军

二级调研员:周庆华

二级调研员:张自道

党组成员、副局长、三级调研员:韩永强

党组成员、副局长:刘路阳

三级调研员:凌国栋

四级调研员:王东祥

四级调研员:吴斌

非税局局长、三级调研员:项东文

无为市财政局

党组书记、局长,国资委主任:毛少华

党组副书记、副局长、国资委副主任:陈先荣

党组成员、副局长、国资委副主任:杨金玉

党组成员、副局长、国资委副主任:王雄军

党组成员:徐晓明

党组成员、石涧镇财政分局局长:潘建华

总会计师:汪国芳

繁昌县财政局

党委书记、局长、国资委主任:张尚斌

党委成员、副局长、国资委副主任:俞跃

党委成员、副局长、国资委副主任:袁让虎

党委成员、农业股股长:魏沺沺

非税局局长、采购股股长:姚健

会计核算中心主任:罗顺霞

南陵县财政局

党组书记、局长:万春

党组成员、副局长:李立新、

党组成员、驻局纪检监察组组长:聂和根

党组成员、副局长:恽秋兰、

党组成员、副局长:穆亲海

党组成员、地方金融监督管理局副局长:翁万红

党组成员、国库支付中心主任:刘卓琼

镜湖区财政局

党组书记、局长:蔡文锦

副局长:严兆清

副局长:倪勤

党组成员:宋兰兰

鸠江区财政局

党委书记、局长:张上海

党委成员、副局长:孙传槐

党委成员、副局长:胡中华

财政核算中心主任:汪春晖

弋江区财政局

局长:孙辉

副局长:龚树海

副局长:郭玉峰

核算中心主任:尹娟

湾沚区财政局

党组书记、局长:潘昌彪

党组成员、副局长:宋文

党组成员、驻局纪检监察组组长:麻继忠

副局长:张武木

党组成员:周光江

党组成员、副局长:吴睿

三山区经济技术开发区财经局

局长:王高华

副局长:吴胜

财政科副科长:卜俊杰(主持工作)

芜湖经济技术开发区财政局

局长:丁惠群

副局长:李琦

副局长:孔雯

皖江江北新兴产业集中区财金部

部长:赵杰

副部长:崔世庆

无为市

无城镇财政分局 局长:汪红兵

福渡镇财政所 所长:伍纪年

陡沟镇财政所 所长:倪受平

泥汊镇财政所 所长:朱以发

高沟镇财政分局 局长:章志斌

姚沟镇财政所 所长:夏业俊

刘渡镇财政所 所长:李斌

襄安镇财政分局 局长:刘启志

十里墩镇财政所 所长:乐意

泉塘镇财政所 所长:何尧舜

蜀山镇财政所 所长:徐源明
洪巷镇财政所 所长:刘先跃
牛埠镇财政所 所长:杨宣华
昆山镇财政所 所长:徐大兵
鹤毛镇财政所 所长:俞远新
开城镇财政所 所长:杨勇
赫店镇财政所 所长:夏绿松
严桥镇财政所 所长:赵进
红庙镇财政所 所长:张良岩
石涧镇财政分局 局长:潘建华

南陵县

籍山镇财政所 所长:宗祥
弋江镇财政所 所长:何鸿生
许镇镇财政所 所长:王宏鑫
三里镇财政所 所长:谈小龙
何湾镇财政所 所长:陆克东
工山镇财政所 所长:许联合
家发镇财政所 所长:黄旭
烟墩镇财政所 所长:王刚

繁昌区

繁阳镇财政分局 局长:陈益胜
荻港镇财政分局 局长:鲍金伟
孙村镇财政分局 局长:徐法金
新港镇财政分局 局长:王刚
平铺镇财政分局 副局长:江建飞
峨山镇财政分局 局长:龚建国

鸠江区

沈巷镇财政分局 局长:晋铁
二坝镇财政分局 局长:杨俊
白茆镇财政分局 局长:杨宏祥
汤沟镇财政所 所长:吴严山

湾沚区

湾沚镇财政所 所长:王万田
六郎镇财政所 所长:郭振兰
红杨镇财政所 所长:梁静
花桥镇财政所 所长:路茂成
陶辛镇财政所 所长:杨清深

三山区经济技术开发区

峨桥镇财政所 所长:张午燕

芜湖经济技术开发区

万春街道办事处财政所 所长:伍维鑫
龙山街道办事处财政所 所长:芮丽

宣城市财政系统领导名单

宣城市财政局

党委书记、局长:蔡修定
二级调研员:罗少彬
党委委员、驻局纪检监察组组长:张元清
党委委员、副局长:凌俊
党委委员、副局长:陈斌
党委委员、副局长:刘成
党委委员、副局长:杨庆文
总会计师:徐胜斌

郎溪县财政局

党组书记、局长:杨明珍
党组成员、副局长:谢爱民
党组成员、副局长:杨茂喜
党组成员、驻局纪检监察组组长:杨立有
党组成员、总会计师:韦华军
党组成员、政府债务管理中心主任:潘兴河
党组成员、财政监督检查局局长:刘德梅
党组成员、副局长:吕攀峰

宁国市财政局

党委书记、局长、国资委主任:戴曹君
党委副书记、副局长:彭兴军
党委委员、副局长:汪廷
党委委员、副局长:吕波
党委委员、副局长:陈新爱
党委委员、国资委副主任:徐东晖
党委委员、驻局纪检监察组组长:方晓辉
党委委员:肖汉武
总会计师:汪艳
系统工会主席:鲍莉霞

泾县财政局

党委书记、局长:丁荣中
党委委员、驻局纪检监察组组长:张云海
副局长:丁珉
党委委员、副局长:江雪琴
党委委员:陶俊
党委委员:查军

绩溪县财政局

党委书记、局长:汪未
党委委员、副局长:汪宇辉

党委委员、副局长:程之华

党委委员、总会计师:汪宝红

党委委员:方拥军

副局长:胡中

旌德县财政局

党组书记、局长:俞小宁

党组成员、副局长:周小健

党组成员、总会计师:汪锦生

党组成员、副局长:张萍

党组成员、金融服务中心主任:方家喜

副局长:吕辉林

党组成员:蒋协军

宣州区财政局

党组书记、局长:赵流海

党组成员、副局长:杨静

党组成员、驻局纪检监察组组长:刘宏斌

党组成员、副局长:刘进

党组成员、工会主席:孙武

党组成员、总经济师:梅霄汉

郎溪县

县经济开发区财政所　所长:黄大勇

十字经济开发区财政所　所长:王海兵

建平镇财政所　所长:任玲芝

十字镇财政所　所长:李官林

涛城镇财政所　所长:郭正凯

梅渚镇财政所　所长:张宏书

新发镇财政所　所长:陈萍

飞鲤镇财政所　所长:金群

毕桥镇财政所　所长:李家国

凌笪乡财政所　所长:吕建平

姚村乡财政所　所长:罗兴传

宁国市

西津街道办事处财政所　所长:欧阳美文

南山街道办事处财政所　所长:吴建军

河沥溪街道办事处财政所　所长:程林

汪溪街道办事处财政所　所长:刘国华

竹峰街道办事处财政所　所长:鲍金水

港口镇财政分局　副局长:陈谢乔

中溪镇财政分局　局长:周保权

梅林镇财政所　所长:王荣林

宁墩镇财政所　所长:胡佳敏

南极乡财政所　所长:吕钊

万家乡财政所　所长:汪虹

仙霞镇财政所　所长:余国斌

云梯乡财政所　所长:陈菡

霞西镇财政所　所长:黄兰兰

甲路镇财政所　所长:方妙云

胡乐镇财政所　所长:周雷震

青龙乡财政所　所长:冯银海

方塘乡财政所　所长:吴世平

泾县

泾川镇财政所　所长:何南

云岭镇财政分局　局长:徐志林

茂林镇财政所　所长:曹新成

榔桥镇财政所　所长:汪瑨

桃花潭镇财政所　所长:俞懋

丁家桥镇财政所　所长:王小兵

黄村镇财政所　所长:叶建平

蔡村镇财政所　所长:汤正虎

琴溪镇财政所　所长:江荣福

昌桥乡财政所　所长:卫幸梅

汀溪乡财政所　所长:陈志华

绩溪县

华阳财政分局　局长:方平

临溪财政分局　局长:胡斌

瀛洲镇财政所　所长:方国良

长安镇财政所　所长:黄梦利

上庄镇财政所　所长:胡建兵

扬溪镇财政所　所长:汪满鹏

金沙镇财政所　所长:程国义

板桥头乡财政所　所长:汪国庆

伏岭镇财政所　所长:叶正光

家朋乡财政所　所长:张孝辉

荆州乡财政所　副所长:孙璋国

旌德县

开发区财政分局　局长:杨林

旌阳镇财政分局　局长:吕有水

俞村镇财政分局　局长:凌涛

版书镇财政分局　局长:吴国清

蔡家桥镇财政分局　局长:陶太宏

三溪镇财政分局　局长:冯铜友

兴隆镇财政分局　局长:王家学

孙村镇财政分局　局长:李秀椿

庙首镇财政分局　局长:张成林

白地镇财政分局　局长:陶如宝

云乐镇财政分局　局长:董根发

宣州区

水阳镇财政分局　局长:吴天明

狸桥镇财政分局　副局长:冯昌贵
孙埠镇财政分局　副局长:郭振武
水东镇财政分局　副局长:尤淑君
洪林镇财政所　副所长:张树彬
寒亭镇财政所　所长:张莲莲
文昌镇财政所　所长:唐勇
沈村镇财政所　副所长:魏鹏
杨柳镇财政所　所长:赵玉明
古泉镇财政所　副所长:黄丽
新田镇财政所　副所长:骆启胜
周王镇财政所　副所长:阮厚山
溪口镇财政所　副所长:孙远
朱桥乡财政所　副所长:陈宇
养贤乡财政所　副所长:张小飞
五星乡财政所　所长:肖清霞
黄渡乡财政所　所长:王乾忠
双桥街道办事处财政所　所长:郭建光
向阳街道办事处财政所　所长:张小松
济川街道办事处财政所　所长:杨小三
澄江街道办事处财政所　所长:高文喜
鳌峰街道办事处财政所　所长:冯兴宇
西林街道办事处财政所　所长:邢飞
敬亭山街道办事处财政所　所长:葛有志

铜陵市财政系统领导名单

铜陵市财政局

党组书记、局长:黄宝林
党组成员、副局长:刘宏
党组成员、驻局纪检监察组组长:沈九龙
党组成员、总会计师:储跃然
党组成员、副局长:胡瑄
三级调研员:王安丽
三级调研员:段筱枫
三级调研员:朱继昌
四级调研员:戴红心

枞阳县财政局

党组书记、局长:朱晋
党组成员、副局长:刘利中
党组成员、总会计师:吴其中
党组成员、驻局纪检监察组组长:唐静
党组成员、副局长:伍永辉
党组成员、农村财政管理局局长:章轩为

铜官区财政局

局长:沈斌
副局长:张毅
副局长:洪娟

义安区财政局

党组书记、局长:陈志双
党组成员、副局长:刘朝晖
党组成员、驻局纪检监察组组长:王昌银
党组成员、副局长:马斌
党组成员、总会计师:李小云
党组成员、预算股股长:汪俊芳

郊区财政局

局长:顾社教
副局长:胡杜明
副局长:潘颖

铜陵经济技术开发区

局长:程敏敏
副局长:夏庚浩

枞阳县

枞阳镇财政所　所长:姚大中
汤沟镇财政所　所长:吴福祥
横埠镇财政所　所长:姚信华
藕山镇财政所　所长:杨长根
麒麟镇财政所　所长:吴福胜
钱桥镇财政所　所长:吴其龙
义津镇财政所　所长:鲍美琳
白柳乡财政所　所长:陈双庆
浮山镇财政所　所长:吴新年
项铺镇财政所　所长:汪珣
白梅乡财政所　所长:陈石五
会宫乡财政所　所长:徐爱琦
雨坛乡财政所　所长:胡正春
官埠桥镇财政所　所长:王晓格
金社乡财政所　所长:钱奕鹏
钱铺乡财政所　所长:周志学
铁铜乡财政所　所长:张德胜
凤仪乡财政所　所长:王况生
长沙乡财政所　所长:方习中

铜官区

西湖镇财经所　所长:胡伶俐
东郊办事处财经所　所长:赵尉
新城办事处财经所　所长:章龙胤

义安区

五松镇财政管理中心(农经站)	局长:朱萍
顺安镇财政管理中心(农经站)	局长:陈正富
钟鸣镇财政管理中心(农经站)	副局长:吴寿钰
天门镇财政管理中心(农经站)	负责人:戴恒友
西联镇财政管理中心(农经站)	负责人:陶小站
东联镇财政管理中心(农经站)	局长:曹利斌
胥坝乡财政管理中心(农经站)	负责人:宋辉
老洲乡财政管理中心(农经站)	副局长:韩长平
新桥办事处财政所	所长:鲍向上

郊区

周潭镇财政所	所长:左五三
安铜办财政所	所长:赵琼
大通镇财政所	所长:周固元
铜山镇财政所	所长:郑昊
桥南办财政所	所长:徐学勤
灰河乡财政所	所长:程秀强
陈瑶湖镇财政分局	局长:周柯云
老洲镇财政分局	局长:刘东苟

池州市财政系统领导名单

池州市财政局

党委委员、副局长(主持工作)、三级调研员:柯春平
党委副书记、二级调研员:杨庆安
党委委员、二级调研员、副局长、国资委副主任:赵风云
党委委员、副局长:尹加旺
党委委员、副局长:程保东
党委委员、驻局纪检监察组组长:方向明
党委委员、总会计师:汪申成

东至县财政局

党工委书记、局长、国资委主任:冯腊旺
党工委专职副书记:胡景平
党工委委员、副局长:朱国平
副局长:陈小妍
党工委委员、驻局纪检监察组组长:江厚平
党工委委员:王长福
党工委委员:吴建设
工委委员:王志松
系统工会主席:毕志宏

石台县财政局

党委书记、局长:杨世红
党委委员、副局长:汪庆五
党委委员、副局长:舒晓斌
党委委员、副局长:吴卫平
党委委员:江龙云
党委委员:舒志华
党委委员、驻局纪检监察组组长:唐卫兵

青阳县财政局

党委书记、局长、国资委主任、四级调研员:陈穗
党委委员、副局长、二级主任科员:刘来胜
党委委员、副局长、二级主任科员:丁学军
党委委员、总会计师、国资委专职副主任、二级主任科员:丁军辉
党委委员、驻局纪检监察组组长:杨祥发
党委委员、副局长:江家喜
党委委员:慈国忠

贵池区财政局

党委书记、局长:喻卫平
党委副书记:胡孔华
党委委员、副局长:李国强
驻局纪检监察组组长、党委委员、纪委书记:杨成凤
党委委员、区政府采购中心主任:江龙
工会主席:张雯
副局长:苏亚球
总会计师:纪浩
党委委员:喻松

九华山风景区财政局

党组书记、局长:陶能昌
党组成员、副局长:鲍玉生
党组成员、副局长:刘卫胜
党组成员:张玉平
党组成员:余旭光

江南集中区财金部

部长:唐海洋
副部长:吴振亚

开发区财政局

局长:盛文台
副局长:包婧雄
副局长:唐笑蕾

平天湖财政局

副局长:黄欣

东至县

尧渡镇财政分局	局长:何世国
龙泉镇财政分局	局长:刘仁贵
青山乡财政分局	副局长:陈赓

昭潭镇财政分局 局长:李志杰
泥溪镇财政分局 局长:刘仁民
官港镇财政分局 局长:汪根旺
木塔乡财政分局 副局长:宋松平
花园乡财政分局 局长:苏英勇
香隅镇财政分局 局长:方胜昔
经开区财政局 局长:王洪权
东流镇财政分局 局长:王汉宝
葛公镇财政分局 副局长:孙亚林
洋湖镇财政分局 局长:董华
张溪镇财政分局 局长:许继祥
胜利镇财政分局 局长:胡华木
大渡口镇财政分局 局长:许成顺
大渡口经开区财政局 局长:程建春

石台县

仁里镇财政分局 局长:徐华海
七都镇财政分局 局长:舒春晖
横渡镇财政分局 局长:彭先果
大演乡财政分局 局长:姚小明
仙寓镇财政分局 局长:陈发根
矶滩乡财政分局 局长:查朝平
丁香镇财政分局 局长:张圣德
小河镇财政分局 局长:徐华久

青阳县

蓉城镇财政分局 局长:张洁
杨田镇财政分局 局长:柏桦
朱备镇财政分局 局长:杨大宏
新河镇财政分局 局长:李强富
木镇镇财政分局 局长:陈婕
丁桥镇财政分局 局长:胡满璋
乔木乡财政分局 局长:吴玉才
酉华镇财政分局 局长:邓继涛
庙前镇财政分局 局长:吴胜娟
杜村乡财政分局 局长:刘红
陵阳镇财政分局 局长:熊晔宏
开发区财政分局 局长:邵畅

贵池区

池阳街道财政分局 局长:包启友
秋浦街道财政分局 局长:周桃四
杏花村街道财政分局 局长:汪利
清风街道财政分局 局长:钱跃文
江口街道财政分局 局长:胡孔璋
里山街道财政分局 局长:杨韶红
涓桥街道财政分局 局长:陈敏
秋江街道财政分局 局长:方继安
乌沙镇财政分局 局长:邱毅
殷汇镇财政分局 局长:胡秀青
牛头山镇财政分局 局长:喻贵兵
唐田镇财政分局 局长:臧任重
牌楼镇财政分局 局长:王来宝
梅街镇财政分局 局长:杨颜国
棠溪镇财政分局 局长:查振林
梅村镇财政分局 局长:苏权武
马衙街道财政分局 局长:周迎义
墩上街道财政分局 局长:汪曙华
梅龙街道财政分局 局长:方涛

九华山风景区

九华乡财政所 负责人:孙华峰
九华镇财政所 负责人:朱磊

安庆市财政系统领导名单

安庆市财政局

党组书记、局长:华鹏飞
党组成员、驻局纪检监察组组长:杨炬
党组成员、副局长:开敏
党组成员、副局长:黄文娜

桐城市财政局

党组书记、局长:陈彧
党组成员、副局长:姚凤玲
党组成员、驻局纪检监察组组长:胡向红
党组成员、副局长:杨泽远
党组成员、总会计师:雷鹏
党组成员、总经济师:周正健
副局长(挂职):王非

怀宁县财政局

党组书记、局长:郝金龙
党组成员、副局长:余世红
党组成员、驻局纪检监察组组长:程晓明
党组成员、总会计师:刘刚
党组成员、副局长:江伟
总经济师:何承玉
党组成员、支付中心主任:余庆华

潜山市财政局

党组书记、局长:张义华
党组成员:王生海

党组成员、驻局纪检监察组组长:王龙

党组成员:汪萍

党组成员、副局长:江达明

党组成员、副局长:熊百林

党组成员、总经济师:杨全胜

党组成员、总会计师:林满立

岳西县财政局

党组书记、局长:王雁

党组副书记、副局长:胡祥炬

党组成员、驻局纪检监察组组长:罗后福

党组成员、副局长:程海啸

党组成员、总经济师:汪和煦

党组成员、金融工作股股长:储小波

太湖县财政局

党组书记、局长:汪大普

党组成员、经开区财政分局局长:余红玉

党组成员、副局长:刘周宝

党组成员、驻局纪检监察组组长:洪群来

党组成员、副局长:黄磊

党组成员、总会计师:范焱峰

党组成员、副局长:朱建文

党组成员、副局长:王剑(挂职)

望江县财政局

党组书记、局长:汪华良

党组成员、副局长:陈琳

党组成员、副局长:蒋五毛

党组成员、副局长:童光明

党组成员、驻局纪检监察组组长:刘新华

党组成员、副局长:郝旺来

党组成员、总会计师:王迪鲁

党组成员、总经济师:陈长平

迎江区财政局

党组书记、局长:黄雪莲

党组成员、副局长:赵东升

党组成员、副局长:刘先锋

党组成员:石剑

大观区财政局

党组书记、局长:曹先怀

党组成员:杨远明

党组成员、副局长:李　琦

党组成员、副局长:周清海

党组成员、区政府采购中心主任:王勇

宜秀区财政局

党组书记、局长:耿仁平

副局长:谢宏杰

党组成员、副局长:陈　莉

党组成员:方建海

安庆经济技术开发区财政局

局长:马加

副局长:张寿山

安庆高新区财政局

局长:薛朝红

桐城市

文昌街道财政分局	局长:华怀红
龙眠街道财政分局	局长:林伟
新渡镇财政分局	局长:梅虎威
范岗镇财政分局	局长:钱诚
吕亭镇财政分局	局长:施正新
大关镇财政分局	局长:余春
孔城镇财政分局	局长:李汉威
金神镇财政分局	局长:汪枢
双港镇财政分局	局长:徐雄
青草镇财政分局	局长:高照
嬉子湖镇财政所	所长:陈林生
唐湾镇财政所	所长:杨帆
黄甲镇财政所	所长:李红星
鲟鱼镇财政所	所长:井治成

怀宁县

高河镇财政分局	局长:何侃
石牌镇财政分局	局长:潘结和
月山镇财政分局	局长:王黄送
黄墩镇财政分局	局长:夏效全
马庙镇财政分局	局长:张红斌
茶岭镇财政分局	局长:陈夏节
石镜乡财政分局	局长:雍红卫
腊树镇财政所	所长:程琦
雷埠乡财政所	所长:王六春
黄龙镇财政所	所长:郭梅
平山镇财政所	副所长:赵杰
清河乡财政所	所长:汪明求
小市镇财政所	所长:叶统发
三桥镇财政所	所长:丁长青
秀山乡财政所	所长:汪名海
公岭镇财政所	所长:杨爱平
金拱镇财政所	所长:洪志
凉亭乡财政所	所长:朱云
洪铺镇财政所	所长:马卫平
江镇镇财政所	所长:刘红兵

潜山市

梅城镇财政分局 副局长:何激流
王河镇财政所 所长:余本江
黄铺镇财政分局 副局长:徐立林
黄泥镇财政所 所长:方希泉
痘姆乡财政所 所长:陈洪
余井镇财政所 所长:汪振桥
油坝乡财政所 所长:潘晓应
源潭镇财政分局 副局长:徐斌
黄柏镇财政所 所长:徐潜峰
官庄镇财政所 所长:华德扩
塔畈乡财政所 所长:杨艳根
槎水镇财政所 所长:朱德惠
龙潭乡财政所 所长:张柏生
水吼镇财政所 所长:葛彭旺
五庙乡财政所 所长:汪宏节
天柱山镇财政所 所长:程晟
旅游度假区财政分局 局长:彭杨生

岳西县

天堂镇财政分局 局长:谢宏岳
温泉镇财政分局 局长:王萍
响肠乡财政所 所长:陈增益
莲云乡财政所 所长:徐建华
毛尖山乡财政所 所长:朱灿东
来榜镇财政所 所长:朱为民
青天乡财政所 所长:吴中华
和平乡财政所 所长:柳金焰
包家乡财政所 所长:王国庆
店前镇财政所 所长:李敬东
冶溪镇财政所 所长:殷书齐
白帽镇财政所 所长:刘文高
河图镇财政所 所长:徐自安
五河镇财政所 所长:徐声林
古坊乡财政所 所长:刘和炳
中关镇财政所 所长:蒋东贵
菖蒲镇财政所 所长:黄德国
田头乡财政所 所长:汪时宇
主簿镇财政所 所长:胡端阳
姚河乡财政所 所长:朱劲松
石关乡财政所 所长:程诗义
巍岭乡财政所 负责人:沈慧清
头陀镇财政所 所长:刘同春
黄尾镇财政所 所长:宛敏春

太湖县

晋熙镇财政分局 局长:周三应
徐桥镇财政分局 局长:潘礼革
新仓镇财政分局 局长:胡龙江
小池镇财政分局 局长:查德红
寺前镇财政分局 局长:吴武林
弥陀镇财政分局 局长:王治宇
北中镇财政所 所长:周钧
百里镇财政所 所长:陈诚
牛镇镇财政所 所长:祝勤
汤泉乡财政所 所长:汪银堂
刘畈乡财政所 所长:周宗明
天华镇财政所 所长:董善贵
城西乡财政所 所长:章文敏
江塘乡财政所 所长:王永华
大石乡财政所 所长:朱曙光

望江县

华阳镇分局 局长:王胜中
高士镇分局 局长:龙彬
长岭镇分局 局长:吴元应
雅滩镇分局 局长:丁仁贵
太慈镇分局 局长:王学明
漳湖镇分局 局长:吴祝生
杨湾镇分局 局长:郝结南
凉泉乡分局 局长:方共和
雷池乡分局 局长:周龙贵
赛口镇分局 局长:徐向中

迎江区

龙狮桥乡经发办 主任:胡靓
长风乡财政所 所长:严利
新洲乡财政所 所长:刘凤琴

大观区

十里铺乡财政分局 局长:方真胜
海口镇财政分局 局长:胡兴朗

宜秀区

大龙山镇财政分局 局长:张韦华
白泽湖乡财政所 所长:曹尚照
罗岭镇财政所 所长:程华升
杨桥镇财政所 所长:李雄飞
五横乡财政所 所长:王建军
大桥街道会计结算中心 主任:刘雪莲

安庆经济技术开发区

老峰镇财政所 所长:胡皓
菱北办事处财政所 所长:汪清

安庆高新区

山口乡财政所　所长:谢江娅

黄山市财政系统领导名单

黄山市财政局

党组书记:王克飞
局长:江卓琪
党组成员、副局长:程浩良
党组成员、副局长:汪桂进
党组成员、副局长:吴振东
党组成员、总会计师:鲍英奎
党组成员、驻局纪检监察组组长:汪战胜

歙县财政局

党组书记、局长:程根银
党组成员、副局长:汪义元
党组成员、副局长:王德跃
党组成员、副局长:黄利华
党组成员、驻局纪检监察组组长:江黎君
党组成员、办公室主任:程春淦

休宁县财政局

党组书记、局长:汪胜生
党组成员、副局长:余青峰
党组成员、副局长:汪沁
党组成员、国库支付中心主任:江文辉
党组成员、新安江流域生态建设保护中心主任:韩少俊

黟县财政局

党组书记、局长:余国富
党组成员、副局长:程瑾
副局长:刘莎娜
党组成员、会计中心主任:王曙光
党组成员、财监股股长:胡朝阳
党组成员、非税局局长:王誉辉
党组成员、农村局局长:王晔

祁门县财政局

党组书记:程银汉
局长:江红娟
党组成员、副局长:郑忠
党组成员:汪跃武
党组成员:胡丽青
党组成员:黄群飞
党组成员:陈建奎
党组成员:刘岘
副局长:张均红

屯溪区财政局

党组书记、局长:徐新胜
党组成员、副局长:李琦
党组成员、副局长:周建钢
党组成员、驻局纪检监察组组长:汪辉
党组成员、农村股股长:邱桂
党组成员、民生办主任:杨茹

黄山区财政局

党组书记、局长:张志武
党组成员、副局长:朱金保
党组成员、副局长:徐祥
党组成员、副局长:万辉
党组成员、副局长:俞四清
党组成员、副局长:俞明明
主任科员:王贵金

徽州区财政局

党组书记、局长:周国兵
党组成员、副局长:马玉辉
党组成员、副局长:章华
党组成员、驻局纪检监察组组长:方青和

歙县

徽城镇财政分局	局长:洪绍发
北岸镇财政分局	局长:江利伟
深渡镇财政分局	局长:凌晨
开发区财政分局	局长:项薇
桂林镇财政所	所长:叶尚忠
郑村镇财政所	所长:郑毅华
富堨镇财政所	所长:张伟正
杞梓里镇财政所	所长:吕志明
王村镇财政所	所长:姚兰芬
三阳镇财政所	所长:张醒
霞坑镇财政所	所长:吴红蓉
溪头镇财政所	所长:徐俊
武阳乡财政所	所长:严建军
岔口镇财政所	所长:张斌
许村镇财政所	所长:梅广良
坑口乡财政所	所长:叶鹤娟
小川乡财政所	所长:潘利群
昌溪乡财政所	所长:方晓峰
雄村镇财政所	所长:张向平
上丰乡财政所	所长:潘四清
街口镇财政所	所长:叶新妹

璜田乡财政所	所长:江岳年
森村乡财政所	所长:曹雪英
长陔乡财政所	所长:张先进
绍濂乡财政所	所长:鲍永忠
金川乡财政所	所长:潘政兆
石门乡财政所	所长:项厚海
新溪口乡财政所	负责人:袁道
狮石乡财政所	所长:(空缺)

休宁县

海阳镇财政所	所长:詹光辉
万安镇财政所	所长:宋夏福
齐云山镇财政所	所长:查显才
东临溪镇财政所	所长:王玉明
五城镇财政所	所长:洪艳中
蓝田镇财政所	所长:吕的兰
溪口镇财政所	副所长:吴琼
流口镇财政所	副所长:明巧玲
汪村镇财政所	所长:芮江
商山镇财政所	所长:卢建国
月潭湖镇财政所	所长:程伟平
岭南乡财政所	所长:张思良
龙田乡财政所	所长:方录平
璜尖乡财政所	副所长:黄灿
白际乡财政所	所长:汪慧珍
榆村乡财政所	所长:范欣端
渭桥乡财政所	所长:陈建军
板桥乡财政所	所长:汪有义
山斗乡财政所	所长:姚永芳
鹤城乡财政所	所长:方林平
源芳乡财政所	所长:杨银铃

黟县

碧阳镇财政局	局长:谢中平
宏村镇财政局	局长:程春辉
西递镇财政局	局长:柯光明
渔亭镇财政局	局长:胡小青
柯村镇财政局	副局长:黎德惠
美溪乡财政所	所长:洪骏川
洪星乡财政所	所长:刘清清
宏潭乡财政所	所长:胡建平

祁门县

祁山镇财政所	所长:胡养兰
大坦乡财政所	所长:王祁明
小路口镇财政所	所长:方凯
金字牌镇财政所	所长:王飞煌
柏溪乡财政所	所长:詹长贵
凫峰镇财政所	所长:洪伟
平里镇财政所	所长:王雪芹
溶口乡财政所	所长:康群英
芦溪乡财政所	所长:陈嘉美
祁红乡财政所	所长:汪颖
塔坊镇财政所	所长:林征红
历口镇财政所	所长:桂云辉
渚口乡财政所	所长:倪浩均
古溪乡财政所	所长:王树辉
闪里镇财政所	所长:吴朝霞
新安乡财政所	所长:倪国振
箬坑乡财政所	所长:王宏玮

屯溪区

屯光镇财政分局	局长:胡建民
阳湖镇财政分局	局长:钱红霞
黎阳镇财政分局	局长:唐宝环
奕棋镇财政分局	局长:刘英

黄山区

汤口镇财政分局	局长:杨剑
谭家桥镇财政所	负责人:郭彩红
三口镇财政所	所长:李君
仙源镇财政所	所长:张松
新明乡财政所	所长:张连峰
甘棠镇财政分局	局长:陈罡
龙门乡财政所	所长:查琪
焦村镇财政所	所长:叶啸林
太平湖镇财政分局	局长:王斌
乌石镇财政所	负责人:曹洁
新华乡财政所	负责人:吕晓旺
新丰乡财政所	所长:严鹤鸣
永丰乡财政所	所长:吴立新
工业园区财政分局	局长:陈启龙

徽州区

岩寺镇财政分局	负责人:张卉
西溪南镇财政分局	局长:唐淑英
潜口镇财政分局	局长:张建刚
呈坎镇财政分局	局长:吴林宝
洽舍乡财政所	所长:汪志新
杨村乡财政所	负责人:江强
富溪乡财政所	负责人:汪雪松

广德市财政系统领导名单

广德市财政局

党组书记、局长:陈智勇

党组副书记、副局长:汤敏

党组成员:李军

党组成员、驻局纪检监察组组长:彭进

党组成员、副局长:杨世武

党组成员、总会计师:刘为龙

党组成员:朱健

广德市

桃州镇财政所	所长:戴启峰
邱村镇财政所	所长:郑兴
誓节镇财政所	所长:张伟
柏垫镇财政所	所长:甘恢立
新杭镇财政所	所长:高艳
东亭乡财政所	所长:蒋伟
卢村乡财政所	所长:方辉
四合乡财政所	所长:许瑞
杨滩镇财政所	所长:陈晖

宿松县财政系统领导名单

宿松县财政局

党组书记、局长:李金星

党组副书记、副局长:张火南

党组副书记、驻局纪检监察组组长:李朝阳

党组成员、副局长:桂松寿

党组成员、副局长:张华国

党组成员、总会计师:何泽

宿松县

孚玉镇财政分局	局长:张晚元
复兴镇财政分局	局长:徐文明
洲头乡财政所	所长:杨卫
汇口镇财政所	所长:杨庆丰
千岭乡财政所	所长:石先武
九姑乡财政所	所长:江荣亮
许岭镇财政所	所长:张琴军
下仓镇财政所	所长:高志
五里乡财政所	所长:胡颂保
长铺镇财政所	所长:尹睿
程岭乡财政所	所长:段益民
高岭乡财政所	所长:黎德新
佐坝乡财政所	所长:邓志海
破凉镇财政所	所长:梅兴祥
凉亭镇财政所	所长:齐长贵
河塌乡财政所	所长:虞旺国
二郎镇财政所	所长:方瑞华
隘口乡财政所	所长:齐泽皓
北浴乡财政所	所长:吴祺臻
陈汉乡财政所	所长:张青松
趾凤乡财政所	所长:张奇春
柳坪乡财政所	所长:黄义群
经开区财政局	局长:高福荣
东北新城财政所	所长:贺行槐

全省财政系统机关工作人员基本情况年报表

全省财政系统机关工作人员基本情况年报表

数字截止时间:2020 年 12 月 31 日

项目	序号	合计	女	民少族数	政治面貌					最高学位			最高学历				任现职务、职级层次年限										层次			
					中共党员	共青团员	民主党派	其他	博士	硕士	学士	研究生	大学本科	大学专科	中专及以下	不满2年	2年至不满3年	3年至不满4年	4年至不满5年	5年至不满6年	6年至不满7年	7年至不满8年	8年至不满12年	12年至不满15年	15年及以上	财政部	省(区、市)厅局	市(地、州、盟)局	县(市、区、旗)局	乡(镇)所
甲	乙	1	2	3	4	5	6	7	8	9	10	11	12	13	14	15	16	17	18	19	20	21	22	23	24	25	26	27	28	29
总 计	1	5148	1579	34	4001	204	67	876	6	201	1161	419	3122	1373	234	2357	355	299	250	689	246	155	347	106	344		234	1031	2323	1560
公务员合计	2	4879	1536	31	3810	204	67	798	6	201	1148	418	3055	1251	155	2317	332	271	242	680	232	145	317	90	253		227	974	2178	1500
领导职务合计	3	1388	314	18	1264		37	87	1	94	353	202	980	200	6	352	128	141	121	103	62	80	221	59	121		70	551	682	85
省部级正职	4																													
省部级副职	5																													
厅局级正职	6	1			1					1			1										1				1			
厅局级副职	7	3	1		2		1				1	1	2									2	1				3			
县处级正职	8	45	7		43		2			6	14	17	25	3		5	5	3	5	3	5	7	9	3			25	18	2	
县处级副职	9	148	34	5	136		8	4	1	24	38	45	96	7		28	6	15	11	19	8	7	34	8	12		41	93	14	
乡科级正职	10	503	108	8	457		17	29		29	120	80	375	46	2	148	45	60	28	30	24	25	72	24	47			315	185	3
乡科级副职	11	688	164	5	625		9	54		34	180	59	481	144	4	171	72	63	77	51	25	39	104	24	62			125	481	82
综合管理类职级合计	12	3395	1170	11	2523	177	30	665		98	755	199	2000	1047	149	1876	201	130	121	577	168	65	95	31	131		146	412	1473	1364
一级巡视员	13																													
二级巡视员	14	3			2			1		1	1	2	1			2					1						3			
一级调研员	15	7	1		7						1	2	4	1		6		1									6	1		
二级调研员	16	34	10		31		1	2		2	9	8	24	2		24	1	2	3			1		1	2		15	19		
三级调研员	17	26	6	1	25		1			2	6	5	20	1		13	2			3			6		2		4	19	3	
四级调研员	18	118	23	1	106		6	6		17	24	24	79	14	1	86	5	7	5	9	2	2		1	1		39	33	43	3
一级主任科员	19	199	36	1	182		2	15		19	38	44	117	35	3	121	4	13	16	4	13	3	10	4	11		46	83	68	2
二级主任科员	20	196	32		170		4	22		3	28	10	125	57	4	113	14	14	11	15	9	4	5	3	8		4	47	130	15
三级主任科员	21	300	99		252		5	43		11	56	24	170	93	13	225	10	7	4	4	12	9	14	11	4		18	62	144	76
四级主任科员	22	1727	486	5	1396	4	5	322		23	148	39	784	777	127	881	56	21	19	508	104	20	22	3	93		11	57	795	864
一级科员	23	773	470	3	344	171	6	252		20	440	41	666	66		398	104	65	63	34	27	26	38	8	10			91	287	395
二级科员	24	12	7		8	2		2			4		10	1	1	7	5												3	9
公务员试用期人员	25	83	46	2	14	27		42	5	9	38	15	65	3		83											10	9	19	45
公务员其他	26	13	6		9			4			2	2	10	1		6	3				2		1		1		1	2	4	6
工勤人员合计	27	269	43	3	191			78			13	1	67	122	79	40	23	28	8	9	14	10	30	16	91		7	57	145	60

续表

项目	序号	合计			政治面貌					最高学位			最高学历				任现职务、职级层次年限										层次			
			女	民少族数	中共党员	共青团员	民主党派	其他	博士	硕士	学士	研究生	大学本科	大学专科	中专及以下	不满2年	2年至不满3年	3年至不满4年	4年至不满5年	5年至不满6年	6年至不满7年	7年至不满8年	8年至不满12年	12年至不满15年	15年及以上	财政部	省(区、市)厅局	市(地、州、盟)局	县(市、区、旗)局	乡(镇)所
高级技师	28	5			4			1						2	3	1	3								1			3	2	
技师	29	85	11	1	64			21			2		24	27	34	24	14	20	6	2	6	2	7		4		6	25	48	6
高级工	30	82	13		58			24					12	35	35	12	2	6	1	4		1	10	9	37		1	16	50	15
中级工	31	16	2	1	10			6					3	11	2		2		1				4	1	8				7	9
初级工	32	19	5	1	17			2					7	11	1		1						1		17				2	17
普通工及其他	33	62	12		38			24			11	1	21	36	4	3	1	2		3	8	7	8	6	24			13	36	13

(人教处供稿)

附 录

2020年度省财政厅获得荣誉统计表

2020 年度省财政厅获得荣誉统计表

序号	荣誉事项	文件名称
1	省财政厅继续保留全国文明单位荣誉称号	中央文明委关于复查确认继续保留荣誉称号的全国文明城市、文明村镇、文明单位、文明家庭、文明校园的通报（文明委〔2020〕9 号）
2	因财政预算执行、盘活财政存量资金、国库库款管理、推进财政资金统筹使用、预算公开等财政管理工作完成情况好，安徽获国务院通报激励	国务院办公厅关于对 2019 年落实有关重大政策措施真抓实干成效明显地方予以督查激励的通报（国办发〔2020〕9 号）
3	省财政厅获 2019 年度省委综合考核“好”等次，罗建国、孟照红获优秀等次，分别记嘉奖一次	中共安徽省委关于 2019 年度省管领导班子和领导干部综合考核及新冠肺炎疫情防控专项考核结果的通报（皖〔2020〕223 号）
4	省财政厅获 2019 年度全省安全生产和消防工作考核先进单位	安徽省人民政府关于 2019 年度全省安全生产和消防工作考核结果的通报（皖政秘〔2020〕134 号）
5	省财政厅获 2019 年度全省计划生育目标管理责任制考评先进单位	安徽省人民政府关于 2019 年度全省计划生育目标管理责任制考评先进单位的通报（皖政秘〔2020〕245 号）
6	省财政厅获全国减税降费知识竞赛优秀组织奖	财政部关于全国减税降费知识竞赛优秀组织奖的通报（财税〔2020〕5 号）
7	省财政厅获 2019 年度全国地方预算绩效管理工作考核优秀奖	财政部关于对 2019 年度地方预算绩效管理工作考核先进单位给予表扬的通报（财预〔2020〕137 号）
8	省财政厅获财政部政法机关经费保障情况考核优秀奖，并奖励资金 800 万元	财政部关于下达 2020 年中央政法纪检监察转移支付资金预算的通知（财行〔2020〕118 号）
9	安徽获财政专项扶贫资金绩效评价考核优秀奖，并奖励资金 8000 万元	财政部关于下达 2020 年中央财政专项扶贫资金预算（奖励部分）的通知（财农〔2020〕17 号）
10	安徽获民政部、财政部 2019 年度困难群众救助工作绩效评价优秀等次	民政部、财政部关于 2019 年度困难群众救助工作绩效评价结果的通报（民函〔2020〕46 号）
11	省财政厅因公共基础设施等行政事业性国有资产报告工作受财政部通报表扬	财政部关于公共基础设施等行政事业性国有资产报告工作情况的通报（财资〔2020〕112 号）
12	省财政厅被授予第十二届安徽省文明单位称号	省文明委关于表彰安徽省文明城市（城区）、文明村镇、文明单位的通报（皖文明〔2020〕6 号）

续表

序号	荣誉事项	文件名称
13	省财政厅获2019年度全省平安建设(综治工作)目标管理考评优秀单位	中共安徽省委办公厅、安徽省人民政府办公厅关于2019年度全省平安建设(综治工作)目标管理考评结果的通报(厅〔2020〕8号)
14	省财政厅被评为2019年全省食品安全工作评议考核优秀单位	安徽省食品安全委员会关于省食品安全委员会成员单位2019年食品安全工作评议考核结果的通报(皖食安委〔2020〕4号)
15	省财政厅被评为2019年度全省信访工作责任目标考核优秀单位	中共安徽省委办公厅、安徽省人民政府办公厅关于2019年度全省信访工作责任目标考核结果的通报(厅〔2020〕7号)
16	省财政厅被评为全省2019"四送一服"工作优秀单位	安徽省"四送一服"双千工程领导小组办公室关于2019年"四送一服"工作情况的通报(皖四送一服办〔2020〕5号)
17	安徽在2020年度全国县级财政管理绩效综合评价中位列全国第一	财政部关于印发2020年县级财政管理绩效综合评价方案及结果的通知(财预便〔2020〕97号)
18	省财政厅因2019年度地方财政总决算和地方部门决算工作成绩突出获财政部通报表扬	财政部办公厅关于2019年度地方财政总决算和地方部门决算工作情况的通报(财办库〔2020〕214号)
19	省财政厅获农业部、财政部农业相关转移支付资金绩效考核优秀等次	农业农村部办公厅、财政部办公厅关于2018年农业相关转移支付资金绩效评价结果的通报(农办计财〔2020〕14号)
20	省财政厅获2019-2020年度全国社保基金预算绩效管理考核二等奖	财政部办公厅关于对2019-2020年度社会保险基金预算绩效管理工作考核先进给予表扬的通报(财办社〔2020〕33号)
21	省财政厅获2019年度中央水库移民扶持基金绩效评价优等次	财政部办公厅、水利部办公厅关于2019年度中央水库移民扶持基金绩效评价结果的通报(财办农〔2020〕50号)
22	省财政厅被评为2019年度全国金融企业财政报表工作先进单位	财政部办公厅关于2019年度全国金融企业财政报表工作情况的通报(财办金〔2020〕120号)
23	省财政厅2019年度财政监督评价获财政部通报表扬	财政部办公厅关于2020年度财政监督评价工作情况的通报(财办监〔2020〕1号)
24	省财政厅因地方政府采购信息统计工作表现突出获财政部通报表扬	财政部办公厅关于2019年地方政府采购信息统计工作情况的通报(财办库〔2020〕198号)

(人教处供稿)